Gesamtverzeichnis des deutschsprachigen Schrifttums (GV) 1700 – 1910

Bearbeitet unter der Leitung von
Hilmar Schmuck und Willi Gorzny

Bibliographische und redaktionelle Beratung:
Hans Popst und Rainer Schöller

137

Spav – Sr

K · G · Saur München · New York · London · Paris 1985

CIP-Kurztitelaufnahme der Deutschen Bibliothek

Gesamtverzeichnis des deutschsprachigen Schrifttums :
(GV). – München, New York, London, Paris : Saur.
Bd. 1 – 6 bearb. unter d. Leitung von Peter Geils
u. Willi Gorzny.
ISBN 3-598-30000-X

1700 – 1910 / bearb. unter d. Leitung von Hilmar
Schmuck u. Willi Gorzny. Bibliograph. u. red.
Beratung: Hans Popst u. Rainer Schöller

NE: Schmuck, Hilmar [Bearb.]

137. Spav – Sr. – 1985.

Techn. Realisierung und Druck: Norbert Gärtner, Mainz-Kastel
Binden: Karl Schaumann, Darmstadt
Printed in the Federal Republic of Germany
ISBN 3-598-30000-X (Gesamtwerk)

Spavento, Don, Wiener Schriftsteller und Journalisten. Typen u. Silhouetten. gr. 8. (144 S.) Wien 874. Brüder Winter. n.n. 3. —

Spauert, J. E., Diss. medica de frequentioribus cordis majorumque vasorum morbis internis. 8. Wien 772. (Gerold). 2 gl.

Spazatgumin, il. Cumedia eu dus acts da P. B. B(orther) à Mustor. gr. 8. (37 S.) Disertis 896. (Chur, J. Rich.) Geb. n. 1. 20

Spazier, Christian Wilhelm

Chaos veterum maxime fabulosum materiaeque Mosaicae caute accommodatum. Präs. Johann Andreas Boden. Wittenberg (Bossoegel) 11. II. 1741. 38 S. 32909

Spazier, Chr. With., († d. 20. Mai 1795.) das mit allen Freuden sterbende Kind Gottes. 8. Zittau 788. Schöps. 4 gl.

— Samml. erbaulicher Lieder bei Leichenbegängnissen. 8. Zittau 761. N. A. 770 u. 788. Schöps. 6 gl.

Spazier, (Uthe-Spazier,) Johanne Karol. Wilh., geb. Mayer, († d. 11. März 1825.) s. 1) Lespinasse, Briefe. 2) de Ligne, Briefe. 3) Taschenbuch d. Liebe u. Freundschaft.

Spazier, J. C. W., Briefe des Prinzen von Ligne, siehe a. Stael = Holstein.

Spazier, J. K. W. Uthe, s. Sinnarlin.

Spazier, Karl, s. Anti-Phädon.

Spazier, Karl, († d. 19. Jan. 1805.) Beitr. zur Erziehung u. Bildung des Kaufmanns. 8. Berl. 791.

Spazier, K.: Einige Bemerkungen über deutsche Schulen, bes. über das Erziehungs-Institut in Dessau. Leipzig 1786. 170 S.

— einige Bemerk. üb. deutsche Schulen, besonders üb. das Dessauer Erziehungsinstitut. 8. (Leipz.) 786. (W. Vogel). 8 gl.

Spazier, K., s. Diderot Erzählungen.

Spazier, Karl (Hrsg.), s. Dittersdorf, Karl von: Lebensbeschreibung.

—— Entmannung aus Religionsschwärmerey. Eine neuere merkwürdige Geschichte. Erzählt u. mit einer Abhandlung über die Quellen u. Gefahren der Schwärmerey begleitet. Neue unveränd. Aufl. Berlin, Akad. Kunst- u. Buchh. 1796. 8°. (In Berlin: Yw 3621, Th. 3.)
132 S. (incl. Tit.). Auf S. 3—4 sind 2 Rezensionen aus der Allgem. Lit.-Ztg. 1792, Nr. 323, und der Allg. Deutsch. Bibl., Bd. 113, Stück 1, abgedruckt. — Fehlt Kayser unter Romanen.

Vgl. Spazier: Der neue Origenes.

— etwas üb. d. Gefahren religiöser Schwärmerey. 8. Neuwied. (Gehra in Thal-Ehrenb.) 791.

Spazier, Karl, s. Etwas über Gluckische Musik.

— freimüthige Gedanken üb. die Gottesverehrung der Protestanten. 8. Gotha 788. Ettinger. 20 gl.

— einige Gedanken, Wünsche u. Vorschläge zur Einführung e. neuen Gesangbuchs. 8. Neuwied 790. (Thal = Ehrenbreitstein, Gehra). 2 gl.

Spazier, Karl, s. Gretry: Versuch . . .

— üb. Kants Kritik der Urtheilskraft. 8. Neuwied 798. (Gehra in Thal-Ehrenbreitst.) 12 gl.

— Lieder u. andere Gesänge für Freunde einfacher Natur. qu. 4. Thal-Ehrenbreitst. 782. Gehra. 1 rl. 6 gl.

— Lieder und andere Gesänge für Freunde einfacher Natur. qu. 4. Thal-Ehrenb. Gehra. 792.

— üb. die Macht früher Gewohnheit; e. Rede. 8. Berl. 791.

Spazier, Karl, s. A. L. F. Meister: Abhandl. . . .

— Melodien zu Hartungs Liedersammlung. gr. 4. Berl. 793. Reimer. 12 gl.

SPAZIER, Karl (Fürstl. Wiedischer Hofrath, geb. 20. April 1761 zu Berlin, † 19. Jan. 1805), Der neue Origenes, oder Geschichte seltsamer Verirrung eines religiösen Schwärmers. Nebst einer Abhandlung über die Quellen und Gefahren der Schwärmerey. Berlin 1792. Im Verlag der Kön. Preuß. Akad. Kunst- u. Buchhandlung. 8°.
132 S. (incl. Tit. u. 1 Bl. Vorr., dat. Neuwied, im April April 1791). — Im Anon.-Lex. IV. p. 100, wo ein falscher Verfasser angegeben, zu streichen, da das Buch nicht anonym erschienen ist.

Vgl. Spazier: Entmannung...

— der neue Origines, od. Geschichte seltsamer Verirrungen eines religiösen Schwärmers, nebst e. Abhandl. üb. die Quellen u. Gefahren d. Schwärmerei, (von K. A. G. Schellenberg). 8. Berl. 792. N. A. 796. Akad. B. 8 gl. (NB. Das Buch selbst ist v. S., u. Spazier hat es blos herausgg.)

— der neue Origines, oder Entmannung aus Religionsschwärmerey. 8. Berlin, Akad. Buchhdl. 796.

PILGERS, Carl, Roman seines Lebens. Von ihm selbst geschrieben. Ein Beitrag zur Erziehung und Kultur des Menschen (von *Joh. Carl Gottlieb Spazier*, 1760—1805). 3 Thle. Berlin, Akadem. Kunst- u. Buchh. 1792, 93, 96, 8°. (In Berlin: Yw 3621.)
393, 402, 378 Seiten. — Zahm. Anon.-Lex. III. p. 275 (nach Meusel).

Spazier, Karl, s. Theater aller Religionen.

— Versuch e. kurz. u. faßl. Darstell. d. theolog. Principien. 8. Neuwied. (Gehra in Thal-Ehrenb.) 791.

— Wanderungen durch die Schweiz. 8. Gotha 790. Ettinger. 1 rl. 8 gl.

Spazier, Carl. Wanderungen durch die Schweiz. von K. Sp. . . [Mit 2 Musikbeilagen und 1 Vignette.] 8. Gotha 1790.

Spazier, Karl, s. Zeitung f. die eleg. Welt.

Spazier, Richard Otto, s. G. v. Beaumont u. A. v. Taqueville: Nordamerikanische Bilder. — dess. Amerika's Besserungssystem.

Spazier, Richard Otto, s. Bibliothek ausführl. Völker- u. Staatengeschichten.

——, Jean Paul Friedr. Richters Biographie, s. Jean Paul.

— Jean Paul Friedrich Richters Biographie, s. Jean Paul Fr. Richter.

Spazier, Richa. Otto, gesammelte Blätter. 1. u. 2. Bdchn. (Novellen, musikal.-dramat. Aufsätze u. Gedichte enthalt.) 8. (15 B.) Hildburghausen 833, Knopf. (Schleusingen, Glaser.)

—— Nürnberger Blätter, s. Blätter.

Spazier, O. R., s. Cervantes, Numancia.

—— über d. letzten Ereignisse in Polen, besond. seit d. Schlacht v. Ostrolenka. In e. Sendschr. an Hrn. Prof. Krug. 8. (5½ B.) Altenburg 832. (Leipzig, Franke'sche Vrls.-Expedit.)

Spazier, Rich. Otto, die Ereignisse in den russ.-poln. Provinzen u. ihr Verhältniß zu Rußland vor u. in der neuesten Revolution. 8. Nürnb. 831, Schrag. 3 gr

Spazier, Richa. Otto, die Ereignisse in d. Russ.-Poln Provinzen 2c., s. Ereignisse.

——, Dembinski's Feldzug in Litthauen, s. Dembinski, Heinr.

—— Gallerie d. ausgez. Israeliten 2c., s. Gallerie.

— Geschichte des Aufstandes des poln: Volkes in d. J. 1830 u. 1831. Nach authent. Documenten, Reichstagsacten, Memoiren, Tagebüchern, schriftl. u. mündl. Mittheill. d. vorzüglichst. Theilnehmer. 3 Bde. Mit Tabb. gr. 8. Altenb. 832. Literatur-Compt. (Pierer)

—— dass. — Karten u. Pläne hierzu, s. Karten.

Spazier, Rich. Otto, Geschichte d. Aufstandes des Polnischen Volkes in den Jahren 1830 und 1831. Nach authentischen Documenten, Reichstagsacten, Memoiren, Tagebüchern, schriftl. u. mündl. Mittheilungen von mehr als 150 der vorzüglichsten Theilnehmer. 3 Bde. 2e außerordentlich verb. u. verm. Ausg. Mit 11 Karten u. Schlachtplänen u. 9 Portraits. gr. 8. Stuttgart 834. Brodhag. 5 rf

—— Gesch. d. Aufstandes d. poln. Volkes in d. J. 1830 u. 31. Nach authent. Documenten 2c., schriftl. u. mündl. Mittheiln. v. mehr als 150 d. vorzüglichst. Theilnehmer. 3 Bde. (od. 10 Lfgn.) 2., außerordentl. verb. u. verm. Ausg. gr. 8. (85⅓ B., 10 Karten u. Schlachtpläne, 9 Portr. u. 2 Tab. gr. 4.) Stuttgart 834, Brodhag.

—— Gesch. d. poln. Volkes u. seines Feldzuges im J. 1831. Nach öffentl. u. Privatmittheiln. 4 Hfte. 8. (34 B.) Ansbach 831. (Leipzig, Dyk.) (396 S.)

— Geschichte des poln. Volkes u. seines Feldzuges im J. 1831. Nach öffentl. u. Privatmittheill. 1s—4s Hft. 8. Ansb. 831, 832. (Dyck in Leipz.) 2 rf 16 gr

(——) das Grab d. Steinbrecher bei Wehlen, s. Grab.

Spazier, Richard Otto, s. Mickiewicz: Herr Thaddäus.

Spazier, Richard Otto, s. Franc. de Moncada's Zug.

Spazier, Richard Otto, s. Napoleon u. d. Herzog v. Vicenza.

— Historj powstania Narodu Polskiego w roku 1830 i 1831 czerpana z autentycznych dokumentów, Sejmowych akt, pamiętników, dzienników, pismiennych i ustnych podan najznakomitszych uczestników tegoz powstania. 3 Tomi. gr. 8. w Parizu (et Altenburg) 833. Pierer. $6^2/_3$ rf

Spazier, Rich. Otto, Ost und West. Reisen in Polen u. Frankreich. gr. 8. Stuttgart 835. Brodhag. $2^1/_4$ rf

Spazier, Rich. Otto, Ost u. West. Reisen in Polen u. Frankreich. gr. 8. (29½ B.) Stuttgart 835, [Scheible, Rieger u. Sattler.]

Spazier, (R. O.,) Jean Paul Friedr. Richter in seinen letzten Tagen u. im Tode. 8. Breslau 826, Max u. C.

—— der Roman der Geschichte v. Frankreich, s. Ritchie, L.

Spazier, Rich. Otto, Scherz und Ernst über Ernst Scherzlieb's Dresden, wie es (durch eine Goldbrille) ist; nebst Bemerkungen über Nationalität in der dramatischen Musik, über die Verhältnisse der dasigen Deutschen und Ital. Oper, und die Ludw. Tieck's zum Theater. Eine Neujahrsgabe. Mit Titelkupfer. Leipzig, Rein, 1830. 8°. (8 Ggr.) 2 Bll., 108 S. (4 Mk. 50 Pfg., unbeschn. im Orig.-Umschl., G. Priewe, 1907.)

—— die Uzkokin. Novelle mit histor. Erläutern. 8. (14½ B.) Leipzig 831, Dyk.

—— die Wiederherstellung Polens, s. Wiederherstellung, die, 2c.

(SPAZIERER Bernhard) Nachricht von dem Armen-Institute, welches auf den gräflich Buquoischen Herrschaften in Böhmen im Jahr 1779 errichtet worden ... Hrsg. von dem Institute selbst (Von ... o. V., Wien 1783 1 vol. 1 Bl. + 122 S.

(Spazierer, Bernhard:) Zweyte Nachricht von dem Fortgange des Armeninstituts, welches auf den gräflich-buquoischen Herrschaften in Böhmen im Jahre 1779 errichtet worden ... Wien 1783. o.V., Linz 1784. 82 S.

Spazierfahrt, Eine, im Golf von Korinth. Prag 1876. V: *Ludwig Salvator Erzherzog von Österreich.* (KA)

Die Spazierfahrt nach Machern, oder Taschenbuch und Wegweiser für die, welche von Leipzig aus den großen und schönen Garten daselbst besehen wollen. [Verf.: Ludwig Thiele.]
Leipzig: Voß 1798. 111 S. 8°

Spazierfahrt nach Moskau. Leipzig 1810. V: *Ungern-Sternberg, Johann Friedrich Freih. von.* (Ky) (R-N)

Spazierfahrt nach Moskau. 8. Leipz. 810. Kummer. 20 gr

Spazierfahrt, Die, nach Saint Cloud. Aus dem Französischen des Herrn Le Sage. Leipzig u. Lingen 1791. V: *Fromaget, Nic.* (BGE IV, 147)

— die, nach Saint-Cloud, od. die Geschichte der beyden Freunde, a. d. Franz. 8. Lingen, Jülicher. 791.
Vgl. Spaziergang, Der, nach St. Cloud, ...

Spazierfahrt, Die, nach Venedig und Mailand. ... Leipzig 1840. V: *Becker, Gottfried Wilhelm.* (Ky) (EngG) (BrMm)

Spazierfahrt, die, nach Venedig u. Mailand. Von *r. 8. (19½ B.) Leipzig 840, Kollmann.

Spazierfahrten mit meinen Kindern. Ein lehrreiches Geschenk f. Kinder, die die Welt näher kennen zu lernen wünschen, mit illum. K. gr 12. Hamb. Vollmer. 812.

— mit meinen Kindern. Ein lehrreiches Geschenk f. Kinder, die die Welt näher kennen zu lernen wünschen. Mit illum. Kpf. gr. 12. Hamb. 812. (Herold jun.) 14 gr

Spazierfahrten in die Umgegenden von Wien ... Wien 1794. V: *Gaheis, Franz Ant. de Paula.* (Feil)

Spazierfahrten in den Gegenden um Wien. 8. Wien 794. Al. Doll. 16 gr

Spaziergang, Ein. O. O. [1790]. V: *Bonstetten, Carl Victor von.* (MGT)

Spaziergang, Der, auf den Frankenstein. Ein Panorama und heiterer Führer zu diesem Bergschloss für Freunde der Natur und einer weiten Aussicht. Mit einer Ansicht des Frankensteins und einem Musikblatt. Darmstadt 1838. V: *Maurer, Gg. Philipp.* (Hermann Haupt, Hessische Biographen, Darmstadt 1918, I, 12)

Spaziergang durch den Harz nach dem Brocken, s. Chr. Wlh. Spieker, meine Reise.

Spaziergang durch den Harz nach dem Brocken. 8. Leipzig, Joachim. 817.

Spaziergang, Ein historischer, von Tropaea Drusi über den Externstein nach dem Campus Idistavisus. Detmold 1875. V: ***Schierenberg, G. Aug. B.*** [?]. (JStBbH) (**Zuwachsverz. d. Bibliotheken in Zürich 1898 ff.**) (EB)

Spaziergang, illustrirter, durch München. Ein Panorama der bedeutendsten Strassen, Plätze u. Gebäude Münchens (27 bayer. Fuss lang), mit mehr als 80 color. Ansichten u. 1 Plane, worauf der Weg angedeutet ist, welchen der Reisende verfolgen soll. München, Herm. Manz, kgl. Hofkunsthandlung. o. J. (1867). (Nebst Umschl.-Titel, französ. u. deutsch.) [illegible], schmal in illustr. Orig.-Cart. in [illegible]. (Steht bei [illegible].)
In Lithographie colorirt von Carl Grünwedel (geb. 1815)

Spaziergang, e., von der Kaiser-Wilhelm-Brücke bis zur Weltausstellung. Berliner Briefe vom J. 1900 v. ***. gr. 8. (23 S.) Berlin 889. Fontane. n. — 50

— durch Krähwinkel. Von dem quiescirenden Runkelrüben-Commissions-Assessor Sperling. 2 Bde. 8. Leipz., Centr.-Cpt. 1 ß 1823.

Spaziergang durch die internationale Kunst-Ausstellung m. Situationsplan. Zugleich e. Ergänzg. zu In Berlin zu Hause. 16. (31 S. m. 3 Karten u. 11 Theaterplänen.) Berl. 891, Hennig u. Comp. — 30

Spaziergang durch einige der vorzüglichsten Länder Deutschlands. Erfurt 1811. V: *Wiedemann, J. D.* (MGT)

Spaziergang nach Lützschena und dessen Umgebungen . . . Leipzig 1830. V: *Speck-Sternburg, Maximilian Freih. von.* (Ky) (EngG) (BrMm) (Kat. d. stat. Bureaus. Dresden 1890.)

Spaziergang, Mein mittägiger. Wetzlar 1770. V: *Opitz (Opiz), Joh. Ferd.* (KY 4/272) (GGr VI/716, Nr. 2/6) (WBL 21/67) (BiblPort)

Spaziergang auf den Pilatus-Berg im Canton Lucern; a. d. Franz. . . . [St. Gallen 1796.] Ü: *Pfyffer von Wyher, Franz Ludwig.* (MS)

Spaziergang, Der, zu Saint Cloud. A. d. Franz. Frankf. u. Leipzig 1750. V: *Fromaget, Nic.* (BGE)

Spaziergang, der, nach Saint-Cloud; aus d. Französ. 3 Thle. 8. Coburg 750. Ahl. (Riemann). 8 gr.

— **der, nach St. Cloud, od. Geschichte der beiden Freunde; aus d. Französ. 8. Lingen 791. Jülicher. 16 gr.**

Vgl. Spazierfahrt, Die, nach St. Cloud, ...

Spaziergang, Ein, auf dem Steinpflaster in Bremen. Ein scherzhafter Ernst und ernsthafter Scherz, dargestellt in Reimen nach Hans Sachs. Ein Fund am Fusse der Rolandssäule. Bremen 1832. V: ***Horn, Johann Gerhard.*** (BGE I³, 440)

Spaziergang durch Tübingen im Sommer 1831. Tübingen 1832. V: *Daniel.* (Tübz 7, 58)

— der, zu den 4 Thürmen. Mit illum. Kpf. 8. Bresl., Buchheister. 4 gr.

Spaziergang durch Potsdams Umgebungen. 8. (6⅛ B.) Potsdam 839, Stuhrsche Buchh.

Spaziergang durch die Unfallverhütungs-Ausstellung 1889. Mit Situationsplan. Eine Ergänzg. zu: „In Berlin zu Hause". gr. 16. (11 S.) Berlin 889. Hennig & Eigendorf. n. — 25

Spaziergange, eine moralische Wochenschrift für das deutsche Publikum in St. Petersburg. Mit Titelvignette. St. Petersburg 1772. 8°. 3 Bl. u. 416 S. (2 Mk., Mindestgebot, R. Zinke's Dresdener März-Auct. 1906, no. 525:)
Ebenso schöner wie interessanter Druck. Sehr selten!

Spaziergänge. Wien 1782. V: *Behrisch, Henrich Wolfg.* (Mitth. Dr. Ign. Schwarz-Wien.)

Spaziergänge, angenehme u. nützliche, auf d. class. Boden d. alten Griechen u. Römer. 12. (5 B.) Augsburg 836, (Kollmann.)

Spaziergänge durch Augsburg m. geschichtl. Unterhaltg. Den Freunden u. Kennern Alt-Augsburgs gewidmet v. A. R. 2., verb. Ausg. 8. (94 S.) Augsburg 896. B. Schmid's Sort. Geb. in Leinw. n. 1. —

— **u. Ausflüge in die nächste Umgebung v. Düsseldorf. 8. Aufl., neuer Abdr. der „50 Ausflüge". gr. 16. (47 S. m. 1 Karte.) Düsseldorf 892. J. P. Mischel. — 50**

— — für Wilhelmshaven-Bant u. Umgegend. (IV, 44 S. m. Abbildgn. u. 1 Karte.) kl. 8. Wilhelmshaven-Bant (905). G. Fasting (durch C. Scharfe). — 30

Spaziergänge, Die, von Berlin. O. O. 1761. V: *Karschin, Anna Luise geb. Dürbach.* (Rauthe 95/369) (BiblPort)

SPAZIERGÄNGE, Die, von Berlin. O. O. (Berlin, Wever) 1761. 4°. Rar!

Spaziergänge, Berliner, gewidmet deutschem Volksthume. gr. 8. Berlin 839. Voß'sche Buchh. n. 2/3 ₰

Berliner *Spaziergänge* gewidmet deutschem Volksthume. Berl. 1839. 111 S.

SPATZIERGANGE, Die, des Herrn von Clairenville, ein lebhaftes Gemählde (!) der menschlichen Leidenschaften, zum Unterrichte vernünftiger Leser und Leserinnen. Mit (4) Kpfrn. Ulm, A. F. Bartholomäi, 1765. 8⁰. 1 Alphab. u. 1/2 Bog. (2 Mk. 50 Pfg. L. Rosenthal, 1907.)

J. Pauli, Berlin, Cat. von 1765; Cat. Meissner II.

Orig. (in Wolfenbüttel): Promenades de Mr. de Clairenville. Où l'on trouve une vive peinture des Passions des hommes, avec des Histoires curieuses & véritables sur chaque sujet. Par Mr. *D****. Avec 5 gravures. Cologne. 1723. 12⁰. (5 Mk. Frdr. Kluber, 1897.) Cont. e. a.: Le Chevalier raconte ses Avantures. — Les Amours avec la belle Sophie et l'hist. tragique de cette infortunée fille. — Hist. de Julie et ses avantures. — Sur l'amour. — Histoire d'une jeune Dame, qui s'abandonne à l'amour, et qu' on ne peut guérir de cette passion. — Conversation curieuse de Mr. de Clairenville avec un Carme sur la Bulle du Pape Clement XI. etc. — Ibid. 1755. 12⁰. (In Stuttgart 2 Expll.) Fehlt bei Barbier.

— — Dasselbe. Neue verm. u. verb. Aufl. Mit Kpf. Ebd. 8⁰. M. M. V. 1769. S. 1194 sub libris futuris nund. prod. (Wirklich ersch.?)

Spaziergänge nach Ermainville, J. J. Rousseau's geliebte Einsiedelei; aus d. Französ. v. L. Matthison. 8. Leipz. 808. (Krappe; a. Weygand). 16 gr

Spaziergänge im Fabelkleide. Gedichte u. Fabeln für die kleine Welt der großen Kinder. Hamburg 869. J. F. Richter. 16. (VIII, 124 S.) n. 15 ngr; cart. mit Goldschn. n. 18 ngr.

Spaziergänge bei Frankfurt an der Oder. Frankf. 1764. V: *Burmann, Glob Wilh.* (JI.)

— u. **Ausflüge**, 75, in d. Schlierseer Bergen. M. Anh.: Nachbarorte Miesbach u. Tegernsee. 8. (IV, 47 S. m. Abb. u. 1 Karte.) Fischhausen-Schliersee 895. A. Finsterlin. Kart. n. — 50

— — dasselbe. Mit Orientierungskarte. Ausg. 1898. qu. 16. (35 S.) Schliersee 898. A. Finsterlin. — 10

Spaziergänge, Gamaliels, eines philosophischen Juden, über die Berliner Betrachtungen der Wundergaben. Constantinopel [Münster] 1780. V: *Obereit, Jacob Hermann.* (Ky) (Wr) (Cat. d. Stadtbibl. Zürich. Zürich 1864—97.)

SPAZIER-GANGE im Gebiete der Laune, des Witzes u. der Satyre. Eine Zeitschrift in zwanglosen Heften. („Quid vetat ; Ridentem dicere verum?") Königsberg, bei George Karl Haberland. 1818. 12⁰. (1/3 Rthl.)

VI—96 S. — 1. Der Zeitgeist. E. Recept f. Sehende u. Nichtsehende. 2. Die öffentl. Kinderzucht in Tombuctu (so!). 3. Die Kunst ohne sonderliche Mühe ein großer Mann zu werden. 4. Thaliens Geburt, Heyrath, Krankheit, Tod u. Wiederauferstehung. 5. Das Wasserproject des Professor Tullius. 6. Die Kunst stets fröhlich zu sein. 7. Auszug aus einem am Kaput-Thore gefundenen Volksliede. 8. Correspondenz, enthaltend neueste Cabinetsordres des Soldan von Fessan. — Mehr ist nicht erschienen. (Vgl. Kayser's B.-Lex.)

Spaziergänge im Gebiete der Laune, des Witzes u. der Satyre; e. Zeitschrift. 8. Königsb. 819. (Waisenhaus-Buchh. in Halle). 8 gr.

SPAZIERGANGE in die Hölle. Zwei Erzählungen von *E. A. O—p* (d. i. *Ortlepp*). Eisenberg: im Verlag der J. W. Schöneschen Buchhandlung. 1827. 8⁰. (1 Mk. 20 Pfg. Kühl, Berlin, c. 1882.)

Tit. u. 267, nebst 3 S. Roman- u. Schausp.-Verlag d. Firma. — 1. Klärchen. E. (anstößige) Erzählung (S. 1—88). 2. Die Versuchung. E. Novelle (S. 89—267).

Spaziergänge in die Hölle. Zwei Erzähln. v. E. A. O—p. 2., wohlf. Ausg. 8. (17 B.) Eisenberg 830, Schöne.

100 Spaziergänge und Ausflüge in die nähere und weitere Umgebung von Heidelberg. (Mit 1 Übersichtskarte.) *Köln: Hoursch & Bechstedt 1903.* (99 S.) 8⁰ [T.] [illegible]

(8) **Spaziergänge u. Ausflüge, 100,** in der Umgebung v. Heidelberg. 903. (NVL 32.) Jetzt: Heidelberg, O. Petters.

— — 100, in die nähere u. weitere Umgebung v. Mannheim-Ludwigshafen. 12. (VII, 98 S. m. 1 farb. Karte.) Ebd. 902. n. 1. —; geb. in Leinw. n. 1. 40

Spaziergänge u. Ausflüge, 100, in die nähere u. weitere Umgebung v. Mannheim — Ludwigshafen. 2. Aufl. (VII, 98 S.) kl. 8. Mannheim 904. A. Bender. n. 1. —; geb. n. 1. 40

Spaziergänge, Hundert, und Ausflüge am Wörthersee. Herausgegeben von der Section Klagenfurt des „Deutschen und österreichischen Alpen-Vereines". Mit Illustrationen und einer Karte. 8. (V, 88 S.) In Lnwd. gebunden —.90

Klagenfurt: F.v.Kleinmayr 1895.

Spaziergänge u. **Ausflüge**, 130, in die Umgebung der Landeshauptstadt Karlsruhe, m. e. Karte d. Gebietes f. die 3 ersten Abteilgn. (Von Cathiau.) 1. u. 2., unveränd. Aufl. 12. (32 S.) Karlsruhe 887. Macklot. cart. n. — 60

Spaziergänge und Ausflüge, 130, in der Umgegend von Karlsruhe . . . Karlsruhe. 5. Aufl. 1894. V: *Cathiau, Thomas.* (BaBb)

Spaziergänge, 150. Karlsruhe 1899—1900. V: *Cathiau, Thomas.* (BaBb)

— — 107, in die nähere u. weitere Umgebung von Würzburg. Mit genauen Wegebeschreibgn. u. Zeitangaben nach eigenen Erfahrgn. Nebst Wanderg. im Spessart u. Taubertal, im südl. Steigerwald u. in der Rhön. Mit 1 Karte 1 : 200,000. (XII, 67 S.) kl. 8. Würzburg 905. A. Herzer. n. 1. 40

117 Spaziergänge und Ausflüge in die nähere und weitere Umgebung von Coblenz. Mit Wegebeschreibungen u. Zeitangaben. *Coblenz: W. Groos 1901.* (XIV, 80 S.) 8⁰ [illegible] 6

Spaziergänge, kosmopolitische, des Corpsburschen Kurt v. Terzenheim. I. 8. (V, 378 S.) [Stuttgart 886, Bonz' Erben.] München, Verlag der Akademischen Monatshefte. *

— kosmopolitische, d. Corpsburschen Kurt v. Terzenheim (P. v. Salvisberg). Neue (Titel-) Ausg. 8. (III, 378 S.) München (886) 896. Academ. Verlag. n. 2. —

Spaziergänge, Kritische, der Vernunft in elysäischen Feldern ... Meiningen 1789. V: *Obereit, Jacob Hermann.* (Ky) (ML)

— der Vernunft, krit., in elysäischen Feldern; vom Geist der verzweifelten Metaphysik, (v. J. H. Obereit). 8. Meining. 789.

Spaziergänge, ländliche, in Gesprächen von Charlotte Smith. 4 Thle. s. das geöffnete Schreibepult 68–98.

Spaziergänge in und um Landshut. In Briefen an einen Freund, von dem Verfasser der Chronik u. Topographie von Landshut (von *Alois Staudenraus*). Landshut 1838. 8⁰. Selten!

Spaziergänge, Lehrreiche, eines Lehrers mit seinen Schülern . . . Nürnberg 1784. V: *Rössner, Johann Christoph.* (Ky) (MGT)

— lehrreiche, eines Lehrers mit seinen Schülern, (v. J. Cph. Rößner). Mit Kpf. 8. Nürnb. 784. (Wesché in Frkf. a. M.) 9 ggr

— um Leipzig. gr. 8. Bremen, Müller. 16 ggr

SPAZIERGANGE, Die, bey Leipzig, in Gesellschaft eines Freundes besucht und poetisch beschrieben von *M. E. G. H.* Leipzig, Kritzinger, 1780. Gr. 8⁰. Rar!

Spaziergänge, Leipziger, in Begebenheiten. Kosmopel [Leipzig] 1765. V: *Kritzinger, Friedrich Adolph.* (BGE)
Vgl. Spaziergänger, Der Leipziger.

Spaziergänge, Litterarische. Halle 1784. H: *Schütz, Christian Gottfried.* (Ky) (MGT)

— literarische, 1784, Januar bis April, (v. Chr. G. Schütz). 8. Halle 784. Gebauer. 1 Thlr 12 ggr

Spaziergänge v. Mairhofen. (Zillerthal.) Von H. St(einach). 12. (18 S. m. 1 Karte.) München 891. (J. Lindauer.) u. — 90

—— eines Menschen-Affen in d. Stadt der Affen-Menschen. Skizzirt, radirt u. interpret. v. Satyrus Sylvanus, einem auf Wartegeld sitzenden Orang-Outang. Spasshaft. Fastnachts-Spass. gr. 4. (1½ B. u. 6 Bl.) Berlin 829, [Gropius.]

Spaziergänge in Neapel, Sorrent, Pompeji, Capri, Amalfi, Pästum und im Museo Borbonico. 2. Aufl. Zürich 1897. V: *Wymetal, Wilh. v.* (Zuwachsverz. d. Bibliotheken Zürich 1898ff. 8.)

Spaziergänge und Ausflüge, Oldenburger, mit fünf Karten. 2. Aufl. Oldenburg o. J. V: *Strackerjan, L.* (Russell IX, 72)

Spaziergänge u. Ausflüge, Oldenburger. 2., sehr erweit. Aufl. Mit 5 (lith.) Kärtchen. 12. (81 S.) Oldenburg 880. Stalling's Verl. n. 1. —

—— u. Ausflüge, Oldenburger. 3. neu bearb. u. erweit. Aufl. (XI, 122 S. m. 7 Kärtchen.) Oldenb. 892, Stalling's Verlag. *

— — **oldenburger. 4. neu bearb. Aufl. Mit 7 Kärtchen u. 1 Situationsplan der oldenburg. Eisenbahnen. 12. (XI, 138 S.) Oldenburg 900.** G. Stalling's Verl. n. 1. 85

—— eines Berliner Poeten. 8. (9½ B.) Leipzig 833, (Kayser.)

— eines Berliner Poeten. 8. Leipzig 833. (Melzer.) ⁵⁄₆ Thlr

— eines Berliner Poeten. 8. Leipz. 833. Wolbrecht. 20 ggr

Spaziergänge eines Wiener Poeten. Hamburg 1831. 2. Aufl. 1832. 3. Aufl. Leipz. 1844. V: *Auersperg, Anton Alex. Maria Graf.* (BrMm) (EE) (WBL) (Grisebach, Weltliteraturkat. Berl. 1898—1900. I, 284.)

—— eines Wiener Poeten. (Von Ant. Alex. Graf v. Auersberg?) 1. Aufl. (7 B.) 831., 2. A. (7¼ B.) 8. Hamburg 832, Hoffmann u. Campe. ü

Spaziergänge eines wiener Poeten. 3. Aufl. 12. (6 B.) 844. 22½ Ngr. u. neue Ausg. 16. (9¼ B. u. 1 Stahlst.) Leipzig 845, Weidmann'sche Buchh. In Leinwd. geb. m. Goldschn. *

Spaziergänge eines Wiener Poeten. (Ant. Alex. Graf Auersperg, pseud. Anastasius Grün). Neue Ausg. 16. (VIII u. 140 S. m. 1 Stahlst.) Leipzig 850, Weidmann. In Engl. Einb. m. Goldschn. n. 1 Thlr

Spaziergänge eines Wiener Poeten. (Von Anastasius Grün.) 6. Aufl. Berlin 861. Weidmann. 16. (X, 141 S. u. 1 Stahlst.) 1 Thlr

Spaziergänge eines zweiten Wiener Poeten. Hamburg 1843. V: *Braun Ritter von Braunthal, Carl Johann* oder *Schumacher, Andreas* oder *Gross-Hoffinger, Anton Johann.* (Sammlung Helfert. Wien 1848. 89f.) V: *Schuselka, Franz* [?]. (EB)

Spaziergänge eines zweiten Wiener Poeten. Hamb. 1843. V: *Avist, Ferdinand.* (Hdschr. Mitth. des Verlages Hoffmann & Campe, Hamburg) (Hdschr. Mitth. von Friedrich Müller, München)

— eines zweiten Wiener Poeten. 2. Aufl. 8. Hamburg 843, Hoffmann u. Campe. 1 Thlr

—— durch d. britische Reich, od. kurzgef. Geographie v. England, Schottland u. Irland; Beschreib. d. Merkwürdigkeiten dieser Länder u. Schilderung d. Sitten u. Gebräuche ihrer Bewohner in unterhalt. Gesprächen f. d. Jugend. 2 Thle. (od. 6 Hfte. N. Ausg.) 16. (49 B. u. 6 ill. Abbild.) Hanau 835, Edler.
Hat mit „Spaziergänge zu verschied. Völkern d. Erde," 1. Abthl. gleichen Inhalt.

—— in Rom. A. d. Engl. mit Zusätzen u. Erweitern. bearb. v. W. v. Lüdemann. 1. Bd. gr. 12. (11½ B.) Dresden 828. [Wien, Gerold.]

Spaziergänge in St. Petersburg, enthaltend eine Beschreibung dieser Hauptstadt ... Leipzig 1814. V: *Faber, Gotthilf Theodor von.* (R-N) (Ky)

— in St. Petersburg, enthalt. eine Beschreib. dieser Hauptstadt u. e. Schilderung d. Russen; (aus d. Französ. des G. Th. v. Faber). 12. Leipz. 814. Rein. 1 ℛ 8 ℊ

Spaziergänge. – Spaziergänge in der Umgebung Innsbrucks, s. Bederlunger, Heinz

Spaziergänge in der Umgebung von St. Gallen, veröffentlicht vom Verkehrsverein für St. Gallen und Umgebung, September 1896. 8. (St. Gallen 1896.)

— zu verschied. Völkern des Erdbodens. Für die Jugend. Mit 25 ill. Kpf. 12. Leipz. 814. 2e A. 820. Mag. f. Ind. 1 ℛ 12 ℊ.

— zu verschiedenen Völkern d. Erde, kurzgefaßte Beschreibung ihrer Länder und Schilderung ihrer Sitten und Gebräuche in unterhaltenden Gesprächen, für die Jugend. 1e Abthl. Das britische Reich. 1s Heft. Einleitung. Ostengland. Mit 1 ill. Abbild. 16. Hanau 834. Edler. 1/4 ℛ — 1e Abthl. 2s Hft. Südengland. Mittelengland. Mit 1 illum. Abbild. 16. Ebd. 834. 1/4 ℛ — 1e Abthl. 3s Heft. Nordengland, Wales. Reise nach England. Mit 1 ill. Abbild. 16. Ebd. 834. 1/4 ℛ — 2r Thl. 3 Hefte. Das britische Reich: Südschottland und Mittelschottland. Reise nach Liverpool. – Nordschottland. Die Inseln. Aufenthalt in Liverpool. — Das Königreich Irland. Mit 3 illum. Abbildd. 16. Ebd. 834. à 1/4 ℛ — Beide Thle. sind jetzt u. folg. Titel ausgegeben: Spaziergänge durch das britische Reich, od. kurzgefaßte Geographie von England, Schottland und Irland ꝛc. 2 Thle. I—VI. Mit 6 illum. Abbildd. 16. Ebd. 835. 1 1/2 ℛ

Spaziergänge, zwanglose, in und um Bad Elster. Poetische und pros. Orientirungs- und Erinnerungsblätter von Horst v. der Ilm. Mit 6 (Lichtdr.-)Illustr. und 1 (lithogr.) Karte von Bad Elster und Umgebung. 12. (126 S.) Bad Elster 881. (Ilmenau, Schröter's Verlag). *

[F.] 20 Spaziergänge an der Elberfeld - Nevigeser Strassenbahn. *Elberfeld: S. Lucas (1898).* (55 S.) 1 Bd 8. 98 3498

Spaziergänge, Zween. O. O. 1779. V: *Löwenstein-Wertheim, Franciska Juliane Charlotte Gräfin von, geb. Wild- und Rheingräfin zu Grumbach.* (MGT) (schl)

Spaziergänge und Ausflüge, 200, in die nähere und weitere Umgebung von Koblenz, sowie von Ehrenbreitstein, Andernach, Boppard, Braubach, Ems, Kochem, Mayen, Neuwied, St. Goar ... 4. Aufl. Koblenz 1908. V: *Perschmann, Siegfried.* (berl 1910, S. 1512)

— — 200, in die nähere u. weitere Umgebung v. Koblenz sowie v. Ehrenbreitstein, Andernach, Boppard, Braubach, Ems, Kochem, Mayen, Neuwied, St. Goar, St. Goarshausen, Vallendar. 4. Aufl. (XXIV, 148 S. m. 1 Karte.) kl. 8. Koblenz 908. W. Groos. Kart. 2.

Spaziergänger, Der Grazer. Allerlei Geschichten und Sachen ... Graz 1887. V: *Legwarth, Franz.* (JoanStyrA)

Spaziergänger, Der Leipziger. Kosmopoli [Hamb.] 1765. N. A. 1767. V: *Kritzinger, Friedrich Adolph.* (wr) Vgl. Spaziergänge, Leipziger, ...

Der Spazier-Bltt. No. 1—6. Lith. ... zu haben bey J. Trentsensky in Wien [um 1820]. [Umschlagtit.]
... Taf. in Lithogr. 4.

Spazierritt, der verhängnißvolle, nach dem Lichtenauer Park, v. W. A. Junker. 2 Theile. 8. Graz und Gerlach. 819.

Spazierstock, Der, in seinem Glanze d. i. Dank- und Ehrenrede auf die Spazierstöcke ... O. O. 1769. V: *Mayr, Beda.* (BB)

[F.] Die Frau Majorin. Drama in 4 Aufz. Nach d. Russ. d. **Spažinsky** f. d. deutsche Bühne bearb. v. Heinrich Stümcke. *Berlin: E. Rentzel (1894).* (VIII, 3 75 S.) 1 Bd 8. 94 3635

Spažinsky, die Frau Majorin. Drama in 4 Aufzgn. Nach d. Russ. f. d. deutsche Bühne bearb. v. Heinr. Stümcke. 8. (VIII, 75 S.) Berlin 895. E. Rentzel. n. 1.50

Spazirius, Christian Wilhelm, s. Spazier, Christian Wilhelm.

Spe, Friedr., s. Spee, Friedr.

Spear, Ellwood Barker, a. Aurora (Canada): Katalytische Zersetzung des Wasserstoffsuperoxyds unter verschiedenen Sauerstoffdrucken. Heidelberg 1907: K. Rössler. (47 S.) 8°

Heidelberg, Naturw.-math. Fak., Ref. Curtius, Diss. v. 19. Mai 1907

[Geb. 22. Febr. 75 Aurora (Canada); Wohnort: Aurora; Staatsangeb.: England; Vorbildung: Bachelor of science Manitoba 99; Studium: Toronto 4, Leipzig 1, Heidelberg 4 S.; Rig. 31. Okt. 06.]

Spearman, C(harles): Die Normaltäuschungen in der Lagewahrnehmung. Mit 21 Textfiguren. Leipzig: W. Engelmann 1905. (108 S.) 8°

Leipzig, Phil. Fak., Ref. Wundt, Bruns, Diss. v. 8. Dez. 1905

[Geb. 10. Sept. 63 London; Wohnort: Oxford; Staatsangeh.: England; Vorbildung: Gymn. Leamington Reife 82; Studium: Leipzig 7 S.; Rig. 25. Juli 05.]

Spearman, L. A., englische Sprachlehre f. Deutsche. (2 Abthln.) 1. Aufl. 835. u. 2. A. gr. 8. (à 15¾ B.) Karlsruhe 839, Müller'sche Hofb. ü

Spearman, L. A., englische Sprachlehre für Deutsche. 3. verm. u. verb. Aufl. gr. 8. Karlsruhe 844, Müller'sche Hofb. 1 ℛ

Spearman, A. L., Englische Sprachlehre f. Deutsche. 4. durchges. Aufl. gr. 8. (239 S.) Karlsruhe 847, Müller. 1 ℛ

Spearman's, L. A., englische Sprachlehre für Deutsche. 5., durchgef. Aufl. gr. 8. (IV und 224 S.) Karlsruhe 853, Müller'sche Hofbuchh.

Spearman's, L. A., englische Sprachlehre für Deutsche. 6., durchgeseh. und verm. Aufl. gr. 8. (X und 314 S.) Carlsruhe 857, Müller'sche Hofbuchh.

Specchi, Alessandro: Hohe-Schul, bürgerlicher Bau-Kunst. Ueber die Zierathen der Thore, Thüren und Fenster, welche aus etlichen herrlichen Gebäuen zu Rom gezogen worden, samt denen Massen, Grundrissen und Profilen. Ein Werk der berühmtesten Bau-Maister unserer Zeit herausgegeben durch ... in genauer Abmessung vorgetragen anjetzo aber in kleinern Format zum Nutzen und Gebrauch herausgegeben. Augsburg 1727. Fol.

Speccius, Hebräischer, oder 4000 leichte Stellen des alten Testaments ... Sorau 1834. V: *Adler, K. F.* (Gi) (Ky)

Speccius, hebräisch., od. 4000 leichte Stellen d. alten Testaments, nach grammat. Regeln stufenmässig geord. u. behufs mündl. u. schriftl. Uebungen gesammelt f. diejen., welche sich od. and. mit d. hebr. Sprache bekannt machen wollen. (Von Adler.) 1. Abthl. 8. (7 B.) Sorau 834, (Julien.)

Speccius, neuer, od. Uebersetzungsbuch aus d. Deutschen ins Latein.; zur Einübung der von der Schuljugend in der Formenlehre d. latein. Sprache erworb. Kenntnisse; mit Benutzung der vorh. Hülfsmittel ausgearb. von Dr. Billerbeck. 8. Hannov. 826. Hahn. 6 gr.

Speccius, Chr., Praxis declinationum et conjugationum, umgearb. v. H. P. C. Esmarch. 8. Flensb. 779. 2e A. 780, bis 1816 9 Aufl. 10e A. 8. Altona 824. Hammerich. 4 gr.

— — umgearbeitet von H. P. C. Esmarch. 8. Flensb. Korte. (Christiani in Schleswig.) 805.

Speccius, Chr., Declinationum et conjugationum. Ganz umgearb. von H. P. C. Esmarch. 8te verb. Aufl. Flensb. (Leipz. Mittler. u. Altona. Hammerich.) 812.

Speccii, M. C., Praxis declinationum et conjugationum, umgearbeitet v. H. P. C. Esmarch. 9te Ausg. 8. Altona, Hammerich. 816.

Speccii, (M. C.,) praxis declinationum et conjugationum, ganz umgearb. v. H. P. C. Esmarch. 10e verb. Aufl. 8. Altona 824, Hammerich.

— Praxis declinationum et conjugationum, von Esmarch. 8. Nürnb., Endter. 2 gr (Bern, Haller). 5 gr — 8. Basel 797. (Neukirch). 4 gr

(Speccius, Chr.:) Speccius emendatus et auctus, oder Speccii Anweis. zum Latein. Ulm: Stettin 1765. 8°

— Derselbe. 8. Stuttg. 779. Steinkopf. 5 gr

— nach den Regeln der neuesten Grammatiken. 8. Marb. 802. Krieger. 3 gr

Specerei-Kästlein, s. Spezerei-Kästlein.

SPECH, FRANZ Rede auf das hohe Fest der gottlichen Dreyeinigkeit, als der Orden der allerheiligsten Dreyfaltigkeit von Erlosung der gefangenen Christen, und eine englische Erzbruderschaft dieses Ordens bey Bestattigung der Wurdenswahlen ihr Titularfest feyerlich begiengen. Preßburg 1781. Landerer (10 f.)

Specht, Übungsbuch f. den Rechenunterricht, s.: Heuer, Ferd.

Specht, A., Jagden und Abenteuer aus allen Welttheilen, s. Lancon, A.

Specht, A.: Das Pegnitz-Gebiet in Bezug auf seinen Wasserhaushalt. München 1904.
Abh. K. B. Hydrotechn. Bureau.

Specht, Adrian (Ravensburg) Altd. Ahg. 13/6

Dissertatio theologica de nuptiis ob affinitatem in linea recta controversis. Präs. Johann Michael Lang. Altdorf (Kohles) 28. VIII. 1709. 19 S.

Gew.: Stadt Ravensburg.
W. v.: Präs. 32910

Specht, Aug., Allerlei aus dem Tierleben. gr. 4. (12 S. m. z. Tl. farb. Abbildgn.) Konstanz (900). C. Hirsch. — 60

Specht, Aug., Bilder aus d. Tierwelt. C. Buch f. lernbegier. u. gute Kinder. gr. 4. (16 S. m. z. Tl. farb. Abb.) Konstanz 898. C. Hirsch. Kart. — 75

— in Haus u. Hof. gr. 4. (12 S. m. z. Tl. farb. Abbildgn.) Ebd. (900). — 60

— des Kindes Lieblinge. gr. 4. (12 S. m. z. Tl. farb. Abbildgn.) Ebd. (900). — 60

— Pracht-Tier-ABC-Buch m. Bild. nach Aquarellen v. S. u. Text v. M. Kohler. qu. schmal Fol. (25 S.) Ebd. 898. Geb. 3. —

— Tierbilderbuch. qu. schmal Fol. (16 S. m. z. Tl. farb. Abb.) Ebd. 898. Kart. 1. 50

— im Tiergarten. C. hübsches Bilderbuch f. verständ. u. lernbegier. Kinder. gr. 4. (16 S. m. z. Tl. farb. Abb.) Ebd. 898. Kart. — 75

— Waldesleben. gr. 4. (12 S. m. z. Tl. farb. Abbildgn.) Ebd. (900). — 60

Specht, Bernhard

Specht, Bhrd., Briefe an die Freunde der Rechtswissenschaft. 8. Prag 788. Diesbach. 8 gr

Specht, Bernhard (Trachenberg) Diss. Halle 1787/1

De insufficientia probandi regulae: affirmanti incumbit probatio, deque alia in eius locum substituenda. Halle (Hendel) 29. IX. 1787. 85 S. 32911

— Sendschreiben an den ehrwürd. Landmann, zur Rettung vor Verurtheilen u. Irrwahn. 8. Prag 793. Neureutter. 6 gr

— Sendschreiben an das Landvolk, die schädl. Folgen der französ. Revolution betreff. 8. Prag 793. Neureutter. 16 gr

Specht, Bernhard, a. Hannover: Untersuchungen über die Dielektrizitätskonstante flüssiger Kristalle. Halle a. S.: Gebauer-Schwetschke 1908. (34 S., 6 Taf.) 8°
Halle, Phil. Fak., Ref. Dorn, Diss. v. 21. Febr. 1908
[Geb. 6. Jan. 85 Hannover; Wohnort: Halle a. S.; Staatsangeh.: Preußen; Vorbildung: Oberrealsch. Hannover Reife O. 03; Studium: Halle 9 S.; Rig. 19. Okt. 07.]

Specht, Bruno, bürgerliche Baukunst. Eine Vorbildersammlg. f. Schule u. Praxis. Unter Mitwirkg. namhafter Architekten hrsg. 1. Lfg. gr. Fol. (40 Bl. Photolith.) Breslau (902). Trewendt & Granier. In Mappe n. 12. —

Specht, Bruno (Hrsg.), s. o. Baukunst, Bürgerliche.

Leitfaden der architektonischen Formenlehre. Für Baugewerkschuler bearb. von Prof Bruno Specht. T. 1–4. Breslau: Trewendt & Granier 1905–05. 4 Bde 8° [...]
[illegible] 2

Specht, Bruno, Leitfaden der architektonischen Formenlehre Für Baugewerkschüler bearb. 4 Tle. gr. 8. Breslau 905. Trewendt & Granier. à n. — 70
1. 2. Aufl. (VII, 47 S. m. 78 Abb.) — 2. 2. Aufl. (45 S. m. 46 Abb.) — 3. (48 S. m. 44 Abb.) — 4. (48 S. m. 24 Abb.)

Specht, Bruno, Leitfaden der architektonischen Formenlehre. Für Baugewerkschüler bearb. 3., verm. u. teilweise umgearb. Aufl. 7.—9. Taus. (197 S. m. 230 Abb.) gr. 8. Breslau 907. Trewendt & Granier. Geb. 2. 80

Specht, C. E., (+ d. 19. Nov. 1780.) sylloge sententiarum locorumque ex scriptoribus aliquot graecis ad exercitat. scholarum hermeneuticas accommodata. 8. Würzb. 777. Stahel. 6 gl

Specht, Carl Aug., s.: Specht, Karl Aug.

Specht, Christian (Tharandt) A. S. 6/1

Dissertatio inauguralis de his quae per subhastationem extinguuntur vel non. Präs. Johann Heinrich Albinus. Wittenberg (Eichsfeld) 14.IV.1736. 39 S.

W. v.: Christ. Friedrich Haack. 32912

Specht, Christian [Praes.], s. J o h n , Christian Gottlob: De praefectis nobilium judiciis. Von adelichen Gerichts=Verwaltern.

Specht, Christian [Praes.], s. K i s s l i n g , Karl Gottfried: De muneribus quae propter diem natalem servatoris nostri dari solent. Von Heil. Christ=Geschencken.

Specht, Christian [Praes.], s. K l e i n h e m p e l , Christian Theophil: De stabulis, cauponis tabernis et hospitiis mercenariis. Von Gasthöfen, **Erb=** und Gemeinde=Schencken, Stadt=Kellern, Jahr=Küchen etc. etc.

Specht, Christian: De stabulis, cauponis, tabernis et hospitiis mercenariis. Von Gasthöfen, Erb- und Gemeinde-Schencken, Stadt-Kellern, Jahr-Küchen, Caffée- Wein- und Brandtewein-Häusern. ... [Resp.:] Carolus Godofredus Kroenerus. Vitembergae: Eichsfeld 1739. 32 S. Wittenberg, Phil. et jur. Diss. v. 29.7.1739 -- 5*

Specht, Christian [Praes.], s. T h i e m e , Johann Gottfried: De scultetis et scabinis Von Den Amts=Land und Dorff=Gerichten.

Specht, Christoph Heinrich (Dannheim) A. S. 271/37

Theses historico-theologicae quibus Cornelium centurionem ante concionem Petri non proselytum, sed e gentili semi-Christianum fuisse defendet ... Präs. Jakob Wilhelm Feuerlin. Altdorf (Meyer) 21.III. 1736. 8 S. 32915

Specht, Constanze von, s. S p e c h t , Konstanze von.

Specht, F. v., Generalregister, s.: Entscheidungen des Reichsgerichts in Civilsachen.

Specht, F., d. Stempelsteuergesetz, s.: Hummel, H.

Specht, F. A. K. v., das Festland Asien-Europa u. seine Völkerstämme, deren Verbreitung u. der Gang ihrer Kulturentwickelung mit besonderer Berücksichtigung der religiösen Ideen von Anbeginn bis zur Gegenwart. gr. 8. (XII, 292 S.) Berlin 879. F. Luckhardt. n. 6. —

Specht, F. A. K. v. Geschichte der Waffen. Nachgewiesen und erläutert durch die Kulturentwickelung der Völker und Beschreibung der Waffen aus allen Zeiten. In 4 Bänden. Leipzig: Luckhardt'sche Verlagsbuchhandlung [1869—1877].
3 Bde. 8°
I. Allgemeine Einleitung und vorgeschichtliche Zeit. [1869]. 2 Vortit., Tit., 2 Bl., IV, 525 S., 1 Bl., 1 Tab., 18 Taf. in Lithogr.
II. Die Natur-Völker. 1. Die neue Welt. 1872. XXIV, 674 S., 24 Taf. in Lithogr.
III. Die Natur-Völker. 2. Die alte Welt. 1877. XXV, 902 S., 17 Taf. in Lithogr.
Band 4 nicht erschienen

Specht, F. A. C. v., General-Lieut. z. D. G e s c h i c h t e der Waffen. Nachgewiesen **und erläutert** durch die Culturentwickelung der **Völker und Beschreibung der Waffen aus allen Zeiten. In 4 Bdn. Mit vielen Taf.** Abbild. I. Bd. Allgemeine Einleitung und vorgeschichtliche Zeit, oder das Stein-, Bronze- und Eisenalter, mit mehr als 580 Abbild. auf 18 Taf. II. Bd. Die Natur-Völker. 1. Th. Die neue Welt, oder: Die Natur-Völker Polynesiens **und** Amerikas mit mehr als 735 Abbild. auf **24** Taf. III. Bd. Die Natur-Völker 2. Th. Die alte Welt oder die Natur-Völker Afrikas, Asiens und Europas. 1. Abth. Die Naturvölker Afrikas mit mehr als 500 Abbild. auf 16 Taf. (Die Taf. auf 17 Blättern.)
8. Cassel, Leipzig, Berlin 1870—1877.

v. Specht, F. A. K., das Königr. Westphalen u. seine Armee im J. 1813, so wie die Auflösung desselben durch den kaiserl. russ. General Graf A. Czernicheff. Mit d. (lith.) Brustbild Czernicheff's u. 1 (lith. u. col.) Uebersichtskarte (in 4.) gr. 8. (XII u. 347 S.) Kassel 848, Luckhardt'sche Buchh. 2 ℳ

Specht, Franz Anton

Specht, Frz. Ant., s.: **Beiträge** zur Geschichte, Topographie u. Statistik **des Erzbist.** München u. Freising.

Specht, F. A., die **Frauenkirche in München. Kurze Geschichte u. Beschreibg. dieses Gotteshauses zur Feier des 400jähr. Jubiläums der Einweihg. gr. 8.** (42 S. m. Abbildgn.) **München 894. Braun & Schneider. n. — 80**

Specht, Frz. Ant., Gastmähler und Trinkgelage bei den Deutschen von den ältesten Zeiten bis ins 9. Jahrh. Ein Beitrag zur deutschen Kulturgeschichte. 8. (61 S.) Stuttgart 887, **Cotta'sche Buchh. Nachf.** *

Specht, Frz. Ant., biblische Geschichte u. Lehre in urkundlichem Wort für höhere Lehranstalten bearb. 2 Thle. gr. 8. Regensburg 879. Pustet. n. 3. 90
1. Die heiligen Schriften des alten Testaments. (XIV, 302 S.) n. 2. —
2. Die heiligen Schriften des neuen Testaments. (XVI, 288 S.) n. 1. 90

Specht, Frz. Ant., Geschichte d. Unterrichtswesens in Deutschland von den ältesten Zeiten bis zur Mitte d. 13. Jahrh. [Eine v. der histor. Kommission bei der königl. bayer. Akademie der Wissenschaften gekrönte Preisschrift.] gr. 8. (XII, **411** S.) Stuttgart **885**. Cotta. n. 8. —

Specht, F. A., kleine Kirchengeschichte mit (eingedr. Holzschn.=) Bildern für katholische Volksschulen. 8. (91 S.) München 875, Stahl. cart. * — 50

— kleine Kirchengeschichte mit (eingedr. Holzschn.=) Bildern für katholische Volksschulen. 8. (91 S.) München 877. Stahl. cart. n. — 50

— kleine Kirchengeschichte m. Bildern, f. katholische Volksschulen bearb. (Neue Titel-Ausg.) 8. (91 S.) Stuttgart 892. Jos. Roth. Kart. n. — 80

SPECHT, Franz Anton (München): Der exegetische Standpunkt des Theodor von Mopsuestia und Theodoret von Kyros in der Auslegung Messianischer Weissagungen aus den Commentaren zu den kleinen Propheten.- München: Lentner 1871. 4 Bl., 62 S., 1 Bl.
22.7.1871 - Urk (Titel: De methodo Theodori Mopsuest. et Theodoreti Cyren. in interpretatione prophetiarum ad Messiam spectantium.); F 44; Chr 1871/72,18
Diss. Ingolst.-Landsh.-Mchn.

Specht, Friedrich

Specht, Frdr., Abbildungen vorzüglicher Hunde=Rassen. Zeichnungen in Holzschn. ausgeführt v. C. G. Specht. 2. Aufl. Fol. (24 Bl.) **Stuttgart 884**. Schickhardt & Ebner. In Mappe. n. 7. —

— Abbildungen jagdbarer Tiere aus Wald u. Feld. Zeichnungen, in Holzschn. ausgeführt v. C. G. Specht. 2. Aufl. Fol. (20 Bl.) Ebend. 884. In Mappe. n. 6. —

Specht, Friedr., ABC aus dem Thierleben. **Mit Verschen. 12 (lithogr.) Taf. farb. Bilder. hoch 4. Stuttgart 871, H. Müller's Kunst=Verlag. [Leipzig, Oehmigke's Verlag.]** geb. 2 10

Specht, Frdr., ABC aus dem Thierleben. 12 Bildertaf. in Farbendr. 3. Aufl. 4. Leipzig 876. Oehmigke. n. 2. —

Specht, Frdr., zoologischer Atlas, s.: Lehmann, Adf.

Specht, Friedr., belehrendes Bilderbuch. Stuttgart 866. Chelius. qu. gr. 4. (12 color. Steintaff.) cart. 20 ngr.

— großes naturgeschichtliches Bilderbuch zum Anschauungsunterricht. 32 Originalzeichngn. (Holzschntaf. in Buntdr.) Mit hübschem Text, bearb. v. Frz. Sträßle. (16 Bl. Text.) Stuttgart 871. G. Weise. geb. 3. —

— im zoologischen Garten. 8 naturgeschichtliche Bilder. qu. 4. (8 Holzschntaf. in Buntdr.) Ebend. 871. — 40

Specht, Frdr., unsere Hausthiere. Originalzeichngn. Text von J. Trojan. 4. (8 Chromolith. m. 16 S.) Stuttgart 874 Eger & Distler. 6. —

—— unsere Hausthiere. Originalzeichnungen. Text von J. Trojan. 4. (16 S. mit 8 Chromolithogr.) Stuttgart 874, Nisch. [Hofmann und Hohl.]

— Hunde-Rassen. Zeichnungen, in Holzschn. ausgeführt v. C. G. Specht. Fol. (21 Holzschntaf.) Stuttgart 876. Schickhardt & Ebner. In Mappe. n. 12. —

— Jagd-Album. Zeichnungen, in Holzschn. ausgeführt v. C. G. Specht. Fol. (22 Holzschntaf.) Ebend. 876. In Mappe. n. 12. —

—— Kämpfe der Thierwelt. qu. 4. (12 ill. Stnt.) Stuttgart 867, Chelius. cart.

Specht, Frdr., Katzen-Bilder. Orig.-Zeichnungen. In Holzschn. ausgeführt von C. G. Specht. qu. gr. 4. (7 Bl.) Stuttgart 877. Schickhardt & Ebner. In Mappe. n. 4. —

—— Katzenbilder. In Holzschn. ausgeführt von C. G. Specht. 7 Bl. (2. Abdr.) qu. 4. Ebendas. 881. *

— Menagerie-Bilder. 8 naturgeschichtliche Abbildgn. qu. 4. (8 Holzschntaf. in Buntdr.) Stuttgart 871. G. Weise. — 40

— die Säugetiere in Wort u. Bild, s.: Vogt, C.

Specht, Fr., Tierbilder. 12 Taf. in Farbdr. Mit Textbeigaben v. Gust. Schwegelbaur. (II, 24 S.) 33,5×25 cm. Stuttgart (907). Loewe. Geb. (urspr. Pr. 3. —)

dasselbe. (12 Buntbilder m. kleinen Versen.) Unzerreißbare Ausg. 33,5×25 cm. Ebd. (907). Geb. (urspr. Pr. 3. —)

— dasselbe. (12 farb. Taf.) Volks-Ausg. 33,5×25 cm. Ebd. (907). Geb. (urspr. Pr. 2. 50

—— Thierbilder nach den Zonen geordnet. (Ein Bilderbuch für Kinder. qu. gr. 4. (11 ill. Stnt.) Stuttgart 862, Thienemann. cart. —

— **Tierbilder-Album.** Orig.-Zeichngn. [Gesamtausg. v.: Jagdbare Tiere u. Hunderassen.] 44 Taf. in Holzschn. ausgeführt v. C. G. Specht. gr. 4. (III S. Text.) Stuttgart (900). Schickhardt & Ebner. In Leinw.-Mappe n. 6.—

—— Thierbilderbuch und Thiergeschichten, s. Leutemann, Heinr.

— jagdbare Tiere, s.: Vorlagen f. Brandmalerei.

Specht, F., Thiere des Waldes und der Wildniß. 4 Hefte. à 8 naturgeschichtl. Bilder (color. Holzschntaf.) mit Text von Frz. Sträßle. qu. 4. (à 8 S.) Stuttgart 875, G. Weise. cart. à Heft 70 Pf.

- wilde Thiere. 12 naturgeschichtl. Bilder. qu. 4. (8 Holzschntaf. in Buntdr.) Ebend. 871. — 40

— Thiere der Wildniß. 8 naturgeschichtl. Bilder. qu. 4. (8 Holzschntaf. in Buntdr.) Ebend. 871. — 40

—— Tierstudien als Zeichen-Vorlagen und Zimmerschmuck. gr. Fol. (10 Stnt.) Stuttgart 884, [Thienemann's Verlag.] J. Hoffmann. In Mappe

— Tierstudien als Zeichen-Vorlagen u. Zimmerschmuck. (2. Aufl.) gr. Fol. (10 Steintaf.) Stuttgart 886. Jul. Hoffmann. In Mappe. 12. —; einzelne Blätter à 1. —

— **Tierstudien, 2. Serie,** s.: Tierstudien.

—— unsere Thierwelt. Mit erläut. Schilderungen aus dem Thierleben der Heimath von C. F. A. Kolb. Für Kinder von 6—12 Jahren. 1. Ausg. 1869. ℳ 4,80., und Neue Ausg. hoch 4. (14 color. Holzschntaf. mit 30 S. Text.) Stuttgart 872, Thienemann. cart. (ℳ 8,50.)

— unsere Thierwelt. Mit erläut. Schildergn. aus dem Thierleben der Heimat v. C. F. A. Kolb. Für Kinder von 6—12 Jahren. 2. Aufl. gr. 4. (IV, 28 S. m. 14 color. Steintaf.) Stuttgart 876. Thienemann. n. 4. —

— **Tierzeichenschule.** Naturstudien. gr. Fol. (25 Lichtdr.-Taf. m. IV S. Text.) Stuttgart (899). C. Ebner. In Mappe n. 20. —; erm. Pr. 12. —

Specht, Fr., Karl Hagenbeck's Tier-Zirkus. Nach Skizzen v. S. Aufstell-Bilderbuch. 4. (8 farb. Taf. auf Pappe m. 6 Klappbildern.) Eßlingen 894. J. F. Schreiber. n. 4.—

Specht, Fritz, ABC-Buch f. Stenographen- u. Maschinenschreiber. (VIII, 200 S.) kl. 8. Berlin 907. Frz. Schulze. Geb. in Leinw. nn 1. 10

Specht, Fritz, s.: Jahrbuch der Schule Stolze-Schrey.

Specht, Fritz, d. Reichstags-Wahlen v. 1867 bis 1897. E. Statistik d. Reichstagswahlen, nebst d. Programmen d. Parteien u. d. Verzeichniß d. gewählten Kandidaten. gr. 8. (XVI, 510 S.) Berlin 898. C. Heymann's Verl. n. 5. —

Die Reichstags-Wahlen von 1867 bis 1897. Eine Statistik d. Reichstagswahlen nebst d. Programmen d. Parteien u. d. Verzeichniß d. gewählten Kandidaten. Von Dr. **Fritz Specht.** [Nebst] Nachtrag. *Berlin: C. Heymann 1898–1903.* 2 Bde 8° [F.]
Nachtrag: Die Reichstags-Wahlen von 1898–1903 (10. Legislaturper.) ... bearb. von ... Specht u. Paul Schwabe. 1903. [illegible]

— — dasselbe von 1898—1903 (10. Legislaturperiode). Nachtrag zu: Fritz Specht, Die Reichstags-Wahlen von 1867 bis 1897. Eine Statistik der Reichstags-Wahlen etc. (XVI, 118 S.) gr. 8. Ebd. 903. n. 2. —

— u. Paul **Schwabe**, die Reichstagswahlen von 1867 bis 1903. Eine Statistik der Reichstagswahlen nebst den Programmen der Parteien u. e. Verzeichnisse der gewählten Abgeordneten. 2. Aufl. Neubearbeitet. (XX, 586 S.) gr. 8. Berlin 904. C. Heymann. n. 8. —

Specht, Fritz, u. Paul **Schwabe**, die Reichstags-Wahlen v. 1907, 12. Legislaturperiode. Nachtrag f. „Die Reichstags-Wahlen v. 1867—1903". 2. Aufl. Eine Statistik d. Reichstags-Wahlen nebst den Programmen der Parteien u. e. Verzeichnis der gewählten Abgeordneten. Auf Grund amtl. Quellen bearb. (VIII, 126 S.) 8. Berlin 908. C. Heymann. 2. —
Hauptwerk. Ebd. 904. 8.

— Die Schrift u. ihre Entwicklung. Mit vielen Abb. u. Schriftproben. 3. durchgeseh. u. verm. Ausg. 5. Taus. (137 S.) 8. Ebd. 909. Geb. in Leinw. 1. 80

Die Schrift und ihre Entwicklung zur modernen Stenographie. Von Dr. Fritz **Specht**. Mit vielen Abb. u. Schriftproben. Berlin: F. Schulze 1906. (274 S.) 8°   [06. 5718

-- Die Schrift u. ihre Entwicklung zur modernen Stenographie. Mit vielen Abbildgn. u. Schriftproben. 2. durchgeseh. u. verm. Ausg. 3. u. 4. Taus. (291 S.) 8. Ebd. 909.   Geb. in Leinw. 3. 60

-- s.: Stenographentag, der 2., der Einigungsschule Stolze-Schrey.

-- Stenographie. Methode Rustin. Selbstunterrichts-briefe in Verbindung m. eingeh. Fernunterricht. Hrsg. vom Rustinschen Lehrinstitut f. briefl. Unterricht. Red. v. C. Ilzig. 1.—3. Lfg. (S. 1—96.) Lex.-8. Potsdam (905. 906.) Bonneß & Hachfeld.   Subskr.-Pr. à n. — 90; Einzelpr. à n. 1. 25

— Stenographie. Methode Rustin. Selbstunterrichts-briefe in Verbindg. m. eingeh. Fernunterricht. Hrsg. vom Rustinschen Lehrinstitut f. briefl. Unterricht. Red. v. C. Ilzig. 4.—6. Lfg. (S. 97—192.) Lex. 8. Potsdam (907. 08). Bonneß & Hachfeld.   Subskr.-Pr. à — 90; Einzelpr. à 1. 25

Specht, Fritz: Die ältesten Umsturzparteien. (4. Taus.) Berlin: Kritik-Verl. 1897. (21 S.) 8°
= Fragen des öffentlichen Lebens. Jg. II. H. 1.

— d. ältesten Umsturzparteien, s.a Fragen des öffentl. Lebens, 2. Jahrg. 1.

Specht, Friedrich [aus Salzwedel]: Das Verbum reflexivum und die Superlative im Westnordischen. . . . Burg b. M., Druck v. A. Hopfer, *1891;* 1 Bl., 30 S., 1 Bl. 8°
Berlin, Phil. Fak., Inaug.-Diss. v. 6. Mai 1891

Specht, Friedr.   Das Verbum reflexivum u. d. Superlative im Westnordischen. Ein Beitrag zur nord. Grammatik. gr. 8. (56 S.) Berl. 891, Mayer u. Müller.   * 1 80
Aus: Acta Germanica, besonders abgedruckt.

Was ein Stenograph werden kann. Beantwortet von Dr. Fritz **Specht**. Berlin: Schulze [1910]. VIII, 248 S. 8°   [10. 13398 II

Specht, G., Bibelkunde nebst Kirchenjahr für Volksschulen. 9. (Ster.-)Aufl. Basel 869. Riehm. gr. 8. (16 S.) 2 ngr.

Specht, G., Bibelkunde, nebst Kirchenjahr und bibl. Geographie für Volksschulen. 19.—21. [Ster.]Aufl. 8. (20 S.) Basel 880—82, Riehm.

Specht, G., Bibelkunde, nebst Kirchenjahr u. bibl. Geographie f. Volksschulen. 29. (Ster.-)Aufl. gr. 8. (20 S.) Leipzig 894. F. Riehm.   — 20

Specht, G., Bibelkunde nebst Kirchenjahr u. bibl. Geographie f. Volksschulen. 30. (Ster.) Aufl. 8. (20 S.) Leipzig 897. F. Riehm.   — 20

Specht, G., Bibelkunde **nebst Kirchenjahr u. biblischer Geographie** f. Volksschulen. **32. (Ster.-)Aufl. 8. (20 S.) Leipzig** 901. F. Riehm.   — 20

Specht, Georg

Specht, Geo., Tafeln der Steigungsverhältnisse von 0.5‰ bis 100‰ f. die Entfernungen 1 bis 100 nebst den entsprech. Neigungswinkeln nach alter u. neuer Theilg. Zum Gebrauch bei Strassen- u. Eisenbahnbauten. 8. (74 S.) Zürich 876. Meyer & Zeller. n. 2. 50

Specht, Gotthilf

Specht, Gthlf., über den biblischen Begriff der Erbauung. Ein Vortrag, gehalten in der Wupperthaler Festwoche, am 13. Aug. 1863. gr. 8. (28 S.) Elberfeld 864, [Langewiesche.]

Specht, Gustav

Specht, Gust., über den pathologischen Affekt in der chronischen Paranoia. gr. 8. (30 S.) Leipzig 901. A. Deichert Nachf.   n. 1. —
Sonderabdruck aus: „Festschrift d. Universität Erlangen f. Prinzregent Luitpold".

SPECHT, Gustav (Schweinfurt): Beitrag zur Casuistik der tertiärsyphilitischen Schleimbeutelerkrankungen.- München: Grassl (1884). 16 S.
10.4.1884 - Chr 1883/84,14
Diss.Ingolst.-Landsh.-Mchn.

Specht, Gust., die Mystik im Irrsinn. Erwiderung an Baron Carl du Prel. gr. 8. (VII, 127 S.) Wiesbaden 891. J. F. Bergmann.   n. 2. 80

Specht, H., kirchengeschichtliche Darstellung der Gemeinde Unteröwisheim. gr. 8. (87 S.) Unteröwisheim 892. (Zell i/W., H. Specht.)   n. — 50

Specht, H., Versuch e. Geschichte Lußheims u. seiner Kirche seit Einführung d. Christenthums. 8. (64 S.) Karlsruhe 883. (Reiff.)   n. — 60

Specht, Hermann

Wie kann ein frischer Zug in das geistige Leben der Loge gebracht werden? Vortrag, gehalten am 26. Mai 1906 anlässlich des Grosslogentages in der Loge „Zur Edlen Aussicht" im Or. Freiburg i. B. von H[erm.] **Specht.** [Bayreuth 1906: Mühl.] 14 S. 8° [Kopftit.]
cf. S. 13 (1906) S. 61—63 (E. Findel).
Als Sonder-Beil. zum BayrBbl. 6 1905—1906 Nr 10. 11. erschienen.   25a. 193.

Specht, J. B., welchen Nutzen gewährt die Stenographie dem Lehrer? (30 S.) 12. Wolfenbüttel (899). Heckner.

Specht, Johann

Specht, Jh., († . . .) Wochenpredigten von dem hohem Geheimniß der Menschwerdung d. Sohns Gottes, über Joh. I, 1—14; herausgg. von J. H. Specht. 4. Lindau 761.

Die Nutta-Stiftung. Von Joh. Ev. Specht, G. P. — 1841. Ebend. — S. 1—38. Mit einer lithogr. Abbildung des Nutta Denkmals. Delin. Dr. Gutenaecker.
Progr. Münnerstadt.

Ueber griechische Schrift und Aussprache. Von Joh. Ev. Specht, G. P. — 1836. Ebd. — S. 3—31.
Progr. Münnerstadt.

Specht, Johs. Friedr., der neue Zion oder die Geschichte der ev.-luther. Gemeinde am Kripplein Christi zu Fraustadt. Herausg. zu der 300jähr. Reformations-Jubelfeier dieser Gemeinde am 18. Mai 1855. Fraustadt 855. (Neustadt.) gr. 8. (IX, 158 S. u. 1 Lithogr. in 4.)   n. 15 ngr.

Specht, Joh. Heinrich

Specht, Jh. Hnr., († . . .) Zönisches Denkmal, welches in sich fasset eine gewisse Nachricht von d. löbl. Reichsstadt Lindau Namen, Ursprung, Reformation, Regenten, Predigern u. Schulmeistern, von vielen Unglücksfällen u. e. besond. Merkwürdigkeiten. 8. Lindau 750.

Specht, Joh. Heinrich (Hrsg.), s. Specht, Johann: Wochenpredigten ...

Specht, Jos. Ant., die großen Anfangs-Buchstaben als Rede-Tonzeichen dargest. u. erläut. 2. Beitr. z. Verbesserung d. teutschen Rechtschreibung. Allen unbefang. gebild. Freunden d. teutschen Sprache zur Beherzigung. gr. 8. (2½ B.) Offenburg 832, (Braun.)

Specht, Jos. Ant., krit. Beleuchtung d. teutschen Alphabets u. seiner Anwendung. Ein zeitgemäß. (1.) Beitrag zur Verbesser. d. teutschen Rechtschreibung. Allen unbefang. u. gebild. Freunden d. teutschen Sprache zur Beherzigung. gr. 8. (2¼ B.) Stuttgart 831, (Beck u. Fränkel.) Thlr.

— krit. Beleuchtung des deutschen Alphabets u. seiner Anwendung. Ein zeitgemäß. Beitrag zur Verbesser. der deutschen Rechtschreibung. — Allen unbefangenen u. gebild. Freunden der deutschen Sprache zur Beherzigung. gr. 8. Stuttg. 831. (Löflund u. S.) 7 gr.

Specht, K., die gebräuchlichsten Bauarten der Personen- u. Lasten-Aufzüge in Fabrikgebäuden, Gasthöfen, Geschäfts- u. Privathäusern. Gekrönte Preisschrift d. Vereins zur Beförderg. d. Gewerbfleisses in Deutschland (Berlin). Mit 20 lith. Taf. u. 5 Holzschn. gr. 4. (V, 189 S.) Berlin 891. L. Simion. Kart n. 12. —

Specht, K., die Ergebnisse des Preisausschreibens der norddeutschen Edel- u. Unedelmetall-Industrie-Berufsgenossenschaft etc., s.: Hosemann, P.

Specht, C., s.: Handbuch d. prakt. Gewerbehygiene.

— die Massenfabrikation im Maschinenbau. Von dem Verein zur Beförderg. des Gewerbfleisses (Berlin) gekrönte Preisarbeit. Mit e. Anh.: Die Arbeiten der Kesselschmiede u. die Einrichtgn. der letzteren m. besond. Berücksicht. des hydraul. Nietverfahrens. Mit e. Atlas, enth. 41 lith. Taf. u. m. 190 Holzschn. im Text. gr. 4. (XI, 255 S.) Ebd. 893. In 2 Bde. kart. n. 20. —

— neue Schutzvorrichtungen gegen Fingerverletzungen, s.: Hosemann, P.

— die Unfallverhütung im Dampfkesselbetriebe, s.: Heidepriem, C.

Specht, *Friedrich* Carl [aus Elberfeld]: Eine kritische Zusammensetllung [sic!] der Verfahren, durch welche Simulation und Aggravation von Sehstörungen nachgewiesen werden konnen. . . . Bonn, Hauptmann'sche Buchdr., *1891*; 50 S., 1 Bl. 8°
Bonn, Med. Fak., Inaug.-Diss. v. 24. Jan. 1891

Specht, Karl August

Specht, Dr. Aug. Cholera und Feuerbestattung. Gotha 1886.

Specht, Karl Aug., populäre Entwickelungs-Geschichte d. Weltalls. gr. 8. (VII, 256 S.) Gotha 876. Stollberg. n. 2. 50

Specht, Karl Aug., populäre Entwickelungs-Geschichte der Welt. 2., sehr verm. u. verb. Aufl. gr. 8. (XI, 384 S.) Gotha 880. Stollberg. n. 3. 50; geb. n. 4. 50

Specht, Karl Aug. Populäre Entwickelungsgeschichte der Welt. 3. sehr verm. u. verb. Aufl. 8. (XVI, 458 S.) Gotha 889, Stollberg. * 4 50; geb. * 5 50

Specht, Karl Aug., populäre Entwicklungsgeschichte der Welt. 4., sehr verm. u. verb. Aufl. 8. (XII, 478 S.) Gotha 894. Stollberg. n. 4. 50; geb. n. 5. 50

Specht, Karl Aug., s.: Freidenker-Almanach.

—— Freidenkertum u. Geisteskultur. Vortrag, geh. am 13. Oktbr. 1889 in der freireligiösen Gemeinde zu Berlin. 8. (17 S.) Berl. 890, (Rubenow). — 15

— Gehirn u. Seele im Lichte der neuesten Forschungen. Ein gemeinverständl. Vortrag, geh. in der „Humboldt-Halle" zu Apolda. 2. Aufl. gr. 8. (36 S.) Gotha 888. (Stollberg.) n. — 50

Specht, Aug., s.: Glocken, freie.

— Die Gottesidee. Gemeinverständliche Erörtergn. u. die höchsten Geistesprobleme der Menschheit. 5., gänzlich umgearb., verm. u. verb. Aufl. (IX, 174 S.) 8. Gotha 908. Stollberg. 2. —

Specht, C. Aug., freireligiöser Kalender auf das Schaltj. 1872. 8. (IV, 97 S.) Gotha 871, Stollberg'sche Verlagsh. *

Specht, Aug., s.: Menschenthum.

—— Afrikanische Sitten u. Gebräuche. Ein volksthümlicher Vortrag. gr. 8. (48 S.) Lpz. 891, (E. Thiele). * — 50

—— Theologie und Wissenschaft oder alte und neue Weltanschauung und ihr Verhältniß zur Freiheit und Wohlfahrt der Völker. Der Auffassung eines jeden Gebildeten angemessen dargestellt. 1. Thl. gr. 8. (IX, 260 S.) Gotha 872, Fellmer. *

— Theologie u. Wissenschaft oder alte u. neue Weltanschauung. Allgemein-verständlich dargestellt. 3., völlig umgearb., verm. u. verb. Aufl. 8. (VII, 360 S.) Ebend. 878. n. 4. —; geb. n. 5. —

— Theologie u. Wissenschaft od. alte u. neue Weltanschauung. Allgemein-verständlich dargestellt. 4., völlig umgearb. Aufl. gr. 8. (IX, 384 S.) Gotha 893. Stollberg. n. 4. —; geb. n. 5. —

— der Verfluchte. Trauerspiel in 5 Akten. 8. (VII, 149 S.) Ebend. 882. n. 2. —

—— dass. — 2. Aufl. (VII, 149 S.) 1882; 3. revid. Aufl. gr. 8. (IX, 147 S.) Ebendas. 883. *

Specht, Karl Aug., der Verfluchte. Trauerspiel in 5 Akten. 3. Aufl. gr. 8. (IX, 147 S.) Gotha 883. Stollberg. n. 1. 50

— Die Wolkenwandlerin. Eine Drama in 4 Aufzügen aus der Gegenwart. (V, 72 S.) 8. Ebd. (908). 2. —

Specht, Karl M. M., Donausagen. Den Reisenden zwischen Linz u. Wien gewidmet. 1869. 12. (157 S.) Wien, lit. art. Anstalt von L. Dittmarsch. 80 kr.
80 kr.

Specht, Karl M. M., Donausagen. Wien 869. (Perles.) 16. (141 S.) n. 16 ngr.

Specht, Constance v., Erzählungen einer Großmutter für kleine Knaben u. Mädchen. Kassel 866. (Leipzig, J. G. Luckhardt.) 8. (IV, 94 S.) cart. 12 ngr.

Specht, Constanze v., Erzählungen e. Großmutter f. kleine Knaben u. Mädchen. Mit 3 Buntbildern v. Mathilde Cöster, ausgeführt v. J. G. Bach in Leipzig, u. Holzschn. nach E. Pezenburg u. A. 8. (IV, 128 S.) Leipzig 886. Strübig. cart. n. 2. —

Specht, Constanze v., Erzählungen e. Großmutter f. kleine Knaben u. Mädchen. Mit 8 Vollbildern, in Buntdr. nach Mathilde Cöster, ausgef. v. J. G. Bach u. Holzschn. nach E. Pezenburg u. a. 2. Aufl. 8. (IV, 128 S.) Leipzig 888. Strlibig. geb. n. 2. —

Specht, Constanze v., Erzählungen f. kleine Knaben u. Mädchen. Mit 10 Vollbildern in Buntdr. nach Mathilde Cöster u. Holzschn. nach E. Pezenburg u. a., sowie m. in den Text gedr. Abbildgn. 3., vielfach veränd. Aufl. 8. (IV, 124 S.) Leipzig 893. G. Strilbig. Geb. in Leinw. n. 1. 60

Specht, Kurt, aus Bayreuth: Über das **Verhalten** der Temperatur und des Pulses vor und nach Körperbewegung bei Gesunden und Kranken. *Erlangen 1904: Junge & Sohn.* (61 S.) 8°
Erlangen, Med. Diss. v. 2. Okt. 1903

Specht, Mathilde, Kochbuch für den praktischen Haushaltungsunterricht an höh. Mädchenschulen. gr. 8. (89 S.) **Wiesbaden 900. O. Nemnich.** Geb. in Leinw. n. 1. —

Specht, Mathilde, Kochbuch f. den prakt. Haushaltungsunterricht an höheren Mädchenschulen. 2. verm., verb. Aufl. (133 S.) 8. Leipzig 906. O. Nemnich. Geb. 1. 20

Specht, Mathilde, Kochbüchlein f. den prakt. Haushaltungsunterricht an höheren Mädchenschulen. 3. verm., verb. Aufl. (4, 136 S.) 8. Leipzig 910. O. Nemnich. Geb. in Leinw. 1. 20

— **Kochbüchlein für den praktischen Haushaltungsunterricht an Volks- u. Fortbildungsschulen.** gr. 8. (58 S.) **Ebd. 901.** Kart. n.n. — 50

Specht, Mathilde, Kochbüchlein für den praktischen Haushaltungsunterricht an Volks- u. Fortbildungsschulen. Ausg. B. (Für Norddeutschland.) (94 S.) 8. Leipzig 904. O. Nemnich. Kart. n.n. — 50

— dasselbe an Volks- u. Fortbildungsschulen. Ausg. A. (Für Mittel- u. Süddeutschland.) 8. Aufl. (35.—40. Tausf.) (96 S.) 8. Ebd. 910. Geb. nn — 50

Specht, Paul Lengfeldensis: De immo particulae apud priscos scriptores **usu.** *Jena 1904: G. Neuenhahn.* (51 S.) 8°
Jena, Phil. Diss. v. (13. Nov.) 1903

Specht, R., Buchführung f. Geflügelbesitzer. Im Auftr. d. „Vereins f. Geflügelzucht u. Vogelschutz f. Zerbst u. Umgegend" hrsg. 3 Hfte. Zerbst 898. (E. Luppe.) n. 1. 75
I. Einfachste Buchführg. f. Geflügelbesitzer. 12. (11 S.) n. — 25
II. Ausführl. Buchführg. f. Geflügelzüchter u. -Liebhaber. (F. jede Art d. Grossgeflügels passend.) qu. 4. (26 S.) n. — 75
III. Zucht-Tabellen u. Buchführg. f. Taubenzüchter. In übersichtl. u. sehr leicht durchführbarer Weise zusammengest. qu. 4. (30 S.) n. — 75

Specht, R., Handbuch f. den deutschen Unterricht, s.: Böhnisch, G.

Specht, Rich., zehn Jahre Burgtheater. Eine Studie. [**Aus: „Unser Wissen".**] gr. 8. (24 S.) **Wien 899. L. Rosner.** n. — 40

Specht, Rich., d. Gastmahl des Plato. Komödie in 1 Aufzug. M. 1 Titelbild v. Theo Zasche. 8. (VII, 35 S.) Dresden 895. E. Pierson. n. 1. —

Gedichte. Von Richard **Specht**. München: Seitz & Schauer 1893. 77 S. 8° A 12. 10602

Gustav Mahler. Von Richard **Specht**. Berlin: Gose & Tetzlaff [1905]. (57 S.) 8° [5.]
— **Essays**, Moderne. II. 52. [06. 4633

Gustav Mahler. Sechste Symphonie. Thematischer Führer von Richard **Specht**. Leipzig: C. F. Kahnt Nachf. (1906). (48 S.) 8°
(Kahnts Musikführer.) [07. 9168

Pierrot bossu. Eine Commedia dell'arte z. Fastnacht in gar zierl. Reimen verfertiget von Richard **Specht**. Dresden, Leipzig & Wien: E. Pierson 1896. (57 S.) 8° [cc. 1905]

Kritisches Skizzenbuch von Richard **Specht**. **Wien.** 1900. Wiener Verlag. (Rosner.) Gr.-8°. 206 S. K 3.60

Specht, Richard: Johann S t r a u s s . Mit 1 Heliogr. u. 11 Vollbild. ... Berlin: Marquardt [1909]. VIII, 93 S. 8°
(Die Musik. Bd 30.)

Specht, Rich., Johann Strauss, s.a. Musik, die.

Specht, Rich. Sündentraum. 8. (38 S.) Wien 892, L. Weiss. * — 90

Vollständiges Verzeichnis der im Druck erschienenen Werke von Richard Strauss. Mit Portr. u. biogr. Daten, sowie e. Einl. von Richard **Specht**. Wien, Leipzig: Universal-Ed. [1910]. 42 S. 8°
(Universal-Edition. Nr 2756.) [11. 4852

— **s.: Widmungen zur Feier des 70. Geburtstages Ferdinand v. Saar's.**

— s.: Zeitschrift, Wiener, f. Musik.

Specht, Thomas, Die Einheit der Kirche nach dem hl. Augustinus. Neuburg a. d. Donau, 1885, 8°, 76 S., Progr. der Studienanstalt.
J. H. Reinkens, Über Einheit der kath. Kirche. Einige Studien. Würzburg, Stahel, 1877, 8°, VII, 160 S., 2,40 Mk. Wurde auf den röm. Index gesetzt. Vgl. (Linzer) Quartalschr. 1878, S. 349.

Geschichte des K. Lyzeums Dillingen (1804 bis 1904). Festschrift zur Feier seines 100jährigen Bestehens. — Von Dr. Thomas Specht, L.-P. — 1904, Regensburg, G. J. Manz. — P. 3—311.
Progr. Dillingen, K. Lyzeum und Gymnasium

Geschichte der ehemaligen Universität Dillingen (1549—1804) und der mit ihr verbundenen Lehr- und Erziehungsanstalten. Mit 15 Abbildungen. — Von Dr. Thomas Specht, L.-P. — 1902, Freiburg i. Br., Herder. — P. 3—707.
Progr. Dillingen, K. Lyzeum und Gymnasium

Specht, Thom., Geschichte des Seminarium S. Josephi in Dillingen bis 1803. gr. 8. (35 S.) Dillingen a/D. (901). Prof. Dr. Specht. — 40
Sonderabdruck aus: „**Jahrbuch d. hist. Vereins Dillingen**".

Die 100jährige Jubelfeier des K. Lyzeums Dillingen am 1., 2. und 3. August 1904; Festbericht. — Von Dr. Thomas Specht, L.-P. — 1904, Dillingen, J. Keller. — P. 3—84.
Progr. Dillingen, K. Lyzeum und Gymnasium

Specht, Thom., Lehrbuch der Dogmatik. 2 Bde. (VIII, 472 u. VIII, 494 S.) gr. 8. Regensburg 907. 08. Verlagsanstalt vorm. G. J. Manz. à 8. —; geb. in Halbldr. à 10. —

Specht, Thomas, Die Lehre von der Kirche nach dem hl. Augustin. Paderborn, Schöningh, 1892, 8°, VI, 354 S., 6 Mk.
Recensj. von H. Hurter, Innsbr. Ztschr. f. k. Theol. 1893, S. 375; Schanz, Theol. Quartalschr. 1893, S. 335—9; Kirschl, Katholik 1893, S. 270—5; Pell, Passauer Theol. pr. Monatsschr. 1893, S. 79; Ant. Koch, Litt. Rundsch. 1893, S. 201—4; Rösler, Litt. Anzeiger f. d. kath. Österr. Jahrg. 8, S. 99—101.

— s.: Matrikel, die, der Universität Dillingen.

SPECHT, Thomas (Schwaben): Die Wirkungen des eucharistischen Opfers. Historisch-dogmatische Abhandlung.- Augsburg: Kranzfelder 1876. 4 Bl., 196 S.
9.1.1875 - Urk (Titel: De effectibus sacrificii eucharistici.); Chr 1874/75,11
Diss. Ingolst.-Landsh.-Mchn.

Specht, W., die Formenlehre der Geometrie nebst dem Satze d. Pythagoras u. seinen Stützsätzen, e. Leitfaden 2. Aufl. gr. 8. (III, 40 S. m. eingedr. Holzschn.) Dorpat 872. Schnakenburg. n. 1. 20

Specht, Walth., s.: **Havelbote, der.**

Specht, Walth., s.: Hie gut Brandenburg allewege.

Specht, Walther: Rathenower Wanderbücher. Nr 1. 2. verb. u. verm. Aufl. Rathenow: Rackwitz (1910). 8°

Specht, Wilh., die Beeinflussung der Sinnesfunktionen durch geringe Alkoholmengen. I. Tl. (IX, 115 S.) gr. 8. Leipzig 907. W. Engelmann. 1. 60
Sonderabdr. aus: „Archiv f. d. ges. Psychol."

Specht, Wilhelm, Dr.: **Ueber klinische Ermüdungsmessungen.** T. 1: Die Messung der geistigen Ermüdung. Mit 24 Fig. im Text. *Leipzig: W. Engelmann 1904.* (95 S.) 8°
Tübingen, Med. Hab.-Schr. v. 1904

Specht, Wilhelm, Arzt aus Bergedorf b. Hamburg: Zur **Pathologie** der Intentionspsychosen mit besonderer Berücksichtigung ihrer Beziehung zu symptomatologisch ähnlichen Krankheitsbildern. *Weimar 1900: R. Wagner Sohn.* (22 S.) 8°
Jena, Med. Diss. v. 1900

Spechtenhauser, Jh. Bapt., christl. Pastoral-Unterricht. 2 Thle. gr. 8. Innsbr. 814—16. Wagner. (Leipz., Barth). 4 ꝑ

Spechtsbrunn, s.: Preussen. Messtischblätter.

Spechtsbrunn, s.: Thüringen.

Special ... s.: Spezial ...

Species, Abbreviata, facti, in causa abbatis Anselmi in Monte S. Michaelis prope Bambergam O. S. B. quoad spiritualia. S. l. [174?]. V: *Geissendorfer, Anselmus.* (zürKL)

Species facti in Sachen des Oberhauptmanns von Adelepson gegen den Churfürstl. Sächsischen General von Adelepsen. 1757. 4.

Species, Actenmässige Facti, und Rechtsgegründeter Beweiss, dass dem Hn Gr. Julio von Löwenhaupt ... das Näherkauf- oder Einstandsrecht an ... der freyen Reichsherrschaft Reipoltskirchen ... zustehe. O. O. 1735. V: *Brunnquell, Joh. Sal.* (Holz)

Species, Actenmässige facti, cum deductione iuris, in caussa des Geheimen Canzeley-Secretarii Unger ... O. O. [1754] V: *Grupen, Christian Ulrich.* (ML) (Holz. (Rotermund, Gel. Hannover. Bremen 1823.)

Species, Actenmässige Facti, nebst den ergangenen Reichshofräthlichen Erkenntnissen ... in Sachen des fürstlichen Hochstifts Speyer ... O. O. 1763. V: *Weiskirch.* (Holz)

Species Facti, Actenmässige, nebst einem verlässigen accuraten Extractu Actorum cameralium in Sachen General v. Hallerischer Unterthanen ... O. O. 1762. V: *König von Königsthal, Georg Gustav.* (ML) (will) (Holz)

Species Facti, Actenmässige, die von dem löblichen Deutsch-Ordischen Contributions-Amte zu Mergentheim ... gemacht werdende Forderung betreffend. O. O. 1773. V: *Röder, Johann Ulrich.* (Holz) (MGT) (Adel)

Species, Actenmässige Facti, der von des ritterlichen teutschen Ordens Herrn Landcommenthuren ... wider des Herrn Fürsten zu Öttingen Hochfürstl. Durchl. ... unternommenen ... Invasion und andern Thätlichkeiten. Öttingen 1765. V: *Tröltsch, Joh. Frdr. Freih. von.* (Holz) (BB) (ML)

Species Facti, Actenmässige, in Sachen der sämtlichen Meistere des Barchet- und Leineweber-Handwerks zu Nürnberg contra die Leinwand-Händlere offenen Gewerbs daselbst ... O. O. 1755. V: *Schmid, Joh. Frdr.* (will) (Holz)

Actenmässige Species facti in Sachen Gebhard Paris von dem Werder wider einige seiner Unterthanen in Donndorf. 1710. fol.

Species Facti, Actenmässige, cum annexo Responso iuris in causa Heubelein contra Sichart von Sichartshofen. O. O. 1713. V: *Harpprecht, Ferd. Christian.* (Holz)

Species Facti, Aktenmässige, der verwittibten Freyfrau Maria Amalia von Görz gebohrnen von Wallenstein errichtetes Stift Wallenstein ... betreffend ... Cassel 1764. V: *Lennep, Georg.* (ML) (Stri)

Species Facti, Actenmässige, woraus umständlich zu ersehen, wie das Wincklerische Visionswerk in die 13. Jahr lang ... fortgetrieben ... worden. Nürnb. 1720. V: *Marperger, Bernh. Walter.* (Holz)

Species Facti, Anderweite, wodurch denen von dem Nürnbergischen Rath ... angebrachten unstatthaften ... Vorbildungen mit ohnverwerflichen Gründen ... kürzlich begegnet ... wird ... O. O. 1730. V: *Schütz, von.* (Holz)

Species Facti, oder: Rechtlige Anzeige Catharinen Cadiere, Klägerin und Apellantin Eines- wider den Pater-Jesuiten, Johann Baptista Girard Beklagten und Apellaten Anderen-Theils in Puncto eines diesem angeschuldigten, so hochgetriebenen und abscheulichen Quietismi, also dass er unter dem Deckmantel der Heiligkeit sowohl an Jener, als noch anderen sechs Andächtigen Weibes-Personen, die seine Beicht-Kinder gewesen, die aller strafbarsten Excesse verübet u. s. w. Nebst Beyfügung der Apellations-Schrift u. s. w. Aus d. Frantzös. ins Teutsche übers. O. O. Anno 1731. 8⁰. 2 Bll., 201 S. (15 Mk., Hfrzbd., E. Frensdorff, 1903.)

Species Facti in Sachen des Hrn Gotthard Friedrichs Freyh. v. Appolt contra J. G. Späth auf Altheimersberghof . . . Nürnberg 1759. V: *Springer, Johann Christoph Erich von.* (stri) (ML)

Ausführliche mit den pactis familiae... bescheinigte species facti in Sachen Riedesel c. Riedesel mit beygefügten rechtlichen Gutachten etc. 1723.

Aussgeführte Species Facti über v. Weyl. Mathaeo v. Riesenfels d. 19. Mai 1668 aufgerichteten und von Weyl. Frantz von Riesenfels, Freyh. unterm 24. Oct. hierüber erfolgten Majoratserleutterung (Linz) 1703.

Species, Facti, und Bedenken de alienandis immobilibus minorum . . . Frankf. 1755. V: *Springer, Johann Christoph Erich von.* (ML) (stri)

Species facti die von Seiten des Hfstl. Brandenb. Hauses neuerlich erfolgte Beeinträchtigung der Reichsstadt Nürnbergischen Wegbaubefugnisse betreffend. O. O. 1775. V: *Jan, Ludwig Ernst Friedrich von.* (MGT) (stri) (will)

Species facti samt denen Beylagen . . . den Rang und andere . . . Jura ac Praerogativas, der sämtlichen Doctorum Juris et Medicinae, in des H. R. R. F. Stadt Nürnberg betreffend. O. O. 1707. V: *Pfund, Martin.* (will)

Species facti in Sachen des Herrn Marchesen **Francisci Bellisomo,** Abtes ad S. Mariam ad Perticas, Römischen Prälatens, u. referendarii utriusque signaturae in Rom. Mit der Congregation des Heil. officii der Inquisition, vom Jahr 1701 biss 1727. Jena (Peter Fickelscherr) 1728. 24 Seiten. (6.—) 1993

Species facti mit einzelnen beigefügten Bemerkungen zur letzten Verständigung über den Rechtsstreit des Fürsten . . . zu Löwenstein-Wertheim-Rosenberg gegen den Herzog . . . zu Aremberg betreffend die Surrogate der . . . . Graf- und Herrschafften Schleiden und Saffenburg . . . [Berlin 1835.] V: *Heffter, August Wilhelm.* (KG Berlin I, 603)

Species, Facti, und wahrhafter hist. Bericht von den im Herzogthum Mecklenburg und den dazu gehörigen Landen seit 600 Jahren unter den Landesherren vorgenommenen Landes-Theilungen. 1749. V: *Jargow, Chph Gg.* (Bachmann, Mecklenburg. Güstrow 1889. S. 169.)

Facti Species und Beweis, dass dem H. Graf Carl Julio von Löwenhaupt, . . . das Näher- Kauff- oder Einstandsrecht an den Dreyvierteln der freyen Reichs-Herrschafft Reipoltskirchen . . . zustehe etc. O. O. 1738. fol.

Species facti, Hochf. Brandenburgische, mit beygefügten Nürnbergischen Anmerkungen, die Ausruffung des Friedgebots bey den Hochzeiten auf dem Mühlhof betreffend. O. O. 1735. V (Anmerkungen): *Scheurl von Defersdorf zu Heuchling, Christoph.* (will) (Holz)

Facti species in Sachen Caji Lorenz Grafen von Brockdorff contra den Obristen B. Ranzau (?) oder C. B. v. Brockdorff, vermeyntl. Testamentserben. O. O. 1727. fol.

Species, Facti, in Sachen Burgermeister und Raths zu Wertheim contra deren Hochfürstl. und Hochgräfl. Herrschaften daselbst . . . O. O. 1743. V: *Frühauf, Joh. Frdr. von.* (Holz)

Species, Concentrata facti, in causa Anselmi abbatis ad S. Michael. O. S. B. ob Bamberg. S. l. 1745. V: *Geissendorfer, Anselmus.* (ZÜRKL)

Species, Facti, in causa decimarum Langenmosensium . . . Ingolstadii 1752. V: *Zech, Franz Xaver.* (JES) (BB)

Species Facti cum Deductione exactis eorumque circumstantiis, in Sachen des Herrn Grafen zu Öttingen-Wallerstein contra das Closter Neresheim. Wezlar 1753. V: *Emmerich, Valentin Frdr. von.* (Holz) (Pütter, Litt. d. Teutsch. Staatsr. Gött. 1773—91. III, 823.)

Species Facti cum Deductione iuris in Sachen Stollberg contra Löwenstein-Wertheim. Wertheim 1731. V: *Frühauf, Joh. Frdr. von.* (Holz)

Species facti mit Actenmässiger Deduction dass kein vorgebliches Spolium vorhanden. O. O. 1746. V: *Deuren.* (EB)

Species, Facti, und Deduction, woraus erhellet, dass des Hn Pfalzgraven Christiani III. zu Birkenfeld Hochfürstl. Durchl. in die Abtheilung der Gravschaft Sponheim . . . nicht zu willigen vermöge. O. O. 1723. V: *Patrick, Hermann Bernh.* (Holz) (ML)

Species facti, die zwischen den Evangelisch-Lutherischen und Reformirten in der Pfalz obschwebenden Differentien betreffend. O. O. 1722. V: *Neumeister, Erdmann.* (Myl) (Schr)

Species Facti die in dem fürstlichen Hause Löwenstein-Wertheim . . . entstandene Dissidien betreffend. O. O. 1744. V: *Frühauf, Joh. Frdr. von.* (Holz)

Species facti in Sachen Kaufmanns Dörries aus Delligsen und dessen Bruders 5 Kinder Klägern entgegen den Gerichts-Voigt **Dörries** und dessen 8 Kinder Bekl. puncto donationis [usw.]. o. O. 1767.

Facti **species** in Sachen Ihrer Churfürstl. Durchl., zu Pfalz als Herzogen zu Gülich gegen Ihre Churfürstl. Gnaden zu Cölln . . . die Wiederlöse des Schlosses . . . u. Zolles zu Kaiserswerth betr. o. O. u. J.

Eilfertige summarische **Speciesfacti** ad causam zu Hohenlohe contra Hohenlohe pto divers attentatorum in specie die, Bartensteinischer Seiten in Syndringen neuerlichst verhängte militar. Execution betr. o. O. [März] 1751

Species Facti [die zwischen Hn. Joh. Sigm. Grundherrn an einem, dann Hn Jac. Carl Grundherrn . . . am andern Theil obversirende Erbtheil Strittsache betreffend]. O. O. 1716. V: *Pfund, Mart.* (Holz) (Will)

Exacta facti **species** cum solida remonstratione non existentis praetensae electionis . . . Josephi Clementis, Bavariae ducis . . . in archiepiscopum . . . Coloniensem. o. O. u. J. **fol.**

Species facti und Extract zwischen Frantz Friedr. . . . und Frantz Wentzl . . . Grafen zu Trautmannsdorff wegen Abtheiluug der Herrschafft Leutomischel. O. O. u. J. fol.

Species Facti, Fortgesetzte, wie es sich wegen der Succession in dem hochgräfl. Öttingen-Wallersteinischen Haus verhalte . . . Nördlingen 1745. V: *Scheid, Georg Friedrich von.* (ML)

Species, In iure et facto gegründete Facti, worinnen vorläuffig . . . gezeiget wird, dass Sr. K. Mayestät in Preussen näheres Successions-Recht . . . unumstösslich sey . . . Berlin 1718. V: *Gundling, Nic. Hieron.* (Holz)

Species, Genuina Facti, et Extractus actorum cameralium . . . in Sachen von Holzschuherischer gesammter Famille zu Nürnberg contra die Hhn. Grafen zu Castell . . . Wezlar 1760. V: *König von Königsthal, Georg Gust.* (ML) (Holz)

Species, Genuina ac solida Facti, nebst succincter Beantwortung derer Nürnbergischen Obmotorum in Sachen Teutschen Orden contra die Stadt Nürnberg . . . O. O. 17?? V: *Höning, Phil. Ludwig.* (Holz) (Will)

Species facti der Gerechtsame des Königs in Preussen, betreffend die Reichsgrafschaft Tecklenburg. 1722. fol.

Species Facti, Gründliche und wahrhaffte, welche die von 8. Nördlingischen Weiss-Bierbräuern . . . angebrachte Beschwerden kürzlich vorstellet. O. O. 17?? V: *Donauer, Gg Frdr.* (Holz)
nicht: *Scheid, Georg Friedrich von.* (ML)

Species facti zwischen denen Lehnsfolgern, Gebrüdern von Haxthausen, zu Dedinghausen, und dem Domherrn von Haxthausen zu Paderborn, in puncto gedachter Lehngüter Succession. 1718. fol.

(Facti **Species** in Sachen Licentiaten v. Hunthumb contra Jung-Räthe zu Deuren. Die durch Absterben dasigen Alt-Rathen Peteren v. Berg erledigte Alt-Rath-Stelle betr.) [Düsseldorf um 1741.] **fol.**

Species facti des wieder I. hochf. Durchl. zu Schwartzburg-Rudolstadt von Friedr. Wilh. von Witzleben und Albr. Friedr. v. Witzleben geführten Klagewercks, das Lehengut zu Gräfenau und dessen Pertinentien betr. O. O. 1729. fol.

Species facti in Sachen weyl. Hrn Clemens August . . . königl. Hoheit, contra die Gräfl. Oetting-Oettingische Kanzley et Consorten . . . das Jus indicendi luctum betreffend. Wetzlar 1767. V: *Lang, Jacob Paul.* (ML)

Species Facti, Curiöse. Woraus man ersehen kan, Was vor eines Geistes Kinder es seyn, die vorjetzo bey der Universität zu Franckfurt an der Oder die Juristenfacultät Docendo dirigiren . . . O. O. 1722. V: *Bartholdi, Joachim Friedrich.* (Erman & Horn, Bibliogr. d. dtsch. Universitäten. 2. Leipz. u. Berl. 1904.)

Species facti, Kurtze: In Sachen des Armen-Baad-Hausses zu Wißbaden, Gegen Einige widerstrebende Baad-Wirthe daselbst . . . [Wißbaden 1733.] V: *Hellmund, Egid. Günther.* (Linde, Nassauer Brunnenlitt. Wiesbaden 1883.)

Species Facti, Kurze, dass Nürnberg Brandenburg-Onolzbach und dero Unterthanen unaufhörlich turbire . . . O. O. 1728. V: *Schütz, v.* (Holz)

Species facti, Kurze aus Acten und Urkunden gezogene, in Sachen Hrn P. K. Welser von und zu Neunhof . . . contra . . . Oelhafen von Schöllenbach auf Neunhof . . . das Umgeld auf dem . . . Oelhafenischen Wirthshaus zu Neunhof betreffend. [Nürnberg] 1772. V: *Oelhafen von Schöllenbach auf Eismannsberg, Rupprechtstein und Neunkirchen, Georg Christoph jun.* (Holz) (will) (MGT)

Species Facti, Kurtze, in Sachen Hochfürstl. Sachsen Gothaischer Rent-Cammer contra den Juden Moyses Benjamin Wulffen . . . 17 ? V: *Zapf.* (Holz)

Species facti in Sachen von Landsberg contra von Schnüsing. Arnsberg 1781. V: *Bigeleben, Engelbert Caspar.* (MGT)

Species Facti in Sachen der Universität Marburg Imploranten, contra die Universität Giessen Imploraten . . . [Marburg] 1747. V: *Kopp, Joh. Adam.* (Holz) (ML)

Species Facti in Sachen der sämtlichen Meistere des Barchet- und Leineweber-Handwerks zu Nürnberg . . . O. O. 1754. V: ***Weickmann, Magnus.*** (Holz)

Species facti der von Chr. Wilh. **Torno** u. seiner Frauen Anna Cath. Jahnin, den 23. Dec. 1735 an ihren Schwager Joh. Hakotz u. dessen Frauen u. Tochter verübten Mordthat. Berlin 1737.

Species Facti d. d. Onolzbach d. 22. Nov. 1775. O. O. V: *Hofmann, J. F.* (Holz)

Species Facti [das vom Hn Gr. von Limburg-Styrum . . . erfolgte Permutations- und Verkaufsgeschäft der Rittergüter Wilhermsdorf und Buchklingen betreffend]. O. O. 1770—74. V: *Schnizlein, Carl Wilh.* [?]. (Holz)

Facti Species in Sachen Herrn Grafen von Plettenberg und Witten contra die verwittibte Frau Gräfin zu Erbach . . . die immediate Reichs-Herrschafft Eyss betreffend. O. O. 1728. fol.

Species Facti das in die niedere Grafschaft Catzenelenbogen . . . eingedrungene fürstl. Taxische Postwesen . . . betreffend. Cassel 1753. V: *Lennep, Georg.* (ML) (stri)

Species Facti et Processus samt rechtsgegründeter Ausführung, dass die Hochfürstl. Sponheimische Gemeinherrschaften das Dorf Züsch rechtsbefugt occupirt . . . O. O. 1753. V: *Birke.* (Holz)

Species facti processus et juris in causa v. Gultlingen contra das Haus Würtemberg, die Succession der beeden Rittergüther Teutiringen und Pfaffingen betr. o. O. [1729-30].

Species facti in Prozesssachen der Königlichen Regierung zu Coblenz, Klägerin, gegen S. des Hr. Friedrich Fürsten zu Salm-Kyrburg Durchlaucht, Verklagten, betreffend eine Forderung von 120.000 fl. rheinl. Münster 1839. V: *Leesemann.* (KGBerlin I, 807)

Species Facti in Sachen der Reichsritterschaft in Schwaben Ort am Kocher contra den Herrn Grafen zu Öttingen-Öttingen und Öttingen-Wallerstein, worinnen die . . . Species Facti betr. das Jus collectandi auf der . . . Herrschaft Hohenburg . . . gründlich widerlegt . . . wird . . . O. O. 1746. V: *Scheid, Georg Friedrich von.* (ML) (Holz)

Species Facti und **actenmässige** Repraesentatio in Sachen Hn Hannib. **Fried.** Julii Dieterichs et Cons. **Frhn. v. Crailsheim** . . . O. O. u. J. V: ***Schmidt, Joh.*** *Lor.* (Holz)

Species facti und Revisions-Bericht nebst Belegen für den Gutsbesitzer Meyer **Bernhardt**, Beklagten und Revidenten wider das Königl. Haupt-Banco-Directorium Kläger jetzt Revisen. Berlin 1829.

Species facti (und Revisionsdeduction in der Prozeßsache des Magistrats zu Frankfurt a. O. gegen den Kaufmann Herz **Beer**, ebenda). [Frankfurt a. O.] (1821).

Species facti, Sachsenhildburghausische, die verlangte Concurrenz zur Prima Plana der Deutsch-Ordenschen Compagnie betreffend. O. O. 1773. V: ***Oertel, Abraham Jacob.*** (will)

Facti species abseiten der Fürsten zu Solms-Braunfels wider die Gewaltthätigkeiten des R.-C.-Gerichts in der Wittgenstein'schen Erbschaftsangelegenheit. Regenspurg 1760. fol.

Species, Succincta Facti, in Sachen Nassau contra Durlach, die Herrschaft Lahr betreffend . . . O. O. 172? V: *Stadelmann, v.* (Holz)

Species, Succincta facti, de ortu, incremento et decremento Angiae Divitis. O. O. [1751]. V: *Stainhauser von Treuberg, Johann Philipp.* (ML)

Species, Succincta facti, in Sachen des Priors und Convents des Klosters Reichenau gegen den Bischoff von Constanz. Wien 1751. V: *Stainhauser von Treuberg, Johann Philipp.* (MGT)

Species facti, oder Uhrsachen, So Ihre Königl. Majest. (Friedrich IV.) zu Dennemarck, Norwegen, vermocht, zur Maintenirung dero aller-höchsten Gerechtsahmen, und Beschützung Dero getreuen Unterthanen gegen die Stadt Hamburg, welche jenen vielfältigen Eingriff gethan, und diese hefftig graviret und unterdrücket hat, Repressalien ergehen zu lassen. Mit denen Beylagen zum Druck befodert Anno 1712. Altona. (1712.) 4°

Species facti in Sachen der ex commissione archi-episcopali ordinaria Coloniensi, durch den Abten zu Brauweiler, und Prioren zu Gladbach, im Jahr 1744 verrichteter Visitation, des . . . Frauen Closters S. Barbarae zu Neuwerck [usw.]. o. O. u. J. fol.

S(pecies) F(acti), Vorläufige kurzgefasste, von der Successionsordnung in dem hochgräfl. O. Hause in specie der hochgräfl. Wallerst. Linie. [Nördl.] 1745. V: *Scheid, Georg Friedrich von.* (ML)

Species facti in Sachen des Kammerherrn v. Voß zu Berlin, Klägers, nunmehr Revisen, wider den Geh. Ober-Regierungsrath **Becker**, Beklagten, jezt Revidenten. o. O. (1823).

Species Facti, Wahrhafte, über die von fünf Anspachischen Landiuden . . . getriebene . . . Betrügereyen und Wucherstreich. O. O. 1771. V: *Classmann von Eschen.* (Holz)

Species Facti, Wahrhafte und aus ohnverwerflichen Urkunden gezogene, nebst angehängter kurzen doch gründlichen Deduction und Vorstellung . . . O. O. 1766. V: *Faber, Johann Chn.* (Holz) *Hofmann, Frdr. Dav.* (ML)

Wahrhaffte facti species, betr. das von Sr. Hoch-Fürstlichen Durchlaucht Hertzog Friedrich II zu Sachsen-Gotha mit Engel- u. Holland wegen Uebermachung vier Sachsen-Gothaischer Regimenter anno 1703 im Haag geschlossene Negotium. s. l. 1731.

Species facti, welche Seine Königl. Majestät von Pohlen . . . . . bey der hohen Reichsversammlung zu Regenspurg wegen des Ueberfalls der Chur-Sächsischen Lande durch Dero Minister J. G. von Ponickau unterm 16. September haben übergeben lassen und welche den 23. zur Dictatur gebracht worden. 1756. 4. (8 S.)

Species. Wohlgegründete facti sp', sampt angefügtem ... responso juridico Der Juristen Facultät, bey der ... Universität Tübingen, Die Wider ... Thomam Maßner ... verhängte harte Proceduren ... betreffend. fol. Tübingen 1712.

Specifica und Charlatanerie: geprüft und gerügt . . . Frankf. u. Leipz. 1789. V: *Wernberger, Erasmus Ludwig.* (BB) (Ky) (ML)

Specifica u. Charlatanerien; geprüft u. gerückt von e. Freunde der Wahrheit (E. Ldw. Wernberger). 8. Frankf. a. M. 789. Haueisen. 4 gr.

Specimen analyseos geometriae in usum Tyronum mathematicorum Academiae Paderbornensis . . . Paderbornae 1789. V: *Faber, Johann Wilhelm.* (Jes) (SO)

Specimen annotationum in Caesareum diploma adversus pontificis Clementis XI. bullam anno 1707 promulgatam. Kiliae 1709. V: *Musaeus, Simon Hnr.* (EB)

Specimen bibliothecae Austriacae, s. notitia scriptor. Austriac.; opus posthum. P. I. Geographia, a Nic. de Vogel; recens. digessit, suppl. indic. auxit Leop. Gruber. P. II. historica. Wien 780, 83.

Specimen continens caput juris controversum de Jure partus spurii exigendi alimenta a patre . . . Lips. 1768. V: *Gans, Johann Gottlob.* (OL)

Specimen, Catalogi librorum. [Berol.] 1790. V: *Spalding, Joh. Joach.* (Barbier)

Specimen primum cautionum, quae in iuris Germanici privati studio et applicatione sunt adhibendae. S. l. [1776]. V: *Mellmann, Joh. Dietr.* (Schles)

Specimen compendii philologici. S. l. 1704. V: *Schudt, Johann Jacob.* (ADB)

Specimen criticum in quaedam scriptorum veterum loca. Baruthi 1778. V: *Kapp, Johann.* (Fiker) (Adel)

Specimen editionis libri Nasireddini Tusensis, qui inscribitur اخلاق ناصری حکایت کارهای دنیا وآخری sive de moribus ad Nasirum, e codice Dresdano descriptum a Car. Schier. Fol. (lithogr. 2 B.) Dresdae 842, Rau.

Specimen El-Lobabi, sive genealogiar. arabum, quas conscriptas ab Abu Sa'd Sam'anense abbreviavit et emendavit Ibn El-Athir. E cod. Ms. Bibl. Duc. Gothan. nunc prim. arabice ed. et praef. est Ferd. Wüstenfeld. 4. (6¼ B.) Gottingae 835. [libr. Deuerlich.] *

Specimen emendationum philologis et pedagogis Germaniae di XXV m. sept. a. 1858 Vindobonae Conventum agentibus venerabundi obtulerunt Seminarii Philologici Vindobonensis Sodales. *Vindobonae* 1858. Formis expressit *Caroli Gerold filius*. 16 S. 8°.

Specimen examinis critici operum Macarii. Halae 1745. V: *Semler, Joh. Sal.* (Hoff) (Ebert) (Winer)

Specimen fidelissimum juiium Moguntinensium. fol. Frft. Varrentrapp. 755. — 8

Specimen historiae cancellariorum universitatis Viennensis . . . Viennae 1729. V: *Ritter, Joseph.* (Bibl. d. ev. Landeskirche in Siebenb. Hermannst. 1889.)

Specimen hyometriae curiosae . . . oder Abmessung des jährlichen Regen und Schneewassers von 1715—21 . . . Francofurti et Lipsiae 1721. V: *Algoewer, David.* (Myl)

Specimen quondam inaug. acad. de usu et abusu cautelisque circa frequentes et contra saepissime frivolas judicum recusationes juxta ordinationem cameralem. Wetzlariae 1727.

Specimen inaugurale medicum, sistens situm viscerum abdominalium naturalem . . . Ingolstadii 1776. V: *Leveling, Heinrich Palmaz von.* (BB)

Specimen inaugurale quo theoria pactorum et contractuum generatim sumtorum explicatur et in ordinem redigitur.
Giessae 2. Mai 1754: Braun. (6), 42 S. 4°
pro licentia summos in jure honores rite capessendi.

Specimen novi pauperum Burganiensium instituti alibi quoque imitabilis concinnatum 1769. V: *Tröndlin, Joseph.* (Chph. Weidlich 3/328) (BiblPort)

Specimen introductionis in notitiam Pomeraniae Sueciae, hujus fines . . . Greifsw. [1710]. V: *Caroc, Georg Adolph.* (Adel)

Specimen juridicum de servitutibus earumque speciebus, ad ductum Institutionum Justineanearum methodo systematica conscriptum. [Marburgi] 1731. V: *Schierschmidt, Johann Justin.* (KGBerlin I, 417)

Specimen iuridicum de servitutibus earundemve speciebus ad ductum institutionum Justinianearum . . . Marburg 1731. V: *Schierschmid, Joh. Justin.* (ML)

Specimen e literis orientalibus, exh. historiam Kalifātus Al-Walīdi, s. a. Historia.

Specimen e literis orientalibus, exhibens historiam kalifātus al Walīdi et Solaimāni, sumtam ex libro, cui titulus est:

,,كتاب العيون والحدائق، فى اخبار الحقائق،،
quam e codice Leyd. nunc primum edidit Jac. Anspach. Lugduni Batav. 853. Brill. gr. 8. (4 Bl., 44 S.) nn. 12½ ngr.

Specimen, M. O. F., animadversionum in Basilii Fabri »Thesaurum eruditionis scholasticae«. Lipsiae 1741. V: *Mencken, Frdr. Otto.* (Barbier) (Cat. d. Stadtbibl. Zürich. Zürich 1864—97.)

Specimen Monachologiae methodo Linnaeano. Vindob. 1783. V: *Born, Ignaz Edler von.* (Th)

Specimen observatorum in Aeschyleo Agamemnone. Basileae 1778. V: *Legrand, Lucas.* (Zuwachsverz. d. Bibl. Zürich 1898 ff. 8.)

Specimen philosophiae Mosaicae, thesibus quibusdam subitariis comprehensum . . . Gissae 1707. V: *Majus, Johann Heinrich.* (Adel)

— poëseos Persicae, sive Muhammedis Schemseddini notioris agnomine Haphyzi, Ghazelae sive Odae sexdecim ex initio Diwani depromptae, nunc primum Latinitati donatae, cum metaphrasi ligata et soluta, paraphrasi item et notis (a Comite Revitzky). 8maj. Wien 771. (Barth in Leipz.) 16 gr. Deutsch unt. d. T.: Fragmente üb. die Literaturgeschichte der Perser, s. Jh. Friedel.

— poëseos persicae, sive Muhammedi Schems-Eddini notioris agnomine Haphyzi Ghazelae et in lat. v. 8. maj. Vien. Gerold. (Barth, Lps.) 771. — 16

Specimen poeseos Persicae sive . . . Haphyzi Gazelae . . . Vindobonae 1771. Ü: *Rewitzky Freih. v. Rewisny, Carl Em. Alex. Graf v.* (KatDMG)

Specimen rationis in historicis institutionibus susceptae . . . Viennae [1750]. V: *Bajtay, Antal.* (Pk)

Specimen scriptor. Graecorum minor. quorum reliquias, fere omnium melioris notae, ex edd. var. excerptas ab J. A. Giles recognoscet et supplevit J. M. Hainebach. 8. (2½ B.) Francofurti ad M. 834, Schmerber. 7 Gr., Vlnp.

Specimen Semiologiae medicinalis criticae de sopore . . . Rostockii 1795. V: *Weber*, *August Gottlieb.* (MGT)

Specimen tentaminis publici ex historia universali . . . S. l. 1797. V: *Müller*, *Jacob Ferdinand.* (Pk)

Specimen, Tergeminum, Virilis Constantiae in Alexandro tenerae aetatis Adolescentulo adulto Martyrum laureis maturo. Theatro datum . . . Hildesii 1717. V: *Zurmühlen*, *Joh.* (Jes)

Specimen, Primum[—tert.], theologiae patristicae de notione et via gratiae . . . Rostock. 1765—66. H: *Döderlein*, *Christian Albrecht.* (ML)

— thesauri bibliothecae literariae universalis realis 8. Dresd. 770. Walther. 2 ℛ

Specimen magni Thesauri linguae hispanicae . . . Altorfi 1717. V: *Leys*, *François Jacques de.* (Bibliotheca Rinckiana. Lipsiae 1747.)

Specimens of english literature. Englische Lectüre f. die oberen Classen der Gymnasien, Realschulen, höheren Töchterschulen u. verwandter Anstalten. Ausgewählt u. hrsg. v. C. Balzer. 1–4. Hft. 8. Eisenach 873—75. Bacmeister. à n. — 60

1. Vier Krisen d. Papstthums. Macaulay's Essay: On the ecclesiastical a. political history of the Popes of Rome, during the sixteenth a. seventeenth centuries by Leop. v. Ranke translated from the German by Sarah Austin. (IX, 60 S.)
2. Shakespeare's Leben u. Werke. Aus: The Student's manual of english literature by Thomas B. Shaw. Mit e. Einleitg. u. sachl. Bemerkgn. hrsg. v. C. Balzer (VIII, 47 S.)
3. Der Beginn d. amerikan. Befreiungskampfes. Abschnitte aus dem 7. Bd. v. Bancroft's History of the United States, der die J. 1774 u. 1775 behandelt. Mit e. Einleitg. u. sachl. Bemerkgn. hrsg. (XXII, 64 S.)
4. Addison. 14 Beiträge zum Spectator aus seiner Feder. Mit e. Einleitg. u. sachl. Bemerkgn. hrsg. (VIII, 55 S.)

Spécimens de plans et cartes topographiques et géographiques. [Publiés par:] Art. Institut Orell Füssli (Section cartographique), Zurich (Suisse). (**Umschlag:* Probeblätter von geographischen Karten, Plänen etc.) [IV p. + 23 planches.] 8. (Zürich, Art. Institut Orell Füssli, [1901].) [fr. 4.—]

Spécimens de plans et cartes topographiques et géographiques, s. a. Probeblätter v. geograph. Karten, Plänen etc.

Specimens of the choicest lyrical productions of the most celebrated German poets. From Klopstock to the present time. Translated by Mary Anne Burt. 2 vols. Zürich (853.) Kiesling in Comm. 16. (268 S.) n. 1 ℛ. 10 ngr.

Specimens of the choicest lyrical productions of the most celebrated german poets. From Klopstock to the present time. Containing selections from Klopstock, Schiller, Goethe, Hölty, Bürger etc. With biographical and literary notes. Translated in english verse by Mary Anne Burt. 1. Edit. 2 vol. gr. 16. (268 S.) Zürich 853. * 1 Thlr. 10 Ngr. und 2. Edit. gr. 8. (VIII und 504 S.) Leipsic 854, Michelsen's Buchh. *

— — From Klopstock to the present time. Containing selections from Klopstock, Schiller, Goethe, Hölty, Burger, Uhland, Heine etc. With biographical and literary notes. Translated in english verse by Mary Anne Burt. 2. edit. Leipsic 855. Michelsen's Buchhdlg. 8. (VIII, 504 S.) n. 2 ℛ.

Specimina diplomatum monasterio Fuldensi a Karolis exhibitorum. Photographische Nachbildungen der dem Kloster Fulda ertheilten Karolinger-Urkunden. Mit erläut. Text nach den Orig. des Landes-Archivs zu Fulda hrsg. von Carl Herquet. 1. Heft: Urkunden Pippins u. Karls des Grossen. Cassel 867. Kegel. gr. Fol. (VI, 16 S. mit 6 Photogr.) n. 5 ℛ

Specimina, Emendationum Aeschylearum. Tubingae 1828. V: *Tafel*, *Glieb Lucas Frdr.* (Hoff)

Specimina selecta chartarum Pontificum Romanorum. Hrsg.: J. v. Pflugk-Harttung. 8 Thle. Stuttgart, Kohlhammer. n.n. 140. —

1. Päpstliche Urkunden. (55 autogr. Taf.) gr. Fol. 881. n.n. 50. —
2. — dasselbe. (65 autogr. Taf.) gr. Fol. 887. n.n. 65. —
3. Päpstliche Siegel. (23 autogr. Taf.) gr. 4. 886. n.n. 25. —

Speck [Schlagwort]

Speck, s.: Geologische Karten. Karte (Preussen).

Speck [Verfasser]

Speck, die Arbeit an den Gefangenen. [Aus: „Flieg. Blätter d. Rauhen Hauses".] gr. 8. (56 S.) Hamburg 892. Agentur d. Rauhen Hauses. n. — 60

Speck, s.: Bericht der XVI. Kommission (des Reichstags) üb. den Entwurf e. Zolltarifgesetzes.

— s.: Bericht der XX. Kommission (des Reichstags) üb. den ꝛc. Vertrag üb. die Behandlung des Zuckers ꝛc.

Speck, die pneumatische Heilmethode oder die Anwendung verdichteter u. verdünnter Luft bei Lungenkrankheiten, gemeinverständlich dargestellt. gr. 8. (X, 61 S.) Dillenburg 881. Seel. n. 1. —

Speck, Albrecht, Assist. am Kgl. Hygien. Inst.: (Aus d. Kgl. Hygien. Inst. zu Breslau.) Die Beziehung der Säuglingsernährung zur Entstehung der Lungentuberculose. *Leipzig: Veit & Co 1904.* (22 S.) 8° ¶ (Aus: Zeitschrift f. Hygiene u. Infectionskrankh., 1904.)
Breslau, Med. Diss. v. 12. Aug. 1904

Speck, Artur, Reg.-Baumeister: Beitrag zur Geschichte und Theorie der Schwebefährbrücken. Mit 36 Abb. im Text. Leipzig: W. Engelmann 1908. 46 S. 4°
¶ Auch als: Fortschritte d. Ingenieurwissenschaften. Gruppe 2, H. 18.
Dresden, Dr.-Ing.-Diss. v. 6. 12. 1907

Beitrag zur Geschichte und Theorie der Schwebefährbrücken von Dr.-Ing. Artur **Speck**, Reg.Baumeister. Mit 36 Abb. Leipzig: W. Engelmann 1908. (46 S.) 4°(8°)
= **Fortschritte** d. Ingenieurwissenschaften. Gruppe 2, H. 18. [08. 8838

Speck, Bertholdus *(geb. Oels 27. 7. 1853)*: De Aristophanis dialecto. Part. I: De epicarum et jonicarum formarum apud comicum usu. Vratislaviae (1878). (44 S.) 8° *[Im Buchhandel 1878 bei Koebner in Breslau; Forts. nach Mitteil. d. Verf. bis 1904 nicht erschienen.]*
Breslau, Phil. Diss. v. 12. Jan. 1878

Speck, Carl, s. Speck, Karl.

Speck, Ernst

Speck, E., Handelsgeschichte des Altertums. 1. u. 2. Bd. gr. 8. Leipzig, F. Brandstetter. à n. 7. —; geb. in Halbfrz. à n. 9. —
1. Die oriental. Völker. (VIII, 591 S.) 900.
2. Die Griechen. (VIII, 582 S.) 901.

Speck, E., Handelsgeschichte des Altertums. III. Bd., 2 Hälften. 8. Leipzig, F. Brandstetter. n. 21. —; geb. in Halbfrz. n. 27. —
1. **Die Karthager. Die Etrusker. Die Römer bis zur Einigg. Italiens 265 v. Chr. (VIII, 535 S.) 905.** n. 7. —; geb. n. 9. —
2. **A. Die Römer von 265 bis 30 v. Chr. B. Die Römer von 30 v. bis 476 n. Chr. 2 Tle. (III, III, 1154 S.) 906.** n. 14. —; geb. in Halbfrz. n. 18. — (Vollst. n. 35. —; geb. n. 45. —)

— Seehandel u. Seemacht. Eine handelsgeschichtl. Skizze. gr. 8. (IV, 82 S.) Ebd. 900. n. 1. 20

Speck, Ernst. Die gegen den Handel der Lateiner mit den Sarazenen gerichteten kirchlichen und staatlichen Verbote. Eine Darstellung aus der Handelsgeschichte. 41 S **Progr.** *G. Zittau* 1880

Speck, Georg. George. Roman in zwei Büchern. 329 S. 8. Stuttgart und Leipzig, Deutsche Verlags-Anstalt, 1906. [M. 3. 50, geb. 4. 50]
(Bibliothek zeitgenössischer Autoren.)

Speck, Geo., George. Roman in 2 Büchern. 2. Aufl. (329 S.) 8. Stuttgart 906. Deutsche Verlags-Anstalt. n. 3. 50; geb. n. 4. 50

Speck, Georg. Zwei Menschen. Roman in zwei Büchern. 376 S. 8. Stuttgart und Leipzig, Deutsche Verlags-Anstalt, 1907. [M. 4. —, geb. 5. —]
(Bibliothek zeitgenössischer Autoren.)

Speck, Georg. Am Rheinfall. Historischer Roman aus dem XV. Jahrhundert. 192 S. 8. Zürich, Arnold Bopp, 1906. [fr. 2. —, geb. 2. 60]
(Neue Sammlung Schweizerischer Autoren.)

Speck, Georg. Ruth. Novelle. [Mit Titelvignette.] IV+63 S. 8. Zürich, Verein für Verbreitung guter Schriften, August 1910. fr. —. 15
Verein für Verbreitung guter Schriften. Zürich, Nr. 79.

— Snob. Roman. (336 S.) 8. Dresden 903. E. Pierson. n. 4. —; geb. n. 5. —

Speck, Heinrich: Plan der Stadt Kiel und Umgegend. Nach Vermessungen v. H. Speck zsgest. u. mit der Feder auf Stein gez. v. W. H. Meyer. Kiel. 1866. 1 Bl. Quer-Fol. 58/86 cm.

Speck, Heinrich: Situationsplan vom Kieler Hafen und dessen nächster Umgebung. (1:24 000.) Kiel. 1848. Lithogr., nachträglich kol. 1 Bl. Fol. 45,6/64.5 cm.
Aus: Der Kieler Hafen als künftiger Deutscher Kriegshafen. Kiel. 1848. 4°

Die finanzrechtlichen Beziehungen zwischen Reich und Staaten von Hermann **Speck**. Breslau: M. & H. Marcus 1908. (XX, 231 S.) 8°
= **Abhandlungen** aus d. Staats- u. Verwaltungsrecht. H. 17. [08. 16634 9

Speck, Hermannus *(geb. Oels 11. 8. 1849)*: Quaestiones Ausonianae. Vratislaviae (1874). (47 S.) 8°
Breslau, Phil. Diss. v. 21. Dez. 1874

Speck, Hermann B(erthold) G(eorg): Katilina im Drama der Weltliteratur. Leipzig 1906: Hesse & Becker. (45 S.) 8° ¶ (Die ganze Arbeit erscheint als H. 4 der Breslauer Beiträge zur Literaturgeschichte.)
Breslau, Phil. Fak., Ref. Koch, Diss. v. 6. März 1906
[Geb. 18. Juli 78 Breslau; Wohnort: Breslau; Staatsangeh.: Preußen; Vorbildung: Elisabeth-Gymn. Breslau Reife M. 96; Studium: Breslau 3, München 1, Leipzig 1, Breslau 14 S.; Rig. 24. Jan. 06.]

Katilina im Drama der Weltliteratur. Ein Beitrag z. vergleich. Stoffgeschichte d. Römerdramas von Dr. Hermann B. G. **Speck**. Leipzig: M. Hesse 1906. (98 S.) 8°
= **Beiträge**, Breslauer, z. Literaturgeschichte. 4. [06. 8143

Speck, Johannes [aus Holm]: Bonnets Einwirkung auf die deutsche Psychologie des vorigen Jahrhunderts . . . (Erscheint vollst. in d. Arch. f. Gesch. d. Philos.) Berlin, *Druck v. G. Reimer,* 1897; 30 S., 1 Bl. 8.
Berlin, Phil. Fak., Inaug.-Diss. v. 12. Aug. 1897

Speck, Johannes, Dr.: Der Entwicklungsgedanke bei Goethe. Cammin 1907: Formazin & Knauff. (32 S.) 8°
Cammin i. Pom., R i. E. OP 1907 (188)

Der Entwicklungsgedanke bei Goethe. Von Dr. Johannes **Speck**, Oberl. Hanau: Clauss & Feddersen 1907. (32 S.) 8° [05. 10663 4

Speck, Johannes: Die wissenschaftliche Fortbildung des deutschen Oberlehrerstandes. Vortrag. Leipzig: Quelle & Meyer (1910). 31 S. 8° [Umschlagt.]
Aus: Pädagog. Archiv. H. 6.

Speck, Johs., Gesellschaft und Individuum. Ein Beitrag zur individuellen und socialen Entwicklungsgeschichte des Menschen. 8°. Hanau, Clauss u. Feddersen, 1904.

Gesetz und Individuum. Ein Beitrag z. individuellen u. sozialen Entwickelungsgeschichte des Menschen von Dr. phil. Johannes **Speck**. Hanau: Clauß & Feddersen 1904. (XII, 143 S.) 8° [F.] [05 2455 4

— Gesetz und Individuum. 8°. Hanau, Clauss u. Feddersen, 1905.

Speck, Jh. Gabr., († d. 7. Sept. 1792.) gründl. Anleit. zu der französ. Sprache, in Fragen u. Antworten, aus des Restaut's, wie auch aus andern neuen Sprachlehren u. Schriftstellern zusammengetragen; nebst e. sehr nützl. Anhang. 8. Frankf. 749. Verm. Ausg. 756. Mit Verbesserr. u. Zusätzen verm. 8. Ebd. 769.

— les Pseaumes de David et les Cantiques Sacres. 8. Marb. 755. ... (Vergl. *Psalmi, Pseaumes* de David etc. Frkf. a. M.)

Speck, Joseph: Über die spezielle Aufgabe unsers Gymnasial-Unterrichtes. – S. 1–19. Echternach, École moyenne et industrielle, Progr. 1864/65

Speck, Joseph: Zur Frage über Realschulwesen im Grossherzogthum Luxemburg. – S. 1–19. Echternach, École moyenne et industrielle, Progr. 1865/66

Speck, Jos., zur Frage über Realschulwesen im Großherzogthum Luxemburg. Echternach 866. (Luxemburg, Bück.) gr. 8. (40 S.) 6 ngr.

Speck, Joseph: Zur Frage über griechischen Unterricht. (Eine luxemburgische Schulfrage.) – S. 3–15. Echternach, École moyenne et industrielle, Progr. 1888/89

Speck, Joseph: Urkunden zur Geschichte der Stadt und Abtei Echternach. – S. 1–33. Echternach, École moyenne et industrielle, Progr. 1879/80

Speck, K., Grundzüge zu e. Regulativ f. außerordentl. Einquartierung, mit besond. Rücksichtnahme auf d. Stadt Dresden. gr. 8. (2 B.) Dresden 831, Arnold.

Speck, Karl

—— Das normale Athmen d. Menschen, s. Schriften der Gesellschaft zur Beförderung der gesammten Naturwissenschaften.

Speck, C., über Kraft- u. Ernährungs-Stoffwechsel. (V, 89 S.) gr. 8. Wiesbaden 903. J. F. Bergmann. n. 2. —
Erweit. Sonderdr. aus „Ergebnisse der Physiologie".

Speck, K., das Malzaufschlaggesetz v. 18. III. 1910 in seiner Wirkung auf Landwirtschaft, Brauer u. Biertrinker. Hrsg. v. der Zentralstelle des bayer. Bauernvereins in Regensburg. (IV, 29 S.) 8. Regensburg 910. Zentralstelle d. bayer. Bauernvereins. (Nur direkt.) — 40

Speck, Carl, Physiologie d. menschlichen Athmens, nach eigenen Untersuchgn. dargestellt. gr. 8. (V, 262 S. m. 2 lith. Taf.) Leipzig 892. F. C. W. Vogel. n. 6. 40

— kritische u. experimentelle Untersuchungen über die Wirkung des veränderten Luftdrucks auf den Athemprocess, s.: Schriften der Gesellschaft zur Beförderung der gesammten Naturwissenschaften zu Marburg.

Speck, C., Untersuchungen üb. Sauerstoffverbrauch, s.: Schriften der Gesellschaft zur Beförderg. der Naturwissenschaften.

Speck, C., und L. Lehmann, welchen Einfluss übt die körperliche Bewegung auf den menschlichen Organismus aus? s. Lehmann, L.

Speck, Mart.: Würdigung der Platonischen Lehre von der Unsterblichkeit der Seele. 16 S. – Breslau, Elis., Progr. 1853.

Speck, Max

Das zweite Feld-Art.-Reg. Brodeßer, zur Erinnerung an den 11. Oktober 1874. Würzburg und Landau. (Von M. Speck.) Mit Beil. Würzburg 1874. 11 S.

Speck, Max, Geschichte d. k. bayer. 2. Artillerie-Regiments (Brodesser) im Kriege 1870/71. Aus Anlass d. Feier d. 25. Wiederkehr d. ruhmreichen Feldzugstage verf. [Aus: „Festschrift des Kanonier-Vereins Würzburg".] 8. (58 S. m. 3 Tab.) Würzburg 895. Stahel'sche Verlagsanstalt. n. — 80

Speck, Max, Geschichte d. k. bayer, 2. Artillerie-Regiments (Brodesser) im Kriege 1870/71, s. a. Festschrift (des Kanonier-Vereins Würzburg) zur Feier d. 25. Wiederkehr d. ruhmreichen Tage d. 2. Artillerie-Regts. in Würzburg.

Speck, Moritz

Speck, (Robertus Ernestus) Mauritius *(geb. Oels 19. I. 1823)*: Observationum criticarum in Terentii Adelphos specimen. Vratislaviae (1846). (78 S.) 8°
Breslau, Phil. Diss. v. 14. Aug. 1846

Speck, Osk., Melanchthons Beziehungen zu Pirna. — Wie Pirna böhmisch u. wieder meißnisch wurde, s.: Mitteilungen aus dem Vereln f. Geschichte der Stadt Pirna.

Speck, Oskar [Oberl.]: Zur Geschichte der Stadt Pirna im dreißigjährigen Kriege. (Pirna, Druck v. F. J. Eberlein, 1889); 124 S. 8°
Pirna, st. R mit PG, OP 1889 (646)

Speck, Paul: Das gemeinrechtliche Dotalsystem und seine Anwendung nach dem neuen bürgerlichen Recht mit besonderer Berücksichtigung des praedium dotale. Erlangen 1902. F. Junge. (VIII, 57 S.) 8°
Erlangen, Jur. Diss. v. 22. Mai 1902

Speck, Theophilus [Pseud.], s. Oertel, Friedrich von

Speck, Walther: Aus d. chir. Abt. d. Diakonissenh. zu Leipzig-Lindenau (Chefarzt Sick). Die Achsendrehungen des Blinddarms. Leipzig 1909: Lehmann. 34 S. 8°
Leipzig, Med. Diss. v. 18. Dez. 1909, Ref. Trendelenburg
[Geb. 23. Febr. 86 Pirna; Wohnort: Leipzig; Staatsangeh.: Sachsen; Vorbildung: Kreuz-Gymn. Dresden Reife O. 04; Studium: Leipzig 2, Jena 1, Leipzig 3, Jena 1, Leipzig 4 S.; Coll. 23. Dez. 09.] [U 10. 3003

Speck, Wilh., die Flüchtlinge. Eine Geschichte v. der Landstraße. 8. (199 S.) Leipzig 894. F. W. Grunow. n. 2. —

Speck, Wilh., der Joggeli. Erzählung. Hrsg. v. d. Freien Lehrervereinigg. f. Kunstpflege zu Berlin. (65 S.) kl. 8. Leipzig 907. [F. W. Grunow.] Berlin, M. Warneck. Kart. 1. —

Speck, Wilh., Menschen, die den Weg verloren. Zwei Novellen (399 S.) kl. 8. Leipzig 906. F. W. Grunow. n. 4. 50; geb. in Leinw. n. 5.—

— Menschen, die den Weg verloren. 2 Novellen. 2. Aufl. 4.—6. Taus. (397 S.) 8. Ebd. 907. 4.50; geb. in Leinw. 5.—

— zwei Seelen. Erzählung. 1. u. 2. Aufl. (383 S.) 8. Ebd. 904. n. 4. 50; geb. in Leinw. n. 5.—

— Zwei Seelen. Erzählung. 13. Taus. Mit e. Bildnis d. Verf. (423 S.) 8. Ebd. 908. 4.50; geb. in Leinw. 5. —

Speck-Jost, G[ottfried]. Eine interessante Besteigung des Grand Combin 4317 M. ü. M. vom 23. Juni 1900. IV + 8 S. 8. [1902.]

von Speck-Sternburg. Gedichte. Leipzig 1852. 8°.

Speck-Sternburg, Freiherr Max von. Ansichten und Bemerkungen über Malerei und plastische Kunstwerke. Leipzig 1846. 4°.

Speck-Sternburg, Max Frhrr. von: Bericht an Se. Majestät den König über die Beförderung der hochfeinen Schafzucht in Bayern. Leipzig 1831.

Freiherr von Speck-Sternburg, Max. Landwirthschaftliche Beschreibung des Ritterguts Lützschena bei Leipzig, mit seinen Gewerbszweigen. Leipzig 1842. 8°.

v. Speck-Sternburg, Frhr. Max., der Hopfenbau, s. Darstellung des Hopfenbaues.

Spaziergang nach Lützschena u. dess. Umgebungen. Ein Wegweiser f. Freunde d. Natur, Kunst u. Landwirthschaft. (Von Max Frh. v. Speck-Sternburg.) 4. (7 B. u. 15 Stnt.) Leipzig 830, (Teubner.)

(——) (I.) Verzeichniss der v. Speck'schen Gemälde-Sammlung mit darauf Bezieh. habender Steindr. (u. Kupfertaf.). Hrsg. u. mit histor.-biograph. Bemerkn. begl. v. Besitzer ders. gr. Fol. (13 B., 18 Stnt. incl. S's. Portr., 10 rad. Bl. u. lith. Tit.) Leipzig 827, (Anstalt f. Kunst u. Lit.)

(——) II. Verzeichniss d. Gemälde-Samml. so wie d. vorzügl. Handzeichnungen, Kupferstiche, Kupferstichwerke u. plastischen Gegenstände d. Frh. v. Speck-Sternburg. Hrsg. u. mit histor.-biograph. Bemerkn. u. Erklärn. begl. v. Besitzer ders. Hoch 4. (23¼ B., 12 rad. Bl. u. S's. gest. Portr.) Leipzig 837. (Ebds.)
Beide Verzeichnisse wurden grösstentheils an Freunde gratis vertheilt, nur wenige Expl. kamen in den Buchhandel.

(Speck-Sternburg, Max v.) (III.) Verzeichniss der Gemälde-Sammlung des Frh. v. Speck-Sternburg etc. Hrsg. u. mit histor.-biograph. Bemerkn. u. Erklärn. begl. v. Besitzer ders. gr. 4. (13¼ B. u. 16 artist. Beil.) Leipzig 840, (Rud. Weigel.) *

(——) dass. 8. (10¾ B. u. 3 artist. Beil.) Ebds. 840.

— Gemälde-Sammlung-Verzeichniß, s. Verzeichniß d. Gemälde-Sammlung.

Specka, Gustav [Kammergerichtsref., aus Marienwerder]: Die Conventionalstrafe als Interesseersatz ... Berlin, C. Fromholz Buchdr., 1896; 54 S. 8.
Berlin, Jur. Fak., Inaug.-Diss. v. 8. Okt. 1896

Specka, Gust., d. Conventionalstrafe als Interesseersatz. gr. 8. (52 S.) Berlin 897. Struppe & Winckler. n. 1. —

Specka, H[ermann], Kammergerichts-Ref. in Berlin: Rechtshandlung ⟨im Gegensatz zu Rechtsgeschäft⟩ nach gemeinem Recht und B.G.B. *Berlin 1903: W. Pilz.* (VIII, 52 S.) 8°
Rostock, Jur. Diss. v. [2. Jan.] 1904

Speckbacher, Josef. Biograph. Bild, s. Kuk, Wladimir.

Speckbacher, Joseph. O. O. [ca. 1845]. V: *Hormayr zu Hortenburg, Josef Freiherr von.* (Margr)

Speckbacher, Landesschützenmajor Joseph, und sein Sohn Andreas. Innsbruck 1842. V: *Voglsanger, Josef.* (Mitt. H. Margreiter, Innsbruck)

Speckenbach, Otto, die gesetzlichen Pensionsansprüche der preußischen Staatsbeamten, s.: Peters, F.

SPECKER, G. F.: Comment. qua epitome institutionum duodecimo saeculo conscripta, quam Codex Tubing. ejusdem fere aet. servavit etc. *Tubingae,* Laupp. 822. 8maj. (8 Gr.)
Vgl. Schrader, Ed.

Specker, Carl. Die Persönlichkeitsrechte, mit besonderer Berücksichtigung des Rechts auf die Ehre im schweizerischen Privatrecht. 8. Aarau, H. R. Sauerländer & Cie.
Ausg. A: Diss. Jur. Univ. Zürich .. von K' Sp'.... XIV + 396 S. 1910 (**Umschlag:* 1911).
Ausg. B: Von Dr. K' Sp'. II + XII + 396 S. 1911. [fr. 7. —.] — Zürcher Beiträge zur Rechtswissenschaft ... [Heft] 35.

Specker, Caroline, ein Gang durch's Leben an der Hand der Bibel. Für Frauen u. Jungfrauen. 859. (VII, 203 S.) n. 20 *ngr.* — 2. verm. Aufl. 860. (VIII, 226 S.) n. 20 *ngr.* — 3., verb. u. verm. Aufl. St. Gallen 863. Huber & Co. 16. (VIII, 244 S.) 20 *ngr.*

Specker, Caroline, geb. Binder, e. Gang durch's Leben an der Hand der Bibel. Für Frauen u. Jungfrauen. 4., verb. u. verm. Aufl. 16. (VIII, 227 S.) St. Gallen 871. Huber & Co. 2. —; geb. m. Goldschn. n. 2. 80

Specker, Caroline, geb. Binder. Ein Gang durchs Leben an der Hand der Bibel. Für Frauen u. Jungfrauen. 5. Aufl. Mit einleitendem Vorwort von *Ernst Miescher* und dem Bildniss der Verfasserin in Lichtdruck. In-12°, XIV und 224 S. St. Gallen. Huber & Cie. (Eugen Fehr.) 1887. Lwdbd. m. Goldschn. 3 —

Specker, Caroline. Ein Gang durchs Leben an der Hand der Bibel, für Frauen u. Jungfrauen. Mit erläuterndem Vorworte von *Ernst Miescher.* 6. Aufl. In-16°. XII, 228 S. St. Gallen, Fehr'sche Buchh. 1896. Gebd. mit Goldschn. 3 —

Specker, Caroline, (geb. Binder), Tage der Selbstprüfung. Ein Festgeschenk für denkende Frauen u. Jungfrauen. St. Gallen 867. Huber & Co. 16. (VIII, 171 S.) 20 *ngr.*; geb. mit Goldschn. n. 28 *ngr.*

Specker, Leo, Referendar a. Breyell: Rückforderung von Schenkungen wegen Undankbarkeit nach gemeinem Recht und B.G.B. Rostock 1904: C. Hinstorff. (70 S.) 8° [F.]
Rostock, Jur. Fak., Ref. Bernhöft, Diss. v. 15. Sept. 1904
[Geb. 28. Sept. 79 Breyell, Reg. Bez. Dusseldorf; Wohnort: Breyell; Staatsangeh.: Preußen; Vorbildung: Gymn. Coesfeld Reife O. 00; Studium: Heidelberg 1, Munchen 1, Freiburg i. B. 1, Bonn 3 S.; Rig. 23. Dez 03]

Speckert, Joseph. Ein Fall von Chyluscyste. Diss. Med. Univ. Zürich. ([Mit 2 Figuren.] Sonder-Abdruck aus dem Archiv für klin. Chirurgie. Bd. 75. Heft 4.) *Kopftitel:* Aus der chirurgischen Abtheilung des Theodosianums Zürich. ⟨Chefarzt: Dr. E[ugen] Tschudy.⟩ 40 S. 8. Berlin, L. Schumacher, 1905.

Specketer, Heinrich, aus Schweringen in Hann.: Ueber eine quantitative elektrolytische Trennungsmethode der Halogene Chlor, Brom, Jod. *Göttingen 1898: Dieterich.* (52 S.) 8°
Göttingen, Phil. Diss. v. [25. Okt.] 1898

Speckhart, Gust., die Geschichte der Zeitmesskunst, s.: Saunier, Claudius.

Speckhart G. P Henlein, d. Erfinder d. Taschenuhr. (32 S.) Nurnberg 1890

Speckhart, Gust., Samml. Marfels, beschrieben. (88 S. m. Abbildgn.) 22,5×31 cm. Berlin (907). (W. H. Kühl.) Geb. in Leinw. 20. —

Speckle, Daniel

Speckle. Dan. Architectura von Vestungen sammt den Grundrissen, Visirungen und Auffzugen fol M K u Hlzschn Strasburg 1589 fol M K ib. 1608 fol Dresden 1705

Spekle, Daniel. Architectura von Festungen, wie solche zu unsern Zeiten an Städten, Schlössern und Klausen, zu Wasser, Land, Berg und Thal etc. erbauet werden, auch wie man sie zur Gegenwehr gegen den Feind etc. gebrauchen soll. (Mit 24 Taf.) Fol. Dresden und Leipzig 1712.

Speckle, Dan., Architectur von Vestungen. Fol. Dresden. 736.

(S[peckle], I[gnaz].) [Ignaz Heinrich von] Wessenberg und das päpstliche Breve, nebst einem Anhange über Kirchengewalt, bischöfl. und päpstl. Rechte. Von Dr. Fridolin Huber.... Gelesen und erwogen von einem Freunde der Wahrheit. 8. *o. O.* 1817.

Specklin, Daniel, s. Schadow, Richard.

Specklin, Daniel. Collectanées, s. Fragments des anciennes chroniques d'Alsace.

Speckmann, Ambr. [Pseud.]

Speckmann A.: Lebensgeschichte eines Miethpferdes. Brem. 1807. 143 S.
Vgl. L e b e n s g e s c h i c h t e...

Speckmann, August (geb. am 2 Sept. 1844 in Liebwalde Rgbz. Königsberg): Ueber Hume's metaphysische Skepsis ... Bonn, Univ.-Buchdr. v. C. Georgi 1877. 62 S., 2 Bl. 8. ¶ In Komm. bei Behrendt in Bonn.
Bonn, Phil. Fak., Diss. v. 14 Aug. 1877

Speckmann, Bernhard. Der Untergang von «Weltevreden». Ein Roman aus dem Leben. 168 S. 8. Zürich, Caesar Schmidt. 1901. [fr. 3. —]

Speckmann, Diedr., Heidjers Heimkehr. Eine Erzählg. aus der Lüneburger Heide. Mit Buchschmuck von Dan. Krencker. 1.—8. Aufl. (191 S.) 8. Berlin 904—906. M. Warneck. n. 2.—; geb. in Leinw. n. 3. —
Die beiden ersten Aufl. (à 189 S.) erschienen in Bremen.

Heidjers Heimkehr. Eine Erzählung aus d. Lüneburger Heide von Diedrich **Speckmann**. Mit Buchschmuck von Theodor Herrmann. 3. Aufl. Berlin: M. Warneck 1905. (189 S.) 8° [F.] [05. 12481]

Heidjers Heimkehr. Eine Erzählung aus d. Lüneburger Heide von Diedrich **Speckmann**. Mit Buchschmuck von Dan. Krencker. 5. Aufl. Berlin: M. Warneck 1906. (191 S.) 8° [F.] [06. 970]

Speckmann, Diedrich: Heidjers H e i m k e h r. Eine Erzählung aus d. Lüneburger Heide. Mit Buchschmuck von D. Krencker. 23. Taus. Berlin: Warneck 1908. 191 S. 8°

Speckmann, Diedr., H e r z e n s h e i l i g e. Mit Buchschmuck von O. Schwindrazheim. 6.—10. Tauf. (317 S.) 8. Berlin 909. M. Warneck. 3.—; geb. in Leinw. 4. —

Heidehof Lohe. Erzählung von Diedrich **Speckmann**. 11.–15. Taus. Berlin: M. Warneck 1906. (386 S.) 8° [F.] [06. 14834]

Speckmann, Diedrich: Heidehof L o h e. Erzählung. 23.–27. Taus. Berlin: Warneck 1908. 386 S. 8°

— Das goldene T o r. Erzählung. 1.—5. Tauf. (318 S.) 8. Ebd. 907. 3.—; geb. in Leinw. 4. —

Das goldene Tor. Erzählung von Diedrich **Speckmann**. 6.–10. Taus. Berlin: M. Warneck 1907. (318 S.) 8° [F.] [07. 16941]

Das goldene Tor. Erzählung von Diedrich **Speckmann**. Berlin: Warneck 1908. 318 S. 8° [10. 1532, 0]

Speckmann, Eduard, approb. Arzt aus Schneverdingen i. Han.: Delorme'sche **Operation** bei Pleura-Empyem. *Greifswald 1901: H. Adler.* (30 S.) 8°
Greifswald, Med. Diss. v. 15. Febr. 1901

Speckmann, F., das **unschuldige, bittere, stellvertretende Leiden** u. Sterben **unseres liebsten Herrn u. Heilandes** Jesu Christi f. uns **verlorene u. verdammte Sünder, in 92 Morgen- u. Abendandachten für die hl. Passionszeit** zusammengestellt. 8. **(XI, 384 S.) Hermannsburg 899.** Missionshandlg. **n. 1. 80; geb. n. 2. 50**

Speckmann, F., die Hermannsburger Mission in Afrika. Für die Freunde derselben bearb. Mit einigen Bildern (Holzschntaf.) (1. Bd.) gr. 8. (X, 560 S.) Hermannsburg 876. Missionshausdr. n. 3. 60

Speckmann, G., Beiträge zur Zahlenlehre. gr. 8. (V, 64 S.) Oldenburg 893. Eschen & Fasting. n. 2. —

Speckmann, G., üb. unbestimmte Gleichungen. gr. 8. (11 S.) Dresden 895. C. A. Koch. n. — 50

— arithmetische Studien. gr. 8. (III, 22 S.) Ebd. 896. n. 1. —

Speckmann, H. Th., neue, vereinfachte Buchführung. Mit Rücksicht auf die Bestimmgn. d. allgemeinen deutschen Handelsgesetzbuches u. d. Einkommensteuergesetzes vom 24. Juni 1891 bearb. gr. 8. (IV, 81 S. u. 8 Bl. Formulare.) Konitz i/Wpr. 891. (C. F. Wollsdorf.) n. 1. —

Speckner, J. G., de unctione regum. Viteb. 1716. 4.

Speckner, Jos. Fr. A. von

— Abhandl. üb. Rechtsdinglichkeit im Allgemeinen u. besonders üb. die Dinglichkeit d. Einstandsklage. gr. 8. München 823, Lindauer.

v. Speckner, Jos. Fr. A.: Abhandlungen über Rechtsdinglichkeit im Allg., u. bes. über die Dinglichkeit der Einstandsklage. 2. Aufl. *München,* Lindauer. 823. 8. (4 Gr.)

Speckner, J. F. A. v., rechtliche Blicke auf Markungs- u. Markverrückungsklagen in einem Rechtsfalle aufgefaßt. 8. Nürnberg, Stein. 817.

v. Speckner, Jos. F. A.: Ueb. d. Recht d. Verkaufs-Selbsthülfe od. d. Differenzwesen im Verkehre mit Staatspapieren, als Exegese zu L. I. §. 3. D. de peric. et commodo rei venditae. *München,* Lindauer. 823. gr. 8. (4 Gr.)

v. Speckner, Jos. Fr. A., über die öffentl. Civilpräjudizialladung von unbekannten Betheiligten, außer d. allgem. Concurse. gr. 8. Münch. 812. Lentner. 6 gl.

Speckner, Jos. Val. Edler von, s. B u t t l e r, William.

— s. D a r i u s.

v. Spekner, Jos. Val. Edler, († 1784.) Rede von d. wahren Patrioten; L. **Hübner's Untersuchung verschied. Wassersorten;** und: L. **Frhrn. v. Hartmann's Gedanken von den Wirkungen** des Geistes in die Elemente &c. **4. Münch. 775. Lentner.** 6 gl. 2e A. **4. Nürnb. (Augsb.) 777. v. Jenisch u. St.** 3 gl.

Speckner, Jos. V. v., Rede v. d. wahren Patrioten. 4. Nrnb. Schwarzkopf. 777.

Speckter, Erwin: Briefe eines dt. Künstlers aus Italien. Aus den nachgelassenen Papieren. Th. 1. 2. — Lpg: Brockhaus 1846. XXXVI, 456 S. und VII, 412 S.

Speckter, Erwin, s. Briefe eines deutschen Künstlers aus Italien.

Speckter, E., siehe: Lieder, vier, mit Randzeichnungen.

Speckter's, Hans, Briefe aus Italien, hrsg. u. m. Einleitg. versehen v. Rosa Schapire. (V, 378 S.) gr. 8. Hamburg 910. Leipzig, L. Voss. 5. —; geb. in Leinw. 6. 50

Speckter, Hans, Heraldik und Schutzmarke. Vortrag, gehalten in der kunstgewerblichen Abtheilung des Hamburger Gewerbevereins am 7. März 1883. 8. (23 S.) Hamburg 883, Boß. *

— die Nothwendigkeit eines Museums für Hamburgische Geschichte. Vortrag, gehalten im Verein für Hamburg. Geschichte am 7. Jan. und im Architekten- und Ingenieur-Verein am 16. Jan. 1884. 8. (32 S. mit 1 Situationsplan.) Ebendas. 884. *

Speckter, Otto, Brüderchen u. Schwesterchen. Ein Bildercyllus nach Grimms Märchen. 2.—10. Tauf. (Je 12 Taf. m. 16 S. Text.) 4. Hamburg 903—905. A. Janssen. Geb. n. 1.—

— neues Fabelbuch. Mit Orig.-Zeichngn. v. O. S. Gedichte von C. v. Esmarch, Ulr. Meyer, Otto Schlotke. 8. (86 S.) Hamburg 890. [Gerh. Speckter.] Frankfurt a/M., Litterar. Anstalt. Geb. n. 2. 50

— dasselbe. 2. Aufl. 8. (7 S. u. 40 Bl.) Ebd. 893. Kart. n. 1. 20

Speckter, Otto, Ausgewählte Fabeln, s.: Hey, Wilh.

— s. Fabeln, funfzig, für Kinder.

Speckter, Otto: Funfzig Fabeln für Kinder. In Bildern gez. v. –. Mit einem ernsthaften Anhange. Hamburg. 1833 [?] 8°

— 50 Fabeln f. Kinder. In Bildern gezeichnet. Nach d. 1. Ausg. (54 S. m. Abbildgn.) 8. Hamburg 908. A. Janssen. Kart. — 60

— Noch 50 Fabeln f. Kinder. In Bildern gezeichnet. Nach der 1. Ausg. (54 S. m. Abbildgn.) 8. Ebd. 908. Kart. — 60

— 12 Fabeln f. Kinder, s.: Hey, Wilh.

Speckter, Otto, 50 fables pour les enfants. s.: Hey, Wilh.

Speckter, Otto, siehe: Hey, W., 50 Fabeln.

— der gestiefelte Kater. Bilder v. Sp. Neuer Text von Ferd. Avenarius. Hrsg. vom Kunstwart. (Der Neuausg. 5.—14. Tauf.) 8. (12 Taf. m. 46 S. Text.) München (901). G. D. W. Callwey. Kart. n. — 60
1. Aufl. (12 Taf. m. 24 S. Text.) 900. n. — 50.

— Der gestiefelte Kater. Bilder v. Sp. Neuer Text v. Ferd. Avenarius. Hrsg. vom Kunstwart. (Der Neuausg. 37.—46. Tauf.) (47 S. m. Abbildgn.) kl. 8. München (910). G. D. W. Callwey. Geb. — 60

— Katzenbuch. Mit Gedichten von Gust. Falke. 1. u. 2. Aufl. 8. (à 22 S. m. Abbildgn.) Hamburg 900. A. Janssen. n. — 50

— Katzenbuch. Mit Gedichten v. Gust. Falke. 3. u. 4 Aufl. (11.—20. Tauf.) (29 S.) 8. Hamburg 903—905. A. Janssen. Geb. n. — 50

— Katzenbuch. Mit Gedichten v. Gust. Falke. 5. Aufl. 21.—25. Tauf. (31 S.) 8. Hamburg 908. A. Janssen. Kart. — 50

Speckter, Otto, 40 Confirmations-Scheine mit Bibelsprüchen und Liederversen. Mit bildl. Verzierungen, gezeichnet unter Benutzung verschiedener Meister. 1. Reihenfolge. 7. und 8. Aufl. qu. gr. 4. Bielefeld 877,81, Velhagen und Klasing. *

Speckter, O., 40 Confirmations-Scheine m. Bibelsprüchen u. Liederversen. Mit bildl. Verziergn., unter Benutzg. verschiedener Meister. 1. Reihenfolge. 10. Aufl. qu. gr. 4. Bielefeld 890. Velhagen & Klasing. n. 1. 60

Speckter, Otto, 40 Confirmations-Scheine m. Bibelsprüchen u. Liederversen. M. bildl. Verziergn., unt. Benutzg. verschied. Meister v. S. 1. Reihenfolge. 11. Aufl. gr. 4. Bielefeld 896. Velhagen & Klasing. n. 1. 60

— 40 Konfirmations-Scheine m. Bibelsprüchen u. Liederversen. Mit bildl. Verziergn., unter Benutzg. verschiedener Meister. 1. Reihenfolge. 12. Aufl. qu. gr. 4. Bielefeld (903). Velhagen & Klasing. n. 1. 60

Speckter, Otto, 40 Confirmations-Scheine mit Bibelsprüchen u. Liederversen. Mit bildlichen Verzierungen, gezeichnet unter Benutzung verschiedener Meister. 2. Reihenfolge. 4. Aufl. qu. gr. 4. Bielefeld 880. Velhagen & Klasing. n. 1. 60

Speckter, Otto, 40 Confirmations-Scheine m. Bibelsprüchen u. Liederversen. Mit bildl. Verziergn., unter Benutzg. verschiedener Meister. 2. Reihenfolge. 6. Aufl. qu. gr. 4. Bielefeld 891. Velhagen & Klasing. n. 1. 60

Speckter, Otto, 40 Confirmations-Scheine m. Bibelsprüchen u. Liederversen. Mit bildl. Verziergn., unter Benutzg. verschiedener Meister v. S. 2. Reihenfolge. 7. Aufl. qr. 4. Bielefeld (899). Velhagen & Klasing. n. 1. 60

Speckter, Otto: Das Märchen vom gestiefelten Kater.
Leipzig: F. A. Brockhaus. 1834. X, 112 SS. und 13 Tafeln (einschließl. des lithograph. Titels). 4°. Blindgepr.-violetter Leinenband d. Z. 225.—

RKB. 246. Ehmke 22. R. 2498. ★ Erstausgabe. Obwohl nicht eigentlich ein Kinderbuch, ist diese interessante Sammelausgabe d. Fassungen d. berühmten Märchens, vor allem durch Speckters reizende Blätter — die zu seinen originellsten Schöpfungen zählen — ein besonders wertvolles Stück der Jugendliteratur geworden. Die Bilder erzählen die Geschichte so lebendig und humorvoll, daß sie fast des Textes entraten können. Der zweifarbig in Federlithographie ausgeführte Titel zeigt das „Porträt" des Katers umrahmt von lustigen Katzenfiguren, unten ein „Kater". — Parodie von Goethes Versen „Zwei Seelen wohnen, ach, in meiner Brust . . ." Vorsatz aus gelbem Glanzpapier, rosa Seiden zu d. Radierungen. — Einige leichte Flecken, ein Blatt lose. Gutes Ex.

Speckter, Otto, das Märchen vom gestiefelten Kater. Illustrirt und der Jugend erzählt. br. 8. (45 S. mit 12 Radirungen.) Leipzig 856(57,) Brockhaus. *

Speckter, Otto, das Märchen vom gestiefelten Kater. Illustrirt und der Jugend erzählt. 2. Aufl. br. 8. (45 S. mit 12 Stahlst.) Leipzig 858, Brockhaus. *

Speckter, Otto, das Märchen vom gestiefelten Kater. Illustrirt und der Jugend erzählt. 3. Aufl. br. 8. (31 S. mit 12 Stahlst.) Leipzig 866, Brockhaus.

Speckter, Otto, 12 Radirungen zum gestiefelten Kater. Mit erläut. Texte. 4. (13 Kpfrt. u. 3½ B. Text.) Leipzig 844, Brockhaus. *

Speckter, Otto, Skizzen des Hamburger Brandes. Lithogr. 12 Blätter in qu. ½ gr. Fol. Hamburg 842, Hoffmann u. Campe. Thondruck à n. ⅓ ₰
Ein Supplement hierzu, s. Panorama.

— Vogelbuch. Mit Gedichten v. Gust. Falke. 2. Tauf. kl. 4. (47 S.) Geb. in Leinw. n. 1.—
Hamburg: A.Janssen 1901.

Speckter's O Vogelbuch mit Gedichten von O Falke. (47 S) (Hamburgische Liebhaberbibliothek) kl 4° Hamburg 1901

Otto Speckters *Vogelbuch*. Mit Gedichten von GUSTAV FALKE. 10. Taus. Hamburg 1901. 48 S. m. 29 Bildern. 4°. Illustr. Orhlwd. 9.—

— Vogelbuch. Mit Gedichten v. Gust. Falke. 11.—15. Tauf. (47 S.) 8. Hamburg 906. A. Janssen. Geb. in Leinw. n. 1.—

— s.: Waldlilien, die.

Pennsylvanischer Speck und Cracker Voluntär: no. 1–2, July–Aug. 1861?

These two issues appeared monthly, the editor states that it will be "Herausgegeben so oft das Blatt voll ist. Cigarren, frisches Brod und Butter werden in Zahlungsstatt angenommen. Beiträge für diese Zeitung, sowie Zeichnungen werden mit Dank entgegengenommen." Sub-title: Eine Zeitung zur Vertreibung der Hypochondry, entstanden aus Überfluss an Speck und Crackers. Number 1 gives as "Herausgeber und Redakteur:" Corporal v. Itzeblitz.
Egg Harbour, NJ

Spectacle de la Nature, av. fig. 9 Vol. gr. 12. Paris. (Wolf, Augsb.) 768.

Spectacle de la Nature en Abrégé. Tubingue 1756. V: *Camerer, Rud. Jac.* (Baumgarten, Nachrichten v. merkw. Büchern. Halle 1752–57. 10, 94.) (Hauptkat. d. Univ.-Bibl. Tübingen. A. S. 20.)

Spectacula, Laureata Castimoniae, quae sex Heroes, totidemque Heroinae orbi exhibuerunt, Epico carmine ... adumbratae ... Viennae Austriae 1711. V: *Magnet, Paul.* (Jes)

Spectacula Philosophorum e Christi et rationis placitis ... Viennae 1720. V: *Recheisen, Ferdinand.* (Jes) (So)

Spectacula Sapientium seu Virtutes sacrorum in Ecclesia Philosophorum ... Graecii 1734. V: *Vogl, Jacob.* (Jes)

Spectacula Sapientium, seu Virtutes profanorum Graeciae Sophorum. Graecii 1733. V: *Vogl, Jacob.* (Jes) (So)

Spectacula, Selecta Heroum Daciae ... Claudiopoli 1731. V: *Petko, Nicolaus.* (Jes)

Spectacula Selecta Parnassi Viennensis ... Viennae Austriae 1704. V: *Kogler, Anton.* (Jes) (So)

***Spectaculum* naturae et artium**, deutsch, französ., lateln. u italienisch. Mit Kpf. gr. 4. Berl. 762—66. Winter. 3 ₰ 8 gr ill. 4 ₰ 8 gr (S. auch **Schauplatz der Natur u. der Künste in 4 Sprachen.**)

Spectakel, s. Spektakel.

Spectateur, od. vernünft. Betrachtungen üb. d. verderbten Sitten d. heut. Welt. 3 Thle. 8. Nürnb. Riegel u. W. 721–25.

Vgl. Steele, Richard.

Spectateur: Der Teutsche Bernerische Spectateur

① Bernerisches Freytags-Blättlein (= Titel der einzelnen Nummern) ③ Bernerisches Freytagsblättlein ⑤ Anfang bis Mitte 1734 (26 Nummern) ⑥ 8° ⑦ Wochenblatt ⑧ Bern: Samuel Kupfer ⑩ Joh. Georg Altmann ⑪ Joh. Georg Altmann; Mitarbeiter: Prof. Lauffer, Albrecht von Haller (Pseudonom: Alethus) ⑫ im Stile der moralischen Wochenschriften ⑬ BGSZ: 99. 230 (Bodmer, p. 85). 261. 506. 973; F. Vetter: Der junge Haller (1909) ⑭ Be: S. St; Lu: Z.

SPECTATEUR, Der Leipziger, welcher die heutige Welt der Gelehrten u. Ungelehrten, Klugen u. Thorhafften, Vornehmen u. Geringen, Reichen u. Armen, Verehlichten u. Unverehlichten, so wohl Männl. als Weibl. Geschlechts, Leben u. Thaten, auch wohl Schrifften beleuchtet u. ihnen die Wahrheit saget. 4 Speculationes (soviel ersch.?). Franckfurt, Hamburg u. Leipzig 1723. 8°. Aeusserst selten! (3 Mk. W. Koebner, Breslau, vor 1885; jetzt viel theurer!)

***Spectateur*, le, du Nord; journal politique, litéraire et moral** par **H. de F. Olivarius.** 12 mois. gr. 8. Hamb. 797 Fauché. 8 ₰

Le **Spectateur** du nord, journal politique, littéraire et moral. T. 1—13. 15—20. — En Basse-Saxe (1—4: Hamburg; 5: En Holstein) (1797—1801). 8°

Spectateur, Le, du nord, journal politique, littéraire et moral. 1797—1802. Hamb. H: *Baudus, Marie Jean Louis Aimable & Charles Franç. Dom. de Villers.* (Milchs)

Spectator, the. Eine Auswahl zum Schulgebrauche zusammengestellt u. bearb. v. E. Schridde. 1. u. 2. Thl. gr. 8. (XVI, 133 u. X, 131 S.) Berlin 876. Weidmann. à 1. 20

Spectator, the. A weekly review of politics, literature, and science. Englische Wochenschrift f. Deutsche [zu Unterrichts- u. Fortbildungszwecken]. Ed by Erwin Hoenncher. 1. u. 2. Jahrg. Apr. 1892—März 1894. à 52 Nrn. (Bog.) hoch 4. Zittau, Pahl. à Jahrg. n. 8. —

Spectator, the. A weekly review of politics, literature, and science. Englische Wochenschrift f. Deutsche (zu Unterrichts- u. Fortbildungszwecken). Ed. by Erwin Hoenncher. 3. — 6. Jahrg. Apr. 1894 — März 1898. à 52 Nrn. (Bog.) hoch 4. Zittau. Leipzig, Pahl. à Jahrg. n. 8. —

— dasselbe. Vol. VII. April 1898 März 1899. 52 Nrn. (Bog.) hoch 4. Leipzig, Pahl. n. 8. —

Spectator, the, in Germany. A monthly magazin. Vol I. Novbr. 1901—Jan. 1902. 3 Nrn. gr. 8. (à ca. 16 S.) Leipzig, Poeschel & Trepte. — 75
Mehr nicht erschienen.

Jewish Spectator: Oct. 1885 – ? Memphis, TN
Weekly. Established by Max Samfield.

Spectator [Pseudon.] s. Ball, Richard.

Spectator [Pseud.], s. Katscher, Leopold

[F. u. Ant.] Die Börse und ihre volkswirthschaftliche Bedeutung. Von Spectator. *Berlin: Kritik-Verl. 1896.* (16 S.) 1 Bd 8.
= Fragen d. öffentlichen Lebens. II. 1. [96 2632

Spectator (Vict. Freudenberg), s.: Börse, die, u. ihre volkswirthschaftl. Bedeutg.

Spectator, s.: Bülow, Fürst, als Angeklagter.

Spectator, s.: Klubs, Berliner. — Ruhstrat.

Ruhstrat. Die Geschichte eines Sensationsprozesses. Von **Spectator.** Berlin: H. Walther 1905. (62 S.) 8° [F.] 1-6 14833

Spectator, Verf. von: Sprachmischung in Oberschlesien. 1908 [Pseud.], s.a. Kaisig, Karl.

— s.a. Sprachmischung in Oberschlesien.

Spectator, Vigilius: Schulkampf in Hamborn. 2. Aufl. Ruhrort 1904. 8°

Pius IX. Mastai-Ferretti. Leo XIII Pecci. Pius X. Sarto. 1846 1904. Die Krisis im Papsttum von **Spectator** alter. Berlin: H. Bermühler 1904. (284 S.) 8° 05 1594

Spectator alter, s.a. Krisis, die, im Papsttum.

Die Nachfolger Jesu. Neue Ausg. der Krisis im Papsttum von **Spectator** alter. Berlin: Bermühler [um 1909]. 284 S. 8° 10.9846

Spectator alter, Die Nachfolger Jesu. Neue Ausg. d. Krisis im Papsttum. Berlin [1910]. 8°.

Spectatrice, la, trad. de l'Anglois. 8. Dresd. 750. Walther. 20 ℛ

Spectrum Spagiricum, d. i. der güldene Irrwisch, oder spagirische Wauwau. Nürnberg 1721. V: *Volkamer, Joh. Gg.* (will)

SPECULANDER (ps.). — STULTORUM PLENA OMNIA, oder Neu-polirter Hauß- u. Narrenspiegel, worinn man ganz bequem das Nosce Te ipsum oder sich selbstbespiegeln, und ersehen, seine Fehler und Mackeln wahrnehmen und erkennen, auch solche aus dessen hellen Lehr-Strahlen heilen und vertreiben kan. Ein Werck, welches, Weil es jedem Alter und Stand zu gutem Nutzen und Ergötzen wolgemeyt (so!) verfertigt worden, Niemand choquiren noch verdriessen wird. In welcher Hoffnung Nach dieser Repræsentationen Ersten Theil die ehiste Folge mehrer anderer verspricht der curiose Opticus *Speculander*. (Wohl nicht mehr ersch.) O. O. Zu finden bey Balthasar Joachim Endter (in Nürnb.?) An 1700. 4°. (24 Mk. Oskar Rauthe, Berlin, 1909.)

Höchst seltenes satyr.-moral. Curiosum, stellenw. derb und unfläthig. Titel, 5 Bl. Vorr. u. „Applicatio oder Einleitung". 100 S., S. 101—102 Register. — Enth. 37 Satyren, unter jeder das Morale in (2—14zeil., zum Theil pikanten Reimen (Alexandrinern). — Weller, Lex. Ps. p. 534.

SPECULANDER. Stultorum plena omnia, oder Neu-polirter Hauß- u. Narren-Spiegel, worinn man ganz bequem das Nosce Te ipsum oder sich selbst-bespiegeln, und ersehen, seine Fehler und Mackeln wahrnehmen und erkennen ... kan. Ein Werck, welches ... Niemand choquiren noch verdriessen wird. [2 Teile in 1 Bde. Nürnberg?] Zu finden bey Balthasar Joachim Endter, 1700—1701. 4°. 6 Bl. 102 S.; 4 Bl. 45 S. Etwas abgenutzter Pgtbd. d. Z.

H.-G. VII. 368 kennt nur den ersten, 1700 erschienenen Teil und charakterisiert ihn als „Höchst seltenes satyr.-moral. Curiosum, stellenw. derb und unflathig"

Speculationes, Curioese, bey Schlaflosen Nächten, Werden in Unterschiedlichen Gesprächen für gestellet . . . Chemnitz u. Leipzig 1707. V: *Schmidt, Johann Georg.* (Arch. f. Litt. I, 490—91.) »1717« V: *Garmann.* (Myl)

Speculum conscientiae in usum sacerdotum, praesertim eorum, quibus cura animarum demandata est. 12. Viennae 845, sumpt. Congregat. Mechitarist. 1/24 n℔

Speculum ecclesiae. Altdeutsch. Herausg. von Joh. Kelle. München 858. Franz. gr. 8. (XXIV, 268 S.) 2 ℔.

Speculum fulgens staticis electoribus candidatisque projectum [d. i. heller Spiegel, ständischen Wählern u. Candidaten vorgehalten]; ex novis epistolis obscurorum virorum. gr. 8. (15 S.) Bremae 851. (Löning & Co.) 1½ n℔

Speculum Hippocraticum notas et praesagia morborum . . . ordine alphabetico ob oculos ponens. Basil 1747. V: *Zwinger, Joh. Rud.* (Choulant) (BrMm)

Speculum observantionum meteorologicarum specula Graecensi factarum ab anno 1765 ad annum 1769. Graecii 1770. V: *Tirnberger, Carl.* (WBL 45/177) (BiblPort)

Speculum regale. Ein altnorwegischer Dialog, nach Cod. Arnamagn. 243 Fol. B u. den ältesten Fragmenten hrsg. von Osc. Brenner. gr. 8. (XVI, 212 S.) München 881. Kaiser. n. 5. —

Speculum humanae salvationis. Kritische Ausg. Übersetzg. v. Jean Mielot (1448). Die Quellen des „Speculum" u. seine Bedeutg. in d. Ikonographie, besonders in der elsäss. Kunst des XIV. Jahrh. Mit der Wiedergabe in Lichtdr. (140 Taf.) der Schlettstadter Handschrift, ferner sämtl. alten Mühlhauser Glasmalereien, sowie einiger Scheiben aus Colmar, Weissenburg etc. v. J. Lutz u. P. Perdrizet. (I. Bd. 1.—3. Tl. u. II. Bd. 1. u. 2. Tl.) (XX u. 351 S.) 38×27,5 cm. Mülhausen 907. 09. Leipzig, C. Beck. Erh. Pr. nn 120.—; frz. Ausg. nn 120.—; farb. Taf. allein Subskr.-Pr. 4.—; Einzelpr 5. —

Speculum humanae salvationis. Texte crit. Trad. inéd. de Jean Mielot ⟨1448⟩. Les sources et l'influence iconogr. principalement sur l'art alsacien du 14e siècle. Avec la reprod., en 140 pl., du Ms. de Sélestat, de la série compl. des vitraux de Mulhouse, de vitraux de Colmar, de Wissembourg, etc. par J[ules] Lutz et P[aul] Perdrizet. T. 1, ⟨1. partie⟩. Leipzig: C. Beck in Comm. 2° 07 6765 3

Speculum Sapientiæ ; Das ist : Ein Buch des Geheimnisses vom Anfang der Welt genannt : Der Himmlischen Sonnen-Klahrheit und Geheimniss von unserm Herrn und Heiland Jesu Christo mit dem Anhang der goldenen Practica de Tinctura Lapidis Physicorum, welches beschrieben im Jahr 1672 den 27 Martii. Hamburg, Verlegts Christian Liebezeit. Druckts Philipp Ludwig Stromer, 1705. pp. 54.

Speculum sapientiae, d. i. d. Spiegel d. Weisheit, oder chym. Geheimnisse. 8. 748. — 8

SPÉCZ, JOSEPH: Anrede bei Gelegenheit der feierlichen Grundsteinlegung des Ofner Kaiserbades. Gehalten am 17. Mai 1842. Pesth 1842. Gedr. bei Joseph Beimel. 15 S. - 200 mm

SPÉCZ, JOSEPH: Predigt bei Gelegenheit der feierlichen Glockenweihe in der Christinenstädter Pfarrkirche zu Ofen. Gehalten am siebenten Sonntag nach Pfingsten, den 3. Juli 1842. Ofen 1842. Gedruckt in der königlichen ungarischen Universitäts-Buchdrukkerei. 19 S. - 8°

Spécz, R. v., Grundriss d. techn. Chemie. Nach d. gegenwärt. Zustande d. Wissenschaft, als Leitfaden f. seine Vorlesn. bearb. gr. 8. (32¾ B.) Wien 837, [Gerold's Vrlsh.]

Spedalieri, A., medicinae praxeos compendium ad mentem E. G. Clarke. 2 vol. 8maj. Ticini. 815—816. (Viennae, Volke.) 3 16

Spedalieri, Niccolo

Spedalieri, N., die Rechte d. Menschen, worin erwiesen wird daß die christl. Religion die sicherste Beschützerin der zur Erhaltung der bürgerl. Gesellschaft nothwendigen Mittel sey; aus d. Italien. (v. F. K. Brandner). 6 Thle, gr. 8. Salzb. 794. Mayr.

Spedalieri, Niccolo. Die Rechte des Menschen, worin erwiesen wird, dass die christliche Religion die sicherste Beschützerin . . . sey; a. d. Ital. . . . Passau 1794—95. Ü: *Brandner, Franz Carl.* (MGT) »Salzburg 1794« (Ky)

— — dasselbe a. d. Ital. 6 Thle. gr. 8. Passau, Ambrosi. 794-95.

Spedener, Gregor: Die Bauernhochzeit in früheren Zeiten. Charakterbild des Luxemburger Landvolkes. Luxembourg: Brück 1886. – 36 S. 8°

Spedener, Gregor: Felix Krein, der Reformator der Stadtmusik von Esch a. d. Alzette, Gründer der Symphonie Esch-Alzette . . . Eine Künstlerbiographie. Esch-Alzette: Willems 1889. – 4, 18 S. 16°

Spedener, Gregor: Michel Lentz. Ein Gedenkblatt an unseren Nationaldichter. Luxemburg: Worré-Mertens 1895. – IV, 107, 3 S. 16°

Spedener, Gregor: Rose und Jasmin. Zwei Künstlerphantasien in Duployé-Weilerschen Stenographie. Urdruck. Esch a. d. Sauer: Selbstverlag 1894. – 48 S. 16°

Spedener, Gregor: Sagen des Eschertales. Separat-Abdruck aus "Ons Hémecht" 1898–1899. Luxemburg: Worré-Mertens 1899. – 52 S. 8°

Spedener, Gregor: Die Stenographie als Volks- und Schulschrift. Vereinfachte Methode zum Selbststudium für Lehrer und Schüler. Luxemburg: Selbstverlag 1894. – 24 S. 8°

Spedener, Gregor: Sursum corda! Der Madamm Liches zu hirem 25jährigen Jubiläum als Krankenpflegerin am 70er Krich op de Schluochtfeldern zu Gravelotte etc. mat aller Verĕronk zŏerkant. Urdruck. Luxemburg: Selbstverl. 1895. 4 S. 8°

Spedener, Gregor: Musikalische Tachygraphie. Esch-Sauer: Selbstverlag 1890. – 16 S. 16°

Spedener, Gregor: Trei dem Glas. En Drenklied. Musék fum P. Pütz. Paris: Imprimerie Delay 1899. – 4 S. 8°

Spedicati, Domenico: Theoretisch-Praktische Beurtheilung des Scharbocks oder Art und Weise, den Scharbock allein mit denjenigen Mitteln, welche man während der Reise auf der See besizt, zu heilen, im Falle, daß Arzneyen fehlten; wie auch Kurzer Vortrag, wie man auf Kauffahrtheyschiffen, die weder Arzt noch Arzneyen mit sich führen, die Leute gesund erhalten könne. Aus dem Italiänischen übers. 112 S., gbd.

(St.Petersburg): Kaiserl.Buchdruckerey 1787

JB 2.265

Spediteur, der, Darstellung seiner Geschäftsführung, seiner Rechte u. Pflichten. 1/2 32. Nürnberg 841, Leuchs u. Co. 1/3 ß

Spediteur - Adressbuch, österr. - ungar., enth. die Adressen der Spediteure v. Oesterreich - Ungarn u. die wichtigsten Speditionsfirmen Deutschlands, d. Orients u. s. w., nebst Angabe der Post-, Telegraphen-, Eisenbahn- u. Schiffs - Stationen. Hrsg. v. Alex. Salzer u. Adf. Reitzer. gr. 8. (58 u. 86 S.) Wien 892. Adf. Reitzer. Kart. n. 5. —

Deutsche Spediteur- und Rhederei-Zeitung. Organ zur Interessen-Vertretung des Speditions- und Rhedereiwesens. XIII.–XV. Jahrgang, 1892–97. Hamburg 1892–97. (18285–89, 18368, 19164, 20632)

Spediteur- u. Rhederei-Zeitung, deutsche. Organ zur Interessen-Vertretg. des Speditions- u. Rhedereiwesens. Chef-Red.: Frdr. Purlitz; f. den jurist. Tl.: C. M. Josephson. 15. Jahrg. 1894. 52 Nrn. (à ca. 1½ Bog.) gr. 4. Hamburg, F. W. Rademacher. n. 10. —

Spediteur- u. Rhederei-Zeitung, deutsche. Organ zur Interesse-Vertretung d. Speditions- u. Rhedereiwesens. Chef.-Red.: Frdr. Purlitz; f. d. jurist. Tl.: C. M. Josephson. 16.—18. Jahrg. 1895—1897. à 52 Nrn. (Bog.) gr. 4. Hamburg, F. W. Rademacher. à Jahrg. n. 10. —

Erscheint seit 26. Jan. 1898 nicht mehr; vom Jahrg. 1898 sind nur noch 4 Nrn. erschienen.

Vgl. Speditions- u. Schiffahrts-Zeitung.

Speditions-Adressbuch, allgemeines. Ein Hand- u. Nachschlagebuch f. Spediteure, Fabrikanten, Kaufleute, überhaupt f. Alle, welche Güter versenden. gr. 8. (68 S.) Berlin 871. Schotte & Co. n. 1. —

— dasselbe. 2. Jahrg. 1873—1874. Als Mscr. gedr. gr. 8. (63 S.) Ebend. 873. n. 3. —

— dasselbe. 3. Jahrg. 1875—1876. Als Mscr. gedr. gr. 8. (III, 56 S.) Ebend. 875. n. 5. —

Speditions-Adress-Buch, allgemeines. Ein Hand- und Nachschlage-Buch für Spediteure, Fabrikanten, Kaufleute, überhaupt für Alle, welche Güter versenden. 1.—4. Jahrg. 1878—1881. gr. 8. (à Jahrg. III, 44 S.) Berlin, Schotte und Comp. à Jahrg. **

—— dass. — 5. Jahrg. 1884/85. gr. 8. (40 S.) Ebendas. **

Speditions- u. Schiffahrts-Zeitung. (Deutsche Spediteur- u. Rhederei-Zeitung, Hamburg.) Officielles Publikations-Organ des Vereins deutscher Spediteure. Central-Organ für den gesammten internationalen Güterverkehr. Organ f. die Gesammtinteressen der See- u. Flussschiffahrt. Red. unter Mitwirkg. bewährter Fachgenossen. 8.—10. Jahrg. 1900—1902. à 52 Nrn. gr. 4 (à ca. 10 S.) Berlin, G. Everth. à Jahrg. n. 10. —

Speditions- u. Schiffahrts-Zeitung. (Deutsche Spediteur- u. Rhederei-Zeitung, Hamburg.) Officielles Publikations-Organ des Vereins deutscher Spediteure. Organ für die Gesamtinteressen des Güter- u. Möbeltransports zu Lande u. zu Wasser. Zentral-Organ f. den gesamten internationalen Güterverkehr. Red. unter Mitwirkg. bewährter Fachgenossen. 11.—14. Jahrg. 1903—1906. à 52 Nrn. (624, 634, 622 u. 624 S.) gr. 4. Berlin, G. Everth. à Jhrg. n. 10. —

Speditions- u. Schiffahrts-Zeitung. (Deutsche Spediteur- u. Rhederei-Zeitung, Hamburg.) Offizielles Publikations-Organ des Vereins deutscher Spediteure usw. Organ. f. die Gesamtinteressen des Güter- u. Möbeltransports zu Lande u. zu Wasser. Zentral-Organ f. den gesamten internationalen Güterverkehr. Red. unter Mitwirkg. bewährter Fachgenossen. 15.—18. Jahrg. 1907—1910. 52 Nrn. (666, 680, 684 u. 690 S.) 33,5×25,5 cm. Berlin, G. Everth. à Jahrg. 10. —

Spedl Theodora: Heinrich Jung-Stillings Beziehungen zur Romantik.
1910 PN 2870 Diss. Wien Univ.

Spee, Ferdinand Graf von: Beitrag zur Entwicklungsgeschichte der früheren Stadien des Meerschweinchens bis zur Vollendung der Keimblase. Leipzig 1882.

Spee, Ferdinand Graf von: Walther Flemming. Mit 1 Portrait. (Jena. 1906.) 8° Abdruck aus: Anatomischer Anzeiger. Bd 28, Nr. 1 u. 2.

Spee, Graf, d. Kopf, s.: **Handbuch d. Anatomie des Menschen, Lfg. 3.**

Spee, Graf, Skeletlehre, s. Handbuch der Anatomie des Menschen. 16. Lfg. (Disse, J.)

Spee, Ferdinand: Skeletlehre, s.u. Disse, Josef

Spee, Friedrich von

Spee, Fr., Cautio criminalis seu de processibus contra sagas liber. In defensionem recessus à magis communi doctorum opinione, in inquirendo et procedendo contra magiae suspectos, selectus. Accessione instructionis pro formandis processibus in causis strygum, sortilegorum et maleficorum, à Sancta Romanae et universalis inquisitionis adversus haereticam pravitatem generali congregatione anno 1657 praescriptae, locupletatus per. A. D. M. C. A. 427 pp. Aug. Vindel. 16°. 1731.

Spee, Friedr., Gedichte, hrsg. v. K. Förster, s. Bibliothek deutscher Dichter d. 17. Jahrh., 12. Bd.

Spee's, Fr., auserlesene Gedichte, s. J. H. v. Wessenberg, sämmtl. Dichtungen.

Spee, Fr., auserles. Gedichte; hregg. v. J. H. v. Wessenberg. gr. 8. Zürich 802. Druckp. 8 gr. Velinp. 16 gr.

—— s. Katechismusstücke, vier, in Gebetsform.

Spee, Frdr., fromme Lieder. Der heut. Sprachweise angeeignet, m. einer biographischen u. literargeschichtlichen Einleitung versehen, u. den Freunden religiöser Poesie gewidmet von Wilh. Smets. 12. (XXX u. 168 S. m. lith. Titel). Bonn 849, Marcus. 1/3 Thlr.

— heil. Seelenlust, s. Haus-Bibliothek, christl.

Spee, Friedr., Trutz-Nachtigal, s. Dichter, deutsche, des 17. Jahrh.

Spee, F., Trutznachtigall, s.: Universal-Bibliothek.

Spee, Fr. von, Trutznachtigall, Blüthen religiösen Geistes u. Sinnes aus d. ersten Hälfte des 17ten Jahrhunderts, herausgegeben von W. P. Willmes. 12. Cöln, Rommerskirchen. (Leipz. Gräff.) 812.

— Trutz Nachtigal ein geistlich poetisches Lustwäldlein, dergleichen noch nie zuvor in deutscher Sprache gesehen worden. Durch den ehrwürdigen Pater Friedrich Spee Priester der Gesellschaft Jesu. Wörtlich treue Ausgabe vermehrt mitt den Liedern aus dem güldenen Tugendbuch desselben Dichters. [Herausgegeben von Clemens Brentano.] Berlin, F. Dümmler, 1817. 12°. XXX, 458 S. 2 Bl. Unbedeutend berieb. HLdbd. von ca. 1850 mit Kv.

G. III, 194 1; und VI, 61, 32. Maltzahn p. 258 Nr. 314. De B.-S. VII, 1429. FdF. 977a. Eines der schönsten und innigsten Lyrikbücher des deutschen Barocks. Brentanos (in nur 600 Exemplaren gedruckte) Ausgabe befleißigt sich einer wortgetreuen Wiedergabe, nur die Orthographie ist modernisiert. Er fügte ein biographisches Vorwort über Spee und die schöne 15-strophige Zueignung „Zur Weihnacht, sternenhelle . . ." (an Luise Hensel) bei.

Spee, Friedr. v., Trutz-Nachtigall. N. d. 1. Ausg. v. W. Friessem, Köln 1649. Mit Einleit. u. Erklärn. v. B. Hüppe u. W. Junkmann. Ein Anh. enth. d. Melodieen d. 1. Ausg., bearb. v. G. Kölmer. 12. (16¾ B.) Coesfeld 841. (Münster, Theissing'sche Buchh.) *

— **Trutz-Nachtigall. (Blüthen religiösen Geistes u. Sinnes aus der ersten Hälfte des 17. Jahrhunderts.) Herausgeg. von Peter Ludw. Willmes. (Wohlfeil. Ausg.) kl. 12. Köln 841, Rommerskirchen's Buchh. 1/2 Thlr.**

Spee, Friedr., Trutz-Nachtigall: Ein geistlich-poetisches Lustwäldlein. Nach der cöllner Aufl. von 1654 im Geiste des Verf. treu bearb. Mit Musik-Beilagen von P. Frz. Xaver Weninger. 8. (29⅛ B. u. 3 Musikbeil.) Innsbruck 844, Rauch (u. Wagner'sche Buchh.) *

Spee, Friedr. v., der Trutznachtigall Lieder der Liebe und des Lobes Gottes (in 2 Abtheilungen) umgedichtet in die Sprache unserer Zeit von Jos. Pape. gr. 16. (180 S.) Arnsberg (861)62, Grote. 22½ Ngr.; geb. *

Spee's, Frdr., Trutz Nachtigall, verjüngt v. Karl Simrock. 8. (VII, 280 S.) Heilbronn 876. Henninger. n. 3. —

Trutznachtigall. Von P. Friedrich **Spee** S. J. Nebst d. Liedern aus d. Güldenen Tugendbuch desselben Dichters. Nach d. Ausg. von Klemens Brentano krit. neu hrsg. von Alfons Weinrich. Mit d. Titelbild. d. Originalausg. u. d. Ausg. von Brentano. Freiburg im Br.: Herder (1908). (XL, 428 S.) 8° [F.] [08. 3284

— Rdi Patris Friderici Spee Societatis Jesu Güldenes Tugend Buch. Das ist: Werck und Ubung der dreyen Göttlichen Tugenden: Glaubens, Hoffnung, und Liebe . . . Offt und vielmahl gedruckt worden. Collen und Franckfurt. Bey Peter Pütz seel. Wittib und Sohn . . . 1748. 8°. 8 Bl. 501 S. 1 Bl. Etwas abgenutzter und bestoßener Ldbd. d. Z.

De B.-S. VII, 1430. Fast allen Bibliographen unbekannt.

Spee, Fr., güldenes Tugendbuch. 8. Cöln. 749.

—— goldenes Tugendbuch, das ist: Werke u. Uebungen d. drei göttl. Tugenden, d. Glaubens, d. Hoffnung, d. Liebe. Allen Gott liebenden, andächt., frommen Seelen nützl. zu gebrauchen. 2 Thle. gr. 12. (29½ B.) Coblenz 829, Hölscher.

Spee, Friedrich. Goldnes Tugendbuch das ist: Werke und Übungsbuch der drei göttlichen Tugenden . . . Coblenz 1829. H: *Brentano*, *Clem.* (Th) (Ky)

Spee, Frdr., († d. 7. Aug. 1635), goldnes Tugendbuch d. i.: Werke u. Uebungen der drei göttl. Tugenden d. Glaubens, d. Hoffnung, der Liebe. Allen Gott liebenden, andächtigen, frommen Seelen nützlich zu gebrauchen. [Hrsg. u. m. e. Vorrede v. Clem. Brentano]. 2 Thle. 2. Aufl. 12. (XVI u. 547 S.) Coblenz 850, Hölscher. 24 ngr

Spee, Friedr., goldenes Tugendbuch, d. i. Werke und Uebungen der drei göttl. Tugenden, des Glaubens, der Hoffnung, der Liebe. Neu hrsg. von Frz. Hattler. 8. (XXIV, 543 S.) Freiburg i. Br. 887, Herder'sche Verlagsh. *
geb. *

— goldenes Tugendbuch d. i. Werke u. Uebgn. der drei göttl. Tugenden des Glaubens, der Hoffng., der Liebe. Neu hrsg. v. Frz. Hattler. Neue (Titel-)Ausg. 12. (XXIV, 548 S. m. Titelbild.) Freiburg i/B. 894. Herder. Geb. in Leinw. 2.50

Spee, J., Volksthümliches vom Niederrhein. 1. u. 2. Hft. 8. Köln 875. Römke & Co. — 90

1. Aus Louth im Kreise Geldern. (27 S.) — 30.
2. (48 S.) — 60.

Spee, Ludw. Graf v., d. Vererbg. d. ländl. Grundbesitzes im Oberlandesgerichtsbez. Hamm, s.: Vererbung, die, des ländl. Grundbesitzes im Königr. Preussen.

Speeches, the principal, and addresses of the Prince Consort, s. Collection of British authors.

Speeleveld's, T., Briefe üb. die Insel Walchern ꝛc., s. neue Bibliothek der Reisebeschreibb. Weim. 41r Bd.

Speelhofen d. Jüngere, od. Begebenheiten des neuen Robinsons auf d. stillen Meere. Mit Kpf. 12. Linz ... Eurich. 8 gl.

Speelhofens, Martin, Glücks- u. Unglücksfälle. 8. Dresden, Gerlach. (Sommer in Leipz.) 782.

Speelhofen's, Martin, Glücks- u. Unglücksfälle. 8. Leipz. 782. (Nauck). 8 gl.

Speelhoven, des Martin, eines Kaufmanns aus dem Clevischen, in Emden verstorben, wunderbare Schicksale, von ihm selbst beschrieben und zur Unterhaltung u. Belehrung zeitgemäß bearb. von Frz. Geo. Ferd. Schläger. Hannover 858. Hahn. 8. (X, 395 S.) 28 ngr.

Speelmann, Andreas [Mutmaßl. Verf.], s. Reisen, Nil Hammelmanns ... merkwürdige, ...

(Speer, .) Eine Besteigung des Wetterhorns .... [A.] 8. (Stuttgart 1846.)

SPEER, Dr. med. (ps.? — Nicht im Kürschner), Berühmte grausame Frauen (Giftmischerinnen etc.) .... (19**). (Mk. 3—.)

— — Weibliche Grausamkeit (Elisabeth Bathory, die „Blutgräfin", und verwandte Erscheinungen .... (19**). (Mk. 3—.)

— — Das Liebesleben gekrönter Verbrecher .... (19**). (Mk. 3—.)

— — Lustmörder und andere Sittlichkeitsverbrecher der Neuzeit .... (19**). (Mk. 3—.)

RAU, Hans (d. i. *A. Speer*), Beiträge zu einer Geschichte der menschlichen Verirrungen. 2 Bde. Leipziger Verlag, G. m. b. H., o. J. (1908). Gr. 8⁰. (I: Mk. 10—, II: Mk. 8—.) (10 Mk. cplt. Adolf Weigel, 1908; 8 Mk. Derselbe, 1909; 10 Mk. F. Waldau, Fürstenwalde, 1909.)

— — Die Grausamkeit mit besonderer Bezugnahme auf sexuelle Faktoren. Mit zahlreichen Illustrationen. Berlin 1903. Gr. 8⁰. 248 pp. Illustr. Umschl. Orig.-Lwdbd. (Mk. 4—.) (2 Mk. 50 Pfg. Adolf Weigel, 1908; 5 Mk. H. Barsdorf, Berlin, 190*.)
— — Dasselbe. 2. umgearb. Aufl. Mit 21 Illustr. Ebd. 1907. Gr. 8⁰. 272 S. (5 Mk. 50 Pfg. R. Hirsekorn, Berlin, 1909; 6 Kr. 60 H., Origbd., Halm & Goldmann, 1907.)

— — Franz Grillparzer und sein Liebesleben. Mit 12 Porträts. 1904. 256 S. (Br. Mk. 5—, geb. 6—.)

— — Sadismus und Erzieher. Der Fall Dippold. Ein Sittenbild aus dem 20. Jahrhundert. Berlin 1904. 8⁰. Illustr. Umschl. (1 Mk. H. Streisand, 1908; 1 Mk. R. Hirsekorn, 1909.)

Speer, Dav., Weissagungen üb. Bayern, s.: Boost, Joh. Adam, die Geschichte u. die Propheten.

Speer, E. P., landwirthschaftliches Herbarium. Abth.: Gräser [Gramineae] u. Sauergräser. 1 - 3. Serie. gr. Fol. Breslau 878. (Korn.) In Mappe. n.n. 37. 50
1. Nr. 1—50. Mit Schlüssel. gr. 8. (16 S.) cart. n.n. 15. —
2. Nr. 51—82. n.n. 7. 50
3. Nr. 83—142. n.n. 15. —

SPEER, Ernst (Dortmund): Über Blutstillung.- München: Knorr & Hirth 1884. 16 S.
8.7.1884 - Urk (Titel: De sanguinis inhibitione.); Chr 1884/85,19
Diss. Ingolst.-Landsh.-Mchn.

Speer, F., Mannheimer Verkehrsfragen. gr. 8. (20 S.) Mannheim 900. Brockhoff & Schwalbe. — 30
Sonderabdruck aus: „Neue badische Landeszeitung".

Die Wildschadenfrage. Nach wissensch. prakt. Gesichtspunkten in gemeinverständl. Weise verf. von J. **Speer**. Rauscha i. Schles.: G. Diener 1907. (8 S.) 8° [F.] [07. 16044

Karl Gottfried Speer

Carol(us) Godofredus Speer: De Cyclopia sive Unione partium capitis in statu normali disiunctarum. Halae (1819:) Grunert. 35 S. 8⁰

Halle, Med. Diss. v. 8. Juli 1819

Speer, Curt Alfred, Referendar am Kgl. Amtsgericht zu Breslau: Aussteuer und Ausstattung nach dem bürgerlichen Gesetzbuche für das deutsche Reich. Breslau 1906: A. Favorke. (VIII, 88 S.) 8°
Breslau, Jur. Fak., Ref. Fischer-Schott, Diss. v. 19. Sept. 1906
[Geb. 15. Aug. 80 Breslau; Wohnort: Breslau; Staatsangeh.: Preußen; Vorbildung: Maria-Magdalenen-Gymn. Breslau Reife M. 99; Studium: Breslau 5, Freiburg i. B. 1 S.; Rig. 20. Dez. 02.]

Speer, Paul

Speer, P., der **Abschluss des Katechismus-Unterrichts**, zugleich **als Ziel für die erste Entwickelung der Katechismus-Begriffe in 50 Lektionen dargestellt. gr. 8. (111 S.) Magdeburg 899. Schallehn & Wollbrück. n. 2. 20**

Kirchengeschichtliches Lesebuch für evangelische Volks- und Mittelschulen von P. **Speer**. *Magdeburg: Creutz 1901.* (91 S.) 8° [F.] [01. 9304 3

Speer, Paul, wie in unsern evangelischen Schulen die Kirchengeschichte behandelt werden sollte. Dargestellt an Präparations-Entwürfen zu den 36 kirchengeschichtl. Lesestücken des von demselben Verf. hrsg. u. in demselben Verlage erschienenen „Kirchengeschichtlichen Lesebuches". (191 S.) gr. 8. Magdeburg 903. Creutz. n. 3. 60

Speer, S., Prophezeihungen, s.: Hermann v. Lehnin.

Speer, S., Weissagung. Ein kleiner, aber nicht unwichtiger Beitrag zu den verschied. Bemerkk. gegen H. Zschokkes VI Bücher baier. Geschichte. 8. Münch. 819. Fleischmann. 2 gl.

Thomas Charlton Speer

(General Views relating to the stomach. [Deutsch:]) Der Magen, seine Struktur u. Verrichtungen. ([Verf.:] Thomas Charlton Speer.) Nach d. Engl. bearb. u.m. einigen praktischen Bemerkungen über die Krankheiten der Magenhäute versehen von Heinrich Robbi. Leipzig: Baumgärtner 1823. XVI,141 S. 8⁰

(Speer, Thomas Charlton): Der Magen, seine Structur und Verrichtungen. (General Views relating to the stomach, its fabric and functions. Dt.) (Übers.und...) bearb.von (Jakob) Heinrich Robbi. 52 S., gbd., 1 Taf.

Wien: Mausberger 1824

Speerschneider, G., statistische Uebersicht von Geestemünde's Handels- u. Schifffahrts-Verkehr in den J. 1864—66. Hannover 866—68. Klindworth. gr. 4. (30 S., 30 S., 29 S.) Jeder Jahrg. n. 16 ngr.

Speerschneider, Julius Beitrag zur Kenntnis der Flora des mittleren Saalthalgebietes. 31 S. Progr. *Rudolstadt* 1883.

Speerschneider, Otto [aus Braunschweig]: Metrische Untersuchungen über den heroischen Vers in John Dryden's Dramen ... Halle a. S., Druck v. Wischan & Wettengel, 1897; 88 S., 1 Bl. 8.
Halle, Phil. Fak., Inaug.-Diss. v. [12. Aug.] 1897

Speet, Maria Ipes-
s. Ipes-Speet.

Spegele, Coelest., De studio biblico a catholicis nunquam penitus neglecto. Gmünd, 1813. Progr.

SPEH, ANDREAS: Charitas miraculosa. Das ist Wunderwürckende Liebe in dem Geheimnuss der unzertheilten, unergründlichen, Allerheiligsten Dreyfaltigkeit, Allwo einmahl Drey ist Eins; Eins in vinculis charitatis Mit den Banden der Liebe Durch eine der Dreyeinigen GOttheit Jährlich gewidmeten Lob-Rede Vorgestellet von Andreas Speh, Trinitarier-Zögling zu Preßburg. Preßburg o. J. Gedr. b. Joh. Paul Royer. 4 f. - kl. 4°

Spehlmann, Otto, ein Beitrag zur Kenntnis der Lingua geographica. Diss. gr. 8. (59 S. m. 1 Taf.) Jurjew (Dorpat) 892. (E. J. Karow.) n. 1.50

Spehr, Friedrich

Spehr, Fridericus: De summis magistratibus coloniarum atque municipiorum. Halis Saxonum 1881: (Meyer in Braunschweig). 40 S. 8°
Halle-Wittenberg, Phil. Diss. v. [3. Nov.] 1881
Geb. Koesfeld (Westf.) 9. 9. 1856. V.

Spehr, Friedrich Wilhelm

Spehr, Fr. W., vollständ. Darstell. d. reinen Combinationslehre, mit Anwendungen auf Analysis u. Wahrscheinlichkeitsrechnung. 4. Braunschw. 824. Spehr. 3 ₰

Spehr, F. W., Fluss- u. Berg-Karte von Deutschland. Braunschweig, Spehr, 1825. qu.-Fol. (¾ ₰)

Spehr, Friedrich Wilhelm: Die Herzogthümer H o l s t e i n und Lauenburg das Fürstenthum Lübeck und die Gebeite der freien Städte Hamburg und Lübeck. Braunschweig. 1824. 1 Bl. Fol. 50/68 cm. Kupferst., kol.

Vollständiger Lehrbegriff der reinen Combinationslehre mit Anwendungen derselben auf Analysis und Wahrscheinlichkeitsrechnung. Von Friedrich Wilhelm Spehr. Braunschweig: Kunst-u.geogr.Büreau 1824. XIV, 232 S. 8°

Spehr, (Fr. W.,) vollständ. Lehrbegriff der reinen Combinationslehre, mit Anwendungen derselben auf Analysis u. Wahrscheinlichkeitsrechnung. 4. Braunschw. 824, Spehr.

Spehr, Friedr. Wilh., vollständ. Lehrbegriff d. reinen Combinationslehre, mit Anwend. ders. auf Analysis u. Wahrscheinlichkeitsrechnung. 2., wohlf. Ausg. 4. (31¼ B.) Braunschweig 840, Leibrock.

— neue Principien d. Fluentencalculs, enthalt. die Grundsätze d. Differential- u. Variationsrechnung, unabhängig von d. gewöhnl. Fluxionsmethode, von d. Begriffen d. unendlich Kleinen oder d. verschwind. Größen, von d. Methode d. Gränzen u. d. Functionslehre. 1r Thl. Mit 5 Kpft. gr. 8. Braunschw. 826. Meyer. 3 ₰

De Quantitate fluente tractatus, in quo explicantur fundamenta calculi differentialis nonnesi ex notione fluentis deducta. Acc. Theorematis infinitinomialis indeterminati exponentis, sine ponendo theoremate binomiali demonstratio universalis. Auct. Friderico Guilielmo Spehr [Friedrich Wilhelm Spehr.] Brunsvigae: Vieweg 1823. 60 S. 8°

— de quantitate fluente tractatus, in quo explicantur fundamenta calculi differentialis nonnisi ex notione fluentis deducta. Cum I tab. aen. 8maj. Braunschw. 824. (Vieweg). 6 gr

— de utriusque analyseos recentioris determinandi rationibus et ex utracunque determinatione in alteram transitu libellus. 8maj. Braunschw. 824. Spehr. 8 gr

(Spehr, F. W.,) Schreiben e. Braunschweigers, s. Schreiben 2c.

(——) Schul- u. Hand-Atlas, s. Schul- u. Hand-Atlas.

Spehr, F. W., geograph. Schul- u. Hand-Atlas über alle Theile der Erde. Nach dem gegenwärt. Zustande u. den neuesten u. zuverläss. Quellen entworf. Neue Aufl. revid., verm. u. verb. von Fr. Kruse. Fol. (25 Bl.) Mitau 816, Reyher's Verlags-Cto. Thlr. *

Spehr, Friedrich Wilhelm: Neue Theorie der Bezeichnung geneigter Flächen, nach welcher man den Forderungen, die an eine Bergzeichnungs-Methode gemacht werden können, leichter und zuverlässiger als bisher Genuge zu leisten vermag. Braunschweig 1823. 15 S., 1 Tf. 8°. [B 2442

— neue Theorie der Bezeichnung geneigter Flächen, nach welcher man den Forderungen, die an einer Bergzeichnungsmethode gemacht werden können, leichter u. zuverlässiger, als bisher, Genüge zu leisten vermag. Mit 1 Kpft. gr. 8. Braunschw. 823. (Spehr). 12 gr

— Universal-Atlas d. neuern Geographie. 1e bis 5e Lief. gr. Fol. Braunschw. 824—25, Meyer.

Spehr, Louis Ferd., Friedrich Wilhelm, Herzog von Braunschweig-Lüneburg-Oels. Mit Portraits, Schlachtenbildern nach Monten u. anderen Illustr. herausg. von Wilh. Jörges. 2. Ausg. des Friedrich Wilhelm's Album. Braunschweig 861. (Schulbuchhandlung.) gr. 8. (IV, 222 S., 3 Stahlst. u. 9 Holzschntaf.) n. 1 ₰

Spehr, L. F. Friedrich Wilhelm, Herzog v. Braunschweig-Lüneburg-Oels. (IV. 222) 8. M. Taf. Braunschweig 1861. 3,00. 2 Ausg. von W. Görges. 8. ib. 1865.

Spehr, Max a. Pforzheim: Aus der Augenklinik zu Jena. Über einen Fall von perforiertem Ulcus corneae an einem glaukomatös entarteten Auge mit beginnendem Linsenaustritt. Jena 1905: A. Kämpfe. (19 S.) 8°
Jena, Med. Fak., Ref. Wagenmann, Diss. v. 23. Dez. 1905
[Geb. 23. Jan. 80 Pforzheim; Wohnort: Pforzheim; Staatsangeh.: Baden; Vorbildung: Reuchlin-Gymn. Pforzheim Reife M. 99; Studium: Straßburg 1, Freiburg i. B. 1, Heidelberg 4, München 1, Straßburg 1, Jena 2 S.; Coll. 31. Juli 05; Approb. 1. Mai 05.]

Spehr, Paul

Spehr, P., pharmacognostisch-chemische Untersuchung der Ephedra monostachia. Inaug.-Diss. gr. 8. (59 S.) Dorpat 890. (Karow.) n. 1.20

Spehr, W., gesammelte Entwürfe aus d. Preisausschr. f. den Bau v. Ackerhöfen im Braunschweigischen. Bearb. auf Veranlassg. des Landesvereins f. Heimatschutz i. Herzogt. Braunschweig. (49 S. m. Abbildgn.) 20×30 cm. Braunschweig (910). E. Appelhans & Co. Geb. in Leinw. 3. —

Speich, August: Das sog. Verbaladjektiv im Französischen. Halle a. S. 1909: Karras. 50 S. 8° (Aus: Zeitschr. f. roman. Philol. Bd 33.)
Straßburg, Phil. Diss. v. 18. Mai 1908, Ref. Gröber
[Geb. 26. Aug. 81 Straßburg; Wohnort: Metz; Staatsangeh.: Elsaß-Lothringen; Vorbildung: Bischöfl. Gymn. Straßburg Reife M. 00; Studium: Straßburg 8 S.] [U 09. 3858

Speich, Rob., vom Zürichsee. Gedichte. 12. (VIII, 56 S.) Zürich u. Erfurt 894. E. Moos. n. 1. 60

Speicher-Trogen (Appenzell – Schweiz). Hrg. von den Verkehrsvereinen in Speicher und Trogen. Mit 22 Abbildungen [wovon 1 Tafel] und einer Karte. IV + 40 S. 8. Zürich, Orell Füssli, [1907]. (fr. —. 50)
(Europäische Wanderbilder. No 267.)

Speicher-Trogen (Appenzell — Schweiz). Hrg. von den Verkehrsvereinen in Speicher und Trogen. 2. Aufl. Mit 24 Abbildungen [wovon 1 Tafel] und einer Karte. IV + 44 S. 8. Zürich, Orell Füssli, [1908]. (fr. —. 50)
(Europäische Wanderbilder. No 267.)

Speicher, Ed., Gesetze und Verordnungen über das Elementar-Schulwesen mit besond. Rücksicht auf den Reg.-Bez. Trier. Gesammelt und geordnet. gr. 8. (XI, 230 S.) Trier 876, Lintz'sche Buchh. * M 3.; geb. *

Speichler, F. J., das Soldaten-Handbuch. 1—7. Lfg. 12. (21 B.) Carlsruhe 836, [Baden, Marx'sche Buchh.]

Wieland in seinem Leben und in seinen Werken. Ein Vortrag gehalten im Radsale zu Biberach den 17. April 1877 von Rektor Speidel. Biberach, Druck v. Dorn & Heberle. 8. 14 S.

Speidel, Zeugnisse f. den Glauben u. wider den Unglauben in 10 Predigten. 8. (III, 108 S.) Reutlingen 888, Kocher. n. 1. —

Speidel, A., Blitz-Buch-Methode. Eine äusserst einf. Methode, wodurch sich d. materielle Arbeit d. Buchhaltg. auf e. Drittel d. bisher gebrauchten Umfanges reduziert u. gleichzeitig jeden Monat alle Vorträge aus d. Grundbüchern sofort automatisch collationiert werden. Erspart hunderte v. Mark in jedem Betrieb. (23 S.) kl. 8. Genf (908). (Zürich, E. Speidel.) 4. —

Speidel, Christian Friedrich

Sp[eidel], Chr. Fr.: Vermischte Abhandlungen aus der bürgerlichen Rechtswissenschaft ihrem wesentlichen Innhalt nach mitgetheilt und mit Anm. begleitet. Stuttgart: Hoffmann.
T. 1. **Frommann**, Joh. Andr.: Akademische Schriften. Stück 1. 2. 1786.

Speidel, Christian Friedrich, s. Inbegriff von Wünschen u. Vorschlägen.

UEBER Luxus u. Luxusgesetze. Auch noch eine kleine Denkschrift zur Beherzigung für die gegenwärtige wirtembergische Landstände-Versammlung (von *Chrn. Frdr. Speidel*, 1759—1808). O. O. 1797. 8°. 14 S. (In München: J. publ. g. 734 m., 23.)
Anon.-Lex. IV. p. 238 (nach Hayn u. Meusel).

[**Speidel**, Chn. Frdr., Kanzleiadvokat.] Ueber Luxus und Luxusgesetze. Auch noch eine kleine Denkschrift zur Beherzigung für die gegenwärtige Landstände-Versammlung. [Stuttgart] 1797.

– s. Nachlese zu d. Inbegriff v. Wünschen ...

Speidel, Emil, Beiträge zu den Wuchsgesetzen des Hochwaldes u. zur Durchforstungslehre. 1. Hft. Die Untersuchg. der Wuchsverhältnisse v. Fichten-, Tannen- u. Buchenbeständen nach neuem Verfahren. gr. 8. (VIII, 116 S.) Tübingen 893. H. Laupp. n. 2. 60

Speidel, Emil, Ertrags-Untersuchungen in Forchenbeständen Württembergs. Nach den Aufnahmen der k. württemb. forstlichen Versuchsstation bearbeitet. Diss. Tübingen 1886. 4°. 21 S. mit 4 Taf.
Sonder-Abdruck aus: Allgemeine Forst- und Jagdzeitung. Supplement 13. Band 2. Heft. Frankfurt a. Main 1887, J. D. Sauerländers Verlag.

Speidel, E., Ertrags-Untersuchungen in Forchenbeständen Württembergs, s. a. Forst- u. Jagd-Zeitung, allgemeine.

SPEIDEL, Emil: Waldbauliche Forschungen in württembergischen Fichtenbeständen mit Beiträgen zur Wirtschaftsgeschichte, Zuwachs- und Durchforstungslehre. - Tübingen 1889. VIII, 79 S. - Habil.-Schr.

Speidel, Emil. Waldbauliche Forschungen in württembergischen Fichtenbeständen m. Beiträgen zur Wirthschaftsgeschichte, Zuwachs- u. Durchforstungs-Lehre. gr. 8. (VIII, 79 S.) Tüb. 889, Laupp. * 1 80

Forsteinrichtung und Reservebildung m. besond. Bezieh. auf d. württemb. Staatsforste. Von Dr. Emil **Speidel**. Berlin: Parey 1910. 48 S. 8° [11. 16343 11

— **Höhen- u. Normalertrags-Tafeln.** (4 S.) Stuttgart 887. Kohlhammer. n. — 30

[Speidel, Eugen.] Wohin gehen wir morgen? Ein Führer durch die Umgebungen Zürichs. 40 S. 8. Zürich-Oberstrass, E. Speidel (Herisau, Buchdr. Schläpfer & Cie.), 1903. [fr. —. 50]

Speidel, Fel., Lebensprobe. Roman. (297 S.) 8. München 910. A. Langen. 3.50; in Pappbd. n 4.50; geb. in Halbfrz. 6. 50

Felix Speidel. Um des Weibes willen. Novelle. Berlin: F. Fontane & Co. 1905. (149 S.) 8° [ö] [05 10509

Speidel, Friedrich, s. Hunziker, Jakob: Die Hochzeit auf Toggenburg. – Die Mordnach zu Brugg.

Speidel, F[riedrich]. Wolfgang Amadeus Mozart 1756—1791. Von Musikdirektor F. Speidel. 8.
Schlussbericht der Bezirksschule in Muri für das Schuljahr 1901—1902. Muri, A. Schibli-Keller, 1902 (Beilage.) S. 1—10.

Speidel, F., Palästrina, sein Leben und Wirken. Muri 1883.
Progr.

Speidel, J., praktische Anleitung zur Erlernung der Brandmalerei, plastischen Tiefbrand, Flachtiefbrand, Flach- u. Linienbrand. Mit besond. Berücksicht. der Bemalg. sowie Anleitg. z. Erlernen d. neuen Technik des Mosaikbrandes. (VII, 53 S. m. Fig.) 16. Stuttgart 907. P. J. Berger. — 75

Speidel, Johann Christoph

Speidel, Ioh. Chr., comment. in accentus hebraicos. 8. Stuttgart, Metzler. 720. Rthlr. -

Speidel, Johann Christoph (Maulbronn) A. S. 331/7a

Dissertatio juridica, de eo quod justum est, circa luem pecorum. Präs. Wolffgang Adam Schoepff. Tübingen (Bauhof) VIII. 1747. 28 S. 32921

Speidel, Johann Christoph (Loffenau) 4°Thl. I, 238

In: Förtsch, Michael: Dissertationum theologicarum selectarum decas. Präs. Michael Förtsch. Tübingen (Cotta) 1704.

15 Resp. 32920

— grammatica hebraica. 8. Tübingen, Cotta. 731. — 10

Speidel, Johann Jakob

Speidelius, Joh. Jac.: Bibliotheca juridica universalis, sive quaestionum juridicarum omnis generis, theoreticarum ac practicarum, veterum ac recentiorum, juris civilis, canonici, feudalis ... Olim sub titulo Sylloges variarum quaestionum ... publici juris factae, jam vero nova ... methodo ... adornatae ... auctore Joh. Jac. Curtio. Nunc denuo rev. ... studio Jac. Dav. Moeglingii. Vol. 1. 2. Norimbergae 1728. fol.

Speidel, Ioh. Iac., bibliotheca juridica universalis sive sylloge quaest. jur. a I. I. Curtio aucta. II Tmi. fol. Nürnberg. Endter. 728.

Speidel, Karl, appr. Arzt a. Osterdingen: Aus der Tübinger Universitäts-Augenklinik. Die Augen der Theologie Studierenden in Tübingen. Leipzig: W. Engelmann 1905. (29 S.)

Tübingen, Med. Fak., Ref. Schleich, Diss. v. 18. März 1905

[Geb. 17. Jan. 80 Osterdingen, O/A. Tübingen; Wohnort: Sulz a. N.; Staatsangeh.: Württemberg; Vorbildung: Gymn. Tübingen Reife M. 99; Studium: Tübingen 8, München 2 S.; Coll. 8. Febr. 05; Approb. 25. Aug. 04.]

Speidel, Ludw., u. Hugo **Wittmann**, Bilder aus der Schillerzeit. Mit ungedruckten Briefen an Schiller. gr. 8. (406 S.) Stuttgart 884. Spemann. n. 8. —

Speidel, Ludw., Luthers Leben, Wirken und Bedeutung, mit einem Anhang: Ueberblick über die Geschichte der Reformation in Württemberg. Dem evangel. Volke namentlich Württembergs gewidmet. 8. (108 S.) Stuttgart 883, (J. F. Steinkopf.) *

Speidel's, Ludw., Schriften. 3 Bde. 8. Berlin, Meyer & Jessen. 9.—; geb. 12. —

1. Persönlichkeiten. Biographisch-literarische Essays. (3. Taus.) (XXIII, 381 S. m. Bildnis.) 910. 4.—; geb. 5. —
2. Wiener Frauen und anderes Wienerische. (2. Taus.) (280 S.) 910. 3.50; geb. in Leinw. 4. 50
3. Heilige Zeiten. Weihnachtsblätter. (VIII, 123 S.) 911. 1.50; geb. 2. 50

— —, Wiener Persönlichkeiten. Biograph.-literar. Essays. Titel u. Einbd. gez. von L. Bernhard. Ebd. 1910. 8°. (Mk. 5—.) (4 Mk. 25 Pfg., Origlwd., der Vorige. 1911.)

Speidel, B., Elementarstilistik der lateinischen Sprache in Uebungsbeispielen nach Zumpt's Syntaxis ornata u. Döderlein's Synonymik für Schüler von 11—14 Jahren bearb. Heilbronn 866. Scheurlen. 8. (VI, 136 S.) n. 16 ngr.
Lateinischer Text zu den Uebungsstücken. (73 S.) n. 15 ngr.

Speidel, P., Elementarstilistik der lateinischen Sprache in Uebungsbeispielen nach Zumpt's Syntaxis ornata und Döderlein's Synonymik für Schüler von 13—15 Jahren bearb. Neue Folge. 8. (VIII, 182 S.) Heilbronn 871, Scheurlen's Verlag.
1. Folge. Ebendas. 1866. ℳ 1,50.

—— lateinischer Text zu den Uebungsstücken in der Elementarstilistik. 2. Aufl. 8. (75 S.) (Ebendas.) 870. **

— — Neue Folge. Ebend. 870. 8. (103 S.) n. 20 ngr.

—— dass. — Neue Folge. 8. (103 S.) (Ebendas.) 871. **

Speidel, P., Elementarstilistik der lateinischen Sprache in Uebungsbeispielen nach Zumpt's Syntaxis ornata u. Döderlein's Synonymik. 1. u. 2. Bdchn. Neue (Titel-) Ausg. 8. Heilbronn 877. Scheurlen's Verl. 3. 50
1. Für Schüler von 13—14 Jahren. (VI, 136 S.) 1. 50
2. Für Schüler von 14—15 Jahren. (VIII, 182 S.) 2. —

—— lateinischer Text zu den Uebungsstücken in der Elementarstilistik. 8. Aufl. 1. Bdchn. 8. (72 S.) (Ebendas.) 877. *
2. Bdchn. Ebendas. 1871. *ℳ 2,40.

Speidel, P., Elementarstilistik. Lateinischer Text zu den Uebungsstücken. 2. Bdchn. 2. Aufl. 8. (103 S.) Biberach 883. (Heilbronn, Scheurlen's Verlag.) **
1. Bdchn. Ebendas. 1877. **ℳ 2.

Speidel, P., Elementarstilistik der lateinischen Sprache in Übungsbeispielen zur Syntaxis ornata u. Synonymik, f. Schüler von 13—14 Jahren bearb. 1. u. 2. Bdchn. 2. Aufl. 8. Heilbronn, Scheurlen's Verl. 3. 50
1. (VII, 132 S.) 885. 1. 50. — 2. (VIII, 160 S.) 886. 2. —

Speidel, P. Elementarstilistik der latein. Sprache. 1. Bdchn. 2. Aufl. 8. Heilbronn 885. Stuttg., Bonz u. Comp. 1 50
—— dass. — 2. Bdchn. 2. Aufl. 8. Ebd. 886. 1 80

—— dass. — für Schüler von 14—15 Jahren. 2. Bdchn. 2. verb. Aufl. 8. (VIII, 180 S.) Ebendas. 886.

—— dass. — Griechische Uebersetzung der 26 Uebungsstücke im 1. Bdchn. 8. (16 S.) Ebendas. 884. **

— Übungsbuch f. die lateinische Syntax im Anschluß an die Grammatik v. Ellendt-Seyffert. Mit Beispielen aus den Klassikern f. Unter- u. Obertertia [5. u. 6. Jahreskurs] zusammengestellt. 8. (VIII, 183 S.) Biberach 886. (Dorn.) n.n. 2. 50; latein. Text dazu (135 S.) n.n. 2. 50

Speidel, P. Übungsbuch für die lateinische Syntax im Anschluss an die Grammatik von Ellendt-Seyffert. Mit Beispielen aus den Klassikern f. Unter- u. Obertertia zusammengest. 2. Ausgabe. In-8°. VIII, 183 S. Zürich, E. Speidel. 1896.

Speidel, Robert [Regierungspraktikant]: Der Heimatvorbehalt nach bayerischem Recht ... Ansbach, Druck v. C. Brügel & Sohn, *1895;* 3 Bl., 40 S., 1 Bl. 8.
Erlangen, Jur. Fak., Inaug.-Diss. v. 22. Mai 1895

Speidel, Rudolf [aus Neuenstadt a. K. '(Württemb.)']: Beitrag zur Kenntnis des Bitterstoffs von Citrullus Colocynthis ... Stuttgart, Druck v. A. Bonz' Erben, *1893;* 38 S. 8.
Erlangen, Phil. Fak., Inaug.-Diss. v. 1893

Speidel, Theodor: Wallace, der schottische Held. T. 1. Wallacebibliographie. Bayreuth 1911: Mühl. 47 S. 8° ¶ (T. 1 auch als Gymn.-Progr. Bayreuth 1911. T. 2 Das älteste Wallacedrama ⟨The Valiant Scot, 1637⟩ ersch. in Bangs 'Materialien z. Kunde d. ält. engl. Dramas', Löwen.)
München, Phil. Diss. v. 4. Juni 1910, Ref. Schick
[Geb. 7. April 73 Dinkelsbühl; Wohnort: Bayreuth; Staatsangeh.: Bayern; Vorbildung: Gymn. Ansbach Reife Juli 91; Studium: Mech. München Techn. Hochsch. 1, Theol. Erlangen 2, Phil. Heidelberg 1, München 6 S.; Rig. 4. Juni 10.] [U 11. 3854

Speidel, Wilhelm, s. Liederkranz aus Schwaben.

Speier, s. Speyer.

Speier, A.: Denkschrift über Geschichte und Oekonomie der pfälz. Weinkultur. 1904. -- [Zit. nach Häberle]

Speier, Arthur [aus Berlin]: Ueber die Darstellung der Ester und über die Verbindungen des Acetons mit einigen mehrwertigen Alkoholen ... Rostock, Univ.-Buchdr. v. Adler's Erben, 1896; 35 S. 8.
Rostock, Phil. Fak., Inaug.-Diss. v. [20. Febr.] 1896

Speier, Chr., unser Volk in Waffen, s.: Poten, B.

Speier, Em (geb. Breslau 15. 3. 1796): De castratione. Berolini (1820). (37 S.) 8°
Berlin, Med. Diss. v. 19. Febr. 1820

Speier, Ernst [Drd. med., ehem. Assistenzarzt am Allerheiligen-Hosp. zu Breslau]: '(Aus d. medicin. Abtheilg d. Allerheiligen-Hospitals zu Breslau.)' Zur Casuistik des placentaren Ueberganges der Typhusbacillen von der Mutter auf die Frucht ... Breslau, Druck d. Bresl. Gen.-Buchdr., 1897; 45 S., 1 Bl. 8.
Breslau, Med. Fak., Inaug.-Diss. v. 18. März 1897

Speier, Ernst, zur Casuistik d. placentaren Ueberganges d. Typhusbacillen von d. Mutter auf d. Frucht. Diss. (45 S.) Breslau 897. (Schletter.) n. 1. —

Speier, Friedrich: Geschichte König Konrads IV. (1228—1254). *Berlin (1898): E. Ebering.* (39 S.) 8° (Soll vollständig erscheinen.)
Berlin, Phil. Diss. v. 25. Juni 1898

Speier, Johann Christian

Speier, (Stadt-Pfarrer) ..., Feier d. 50jähr. Amtsführung des Hrn. Pfarrers Höppel in Brettheim, am Trinitatisfeste 1822. 8. Heilbr., Claß. 4 kr

Speier, Jh. Christ., Glaubensbekenntniß junger Christen bei ihrer Confirmation, oder kurzer Inbegriff der wichtigsten Lehren der christl. Religion in Fragen und Antworten, nebst einer Confirmations-Rede über 1. Timoth. 4, 7, 8. 2e Ausg. 8. Heilbronn 835. Claß. 1/6 rf

Speier, Joh. Chrstn., Glaubensbekenntniß junger Christen bei ihrer Confirmation, od. kurzer Inbegriff d. wichtigsten Lehren d. christl. Religion in Fragen u. Antworten, nebst e. Confirmations-Rede üb. 1. Timoth. 4, 7, 8. 2. Ausg. 8. (5 B.) Heilbronn 835, [Landherr.]

— Rede an das neu errichtete Schützen-Corps zu Crailsheim, bei dessen feierl. Vorstellung u. Einweihung in der dasigen Hauptkirche, am 2. Pfingstfeste d. 31. Mai 1830. 8. Ellwang. 830. Schönbrod.

Speier, Jul., fern im Süd. Spanische Novellen. Uebers. v. J. S. 8. (III, 253 S.) Berlin 885. (Issleib.) n. 3 —

Speier, Jul., unverfängliche Geschichten, } s. Eckstein's Reisebibliothek.
—— mit der Kutte und im Frack, }

Speier, Meinhardus (geb. Jauer 24. 12. 1822): De vitiis septi cordis. Vratislaviae (1845). (28 S.) 8°
Breslau, Med. Diss. v. 1. Dez. 1845

Speier, P.: Die Entstehung und Entwickelung der Oberschlesischen Montan-Industrie und die Oberschlesischen Montan-Aktien-Werthe. Breslau 1885

Speier, Wilhelm

Festlied zur Stiftungsfeyer der g.·. u.·. v.·. St. Joh.·. ▭ Carl und Charlotte zur Treue im O.·. zu Offenbach, am 8. Sept. 5816. In Musik gesetzt von Wilh. Speier. o. O. [1816]. 2 Bl. 8° [Umschlagtit.]
Ohne Noten: „Wie schön ist es im auserwählten Bunde . . ." 345.

Speier, Wilhelm: Lied der Bürger zu Glückstadt bei der Durchreise König Christian VI. von Dänemark 1745. Im Volkston des 18. Jahrhunderts für eine Singstimme und Chor mit Clavierbegleitung gesetzt. Frankfurt a. M. o. J. 8°

Speier, Wlh., Männerchöre für Gesang- u. Turnvereine. Op. 52. Partitur. 1. Heft. hoch 4. Frankfurt a/M. 845, Jäger'sche Buchh. 1/3 rf

—— dass. Stimmen. 1. Hft. hoch 4. (2 B.) Ebds. 845.

Sechs Maurer-Gesänge, der g.·. u.·. v.·. St. Joh.·. ▭ Carl und Charlotte zur Treue i.·. Or.·. z.·. Offenbach a/M. brüderlichst gewidmet von Wilh. Speier. Offenbach a/M.: André 1813. 15 S. 8° [Lithogr.] [Umschlagtit.]
Für Gesang u. Klavier. Mit Noten. 99. 430.

Speiger, J. Über Burgen u. Schlösser im Lande Österreich unter der Enns. Darstellung ihrer Schicksale, Bauart, Angriffs- u. Vertheidigungsweise. (5 B.) 16. Wien 1837. 1,90.

Speight, T. W., eine verfehlte Spekulation, s.: Weichert's Criminal-Bibliothek. 15. Bd.

Speil, Ferd., P. Karl Antoniewicz, Missionär der Gesellschaft Jesu. Ein Lebensbild. gr. 8. (VIII, 400 S. m. e. Steintaf.) Breslau 875. Aderholz. n. 5. —

Speil, Ferdin., De libri Danielis authentia. Oppeln, 1860.

Speil, Ferd., Exhorten für Klosterfrauen. gr. 8. (VIII und 320 S.) Breslau 865, Aderholz' Buchh.

Speil, Ferd., Exhorten f. Klosterfrauen. 2. Aufl. gr. 8. (VIII, 342 S.) Breslau 891. Aderholz. n. 3. —

Exhorten für Klosterfrauen von Dr. Ferdinand **Speil**, Praelat. 3. Aufl. Breslau: G. P. Aderholz 1906. (VIII, 342 S.) 8° [F.]

Speil, Ferd., der hl. Johannes Baptista de la Salle u. seine Stiftung, die Kongregation d. Brüder d. christlichen Schulen. (XV, 575 S. m. 1 Bildnis.) Lex. 8. Kaufbeuren (907). G. Mayr. 7.—; geb. 8. —

— aus Montalembert's Jugendleben, s.: Studien, katholische.

Speil, Ferd., Die Lehren der kath. Kirche gegenüber der protest. Polemik. Freiburg. Herder. 1864. gr. 8°. IV, 360 S., 4 Mk.
Gegen Hase, Handb. der protest. Polemik (Hamburg 1862). Übereinstimmend als tüchtige Leistung anerkannt (Würzburger) Chilianeum Bd. 6, S. 573—4. Katholik 1866, Bd. 1 S. 107—11. Sion 1866, Littblätt. Nr. 1 (Fußenecker). Allgem. Littztg 1866, S. 9—11. (Bonner) Theol. Littblätt. 1866, S. 277—81 (B. v. Florencourt).

—— die Lehren der katholischen Kirche gegenüber der protestantischen Polemik. gr. 8. (IV und 360 S.) Freiburg im Br. 865, Herder'sche Verlagsh.

Speil, Ferd., Officium parvum b. Mariae. Die kleinen Tagzeiten der heil. Jungfrau erklärt. 8. (VII, 220 S.) Breslau 868, Aderholz' Buchh.

Speil, L. Fr. v. Tournely, s.: Bosch, L., Leltershofen u. Leonor Franz v. Tournely's Gesellschaft des hl. Herzens.

— P. Leonor Franz v. Tournely u. die Gesellschaften d. heiligen Herzens Jesu. 8. (VIII, 84 S.) Breslau 874. Aderholz. 4. --

Speirmann, Go. Theod., Exerc. med. de consuetudinis natura, vi et efficacia ad sanitatem et morbum; ejusque in medendo observationis necessitate. V. 1. Helmst. 4°.
1781

Speise, gesunde, f. die Jugend. 16. (176 S. m. e. Holzschntaf.) Cleveland 871. (Philadelphia, Schäfer & Koradi.) geb. n. 1. 50

Speise-Anstalt, die städtische, in Leipzig. Nach ihrem sechsjährigen Bestehen. Leipzig 855. Klinkhardt. 4. (14 S. mit Holzschn. im Text.) nn. 2½ ngr.

Speisegesetze, die jüdischen. Von Theologus. 8. (98 S.) Löbau Wpr. 880. Skrzeczek. n. 1. 20

Speisekarte, die, s. a. Verdeutschungsbücher d. allgem. deutschen Sprachvereins.

[S.] Die Speisekarte. Verdeutschg der in d. Küche u. im Gasthofswesen gebräuchl. entbehrl. Fremdwörter. 3., verb. Aufl. ... *Berlin: Allg. deutsch. Sprachver. 1897.* (52 S.) 1 Bd 8.
= Verdeutschungsbücher d. allgem. deutsch. Sprachvereins. [No] 1.
(97. 8714

SPEISEKARTE für das ganze Jahr. O. O. u. J.
Verboten v. K.-G. Leitmeritz, 3. April 1877. § 516.

Speisen u. Getränke, über, u. über Rauch- u. Schnupftabak, nach medicin. Grundsätzen, (von Chr. Fr. Niceus). 8. Leipz. 802. (Graffé in Weißenf.) 18 gr. (Aus d. Selbstarzt rc. abgedr.)

SPEISENKARTE. O. O. u. J. 1 Bl. Fol. auf Leinwand. (In Wien, Stadtbibl.: E 111, cart., in Schuber.)
Enthält eine Aufzählung von Speisen mit obscöncynischen Benennungen in der Gruppeneintheilung: Suppen (5 Gerichte), Gemüse (6 Ger.), Braten (7 Ger.), Kalte Speisen 9 Ger.). Mit 13 obscönen farbigen Abbildungen als Randleiste.

Speiseopfer, Reines, (Mal. I, 11) enthaltend die zwölfe, mit einer deutschen Uebersetzung und einem Commentar ... Dessau 1805. V: *Salomon, Gotthold, Imm. Moritz Neumann, Moses Philippsohn & J. Wolf.* (MGT) (StAt) (Ky)

Speiser, sechs Aufsätze über die Münzfrage. [Abgedr. aus dem Wochenblatt des schweizer. Industrie-Vereins.] 8. (38 S.) Basel 850, Schweighauser. 6¾ ngr

Speiser: Expertenbericht und Entwurf eines Gesetzes über das Münzwesen. 1849.

Speiser, A. J. Neue Schreib-Lese-Fibel für amische Volksschulen. Cinci, 1872.

Speiser, Andreas: Die Theorie der binären quadratischen Formen mit Koeffizienten und Unbestimmten in einem beliebigen Zahlkörper. Göttingen 1909: Dieterich. 33 S. 8°
Göttingen, Phil. Diss. v. 8. Juli 1909, Ref. Hilbert
[Geb. 10. Juni 85 Basel; Wohnort: Basel; Staatsangeh.: Schweiz; Vorbildung: Gymn. Basel Reife O. 04; Studium: Göttingen 4, Berlin 2, Göttingen 3 S.; Rig. 3. März 09.] [U 09. 1404

Speiser, Christoph Nikolaus [Praes.], s. Oertel, Johann Christoph: Diss. pneumat.-philos. sistens philosophemata circa Quaestionem: An mortuorum animae sciant, num relictis in his terris bene vel male sit?

Speiser, Christoph Nikolaus [Praes.], s. Vestphal, Johann Joachim: Dissertatio iuris naturae et gentium an stricta iuramentorum interpretatio secundum conscientiam teneram sit periurium.

Modeliiersteinkasten zur Herstellung von Steinverbänden aller Art. Von E Speiser. I und II. (Text dazu: Schmidt O, Fachzeichnen für Maurer.) Koburg

Speiser, Felix. Über Cinnamoyllaevulinsäure und ihre Reduktionsprodukte. Diss. Phil. Basel. 53 S. 8. Basel, Basler Berichthaus, 1904.

Speiser, Felix. Reiseeindrücke in Amerika. Separatabdruck aus dem Sonntagsblatt der Basler Nachrichten der Nummern 14—22 vom 5. ... April ... [bis] 31. Mai 1908. 84 S. 8. (Basel, Basler Berichthaus.) [fr. —. 40]

Speiser, Friedrich. Die Haager internationalen Abkommen betreffend Eheschliessung und Ehescheidung. Von Prof. Dr. F' Sp' in Freiburg ⟨Schweiz⟩. [Sep.-Abdr. aus: Archiv für katholisches Kirchenrecht. Band 86, 1906.] 21 S. 8. [Mainz, F. Kirchheim.]

Speiser, F[riedrich]. Die kirchliche Form des Verlöbnisses und des Eheabschlusses nach dem Dekret «Ne temere» vom 2. August 1907 und den Entscheidungen der S. Congregatio Concilii vom 1. Februar und 28. März 1908. Erweiterter Abdruck aus der Schweizer. Kirchenzeitung. 40 S. 8. Luzern, Räber & Cie., 1908. [fr. —. 60]

Speiser, [Friedrich]. Die soziale Käuferliga der Schweiz. [Sep.-Abdr. aus: Monatsschrift für christliche Sozialreform. Jahrg. 28, Heft 12, Dezember 1906.] 5 S. 8. [Luzern und Zürich, Baessler, Drexler & Cie.]

Speiser, [Fritz]. Notwendigkeit und Nutzen der katholischen Mädchenschutz-Verbände. Vortrag gehalten ... an der Jahresversammlung der schweiz. kathol. Mädchenschutz-Vereine in St. Gallen am 30. September 1902. 11 S. 8. St. Gallen, Buchdr. der «Ostschweiz», 1902.

Speiser Konrad: Der Dithyrambendichter Johann Gottlieb Willamov.
II. 1909 PN 2677 Diss Wien Univ.

Speiser, Paul, Dr. Das Bürgschaftswesen. Referat für die Jahresversammlung der schweizerischen gemeinnütz. Gesellschaft. Separatabdr. aus der „Schweizer. Zeitschrift für Gemeinnützigkeit". In-8°, 11 S. Zürich, Joh. Herzog. 1886.

Speiser, P., die Diptera pupipara der madagassisch-maskarenischen Region, s.: Reise in Ostafrika.

— s.: Dünenbuch.

— Ektoparasiten des Fregattvogels. — Milben (Acarina), s.: Südpolar-Expedition, deutsche, 1901—1903.

Speiser, [Paul]. Eidg. Gesetzgebungsinitiative. ⟨Separatabdruck aus den «Basler Nachrichten» vom 6. und 7. November 1909.⟩ 13 S. 8. [Basel, Basler Berichthaus A.-G.]

Speiser, Paul. Die Grundzüge eines Bundesgesetzes betreffend das Verbot der Doppelbesteuerung. Referat. Separatabdruck aus den Verhandlungen des Schweizer. Juristenvereins 1902. 37 S. 8. Basel, R. Reich, 1902.

Speiser, Paul, pract. Arzt: Aus d. Kgl. Zool. Museum zu Königsberg i. Pr. Direktor: Prof. M. Braun. Ueber die **Nycteribiiden,** Fledermausparasiten aus der Gruppe der pupiparen Dipteren. *Königsberg i. Pr. 1901.* (68 S.) 8° ¶ (Aus: Archiv f. Naturgesch., Jg. 67, 1901, Bd 1, H. 1.)
Königsberg, Med. Diss. v. 5. Febr. 1901

Speiser, Paul, über die **Nycteribiiden, Fledermausparasiten** aus der **Gruppe der pupiparen Dipteren.** Diss. gr. 8. (68 S. m. Abbildgn. u. 1 Taf.) Königsberg 901. (Gräfe & Unger, Buchh.) n. 3. —

Speiser, P., die Hemipterengattung Polyctenes Gigl. u. ihre Stellung im System, s.: **Jahrbücher,** zoologische. VII. Suppl.-Bd.

Die **Schmetterlingsfauna** der Provinzen Ost- und Westpreußen. Bearb. von Dr. med. P[aul] **Speiser** in Bischofsburg. *Königsberg i. Pr.: W. Koch in Komm. 1903.* (148 S.) 4°
= **Beiträge** z. Naturkunde Preußens. No 9. [04. 1566

Speiser, P. (Hrsg.), s. Zeitschrift f. schweizerisches Recht.

Speiser, W: Illustrirter Katalog landwirthschaftlicher Maschinen. Göppingen (Württemberg) (1897?)

Speiser, William (Wilhelm)

Speiser, W., Traug. **Geering,** J. J. **Kummer,** Bankwesen, Handelsstatistik, Versicherungswesen, s.: Bibliographie der schweizerischen Landeskunde.

Speiser, W., zur Erinnerung an Hrn. Adolf Burckhardt-Bischoff. Vortrag, geh. in der statistisch-volkswirthschaftl. Gesellschaft zu Basel am 17. X. 1904. (46 S.) gr. 8. Basel 904. Helbing & Lichtenhahn. n. 1. —

Speiser, W[illiam]. **Zur Erinnerung an Herrn Adolf Burckhardt-Bischoff.** Vortrag, gehalten in der Statistisch-Volkswirtschaftlichen Gesellschaft zu Basel am 17. Oktober 1904. II + 46 S. 8. Basel, Helbing & Lichtenhahn, 1905. [fr. 1. 20]

Speiser, W[ilhelm]. Zur Erinnerung an Herrn Ratsherrn A[lphons] Koechlin-Geigy ([1821]–1893). Gesprochen in der Statistisch-volkswirthschaftlichen Gesellschaft zu Basel am 6. März 1893. (SA.) 8. Bern 1893.

Speiser, W., Mittheilungen über die Anfänge des schweizerischen Eisenbahnwesens und über die ersten Jahre der schweizerischen Centralbahn. Zwei Vorträge, gehalten in der statistisch-volkswirthschaftl. Gesellschaft in Basel im Winter 1886. gr. 8. (118 S.) Basel 887, Schneider. *

Speiser, W., Mittheilungen üb. die Anfänge d. schweizerischen Eisenbahnwesens u. üb. die ersten Jahre der schweizerischen Centralbahn. 2 Vorträge. 1886. gr. 8. (118 S.) Basel 887. [Schneider.] Geering. n. 2. —

Speiserolle f. die Kranken an Bord S. M. Schiffe. gr. 8. (16 S.) Berlin 887. Mittler & Sohn. — 30

Speiserolle f. deutsche Schiffe. Plakat. qu. 4. Hamburg 895. Eckardt & Meßtorff. n. — 10

Der verzierte **Speisesaal** im Locale der Gr. N. M. L. z. d. d[rei] W[elt-] K[ugeln] am Johannisfeste 1806. [Berlin 1806.] 1 Bl. 8° [Kopftit.]
Kl. 1793. Gedicht: „Ist der Akazie sanftes, liebliches Grün . . .“ 193.

SPEISEWIRTH. Der neuangehende. Eine unterhaltende Lectüre. Bestehend in Dialogen, Epigrammen, Epitaphien, witzigen Anecdoten, drolligen Erzählungen und Einfällen; aus Almanachen, Journalen und ungedruckten Papieren gesammelt. Hrsg. von C. F. G. Zerbst, bei Johann Wilhelm Kramer 1807. 8°. (1⅓ Rthl.)
Ganz in Versen. XXVI—333 S., 1 S. Druckf. Enth. 580 Nrn., wobei Pikantes.

Speisewirth, der neu angehende, eine unterhalt. Lectüre, besteh. in mehr als 500 Schüsseln witziger Anekdoten ꝛc., herausg. von C. F. G. 8. Zerbst, Kramer. (Joachim, a. Friedrich Bruder in Lpz.) 807.

— — Dasselbe. Zweyte Auflage. Ebd. 1815. 8°. VIII-272 S. mit 580 Nrn. (2 Mk. 50 Pfg. Adolf Weigel, 1906.)

Speisezeddel, rationeller, f. ein Jahreseinkommen v. 1300 Franken. 5. A. Luzern 1891

Speisezettel, 365, f. Zuckerkranke u. Fettleibige m. 20 Rezepten üb. Zubereitg. v. Aleuronatbrot u. Mehlspeisen v. F. W. 2., verb. Aufl. 8. (XVI, 131 S.) Wiesbaden 897. J. F. Bergmann. Kart. n. 2. —

Speisezettel, dreiwöchentlicher, [süddeutscher Küche] f. Freunde der fleischlosen Nährweise. 8. (4 S.) Schw.-Hall 876. Staib. — 10

Neuer Speisezettel. Schmal-Fol. (1 Mk. 70 Pfg. Th. Ackermann, 1913.)
Maill. II, 512. Enthält: Durchgetriebene Lola-Montez-Krebssuppe. — Gespicktes Lolawildpret, schlechten Zähnen zu empfehlen. — Spanischer Lendbraten, schon sehr vergriffen. — Pikantes Ragout von jüngst geschossenen Böcken. — Münchner Auflauf etc.

Speisezimmer, das, und andere Festgaben, dargebracht Ihren kaiserl. u. königl. Hoheiten dem Kronprinzen u. der Kronprinzessin d. Deutschen Reiches u. v. Preussen bei der Feier der Silberhochzeit am 25. Jan. 1883, angefertigt unter Mitwirkg. d. königl. Kunstgewerbe-Museums zu Berlin. Text v. Jul. Lessing. Fol. (30 Lichtdr.-Taf. m. III, 6 S. Text.) Berlin 886. Wasmuth. geb. n. 40. —

Speith, Christoph Engelbert (geb. Oelde 23. 7. 1803): De febre puerperali. Berolini (1827). (28 S.) 8°
Berlin, Med. Diss. v. 18 Sept. 1827

Speithel, Robert: Über die Vorgänge der Autoxydation bei Aldehyden. 1911. 107 S. 8°
Karlsruhe, Dr.-Ing.-Diss. v. 12. 5. 1910

van der Spek, Jakobus [aus Delft]: **Ueber Pemphigus und andere bullöse Hautkrankheiten.** . . . Berlin, Buchdr. v. G. Schade, *1891;* 54 S., 1 Bl. 8°
Berlin, Med. Fak., Inaug.-Diss. v. 4. Aug. 1891

Speke, John Hanning

Speke, Joh. Hanning, die Entdeckung der Nilquellen. Reisetagebuch. Aus dem Engl. übersetzt. Autorisirte deutsche Ausg. Mit (lith. u. color.) Karten (in gr. 8. u. Fol.), 2 Stahlst. u. zahlreichen Holzschn. 2 Thle. Leipzig 864. Brockhaus. gr. 8. (XIX, 697 S.) n. 6 ℛ︁

Spekel, Wilh., hoch-noth-peinliche Bier-Hals-Gerichts-Ordnung f. das deutsche Reich in 11 Paragraphen. 16. (24 S.) Münster 872. Brunn. n. — 50

Spekhun, Jo. Friedrich August (Magdeburg)
Diss. Halle 1756/2

Dissertatio iuridica de contractu aestimatorio tanquam contractu nominato.
Präs. Johann Ernst Floercke.
Halle (Hilliger) 27. XI. 1756. 22 S.

Gew.: Christian Golgelmus Kornmann, Friedrich Hoffmann.
W. v.: Präs., I. E. A. Reiche. 32928

Spekker, S. Ueber die Kongruenz des Subjekts und des Prädikats in der Sprache Shakespeares. Diss. Jena 1881. 55 S.

Spekle, Daniel, s. Speckle, Daniel.

Spekner, s. Speckner.

Spectakel, das tägliche. Parodie d. Ballade: die nächtl. Heerschau, von v. Zedlitz. 13. Beitrag zur heitern Declamation. gr. 8. Wien 841, Wimmer. 1/8 ₰

Spektator, Rud. [Pseud.], s. Damm, Rud.

Spekulant, der; od. Theatermanier. Posse v. Scheerer. 8. Stade. (Herold u. W. in Lüneb.) 803.

Spekulant, der, oder: die Kunst, in schweren Zeiten ohne Nahrungssorgen zu leben. Ein prakt. Noth- u. Hülfsbuch für alle Stände, von Dr. H........ 8. Naumb. 826. Wild. 12 gr.

Spekulanten, die,. Lstsp. in 5 A. v. A. J. v. Guttenberg. 8. Augsb. Stage. 799.

Spekulation, die, in Industrie-Aktien. (8 S.) 21×11 cm. Berlin (908). E. Falk. — 50
Sonderabdruck aus: „Börsen-Archiv".

Speculationen. – Jeanettens Speculationen, s. a. Leben. – Jeanettens Leben und Ende.

JEANETTENS Speculationen, oder das Mädchen, wie es nicht sein sollte. Wittenberg, Kühne, 1806. 8⁰.

— — Dasselbe, tit.: Jeanettens Speculationen. Kleine Schilderungen in Althing's Manier. Giessen, Ferber, 1807. 8⁰.

— — Dasselbe, tit.: Jeanettens Speculationen. Ronneburg 1807. 8⁰.
200 SS. Der Titel ist nicht länger.

— — Dasselbe, titulo: Jeannettens Spekulationen oder das Mädchen, wie es nicht sein sollte. Nebst einem Anhange für viele ihres Geschlechts. Ronneburg, in der Hahn'schen Buchdruckerei. 1807. Kl. 8⁰. Titel u. 200 S. (1 Rthl. Scheible, vor 1875.)

— — Dasselbe, titulo: Jeanettens Spekulationen oder das Mädchen, wie es nicht seyn sollte. Nebst einem Anhange: Jeanettens Leben und Ende oder die Folgen falscher Spekulationen. Ebd. 1807. 8⁰. (2 Mk. 50 Pfg. A. Buchholz, München, 1908.)

Speculationsgeschäfte, die, an der Berliner Börse. Ein Wort der Warng. v. e. preuß. Juristen. gr. 8. (29 S.) Berlin 873. Gerschel. n. — 60

Der **Spekulationswahnsinn**. Eine mediz.-wirtschaftl. Betrachtung f. Kapitalisten, Eltern u. Erzieher von Prof. ***. Danzig: A. W. Kafemann in Komm. 1908. (42 S.) 8° [08. 1813]

Spekulationswuth, die, der Jahre 1824 u. 1825. Versuch, die letzten Handelskrisen geschichtl. zu erklären. gr. 8. Leipz. 826. (Berl., Reimer). 8 gr.

Spela, Anka, Enthüllungen. Novelle. 8. (160 S.) Paderborn 887. Junfermann. n. 1. 60; geb. n. 2. 75

Spelina, Rede üb. die Glaubenspflege an Hochschulen, geh. in der 319. Sitzg. d. Abgeordnetenhauses am 27. März 1889, sammt Ergänzgn., welche in Folge d. Einspruches v. Seite d. Präsidiums nicht zum Vortrage gebracht wurden. gr. 8. (14 S.) Wien u. Würzburg 889. Woerl. n. — 20

Spellotopulos, D., *Περὶ Φερεκύδου τοῦ Συρίου καὶ τῆς Θεογονίας αὐτοῦ*. 1890. 78 S.

-- Ueber Pherecydes den Syrier und seine Theogonia. Diss. 1890. 78 S.

Spellerberg, Rudolf, a. Herzberg am Harz, Reichsbankdiätar der Reichsbankhauptstelle Breslau: Die Verjährung von Forderungen im Kontokorrent. Leipzig-R. 1906: A. Hoffmann. (55 S.) 8° [J.]
Erlangen, Jur. Fak., Ref. Sehling, Diss. v. 15. Jan. 1907
[Geb. 3. April 79 Elend im Harz; Wohnort: Breslau; Staatsangeh.: Preußen; Vorbildung: Lat. Hauptsch. Halle a. S. Reife M. 98; Studium: Leipzig 6 S.; Rig. 7. Dez. 06.]

Spelling-Book, new, oran easy introduction to the knowledge of the english language. 8. Kopenhag. 815. Bonnier. 4 gr.

Spelman, Heinrich, Der Gottesraub, seine Geschichte u. sein Schicksal. Nach den alten englischen Ausgaben von 1632 u. 1698 neu herausgegeben mit einer Einleitung von zwei Geistlichen der englischen Staatskirche. Unter Zugrundelegung der 2. vermehrten Aufl., mit dem Bericht über dieses Werk von Wiseman. Aus dem Englischen mit Zusätzen von Ludwig Graf Coudenhove. Regensburg, Manz (jetzt Verlagsanst.), 1878, gr. 8°, XXIV, 488 S., 9 Mk.

SPELSBERG, EDUARD. Weitere Untersuchungen über Alpha-Aethyliden-Valerolakton. Würzburg, 1884.

Spelsberg, Ewald [aus Hohenlimburg i. W.]: Aus d. Univ.-Frauenklinik zu Bonn. Die vaginale Totalexstirpation m. bes. Berücks. d. Fälle aus d. Bonner Frauenklinik i. d. J. 1895—96 . . Bonn, Druck v. J. Trapp, *1897;* 39 S. 8.
Bonn, Med. Fak., Inaug.-Diss. v. [24. Juli] 1897

Spelten, Joseph: Aus dem Krankenhaus der Barmherzigen Brüder zu Bonn. Beitrag zur traumatischen Tuberculose. *Bonn 1898: Hauptmann.* (28 S.) 8°
Bonn, Med. Diss. v. [19. Febr.] 1898

Spelter, Peter

Spelter P. über die Atmungsorgane d. Tiere. (Samml. wiss. Vortr. NF 115) Hamburg 1890

Spelter, P., üb. die Athmungsorgane der Thiere, s. a. Sammlung gemeinverständlicher wissenschaftl. Vorträge.

Die Pflanzenwelt im Glauben und Leben unserer Vorfahren. Von P[eter] Spelter, Oberl. in Solingen. *Hamburg: Verlagsanst. u. Dr. A.-G. 1900.* (40 S.) 8° [J.]
= Sammlung gemeinverständl. wiss. Vorträge. N. F. Ser. 14. H. 336.
[00. 3059]

Spelter, P., die Vererbung v. Krankheiten u. Missbildungen d. menschlichen Körpers. Gemeinfasslich dargestellt. (Vortrag.) Mit Abbildgn. (auf 1 Steintaf.). gr. 8. (VII, 29 S.) Neuwied 888. [Heuser's Verl.] Stuttgart, Zimmer's Verl. n. 1. —

Spelter P. das Wandern der Pflanzen. (Slg wiss. Vortr. NF 214) Hamburg 1895

Spelter, P., d. Wandern d. Pflanzen, s.a. Sammlung gemeinverständl. wissenschaftl. Vorträge.

Spelterini, Eduard s.a. Fahrt. Die F' der „Wega"…. Basel 1899.

Spelterini, Ed., die Fahrt der „Wega", s.a. Heim, Alb.

SPELTHAHN, Franz (Aachen): Tetanus traumaticus.- München: Kastner & Lossen 1896. 28 S.
28.7.1896 - Chr 1896/97,19; Jv 1896/97,239
Diss. Ingolst.-Landsh.-Mchn.

Spelthahn, Heinrich: Studien zu den Chiliaden des Johannes Tzetzes. München 1904: H. Kutzner. (53 S.) 8°
München, Phil. Fak., Ref. Krumbacher, Diss. v. 22. Nov. 1904
[Geb. 28. Mai 78 Amberg; Wohnort: Amberg; Staatsangeh.: Bayern; Vorbildung: Neues Gymn. Regensburg Reife M. 98; Studium: München 10 S.; Rig. 26. Jan. 04.]

Spelthahn, Heinr., Studien zu den Chiliaden des Johannes Tzetzes. Diss. (55 S.) gr. 8. München 904. (A. Buchholz.) n. 1.60

Spelthahn, J., le chansonnier français. Samml. franz. Lieder. Für den Schulgebrauch zusammengestellt u. m. Klavierbegleitg. versehen. (VIII, 53 S.) Lex. 8. Regensburg (908). H. Bauhof. 1.60

— Le petit chansonnier. Liedersammlung f. den Unterricht aus der französ. Sprache. (VI, 18 u. 20 S.) 8. Ebd. 908. —40

Spelthahn, J. H., die französische Aussprache. gr. 8. (22 S.) München 884. Wenger's Buchh. n. —50

—— das Genus der französischen Substantiva. Eine neue Anleitung das Genus aller französ. Substantiva [über 40,000] durch Begriff und Form zu bestimmen, nebst einem Anhang über die Geschlechtsverwandlung der Nomina auf eur. Für Lehrer, Schüler und überhaupt alle Freunde der französ. Sprache hrsg. gr. 8. (61 S.) Amberg 883, Pohl's Verlag. *

Spelthahn, J. H., französische Grammatik, zugleich Vokabular. 2. Aufl. gr. 8. (168 S.) München 897. Wenger. n. 2.60

— französisches Übungsbuch f. d. erste Stufe des Unterrichtes. gr. 8. (64 S.) Ebd. 898. n. 1.20

Spelthahn, J. H., Uebungsbuch f. die 2. Stufe des Unterrichtes aus der französischen Sprache gr. 8. (161 S.) München 900. [Wenger.] Berlin, J. Gnadenfeld & Co. n.n. 3.—
Auch dess. Verf. „Französ. Grammatik" ist in obigen Verlag übergegangen.

—— französisches Vokabular im Anschlusse an die Formen und Gesetze der Grammatik, nebst einer kurzgefaßten Syntax der französ. Sprache. gr. 8. (134 S.) München 884, Wenger's Buchh. *

Speltz, Alexander

Speltz, Alex., die modernen Baumaterialien u. Baumethoden. Alphabetisch geordnetes Handbuch aller in den letzten Jahrzehnten in die Bautechnik eingeführten Baumaterialien u. Baumethoden f. Architekten u. Ingenieure, Baumeister, Verwaltungs- u. techn. Beamte, Bauführer u. Bauhandwerker, Bauherren, Hauseigentümer, Fabrikanten u. Industrielle. Zugleich e. Bezugsquellen-Nachweis. (VII, 436 u. 34 S. m. 221 Abbildgn.) 8. Berlin 910. C. Heymann. Geb. in Leinw. 5.—

— Ausgeführte Bauornamente der Gegenwart in Stein, Putz, Zement, Gips, Kunstsandstein etc. Nach den Originalen bedeutender Architekten gezeichnet. 25 Taf. m. Text. (12 S.) Lex. 8. Berlin (907). [B. Hessling.] Ornament-Verlag. 6.—; erm. Pr. 3.—

— Dokumente der ornamentalen Baukunst unserer Zeit. Für Architekten, Bildhauer, Maler, Zeichner, Maurer, Steinmetzen u. Zimmermeister, Stukkateure, Kunstschmiede, Tischler, Glaser u. a. m. 12 Hefte. (Je 8 Taf.) 30,5×21,5 cm. Dresden (907). G. Kühtmann. Subskr.-Pr. 12.—; erh. Pr. in Mappe 20.—; einz. Hefte 2.—

Speltz, Alex., das Empire-Ornament. Nach Orig.-Gegenständen aus der Empirezeit aufgenommen u. gezeichnet. Ein Vorlagenwerk f. Architekten, Bildhauer, Maler, Modelleure, Zeichner u. Kunsthandwerker. 30 Taf. in Federzeichng. gr. 4. Berlin (905). M. Reichel & Co. In Mappe n. 25.—

— Kunstschmiedearbeiten in modernen Formen Orig.-Entwürfe von Gartengittern, Brüstungsgittern, Frontgittern usw. nebst Gewichtstabellen. (In 3 Lfgn.) 1. Lfg. (10 Taf.) Fol. Berlin (903). M. Spielmeyer. n. 6.50

— das Ornament der Renaissance, des Barock u. Rococo, des Louis XVI. u. Empirestiles, sowie des klassizierenden englischen Stiles. Zeichnerisch dargestellt m. textl. Erläutergn. Ein Handbuch für Architekten, Zeichner, Maler usw. u. zum Selbststudium. 150 Volltaf. m. illustr. Texte. (S. 261—504.) gr. 8. Berlin (906). B. Hessling. n. 6.—
Sonderabdruck aus: „Der Ornamentstil".

— das romanische u. gotische Ornament m. Einschluss des altchristlichen, byzantinischen, keltischen, russischen, arabischen, maurischen, sarazenischen, türkischen, persischen, indischen, chinesischen u. japanischen Ornaments. Ein Handbuch für Architekten, Zeichner, Maler, Bildhauer, Holzschnitzer, Ciseleure, Modelleure, Kunsttischler, Kunstschlosser, Fachschulen, Bibliotheken u. zum Selbststudium. 100 Volltaf. m. illustr. Texte. Sep.-Ausg. des Werkes „Der Ornamentstil". (S. 99—259) gr. 8. Ebd. (906). n. 4.—

(9) Das Ornament d. Renaissance. 906. — Das romanische u. got. Ornament. 908. (KBl. 34). Jetzt: Berlin, Ornament-verlag.

— der Ornamentstil. Zeichnerisch dargestellt, in geschichtl. Reihenfolge m. textl. Erläutergn. nach Stilen geordnet. Ein Handbuch für Architekten, Zeichner, Maler, Bildhauer, Holzschnitzer, Ciseleure, Modelleure, Kunsttischler, Kunstschlosser, Fachschulen, Bibliotheken u. zum Selbststudium. 300 Volltaf. m. illustr. Text. 6 Lfgn. (504 u. III S. Text.) gr. 8. Ebd. (904. 905.) n. 12.—; geb. n. 15.—

Der Ornamentstil. Zeichnerisch dargest., in geschichtl. Reihenfolge mit textl. Erl. nach Stilen geordnet. Ein Handbuch f. Architekten, Zeichner, ... von Alexander **Speltz**, Architekt. 300 Volltaf. mit erl. Texte. Berlin, New York: B. Hessling [1905]. (III, 504, 60 S.) 8°

Speltz, Alexander: Der Ornamentstil. Zeichnerisch dargest., in geschichtl. Reihenfolge mit textl. Erl., nach Stilen geordnet. Ein Handb. f. Architekten ... 2. verm. u. verb. Aufl. 400 Volltaf. mit ill. Text. Berlin [usw.]: Hessling (1906). IV, 658, 36 S. 8°

— Der Ornamentstil. Zeichnerisch dargestellt, in geschichtl. Reihenfolge m. textl. Erläutergn. nach Stilen geordn. Ein Handbuch f. Architekten, Zeichner, Maler, Bildhauer, Holzschnitzer, Ciseleure, Modelleure, Kunsttischler, Kunstschlosser, Fachschulen, Bibliotheken u. zum Selbststudium. 2. verm. u. verb. Aufl. 400 Volltaf. m. illustr. Texte. (IV, 658 S.) Lex. 8. Berlin 907. [B. Hessling.] Ornament-Verlag. Geb. in Leinw. 20. —

— die Proportionen in der Architektur. Im metr. System nach neuer leicht anwendbarer Methode m. besond. Berücksicht. der Praxis bearb. 1. Bd.: Die Säulenformen der ägypt., griech. u. röm. Baukunst. Für Architekten, Ingenieure, Bautechniker, Bauhandwerker, Bildhauer, Zeichner usw. (VIII, 92 S. m. 63 Abbildgn. u. 21 Taf.) gr. 4. Berlin (903). B. Hessling. n. 4. —

(8) — Die Proportionen in d. Architektur. 903. (KBL 34.) Jetzt: Berlin, Ornamentverlag.

Speltz A. die Proportionen in der Architektur. I. Säulenformen der ägyptischen, griechischen und römischen Baukunst. (92 S 22 T) 4° Berlin (1904)

Speltz, Alexander: Styles of ornament [Der Ornamentstil]. Exhibited in designs and arranged in hist. order with descript. text. A handbook for architects. Transl. from the second German ed. by David O'Conor. 400 full-pages ill. with ill. descript. text. Berlin [usw.] Hessling (1906). VIII, 656, 40 S. 8°

— Styles of ornament. Exhibited in designs and arranged in historical order with descriptive text. A handbook for architects, designers, painters, sculptors, wood-carvers, chasers, modellers, cabinetmakers and artistic locksmiths as well as also for technical schools, libraries and private study. Translated from the 2. German ed. by Dav. O'Conor. 400 full-pages illustr. with illustr. descriptive text. (In 8 parts.) (S. 1—96.) gr. 8. Berlin (906). B. Hessling. n. 2. —

— Styles of ornament, exhibited in disigns and arranged in historical order with descriptive text. A handbook for architects, designers, painters, sculptors, wood-carvers, chasers, modellers, cabinetmakers, and artistic locksmiths as well as also for technical schools, libraries and private study. Translated from the 1. German ed. by David O'Conor. 400 full-pages illustrations with illustrated descriptive text. Part 2—8. (VIII u. S. 97—656.) gr. 8. Berlin (907. 08). [B. Hessling.] Ornament-Verlag. à 2. —. (Vollst. geb. in Leinw. 20. —)

Spelunken, Berlins, und Verbrecherkneipen. Beiträge zur Sittengeschichte der Residenz aus der Vergangenheit und Gegenwart. Berlin (857.) Verlags-Magazin. 8. (106 S.) n. 7½ ngr.

Spemann's Algebraheft. Nr. 1. Bewegungsaufgaben I nach Thdr. Walter's Methode. 4. (28 S.) Stuttgart 889. Union. n.n. — 25

Spemann, Geschichte des 2. württembergischen Feldartillerie-Regiments, s.: Schmahl.

Spemann-Stuhlmann's Zeichenheft f. den Zeichenunterricht in den preußischen Volksschulen. 1.—5. Heft. gr. 4. (à Heft 10 Bl. Pap. m. Anleitg. auf dem Umschlag.) Berl. 892, Spemann. à Heft * — 10
Mit extrastarkem Pap. à Heft * — 15
1. Netzzeichnen. — 2. Zeichnen nach Wandtafeln. — 3. Zeichnen nach körperlichen Gegenständen. — 4. Schattieren nach Gipsmodellen. — 5. Zeichnen altdeutscher Kreuzstichmuster.
—— —— dass. — 6. Heft. Fol. (12 Bl. Pap.) Ebd. 892. geb. ** — 30

—— —— Zeichenheft f. die Oberstufe. Fol. (10 Bl. Pap.) Ebd. 892. geb. ** — 25

Spemann, Adolf: Dannecker. Berlin & Stuttgart: Spemann 1909. 154, 193 S. 4°(8°) ¶ (Ersch. auch als Buch ebd.) Würzburg, Phil. Diss. v. 4. Aug. 1910, Ref. Knapp
[Geb. 12. März 86 Mentone; Wohnort: Würzburg; Staatsangeh.: Württemberg; Vorbildung: Eberhard-Ludwigs-Gymn. Stuttgart Reife Juni 04; Studium: Berlin 2, München 1, Paris 1, Tübingen 2, München 1, Würzburg 1 S.; Rig. 18. Juni 10.] [U 10. 4403

Dannecker. Von Adolf Spemann. Berlin & Stuttgart: Spemann 1909. 154, 193 S. 4°(8°)
Erschien auch als Inaug.Diss. Würzburg 1910. [10. 17366

Das Bekenntnis zum Sohne Gottes. Von Franz Spemann. Bonn: J. Schergens [1908]. (78 S.) 8° [08. 17334 6

Jerusalem, Wittenberg u. Rom. Beiträge zur religiös. Frage der Gegenwart. (216 S.) 8. Barmen 910. E. Müller. Kart. 2. —; geb. in Leinw. 2.80

Jerusalem, Wittenberg und Rom. Beiträge z. religiösen Frage d. Gegenwart. Von Franz **Spemann**. 2. Aufl. Barmen: Müller 1910. 216 S. 8° [11. 3702 5

— Jesus aus Galiläa. Eine Betrachtg. (91 S.) 8. Stuttgart 908. J. F. Steinkopf. Geb. in Leinw. 1.50

Spemann, Frz., Jesus im 20. Jahrh. 1. u. 2. Aufl. (à 67 S.) 8. Stuttgart 906. 907. J. F. Steinkopf. Kart. n. 1. —

— Landeskirche od. religiöse Freiheit? (80 S.) 8. Berlin 907. Herm. Walther. 1.50

Landeskirche oder Religiöse Freiheit? Von Franz **Spemann.** 3.–4. Taus. Berlin: H. Walther 1907. (80 S.) 8° [F.] [07. 17830

—— Schatzkästlein d. guten Rates. Hrsg. unter Mitwirkg. v. Otto Dammer, Dillmann, Heß. 6. vielfach verm. u. umgearb. Aufl. m. 54 (z. Tl. farb.) Illustr.-Taf. 12. (VIII, 827 S.) Ebd. 892. geb. * 5 —

— Schatzkästlein d. guten Rats. Hrsg. unt. Mitwirkg. v. Otto Dammer, Dillmann, Heß u. v. a. 7., vielfach verm. u. umgearb. Aufl. m. 54 Illustr.-Taf. 12. (VIII, 827 S.) Stuttgart 898. Union. Geb. in Leinw. n. 6. —

Spemann, Frz., s. Von der Renaissance zu Jesus.

Von der Renaissance zu Jesus. Bekenntnisse e. modernen Studenten. [Verf.: Franz Spemann.] 2. Aufl. Stuttgart: Steinkopf 1903. 80 S. 8° [03. 7541 7

— von der Renaissance zu Jesus. Bekenntnisse e. modernen Studenten. 6. Aufl. (73 S.) 8. Ebd. 907. Kart. n. 1. —

Spemann, Hans, über experimentell erzeugte Doppelbildungen m. cyclopischem Defect, s.: Jahrbücher, zoologische. VII. Suppl.

Spemann, Hans: Aus dem Zoologischen Institut zu Würzburg. Ueber die erste Entwicklung der Tuba Eustachii und des Kopfskelets von Rana temporaria. M. 3 Taf. u. 2 Abbildungen im Text. *Jena: G. Fischer 1898.* (30 S.) mit Taf.) 8°
Würzburg, Phil. Hab.-Schr. v. 1898

Spemann, Hans [aus Stuttgart]: Zur Entwicklung des Strongylus paradoxus ... Jena, G. Fischer, 1895; 19 S., 3 Taf. 8.
Würzburg, Phil. Fak., Inaug.-Diss. v. 1895

Spemann, Wilhelm

Spemann's Alpen-Kalender 1911. (Abreißkalender.) (I, 127 Bl. m. Abbildgn.) gr. 8. Stuttgart, W. Spemann. 2. —

Spemann's, Wilh., Annalen 1901/2. Konversations-Kalender f. Jedermann. Hrsg. v. Johs. Penzler. gr. 8. (VIII, 394 S.) Berlin. Stuttgart, W. Spemann.
Geb. in Leinw. n. 5.50

Spemann's, Wilh., goldenes Buch vom eignen Heim. Eine Hauskunde f. Jedermann. Hrsg. unter Mitwirkg. v. Fel. Becker, Adf. Brüning, Gaston Graul u. A. (VIII, 760 S m. Abbildgn.) kl. 8. Stuttgart 905. W. Spemann.
Geb. in Leinw. n. 6. —

— Hauskunde. I.—V. Bd. 8. Ebd. Geb. à n. 6. —
I. Spemann's goldenes Buch der Musik. Eine Hauskunde f. Jedermann. Hrsg. unter Mitwirkg. v. Karl Grunsky, Otto Hollenberg, Carl Reinecke u. a. (XI, 813 S. m. Abbildgn. u. Bildnis-Taf.) 900. Geb. n. 5. – ; erhöht. Pr. n. 6. —
II. Spemann's goldenes Buch der Kunst. Eine Hauskunde f. Jedermann. Hrsg. unt. Mitwirkg. v. F. Becker, Wilh. Bode, M. Brinckmann u. a. (VIII, 858 S. m. Abb. u. Taf.) 901.
III. Spemann's goldenes Buch der Weltlitteratur. Eine Hauskunde f. Jedermann. Hrsg. unter Mitwirkg. v. Ed. Bertz, Ernst Brausewetter, Gust. Diercks u. a. (VIII, 912 S. m. eingedr. Bildnissen.) 901.
IV. Spemann's goldenes Buch der Sitte. Eine Hauskunde f. Jedermann. Von Graf u. Gräfin Baudissin. (X, 716 S. m. Abbildgn.) (900.)
V. Spemann's goldenes Buch des Theaters. Eine Hauskunde f. Jedermann. Hrsg. unter Mitwirkg. v. Rud. Genée, Max Grube, Rob. Hessen u. a. (VIII, 770 S. m. Abbildgn. u. Taf.) 902.

— Hauskunde. VI. Bd. 8. Ebd. Geb. n. 6. —
Spemann's goldenes Buch der Gesundheit. Eine Hauskunde f. Jedermann. Hrsg. unter Mitwirkg. v. Albu, Wilh. Bode, Wilh. Bölsche u. A. (VIII, 7?0 S. m. Bildnissen.) 904.

Spemann's Hauskunde. II. u. VIII. Bd. kl. 8. Stuttgart, W. Spemann. Geb. in Leinw. 14. —
II. Spemann's Buch der Kunst. Eine Hauskunde f. Jedermann. Hrsg. unter Mitwirkg. v. F. Becker, Wilh. Bode Exz., M. Brinckmann u. a. (Neue Ausg.) (VIII, 907 S. m. Taf.) 910. Geb. 8. —
VIII. Spemann's goldenes Buch des Sports. Eine Hauskunde f. Jedermann. Hrsg. unter Mitwirkung v. Max Ahles, Eva Gräfin v. Baudissin, Frhr. H. A. Esebeck u. a. (VIII, 919 S. m. Abb. u. 32 Taf.) 910. Geb. 6. —

Spemann, Wilhelm (Red.), s. Kamerad, Der gute.

— Compendien. 1.—3. Bd. 8. Ebd.
Geb. in Leinw. à 6. —
Bucher, Bruno, Kunstgeschichte. (VIII, 512 S. m. Abbildgn.) (908.) (Bd. 1.)
Dreßler, Max, Künstler-Anatomie. (VII, 340 S. m. Abbild.) (908.) (Bd. 3.)
Forrer, Rob., Urgeschichte des Europäers von der Menschwerdung bis zum Anbruch der Geschichte. Mit mehr als 1600 Abb. (VII, 584 S.) (908.) (Bd. 2.)

Spemann's Compendien. I—III. Bucher, Bruno, Kunstgeschichte. — Dreßler, Max, Künstler-Anatomie. — Forrer, Rob., Urgeschichte des Europäers.
Aus dem Buchhandel zurückgezogen.

— Kunst-Kalender 1911. (Abreißkalender.) (III, 366 Bl. m. Abb.) gr. 8. Ebd. 2. —

Spemann, Wilhelm. Kunstlexikon. Ein Handbuch für Künstler und Kunstfreunde. Hrg. unter Mitwirkung von Prof. Dr. G Aarland, Max Bach, ... Dr. C Wulff. [Mit Illustrationen und 65 Tafeln.] IV + 1054 S. 8. Berlin & Stuttgart, W. Spemann, 1905. [geb. M. 12.50]

Spemann's, Wilh., Kunstlexikon. Ein Handb. f. Künstler u. Kunstfreunde. (In 20 Lfgn.) 1. Lfg. (S. 1—64 m. Taf.) gr. 8. Stuttgart (907). W. Spemann. —50

Spemann, Wilh, s.: Museum, das.

— deutsches Reichsbuch. Politisch-wirthschaftl. Almanach. Von Arth. Bertholdt. Mit Porträts u. Tabellen. 8. (330 u. 7 S.) Berlin 899. W. Spemann.
Geb. in Leinw. n. 5. —

— deutsches Reichsbuch. Politisch-wirthschaftl. Almanach v. Arth. Berthold. 2. Jahrg. 8. (390 u. 8 S. m. Bildnissen u. 14 Tab.) Berlin 900. Stuttgart, W. Spemann.
Erscheint nicht mehr. Geb. in Leinw. n. 5. —

Spemann, Wilhelm (Hrsg.), s. Vom Fels zum Meer.

Spence

— Von der Übereinstimmung der Werke der Dichter mit den Werken der Künstler. A. d. Engl. von Jos. Burkard und F. F. Hofstätter. Wien 773. 76. 2 Bde. 8.

Spence, ..., von der Uebereinstimmung d. Werke der Dichter mit den Werken der Künstler; nach d. Engl. v. J. C. Burkard u. A. (Fel. Frz.) Hofstäter. 2 Thle. gr. 8. Wien 774, 776. Camesina. 1 ₰ 16 gr

Spence, David, a. Udny (Schottland): Ueber die Isomerieerscheinung bei den sogenannten Hagemannschen Estern. Jena 1905: Frommann. (40 S.) 8°
Jena, Phil. Fak., Ref. Knorr, Diss. v. 9. Juli 1905
[Geb. 26. Sept. 82 Udny; Wohnort: Udny; Staatsangeh.: England; Vorbildung: Glasgow Technical College Juli 02; Studium: Jena 6 S.; Rig. 20. Juli 05.]

Spence, David: System der theoretischen und practischen Entbindungskunst. (A System of midwifery, theoretical and practical. Dt.) 430 S., gbd.

Schweinfurth: Grießbach 1787

JB 3.815

Spence, Dav., System der theoret. u. prakt. Entbindungskunst; aus d. Engl. (von K. H. Spohr). 8. Schweinf. 787. (Leipz., Hinrichs). 1 ₰

Spence, David. System der theoretischen und praktischen Entbindungskunst, a. d. Engl. Schweinfurt 1798. Ü: *Spohr, Carl Heinrich.* (EDgM) »Schweinfurt 1787« (Ky)

Spence, James, die amerikanische Union, ihre Einwirkung auf National-Charakter u. Politik. Nebst einer Erörterung der Fragen: Ist Secession ein constitutionelles Recht? u. welches sind die Ursachen der Spaltung? Aus dem Engl. Autorisirte Uebersetzung nach der 4. Ausg. Herausg. von Aug. P. Wetter. Barmen 863. Langewiesche's Verlag. gr. 8. (XVI, 272 S.) 1 ₰

Spence, Sir Patrick, all the preserved versions, synoptically reprinted from Child's ballads for the use of English seminaries. (2 S.) 65×101,5 cm. Berlin 904. Mayer & Müller. n.n. —50

Spence, Thomas

— Das Gemeineigentum am Boden. Aus dem Englischen von F. v. Eichmann. Mit einer Einleitung von Geo. Edler. gr. 8°. Leipzig, C. L. Hirschfeld, 1904. (Hauptwerke des Sozialismus und der Sozialpolitik, Heft 1.)

Das Grundeigentum am Boden [A lecture read at the Philos. Soc. in Newcastle 1775]. Von Thomas Spence. Aus d. Engl. übers. von F. v. Eichmann. Mit e. Einl. von Georg Adler. Leipzig: C. L. Hirschfeld 1904. (31 S.) 8° [G.]
= Hauptwerke d. Sozialismus u. d. Sozialpolitik. H. 1. [03. 2658 8]

Spence, William

Spence, W.: „Britanniens Unabhängigkeit vom Handel, oder Beweis, dass Nationalreichthum und Nationalwohlstand nicht aus äussern, sondern innern Quellen abgeleitet werden müssen", nach der 5. Ausgabe aus dem Englischen übersetzt von F. Wolff, Berlin 1809. — Vorh.: Preuß. Staatsbibl. Berlin.

Spencé, Wlh., Britannien unabhängig vom Handel, od. Beweis, daß Englands Nationalreichthum rc.; aus d. Engl. übers v. Fr. Wolf. 8. Berl. 809. (Weiß).

Spence, William, Britanien unabhängig v. Handel rc. 8. Berlin. 809. Jetzt Verl. v. Rücker

Spence, Wlh., Einleitung in die Entomologie, s. W. Kirby.

Spencer, Die beyden, oder die Wunder der Todengruft . . . Wien 1800. V: *Gleich, Joseph Alois.* (NN) (WBL) (MGT)

Spencer, die beyden, oder die Wunder der Todengruft. Nach d. wahren engl. Gesch. bearbeitet v. Verf. Waldraf des Wandlers. 8. Wien. (Liebeskind in Lpz.) 800.

Spencer, die beiden, od. d. Wunder d. Todtengruft. Nach e. wahren engl. Gesch. d. 14. Jahrh. frei bearb. v. Verf. Waldrafs d. Wandlers. 8. (12 B. u. 1 Kpfr.) Wien 840. (Leipzig, Liebeskind.)

Spencer, Mrs., Rebekka Berry, od. Scenen u. Charaktere am Hofe Karls d. Zweiten. Nach d. Engl. von Karl Weil. 3 Thle. gr. 12. Stuttg. 827. (Brodhag). 3 ₰ 12 gr

Spencer, (Mrs.) Rebekka Berry, oder Scenen u. Charaktere am Hofe Carls des Zweiten. Nach dem Engl. v. C. Weil. 3 Thle. gr. 12. Stuttg. 827, Franckh.

Spencer, Mrs.

s. a. Weil, Karl: Rebekka Berry ... 1827.

[Umschlagt.:] Baldwin Spencer, Der Bau der Lungen von Ceratodus und Protopterus. — Richard Semon, Die Entwickelg d. paarigen Flossen v. Ceratodus Forsteri. M. 9 lith. Taf. u. 7 Abb. im Text. Text. Atlas. *Jena: G. Fischer 1898.* 2 Bde 2.
Text (2 Bl. 61 S.) Atlas (9 Taf. m. je 1 Erl.-Bl.)
= Semon, Richard: Zool. Forschungsreisen in Australien. Bd VI. Lfg II.
— Denkschriften d. med.-naturw. Gesellschaft zu Jena. Bd IV. [illegible]

Spencer, Edm., der Prophet aus d. Kaukasus. Histor. Roman. A. d. Engl. übers. v. Wilh. Ad. Lindau. 3 Thle. 8. (46 B.) Leipzig 841, Kollmann.

[——] Skizzen über Deutschland u. die Deutschen, mit Bemerkungen über Oestreich, Ungarn, Polen u. die Schweiz, von einem in Deutschland wohnenden Engländer. Bd. 1. 2. Mit 2 Lithogr. Leipzig 1837. 8. . . . .

Education of the Pueblo child. A study in arrested development. By Frank Clarence Spencer. *New York: The Macmillan Co.; Berlin: Mayer & Müller 1899.* (97 S.) 8°
= Columbia University contributions to philosophy, psychology and education. Vol. 7, No 1. [illegible]

Spencer, Frederic

Spencer, F. La Vie de Sainte Marguerite. An Anglo-Norman Version of the XIIIth Century. Now first edited from the unique Manuscript in the Univ. Library of Cambridge. Diss. Leipzig 1889. 53 S.

Spencer, Herbert. Eine Autobiographie. Autorisierte deutsche Ausgabe von Dr. Ludwig und Helene Stein. 2 (Bände). 8. Stuttgart, Robert Lutz, 1905. [zus. Subscr. M. 12. — u. geb. 14. —, im Buchh. 14. — u. geb. 16. —]
(Band) 1. Nebst einer Einführung in die Philosophie und Soziologie H' Spencers von Dr. L' St', o. ö. Professor ... [in] Bern. [Mit 1 Porträt-Tafel.] LII + 339 S.
(Band) 2. [Mit 1 Porträt-Tafel.] XII + 324 S.
(Memoirenbibliothek. Serie II. Band 7 u. Band 8.)

Spencer, Herb., Einleitg. in d. Studium d. Sociologie, s. a. Bibliothek, internat. wissenschaftl., Bd. 14. 15.

Spencer H. Einleitung in das Studium der Soziologie. 1. und 2. Auflage von H v Marquardsen. 2 Tle (Bibliothek, Internat. wissensch. 14. 15) Leipzig 1875. 96

— Erfahrungen u. Betrachtungen aus der Zeit. Vermischte Aufsätze. Autoris. deutsche Ausg. Uebers. u. hrsg. v. J. Vict. Carus u. Walt. Wischmann. (VI, 322 S.) gr. 8. Stuttgart 904. E. Schweizerbart. n. 6. —

— Erziehungslehre. Mit d. Verf. Bewilligg. in deutscher Uebersetzg. hrsg. v. Fritz Schultze. gr. 8. (VII, 246 S.) Jena 874. Dufft. n. 4. —

Spencer, Herbert, die Erziehung in geistiger, sittlicher u. leiblicher Hinsicht. Mit des Verf. Bewilligung nach der 3. englischen Aufl. in deutscher Uebersetzung hrsg. von Fritz Schultze. 2., verb. Aufl. der deutschen Uebersetzung. 8. (IX, 300 S.) Jena 881. Fischer. n. 3. — ; geb. n. 4. —

Spencer, Herbert, die Erziehung in geistiger, sittlicher und leiblicher Hinsicht. Mit des Verf. Bewilligung nach der 3. engl. Aufl. in deutscher Übersetzung hrsg. von Fritz Schultze. 3. verb. Aufl. der deutschen Übersetzung. 8. (XI, 300 S.) Jena 888, Mauke. ℳ 3.—.; geb.

Spencer, Herbert. Die Erziebung in geistiger, sittlicher u. leiblicher Hinsicht. 3. Aufl. 8. Jena 888. Lpz., A. Fischer's Verlag. * 3 —
geb. * 4 —

— die Erziehung in geist., sittl. u. leibl. Hinsicht. Mit d. Verf. Bewilligg. nach d. 3. engl. Aufl. in deutscher Uebersetzg. hrsg. v. Fritz Schultze. 4., verb. Aufl. 8. (XI, 300 S.) Leipzig 898. H. Haacke. n. 3. — ;
geb. n. 4. —

Herbert Spencer, Die Erziehung in geistiger, sittlicher und leiblicher Hinsicht [Education intellectual, moral and physical]. Mit des Verf. Bewilligung nach d. 3. engl. Ausg. in deutscher Übers. hrsg. von Dr. Fritz Schultze-Dresden, Prof. an d. Techn. Hochschule. 5. verb. Aufl. Sachsa: H. Haacke 1905. (X, 300 S.) 8° [J.] [illegible]

Spencer, Herb., die Erziehg. in intellektueller, moralischer u. phys. Hinsicht. Deutsch v. Heinr. Schmidt. (Kröners Taschenausg.) (IV, 170 S.) kl. 8. Leipzig (910). A. Kröner. Geb. in Leinw. 1. —

— First principles of synthetic philosophy, s.: Schriftsteller, englische, aus dem Gebiet der Philosophie usw. V.

—— System der synthetischen Philosophie. Autoris. deutsche Ausg. Uebersetzt von B. Vetter. 1.—3. Bd. und 6. Bd. gr. 8. Stuttgart, Schweizerbart'sche Verlagsh.
à Bd. * ℳ 12. *

Inhalt:

Bd. 1. Grundlagen der Philosophie. (XII, 568 S.) 875.
» 2. 3. Die Principien der Biologie. 2 Bde. (VIII, 544; VIII, 645 S. mit 300 eingedr. Holzschn.) 876,77.
» 6. Die Principien der Sociologie. 1. Bd. (VIII, 570 S.) 877.

—— System der synthetischen Philosophie. 4. Bd. A. u. d. T.: Die Principien der Psychologie. Autoris. deutsche Ausg. Nach der 3. engl. Aufl. übers. von B. Vetter. 1. Bd. gr. 8. (XIV, 674 S. mit 15 eingedr. Holzschn.) Stuttgart 882, Schweizerbart'sche Verlagsh. *
1.—3. und 6. Bd. Ebendas. 1875—77. à * ℳ 12. — Der 5. Bd. ist noch nicht erschienen.

—— System der synthetischen Philosophie. 5., 7. und 8. Bd. gr. 8. Stuttgart, Schweizerbart'sche Verlagsh. *

Inhalt:

Bd. 5. Die Principien der Psychologie. Autoris. deutsche Ausg. Nach der 3. engl. Aufl. übers. von B. Vetter. 2. Bd. (VIII, 730 S.) 886. *ℳ 15.—.

» 7. Die Principien der Sociologie. Autoris. deutsche Ausg. Nach der 3. verm. und verb. engl. Aufl. übers. von B. Vetter. 2. Bd. (X, 516 S.) 887. *ℳ 12.—.

» 8. —— dass. — 3. Bd. (X, 820 S.) 18(88)89.

1.—4. und 6. Bd. Ebendas. 1875—82.

—— System der synthetischen Philosophie. 9. Bd. 1. Abthl. u. 11. Bd. 1. Abthl. gr. 8. Stuttg., Schweizerbart. * 14 —

9. Bd. 1. Abthl. Die Principien der Sociologie. Autoris. deutsche Ausg. nach der 3. engl. Aufl. übers. v. B. Vetter. 4. Bd. 1. Abthl. 6. Tl.: Kirchliche Einrichtgn. (VII, 213 S.) 891. * 6 —.

11. Bd. 1. Abthl. Die Principien der Ethik. Autoris. deutsche Ausg. v. B. Vetter. 2. Bd. 1. Abthl. (IV. Thl.) Die Gerechtigkeit. (VII, 344 S.) 892. * 8 —.

1.—8. Bd. Ebd. 1875—88. * 103 —. — Den 10. Bd. bildet: Die Thatsachen der Ethik. Ebd. 1879. * 9 —.

— die Thatsachen der Ethik. Autoris. deutsche Ausg. Nach der 2. englischen Aufl. übers. von B. Vetter. gr. 8. (IX, 315 S.) Ebend. 879. n. 9. —

— System d. synthetischen Philosophie. IX. Bd. 2. Abth. (Schluss.) A. u. d. T.: Die Principien d. Sociologie. Autor. deutsche Ausg. Uebers. v. B. Vetter, fortges. v. J. V. Carus. IV. Bd. 2. Abth. VII. VIII. Profession. u. kirchl. Einrichtgn. gr. 8. (VIII u. S. 217—722.) Stuttgart 897. E. Schweizerbart. n. 10. — (IX. Bd. kplt.: n. 16. —; I—XI: n. 143. —; Einbde. à n.n. 1. 50)

— dasselbe. 10. Bd. 2. Abth. gr. 8. Ebd. 894. n. 6. —

Die Principien der Ethik. Autoris. deutsche Ausg. Aus dem Engl. v. B. Vetter, fortges. v. J. Vict. Carus. 1. Bd. 2. Abth. II. Thl.: Die Inductionen der Ethik. III. Thl.: Die Ethik des individuellen Lebens. (XIV u. S. 315—598.)

Den 10. Bd., 1. Abth., bildet: Spencer, die Thatsachen der Ethik. 879. n. 9. —. s.: Bd. XXII d. Bücher-Lexikons.

— dasselbe XI. Bd. 2. Abth. gr. 8. Ebd. 895. n. 6. —

Die Principien d. Ethik. Autor. deutsche Ausg. Aus d. Engl. v. B. Vetter, fortges. v. J. Vict. Carus. II. Bd. 2. Abth. V. Thl.: Die Ethik d. socialen Lebens: Negatives Wohlthun. VI. Thl.: Positives Wohlthun. (XII u. S. 345—594.) (II. Bd., 2 Abthlgn.: n. 14. —; auf einmal bezogen: n. 12. —)

Spencer, Herbert. System der synthetischen Philosophie. 11 Bände. 8. Stuttgart, E. Schweizerbart, 1876—1906.

Band 1.... — *A. u. d. T.:* Grundsätze einer synthetischen Auffassung der Dinge. 2. Aufl. Nach der sechsten Ausg. der «First Principles» neu übersetzt von J[ulius] Victor Carus. XVI + 568 S. 1901. (M. 12. —)

Band 2 *u.* 3.... — *A. u. d. T.:* Die Principien der Biologie. Autorisirte deutsche Ausg., nach der zweiten englischen Aufl. übersetzt von B[enjamin] Vetter.... 2 Bände. — Band 1. X + 544 S. 1876. (M. 12. —); Band 2, mit dreihundert Holzschnitten. 2. Aufl. VIII + 641 S. 1906. (M. 12. —)

– System der synthetischen Philosophie. IV. Bd. Die Principien der Psychologie. Autoris. deutsche Ausg. Nach der 3. engl. Aufl. übers. v. B. Vetter. I. Bd. m. 15 Holzschn. 2. Aufl. Besorgt v. J. Vict. Carus. (XIV, 680 S.) gr. 8. Stuttgart 903. E. Schweizerbart. n. 12. —

Spencer, Herbert. System der synthetischen Philosophie von Herbert Spencer. Band X. Abteilung I.... 2. unveränderte Aufl. XII + 323 S. 8. Stuttgart, E. Schweizerbart, 1902. [M. 9. —]

A. u. d. T.: Die Principien der Ethik. Autorisierte deutsche Ausgabe von Dr. B[enjamin] Vetter, † Professor... in Dresden. Band I. Abteilung 1: Die Thatsachen der Ethik. 2. unveränderte Aufl.

— Von der Freiheit z. Gebundenheit. Übers. v. W Bode. (Zeitfr. Volksw. 102) Berlin 1891

Spencer, Herbert, von der Freiheit zur Gebundenheit, s. a. Zeitfragen, volkswirthschaftliche.

Spencer, J., Witz u. Humor in d. Predigt. Uebers. v. J. M. [Aus: „The homiletic Review".] gr. 8. (10 S.) Stuttgart 895. Christl. Verlagshaus. n. — 10

Spencer, J. A. Geschichte der Vereinigten Staaten. Von den frühesten Zeiten bis zur Administration von James Buchanan. New York, Johnson, Fry & Co. 1858.

3 Bde. 4°.
1. 540 S., 18 Taf.
2. 530 S.; 15 Taf.
3. 503 S.; 18 Taf.

Spencer, J. A., Geschichte der Vereinigten Staaten von den frühesten Zeiten bis auf die Gegenwart. Mit einer Einleitung von Friedr. Kapp. Illustrirt mit (52) ausgezeichneten Stahlst. nach Orig.-Gemälden von Leutze, Weir, Powell u. A. 3 Bde. gr. 4. (XXX und 1584 S. mit 5 Titeln in Stahlst.) New-York 860. (Philadelphia, Schäfer und Koradi.) *

Spencer, J. A. Geschichte der Vereinigten Staaten von den frühesten Zeiten bis zur Administration von James Buchanan. 3v. NY, 1868 [?].

Spencer, James Frederick, aus Liverpool: Aus d. chemikalischen[!] Institut d. Universität zu Breslau. Die Beziehung zwischen Thalli- und Thalloverbindungen. Leipzig 1905: Metzger & Wittig. (42 S.) 8°

Breslau, Phil. Fak., Ref. Ladenburg, Diss. v. 10. Febr. 1905

[Geb. 8. Febr. 81 Liverpool, Engl.; Heimatsort: Liverpool; Staatsangeb.: England; Vorbildung: Oakes Institute Liverpool Reife M. 98; Studium: Victoria University Manchester 10, Breslau 3 S.; Rig. 25. Jan. 05.]

Spencer, John

Spencer, Joh. (Dr. theol., geb. 1630 zu Bocton in Kent, † 1695 als Dekan in Ely), de legibus Hebræorum ritualibus et earum rationibus libri III. Ed. III[a] Lipsiæ, J. F. Zeitler, 1705. 4°. Sehr saub. Hpgmtb.

10 Bll. (incl. Tit. m. Vign.), 1504 S., 41 Bll. Index. — Die Orig.-Ausg. erschien Cantabr. (Cambridge) 1685. — Ed. II. Hag. Comitum 1686. 4°. — Ed. Pfaff. 2 voll. Tubing. 1732. Fol

Spencer, Joh.: De legibus Hebraeorum ritualibus earumque rationibus libri quatuor. Ad nuperam Cantabrigiensem . . . accurate efformata. Praemittitur Chrph. Matth. Pfaffii . . . diss. . . . qua de vita Spenceri, de libri pretio et erroribus . . . disseritur. Tubingae 1732. 2°.

Spencer, Ioh., de legibus Hebraeorum ritualibus. lib. IV. c. praef. Ch. M. Pfaff, de vita Spenceri. fol. Tübing. Cotta. (et. Hermann, Francf.) 732.

Spencer, Percy, aus Bedford (Engl.): Ueber O. Acylderivate des Acetessigesters und einiger verwandter Verbindungen. *Kiel 1900: P. Peters.* (41 S.) 8°

Kiel, Phil. Diss. v. [26. Mai] 1900

Spencer, Virginia Eveline [aus Pleasanton, Linn Co., Kansas, U. S. A.]: Alliteration in Spenser's Poetry Discussed and Compared with the Alliteration as Employed by Drayton and Daniel. Part I. 96 S. Part II. 48 S. [o. O.] 1898. 8°.

Zürich. Phil. Diss. I. S. 1899/1900.

Spencer-Northcote, J., Geschichte d. Johanniterritter-Ordens. Mit Genehmigg. d. Verf. übersetzt v. L. Studemund. 8. (IV, 314 S.) Münster 874. Russell's Verl. 3. —

Spencer-Northcote, J., berühmte Gnadenorte Unserer Lieben Frau in verschiedenen Ländern Europa's. Autorisirte Uebersetzung aus den Engl. von L. B. Studemund. Köln 869. Bachem. gr. 8. (XVI, 346 S.) 21 ngr.

— Maria in den Evangelien oder Vorträge über die Lebensgeschichte der allerseligsten Jungfrau nach den Berichten der Evangelisten. Mit Autorisation des Verf. aus dem Engl. übersetzt von G. Backhaus. Mainz 869. Kirchheim. gr. 8. (VII, 266 S.) 18 ngr.

Spencer, Wells, Thomas, s. a. Wells, Thomas Spencer.

Spencer Wells, T., die Diagnose u. chirurgische Behandlung der Unterleibsgeschwülste, s. a. Sammlung klinischer Vorträge.

Spencer Wells, Sir Bart., Diagnose u. chirurgische Behandlung der Unterleibs-Geschwülste [Tumoren]. Auf Wunsch d. Verf. übers. v. Wilh. v. Vragassy. Mit 55 Abbildgn. gr. 8. (XIV, 507 S.) Wien 886. Braumüller. n. 9. —

Spencer-Wells, T., die Krankheiten der Eierstöcke, ihre Diagnose u. Behandlung. Autoris. Ausg. Uebersetzt v. Paul Grenser. Mit 120 Fig. in (eingedr.) Holzschn. gr. 8. (XVI, 350 S.) Leipzig 874. Engelmann. n. 7. —

Spencer-Wells, T., die Krankheiten der Ovarien, ihre Diagnose u. Behandlung. Auf Wunsch des Verf. übers. u. mit Zusätzen nach eigener Erfahrung, sowie mit Tab. versehen von Friedr. Küchenmeister. 1. Bd. Leipzig 866. Teubner. gr. 8. (IV, 416 S. mit 1 Tab. in gr. Fol. n. 2 ß 20 ngr.

Spencer Wells, Th., üb. Krebs u. carcinomatöse Krankheiten, s.: Sammlung klinischer Vorträge.

Spencker, **Franz**: [Antrittsrede.] S. 5—7. 4.
Progr. Großh. Realgymn. *Ludwigslust* 1903 (754).

Spencker, Franz [Dr.]: Die französische Grammatik in der Realschule. Hamburg, gedr. bei Lütcke & Wulff, 1896; 2 Bl., 36 S. 4.
Hamburg, R vor d. Holstenthore, OP 1896 (751)

Spencker, Frz., d. französische Grammatik in d. Realschule. Progr. gr. 4. (36 S.) Hamburg 896. (Herold's Verlag.) n. 2. 40

Spencker, Franz, Dir. Dr.: [**Lebensbild** des in den Ruhestand tretenden Dir. Dr. Ludwig Chr. Rud. Sonnenburg.] *Ludwigslust 1903: K. Kober.* (S. 1—2.) 4°
Ludwigslust, großh. RG, OP 1903 (754)

Spencker, Franz [aus Gnoien]: **Zur Metrik des deutschen Rolandsliedes.** . . . Rostock, Carl Boldt'sche Hof-Buchdr., 1889; 40 S. 8°
Rostock, Phil. Fak., Inaug.-Diss. v. 13. März 1880

Spencker, Friedrich [aus Gnoien i. Meckl.-Schwerin]: Ueber die ersten negativen Fusspunktflächen der Flächen zweiter Ordnung. . . . Rostock, Carl Boldt'sche Hof-Buchdr., 1889; 56 S. 8°
Rostock, Phil. Fak., Inaug.-Diss. v. 13. März 1889

Spencker, Friedrich, Dr.: Über **Konchoiden**. *Schwerin i. M. 1902: Baerensprung.* (11 S.) 4°
Schwerin, großh. G Fridericianum, OP 1902 (732)

Spendelin, Johann Christian

Spendelin, J. Ch.: „Anleitung zur Steuerkenntniss und Anlegung der Steueranschläge", Leipzig 1791.

Spendelin, Jh. Chr., **Anleit., zu Steuerkenntnissen u. Anlegung der Steueranschläge. 8. Leipz. 791.** (W. Nauck.) 21 gr.

Spendelin, J. C., Anleit. z. Steuerkenntnissen u. Anleg. d. Steueranschläge. 8. Leipzig, Sommer. **791.**

Spendelin, J. Ch.: „Handbuch über die gesammten kursächsischen Steuerrechte", 2 Teile, Cöthen 1789 (Glandenberg).

— **Handbuch üb. die gesammten kursächs. Steuerrechte. 2 Thle. 8. Cöthen u. Leipz. 790.** (Baumgärtner). 1 ß 8 gr.

Spendelin, Johann Christian A. S. 145/18

De indicitione sexagenarum tributariarum caducarum
Von dem Aufziehen der ungangbaren Steuer=Schocke.
Präs. Ernst Gottfried Christian Klügel.
Wittenberg (Gerdes) 14. IV. 1770. 40 S.

32930

Spenden auf den Altar der Freundschaft. Ein Blumenstrauß von interessanten Erzählungen. 12. (2⅔ B.) **Schwäb. Hall 844, Haspel'sche Buchh.** *

Spenden auf den Altar der Freundschaft u. Liebe. Ein Immortellenkranz, gewunden aus den beliebtesten Novellen u. Erzählungen des In- u. Auslandes. Mit 1 Stahlst. (Neue Titel-Ausg. d. „Kreuzerblätter" 1—6. Lfg.) 4. (388 S.) Schw. Hall 848, Haspel. n. 2/3 ß

Spenden aus dem Archive des Sonntagsvereins. ([Hrsg.:] Ludwig Liber.) Zum Besten der in d. Preuß. Niederungen durch Ueberschwemmungen Verunglückten. Berlin: Maurer 1829.

SPENDEN AUS DEM ARCHIVE DES SONNTAGSVEREINS. Zum Besten der in den Preuss. Niederungen durch Ueberschwemmungen Verunglückten.
(Bd. 1.) Berlin, 1829. Maurer'sche Buchhandlung. 8°.
Bd. 2 3. ib. 1832. Im Verlage bei Bechtold und Hartje.
A. u. d. T.: ROSETTEN UND ARABESKEN. Novellen, poetische Gemälde und satyrische Skizzen der jüngeren Serapionsbrüder. Bd. 1—2. ib. 1832. —

Spenden aus dem Archiv des Sonntagsvereins. Hg.: L. Lesser. (1829). X, 276 S.
Der II. u. III. Bd. ersch. a. u. d. Tit.: Rosetten u. Arabesken. Berlin 1832. 2 Bde.
Wiederholt u. d. Tit.: Blätter, Blüthen u. Früchte. Berlin 1837. 3 Bde.
Berlin. **Goed. VIII, 122, 320.**

Spenden aus dem Archiv des Sonntags-Vereins. 3 Bde. 8. Jetzt Heymann in Berlin. 4 1/2 ß

— der Liebe, der deutschen Jugend gewidmet, enth.: neue Erzählungen, Märchen, belehr. Aufsätze u. dergl. m. v. Mädler, Pomtow, Henriette Stieff, Reimann, Rohdmann u. A. Hrsg. v. Berliner Communal-Lehrer-Verein. Mit 6 (lith. u.) color. Bildern. 8. (VI u. 170 S.) Berlin 851, Winckelmann & Söhne. n. 2/3 ß

Spenden zur deutschen Litteraturgeschichte . . . Leipzig 1844. H: *Hoffmann genannt von Fallersleben, Aug. Heinrich.* (GGr)

Spenden der Wohlthätigkeit. — Novellen u. Gedichte e. Dame. gr. 12. (6⅞ B.) Berlin 840, (Stange.?) *

— der Wohlthätigkeit. — Novellen und Gedichte einer Dame. gr. 12. Berlin 840. (Stange u. Brandus.) n. 1 ß

— der Zeit. Enth.: Neue Dichtungen v. A. v. Chamisso, Cohnfeld, Ferrand, Förster, v. Gaudy, Gentzel, Grumbach, Möllenbeck, Quien, Rellstab, v. Reitzenstein, Rösel, v. Sallet, Seidelmann, Smidt, u. m. A. 8. (10½ B.) Berlin 838, Vossische Buchh.

Spendou, Ant., († d. 31. März 1813.) s. **Geschichte** d. Fastenanstalten in d. kathol. Kirche ꝛc.

Spendung, die, d. heil. Sakramentes der Firmung u. die Feier d. 10jährigen Bestandes der Gemeinde zu Freiburg i. B. Ein altkathol. Lebenszeichen. gr. 8. (62 S.) Freiburg i/Br. 885. Troemer. n — 80

Speneder, Bernh., oesterreichischer **Arion.** 2 Abthlgn. 8. (à Abthl. 48 S.) Wien 868, Lechner's Verlag. à Abthl. * 80 Pf. *

Spender, B., Elementar-Singschule. gr. 8. (24 S.) Wien 871. Lechner's Verl. n. — 30

— Lieder-Texte zum Gebrauche der Schuljugend. Ebend. 868. gr. 8. (V, 40 S.) n. 6 ngr.

Spener, Christian Maximilian (Hrsg.):

s.: Browne, John: Verteutschte neue Beschreibung derer in dem menschlichen Cörper befindlichen Musculen... (Myographia nova, or a graphical description of all the muscles in the human body...Dt.) Berlin: 1704

Spener, Christian Maximilian: Einleitung zu der Lehre von den Musculen. 12 S., gbd., 1 Taf.

Berlin: Rüdiger 1704
in: Browne, John: Verteutschte neue Beschreibung derer in dem menschlichen Cörper befindlichen Musculen... (Myographia. Dt.) 1704

Spener, Christian Maximilian: Synopsis oder kurtze Erklärung aller Muscolen des menschlichen Cörpers Deutsch und Lateinisch.mit ihren rechten Nahmen, wie solche im Anatomiren sich in ihrem Lager zeigen. 4 S., gbd., 3 Taf.

Berlin: Rüdiger 1704
in: Browne, John: Verteutschte neue Beschreibung derer in dem menschlichen Cörper befindlichen Musculen... (Myographia. Dt.) 1704

Spener, E., üb. den Krankheitserreger der Malaria. Zusammenfassender Bericht. [Aus: „Biolog. Centralblatt".] gr. 8. (S. 390—448.) Leipzig 891. E. Besold. n. 1. 20

Spener, Jakob Karl

—— Abriß d. vornehmsten europ. Reiche u. Staaten. 8. Halle, Renger. 710.

Spener, Jak. Karl, Cogitationes in jus Romanum et Germanicum de usufructu maritali in bonis uxoriis. Vitembergae 1726. . . . .

Spener, Jakob Karl [Praes.], s. C r i e g e r, Samuel Gotthold: Formulam antiquiorum ac recentiorum Lusatici marchionatus cum Misnico conjunctionum.

Spener, Jakob Karl [Praes.], s. D i e t e r i c h, Elia Gottlieb: De imperio peregrinorum principum maxime in Germania.

Spener, Jakob Karl [Praes.], s. H e r r n b a u r, Johann Georg: De Ottonismo.

Spener, Jakob Karl (Frankfurt/M.) A. S. 1349/44

Historia doctrinae de temperamentis hominum.
Präs. Johann Franz Budde. Rec.
Jena (Schmid) 1708. 88 S.

Diss. Halle 21. VI. 1704.
Gew.: Paul Fhr. von Fuchs, Philipp Jakob Spener (Vater). 32933

— historia Germaniae universalis et pragmatica breviter et perspicue c. perpet. not. et copios. indicibus. II Vol. 8. Halae, Waisenhausbuchh. 716. 1 8

Spener, Jakob Karl [Praes.], s. H u y s s e n, Theodor von: Examen Longobardicae doctrinae de felonia ad status imperii communiter adplicatae.

Spener, Jac. Carl: Teutsches ius publicum oder des Heil. Römisch-Teutschen Reichs vollständige Staats-Rechts-Lehre. (Th. 1—3 Buch 1. 2.) Franckfurt u. Leipzig 1723—24.

S p e n e r, Jac. Car.: „Teutsches Jus publicum, oder des Heiligen Römisch-Teutschen Reichs vollständige Staats-Rechts-Lehre", 6 Teile, Frankfurt a. M. und Leipzig 1723 bis 1727. — Vorh.: Bibl. des German. Museums Nürnberg.

Spener, Jakob Karl: Teutsches j u s publicum oder des h. Römisch-Teutschen Reichs vollständ. Staats-Rechts-Lehre. Th. 1–7. Frankf. u. Lpz. 1723–33. 4°

— deutsches ius publicum, od. d. H. Röm. Reichs vollständ Staatsrechtslehre, mit vielen Anmerk. 7 Thle. 4. Wittenb Kusch. 737.

Spener, Jakob Karl, Notitia Germaniae antiquae J. C. Spener perfecit et tabulis geographicis instruxit. Accessit conspectus Germaniae mediae. Halae Magd. 1717. 4.

—— —— Francofurti & Lipsiae 1746. 4. . . . .

— notitia G e r m a n i a e antiquae cum novis tabulis geographicis et conspectu Germaniae mediae. 4. Lipsiae, Kümmel 745.

Spener, Jakob Karl A. S. 353/13

Dissertatio juris publici de vera origine comitum Palatinorum Caesareorum seu comitum s. palatii Lateranensis.
Wittenberg (Gaeberdt) 1726. 8 Bl. 32934

Spener, Jac. Carl: Primitiae observationum historico feudalium cum perpetuis notis. Halae Sax. 1719

— o b s e r v a t i o n e s historico-feudales. 4. Halae, Kümmel 719.

Spener, Jakob Karl [Praes.], s. R h o u m b e l, Joh. Laurentius: De tacita remissione feloniae diss.

Spener, Jakob Karl [Praes.], s. R i c h t e r, Jo. Christoph: De jure repudiorum inprimis ex implacabilis causa odii.

Spener, Jakob Karl: Tr. de dativa t u t e l a subvasallorum S. R. Imp. Hal. 1720. 4°

— de dativa t u t e l a sub vasallorum imperio tractatus. 4 Nördl. Beck. 720.

Spener, Jac. Car.: De vero usu atque auxiliis iurisprudentiae in historia. Progr. (Vitembergae 1719.)

Spener, Johann Karl Philipp

Spener, Jh. Karl Ph., s. 1) de la Chapelle, Anweis. 2) Beschreib. der Bastille. 3) Kalender, histor. 4) Nachr. v. den neuest. Endeck. der Engländer. 5) v. Riedesel, Berufsreise.

Spener, K., s. Metastasio, d. Olympiade.

Spener, Karl

—. Die Frauenkleidung und ihre natürliche Entwicklung. Dritte völlig umgearbeitete Auflage. Stuttgart. Verlag von Ferdinand Enke 1904. XVI – 403 S. m. 269 Abb.; 1 farb. Taf. 8°.

Die jetzige Frauenkleidung und Vorschläge zu ihrer Verbesserung v. Dr. med. [Carl] Sponer. M. 10 Abb. im Text. *Berlin: H. Walther 1897.* (36 S.) 1 Bd 8. [97. 6,80

Spener, Carl [cand. med. aus Brandenburg a. H.]: Die habituelle, locale Hyperhidrosis, ihre Folgen und ihre Behandlung .... Halle a. S., Druck v. Hermann Köhler, 1887; 58 S. + 1 Bl. 8°
Halle, Med. Fak., Inaug.-Diss. v. 30. Dez. 1887

Spener, Carl, die habituelle, locale Hyperhidrosis, ihre Folgen und ihre Behandlung. Diss. Halle 1887, Lippert-sche Buchh. 8°. 58 S.

Spener, Karl, die Kleidung im Krankenpflegeberuf. Vorschläge u. Betrachtgn. nach den Grundsätzen des „Allgemeinen Vereins f. Verbesserg. der Frauenkleidg." gr. 8. (15 S. m. Abbildgn.) Berlin 898. E. Staude. n. —60
Sonderabdruck aus: „Deutsche Krankenpflege-Zeitung".

— Mode u. Vereinsarbeit, s.: Pochhammer, Margarete, Mode u. Bildung.

Spener, Philipp Gottfried (Hanau) A. S. 236/4

Collationis juris civilis Romani cum recessibus imperii Rom. Germ. maxime per differentias principes, sectio IV. Präs. Michael Grass.
Tübingen (Eitel) 18. VII. 1708. 34 S. 32935

Spener, Philipp Gottfried (Hanau) A. S. 168/14

Dissertatio inauguralis juridica, de modo taxandi jurisdictionem, Von Art und Weise, die Jurisdiction hohe und niedere Gerichte, in Tax und Anschlag zu bringen. Präs. Michael Grass.
Tübingen (Eitel) V. 1709. 55 S.

Gew.: Philipp Reinhard Gf. von Hanau usw. 32936

Spener, Philipp Jakob

— Lebensbeschreibung v. K. H. v. Canstein m. Anmerk. v. J. Lange. 8. Halle, Waisenhausbuchh. 740.

— vindicatus contra Neumeister. 8. Halae, Hendel. 731.

— v. Amte d. Versöhnung. 8. Frankfurt, Andrea. 716.

— Anweis. wie e. Christ in s. Leben gegen Gott u. d. Nächsten sich verhalten soll. 8. Frankfurt. 730.

D. Philipp Jacob Speners Christliche Aufmunterung Zur Beständigkeit in der reinen Lehre des Evangelii; Und Christlicher Unterricht Von seeliger Wiederkehr zu der Evangelischen Warheit; In dem andern Evangelischen Jubel-Jahr 1717 mit einer Vorrede heraus gegeben Von Io. Georgio Pritio ... Franckfurth am Mayn, In dem Zunnerisch- und Jungischen Buch-Laden. Gedruckt, bey Anton Heinscheidt.

D. Phil. Jacob Speners Christliche Aufmunterung ... wie auch Christlichem Unterricht von selbiger [!] Wiederkehr zu der evangelischen Warheit, Der zu dem Pabstthum verführten. Franckfurt am Mayn, In Verlegung Johann David Zunners seel. Erben, und Johann Adam Jungen, Im Jahr 1718. Gedruckt bey Anton Heinscheit.

D. Phil. Jac. Speners Christlicher Unterricht von seliger Wiederkehr zu der Evangelischen Warheit, Derjenigen, Welche sich ... zu ... dem Pabstthum verführen lassen ... Sammt einem Gebeth in solchem Zustande. Franckfurth am Mayn, Im Zunnerischen und Jungischen Buchladen, Gedruckt bey Johann Bauern, 1718.

17 cm. 44 pages, with Pritius' foreword dated December 14, 1717; 8 leaves, 144 pages, with an unpaged preface by Spener; 102 pages.

— christl. Aufmunt. z. Beständigkeit b. d. reinen Lehre d. Evangelii. 12. Tübing. 742.

Spener, Phil. Jak., Auslegung d. Briefes Pauli an d. Römer mit Einleit. u. erklär. Anmerkn. f. d. Freunde d. göttl. Wortes auf's neue hrsg. v. Heinr. Schott. 8. (19 B.) Leipzig 839, Karl Tauchnitz.

Spener, Phil. Jak., (✝ d. 5. Febr. 1705), Auslegung d. Briefes Pauli an die Römer m. Einleitung u. erklär. Anmerkgn. f. die Freunde des göttl. Worts auf's Neue hrsg. v. Heinr. Schott. 2. wohlfeilere (Titel-) Ausg. 8. (296 S.) Halle (839) 852, Schmidt. n. 1/2 ℛ

Spener's, Phil. Jak., Auslegung des Briefes Pauli an die Römer mit Einleitung und erklärenden Anmerkungen für die Freunde des göttlichen Worts auf's Neue hrsg. von Heinr. Schott. 2. Ausg. 1852. und 3. Ster.-Ausg. gr. 8. (VI und 296 S.) Halle 855(56,) Schmidt. *

Spener's, Phil. Jak., Auslegung des Briefes Pauli an die Römer mit Einleitung u. erklärenden Anmerkungen für die Freunde des göttlichen Worts auf's Neue herausg. von Heinr. Schott. 4. Stereot.-Ausg. Halle 861. Schmidt's Verlag. gr. 8. (VI, 296 S.) n. 10 ngr.

Spener, Phil. Jac., Ausübung d. Christenthums, mit Zugabe aus Taulers, Arndts u. Scrivers Schriften, vermehrt v. J. F. Stark. 8. Frankf. Andreä. 749.

— siehe: Auszug aus dessen einfacher Erklärung der christl. Lehre.

— Theologische Bedencken, Und andere Brieffliche Antworten auf geistliche, sonderlich zur erbauung gerichtete materien ... zum dritten mal heraus gegeben. 4 Bde. Halle, Verlag d. Waisenhauses, 1712—15. 4°.

— Letzte Theologische Bedencken, und andere Briefliche Antworten, welche von dem sel. Autore, erst nach seinem Tode zu ediren, anbefohlen ... 3 Teile in 1 Bde. Vorrede von Carl Hildebrand von Canstein. Andere Auflage. Halle, Verlag des Waisenhauses, 1721. 4°.

—— deutsche u. latein. theolog. Bedenken. In e. zeitgemäßen Auswahl hrsg. v. F. A. E. Hennicke. gr. 8. (33 B.) Halle 838, [Berlin,] Gebauersche Buchh.

— schriftm. Betrachtungen v. d. Gnadenkindschaft e. gläubigen Christen. 8. Leipz. Schröder. 741.

— Bußpredigten. 3 Thle. 4. Frankf. 700–10.

— vollst. Catalogus scriptorum aller gehalt. Predigten. 4. Leipz. Zedler. 715.

Spener, Ph. Jac. Consilia et iudicia theologica latina; opus posthumum, ex eiusdem litteris ... collectum, et in tres partes divisum, nunc in usum ecclesiae publicatum. 3 partes in 1 vol. Frankfurt aM., Erben J. D. Zunner & J. A. Jung, 1709. 4°. 7 Bl. 469, 216, 850 S. 22 Bl. 1 leeres Bl. *Mit gestoch. Druckermarke a. d. ersten Titel.*

— Consilia theologica. 4. Francf. Fleischer. 790.

—— Pia Desideria, od. herzl. Verlangen nach gottgefäll. Besserung d. wahren evangel. Kirche, nebst einigen dahin abzweck. christl. Vorschlägen. Vollständig mit d. ursprüngl. Beiln., u. mit Anmerkn. verm., auf's Neue hrsg. gr. 8. (14 1/4 B.) Leipzig 841, [Köhler'sche Vrlsbuchh.] Thlr.

— Pia Desideria, oder herzliches Verlangen nach gottgefälliger Besserung der wahren evangelischen Kirche, nebst einigen dahin abzweckenden christlichen Vorschlägen. Vollständig mit den ursprüngl. Beilagen, u. mit Anmerk. vermehrt, auf's Neue herausgegeben. 2. unveränd. Ausg. gr. 8. Leipzig 841, Köhler. 2/3 Thlr.

—— Pia desideria. Hrsg. mit Bemerkgn. u. Anwendungen auf die gegenwärtige Zeit v. Ludw. Feldner. gr. 8. (7 1/4 B.) Dresden 846, Naumann. *

—— Pia desideria oder herzliches Verlangen nach gottgefälliger Besserung etc. aufs neue hrsg. 2., unveränd. Ausg. gr. 8. (14 1/4 B.) Leipzig 846, [Winter.]

— einfält. Erklär d. christlichen Lehre n. d. Ordn. d. klein. Catechism. Lutheri, in Frag u. Antw. 8. Halle, Waisenhausbuchh. 742.

— — [Dasselbe Werk:] Frankfurt aM., Joh. D. Jung, 1742. Kl. 8°. 15 Bl. 624 S. 4 Bl.

Spener, Ph. Jak., († ...) einfache Erklär. der christl. Lehre nach d. Ordnung des kleinen Katechismus Luthers, in Fragen u. Antworten verfaßt. Neuer Abdruck. gr. 8. Erlang. 827. (Palm). 20 gr.

Spener, P. J. Einfache Erklärung der christlichen Lehre ... Neuer ... Abdruck. Erlangen 1829. H: *Detzer, Johann Andreas.* (winer)

— einfache Erklärung der christl. Lehre nach der Ordnung des kleinen Katechismus Luthers. 2e Aufl. Erlangen 833. Palmsche Verlagsbuchh. 5/6 Thlr.

Spener's, Phil. Jac., Erklärung der christl. Lehre nach der Ordnung des kleinen Katechismus D. Mart. Luthers. Herausgeg. vom evang. Büchervereln. gr. 8. Berlin 846. (Wohlgemuth.) 1/2 Thlr.

—— einfache Erklärung der christl. Lehre nach der Ordnung des kleinen Katechismus Luthers in Frage u. Antwort verfaßt u. mit nöthigen Zeugnissen der Schrift bewährt. 3., durchges. Aufl., neuen verb. Abdrucks, besorgt von J. A. Detzer. gr. 8. (34 B.) Erlangen 846, Palm'sche Vrlgsh.

— Erklärung der christlichen Lehre nach der Ordnung des kleinen Katechismus Dr. Martin Luthers. Herausg. vom Evangel. Bücher-Verein. 3. Aufl. Berlin 852. (Wohlgemuth.) gr. 8. (384 S.) n. 10 ngr.

Spener's, Phil. Jak., einfache Erklärung der christlichen Lehre nach der Ordnung des kleinen Katechismus Luther's in Fragen und Antworten verfaßt und mit nöthigen Zeugnissen der Schrift bewährt. 3., sorgfältig durchgeseh. Aufl. verb. Abdruckes, besorgt von J. A. Detzer. Neue (Titel-)Ausg. gr. 8. (XVII und 521 S.) Marburg (846)58, Ehrhardt. Thlr. *

Spener, Phil. Jak., einfache Erklärung der christl. Lehre im Auszuge, s. Auszug.

— Erklärung der Epistel an die Galater. 4. Frankfurt. 714.

— — d. ersten Epist. Johannis etc. 4. Halle, Waisenhausbuchh. 711.

— — d. Epist. an die Epheser und Colosser. 4. Ebendas. 730. — 15

Spener's, des Rappoltsweiler Phil. Jak., Erklärung der Straßburger „Kinderbibel". I. Einleitung in das erste Hauptstück. Eine Jubiläumsgabe. gr. 8. (VI, 154 S.) Straßburg 885, (Bomhoff.) cart.

— siebenzig Fragen u. Antworten, worin das geistliche Priesterthum aus göttlichem Wort kürzlich beschrieben wird. Ein schriftgemäßes Wort f. die künftigen Kirchenältesten, sowie zur Verständigung der Rechte u. Pflichten der Prediger u. Zuhörer, auch hinsichtlich der Reisepredigt u. d. Evangelistenwesens. 8. (30 S.) Stuttgart 851, J. F. Steinkopf. n. 2 ngr.

— der innerliche und geistliche Friede. 8. Ebendas. 754.

Spener, Philipp Jakob, Zwey // Christl. Gebete // Zum // Gebrauch Gottseliger // Haußhaltungen /// Begreiffende // die // Allgemeine und tägliche // Anliegen /// so dann // Die Noth der wahren // Kirchen in der Ver= //folgungen. // Dreßden /// Druckts Joh. Fried. Schrotell. - 24 Blatt (nicht paginiert).

— güldenes Gebetkleinod. 12. Leipz. 710. — 8

— Glaubenslehre, od. Predigten üb. d. Evangelia. 4. Halle, Waisenhausbuchh. 741. 2 8

— evangelischer Glaubenstrost. 4. Halle, Rüdiger. 727. 1 20

— Gutachten üb. die wahre Besserungsweise etc., s. Verbesserungen der Berliner Hofkirchenagende.

Spener's, Ph. J., Hauptschriften, s.: Bibliothek theologischer Klassiker.

Historia Insignium Illustrium Seu Operis Heraldici Pars Specialis. Continens Delineationem Insignium Plerorumque Regum, Ducum ... Autore Philippo Jacobo Spenero D. Editio Secunda. Francofurti Ad Moenum, Ex Officina Zunneriana, Apud Johannem Adamum Jungium. [1717.]
34 cm. 3 leaves, 778 pages, 16 leaves. With title-vignette.

Spener, Philipp Jakob (Rappoltsweiler) 4° Thl. I. 209/36

Disputatio XVII. Idea clavis ligantis.
Präs. Johann Konrad Dannhauer.
In: Dannhauer: Disputationes theologicae ... Pars posterior. Leipzig (Reinhold) 1707. S. 967 - 999.
Diss. Strassburg 23. VI. 1659. 32938

— Catechismuspredigten. 4. Halle, Voß. 727.

— kurze Catechismus-Predigten, darinnen die fünf Hauptstücke aus dem Catechismus u. die Haus-Tafel sammt den Fest-Materien einfältig erklärt werden. Durch Gottes Gnade gehalten zu Frankfurt a. M. u. auf vieler Begehren zum Druck gegeben. Neue Ausg. Leipzig 869. J. Naumann. 4. (VI, 841 S.) n. 2 Thlr. 20 ngr.

D. Phil. Jacob Speners Catechismus-Tabellen, Darinnen der gantze Catechismus D. Martin Luthers Deutlich und gründlich erkläret, aber auch zugleich Der Kern der Gottesgelehrsamkeit erbaulich vorgestellet wird: Aus dem Lateinischen ins Teutsche übersetzet, und mit einigen Einleitungs-Tabellen Vermehret von Io. Georgio Pritio, D. . . . Franckfurth am Mayn, 1717; Verlegt von Zunnerischen Erben, und Joh. Adam Jungen. Gedruckt, bey Johann Philipp Andreä.

18 cm. [21], 9, [24], 136; 608 pages, 26 leaves. With portrait by "Josephs à Montalegre, Norimbergae." With four pages of verses by Pritius. Has added title page: "Enchriridion Der kleine Catechismus . . . D. Martin Luthers. Franckfurth . . . 1716."

— Catechismustabellen in Frag u. Antwort von J. F. Stark. 8. Frankf. Andreä. 725.

— — vermehrt v. J. G. Pritio. 8. Frankfurt, Bröuner. 734.

Biblischer Kern Aller teutschen Spenerischen Bücher und Schrifften, Das ist: Richtige Verzeichnung Aller derjenigen Schrifft-Stellen . . . welche in . . . Philipp Jacob Speners, etc. Teutschen Büchern und Schrifften . . . erkläret werden . . . Nebst seel. Herrn Doctor Speners Lebens-Lauff, Von Einem Hochachter der Spenerischen Schrifften. Stargardt und Leiptzig, bey Joh. Nicol. und Gottfried Gebrüdere die Ernsten, und Joh. Michael Jenisch. 1708.

21½ cm. 7 leaves, 37, [1], 114 pages.

— Kern u. Saft a. d. Vertheidigungen d. Gottheit Christi. 4. Ebend. 711. "

Spener, Phil. Jac., Klagen üb. d. verdorb. Christenthum. 8. Hamb. König. 737. Rthlr. — 4

— Lauterk. d. evangelisch. Christenth. od. Sonn- u. Festtags-Predigten, m. Breithaupts Vorrede. 4. Halle, Waisenhausbuchh. 732. 2 —

— — desselben 2r Thl. in Predigten üb. d. Fest- und Aposteltags-Evangel. Epist. u. auserles. Sprüche m. A. H. Frankens Vorrede. 4. Ebend. 709.

Die Evangelische Lebens-Pflichten In einem Jahrgang der Predigten Bey den Sonn- und Fest-Täglichen ordentlichen Evangelien Aus H. Göttlicher Schrifft . . . zu Dreszden vom 1. Advent 1687. bisz den 24. nach Trinit. 1688. in der Furcht des Herrn vorgetragen . . . Von Philipp Jacob Spenern, D. . . . In Franckfurt am Mayn, verlegt Von Johann David Zunners Seel. Erben. 1707. Evangelischer Lebens-Pflichten Anderer Theil, Von Pfingsten biss zu Ende: Samt dem Anhang.

22 cm. 9 leaves, 686; 654 pages, and index. With frontispiece and two vignettes with Spener's portrait.

— evangel. Lebenspflichten, üb. d. ordentl. Evangelia. 4. Berlin u. Rostock, Koppe. (Stiller.) 743. 1 16

— christl. Leichenpredigten. 13 Thle. 4. Frankfurt. 737. 10 —

Das nötige und nützliche Lesen Der Heiligen Schrifft, Mit Einigen darzu dienlichen Erinnerungen, In einer Vorrede über die Bibel vorgestellet von Phil. Jacob Spener, D. Und Nun absonderlich gedruckt. Franckfurt und Leipzig, bey Johann Heinichen sel. Wittib, 1704.

14 cm. 3 leaves, 159 pages.

— A. H. Franke'ns u. J. A. Freylinghausen's, geistl. Lieder, gesammelt f. Freunde frommer Andacht im Geiste der Spener-Frankischen Schule. Als Anhang: einige Lieder gleichgesinnter Zeitgenossen. 8. Halle 825. Waisenhaus-B. 8 ℛ

— lautere Milch d. Evangelii, d. Friede Gottes u. d. geistl. Priesterthum. 8. Berlin, Andreä. 717. — 12

Spener, Philipp Jakob (Rappoltsweiler) 4°Thl. I, 209/19

Disputatio XIX. inauguralis de Muhammedismo in angelis Euphrateis S. Johanni Apocal. IX. 13. ad 21. praemonstrato.
Präs. Johann Konrad Dannhauer.
In: Dannhauer: Disputationes theologicae . . . Pars Prior continet exegeticas . . . Leipzig (Reinhold) 1707. S. 539 - 560.

Diss. Strassburg 15. VI. 1664. 32937

— Handlung v. d. Natur u. Gnade. 8. Berlin. (Waisenhausbuchh. in Halle.) 733.

Spener's, Phil. Jac., Abhandlung von der Natur u. Gnade oder: Der Unterschied der Werke, welche aus natürl. Kräften u. den Gnadenwirkungen des heiligen Geistes herkommen 2c. Aufs Neue hersg. von H. Schott. Halle 868. Schmidt. 8. (XVI, 207 S.) n. 12 ngr

Spener, P. J. Tractatus de Natura et Gratia . . . Latine versus. Francof. ad M. 1715. Ü: *Grischow, Joh. Hnr.* (ML)

— de natura et gratia liber singularis c. praef. G. Olearii. 8. Francf. Jung. 715.

— Nothwendigk. u. Möglichk. d. thät. Christenth. in Predigten üb. d. Evangelia. 4. Frankf. 721.

— christl. Passions-Predigten. 4. Frankf. 709.

— Predigten üb. Arndts Christenthum. 4. Leipz. Zedler. 711.

Spener, Phil. Jak., Predigten üb. Joh. Arnd's geistr. Bücher vom wahren Christenthum. Hrsg. v. Friedr. Heinrich. 1. Bd. gr. 8. (28¼ B.) Berlin 837, [Heymann.] *

—— Predigten üb. Joh. Arnds wahres Christenthum. Hrsg. v. Fr. Heinrich. 2. Bd. gr. 8. (24 B.) Berlin 842, 44, Heymann. * 1. Bd. Ebendas. 1837. * 20 Ngr.

—— dass. Neu hrsg. 2. Bde. A. u. d. Ttl.: Andachts- u. Erbauungsbuch f. Freunde des wahren Christenthums. In Predigten. 2 Thle. gr. 8. (56 B. u. 2 Ttlkpfr.) Ebds. 844.

— Predigten v. d. Wiedergeburt. 4. Frankfurt, Andreä. 715.

Spener, Phil. Jak., das geistl. Priesterthum aus göttl. Wort kürzlich beschrieben u. mit einstimm. Zeugnissen gottsel. Lehrer bekräftiget. Neuer, verbess. u. mit e. kurzen Lebensgeschichte Speners, e. Uebersetzung d. latein. Stellen, wenigen Anmerkn. u. 2 Anh. verm. Abdruck. Hrsg. v. C. Fr. W. Wilke. gr. 8. (13¼ B.) Berlin 830, Oehmigke.

— Reisepostille. 8. Frankf. Zeidler. 725.

D. Philipp Jacob Speners ... bis anhero nur eintzeln gedruckt gewesene Kleine Geistliche Schriften, Nunmehro in einige Bände zusammen getragen, und mit des seligen Mannes Ausführlichen Lebens-Beschreibung, Historisch-Theologischen Einleitungen, auch nöthigen Vorreden und Registern versehen von Johann Adam Steinmetz. Erster [-Zweyter] Theil. Magdeburg und Leipzig, Verlegts sel. Christoph Seidels Witwe und Georg Ernst Scheidhauer. Gedruckt bey Christian Lebrecht Faber. 1741.

[Zweyter Theil:] Druckts Nicolaus Günther, Königl. Preusz. Reg. Buchdrucker 1742.

21 cm. Vol. *1*: 9 leaves, 1,416 pages, 12 leaves of index; with portrait and biographical memoir of Spener by Baron Carl Hildebrandt von Canstein. Vol. *2*: 10 leaves, 1,488 pages, 11 leaves. "Anhang zu dem Andern Theile": 4 leaves, 288 pages, 4 leaves. Many of the sermons include Spener's poems. Johann Adam Steinmetz, 1689–1763.

—— die Seligkeit d. Kinder Gottes in d. Reiche d. Gnade u. d. Herrlichkeit in sechs Predigten betrachtet. Sammt e. Vorr. dess. von d. Mißbrauche d. Freiheit d. Evangelii, u. dess. Unterschied v. d. Gesetz, auch beider Gebrauch. Hrsg. v. F. G. Lisco. gr. 8. (13 B.) Berlin 836, G. Bethge.

- - , Gott=geheiligte Sing=Schule, in gebundener Rede verfasset von J. P. Starck, Frankfurt a. M. (1733), s.a. Johann Friedrich Starck.

— Singeschule, d. i. dessen Catechismustabellen in gebund. Rede v. J. F. Stark. 8. Frankf. Brönner. 733.

— Sittenbüchlein f. Kinder, nebst dessen väterl. Anweis. Prenzl. 832. Ragoczy. 1 *ℋ*

— Soliloquia et meditationes sacrae, c. praef. ed. I. G. Pritius. 8. Francf. Jung. 716. -- 10

— Sonntags=Andachten. 4. Frankf. Andreä. 716.

— Sprüche H. Schrift, welche v. Weltleuten gemißbr. zu werden pflegen. 8. Braunschw. 73[illegible].

—— dass., hrsg. v. F. G. Lisco. gr. 8. (16½ B. u. S's. Bildn., gest. v. Fleischmann.) Berlin 837, G. Bethge.

— Sprüche heiliger Schrift, welche von Weltleuten mehrmal zur Hegung der Sicherheit, und wider die so Nothwendigkeit als Möglichkeit des wahren innerlichen u. thätigen Christenthums gemißbraucht zu werden pflegen, kürzlich aber gründlich gerettet. 4 Hefte. 16. Berlin 837. (Hayn.) ⅔ *ℛ* — 2e wohlf. Ausg. 16. Ebd. 838. ½ *ℛ*

—— Sprüche heil. Schrift, welche von Weltleuten mehrmal zu Hegung d. Sicherheit, u. wider d. so Nothwendigkeit als Möglichkeit d. wahren innerl. u. thät. Christenthums gemißbraucht zu werden pflegen, kürzl. aber gründl. gerettet. 1. Aufl. (4 Hfte.) 837. ⅔ Thlr. u. 2., wohlf. A. 16. (à 32 B. u. 1 Bildn.) Berlin 838, Heymann.

Spener, Philipp Jakob: Insignium Theoria seu Operis Heraldici Pars generalis. Editio 2. Francfurti ad Moenum: Varrentrapp et W. 1717. 2 Vol. 2°

— Trauersermones. 4. Frankf. Andreä. 719.

Vertheidigung des Zeugnüsses von der Ewigen Gottheit Unsers Herrn Jesu Christi, als des Eingebohrnen Sohns vom Vater, Von dem nun in Gott ruhenden ... Hrn. D. Phil. Jacob Spener ... So wohl Gegen den Angriff seiner hievon gehaltenen Predigten, welche hier mit beygedruckt sind, als auch am meisten gegen Enjedinum, Freyherrn von Wollzogen, Jer. Felbinger, Jo. Preussen, u. a. In den letzten Jahren seines Lebens verfasset ... Sampt einer Vorrede Pauli Antonii ... Franckfurt am Mayn, In Verlegung Johann David Zunners seel. Erben. 1706.

21 cm. 4 leaves, 782, [2], 48 pages, 20 leaves of index, 2 leaves Errata. Added are two sermons by Spener entitled "Von der ewigen Gottheit Jesu," with separate pagination, 64, 24 pages.

— Geistreiche Vorstellung D[illegible] Ungrundes [illegible] Päbstischen Lehren, Als eine Fortsetzung des Tractats Gottsel[iger] und gerechter [illegible] wider das Pabstthum. [Mit] Anhang [und] einer Vorrede von JOACHIM LANGE. Halle, Waisenhaus, 1714. Kl. 8°. 16 Bl. 542 S. 45 Bl. Alte Broschur.

Von Lange besorgte Neuausgabe in Sammelform der [illegible] Predigten Speners, in denen er aber immer wieder seinen [illegible] Zusammenhang mit dem [illegible] dartut. „Spener is one of the best prose writers of his time. His sentences are [illegible], meaningful and [illegible] correct, and [illegible] is strangely modern" ([illegible]). — Der Anhang ist ein [illegible] „wider das Pabstthum" in Speners sonstigen Schriften. — Titelrand unterlegt.

D. Philipp Jacob Speners Lehrreiche Zuschrifft an seine Frau Tochter Von denen nöthigen Pflichten Einer jeden sonderlich aber einer Priester-Frau ... Nebst einer Vorrede. Und bey diesem bereits andern Drucke mit einem Trost-Schreiben des seel. Autoris an eine Prediger-Witwe ... vermehret. Leipzig, bey Michael Blochbergern, 1731.

14 cm. 72 pages.

Spener, Philipp Ludwig (Wittenberg) A. S. 79/18

Dissertatio inauguralis iuridica de herede fundi laudemialis in divisione hereditatis a laudemio non simpliciter immuni. Präs. Heinrich Brokes. Jena (Schill) 13. V. 1752. 36 S.

W. v.: Präs. 32939

Spengel, Andreas

Die Akteeintheilung der Komoedien des Plautus. — Von A. Spengel, G. P. 1877. München, ibid. - S. 7 57°. (Herrn Professor Dr. Leonhard von Spengel beglückwünscht zu seinem 50jährigen Doctor-Jubilaeum in dankbarer Verehrung das Collegium des k. Maximilians-Gymnasiums. Widmung S. 3 - 6.
Progr. München, Maximilians-Gymnasium

Spengel, A., Bemerk. z. Varro de lingua Latina. Ak. 1885. 80 S.

Spengel, A., Conjectanea in Sophoclis tragoedias. Gel. 1858. 15 S. 4°.

Spengel, A., zur Geschichte des Kaisers Tiberius. (S. 3 bis 63.) gr. 8. München 903. (G. Franz' Verl.) n. 1. —
Sonderabdruck aus: „Sitzungsber. d. bayer. Akad. d. Wiss."

Spengel, Andr., über die Handschrift cod. Augustanus I Monac. des Demosthenes. Ein Beitrag zur Textkritik des Demosthenes. Festgabe des k. Ludwigs-Gymnasiums zum 400jähr. Jubiläum der Ludwig-Maximilians-Universität in München. gr. 4. (24 S.) München 872, (Franz'sche Buchh.)

Spengel, A., Jahresbericht üb. Terentius u. die übrigen scenischen Dichter (ausser Plautus)

für 1877. S.-A. 1877. 17 S.	—.60
— für 1878—1881. S.-A. 1881. 24 S.	—.60
— — für 1882 — Mitte 1884. S.-A. 1884. 17 S.	—.60
— — für 1884 – 1888. S.-A. 1891. 39 S.	1.—

Spengel, A., Aus d. Comment e. Anonymus üb. d. Aristot. Bücher v. d. Seele. Pr. 1847. 20 S. 4°. 1.—

Spengel, Andr., über die lateinische Komödie. Festrede, gehalten in der öffentlichen Sitzung der k. b. Akademie der Wissenschaften zu München zur Feier ihres 119. Stiftungstages am 28. März 1878. gr. 4. (29 S.) München 878. Franz in Comm. n.n. — 80

Spengel, A, Ueber die Composition der Andria des Terentius. Ak. 1878. 24 S.

— Nekrolog auf Dr. Leonh. v. Spengel, Professor der klass. Philologie an der Universität in München. [Aus: „Bursian's biograph. Jahrb. für Alterthumskunde".] gr. 8 (23 S.) Berlin 881. Calvary & Co. n. 1. —

Spengel, A., die Partikel „Nonne" im Altlateinischen (in Plautus und Terentius). München 1867
Schul-/Univ.-Schr.

—— s. Plautus.

Spengel, Andr., T. Maccius Plautus. Kritik, Prosodie, Metrik. Göttingen 865. Vandenhoeck & Ruprecht's Verl. gr. 8. (VII, 240 S.) n. 1 Rthlr.

Spengel, Andr., Reformvorschläge zur Metrik der lyrischen Versarten bei Plautus u. den übrigen lateinischen Scenikern. gr. 8. (IV, 429 S.) Berlin 882. Weidmann. n. 10.

Spengel, A, Deutsche Unarten in der Aussprache des Lateinischen. S.-A. 1874. 20 S.

Spengel, (Maximil.) Andr. (geb. München 11. 11. 1838): De versuum creticorum usu Plautino. Berolini (1861). (44 S.) 8°
Berlin, Phil. Diss. v. 10. Aug. 1861

Spengel, Andr., de versuum creticorum usu Plautino. Dissertatio inauguralis. gr. 8. (46 S.) Berlin 861, (Calvary und Comp.)

Rede am Namensfeste Sr. K. H. des Grossherzogs von Hessen, gehalten in der L. von Giessen im Jahre 1826 von Chri. Dan. Spengel. 10 S. 8°

Rede, am Namensfeste Sr. Königl. Hoheit des Grossherzogs [Ludwig] von Hessen und bei Rhein gehalten in der Loge Ludewig zur Treue im Or. zu Giessen im Jahre 1826 von Christian Daniel Spengel. (Nach einem Beschluss der □ dem Dr. übergeben.) [Giessen 1826]: Schröder. 8 S. 8° [Umschlagtit.]

Üb. die Treue gegen den Landesfürsten u. die Vaterlandsliebe des Maurers.

Spengel, Franz (Mannheim) A. S. 582/16

Dissertatio iuridica inauguralis de natura et indole emphyteuseos Germanicae vulgo der Deutschen Erbleyhe.
Göttingen (Schulz) 25. IV. 1771. 54 S. 32940

Spengel, Frz. v. Paula, einige beantwortete Fragen f. Jünglinge, die die Universität besuchen wollen. 8. Ingolst. 794. Krüll. 5 gr.

Spengel, F. v. P., etl. beantw. Fragen f. Jünglinge d. d. Universität besuchen wollen. 8. Landshut, Krüll. 794. Rthlr.

— Grundsätze von d. deutschen Privatrecht überhaupt. 4. Mannheim 774.

Spengel, H. C., staatsrechtl. Versuch üb. Edelmannsfreyheit in Bayern. 8. München, Fleischmann. 802.

Spengel, Hnr. Edw., staatsrechtl. Versuch über Edelmannsfreiheit in Baiern. 8. Münch. 802. Fleischmann. 4 gr.

Spengel, Johann Wilhelm

Spengel, J. W., üb. einige Aberrationen v. Papilio machaon. gr. 8. (48 S. m. 5 Abbildgn. u. 3 Taf.) Jena 899. G. Fischer. n. 2. 50
Sonderabdruck aus: „Zoologische Jahrbücher".

Spengel, (Joh. Wilh.), Charles Darwin. Rede, geh. am 11. 11. 1909. (34 S.) Lex. 8. Jena 910. G. Fischer. — 75
Sonderabdr. aus: „Bericht d. oberhess. Gesellschaft f. Natur- u. Heilkde."

Spengel, J. W., die Enteropneusten des Golfes v. Neapel u. der angrenzenden Meeres-Abschnitte, s.: Fauna u. Flora des Golfes v. Neapel.

— s.: Ergebnisse u. Fortschritte der Zoologie.

· die Fortschritte d. Darwinismus. Neuer unveränd. Abdr. [Aus: „Klein's Revue der Naturwissenschaften."] 8. (96 S.) Leipzig 874. Mayer. n. 1. 60

— dasselbe. Nr. 2. 1873—1874. [Aus: „Klein's Revue der Naturwissenschaften."] 8. (80 S.) Ebend. 875. n. 1. —

Spengel, J. W., s.: Jahrbücher, zoologische.

Spengel, J. W., die von Blumenbach gegründete anthropologische Sammlung der Universität Göttingen, s.: Sammlungen, die anthropologischen, Deutschlands.

- Schädel vom Neanderthal-Typus. Mit 4 (lith.) Taf. gr. 4. (20 S.) Braunschweig 875. (Berlin, Calvary & Co.) n. 4. —

Spengel, J. W., über Schwimmblasen, Lungen u. Kiementaschen der Wirbeltiere, s.: Jahrbücher, zoologische, VII. Suppl.-Bd.

Spengel, J. W., die Stellung des Menschen in der Reihe der Organismen. Vortrag. 8. (32 S. mit 1 lithogr. Taf.) [Bremen 886, Rocco.] Leipzig, Rauert und Rocco.

Studien über die Enteropneusten der Siboga-Expedition nebst Beobachtungen an verwandten Arten. Von J[ohann] W[ilhelm] Spengel, Prof. Mit 17 Taf. u. 20 Fig. Leiden: E. J. Brill 1907. (126 S.) 4°
= Siboga-Expeditie. 26. [07. 9601

Spengel, J. W., die Darwinsche Theorie. Verzeichniss der üb. dieselbe in Deutschland, England, Amerika etc. erschienenen Schriften u. Aufsätze. 2. verm. Aufl. gr. 8. (III, 36 S.) Berlin 872. Wiegandt, Hempel & Parey. n. 1. --

— s.: Verhandlungen der deutschen zoologischen Gesellschaft.

Spengel, J[ohann] W[ilhelm], Dr., Prof. d. Zool.: Zweckmässigkeit und Anpassung. [Enthält ausserdem: Jahresbericht für 1897/98.] *Giessen 1898: v. Münchow.* (S. 1—20.) 4°
Giessen, Rede zur Feier d. Jahresfestes 1898

Zweckmässigkeit und Anpassung. Akad. Rede v. Dr. J[oh.] W[ilh.] Spengel, Prof. . . . in Giessen. *Jena: G. Fischer 1898.* (33 S.) 1 Bd. 4. [98. 9181

Spengel, Jul., Belsazar, s.: Händel, G. F.

Johannes Brahms. Charakterstudie v. Julius Spengel. (Als Manuscript gedruckt.) Hamburgische Liebhaberbibliothek. Hamburg. 1898. 8°.

— thematischer Führer durch die H-moll-Messe v. J. Seb. Bach. (16 S.) gr. 8. Leipzig (903). Breitkopf & Härtel. — 20

Heinrich von Herzogenberg in seinen Vocal-Werken erl. von Julius Spengel. Leipzig: Rieter-Biedermann 1897. 24 S. 8°
Aus: Die Sängerhalle. [11. 1864

Spengel, Jul. Mehrstimmige Lieder u. Gesänge f. vorgeschrittene Chorklassen an Lehrerinnen-Seminaren u. Mädchenschulen. 8. (VIII, 204 S.) Hamb. 892, C. Boysen. geb. * 1 60

Spengel, Jul., mehrstimmige Lieder u. Gesänge f. vorgeschrittene Chorklassen an Seminaren u. höh. Schulen. Gesammelt u. hrsg. 2. verm. Aufl. 8. (X, 267 S.) Hamburg 899. C. Boysen. Geb. in Halbleinw. n. 1.80

Spengel, Leonhard [wirkl. Name], s. Carus, H. [Pseud.]

— s. Alexandri Aphrodis. Quaestionum naturalium etc.

— s. Aristoteles Werke.

Spengel, Leon., Anaximenis ars rhetorica, s. Anaximenes.

Spengel, L., Bemerkungen z. Soph. Antigone u. Eur. Kyklops. S.-A. 1864. 16 S.

Spengel, Leonh., über das erste Buch der Annalen des Tacitus. Aus d. Abhdlgn. d. k. bayer. Akad. d. W. München 855. Franz in Comm. gr. 4. (33 S.) nn. 10⅓ ngr.

— Specimen commentariorum in Aristotelis libri II cap. 23 de arte rhetorica. Gel. 1844. 18 S. 4°. 1.—

— L., Spec. commentariorum in Aristotelis libros de arte rhetorica. Pr. 1839. 40 S. 4°. München.

Spengel, L., Die Definition u. Einteilung der Rhetorik bei den Alten. S.-A. 1863. 46 S.

Spengel, Leonh., die δημηγορίαι des Demosthenes. 1. und 2. Abthl. gr. 4. (114 S.) München 860. 61, (Franz.) [1. Abthl. * * 26½ Ngr., 2. * * 17 Ngr.] * *
(Aus den Abhdlgn. der k. bayer. Akad. der Wissensch.)

Spengel, Leonh., Denkrede auf Johann v. Gott Fröhlich, Rector d. alten Gymnasiums in München. Gelesen in der öffentl. Sitzung d. k. Bayer. Akademie d. Wissenschaften am 28. März 1849. gr. 4. (21 S.) München 849. (Franz.) n. 6 ngl

Spengel, L., Specimen emendationum in Cornel. Tacitum. 1852. 18 S. 4°. 1.—

Emendationum Varronianarum specimen I. scripsit Leonardus Spengel, Monac. — 1830. München, Central-Schulb.-Verlag. — S. 3—19.
Progr. München.

Spengel, L., Emendationum Varronianarum spec. I. 4 maj. (2½ B.) Monachii 830, (Finsterlin.)

Spengel, L., Zur Erinnerung an Friedrich von Thiersch. S.-A. 1861. 16 S. —.75

Spengel, L. Feldärztl. Erinnergn a. d. türk.-serb. Kriege 1876 77. München 1866.

Spengel, L., feldärztliche Erinnerungen aus dem türkisch-serbischen Kriege 1876—77. [Aus: „Med.-chir. Centralbl."] gr. 8. (26 S.) München 878. Th. Ackermann. n. — 60

Caii Caecilii Statii comici poetae deperditarum fabularum fragmenta edidit Leonardus Spengel Monacensis. — Monachii in libr. Jos. A. Finsterlin MDCCCXXIX. — Viro clarissimo doctissimo Joanni de Deo Froehlich Professori Rectori Gymnasii Monacensis quinque lustra in erudienda juventute strenue feliciterque peracta gratulans librum hunc venerationis pietatisque documentum exstare voluit L. Spengel. — Titelbl., Dedik. und Vorrede 1 Bog., dann S. 1—62.
Progr. München.

—— über die Geschichtsbücher des Florus. gr. 4. (34 S.) München 861, (Franz.) * *

Spengel, L., Die Interpolation in der Rhetorik ad Herennium. S.-A. 1860. 23 S.

— Isokrates und Platon. Aus d. Abhdlgn. d. k. bayer. Akad. d. W. München 855. Franz in Comm. gr. 4. (41 S.) n. 16 ngr.

—— über die κάθαρσις τῶν παθημάτων, ein Beitrag zur Poetik des Aristoteles. gr. 4. (50 S.) München 859, (Franz.) * *
Vorstehende Schrift des Verf. wurde aus: Abhandlungen der k. bayer. Akademie der Wissenschaften, besonders abgedruckt.

—— über die Kritik der Varronischen Bücher de lingua latina. gr. 4. (54 S.) München 854, (Franz.) *
Vorstehende drei Schriften des Verf. wurden aus: Abhandlungen der k. bayer. Akademie der Wissenschaften, besonders abgedruckt.

Spengel, L., Ueber die Kritik d. Varronischen Bücher de lingua latina. S.-A. 1855. 54 S. 4°. 2.—

— s. Paraphrasis, incerti auctoris etc.

Spengel, Leonh., Aristoteles' Poetik u. Joh. Vahlen's neueste Bearbeitg. derselben. gr. 8. (50 S.) Leipzig 875. Teubner. n. 1. 20

— De emendanda ratione librorum M. Terentii Varronis de lingua latina. Gel. 1858 14 S. 4°. 1.—

—— über die Rhetorik des Aristoteles. gr. 4. (59 S.) München 851, (Franz.) *
Aus: Abhandlungen der k. bayer. Akademie der Wissensch. I. Classe. 6. Bd. 2. Abthl., besonders abgedruckt.

—— aus den Herculanischen Rollen. Philodemus περὶ εὐσεβείας. gr. 4. (41 S.) München 863, (Franz'sche Buchh.) *
Vorstehende drei Schriften des Verf. wurden aus: Abhandlungen der königl. bayer. Akademie der Wissenschaften, besonders abgedruckt.

Spengel, L.: Die herculanessische S c h r i f t. Göttingen 1863.
Schul-/Univ.-Schrift

—— das philologische Seminarium in München und die Ultramontanen. gr. 8. (VI und 44 S.) München 854, Kaiser. *

—— dass. — 2. Aufl. mit einer (Fortsetzung:) Antwort auf die Erwiderung der Gegner. gr. 8. (VI und 120 S.) Ebds. 854. *

— Aristotelische Studien. I. Nikomachische Ethik. (Aus den Abhdlgn. der k. bayer. Akad. der Wissensch. Ebend. 863. 4. (51 S.) n. 15 *ngr.*

Spengel, Leonh., Aristotelische Studien. II—IV. [Aus den Abhandlungen der k. bayer. Akad. der Wiss.] München, (Franz'sche Buchh.) gr. 4. n. 3 *ℛ* 2 *ngr.*
II. Eudemische Ethik, grosse Ethik, Politik. (79 S.) 865. n. 1 *ℛ*
III. Zur Politik u. Oekonomik. (76 S.) 868. n. 1 *ℛ* 2 *ngr.*
IV. Poetik. (78 S.) 868. n. 1 *ℛ*

—— über das Studium der Rhetorik bei den Alten. Gelesen in der öffentl. Sitzung der k. Akademie der Wissenschaften zur Feier des 83. Stiftungsjahres. gr. 4. (4 B.) München 842, (Franz.) *

—— Συναγωγη τεχνων, sive artium scriptores ab initiis usque ad editos Aristotelis de rhetorica libros. 8 maj. (16 B.) Stuttgartiae 828, Cotta.

— Demosthenes Vertheidigung des Ktesiphon. Ein Beitrag zum Verstandniss des Redners. (Aus den Abhdlgn. der k. bayer. Akad. der Wissensch.) Ebend. 863. 4. (72 S.) n. 21 *ngr.*

Spengel, Rudolf: Ueber Blutdruckerniedrigung bei beginnender Lungentuberkulose. München 1907: Wolf. 47 S. 8°
München, Med. Diss. v. 17. Aug. 1908, Ref. v. Bauer
[Geb. 22. Nov. 81 München; Wohnort: München; Staatsangeh.: Bayern; Vorbildung: Gymn. Passau Reife Juli 01; Studium: München 11 S.; Coll. 17. Aug. 08; Approb. 31. Juli 08.] [U 09. 3404

Spengel, S. (Hrsg.), s. A l m a n a c h der Ludwig-Maximilians-Universität.

Spengel, S., über den rechtl. Glauben d. Botenbuch-Extracte in Baiern für die gute Sache d. Anwälte u. Parteien. gr. 8. Münch. 826. Finsterlin. 5 *gr*

—zur Lehre über Litiscontestation u. Einreden. gr. 8. Münch. 827. Lentner. 6 *gr*

SARDUS, F. (Dr. *Simon Spengel*), S t a c h e l n u n d B l ä t t e r. München, Jaquet, 1827. 16⁰. 5½ Bog. (2 Mk. 50 Pfg., H. Hugendubel, München, 1905.)
N i c h t enthüllt in Weller's Lex. Ps. p. 501. — Selten!

Spengel, W., Anatomie u. Ontogenie der Tiere. S.-A. Mit 4 Abbildungen. 13 Tafeln. (S. 227—426.) Jena 96. Fischer. M. 17.-

Spengemann, Karl, approb. Arzt: Aus d. anat. Institut in Rostock. Das typische Verhalten und die häufigsten Varietäten des Musculus extensor digiti V. proprius des Menschen. Mit 1 Taf. *Rostock 1903: Adlers Erben.* (28 S.) 8°
Rostock, Med. Diss. v. [24. Dez.] 1903

Spengemann, Paul, Arzt aus Bünde i. W.: (Aus d. Chirurg. Universitäts-Klinik in Bonn.) Über die Entstehung von Hernien nach Trauma. *Bonn 1901: C. Georgi.* (34 S.) 8°
Bonn, Med. Diss. v. 14. Dez. 1901

Spengemann, W., s.: K r ū t u n R ö u b e n, Calenbarger.

Spenger, P. D. N., vergnügte und sichere Reise in die Ewigkeit, od. Vorbereit. zu e. glückseel. Tode. 8. Wien, Kurzböck. (Camesina.) 780.

Spengler, (Hrsg.), s. A r c h i v für Balneologie

Spengler, Rede bei der Confirmation Sr. Durchlaucht d. Erbprinzen Reuß j. L. Herrn Heinrich XXVII. am 30. März 1874 in der Schloßkirche zu Schloß Osterstein geh. 8. (17 S.) Gera 874. Kanitz. n.n. — 30

Spengler: De R h e s o tragoedia. 23 S. -Düren, Progr. 1857

Spengler: Theologumena Euripidis tragici. 26 S. -Köln Ap., Progr. 1863

Die Verhandlungen der deutschen Gesellschaft für Hydrologie während ihrer ersten Generalversammlung zu Berlin am 1. und 2. Mai 1855. Im Auftrage der Gesellschaft herausgegeben von SPENGLER. Wetzlar. 1855. G. Rathgeber. 8⁰.

Spengler, A., 15 Bilder aus der deutschen Geschichte, s.: H a n n e c k e, R.

Spengler, A., die Landschaft Davos [Kanton Graubünden] als Kurort gegen Lungenschwindsucht. Klimatologisch-medicinische Skizze. Basel. 869. Richter. gr. 8. (64 S. mit 2 Tab.) n. 15 *ngr.*

Spengler, A., die Landschaft Davos als Kurort gegen Lungenschwindsucht. Klimatologisch-medicin. Skizze. 2. Aufl. gr. 8. (87 S.) Davos 899. [H. Richter.] Chur, F. Schuler. n. 1.20

Spengler, A., Die Lage des Kleingewerbes in Nöttingen-Darmsbach. Schriften d. Vereins f. Socialpol., Bd. 69. gr. 8⁰. Leipzig 1897.

Spengler, A., Marnef, od. d. Sohn d. Liebe. 8. Leipz. 802. H. Richter. 12 *gr*

Spengler, Albert [app. Arzt aus Ettlingen]: Untersuchungen über Desinfection tuberkulösen Sputums ... (Aus d. Münch. Med. Wochenschr.) München, J. F. Lehmann, 1891; 1 Bl., 11 S. 8.
Freiburg i. B., Med. Fak., Inaug.-Diss. v. 1891

Spengler, Carl, s. S p e n g l e r, Karl

Spengler, Christian Gerhard: De quaestoribus Romanis.
Halle-Wittenberg, Phil. Diss. v. 10. März 1846
Geb. [Wesel 27. 8. 1821]
Ms. fehlt.

Spengler, Erich

Spengler, E. Über Fussgelenk- u. Fusswurzel-Tuberkulose. In-8⁰. 80 S. Bern. These. 1896

Spengler, Erich. Zur Kenntnis der metastatischen Ophthalmie nach Infections-Krankheiten. Diss. Med. Univ. Zürich. 39 S. 8. Graz, Selbstverlag (Univ.-Buchdr. ‚Styria'), 1901.

Spengler Erich, Dr.: Untersuchungen über die tektonische Stellung der Gosauschichten.
1. Teil: Die Gosauzone Ischl — Strobl — Abtenau (mit 1 Karte und 2 Profiltaf.). S. 121. 1. 1922 . . . . „ 2.30
— 2. Teil: Das Becken von Gosau mit 1 geologischen Karte, 1 Profiltafel und 1 tektonischen Karte mit 2 Seiten. S. 123. 1. 27 . . . . . . „ 3.20
Separatabdruck

Spengler, F. H., s. V i n e t, A., über die Darlegung der religiösen Ueberzeugungen.

Spengler, Frz. Der deutsche Aufsatz. Zur Methodik d. deutschen Unterrichtes an den Gymnasien. gr. 8. (48 S.) Wien 891, Konegen. * 1 --

Spengler, Franz Martinus Bohemus. Zur Geschichte des älteren deutschen Dramas. 8 (21 S.). Progr. K. k. G. *Znaim* 1893.
Auch in Xenia Austriaca II. Abtheilung (1893).

Spengler, Franz Zur Geschichte des Dramas im XVI. und XVII. Jahrhundert 8 (S. 3 - 12) Progr. Staats-Oberg. *Iglau* 1886

Spengler, Franz. Zu Adalbert Stifters Nachsommer. S. 15 - 16. 8. Progr. K. k. Albrecht-Gymn. *Teschen* 1907.

Spengler, Franz: Kilian Reuther v. Melrichstadt. *Weimar 1898.* in: Forschungen z. neueren Litteraturgeschichte. Festgabe f. R. Heinzel. (vgl. 11337

Spengler, Frz., Wolfgang Schmeltzl, s.a. Beiträge zur Geschichte der deutschen Literatur und des geistigen Lebens in Oesterreich.

Spengler Franz: Wolfgang Schmeltzl. Zur Geschichte des Schuldramas in Oesterreich.
1882 PN 271 Diss V ... 18

Spengler, Franz, Wolfgang Schmeltzl. Zur Geschichte der deutschen Literatur im 16. Jahrhundert. Wien, Karl Konegen, 1883. 8°. IX, 97 S.
S. auch Beiträge zur Geschichte der deutschen Lit. u. des geistigen Lebens in Oesterreich. Heft III.

Spengler Dr. Franz, Deutsche Schulgrammatik für Mittelschulen. Wien 1904. K. k. Schulbücherverlag. Preis, geheftet 1 K 40 h, gebunden 1 K 80 h.

Spengler, Frz., der verlorene Sohn im Drama des XVI. Jahrh. Zur Geschichte des Dramas. gr. 8. (VII, 174 S.) Innsbruck 888, Wagner'sche Universitäts-Buchh. *

Spengler, Franc. Rud., Dissert. histor.-jurid. de Cinganis sive Zigeunis. 8maj. ($5^3/_4$ B. u. 1 Tab.) Lugduni Bat., Hazenberg et Soc. 839. (Lipsiae, T. O. Weigel.) *

Spengler, Friedr., Geschichte des Bergischen Landes mit besond. Berücksicht. der Burg an der Wupper [abschließend mit dem J. 1255]. 1. Thl. 2. Aufl. 8. (VII, 232 S. mit 2 Abbild.) Barmen 888, (Inderau.) * ℳ 2.—.; geb. *

Spengler, Friedrich, Rechtsprakt. a. Würzburg: Der Leibgedingsvertrag nach dem bayerischen Rechte seit Inkrafttreten des bürgerlichen Gesetzbuches. Würzburg 1905: Drescher & Reichart. (72 S.) 8
Würzburg, Jur. Fak., Ref. Mayer, Diss. v. 17. Aug. 1905
[Geb. 8. Sept. 81 Würzburg; Wohnort: Würzburg; Staatsangeh.: Bayern; Vorbildung: Altes Gymn. Würzburg Reife Juli 00; Studium: Würzburg 8 S.; Rig. 19 Juli 05.]

Spengler, G., s. Schulblätter, Schweizerische.

Spengler, Georg

Spengler, G., zur Behandlung der Haematocele retrouterina. Inaug.-Diss. gr. 8. (56 S.) Bern 889. (Huber & Co.) n. 1.—

Spengler, Geo. Zur Behandlung der Haematocele retrouterina. Diss. gr. 8. (56 S.) Bern 889, (Koerber). * 1 —

Spengler, Gustav: Üb. systematische Behandlung d. Begriffslehre im Logikunterricht. *Wien 1893.*
s.a. Xenia Austriaca. Bd 2. (vgl. ...)

Spengler, Gustav Über systematische Behandlung der Begriffslehre im Logikunterrichte. Mit besonderer Berücksichtigung der Instructionen für die philosophische Propädeutik vom Jahre 1884 und der „Grundlehren der Logik" von Höfler. (Umschlagtitel: . . . Logikunterrichte.) 8 (22 S.).
Progr. K. k. Staats-Oberg. *Prag-Neustadt (Stephansgasse)* 1893.

Spengler, Gustav Zu Homers II. X v. 99 - 130. 8 (S. 17 - 23).
Progr. Staats-Oberg. *Mährisch-Trübau* 1889.

Spengler, Gustav: Meinongs Lehre von den Annahmen und ihre Bedeutung für die Schullogik. S. 3 - 32. 8.
Progr. K. k. Erzherzog Rainer-Gymn. im II. Gemeindebezirke *Wien* 1903.

Spengler, Heinr., Abendsegen. Kurze Abendandachten f. jeden Tag d. Jahres. gr. 8. (V, 330 S.) Bielefeld 885. Velhagen & Klasing. n. 2. 60; geb. n. 4. —; in Halbfrz. in Goldschn. n. 5. --

Spengler, H., Abschiedspredigt, geh. am 2. VI. 1901 in der evangel. Stadtkirche zu Ettlingen. 12. (16 S.) Ettlingen 901. R. Barth. (Nur direkt.) n. — 20

—— die Fürsorge und Vorasyle für entlassene Strafgefangene. Referat, erstattet auf der XXIII. Jahresversammlung der südwestdeutschen Conferenz für innere Mission in Karlsruhe am 4. Mai 1887. 8. (16 S.) Karlsruhe 887, Evangel. Schriftenverein für Baden. *

Spengler, Heinr., tägliche Hausandacht. Morgen- und Abendgebete. 2. (Titel-)Ausg. gr. 8. (IV, 337 S.) Karlsruhe (873)885, Müller und Gräff. geb. *
geb. mit Goldschn. *

Spengler, Heinr. Haussegen. Kurze Andachten f. jeden Tag d. Jahres, m. Rücksicht auf die kirchl. Feste u. auf besondere Zeiten u. Verhältnisse. (2. umgearb. Aufl. d. Morgensegens.) gr. 8. (VI, 351 S.) Bielef. 892, Velhagen u. Klasing. * 3 —; geb. * 4 --
geb. m. Goldschn. * 5 —

— Haussegen. Andachten f. jeden Tag d. Jahres am Morgen od. am Abend, nebst e. Anh. v. Gebeten nach Starck f. Abendandachten u. f. besond. Zeiten u. Lebenslagen. 3. Aufl. gr. 8. (VI, 388 S.) Bielefeld 898. Velhagen & Klasing. n. 3. —; geb. in Leinw. n. 4. —;
m. Goldschn. n. 4. 50

Spengler, Heinr., ist d. landeskirchliche Friede e. Unmöglichkeit?, s.: Vereinigung, landeskirchliche.

— der Katechismus f. die evangelisch-protestantische Kirche im Großherzogth. Baden revidirt. [Aus: „Studien der evang.-protest. Geistlichen Badens."] gr. 8. (22 S.) Karlsruhe 876. Braun. n. — 25

Spengler, Heinr., Katechismus-Entwurf. 3., umgearb. Aufl. m. letzter Korrektur. (32 S.) 8. Karlsruhe 909. J. J. Reiff. — 50

Spengler, Heinr., aus Kerkermauern. Bilder aus dem Verbrecherleben. 8. (271 S.) Heidelberg 881, Weiß' Verlag. *

— Morgensegen. Kurze Morgenandachten f. jeden Tag d. Jahres. gr. 8. (IV, 331 S.) Bielefeld 885. Velhagen & Klasing. n. 2. 60; geb. n. 4. —; in Halbfrz. m. Goldschn. n. 5. —

Spengler, Heinr., Pilgerstab. Morgen- und Abend-Andachten für das ganze Jahr, mit Berücksicht. der hauptsächlichsten Freuden- und Trauertage des Hauses. gr. 8. (VIII, 867 S.) Bielefeld 878, Velhagen und Klasing. cart. *
—— dass. — 2. verm. und verb. Aufl. 6 Lfgn. gr. 8. (XI, 908 S.) Ebendas. 879. à Lfg. * ℳ 1.; compl. geb. *

Spengler, Heinr., Pilgerstab. Morgen- u. Abend-Andachten für das ganze Jahr, mit Berücksichtigung der hauptsächlichsten Freuden- u. Trauertage des Hauses. 3., verm. u. verb. Aufl. gr. 8. (XI, 1026 S.) Bielefeld 882. Velhagen & Klasing. n. 6. —; geb. in Halbfrz. n. 8. —; m. Goldschn. n. 9. —

— Pilgerstab. Morgen- u. Abend-Andachten f. das ganze Jahr, m. Berücksicht. der hauptsächlichsten Freuden- u. Trauertage d. Hauses. 6. Aufl. gr. 8. (X, 955 S.) Ebend. 886. n. 6. —; geb. n. 8. —; m. Goldschn. n. 9. —

— Pilgerstab. Morgen- u. Abend-Andachten f. das ganze Jahr, m. Berücksicht. der hauptsächlichsten Freuden- u. Trauertage d. Hauses. 8. Aufl. 8. (X, 984 S.) Bielefeld 889. Velhagen & Klasing. n. 6. —; geb. in Halbfrz. n. 8. —; m. Goldschn. n. 9. —

Spengler, Heinr., Pilgerstab. Morgen- u. Abend-Andachten f. das ganze Jahr, m. Berücksicht. der hauptsächlichsten Freuden- u. Trauertage des Hauses. 10.—13. Aufl. gr. 8. (VIII, 981 S.) Bielefeld 891—894. Velhagen & Klasing. n. 6. —; geb. in Halbfrz. n. 8. —; m. Goldschn. n. 9. —

— Pilgerstab. Morgen- u. Abend-Andachten f. d. ganze Jahr, m. Berücksicht. der hauptsächlichsten Freuden- u. Trauertage d. Hauses. 16. Aufl. gr. 8. (VIII, 981 S.) Ebd. 896. n. 6. —; geb. in Halbfrz. n. 8. —; m. Goldschn. n. 9. —

Spengler, Heinrich: Pilgerstab. Morgen- u. Abend-Andachten f. d. ganze Jahr, mit Berücks. d. hauptsächlichsten Freuden- u. Trauertage d. Hauses von —. 16. Aufl. Bielefeld & Leipzig: Velhagen & Klasing 1897. (VIII, 985 S.) 8°

— der kleine Pilgerstab. Morgen- u. Abendandachten nebst Gebeten f. besondere Zeiten u. Verhältnisse d. Lebens. 2., unveränd. Aufl. 8. (VIII, 396 S.) Ebd. 891. n. 2. 50; geb. in Leinw. n. 3. 50; in Ldr. m. Goldschn. n. 4. 50

— der kleine Pilgerstab. Morgen- u. Abend-Andachten, nebst Gebeten f. besondere Zeiten u. Verhältnisse d. Lebens. 3. Aufl. gr. 8. (V, 843 S.) Ebd. 893. n. 2. 50; geb. in Kaliko n. 3. 50; in Halbfrz. m. Goldschn. n. 4. 50

[F.] Der kleine Pilgerstab. Morgen- u. Abendandachten nebst Gebeten f. besondere Zeiten u. Verhältnisse d. Lebens v. Heinrich **Spengler**. 4. Aufl. *Bielefeld & Leipzig: Velhagen & Klasing 1896.* (VII, 348 S.) 1 Bd 8. [95. 4791

— der kleine Pilgerstab. Morgen- u. Abendandachten, nebst Gebeten f. besond. Zeiten u. Verhältnisse d. Lebens. 6. Aufl. gr. 8. (VII, 347 S.) Ebd. 898. n. 2. 50; geb. in Leinw. n. 3. 50; m. Goldschn. n. 4. 50

Spengler, Heinr., der kleine Pilgerstab. Morgen- u. Abendandachten, nebst Gebeten f. besondere Zeiten u. Verhältnisse des Lebens. 9. Aufl. gr. 8. (VII, 347 S.) Bielefeld 901. Velhagen & Klasing. Geb. in Leinw. n. 3. 50

— Der kleine Pilgerstab. Morgen- u. Abendandachten f. jeden Tag des Jahres nebst Gebeten f. besond. Zeiten u. Verhältnisse des Lebens. 12., verb. u. verm. Aufl. (VIII, 410 S.) 8. Bielefeld 910. Velhagen & Klasing. Geb. in Leinw. 4. —

Spengler, H., auf dem Pilgerweg. (III, 56 S.) 16. Heidelberg (905). C. Winter Verl. Kart. n. — 30

— aus der Verbrecherwelt. 2. verm. und verb. Aufl. 8. (VII, 230 S.) Leipzig 886, [Lehmann.] Fr. Richter. * geb. *

— dass. — 2. verm. und verb. Aufl. [Neue Ausg.] 8. (VII, 230 S.) Leipzig 888, Fr. Richter. *

— Versuch e. Überarbeitung des oberkirchenrätl. Katechismus f. die evang.-protestant. Kirche im Großherzogt. Baden. (39 S.) 8. Karlsruhe 907. J. J. Reiff. — 50

Spengler, Henr. Guil. (geb. Wattenscheid 19. 1. 1787): De temperamentis. Berolini (1820). (30 S.) 8°
Berlin, Med. Diss. v. 20. Mai 1820

Karlsbad: **Rede gehalten bei Eröffnung des ersten □ Kränzchens im Curhause zu Carlsbad den 3. Juli 1871 vom Br. [J. G. F.] van Spengler. [Nebst:]** Präsenz-Liste der B. B. Freimaurer. [Karlsbad: Selbstverl. 1871.] 3 Bl. 4° [Kopftit.]
In deutsch., franz. u. engl. Sprache. Begrüssungsworte.

Spengler, Josef

— Anfangsgründe der Rechenkunst u. Algebra. 8. Augsb. 772. N. A. 789. 7e umgearb. Aufl. v. A. C. Mayer. 800. 9e A. 809. Rieger. 9 gl

— Anfangsgründe d. Rechenkunst u. Algebra. 8. Ebend. 801.

— gründl. Anleit. zur theoret. u. prakt. Geometrie u. Trigonometrie. 2 Thle. Mit 16 Kpf. gr. 8. Dilling. u. Augsb. 776. (M. Rieger). 1 ℛ 8 gl

— Geometrie u. Trigonometrie, m. K. 2 Thle. gr. 8. Augsb. Wolf. (M. Rieger.) 807

Spengler, Jos., († d. 28. Nov. 1776.) Lehren d. Mathematik, Optik, Catoptrik u. Dioptrik. 2 Thle. Mit 14 Kpf. gr. 8. Augsb. 775. Rieger. 1 ℛ 4 gl

Professor a. D. Karl **Spengler**, *gest. am 14. Januar 1890.* Braunschweig, Druck v. J. H. Meyer, 1890; S. 17—18; 4°
Braunschweig, herz. G. Martino-Katharineum, P. 1890

Spengler, Karl

Spengler, C., chirurgische u. klimatische Behandlung der Lungenschwindsucht u. einiger ihrer Complicationen. Nach e. Vortrage, geh. in Davos vor der schweizer. naturforsch. Gesellschaft. gr. 8. (42 S.) Bremen 891. Heinsius Nachf. n. 1. 20

Zur Diagnose geschlossener Lungentuberkulose, der Secundärinfektion, tuberkulöser und syphilitischer Phthise von Dr. Carl **Spengler** in Davos. *Davos: E. Richter 1900.* (25 S.) 8° [0. 6536

Spengler, Carl [Assistenzarzt an d. chirurg. Klinik]: Über die Erblichkeit multipler Exostosen .... Strassburg i. E., Druck v. M. DuMont-Schauberg, 1887; 28 S. u. 2 Taf. 8°
Strassburg, Med. Fak., Inaug.-Diss. v. 1887

Spengler, Carl. über Erblichkeit multipler Exostosen. Diss. Strassburg i. Els. 1887, Trübners Buchh. u. Antiqu. (E. d'Oleire). 8°. 28 S. mit 2 Taf.

Spengler, Carl. Zur Frühdiagnose und Therapie der progressiven Paralyse. 23 S. 8. Davos, Buchdr. Davos A.-G., 1901. [fr. 1. 20]

Spengler, Carl, ein neues immunisierend. Heilverfahren der Lungenschwindsucht m. Perlsuchttuberkulin. (25 S.) 8. Davos 907. H. Erfurt. 1.20
Sonderabdr. aus: „Deut. med. Wochenschr."

Spengler, Carl, Klassenstadieneinteilung der Lungentuberkulose u. Phthise u. üb. Tuberkulinbehandlung, s.: Festschrift zum 60. Geburtstage v. Robert Koch.

Spengler, Carl. Therapeutische u. diagnostische Resultate der Tuberculinbehandlung bei 41 Lungenkranken [m. 5 in den Text gedr. Holzschn.] gr. 8. (61 S.) Davos 892, Richter. 1.50

Spengler, Carl, üb. Tuberculin-Behandlung. gr. 8. (24 S.) Davos 897. H. Richter, Verl. n. —80

— Tuberkulin-Behandlung im Hochgebirge. (21 S.) 8. Davos 904. H. Erfurt. n. 1.—

Spengler, Laz., Ermanung vnd Vnderweysung zu e. tugendhaften Wandel. N. d. Orig.-Ausg. v. 1520 genau abgedruckt. gr. 4. (4 B.) Nürnberg 830, Campe.

Spengler, Lorenz

— prakt. Anzeige, wie die bisher gebräucht. eisernen Stubenöfen mit weniger Kosten zweckmäß. einzurichten wären. 8. Kopenh. 759. Proft. 2 ℊ.

Spengler, Lor., († d. 21. Dec. 1807.) Briefe, welche einige Erfahrr. der elektrisch. Wirkung in Krankheiten enthalten. 8. Kopenh. 754. Proft. 8 ℊ.

Spengler, Lor., 100 ausgewählte vier- u. mehrstimmige geistliche Lieder, einfache u. figurierte Choräle, Psalmen, Hymnen u. Motetten — teilweise m. Orgel- od. Harmonium-Begleitung — f. gemischten Chor. Nach dem Kirchenjahr geordnet, zum Gebrauch im öffentl. Gottesdienst, in Schule u. Haus, sowie bei kirchl. Festen, Feierlichkeiten, geistl. Musikaufführgn. ꝛc. bearb. u. hrsg. 8. (VIII, 293 S.) Cassel 893. R. Kaiser. n. 2.—

Spengler, Louis (Hrsg.). s. Zeitung. Balneologische.

Spengler, Lucius. Zur Chirurgie des Pneumothorax. Mitteilung über 10 eigene Fälle von geheiltem tuberkulösem Pn', verbunden in 6 Fällen mit gleichzeitiger Heilung der Lungentuberkulose. Von Dr. L'Sp', Chefarzt des Sanatoriums Schatzalp Davos. Separat-Abdruck aus: Beiträge zur klinischen Chirurgie.... Band 49.... II S. + S. 68—89. 8. Tübingen, H. Laupp, 1906.

Spengler, Lucius, Med. pract. in Davos-Platz (Schweiz), Assistenzarzt an der chirurgischen Klinik in Zürich...: Die Veränderungen des Radialpulses während und nach Aenderung der Körperstellung untersucht an Gesunden und Kranken. Ein Beitrag zur Diagnose der Herzschwäche. Zur. Zürcher u. Furrer Dr. 1887. 62 S. u. 13 Tab. 1 B. 8.
Zürich, Med. Diss. [v. 9. Aug. 1887].

Spengler, Ludw., gesammelte medicinische Abhandlungen. 1. Thl. A. u. d. T.: Gesammelte Abhandlungen pathologischen Inhalts. Wetzlar 858. Rathgeber. gr. 8. (4 Bl., 260 S.) 1 𝓉𝒽.

Spengler, Ldw., s. Andral u. Gavarret Untersuchungen ꝛc.

—— Bad-Ems im Sommer 1856. Curbericht, nebst Bemerkungen über Pharyngo-Laryngitis granulosa und deren Behandlung mittelst Inhalation der emser Thermalgase. 8. (28 S.) Wetzlar 857, Rathgeber.

Spengler, L., Beiträge zur Geschichte der Medicin in Mecklenburg. gr. 8. (VIII u. 49 S.) Wiesbaden 851, Kreidel. n. 12 ngr

—— balneologischer Bericht über die 37. Versammlung deutscher Naturforscher und Aerzte im Septbr. 1862 zu Karlsbad. gr. 8. (54 S.) Neuwied 863, Heuser's Verlag.

—— Bericht über die Saison 1857 zu Bad-Ems. gr. 8. (22 S.) Wetzlar 858, Rathgeber. *

Spengler, L., Bericht über die Saison 1859 zu Bad Ems. Mit 2 Holzschn. u. 1 Lithogr. Wetzlar 860. Rathgeber. gr. 8. (24 S.) 7½ ngr.

—— Bericht über die Saison 1860 zu Bad Ems, mit besond. Berücksicht. der Wasserfüllung und der Statistik. gr. 8. (43 S. mit 8 eingedr. Holzschn. und 1 Tab. in hoch 4.) Wetzlar 861, Rathgeber.

Spengler, L., Bericht über die Saison 1861 zu Bad-Ems. gr. 8. (40 S.) Neuwied 862, Heuser's Verlag. *

— Brunnen-Diätetik für Kurgäste in Bad Ems. 3. Aufl. Ems 863. Fahdt. 8. (V, 65 S.) n. 10 ngr.

—— Diététique à l'usage des malades qui viennent aux eaux d'Ems. Traduit de l'allemand d'après la 3. édition par P. Fuchs (de Paris). 8. (V und 66 S.) Ems 863, Fahdt. *

Spengler, L., Diététique à l'usage des malades qui viennent aux eaux d'Ems. Trad. de l'allemand d'après la troisième édit. par P. Fuchs. 8. (VI, 66 S.) Ems 876, Pfeffer.

—— Etudes balnéologiques sur les thermes d'Ems. Traduit de l'allemand par H. Kaula. gr. 12. (84 S.) Strasbourg 855. (Wiesbaden, Kreidel und Niedner.) *

— die Geisteskrankheit des Herzogs Philipp von Mecklenburg. Ein Beitrag zur Geschichte der Psychiatrie im 16. Jahrh. 2. Aufl. Neuwied 863. Heuser. gr. 8. (24 S.) 6 ngr.

— über die Kumiss-Kur. (Abdr. aus der Balneolog. Zeitung.) Wetzlar 856. Rathgeber. gr. 8. (16 S.) 3 ngr.

Spengler, Ludw., der Curgast in Ems. Eine Darstellung der Einrichtungen und Umgebungen des Curorts nebst einer Belehrung über den Gebrauch der emser Quellen und die dabei nöthige Lebensweise. gr. 8. (VIII und 284 S. mit 2 lithogr. Ansichten und einem Plane von Ems in qu. Fol. sowie einer Karte der Umgegend.) Wiesbaden 853, Kreidel und Niedner. Thlr. *

— der Kurgast in Ems. Eine Zusammenstellung Alles dessen, was dem Kurgast in Ems zu wissen nöthig ist. 2. Aufl. 2 Thle. 8. Wetzlar 859. 60, Rathgeber. [1. Thl. (336 S. mit 148 Ansichten und 5 Karten in eingedr. Holzschn. und 3 Stnt., wovon 1 in Buntdr.) * 1 Thlr. 10 Ngr., 2. Thl. (VIII und S. 337—536 mit eingedr. Holzschn.) * 25 Ngr.] * geb. *

—— die medicinische Literatur Nassau's 1851. gr. 4. (6 S.) Weilburg 855, Lanz. *
Aus: Mittheilungen des Vereins nassauischer Aerzte, 1854.55, besonders abgedruckt.

— das medicinische Mecklenburg. Notizen, gesammelt auf einer Reise im Winter 1855—56. Erlangen 858. (Wetzlar, Rathgeber.) gr. 8. (105 S.) 15 ngr.

— brunnenärztliche Mittheilungen über die Thermen zu Ems. 2. Aufl. Bad-Ems 854. (Kirchberger.) 8. (77 S.) n. 10 ngr.

—— brunnenärztliche Mittheilungen über die Thermen zu Ems. 2. Aufl. 8. (II und 77 S.) Wiesbaden 854, Kreidel und Niedner. *

—— brunnenärztliche Mittheilungen über die Thermen von Ems. 3. Aufl. 8. (VII und 150 S. mit 5 chromolithogr. Stnt. und in den Text gedr. Holzschn.) Wetzlar 859, Rathgeber.

—— brunnenärztliche Mittheilungen über die Thermen von Ems. 4. Aufl. 8. (IV und 199 S.) Neuwied 863, Heuser's Verlag.

— die stickstoffhaltigen Quellen zu Lippspringe und bei Paderborn in der Concurrenz. (Abdr. aus der Balneolog. Zeitung.) Wetzlar 856. Rathgeber. gr. 8. (14 S.) n. 2 ngr.

Spengler, Max, welche Verluste hat unsere Kinderwelt (Sachsen, insbes. Dresden) durch die Diphtherie in den letzten Jahrzehnten erlitten u. welche Hülfe ist ihr zu Teil geworden? Vortrag, geh. bei Gelegenheit d. Ausstellg. v. Erzeugnissen f. Kinderpflege, Ernährg. u. Erziehg. in Dresden Sommer 1895. [Aus: „Für Haus u. Schule".] gr. 8. (15 S.) Dresden 895. A. Köhler. — 50

Spengler, Oscar: Studien über die Konstitution der Phtaleïnsalze. 1904. 35 S. 8°
¶ Vgl. Berichte d. Deutschen Chem. Gesellschaft. Jg. 36. 1903.
Braunschweig, Dr.-Ing.-Diss. v. 6. 11. 1903

Spengler, Oswald, aus Blankenburg: Der metaphysische Grundgedanke der heraklitischen Philosophie. *Halle a. S. 1904: C. A. Kaemmerer & Co.* (52 S.) 8°
Halle, Phil. Diss. v. 1904

Spengler, Osw., Heraklit. Eine Studie üb. den energet. Grundgedanken seiner Philosophie. (III, 52 S.) gr. 8. Halle 904. C. A. Kaemmerer & Co. n. 1. —

Spengler, Th., Leben des heiligen Rhabanus Maurus, Erzbischofs von Mainz. Zum tausendjährigen Jubiläum. gr. 8. (131 S.) Regensburg 855(56,) Manz.

Spengleriana. Gesammelt u. hrsg. v. M. Max. Mayer. 12. (7½ B. u. Spengler's Bildn.) Nürnberg 830, Campe.

Spenglerkalender

— s. a. Klempner-Kalender.

Spengler-Kalender für 1895. Herausgegeben von Carl Pataky. Reich illustrirt. XV. Jahrg. 16. (160 S., mit Notizblättern.) In Lnwd. gebunden Wien: Perles 1.30

Spengler-Kalender f. 1896. Hrsg. v. Carl Pataky unt. Mitwirkg. vieler Fachleute. 16. Jahrg. gr. 16. (VI, 176 S. m. Abb. u. 1 Taf.) Wien, M. Perles. Geb. in Leinw. n. 2. 60

Spengler-Kalender für 1897. Herausgegeben von Carl Pataky. Reich illustrirt. XVI. Jahrg. 16. (176 S., mit Notizblättern.) In Lnwd. gebunden Wien: Perles 1.30

Spengler-Kalender für 1898. Herausgegeben von Carl Pataky. Reich illustrirt. XVIII. Jahrgang. 16. (176 S., mit Notizblättern.) In Lnwd. geb. Wien: Perles 1.30

Spengler-Kalender für 1899. Herausgegeben von Carl Pataky. Reich illustrirt. XIX. Jahrgang 16. (192 S., mit Notizblättern.) In Lnwd. geb. Wien: Perles 1.30

Spengler-Kalender für 1900. Herausgegeben von Carl Pataky unter Mitwirkung vieler Fachleute. Reich illustrirt. XX. Jahrgang. Wien. Perles. 8°. 192 S. mit 1 Tafel. Geb. fl. 1.30

Spengler-Kalender für das Jahr 1901. Herausgegeben von Carl Pataky unter Mitwirkung vieler Fachleute. Reich illustrirt. XXI. Jahrgang. Wien. Perles. 8°. 192 S. mit 1 Tafel. Geb. K 2.60

Spengler-Kalender für das Jahr 1902. Herausgegeben von Carl Pataky unter Mitwirkung vieler Fachleute. Reich illustrirt. XXII. Jahrgang. Wien. Perles. 8°. 192 S. mit 1 Tafel. Geb. K 2.60

Spenglerkalender für 1904. 24. Jahrg. 8°. (ill. 192 S.)
Wien: Perles geb. K 2.60

Spenker, Geo. Hnr., († 1785.) Bestimmung der Dauer der Welt u. ihrer Hauptabtheilungen bis ans Ende der Tage. 8. Wismar ... 2e Aufl. 773. (Bödner in Schwerin). 6 gl.

Spenkuch, Geo., zur Geschichte der Münchener Börse, s. a. Wirtschafts- u. Verwaltungsstudien m. besonderer Berücksicht. Bayerns. XXX.

Spenkuch, Georg, a. Neustadt a. d. H.: Zur Geschichte der Münchener Börse. Naumburg a. S. 1907: Lippert & Co. (117 S.) 8° [F.] ¶ (Erschien m. Anhang als: Wirtschafts- u. Verwaltungsstudien m. bes. Berücks. Bayerns Bd 30.)
Würzburg, Jur. Fak., Ref. Schanz, Diss. v. 28. Okt. 1907
[Geb. 11. Jan. 83 Dettelbach; Wohnort: Neustadt a. H.; Staatsangeh.: Bayern; Vorbildung: Gymn. Metten Reife Juli 01; Studium: Berlin 2, München 3, Würzburg 3 S.; Rig. 20. Juni 07.]

Zur Geschichte der Munchener Börse. Von Dr. Georg **Spenkuch**. Leipzig: A. Deichert Nachf. 1908. (147 S.) 8° [F.]
= Wirtschafts- u. Verwaltungsstudien m. bes. Berücks. Bayerns. 30. [07. 16045]

Spenn, C.: De oenoposia jejunorum utili et noxia. Diss. Vitebergae. 1792

Spenn, Joseph, Lebensbeschreibung. 2 Thle. s. a. Lebensbeschreibung.

Spenn's, Jos., ehemal. Augustiner-Mönchs Lebensbeschreibung, von ihm selbst geschrieben u. mit seinem Bildn. begleitet. 2 Thle. 8. Magdeb. 805. (Heinrichshofen). 2 ß

Spennemann, Carl, s. Spennemann, Karl

Spennemann, Fritz: Der Schenkungswiderruf. Borna-Leipzig 1910: Noske. IX, 41 S. 8°
Heidelberg, Jur. Diss. v. 17. Sept. 1910, Ref. Endemann
[Geb. 28. März 63 Witten a. R.; Wohnort: Godesberg; Staatsangeh.: Preußen; Vorbildung: Realgymn. Witten Reife O. 83; Studium: Bonn 6, Heidelberg 1 S.; Rig. 25. Juli 10.] [U 11. 2139

Spennemann, Karl

Spennemann, Carl, Lage in Lippe. Kleinstaatliches Localstückchen bei sehr fortgeschrittenem Wetterleuchten. Vorn, vom Beschauer halblinks: die Lipp. Presse in schönster Thätigkeit. Gelegentlich: reinigende Gewitter. Schlußtableau: „Es lebe der Kaiser!" 8. (36 S.) Hamburg 878. Restler & Melle. n. — 50

Spennemann, Carl, Lage in Lippe. II. Vier Lage'sche-Lippische Verwaltungssachen. Actenmäßig zusammengestellt und beleuchtet. gr. 8. (51 S.) Hamburg 882, Restler und Melle.

Spenner, Albert, Referendar: Die Kaufmannseigenschaft des Handwerkers. Borna-Leipzig 1910: Noske. VII, 41 S. 8°
Leipzig, Jur. Diss. v. 18. April 1910
[Geb. 26. Sept. 83 Chemnitz i. S.; Wohnort: Dresden; Staatsangeh.: Sachsen; Vorbildung: Gymn. Altenburg Reife O. 04; Studium: Freiburg i. B. 3, Leipzig 5 S.; Rig. 18. Febr. 08.] [U 10. 2894

Spenner E. [illegible] Philippi [illegible] als Nebenprodukt bei der Darstellung von Akrylsäureester. S. 123. [illegible] vgr.
— [illegible] Verlauf der Einwirkung von Ammoniak auf Ester ungesättigter Säuren. 3. Mitteilung. S. 123. [illegible] vgr.
Separatabdruck

Spenner, Friedrich Karl Leopold

Spenner, F. C. L., Flora Friburgensis et regionum proxime adjacentium. III Ti. 8. (79 B. u. Stnt.) Friburgi 825—29, Wagner.

Spenner, Frider. Carol. Leop., Genera plantar. Florae german., s. Nees ab Esenbeck, Th. F. L.

Spenner, Fr. Karl Leop., Handbuch der angewandten Botanik, oder prakt. Anleitung zur Kenntniß der medizinisch, technisch u. ökonomisch gebräuchl. Gewächse Teutschlands u. d. Schweiz. Mit e. analyt. Bestimmungstabelle f. alle Gattungen Deutschlands und der Schweiz. 3 Abthll. gr. 8. Freiburg 834—36. Gebr. Groos. 5 ℳ

Spenner, Fr. Car. Leop., s. Nees ab Esenbeck, Th. Fr. L., genera plantarum Florae germanicae.

—— Teutschlands phanerogam. Pflanzengattungen in analyt. Bestimmungstabellen nach d. natürl. u. linneischen Systeme. Mit e. latein. u. deutschen terminolog. Wörterbuche. gr. 8. (23¼ B.) Freiburg 836. [Carlsruhe, Groos.]

Spennrath, Heinr., unterwegs. Gedichte. (40 S.) 8. Frankfurt a/M. 909. Gebr. Knauer. 1.50

Spennrath, Jos., die Bedienung u. Wartung elektrischer Anlagen u. Maschinen. Zugleich ein Leitfaden zur Einführg. in die Elektrotechnik. gr. 8. (VI, 143 S. m. 71 Abbildgn.) Aachen 901. C. Mayer. n. 2.40; geb. in Leinw. n. 2.80

Spennrath, Jos., s. Bernard's, J., Repetitorium der Chemie.

Spennrath, J., die Chemie im Handwerk u. Gewerbe. Ein Lehrbuch zum Gebrauche an techn. u. gewerbl. Schulen, sowie zum Selbstunterricht. 8. (VI, 274 S.) Aachen 889. C. Mayer's Verl. n. 3.60; cart. n. 3.75

Spennrath, Jos., d. Chemie in Industrie, Handwerk u. Gewerbe. E. Lehrbuch z. Gebrauch an techn. u. gewerbl. Schulen, sow. z. Selbstunterr. 2., verm. u. verb. Aufl. 8. (VI, 227 S.) Aachen 895. C. Mayer's Verl. n. 3.60; kart. n. 3.90

Spennrath, J.
Die Chemie in Industrie, Handwerk und Gewerbe. Dritte Auflage. Aachen, 1899. 8vo.

— die Chemie in Industrie, Handwerk u. Gewerbe. Ein Lehrbuch zum Gebrauche an techn. u. gewerbl. Schulen, sowie zum Selbstunterricht. 3. verm. u. verb. Aufl. 8. (VI, 233 S.) Ebd. 900. n. 3.60; kart. n. 3.90; geb. in Leinw. n. 4.50

Spennrath, Jos., die Chemie in Industrie, Handwerk u. Gewerbe. Ein Lehrbuch zum Gebrauche an techn. u. gewerbl. Schulen, sowie zum Selbstunterricht. 4. verm. u. verb. Aufl., bearb. v. Paul Loebner. (VIII, 234 S.) gr. 8. Aachen 904. [C. Mayer.] Berlin, M. Krayn. n. 3.60; kart. n. 3.90

— die moderne Erzeugung u. Verwendung der elektrischen Energie. Gemeinfasslich dargestellt. gr. 8. (VI, 363 S. m. 113 Abbildgn.) Ebd. 902. n. 4.50; geb. in Leinw. n. 5.50

— Handbuch der Weberei, s.: Reiser, Nic.

— d. prakt. Heizer u. Kesselwärter, s.: Brauser, Paul.

— das gefahrlose Karbonisieren der Wolle u. Wollenwaren, auf Grund eigener Versuche dargestellt. gr. 8. (44 S.) Aachen 900. C. Mayer. n. 1.50

— der prakt. Maschinenwärter, s.: Brauser, Paul.

— Materiallehre f. die Textilindustrie, enth. die Rohstoffe sowie die Herstellung u. Untersuchung der Gespinste. Zum Gebrauche an Webeschulen u. f. Praktiker bearb. gr. 8. (III, 176 S. m. 86 Abbildgn.) Aachen 899. C. Mayer. n. 5.—; geb. in Leinw. n. 5.80

Materiallehre für die Textilindustrie enth. d. Rohstoffe sowie d. Herstellung u. Untersuchung d. Gespinste. Zum Gebr. an Webeschulen u. f. Praktiker bearb. von Joseph Spennrath. Mit 86 Abb. 2. verb. Aufl. Berlin: M. Krayn 1907. (175 S.) 8° (08. 16107

Spennrath, Jos. Die Mechanik in der lebenden Natur. 29 S. Progr. Rsch. *Aachen* 1881.

Spennrath, Jos., chem. u. physikal. Untersuchg. d. gebräuchl. Eisenanstriche. Von d. Verein zur Beförderg. d. Gewerbfleisses gekrönte Preisarbeit. gr. 4. (32 S.) Berlin 895. L. Simion. n. 1.20

Spennrath, Jos. Die Untersuchungen über die Refraktion und Dispersion des Lichtes seit Kepler. Erster Teil. 16 S. G. *Aachen* 1877. Progr.

— die mechanischen Webstühle, s.: Reiser, Nic.

Spenrath, J. P., alterthüml. Merkwürdigkeiten d. Stadt Xanten, s. Geschichtsforscher u. Bewahrer v. Alterthümer, 1. Hft.

Spenser, s. a. Willis, Joannes.

Spenser, Edmund

* — — Fünf Gesänge (aus Buch 1) der Feenkönigin. In freier metrischer Uebertragung von Dr. G. Schwetschke. G. Schwetschke'scher Verlag. Halle, 1834. — *A. E.:* Gebauer-Schwetschke'sche Buchdruckerei in Halle. Breit-8°. Feines Pap. Orig.-Cartonbd. (In Berlin: Za 4540.)
IX—90 S., 1 Bl. weitere Schriften d. Uebersetzers (6 Nrn.) „Joseph v. Hammer-Purgstall, dem ruhmreichst Achtzigjährigen" gewidmet.
Das berühmte allegorische, der Königin Elisabeth gewidmete Gedicht sollte 12 Bücher à 12 Gesänge umfassen; vorhanden sind jedoch nur Buch 1—6 vollständig à 12 Gesänge, dann noch 2 vollst. Gesänge u. 1 unvollst. Gesang. (Sammtl. in der sogen. Spenserstanze oder Spenserstrophe, „ein Mittelding zwischen der Monotonie der Oktavreime und der Ungebundenheit der Wieland'schen Oberonstanze", abgefaßt. — Vgl. auch Spalding's Gesch. d. engl. Lit. Halle 1854 (woselbst metrische Uebersetzungsproben Schwetschke's).

Spenser, Edmund. Sonnets ... Sonnete; ins Deutsche übersetzt. 2. Aufl. 1816. Ü: *Hammer-Purgstall, Joseph Freih. von.* (Ky)

Spenser's Sonnets, transl. into German. Spensers Sonnete ins Deutsche übers. (von Jos. v. Hammer). 8. Wien ... 2r A. 816. Schaumburg u. C. 2 ℳ 18 gr.

Spenser, Fr., Erklär. der neuen Wörter, so seit der französ. Revolution in Gang gekommen, auch sonst in Schriften erschienen. 8. Bern 800. Typogr. Soc. 3 gr.

Spenser, Friedrich

Spenz, F., die syntaktische Behandlung d. achtsilbigen Verses in der Passion Christi u. im Leodegar-Liede m. besond. Berücksicht. der Cäsurfrage, s. a. Ausgaben u. Abhandlungen aus dem Gebiete der romanischen Philologie.

Spenz, Friedrich [aus Dömitz in Mecklenburg-Schwerin]: Die syntaktische Behandlung des achtsilbigen Verses in der Passion Christi und im Leodegar-Liede mit besonderer Berücksichtigung der Cäsurfrage .... (Aus: Ausg. u. Abh. a. d. Geb. d. roman. Phil.) Marburg, Univ.-Buchdr. (R. Friedrich), 1886; 2 Bl.+42 S. 8°.
Marburg, Phil. Fak., Inaug.-Diss. v. [15. Dez.] 1886.

* = K. L. 288 (67)

Spenze, System d. theoret. u. prakt. Entbindungskunst. 8. Leipz. Hinrichs. 798.

— s. auch Spence.

Spenzer, John George [aus Cleveland, O., U. S. A.]: Ueber das Verhalten der Allylmalonsäure, Allylessigsäure und Aethylidenpropionsäure beim Kochen mit Natronlauge. Beiträge z. Kenntn. d. Propylidenessigsäure ... Strassburg i. E., Buchdr. C. Goeller, 1893; 50 S. 8.
Strassburg, Math.-naturw. Fak., Inaug.-Diss. v. 1893.

Sper, A. [Pseud.], s.a. Rau, Hans

— — Elisabeth Bathory, die »Blutgräfin« und verwandte Erscheinungen. Von Dr. med. A. Sper. Berlin, Berliner Zeitschriften-Vertrieb (1904). 8°. 186 S.

Sper, A. (Hans Rau), Elisabeth Bathory, die „Blutgräfin" u. verwandte Erscheinungen. (186 S.) 8. Berlin (904). [Verlag f. moderne Literatur.] W. Schindler. 3. —; erm. Pr. 2. —

Sper, A., Capri u. die **Homosexuellen.** Eine psycholog. Studie. gr.8. (26S.) Oranienburg (902). Orania-Verl. —50

— — Capri und die Homosexuellen. Eine psychologische Studie von Dr. med. A. Sper. 2. Auflage. Oranienburg-Berlin, Orania-Verlag (1903). 8°. 27 S.

— — Berühmte grausame Frauen. Ebd. o. J. (1903). 8°. (Mk. 3. ...) (1 Mk. 50 Pfg. der Vorge...

— — Der Geschlechtstrieb und seine Verirrungen. Ein Beitrag zur Seelenkunde. Berlin, H. Steinitz, 1903. 8°. 118 S.
Verb. d. Ldg. I Berlin 38 J. 691/13.

Sper, A. (Hans Rau), berühmte Giftmischerinnen. (191 S.) 8. Berlin (904). [Verlag f. moderne Literatur.] W. Schindler. 3. —; erm. Pr. 2. —

— — Weibliche Grausamkeit. Ueber die Bestie im Weibe. Ebd. o. J. (1903). 8°. (Mk. 3.—) (1 Mk. 50 Pfg. O. Schönhuth. München, 1906.)

RAU, Hans (pseud. Dr. A. Sper, gest. 24. 5. 1907, 24 Jahre alt). Franz Grillparzer und sein Liebesleben. Mit zahlreichen Porträts. Berlin, H. Barsdorf, 1904. 8°. 256 S.

— die Heilung der Unkeuschheit. Ein Beitrag zum Geschlechtselend unserer Zeit. (80 S.) 8. Leipzig (901). A. F. Schlöffel. 1. 50

— — Liebesfreiheit! Urninge und Tribaden. Ein Aufruf an das Volk. Oranienburg, Orania-Verlag, 1903. 8°. 28 S.

— — Lustmörder der Neuzeit. Von Dr. med. A. Sper. Berlin, Berliner Zeitschriften-Vertrieb (1904). 8°. 192 S.

— **Lustmörder der Neuzeit.** (192 S.) 8. Berlin (904). [Verlag f. moderne Literatur.] W. Schindler. 3. —; erm. Pr. 2. —

— der **Marquis de Sade u. der Sadismus.** (183 S.) 8. Ebd. (904). 3. —; erm. Pr. 2. —

— — Der Sadismus in der Armee. Berlin, H. Bermühler, 1904. 8°. 63 S.

— — Sadismus und Erzieher. Der Fall Dippold. Ein Sittenbild aus dem 20. Jahrhundert. Berlin, H. Barsdorf, 1904. 8°. 68 S.

— gekrönte **Verbrecher.** (178 S.) 8. Ebd. (904). 3. —; erm. Pr. 2. —

— — Wollust und Schmerz. Eine psychologische Studie. Oranienburg, Orania-Verlag (1904). 8°. 26 S. (Bibliothek des Seelen- und Sexuallebens, Serie 1, Heft 10.)

Sperandèo, P. G., **Dizionàrio italiano e russo.** Parte italiano-russa. (VIII, 679 S.) kl. 8. Leipzig 905. O. Holtze's Nachf. n. 7. —; geb. in Leinw. n. 7. 75

Sperander [Pseud.], s.a. Gladow, Friedrich

Sperander: Betrachtung über die itzt grassirende Viehseuche ... Hamburg 1746. 40 S.

Sperander, I. H., Cornelius epistolicus. 8. Bautzen. 719.

— Einleitung zur Geographie. 8. Hamburg, Hoffmann. 726.

— compend. Handlexikon aller fremd. Wörter, so in Zeitungen, Briefen u. Conversat. vorkommen. 8. Nürnberg. 728.

— ganze Jurisprudenz, deutlich, kurz u. gut abgefaßt. 4. Arnstadt u. Leipz. 736.

Sperander, J. H.: „Vollkommener Kauf- und Handels-Mann", 1. Auflage wahrscheinlich 1712, dann Frankfurt und Leipzig 1729.

Speranders „Sorgfältiger Negociant und Wechssler. Das ist Wohlmeynendes Bedencken, So wohl Über das Commercien-Wesen Insgemein, zur See und Lande, als auch über das Wechsel-Negotium Insonderheit, und was von beyden dependiret, wie denn darinnen zu finden
1. Wohlgegründete Observationes in Wechsel-Sachen und denen Handlungen entstandenen Disputen und Fallimenten,
2. Ein Müntz-Gespräch über das heut zu Tage gang- und gebige schlechte Geld, und ob die Kauffleute daran Schuld haben,
3. Gewisse Reqvisita, welche zu einem vollkommenen Kauff- und Handels-Masse erfordert werden,
4. Eine accurate Tabelle von Italiänischen Buchhalten und dessen Grund-Regeln, desgleichen,
5. Die Hamburgische Banco-Ordnung",
„Andere (= 2.) Auflage, Welche gantz genau corrigiret und in sehr vielen Stücken verbessert worden", Rostock und Leipzig 1712. — Vorh.: Bücherei der Industrie- und Handelskammer Leipzig.

SPERANDER: Sorgfält. Negotiant u. Wechsler. *Güstrow.* 729. *Leipz. u. Rost.* 706. *Rost.* 772. 4.

Speransky, Joh., Andachtsbuch zum Gebrauch der Christen der orthodox-katholisch-orientalischen Kirche, aus dem Slawischen übersetzt u. nach dem Griechischen erläutert. Weimar 859. (Kühn.) 16. (104 S.) n. 6⅓ ngr.

— Ritual am heiligen u. großen Herrntage des Pascha u. Vesper am Pfingsttage, aus dem Slawischen übersetzt u. nach dem Griechischen erläutert. Ebend. 859. 16. (IV, 83 S.) n. 5⅓ ngr.

Sperante, Gespräche. 12 Thle. 4. Frankf. u. Leipz. 725 — 734.

SPERANTES, Joh. (d. i. *Joh. Zacharias Gleichmann*), Gespräch (1—12) im Reiche derer Todten. Mit TKpfrn. Franckf. 1725—34. 4⁰. (Cplt. in Marburg, Univbibl.)
Selten und historisch vielfach interessant.

§ — — Abgenöthigte . . . . Retorsion auf ein Pasquill . . . . wider die Gespräche im Reiche derer Todten. Franckfurt u. Leipzig 1727. 4⁰. Rarl

Speranza, Giovanni, Lehrbuch der italien. Sprache. Ein Leitfaden zur Korrespondenz u. Konversation. Ausg. A. Zum Gebrauch in höheren Knaben- u. Mädchenschulen, Akademien, Konservatorien der Musik, sowie zum Selbstunterricht bearb. unter Mitwirkg. v. W. Buhle. (V, 234 S.) gr. 8. Berlin (903). H. Spamer.
Geb. in Leinw. n. 3. —

La Lingua italiana insegnata dalla pratica, ossia Introduzione alla Conversazione e Corrispondenza ad uso delle Scuole Secondarie Maschili e Femminili ... della Germania, dettata dal Prof. Dott. Giovanni **Speranza** col concorso del Dr. W[ilhelm] Buhle. *Berlino: U. Spamer (1903).* (234 S.) 8°
[Nebent.:] Lehrbuch der Ital. Sprache. Ein Leitfaden z. Korrespond. u. Konversation. Ausg. A. ... bearb. von Dr. G. Speranza unter Mitw. ... [04. 2330

Speranza, J., f. frohe Kinderherzen, s.: **Voigt, E.**

Sperat, Josef. Alpenklänge. Ernstes u. heiteres Allerlei. Klgft., Leon. 1909. Bd. 1.

Sperat, S., das rosenrothe Buch, od. Geschichten f. d. erste Kindesalter. A. d. Franz. 16. (10 B. u. 4 ill. Kpfr.) Ulm 834, Ebner. Thlr

Sperber, ..., († 1808.) f. Anleit. zum Tabaksbau.

Sperber, Alice. Charakteristik der Lothringer Märchensammlung von E[mmanuel] Cosquin ⟨Paris 1887⟩. Diss. Phil. Bern. II + X + 98 S. 8. Wien, (Hofbuchdr. J. Beck,) 1908.

Sperber, Alwin, aus Gr.-Lichterfelde, Kammergerichtsrefer.: Fragen zur Botenlehre des Bürgerlichen Gesetzbuches. Borna-Leipzig 1908. Noske. VIII, 62 S. 8°
Jena, Jur. Diss. v. 31. Aug. 1908, Ref. Fehr
[Geb. 14. März 86 Berlin; Wohnort: Kyritz; Staatsangeh.: Preußen; Vorbildung: Gymn. Gr.-Lichterfelde Reife O. 04; Studium: Freiburg i. B. 1, Berlin 1, Freiburg i. B. 1, Berlin 3 S.; Rlg. 30. Juni 08.] [U 09. 2124

Sperber jun., Bernh. Hag. Wilh., Gedichte. Memel 868. (Treuenfels.) gr. 16. (IV, 68 S.) 15 ngr.

Sperber, C. J., f. Zeitschrift für Rechtspflege u. Verwalt.

Sperber, Carl Julius, s. Sperber, Karl Julius

Sperber, Eduard

Sperber, E., die allgemeinen Bestimmungen d. königl. preußischen Ministers der geistlichen, Unterrichts- u. Medizinal-Angelegenheiten vom 15. Oktbr. 1872, betr. das Volksschul-, Präparanden- u. Seminarwesen, nebst den Prüfungs-Ordnungen f. Volksschul-Lehrer u. Lehrerinnen, durch den Hauptinhalt der wichtigsten später erlassenen Ministerial-Verfüggn. erläutert. 8. (186 S.) Breslau 886. F. Hirt. cart. n. 1. 50

Sperber, E., die allgemeinen Bestimmungen des königl. preußischen Ministers der geistlichen, Unterrichts- u. Medizinal-Angelegenheiten vom 15. Oktbr. 1872, betr. das Volksschul-, Präparanden- u. Seminar-Wesen, nebst den Prüfungs-Ordngn. f. Volksschul-Lehrer u. Lehrerinnen, durch den Hauptinhalt der wichtigsten später erlassenen Ministerial-Verfüggn. erläutert. 2., bis 31. Juli 1893 ergänzte Aufl. 8. (236 S.) Breslau 894. F. Hirt. Kart. n. 2. —

— dasselbe. 3. Ausg., ergänzt bis auf die Gegenwart durch die neuen Bestimmgn. üb. das Mädchenschulwesen u. die neue Turnlehrerprüfg. 8. (236 S.) Ebd. 894. Kart. n. 2. —

Die Allgemeinen Bestimmungen des Königlich Preussischen Ministers der geistlichen ... Angelegenheiten betreffend die Volks- und Mittelschule vom 15. Okt. 1872, sowie d. Präparandenanstalten u. d. Lehrerseminare v. 1. Juli 1901, nebst d. Prüfungs-Ordnungen ... durch d. Hauptinhalt d. wichtigsten dazu erlassenen Ministerial-Verfügungen erl. von E[duard] **Sperber**, Schulrat. 4. Aufl., neue teilw. bis z. 1. Okt. 1901 erg. Ausg. *Breslau: F. Hirt 1901.* (207 S.) 8° [F.] [01. 5141

Sperber, (Eduard), die Bestimmungen d. königl. preuß. Ministers der geistlichen, Unterrichts- u. Medizinal-Angelegenheiten betr. die Volks- u. Mittelschule, die Präparandenanstalten u. die Lehrerseminare, sowie d. Ordnungen f. sämtliche Lehrerprüfungen, durch den Hauptinhalt der wichtigsten dazu erlassenen Ministerial-Verfügungen erläutert. 5. Aufl., ergänzt bis 1. XI. 1906. Ausg. A f. Lehrer. (IV, 143 S.) 8. Breslau 907. F. Hirt. Kart. 1. 50

Sperber, (Eduard), die Bestimmungen d. königl. preuß. Ministers der geistlichen, Unterrichts- u. Medizinal-Angelegenheiten betr. die Volks-, Mittel- u. höhere Mädchenschule sowie sämtl. Prüfungen der Lehrerinnen. 5. Aufl., ergänzt bis 1. XI. 1906. Ausg. B f. Lehrerinnen. (IV, 148 S.) 8. Breslau 907. F. Hirt. Kart. 1. 50

— Erklärung evangel. Kirchenlieder aus alter u. neuer Zeit. B. Größere Ausg. gr. 8. (V, 280 S.) Ebd. 895. n. 2. 50; geb. n. 3. —

— Erklärung evang. Kirchenlieder aus alter u. neuer Zeit. B. Größere, allgemeine Ausg. gr. 8. (V, 280 S.) Ebd. 895. n. 2. 50; geb. in Halbleinw. n. 3. —

— Erklärung evangelischer Kirchenlieder aus alter u. neuer Zeit. B. Größere allgemeine Ausg. 2., verb. Aufl. (VIII, 284 S.) 8. Ebd. 906. n. 2. 60; geb. n. 3. —

— kurze Erklärung der 30 Kirchenlieder, welche v. den zuständigen Behörden als Memorierlieder f. den evangelischen Religions-Unterricht in den Volksschulen u. f. den Konfirmanden-Unterricht in der Prov. Schlesien ausgewählt sind. gr. 8. (IV, 143 S.) Breslau 893. G. Sperber. n. 1. 75; geb. in Halbleinw. n. 2. 25

— kurze Erklärung der 30 Kirchenlieder, welche als Memorierlieder ausgewählt sind. A. Kleinere Ausg. (Für Schlesien.) 2. Aufl. gr. 8. (IV, 146 S.) Breslau 895. Gütersloh, C. Bertelsmann. n. 1. 75; geb. n. 2. 25

Sperber, E., kurze Erklärung d. 30 Kirchenlieder, welche v. d. zuständ. Behörden als Memorierlieder f. d. evang. Religions-Unterr. in den Volksschulen u. f. d. Konfirmanden-Unterr. in d. Prov. Schlesien ausgewählt sind. A. Kleinere Ausg. (Für Schlesien.) 2. Aufl. gr. 8. (IV, 146 S.) Breslau 895. G. Sperber. n. 1. 75; geb. in Halbleinw. n. 2. 25

Sperber, Eduard, kurze Erklärung der 30 Kirchenlieder, welche v. den zuständigen Behörden als Memorierlieder f. den evangelischen Religions-Unterricht in den Volksschulen u. f. den Konfirmanden-Unterricht in der Prov. Schlesien ausgewählt sind. A. Kleinere Ausg. (Für Schlesien.) 3. Aufl. In der neuen Rechtschreibg. (VIII, 144 S.) 8. Gütersloh 902. C. Bertelsmann. Geb. n. 2. 25

Sperber, E., Erklärung der Sonn- und Festtags-Evangelien des christlichen Kirchenjahres für Lehrer, Seminaristen und Freunde des göttl. Wortes. 4 Hefte. gr. 8. Eisleben 865,66, Kuhnt'sche Buchh. *

Inhalt:

Heft 1. Der Weihnachtskreis. (VI und S. 1—92.) * 7½ Ngr.
" 2. Der Osterkreis. (S. 93—232.) * 10 Ngr.
" 3. Der Pfingstkreis. 1. Abthl.: Vom Himmelfahrtsfeste bis zum 10. Sonntage nach Trinitatis. (S. 233—358.) * 7½ Ngr.
" 4. —— dass. — 2. Abthl.: Vom 11. Sonntage nach Trinitatis bis Ende der Trinitatiszeit. (VII und S. 359—484.) * 10 Ngr.

Sperber, E., Erklärung der Sonn- u. Festtags-Evangelien d. christl. Kirchenjahres f. Lehrer, Seminaristen u. Freunde d. göttl. Wortes. 2., verb. u. verm. Aufl. gr. 8. (X, 521 S.) Eisleben 871. Kuhnt. n. 3. 50

Sperber, E., Erklärung der Sonn- u. Festtags-Evangelien d. christlichen Kirchenjahres f. Lehrer, Seminaristen u. Freunde d. göttl. Wortes. 3. Aufl. 8. (VIII, 431 S.) Eisleben 888. Kuhnt. n. 3. —; geb. n. 3. 50

—— die biblische Geschichte mit erklär. Anmerkungen und heilsgeschichtl. Erläuterungen. Für den Seminar- und Schulgebrauch. 2 Thle. gr. 8. Ebendas.

Inhalt:

Thl. 1. Das alte Testament. 1. Aufl. (X, 290 S.) 1869. * ℳ 1,75.; 2., vielfach verb. und zum Theil umgearb. Aufl. (XVI, 321 S.) 1872. * ℳ 2., und 3. Aufl. (X, 351 S.) 876. * ℳ 2,50.
" 2. Das neue Testament. 1. Aufl. (VIII, 252 S.) 1870. * ℳ 1,25., und 2. umgearb. und verm. Aufl. (XI, 318 S.) 873. * ℳ 1,50.

Sperber, Ed., die biblische Geschichte mit erklärenden Anmerkungen und heilsgeschichtlichen Erläuterungen als Grundlage für die unterrichtliche Behandlung. Für den Seminar- und Schulgebrauch. 2 Thle. 8. Eisleben, Kuhnt'sche Buchh. à Thl. * ℳ 2,50. *

Inhalt:

Thl. 1. Das alte Testament. 4. Aufl. (XX, 383 S.) 1877; 5. verb. Aufl. (XX, 390 S.) 1878; 6. Aufl. (XX, 392 S.) 879.
" 2. Das neue Testament. 3. Aufl. (XII, 341 S.) 1876; 4. Aufl. (XIII, 341 S.) 1877; 5. Aufl. (XIV, 347 S.) 879.

Sperber, Ed., die biblische Geschichte mit erklärenden Anmerkungen und heilsgeschichtlichen Erläuterungen als Grundlage für die unterrichtliche Behandlung. Für den Seminar- und Schulgebrauch bearb. 2 Thle. 8. Eisleben, Kuhnt'sche Buchh. *

Inhalt:

Thl. 1. Das alte Testament. 7. Aufl. (XX, 392 S.) 882; 8. Aufl. (XVI, 397 S.) 884. * ℳ 3.
" 2. Das neue Testament. 6. Aufl. (XIV, 351 S.) 880. * ℳ 2,50; 7. Aufl. (XIV, 351 S.) 882. * ℳ 3.

—— die biblische Geschichte mit erklärenden Anmerkungen und heilgeschichtlichen Erläuterungen als Grundlage für die unterrichtliche Behandlung. Für den Seminar- und Schulgebrauch bearb. 2. Tl.: Das neue Testament. 8. Aufl. 8. (X, 360 S.) Ebendas. 886. *

Sperber, Ed. Die biblische Geschichte m. erklärenden Anmerkungen u. heilsgeschichtlichen Erläuterungen als Grundlage f. die unterrichtliche Behandlung. Für den Seminar- u. Schulgebrauch bearb. 2 Tle. 8. Eisl., Kuhnt. à Tl. * 3 —; * 6 —; geb. * 3 50; * 7 —

1. Das alte Testament. 9. u. 10. Aufl. (XVI, 397 S.) 89,92
2. Das neue Testament. 9. Aufl. (VI, 360 S.) 889.

— die biblische Geschichte m. erklärenden Anmerkungen u. heilsgeschichtlichen Erläuterungen als Grundlage für die unterrichtliche Behandlung. Für den Seminar- u. Schulgebrauch bearb. 2 Tle. 8. Eisleben 892. Kuhnt. Geb. à n. 3. 50

1. Das alte Testament. 10. Aufl. (XVI, 397 S.) 892.
2. Das neue Testament. 10. Aufl. (X, 360 S.) 893.

— die biblische Geschichte m. erklär. Anmerkgn. u. heilsgeschichtl. Erläutergn. als Grundlage f. d. unterrichtl. Behandlg. Für den Seminar- u. Schulgebrauch bearb. 2 Tle. 11. Aufl. 8. Eisleben, Kuhnt. à n. 3. —; geb. in Halbldr. à n. 3. 50

1. Das alte Testament. (XII, 398 S.) 896.
2. Das neue Testament. (X, 360 S. m. 4 farb. Taf.) 896.

— dasselbe, m. Erläutergn., Sprüchen, Liederversen, Bibellesestellen u. e. kirchengeschichtl. Anh. Insbes. f. Präparanden-Anstalten bearb. 4. Aufl. 8. (IX, 467 S.) Ebd. 895. n. 3. 80; Einbd. in Halbldr. n.n. — 60

Sperber, Ed., die biblische Geschichte m. erklärenden Anmerkgn. u. heilsgeschichtl. Erläutergn. als Grundlage f. die unterrichtliche Behandlung. Für den Seminar- u. Schulgebrauch bearb. I. u. II. Tl. 12. Aufl. 8. Gütersloh, C. Bertelsmann. à n. 3. —; geb. in Halbldr. à n.n. 3.50

I. Das Alte Testament. (XVI, 399 S. m. 4 farb. Landkarten.) Eisleben 899.
II. Das neue Testament. (X, 360 S. m. 4 farb. Taf.) 900.

— die biblische Geschichte m. erklärenden Anmerkungen u. heilsgeschichtlichen Erläuterungen als Grundlage f. die unterrichtliche Behandlung. I. Tl. Das Alte Testament. 13. Aufl. In neuer Rechtschreibg. (XIV, 399 S. m. 4 Landkarten.) 8. Ebd. 903. n. 3. —; geb. n. 3. 50

— Die biblische Geschichte m. erklärend. Anmerkgn. u. heilsgeschichtl. Erläutergn. als Grundlage f. d. unterrichtl. Behandlg. II. Tl.: Das neue Testament. 13. Aufl. (X, 360 S. m. 4 farb. Landkarten.) 8. Gütersloh 906. C. Bertelsmann. Geb. 3. 50

—— die biblische Geschichte mit Erläuterungen, Sprüchen, Liederversen, Bibellesestellen und einem kirchengeschichtl. Anhange. Insbesondere für Präparanden-Anstalten bearb. gr. 8. (IX, 490 S.) Ebendas. 877. *

— die biblische Geschichte mit Erläuterungen, Sprüchen, Liederversen, Bibellesestellen u. einem kirchengeschichtlichen Anhange. Insbesondere f. Präparanden-Anstalten bearb. 2. Aufl. [Neue Orthogr.] 8. (IX, 503 S.) Ebend. 881. n. 4. —

—— Die biblische Geschichte m. Erläuterungen, Sprüchen, Liederversen, Bibellesestellen u. e. kirchengeschichtl. Anhange. Insbesondere f. Präparanden-Anstalten bearb. 3. Aufl. 8. (IX, 475 S.) Ebd. 890. * 3 80; geb. * 4 30

— die biblische Geschichte m. Erläuterungen, Sprüchen, Liederversen, Bibellesestellen u. e. kirchengeschichtlichen Anhange. Insbesondere f. Präparanden-Anstalten bearb. 6., nach dem Lehrplan vom 1. VII. 1901 umgearb. Aufl. Neue Rechtschreibg. 2 Tle. 8. Ebd. Geb. in Halbldr. à n. 3. —

1. Das Alte Testament. (VIII, 307 S. m. 2 farb. Karten.) 903.
2. Das Neue Testament. (VIII, 316 S. m. 4 farb. Karten.) 904.

Die biblische Geschichte mit Erl., Sprüchen ... u. e. kirchengeschichtl. Anh. Insbesond. f. Präparanden-Anst. bearb. von Ed[uard] **Sperber**, Geh. Reg. u. Schulrat. 6. nach d. Lehrpl. v. 1. Juli 1901 umgearb. Aufl. Neue Rechtschreibung. T. 1. 2. Gütersloh: C. Bertelsmann 1905. 2 Bde 8° [F.]
1. Das Alte Testament. 2. Das Neue Testament. [06. 6]

— dasselbe m. Erläutergn., Sprüchen, Liederversen, Bibellesestellen u. e. kirchengeschichtl. Anh. Insbesond. f. Präparanden-Anstalten bearb. 2. Tl.: Das Neue Testament. 7., nach dem Lehrplan v. 1. VII. 1901 umgearb. Aufl. (VIII, 315 S. m. 4 farb. Karten.) 8. Ebd. 910. 2.50; geb. n 3. —

— Geschichte der Methodik des Religionsunterrichts, s.: Kehr, C., Geschichte der Methodik.

— die Geschichte d. Reiches Gottes, im Anschluß an das Bibellesen f. die Oberstufe mehrklass. Volksschulen bearb. 2 Tle. 8. Gütersloh 882. Bertelsmann. à n. — 60

1. Das Alte Testament. Mit 17 (eingedr. Holzschn.-)Abbildgn. (135 S.)
2. Das Neue Testament. (131 S.)

— die Geschichte d. Reiches Gottes im Anschluß an das Bibellesen, f. die Oberstufe mehrklass. Volksschulen bearb. 2 Tle Das Alte u. Neue Testament. 2. Abdr. 8. (135 u. 131 S. m. 17 Abbildgn.) Gütersloh 889. Bertelsmann. à n. — 60

— Geschichte d. Religionsunterrichts in der evangelischen Volksschule, s.: Schumann, G.

— die biblischen Geschichten für die Mittelstufe mehrklassiger Volksschulen, zu Lebensbildern u. Geschichtsbildern zusammengestellt. [Neue Orthogr.] 8. (XVI, 184 S.) Gütersloh 880. Bertelsmann. n. — 60

— die biblischen Geschichten, f. die Mittelstufe mehrklassiger Volksschulen zu Lebensbildern u. Geschichtsbildern zusammengestellt. 2. verb. Aufl. 8. (XVI, 184 S.) Gütersloh 886. Bertelsmann. n. — 60

— die biblischen Geschichten, f. die Mittelstufe mehrklass. Volksschulen zu Lebensbildern u. Geschichtsbildern zusammengestellt. 3. Aufl. 8. (XVI, 184 S.) Gütersloh 889. Bertelsmann. n. — 60

— die biblischen Geschichten, f. die Mittelstufe mehrklass. Volksschulen zu Lebensbildern u. Geschichtsbildern zusammengestellt. 4., verb. Aufl. 8. (XVI, 184 S.) Gütersloh 898. C. Bertelsmann. n. — 60; geb. n. — 80

Die biblischen Geschichten für die Mittelstufe mehrklassiger Volksschulen zu Lebensbildern und Geschichtsbildern zsgest. von E[duard] Sperber, Kgl. Reg.- u. Schulr. (Neue Orthogr.) 6. verb. Aufl. *Gütersloh: C. Bertelsmann 1898.* (XVI, 184 S.) 8° [F.] [99. 17..

— die biblischen Geschichten f. die Mittelstufe mehrklassiger Volksschulen zu Lebensbildern u. Geschichtsbildern zusammengestellt. 7. Aufl. 8. (XVI, 184 S. m. 2 farb. Karten.) Ebd. 901. Geb. n. — 80

Die Biblischen Geschichten für die Mittelstufe mehrklassiger Volksschulen zu Lebensbildern und Geschichtsbildern zsgest. von E[duard] **Sperber**, Schulrat. 9. Aufl. In neuer Rechtschreibung. Gütersloh: C. Bertelsmann 1906. (XVI, 184 S.) 8° [F.] [07. 960] 6

— Grundzüge der evang. Volksschulerziehg., s.: Kahle, F. Herm.

— deutsches Lesebuch, s.: Wackernagel, Philipp.

—— pädagogische Lesestücke aus den wichtigsten Schriften der pädagogischen Klassiker. Als Unterlage für den Unterricht in der Geschichte der Pädagogik und zur Förderung der Privatlektüre für evangel. Seminare unter Mitwirkung von Fr. Schultz hrsg. 4 Hefte. gr. 8. Gütersloh, Bertelsmann. *

Inhalt:

Heft 1. Von der Reformation bis zum Pietismus. (VII, 232 S.) 877. *M. 2,40.
„ 2. Vom Pietismus bis Pestalozzi. (236 S.) 878. *M. 2,40.
„ 3. Von Pestalozzi bis zur Neuzeit. (288 S.) 879. *M. 3.
„ 4. Die Klassiker der Griechen, Römer und des Mittelalters. (III, 246 S.) 879. *M. 2.40.

— pädagogische Lesestücke aus den wichtigsten Schriften der pädagogischen Klassiker. Als Unterlage f. den Unterricht in der Geschichte der Pädagogik u. zur Förderung der Privatlektüre f. evangel. Seminare unter Mitwirkg. v. Fr. Schultz hrsg. 1. u. 2. Hft. 2. Aufl. gr. 8. Gütersloh 899. C. Bertelsmann. à n. 2.40; geb. à n. 3.—
1. Von der Reformation bis zum Pietismus. (XI, 242 S.)
2. Vom Pietismus bis Pestalozzi. (III, 248 S.)

— pädagogische Lesestücke aus den wichtigsten Schriften der pädagog. Klassiker. Als Unterlage f. den Unterricht in der Geschichte der Pädagogik u. zur Förderung der Privatlektüre f. evangel. Seminare hrsg. 3. Heft: Von Pestalozzi bis zur Neuzeit. 2. Aufl. (III, 330 S.) gr 8. Gütersloh 904. C. Bertelsmann n. 3.—; geb. n. 3.60 (vollst. n. 7.80; geb. n. 9.60)

— u. H. Grosser, pädagogische Lesestücke aus d. wichtigsten Schriften hervorrag. Pädagogen der Neuzeit. 5. Heft der pädagog. Lesestücke aus den wichtigsten Schriften d. pädagog. Klassiker. Als Unterlage f. den Unterricht in d. Geschichte der Pädagogik u. zur Förderung der Privatlektüre f. evangel. Seminare hrsg. v. E. Sperber. (IV, 185 S.) 8. Gütersloh 909. C. Bertelsmann. 1.80; geb. 2.40

—— die Lutherschule in Eisleben. Eine kurze Geschichte derselben, am Jubelfeste des 400jähr. Geburtstages D. Martin Luthers zum Besten der Lutherschule unter Mitwirkung von Haupt hrsg. 8. (91 S.) Eisleben 883, Mähnert's Verlag. * Velinausg. *

— Religionsbüchlein für die Unterstufe der evangelischen Volksschule, im Anschluß an die von H. Wendel hrsg. bibl. Geschichten. Nebst einem Vorwort von H. Wendel. Mit 33 (eingedr.) Holzschn. Breslau 868. Dülfer. 8. (80 S.) n. 3¾ ngr.; geb. 6 ngr.

— Religionsbüchlein f. die Unterstufe der evangelischen Volksschule, im Anschluß an die v. H. Wendel hrsg. bibl. Geschichten bearb. Nebst e. Vorwort v. H. Wendel. Mit 33 (eingedr.) Holzschn. 2. verm. u. verb. Aufl. 8. (93 S.) Breslau 875. Dülfer's Verl. n. — 50; geb. n. — 65

—— Religionsbüchlein für die Unterstufe der evangelischen Volksschule, im Anschluß an die von H. Wendel herausgegebenen bibl. Geschichten bearb. Nebst einem Vorwort von H. Wendel. 3. Aufl. 8. (93 S. mit 33 eingedr. Holzschn.) Breslau 878, Dülfer's Verlag. * 50 Pf.; geb. **

—— Religionsbüchlein für die Unterstufe der evangelischen Volksschule, im Anschluß an die von H. Wendel hrsg. biblischen Geschichten bearb. Nebst einem Vorwort von H. Wendel. 4. und 5. Aufl. [Mit neuer Rechtschreibung.] 8. (94 S. mit 33 eingedr. Holzschn.) Breslau 881,83, Dülfer's Verlag. * geb. *

—— Religionsbüchlein für die Unterstufe der evangelischen Volksschule, im Anschluß an die von H. Wendel hrsg. bibl. Geschichten bearb. Nebst einem Vorwort von H. Wendel. 6. Aufl. 8. (94 S. mit 33 Holzschn.) Breslau 885—88, Dülfer's Verlag. * 50 Pf.; geb. **

—— Religionsbüchlein f. die Unterstufe der evangelischen Volksschule, im Anschluß an die v. H. Wendel hrsg. bibl. Geschichten bearb. Nebst e. Vorwort v. H. Wendel. Mit 33 Holzschn. 7.—11. Aufl. 8. (94 S.) Bresl. 889—92, Dülfer. * — 50; geb. ** — 65

— Religionsbüchlein f. die Unterstufe der evangelischen Volksschule, im Anschluß an die v. H. Wendel hrsg. bibl. Geschichten bearb. Nebst e. Vorwort v. H. Wendel. 12. Aufl. 8. (94 S. m. 33 Holzschn.) Breslau 894. C. Dülfer. n. — 50; geb. in Halbleinw. n. — 65

— Religionsbüchlein für d. Unterstufe evang. Schulen, im Anschluß an Wendels Biblische Geschichten bearb. Nebst e. Vorwort v. H. Wendel. Mit 33 Holzschn. 16. Aufl. 8. (94 S.) Breslau 898. C. Dülfer. n. — 50; geb. in Halbleinw. n.n. — 65

— Religionsbüchlein für die Unterstufe evangelischer Schulen, im Anschluß an Wendels bibl. Geschichten bearb. Nebst e. Vorwort v. H. Wendel. Mit 33 Holzschn. 19. Aufl. 8. (94 S.) Breslau 902. C. Dülfer. n. — 50; geb. in Halbleinw. n.n. — 65

Religionsbüchlein für die Unterstufe evangelischer Schulen im Anschluß an Wendels Bibl. Geschichten bearb. von Eduard **Sperber**. Nebst e. Vorw. von † Schulrat H[einrich] Wendel. Mit 33 Holzschn. 20. Aufl. In neuer Rechtschr. Breslau: C. Dülfer 1903. (94 S.) 8° [F.] [07. 1638] 2

Religionsbüchlein für die Unterstufe evangelischer Schulen, im Anschluß an Wendels Bibl. Geschichten bearb. von Eduard **Sperber**. Nebst e. Vorw. von † Schulrat H[einrich] Wendel. Mit 33 Holzschn. 21. (Ster.) Aufl. In neuer Rechtschr. Breslau: C. Dülfer 1904. (94 S.) 8° [F.] [07. 16384] 2

— Religionsbüchlein f. die Unterstufe evangelischer Schulen, im Anschluß an Wendels bibl. Geschichten bearb. Nebst e. Vorwort v. H. Wendel. Mit 33 Holzschn. 23. (Ster.=)Aufl. In neuer Rechtschreibg. (94 S.) 8. Breslau 906. C. Dülfer. n. — 50; geb. n.n. — 65

— Religionsbüchlein f. die Unterstufe evangelischer Schulen, im Anschluß an Wendels bibl. Geschichten bearb. Nebst e. Vorwort v. H. Wendel. Mit 33 Holzschn. 25. (Ster.=)Aufl. (123.—128. Taus.) (94 S.) 8. Breslau 909. C. Dülfer. — 50; geb. n — 65

— evangelischer Schul-Liederschatz. Eine chronolog. geordnete Sammlg. der vorzüglichsten u. gebräuchlichsten evangel. Kirchenlieder. Zum Gebrauch f. Präparanden-Anstalten u. Seminare. 1. u. 2. Thl. gr. 8. Gütersloh 874. 75. Bertelsmann's Verl. n. 3. 60
1. Die Lieder. (XIV, 175 S.) n. 1. 20
2. Die Entwicklg. d. deutsch=evangel. Kirchenliedes. (XXVIII, 284 S.) n. 2. 40

— evangelischer Schul=Liederschatz. Eine chronologisch geordnete Sammlung der vorzüglichsten und gebräuchlichsten evangelischen Kirchenlieder. Zum Gebrauch für Präparanden=Anstalten und Seminare. 2 Thle. 2. verb. Aufl. 8. Gütersloh 878, Bertelsmann. *
Inhalt:
Thl. 1. Die Lieder. (XIV, 184 S.) geb. *M 1,60.
» 2. Die Entwickelung des deutsch-evangelischen Kirchenliedes. (XXIV, 296 S.) geb. *M 2,80.

— evangelischer Schul-Liederschatz. Eine chronologisch geordnete Sammlg. der vorzüglichsten u. gebräuchlichsten evangel. Kirchenlieder. Zum Gebrauch f. Präparanden-Anstalten u. Seminare. 2 Tle. 8. Gütersloh, C. Bertelsmann. Kart. n. 4. 40
1. Die Lieder. 5. Aufl. (XVI, 184 S.) 880. n. 1. 60
2. Die Entwicklung des deutsch evangelischen Kirchenliedes. 3., verm. u. verb. Aufl. (XXVIII, 307 S.) 882. n. 2. 80

— evangelischer Schul=Liederschatz. Eine chronologisch geordnete Sammlg. der vorzüglichsten u. gebräuchlichsten evangel. Kirchenlieder. Zum Gebrauch f. Präparanden=Anstalten u. Seminare. 1. Tl.: Die Lieder. 6. Aufl. 8. (XVI, 184 S.) Gütersloh 898. C. Bertelsmann. Kart. n. 1.60

— evangelischer Schul=Liederschatz. Eine chronolog. geordnete Sammlg. der vorzügl. u. gebräuchl. evangel. Kirchenlieder. Zum Gebrauch f. Präparanden=Anstalten u. Seminare. 2. Tl. Die Entwicklg. des deutsch=evangel. Kirchenliedes. 4. verb. Aufl. (XXVIII, 335 S.) 8. Gütersloh 901. C. Bertelsmann. Kart. n. 2. 80

— Verordnungen, betr. das Schulwesen des Reg.-Bez. Breslau. 2. Tl. Nach amtl. Quellen zusammengestellt und im amtl. Auftrage hrsg. gr. 8. (XVI, 180 S.) Breslau 887, F. Hirt. *

— Verordnungen, betr. das Schulwesen d. Reg.=Bez. Breslau, nebst e. m. Rücksicht auf die Prov. Schlesien getroff. Auswahl gesetzl. Bestimmgn. üb. d. Volksschulwesen. Nach amtl. Quellen zusammengest. u. im amtl. Auftr. hrsg. (Neue Ausg.) gr. 8. (XXXII, 730 S.) Breslau 898. F. Hirt. n. 10.—; geb. in Halbfrz. n. 12.—

Sperber Hans: Beiträge zur Kritik des dänischen Volksliedes.
1907 PN 2271 Diss. Wien, Univ. 217

Sperber, Hans (Hrsg.), s. G e d i c h t e , Sechs isländische, legendärischen Inhalts.

Sperber, Hermann [aus Linden]: V a g i n i s m u s als Geburtshinderniss ... Berlin: Buchdr. v. M. Niethe (1886). 32 S. 8⁰
Berlin, Med. Fak., Inaug.-Diss. v. 10. Mai 1886.

S p e r b e r , Joachim. Leitfaden für den Unterricht in der anorganischen Chemie, didaktisch bearb. von Dr. J' Sp'. 3 Teile. [Mit Figuren.] 8. Zürich, E. Speidel, 1899—1908.
Teil 1. VI + 120 S. 1899. (fr. 3. —)
Teil 2. [Mit 1 Tafel.] 163 S. 1901. (fr. 3. —)
Teil 3. [Mit 1 Tafel.] 536 S. 1908 (*Umschlag: 1910). [fr. 6. —]

Sperber, Joach., d. Parallelogramm d. Kräfte als Grundlage d. periodischen Systems in d. Chemie. gr. 8. (37 S.) Zürich 896. E. Speidel. n. 1. 50

S p e r b e r , Joachim. Zur Schulreform. Ein Wort an Schulbehörden, Eltern und Lehrer. 40 S. 8. Zürich, Komm. J. Leemann, 1910. [fr. 1. 50]

Sperber, Joach., Versuch e. allgemeinen Gesetzes üb. die spezifische Wärme. gr. 8. (32 S. m. 1 Steintaf.) Zürich 884. (Schmidt.) n. 1. —

Sperber, Julius, s.a. S p e r b e r , Karl Julius

Sperber, Iulius: De melanosi. Halae 1843: Gebauer. 38 S. 8⁰
Halle-Wittenberg, Med. Diss. v. 19. Aug. 1843
Geb. Riesenburg (Westpr.) 27.10.1818. V.

Sperber, Karl Julius

Ein Beitrag aus der Grossen Landesloge von Sachsen zur Geschichte des deutschen Grosslogenbundes. [Unterz.:] Carl Jul. **Sperber.** [Dresden 1880: Heinrich.] 28. S. 8⁰ [Kopftit.]
Ergebnisse des Grmstrtages 1868—1872, des Grlogentags 1873—1879.

[Bericht 1—3 an sämmtliche Freimaurerlogen im Königreiche Sachsen über deren gemeinsames Werk der Ausstattung obererzgebirgischer und voigtländischer armer Schulkinder mit den zum Schulbesuche nöthigen Kleidern.] [Unterz.:] Jul. **Sperber.** [Zwickau 1853 bis 1856: Fiedler.] 4⁰ u. 8⁰
[1.] 2 Bl. [1853.] 4⁰
[2.] 2 Bl. [1854.] 4⁰
3. 23 S. [1856.] 8⁰
Tt. 1251 a.

Fest-Vortrag beim hundertjährlichen Jubiläum der Loge zum goldenen Apfel in Dresden am 27. Nov. 1876 von Carl Jul. **Sperber.** Dresden [1876]: Heinrich & Frahnert. 14 S. 8⁰ [Umschlagtit.]
Abgedr. in: Z i m m e r m a n n , F.: Mittheil. üb. d. Säcularfeier d. L. z. goldnen Apfel, Dresden. 1876 S. 21—32; Z. 8 (1878) S. 12, 21—22, 30—31.
Üb. Idee u. Aufgabe des Bundes u. üb. das Symbol des gleichseitigen Dreiecks.

Sperber, Carl Jul., Grundsätze f. den Gemeindeanlagenfuß in allen Staaten u. in jeder Gemeinde. Mit e. Anh. üb. die den Gemeindeanlagen analogen Staatsabgaben u. die Matricularbeiträge im deutschen Reiche. Lex.=8. (102 S.) Dresden 886. Meinhold & Söhne. n. 2. —

Grosse Landesloge von Sachsen: Referat über die bei der Grossen Landesloge von Sachsen unter der Benennung „Invalidenfond" verwalteten Unterstützungsgelder für sächische Krieger und ihre Witwen und Waisen. [Unterz.:] Carl Julius **Sperber.** Dresden [1873]: Heinrich. 35 S. 8°.

Zirkelbund: Vorlage für den deutschen Grossmeistertag, die projectirte Errichtung des deutschen Zirkelbundes der Freimaurer betreffend. [Von Karl Jul. **Sperber.**] Dresden [1871]: Heinrich. 32 S. 8° [Umschlagtit.]
cf. Bh. 15 (1872) S. 10—11, 18—19, 81—84; HL. 5 (1872) S. 342.
Tt. 417. Enth. den Entwurf zu den Satzungen für den deutsch. Zirkelbund nebst erl. Bemerk. Der i. J. 1860 vom Grossmeistertage angeregte Plan zur Gründung einer grösseren frmrischen Genossenschaft zur Organisation u. Übung frmrischer Werktätigkeit kam nicht zur Ausführung.

Sperber, O. Preusse-
- Preusse-Sperber.

Sperber, Otto v., die sozialpolitischen Ideen Alexander Herzens. gr. 8. (X, 147 S.) Leipzig 894. Duncker & Humblot. n. 3. —

Sperber, R., et **F. Nessler,** exercices pratiques de conversation allemande, siehe: N e s s l e r, F.

Sperber, Rudolf [aus Berlin]: Über die Fremdkörper im Ohre. . .
Halle a. S., Hofbuchdr. v. C. A. Kaemmerer & Co., 1891; 24 S., 1 Bl. 8°
Halle, Med. Fak., Inaug.-Diss. v. 11. Aug 1891

Sperber, Victor, Referendar: Der **Begriff der Frucht** nach dem Bürgerlichen Gesetzbuche. *Königsberg i. Pr. 1903: Hartung.* (VI, 34 S.) 8°
Rostock, Jur. Diss. v. [20. Jan.] 1903

Sperber, Walther, approb. Arzt aus Hohenstein, Kr. Friedland Ostpr.: Zur **Casuistik der** sogenannten **Uterusendothelioma** nebst kritischen Bemerkungen über die anatomische Diagnose derselben. *Leipzig 1904: B. Georgi.* (34 S.) 8°
Leipzig, Med. Diss. v. (28. Juli) 1904

Sperber-Grauden, Hermann v.: Unsere W a l d b e s t ä n d e von [Hermann] v. Sperber-Grauden, Mitgl. d. Herrenh. Königsberg i. Pr.: Graefe & Unzer 1901. (12 S.) 8°

Sperber-Niborski, Leon, Krieg m. Rußland! 1. Tl. gr. 8. (52 S.) Löbau, Westpr. 881. Skrzeczek. n. — 75

S p e r b e r - N i b o r s k i, Leon, des Volkes Rede. Eine Sammlung Ostpreuß. Ausdrücke und Redensarten. gr. 8. (46 S.) Löbau i. Westpr. 878, Skrzeczek. *

Sperco, Wlh., das Augustusbad bei Radeberg. Nebst e. Anhange vom Hofrath Dr. Flemming zu Dresden und dem Badearzte Dr. Kunßsch zu Radeberg. Mit 5 lith. Ansichten. 8. Bautzen 846, Schlüssel. 1/2 ₰

Sperco, Wilh., das Augustusbad bei Radeberg. Nebst e. Anhange v. Flemming u. Kunßsch. 8. (4 1/2 B. u. 5 lith. Ansichten.) Bautzen 846, Weller.

Sperenberg [Schlagwort]

Sperenberg, s.: Preussen. Messtischblätter.

Sperenza, Sibylla, s. Blätter, neue, sibyllinische rc.

SPERGER, JOHANN: An dem Jahrestage Herrn, Herrn Grafen Joseph von Batthyan, des Heil. Röm. Stuhls Cardinal &c. gewidmet von Johann Sperger, Virtuos aus dem Contra-Baß bey der Kapelle Sr. Hochfürstlichen Eminenz. Simfonie (Libretto). Preßburg 1779. Patzkoische Schriften. 4 S. - 190 mm

Sperges, Josef Anton Maria Frh. v.

— Tyrolische Bergwerksgeschichte mit Urkunden rc. gr. 8. Wien, Trattner. (Tendler.) 765.

S p e r g e s, J. Val., Centuria literarum ad Italos cum appendice trium decadum ad varios, carmina, inscriptiones. Vienn. 792. 8. 2 rthlr. 4 gr.

Sperges, Joseph Anton Maria Frh. von. Centuria literarum ad Italos . . . Wien 1793. II: *Cremes, A.* (Ky) »Viennae 1796« (BrMm)

v. Sperges, Frhr. Jos. Ant. Maria, († d. 26. Oct. 1791.) centuria literarum ad Italos; c. appendice III Decadum ad varios, carmina juvenilia, inscriptiones, (ed. A. Cremes). 8. Wien 793. (Schalbacher). 1 ₰ 4 gl

Sperges, Ios. Val. v., centuria literarum ad Italos. c. appendice III decadum ad varios, carmina iuvenalia inscriptiones. 8. Viennae, Alberti. (Schalbacher.) 796. 1 4

Sperges, Josef Val. v., s. S p e r g e s, Josef Anton Maria Frh. v.

Sperhake, Ferdinandus Franciscus: De pelvi oblique-ovata. Halis (1867): Lipke. 31 S. 8°
Halle-Wittenberg, Med. Diss. v. 17. Juni 1867
Geb. Leimbach (Gebirgskr. Mansfeld) 14. 9. 1841. V.

Sperk, Bernhard

Sperk, B. Begründung der projektierten obligatorischen Landes-Viehversicherungsbank für Tiere. Innsbruck 1871.

Sperk, Bernhard: Die Ergebnisse der Tilgung der Lungenseuche der Rinder in Österreich nach Massgabe des Gesetzes vom 17. Aug. 1892. O. O. u. J. [um 1905]. 30 S.

Sperk, B., **die Organisation des öffentlichen Sanitätsdienstes in Oesterreich.** s.: K u s ý v. D ú b r a y. E.

— Die obligatorische Reichsviehversicherung. Geschichte der österr. Landwirtschaft und ihrer Industrien 1818 1898. Festschrift. Wien 1899

— Die Schaffung einer Reichsviehversicherung. Ebenda 1901.

S p e r k, Bernh., s. a. V e t e r i n ä r - B e r i c h t.

Sperk, Bernh., Veterinär-Bericht f. d. J. 1888. Nach amtl., üb. Auftrag d. k. k. Ministeriums des Innern aus den im Reichsrathe vertretenen Königreichen u. Ländern eingelangten Berichten bearb. gr. 8. (III, 200 S.) Wien 890. Hölder. n. 4. 40
s.: Röll, M. F.

Sperk, Bernh., Veterinär-Bericht f. d. J. 1889. Nach amtl., üb. Auftrag d. k. k. Ministeriums d. Innern aus den im Reichsrathe vertretenen Königreichen u. Ländern eingelangten Berichten bearb. gr. 8. (III, 228 S. m. 5 Uebersichtskarten.) Wien 891. A. Hölder. n. 7. 20

Sperk, Bernh., Veterinär-Bericht f. d. J. 1890. gr. 8. (III, 204 S. m. 7 Uebersichtskarten.) Wien 892. A. Hölder. n. 7. 60

Sperk, Bernh., Veterinärbericht, Fortsetzg., s.: Bericht üb. das österreichische Veterinärwesen.

— öffentliche Veterinärpflege in Oesterreich, s.: Verwaltung, sociale, in Oesterreich. II. 7.

Sperk (G.). Algenflora des Schwarzen Meeres. Charkow, 1869. 8°.

Sperk, Gust., die Lehre von der Gymnospermie im Pflanzenreiche, s. Mémoires de l'académie impériale des sciences de St.-Pétersbourg.

Sperl, Glaube u. Leben in unserer Landeskirche während des 1. Jahrhunderts ihres Bestehens, s.: Bericht üb. die 30. allgem. Pastoralkonferenz ev.-luth. Geistlicher Bayerns.

Sperl, Aug., die Aichinger. Chronik e. bayer. Bürgerhauses 1240—1909. Auf Grund der v. Christian Aichinger gesammelten Urkunden bearb. Mit Stammbäumen u. andern Beilagen v. Christian Aichinger. (II, 178 u. IV S. m. Abb.) gr. 8. München 909. (C. A. Seyfried & Co.) Geb. in Leinw. 5.—

Sperl, Aug. D. Georg Christian August Bomhard. Ein Lebenbild aus der Zeit d. Wiedererwachens der evangel. Kirche in Bayern. 8. (VII, 157 S. m. Bild.) Münch. 890, Beck. * 2 —

— Castell. Bilder aus der Vergangenheit e. deutschen Dynastengeschlechtes. (570 S. m. 6 Stammtaf. u. 1 Karte.) Lex. 8. Stuttgart 908. Deutsche Verl.-Anstalt. 8.50; geb. 10.—

Sperl, Aug., die Fahrt nach der alten Urkunde. Geschichten u. Bilder aus dem Leben e. deutschböhm. Emigrantenfamilie. 1. u. 2. (Titel-)Aufl. 8. (III, 257 S.) München 893. 894. C. H. Beck. n. 3. 50; geb. in Leinw. m. Goldschn. n. 4. 50

Sperl, Aug., d. Fahrt nach der alten Urkunde. Geschichten u. Bilder aus d. Leben e. Emigrantengeschlechtes. 3., unveränd. Aufl. 8. (V, 257 S.) München 898. C. H. Beck. n. 3. 50; geb. in Leinw. n. 4. 50

Sperl, Aug., die Fahrt nach der alten Urkunde. Geschichten u. Bilder aus dem Leben e. Emigrantengeschlechtes. 5. u. 6. unveränd. Aufl. 8. (à V, 257 S) München 901. 902. C. H. Beck. n. 3.50; geb. in Leinw. m. Goldschn. n. 4.50

— die Fahrt nach der alten Urkunde. Geschichten u. Bilder aus dem Leben e. Emigrantengeschlechtes. 7. unveränd. Aufl. (V, 257 S.) 8. München 904. C. H. Beck. n. 3. 50; geb. in Leinw. m. Goldschn. n.n. 4. 50

— Die Fahrt nach der alten Urkunde. Geschichten u. Bilder aus dem Leben e. Emigrantengeschlechtes. 9. bis 12. Aufl. 10. bis 14. Taus. (III, 268 S.) kl. 8. München 909. C. H. Beck. Geb. 2. 80
8. Aufl. (V, 257 S.) 905. 3.50; geb. 4. 50.

Sperl, August [Dr.]: Geschichte der Gegenreformation in den pfalzsulzbachischen und hilpoltsteinischen Landen. Erster Teil. (Aus: Blätter f. bayer. Kirchengesch. Jhrg. II. III.) Rothenburg o/T., Druck d. J. P. Peter'schen Buchdr., 1890; 2 Bl. + 67 S. 8°
Erlangen, Phil. Fak., Inaug.-Diss. v. 1890

— Herzkrank. Eine heitere Badegeschichte. Mit Illustr. v. O. Meyer-Wegner. 3. Aufl. 8. (177 S.) Stuttgart 903. Deutsche Verlags-Anstalt. n. 3.—; geb. n. 4.—

Sperl, Aug., Herzkrank. Eine heitere Badegeschichte. Mit Illustr. v. O. Meyer-Wegner. 4. Aufl. (177 S.) 8. Stuttgart 903. Deutsche Verlags-Anstalt. n. 3.—; geb. n. 4.—

— Kinder ihrer Zeit. Geschichten. 1.—3. Taus. (284 S.) 8. Ebd. 906. n. 4.—; geb. n.n. 5.—

— Kinder ihrer Zeit. Geschichten. 4. u. 5. Taus. (284 S.) 8. Stuttgart 907. Deutsche Verlags-Anstalt. 4.—; geb. n 5.—

— Lebensfragen. Aus den Papieren e. Denkers, bearb. u. hrsg. 8. (VI, 223 S.) Ebd. 894. n. 3.—; geb. in Leinw. m. Goldschn. n.n. 4.—

— Lebensfragen. Aus den Papieren e. Denkers bearb. u. hrsg. 2. Aufl. 8. (VIII, 223 S.) München 900. C. H. Beck. n. 3.—; geb. in Leinw. m. Goldschn. n. 4.—

— Lebensfragen. Aus den Papieren e. Denkers, bearb. u. hrsg. 3. Aufl. (VIII, 223 S.) 8. München 909. C. H. Beck. Geb. in Leinw. 4.—

— s.: Wegner, Friedrich.

— Fridtjof Nansen. Ein Sang. 8. (IV, 151 S.) Ebd. 898. n. 3. 50; geb. in Leinw. m. Goldschn. n.n. 4. 50

— Der Obrist. Der Faquin, s.a. Hausbücherei, rhein. 28. Bd.

Der Obrist. Der Faquin. Von August Sperl. Mit Einl. von G. Fritz. Wiesbaden: Behrend [1909]. 149 S. 8°
(Rheinische Hausbücherei. Bd 28.)
(Bibliothek August Scherl. Bd 502, [2.]) [10. 15919

— Pfalzgraf Philipp Ludwig v. Neuburg, s. Sohn Wolfgang Wilhelm u. d. Jesuiten, s.a. Schriften d. Vereins f. Reformationsgeschichte, Nr. 48.

[F.] Pfalzgraf Philipp Ludwig von Neuburg, sein Sohn Wolfgang Wilhelm und die Jesuiten. E. Bild a. d. Zeitalter der Gegenreformation. Von August Sperl. *Halle: Ver. f. Reformationsgesch.; (Commv. v. M. Niemeyer) 1895.* 12 Bl., 87 S.) 8.
= Schriften d. Vereins f. Reformationsgeschichte. No 48. [96 9306

Hans Georg Portner. Eine alte Geschichte, von August Sperl. 1. Aufl. *Stuttgart & Leipzig: Deutsche Verl.-Anst. 1901.* (402 S.) 8° [F.] [04. 5134

— Hans Georg Portner. Eine alte Geschichte. 4. Aufl. (403 S.) 8. Ebd. 902. n. 7.—

— dasselbe. 6.—8. Aufl. (Volks-Ausg.) (à 403 S.) 8. Ebd. 906. n. 4.—; geb. in Leinw. n. 5.—

— Hans Georg Portner. Eine alte Geschichte. 9.—12. Aufl. (Volks-Ausg.) (403 S.) 8. Stuttgart 906. 07. Deutsche Verl.-Anstalt. 4.—; geb. 5.—

— Prickelnd. Novelle. 1. u. 2. Taus. 12. (à 62 S.) Halle 903. C. E. Müller. Kart. 1.—

— Prickelnd. Novelle. 8. Tausd. (62 S.) 12. Halle 903. C. E. Müller. Kart. n. 1.—

— Der Ratsschreiber v. Landshut. Novelle. 1.—4. Taus. (Je 191 S. m. Bildnis.) 8. Halle 911. R. Mühlmann's Verl. 3.—; geb. in Leinw. 4.—

— Richiza. Roman. 1.—5. Aufl. (369 S.) 8. Stuttgart 909. 10. Deutsche Verlags-Anstalt. 4.50; geb. 5.50

— So war's! Ernst u. Scherz aus alter Zeit. 1. u. 2. Aufl. 8. (347 S.) Stuttgart 902. Deutsche Verlags-Anstalt. n. 4.50; geb. in Leinw. n. 5.50

— So war's! Ernst u. Scherz aus alter Zeit. 4. Aufl. (347 S.) 8. Stuttgart 902. Deutsche Verlags-Anstalt. n. 4.50

— d. Söhne d. Herrn Budiwoj. E. Dichtg. 2 Bde. 8. (VII, 375 u. V, 335 S.) München 897. C. H. Beck. n. 10.—; geb. in Leinw. n. 12.—

— die Söhne des Herrn Budiwoj. Eine Dichtung. 3. u. 4. Aufl. (4. Taus.) 2 Bde. 8. (à VII, 375 u. V, 334 S.) München 900.902. C. H. Beck. n. 10.—; geb. in Leinw. n. 12.—

— die Söhne des Herrn Budiwoj. Eine Dichtg. 5. Aufl. (5. Taus.) 2 Bde. (VII, 375 u. V, 334 S.) kl. 8. München 905. C. H. Beck. n. 10.—; geb. in Leinw. n. 12.—

— Die Söhne des Herrn Budiwoj. Eine Dichtg. Volksausg. in 1 Bd. Der Gesamtausg. 6. bis 10. Taus. (VII, 586 S.) kl. 8. München 908. C. H. Beck. Geb. in Leinw. 6.—

Sperl, Aug., dramatische Werke. I. Narro! Der Faquin. Zwei Lustspiele. (211 S.) 8. Halle 907. C. E. Müller. n. 2.—; geb. n 3.—

Dramatische Werke. I. Narro! — Der Faquin. Zwei Lustspiele. 2. Taus. (211 S.) 8. Halle 911. R. Mühlmann's Verl. 2.—; geb. 3.—

Sperl, Franz Bernhard (Vohenstrauss) A. S. 67/6

Dissertatio auspicalis de resignatiore litterarum alienarum licita. Präs. Johann Wilhelm Gadendam. Erlangen (Becker) 4. VII. 1744. 32 S.

W. v.: Präs. 32944

Sperl, Franz Bernhard (Vohenstrauss) A. S. 80/37

Commentatio philologica de ritu obsignandi et resignandi litteras apud Romanos antiquissimo cum dissertationem de licita resignatione alienarum litterarum inauguralem ederet.
Erlangen (Becker) (1744). 20 S.

W. v.: Johann Heinrich Kuster, Andreas Frommann, Sebastian Zeidler. 32943

Sperl, Franz Xaver

— Auswahl vorzügl. Merkwürdigkk. aus d. Geschichte d. Menschen, aus der Natur- u. Kunstgeschichte, Länder- u. Völkerkunde; nebst e. Denkmälern altdeutsch. Witzes rc. 8. Grätz 802.

Sperl, Frz. Xav., Auswahl schickl. Stoffe zum Dictiren u. zu Vorschriften in deutscher u. lateinisch. Sprache. 8. Wien 823. Wimmer. 10 kr

Sperl, Frz. Xav., Darstellungen edler Handlungen aus d. Leben guter Menschen. 8. Grätz 803. Kienreich. ½ fl

Sperl, Fr. Xav., Denk- u. Sittensprüche, Anekdoten, Charaden u. Räthsel. 8. Grätz, Ferstl. 804.

— s. Erzähll., moral., u. Anekdoten f. d. Jugend.

— Feierabende guter Söhne u. Töchter. 8. Grätz 808. Ferstl. 10 kr

— Gedichte, Fabeln und Erzählungen. 8. Ebendas. 804.

— sittl. Gemälde guter u. böser Kinder, od. Unterhaltungen des Vaters Baratier mit seinem Sohne Philipp. 8. Grätz 807. Ferstl. 6 kr

— sittliche Gemählde guter und böser Kinder, oder Unterhaltungen d. Vaters Baratier mit seinem Sohne Philipp. 2e Aufl. Ebd. 810. ½ fl

— Geschichte merkw. Menschen in physiologischer, psychologischer und moralischer Hinsicht. 8. Ebd. 807. ½ fl

— Lesungen aus dem Gebiethe des Seltenen u. Wunderbaren in der Natur und d. Menschenleben. 2 Thle. 8. Ebd. 806. 1 fl

— s. a. Phädrus, äsop. Fabeln.

— Phädrus. 8. Ebend.

— Prüfungsgeschenk für die fleißige u. gesittete Jugend; in Gedichten, Fabeln u. Erzähll. 2 Thle. 8. Grätz 804. Ferstl. 5 kr (1r Thl. A. u. d. T.: Denk- u. Sittensprüche, Sprüchwörter, Anekdoten, Charaden u. Räthsel. 3 kr 2r Thl. Auch u. d. T.: Gedichte, Fabeln u. Erzähll. 3 kr)

— sprichwörtliche und andere im gemeinen Leben u. in Schriften vorkommende Redensarten der deutschen Sprache, mit d. nöthigen Erklärungen. 8. Ebd. 824. ½ fl

— Staats-, Zeitungs- u. Conversations-Lexicon, nach Hübner. Umgearb. Ausg. 2 Thle. gr. 8. Grätz 817. Ferstl. 4 fl 16 kr

— lehrreiche Stoffe zu Vorschriften und zum Dictiren. 2e Aufl. 8. Ebd. 817. ½ fl

Sperl, Frz. Xav., Jugend-Spiegel. Eine Reihe v. Beyspielen frommer u. edler Gesinnungen u. Handlungen. Ein Prüfungsgeschenk f. d. Jugend, das auch Erwachsene zur lehrr. Erbauung lesen können. 8. (7½ B. u. 1 Stnt.) Grätz 830, Damian u. Sorge.

— Unterhaltungen f. fleißige Kinder in d. Feierstunden. 8. Grätz 808. Ferstl. 12 kr

Sperl, Frz. Xav., Unterhaltungen für fleißige und gute Kinder in d. Feierstunden. 2e A. 8. Grätz 817. Kienreich. ⅓ fl

— die Völker der Erde, e. kurzer Abriß ders. f. Freunde d. Länder- u. Völkerkunde, zur angeneh. Belehrung f. d. Jugend. In alphabet. Ordn. 8. (9¼ B. u. 1 Stnt.) Grätz 830, Damian u. Sorge.

— [illegible] 1. 8. Ebend.

— Vorbereitungen der Jugend zum schriftl. Gedankenausdrucke. 8. Grätz 808. Ferstl. 15 Ӿ

— deutsches grammatisch-orthographisches Wörterbuch, nach dem Geiste der neuen deutschen Sprachlehre bearbeitet. 8. Ebd. 824. 5/6 ₰

Das Kloster Heilsbronn. Die Ahnengruft des Kaiserhauses. Zum 500jährigen Jubiläum der Regierung der Hohenzollern in Brandenburg. Mit gütiger Unterstützung des Historischen Vereins für Mittelfranken herausgegeben von FRIEDRICH SPERL. Mit zehn Tafeln. München 1915. Verlag von F. Bruckmann A.-G. 4°.

Sperl, G., des Schulmeisters Schönste. Ein Zeitbild aus dem 30jähr. Krieg. Nach e. alten Pfarrbuch dargestellt. 12. (65 S.) Kulmbach 893. R. Rehm. Kart. n. — 50

Sperl, G. L., Predigt nach einer Feuersbrunst im Markt Mantel rc. 4. Sulzb. 801. v. Seidel. 4 Ӿ

Sperl, Hans, systematischer Grundriß der Rechtsquellen, Literatur u. Praxis des österr. Zivilprozeß- u. Exekutionsrechtes. 2., umgearb. u. ergänzte Aufl. (XII, 298 S.) gr. 8. Wien 903. Manz. n. 7. —

Sperl, Hans: Gutachten der rechts- und staatswissenschaftlichen Fakultät der Karl-Franzens-Universität in Graz über Verlust und Wiedererwerbung der Doctorwürde nach strafgerichtlicher Verurtheilung. Verf. von Dr. Hans Sperl, Prof., Graz. Genehmigt vom akad. Senate d. Univ. Graz. Graz: Akad. Senat d. Univ. 1900. (26 S.) 8°

Sperl, Hans, Gutachten der rechts- u. staatswissenschaftlichen Facultät der Karl-Franzens-Universität in Graz üb. Verlust u. Wiedererwerbung der Doctorswürde nach strafgerichtlicher Verurtheilung. gr. 8. (16 S.) Graz 900. (Leuschner & Lubensky.) n. — 80

Eine Studienordnung für die Rechtsfakultäten. Vortr., geh. ... von Prof. Hans **Sperl**. Wien: Manz 1907. (22 S.) 8° [F.]
Aus: Allg. österr. Gerichts-Zeitung. Jg. 58, No 40. 08. 4102 11

Sperl, Hans, Succession in den Process. Eine civilprocessuale Studie. 1. Hälfte: Einleitg., Gesammtnachfolge. gr. 8. (III, 170 S.) Graz 895. Leuschner & Lubensky. n. 3. 40

Sperl, Hans, systematische Uebersicht üb. Literatur u. Praxis d. österreich. Civilprozeß- u. Executionsrechtes unter Anführung der gesammten von 1895 bis 1898 erschienenen Rechtsquellen u. Literatur, sowie aller veröffentlichten Gerichtsentscheidgn. gr. 8. (74 S.) Wien 899. Manz. n. 1.50

— dasselbe im ersten u. zweiten Halbj. 1899. (II u. III.) gr. 8. (34 u. 29 S.) Ebd. 899. 900. à n. — 70
Sonderabdrucke aus: „Allgem. österr. Gerichts-Zeitung".

[F.] Die Urtheile in Versäumungsfällen nach österreichischem Civilprocessrechte. Von Dr. **Hans Sperl**, ... Privatdoc. an d. Univ. Graz. *Wien: Manz 1898.* (69 S.) 1 Bd 8. 98. 6663

— **Vereinbarung d. Zuständigkeit u. Gerichtsstand d. Erfüllungsortes nach d. neuesten österreich. Civilprocessrecht.** Lex.-8. (VII, 199 S.) Graz 897. Leuschner & Lubensky. n. 5. 60

— Die Vollstreckungsrechtshilfe zwischen Österreich und Deutschland. (58 S.) gr. 8. Ebd. 909. — 85
2 Sonderabdrucke aus: „Allg. österr. Gerichts-Ztg."

Sperl, J., Handbüchlein der Papierfaltekunst. Für Jung u. Alt bearb. (VIII, 124 S. m. 150 Abbildgn.) 8. Wien (904). A. Hartleben. n. 1. 50

Sperl, Jos., das Ganze der Lederfärberei. Aufrichtige Mittheilung der bisher geheim gehalt. Recepte zur vortheilhaften Bereitung der beliebten u. Modefarben, nebst wichtigen auf eigene neuere Erfahrungen begründ. desfallsige Belehrungen f. Handschuhfabrikanten, Sattler, Gerber, Beutler rc. 16. (1 B.) Hamburg 842, Schuberth u. Comp. *

Sperl, Jos., s. Gesänge, christliche.

Sperl, Philipp

— de allegatione legum et praxis vigentis in fora instar. comment. ad tit. pand. de iustitia ad jure adornata. 4. Ulm. Stein. 746.

— tractatus juris publici fundamentalis de clypcis militaribus Germanorum. 4. Nürnb. Stein. 743.

Sperlius, Phil.: Doctrina de allegatione legum et praxis vigentis in foro instar commentarii ad tit. Pand. de iustitia et iure adornata. Francofurti 1766.

Sperl, Ph., de sacris fabricis metallicis, speciatim ferrariis vulgo Eisenhämmern, ad titulum codicis de fabricensibus liber comment. 4. Ulm, Wohler. (et. Stettin.) 743.

Sperl, R., lustiges Wahl-A B-C, s.: Et.

Sperlette, Ioh., opera philosophica. 4. Berlin, Rüdiger. 703.

Sperlette de Montguyon, Bartholomaeus Johann (Halle)
A. S. 808/14

Dissertatio inauguralis juridica, de praesumtione furoris atque dementiae. Präs. Christian Thomasius. Halle (Salfeld) 30. VIII. 1719. 64 S. 32946

Sperlich, Adolf

— Bau und Leistung der Blattgelenke von *Connarus* (mit 1 Taf. und 9 Textfiguren). S. 120. I. 49 . . . . 1.60
Separatabdruck

Sperlich A.: Zur Kenntnis der Blüten. S. 59. II. 07 . . . . vgr.
Separatabdruck

Sperlich, A., Reform der Unkostenberechnung in Fabrikbetrieben. (138 S.) 8. Hannover 904. Dr. M. Jänecke. Geb. in Leinw. n. 5. —

— **Unkostenkalkulation.** 2., durchgeseh. Aufl. der „Reform der Unkostenberechng. in Fabrikbetrieben". (136 S.) 8. Ebd. 906. Geb. in Leinw. n. 5. —

Sperlich, Adf., Untersuchungen an Blattgelenken. I. Reihe. Mit 7 Taf. u. 7 Abbildgn. im Texte (ausgeführt m. Benützg. der v. Prof. Heinricher v. seiner Studienreise nach Java mitgebrachten Materialien). Hrsg. teilweise m. Unterstützg. der kaiserl. Akademie der Wissenschaften in Wien aus dem Legate Scholz. (III, 108 S.) gr. 8. Jena 910. G. Fischer. 8.—

Sperlich Adolf, Dr.: Die optischen Verhaltnisse in der oberseitigen Blattepidermis tropischer Gelenkpflanzen. Beitrage zur Auffassung der oberseitigen Laubblattepidermis als Lichtsinnesepithel (mit 2 Doppeltaf. und 9 Textfiguren). S. 116. I. 675 . . . . 2.70
Separatabdruck

— Die optischen Verhältnisse in der oberseitigen Blattepidermis tropischer Gelenkpflanzen. Beiträge zur Auffassg. der oberseit. Laubblattepidermis als Lichtsinnesepithel. Untersuchungen, ausgeführt unt. Benützg. der v. Prof. Heinricher von seiner Studienreise nach Java mitgebrachten Materialien. (62 S. m. 9 Fig. u. 2 Doppeltaf.) gr. 8. Wien 907. A. Hölder. 2. 70
Sonderabdr. aus: „Sitzungsber. d. k. Akad. d. Wiss."

Sperlich, Georg, Referendar in Schweidnitz: **Über einige Streitfragen des deutschen Konkursrechts, mit besonderer Berücksichtigung d. rechtlichen Schicksals der bei Beendigung d. Konkursverfahrens schwebenden Anfechtungsprozesse.** *Halle a. S. 1904: C. A. Kaemmerer & Co.* (222 [vielm.: 122] S.) 8° [F.]
Halle, Jur. Diss. v. 2. Febr. 1904

Sperlich, Hans, u. and., Erinnerung an den Festzug des 8. Bayerischen Turnfestes Würzburg 9.—12. 8. 1890. Würzburg, 12 Bl., Quer-8°.

Sperling, der, e. Schädling unsrer Singvögel. Von e. stillen Beobachter dargestellt m. Urteilen gediegener Fachmänner. (24 S. m. 1 Abb.) kl. 8. Leipzig 907. B. Friede. — 30

Sperling, die Bearbeitung der Konkurssachen ohne Gläubiger-Ausschuß nach der Reichs-Konkurs-Ordnung vom 10. Febr. 1877, insbesondere die sich aus dem Aufsichtsrecht zur Sicherung des Richters ergebenden Anordngn. 16. (24 S.) Berlin 882. Vahlen. cart. n. 60

Sperling, krähwinkl. Briefe, s.a. Briefe.

Sperling, ..., (Psdn.,) krähwinkl. Briefe. 8. Ulm 824. Stettin. 9 *K*

— systematische Darstellung der christlichen Glaubenslehre, s. Darstellung.

Sperling, Heimatkunde des Kreises Groß-Wartenberg. Beilage zur Flemmingschen Schulkarte des Kreises Groß-Wartenberg. (20 S.) kl. 8. Glogau (906). Berlin, C. Flemming. n n. — 10

Sperling, Runkelrüben-Commiss.-Assessor, s. Spaziergang.

† **Sperling, Dr.** (Adv. Glaßbrenner?) statist.-topograph. Späße u. Ernste üb. Berlin. I. Hft. 8. (2 B.) Berlin 838, (Rubach.)

SPERLING (ps.). — Spaziergang durch Krähwinkel. Von dem quiesc. Runkel-Rüben-Commissions-Assessor *Sperling*. O. O. 1821. 8°. Titel u. 109 SS. (30 xr., „Neukrähwinkel 1821", Theod. Ackermann, München, 1874.)
Amüsante Satire auf Kleinstädterei. Unter den Sehenswürdigkeiten Krähwinkels wird auch sein Theater, Prof. Knochenbrocks „Zopf-Kabinet" u. das „Tabaceum" geschildert. — Dr. Franz Schnitzer's Bibl. München 1902.

— — Dasselbe. Th. 2. Mit gestoch. Titel. Reutlingen 1822. 8°. 151 S. (6 Mk. L. Rosenthal, 1910.)

— Uebersetzung u. Auslegung der Einleitung des Evangelii Johannis. Ebend. 860. gr. 8. (44 S.) 7½ ngr.

Sperling, A. Maschinengewehre im hohen Schnee. Mit Bld. Wien 1910. 23 S.

Sperling, Arth., Ehrengericht u. Medicinalreform. Denkschrift, überreicht dem hohen Hause der Abgeordneten. gr. 8. (32 S.) Berlin 899. Fischer's medicin. Buchh. n. — 50

Sperling, Arth., Gesundheit u. Lebensglück. Ärztlicher Ratgeber f. Gesunde u. Kranke. (XVI, 762 S. m. 374 Abbildgn. u. 13 z. Tl. farb. Taf.) Lex.-8. Berlin 904. Ullstein & Co. n. 6. —; geb. in Leinw. n. 7. 50

Sperling, Arth., Gesundheit u. Lebensglück. Restbestände an H. Michel in Berlin.

Sperling, A., Lehrbuch der Elektrotherapie, s.: Pierson-Sperling.

Sperling, Arth. (geb. Pillkallen 13. 7. 1860): Zur Statistik der primären Tumoren der Harnblase. Berlin (1883). (50 S.) 8°
Berlin, Med. Diss. v. 14. Aug. 1883

Sperling, Arth., medizin. Streiflichter, s.a. Veröffentlichungen d. Vereins d. Bücherfreunde.

[F.] Medizinische Streiflichter. Von Dr. Arthur **Sperling.** 8.—10. Taus. *Berlin: Ver. d. Bucherfreunde (1896).* (VI S., 1 Bl., 224 S.) 1 Bd 8.
= Verein d. Bücherfreunde. Jg. v. [No] S. [96. 7850

Sperling, Arth. Elektrotherapeutische Studien. 8. (VIII, 112 S.) Lpz. 892, Th. Grieben's Verlag. * 2 —

Sperling, Arth. Ghard., Apion der Grammatiker u. sein Verhältnis zum Judentum. Ein Beitrag zu e. Einleitg. in die Schriften d. Josephus. gr. 4. (20 S.) Dresden 886. (v. Zahn & Jaensch.) n. 1. —

Sperling, Arth. Ghard., die Nota relationis im Hebräischen. Ein Beitrag zur hebr. Lexicographie u. Grammatik. Inaugural-Dissertation. gr. 8. (46 S.) Leipzig 876. (Jena, Deistung.) n. 1. 20

Sperling, C. F., aus dem Loggbuche e. Kriegsseemannes. Vom Schiffsjungen bis zum Deckoffizier in der kaiserl. Marine. Illustrationen nach Aufnahmen des Marine-Photographen A. Renard, Kiel. (VIII, 105 S.) gr. 8. Leipzig 906. W. Weicher. Geb. in Leinw. n. 2. 50

Sperling, C. F., aus dem Loggbuch e. Kriegsseemannes. Vom Schiffsjungen bis zum Deckoffizier in der kaiserl. Marine. Illustrationen nach Aufnahmen des A. Renard. 2. Aufl. (VIII, 165 S.) 8. Berlin 909. Heimat- u. Welt-Verlag. Geb. in Leinw. 3. 50

Sperling, C. F.: Aus dem Loggbuch eines Kriegsseemannes. Vom Schiffsjungen bis z. Deckoffizier in d. Kais. Marine. Von C. F. Sperling, Wilhelmshaven. Ill. nach Aufn. d. Marine-Photogr. A. Renard. 2. Aufl Berlin: Weicher 1909. VIII. 165 S. 8°

— Eine Weltreise unter deutscher Flagge. 51 000 Seemeilen m. dem deutschen Kreuzergeschwader durch die Ozeane. (VIII, 194 S. m. 31 Taf.) 8. Leipzig 907. Berlin, Heimat- u. Welt-Verlag. Geb. in Leinw. 4. 50

Eine Weltreise unter deutscher Flagge. 51000 Seemeilen mit d. deutschen Kreuzergeschwader durch d. Ozeane von C. F. **Sperling**. Mit zahlr. Abb. Leipzig: W. Weicher 1907. (VII, 194 S.) 8° [F.] [07. 16943 8

Sperling, Curt, s. Sperling, Kurt

Sperling, E. Geschichte des 6. ostpreuss. Infanterie-Regim. No 43. (236) 8. Königsberg i/Pr. 1874.

Sperling, E., Reise in Kleinasien 1862. SA. aus der Zeitschrift für Allgemeine Erdkunde. Bd. XV. XVI. 1863. 1864. Berlin [1864].

Sperling, Emil Bruno, approb. Arzt aus Borsdorf: **Ein Beitrag zur Traumatischen Entstehung von Magen- und Duodenalgeschwür.** *Borsdorf 1902: W. Hoppe.* (28 S.) 8°
Leipzig, Med. Diss. v. (5. Dez.) 1902

Sperling, Erich: Arbeitslohn-Entwicklung in Handwerk und Industrie. Rostock 1907 (Naumburg a. S.: Lippert & Co.). (IV, 114 S.) 8° ¶ (In: Thünen-Archiv Bd 2 H. 3.)
Rostock, Phil. Fak., Ref. Ehrenberg, Diss. v. 18. Mai 1907
[Geb. 12. Jan. 79 Taucha; Wohnort: Rostock; Staatsangeh.: Preußen; Vorbildung: Gymn. Stendal Prima-Reife O. 00; Studium: Techn. Hochsch. Darmstadt 2, Univ. Erlangen 2, Rostock 6 S.; Rig. 15. Mai 07.]

Sperling, Erich, Arbeitslosen-Entwicklung in Handwerk und Industrie. Diss. 8°. Rostock 1909.

Sperling, Ernst: Die Grenzen der Variation unter den Nachkommen einzelner Pflanzen, geprüft am Proteingehalt bei Gerste und Weizen, am Stärkemehlgehalt bei Kartoffeln und am Zuckergehalt bei Zuckerrüben. Halle a. S. 1909: Hohmann. 85 S. 8°
Halle, Phil. Diss. v. 3. Juni 1909, Ref. Wohltmann
[Geb. 13. Okt. 83 Sinsleben; Wohnort: Halle a. S.; Staatsangeh.: Preußen; Vorbildung: Realgymn. Halberstadt Reife O. 03; Studium: München 1, Berlin Landw. Hochsch. 1, Halle 5 S.; Rig. 8. März 09.] [U 09. 1708

Sperling, F., s. Darstellung, systematische, der christlichen Glaubenslehre.

Sperling, Friede wollt' er, Beitrag zur Lösung der socialen Frage nebst drei Anlagen. Magdeburg 868. Baensch' Verl. gr. 8. (117 S) n. 20 ngr.

Sperling, Friede wollt' er, Brief über das Wesen der Wahrheit des Christenthums. Riesdorf 861. (Magdeburg, Baensch.) gr. 8. (2 Bl., 107 S.) n. 1 Thlr.

Sperling, Friede wollt' er, über die Kunst zu regieren, mit Beziehung auf Preußen. Lex.-8. (XII und 53 S.) Magdeburg 852 [und Leipzig, Gebr.] Baensch. * -

Sperling, Friede wollt' er, Plan, wie die Königl. Preuß. Regierung sich das öffentl. Vertrauen erwerben u. den durch die März-Ereignisse gestörten Verkehr wieder beleben kann. Nebst 9 Anlagen. gr. 8. (IV u. 127 S.) Magdeburg 850, Bänsch. n. 1/3 Thlr.

Sperling, Friede wollt' er, die beste Staats-Verfassung u. die wahre Lehre Jesu Christi gr. 8. (127 S.) Berlin 876. Niendorf. 2. -

Sperling, Friede wollt' er, die zweckmäßigste Staatsverfassung u. die wahre Lehre Jesu Christi oder das Buch der ewigen Wahrheiten. 2., verb. Aufl. gr. 8. (VI, 280 S.) Magdeburg 879. Leipzig, Frohberg in Comm. n. 3. 60

Sperling, Friede wollt' er, Uebersetzung und Auslegung der Einleitung des Evangelii Johannis. gr. 8. (44 S.) Magdeburg 860, Baensch. Thlr. **

— Friede wollt' er, Vorschläge zur Besserung unserer geselligen Zustände in Beziehung auf Verkehr, Religion und Regierung, mit Berücksicht. der Verfassung vom 5. Decbr. gr. 8. (VIII und 103 S.) Magdeburg 849, Baensch. *

— Friede wollt' er, über die Wahrheit. Lex.-8. (31 S.) Magdeburg 851, Baensch.

Sperling, Friede wollt'er, Königl. Preuß. Regierungs-Rath, Wie kann es besser werden. Ein Wort zu seiner Zeit. Magdeburg, Haenel, o. J. 32 S. 8°.

Sperling, Georg Heinrich (Stade) U. S. Göttingen
1742/1

Dissertatio theologica moralis de votis.
Präs. Christoph August Heumann.
Göttingen (Hager) 29. III. 1742. 20 S.
Gew.: Konsistorium der Stadt Stade. 32947

Heimatkunde des Kreises Groß-Wartenberg. Beilage z. Flemmingschen Schulkarte d. Kreises Groß-Wartenberg. Von [Gottl.] **Sperling**, Rektor in Festenberg. Glogau: C. Flemming [1906]. (20 S.) 8° [F.] [07. 3869

Heimatkunde des Kreises Groß-Wartenberg. Beilage z. Flemmingschen Schulkarte d. Kreises Groß-Wartenberg. Von [Gottl.] **Sperling**, Rektor in Festenberg. 2. Aufl. Glogau: C. Flemming [1906]. (20 S.) 8° [F.] [07. 3870

Sperling H, künstlerische Bucheinbände in Handarbeit. (12 S u 79 Abb.) Leipzig 1897

Sperling. H., der Jagdhund. **16 Farbendr.-Taf. nach Orig.-Bildern. Mit Text, enth. die offiziellen Rassekennzeichen. qu. hoch 4. (16 S.) Berlin 900. P. Parey. Geb. in Leinw. n. 10. —**

Sperling, H. Collection v. Rassehundtypen u. Hundeportraits nach Orig.-Gemälden von H. S. 19 Blatt in farb. Licht- u. Steindruck. qu. gr. Fol. Berl. 892, W. Baensch. In Leinw.-Mappe * 50 — Einzelne Blätter à * 2 50

Sperling, H., feine Nasen. [Skizzen aus Feld u. Wald.] 12 Farbendr. [Hundebilder] m. 1 Bl. Text. gr. Fol. Berlin 890. Alb. Frisch. In Mappe. n. 25. —

Sperling, H., Rassehundtypen. 10 Lfgn. qu. Fol. (à 2 farb. Lichtdr.) Eberswalde 896. S. Dyck. à Lfg. 3. —; einz. Bilder n. 1. 75

— Rassepferde. 5 Lfgn. qu. Fol. (à 2 farb. Lichtdr.) Ebd. 896. à Lfg. 6. —; einz. Bilder n. 4. —

— dasselbe. II. Serie. 1.—4. Lfg. qu. Fol. (à 2 farb. Lichtdr.) Ebd. 897. 98. Subskr.-Pr. à Lfg. n. 6. —; Einzelpr. à Lfg. n. 8. —; Einzelbilder n. 4. —

Sperling, H. C., s. Sperling, H. O.

Sperling, H. O., s.: Adressbuch der deutschen Zeitschriften u. der hervorragenden politischen Tagesblätter.

Sperling, H. O., s. Haendels, C. A., Inseratenversendungsliste.

Sperling's, H. O., Zeitschriften-Adressbuch. Adressbuch der hervorrag. polit. Tagesblätter Deutschlands, Oesterreichs u. der Schweiz. Hand- u. Jahrbuch der deutschen Presse. Nach den Wissenschaften geordnet, m. Angabe der Adressen der Redakteure u. Verleger, der Erscheinungsweise, des Leipziger Kommissionärs, der Bezugs-, Anzeigen- u. Beilagenpreise der Blätter, ob diese illustriert u. anderen Nachweisen. 41. Jahrg. 1902. gr. 8. (VIII, 243, 59, 52 u. 197 S.) Stuttgart 902. H. O. Sperling. Geb. in Leinw. n.n. 4.50
Vergl.: Adressbuch der deutschen Zeitschriften.

Sperling's, H. O., Zeitschriften-Adressbuch, enth. die Zeitschriften u. hervorrag. polit. Tagesblätter Deutschlands, Oesterreichs u. der Schweiz. Hand- u. Jahrbuch der deutschen Presse. Nach Wissenschaften geordnet, mit Angabe der Adressen der Herausgeber, Redakteure u. Verleger, der Erscheinungsweise, der Bezugs-, Anzeigen- u. Beilagenpreise der Blätter, ob sie Bücherbesprechgn. bringen, ob sie illustriert sind u. anderen Nachweisen. 43. Ausg. 1906. (VIII, 389 S.) gr. 8. Stuttgart, H. O. Sperling. Geb. in Leinw. n. 6. —

Sperling, H. O., Zeitschriften-Adreßbuch enthaltend die Zeitschriften und hervorragenden politischen Tagesblätter Deutschlands, Österreichs und der Schweiz. Hand- und Jahrbuch der deutschen Presse. Nach Wissenschaften geordnet mit Angabe der Adressen der Herausgeber, Redakteure und Verleger, der Erscheinungsweise, der Bezugs-, Anzeigen- und Beilagenpreise der Blätter, ob sie Bücherbesprechungen bringen, ob sie illustriert sind und anderen Nachweisen. Ausg. 41 (1908). Stuttgart, [1907.] 464 S.

Sperling's, H. O., Zeitschriften-Adressbuch, enth. die Zeitschrift. u. hervorrag. polit. Tagesblätter Deutschlands u. Österreichs, sowie der deutschen der Schweiz u. Russlands. Hand- u. Jahrbuch d. deutschen Presse. 46. Ausg. 1911. (VIII, 501 S.) gr. 8. Stuttgart (910). H. O. Sperling. Geb. in Leinw. 6.—

Sperling, H. C., kleiner Zeitschriften-Katalog. Alphabet. Verzeichnis aller Zeitschriften u. d. wichtigsten polit. Tagesblätter. M. Angabe d. Redakteur- u. Verleger-Adressen, Erscheinungsweise, Preis u. Tendenz d. polit. Tagesblätter. I. Jahrg. 1896. gr. 8 (138 S.) Stuttgart, H. O. Sperling. n. 1. —

Sperling, Heinr., zur Geschichte d. Buße u. Gevette im Mittelalter. Inaugural-Dissertation. gr. 8. (40 S.) Straßburg 874. Schmidt. n. — 80

Sperling, Hugo, Anwendungsformen der naturgem. Gesundheitspflege u. Krankenpflege, s. a. Schuhr's Sammlg. volkstüml. Vorträge, Hft. 8.

Sperling, Hugo: Anwendungsformen der naturgemässen Gesundheitspflege und Krankenpflege. Von –. Berlin: G. Schuhr [1898]. (21 S.) 8°
Sammlung, Schuhrs, volkstüml. Vorträge auf d. Geb. d. Gesundheitspfl. H. 8.

— d. Bandwurm u. s. naturgem. Beseitigg. gr. 8. (6 S.) Berlin 895. (M. Breitkreuz.) n. — 20

— die vorgeburtlichen (directen u. indirecten) Einwirkungen d. Eltern auf d. Kind. gr. 8. (19 S.) Ebd. 895. n. — 60

— Erkrankgn. der weibl. Brüste u. naturgem. Behandlg. derselben, s. a. Gesundheits-Bibliothek, Hft. 9.

Sperling, Hugo: Erkrankungen der weiblichen Brüste, Ursachen, Wesen, Vorbeugungen u. naturgemässe (arzneilose) Behandlung derselben. Von –. Berlin: G. Schuhr [1898]. (26 S.) 8°
Gesundheits-Bibliothek. H. 9.

— d. Fortpflanzung d. Menschen. Begattg. u. Befruchtg. (physiolog. Vorgänge derselben); Vorbedingqn. d. Erfolges; Unfruchtbarkeit u. ihre Ursachen; Vorschläge z. willkürl. Hervorbringg. v. Knaben u. Mädchen; Vorbeugg. (Nutzen u. Schaden derselben, wer ist berechtigt dazu?); ehel. Onanie; weibl. u. männl. Unvermögen u. a. m. gr. 8. (24 S.) Berlin 895. M. Breitkreuz. n. — 60

— d. Kreuzbein- bezw. Steißbeinschmerzen bei den Frauen u. ihre naturgemäße Behandlg. gr. 8. (8 S.) Ebd. 895. n. — 20

— d. Menstruation. Wesen u. Zweck, sow. d. Störgn. derselben u. deren naturgem. Behandlg. gr. 8. (24 S.) Ebd. 895. n. — 60

— die Nase, ihre Bedeutg. u. ihr Nutzen, ihr äußerer u. innerer, ihr gesunder u. kranker Zustand u. naturgem. Behandlg. gr. 8. (14 S.) Ebd. 895. n. — 20

— die Pflege d. weibl. Brüste u. d. Stillen d. Säuglinge, s. a. Schuhr's Sammlg. volkstüml. Vorträge, Hft. 7.

Sperling, Hugo: Die Pflege der weiblichen Brüste und das Stillen der Säuglinge. Von –. Berlin: G. Schuhr [1898]. (19 S.) 8°
Sammlung, Schuhrs, volkstüml. Vorträge auf d. Geb. d. Gesundheitspfl. H. 7.

Sperling, Hugo, Selbsterlernung der Massage m. Einschluß der passiven, activen u. Widerstands-Bewegungen. Mit einigen Anhängen: a) Practische Anwendg. der Massage rc. [zur Unterstützg. derselben, auch andere Anwendungsformen der Naturheilkunde] bei verschiedenen Erkrankgn.; b) die Anwendungsformen der Naturheilkunde f. den Familiengebrauch; c) die Ursachen, Vorbeuggn. u. Behandlung der Rückgratsverkrümmgn. gr. 8. (67 S.) Dresden-Radebeul 891. Leipzig, F. E. Bilz. n. — 75

Sperling, J. G. A. Kurzer Abriß der analytischen Logik. Zunächst die Lehre vom Begriff. 22 S. und Fortsetzung 27 S. . .
Gumbinnen, Progr. 1842. 1850

Sperling, J. G. A. Abriß der Logik (Schluß von 1850). 34 S.
Gumbinnen, Progr. 1855

Sperling, J. G. A. Einige Funktionen-Entwickelungen nach einer auf die einfachsten Elemente beschränkten Methode. 28 S. . . . .
Gumbinnen, Progr. 1835

Ders. Ueber die Conformität der unmöglichen oder imaginären Größen überhaupt, und über die Unveränderlichkeit der Form $a + b\sqrt{-1}$ bei jeder Rechnungsoperation besonders. 25 S.
Gumbinnen, Progr. 1827

Sperling, J. G. A. Eine neue Methode, das Maximum und Minimum zu finden. 27 S. . . . .
Gumbinnen, Progr. 1831

Sperling: Analytische Miscellen. I. und II. 41 S. – Gumbinnen. Progr. 1863, 64.

Sperlingius, Joannes: An virgula mercurialis agat ex occulta qualitate? Ob die Wünschel-Ruthe aus verborgener Krafft würcke? Wittenbergae 1742

Sperling, Johann Peter. Principia musicæ, das ist: Gründliche Anweisung zur Music. Budissin 1705. [quer 8°.]

Sperling, Johannes [app. Arzt aus Leipzig]: Beitrag zur Casuistik der congenitalen Sakraltumoren ... Würzburg, Becker's Univ.-Buchdr., 1892; 23 S. 8.
Würzburg, Med. Fak., Inaug.-Diss. v. 1892

Sperling, Karl [aus Emmerich a. Rh.]: Aristoteles' Ansicht von der psychologischen Bedeutung der Zeit untersucht an seiner Definition derselben als „Zahl der Bewegung". ... Marburg, Univ.-Buchdr. (R. Friedrich), 1888; 73 S. 8°
Marburg, Phil. Fak., Inaug.-Diss. v. [14. Apr.] 1888

Sperling, Karl, Aristoteles' Ansicht von der psychologischen Bedeutung der Zeit untersucht an seiner Definition derselben als „Zahl der Bewegung." Diss. Marburg 1888, N. G. Elwertsche Univ.-Buchh. 8°. 73 S.

Sperling, Kurt

Sperling, Curt, General-Sekr. d. Verbandes Rhein.-Westf. Gemeinden in Cöln: Die Einwirkung des Konkurses auf schwebende Rechtsgeschäfte ⟨im allgemeinen⟩. Cöln 1909: Quos. XI, 60 S. 8°
Erlangen, Jur. Diss. v. 22. April 1909, Ref. Oertmann
[Geb. 15. Jan. 75 Beeskow; Wohnort: Cöln; Staatsangeh.: Preußen; Vorbildung: Gymn. Ostrowo Reife O. 9.., Studium: Freiburg i. B. 1, Halle 2, München 1, Berlin 3 S.; Rig. 22. Febr. 09.] [U 09. 738

Sperling, Louis, Warum bekämpfe ich die freie Organisation junger Kaufleute? 8°. Stettin 1887.

Sperling, Ludwig [approb. Arzt]: Ueber Hemiatrophia facialis.... Erlangen, Druck d. Univ.-Buchdr. v. Junge & Sohn, 1887. 23 S. 8°.
Erlangen, Med. Fak., Inaug.-Diss. v. 1887.

Sperling, Ludwig, über Hemiatrophia facialis. Diss. Erlangen 1887. Th. Blaesing. 8°. 23 S.

Sperling, M(artin), a. Dresden: Beiträge zur Kenntnis der Selenzellen. Gießen 1908: v. Münchow. (83 S., 5 Taf.) 8°
Göttingen, Phil. Fak., Ref. Simon, Diss. v. 7. Juli 1908
[Geb. 16. März 70 Dresden; Wohnort: Dresden; Staatsangeh.: Sachsen; Vorbildung: Annen-Sch. (Realgymn.) Dresden Reife O. 90; Studium: Techn. Hochsch. Dresden 5, München 1, Univ. München 4, Göttingen 5 S.; Rig. 10. Dez. 07.]

Sperling, Max: Ein Fall von beiderseitigem Hirnbruch an den innern Augenwinkeln bei einem Neugeborenen nebst Bemerkungen über die an dieser Stelle vorkommenden angeborenen Bildungsfehler.... Königsberg in Pr., Druck v. R. Leupold, 1889; 22 S. + 1 Bl. u. 3 Taf. 8°
Königsberg, Med. Fak., Inaug.-Diss. v. 24. Apr. 1889

Sperling, Max. Ein Fall v. beiderseitigem Hirnbruch an den innern Augenwinkeln bei e. Neugeborenen, nebst Bemerkgn. üb. die an dieser Stelle vorkomm. angeborenen Bildungsfehler. Diss. gr. 8. (22 S. m. 3 Photogr.) Königsb. 889, (Koch). * 1 20

Sperling, Oskar: Herzog Albrecht der Beherzte von Sachsen als Gubernator Frieslands. (= Inaug.-Diss. Leipzig 1892.) Leipzig, Druck v. A. Edelmann, 1892; 1—52 S. 4.
Leipzig, k. G, OP 1892 (537)

Sperling, Osk. Herzog Albrecht der Beherzte v. Sachsen als Gubernator Frieslands. Progr. gr. 4. (52 S.) Lpz. 892, (Hinrichs' Sort.). * 1 20

Sperlingius, Ottho: „Dissertatio de nummis non cusis tam veterum quam recentiorum", Amstelaedami 1700. — Vorh.: Bibl. des Oberlandesgerichts Celle — Tc. 367 — und Com. Bibl. Hamburg.

Sperlingius, Ottho: „De nummorum bracteatorum et cavorum nostrae ac superioris aetatis origine et progressu epistola ad J. d. Melle", Lubecae 1700. — Vorh.: Com. Bibl. Hamburg.

Sperling, Otto, der Reisebuchhandel. Ein Ueberblick üb. seine Entwicklg. u. seinen gegenwärt. Stand. (23 S.) 8. Ebd. 906. n. — 60

Sperling, P. Die Ausbildung d. Militärärzte i. Dtsch. Reiche. (S.-A.) 1894.

Sperling, P. G., Diss. de cardialgia. Witenb. 4°. **1704**

Sperling, P. G., utrum natalis Christi Augusto etiam innotuerit? Viteb. 1703. 4.

Sperling, Paul (Gotthold) (geb. Sampohl in Westpr. 12. 2. 1849): Ueber Embolien bei Endocarditis. Berlin (1872). (29 S.) 8°
Berlin, Med. Diss. v. 10. Febr. 1872

Sperling, Paul, die Erzfeinde des Waldes. Ein Beitrag zu den Volks- u. Schulbibliotheken. gr. 8. (V, 76 S.) Dresden 878. Schönfeld. n. — 60

Sperling, Paul Fr., Moses detonans, od. Betracht. vieler Laster. 4. Leipz. Junius. (Knobloch.) 746. Rthlr. 2 16

— Moses informans et inculans, Betracht. d. Tugend u. d. 10 Geboten. 4. Leipz. Junius. 701. 2 18

— Nicodemus quaerens et Iesus respondens. 2 Thle. 4. Leipz. Junius. (Knobloch.) 700-18. 5 —

— Petrus scrupulosus, sed ab ipso Deo solide informatus, d. i. sonderb. Gewissensscrupel. 4. Ebend. 710. 2 12

— Petri scrupulosi Continuatio. 4. ibid. 715. 2 4

— Sonn- u. Festtags-Postille, worin allerh. Gewissensscrupel abgehandelt werden. 2 Bde. 4. Leipzig, Junius. 749. 2 8

— Zion querulans et Iehovah consolans, d. i. klagendes Zion u. tröstend. Gott. 4. Leipzig, Junius. (Knobloch.) 743.

Sperling, Paul Gottfried [Praes.], s. Hynitzsch, Johann: De plica Polonica. Germ. Weichsel=Zopff.

Sperling, Paul Gottfried [Praes.], s. Neide, Joh. Christoph: De tussi.

Sperling, Paul Gottfr., De salacitate. Wittob. 4°. **1702**

Sperling, Paul Gottfried [Praes.], s. Seliger, Valentin: De anorexia.

Sperling, Paul Gottfried [Praes.], s. Struve, Johann Martin: De carie ossium.

Sperling, R.

Sperling, Beitrag zur Geschichte der im Jahre 1846 zu Berlin versammelten General-Synode. gr. 8. (1/3 B.) Magdeburg 846, Baensch.

—— Bemerkungen u. Zusätze zu dem offenen Sendschreiben Uhlichs an die protestant. deutsche Conferenz in Berlin. gr. 8. (1 B.) Magdeburg 846, Baensch.

—— über die Form, in welcher der Beweis der Wahrheit angetreten werden muß, wenn durch denselben die Ueberzeugung erweckt werden soll, daß das Bewiesene unter allen Umständen und für alle Menschen Wahrheit ist. Bruchstück aus der noch ungedr. 2. Ausg. der Auslegung der Worte Christi: „Ich bin der Weg." gr. 8. (27 S.) Riesdorf 859. (Magdeburg, Baensch.) **

Sperling, R., Geschichte des 12. königl. preuß. Infanterie-Regiments, s.a. Soldaten-Freund.

Sperling, R. Geschichte des 12. Infanterie-Regiments. (92) 8. Berlin 1853. 1,00.

—— hat das preußische Volk in Beziehung auf die Verfassungsfrage im J. 1848 und bis heute seine Freiheit recht gebraucht und wie wird es seine Freiheit in der fragl. Beziehung künftig zu gebrauchen haben? gr. 8. (82 S.) Magdeburg 864, (Baensch.) -

—— neuer Katechismus. gr. 8. (30 S.) Magdeburg 859, Baensch. * *

— üb. d. Kunst zu regieren, m. Beziehung auf Preußen. Lex. 8. (XII u. 53 S.) Ebd. 852. ⁵⁄₁₂ ₰

—— die Lehre Jesu Christi über den einzigen Weg, auf welchem der Mensch die Wahrheit thun lernen kann, nach den bibl. Ueberlieferungen dargestellt. 8. (92 S.) Magdeburg 866, (Baensch.) *

—— über die Nothwendigkeit einer Aenderung in den Regierungs-Grundsätzen, nebst einem Vorwort, einer Kritik der Vorlesung des Prof. Stahl über die Frage: „Was ist Revolution?" enthaltend. Lex.-8. (XVI und 24 S.) Magdeburg 852 [und Leipzig, Gebr.] Baensch. *

— Vorschläge zur Verbesserung unserer geselligen Zustände in Beziehg. auf Verkehr, Religion u. Regierung, m. Berücksicht. der Verfassung v. 5. Decbr. gr. 8. (VIII u. 103 S.) Ebd. 849. n. 1/3 ₰

— über die Wahrheit. Lex. 8. (31 S.) Ebd. 851. 6 ngl.

—— wie kann es besser werden. Ein Wort zu seiner Zeit. gr. 8. (32 S.) Magdeburg 849, Baensch.

Sperling, Rud., vor 8000 Jahren. Idyllisches Drama in 5 Aufzügen. 8. (IV, 74 S.) Dresden 893. E. Pierson. n. 1. —; geb. in Leinw. m. Goldschn. n. 2. —

Der Kampf um Byzanz. Ein Völker-Drama in 5 Aufz. von Rudolf Sperling. Dresden & Leipzig: E. Pierson 1894. (102 S.) 8° [F.] 106. 12055

Sperling, Rud. Lieder e. einsamen Spatzen. Gedichte. 12. (XI, 222 S.) Dresd. 892, Pierson. * 3 —; geb. m. Goldschn. * 4 —

Sperling, Rudolf Properz in seinem Verhältnis zu dem Alexandriner Kallimachus. 23 S. Progr. G. *Stralsund* 1879.

— Dr. Spätzlein's Weihnachtsnüsse. (1. Bescherung.) 100 lust. Räthsel. 12. (III, 54 S.) Ebd. 898. Kart. n. 1. —

Sperling, Edler v. Spatz, neuester wiener Spaßmacher, s. Spaßmacher.

Sperlinge, die, des Herrn. Von V. F. Saarbrücken 857. Neumann. 8. (IV, 404 S.) n. 1 ₰. 21 ngr.

Sperlingsleben, aus dem badischen Kulturkampf. Offenburg [18 . .]. V: *Oechsler.* (cramerBkde. S. 99)

„Sperlingsleben" aus dem „badischen Kulturkampf" von 1874/76, gepfiffen zu Nutz u. Trutz. 3. neu durchgeseh. Aufl. 8 (VII, 102 S.) Offenburg (902). H. Zuschneid. n. —90

Sperlings-Moden, od. Wo wird die Welt noch hingerathen. (Ausgestanztes Blatt.) qu. 16. (12 S. m. Abbildgn.) Leipzig 890. Meissner & Buch. n.n. — 50

Spernach, Hans v., u. seine Kinder; eine vaterländ. Familiengesch. 8. (Kühne in Wittenb.) 791.

Speroni, A., allgem. Kirchengeschichte, s. Ant. Godeau.

Speroni Luigi. Scelta di discorsi recitati nella quaresima dell'anno 1853 nella chiesa nazionale italiana in Vienna. 8. (60 S) Vienna, Mechitaristi 1853.

Sperontes [Pseud.], s.a. Scholze, Johann Sigismund

Sperontes singende Musen an d. Pleiße, in Oden, nebst 3 Fortsetz. 4. Leipz. Junius. 745.

Sperontes Singende Muse an der Pleisse in 2 mahl 50 Oden, derer neuesten u. besten musicalischen Stücke, mit Melodien (*in Kupfer gestochen*) etc. anjetzo viel verändert und verbessert etc. Leipz. 1747. — *Angehangt:* Sperontes Singende Muse etc. 1ste Fortsetzung in 2 mahl 25 Oden. 1742. 2te Fortsetzung in 2 mal 25 Oden. 1743. 3te Fortsetzung in 2 mal 25 Oden. 1745. in 4o.

Sperr, die katholische Bewegung in England u. die anglokathol. Theologie oder der Puseyismus nach den Originalquellen dargestellt. gr. 8. (10¼ B.) Innsbruck 844, Wagner'sche Buchh.

Sperr, A., Annehmlichkeiten und Hochgenüsse der Kaltwassercur oder sogen. Hydrotherapie in sinnreichen Bildnissen dargestellt. qu. 4. (15 Stnt. mit französ. und deutschem Text.) (Zürich 857, Schabelitz'sche Buchh.) *

Sperr, E., der deutsche Civilprozess-Entwurf, sein Einfluss auf das bayer. Gerichtsvollzieher-Institut u. e. Stimme f. das letztere vom Standpunkt d. prakt. Bedürfnisses. gr. 8. (IV, 72 S.) Nürnberg 876. Korn. n. 2. —

Sperrhake, Walther, a. Eisenberg (S.-A.): Ben Jonson's „The case is altered" und seine Quellen. Halle a. S. 1905: C. A. Kaemmerer & Co. (65 S.) 8°

Halle, Phil. Fak., Ref. Wagner, Diss. v. 11. Aug. 1905

[Geb. 20. Mai 81 Eisenberg, S.-Altenburg; Wohnort: Halle; Staatsangeh.: Sachsen-Altenburg; Vorbildung: Gymn. Eisenberg Reife O. 01; Studium: Jena 4, Halle 5 S.; Rig. 9. Febr. 05.]

Sperrlingk, Alfr., über echte Sitophobie. Inaugural-Dissertation. gr. 8. (52 S.) Dorpat 883, (Schnakenburg's Verlag.)

Sperrung

— üb. die befürchtete, der Elbe durch die Franzosen, (von L. H. Tobiesen). 8. Altona 798.

Sperrung, üb. die, der Elbe u. Weser. 8. Jena 803. Voigt. 4 gl.

Sperrungen und Torpedos. A. d. Franz. von May . . . Berlin 1869. V: *Brialmont, Alexis Henri.* (Pr)

Sperry, Lyman B., vertrauliche Ratschläge f. junge Mädchen, bearbeitg., s.a. Werner, Carl, was muß das junge Mädchen wissen?

Sperry, Lyman B., vertrauliche Ratschläge f. junge Mädchen. Mit Ermächtigg. d. Verf. nach d. amerikan. Original frei bearb. v. Carl Werner. gr. 8. (122 S.) Berlin 898. H. Steinitz. n. 2. —

Dr. Lyman B[eecher] **Sperry**. Vertrauliche Ratschläge für junge Mädchen. [Confidential talks with young women]. Mit Ermächtigung des Verf. nach d. amerikan. Orig. frei bearb. von Dr. med. Carl Werner. (Vorr.: Frances E. Willard und Mary Wood Allen.) 3. u. 4. Taus. *Berlin: H. Steinitz (1903).* (119 S.) 8° [Ant. u. J.] [03. 8154

— dasselbe, f. junge Männer, Bearbeitg., s. a. Werner, Carl, was muß der junge Mann wissen?

— dasselbe f. junge Männer. Frei bearb. nach dem amerikan. Original v. Carl Werner. gr. 8. (111 S.) Ebd. 897. n. 2.—

Sperry, Lyman B., vertrauliche Ratschläge f. junge Männer. Frei bearb. nach dem amerikan. Original v. Carl Werner. 2. Aufl. (4.—6. Tauf.) gr. 8. (109 S.) Berlin (900). H. Steinitz. n. 2.—

SPERSCHNEIDER, Josias (Tanjora/Ostindien): De remediis vegetabilibus. (Titel nach der Urkunde) 28.8.1846 - Urk
Diss.Ingolst.-Landsh.-Mchn.

Spervogel's Lieder f. die Schule erklärt u. m. e. Glossar versehen v. Rob. Schneider. gr. 4. (21 S.) Halberstadt 876. (Leipzig, Siegismund & Volkening.) n. 1.—

Spervogel, lieder und sprüche, s. Gradl, H., zur Literatur des Egerlandes.

Spes Austriae ac metus super haerede. Graecii 1724. V: *Setrics, Paul.* (Jes)

Spes Bambergensium Fundata In Triplici anchora . . . Bambergae 1752. V: *Kreussler, Ignaz.* (Jes)

Speschnew, N. N. v., die Pilzparasiten d. Teestrauches. (50 S. m. 4 farb. Taf.) Lex. 8. Berlin 907. R. Friedländer & Sohn. 6.—

Spesen-Ersparnis des Sortimenters. Thorn 1904. V: *Wallis, Justus.* (Berl)

Speshardt, Georg Wilhelm von (Franken) A. S. 127/19

Dissertatio juridica de operis venaticis.
Präs. Johann August Reichardt.
Jena (Heller) 3. XI. 1770. 72 S. 32961

Die Pilzparasiten des Teestrauches v. Prof. N. N. v. Speschnew [**Spěšnev**]. Tiflis. Mit 4 Taf. Berlin: R. Friedländer & Sohn 1907. (50 S.) 4°(8°) [07. 5..5

Spessart [Sachliches OW]

Der Spessart und seine forstliche Bewirthschaftung. Den Mitgliedern der Versammlung südteutscher Forstwirthe zu Aschaffenburg gewidmet. - München 1847. 54 S., 55 S. Beil., 1 Plan

Spessart mit Umgebung. Zusammengestellt aus Sectionen der Gradabtheilungskarte des Deutschen Reichs vom topographischen Bureau des K. Bayerischen Generalstabes. [illegible]

Spessart [Schlagwort]

— s. a.: **Radfahrerkarten. Mittelbach.**

— s.a. Vogelsberg.

Spessart. **Dietz, Touristenwegkarte f. das Spessart-Gebirge, nebst Anschluss an das Gebiet des Odenwaldes. 1 : 150,000. 38×34,5 cm. Farbendr. Mit Text am Rande. Würzburg 893. J. Staudinger. n. 1. 20**

Spessart. Dietz, A., **Touristenwegkarte f. d. Spessart-Gebiet, nebst Anschluss an d. Gebiet d. Odenwaldes. 1 : 120,000. Mit farbig bezeichneten Touristenwegen,** nebst Erläuterg., Angabe der Entfernung in Kilometerzahl, sowie Höhenangabe. 2., bedeutend verb. u. verm. Aufl. 54×52,5 cm. Farbendr. Würzburg 896. J. Staudinger's Verl. n. 1. 20

Spessart. Dietz, A., Touristenwegkarte f. das Spessart-Gebiet, nebst Anschluss an das Gebiet des Odenwaldes. 1 : 120,000. Mit eingezeichneten Touristenwegen, nebst Erläuterg., Angabe der Entfernung in Kilometerzahl, sowie Höhenangabe. Neue bedeutend verb. u. verm. Aufl. 55,5×53 cm. Farbdr. Würzburg (906) J. Staudinger's Verl. n. 1.—

Spessart. Karte, offizielle, des Spessarts. 1 : 150,000. 39,5×31 cm. Mit kurzer Beschreibg. der farbbezeichneten Touristenwege. Hrsg. v. dem Verein der Spessartfreunde. 8. (30 S.) Aschaffenburg (899). C. Krebs. Auf Leinw. n. 1. 50

— Karte, offizielle, des Spessarts. 1 : 150,000. 52,5×42 cm. Farbdr. Mit kurzer Beschreibg. der farbig bezeichneten Touristenwege. Hrsg. v. dem Verein der Spessartfreunde. 3. Aufl. (41 S.) 8. Aschaffenburg (906). C. Krebs. n. 1. 70

Spessart. Karte, offizielle, des Spessarts. 1 : 150,000. 52×42 cm. Farbdr. Mit kurzer Beschreibg. d. farbig bezeichneten Touristenwege. Hrsg. v. dem Verein d. Spessartfreunde. 5. Aufl. (50 S.) 8. Aschaffenburg 910. C. Krebs. Auf Leinw. 1. 70

— **Karte vom Spessart m. Umgebung. Zusammengestellt aus Sectionen der Gradabtheilungskarte d. Deutschen Reiches vom topogr. Bureau d. k. bayer. General-Stabes. 1 : 10,000. 78×64 cm. Kpfrst., auf Stein übertr., u. kolor.** München 893. (Literarisch-artist. Anstalt.) n.n. 3.—

— **Schober, Joh., Spezialkarte vom Spessart.** Hrsg. im Auftrage d. Vereins der Spessartfreunde. 1 : 100,000. Steindr. 66×58 cm. Aschaffenburg 892. C. Krebs. n. 1. 50

Spessart. Specialkarte vom Spessart. Hrsg. im Auftrage d. Vereins der Spessartfreunde. 1 : 100,000. Chromolith. qu. gr. Fol. Aschaffenburg 888. Krebs. n. 2.—

— **Spezial-Karte vom Spessart. Hrsg. im Auftrage des Vereins der Spessartfreunde.** 1 : 100,000. (Neuer Abdr.) 67×59 cm. Lith. Ebd. 900. n. 1. 50; **auf Leinw. in Futteral** n.n. 2. 50

Spessarts — Orographische Uebersichtskarte des — in einem □ Stunden Netze. Leipzig 1823. 1 : 120,000. 1 Bl. aus dem Werke: Der Spessart von Stephan Behlen Forstmeister zu Aschaffenburg.

— Welzbacher, C., Specialkarte d. Spessart. 1 : 100,000. 9. Aufl. Chromolith. gr. Fol. Frankfurt a/M. 889. Jaeger's Verl. n. 1. 50

— Welzbacher, C., Specialkarte des Spessart. 1:100,000. 11. Aufl. 57×50 cm. Farbendr. Frankfurt a/M. 894. Jaeger's Verl. n. 1. 50

Spessart. Welzbacher, C., Spezialkarte d. Spessart. 1:100,000. Rev. vom Spessart-Klub. 12. Aufl. 56,5 × 50 cm. Farbdr. Frankfurt a/M. 897. Jaeger's Verl. n. 1. 50

Spessart-Kalender f. das katholische Volk. 1. Jahrg. 1911. (94 S. m. Abbildgn. u. 1 Taf.) gr. 8. Aschaffenburg, (C. Krebs). nn — 30

Speßhardt, Haubold v., Handbuch über Straf- u. Besserungs-Anstalten, unter Hinblick auf polizeiliche Einrichtungen z. Vorbeugung von Verbrechen. gr. 8. (17 B. u. 5 Tab.) Hildburghausen 843, (Kesselring'sche Hofbuchh.) *

Speßhardt, H. v., der Versicherungsbetrug im Reichsstrafgesetzbuch, unter Berücksicht. der wichtigsten ausländ. Gesetzgebgn. dargestellt. gr. 8. (V, 110 S.) Marburg 885. Elwert's Verl. n. 1. 80

—— Wohin u. Wodurch! gr. 8. (5¾ B.) Hildburghausen 845, Kesselring'sche Hofbuchh. *

Spetau, J., Wien. Fremdenführer durch die Kaiserstadt und Umgebung. Ergänzt bis Ende Mai 1873. *M. 3,20., und Ergänzt bis Ende Mai 1875. Mit einem in Farbendruck ausgeführten zuverläss. Plane von Wien und den Vororten nach authent. Quellen. (Imp.-Fol.) 16. (XII, 199 S.) Wien 873, Manz. *

Spetau, J., Wien. Fremdenführer durch die Kaiserstadt u. Umgebg. Ergänzt bis Ende Mai 1875. Mit c. in Farbendr. ausgeführten zuverläss. Plane v. Wien u. den Vororten nach authent. Quellen (in qu. gr. Fol.) gr. 16. (XII, 199 S.) Wien 875. Manz. geb. n. 2. —

Speter (Max), Zur Etymologie und Geschichte des Namens „Gas". Cöthen (Anh.) 1910. 3 Bl.
Aus: Chemiker-Zeitung 1910, No 23.

Speter (Max), Zur Geschichte der Pottasche und ihres Namens.
Aus: Archiv f. d. Geschichte d. Naturwissensch. u. d. Technik. Bd 2. (1910.)

Speter, Max, Dipl.-Ingen.: Lavoisier und seine Vorläufer. Eine histor.-krit. Studie. (Stuttgart: Enke 1910.) 30 S. 8° ¶ (Ersch. vollst. in: Sammlung chem. u. chem.-techn. Vorträge. Bd 15.)
Berlin, Phil. Diss. v. 11. Mai 1910, Ref. Landolt †, Nernst
[Geb. 1. April 83 Bistritz; Wohnort: Berlin; Staatsangeh.: Ungarn; Vorbildung: Gymn. Bistritz Reife O. 01; Studium: Techn. Hochschulen Budapest, Hannover, München, Univ. Berlin zus. 13 S.; Rig. 3. Mai 10.] U 10. 266

Lavoisier und seine Vorläufer. Eine hist.-krit. Studie. Von Dr. Max Speter. Stuttgart: Enke 1910. 110 S. 8°
Aus: Sammlung chem. u. chem.-techn. Vorträge. Bd 15. 10. 11953

Speth, Anna, gut und billig. Neuestes Koch- und Receptbuch, unter Mitwirkung des Klosterkochs Frater Candidus hrsg. gr. 8. (428 S. mit 1 Chromolithogr.) Würzburg 880, Stahel'sche Universitäts-Buchh. *
geb. in Halbleinw. *M 2,70.; in Leinw. *

Speth, Arthur Frh. v.

Speth, A. Frhr. v., die Spethen u. die Welfen. Ein Beitrag zur ältesten Geschichte Deutschlands. (XXIII, 220 S. m. 5 Karten u. 1 Stammtaf.) gr. 8. München 906, J. Lindauer. n. 5. —

— die Steinharte u. die Spethen v. Steinhart. (III, 103 S. m. 2 Stammtaf.) gr. 8. Ebd. 906. n. 3. —

Speth B.: Die Krümmungskreise der Kegelschnitte in elementarer Behandlung. 60. Trautenau R. 93.
Progr.

Speth, Balthasar (Hrsg.), s. Anzeiger, Allgemeiner, für Litteratur u. Kunst.

Speth, B., die Kunst in Italien. 1r u. 2r Bdchen. Mit lithogr. Abbild. 8. München, Thienemann. 819 u. 821. à 1 Thlr. 8 Gr.

Speth, Balthasar, die Kunst in Italien. 3 Bde. Mit lithogr. Abbildd. 8. Münch. 819—823. Finsterlin. 5 ₰ 8 gr

— ernstere Würdigung der Kunstausstellung zu München im October 1817. gr. 8. Münch. 817. (Finsterlin). 4 gr

Speth, Eduard [approb. Arzt aus Marienberg]: Ueber allgemeine Hypertrophie der Brustdrüse beim Weibe .... München, Jos. Ant. Finsterlin, 1885: 28 S. 8°.
München, Med. Fak., Inaug.-Diss. v. 1885.

Speth, Erich. 1897 [Pseud.]
s. Frankenberg, Georg. A 12. 11710

Speth, J. F.

Speth. Beschreibung u. Geschichte der Stadt Constanz. 4. M. 6 K. Constanz 1733.

Speth, J. F. Triarcus Constantiae, der in der constantin dreybog. Ehren-Porte constanzisch m. dreifachem Ruhm prangend Glor-Sieg u. Ehrenreiche Kreuzschild. 4. m. 6 Taf. Constanz 1733.

Speth, Johann (Wiesbaden) A. S. 1115/35

Dissertatio medico-chymica inauguralis, qua solutio martis in puro alcali et anatomia sulphuris communis sistuntur. Präs. Georg Ernst Stahl.
Halle (Henckel) III. 1712. 43 S.

W. v.: Heinrich Christoph Wesselmann. 32962

Speth, Joseph [aus Lohr]: Ein Beitrag zur Missbildung am Ohr ... Würzburg, Druck d. k. Universitätsdr. v. H. Stürtz, 1897; 19 S., 3 Taf. 8.
Würzburg, Med. Fak., Inaug.-Diss. v. 1897

SPETH, Carolus: De Waldensibus. — (1853) 96 S. 8° (Handschr.) Diss. 156
Diss. Wien, Univ.

Speth-Schülzburg, Edm. Frhr. v., auf klassischem Boden. Wanderungen durch den Peloponnes u. in Kleinasien. (VII, 258 S.) gr. 8. München 903. J. Roth. n. 1. 80

Speth-Schülzburg, Edmund Freiherr von, Referendar in Königswinter a. Rh.: Der Ersatzanspruch des Armenverbandes gegen den Unterstützten und den privatrechtlich zu seinem Unterhalt Verpflichteten. ⟨Ein Beitrag zu Art. 103 E.G. z. B.G.B.⟩. Borna-Leipzig 1907: R. Noske. (IX, 79 S.) 8°
Leipzig, Jur. Fak., Diss. v. 7. Dez. 1907
[Geb. 26. März 81 Cannstatt; Wohnort: Königswinter; Staatsangeh.: Preußen; Vorbildung: Gymn. Ehingen a. D. Reife Juli 01; Studium: Lausanne 1, Berlin 1, Tübingen 1, Bonn 4 S.; Rig. 7. Dez. 07.]

Ancylussee und Litorinameer im südwestlichen Ostseebecken von der dänischen Grenze bis zur Odermündung. Eine geologische Studie v. Hans Spethmann. Mit 2 Taf. u. 1 Karte. Aus den Mitteilungen der Geogr. Gesellschaft und des Naturh. Museums in Lübeck. Reihe 2, H. 21. (Lübeck. 1906.) 4°

Der zweite Teil von C. Gagels Arbeit: Zur Geologie Schleswig-Holsteins v. **Hans Spethmann.** (Stuttgart. 1910.) 8° Separatabdruck aus dem Centralblatt für Mineralogie etc. Jg. 1910, Nr. 7.

Spethmann, Hans, die Küste der englischen Riviera, s.a. Meereskunde. III, 5.

Spethmann, Hans: Die Küste der englischen Riviera. Von –. Berlin: Mittler 1909. 36 S. 8° [Umschlagt.]
(Meereskunde. Jg. 3, H. 5.)

— Lübeck. Ein landeskundl. Grundriss. (39 S.) Lex. 8. Lübeck 910. (R. Quitzow.) nn — 60
Sonderabdr. aus: „Mittlgn. d. geogr. Gesellsch. u. des naturhist. Museums in Lübeck."

Spethmann, Hans, approb. Arzt aus Sibbersdorf: Aus d. chirurg. Klinik zu Kiel. Ueber Mammacarcinome. 42 Fälle aus d. chirurg. Klinik zu Kiel. *Kiel 1902: P. Peters.* (39 S.) 8°
Kiel, Med. Diss. v. [18. Apr.] 1902

Spethmann, Wilhelm

1849 - 1889. Der 5. April. Erinnerungsblätter an die 40jährige Jubelfeier des Tages von Eckernförde. Gesam. u. hrgg. v. **W. Spethmann.** Eckernförde. 1889. 8°

Spethmann, Wilh., der Tag v. Eckernförde im Dichterwort. Orig.-Beiträge vaterländ. Schriftsteller. Gesammelt u. hrsg. gr. 8. (III, 144 S. m. Abbildgn.) Eckernförde 899. (C. Heldt.) n. 1. 50

Spell, Jakob: Nationalitätenkarte der östlichen Provinzen des Deutschen Reiches (Volks; 1910 [Wien 1918: Moritz Perles]
Auf der Karte ist nicht der Verleger, sondern nur der Drucker, Justus Perthes in Gotha, angegeben. Nach Herbert Hende, Zeitschr. d. Gesellsch. f. Erdk. 1919, S. 185, ist sie eine Fälschung schlimmster Sorte: die Prozentsätze für die Polen wurden durchschnittlich um 30% zu hoch angegeben. Dem Herausgeber ist es gelungen, diese Karte mit dem Anstrich eines deutschen wissenschaftlichen Werkes in die Welt zu bringen: Eiserne Blätter, Nr. 14 vom 9. V. 1920, S. 767–772

Spetzler, A., u. Rich. Schnell, moderne Flächen-Ornamente. 40 Vorlegeblätter für den Unterricht im Freihandzeichnen. 4. Nürnberg (904). C. Koch. In Mappe n. 12. —

Spetzler, J. A., Anleitung zur Anlage Artesischer Brunnen. (Mit Vorr. v. H. N. Börm.) gr. 8. (6½ B. u. 6 Stnt. gr. 4.) Lübeck 832, v. Rohden.

Spetzler, Oskar

Spetzler, O., die Bauformenlehre m. besond. Berücksicht. d. Wohnhausbaues u. der bürgerlichen Baukunst. Ein Handbuch f. die Bauausführg., e. Lehrbuch f. den Unterricht an baugewerbl. Fachschulen, Gewerbeschulen u. gewerbl. Fortbildungsschulen. I. Abtlg.: Die Formengestaltg. d. Ziegelsteinbaues. 2 Tle. à 4 Lfgn. Text in gr. 8., Taf. in Fol. Leipzig, (Oswald Weigel). In Mappe. à Tl. n. 12. —
1. Tl. Der Bau aus gewöhnlichen Ziegelsteinen. (27 S. u. 29 Taf. in Tondr.) 887.
2. Tl. Der Bau aus Formziegelsteinen. (30 S. u. 28 Taf. in Tondr.) 888.

Spetzler, O., die Bauformenlehre m. bes. Berücksicht. d. Wohnhausbaues u. d. bürgerl. Baukunst. E. Handbuch f. d. Bauausführg., e. Lehrbuch f. d. Unterricht in baugewerbl. Fachschulen, Gewerbeschulen und gewerbl. Fortbildungsschulen. 2. Abtlg.: D. Formengestaltg. des Hausteinbaues. 4 Lfgn. gr. Fol. (28 z. Tl. farb. Taf.) Mit Textheft. Lex.-8. (29 S.) Stuttgart 896. Hobbing & Büchle. à Lfg. n. 2. 60 (kplt. in Mappe: n. 10.—)

Spetzler, O., die Bauformenlehre mit besond. Berücksicht. des Wohnhausbaues u. der bürgerlichen Baukunst. Ein Handbuch f. die Bauausführg., e. Lehrbuch f. den Unterricht in baugewerbl. Fachschulen, Gewerbeschulen u. gewerbl. Fortbildungsschulen. 4. Abtlg.: Die Formengestaltung des Holzbaues. 28 teilweise mehrfarb. Tafeln nebst erklär. Textheft, bearb. u. gezeichnet v. A. Grotte. (VIII S. Text.) 4. Mit Textheft. (32 S. m. Abbild.) Lex.-8. Leipzig (906). Baumgärtner. In Mappe n. 10. —

Spetzler, O., die Bauformenlehre, m. besond. Berücksicht. des Wohnhausbaues u. der bürgerlichen Baukunst. Ein Handbuch f. die Bauausführg., e. Lehrbuch f. den Unterricht in baugewerbl. Fachschulen, Gewerbeschulen u. gewerbl. Fortbildungsschulen. V. (Schluß-)Abtlg. 35×25 cm. Leipzig 909. Baumgärtner. In Mappe 10.—
Die Formengestaltung des Metallbaues. Von Alfr. Walch. 26 teilweise mehrfarb. Taf. nebst erklär. Textheft. (26 S.) Lex. 8.

Das Fachzeichnen für Bautischler. Bearb. von O[skar] **Spetzler,** Reg.R., Posen, u. W[ilhelm] Noelpp, Baugewerkschul-Oberl. T. 1. *Wittenberg: R. Herrosé 1904.* quer-8° [J.]
= Lehrbücher f. d. Fachzeichnen an gewerbl. Fortbildungs- u. Handwerkerschulen. [5.] 1o4. 16191 3

Das Fachzeichnen für Zimmerer und andere Holzarbeiter. Bearb. von O[skar] **Spetzler,** Reg.R., Posen, u. O[tto] Schmidt, Baugewerkschullehrer, Posen. T. 1. *Wittenberg: R. Herrosé 1903.* quer-8°
= Lehrbücher f. d. Fachzeichnen an gewerbl. Fortbildungs- u. Handwerkerschulen. [4.] 1o3. 19947 3

— s.: Lehrbücher f. das Fachzeichnen an gewerblichen Fortbildungs- u. Handwerkerschulen.

— s.a. Lehrhefte f. d. Unterricht an Fortbildungs-, Gewerk- u. Handwerkerschulen.

Spetzler O, Lehrhefte fur den Unterricht an Fortbildungs-, Gewerk- und Handwerkerschulen. 4° Stuttgart
1. Vorübungen zur gewerblichen Buchführung und den wichtigsten Bestimmungen der Gewerbeordnung von P Ruckert. 1897. — 2. Die wichtigsten Bestimmungen der Arbeiterschutzgesetze, des Einkommen- und Gewerbesteuergesetzes von P Rückert. 1897.

—— die Wasserversorgung der Wohngebäude, die Beseitigung der Schmutzwasser und der Abfallstoffe, sowie die zugehörigen Anlagen. Zum Gebrauch für die Bauausführung und für den Unterricht an bautechnischen Fachschulen zusammengestellt. gr. 8. (46 S. mit 9 Taf.) Karlsruhe 885, Bielefeld's Verlag. *

Speyer [Sachliches OW]

Speyer u. die bayrische Pfalz, s. Städtebilder u. Landschaften aus aller Welt.

Speyer [Schlagwort]

Speyer, s.a. Deutschland, Kürschner-Pelp.

Speyer, s.a. Geognost. Karten, Gümbel.

Speyer, Bez., s.a. Pfalz.

Speyer, s.a. Woerl's Reisehandbücher.

Speier. Glasschröder, Frz. X., Diözesan-Karte des Bist. Speier am Ende des Mittelalters. 40,5×58 cm. Farbdr. Speier 906. (Jäger.) 1. 20

Speyer [Verfasser]

Speyer, Unterweisung f. d. Cholera-Krankenwärter d. platten Landes. gr. 8. (¾ B.) Bamberg 837, [Hobbach'sche Buchh.]

Speyer, (Physicus rc. Dr.) Unterweisung für die Cholera-Krankenwärter des platten Landes. gr. 8. Bamberg 837. Literar.-artistisches Institut. 1/8 ꝶ

Speyer, Adolph. (geb. Arolsen 28. 4. 1812): De fontibus medicatis Wildungensibus. Berolini (1835). (37 S.) 8°
Berlin, Med. Diss. v. 18. Mai 1835

Speyer, Ad., de fontibus medicatis Wildungensibus. Dissert. 8maj. (2 1/2 B.) Berolini 835, (Arolsen, Speyer.) *

Speyer, Adf., deutsche Schmetterlingskunde für Anfänger. Nebst einer Anleitung zum Sammeln. Als 2. gänzlich umgearb. u. verm. Aufl. von Schenckel's Schmetterlingssammler. Mit 251 Abbildgn. auf 32 (lith.) naturgetreu color. u. 2 schwarzen Taf., gez. von Ph. Klier. Mainz (856.) Kunze. 8. (XVI, 271 S.) n. 2 ꝶ. 12 ngr.

Speyer, A., deutsche Schmetterlingskunde für Anfänger. Nebst einer Anleitung zum Sammeln. Als 2. gänzlich umgearb. und verm. Aufl. von Dr. Schenkel's Schmetterlingssammler. 8. (XVI, 271 S. mit 251 Abbild. auf 32 naturgetreu color. und 2 schwarzen lithogr. Taf., gezeichnet von Phil. Klier.) Mainz 868, Kunze's Nachfolger. [Leipzig, Folz.] geb.

Speyer, A., deutsche Schmetterlingskunde für Anfänger. Nebst einer Anleitung zum Sammeln. 3., gänzlich umgearb. u. verb. Aufl. Mit 13 (Holzschn.-) Abbildungen. im Texte u. 228 Abbildungen auf 16 Taf. in naturgetreuem Farbendruck nach Orig.-Aquarellen von Phpp. Klier. gr. 8. (VIII, 239 S.) Leipzig 880. Oehmigke. n. 5. 25; geb. n. 6. —

SPEYER, A. *Deutsche Schmetterlingskunde* für Anfänger. Nebst einer Anleitung zum Sammeln. Als zweite, gänzlich umgearb. u. verm. Aufl. von Dr. Schenckel's Schmetterlingssammler. Mit 251 Abbildungen auf 32 naturgetreu colorirten und 2 schwarzen Tafeln, gezeichn. v. PHILIPP KLIER. Mainz, C. G. Kunze [ca. 1880]. 8°. Goldgepr. Orlwd. 40.—
Die schönen Tafeln sorgfältig handkoloriert und gut erhalten, der Text z. T. fleckig. Vorsatzbll. geklebt.

Speyer, A., Schmetterlingskunde f. Anfänger. Nebst Anleitg. zum Sammeln, sowie zur Zucht u. Aufbewahrg. v. Schmetterlingen u. Raupen. 4., verm. Aufl. Mit 228 Abbildgn. auf 16 Taf. in naturgetreuem Farbendr. u. 13 Holzschn. nach Originalen von Phpp. Klier. gr. 8. (VIII, 240 S.) Leipzig 887. Oehmigke. geb. n. 6. —

SPEWITZ, Adolf v.: Tabellarische Übersicht 1.) der Naturgeschichte derjenigen Raupen-Arten, welche bereits in deutschen Nadelholz-Waldungen einen großen Schaden angerichtet haben, nebst Zeit und Ort ihrer Verwüstungen und 2.) der bewährtesten Mittel, ihrer ungewöhnlichen Vermehrung entgegen zu wirken oder sie auszurotten ... für den Gebrauch des Forst-Schutz-Personals nach den besten Quellen entworfen. - Stettin, Leipzig 1831

Speyer, Adf., und Aug. Speyer, die geographische Verbreitung der Schmetterlinge Deutschlands und der Schweiz. Nebst Untersuchungen über die geograph. Verhältnisse der Lepidopterenfauna dieser Länder überhaupt. 1. Thl.: Die Tagfalter, Schwärmer und Spinner. (Papilio Sphinx et Bombyx s. l.) gr. 8. (XVI und 478 S.) Leipzig 858, Engelmann. *

Speyer, Adf., u. Aug. Speyer, die geographische Verbreitung der Schmetterlinge Deutschlands u. der Schweiz. Nebst Untersuchungen über die geographischen Verhältnisse der Lepidopterenfauna dieser Länder überhaupt. 2. Theil. Die Noctuinen im weitern Sinne. [Cymatophoridae, Noctuina s. str., Deltoidea, Chloephoridae, Nolidae, Brephides.] Nebst Nachträgen zum 1. Theile. Leipzig 862. Engelmann. gr. 8. (VIII, 320 S.) n. 2 ꝶ 20 ngr.

Speyer, August s. Speyer, Adolf, und Speyer, August.

Speyer, Aug. Ferd., Beitrag z. chirurg. Heilmittellehre u. Krankenpflege. gr. 8. (2 1/2 B. u. 1 Stnt.) Hanau 835, König.

Speyer, Aug. Ferd., systemat. Darstellung d. ärztl. Untersuchung d. menschl. Organismus. Ein Leitfaden zur richt. Beurtheilung u. Entscheid. zweifelhafter Gesundheitszustände im Allgemeinen, als in besond. Bezieh. auf Rekrutirung u. Militair-Entlassung. gr. 8. (18 1/2 B.) Hanau 833, König.

Speyer, Aug. Ferd., Formulae magistrales in usum nosocomii provincialis Hassiae inferioris. 32. (63 S.) Casellis 853, J. G. Luckhardt. *

Speyer, Aug. Ferd., Jahresbericht [Juli 1847 bis Juni 1848.] aus dem Landkrankenhause der Provinz Niederhessen. [Abdruck aus d. neuen Zeitung für Medicin u. Medicinal-Reform.] gr. 8. (34 S.) Nordhausen 849, Büchting. 1/4 ꝶ

— ders. [Juli 1848 bis Juni 1849.] aus dem Landkrankenhause d. Provinz Niederhessen. [Abdr. aus d. neuen Zeitung für Med. u. Medicin.-Ref.] gr. 8. (31 S.) Ebd. 850. 1/4 ꝶ

— ders. [Juli 1849 bis Juni 1850.] aus dem Landkrankenhause der Provinz Niederhessen. [Abdr. aus der Zeitschrift: „Deutsche Klinik".] gr. 8. (26 S.) Cassel 851, Luckhardt in Comm. 1/4 ꝶ

—— Jahresbericht (Juli 1850 bis Juni 1852) aus dem Landkrankenhause der Provinz Niederhessen. gr. 8. (40 S.) Cassel 853, J. G. Luckhardt. *
Aus: Göschen's „Deutscher Klinik" 1853, besonders abgedruckt.

— geognostische Karte der Gegend zwischen dem Taunus, Vogelsberg, Spessart u. Rhöngebirge, besonders der Kurhess. Provinz Hanau. Roy.-Fol. Ebend. 840. n. 1 1/3 ꝶ

— Teutschlands vorzüglichste Mineralquellen, nach ihren physischen, chemischen und therapeut. Eigenschaften tabellarisch entworfen. Roy.-Fol. Hanau 834. König. 5/12 ꝶ

—— Pharmacopoea compendiaria. Für ärztl. Staatsbeamte d. Civil- u. Militärstandes bearb. 16. (5 1/2 B.) Hanau 841, König.

Speyer, C. Fr., über das Heilverfahren in fieberhaften u. entzündl. Krankheiten. gr. 8. Bamb. 820. Kunz. 1 ꝶ 4 gr.

Speyer, C. Fr., über das Heilverfahren in fieberhaften und entzündl. Krankheiten. gr. 8. Jetzt Dresch in Bamberg. 1 1/6 ꝶ

— Ideen üb. die Natur u. Anwendungsart natürl. u. künstl. Bäder; mit e. Vorrede v. A. F. Markus. gr. 8. Jena 805. Akadem. Buchh. 20 gr.

— u. Marc, A. F. Marcus nach seinem Leben u. Wirken geschildert. Mit Marcus Bildn. u. e. Vorrede v. G. M. Klein. gr. 8. Bamb. 817. Kunz. 1 ꝶ 12 gr.

— Versuch über die Natur u. Behandlungsart der Ruhr. gr. 8. Nürnb. 809. Campe. 1 ꝶ

Speyer, Carl, s. Speyer, Karl

Speyer, Edmund, aus Frankfurt a. M.: Zur Kenntnis der Additionsfähigkeit ungesättigter Verbindungen. Heidelberg 1901: Hörning & Berkenbusch. (39 S.) 8°
(Heidelberg, Naturw.-math. Diss. v. 1901

Speyer, Fr., deutsches Lesebuch f. höhere Mädchenschulen, s.: Schmid, E.

Speyer, Frdr., der treue Eckart. Vaterländisches Schauspiel in 5 Aufzügen. (VIII, 111 S.) 8. Dresden (906). E. Pierson. n. 2. —

Speyer, Friedrich [aus Berlin]: Ueber Extrauterinschwangerschaft mit besonderer Berücksichtigung ihrer Aetiologie u. Pathogenese .... Würzburg, Paul Scheiner's Buchdr., 1886; 39 S. 8°.
Würzburg, Med. Fak., Inaug.-Diss. v. 1886.

Speyer, Friedrich, über Extrauterinschwangerschaft mit besonderer Berücksichtigung ihrer Aetiologie u. Pathogenese. Diss. Würzburg 1886, Stahelsche Univ.-Buchh. 8⁰. 39 S.

Speyer, Frdr., Gedichte. Mit Zeichngn. v. Frz. Staffen. 8. (IV, 132 S.) Potsdam 902. A. Stein. n. 2. 25; geb. in Leinw. n. 3. —

Speyer, Friedrich: Die Texte der Gedichte in unsern deutschen Lesebüchern. (Th. 1.) Berlin, Druck v. A. W. Hayn's Erben, 1893; 3—17 S. 4.
Berlin, k. Elisabeth-S, OP 1893*

Speyer, J., Jugendlieder. Sammlung ein- u. mehrstimm. Gesänge für Schule u. Leben. 1—3. Hft. 8. Wiesbaden 876. 77. Limbarth. n. 1. 10
1. Für Elementarklassen niederer u. höherer Schulen. 44 Liedchen enth. [ein- u. zweistimmig] mit 28 Melodien. (30 S.) n. — 20
2. 60 2- u. 3stimm. Lieder u. 8 Canons enth. [m. 38 Orig.-Compositionen] f. Oberklassen v. Volksschulen, Mittelklassen höherer Töchterschulen, Realschulen ꝛc. (73 S.) n. — 40
3. 56 drei u. vierstimm. Lieder enth. [mit 26 Orig. Compositionen] für Oberklassen von Töchterschulen, Realschulen ꝛc. (100 S.) n. — 50

Speyer, J., Jugendlieder. Sammlung ein- u. mehrstimm. Gesänge f. Schule u. Haus. 1. Hft. f. Elementarklassen niederer und höherer Schulen. 56 ein- u. zweistimm. Liedchen enth. 2., verm. Aufl. 8. (38 S.) Wiesbaden 889. Limbarth. n. — 20

Speyer, J., Jugendlieder. Sammlung ein- u. mehrstimm. Gesänge f. Schule u. Leben. 2. Hft., 73 2- u. 3stimm. Lieder u. 8 Canons enth. f. Oberklassen v. Volksschulen, Mittelklassen höherer Töchterschulen, Realschulen ꝛc. 2., verm. Aufl. 8. (88 S.) Wiesbaden 894. Ch. Limbarth. n. — 50; kart. n. — 70

— deutsches Lesebuch f. höhere Mädchenschulen, s.: Schmid, E.

— Lieder u. Balladen. (IV, 124 S.) 8. Dresden 905. E. Pierson. n. 2. —; geb. n. 3. —

— Schiller. Festspiel in 4 Bildern. (XI, 83 S.) kl. 8. Ebd. 905. n. 1. —

Speyer, J. C., Glaubensbekenntniß junger Christen bey ihrer Confirmation od. kurz. Inbegriff d. christl. Religion ꝛc. 8. Heilbron, Claß. 819.

Speyer, J. C., Predigten auf alle Sonn- und Festtage des Jahres, nach dem ersten Jahrgange der würtembergischen evangel. Perikopen gehalten. gr. 8. Heilbronn 838. Claß. 2 ℛß

Speyer, J. C., Predigten auf alle Sonn- u. Festtage d. Jahres, nach d. ersten Jahrgange d. würtemberg. evangel. Perikopen geh. gr. 8. (45½ B.) Heilbronn 838, [Landherr.]

Speyer, J. C., Predigten auf alle Sonn- u. Festtage des Jahres, nach dem ersten Jahrgange der würtemberg. evangel Perikopen gehalten. Neue wohlf. Ausg. gr. 8. (45½ B. u. 1 Stahlst.) Heilbronn 842, Classische Buchh.

Speyer, J. B. A., Gründe, warum er das Judenthum verlassen u. Jesum angenommen hat. Mit e. Vorrede von Jh. Jak. Pfeiffer. 8. Cassel 778.

Speyer, Jakob Samuel

Speyer, J. S., s.: Avadānaçataka.

Speyer, J. S. Observationes et emendationes. gr. 8. (79 S.) Groningen 891, J. B. Wolters. * 2 50

Speyer, J. S., vedische u. Sanskrit-Syntax, s.a. Grundriss d. indo-arischen Philologie u. Altertumskunde.

Vedische und Sanskrit-Syntax v. J[acobus] S[amuel] Speyer. '(Abgeschl. am 28. Dez. 1895.)' *Strassburg: K. J. Trübner 1896.* (94 S., 1 Bl.) 8. = Grundriss d. indo-arischen Philologie u. Altertumskunde. Bd 1. H. 6. [98. 7083

Speyer, Jean Pierre: Das Polizeigericht. Verfahren bei demselben und alphabetische Aufstellung der einschlagenden Notarien (Gesetze, Reglemente, u. s. w.) nebst Erläuterung. Luxemburg: Th. Schroell 1880. – 142 S. 8⁰

Speyer, Jean Pierre, Damien Kintgen u. Nicolas Revenig: Das Polizeigericht. Verfahren bei demselben und alphabetische Aufstellung der einschlagenden Notarien (Gesetze, Reglemente, u. s. w.) nebst Erläuterungen und Beispiele. Luxemburg: Th. Schroell 1897. – 364, 1 S. 8⁰

Speyer, Joseph: Die Hesperinger Burg. Echternach: Burg 1892. 38 S. 12⁰

Speyer, Joseph: Darstellung des Verfahrens wie Wasserdoctor Seb. Kneipp zu Wörrishofen seine Kranken praktisch behandelt. Luxemburg: St. Paulus-Ges. 1895. – 135 S. 12⁰

Speyer, Joseph: Hesperingen. Seine Burgruine, Aussichtspunkte und Spaziergänge. Geschichte und Sagenkreis. Grevenmacher: Esslen 1886. – 40 S. 8⁰

SPEYER, Josef
Der berühmte Pfarrer Kneipp 1894 Luxemburg

Speyer, Joseph: Der berühmte Pfarrer Kneipp aus Wörrishofen, als Mann des Volkes. Humorist. Gesundheitsprediger und Wohltäter. Nach den eigenen Erinnerungen seines Schülers. Luxemburg: Breitkopf und Nimax 1893. – 56 S. 12⁰

Speyer, Joseph: Statut des Vereins zur Verschönerung von Hesperingen. Luxemburg: Schroell 1888. – 12⁰

Speyer, **Julius.** Beiträge zur Entwicklungsgeschichte der Rinde pharmakognostisch interessanter Pflanzen. Diss. Phil. Bern. ... angenommen ... 19. Juli 1907. [Mit 3 Tafeln.] 84 S. 8. o. O. [1908].

Speyer, Karl Esthonus

Speyer, Carl, Esthonus. Beiträge zu dem gerichtlich-chemischen Nachweis des Colchicin's in thierischen Flüssigkeiten und Geweben. Diss. Dorpat. 8°. 46 pp. 1870.

Speyer, Marie, Raabes „Hollunderblüte", s.a. Quellen u. Studien, deutsche. 1. Heft.

Speyer, Marie. (Wilhelm) Raabes »Hollunderblüte«. Eine Studie. 126 S. 8. Regensburg, J. Habbel, 1908. [M. 2. 40]
Deutsche Quellen und Studien. Hrg. von Wilhelm Kosch. Heft 1....

— Friedrich Wilhelm Weber u. die Romantik, s.a. Quellen u. Studien, deutsche. 2. Heft.

Speyer, Marie: Friedrich Wilhelm Weber und seine Beziehungen zum deutschen Altertum. Regensburg, J. Habbel, 1910. 118 S. 8⁰. S.-A. aus: Speyer, M., Fr. W. Weber und die Romantik.
Freiburg i. Schw. Phil. Diss. 1910/11.

Friedrich Wilhelm Weber und die Romantik. Untersuchungen z. Geschichte d. romant. Einflusses im 19. Jh. Von Dr. Marie **Speyer**. Regensburg: Habbel 1910. 475 S. 8⁰
(Deutsche Quellen u. Studien. H. 2.) [11. 13413

Speyer, Mathilde, die Geschichte v. den Rothkehlchen, s.: Jugend-Bücher-Schatz, Nr. 3.

Speyer, Osc., die Bivalven der Casseler Tertiär-Bildungen, s. Abhandlungen zur geologischen Specialkarte von Preussen und den Thüringischen Staaten.

Speyer, Osc., die Conchylien der Casseler Tertiärbildungen. 1.—4. Lfg. gr. 4. (S. 1—138 mit 19 Stnt.) Cassel 862—67, Fischer. [1. Lfg. * 3 Thlr., 2. Lfg. * 4 Thlr. und 3. und 4. Lfg. * 6 Thlr. 15 Ngr.] *

Speyer, Osc., die Conchylien der Casseler Tertiärbildungen. 5. Liefg. Cassel 869. Fischer. gr. 4. (S. 139—180 mit 5 Steintaff.) n. 6 ℛ 15 ngr.

Speyer, Osc., die Conchylien der Casseler Tertiärbildungen. 7. (Schluss-)Lfg. gr. 4. (Bog. 33—44 und 4 Taf.) Cassel 871, Fischer. * ℳ 19,50; compl. *
Aus: Palaeontographica, Beiträge zur Naturgeschichte der Vorzeit, besonders abgedruckt.

——— Die Paläontologischen Einschlüsse der Trias in der Umgebung Fulda's. (Sep.-Abdr. II. Ber. d. Ver. f. Naturk. in Fulda.) Fulda 1875. 8.

Speyer, O., über das Komische u. dessen Verwendung in der Poesie, s. a. Sammlung gemeinverständl. wissenschaftlicher Vorträge.

Speyer O. uber das Komische und dessen Verwendung in der Poesie. (Slg gemeinverstandlicher wissenschaftlicher Vortrage 276) Berlin 1877

— die Ostracoden der Casseler Tertiärbildungen. Mit 4 Kpfrtaf. Cassel 863. Württenberger. gr. 8. (63 S.) n. 1 ℛ 10 ngr.

Speyer (O.), Ueber Tertiär-Conchylien von Söllingen bei Jerxheim im Herzogthum Braunschweig. (Sep.-Abdr. Zeitschr. d. D. geol. Ges., 1860.) Berlin 1860. 8. Mit 1 Tafel.

——— Ueber einige Tertiär-Conchylien von Westeregeln im Magdeburgischen. (Sep.-Abdr. Palaeontograph., Band 9.) Mit 1 Tafel. Cassel (ohne Jahreszahl). 4.

Speyer, Osc. die Tertiär-Fauna von Söllingen bei Jerxheim im Herzogth. Braunschweig. gr. 4. (95 S. mit 4 Stnt. Abbild.) Cassel 864, Fischer.

——— Die Ober-Oligocänen Tertiärgebilde und deren Fauna im Fürstenthum Lippe-Detmold. Cassel 1866. 4. Mit 5 Tafeln.

—— die oberoligocänen Tertiärgebilde und deren Fauna im Fürstenthum Lippe-Detmold. gr. 4. (52 S. mit 5 Stnt. Abbild.) Cassel 867, Fischer.

——— Systematisches Verzeichniss der in der nächsten Umgebung Fulda's vorkommenden Land- und Süsswasser-Conchylien. (Sep.-Abdr. I. Jahresber. d. Ver. f. Naturk. in Fulda.) Fulda 1870. 8.

Speyer (O.), Die Zechsteinformation des westlichen Harzrandes. (Sep.-Abdr. a. d. Jahrbuch d. Geol. Landesanstalt Berlin. 1881.) 8.

Speyer, Osc. W. E., Zootomie der Paludina vivipara. Mit 2 nach der Natur gez. (lith.) Taf. Cassel 855. (Bertram.) gr. 4. (47 S.) n. 1 ℛ 10 ngr.

Speyer, Otto (II.). Die Bestimmungen d. Handelsgesetzbuches u. der Novelle vom 18. Juli 1884 über die Aktiengesellschaften, in systemat. Anordng. zum prakt. Gebrauch zusammengestellt. 1. u. 2. unveränd. Aufl. 12. (VI, 74 S.) Frankf. a. M. 890, Jaeger. cart. * 1 —

Speyer, Otto, Bilder italienischen Landes u. Lebens. Beiträge zur Physiognomik Italiens u. seiner Bewohner. 2 Bde. Berlin 859. Mittler & Sohn. gr. 8. (XX, 751 S.) 2 ℛ 22½ ngr.

Speyer, Otto, die ältesten Credit- und Wechselbanken in Frankfurt am Main 1402 und 1403. Nebst einem Ueberblick über die Geschichte des mittelalterl. Zinsverbotes in populärer Darstellung. Mit Abdruck der Bank-Concessionsurkunden von 1403 und der Schuldurkunde über die Frankfurter Stadtanleihe von 1368, sowie anderer Urkunden. gr. 8. (III, 40 S.) Frankfurt a. M. 883, Jaeger'sche Buchh. *

— die Frankfurter Revolution unter Vincenz Fettmilch 1612—1616. gr. 8. (54 S.) Ebend. 883. n. 1. —

Speyer, Otto, die Schlacht bei Cronberg am 14. Mai 1389. Eine Episode aus der Geschichte von Frankfurt a. M. Im Zusammenhang mit den Zeitereignissen wiedererzählt. gr. 8. (41 S.) Frankfurt a. M. 882. Jaeger. n. 1. —

Speyer, Otto, tales from the history of England. Zumeist nach Stephen Percy's tales of the kings and queens of England. Für den Unterricht im Engl. bearb. gr. 8. (IV, 94 S.) [Leipzig 885, Baumgärtner's Buchh.] Dresden, Kühtmann. cart.

—— Torquato Tasso, s. Plutarch, der neue.

Speyer, Otto (I.). Italienische Vegetationsbilder. Vortrag. 8. (32 S.) Cassel 889, Freyschmidt. * — 50

Speyer, S. F., Predigt über d. Unveränderlichk. d. weisen christl. Patrioten b. däß. Staatsverändg. gr. 8. Nürnberg, Stein. 803. — 4

— Predigt, wieviel Gutes, Könige, wenn sie selbst edel u. gut sind, wirken können 2c. gr. 8. Nürnberg, Bauer und M. (Schidmer.) 804. — 3

Speyer, Sidney, die Entstehung des ausschließlichen Wahlrechts des Trierer Domkapitels seit dem J. 1122. Inaugural-Dissertation. gr. 8. (46 S.) Berlin 888, (Puttkammer und Mühlbrecht.)

Speyer, Sidney: Die Entstehung des ausschließlichen Wahlrechts des Trierer Domkapitels seit dem Jahr 1122 . . . Berlin: Verl. Buchdr. Aktien-Ges., Setzerinnenschule d. Lette-Vereins 1888. VIII, 46 S. 8°
Göttingen, Jur. Fak., Inaug.-Diss. v. 1. Nov. 1888

Speyer, W., s. Telegraph, Frankfurter.

Speyer, Wilhelm. Ueber Metanitroparaamidophenol und Paranitroorthoamidophenol, und einige Derivate der β-Naphtylaminsulfosäuren. (Basel) Frankfurt a. M., 1890.

Speyer, Willi, Oedipus. Roman. (230 S.) 8. Berlin 907. B. Cassirer. 3.50; geb. in Leinw. 4.70

— Wie wir einst so glücklich waren! Novelle. (108 S.) 8. München (909). A. Langen. 1.50; geb. 2.50

Speyer-Ofenberg, Ernst: Über Blasenmole bei Zwillingsschwangerschaft. Würzburg 1909: Staudenraus. 31 S. 8°
Würzburg, Med. Diss. v. 3. Sept. 1909, Ref. Polano
[Geb. 8. Sept. 83 Wolfhagen; Wohnort: Würzburg; Staatsangeh.: Preußen; Vorbildung: Gymn. Höxter Reife O. 04; Studium: Göttingen 5, Würzburg 2, Berlin 1, Würzburg 2 S.; Coll. 16. Juni 09; Approb. 5. Juni 09.] [U 10. 4367

Speyerer, Kurt: Über Wärmeströmung in dünnen, frei ausstrahlenden Platten. München 1906: F. Straub. (119 S., 1 Taf.) 8°
Heidelberg, Naturw.-math. Fak., Ref. Königsberger, Diss. v. 16. Jan. 1907
[Geb. 18. Nov. 78 Berlin; Wohnort: Göttingen; Staatsangeh.: Preußen; Vorbildung: Gymn. Zweibrücken Reife M. 97; Studium: München 7, Heidelberg 2 S.; Rig. 31. Juli 06.]

Speyr, Joh.Rudolf von: De possessione. 32 S.– Basel, Jur.Diss.v. 26.Mai 1713.

Speyr, Joh.Rudolf von: Theses juris controversae. 6 S.– Basel, Jur.Diss.v.29.Nov.1720.

Speyr, Johannes von. Einweihungs-Predigt vorgetragen in der neuerbauten Kirche zu Bretzwil... den 19. Wintermonat 1786. 8. Basel 1787.

Speyr, Johannes von. Christliche Leichenrede über Psalm 84. 6 als... Frau Sybilla Heitz, Bürger Daniel Frischmann, ehemahls Obrist in englisch-ostindischen Diensten, gewesene Frau... zur Erde bestattet wurde. Gehalten... [in Basel]... den 8ten April 1800. 8. Basel.

Speyr, Johannes von. Leichenrede gehalten den 6. Merz 1807. bey der Beerdigung weiland Frau Judith Oser. gebohrne Wohnsiedel von M. J' Von-Speyr.... 8. Basel.

Speyr, Johannes von. Leichenrede über Psalm 94, 19. bei der Beerdigung der... Frau Ursula Bernoulli, des... Herrn Emanuel Falkner, des Geheimen Raths..., gewesenen Frau..., gehalten... [in Basel]... den 13. März 1795. 8. Basel.

Speyr, Johannes von. Rede aus Anlass einer fünfzigjährigen Hochzeit-Feyer ([Rathsherr Emanuel] Falkner[-Bernoulli]), gehalten von Herrn J' von Speyr.... (Basel den 12. Augstm. 1793.) 8. *o. O.*

Speyr, Theodor v.

Speyr, v. Aus den Erfahrungen eines Irrenarztes. In-8°. 26 S. Bern, W. Kaiser. 1893 — 40

Speyr, Thdr. v., aus den Erfahrungen e. Irrenarztes. Oeffentlicher Vortrag, geh. am 17. Jan. 1893 im Casino zu Bern. 8. (26 S.) Bern 893. (Leipzig, K. F. Köhler's Sort.) n. — 85

Speyr, T. v. Die mehrfachen Geburten in ihren erblichen Beziehungen. M. 11 Diagramme. In-8°. 23 S. Basel. These. 1894

Die alkoholischen Geisteskranken im Baseler Irrenhause aus den Jahren 1876–1878. Diss. Basel 1880.

-- die Geminität in ihren erblichen Beziehungen, s.: Mittheilungen aus Kliniken u. medicinischen Instituten der Schweiz.

von Speyr, **Th.**, siehe: *Mitteil. aus Kliniken.*

Spezereihändler. Ein Spezereihändler über den Freihandel. Frankfurt a. M. 1849

Spezereikram, christlicher. Kalender für das J. 1868 von Phil. Hammer. Würzburg 867. Stahl'sche Buchh. 4. (40 S. mit einem Wettermännchen u. vielen Bildern in eingedr. Holzschn.) n. 2½ ngr.

Spezereikram, christlicher. Kalender für das J. 1869 von Phil. Hammer. 4. (38 S. mit 1 Wettermännchen und vielen Bildern in eingedr. Holzschn.) Würzburg 868, Stahel'sche Buchh.
—— dass. — für das J. 1870. 4. (32 S.) Speyer 869, Kleeberger.

Spezereizeitung. – Schweizerische Spezerei-, Handels- und Geschäftszeitung. Zürich-Wirz: Baumann und Co. 1887–(1901). 4°

Spezerei-Handels- und Geschäfts-Zeitung. Offizielles Organ des Schweizer. Spezirerbundes. 5. Jahrg. 1892 (52 N°). N° 1. Gr. in-4°. 8 S. Zürich, Wirz-Baumann & Cie. 1892 Jährlich 6 — Fürs Ausland 8 60

Spezerei-, Handels- u. Geschäfts-Zeitung, schweizerische. Zentral-Organ des Schweizerischen Warenmarktes. Hrsg. u. red. v. Wirz-Baumann & Co. 6. Jahrg. 1893. 52 Nrn. (Bog.) gr. 4. Zürich, Wirz-Baumann & Co. n. 5. —

Spezerei-Handels- und Geschäfts-Zeitung. Offizielles Organ des Schweizer. Spezirerbundes. 7. Jahrg. 1894. (52 N°). N° 1. Gr. in-4°. Zürich, Wirz-Baumann & Cie. 1894 Jährlich 6 — Fürs Ausland 8 60

Spezerei-, Handels- u. Geschäfts-Zeitung, schweizerische. Central-Organ des schweizer. Warenmarktes; mit den monatl. Gratisbeilagen: „Seifenblasen", reich illustr. Witzblatt, u. Ziehungsliste: „Moniteur suisse". Hrsg.: W. Keller u. F. Müller. 8. u. 9. Jahrg. 1895—1896. à 52 Nrn. (Bog. u. ca. 1 Bog. in gr. 4.) Fol. Zürich, Keller & Müller. à Jahrg. postfrei n. 7. —

— dasselbe. Handelsblatt f. die Interessen des schweizer. Detailhandels. Verein. m. d. „Kolonialwaren-Händler"; m. d. Gratisbeilagen: „Sonntagsblatt", u. Ziehungsliste: „Moniteur suisse". Hrsg.: W. Keller u. F. Müller. 10. u. 11. Jahrg. 1897—1898. à 52 Nrn. (Bog.) Fol. Ebd. à Jahrg. postfrei n. 7. —

Spezial-Adressbuch f. Bade- u. Kurorte, Sanatorien, Pensionen, Pensionate u. Unterrichts-Anstalten. (294 S. m. Abbildgn.) gr. 8. Leipzig (907). F. Marx. Geb. in Leinw. 2. —; auch in 7 Heften à — 20

Special-Adressbuch der sämmtlichen Getreidehändler, Mühlenbesitzer, Malzfabriken und Brauereibesitzer des Deutschen Reiches und Oesterreich-Ungarns. gr. 8. (VI, 618 S.) Magdeburg 882. (Leipzig, K. F. Köhler.) *

„Specialämter-Etats, königlich-preussisch-kurmärkische, wobei das zu jedem Vorwerke und Amte gehörige königliche Inventarium summarisch verzeichnet, wie auch Etat von den Berlinischen Mühlengefällen, vom Messingwerk, vom Brauwesen in Potsdam, vom Grenadier-Deputat-Rocken. Die Brenn- und Holzmagazin-Etats. Von den verpachteten und unverpachteten Zöllen und Schleusen von Trinitatis 1738 bis Trinitatis 1739". Manuskript. — Vorh.: Preuß. Staatsbibliothek Berlin.

Specialanweisung vom 22. April 1869 für das Verfahren bei Benutzung der im Reg.-Bez. Wiesbaden vorhandenen Grundkataster- u. Specialkarten für die Zwecke der anderweiten Regelung der Grundsteuer. Berlin 869. v. Decker. gr. 8. (40 S.) n. 5 ngr.

Special-Arbeitsplan für Culturversuche zur Begründung reiner Fichten- und Weißkiefernbestände auf Kahlflächen. - Wien 1888

Die **Spezialärzte** in Preußen im Jahre 1904. Denkschrift, bearb. in d. Medizinalabt. d. Minist. d. geistl., Unterr.- u. Med.-Angeleg. Als Ms. gedr. Berlin 1906: O. Walter. (25 S.) 4° [J.] 108. 1447

Special-Atlas des preussischen Staates, s. Atlas von dem preussischen Staate.

Special-Atlas des Kgrs Westphalen, bestehend aus 8 Departements, und einer General-Charte ... nach Official-Quellen entworfen und herausg. von dem Geogr. Institute. Weimar, 1809. Fol. 9 Bll. . . . . (Br. Mus.)

Specialbericht über den Bau einer Kolonnenbrücke über die Thur bei Ochsenfurt 1891. [Frauenfeld 1892.] V: *Ulrich, Conrad.* (Cat. d. Stadtbibl. Zürich. Zürich 1864—97.)

Spezialbericht der Direction der Bern-Luzern-Bahn an den Verwaltungsrath zu Handen der Generalversammlung der Actionäre, betr. die von der Regierung der Bahngesellschaft geleisteten Vorschüsse. 16 S. 4. Bern, Druck von Rieder & Simmen.

Specialbericht der Fabrikinspektions-Kommission an die H. Standeskommission. Glarus 1871. V: *Schuler, J.* (Zuwachsverz. d. Bibliotheken in Zürich 1898 ff.)

Specialbericht der Fabrikkommission über den Doppeldruck. 1871. V: *Schuler, F.* (BSCHWL V, 9g, S. 155)

Spezialbericht über die internationale Kunst- und Industrie-Ausstellung zu London im Jahre 1871, nebst einem Exposé über die neuen Jahresausstellungen zu London im Allgem. und über die Ausstellung des Jahres 1871 im Besonderen. Herausgeg. von der niederösterr. Handels- und Gewerbekammer. Wien 1872. 8°.

Special-Bericht über die Verhandlungen in der Section für Mineralogie, Geognosie und Geographie bei der 24. Versammlung deutscher Naturforscher und Aerzte vom 18. bis 24. Septbr. 1846. gr. 4. (65 S. und 4 Stnt.) Kiel 847, Akademische Buchhandlung. *

Armenpfleger-Congress. (**Special-Berichte**) der Berichterstatter des Deutschen Vereins für Armenpflege und Wohlthätigkeit. (4.–5. Jahresversammlung.) 1883–84. (Berlin. 1884–84.) Fol.

Special-Berichte der Daily News-Correspondenten bei den deutschen u. französischen Armeen. Eine vollständ. Darstellg. d. Krieges 1870 u. 1871. 2 Bde. gr. 8. (XVI, 212 u. IV, 210 S.) Berlin 871. Berggold. à Bd. n 2. 25

Specialberichte. Special-Berichte der Direktion der Jura-Simplon-Bahn an das schweiz. Eisenbahndepartement über den Bau des Simplontunnels. Teil 1: Die Bestimmung der Richtung, der Länge und der Höhenverhältnisse. Bearb. von M[ax] Rosenmund, Ingenieur des eidg. topographischen Bureau. [Mit Abbildungen, 1 Tabelle, 3 Ansichts-Tafeln und 3 Karten-Beilagen.] IV + 71 S. fol. Bern, Haller, 1901.

— über die internationale Kunst- u. Industrie-Ausstellung zu London im J. 1871, nebst e. Exposé üb. die neuen Jahresausstellgn. zu London im Allgemeinen u. üb. die Ausstellg. d. J. 1871 im Besonderen. Hrsg. v. der nied.-oesterr. Handels- und Gewerbekammer. gr. 8. (IV, 203 S.) Wien 872. Hölder. n. 3. 60

Spezial-Branchen-Adressbuch, enth. d. Adressen d. Destillationen und Liqueurfabriken Deutschlands. Hrsg. v. J. Brass. 4. (158 autogr. S.) Anklam 896. Berlin, M. Pardes. n. 8. 80

— enth. d. Adressen der Fabriken landwirtschaftlicher Maschinen u. Geräthe. Hrsg. v. J. Brass. 4. (39 autogr. S.) Ebd. 896. n. 2. 80

Spezial-Budget für 1868 u. 1869. o. O. 1867. 84 S. 4°

Spezial-Budget, badisches, für das Kriegsministerium für 1868 u. 69. 4.

Specialdebatte, die, über den Mittelschulgesetzentwurf im ungarischen Reichstage. gr. 8. (VII, 148 S.) Hermannstadt 883, (Michaelis.) *

Specialfachblatt. – Special - Fach - und Schutzblatt. Central-Organ und Anzeiger für den Colportage- und Eisenbahn-Buchhandel. Jg. 1–5. Berlin: Malzahn 1880–1884. 2° [Buchhandel] [Hrsg.: Emil Malzahn].
Forts. u. d. T.: Börsen-Zeitung für den deutschen Colportage- und Eisenbahn-Buchhandel. Jg. 6. 1885 ff.

Spezial-Fahrplan von Bern vom 1. Juni an. Sommersaison 1884. In-32°, 10 S. Bern, Haller. — 20

Spezial-Fahrplan für Bern, Sommer 1886, nebst Angabe der Dampfschifffahrten auf dem Thuner-, Brienzer- u. Vierwaldstättersee. In-16°, Album-Format. Bern, Nydegger & Baumgart. — 20

Spezialführer durch Falkenstein im bayer. Wald. u. dessen Umgebung. gr. 16. (56 S. mit 2 Karten.) Münch. 892, Münchener Handelsdruckerei u. Verlagsanstalt. — 75

Spezialführer durch Falkenstein im bayer. Wald u. dessen Umgebung. Für Einheimische u. Fremde geschildert. Mit 1 Spezialkarte vom Markte u. Burg m. Park u. Ansicht v. Falkenstein, nebst 1 Touristenkarte. gr. 16. (56 S.) München 892. Münchener Handelsdruckerei & Verlagsanstalt M. Poessl. — 75

. Specialführer von Interlaken, herausgegeben von der Redaction d. Schweizer Fremdenblattes. In-16°, 37 S. 1879. Interlaken, Aemmer & Balmer. 1880 — 50

Spezial-Führer, nordböhmische. Nr. I. 12. Reichenberg 895. J. Fritsche. n. 2. 20
Reichenberger Touristen-Führer f. d. Gegend zwischen d. Jeschkengebirge im Westen u. d. Iser im Osten, zwischen d. Sprachgrenze im Süden u. der Landesgrenze im Norden. Von J. Hantschel. [Erweit. u. verb. Sonder-Abdr. aus: „Nordböhm. Touristen-Führer".] (VI, 102 S. m. Abb. u. Karten.)

— dasselbe. II. 12. Leipa 897. J. Künstner. n. 1. —
Touristen-Führer durch's böhm. Niederland (Rumburger Granitgebirge) m. Einschluss d. Kreibitzer u. Zittauer Gebirges. Von J. Hantschel. Erweit. u. verb. Sonder-Abdr. aus d. „Nordböhm. Touristen-Führer". Mit 6 Kärtchen u. 8 Bild. Hrsg. v. „Nordböhm. Excursions-Club". (III, 148 S.)

Spezial-Führer, nordböhmischer. III. 12. Leipa, J. Künstner, Verl. n. — 45
Leipaer Touristen-Führer, m. e. umfass. Verzeichnisse v. Halbtags- u. Ganztags-Ausflügen auf den in Leipa einmündenden Strecken der böhm. Nordbahn u. Aussig-Teplitzer Eisenbahn. Von J. Hantschel. Mit 1 Übersichtskarte u. 6 Bildern. (II, 35 S.) (900.)

Spezialführer. Sp'-F' von Thun. Hrg. auf Wunsch des Einwohner-Vereins in Thun von der Redaction des „Schweizer Fremdenblatt". [Umschlag illustriert.] — *A. u. d. T.:* Des Schweizer Fremdenblattes Sp'-F' in der Schweiz. Touristisches Vademecum für die Haupt-Excursions-Centren.... [Nr.] 1: Thun. 8. Interlaken 1879.

Spezialgesetze, badische, zum bürgerlichen Gesetzbuch, sowie landesherrliche Ausführungsverordnung vom 11. XI. 1899, nebst e. Anh.: Reichs-Verordnung vom 27. III. 1899. 8. (172 S.) Karlsruhe, K. Scherer. 1900 1. —; geb. in Leinw. 1. 40.

Spezialgesetze, die badischen, zur Ausführung des bürgerlichen Gesetzbuchs, nebst den zugehörigen Verordnungen. Textausg. m. alphabet. Sachregister. Anh.: Kaiserl. Verordnung, betr. die Hauptmängel u. Gewährfristen beim Viehhandel. 2. verm. Aufl. 8. (VIII, 438 S.) Karlsruhe 900. [K. Scherer.] Weinheim, Fr. Ackermann. n. 3. —; geb. in Leinw. n.n. 3. 50
1. Aufl. (172 S.) 900. n. 1. —; geb. n. 1. 40.

Specialgesetze, die neben dem Straf- und Polizeistrafgesetzbuche fortbestehenden, für das Königr. Bayern. 8. (XXIV und 144 S.) Bamberg 862, Buchner'sche Buchh. *

Special-Handbuch f. das reisende Publikum. Nachweis, Auskunft u. Empfehlgn. der Hotels d. Deutschen Reiches etc. 8. (IV, 100 S.) Berlin 885. Selle. — 75

Specialhandel mit den einzelnen Ländern in den Jahren 1892—1901. — Commerce spécial avec les divers pays pendant les années 1892—1901. VIII + 215 S. kl.-4. Bern, A. Benteli, 1902. [fr. 1.50]
Schweizorische Handelsstatistik. Beilage zum Jahresbericht 1901. — Statistique du commerce suisse. Annexe au rapport annuel de 1901.

Specialhandel der Schweiz mit dem Ausland, insbesondere mit Deutschland 1885; Bericht an das schweizerische Handels- und Landv.-Departement. Bern 1887. V: *Willi, Philipp.* (Cat. d. Stadtbibl. Zürich. Zürich 1864—97.)

Spezialhandel des deutschen Zollgebietes. Hrsg. v. der Centralstelle f. Vorbereitg. v. Handelsverträgen. Belgien. Fol. (III, 34 S.) Berlin 898. (F. Siemenroth.) n. 1. 50

Specialheft für medizinische Geographie, Klimatologie und Tropen-Hygiene, gewidmet der 59. Versammlung deutscher Naturforscher und Ärzte zu Berlin. (Deutsche Kolonialzeitung. Jahrg. 3. 1886. Heft 19 (1. Oktober). S. 553—677.) (Berlin 1886.) 125 S. 8°

Special-Instruction für die k. k. Forstwarte der politischen Verwaltung in Kärnten. Klgft., v. Kleinmayr, (1896). 12 S.

Special-Instruktionen f. die Wachen der Garnison Breslau, s.: Instruktionen, allgemeine u. Special-.

— Wiener

— **Specialitäten.** Eine wienerische Zeitung. Redig. v. Julius Löwy. 1885. I. Jahrg. 4. 36 Nummern. (1. Heft. S. 1—28.) Wien. Administration. Viertelj. 2 fl., halbj. 4 fl., ganzj. 8 fl.

Spezialitäten-Taxe f. Apotheker. Hrsg. vom Verein der Apotheker Münchens. gr. 8. (151 S.) München 902. J. Grubert. Geb. in Leinw. n.n. 3.—

Spezialitäten-Taxe f. Apotheker. Hrsg. vom Verein der Apotheker Münchens. 2. Ausg. Frühj. 1905. (96 S.) gr. 8. München (J. Grubert). n.n. 3.—

Spezialitäten-Taxe für das Deutsche Reich. Hrsg. v. Deutschen Apotheker-Verein. Mit e. Anh. v. Verein z. Wahrung d. wirtschaftl. Interessen deutscher Apotheker. Berlin: Deutscher Apotheker-Verein 1910. 304 S. 8° (10. 8)

Spezialitäten-Taxe f. das Deutsche Reich, hrsg. vom deutschen Apotheker-Verein, m. e. Anh. vom Verein zur Wahrung der wirtschaftl. Interessen deutscher Apotheker. (301 S.) 8. Berlin 910. Selbstverlag des deutschen Apotheker-Vereins. Geb. in Leinw. 3.—

Spezialitäten-Theater. Nr. 1—3. Berlin 888—890. Lassar. n. 1. —
1. Hirsch-Album. Vorträge u. Parodieen in jüdischer Mundart v. W. Dalatkewicz. 2. Aufl. (40 S.)
2. Café chantant. Komische Gesangs-Vorträge, Soloscenen, Burlesken, hrsg. v. P. Hübner u. R. Stange. 2., neu bearb. Aufl. (43 S.)
3. American-Theater. Sammlung der beliebtesten im American-Theater vorgetragenen Couplets, Soloscherze und komischen Scenen. Hrsg. v. W. Dalatkewicz. 6., neu bearb. Aufl. (40 S.)

Spezialitäten-Theater. Nr. 4 u. 5. 8. Berlin, E. Bloch. à n. 1. —
4. Concordia-Theater. Komische Gesangs-Vorträge, Solo-Scenen u. Burlesken. (42 S.) 891.
5. Apollo-Theater. Komische Vorträge, Soloscenen, Burlesken. (52 S.) 894.

Spezialitäten-Theater. Nr. 3, 6 u. 7. 8. Berlin, E. Bloch. à n. 1. —
3. American-Theater. Sammlg. v. Couplets, Soloscherzen u. kom. Scenen. Von W. Dalatkewicz u. a. 7., neu bearb. Aufl. (47 S.) 897.
6. Parodie-Theater. Sammlg. v. Parodieen, Soloscherzen u. kom. Burlesken f. mehrere Personen. (48 S.) 898.
7. Possen-Theater, jüdisches. Deklamationen u. Parodieen in jüd. Mundart. (41 S.) 898.

Spezialitäten-Theater. Nr. 8. Ueberbrettl-Theater. 8. (48 S.) Berlin 901. E. Bloch. n. 1.—

Königlich schleswig-holsteinischer Special-Calender auf das . . . Jahr Christi, . . . Kiel. 8°
1775. 1779. 1785.

Königlich Schleswig-Holsteinischer Special-Calender auf das . . . Jahr Christi, wobey sich nebst einigen Königlichen Dicasterien deren Kenntniss denen hiesigen Unterthanen ganz unentbehrlich, nicht nur Seiner Königlichen Majestät hoher Civil-Etat in dem, an Allerhöchstdieselben übertragenen vormaligen Grossfürstlichen Antheil am Herzogthum Holstein, und der Staat der hochadelichen Klöster zu Itzehoe, Preetz, Uetersen und Schleswig, sondern auch ein in Alphabetischer Ordnung eingerichtetes Verzeichniss von denen in dem Herzogthum Holstein, mit Benennung der Pflugzahl, liegenden contribuablen hochadelichen Gütern etc. und deren gegenwärtigen Besitzern, imgleichen das Genealogische Register derer itztlebenden Durchlauchtigen Höchst- und Hohen Häuser in Europa, beygefüget finden. Mit allergnädigst ertheilter Königlicher Concession.
1777ste. Kiel. (1777.) 8°.

Specialkalender, Königl. Schleswig-holsteinischer, mit mancherlei gemeinnützigen Anzeigen und Aufsätzen. Kiel 1787—88. H: *Ehlers, Martin.* (ErschDL)

Spezial-Kalender, Kgl. Schlesw.-Holst.
1791.
Kiel.

Kgl. Schleswig-Holsteinischer Special-Calender auf das Schaltjahr 1792. M[ARTIN] EHLERS. Kiel.

Special-Kärtchen f. Eisenbahn-Reisende, zugleich als Reise-Kärtchen f. d. Gegend zwischen München u. Augsburg, Freysing u. Landsberg, Aichach u. Starenberg. kl. Fol. Nebst Text. 16. (1 B.) München 840, Franz. *

Spezial-Karte des Kreises Adelnau, nach den neuesten Quellen berichtigt. 1 : 150,000. Lithogr. und color. qu. Fol. Ostrowo 883, Priebatsch's Buchh. * — 75
Auf Leinw. in Calico-Decke * 1 25

Accurate Special Charte der Gegend des Rheins von Ettlingen, Carls-Ruhe, Philippsburg, Bruchsal bis Mannheim etc. Entworfen von G. F. Riecke, Fändrich Sr. Herzogl. Durchl. zu Braunschweig und Lüneburg. Frankfurt am Mayn bey Heinrich Ludwig Brönner 1735. 1 : 56,000. 2 Bl.

— v. der Insel Alsen u. Sundewitt zur Naturgrösse 1=120000. Fol. Lith. Hamburg 849, Hoffmann & Campe. $^5/_{12}$ ₰

Special-Karte vom Ammer-See mit Einschl. d. Starnbergersees. Masst. 1:200,000. *Augsburg: Lampart & Co. [1900].* (1 Kartenbl. 33×22 cm.) 8° [Umschlagt.] [Farbig.] [ci. 692

Special-Karte des Herzogthums Anhalt. (Massst. 1:150,000.) Dessau: R. Kahle [1899]. (1 Kartenbl. 58x81 cm.) 8⁰ [Umschlagt.]

Spezialkarte des Herzogtums Anhalt. (Maßst. 1:100,000.) [Mit 1 Nebenkarte.] Magdeburg: J. Neumann [1906]; (Kartogr. R. Reiss, Berlin). (1 Kartenbl. 108×66 cm mit Legende.) 8° [Kopft. lith.] [kol.] [06. 4960

Special-Karte der Ankogel-Gruppe. Im Maßstab 1:75.000. Herausg. vom k. u. k. milit.-geogr. Institut in Wien. Mit Bezeichnung der markirten Wege. Quer-Folio. Lithogr. In Comm. Gefalzt 1.50, auf Leinen 2.20
Wien: Lechner 1894.

Special-Karte der Diözese Augsburg mit den Dekanatsbezeichnungen. Nach den neuesten amtl. Materialien bearb. 1873. Fol. (2 Bl.) Augsburg, Kranzfelder'sche Buchh. * 3 —
aufgez. mit Stäben * 4 80

Spezialkarte der Diözese Augsburg mit den Dekanatsbezeichnungen. Nach den neusten amtl. Materialien bearb. 3. Aufl. Lithogr. und color. Imp.-Fol. Augsburg 888, Kranzfelder'sche Buchh. Auf Leinw. * 2 60

Special-Karte des Kreises Beeskow-Storkow. (Massst. 1:100,000.) Neueste Ausg. (Bearb. im Kartogr. Inst. von Paul Baron.) *Storkow: C. Bauer [1900?].* (1 Kartenbl. 48×59 cm.) 8° [Umschlagt.] [farbig] [ci. 4724

Specialkarte der oberschlesischen Bergreviere. 1 : 10,000. Nach eigenen Aufnahmen und anderem amtl. Material kartirt von dem königl. Oberbergamt zu Breslau. 1. Lfg. 10 Bl. Lithogr. Imp.-Fol. Berlin 880, Schropp'sche Hof-Landkartenh. à Bl. ** ℳ 1,50. ** 15 —
—— dass. — 2. Lfg. 11 Bl. Lithogr. Imp.-Fol. Ebendas. 880. à Bl. * ℳ 1,50. * 16 50

Specialkarte der oberschlesischen Bergreviere. Hrsg. vom königl. Oberbergamt zu Breslau. 1 : 10,000. Nr. 3g, 4i, 8c, 16g. h, 17i, 22a, 23c. (8 Blatt.) Lithogr. qu. gr. Fol. Berl. 889,90, Schropp. à Nr. * 1 50
3g. Ziemientzitz. — 4i. Schechowitz. — 8c. Laband. — 16g. Niedobschütz — 16h. Chwallowitz. — 17i. Czernitz. — 22a. Rommanshof. — 23c. Pachow.

Spezialkarte der Beskiden für Touristen. Maßst. 1:150,000. (Teschen: S. Stuks [1905].) (1 Kartenbl. 82×32 cm.) 8° [lith.] [kol.] [06. 991

Spezialkarte der Beskiden für Touristen. 1:150.000. 3. Aufl 84 × 34 *cm* Teschen: Stuks 1908. K 1.—

Spezialkarte der Beskiden für Touristen. 1:150.000. 4. Aufl. Teschen: Stuks 1910. gefalzt K 1.—

Special-Karte des Aussig-Karbitzer Bezirkes mit den angrenzenden Gebieten und einem Plan von Aussig von Heinrich Stelzig. Masstab 1 : 75.000. Aussig. [1901.] Becker (Miksch.) 49×45 cm. Gefalzt in Umschlag. K —.42

Special-Karte des Bezirkes der k. k. Postdirection für Wien und Umgebung mit Bezeichnung der einem jeden Postamte zur Bestellung zugewiesenen Orte. Verfasst im Post-Cours-Büreau des k. k. Handelsministeriums. Wien 1873. 1 Bl. c. L.

Special-Charte von dem Königlich Preussischen Bezirke der Regierung zu Arensberg nach dessen neuester Eintheilung in 14 landräthliche Kreise. Weimar 1818. 7 Bl. c. K. Ff.

Special-Charte von dem Königlich Preussischen Bezirke der Regierung zu Cleve nach dessen neuester Eintheilung in 6 landräthliche Kreise. Weimar 1818. 4 Bl. c. K. Ff.

Special-Charte von dem Königlich Preussischen Bezirke der Regierung zu Düsseldorf, nach dessen neuester Eintheilung in 12 landräthliche Kreise. Weimar 1817. 4 Bl. c. K. Ff.

Special-Charte von dem Königlich Preussischen Bezirke der Regierung zu Cöln nach dessen neuester Eintheilung in 11 landräthliche Kreise. Weimar 1817. 4 Bl. c. K. Ff.

Special-Karte von dem Bezirke der Königlich Preussischen Regierung zu Minden nach dessen neuester Eintheilung in 13 landräthliche Kreise abgetheilt. Weimar 1817. 6 Bl. c. K. Ff.

Special-Charte von dem Königlich Preussischen Bezirke der Regierung zu Münster nach dessen neuester Eintheilung in 10 landräthliche Kreise. Weimar 1817. 6 Bl. c. K. Ff.

Special-Karte des Königreichs Böhmen. Astronomisch-trigonometrisch vermessen, topografisch aufgenommen, reduzirt, gezeichnet und gestochen vom K. K. militairisch-geografischen Institute. Wien 1847–1850. 39 Bl. K. Ff.

Spezialkarte des nordwestlichen Böhmen und des angrenzenden Sachsen. 1 : 150.000. 104 × 64 *cm*
Brüx: Kunz 1904. gefalzt in Umschlag K 1.20

Spezialkarte des nordwestlichen Böhmen und des angrenzenden Sachsen. 1:150.000. 2. Aufl. gefalzt K 20
Brüx: Kunz 1909.

Special-Karte des politischen Amtsbezirks Böhm.-Leipa. 1 Zoll = 800 Wr. Klafter. 2 Bl. Fol. Böhm.-Leipa 875, Hamann. * 2 —

Spezialkarte der politischen Bezirke Böhmisch-Leipa und Deutsch-Gabel. 45 × 34 *cm*
gefalzt in Umschlag K —.40, auf Leinwand K —.90
Leipa: Hentschel 1904.

— vom Herzogthum Braunschweig. Imp. Fol. Lith. u. colorirt. Wolfenbüttel 851, Holle. n. $^2/_3$ ₰

Specialkarte vom Herzogt. Braunschweig, nach officiellen Quellen bearb. Neue Aufl. Chromolithogr. Imp.-Fol. Wolfenbüttel 887, Zwissler. 2 —
Auf Leinw. 4 —

Spezial-Karte der Kreise Bromberg, Stadt- u. Landkreis. Massst. 1:150,000. Neueste Ausg., revid. vom Kgl. Katasteramt in Bromberg. (Bearb. im kartogr. Inst. von P[aul] Baron.) *Lissa i. P.: F. Ebbecke [1899].* (1 Kartenbl. 38×31 cm.) 8° [Umschlagt. 3.] [ci. 3704

Brunnemann's Spezialkarte der Provinz Hessen-Nassau und des Fürstentums Waldeck-Pyrmont nach amtl. Quellen bearb. im Massst. 1:333 $^1/_3$ 000. Kassel: M. Brunnemann [1900]. (1 Kartenbl. 56x64 cm.) 8⁰ [Umschlagt.]

Special-Karte von Deutschland, Niederlande u. Belgien. Im Maasstabe von 1 : 200000 der natürlichen Grösse. . . . . (P.H.)
1. Abthlg. Sect. 1–9. Das Königreich Hannover, das Grossherzogthum Oldenburg, das Herzogthum Braunschweig, die Fürstenthümer Lippe, die freien Städte Hamburg, Bremen und Lübeck 1850.
2. - Sect. 1—12. Königreich der Niederlande. Wolfenbüttel 1849—53.
3. - enthaltend in 4 Sectionen die Grossherzogthümer Mecklenburg-Schwerin u. Mecklenburg-Strelitz, das Herzogthum Lauenburg, die freie Stadt Lübeck, 1851.
6. - enthaltend in 4 Sectionen das Grossherzogthum Oldenburg u. die freien Städte Hamburg u. Bremen 1851.

— v. Deutschland, Niederlande u. Belgien. Im Maasstabe v. 1:200000 der natürl. Grösse. I. Abth., enth. in 9 (lith. u. col.) Sectionen: Das Königr. Hannover, das Grossherzogth. Oldenburg, das Herzogth. Braunschweig, die Fürstenth. Lippe, die freien Städte Hamburg, Bremen u. Lübeck. Imp. Fol. Wolfenbüttel 850, Holle. (à Sect. n. $^1/_2$ ₰) n. 4$^1/_2$ ₰

— dies. 3. Abth. enth. in 4 (lith. u. color.) Sect. die Grossherzogth. Meklenburg-Schwerin u. Meklenburg-Strelitz, das Herzogth. Lauenburg u. die freie Stadt Lübeck. Imp. Fol. Ebd. 851. n. 2 ₰; auf Leinw. u. in Mappe n. 3 ₰

— dies. 6. Abth. enth. in 4 (lith. u. color.) Sect. das Grossherzogthum Oldenburg u. die freien Städte Hamburg u. Bremen. Imp. Fol. Ebd. 851. (à Sect. n. $^1/_2$ ₰) n. 2 ₰

Südwestlichen Deutschlands — Specialkarte des — von W. Liebenow. 300,000. Hannover bei Oppermann 1868–70. 4 Bl.

Specialkarte der Eisenbahnen Deutschlands so wie der benachbarten Länder zum Gebrauch für das merkantilische Publicum. Hannover, Hornemann, 1853. Imp.-Fol. Lith. $3\frac{1}{2}$ ß.

Special-Karte von Elsass-Lothringen. Nach den besten Quellen bearb. 1 : 200,000. 2 Bl. 4. Aufl. Chromolithogr. Imp.-Fol. Ebendas. 886. * 6 —
Auf Leinw. in Etui ** ℳ 10.50.; mit Stäben ** 10 50

Specialkarte des deutschen Reichslandes Elsass-Lothringen. Nach der neuesten Eintheilung redig. von L. Ravenstein. 1 : 850,000. [März 1871.] Fol. Hildburghausen [Leipzig] 871, Bibliograph. Institut. — 25

— des Elsterthales von Plauen bis Elsterberg. 1 : 50,000. Chromolithogr. Fol. Plauen 884, Neupert. * 1 —
Auf Leinw. * 1 20

Specialkarte vom Fichtel- u. Keilbergs-Gebiete m. weiterer Umgebung. 1 : 75,000. Hrsg. vom Erzgebirgsverein Oberwiesenthal. Photolithogr. u. Farbendruck. Imp.-4. Oberwiesenthal 890. (Lpz., A. Lorentz. — Schneeberg, Goedsche.) * — 60

Spezial-Karte vom Fichtelgebirge. 1 : 150,000. Kpfrst. und color. qu. gr. 4. Mit einer Zusammenstellung der lohnendsten Touren. 8. (12 S.) Hof 881, [Grau und Comp.] Lion. * — 80

Fichtelgebirge. — Specialkarte des Fichtelgebirgs, ausgeführt vom topograph. Bureau des k. bayer. Generalstabes nach Angabe der Section Fichtelgebirg des deutschen und österreich. Alpenvereins zu Wunsiedel. 1 : 50,000. Lithogr. Imp.-Fol. Wunsiedel 885, (Nebring.) ** 1 50

[F. u. Ant.] Specialkarte des Fichtelgebirges ausgef. v. topogr. Bureau des k. b. Generalst. nach Angabe des Fichtelgebirgsver. Massst. 1:50000. Stand: 1895 (a. d. Umschl.: Frühjahr 1896). *(Wunsiedel: Kommo. v. G. Kohler [1896].)* 1 Ktnbl. quer-gr2. (?) in 2 Bl. 96. 3154

[Umschlagt.:] Spezialkarte vom Fichtelgebirge und dem Steinwald. Bearb. u. ergänzt nach d. neuesten u. zuverlässigsten Material im Auftr. d. Verlegers v. d. Geogr. Anst. J. J. Arnd in Leipzig. Massst.: 1:100000. *Wunsiedel: G. Kohler 1898.* (1 Ktnbl. [illegible]) 1 Bd 8. 98. 6203

Specialkarte der Flensburger Föhrde. 1 : 120,000. Chromolithogr. qu. 4. Hamburg 882, [Seelig.] Seelig und Ohmann. * — 50

[Umschlagt.:] Special-Karte des Kreises Fraustadt. Massst. 1:125,000 ... (Bearb. im kartogr. Inst. v. P. Baron in Liegnitz.) *Lissa i. P.: F. Ebbecke [1897?].* (1 Ktnbl. [illegible]) 1 Bd 8. 98. 3239

Specialkarte von Friedrichroda und seiner nächsten und weiteren Umgebung. 1 : 30,000. Chromolithogr. qu. gr. Fol. Friedrichroda 886. (Gotha Thienemann.) ** — 70

Special-Karte der Gegend um Berlin. Aufgenommen vom Königl. Preuss. Generalstabe. Sect. Köpenick, Sect. Friedrichsfelde. 1 : [illegible]. Berlin 1861 und 1862. 2 Bl. 1 fl.

Special-Karte der Gegend von Venedig bis Chioggia. 1 : 86,400. Lithogr. und color. Fol. Glogau 884, Flemming. — 50

Specialkarte der Gegenden zwischen d. Rhein u. d. Saar, von Speyer bis Hagenau, in Rücksicht d. deutschen u. französisch. Gränzen vom J. 1784, nebst e. Erklärungsblatt von J. L. C. Reinwald. Manh. 798. Schwan u. G. 1 fl 8 gr

— geognostische, des Königr. Sachsen u. der angrenz. Länder-Abtheilungen. Unter der Aufsicht des k. sächs. Oberbergamtes bearb. von C. F. Naumann u. B. Cotta. Hrsg. v. d. k. Bergakademie zu Freiberg. (Section 6. 7. 8. 10. 11. 12. 14. 15. 16. 18. 19. 20. der „Charte des K. Sachsen etc. entworfen, gez. u. lith. bei d. k. Kammeralvermessung.“ Geognostisch colorirt. Sect. VI. Bautzen-Görlitz. 1838. baar $1\frac{5}{6}$ ß — VII. Zittau. 1839. baar $\frac{11}{12}$ ß — VIII. Titel (u. geognost. Farbentaf.) 1846. baar $\frac{1}{3}$ ß — X. Dresden-Meissen. 1838. baar $1\frac{5}{6}$ ß — XI. Freiberg. 1840. baar $1\frac{5}{6}$ ß — XII. Laun. 1840. baar $\frac{1}{2}$ ß — XIV. Grimma-Oschatz. 18. baar $1\frac{5}{6}$ ß — XV. Chemnitz-Zwickau. 1837. baar $1\frac{5}{6}$ ß — XVI. Johanngeorgenstadt. 1841. baar $\frac{11}{12}$ ß — XVIII. Leipzig-Jena. 1841. $1\frac{5}{6}$ ß — XIX. Plauen. 1842. baar $1\frac{5}{6}$ ß — XX. Hof. 1843. baar $1\frac{5}{6}$ ß [Nebst 126 S. Text in 11 Hftn. in gr. 8. 12 lith. u. color. Bl. in Imp. Fol. Dresden 837—846.] (Leipzig 848, Hinrichs). baar $17\frac{1}{3}$ ß

Specialkarte, geognostische, der Grafschaft Schaumburg, in die im J. 1854 unter der Leitung des Oberst Wiegrebe ausgeführte topographische Orig.-Aufnahme geognostisch eingetragen unter der Direction des Prof. Dr. W. Duncker von A. Franke und H. Raabe, mit Angabe des Flächenraums, welchen die Formationsglieder einnehmen, berechnet von Fr. Maesta. 1 : 50,000. 2 Bl. Fol. Ebendas. 868. * 6 —

Spezialkarte, geognostische, v. Württemberg. Begleitworte, s.a. Geognostische Karten.

— geognostische, von Württemberg. 1 : 50,000 natürl. Länge. Hrsg. von dem k. statistisch-topograph. Bureau. 4 Bl. Fol. (103 S. Text mit 4 Stnt., wovon 2 in Buntdr., in 4.) Stuttgart 865, (Aue.) ** 21 —

Specialkarte, geognostische von Württemberg. 1 : 50,000. Hrsg. von dem königl. statist. Landesamt. 1.—11. Lfg. und 12. Lfg. in 2 Hälften, oder Bl. 8—55. Chromolithogr. Imp.-Fol. Nebst Begleitwort zu jeder Karte. gr. 4. Stuttgart, (Kohlhammer.) Bl. 13, 21, 29, 36, 49, 53 und 55 à * 2 —
Die übrigen à Bl. ** 4 —
Begleitworte à ** 1 —

Inhalt:

Lfg. 1. 16. Stuttgart, bearb. von O. Fraas. — 32. Tübingen, bearb. von H. Bach und v. Quenstedt. — 9. Besigheim, bearb. von E. Paulus d. Aelt. und H. Bach. — 8. Maulbronn, bearb. von E. Paulus d. Aelt. und H. Bach. 865.
» 2. 30. Freudenstadt, bearb. von E. Paulus d. Aelt. — 15. Liebenzell, bearb. von E. Paulus d. Aelt. — 35. Ulm, bearb. von O. Fraas. — 36. Rammingen (Grenzblatt), bearb. von O. Fraas. 867.
» 3. 27. Heidenheim, bearb. von O. Fraas. — 26. Göppingen, bearb. von v. Quenstedt. — 14. Wildbad, bearb. von E. Paulus d. Aelt. — 24. Böblingen, bearb. von H. Bach. 868.
» 4. 33. Urach, bearb. von v. Quenstedt. — 18. Gmünd, bearb. von v. Quenstedt. — 28. Giengen, bearb. von O. Fraas. — 23. Calw, bearb. von H. Bach. 869.
» 5. 17. Waiblingen, bearb. von H. Bach. — 22. Altensteig, bearb. von E. Paulus d. Aelt. — 21. Oberthal (Grenzblatt), bearb. von E. Paulus d. Aelt. — 29. Kniebis (Grenzbl.), bearb. von E. Paulus d. Aelt. 871.
» 6. 19. Aalen, bearb. von O. Fraas. — 34. Blaubeuren, bearb. von v. Quenstedt. — 12. Ellwangen, bearb. von H. Bach und O. Fraas. — 25. Kirchheim, bearb. von C. Deffner. 872.
» 7. 13. Ellenberg (Grenzblatt) (Begleitworte, s. bei Bopfingen, Lfg. 9), bearb. von O. Fraas und C. Deffner. — 10. Löwenstein, bearb. von v. Quenstedt. — 31. Horb, bearb. von E. Paulus d. Aelt. — 37. Oberndorf, bearb. von E. Paulus d. Aelt. 875.
» 8. 41. Ehingen, bearb. von v. Quenstedt. — 47. Biberach, bearb. von v. Quenstedt. — 42. Laupheim, bearb. von v. Quenstedt. — 48. Ochsenhausen, bearb. von v. Quenstedt. 876.
» 9. 38. Balingen, mit 1 Heft Begleitworte, bearb. von v. Quenstedt. — 39. Ebingen, mit 1 Heft Begleitworte, bearb. von v. Quenstedt. — 45. Friedingen, bearb. von v. Quenstedt. — 20. Bopfingen, bearb. von O. Fraas und C. Deffner. 878.
» 10. 43. Schwenningen, bearb. von v. Quenstedt. — 44. Tuttlingen, bearb. von v. Quenstedt. — 49. Hohentwiel (Grenzblatt), bearb. von O. Fraas. — 11. Hall, bearb. von v. Quenstedt. 881.
» 11. 51. Ravensburg, bearb. von O. Fraas. — 54. Tettnang, bearb. von O. Fraas. — 52. Leutkirch, bearb. von O. Fraas. — 55. Isny (Grenzblatt), bearb. von O. Fraas. 883.
» 12. 1. Hälfte: 50. Wilhelmsdorf, bearb. von O. Fraas. — 53. Friedrichshafen (Grenzblatt), bearb. von O. Fraas. 885. — 2. Hälfte: 40. Riedlingen, bearb. von O. Fraas und E. Fraas. — 46. Saulgau, bearb. von O. Fraas und E. Fraas. 888.

Spezialkarte, geognostische, v. Württemberg. 1 : 50,000. Hrsg. v. dem k. statist. Landesamt. Nr. 1—7. Farbendr. 48×48 cm. Stuttg., Metzler's Sort. ** 26 —
1. Oberkessach. 890. ** 2 —. — 2. Mergentheim. 892. ** 4 —. — 3. Niederstetten. 892. ** 4 —. — 4. Neckarsulm. 893. ** 4 —. — 5. Oehringen. 890. ** 4 —. — 6. Künzelsau. 892. ** 4 —. — 7. Kirchberg. 892. ** 4 —.

— geologische, v. Elsass-Lothringen, — d. Königr. Sachsen, m. Erläuterungen, s.a. Geologische Karten.

Geologische Special-Karte von Elsass-Lothringen. Hrsg. von der Commission für die geologische Landes-Untersuchung von Elsass-Lothringen. 1 : 25 000. c. L. NC. Im Erscheinen!.

Specialkarte, geologische, v. Elsass-Lothringen. Hrsg. von der Commission f. die geolog. Landes-Untersuchg. v. Elsass-Lothringen. 1 : 25,000. Blatt 5, 6, 10, 11, 15—18, 22, 23, 25, 27—29, 38, 39, 41—43. Farbendr. gr. Fol. Mit Erläutergn. gr. 8. Berl., (Schropp). à Blatt ** 2 —

39. Bitsch. Von E. Schumacher. (26 S.) 890.
27. Bliesbrücken. Von E. Schumacher. (26 S.). 892.
22. Bolchen. Von G. Meyer. (11 S.) 889.
16. Busendorf. Von L. van Werveke. (27 S.) 889.
25. Forbach. Unter Benutzg. der Erläutergn. zu Blatt Emmersweiler der geolog. Specialkarte v. Preussen u. der thüring. Staaten von E. Weiss. Zusammengestellt von L. van Werveke. (28 S.) 890.
15. Gelmingen. Von E. Schumacher. (22 S.) 887.
11. Gross-Hemmersdorf. Von L. van Werveke. (24 S.) 889.
41. Lembach von E. W. Benecke. (46 S.) 892.
23. Lubeln. Von G. Meyer. (9 S.) 889.
17. Ludweiler. Von H. Grebe, E. Weiss u. L. van Werveke. (32 S.) 892.
6. Merzig. Von H. Grebe u. L. van Werveke. (18 S.) 889.
10. Mounerun. Von L. van Werveke. (13 S.) 887.
38. Rohrbach. Von E. Schumacher. (40 S.) 890.
29. Roppweiler. Von E. Schumacher. (6 S.) 892.
18. Saarbrücken. Von H. Grebe, E. Weiss u. L. van Werveke. Mit e. Beschreibung d. lothring. Steinkohlengebirges v. R. Nasse. (27 S. m. Abbildgn. u. 2 Taf.) 892.
5. Sierck. Von L. van Werveke. (21 S.) 889.
42. Weissenburg. Von A. Andreae, E. W. Benecke, L. Schumacher, L. van Werveke. (85 S.) 892.
43. Weissenburg Ost. Von E. Schumacher. (4 S.) 892.
28. Wolmünster. Von E. Schumacher. (64 S.) 892.

GEOLOGISCHE SPECIALKARTE DES GROSSHERZOGTHUMS HESSEN UND DER ANGRENZENDEN LANDESGEBIETE im Maasstabe von 1 : 50000. Herausgegeben vom mittelrheinischen geologischen Verein.

(1) Section Friedberg der Karte des Grossh. Hess. General-Quartiermeister-Stabs geologisch bearbeitet von R. LUDWIG. Mit einem Höhenverzeichniss und einer Profilkarte. Darmstadt, 1855. G. Jonghaus.
(2) Section Giessen der Karte des Grossh. Hess. General-Quartiermeister-Stabs geologisch bearbeitet von ERNST DIEFFENBACH. Mit einem Höhenverzeichniss. ib. 1856. —
(3) Section Büdingen der Karte des Grossh. Hess. General-Quartiermeister-Stabs (Section Gelnhausen der topographischen Karte des Kurfürstenthums Hessen) geologisch bearbeitet von R. LUDWIG. Mit einem Höhenverzeichniss. ib. 1857. —
(4) Section Offenbach der Karte des Grossh. Hess. General-Quartiermeister-Stabs (Section Hanau der topographischen Karte des Kurfürstenthums Hessen) geologisch bearbeitet von G. THEOBALD und R. LUDWIG. Mit Profilkarte und Höhenverzeichniss. ib. 1858. —
(5) Section Schotten der Karte des Grossh. Hess. General-Quartiermeister-Stabs geologisch bearbeitet von H. TASCHE. Mit einem Höhenverzeichniss. ib. 1859. —
(6) Section Dieburg (Darmstadt) der Karte des Grossh. Hess. General-Quartiermeister-Stabs geologisch bearbeitet von F. BECKER und R. LUDWIG. Mit einem Höhenverzeichniss. ib. 1861. —
(7) Section Herbstein-Fulda (Section Herbstein der Karte des Grossh. Hess. General-Quartiermeister-Stabs, Section Neuhof der topographischen Karte des Kurfürstenthums Hessen) geologisch bearbeitet von H. TASCHE und W. C. J. GUTBERLET. Mit 3 lithographirten Tafeln und Höhenverzeichniss. ib. 1863. —
(8) Section Erbach der Karte des Grossh. Hess. General-Quartiermeister-Stabs geologisch bearbeitet von P. SEIBERT und R. LUDWIG. Mit einem Höhenverzeichniss. ib. 1863. —
(9) Section Darmstadt der Karte des Grossh. Hess. General-Quartiermeister-Stabs geologisch bearbeitet von R. LUDWIG. Mit einem Höhenverzeichniss. ib. 1864. —
(10) Section Alzey der Karte des Grossh. Hess. General-Quartiermeister-Stabs geologisch bearbeitet von RUDOLPH LUDWIG. Mit einer Uebersichtskarte der wetterau-rheinischen Tertiärformation. ib. 1866. —
(11) Section Mainz der Karte des Grossh. Hess. General-Quartiermeister-Stabs geologisch bearbeitet von A. GROOSS. ib. 1867. —
(12) Section Lauterbach der Karte des Grossh. Hess. General-Quartiermeister-Stabs (Section Salzschlirf der topographischen Karte des Kurfürstenthums Hessen) geologisch aufgenommen von H. TASCHE und W. C. J. GUTBERLET. Nach deren Tode durchgesehen und mit Zusätzen vermehrt von RUDOLPH LUDWIG. Mit einem Höhenverzeichniss. ib. 1869. —
(13) Section Alsfeld der Karte des Grossh. Hess. General-Quartiermeister-Stabs geologisch bearbeitet von RUDOLPH LUDWIG. Mit einem Höhenverzeichniss. ib. 1869. —
(14) Section Allendorf der Karte des Grossh. Hess. General-Quartiermeister-Stabs (Section Treis der topographischen Karte des Kurfürstenthums Hessen) geologisch bearbeitet von ERNST DIEFFENBACH und RUDOLPH LUDWIG. Mit einem Höhenverzeichniss. ib. 1870. —
(15) Section Gladenbach der Karte des Grossherzogl. Hess. General-Quartiermeister-Stabs geologisch bearbeitet von RUDOLPH LUDWIG. Mit 7 Tafeln Gebirgsprofilen und einem Höhenverzeichniss. ib. 1870. —
(16) Section Biedenkopf der Karte des Grossherzogl. Hess. General-Quartiermeister-Stabs geologisch bearbeitet von RUDOLPH LUDWIG. Mit 3 Tafeln Gebirgsprofilen und einem Höhenverzeichniss. ib. 1871. —
(17) Section Worms der Karte des Grossherzogl. Hess. General-Quartiermeister-Stabs, mit Benutzung der Vorarbeiten von P. Seibert geologisch bearbeitet von RUDOLPH LUDWIG. Mit 3 Tafeln Profilen und einem Höhenverzeichniss. ib. 1872. —

Geologische Specialkarte der im Reichsrathe vertretenen Königreiche und Länder der Österr.-Ungar. Monarchie. Im Maße 1 : 75.000 neu aufgenommen und herausgegeben durch die k. k. geologische Reichsanstalt in Wien. Zone 13. Colonne XIV. Baden und Neulengbach. Wien. 1898. In Comm. R. Lechner (Wilh. Müller). 58 × 72 *cm*. Gefalzt fl. 3.—, auf Leinen fl. 3.50

Geologische Specialkarte der im Reichsrathe vertretenen Königreiche und Länder der Österr.-Ungar. Monarchie. Im Maße 1 : 75.000 neu aufgenommen und herausgegeben durch die k. k. geologische Reichsanstalt in Wien. Des geologischen Kartenwerkes N. W. Gruppe Nr. 66. Zone 8. Colonne XV. Boskowitz und Blansko. Mit Erläuterungen [von Dr. L. v. Tausch]. Wien. 1898. In Comm. R. Lechner (Wilh. Müller). 58 × 72 *cm*. Text 8°. 146 S. Gefalzt fl. 2.25, auf Leinen fl. 2.80

Geologische Specialkarte der im Reichsrathe vertretenen Königreiche und Länder der Österr.-Ungar. Monarchie. Im Maße 1 : 75.000 neu aufgenommen und herausgegeben durch die k. k. Geologische Reichsanstalt in Wien. Zone 12. Colonne XVI. Dürnkrut und Marchegg (bis zur Landesgrenze). Wien. 1898. In Comm. R. Lechner (Wilh. Müller). 58 × 72 *cm*. Gefalzt fl. —.75, auf Leinen fl. 1.25

Geologische Specialkarte der im Reichsrathe vertretenen Königreiche und Länder der Österr.-Ungar. Monarchie. Im Maße 1 : 75.000 neu aufgenommen und herausgegeben durch die k. k. Geologische Reichsanstalt in Wien. Des geologischen Kartenwerkes S. W. Gruppe Nr. 83. Zone 20. Colonne XI. Eisenkappel und Kanker. Mit Erläuterungen [von Friedrich Teller]. Wien. 1898. In Comm. R. Lechner (Wilh. Müller). 58 × 72 *cm*. Text 8°. 142 S. Gefalzt fl. 3.75, auf Leinen fl. 4.30

Geologische Specialkarte der im Reichsrathe vertretenen Königreiche und Länder der Österr.-Ungar. Monarchie. Im Maße 1 : 75.000 neu aufgenommen und herausgegeben durch die k. k. geologische Reichsanstalt in Wien. Des geologischen Kartenwerkes N. W. Gruppe Nr. 41. Zone 6. Colonne XVII. Freudenthal. Mit Erläuterungen [von Dr. E. Tietze]. Wien. 1898. In Comm. R. Lechner (Wilh. Müller). 58 × 72 *cm*. Text 8°. 86 S. Gefalzt fl. 2.25, auf Leinen fl. 2.80

Geologische Specialkarte der im Reichsrathe vertretenen Königreiche und Länder der Österr.-Ungar. Monarchie. Im Maße 1 : 75.000 neu aufgenommen und herausgegeben durch die k. k. geologische Reichsanstalt in Wien. Zone 12. Colonne XV. Gänserndorf. Wien. 1898. In Comm. R. Lechner (Wilh. Müller). 58 × 72 *cm*. Gefalzt fl. 1.50, auf Leinen fl. 2.—

Geologische Specialkarte der im Reichsrathe vertretenen Königreiche und Länder der Österr.-Ungar. Monarchie. Im Maße von 1 : 75.000 neu aufgenommen und herausgegeben durch die k. k. geologische Reichsanstalt in Wien. Zone 13. Colonne XVI. Hainburg. (Bis zur Landesgrenze.) Wien. 1898. In Comm. R. Lechner (Wilh. Müller). 58 × 72 *cm*. Gefalzt fl. 1.15, auf Leinen fl. 1.65

Vergl. Nr. 1001.

Geologische Specialkarte der im Reichsrathe vertretenen Königreiche und Länder der Österr.-Ungar. Monarchie. Im Maße 1 : 75.000 neu aufgenommen und herausgegeben durch die k. k. geologische Reichsanstalt in Wien. Zone 30. Colonne XIV. Kistanje und Drniš. Mit Erläuterungen [von Dr. F. v. Kerner]. Wien. 1901. In Comm. R. Lechner (Wilh. Müller). 58 × 55 *cm*. Gefalzt K 4.50, auf Leinen K 5.60

Geologische Specialkarte der im Reichsrathe vertretenen Königreiche und Länder der Österr.-Ungar. Monarchie. Im Maße 1 : 75.000 neu aufgenommen und herausgegeben durch die k. k. geologische Reichsanstalt in Wien. Des geologischen Kartenwerkes N. W. Gruppe Nr. 54. Zone 5. Colonne XVI. Olmütz. Mit Erläuterungen [von Dr. E. Tietze]. Wien. 1898. In Comm. R. Lechner (Wilh. Müller). 58 × 72 *cm*. Text 8°. 22 S. Gefalzt fl. 2.25, auf Leinen fl. 2.80

Geologische Specialkarte der im Reichsrathe vertretenen Königreiche und Länder der Österr.-Ungar. Monarchie. Im Maße 1 : 75.000 neu aufgenommen und herausgegeben durch die k. k. geologische Reichsanstalt in Wien. Des geologischen Kartenwerkes S. W. Gruppe Nr. 86. Zone 20. Colonne XIV. Pettau und Venica. Mit Erläuterungen [von Dr. Julius Dreger]. Wien. 1898. In Comm. R. Lechner (Wilh. Müller). 58 × 72 *cm*. Text 8°. 15 S. Gefalzt fl. 1.25, auf Leinen fl. 1.75

Geologische Specialkarte der im Reichsrathe vertretenen Königreiche und Länder der Österr.-Ungar. Monarchie. Im Maße von 1:75.000 neu aufgenommen und herausgegeben durch die k. k. geologische Reichsanstalt in Wien. Des geologischen Kartenwerkes S. W.-Gruppe Nr. 84. Zone 20. Colonne XII. Prassberg a. d. Sann. Mit Erläuterungen [von Friedrich Teller.] Wien. 1898. In Comm. R. Lechner (Wilh. Müller). 58×72 *cm.* Text 8°. 170 S. Gefalzt fl. 3.75, auf Leinen fl. 4.30

Geologische Specialkarte der im Reichsrathe vertretenen Königreiche und Länder der Österr.-Ungar. Monarchie Im Maße 1:75.000 neu aufgenommen und herausgegeben durch die k. k. geologische Reichsanstalt in Wien. Des geologischen Kartenwerkes N. W.-Gruppe Nr. 67. Zone 18. Colonne XVI. Prossnitz, Wischau. Mit Erläuterungen [von Dr. L. v. Tausch]. Wien. 1898. In Comm. R. Lechner (Wilh. Müller). 58×72 *cm.* Text 8°. 15 S. Gefalzt fl. 1.50, auf Leinen fl. 2.—

Geologische Specialkarte der im Reichsrathe vertretenen Königreiche und Länder der Österr.-Ungar. Monarchie. Im Maße 1:75.000 neu aufgenommen und herausgegeben durch die k. k. geologische Reichsanstalt in Wien. Zone 12. Colonne XIV. Tulln. Wien. 1898. In Comm. R. Lechner (Wilh. Müller). 58×72 *cm.* Gefalzt fl. 2.25, auf Leinen fl. 2. 75

Geologische Specialkarte der im Reichsrathe vertretenen Königreiche und Länder der Österr.-Ungar. Monarchie. Im Maße von 1:75.000 neu aufgenommen und herausgegeben durch die k. k. geologische Reichsanstalt in Wien. Zone 19. Colonne XII. Unter-Drauburg (Südliche Hälfte. Wien. 1898. In Comm. R. Lechner (Wilh. Müller). 58×72 *cm.* Gefalzt fl. —. 75, auf Leinen fl. 1.25

Geologische Specialkarte der im Reichsrathe vertretenen Königreiche und Länder der Österr.-Ungar. Monarchie. Im Maße von 1:75.000 neu aufgenommen und herausgegeben durch die k. k. geologische Reichsanstalt in Wien. Zone 19. Colonne XI. Völkermarkt. (Südliche Hälfte.) Wien. 1898. In Comm. R. Lechner (Wilh. Müller). 58×72 *cm.* Gefalzt fl. —.75, auf Leinen fl. 1 25

Als Erläuterung zu Nr. 999 und 1000 dienten die „Erläuterungen zur geologischen Karte der Karnischen- und Julischen Alpen" von Fr. Teller. fl. —.75

Geologische Specialkarte der im Reichsrathe vertretenen Königreiche und Länder der Österr.-Ungar. Monarchie. Im Maße 1:75.000 neu aufgenommen und herausgegeben durch die k. k. geologische Reichsanstalt in Wien. Zone 13. Colonne XV. Wien. Wien. 1898. In Comm. R. Lechner (Wilh. Müller). 58×72 *cm.* Gefalzt fl. 1.15, auf Leinen fl. 1.65

Als Erläuterungen zu Nr. 987, 989, 992, 993, 998 u. 1001 dienen die „Erläuterungen zur geologischen Specialkarte der Umgebung von Wien" von D. Stur. fl. —.75

Geologische Specialkarte der im Reichsrathe vertretenen Königreiche und Länder der Österr.-Ungar. Monarchie. Im Maße von 1:75.000 neu aufgenommen und herausgegeben durch die k. k. geologische Reichsanstalt in Wien. Des geologischen Kartenwerkes N. W. Gruppe Nr. 84. Zone 10. Colonne XIV. Znaim. Mit Erläuterungen [von C. M. Paul]. Wien. 1898. In Comm. R. Lechner (Wilh. Müller). 58×72 *cm.* Text 8°. 31 S. Gefalzt fl. 2.25, auf Leinen fl. 2.80

Geologische Specialkarte der im Reichsrate vertretenen Königreiche und Länder der österr.-ungar. Monarchie. 1:75.000. Zone 8. Kolonne XIV. Groß Meseritsch K 7.50
Wien: Lechner 1905.

Geologische Specialkarte der im Reichsrate vertretenen Königreiche und Länder der österr.-ungar. Monarchie. 1:75.000. Zone 22. Kolonne X Haidenschaft und Adelsberg. Mit Erläuterungen Wien: Lechner 1905. K 4.50

Geologische Specialkarte der im Reichsrate vertretenen Königreiche und Länder der österr.-ungar. Monarchie. 1:75.000. Zone 15. Kolonne IX. Ischl—Hallstadt. Mit Erläuterungen
Wien: Lechner 1905.

Geologische Specialkarte der im Reichsrate vertretenen Königreiche und Länder der österr.-ungar. Monarchie. 1:75.000. Zone 6. Kolonne XVI. Mährisch-Neustadt und Schönberg. Mit Erläuterungen Wien: Lechner 1905. K 7.50

Geologische Specialkarte der im Reichsrate vertretenen Königreiche und Länder der österr.-ungar. Monarchie. 1:75.000. Zone 9. Kolonne XIV. Trebitsch—Kromau K 7.50
Wien: Lechner 1905.

Geologische Specialkarte der im Reichsrate vertretenen Königreiche und Länder der österr.-ungar. Monarchie. 1:75.000. Zone 25. Kolonne XI. Veglia und Novi. Mit Erläuterungen
Wien: Lechner 1905.

Geologische Specialkarte der im Reichsrate vertretenen Königreiche und Länder der österr.-ungar. Monarchie. 1:75.000. Zone 30. Kolonne XIII. Zaravecchia—Stretto. Mit Erläuterungen
Wien: Lechner 1905.

Spezialkarte, Geologische, von Preussen und den Thüringischen Staaten. M. 1:25000. Lief. 1—60. Mit Text gr. 8. Berlin, S. Schropp, 1870—93. Fol. Lith. Farbendr. (797 M.)

(Jedes Blatt ist einzeln käuflich. Der Preis beträgt für ein einzelnes Blatt 2 Mk., für ein mit † bezeichnetes Doppelblatt 3 M. und für ein mit * bezeichnetes Doppelblatt 4 M. — Die nach jedem Blatt eingekl. Seitenzahl ist diejenige des Erklärungsheftes zu dem betr. Blatte.)

Lfg. 1. Zorge (24), Benneckenstein (21), Hasselfelde (15), Ellrich (18), Nordhausen (28), Stolberg (21). 12 M.
„ 2. Buttstedt (13), Eckartsberga (16), Rosla (7), Apolda (14), Magdala (9), Jena (36). 12 M.
„ 3. Worbis (16), Bleicherode (12), Hayn (11), Ndr.-Orschla (12), Gr.-Keula (11), Immenrode (13). 12 M.
„ 4. Sömmerda (7), Cölleda (7), Stotternheim (8), Neumark (7), Erfurt (7), Weimar (10). 12 M.
„ 5. Gröbzig (28), Zörbig (11), Petersberg (23). 6 M.
„ 6. Ittersdorf (1), *Bous (28 m. 1 Karte), *Saarbrücken (40 S. m. 1 Karte), *Dudweiler (15 m. 1 Karte), Lauterbach (8), Emmersweiler (1), Hanweiler (21). 20 M.
„ 7. Gr.-Hemmersdorf (18), *Saarlouis (16 m. 1 Karte), *Heusweiler (19 m. 1 Karte), *Friedrichsthal (31 m. 1 Karte), *Neunkirchen (23 m. 1 Karte). 18 M.
„ 8. Waldkappel (21), Eschwege (21), Sontra (45), Netra (28), Hönebach (23), Gerstungen (14). 12 M.
„ 9. Heringen (12), *Kelbra (55 m. 1 Karte), Sangerhausen (11), Sondershausen (16), Frankenhausen (10), Artern (25 m. 1 Profiltaf.), Greussen (11), Kindelbrück (14) u. Schillingstedt (17). 20 M.
„ 10. Wincheringen (12), Saarburg (15), Beuren (12), Freudenburg (17), Perl (8), Merzig (13). 12 M.
„ 11. Linum (25), Cremmen (24), Nauen (23), Marwitz (25), Markau (20), Rohrbeck (31). 12 M.
„ 12. Naumburg (14), Stössen (13), Camburg (15), Osterfeld (13), Bürgel (9), Eisenberg (14). 12 M.
„ 13. Langenberg (21), Grossenstein (12), Gera (29), Ronneburg (29). 8 M.
„ 14. Oranienburg (27), Hennigsdorf (32), Spandow (32). 6 M.
„ 15. Langenschwalbach (30), Platte (37), Königstein (16), Eltville (59), Wiesbaden (71), Hochheim (10). 12 M.
„ 16. Harzgerode (103), Pansfelde (64), Schwenda (59), Wippra (84), Leimbach (28) u. Mansfeld (59). 12 M.
„ 17. Roda (8), Gangloff (7), Neustadt (23), Triptis (16), Pörmitz (25), Zeulenroda (51). 12 M.
„ 18. Gerbstedt (21), Cönnern (21), Eisleben (13) u. Wettin (32). 8 M.
„ 19. Riestedt (…), Schraplau (37), Teutschenthal (76), Ziegelroda (24), Querfurt (18), Schafstädt (20), Wiehe (15), Bibra (15), Freiburg (17). 18 M.
„ 20. Teltow (39 m. 1 Holzschn.), Tempelhof (50 m. 2 Steintaf.), *Grossbeeren (25, 29 m. 1 Bohrkarte), *Lichtenrade (10, 37 m. 1 Bohrkarte), Trebbin (31) u. Zossen (30). 16 M.
„ 21. Rödelheim (17), Frankfurt a. M. (16), Schwanheim (22) und Sachsenhausen (11). 8 M.
„ 22. Ketzin (38), Fahrland (31), Werder (39 m. 1 Holzschn.), Potsdam (25 m. 2 Holzschn.), Beelitz (29) u. Wildenbruch (17). 12 M.
„ 23. Ermschwerd (17), Witzenhausen (37), †Gross-Almerode (55 m. 1 Profil) u. †Allendorf (96 m. 1 Profil). 10 M.
„ 24. Tennstedt (10), Gebesee (18), Gräfentonna (11) und Andisleben (11). 8 M.
„ 25. Mühlhausen (20), Körner (9) u. Ebeleben (12). 6 M.
„ 26. Köpenick (29), Rüdersdorf (52 m. 1 Karte), Königs-Wusterhausen (25 m. 1 Karte), Alt-Hartmannsdorf (33), Mittenwalde (36 m. Holzschn.) u. Friedersdorf (22). 12 M.
„ 27. Gieboldehausen (12), Duderstadt (6), Lauterberg (27) u. Gerode (15). 8 M.
„ 28. Osthausen (18), Kranichfeld (11), Blankenhain (11), Cahla (15), Rudolstadt (11) u. Orlamünde (11). 12 M.
„ 29. †Wandlitz (55 m. 1 Bohrkarte), †Biesenthal (117 m. 1 Bohrkarte), †Grunthal (62 m. 1 Bohrkarte), †Schönerlinde (53 m. 1 Bohrkarte), †Bernau (61 m. 1 Bohrkarte), †Werneuchen (63 m. 1 Bohrkarte), †Berlin (63 m. 1 Bohrkarte), †Friedrichsfelde (55 m. 1 Bohrkarte) u. †Alt Landsberg (55 m. Bohrkarte). 27 M.
Lfg. 30. Eisfeld (69), Steinheid (60), Spechtsbrunn (49), Meeder (35), Neustadt a. d. Heide (36) u. Sonneberg (69). 12 M.
„ 31. Limburg (52), *Eisenbach (37 m. 1 Lagerstättenkarte), Kettenbach (24 m. 1 Kärtchen), Idstein (15) u. Feldberg (21). 12 M.
„ 32. †Calbe a. M. (81 m. 1 Bohrkarte), †Bismarck (87 m. 1 Bohrkarte), †Schinne (91 m. 1 Bohrkarte), †Gardelegen (68 m. 1 Bohrkarte), † Klinke (53 m. 1 Bohrkarte) u. Lüderitz (103 m. 1 Bohrkarte). 18 M.
„ 33. Schillingen (12), Hermeskeil (17), Losheim (22), Wadern (36), Wahlen (31) u. Lebach (17 m. 4 Fig.). 12 M.
„ 34. † Lindow (70 m. 1 Bohrkarte), † Kl.-Mutz (78 m. 1 Bohrkarte), † Gr.-Mutz (83 m. 1 Bohrkarte), †Wustrau (62 mit 1 Bohrkarte), †Beetz (56 m. 1 Bohrkarte) u. † Nassenheide (43 m. 1 Bohrkarte). 18 M.
„ 35. †Rhinow (67 m. 1 Bohrkarte), †Friesack (53 m. 1 Bohrkarte), †Brunne (58 mit 1 Bohrkarte), †Rathenow (73 m. 1 Bohrkarte), †Haage (66 m. 1 Bohrkarte), †Ribbeck (57 m. 1 Bohrkarte), †Bamme (52 m. 1 Bohrkarte), †Garlitz (65 m. 1 Bohrkarte) u. †Tremmen (51 m. 1 Bohrkarte). 27 M.
„ 36. Hersfeld (15), Friedewald (16), Vacha (19), Eiterfeld (17), Geisa (28) u. Lengsfeld (21). 12 M.
„ 37. Altenbreitungen (21), Oberkatz (29 m. 1 Profiltaf.), Helmershausen (29 m. 1 Profiltaf.), Wasungen (40) u. Meiningen (52). 10 M.
„ 38. †Hindenburg (55 m. 1 Bohrkarte), †Sandau (51 m. 1 Bohrkarte), †Strodehne (39 m. 1 Bohrkarte), †Stendal (64 m. 1 Bohrkarte), †Arneburg (51 m. 1 Bohrkarte), u. †Schollene (43 m. 1 Bohrkarte). 18 M.
„ 39. Gotha (21), Neudietendorf (17), Ohrdruf (19) u. Arnstadt (29). 8 M.
„ 40. Saalfeld (71), Ziegenrück (43), Probstzella (66) u. Liebengrün (45). 8 M.
„ 41. Marienberg (35), Rennerod (15), Selters (28), Westerburg (23), Mengerskirchen (22), Montabaur (31), Girod (31) u. Hadamar (11 m. 1 Lagerstättenkarte). 16 M.
„ 42. † Tangermünde (151 m. 1 Bohrkarte), † Jerichow (126 m. 1 Bohrkarte) † Vieritz (49 m. 1 Bohrkarte), †Schernebeck (101 m. 1 Bohrkarte), †Weissewarthe (111 m. 1 Bohrkarte), †Genthin (67 m. 1 Bohrkarte) u. †Schlagenthin (73 m. 1 Bohrkarte). 21 M.
„ 43. † Rehhof (87 m. 1 Bohrkarte), †Mewe (96 m. 1 Bohrkarte), †Münsterwalde (94 m. 1 Bohrkarte) u. †Marienwerder (133 m. 1 Bohrkarte). 12 M.
„ 44. Koblenz (42), Ems (12), Schaumburg (52), Dachsenhausen (23) u. Rettert (28). 10 M.
„ 45. Melsungen (20), Lichtenau (24), Altmorschen (21), Seifertshausen (11), Ludwigseck (18) u. Rotenburg (10). 12 M.
„ 46. Buhlenberg, Birkenfeld, Nohfelden, Freisen, Ottweiler u. St. Wendel. 12 M.
„ 47. †Heilsberg (118 m. 1 Bohrkarte), †Gallingen (87 m. 1 Bohrkarte), †Wernegitten (94 m. 1 Bohrkarte), †Siegfriedswalde (46 m. 1 Bohrkarte). 12 M.
„ 48. †Parey (79 m. 1 Bohrkarte), †Parchen (64 m. 1 Bohrkarte), †Karow (54 m. 1 Bohrkarte), †Burg (51 m. 1 Bohrkarte), †Theessen (51 m. 1 Bohrkarte) u. †Ziesar (58 m. 1 Bohrkarte). 18 M.
„ 49. Gelnhausen (31), Langenselbold (12), Bieber (55 m. 1 Profiltaf.) u. Lohrhaupten (30). 8 M.
„ 50. Bitburg (11), Landscheid (17), Welschbillig (17), Schweich (17), Trier (30) u. Pfalzel (18). 12 M.
„ 51. Mettendorf (12), Oberweis (18), Wallendorf (10) u. Bollendorf (16). 8 M.
„ 52. Landsberg, Halle a. S., Gröbers, Merseburg, Kötzschau, Weissenfels u. Lützen. 14 M.
„ 53. †Zehdenick, †Gr.-Schönebeck, †Joachimsthal, †Liebenwalde, †Ruhlsdorf u. †Eberswalde. (Mit Bohrkarte u. Bohrregister.) 18 M.
„ 54. †Plaue (52), †Brandenburg (15), †Gr.-Kreutz (59), †Gr.-Wusterwitz (46), †Gottin (57), †Lehnin (48), †Glienecke (61), †Golzow (18) u. †Damelang (18). (Mit Bohrkarten u. Bohrregister.) 27 M.
„ 55. Stadt Ilm (70), Stadt Remda (55), Königsee (52), Schwarzburg (62), Gross-Breitenbach (14) u. Gräfenthal (54). 12 M.
„ 56. Themar (14), Rentwertshausen (32), Dingsleben (28) u. Hildburghausen (26 m. Profilen). 8 M.
„ 57. Waida, Waltersdorf, Naitschau, Greiz. 8 M.
„ 58. †Fürstenwerder, †Dedelow, †Boitzenburg i. U., †Hindenburg i. U., †Templin, †Gerswalde, †Gollin, †Ringenwalde. (Mit Bohrkarten u. Bohrregister.) 21 M.
„ 59. †Gr.-Voldekow, †Bublitz, †Gr.-Carzenburg, †Gramenz, †Wurchow, †Kasimirshof, †Barwalde i. P., †Persanzig, †Neustettin. (Mit Bohrkarten u. Bohrregister.) 27 M.
„ 60. Römhild, Rodach, Rieth u. Heldburg. 8 M.

Spezialkarte, geologische, d. Königr. Sachsen. Erläuterungen: Müller, Herm., d. Erzgänge d. Freiberger Bergreviers, s. a. Geologische Karten.

Special-Karte, geologische, des Königr. Sachsen. 1:25,000. Hrsg. vom k. Finanz-Ministerium. Bearb. unter der Leitung von Herm. Credner. Sect. 44, 45, 59, 60, 61, 76, 77, 94, 95, 96a, b, 111, 112, 127, 128 und 138. Imp.-Fol. Leipzig, (Engelmann.) ** 47 50

Inhalt:

Sect. 44. Colditz. Aufgenommen von A. Penck. (59 S.) 879. ** ℳ 3.
» 45. Leisnig. Aufgenommen von C. R. Credner und E. Dathe. (83 S.) 879. ** ℳ 3.
» 59. Frohburg. Aufgenommen von A. Rothpletz. Chromolithogr. Erläuterungen. gr. 8. (61 S.) 877. ** ℳ 3.
» 60. Rochlitz. Aufgenommen von A. Rothpletz und E. Dathe. Erläuterungen. gr. 8. (76 S.) 877. ** ℳ 2.
» 61. Geringswalde. Aufgenommen von E. Dathe. Erläuterungen. gr. 8. (57 S.) 878. ** ℳ 3.
» 76. Penig. Bearb. von J. Lehmann. (38 S.) 879. ** ℳ 3.
» 77. Mittweida. Aufgenommen von J. Lehmann. Die Erzgänge von H. Müller. Chromolithogr. Erläuterungen. gr. 8. (48 S.) 879. ** ℳ 3.

» 94. Glauchau. Aufgenommen von J. Lehmann und H. Mietzsch. Chromolithogr. Erläuterungen. gr. 8. (46 S.) 877. **ℳ 3.
» 95. Hohenstein. Bearb. von J. Lehmann und Th. Siegert, nebst Beiträgen von H. Müller und T. Sterzel. Chromolithogr. Erläuterungen. gr. 8. (73 S.) 879. **ℳ 3.
» 96a. b. Chemnitz. 2 Bl. Aufgenommen von Th. Siegert und J. Lehmann. **ℳ 4,50. Erläuterungen gr. 8. (97 S.) 877. **ℳ 1.
» 111. Zwickau. Aufgenommen von H. Mietzsch. Erläuterungen. gr. 8. (55 S.) 877. **ℳ 2.; dazu geologische Profile. (14 S.) 878. **ℳ 3.
» 112. Lichtenstein. Aufgenommen von A. Mietzsch. Chromolithogr. Erläuterungen. gr. 8. (60 S.) 878. **ℳ 2.
» 127. Geyer. Aufgenommen von F. Schalch. Chromolithogr. Erläuterungen. gr. 8. (71 S.) 877. **ℳ 3.
» 128. Marienberg. Geologische Aufnahme von F. Schalch. Die Erzgänge bearb. von H. Müller. Kpfrst. und chromolithogr. Erläuterungen. gr. 8. (63 S.) 879. **ℳ 3.
» 138. Elterlein. Geologische Aufnahme von A. Sauer. Die Erzgänge bearb. von H. Müller. (63 S.) 879. **ℳ 3.

Specialkarte, geologische, des Königr. Sachsen. Hrsg. vom königl. Finanz-Ministerium. Bearb. unter der Leitung von Herm. Credner. Sect. 4, 10, 11, 12, 25—29, 42, 43, 46, 62, 75, 78, 93, 97, 113—115, 125, 126, 129, 136, 137, 139, 145, 147, 148 und 154. Chromolithogr. Imp.-Fol. Mit Erläuterungen. gr. 8. Leipzig 880—84, (Engelmann.) à Serie ** 3 —

Inhalt:

Sect. 4. Thallwitz. Von K. Dalmer. (43 S.)
» 10. Makranstädt. Von A. Sauer. (53 S.)
» 11. Leipzig. Von K. Dalmer, J. Hazard und A. Sauer. (65 S.)
» 12. Brandis. Von F. Schalch. (57 S.)
» 25. Zwenkau. Von J. Hazard. (60 S.)
» 26. Liebertwolkwitz. Von A. Sauer. (36 S.)
» 27. Naunhof. Von A. Sauer. Nebst einem Beitrage zur Hydrologie des alten Strombettes der Mulde von A. Thiem. (47 S. mit 3 Tab.)
» 28. Grimma. Bearb. von A. Penck. (84 S.)
» 29. Mutzschen. Bearb. von Th. Siegert. (42 S.)
» 42. Borna [Lobstädt]. Von K. Dalmer. (48 S.)
» 43. Lausigk. Von J. Hazard. (50 S.)
» 46. Döbeln. Aufgenommen von E. Dathe. (68 S.)
» 62. Waldheim. Bearb. von E. Dathe. (120 S. mit 2 Stnt.)
» 75. Langenleuba. Von K. Dalmer, A. Rothpletz und J. Lehmann. (35 S.)
» 78. Frankenberg-Hainichen. Von A. Rothpletz. — Die Erzlagerstätten der Sectionen Frankenberg-Hainichen, Schellenberg und Mittweida. Von H. Müller. (127 S.)
» 93. Meerane. Von Th. Siegert. (23 S.)
» 97. Schellenberg-Flöha. Von A. Sauer, Th. Siegert und A. Rothpletz. Mit Beiträgen von T. Sterzel. (106 S.)
» 113. Stollberg-Lugau. Von Th. Siegert. Die paläontolog. Theile von T. Sterzel. (180 S. mit eingedr. Holzschn. und 1 lithogr. Karte.)
» 114. Burkhardtsdorf. Geologische Aufnahme von Th. Siegert und F. Schalch, nebst Beiträgen von H. Müller und T. Sterzel. (47 S.)
Sect. 115. Zschopau. Bearb. von F. Schalch und A. Sauer. (68 S.)
» 125. Kirchberg. Bearb. von K. Dalmer. Die Erzgänge von H. Müller. (85 S.)
» 126. Lössnitz. Von K. Dalmer. (56 S.)
» 129. Zöblitz. Bearb. von J. Hazard. (33 S.)
» 136. Schneeberg. Von K. Dalmer. (97 S. mit eingedr. Holzsch. und 1 chromolithogr. Profil.)
» 137. Schwarzenberg. Bearb. von F. Schalch. (149 S.)
» 139. Annaberg. Von F. Schalch. (52 S.)
» 145. Eibenstock nebst Aschberg. Von M. Schröder. (49 S.)
» 147. Wiesenthal. Bearb. von A. Sauer. (86 S.)
» 148. Kupferberg [Hammer-Unterwiesenthal]. Von A. Sauer. (83 S.)
» 151. Adorf. Bearb. von R. Beck. (29 S.)

—— dass. — Profile durch das Steinkohlenrevier von Lugau-Oelsnitz. Taf. I und II von Th. Siegert. Chromolithogr. Imp.-Fol. Mit Erläuterungen. Lex.-8. (173 S.) Leipzig 882, (Engelmann.) ** 5 —

Specialkarte, geologische, des Königr. Sachsen in 1 : 25,000 d. n. Gr. Hrsg. vom Königl. Finanz-Ministerium. Bearb. unter der Leitung von Herm. Credner. Bl. 7, 8, 13—15, 18—20, 30, 31, 41, 57, 63, 64, 79, 80, 98—101, 116—118, 124, 134, 135, 140, 142, 144—146, 151—153, 154/56. Mit Uebersichtsblatt 1 : 500,000. Jedes Blatt mit erläut., zum Theil illustr. Text. Karten Imp.-Fol. Chromolithogr. Erläuterungen 8. Leipzig, (Engelmann.)
Mit Erläuterungen à Bl. * 3 —
Ohne Erläuterungen à Bl. * 2 —
Erläuterungen allein à Bl. * 1 —

Inhalt:

Bl. 151. Sect. Adorf mit Text von R. Beck. 884.
» 153. Sect. Aschberg. s. Bl. 145. Eibenstock.
» 135. Sect. Auerbach-Lengefeld mit Text von K. Dalmer. 885.
» 98. Sect. Brand mit Text von A. Sauer. 886.
» 14. Sect. Dahlen mit Text von J. Hazard. 888.
» 100. Sect. Dippoldiswalde-Frauenstein mit Text von F. Schalch. 887.
» 145. Sect. Eibenstock nebst Aschberg (153) mit Text von M. Schröder. 884.
» 154/56. Sect. Elster nebst Schönberg mit Text von R. Beck. 885.
» 144. Sect. Falkenstein mit Text von M. Schröder. 885.
» 80. Sect. Freiberg mit Text von A. Sauer. 887.
» 79. Sect. Freiberg-Langhennersdorf mit Text von A. Sauer und A. Rothpletz. 887.
» 101. Sect. Glashütte-Dippoldiswalde mit Text von F. Schalch. 888.
» 18. Sect. Grossenhain-Skasschen mit Text von G. Klemm. 888.
» 146. Sect. Johanngeorgenstadt mit Text von F. Schalch. 885.
» 140. Sect. Kühnhaide Sebastiansberg mit Text von J. Hazard. 887.
» 99. Sect. Lichtenberg-Mulda mit Text von A. Sauer. 886.
» 31. Sect. Lommatzsch-Stauchitz mit Text von Th. Siegert. 886.
» 30. Sect. Oschatz-Mügeln mit Text von Th. Siegert. 885.
» 15. Sect. Oschatz-Wellerswalde mit Text von F. Schalch. 888.
» 41. 57. Sect. Pegau nebst Hemmendorf mit Text von J. Hazard. 885.
» 124. Sect. Planitz-Ebersbrunn mit Text von K. Dalmer. 886.
» 142. Sect. Plauen-Oelsnitz mit Text von E. Weise. Mit 1 Taf. 887.
» 116. Sect. Polkau-Lengefeld mit Text von J. Hazard. 886.
» 63. Sect. Rosswein-Nossen mit Text von K. Dalmer und E. Dathe. Mit 1 Taf. 887.
» 117. Sect. Sayda mit Text von R. Beck. 886.
» 118. Sect. Nassau mit Text von R. Beck. 887.
» 19. Sect. Schönfeld-Ortrand (Ponickau) mit Text von O. Herrmann. 888.
» 20. Sect. Schwepnitz (Otterschütz) mit Text von E. Weber. 888.
» 7. 8. Sect. Spansberg-Kleintrebnitz mit Text von G. Klemm. 888.
» 64. Sect. Tanneberg mit Text von K. Dalmer. Die Erzlagerstätten von H. Müller. Mit 2 Taf. 888.
» 134. Sect. Treuen-Herlasgrün mit Text von K. Dalmer. 886.
» 13. Sect. Wurzen mit Text von F. Schalch. 885.
» 152. Sect. Zwota mit Text von M. Schröder. 884.

Specialkarte, geologische, d. Königr. Sachsen. 1 : 25,000. Hrsg. vom k. Finanz-Ministerium. Bearb. unter der Leitung v. Herm. Credner. Sect. 16, 17, 21, 22, 32—37, 48, 49, 51—53, 64, 67—69, 81, 83, 102, 103, 119, 130, 143. Chromolithogr. qu. gr. Fol. Mit Erläutergn. gr. 8. Lpz., (Engelmann). à Sect. ** 3 —

119. Altenberg — Zinnwald m. Text v. K. Dalmer. (108 S. m. 1 Taf. u. 3 Textfig.) 890.
102. Berggiesshübel m. Text v. R. Beck. (72 S. m. 1 Taf.) 890.
Erläuterungen dazu, s. Müller, H. Ueber die Erzlagerstätten in der Umgegend v. Berggiesshübel im Alphabet der Büchertitel.
53. Bischofswerda m. Text v. O. Herrmann. (40 S.) 891.
17. Collmitz m. Text v. K. Dalmer. (22 S.) 889.
33. Grossenhain — Priestewitz m. Text v. H. Vater. (81 S.) 890.
32. Hirschstein m. Text v. Th. Siegert. (43 S.) 889.
36. Kamenz m. Text v. E. Weber. (41 S.) 891.
35. Königsbrück m. Text v. E. Weber. (40 S.) 890.
22. Königswartha-Wittichenau m. Text v. G. Klemm. (25 S.) 892.
49. Kötzschenbroda m. Text v. Th. Siegert. (65 S. m. 5 Textfig.) 892.
37. Kloster St. Marienstern m. Text v. O. Herrmann. (36 S.) 892.
48. Meissen m. Text v. A. Sauer. (137 S. nebst 1 Taf. m. geol. Profilen.) 889.
69. Neustadt-Hohwald m. Text v. G. Klemm. (36 S.) 890.
130. Olbernhau-Purschenstein m. Text v. J. Hazard. (35 S.) 890.
143. Oelsnitz-Bergen m. Text v. E. Weise u. M. Schröder. (63 S.) 890.
67. Pillnitz m. Text v. G. Klemm. (59 S.) 892.
83. Pirna m. Text v. R. Beck. (120 S. m. 1 Taf.) 892.
52. Pulsnitz m. Text v. O. Herrmann. (50 S. m. 2 Profilen.) 890.
51. Radeberg m. Text v. E. Weber. (40 S.) 890.
34. Radeburg m. Text v. O. Herrmann. (51 S.) 890.
16. Riesa-Strehla m. Text v. G. Klemm. (53 S.) 889.
103. Rosenthal-Hoher Schneeberg m. Text v. F. Schalch. (59 S.) 889.
68. Stolpen m. Text v. G. Klemm. (34 S.) 892.
21. Strassgräbchen m. Text v. E. Weber. (28 S.) 892.
64. Tanneberg m. Text v. K. Dalmer u. H. Müller. (76 S. m. 2 Taf.) 889.
81. Tharandt m. Text v. A. Sauer u. R. Beck. (88 S. m. 4 Fig.) 891.

—— dass. — Profile durch das Steinkohlenbecken d. Plauen'schen Grundes [das Döhlener Becken] bei Dresden. 3 Bl. Von R. Hausse. Farbendr. à 66,5×66,5 cm. Mit Erläutergn. gr. 8. (111 S. m. 4 Textfig.) Lpz. 892, (Engelmann). ** 7 50

Special-Karte, Geologische, der Umgebung von Wien 1 : 75.000. Revision von D. Stur in den Jahren 1888—1890 nach den bisherigen Aufnahmen der k. k. geolog. Reichsanstalt in Wien. 6 Blätter in Umschlag. Qu.-Folio. Chromolith. Mit Erläuterungen. 8. (59 S.) In Comm. Geh. 7.50

Specialkarte, geologische, d. Königr. Ungarn, hrsg. v. der k. ungar. geolog. Anstalt durch M. v. Hantken, K. Hofmann, Böckh u. A. 1 : 144,000. Bl. 1—5. Kpfrst. u. color. qu. gr. Fol. Budapest 876. (Berlin, Friedländer & Sohn.) n. 28. —
1. Umgebungen v. Tata u. Bicske. n. 4. —
2. Umgebungen v. Nagy Vazsony. n. 6. —
3. Umgebungen v. Sárvár u. Jánosház. n. 6. —
4. Umgebungen v. Sümeg u. Zala-Egerszeg. n. 6. —
5. Umgebungen v. Stuhlweissenburg. n. 6. —

—— geologische, von Ungarn. 1 : 144,000. Bl. 25: Umgebungen von Eisenstadt. Kpfrst. und color. qu. Fol. Budapest 882. (Berlin, Friedländer und Sohn.) ** 5 —

Geologische Spezialkarte des Königreichs Württemberg. Hrsg. v. Kgl. Württ. Statist. Landesamt. Bl. 105. (Stuttgart: Statist. Landesamt 1906: Stich v. H. Petters.) [kol.] [06. 10857

Specialkarte vom Gesäuse und Ennsthal. 1 : 75,000. Mit Bezeichnung der markirten Wege, hrsg. vom k. k. militär-geograph. Institut in Wien. Chromolithogr. gr. Fol. Wien 888, (Lechner's Sortiment.) * 3 40

Special-Karte der centralen Goldminen-Gebiete der Coolgardie-Goldfelder v. West-Australien, bearb. nach d. neuesten Kt. u. Plänen. Hrsg. v. d. 'Goldminen-Börse' … Maasst. = 1:348.250. (W. Droysen del.) *London: (Gedr. b. Willetts & Son) 1896.* 1 Bl. gr. 2. (…) [97. 37…

Special-Karte der deutsch-französischen Grenzländer von Mainz bis Bern. [Aus Stieler's 25-Bl.-Karte.] 1 : 740,000. Fol. Gotha 870, J. Perthes.

—— der deutsch-französischen Grenzländer von Mainz bis zur Nordsee. [Aus Stielers 25-Bl.-Karte.] 1 : 140,000. Fol. Ebendas. 870.

—— der Gross-Glockner-Gruppe. Nach den neuesten Aufnahmen des k. k. militär-geograph. Instituts. 1 : 40,000. Chromolithogr. gr. Fol. Mit Panorama. Lithogr. qu. Fol. Wien 886, Hartleben. In Leinw.-Carton * 1 80

Grunewald. — Spezialkarte vom Grunewald u. dessen Umgebung. 1 : 30,000. Photolithogr. 49,5×39,5 cm. Berl. 892, Berliner Lithogr. Institut. * — 30; color. * — 60
—— —— dass. — 1 : 50,000. Photolithogr. 30×23,5 cm. Ebd. 892. * — 20; color. * — 40

Special-Karte der Dresdner Haide, mit Angabe sämmtl. Wirthschaftsstreifen, Schneissen, Waldwege [nebst den entsprechenden Zeichen], kleinster Stege wie Gewässer. 1 : 12,500. Vollständig neu aufgenommen, mehrfach durchgesehen und in dreifachem Farbendr. ausgeführt. Imp.-Fol. Dresden 881, Höckner. * 1 50

Specialkarte der Dresdner Haide mit Angabe sämmtlicher Wirthschaftsstreifen, Schneissen, Waldwege [nebst den entsprechenden Zeichen], kleinster Stege wie Gewässer. 1 : 12,500. Vollständig neu aufgenommen, mehrfach durchgesehen und in dreifachem Farbendr. ausgeführt. Imp.-Fol. Dresden 885, Höckner, Sep.-Cto. * 1 20

Special-Charte vom Harzgebirge. Vorzüglich für Reisende. Nach den neuesten Vermessungen und besten Hülfsmitteln entworfen. (Neue Ausg.) Fol. Quedlinburg 868, Basse. In Carton * — 80

Heidelberg. — Specialkarte von Heidelberg und Umgegend mit genauer Einzeichnung der Waldwege. 1 : 25,000. Heidelberg 887, Meder's Hofkunsth. * 2 50
Auf Leinw. * 3 50

Special-Karte vom Furstenthum Hildesheim. Hildesheim 1803 1 Bl. K. v.

[Umschlagt.:] ... Spezial-Karte des Isergebirges (schles. u. böhm. Seite) im Maassst. 1 : 75,000 m. d. Touristenwegen ... u. Höhenlinien ... v. 100 zu 100 Meter. *Görlitz: Vierling [1895].* (1 Ktnbl. ⁴⁷/₅₀) 1 Bd 8. [96. 1318

Specialkarte. Spezialk' des Basler Jura und der angrenzenden Gebiete. Massstab 1 : 50,000. Nach den neuesten eidg. topographischen Aufnahmen bearb. von H. Kümmerly & Frey, Geogr. Anstalt Bern. 2. Aufl. Hrg. von der Sektion Basel des Schweizer Alpenclub, dem Verkehrsverein für Basel und Umgebung und der Kommission der G[emeinnützigen] G[esellschaft] zur Verschönerung der Umgebungen Basels. 1 Bl. quer-fol., zus.-*gefaltet mit Titel* 8. Basel, Hans Lichtenhahn, [1902]. gefalzt fr. 4. —, auf Leinwand aufgez. 4. 70
Titel auf dem Blatt: Spezialkarte des Basler Jura und der angrenzenden Gebiete. Masstab 1 : 50000. 585/805 mm. ... Geograph. Anstalt H. Kümmerly & Frey Bern. Geographischer Karten-Verlag Bern. H. K' & F' u A. Francke.

Specialkarte des Karwendel-Gebirges. Hrsg. vom deutschen u. österreich. Alpenverein. 1 : 50,000. Kpfrst. Imp.-Fol. Münch. 889, (Lindauer). * 4 —

Special-Karte des Karwendel-Gebirges. 1 : 50,000 Hrsg vom Deutschen und Oesterreichischen Alpenverein Hildburghausen 1890. 1 Bl K NC Sch

(Alexius) Kießling's Special-Karte von Eberswalde und Umgegend. Maaßst. 1 : 12,500. (Nebst 1 Kärtchen d. Gegend von Biesenthal bis Eberswalde u. Freienwalde ... 4. Aufl. In Farbendr. Berlin: A. Kießling [um 1903].) (1 Kartenbl. 47 × 37 cm.) 8° [lith.] [05. 10033

(Alexius) Kießling's Große Special-Karte vom Grunewald (mit farb. Darstellung d. lohnendsten Touristenwege... vollst. Straßenplan d. Gemeinden Grunewald... nebst e. Anleitung zu 30 größeren Grunewaldwanderungen). Maaßst. 1 : 25,000. (In Farbendr. 8. Aufl.) Berlin: A. Kießling [um 1904]; (Lith. L. Kraatz). (1 Kartenbl. 44 × 51 cm mit Legende, 1 Bl.) 8° [05. 13482

(Alexius) Kiesslings Neue Specialkarte vom Seengebiet der Havel von Spandau bis Ferch und Ketzin. (In Farbendr. Massst. 1 : 75,000. [Mit 1 Nebenkarte.] Berlin: A. Kiessling [1906]; Geogr.-lith. C. L. Keller.) (1 Kartenbl. 54 × 30 cm.) 8° [Kopft.] [06. 8144

(Alexius) Kiesslings Neue Specialkarte vom Seengebiet der Oberspree von Berlin bis Teupitz. (In Farbendr. Im Massst. 1 : 75,000. [Mit 1 Nebenkarte.] Berlin: A. Kiessling [1906]; Geogr.-lith. C. L. Keller.) (1 Kartenbl. 54 × 38 cm.) 8° [Kopft.] [06. 8145

(Alexius) Kießling's Specialkarte von Strausberg und dem Blumenthal. (Im Maßst. 1 : 50,000 auf Grund d. Generalstabs-Aufnahmen gezeichnet u. touristisch bearb. In Farbendr. 3. Aufl. Berlin: A. Kießling [um 1903]; Lith. L. Kraatz.) (1 Kartenbl. 33 × 40 cm.) 8° [Kopft.]
[Umschlagt.:] Kießlings Neue Special-Karte von Strausberg u. d. Blumenthal. [05. 12038

(Alexius) Kießlings Special-Karte der Umgegend von Erkner und der Rudersdorfer Kalkberge. (Maßst. 1 : 25,000. In Farbendr. 7. [auf d. Umschl.: 6.] Aufl. Berlin: A. Kießling [um 1903].) (1 Kartenbl. 28 × 40 cm.) 8° [Kopft. lith.] [05. 12039

(Alexius) Kießlings Specialkarte der Umgegend von Tegel. (Maßst. 1 : 40,000. In Farbendr. 5. Aufl. Berlin: A. Kießling [um 1903]; Lith. L. Kraatz.) (1 Kartenbl. 31 × 25 cm.) 8° [Kopft.] [05. 12040

Special-Karte zu den Corps-Manövern an der unteren March 1884. Chromolithogr. Imp.-Fol. Wien, Lechner's Sortiment. *

Specialkarten der Kreise [des Reg.-Bez. Magdeburg]: Aschersleben — Calbe a. S. — Gardelegen — Halberstadt mit Grafsch. Wernigerode — Jerichow I — Jerichow II — Magdeburg und Wolmirstedt — Neuhaldensleben — Oschersleben — Osterburg — Salzwedel — Stendal — Wanzleben. 1 : 100,000. 13 Bl. Lithogr. und color. gr. Fol. Ebendas. 885. à Bl. * 1 20

Specialkarte des Kriegsschauplatzes von Alexandria bis Tanta. Redig. von B. Hassenstein. 1 : 270,000. Chromolithogr. qu. gr. Fol. Gotha 882, J. Perthes. — 80

Specialkarte vom Kriegsschauplatz (Erfurt bis Paris.) M. 1 : 1200000. Weimar [1870]. (Br. Mus.)

Specialkarte des gegenwärtigen Kriegsschauplatzes von der Elbe bis zum Ausfluss der Schelde, oder das westliche Deutschland mit dem östlichen Frankreich. H. Kliewer sculps. 1 : 1,000,000. 1 Bl.

—— vom Kriegsschauplatz der Nord- und Ostsee: Berlin, Hannover bis Kopenhagen und die gesammte Küste, Borkum, Helgoland, Alsen, Memel. 1 : 1,050,000. Fol. Weimar 870, Geograph. Institut.

—— vom Kriegsschauplatz am Rhein. 1870. [Erfurt bis Paris.] Fol. Ebendas. 870.

Specialkarte des serbisch-bulgarischen Kriegs-Schauplatzes. 1 : 240,000. 2 Bl. Südlicher [Sofia] und nördlicher Kriegsschauplatz [Vidin]. Photolithogr. und color. gr. Fol. Berlin 885, D. Reimer. à Bl. * — 50

—— des Kreises Krotoschin, nach den neuesten Quellen berichtigt. 1 : 150,000. Lithogr. und color. qu. Fol. Ebendas. 883. * — 75
Auf Leinw. in Calico-Decke * 1 25

Specialkarte der Küstenländer der Nordsee an den Mündungen der Weser, Jahde u. Elbe, nebst den Umgebungen der vormaligen Hansestädte Hamburg, Lübeck und Bremen, nach Originalquellen, den neuesten Ortsbestimmungen und besten Hülfsmitteln entw. Weimar, Geogr. Inst., 1811. 8 Bll. Roy-Fol.

Specialkarte der sämmtlichen Küstenländer der Ostsee von Tönningen bis Memel. Weimar, Geogr. Inst., 1812. 29 Bll. Roy.-Fol.

Lander — Special Carte der — zwischen dem Rhein, der Mosel, Nahe und Saar bis an das vogesische Gebirge, Hundsruck und Westrich genannt. In IV Blättern herausgegeben von einem K. K. Ingenieur-Officier. In Verlag bey Schwan und Götz in Mannheim. 1796. 1 : 200,000 circa. 4 Bl.

Specialkarte der südlichen Lausitz. Hrsg. unter Mitwirkung des Gebirgsvereines „Oberes Spreethal-Neusalza". 1 : 60,000. 1.—4. Sect. Chromolithogr. qu. gr. Fol. Neusalza 882,88, Oeser. Auf Leinw. in Etui à Sect. * 1 —

Special-Karte der Markgrafschaft Mähren mit den Antheilen des Herzogthums Schlesien. Hrsg. von dem K. K. militärisch-geographischen Institute. Wien 1844. 20 Bl. K. Ff.

Special=Karte der Markgrafschaft Mähren mit dem Herzogthume Schlesien nach der neuen politischen und gerichtlichen Landeseintheilung 1854. Lith. und gedr. in der k. k. Hof= und Staatsdruckerei. 1 Bl. 27½'' hoch, 41'' breit, ohne Gradeintheilung und Netz und ohne Terrainzeichnung, Maßstab: österr. Postmeilen zu 4000 Wr. Klafter oder ein Wiener Zoll. Mit Zeichenerklärung und 2 Tabell.n, die Kreise und Gerichtssprengel in Mähren und Schlesien enthaltend.

— — zu den Manövern des I. u. II. Corps im M. von 1:75.000. Wien, Lechner. Mit Waldaufdruck fl. 1.80. 1886

Special-Karte von den Grossherzogthümern **Mecklenburg-Schwerin** und **Mecklenburg-Strelitz**, entw. u. gez. v. **C. F. Weiland.** 1 : 360000. Weimar. 1847. Kupferstich, kol. 1 Bl. Imp.-Fol.. 60,3 72,6 cm. Mit einem Nebenkärtchen: Schwerin nebst Umgebungen.

Special-Karte des Grossherzogthums Mecklenburg-Strelitz (im Massst. 1:150,000). *Neubrandenburg: J. Rode [1902].* (1 Kartenbl. 58 63 cm.) 8° [kol.] [02. 9162

Spezial-Karte d. Adriatischen Meeres, Ostküste. Blatt 7, 9, 11, 12 u. 14. Ausg. Novbr. 1891 vom hydrograph. Amt der k. u. k. Kriegsmarine, Seekarten-Depot, Pola. Kpfrst. 55,5×70,5 cm. Triest 892, (Schimpff). à ** 1 20

7. Golf von Fiume. 1 : 86,400.
9. Lussin u. Selve. 1 : 80,000.
11. Molada u. Zara. 1 : 80,000.
12. Inseln Grossa u. Incoronata. 1 : 80,000.
14. Sebenico. 1 : 80,000.

Frühere Ausgaben dieser, sowie der übrigen Blätter erschienen u. d. T.: „Küstenkarte d. Adriat. Meeres".

(C.C.) **Meinholds Spezialkarte** von Tharandt und Umgebung. Maasst. 1:20,000. (Vorr.: Albert Naumann.) *Dresden: C. C. Meinhold & Söhne (1901).* (12 S., 1 Kartenbl. 57×72 cm.) 8° [Umschlagt.] [farbig] [01. 9610

Special-Karte von Metz und Umgegend. Fol. Darmstadt 870, Zernin. — 75

Mittelbach's Neueste **Specialkarte** der Provinz Brandenburg z. Hand- u. Bureaugebrauch. Maßst. 1:300,000. Leipzig: Mittelbach [1905]. (1 Kartenbl. 112x83 cm.) 8° [lith.] [kol.]
(Mittelbach's Neueste Spezialkarten f. Hand, Reise u. Kontor.)

Mittelbachs Neueste **Specialkarte** von Elsass-Lothringen u. Rheinpfalz z. Hand- u. Bureaugebrauch. Maßst. 1:300,000. [Mit 1 Nebenkarte.] Leipzig: Mittelbach [1906]. (1 Kartenbl. 64×77 cm.) 8° [lith.] [kol.]
(Mittelbach's Neueste Spezialkarten f. Hand, Reise u. Kontor.) [06. 8479

Mittelbach's Neueste **Specialkarte** vom Grossherzogtum Hessen u. d. Prov. Hessen Nassau z. Hand- u. Bureaugebrauch. Maßst. 1 : 300,000. [Mit 2 Nebenkarten.] Leipzig: Mittelbach [1906]. (1 Kartenbl. 73×97 cm.) 8° [lith.] [kol.]
(Mittelbach's Neueste Spezialkarten f. Hand, Reise u. Kontor.) [06. 11751

Mittelbach's Neueste **Specialkarte** der Provinz Rheinland z. Hand- u. Bureaugebrauch. Maßst. 1:300,000. (Leipzig: Mittelbach [1906].) (1 Kartenbl. 69x108 cm.) 8° [lith.] [kol.]
(Mittelbach's Neueste Spezialkarten f. Hand, Reise u. Kontor.)

Mittelbach's Neueste **Spezialkarte** des Riesengebirgskammes mit näherer Umgebung. (Massst. 1:50,000. Leipzig: Mittelbach [1906]; Photolith. Globus, Dresden-Kötzschenbroda.) (1 Kartenbl. 54×40 cm.) 8° [Kopft.] [kol.]
[Aus: Robert Mittelbach: Neueste Spezialkarte v. Riesengebirge. 1905.] [06. 14197

Mittelbach's Neueste **Specialkarte** vom Königreich Sachsen z. Hand- u. Bureaugebrauch. Maßst.: 1 : 300,000. (Leipzig: Mittelbach [1905].) (1 Kartenbl. 81×59 cm.) 8° [lith.] [kol.]
(Mittelbach's Neueste Spezialkarten f. Hand, Reise u. Kontor.) [05. 6784

Mittelbach's Neueste **Specialkarte** der Provinz Westfalen z. Hand- u. Bureaugebrauch. Maßst. 1:300,000. Leipzig: Mittelbach [1906]. (1 Kartenbl. 81×71 cm.) 8° [lith.] [kol.]
(Mittelbach's Neueste Spezialkarten f. Hand, Reise u. Kontor.) [06. 11753

Mittelbach's Neueste **Specialkarte** von Württemberg und Baden z. Hand- u. Bureaugebrauch. Maßst. 1 : 300,000. Leipzig: Mittelbach [1906]. (1 Kartenbl. 74×80 cm.) 8° [lith.] [kol.]
(Mittelbach's Neueste Spezialkarten f. Hand, Reise u. Kontor.) [06. 11754

— der österreichisch-ungarischen Monarchie. Hrsg. vom k. u. k. militär-geograf. Institute. 1:75,000. Zone 3. Col. XXXI. Zone 6. Col. XXX. Zone 9. Col. XXXIV. Zone 10. Col. XII. XIII. Zone 11. Col. XII — XV. XXX. XXXII. XXXV. Zone 12. Col. XI—XV. XXXIV. Zone 13. Col. VII. XII—XVI. XXXI. XXXIII. XXXIV. Zone 14. Col. XI. XII. XIV—XVI. XXXIV. Zone 15. Col. I—VII. XIV. XXXII—XXXV. Zone 16. Col. I—VII. XXX — XXXIV. Zone 17. Col. I—X. XXX —XXXIII. Zone 18. Col. II—VIII. XXIX—XXXIV. Zone 19. Col. III—VII. XXIX—XXXIV. Zone 20. Col. III—VI. XXIX—XXXIV. Zone 21. Col. III—VI. XXIX — XXXV. Zone 22. Col. III—V. XXIX—XXXV. Zone 23. Col. III. IV. XXVIII—XXXV. Zone 24. Col. XXVIII. XXX. XXXII—XXXIV. Lith. qu. gr. Fol. Wien 876. (Artaria & Co.) à n.n. 1. —

Specialkarte der österreichisch-ungarischen Monarchie. Hrsg. vom k. und k. militär-geograf. Institute. 1 : 75,000. Zone 2. Col. 26; Zone 3. Col. 21, 25—27, 30; Zone 4. Col. 15—17, 23—32; Zone 5. Col. 16, 20—32; Zone 6. Col. 15, 16, 19—33; Zone 7. Col. 16, 20, 21, 23—34; Zone 8. Col. 21, 23—34; Zone 9. Col. 15, 23, 25—34; Zone 10. Col. 12—15, 21, 22, 24, 25, 27—29, 31, 33, 34; Zone 11. Col. 9—15, 24—26, 28—35; Zone 12. Col. 8—15, 24—33; Zone 13. Col. 7—16, 29—34; Zone 14. Col. 8—16, 30—34; Zone 15. Col. 1—14, 30, 35; Zone 16. Col. 1—10, 12, 30—34; Zone 17. Col. 1—10, 29—33; Zone 18. Col. 2—10, 28—34; Zone 19. Col. 3—7, 28—34; Zone 20. Col. 3—6, 29—34; Zone 21. Col. 3—6, 29—35; Zone 22. Col. 3—5, 28—35; Zone 23. Col. 3—4, 28—35; Zone 24. Col. 28—30, 32—34. Lithogr. qu. gr. Fol. Wien 879, (Artaria und Comp.) à **

—— dass. — Zone 11. Col. 16 und Zone 12. Col. 16 (halbe Blätter). Lithogr. qu. Fol. Ebendas. 879. à **

Special-Karte der österreich.-ungarischen Monarchie. Hrsg. vom k. k. militär-geograf. Institute in Wien. 1 : 75,000. Zone 1. Col. 10—12; Zone 2. Col. 10—13; Zone 3. Col. 8—15; Zone 4. Col. 6—14; Zone 5. Col. 6—15, 17; Zone 6. Col. 7—12, 14, 17, 23; Zone 7. Col. 7—15, 17—19, 22; Zone 8. Col. 7—14, 16—18, 22; Zone 9. Col. 8—14, 16, 17, 21, 22, 24; Zone 10. Col. 9—11, 20, 23, 26; Zone 11. Col. 20, 21; Zone 13. Col. 16, 17; Zone 14. Col. 17, 18; Zone 15. Col. 15—17: Zone 16. Col. 11, 13—17; Zone 17. Col. 11—17; Zone 18. Col. 11—17, 20, 28; Zone 19. Col. 8—22; Zone 20. Col. 9—18, 20, 21; Zone 21. Col. 9—26, 28; Zone 22. Col. 8—19, 21—27; Zone 23. Col. 8—25; Zone 24. Col. 9—11, 14—24, 27; Zone 25. Col. 9—16, 20—24; Zone 26. Col. 9—14, 21—26; Zone 27. Col. 10—14, 22—27; Zone 28. Col. 12, 13. Lithogr. qu. gr. Fol. Wien 880—84, (Lechner's Sortiment.) à ** 1 —

Spezialkarte der österreichisch-ungarischen Monarchie und des Okkupationsgebietes. Hrsg. vom k. k. militär-geographischen Institut. 1:75,000. Wien 1875—1890. 753 Bl. K. Ff.

Specialkarte des Mulden- und Zschopauthales mit Berücksicht. der Umgegend von Chemnitz. Auf Grund neuester Materialien bearb. 1 : 125,000. 4. und 5. Aufl. Chromolithogr. Imp.-Fol. Chemnitz 885,88, Troitzsch. * 1 20

Spezialkarte des unteren Neckarthals (Canstatt-Mannheim) und seiner Umgebungen. 2. rev. Aufl. Massst. 1 : 200,000. *Cannstatt: G. Hopf [1900].* (1 Kartenbl. 40×60 cm.) 8° [Umschlagt.] [Farbig] [01. 693

Specialkarte des Landgerichtes Neuburg a. D., seiner Amtsgerichte und des Bezirksamtes Neuburg a. D. 1 : 250,000. Lithogr. und color. qu. gr. Fol. Neuburg a. D. 879, Prechter. *

Specialkarte. Neue Spezialkarte vom Bodensee und seiner weiteren Umgebung. Massstab 1 : 200000. 3. Aufl. 1 Bl. fol., *in Umschlag* 8. Cannstatt, Gustav Hopf, [1901].

Hopf's Tourenkarte Nr. 12/13.

Titel auf dem Blatt: Der Bodensee und seine Umgebung. Masstab 1 : 200000. 348/472 mm. Hopf's Tourenkärtchen No. 12 & 13. Cannstatt, Gustav Hopf.

Specialkarte. Neue Spezialk' vom Bodensee und seiner weiteren Umgebung. Massstab: 1 : 200000. 9. Aufl. 1 Bl. quer-fol., *zus.-gefaltet in Umschlag* 8. Stuttgart-Cannstatt, Gustav Hopf, [1907]. M. –.50

Titel auf dem Blatt: Der Bodensee und seine Umgebung. 6—8. Aufl. Maassstab 1:200000. 348/592 mm. Verlag von G' Hopf, St'-C', [1906]. — *Auch in:* Ritz, Albrecht. Der Bodensee und seine Ufer.... 3.... Aufl. St'-C'... 1906.

—— neue, über das östliche Holstein. 1 : 80,000. Chromolithogr. Imp.-Fol. Kiel 884, Lipsius und Tischer. In Schuber * 1 80

(Neue) Spezialkarte vom Ober- u. Unter-Harz (in 4 Farben) red. von Dr. Henry Lange. 2. Aufl. bearb. von Oberlandmesser [Mathias] Schmeetz. (Maßst. 1 : 100,000.) [Mit 1 Nebenkarte.] (Berlin: M. Pasch) 1902; (Geogr. lith. Inst. W. Greve). (1 Kartenbl. 75×46 cm mit Legende.) 8° [07. 12012

Specialkarte, neue, der Süd-Lausitz. 1 : 100,000. Sect. 1—3. Farbendr. qu. Fol. Neusalza, Oeser. ** 1 80
1. Bautzen — Neusalza — Löbau. 890. Auf Leinw. in Carton ** — 75.
2. Böhm. Kamnitz — Rumburg — Grossschönau. 890. Auf Leinw. in Carton ** — 75.
3. Ostritz — Görlitz — Lauban. 891. — 30.

Neue Specialkarte von Rostocks Umgebung 1 : 125,000 und Specialkarte d. Rostocker Heide 1 : 50,000 bearb. nach d. Messtischblättern d. preuss. Staates. *Rostock: H. Koch [1901].* (1 Kartenbl. 60×60 cm.) 8° [Umschlagt.] [farbig] [01. 8976

Neueste Spezialkarte über das **mittlere Holstein.** 1 : 80000. Mit den Stadtplänen von Itzehoe, Neumünster und Rendsburg. 1 : 12500. Kiel. o. J. Farbendruck. 1 Bl. Fol. 66,5/84 cm. Zusammengefaltet in Buchdeckel. 8°.

Neueste Specialkarte über das **östliche Holstein.** 1 : 80000. 5. Aufl. Kiel. 1901. Lithogr. 1 Bl. Fol. 61,5/72 cm. Aufgez. a. Leinen, zusammengefaltet in Futteral. 8°.
Mit 1 Nebenkarte: Der Uklei-See und seine nächste Umgebung. 1 : 50000.

Specialkarte, neueste, der Markgrafsch. Mähren u. d. Herzogth. Ober- u. Nieder-Schlesien. Mit den Bezirksgrenzen, sämmtl. Eisenbahnen, Hauptstrassen und Flüssen, Städten, Märkten etc. 1 : 545,000. Farbendr. qu. gr. Fol. Brünn 890, Winiker, * — 40

Specialkarte, neueste, über Mittel-Holstein. 1 : 80,000. Mit den Stadtplänen von Rendsburg, Neumünster und Itzehoe. 1 : 12,500. Chromolithogr. Imp.-Fol. Kiel 886, Lipsius und Tischer. * 3 —

(Neueste) Special-Karte vom Nord-Harz. Red. v. W. Liebenow. Maassst. 1 : 50,000. *Berlin: A. Goldschmidt [1897].* (1 Ktnbl. 5) 1 Bd 8. (Griebens Reisebücher.) [97. 4669

(Neueste) Special-Karte vom Süd-Harz. Red. v. W. Liebenow. Maassst. 1 : 50,000. *Berlin: A. Goldschmidt [1897].* (1 Ktnbl. 5) 1 Bd 8. (Griebens Reisebücher.) [07. 4670

Specialkarte der Normal-Verbindungen der Telegraphen Leitungen des Norddeutschen Bundes, entworfen und gezeichnet im technischen Bureau der General-Telegraphen-Direction, abgeschlossen den 1. Jan. 1868. 16 Bl. Fol. Berlin 868, Straube. *

Special-Karte der Normalverbindungen der Telegraphen-Leitungen des Norddeutschen Bundes. Entworfen u. gez. im technischen Bureau der K. General-Direction der Telegraphen. Abgeschlossen den 1. Jan. 1870. Berlin 1870. Imp.-Fol. (16 Sectionen.)

Special-Karte der Normal-Verbindungen der Telegraphen-Leitungen des Deutschen Reiches. Bearbeitet im technischen Bureau der Kaiserl. General-Direction der Telegraphen zu Berlin. Berlin 1872. 12 Bl. c. 1.

Spezialkarte von Ober-Elsass. 1 : 200,000. 2. Aufl. 1888. Chromolithogr. gr. Fol. Ebendas. * 2 —
Aus: Spezialkarte von Elsass-Lothringen, besonders abgedruckt.

Special-Karte der Mitauschen Oberhauptmannschaft hrsg. von dem kurländ. statist. Comité. 1.—4. Lfg. Fol. Mitau, Lucas. *

Inhalt:
Lfg. 1. Möhring, Carl, Kirchspiel Sessau. 867. * M 3.
» 2. —— Kirchspiel Mitau. 2 Bl. 867. * M 6.
» 3. —— Kirchspiel Grenzhof-Hofzumberge. 870. * M 4,50.
» 4. Boffemell, Kirchspiel Baldohn-Neugut. 870. * M 4,50.

Spezialkarte von Oberhessen, Vogelsberg, Westerwald, Taunus und Lahnthal. *Marburg: C. Kratz (1900).* (1 Kartenbl. 54×78 cm.) 8° [00. 6795 4

Spezial-Karte des Herzogtums Oldenburg, (der freien Reichsstadt Bremen u. eines Teils d. Prov. Hannover). Maßstab 1 : 200,000. *(Oldenburg & Leipzig): Schulze [1903].* (1 Kartenbl. 72×77 cm.) 8° [kol.] [03. 12487

Specialkarte des Oel-Districts bei Peine. Chromolithogr. qu. gr. Fol. Hannover 882, Schmorl und v. Seefeld. * 1 50

Special-, Orts- u. Strassenkarte von der Hercegovina nebst Süd-Dalmatien u. West-Montenegro. Mit Uebersicht der politisch. Administration d. Occupations-Gebietes u. einer statistischen Tabelle des Kreises Mostar. Massstab 1 : 288.000. Hochfolio. Lithograph. Wien, Artaria & Co. Gefalzt in gr. 8. 75 kr. 1882

Specialkarte der Ost-Alpen (M. 1 : 50000.) Herausg. vom Deut. u. Oesterr. Alpenverein. München 1875. 2 Bll. . . . . (Br. Mus.)

Special-Charte von Oesterreich ob und unter der Enns und Salzburg. 1 : 864,000. Fol. Wien 867, Dirnböck's Buchh. In Carton

—— Specialkarte des Erzherzogth. Oesterreich ob der Enns und des Herzogth. Salzburg. 1 : 432,000. Neue rectificirte Aufl. mit Bezirksgerichts- und Bezirkshauptmannschafts-Grenzen. Chromolithogr. Imp.-Fol. Ebendas. 881. 4 —

Specialkarte von Oesterreichisch-Schlesien. Bearbeitet von den k. k. Ober-Ingenieuren E. Czermak und M. Hauser. Maßstab 1 : 288.000. Dritte revidirte und durch Einzeichnung des Terrains sowie neuer Straßen und Eisenbahnen vermehrte Auflage. Unaufgezogen. Gefalzt 1.—, auf Leinwand gespannt 1.50
Troppau: Buchholz & Diebel 1894.

Specialkarte von Oesterreich-Ungarn im Massstab von 1 : 75000. Qu.-Folio. Nr. 3/12 (Turnau) 3/13 (Hohenelbe) 8/13 (Iglau) 11/20 (Neusohl und Altsohl) 18/11 (Hüttenberg und Eberstein) 19/8 (Ober-Drauburg und Mauthen) 19/9 (Bleiberg und Tarvis) 19/10 (Villach und Klagenfurt) 19/11 (Völkermarkt) 20/9 (Flitsch) 20/10 (Radmannsdorf) 20/11 (Eisenkappel und Kanker). Wien, Verlag desk. k. militär.-geogr. Instituts, General-Depot in R. Lechner's k. k. Hof- u. Universitäts-Buchhandlung à 50 kr. 1881

Special-Karte v. Oesterreich-Ungarn im Massstabe 1 : 75.000. 19. Lief. 27 Bl. Q.-Folio. Zone 2. Col. XI. Rumburg, XII. Reichenberg. Z. 3. C. VIII. Sebastiansberg, IX. Brüx. Z. 4. C. VII. Graslitz, X. Raudnitz. Z. 5. C. X. Kladno. Z. 6. C. VII. Marienbad, XII. Kuttenberg. Z. 7. C. VII. Pfraumberg, XII. Ledeč, XIV. Polička. Z. 8. C. VII. Klentsch. Z. 9. C. XII. Neuhaus. Z. 16. C. XI. St. Johann am Tauern. Z. 17. C. XI. Judenburg, XII. Köflach. XIII. Graz, XIV. Fürstenfeld. Z. 18. C. XII. D. Landsberg, XIII. Wildon. Z. 19. C. XII. Unt. Drauburg, XIV. Radkersburg. Z. 21. C. XII. Cilli. Z. 22. C. X. Haidenschaft, XI. Weixelburg. Z. 23. C. XI. Laas. Verlag d. k. k. milit.-geogr. Instit. in Wien. General-Depot: R. Lechner's k. k. Hof- u. Univ.-Buchhdlg. pr. Bl. à 50 kr. 1882

Specialkarte v. Oesterreich-Ungarn im Mssstb. 1/75000. 20. Liefg. enth. d. Bl. Aussig-Leitmeritz, Rossbach, Saaz-Komotau, Melnik, Asch, Eger-Falkenau, Bischofteinitz-Nürschan, Taus-Klattau, Birkfeld, Marburg, Pettau-Vinica, Agram, Dobrava-Gradec, Sessana-St. Peter. Wien, Verlag d. k. k. Milit.-geogr. Institutes. General-Depot in R. Lechner's k. k. Hof- u. Univ.-Buchhdlg. kl.-Qu.-Folio à 50 kr. 1882

Specialkarte v. Oesterreich-Ungarn. Masssth. 1 : 75.000. Zone 4 Ꝁ. 8 (Kaaden) 6/11 (Königssal) 10/9 (Kuschwarda) 15/16 (Kapuvar) 16/14 (Hartberg) 20 13 (Pragerhof) 20/15 (Warasdin) 21/13 (Rohitsch) 21/16 (Berzence) 22/12 (Rudolfswerth) 22/13 (Gurkfeld) 23/14 (Velica Gorica) 23/15 (Kloster Ivacic) 24/15 (Sisek) In Q.-Fol. Verlag des k. k. milit. geogr. Instituts. Wien. General-Depôt R. Lechner's k. k. H. u. U.-Bchhdlg. à 50 kr. 1882

Specialkarte von Oesterreich-Ungarn. Hrsg. vom k. k. militär-geograph. Institute. 1 : 75,000. Zone 8. Col. 19. 20; Zone 9. Col. 18—20; Zone 10. Col. 16—18; Zone 11. Col. 16—19. 22. 23; Zone 12. Col. 16—20. 23. 24; Zone 13. Col. 18—28; Zone 14. Col. 19—23. 25—28; Zone 15. Col. 18—26. 28; Zone 16. Col. 18—24. 26. 28. 29; Zone 17. Col. 18—23. 25. 28; Zone 18. Col. 18. 19. 21—27; Zone 19. Col. 23—27; Zone 20. Col. 19. 22. 23. 25—28; Zone 21. Col. 27; Zone 22. Col. 20; Zone 23. Col. 26. 27; Zone 24. Col. 25. 26; Zone 25. Col. 17—19. 25—27; Zone 26. Col. 19—21. 27; Zone 28. Col. 11. 14; Zone 29. Col. 11. 13—15. 21; Zone 30. Col. 12—16. 18. 19. 21; Zone 31. Col. 13. 14. 18; Zone 32. Col. 14—19; Zone 33. Col. 14—17; Zone 34. Col. 14—19; Zone 35. Col. 15—19; Zone 36. Col. 19. 20; Zone 37. Col. 20. Lithogr. Fol. Wien, (Lechner's Sortiment.) à Blatt * 1 —

Inhalt:

Zone 8. Col. 19: Vissoka und Kiesuca-Ujhely. 886. — Col. 20: Ujsoly und Stara-Bistrica. 885.

» 9. Col. 18: Wisowitz und Bellus. 886. — Col. 19: Sillein und Waag-Bistritz. 885. — Col. 20: Rosenberg und Rutka. 885.

» 10. Col. 16: Göding und Lundenburg. 885. — Col. 17: Ungar. Ostra und Waag-Neustadtl. 885. — Col. 18: Trentschin. 886.

» 11. Col. 16: Landshut, Schlossberg und Hohenau. 885. — Col. 17: Szenic und Pistyán. 886. — Col. 18: Nyitra-Zsámbokrét und Pistyán-Teplitz. 885. — Col. 19: Handlova und Osslány. 885. — Col. 22: Nagy-Röce und Rima-Bánya. 887. — Col. 23: Rosenau und Szilas. 886.

» 12. Col. 16: Dürnkrut und Bösing. 885. — Col. 17: Tyrnau. 885. — Col. 18: Neutra. 885. — Col. 19: Königsberg und Szt. Benedek. 885. — Col. 20: Schemnitz und Karpfen. 885. — Col. 23: Szendrö und Putnok. 886. — Col. 26: Gönc und Csobád. 887.

» 13. Col. 18: Sellye und Nagy-Surány. 885. — Col. 19: Léva und Salló. 885. — Col. 20: Balassa-Gyarmat und Ipoly-Ság. 885. — Col. 21: Salgó-Tarján und Szécsény. 885. — Col. 22: Arló und K. Terenne. 888. — Col. 23: Miskolc. 886. — Col. 24: Szikszó und Tisza-Dob. 886. — Col. 25: Tokaj. 887. — Col. 26: Kis-Várda und Vásáros-Naményi. 888. — Col. 27: Beregszasz und Mezö-Tarpá. 887. — Col. 28: Nagy Szöllös und Huszt. 887.

» 14. Col. 19: Mgy. Szölgyén und Gran. 885. — Col. 20: Nógrád und Waitzen. 885. — Col. 21: Pásztó und Apc. 885. — Col. 22: Gyöngyös und Bakta. 887. — Col. 23: Erlau und Mezö-Keresztes. 886. — Col. 24: Polgár. 885. — Col. 25: Nyiregyháza und Hadjú-Nánás. 888. — Col. 26: Nagy-Kálló und Nyir-Bátor. 888. — Col. 27: Jank. 887. — Col. 28: Kányaháza und Szatmár-Németi. 888.

» 15. Col. 18: Acs und Totis. 885. — Col. 19: Neszmély und Zsámbék. 885. — Col. 20: Alt-Ofen [Buda-Pest]. 885. — Col. 21: Hatvan und Gödöllö. 886. — Col. 22: Kaál und Jászberény. 886. — Col. 23: Bosenyö und Tisza-Füred. 885. — Col. 24: Csege. 886. — Col. 25: Debreczen. 887. — Col. 26: Nyir-Béltek und Vámos-Pérez. 888. — Col. 28: Szilágysomlyó? Szinérváralja und Kraszna-Béltek. 887.

» 16. Col. 18: Moór und Zirc. 885. — Col. 19: Bicske und Mártonvásár. 885. — Col. 20: Budapest und Tétény. 885. — Col. 21: Nagy Káta und Monor. 886. — Col. 22: Jász-Ladány. 885. — Col. 23: Tisza-Roff. 886. — Col. 24: Püspök-Ladány. 885. — Col. 26: Szalacs und Er-Diószeg. 887. — Col. 28: Hadad und Zsibó. 886. — Col. 29: Gaura und Galgó. 886.

» 17. Col. 18: Veszprim und Palota. 885. — Col. 19: Stuhlweissenburg und Seregélyes. 886. — Col. 20: Ráczkeve? Rác-Adony und Kun-Szt. Miklós. 885. — Col. 21: Czegléd. 886. — Col. 22: Szolnok. 885. — Col. 23: Kisujszállás und Mezötur. 885. — Col. 25: Berettyó-Ujfalu und Körös-Tarján. 887. — Col. 28: Zilah. 886.

Zone 18. Col. 18: Balaton-Füred und Város-Hidvég. 885. — Col. 19: Sárbogárd. 885. — Col. 21: Kecskemét. 886. — Col. 22: Tisza-Inoka. 886. — Col. 23: Szarvas. 886. — Col. 24: Körös-Ladány und Békés. 886. — Col. 25: Nagy Szalonta. 888. — Col. 26: Tenke und Kardó. 888. — Col. 27: Bucsa und Rossia. 887.

» 19. Col. 23: Orosháza. 886. — Col. 24: Békés-Csaba. 886. — Col. 25: Sarkad und Kis Jenö. 887. — Col. 26: Okros. 888. Col. 27: Belényes und Sulest. 886.

» 20. Col. 19: Szegszárd. 885. — Col. 22: Kistelek und Szegedin. 886. — Col. 23: Földeák und Mezöhegyes. 886. — Col. 25: Apatelek und Simánd. 888. — Col. 26: Borosjenö und Buttyin. 888. — Col. 27: Vaskóh und Nagy-Halmágy. 886. — Col. 28: Abrudbánya. 885.

» 21. Col. 27: Körösbánya. 885.

» 22. Col. 20: Zombor. 885.

» 23. Col. 26: Lugos. 885. — Col. 27: Ruskberg (Ruszkabercy). 885.

» 24. Col. 25: Oravicza? Gattaja und Doguácska. 886. — Col. 26: Karánsebes und Resicabánya. 885.

» 25. Col. 17: Svinjar und Oriovac. 885. — Col. 18: Brod. 885. — Col. 19: Gradište und Bosn. Šamac. 886. — Col. 25: Kudritz und D.-Oravic. 885. — Col. 26: Krassova und Teregova. 885. — Col. 27: Korniareva. 885.

» 26. Col. 19: Gradačac und Brcka. 886. — Col. 20: Janina und Bjelina. 886. — Col. 21: Mitrowitz. 885. — Col. 27: Mehadia. 885.

» 28. Col. 11: Selve. 888. — Col. 14: Gračac und Ermain. 885.

» 29. Col. 11: Zapuntello. 888. — Col. 13: Novegradi und Benkovac. 888. — Col. 14: Knin und Ervenik. 885. — Col. 15: Luka und Halapić. 888. — Col. 21: Faković. 888.

» 30. Col. 12: Sale. 888. — Col. 13: Zaravecchia und Stretto. 888. — Col. 14: Kistanje und Drniš. 888. — Col. 15: Dubin und Vrlika. 888. — Col. 16: Livno. 887. — Col. 18: Visoko. 888. — Col. 19: Sarajevo. 888. — Col. 21: Zabukvica. 888.

» 31. Col. 13. Zirlje (Zuri). 887. — Col. 14: Sebenico und Trau. 888. — Col. 18: Konjica und Bjelemić. 888.

» 32. Col. 14: I. Solta. 886. — Col. 15: Almissa und S. Pietro della Brazza. 887. — Col. 16: Imoski und Makarska. 888. — Col. 17: Kočerin und Mostar. 887. — Col. 18: Ulok und Nevesinje. 888. — Col. 19: Jeleč und Tjentište. 888.

» 33. Col. 13: I. St. Andrea. 885. — Col. 14: I. Lissa (Vis). 886. — Col. 15: Lesina. 886. — Col. 16: Ravča und Zastražišće. 886. — Col. 17: Ljubuški und Metković. 887.

» 34. Col. 14: I. Busi. 885. — Col. 15: Velaluka. 886. — Col. 16: Curzola und Lagosta. 886. — Col. 17: Neum und Stagno Grande. 887. — Col. 18: Ljubinje und Slano. 887. — Col. 19: Bilek. 887.

» 35. Col. 15: Sv. Petar, I. Pelagosa und Scg. Cajola. 885. — Col. 16: Porto Rosso. 885. — Col. 17: Babinopolje. 885. — Col. 18: Ragusa. 886. — Col. 19: Trebinje und Risano. 887.

» 36. Col. 19: Cattaro. 886. — Col. 20: Budua und Cetinje. 886.

» 37. Col. 20: Spizza. 886.

Specialkarte von Oesterreich-Ungarn. Hrsg. vom k. k. militär-geograph. Institute. 1 : 75,000. Zone XXVI, Col. 18; Zone XXVII, Col. 15, 17, 19; Zone XXVIII, Col. 16, 18, 19; Zone XXIX, Col. 18—20; Zone XXX, Col. 20; Zone XXXI, Col. 17, 19, 20. Lithogr. qu. gr. Fol. Wien 889, (Lechner's Sort.). à Blatt * 1 —

XXVI, 18. Dervent u. Kotorsko.
XXVII, 15. Vrhpolje u. Petrovac. — 17. Varoš u. Teslić. — 19. Dl. Tuzla.
XXVIII, 16. Dragoraj u. Jasjze. — 18. Žepče. — 19. Dubrava Dl. u. Bibnica.
XXIX, 18. Zenica u. Vareš. — 19. Kladanj u. Cevljanović. — 20. Vlasenica u. Strebrenica.
XXX, 20. Rogatica.
XXXI, 17. Jablanica u. Podkločani. — 19. Trnovo u. Foča. — 20. Goražda u. Cajnica.

Specialkarte von Oesterreich-Ungarn. 1 : 75.000. Neu reambulirte Ausgabe. Lieferung I—IV. Quer-Folio. Lithogr. à Blatt —.50
Wien: Milit.-geogr. Institut 1894.

—— von Ost-Holstein. 1 : 50,000. Chromolithogr. qu. Fol. Hamburg 882, [Seelig.] Seelig und Ohmann. * — 80

Specialkarte des Panama Kanales. Nach einem dem officiellen Bericht vom Lieut. Rodgers beigegebenen Plan. 1 : 120 000. Gotha 1885. 1 Bl. c. A. NC.

Perles' Spezialkarte des russisch-japanischen Kriegsschauplatzes. Der Krieg in Ostasien. 60×41 *cm* K —
Wien: Perles 1904.

Specialkarte des Kreises Pleschen, nach den neuesten Quellen berichtigt. 1 : 150,000. Lithogr. und color. qu. Fol. Ostrowo 885, Priebatsch. * — 75
Auf Leinw. in Leinw.-Decke * 1 25

Spezial-Karte der Kreise Posen, West und Ost. Massst. 1:150,000. Neueste Ausg., revid. vom Kgl. Katasteramt in Posen. (Bearb. im kartogr. Inst. v. P[aul] Baron.) Lissa i. P.: F. Ebbecke [1899]. (1 Kartenbl. 30x27 cm.) 8⁰ [Umschlagt.]

Spezial- und Post-Karte der Kronländer Oesterreich ob der Enns und Salzburg nach ihrer neuesten politischen und gerichtlichen Eintheilung. Wien. Verlags-Eigenthum von Joseph Bermann. Q.-Fol. 1 Bl. 1854.

Specialkarte der deutsch-französischen Reichsgrenze, bearb. in der geographisch-statist. Abtheilung des Grossen Generalstabes nach den von der Grenzregulirungs-Commission zu Metz mitgetheilten Materialien. 1 : 80,000. Nebst den deutsch-französ. Verträgen im Wortlaut. 2 Bl. Fol. (G S.) Berlin 873, Mittler und Sohn. * 2 —

Reymann's topographische Special-Karte vom Grossherzogthum **Oldenburg** und dem Gebiet der freien Stadt **Bremen**. 1 : 200 000. Glogau o. J. Farbendruck. 1 Bl. Imp.-Fol., 85/69 cm.

—— des Riesengebirges. Redig. und hrsg. von der Sect. Riesengebirge des Gebirgsvereines für Böhmen. 1 : 75,000. 2 Bl. Photolithogr. und color. gr. Fol. Hohenelbe 881. (Hirschberg, Kuh.) In Carton 6 —

Special-Karte des Riesengebirges. 1 : 75,000. Redig. und hrsg. von der Section Riesengebirge des Gebirgs-Vereines für Böhmen. 2 Bl. Photolithogr. und chromolithogr. gr. Fol. Hohenelbe 885. (Prag, Dominicus.) Auf Leinw. in Leinw.-Carton * 5 60

(Emil) Roth's **Special-Karte** von Hessen-Nassau, Oberhessen, Vogelsberg, Westerwald, Taunus und Lahnthal. (In Höhenschichten-Darstellung.) Massst. 1:200.000. 3., gänzl. neubearb. Aufl. 1902. Giessen: E. Roth (1902); Kart. Anst. von H. Keil, Gotha & Eisenach. (1 Kartenbl. 75x57 cm.) 8⁰ [kol.]

(Emil) Roth's Special-Karte von Hessen-Nassau, Oberhessen, Vogelsberg, Westerwald, Taunus und Lahnthal (in Höhenschichten-Darstellung). 3., gänzl. neu bearb. Aufl. 1902. Maßst.: 1 : 200,000. Gießen: E. Roth [1905]; (Kartogr. H. Keil, Gotha & Eisenach). (1 Kartenbl. 75×57 cm.) 8° [lith.] [kol.]

Specialkarte von Rumänien und Bulgarien. 1 : 1,750,000. Chromolithogr. qu. gr. Fol. Leipzig 877, Bibliograph. Institut.

Special-Karte vom europäischen Russland, der Statthalterschaft Kaukasus und den angrenzenden Theilen der europäischen und asiatischen Türkei etc., auf Grund der im kriegstopograph. Depot bearbeiteten und von der kaiserl. russ. geograph. Gesellschaft in St. Petersburg herausgegebenen Karte. 1 : 3,000,000. Höhenschichten von O. Delitsch, Seewege von W. v. Freeden. Redact.: Arnd. 4 Bl. Kpfrst. mit Farbendr. und Colorit. 1. und 2. revid. Aufl. Mit den neuesten polit. Umgestaltungen. Imp.-Fol. Weimar 877,78, Geograph. Institut. * ℳ 12.; auf Leinw. in Etui ** Mit Stäben ** ℳ 19.; lackirt **

Special-Karte vom europäischen Russland, der Statthalterschaft Kaukasus und den angrenzenden Theilen der europäischen und asiatischen Türkei etc. Auf Grund der im kriegstopograph. Depot bearb. und von der kaiserl. russ. geograph. Gesellschaft in St. Petersburg hrsg. Karte. Höhenschichten von O. Delitsch, Seewege von W. v. Freeden. 1 : 3,000,000. 4 Bl. 3. Aufl. Chromolithogr. Imp.-Fol. Weimar 883, Geograph. Institut. * 6 —
Auf Leinw. in Mappe ℳ 10.; mit Stäben * 12 —

Specialkarte vom Europäischen Russland. 1 : 3,000,000. 4 Bl. gr. Fol. Weimar 888, Geograph. Institut. * 6 —
Auf Leinw. *ℳ 10.—; mit Stäben * 12 —

Special-Karte vom Königr. Sachsen nach den besten Quellen bearb. Ausg. für 1869. Fol. Dresden, A. Wolf.

— — vom Salzkammergute. 1 : 75,000. 2 Bl. Mit Bezeichnung der markirten Wege hrsg. vom k. k. militär-geograph. Institut in Wien. Chromolithogr. gr. Fol. Wien 888, (Lechner's Sortiment.) * 3 40

Spezial-Karte des Kreises Samter. Massst. 1 : 150,000. 2. verb. Aufl. rev. von d. zuständ. Behörden. (Bearb. im kartogr. Inst. v. Paul Baron in Liegnitz.) *Lissa i. P.: F. Ebbecke [1901].* (1 Kartenbl. 31×37 cm.) [Umschlagt.] [kol.]

Spezial-Karte der St. Gotthardbahn in 3 Blättern. 1 : 100,000. Chromolith. In-fol. Luzern, Prell. 1 —

Special-Karte der Schlachtfelder von Beaumont und Sedan. 1 : 100,000. Fol. Darmstadt 870, Zernin. *

—— vom Schneeberg und Raxalpe. 1 : 40,000. Mit Bezeichnung der markirten Wege hrsg. vom k. k. militär-geograph. Institut in Wien. Chromolithogr. gr. Fol. (Ebendas.) 888. * 3 40

—— vom Schneeberg, Raxalpe, Hochschwab und Oetschergruppe. 1 : 75,000. 2 Bl. Mit Bezeichnung der markirten Wege hrsg. vom k. k. militär-geograph. Institut in Wien. gr. Fol. (Ebendas.) 888. * 3 40

[Umschlagt.:] Spezialkarte vom südlichen Schwarzwald im Massstabe 1:75,000. Bl. 1. II. *Freiburg i. Br.: Lorenz & Waetzel (1895).* 8.

Spezial-Karte der Schweiz in 9 Blättern. 1 : 200,000. Mit ziffernmässig eingeschriebenen Distanzen in Hunderten v. Metern, nebst graph. Darstellg. der Steiggn. Pract. Handkarte f. Verwaltungsbehörden, Militairs, Kaufleute u. Touristen, instructive Karte für Schulen. Mit specieller Berücksicht. f. den Radfahrer. Hrsg. vom Männer-Radfahrer-Verein Zürich [Section Kartenwesen]. Bl. 2 u. 3. Farbendr. 43×59,5 cm. Zür. 890, (Artist. Institut Orell Füssli, Verlag). à Bl. * 2 —
Blatt 1 ist noch nicht erschienen.

Specialkarte der Schweiz in 9 Blättern im Massstab 1 : 200,000 mit ziffernmässig eingeschriebenen Distanzen in Hunderten von Metern nebst graph. Darstellung der Steigungen, mit specieller Berücksichtigung für die Radfahrer hrsg. vom Männer-Radfahrer-Verein Zürich. In-12°. Zürich, Art. Institut Orell Füssli. 1892 2 —

Special-Karte d. Schweiz in 9 Blättern. 1 : 200,000. Mit ziffernmässig eingeschriebenen Distanzen in Hunderten v. Metern, nebst graph. Darstellung der Steiggn. Mit specieller Berücksichtigung f. den Radfahrer. Hrsg. vom Männer-Radfahrer-Verein Zürich. Blatt 4 u. 5. In-12°. Farbendr. Zürich, Art. Inst. Orell Füssli. 1893 2 —

Spezial-Karte der Schweiz in 9 Blättern 1 : 200000. Mit ziffernmässig eingeschriebenen Distanzen in Hunderten von Metern nebst graph. Darstellung der Steigungen. Mit specieller Berücksichtigung für den Radfahrer. Hrsg. vom Männer-Radfahrer-Verein Zürich (Section Kartenwesen) (Ausg. 1898.) 2. Blatt. 43,5 + 60 cm. Farbdr. Zürich, Art. Institut Orell Füssli. 1899 2 —

Spezial-Karte der Schweiz in 9 Blättern. 1 : 200,000. Mit ziffernmässig eingeschriebenen Distanzen in Hunderten von Metern, nebst graph. Darstellung der Steigungen. Hrsg. vom *Männer-Radfahrer-Verein Zürich* (Section Kartenwesen.) Ausg. 1899. 6. Blatt 43,5 × 60 cm. Farbdruck. Zürich, Art. Inst. Orell Füssli. 1900 2

Special-Karte der Schweiz in 9 Blättern im Massstab 1 : 200000. Mit ziffernmässig eingeschriebenen Distanzen ... nebst graphischer Darstellung der Steigungen. Practische Handkarte für Verwaltungsbehörden, Militairs, Kaufleute & Touristen; instructive Karte f^r Schulen. Mit specieller Berücksichtigung für Automobil- & Radfahrer. Hrg. vom Männer-Radfahrer-Verein Zürich (Section Kartenwesen). Blatt N° 2 *u.* N° 5. *je* 1 Bl. quer-fol., *mit Titel* 8. Zürich, Verlag Art. Institut Orell Füssli; Stich & Druck der Topogr. Anstalt J. Schlumpf, Winterthur, 1903. [*je* fr. 2. —]
Titel auf den Blättern: Spezial-Karte der Schweiz. Blatt 2 *u.* 5. ... nach ... [den] Siegfriedblättern bearb. von der Topogr. Anstalt Winterthur. Massstab = Echelle de 1 : 200,000. *je* 433/600 mm Hrg. — — Zürich: Section Kartenwesen.... — *Rückseite der Bll. bedruckt.*

Böhmisch-sächsische Schweiz. — Specialkarte der böhmisch-sächsischen Schweiz, hrsg. vom Gebirgsverein f. die böhm. Schweiz. 1 : 75,000. 2. Aufl. Farbendr. 51×55,5 cm. Tetschen a. E. 891, (O. Henckel). In Etui * 1 50
S. auch: Sächsisch-böhmische Schweiz.

Special-Karte der böhmisch-sächsischen Schweiz und des angrenzenden Mittelgebirges. Ausgeführt in 11 Farbentönen. Maßstab 1 : 100.000. Verfasst von H. Stelzig. (Neue, durchgesehene Ausgabe.) Tetschen a. Elbe. 1901. Henckel. 47×40 *cm.* Gefalzt in Umschlag K—.50 auf Leinwand K 1.20

Spezialkarte der Fränkischen und Hersbrucker Schweiz. (Mit d. Wegmarkierungen des Fränk. Schweiz-Vereins.) Maßst. 1:100,000. Wunsiedel: G. Kohler [1904], C. Opitz, Geogr. Anst., Leipzig. (1 Kartenbl. 49x53 cm mit Legende.) 8° [kol.]

Specialkarte der sächsischen Schweiz. Maassstab 1 : 125,000. Chromolithogr. Imp.-Fol. Nebst: Notizen für Reisende. gr. 16. (21 S.) Dresden 862, Kuntze. In gr.-16. Carton. *

Special-Karte von Serbien. 1 : 75.000. Herausgegeben vom kgl. Gr.-S. Generalstab. V 5 Kosjerill, I 7 Banja, J 7 Knjacevac, K 3 Brza Palanka. Quer-Folio. Chromo-Lithographie. In Comm. Wien: Artaria 1890. à * —.75

Specialkarte von Serbien. Masstab 1:75.000. Zone 31. Col. XXV. Aleksinac. [Wien. 1901. In Comm. R. Lechner. (Wilh. Müller.)] 38 × 54 *cm*. Roh K 1.—

Specialkarte von Serbien. Masstab 1:75.000. Zone 28. Col. XXIII. Arangjelovac. [Wien. 1901. In Comm. R. Lechner. Wlh. Müller.)] 38 × 54 *cm*. Roh K 1.—

Specialkarte von Serbien. Masstab 1:75.000. Zone 30. Col. XXIII. Čačak. [Wien. 1901. In Comm. R. Lechner. (Wilh. Müller.)] 38 × 54 *cm*. Roh K 1.—

Specialkarte von Serbien. Masstab 1:75.000. Zone 29. Col. XXIII. Gornji Milanovac. [Wien. 1901. In Comm. R. Lechner. (Wilh. Müller.)] 38 × 54 *cm*. Roh K 1.—

Specialkarte von Serbien. Masstab 1:75.000. Zone 29. Col. XXII. Gornja Toplica. [Wien. 1901. In Comm. R. Lechner. (Wilh. Müller.)] 38 × 54 *cm*. Roh K 1.—

Specialkarte von Serbien. Masstab 1:75.000. Zone 30. Col. XXIV. Jagodina. [Wien. 1901. In Comm. R. Lechner. (Wilh. Müller.)] 38 × 54 *cm*. K 1.—

Specialkarte von Serbien. Masstab 1:75.000. Zone 31. Col. XXII. Ivanjica. [Wien. 1901. In Comm. R. Lechner. (Wilh. Müller.)] 38 × 54 *cm*. K 1.—

Specialkarte von Serbien. Masstab 1:75.000. Zone 31. Col. XXVI. Knjaževac. [Wien. 1901. In Comm. R. Lechner. (Wilh. Müller.)] 38 × 54 *cm*. K 1.—

Specialkarte von Serbien. Masstab 1:75.000. Zone 29. Col. XXIV. Kragujevac. [Wien. 1901. In Comm. R. Lechner. (Wilh. Müller.)] 38 × 54 *cm*. Roh K 1.—

Specialkarte von Serbien. Masstab 1:75.000. Zone 31. Col. XXIII. Kraljevo. [Wien. 1901. In Comm. R. Lechner. (Wilh. Müller.)] 38 × 54 *cm*. Roh K 1.—

Specialkarte von Serbien. Masstab 1:75.000. Zone 28. Col. XXI. Krupanj. [Wien. 1901. In Comm. R. Lechner. (Wilh. Müller.)] 38 × 54 *cm*. Roh K 1.—

Specialkarte von Serbien. Masstab 1:75.000. Zone 31. Col. XXIV. Kruševac. [Wien. 1901. In Comm. R. Lechner. (Wilh. Müller.)] 38 × 54 *cm*. Roh K 1.—

Specialkarte von Serbien. Masstab 1:75.000. Zone 32. Col. XXVI. Niš. [Wien. 1901. In Comm. R. Lechner. (Wilh. Müller.)] 38 × 54 *cm*. Roh K 1.—

Specialkarte von Serbien. Masstab 1:75.000. Zone 28. Col. XXIV. Palanka. [Wien. 1901. In Comm. R. Lechner. (Wilh. Müller.)] 38 × 54 *cm*. Roh K 1.—

Specialkarte von Serbien. Masstab 1:75.000. Zone 30. Col. XXV. Paraćin. [Wien. 1901. In Comm. R. Lechner. (Wilh. Müller.)] 38 × 54 *cm*. Roh K 1.—

Specialkarte von Serbien. Masstab 1:75.000. Zone 28. Col. XXV. Petrovac. [Wien. 1901. In Comm. R. Lechner. (Wilh. Müller.)] 38 × 54 *cm*. Roh K 1.—

Specialkarte von Serbien. Masstab 1:75.000. Zone 27. Col. XXI. Prnjavor. [Wien. 1901. In Comm. R. Lechner. [Wilh. Müller.)] 38 × 54 *cm*. Roh K 1.—

Specialkarte von Serbien. Masstab 1:75.000. Zone 30. Col. XXII. Užice. [Wien. 1901. In Comm. R. Lechner. (Wilh. Müller.)] 38 × 54 *cm*. Roh K 1.—

Specialkarte von Serbien. Masstab 1:75.000. Zone 28. Col. XXII. Valjevo. [Wien. 1901. In Comm. R. Lechner. (Wilh. Müller.)] 38 × 54 *cm*. Roh K 1.—

Specialkarte von Serbien. Masstab 1:75.000. Zone 29. Col. XXV. Žagubica. [Wien. 1901. In Comm. R. Lechner. (Wilh. Müller.)] 38 × 54 *cm*. K 1.—

Special-Karte des Königreiches Serbien. 1:75.000. Blatt D 1 Belgrad, D 2 Avala, I 9 Leskovac. Quer-Fol. Chromolithographie Wien: Artaria 1889. à —.75

Specialkarte des Königreichs Serbien. 1:75.000. Blatt B 3 Jedar, D 6 Kraljevo, Z 10 Mrkonj, J 9 Cuva Planina. Quer-Fol. Chromolith. In Comm. Wien: Artaria 1890. à * —.75

Specialkarte vom Spessart. Hrsg. im Auftrage des Vereins der Spessartfreunde. 1:100,000. Chromolithogr. qu. gr. Fol. Aschaffenburg 888, Krebs. * 2 —

Spezialkarte vom Spessart. Hrsg. im Auftr. d. Vereins d. Spessartfreunde. Maßst. 1:100,000. Aschaffenburg: C. Krebs [1905]; Stich v. H. Stürtz, Würzburg.) (1 Kartenbl. 57 × 64 cm.) 8° [lith.]

— d. Vereinigten Staaten von Nord-America nach Smith, Tanner u. den neuesten authent. Berichten gezeichnet. Imp. Fol. Lith. u. col. Wolfenbüttel 851, Holle. n. ²/₃

Spezialkarte der mährisch-schlesischen Sudeten m. 1 Carton der Gegend westlich v. Jauernig. 1:75,000. Hrsg. vom mähr.-schles. Sudetengebirgs-Verein. Farbendr. 64 × 62,5 cm. Olmütz 892, E. Hölzel. * 1 60; auf Leinw. * 2 20

Specialkarte der mähr.-schlesischen Sudeten. (Ausgeführt im k. u. k. milit.-geogr. Inst. in Wien. Mit Bezeichnung d. markirten Wege. Hrsg. unter Mitw. d. mähr.-schles. Sudeten-Gebirgs-Vereines.) Masst. 1:75,000. *Wien: K. u. k. mil.-geogr. Inst.; R. Lechner in Komm. [1902]* (1 Kartenbl. 62 × 73 cm.) 8° [Kol.]

Spezialkarte der mährisch-schlesischen Sudeten 1:75.000. (73 × 84 *cm*.) In Taschenformat. † gefalzt K 4.—
Wien: Lechner 1903.

Spezialkarte der Mährisch-Schlesischen Sudeten 1:75.000. 70 × 85 *cm*. Taschenformat. † gefalzt K 4.—, auf Leinen K 5.—
Wien: Lechner 1904.

Special-Karte, topographische, von Mittel-Europa. 1:200,000. Hrsg. von d. Kartograph. Abtheilung der kgl. preuss. Landes-Aufnahme. [Früher: Reymann'sche Karte.] Nr. 12—15, 31, 49, 67, 83, 98, 105, 111 u. 112, 119 u. 120, 126—128, 135, 144, 146, 164, 167 u. 168, 172, 178, 185, 194 u. 195, 201, 208, 221 u. 222, 236, 254, 264, 274—276, 281, 283, 292, 303 u. 304, 311 u. 312, 321, 342, 370, 378, 385, 391, 397—399, 407, 429, 437, 440, 453—456, 458 u. 459, 470, 476, 481 u. 485, 489, 499, 518, 544, 546, 560, 569, 580, 589, 598, 605—607, 634—637, 656, 667, 682—684, 712—714, 716. Kupferst. u. color. qu. Fol. Berl., Eisenschmidt. à Blatt ** 1

605. Admont. 891.
14. Adsel. 892.
499. Alençon. 889.
172. Anklam. 891.
321. Beresno. 889.
276. Braunschweig. 890.
456. Caslau. 890.
712. Clermont-Ferrand. 889.
119. Cranz. 892.
167. Cuxhaven. 889.
236. Dawyd-Gorodok. 890.
83. Disnah. 892.
111. Dokschizy. 889.
292. Dombrowiza. 892.
67. Drissa. 891.
304. Einbeck. 889.
455. Eule. 890.
128. Flensburg. 890.
397. Glatz. 889.
399. Gleiwitz. 889.
168. Glückstadt. 890.
518. Göding. 890.
636. Graz. 892.
275. Hannover. 889.
635. Judenburg. 892.
312. Kalisch. 890.
484. Klattau. 891.
164. Koidonow. 889.
546. Krems. 890.
370. Kreuzburg i./Schl. 891.
120. Labiau. 892.
470. Laigle. 889.
656. Lausanne. 890.
12. Lemsal. 891.
440. Lisieux. 889.
311. Lissa. 890.
589. Loudun. 890.
714. Lyon. 891.
684. Mâcon. 889.
606. Maria-Zell. 892.
453. Marienbad. 889.
15. Marienhausen. 891.
281. Meseritz. 890.
476. Metz. 892.
274. Minden. 889.
144. Minsk. 892.
716. Mt. Blanc. 892.
713. Montbrison. 889.
385. Namur. 890.
398. Neisse. 889.
607. Oedenburg. 889.
458. Olmütz. 891.
342. Oels. 890.
31. Opotschka. 892.
178. Osterode i. O. Pr. 890.
378. Ostrog. 891.
303. Paderborn. 889.
195. Pasewalk. 891.
544. Passau. 890.
221. Perleberg. 890.
454. Pilsen. 889.
98. Plissa. 890.
135. Putzig. 890.
283. Pysdry. [Peisern.] 890.
667. Radkersburg. 891.
126. Radoschkowitschi. 890.
634. Radstadt. 891.
429. Ratibor. 889.
682. Riom. 889.
112. Ripen. 889.
683. Roanne. 890.
254. Rogasen. 890.
598. Schaffhausen. 890.
391. Schleusingen. 889.
49. Sebesh. 892.
569. Sigmaringen. 890.
489. Sillein. 892.
185. Sluzk. 890.
201. Soldau. 890.
208. Starobino. 889.
637. Steinamanger. 890.
264. Stolin. 889.
485. Tabor. 891.
437. Tarnopol. 892.
407. Teofipol. 891.
459. Teschen. 892.
105. Tilsit. 891.
127. Tondern. 889.
146. Tonning. 889.
560. Tours. 890.
580. Waitzen. 890.
194. Waren. [illegible]
13. W[illegible]

Specialkarte. Topograph. Sp' von Mittel-Europa. Hrg. von der Kartogr. Abteilung (*Bl. 627 u. 629:* Abth') der Kgl. Preuss. Landes-Aufnahme.... Massstab 1 : 200 000.... *je* 249-252/356-360 mm. quer-fol. *je* M. 1. —

[Blatt Nr.:] 627. Solothurn. ... 1903. — 628. Zürich. ... 1905. — 629. Walenstadt. ... 1904. — 657. Bern. ... 1905.

Special- u. Post-Karte, topographische, d. Kronlandes Oesterreich unter der Enns nach seiner neuesten polit. u. gerichtl. Eintheilung. Imp. Fol. Lith. Wien 850, Bermann. n. 18 *ngl*; color. n. 24 *ngl*

Spezial- und Post-Karte. Topographische — des Erzherzogthums **Oesterreich** unter der Enns nach seiner neuesten politischen und gerichtlichen Eintheilung. Wien. Verlags-Eigenthum von Joseph Bermann. 1854. Gedruckt bei J. Höfelich. Q.-Fol. 1 Bl.

Special- und Postkarte. Topographische — — des Großherzogthums Siebenbürgen nach seiner neuesten politischen und gerichtlichen Eintheilung. Wien, Verlags-Eigenthum von Josef Bermann 1855. Lith. von Max. Fahrmbacher, gedruckt bei J. Höfelichs Witwe. 4 Bl. 16'' hoch, 21'' br. Ohne Gradeintheilung und Netz mit schwacher Terrainzeichnung, im südöstlichen Blatte befindet sich ein Kärtchen, auf welchem durch Schraffirung die Bevölkerungsdichte Siebenbürgens ersichtlich ist. Titel, Zeichenerklärung, politische und Gerichtseintheilung und eine Uebersicht der relativen Bevölkerung der einzelnen Bezirke sind in deutscher, magyarischer und romanischer Sprache angebracht.

Topographische Spezial-Karte der Umgegend von Berlin. Hrsg. von der Kartographischen Abtheilung der Königlich Preussischen Landes-Aufnahme. 1 : 25 000. Berlin 1875–1885. 36 Bl. L. Fl

Specialkarte nebst Tourenverzeichniss von Burgstädt and Umgegend. Hrsg. vom Gebirgsverein Burgstädt. 1 : 15,000. Chromolithogr. 4. Mit Tourenverzeichnis auf der Rückseite. Burgstädt 886, Köblitz. * — 25

—— der Europäischen Türkei. 1 : 1,750,000. Kpfrst. und color. Imp.-Fol. Ebendas. 876.

—— dass. — Chromolithogr. Imp.-Fol. Ebendas. 877.

—— der Europäischen Türkei und Griechenlands mit den neuen Grenzbestimmungen. 1 : 1,750,000. Chromolithogr. Imp.-Fol. Ebendas. 878.

Special-Karte der Umgebung von Düsseldorf. Maassst.: 1 : 80,000. *Düsseldorf: Wormbcke & Schütze [1901].* (1 Kartenbl. 75 × 55 cm.) 8° [kol.] [oi. 2554

Special-Karte der Umgebung von Paris mit seinen Befestigungen. Photolithogr. Vergrösserung der französ. Generalstabskarte. 1 : 64,000. Fol. Berlin 870, D. Reimer. 1 —

Spezial-Karte der weiteren Umgebung von **Hamburg** u. Altona. 1 : 100000. Hamburg. [1905.] Lithogr. Buntdruck. 1 Bl. Gr.-Fol. 64/75 cm. zusammengefaltet in Buchdeckel. 8°.
Umschlag: 30 Kilometer rund um Hamburg.

Specialkarte der Umgebungen von Metz, mit eingedr. Abbild. der Denkmäler und Kriegergräber auf den Schlachtfeldern. 1 : 50,000. Chromolithogr. Imp.-Fol. Metz 876, Deutsche Buchh. *

Specialkarte der Umgebungen von Metz, mit Angabe der Denkmäler und Kriegergräber auf den Schlachtfeldern. 1 : 50,000. 5. Aufl. Chromolithogr. Imp.-Fol. Metz 883, Deutsche Buchhandlung. * 1 60

Specialkarte der Umgebungen von Metz. 1 : 50,000. **Mit Eindruck der Denkmäler und Kriegergräber auf den Schlachtfeldern.** 9. und 10. Aufl. Chromolithogr. Imp.-Fol. Ebendas. 887,88. * 1 60

Special-Karte der Umgegend von Bonn im Maassst. 1 : 50,000 (Kopft.: 1 : 55,000). ⟨Mit Höhenangabe.⟩ *Bonn: Habicht 1900.* (1 Kartenbl. 64 × 83 cm.) 8° [Umschlagt.] [oi. 694 6

Specialkarte der Umgegend von Bonn im Maassst. 1 : 50,000. ⟨Mit Höhenangabe.⟩ *Bonn: Habicht [1901?].* (1 Kartenbl. 69 × 55 cm.) 8° [Umschlagt.] [farbig] [oi. 5780

Special-Karte der Umgegend von Hannover. Maassstab: 1 : 75000. Nach d. neuesten Generalstabskarten bearb. f. Radfahrer u. Touristen. *Hildesheim: F. Borgmeyer [1899].* (1 Kartenbl. 66 × 55 cm.) 8° [Umschlagt.] [oo. 5184 7

Special-Karte der Umgegend von Hildesheim. Maassstab: 1 : 75000. Nach d. neuesten Generalstabskarten bearb. f. Radfahrer u. Touristen. *Hildesheim: F. Borgmeyer [1899].* (1 Kartenbl. 69 × 60 cm.) 8° [Umschlagt.] [oo. 5183 7

Specialkarte der Umgegend von Cassel. 1 : 110,000. Chromolithogr. qu. gr. 4. Glogau 884, Flemming. * — 40

Specialkarte der Umgegend von Cassel. 1 : 110,000. Chromolithogr. qu. gr. 4. Glogau 889, Flemming. * — 40

Specialkarte der Umgegend von Potsdam. 1 : 66,000. Lithogr. und color. Imp.-Fol. **Nebst Auswahl interessanter Touren.** 8. (4 S.) Potsdam 881, Rentel's Verlag. * 1 —
Auf Leinw. * 1 50

Specialkarte der Umgegend von **Schwerin.** Bearb. im Bureau der Grossherzogl. Mecklenburgischen Landes-Vermessungs-Commission. 1 : 25000. o. O. (1874.) Farbendruck. 6 Bl. und 1 Titelbl., Fol., ca. 42/38,5 cm (beschn.). Aufgez. a. Leinen in Futteral. 8°.

Specialkarte der Umgegend von Schwerin. Auf Grund trigonometr. Aufnahmen und geometr. Nivellements bearb. im Bureau der grossherzogl. Mecklenburg. Landes-Vermessungs-Commission. 1 : 25,000. 4 Bl. Fol. Schwerin 874, Stiller'sche Hofbuchh. **

Special-Karte der Umgegend von Teplitz und das böhmische Mittelgebirge. Fol. Dresden 872, Kubel. * — 50

Spezial-Karte der weiteren Umgegend von Hamburg u. Altona. (Maßst. 1 : 100,000. Hamburg: Gerth, Laeisz & Co. [1905].) (1 Kartenbl. 68 × 55 cm mit Legende.) 8° [Kopft. lith.] [kol.]
[Umschlagt.:] 30 Kilometer rund um Hamburg. [05. 12863

Specialkarte des Königr. Ungarn. Hrsg. vom k. und k. militär-geograf. Institute. 1 : 144,000. F. 14, G. 14. 15, H. 13. 15, J. 12—15, K. 14. 15, L. 7. 8, 13—16, M. 6—11. 12—15, N. 7. Lithogr. qu. Fol. Wien 877—79, (Lechner's Verlag.) à Bl. *

Specialkarte des Königr. Ungarn. Hrsg. vom k. k. militär-geograf. Institute in Wien. 1 : 144,000. Bl. E. 13, 14; Bl. F. 13, 14; Bl. G. 13—15; Bl. H. 15; Bl. L. 13—15. Kpfrst. qu. Fol. Wien 880,81, (Lechner's Sortiment.) à Bl. ** — 80

(Adolf) Urban's Special-Karte vom Königreich Sachsen. Rev. 1902. Massst. 1 : 250,000. *Dresden: A. Urban 1902; Lith. P. Herrmann.* (1 Kartenbl. 95 × 63 cm.) 8° [kol.]

——— der Venediger-Gruppe. 1 : 60,000. Chromolithogr. qu. Fol. Nebst Eisenbahn-Übersichtskarte. Lithogr. qu. 4. Wien 886, Hartleben. In Leinw.-Carton * 1 80

Spezial-Karte vom Vierwaldstätter See u. seinen Umgebungen. Nach Dufour bearb. Masstab 1 : 100.000. Luzern, C. F. Prell. 1874 1. 20

Special-Karte vom Vierwaldstätter-See und seinen Umgebungen. Nach Dufour bearb. 1 : 100,000. Fol. Luzern 875, Prell 1 —

Special-Karte vom Vierwaldstätter See und seinen Umgebungen. Nach Dufour bearb. 1 : 100,000. 2. Aufl. Lithogr. gr. Fol. Luzern 876, Prell. *

Spezialkarte vom Vogelsberg mit den Weg-Markierungen bearb. v. Vogelsberger Höhenclub 1904. (Maßst. 1:80,000.) [Nebst] Touren-Verzeichnis [&] Register. (Gießen: E. Roth [1905]; Lith. C. Welzbacher, Darmstadt.) (1 Kartenbl. 43×33 cm mit Legende, XVI S.) 8° [Kopft.] [kol.]
[Umschlagt.:] Neue Touristenkarte v. Vogelsberg mit Wegmarkierungen ...
[05. 11667

Specialkarte des Thüringer Waldes. Bl. 1: Oberhof-Schmücke-Elgersburg-Ilmenau. 1 : 60,000. Chromolithogr. qu. gr. 4. Ohrdruf 877, Stadermann jun. cart. *

— der deutschen Colonie Wartburg Morgan County Ost-Tennessee. Hrsg. v. Joh. Ernst Weigel. Fol. Lith. u. color. Leipzig 848. (Klinkhardt). n. 1/4 ß

Special-Karte des Wasserlaufs von Prieros [Wendische Spree—Dahme] nach dem Scharmützelsee. 1 : 40,000. Lithogr. und color. qu. Fol. Berlin 884, Hahne. * 1 —

Special-Karte des nordamerikan. Freistaates Wisconsin, s. Richter, Gust. (II.)

[Umschlagt.:] Specialkarte von Zittau und Umgebung. Massst. 1:100 000. *Neusalza i. Sa.: H. Oeser [1891].* (1 Ktnbl. ?) 1 Bd 8. [97. 5632

Atlas, Specialkarten von Schleswig, Jütland und den Dänischen Inseln. (1825—1829.) lg. Fol.

[Ant.u.F.]Louis Schwalm's topographisch-statistische Specialkarten des preussischen Staates. No 1. *Riesenburg & Leipzig: L. Schwalm 1895.* 8. [96. 5611

Spezialkarten [Schlagwort]

Spezialkarten. Liebenow, W., u. Ravenstein's Volks-Ausg. v. Spezialkarten f. Reise, Bureau u. Verkehr, m. allen Orten, Bahnen, Strassen, Flüssen und politischen Abgrenzungen. 1 : 300,000. (Neue Ausg.) Nr. 7, 8, 19, 28 u. 51. Farbdr. Frankfurt a/M., L. Ravenstein. 6. 90
7. Grossherzogt. Hessen. 62,5×47 cm. (909.) 1. 20
8. Prov. Hessen-Nassau. Neu bearb. v. Hans Ravenstein. 65,5×67,5 cm. (909.) 1. 50
19. Prov. Westfalen, Fürstentümer Lippe u. Waldeck. Neu bearb. v. Hans Ravenstein. 2. Aufl. 68,5×73 cm. Farbdr. (909.) 1. 50
28. Reg.-Bez. Frankfurt a. d. Oder. 75,5×64 cm. (909.) 1. 50
51. Reg.-Bez. Schwaben. Neue Bearbeitg. nach amtl. Kartenwerken v. Hans Ravenstein. 2. Aufl. 74×60 cm. (909.) 1. 20

Spezialkatalog

— der italienischen Abtheilung der internationalen Fischerei-Ausstellung in Berlin im Jahre 1880. Auszug. gr. 8. (XXIII, 76 S.) Ebend. 880. n. 1. 35

Special-Catalog der K. K. Oesterreichischen Abtheilung der Gruppe I. Bildende Kunst. Klasse 1—5. Wien 1878. 8°

Spezial-Katalog, amtlicher, der österreichischen Abtheilung auf der Weltausstellung in Chicago 1893. Hrsg. v. der k. k. Central-Commission f. die Weltausstellung in Chicago 1893. gr. 8. (122 S.) Wien, (M. Perles). n. 1. 60

Amtlicher Special-Catalog der Pariser Ausstellung 1867. Ausstellung Preussens und der Norddeutschen Staaten. 2. Auflage. Berlin. 8°.

Special-Katalog, Amtlicher, der Ausstellung Preussens u. der Norddeutschen Staaten. (Verzeichniss der Aussteller.) 2. Aufl. Berlin 1867. 8°

Special-Katalog der Aussteller und der Ausstellungsgegenstände Griechenlands. Wien 1873

Spezial-Katalog für die Ausstellung der Stadtgemeinde Berlin zur allgemeinen deutschen Ausstellung auf dem Gebiete der Hygiene und des Rettungswesens Berlin 1883. Hrsg. vom Magistrat zu Berlin. gr. 8. (47 S.) Berlin 883, Springer. **

Special-Catalog der gewerblichen Ausstellung des Zollvereins, herausg. von den Commissarien der Zollvereins-Regierungen. Londoner Ausstellung 1862. Mit einem Anhang enth. Anzeigen, Illustrationen u. Empfehlungen. Berlin 862. v. Decker. Lex.-8. (VIII, 196 S. mit Holzschn. u. Anhang 116 S., 1 Lithogr. in Fol. u. 11 Holzschntaf.) 15 ngr.
Auch in englischer Sprache zu gleichem Preise.

Special-Katalog der internationalen Ausstellung für Electricität, Paris 1881, Abth. Deutschland. 8. (60 S.) Berlin 881. (Springer.) n.n. — 75

Special-Catalog der Ausstellung des Königreichs der Niederlande. Wien 1873

Spezialkatalog über die Ausstellung in Moskau 1872. Stuttgart 1872

Wien, Hydrographisches Central-Bureau, Special-Katalog der Pariser Ausstellung. Wien 1900. 8°.

Special-Catalog der Ausstellung d. persischen Reiches auf der Weltausstellung 1873 in Wien. gr. 8. (151 S.) Wien 873. (Hölder.) n.n. 2. 40

Special-Katalog der Ausstellung der k. k. Staats- und Fonds-Forst-Verwaltung. - Wien 1873. 218 S.

Spezial-Katalog der Ausstellung der Staatsforstverwaltung auf der bayerischen Jubiläums-Landes-Industrie-, Gewerbe- u. Kunstausstellung Nürnberg 1906. Mit e. Plan u. 7 kolor. Taf. (39 S.) Lex.-8. München. (Nürnberg, Vertriebsstelle der offiziellen Drucksachen der bayer. Jubiläums-Landes-Ausstellg.) n. 1. 40

SPEZIAL-KATALOG DER AUSSTELLUNG DES VEREINS DEUTSCHER ZAHNKÜNSTLER (Hygiene-Ausstellung). Nebst populären Mittheilungen über Zahnpflege und Zahnersatz. Herausgegeben von dem Ausstellungs-Comité des Vereins deutscher Zahnkünstler. Berlin, 1883. Buchdruckerei von M. Niethe. 8°.

— über die Ausstellung des kgl. bayer. Wasserversorgungsbureaus auf der Jubiläums-Landesausstellung Nürnberg 1906. (46 S.) 8. Ebd. n. — 30

—— der Beiträge aus dem Oriente zu den additionellen Ausstellungen des Welthandels und der Geschichte der Preise. (Cercle Oriental.) gr. 8. (34 S.) Ebendas. 873. *

Special-Katalog der vorzüglichsten Bücher u. Werke aus dem Gebiete der Medicin u. der verwandten Wissenschaften, m. e. Anh.: Bezugsquellen-Anzeiger f. Ärzte. gr. 8. (56 S.) Wien 890. Szelinski. n. 1. 35

— über die aus Dänemark u. dessen Nebenlanden in der internationalen Fischerei-Ausstellung zu Berlin, vom 20. April bis 1. Juli 1880, ausgestellten Fischereiproducte u. Fischerei-Geräthschaften etc. gr. 8. (35 S.) Berlin 880. Stuhr. n.n. — 60

Special-Katalog zugleich Forstbeschreibung der Fürst Johann Liechtenstein'schen Domäne Goldenstein (Forstamt Hannsdorf) in Mähren. - Wien 1890. 22 S. - (Allg. land-u. forstwirtsch. Ausstellung Wien 1890)

Allgemeine Deutsche Ausstellung auf dem Gebiete der Hygiene und des Rettungswesens, Berlin 1883. Königliche Technische Hochschule zu Aachen. Disciplin für gewerbliche Gesundheitspflege und Fabrikwesen. **Special-Catalog** der ausgestellten Gegenstände nebst Mittheilungen über die Disciplin. Aussteller: Docent Gewerberath [Franz] Reichel. Gruppe 25: Handel und Industrie. Kollektiv-Ausstellung des Kgl. Preußischen Ministeriums für Handel und Gewerbe. 18 S., 1 Taf. 8^0

Spezial-Katalog der Gesamtlitteratur über Krankenpflege, zusammengestellt v. Mart. Mendelsohn, Iwan Bloch, Mart. Hoefer, sowie der Collectiv-Ausstellung der Litteratur üb. Krankenpflege auf der Ausstellung f. Krankenpflege in der Philharmonie zu Berlin, nebst e. Aufsatz: Zur Geschichte der wissenschaftl. Krankenpflege (Hypurgie) v. Iwan Bloch. 8. (104 S.) Berlin 899. O. Seehagen. n. — 40

Special-Katalog der 6. Gruppe der Allgemeinen Landes-Ausstellung zu Budapest 1885 für Bergbau, Hüttenwesen und Geologie. Hrsg. von der Fachcommission der 6. Gruppe. 8. (LXI, 231 S. mit 24 lithogr. Curventaf.) Budapest 885, (Kilián's Universitäts-Buchh.) *

Special-Katalog der Graf Erwin Schönborn-Buchheim'schen Herrschaften Munkács u. Szt. Miklós. - Budapest 1890. 55 S., Tab. - (Land- u. forstwirtsch. Ausstellung Wien 1890)

Special-Katalog für das Grossherzogthum Hessen. Herausgegeben von der Grossherzoglich Hessischen Commission. (Allgemeine Ausstellung von 1867 in Paris.) Darmstadt 1867. 58 S. 8°.

Spezialkatalog, illustrierter, der schweizerischen Ausstellung in Zurich 1883. Gruppe 18: die Baumaterialien der Schweiz. Zürich 1883

Spezial-Katalog, illustrirter, der Gruppe 36: Kartographie und Katasterwesen der Schweizer-Landesausstellung 1883, herausgegeben von der Fachexperten-Commission. In-8^0, 100 S., mit lithogr. Specimen ältester und neuester Karten u. farbigem Titel. Zürich, Hofer & Burger. 1 35

Special-Katalog der Collectiv-Ausstellung im Pavillon der Kärntnerischen Montan-Industriellen. Klgft., Leon, 1873. 217 S.

— der Collectiv-Ausstellung von Producten der Holzzucht u. Holz-Industrie, veranstaltet vom österr.-ungar. Vereine der Holz-Producenten, Holzhändler u. Holz-Industriellen. [Oesterr.-ungar. Industrie- u. landwirthschaftliche Ausstellung. Triest 1882.] gr. 8. (V, 41 S.) Wien 882. (Frick.) n. — 20

— d. Delitzscher Kreises, m. Angabe der Feldfluren einschliesslich der wüsten Marken. Maasstab v. $^1/_{87,500}$. qu. Fol. Lith. Delitzsch 851, Eissner. n. $^1/_2$ ℳ; color. n. $^7/_{12}$ ℳ; in Carton n. $^2/_3$ ℳ

— der von der Stuhr'schen Buchhandlung, Berlin NW. 61 Unter den Linden, ausgestellten Literatur über Fischerei, Fischzucht u. verwandte Gebiete. 8. (13 S.) Berlin 880. Stuhr. n.n. — 30

Berlin. Hydrographisches Amt der kaiserl. Marine.
Special-Katalog der von der Stuhr'schen Buchhandlung ausgestellten Literatur über Fischerei, Fischzucht und verwandte Gebiete. 2. Aufl. Berlin [o. J.]

Special-Catalog der Literatur der Bau- und Ingenieur-Wissenschaft. 6. verm. Aufl. 8. (IV, 278 S.) Berlin 887, Polytechn. Buchhandlung. geb. *

Special-Catalog der Hannoverschen Messing- und Eisen-Werke in Hannover. Hannover 1888

Spezialkatalog, norwegischer, der Weltausstellung in Wien. Christiania 1873

Spezial-Katalog, offizieller, I—VI, VIa, VII—X u. XIII d. Berliner Gewerbe-Ausstellung 1896. Hrsg. im Auftr. d. Arbeitsausschuss. gr. 8. Berlin 896 R. Mosse. n.n.n. 9. 25

- I. Textil- u. Bekleidungs-Industrie, Gruppe I u. II. (120 S. m. 5 Grundrissen.) n.n.n. — 75
- II. Bau- u. Ingenieurwesen, Holz-Industrie. (108 S. m. 4 Grundrissen.) n.n.n. — 75
- III. Porzellan-, Chamotte-, Glas-Industrie, Gruppe V, Kurz- u. Galanterie-Waren, Gruppe VI. (64 S.) n.n.n. — 75
- IV. Metallindustrie, Gruppe VII. (83 S. m. 2 Grundrissen.) n.n.n. — 75
- V. Chemische Industrie, Gruppe VII. Wissenschaftliche Instrumente, Gruppe XI. Photographie, Gruppe XVII. (112 S. m. 3 Grundrissen u. 1 Fksm.) n.n.n. — 75
- VI. Nahrungs- u. Genussmittel, Fischerei, Schifferei u. dazu gehör. Sport, Fahr- u. Reitsport, Radfahrsport, Schiess- u. Jagdsport. (102 S. m. 2 Grundrissen.) n.n.n. 1. —
- VIa. Deutsche Fischerei-Ausstellg. Verzeichniss der ausgest. Gegenstände m. erläut. Text. (163 S.) n.n.n. 1. —
- VII. Maschinenbau, Schiffsbau, Transportwesen, Elektrotechnik. (139 S. m. Abb., farb. Plan u. Grundriss.) n.n.n. — 75
- VIII. Gesundheitspflege, Wohlfahrtseinrichtgn., Unterr. u. Erziehg. (77 S. m. 2 Grundrissen.) n.n.n. — 50
- IX. Der Gartenbau, Gruppe XXII. (33 S. m. Grundriss.) n.n.n. — 50
- X. Buch-Gewerbe, graph. u. decorat. Kunst, Papier-Industrie. (62 S. m. 3 Grundrissen.) n.n.n. — 75
- XIII. Deutsche Kolonial-Ausstellg. 1896. Gruppe XXIII. Offic. Katalog u. Führer, bearb. von Gust. Meinecke. (115 S. m. Abb., Karten u. Grundrissen.) n.n.n. 1. —

— üb. die bis jetzt existierende Radfahrer-Litteratur. gr. 4. (8, 22, 8 u. 12 S.) Stuttgart (898). [M. Zimmermann.] J. Fecht. — 50

Specialkatalog der aarg. Schul-Ausstellung in Aarau. In-8^0, 16 S. Aarau, Sauerländer. 1880 — 20

Spezial-Katalog des Tabak-Museums von Loeser & Wolff auf der Berliner Gewerbe-Ausstellung 1896. *Berlin: Gedr. bei Pass & Garleb; Kommv. v. H. Walther 1896.* (58 S.) 1 Bd 8. 96. 6518

Spezial-Katalog üb. Regulatoren System de Temple der Regulatorenbau-Gesellschaft de Temple G. m. b. H., Maschinenfabrik Leipzig-Plagwitz. (54 S.) Lex. 8. Leipzig (910). Rossberg'sche Buchh. Geb. in Leinw. 3. —

Aktien-Gesellschaft für den Bau ökonomischer Verkehrswege und mechanischer Vorrichtungen System »Arthur Koppel«: Special-Katalog für Torfmaschinen. St. Petersburg (1905?)

Spezial-Kochbücher für die praktische Hausfrau. I—XIX. XXI u. XXII. Bd. schmal kl. 8. Berlin, W. Bobach & Co. kart. à 1. —; Subskr.-Pr. à — 75

Müller-Lubitz, Anna, Backbüchlein. 200 geprüfte u. bewährte Rezepte f. die einfache u. feine Küche. (135 S.) (903.) (Bd. 9.)
— Eis-, Creme- u. Gelee-Speisen. 100 erprobte Rezepte f. die einfache u. feine Küche. (68 S.) (904.) (Bd. 11.)
— Eierspeisen. 140 bewährte Rezepte für die einfache u. feine Küche zur Verwendg. v. Hühner-, Kiebitz- u. Möweneiern, m. e. Anh.: Ostereier. (93 S.) (905.) (Bd. 21.)
— die Fischküche. 200 geprüfte u. bewährte Rezepte f. die einfache u. feine Küche. (143 S.) (903.) (Bd. 5.)
— Fleischspeisen. 150 erprobte Rezepte f. die einfache u. feine Küche. Mit 4 Abbildgn. (131 S.) (905.) (Bd. 18.)
— die Gemüseküche. 200 geprüfte u. bewährte Rezepte für die einfache u. feine Küche. (137 S.) (903.) (Bd. 4.)
— die Heringsküche. 150 geprüfte u. bewährte Rezepte für die einfache u. feine Küche. (95 S.) (903.) (Bd. 1.)
— die Kartoffelküche. 200 geprüfte u. bewährte Rezepte für die einfache u. feine Küche. (136 S.) (903.) (Bd. 7.)
— die Käseküche. 120 erprobte u. bewährte Rezepte f. die einfache u. feine Küche. (74 S.) (904.) (Bd. 10.)
— die Krebsküche. 120 erprobte u. bewährte Rezepte f. die einfache u. feine Küche. (97 S.) (903.) (Bd. 3.)
— Nationalgerichte. 180 erprobte Rezepte. Eine Ergänzung zu jedem Kochbuch. (110 S.) (906.) (Bd. 22.)
— Pasteten-, Ragout- u. Frikassee-Küche. 120 ausgewählte u. bewährte Rezepte. (108 S.) (906.) (Bd. 16.)
— die Pilzküche. 100 geprüfte u. bewährte Rezepte f. die einfache u. feine Küche. (87 S.) (905.) (Bd. 14.)
— die Puddingküche. 100 erprobte Rezepte f. die einfache u. feine Küche. (49 S.) (905.) (Bd. 13.)
Müller-Lubitz, Anna, Punsch- u. Bowlen-Büchlein. 100 erprobte u. bewährte Rezepte f. jeden Haushalt. (62 S.) (903.) (Bd. 8.)
— die Resteküche. 160 geprüfte u. bewährte Rezepte zur vorteilhaften Verwendg. der Speisereste. (98 S.) (905.) (Bd. 19.)

— die Salatküche. 190 erprobte Rezepte f. die einfache u. feine Küche. (116 S.) (904.) (Bd. 6.)
— die Saucenküche. 160 erprobte Rezepte f. die einfache u. feine Küche. (76 S.) (905.) (Bd. 15.)

Spezial-Kochbücher f. die praktische Hausfrau. XX u. XXIII. 17,5×10 cm. Berlin, W. Vobach & Co. Kart. à 1.—; Subskr.-Pr. à — 75
Müller-Lubitz, Anna, die Einmacheküche. 130 erprobte Rezepte zum Einlegen v. Obst u. Gemüsen. Mit 16 Text-Abbildgn. (139 S.) (907.) (XXIII.)
— Krankenküche. 110 ausgewählte u. erprobte Rezepte. (110 S.) (907.) (XX.)

— praktische. Hrsg. v. Maria Nabel u. Ottilie Weber. 1.—3. Bdchn. 8. Gotha, P. Hartung. à 1.—
Nabel, Maria, neueste vollständige Kartoffel-Küche. Praktische Anleitg. zum Zubereiten der verschiedensten Kartoffelsuppen, Knödel (Klöße), Nudel, Strudel, Pasteten, Gemüse, Salate usw. Nach eigener, vieljähr. Erfahrg. hrsg. Neue Ausg. 51. stark verm. Aufl. (88 S.) (907.) (1. Bdchn.)
Weber, Ottilie, das Buch der Suppen u. Saucen. Praktische Anleitung zum Zubereiten der verschiedensten Suppen und Saucen in 280 Rezepten. Nach eigener, vieljähr. Erfahrg. hrsg. (86 S.) (907.) (2. Bdchn.)
— Neueste vollständige Gemüseküche. Praktische Anleitg. zum Zubereiten der verschiedensten Gemüsespeisen in 240 Hausrezepten. Nach eigener vieljähr. Erfahrg. hrsg. (84 S.) (907.) (3. Bdchn.)

Spezialkursus, 2., üb. Fragen des Acker- u. Pflanzenbaues, s. a. Arbeiten der Landwirtschaftskammer f. die Prov. Sachsen.

Spezialkursus über Fragen des Acker- und Pfanzenbaues. 2. Halle a. S.: Landwirtschaftskammer f. d. Prov. Sachsen 1908. 8°
[1 nicht im Druck erschienen.]
(Arbeiten d. Landwirtschaftskammer f. d. Prov. Sachsen. H. 13.)

Special-Lehrplan f. den Unterricht in der slovenischen Sprache an den utraquistischen Volksschulen Kärntens. gr. 8. (10 S.) Klagenfurt 890. Leon sen. n. — 80

Spezial-Nachrichten: 1883?–1884?
Supplement to New England Staaten Zeitung. Sub-title: Beilage der New England Staaten-Zeitung.
Boston, MA

Special-Orts-Repertorien der im österreichischen Reichsrathe vertretenen Königreiche und Länder. Hrsg. von der k. k. statist. Central-Commission. I.—VI. gr. 8. Wien, Hölder. *
Inhalt:
I. Nieder-Oesterreich. (VI, 220 S.) 883. *M 6,40.
II. Ober-Oesterreich. (254 S.) 883. *M 7,60.
III. Salzburg. (70 S.) 883. *M 2.
IV. Steiermark. (IV, 310 S.) 883. *M 9.
V. Kärnten. (IV, 119 S.) 883. *M 3,60.
VI. Krain. (IV, 145 S.) 884. *M 5,40.

Special-Orts-Repertorien der im österreichischen Reichsrathe vertretenen Königreiche und Länder. Hrsg. von der k. k. statist. Central-Commission. 7.—11. Bd. gr. 8. Wien 885, Hölder. *
Inhalt:
Bd. 7. Küstenland. (IV, 195 S.) *M 5.60.
» 8. Tirol und Vorarlberg. (177, 36 S.) *M 6.30.
» 9. Böhmen. (818 S.) *M 19.20.
» 10. Mähren. (220 S.) *M 5.60.
» 11. Schlesien. (69 S.) *M 1.80.

—— dass. — 12. und 13. Bd. gr. 8. Wien, (Gerold's Sohn.) *
Inhalt:
Bd. 12. Galizien. (IV, 596 S.) 886. *M 15.—.
» 13. Bukowina. (30 S.) 885. *M 1.20.

Spezial-Orts-Repertorien der im österreichischen Reichsrathe vertretenen Königreiche u. Länder. Neubearbeitung auf Grund der Ergebnisse der Volkszählg. vom 31. Decbr. 1890. Hrsg. v. der k. k. statist. Central-Commission. I—XIV. gr. 8. Wien, A. Hölder. n. 111. —
I. Nieder-Oesterreich. (VI, 249 S.) 892. n. 7. 20
II. Ober-Oesterreich. (V, 307 S.) 894. n. 8. 80
III. Salzburg. (V, 125 S.) 894. n. 3. 60
IV. Steiermark. (Deutsch u. slovenisch.) (VII, 438 S.) 893. n. 11. 20
V. Kärnten. (Deutsch u. slovenisch.) (VI, 121 S.) 894. n. 3. 80
VI. Krain. (Deutsch u. slovenisch.) (VII, 176 S.) 894. n. 5. 60
VII. Oesterreichisch-illyrisches Küstenland. (Deutsch, italienisch u. serbo-kroatisch.) (XI, 219 S.) 894. n. 6. 40
VIII. Tirol u. Vorarlberg. (Deutsch u. italienisch.) (VII, 235 u. 48 S.) 893. n. 8. 40
IX. Böhmen. (In deutscher u. czech. Sprache.) (IX, 957 S.) 893. n. 19. 20
X. Mähren. (Deutsch u. böhmisch.) (VI, 289 S.) 894. n. 8. 40
XI. Schlesien. (Deutsch, böhmisch u. polnisch.) (VII, 94 S.) 894. n. 2. 60
XII. Galizien. (Deutsch u. polnisch.) (VIII, 816 S.) 893. n. 18. —
XIII. Bukowina. (V, 48 S.) 894. n. 1. 80
XIV. Dalmatien. (Deutsch, italienisch u. serbokroatisch.) (VII, 202 S.) 894. n. 6. —

Spezial-Orts-Repertorien der im Reichsrathe vertret. Königreiche u. Länder, Nachtrag, s.: Veränderungen in d. polit. u. gerichtl. Eintheilg. etc.

Special-Orts-Repertorium v. Küstenland, v. Mähren, v. Schlesien. Herausg. v. d. k. k statist. Central-Commission. Lex.-8. (Oesterr. Special-Orts-Repertorium. VII., X u. XI. Bd.) Wien, Carl Gerold's Sohn. (195 S.) 2 fl. 90 kr. (220 S.) 2 fl. 80 kr. (69 S.) 90 kr. 1885

Special-Orts-Repetitorium von Mähren. Herausgegeben von der k. k. statistischen Central-Commission. (Special-Orts-Repetitorien X. Bd.) Lex.-8. (229 S.) 4.20, geb. 5.—
Wien: Hölder 1894.

Special-Orts-Repertorium von Salzburg. Herausgegeben von der k. k. statistischen Central-Commission. (Special-Orts-Repertorien der im Reichsrathe vertretenen Königreiche und Länder. III. Band.) Lex.-8. (125 S.) 1.80
Gebunden Wien: Hölder 1894. 2.60

— — von Schlesien. Herausgegeben von der k. k. statistischen Central-Commission. (Special-Orts-Repetitorien. XI. Bd.) Lex.-8. (94 S.) 1.30, geb. Wien: Hölder 1894. 2.10

Special-Plan, neuester, von Wien und Umgebung. Mit Angabe der Gemeinde-Grenzen und Haus-Nummern der umliegenden Ortschaften. Mit Benützung des grossen Häuser- und Nummern-Planes von Wien in 1 Bl., 1 : 7920, durch 6 Suppl.-Bl. erweit. und neu bearb. Ausg. Lithogr. gr. Fol. Wien 881, Artaria und Comp. * 12 —
Mit color. Bezirks- und Gemeindegrenzen * 14 —
Mit vollem Colorit * 16 —
Auf Leinw. in Mappe *M 25.; mit polirten Stäben * 32 —

Special-Plan, neuester, von Wien und Umgebung mit Angabe der Gemeindegrenzen und Hausnummern der umliegenden Ortschaften. Mit Benützung des grossen Häuser- und Nummernplanes von Wien, durch 6 Suppl.-Blätter erweiterte und neubearbeitete Ausgabe. Wien, Artaria. In Mappe. Schwarz fl. 2.—, colorirt fl. 3.—. 1886

Special-Plan, neuester, v. Wien u. Umgebung m. Angabe der Gemeinde-Grenzen u. Haus-Nummern der umliegenden Ortschaften. Mit Benützg. d. grossen Häuser- u. Nummern-Planes von Wien in 1 Bl., 1 : 7920, durch 6 Suppl.-Blätter erweit. u. neu bearb. Ausg. 1889. Kupferst. gr. Fol. Wien, Artaria u. Comp. * 12 —; color. * 16 —

Special-Plan von Wien, 1 : 7,920, mit der gesammten Nummerirung. Mittelblatt aus dem grossen Special-Plan von Wien und Umgebung. Ausg. 1888. Kpfrst. gr. Fol. Mit einem Strassenverzeichniss. 8. (20 S.) Wien, Artaria und Comp. * 7 —
—— —— dass. — mit Angabe der Gemeinde-Grenzen und Haus-Nummern der umliegenden Ortschaften. Mit Benützung des grossen Häuser- und Nummern-Planes von Wien in 1 Bl., 1 : 7920, durch 6 Suppl.-Bl. erweit. und neu bearb. Ausg. Kpfrst. gr. Fol. Ebendas. 888. * 12 —
color. * 16 —

Special-Post-Karte durch den Schwäbischen Kreis, in welcher die Post-Stations-Oerter, Strassen und Weiten geographisch vorgestellt werden. Nürnberg, Homannische Erben, 1752. . . . . (Br. Mus.)

Special-Preisliste, Jllustrirte, der deutschen Wasserwerks-Gesellschaft. Wasserleitungs-Armaturen für Haus- und Garten-Jnstallationen. Höchst a. M. (1890?)

Special-Programm für den internationalen land- u. forstwirthschaftlichen Congress in Wien 1890. Wien 1890. 56 S. P.
-- (fransk Udg.:) Programme spécial . . . S. St. o. A. 58 S. P.

Spezialprogramm zum Wettbewerb behufs Erlangung mustergültiger Entwürfe (für d. Beschickung d. III. Deutschen Kunstgewerbe-Ausstellung Dresden 1900). 1–5 [mit 6 Anlagen]. (Königsberg 1905.) (10 Bl.) 2° [Kopft. F.]
1. Für d. Halle (Diele) e. bürgerl. Landhauses.
2. Für d. Lesezimmer d. zu erbauenden städt. Museums zu Königsberg i. Pr.
3. Für d. Zimmer e. Kunstfreundes.
4. Für e. Arbeiterwohnhaus.
5. Für d. Mobiliar e. Arbeiterwohnung. [05. 14054 10

Special-Programme der für die Hörer der Abtheilung für Bau-Ingenieurwesen bestimmten Kollegien der Kgl. Technischen Hochschule zu Berlin. Studienj. 1880-1881. Nach den Angaben der Herren Docenten auf Beschluss des Kollegiums der II. Abtheilung gedr. 1880.

Special-Programme für die Vorlesungen und Uebungen an der Kgl. Bau-Akademie zu Berlin. Studienj. 1878-1879. Nach den Angaben der Herren Docenten auf Beschluss des Lehrer-Collegiums als Internum der Kgl. Bau-Akademie gedr.

Special-Reglement uber die Benutzung der Eisenbahnen zu Militärtransporten. (Vom Bundesrathe genehmigt den 13. September 1865.) 12. Bern 1865.

Specialregulativ für die geodätischen Arbeiten. (Unterz.: Dresden, im Juli 1853. Die Direction der Kgl. polytechnischen Schule.) *K*

Specialregulativ für die practisch-chemischen Arbeiten. (Unterz.: Dresden, im Mai 1854. Die Direction der kgl. polytechnischen Schule.) *K*

K. polytechnische Schule zu Dresden. **Specialregulativ** für die Uebungen im Feldmessen des allgemeinen Cursus (v. April 1862). *Dr**

Special-Regulative der Königlichen Bergakademie zu Freiberg. Freiberg 1880.
dgl. Ebd. 1895.

Specialtabellen, geograph., von Sachsen und untergehör. Landen. 8. Lpz. 748.

Special-Tarif f. Mineralkohle, Coaks u. Briquets im Verkehre v. Stationen der k. k. priv. Mohács-Fünfkirchner Bahn u. k. ungar. priv. Fünfkirchen-Barcser Bahn u. k. k. priv. Südbahn-Gesellschaft nach Stationen der k. k. priv. Wien-Pottendorf-Wr. Neustädter Bahn, ferner v. Stationen d. k. k. priv. Südbahn-Gesellschaft nach Stationen der k. k. priv. österr. Staats-Eisenbahn-Gesellschaft. Giltig vom 15. Mai 1875. Lex.-8. (4 S.) Wien 875. v. Waldheim. n. — 16

„Special-Tax-Principia zu Abschätzung der Ritter-Güter in der Chur- und Neumark." Dat.: Berlin, den 1. November 1777. — Vorh.: Oberlandesgericht Celle

Special-Tourenkarte (sowie kleiner Führer mit Abbildungen) von Herford, Minden, Ravensberg und Lippe, (Osnien-Wiehen-Wesergebiet u. Teutoburger Wald). Hrsg. von d. Verkehrsgruppe d. Bürgervereinigung zu Herford. (Maassst. 1:200,000. Herford: Selbstverl. d. Verkehrsgruppe; H. Wolff in Komm. [1902]; J. J. Arnd, geogr. Inst., Leipzig.) (1 Kartenbl. 46×38 cm.) [lith.] [kol.] [07. 6766

Special-Touristenkarten v. G. Freytag. 1:50.000. Blatt I a. Das Gesäuse mit dem Ennsthaler Gebirge mit Wegmarkirungs-Karte. IV. Auflage. Blatt I. Der Hochschwab und das Hochkohr mit Wegmarkirungskarte. III. Auflage. Blatt II. Westliche Schneealpe, Veitsch mit Wegmarkirungskarte. II. Auflage. Blatt III. Schneeberg, Raxalpe, östliche Schneealpe u. Semmering. VII. Auflage. Direct auf Leinenpapier gedruckt. Imperial-Folio. Chromolithographie. Gefalzt. Per Blatt
Wien: Artaria 1890. 1.40

Special-Touristenkarte der Nieder.-Oesterr. Grenzgebirge. Nr. 2. Westl. Schneealpe, Veitsch, Zeller- u. Aflonzer Staritzen etc. Quer-Folio. Tonfarbendruck. Ebds. Gefalzt in 8. 1 fl. 1882

Special-Touristenkarte der Niederösterr.-steirischen Grenzgebirge. 1:50.000. Für Touristen bearbeitet v. G. Freytag. Nr. I a: Das Gesäuse mit den Ennsthaler Gebirgen. Mit Beikarte: Distanz- und Wegmarkirungskarte des Gesäuses. 3. Aufl. 1889. Imp.-Fol., Chromolithogr., gefalzt 1.40
Auf Leinen Wien: Artaria 1889. 2.—

Special-Touristenkarte der niederösterr.-steirischen Grenzgebirge. Nr. 1. Hochschwab, Hochkahr von Weichselboden bis Eisenerz. 1 : 50 000. Für Touristen bearbeitet von Gustav Freytag. (V. Auflage. 1901. Mit Schichtentönen.) Wien. Artaria & Co. 61 × 50 *cm*. K 2.80

Spezial-Verordnungen, die, für die Stadt Wiesbaden. gr. 8. (VIII, 256 S.) Wiesbaden 877. Limbarth. n. 3. —; cart. n. 3. 40

— dasselbe. Ergänzungsheft. 8. (VIII u. S. 257—408.) Ebend. 879. cart. n. 1. 80

Specialvorschriften zu den Grundzügen der Verfassung und Einrichtung der vereinigten Artillerie- u. Ingenieur-Schule. Berlin 854. Mittler's Sorthdlg. gr. 8. (2 Bl., 115 S.) n. 15 *ngr.*

Grosser Special-Wand-Plan von Wien, den Vororten und anliegenden Gemeinden, mit sämmtlichen Hausnummern und Gemeindegrenzen. Massstab 1 : 7920. 7 gr. Blätter, Gesammtgrösse *m* 1·65 × 1·70, Kupferstich. Neue Ausgabe 1889. Schwarze Ausgabe, zusammengesetzt in Mappe 6.—
Color. Ausg., zusammenges. in Mappe 8.—
Color. Ausg., auf Leinen in Mappe 12.50
Color. Ausg., auf Leinen und Rollen 16.50
Wien: Artaria 1889.

Spezial-Waren-Verzeichnis f. Drogen, Chemikalien, Farbwaren etc. (Von K. F. J. Süss.) (32 S.) kl. 8. Leipzig (Gellertstr. 7/9) (907), Jul. Süss jun. — 25

Spezifikation

Specification u. accurate Beschreibung, von der zu Anfang dieses Jahres im Löbl. Ober-Rhein. Krayse nach u. nach eingebrachten famosen in 25 Personen, ohne die Kinder bestehenden Zigeuner-Mord- u. Rauber-Bande. (Giesen) 1726.

Specification aller der Edicte und Verordnungen, welche das Sportul-Wesen betr., von dem Jahre 1781—91 emanirt worden und sich in der Sammlung des Mylii befinden. [Hs.]

„Specification, Auf Allerhöchste Kaiserl. Königl. Entschliessung, de dato 15ten Septembris 1755 über das bey denen goldenen Münzen (um Cours-mässig zu seyn) zu beobachten kommende vollkommene Gewicht, Erneuerte, aller und jeder fremden Gold- und Silber-Münz-Gattungen, welche in gesamten Kaiserlich-Königlichen Erb-Königreichen und Landen, sowohl in Handel und Wandel, als auch bey allen Kaiserlich-Königlichen und gesamten übrigen publiquen Cassen frey auszugeben und anzunehmen annoch fernerhin . . . . gestattet und erlaubet seynd". — Vorh.: StB Nürnberg.

„Specification Dererjenigen Müntz-Sorten, Welche theils in allen Einnahmen, theils nur in gewissen, ingleichen in Handel und Wandel genommen, theils aber gäntzlich devalviret und verruffen worden. De Dato 9. Julii, Anno 1732. Dressden, druckts . . . Johann Conrad Stössel". — Vorh.: StB Nürnberg.

Specification Aller der gebohrnen und getauften . . . Personen, welche . . . 1555 bis . . . 1731 in . . . Bresslau . . . aufgezeichnet . . . worden. [Breslau 1731.] V: *Gomolcke, Daniel.* (Kat. d. Druckschr. üb. Breslau. Breslau 1903. S. 75.)

Specification dererjenigen Schnaisen und Schirmen auch Wildäckern, welche sich umb Darmstadt in nachfolgenden Waldungen dermahlen befinden. Auff das Jahr 1705.-o. O. 12 S.

„Specification, Verneuerte, der groben Sorten / welche und wie solche bey dem anno 1705 zu Regenspurg gehaltenen Müntz-Probations-Convent, nach dem Fuss des Ducatens à 4 fl. und des Reichs-Thalers à 2 fl. im Handel und Wandel / mit Ausschliessung anderer / anzunehmen / resolviret worden". [Dazu geh.:] „Nachfolgendes Schema in Kupffer zeiget / was für Beyschläg und falsche nachgeprägte an obengeregten groben Sorten sich befinden . . .", Anno 1705. — Vorh.: StB Nürnberg.

Sphaera Mundi per circulos tam primarios quam secundarios cum punctis, lineis et angulis notabilioribus, in triplici respectu Horizontis situ, pro motu stellarum primo aliisque harum Phaenomenis in genere tradendis, exhibita a Joh. Gabr. Doppelmaiero Math. P. P. Acad. Imper. Leopoldino-Carolinae Naturae curiosorum et Acad. Scient. Regiae. Prussicae Socio. Opera Joh. B. Homanni Sac. Caes. Maj. Geogr. Norimbergae. 1723. 1 Bl.

Sphaera sapientiae in ostio aperto, d. Sphäre d. Weisheit in e. offenen Thür. 8. Frankf. 753.

Sphaera Sapientiae in Ostio aperto. Die Sphär oder Circkel der Weisheit in einer offenen Thür. In welcher die bisher verborgenen Geheimnisse entdecket und offenbahr werden, so wohl in der heil. Schrifft, als auch in der Natur in der wahren Theologia und Physisophia, nach der heimlich verborgenen Weisheit und Theosophia, zum rechten und wahren Erkänntniss der Obern und Untern, in rechter gründlicher Gewissheit und Wahrheit. In sieben unterschiedenen Capitulen, dargezeiget, aufs kürzeste durch des Geistes Darreichung, in welchem eitel sonderbahre Dinge gehandelt werden, davon man sonst zuvor nichts vernommen hat. Frankfurt und Leipzig 1784. 151 S. 8°.

Sphinox. Neues Archiv für den thierischen Magnetismus und das Nachtleben überhaupt. H. 1. 2. Leipzig: Herbig 1825–26. 8°
[Hrsg.: Dietr. Georg Kieser.]
Vorh. u. d. T.: Archiv f. d. thierischen Magnetismus. Altenburg 1817 ff.

Sphinx

— eine humorist. Zeitung f. gebildete Leser, herausgg. v. K. Müchler u. Jul. v. Voß. 1s u. 2s Quartal. gr. 4. Berl. 804.

— Taschenbuch f. denkende Leser, enth. eine Samml. der besten u. neuesten deutschen Charaden u. Räthsel, herausgg. v. H. Dittmer. 12. Bremen 808. Müller. 12 gr Schlüssel zu denen im Vorsteh. befindl. Räthseln rc. 8. Ebd. 808.

— od. Auswahl der besten Räthsel, Charaden rc. 8. Hamb. 808. Vollmer. (Herold jun.) 5 gr

Sphinx. Ein Taschenbuch für Freunde poetischer Spiele. Berlin 1809. H: *Falk, Joh. Dan.* (?) (EB)

— eine Sammlung auserlesener Logogryphen, Charaden, Räthsel u. Anagrammen, nebst einer angehängten Theorie. 8. Grätz 811. Kienreich. 1/3 rthlr

Sphinx, e. Samml. v. Charaden u. Räthseln f. Kinder z. Erweckung u. Uebung ihres Scharfsinns, m. 128 col. Bild., welche d. Auflös. d. Räthsel enth. 16. Leipz. Junius. (Gleditsch.) 811.
ohne Kupfer

— eine Samml. v. Charaden u. Räthseln f. Kindern zur Erweckung u. Uebung ihres Scharfsinns, mit 128 color. Bildern, welche die Auflösungen d. Räthsel enhalten. 16. Leipz. 811. (Knobloch). 1 rthlr 16 gr ohne Kpf. 16 gr

Sphinx. Neues Archiv für den thierischen Magnetismus und das Nachtleben überhaupt. In Verb. mit mehreren Naturforschern hrsg. von D[ietrich] G[eorg von] Kieser. Bd 1. Leipzig: Herbig 1825–26. 8°

Bd 1,St.1.2: 1825-26.

Sphinx. — Neues Archiv f. den thier. Magnetismus u. das Nachtleben überhaupt. Herausgg. von D. G. Kieser. 1r Bd. 1s u. 2s Stck. gr. 8. Leipz. 826. Herbig. (à 18 gr) 1 rthlr 12 gr (Vergl. Archiv f. d. thier. Magnetismus).

—— (Sphinx.) Ein Räthselkranz als Neujahrsgabe. Von J. B. v. K. 16. (4 B.) Wien 829, (Mayer u. Comp.)

Sphinx. Ein Räthsel-Almanach auf d. J. 1830[—32]. Berlin 1829—31. V: *Falkenstein, L. Freih. von.* (EE)

Sphynx. Ein Räthsel-Almanach auf d. J. 1830 u. 31. (1. u. 2. Jahrg.) Von † Freimund Ohnesorge. 12. Berlin, Natorff u. Comp. [830. (8⅓ B. u. Ttlkpfr.) 16 Gr., 31. (10 B. u. Ttlkpfr.) 20 Gr.]

—— dass. a. d. J. 1832—35. (3—6. Jahrg.) Hrsg. v. dems. 16. Berlin, Krause. [832. (19½ B.), 33. (19 B.) à 1 Thlr. 8 Gr., 34. (25½ B.) 1 Thlr. 12 Gr., 35. (21½ B.) 1 Thlr. 8 Gr.]

Sphinx. Charaden, Räthsel, Logogriphen u. s. w. Nebst e. Anhang deutscher u. französ. Wortspiele. Hrsg. von J. Günther. 2. Aufl. (5 B.) Eisenberg 845, Schöne'sche Buchh.

Sphinx. Charaden, Räthsel, Logogriphen 2c. Nebst einem Anhange deutscher und französischer Wortspiele. Hrsg. von J. Günther. 3. Aufl. 1849. und 4. (Titel-)Aufl. 24. (120 S.) Eisenberg 852, Schöne'sche Buchh.

Sphinx. Eine Räthselsammlung zur Schärfung des Nachdenkens u. zur Unterhaltung. Zunächst für Lehrer u. Schüler, sowie für Gebildete überhaupt. Mit einer Zugabe „Ueber das Räthsel, seine Abarten u. die Sphinx." Von Clara u. Otto Fl. (Fleischhauer.) Langensalza 859. Greßler. 8. (VI, 82 S.) 9 ngr.

Sphinx, die, oder das Buch der Räthsel. Leipzig 870. Matthes. 32. (58 S.) geb. n. 5 ngr.

Die Sphinx. Freimaurerisches Taschenbuch. Hrsg. von Emil Besetzny. Wien: Rosner 1873. IV, 172 S. 1 Taf. 8°
Recens: Bh. 16 (1873) S. 274; FZ. 27 (1873) S. 308—309, abgedr. in Z. 4 (1874) S. 129; T. 19 (1873) S. 136.
cf. Z. 3 (1873) S. 134; MM. 1 (1873—1874) S. 201. Tt. 418. D. Taf. enth. e. Facs. d. Geheimschrift Erzh. Rudolf IV.

Sphinx, die. Als Tummelplatz für geistschärfende Aufgaben aller Art, ein zum Nachdenken anregendes Wochenblatt für die deutsche Familie. Redact.: Waldemar Melz. 1. Jahrg. 1883. (à Nr. 2 Bog.) gr. 4. Leipzig, (Gracklauer.)
Nur wenige Nrn. erschienen.

Die Sphinx : 1884 - 1890

Weekly. Organ of the Verein "Sphinx." Small folio, each issue 8 pages. Edited & published by Lehmann & Neuhaus.
New York, NY

Sphinx. Monatsschrift für die geschichtl. und experimentale Begründung der übersinnl. Weltanschauung auf monist. Grundlage, unter Mitwirkung von Frhrn. Carl du Prel, Alfr. Russel Wallace, W. F. Barrett 2c. hrsg. von Hübbe-Schleiden. 1. Jahrg. 1886. 12 Hefte. gr. 8. (à Heft ca. 80 S.) Leipzig, Th. Grieben's Verlag.
Einzeln à Heft

—— dass. — Unter Mitwirkung von Frhrn. Carl du Prel, Jul. Duboc, Alfr. Russel Wallace 2c. hrsg. von Hübbe-Schleiden. 2. Jahrg. 1887. 12 Hefte. gr. 8. (à Heft ca. 80 S.) Ebendas.

—— Monatsschrift für die geschichtl. und experimentale Begründung der übersinnl. Weltanschauung auf monist. Grundlage, hrsg. von Hübbe-Schleiden. 3. Jahrg. 1888. 12 Hefte. gr. 8. (à Heft ca. 72 S.) Gera, Expedition der Sphinx (Th. Hofmann).

Sphinx. Monatsschrift f. die geschichtl. u. experimentale Begründg. der übersinnl. Weltanschauung auf monist. Grundlage, hrsg. v. Hübbe-Schleiden. 4.—6. Jahrg. 1889—1891. à Jahrg. 12 Hefte. gr. 8. (à Heft 64 S. m. Abbildgn.) Gera, Expedition d. Sphinx. (Th. Hofmann). à Jahrg. * 12 —
Forts. u. d. T.:

—— Monatsschrift f. Seelen- u. Geistesleben, hrsg. v. Hübbe-Schleiden. 7. Jahrg. 1892. 12.—15. Bd. 12 Hefte. (à Heft 6 Bog. m. Illustr.) gr. 8. Braunschw., Schwetschke u. Sohn. à Bd. * 6 —; * 18 —
Einzelne Hefte à * 2 —

— dasselbe. 8. Jahrg. 1893. = 16. u. 17. Bd. 10 Hfte. (à ca. 6 Bog. m. Illustr.) gr. 8. Ebd. n. 15. —
16. Bd. 4 Hfte. n. 4. —. — 17. Bd. 6 Hfte. n. 9. —.

— dasselbe. 9. Jahrg. 1894. = 18. u. 19. Bd. à 6 Hfte. (à ca. 6 Bog. m. Illustr.) gr. 8. Ebd. à Bd. n. 9. —

Sphinx. Hrsg.: Hübbe-Schleiden. Organ d. theosoph. Vereinigg. u. d. deutschen theosoph. Gesellschaft. Jahrg. 1895. 20. u. 21. Bd. à 6 Hfte. (à ca. 5 Bog.) gr. 8. Braunschweig. Berlin, C. A. Schwetschke & Sohn. à Bd. n. 9. —; einz. Hfte. n. 2. —

— Begründ. v. Hübbe-Schleiden. Hrsg.: Göring. 23. Bd. Jan.—Juni 1896. 6 Hfte. (à ca. 4 Bog.) gr. 8. Ebd. n. 9. —; einz. Hfte. n. 2. —
Weiter nicht erschienen.

— Revue critique embrassant le domaine entier de l'égyptologie, publié avec la collaboration de Basset Ebers, Eisenlohr, Erman, Lefébure, Le Page Renouf, Naville, Pietschmann, Steindorff, Wiedemann par Karl Piehl. Publication défrayée par la munificence de M. Edw. Cederlund. Vol I. et II. à 4 fasc. (à ca. 4 Bog.) gr. 8. Upsala 896. 97. (Leipzig, J. C. Hinrichs' Verl.) à n.n. 15. —

Sphinx. Revue critique embrassant le domaine entier de l'égyptologie, publiée avec la collaboration de Basset, Daressy, Eisenlohr etc. par Karl Piehl. Publication défrayée par la munificence de John Bernström, Osc. Ekman et Gust. Piehl. Vol. III—V. à 4 fasc. gr. 8. (à ca. 4 Bog.) Upsala 899—901. (Leipzig, J. C. Hinrichs' Verl.) à Vol. n. 15. —

— dasselbe. Publication défrayée par la munificence de Aug. Röhss. Vol. VI. 4 fascc. gr. 8. (à ca. 4 Bog.) Ebd. 902. n.n. 15. —

Sphinx. Revue critique embrassant le domaine entier de l'égyptologie, publiée avec la collaboration de Basset, v. Bissing, Daressy etc. par Karl Piehl. Vol. VII et VIII. à 4 fascc. (Vol. VII: III, 244 S. m. 4 Abbildgn. u. 1 Taf.) gr. 8. Upsala 903. 904. (Leipzig, J. C. Hinrichs' Verl.) à Vol. n.n. 15. —

— dasselbe. Fondée par Karl Piehl, publiée avec la collaboration de Basset, Daressy, Erman etc. par Ernst Andersson. Vol. IX et X. à 4 fascc. gr. 8. Ebd. (905. 906). à Vol. n.n. 15. —

— Revue critique embrassant le domaine entier de l'egyptologie. Fondée par Karl Piehl, publiée avec la collaboration de Basset, de Bissing, Daressy etc. par Ernst Andersoon et George Foucart. Vol. XI—XIV. 4, 6, 6 u. 6 fascc. (vol. XI—XIII. 248 S. m. Abb.; IV, 270 S. m. 2 Abb. u. IV, 302 S. m. 1 Taf.) 8. Upsala 907—10. (Leipzig, J. C. Hinrichs' Verl.) à vol. nn 15.—

Sphinx und Clio, oder Sammlung der besten und neuesten Räthsel . . . Berlin 1814. V: *Zuckschwerdt, Frdr.* (Ky)

Sphinx u. Ello, od. Sammlung d. besten u. neuesten Räthsel, Charaden, Logogryphen u. Anagrammen 2c. 12. Berl. Maurer'sche Buchh. 814.

Sphynx der Deutschen. Gesammelt v. Loclen (v. Cölln). 8. Koblenz, Hölscher (in Comm.) 818.

Sphinx, Die, der Deutschen. Eine Sammlung von Räthseln und Charaden. Koblenz u. Hadamar 1819. V: *Cölln*, *Frdr. Wilhelm von.* (GGr)

Sphinx und Harmonia oder Sammlung noch nirgends abgedruckter Räthsel... Berlin 1814. V: *Zuckschwerdt*, *Frdr.* (Ky)

— u. Harmonia, od. Samml. noch nirgends abgedruckter Räthsel, Charaden, Logogryphen u. Anagrammen 2c. 12. Berl. 814. Maurers B. 20 gl

Sphinx und Oedypus; Räthsel mit und ohne Auflösung. Brandenburg 1781. V: *Spieker*, *Joh. Daniel.* (MGT) V: *Spieker*, *Frdr. Sam.* (Ky)

— u. Oedipus, Räthsel mit u. ohne Auflösungen, (v. Fr. Sam. Spieker). 2 Thle. 8. Brandenb. 781. Halle. (Joachim in Leipz.) 16 gl

Sphinx, Die österreichisch-ungarische. Ein Brief des Herrn Sektionschef Ritter von ..... z. veröffentlicht vom Empfänger. Leipzig und Wien 1905. V: *Gniewosz-Olexow*, *Eduard Ritter v.* H: *Altschüler*, *Moritz.* (EB)

— die österreichisch-ungarische. Ein Brief des Hrn. Sektionschef Ritter v. . . . . z. Veröffentlicht vom Empfänger. (39 S.) gr. 8. Wien 905. Akadem. Verlag f. Kunst u. Wissenschaft. n. — 80

Sphinx, s. a. Macht, die, der Finsternis.

Sphinx, Csse, s. a. Secret, le, de Marguerite.

Sphix, Css. Le secret de Marguerite. 8. (210 S.) Wien: Gerold 1898. 1.50

Sphynx, s. Sphinx.

Spicer, Mavro, Blätter u. Blüthen aus Kroatiens Gauen. Hrsg. u. in's Deutsche übertr. 2 Thle. in 1 Bd. 8. (102 u. 266 S.) Berlin 894. S. Cronbach. n. 4. 50; geb. n. 5. 50

Spicer, Mavro, kroatische Lieder u. Erzählgn. Ins Deutsche übertr. u. m. e. litterarhistor. Einleitg. vers. v. S. 2. Aufl. 8. (XLVII, 462 S.) Erfurt 896. Bonn, E. Moos. n. 6. —; geb. n. 7. —

Spicer, Mavro, der Militarismus im Reiche der Poesie. Vortrag, geh. im militärwissenschaftl. Vereine zu Zagreb am 19. I. 1906. (32 S.) kl. 8. Zagreb (Agram) 906. (M. Breyer.) n. — 40

— kroatische Novellen. Hrsg. u. ins Deutsche übertr. 8. (256 S.) Ebd. 894. n. 2. 50

Spicer, Mavro, vom Landsknecht bis zum modernen Soldaten. Vortrag, geh. im militärwissenschaftl. Vereine zu Zagreb am 6. III. 1908. (53 S.) kl. 8. Zagreb (Agram), 908. (M. Breyer.) — 80

Spichardt, Carl [aus Oberdorla]: Beitrag zu der Entwicklung der männlichen Genitalien bei Lepidopteren .... Bonn, Univ.-Buchdr. v. C. Georgi, 1886; 34 S. 8°.
Bonn, Phil. Fak., Inaug. Diss. v. 2. Jul. 1886.

Spichardt, Carl, Beitrag zu der Entwicklung der männlichen Genitalien bei Lepidopteren. Diss. Bonn 1886, Emil Strauss. 8° 34 S.

Spichern [Schlagwort]

Spichern, Schlachtfeld, s.: Militärkarten.

Spichtig, Peter. Peter Spichtigs Dreikönigspiel von Lungern vom Jahre 1658. Als Beitrag zur schweizerischen Litteratur- und Kulturgeschichte zum ersten Male hrg. und mit einem Kommentar versehen von Dr. Franz Heinemann. Separat-Abdruck a. d. Geschichtsfreund Bd. 56. II + XII + 114 S. 8. Luzern, Geschw. Doleschal, (1901). [fr. 2. —]

Spichtig's, Pet., Dreikönigspiel v. Lungern vom J. 1658. Als Beitrag zur schweizer. Litteratur- u. Kulturgeschichte zum ersten Male hrsg. u. m. e. Kommentar versehen von Frz. Heinemann. gr. 8. (XII, 114 S.) Luzern (901). J. Eisenring. n. 1. 60
Sonderabdruck aus: „Der Geschichtsfreund".

Spicilegium criticum philologis et paedagogis Germaniae die XXV. m. Septemb. A. CIↃIↃCCCLVIII Vindobonae conventum agentibus nomine et auctoritate conlegarum ordinis philosophici Vindobonensium xenion obtulerunt Hermannus Bonitz, Emanuel Hoffmann, professores Vindobonenses, Gustavus Linker, professor Cracoviensis. *Vindobonae, Car. Gerold fil.* 27 S. 4°.

Spicilegium epigrammatum Graecorum. S. l. [1843]. V: *Welcker*, *Friedrich Gottlieb.* (Cat. d. Stadtbibl. Zürich. Zürich 1864—97.)

Spicilegium hymnologicum continens I. Hymnos veteres ineditos et editorum lectionis varietatem, II. Hymnorum veterum qui apud evangelicos in linguam germanicam versi usu venerunt delectum, collegit A. F. C. Vilmar. 4maj. (38 S.) Marburgi 856(57,) libr. univers. Elwert.

Spicilegium observationum ad Capitulationem etc. Caroli VI. cujus instituta collectione c. capitulatione Josephina etc. momenta singula jus publ. Imperii statumve ejus alternantia etc. notantur etc. Praemissa est ipsa capitulatio. *Francof. a. M.* 714. 4.

Spicilegium, G. H. W. C. S., observationum ad Capitulationem Caroli VI. . . . Francofurti 1714. V: *Wegelin*, *Georg Heinrich.* (Bibliotheca Rinckiana. Lipsiae 1747.) (Pütter, Litt. d. Ttsch. Staatsr. Gött. 1773—91. II, 477.)

Spicilegium, Precum quotidianarum, ex s. scriptura in sacerdotum praecipue usum. Freiburg i. Br. 1787. V: *Neugart*, *Trudpertus.* (Kat. Herder. 1801 —95.)

Spicilegium Precum quotidianarum ex sacra scriptura. 18. Freiburg 787. Wagner. 5 ℊ

Spicilegium quarundam rerum naturalium subterranearum Lipsiae collectarum. Lipsiae 1769. V: *Stieglitz*, *Christian Ludwig.* (EB)

Spicilegium Solesmense complectens sanctorum patrum scriptorumque ecclesiasticorum anecdota hactenus opera, selecta e graecis orientalibusque et latinis codd., publici juris facta curante J. B. Pitra. Tom. I. in quo praecipue auctores saec. V. antiquiores proferuntur et illustrantur. gr. Lex. 8. (LXXVIII u. 596 S. m. 1 lith. Taf. in Fol.) Parisiis 852, Didot fratres. n. 5 1/3 ℛ

Spicilegium Solesmense complectens sanctorum patrum scriptorumque ecclesiasticorum anecdota hactenus opera, selecta e graecis orientalibusque et latinis codd., publici juris facta curante J. B. Pitra. Tomus II. et III. in quibus veteres praecipui auctores de re symbolica proferuntur et illustrantur. Parisiis 855. Didot. Lex.-8. (CXCIV, 1181 S. u. 4 lith. Taf. in Fol.) Jeder Bd. n. 5 ℛ. 10 ngr.

Spicilegium Solesmense complectens sanctorum patrum scriptorumque ecclesiasticorum anecdota hactenus opera, selecta e graecis orientalibusque et latinis codicibus, publici juris facta curante J. B. Pitra. Tomus IV. in quo monumenta tam africanae quam byzantinae ecclesiae proferuntur et illustrantur. gr. Lex.-8. (XXIII und 608 S. mit 1 Stnt. in qu. gr. 4.) Paris 858, Didot frères, fils & Co. *

Spickenbaum, Heinrich, approb. Arzt aus Osterfeld i. W.: Aus d. chirurg. Klinik zu Kiel. Ein Fall von Appendicitis aktinomycotica. *Kiel 1900: H. Fiencke.* (28 S.) 8°
Kiel, Med. Diss. v. [18. Mai] 1900

Spickenboom, *Carl August* Hugo [app. Arzt aus Duisburg a. Rh.]: Aus d. pharmakolog. Institut zu Marburg. Über die Schicksale der Gerbsäure und des Tannigen im Tierkörper ... Marburg, Buchdr. F. Sömmering, 1896; 35 S. 8.
Marburg, Med. Fak., Inaug.-Diss. v. 1. Okt. 1896

Spickendorf, W(alter), Stadtbauinspektor: Baubeschreibung des Schulgebäudes. Charlottenburg 1904: A. Gertz. (S. 1—4 u. 5 Taf.) 4°
Charlottenburg, Mommsen-G P 1904 (76)

Spickendorff, W[alter] (Stadtbauinsp.): Baubeschreibung des Schulgebäudes. 4 S., 5 Taf. 4.
Progr. Mommsen-Gymn. der Stadt *Charlottenburg* 1904 (76).

Spicker, s.a. Spiecker. – Spieker. – Spiker. – Spikker.

Spicker, G., De dicto quodam Anaximandri Philosophi. Pr. 1883. 6 S. 4°.

Index lectionum quae .. in academia theologica et philosophica Monasteriensi per m. hib. a. 1889—90 inde a d. XV m. Oct. publice privatimque habebuntur. Praefatus est Gideon **Spicker** de „Spencer's Ansicht über das Verhältniss der Religion zur Wissenschaft". Monasterii Guestfalorum, ex typogr. acad. Coppenrathiana (1889); 56 S. 4°

Spicker, Gideon. Spencer's Ansicht üb. das Verhältniss d. Religion zur Wissenschaft. 4. (42 S.) Münster 889, (Coppenrath). — 80

Spicker, Gideon, d. Kampf zweier Weltanschauungen. E. Kritik d. alten u. neuesten Philosophie m. Einschluß d. christl. Offenbarg. gr. 8. (VIII, 302 S.) Stuttgart 898. F. Frommann. n. 5. —

Spicker, Gideon, Kant, Hume u. Berkeley. Eine Kritik der Erkenntnisstheorie. gr. 8. (210 S.) Berlin 875. C. Duncker. n. 4. 50

— die Philosophie d. Grafen v. Shaftesbury nebst Einleitg. u. Kritik üb. das Verhältniss der Religion zur Philosophie u. der Philosophie zur Wissenschaft. gr. 8. (XVI, 377 S.) Freiburg i. Br. 872. Troemer. n. 6. —

Spicker, Gideon, die Ursachen d. Verfalls der Philosophie in alter u. neuer Zeit. gr. 8. (VIII, 280 S.) Leipzig 892. G. Wigand. n. 6. —; geb. in Halbfrz. n. 8. —

— über das Verhältniss der Naturwissenschaft zur Philosophie. Mit besond. Berücksicht. der Kantischen Kritik der reinen Vernunft u. der Geschichte d. Materialismus v. Alb. Lange. gr. 8. (94 S.) Berlin 874. C. Dunker. n. 2. —

Spicker, Gideon, Versuch e. neuen Gottesbegriffs. gr. 8. (VIII, 376 S.) Stuttgart 902. F. Frommann. n. 6. —

Spicker, Gideon. Vom Kloster ins akademische Lehramt. Schicksale eines ehemaligen Kapuziners. IV + 143 S. 8. Stuttgart, Fr. Frommann, 1908. [M. 2. —]
(Einleitung — Reichenau — Konstanz — Einsiedeln — Luzern — Freiburg i. Ü. — Solothurn — München — Freiburg i. B. — Münster.)

Lessing, Gotthold Ephraim: **Lessing's Weltanschauung, dargestellt von Gideon Spicker. Leipzig: Wigand 1883. XIV, 367 S. 8°.**
S. 194—203 „Freimaurergespräche".

— Am Wendepunkt der christlichen Weltperiode. Philosophisches Bekenntnis e. ehemal. Kapuziners. (103 S.) 8. Ebd. 910. 1.50

Spicker, Hugo, prakt. Arzt in Züllichau: Ueber Spontanheilung des perforierten Magengeschwürs. *Züllichau 1903: H. Hampel & Sohn.* (30 S.) 8°
Leipzig, Med. Diss. v. (21. Apr.) 1903

Spicker, Leo [aus Elbing, Westpr.]: Ein Beitrag zur Aetiologie und Therapie der Hæmatocele retro-uterina ... Elbing, Buchdr. R. Kühn, 1894; 52 S. 8.
Erlangen, Med. Fak., Inaug.-Diss. v. [17.] Juli 1894

Spickermann, Eberh., Predigt zur gemeinsamen Feier des 25jährigen Priesterjubiläums der im J. 1876 ordinierten Priester der Diözese Augsburg in der Stadtpfarrkirche zu Aibach am 30. VII. 1901. gr. 8. (15 S.) Augsburg 901. Kranzfelder. n. — 10

Spickermann, Theodor: Der Teilbau in Theorie und Praxis. *Leipzig: Jäh & Schunke 1902.* (67 S.) 8° ¶[— Volkswirtsch. u. wirtschaftsgesch. Abhandl., H. 6.]
Leipzig, Phil. Diss. v. [30. Okt.] 1902

Spickermann, Thdr., der Teilbau in Theorie u. Praxis, s. a. Abhandlungen, volkswirtschaftliche u. wirtschaftsgeschichtliche. 6.

Spickermann, Theodor: Der Teilbau in Theorie und Praxis. Ein Beitrag z. Lösung d. ländl. Arbeiterfrage von Dr. –. Leipzig: Jäh & Schunke 1902. (67 S.) 8°
Abhandlungen, Volkswirtschaftl. u. wirtschaftsgesch. H. 6.

Spickernagel, H., das Reichsgesetz üb. die Beurkundung des Personenstandes u. die Eheschließung in der v. 1. I. 1900 ab geltenden Fassung. Zum prakt. Gebrauch f. Standesbeamte dargestellt u. erläutert. 12. (VII, 64 S.) Düsseldorf 900. L. Schwann. Kart. n. — 80

Jens Christian Spidberg

Jens Christian Spidbergs [Spidberg]Historische Demonstration und Anmerckung über die Eigenschafften und Ursachen des so genandten Nord-Lichts...mitgetheilet von Joh[ann] Bernhard Heinzelmann. Halle im Magd.:Spörl 1724. 32 S. 8°

Spie, Ernestus, Regimontanus: De philosophiae Annaeanae gradibus mutationibusque. *Halis Sax. 1900: Kaemmerer.* (52 S.) 8°
Halle, Phil. Diss. v. 1900

Spiecker, s.a. Spicker. — Spieker. — Spiker. — Spikker.

Spiecker, Der Hof u. die Hofordnung Alexanders d. Gr. Pr. 1904. 22 S. 4°. 1,20

Spiecker, die rheinische Mission im Hereroland, s.: Missions-Schriften, rheinische.

Spiecker, Adf., die Maassanalyse. Ein kurzgef. Leitfaden. 8. (III, 58 S. m. 5 Holzschn.) Bonn 896. F. Cohen. n. 1. 20

Spiecker, Adolf [aus Wülfrath]: Ueber einige aus der Benzilsäure und Mandelsäure entstehende Verbindungen ... Rostock, C. Boldt'sche Hof-Buchdr., 1894; 2 Bl., 72 S., 1 Bl. 8.
Rostock, Phil. Fak., Inaug.-Diss. v. [4. Aug.] 1894

SPIECKER, A. Ueber einige aus der Benzilsäure und Mandelsäure entstehende Verbindungen. Rostock, 1895.

Spiecker, Artur, appr. Tierarzt a. Barmen: Aus d. pharmakol. Institut d. Univ. Gießen. Über den Nachweis der Blausäure in tierischen Organen. Gießen 1907: Brühl. (26 S.) 8°
Gießen, Veterinär-Med. Koll., Ref. Geppert, Diss. v. 7. Sept. 1907
[Geb. 2. Mai 85 Barmen; Wohnort: Gelsenkirchen; Staatsangeh.: Preußen; Vorbildung: Gymn. Barmen Reife O. 03; Studium: Tierärztl. Hochsch. Hannover 3, München 4, Gießen 1 S.; Rig. 29. Juli 07.]

Spiecker, Fr. Alb.

Spiecker, F. A., Handel u. Mission unter den Nama u. Herero in Südwest-Afrika, s.a. Beiträge zur Missionskunde. 10. Hft.

Handel und Mission unter den Nama und Herero in Südwest-Afrika. Von F[r.] A[lb.] **Spiecker** in Grunewald-Berlin. Berlin: Berliner ev. Missionsgesellsch. 1905. (27 S.) 8° [F.]
= **Beiträge** z. Missionskunde. H. 10. [07 5273

Er muss wachsen; ich aber muss abnehmen. Eine Aehrenlese aus Gottes Wort, (zum Theil Predigten u. Ansprachen) von F[riedrich] **Spiecker**, Pastor in Essen. [Nebst] Anhang. *Neukirchen (Kr. Moers): Buchh. d. Erziehungsver. 1900.* (103, 34 S.) 8° [F.]
Anh. = Gesch. d. ev. Gemeinde Herchen a. d. Sieg von ca 1550 bis 1899. [01. 8023 5

Geschichte der evangelischen Gemeinde Herchen a. d. Sieg von ca 1550 bis 1899. Versuch e. chronol. Darstellung d. Entwicklung d. Gemeinde von Friedrich **Spiecker**, Pastor in Essen. *Neukirchen (Kr. Moers): Buchh. d. Erziehungsver. 1900.* (34 S.) 8° [Kopft. F.]
= **Spiecker**: Er muss wachsen, ich aber muss abnehmen. Anh. [01. 8024 5

Spiecker, J., er führet mich auf rechter Straße. (Umschlag: Aus den rhein. Missionsgemeinden des Kaplandes.) 2 Tle. gr. 8. Barmen 903. Comptoir des Missionshauses. n.n. — 55; in 1 Bd. geb n.n. — 50
1. Erlebnisse u. Erfahrungen beim Besuch unsrer Missionsgemeinden in der Kapkolonie sowie einiger in Südafrika. Mit 43 Illustr. u. 1 Karte. (148 S.) n.n. — 40
2. Aufsätze allgemeinen Inhalts. (42 S.) n.n. — 15

— dasselbe. Erlebnisse u. Erfahrgn. beim Besuch unsrer Missionsgemeinden in der Kapkolonie sowie einiger in Südwestafrika. (187 S. m. 44 Abbildgn. u. 1 Karte.) gr. 8. Ebd. 903. n. 1. —; geb. n. 1. 50

Spiecker, M., der Unterricht in der Kunstgeschichte auf der höheren Mädchenschule. gr. 8. (22 S.) Anklam 894. F. Krüger. n. — 50

Spiecker, M[ax]: Pädagogische Erläuterungen und Ratschläge. Stolp i. Pom. 1910: Delmanzo. S. 11—16. 4°
Stolp i. Pom., st. HM OP 1910 [255] [S 10. 421

Spiecker, Walter [aus Strassburg]: Beiträge zur Lehre von der Beleidigung ... Strassburg, Strassb. Druckerei u. Verlagsanst., 1895; 93 S. 8.
Strassburg, Rechts- u. staatswiss. Fak., Inaug.-Diss. v. 1895

Beiträge zur Lehre von der Beleidigung von Dr. iur. Walter **Spiecker**. Strassburg: Strassb. Druck. u. Verlagsanst. 1895. (93 S.) 8°
Erschien auch als Inaug.-Diss. Strassburg 1895. [06. 7017 11

Spieckermann, Albert [aus Berlin]: Über die Konstitution der Behenoxyl- und Stearoxylsäure ... Berlin, Druck v. Ch. Wiegler, *1896*; 50 S., 1 Bl. 8.
Rostock, Phil. Fak., Inaug.-Diss. v. [24. Febr.] 1896

Spiegel

— der, eine moral. Wochenschrift. 8. Bayr. 753. Bierling. 21 gr

Spiegel, Der, ein periodisches Blatt; a. d. Engl. Leipzig 1782—83. Ü: *Weisse, Christian Felix.* (MGT) (Ky)

— d., e. period. Blatt, a. d. Engl. 3 Bde. 8. Leipz. Crusius. (F. C. W. Vogel.) 782–83. (à 12 gr.)

SPIEGEL, Der. Eine Sammlung von moralischen und rührenden Geschichten. Augsburg, Styx, 1797. 8°. (1 1/3 Rthl.)
Korn's Geschichts- u. Romanen-Cat. Breslau 1798. — Selten!

— Dass., e. große heroisch-kom. Oper in 2 Aufz. 8. Salzb. 797. Duyle. 2 gr

Der **Spiegel**, eine Zeitschrift. St. 1–51. Königsberg: Degen 1810. 4°
[Hrsg.: Karl Friedr. Wilh. Fleischer u. Franz Xaver Carnier.]

— der, Zeitschrift f. Wissen, Leben u. Kunst. Herausgg. von R. Müller u. Grosch. Jahrg. 1821. 6 Hfte. u. J. 1822 u. 23. Mit Steindr. u. Musikbeil. gr. 8. Mainz, Stenz. J. 1824. gr. 8. Ebd. (Kupferberg).

SPIEGEL, Der. Ein Taschenbuch für Deutschlands edle Töchter, zur Beförderung des häuslichen u. ehelichen Glücks. Hrsg. von Dr. Carl Gutmann (d. i. Dr. Dietr. Ant. Carl Rose, Gymnasial-Direktor zu Soest, geb. das. am 10. März 1774). 3 Thle. Magdeburg, Heinrichshofen, 1827, 29 u. 32. 16°.
Selten cplt.! I: 18 Bog. II (auch m. d. Tit.: Neuer Spiegel): 17 Bog. III (auch m. d. Tit.: Neuester Spiegel): 20 Bog. — Cfr. A. G. Schmidt, Gallerie deutscher pseud. Schriftst. p. 78.

— der, Zeitschrift für literarische Unterhaltung und Kritik. Redakteur H. Erhard. 1r Jahrg. 1837. 104 Numm. 4. Stuttgart, Metzler. 3 ₰ — 2r Jahrg. 1838. Redakteur: Friedr. Giehne. 1s Quartal. 39 Numm. 4. Ebd. 1 1/8 ₰

— Monatsschrift f. Gemeinwohl, Politik, Literatur, Kunst, Kritik u. Lokales. Redact.: C. v. Heugel. (1. Jahrg. 1846. 9 Hfte. od. 3 Quartale.) gr. 8. Berlin 846, [Mittler u. Sohn.] *

SPIEGEL, Der. Zeitschrift für die elegante Welt, Mode, Literatur, Kunst, Theater, hrsg. v. S. Rosenthal. Jahrg. 1848, No. 1—52. Mit farbigen Modekupfern, nebst *Beiblatt:* Der Schmetterling, No. 1—26. Pest 1848. Fol. Sehr selten! (80 Mk. [!], 3 Modekupfr. fehlten, K. W. Hiersemann, 1905.)

Spiegel, der. Ein Bild vom Weltendrama in Vergangenheit, Gegenwart u. Zukunft. 12. (97 S.) Altona 900. M. Hoffmann. Kart. n. 1. 50

Der **Spiegel**. Blätter (Münchener Halbmonatsschrift) f. Literatur, Musik u. Bühne. (Jg. 1), No 1. (Hrsg. von Lion Feuchtwanger.) München 1908: (J. C. Huber in Diessen). 8° [F.] 108.7910

Spiegel, der. Blätter (Umschlag: Münchener Halbmonatsschrift) f. Literatur, Musik u. Bühne. Hrsg. u. red. v. Lion Feuchtwanger. 1. Jahrg. April—Oktbr. 1908. 15 Nrn. (497 S.) gr. 8. München, Spiegel-Verlag. à Nr. — 30
Von Novbr. 1908 an mit „Schaubühne" vereinigt.

Spiegel der Alchymie des Philosophen Joh. v. Mehun, nebst Ben-Adams Traumgesicht durch Floretum a Bethabor; u. Fried. Galli Reise nach d. Einöde St. Michael. 8. Quedlinb. 771. Ernst. 2 gr

Spiegel, der, von Arkadien, oder d. neue Arkadier. Oper. 8. Weimar 796. Hoffmann. 9 gr

— s. auch Arkadier, der.

— — dasselbe. 8. Passau. (Gräff, Lpz.) 796.

— Dass. 8. Passau 796. (Leipz., Wienbrack). 5 gr

Spiegel, der, von Arkadien, von Schikaneder heroisch-komische Oper in 2 Akten. 8. Augsb. Stage, 815.

J.H.H. Astrologischer Spiegel, welcher aller Aspecten und Planeten Eigenschafften, Krafft und Würckung...anzeiget...Ehemahls in lat. Sprache beschrieben; nunmehro aber...ins Teutsche übers. Budissin: Richter 1717. 23 S. 8°

Spiegel: Der Spiegel aus dem Baselbiet
v. Der Baselbieter (I).

Spiegel rheinischer Bauart. Hrsg. von d. Bauberatungsstelle d. Rhein. Vereins z. Förderung d. Arbeiterwohnungswesens. Jg. 1, Nr 1. Düsseldorf 1909: Eiteljörge. 4°

Spiegel f. d. Bildung junger Herzen, s.a. Ambornberg Vorträge an s. Schüler.

Spiegel, Der, für die Bildung junger Herzen, ein Sittenbuch für Jedermann. Prag 1795. V: *Ambornberge, B. W.* (BGE VII³, 378) (KY 1/51) (Biblport)

SPIEGEL für Braut- und Eheleute, oder allgemeinfaßliche, auf Christenthum, Vernunft u. Erfahrung gegründete Anweisung, unfehlbar in der Ehe glücklich zu werden und zu bleiben. Ein getreuer Wegweiser für alle Diejenigen, welche heirathen wollen und welche geheirathet haben. Sondershausen, 1836. In Comiss. bei F. A. Eupel. 8°. (75 Pfg. Hans Lommer, Gotha, 1912.)
138 S. incl. Tit. u. 2 Bl. Vorw., nebst 1 Bl. Inh. — Einiges recht unverblümt.
Von den schädlichen Folgen der Liebeleien zwischen erwachsenen Knaben u. Mädchen. — Von den nachtheiligen Folgen des zu frühen Verliebens u. Verlobens d. Jünglinge u. Jungfrauen. — Einige Winke f. Verlobte. — Etwas über Liebe u. Ehe. — Hohe Würde d. Ehestandes. — Dr. Mart. Luther's Urtheile u. Ansichten üb. d. Wichtigkeit d. Ehestandes. — Die zehn Gebote d. ehelichen Lebens. — Wer darf und soll heirathen? — Von den Hindernissen einer glückl. Ehe.

Der Spiegel der Dichter, eine Wochenschrift, den elenden Poeten zu Prag gewidmet. St. 1–6. Prag: Diesbach 1784. [Hrsg.: Franz Saar.]

Spiegel für Dienstböten. Zu Nutz und Frommen des Gesindes in Städten und auf dem Lande aufgestellt. Zwickau 852. Verlhdlg. d. Volksschriften-Vereins. 8. (72 S.) 3 ngr.

Spiegel für Dienstboten, zu Nutz u. Frommen des Gesindes in Städten u. auf dem Lande aufgestellt. (2. Aufl.) Zwickau 863. Buchhdlg. des Volksschriften-Vereins. 8. (80 S.) n. 5 ngr.

Ein Spiegel der Eheleute. Nebst schönen Erinnerungen vor ledige Personen, welche willens sind, sich in den Stand der Ehe zu begeben. Vorgestellt in einem Gespräch zwischen einem Jüngling und Meister. Germantown: Saur, 1758. HSP

§ **SPIEGEL,** Der, unglücklicher Eheleute, welcher die abscheuliche Gestalt zanksüchtiger Männer und beissiger Weiber, diesen zur Besserung, andern aber zum Abscheu vor Augen stellet. Nebst den gewissesten Mitteln, diesem Unheil gänzlich abzuhelfen. Haarburg (Nordhausen, Gross) 1756. 8°. 13 Bogen. (6 Mk. F. Waldau, Fürstenwalde, 1908.)
O. M. V. 1756, S. 603; Cat. Meissner II.

— — Dasselbe. Ebd. 1760. 8°.
Beide Drucke sehr selten!

— für ehescheue, eheluſtige u. unverehlichte Männer aus den gebildeten Classen. 8. Freiberg 827. Craz u. G.

Spiegel der Erinnerung. Nach dem Tode seiner Gattin. Halberst. d. 15. Nov. 1779. V: *Pickelsheim, Ernst Dietrich von.* (Max Harrwitz-Berlin. Nr. 101 a, S. 46.)

Spiegel d. alten christl.-deutsch. Erziehung, s. Dittmar, H.

— für Freunde des Lebensgenusses, in d. Fabrique Sam. Wünschers verfertigt. 12. Wien, Ant. Doll. 810.

Spiegel der Frömmigkeit, s.a. Rauchenbichler, J.

Spiegel der Frömmigkeit. Eine Sammlung der Lebensbeschreibungen der Heiligen nebst frommen Erwägungen u. Gebeten. Mit 60 (eingedr.) Abbild. der Heiligen. (Abgedr. aus: „Wachet u. betet!") 16. (104 S.) Leipzig 847, Opitz in Comm. 4 ngr

— der Frömmigkeit für den christl. Jüngling, das ist: Kurzer Inbegriff dessen, was einem gottesfürchtigen Jüngling u. wahren Christen ziehmt u. täglich zu thun obliegt, um Gott zu gefallen u. selig zu werden, von J. Rauchenbichler. (Mit 1 Tabelle.) Fol. Landshut 843, Thomann. 1/12 rß

—— der Gegenwart, ein Gesellschafter unserer Zeit. Enthaltend 60 interess. Anecdoten aus dem Leben unserer Fürsten, Künstler, Gelehrten, Schauspieler u. der Tagesgeschichte. 1. Hft. 8. (3½ B.) Quedlinburg 843, Ernst'sche Buchh. Thlr.

— geistlicher, für Ordensschwestern. Aus dem Französ. Troppau 859. Schüler. 32. (459 S.) n. 14 ngr.

— der goldene, ein moralisches Lesebuch f. Söhne u. Töchter, s.a. Stoy.

— der goldene, eine Samml. witziger Bonmots, Erzähll. rc. 8. Hamb., (Herold jun.) 1 ß 8 ß

— d. goldene, e. Samml. witziger Bonmots, Erzählungen rc. 8. Hamb. Vollmer.

— d. goldene, ein moralisches Lesebuch f. Söhne u. Töchter v. Stoy 2c. m. K. gr. 8. Nürnberg, Schneider und Weigel. , 1 16
mit illum K. 2 8

Spiegel, Der Goldene, oder die Könige von Scheschian ... Leipz. 1772. V: *Wieland, Christoph Martin.* (GGr) (Ky) (Mn) (MGT)

— der goldene, od. die Könige von Scheschian; eine wahre Geschichte, (v. Chph. M. Wieland). 4 Thle. 8. Leipz. 772. Weidmann. 1 ℛ

— Dass. Französisch. 8. Frankf. 773. Varrentrapp. 2 ℛ 16 gℛ

— der goldene, f. Fürsten. 8. Hamb., (Herold jun.) 1 ℛ 12 gℛ

— d. goldene, f. Fürsten. 8. Hamb. Vollmer.

—— der goldene, f. die Jugend. Tugend u. Laster faßlich dargestellt in Wort u. Bild. Mit 33 Haupt- u. Nebenbildern mit kurzen moralisch. Erzählungen. qu. 4. ($1^3/_4$ B. u. 12 ill. Kpfrt.) Nürnberg 845, [Lotzbeck.]

— der goldene, für die Jugend. Tugend u. Laster faßlich dargestellt in Wort und Bild. Mit 33 Haupt- u. Nebenbildern auf 12 fein illum. Kpfrtafeln mit kurzen moralischen Erzählungen. qu. 4. Nürnberg 845, Zeh'sche Buchh. geb. $^5/_6$ ℛ

Spiegel, der goldene, f. Kinder, mit illum. K. 8. Halle, Dietlein. 812.

— der goldene, f. Kinder reifern Alters. 8. Hamb. 804. (Herold jun.) 16 gℛ

— d. goldene, f. Kinder reiferen Alters. 8. Hamb. Vollmer. 804. — 16

Spiegel, Goldener, ein Geschenk für Mädchen, welche in Dienste treten wollen. Salzb. 1791. V: *Vierthaler, Franz Michael.* (Hr) (MGT) (Kn) (Ky) (WBL)

— goldener, ein Geschenk f. Mädchen, welche in Dienste treten wollen, (v. F. M. Vierthaler). 8. Salzb. 794. Duyle. 4 gℛ

Goldner **Spiegel.** Ein Geschenk für Mädchen, welche in Dienste treten wollen. 3 Aufl. Salzburg, bey Franz Xaver Duyle 1804.
125 S. 8°.
1. *Aufl. um 1790.*

SPIEGEL, Goldener, für Frauenzimmer. Enthält die interessantesten Geschichten zur Unterhaltung u. Belehrung. 9 Bde. Mit 9 hübsch. Titelkpfrn. u. 9 Titelvign. von Böhm, Weinrauch, Neidl. Wien 1797/98. 8°. 2155 S. Zahm. (8 Mk., gleichzeit. Hldrbde. m. Rückentit., Friedr. Klüber, 1904.)

— goldner f. Kinder, m. K. 4 Thle. gr. 8. Petersburg. 786.

Spiegel, Goldner, zum Nutzen und Vergnügen für Kinder und Kinderfreunde. Bregenz 1790. V: *Armbruster, Joh. Mich.* (GGr VI/419, Nr. 1/19) (BiblPort)

— goldener, f. Prediger. 8. Frankf. a. M. 799. Andreä. 10 gℛ

— goldener, f. Regenten u. Schriftsteller. 8. Mainz. (Leipz., Andreä). 1 ℛ 8 gℛ

SPIEGEL, Goldner, für Regenten und Schriftsteller. Ein Allmenach (sic!) auf das Jahr 1801. Mit satir. Titelkupfer und Titelvignette. Titel, 1 Bl. und 290 S. Kl. 8°. (10 Mk., br., unbeschn., Leo Liepmannssohn, Berlin, c. 1906.)
Sehr interessanter und seltener satirischer Almanach politischer und literarischer Tendenz, in teilweise sehr scharfem Tone, in der Art des Schillerschen Xenienalmanachs.

SPIEGEL, Der große, der Thorheit, mit dem (!) Tusche der Wahrheit gezeichnet. Ein herrliches Präparat von den Knochen des antiken evangelischen Wetterhahns. In (11) Porzionen eingetheilt, nebst der Kunst sie gut zu verdauen. Philadelphia (Ferstl in Graz), 1794. 8°.
IV, 1 Bl. Inh. u. 88 S. Ungemein rares satyrisch-komisches Werkchen im Anschluß an Stellen folgenden ganz verschollenen Buches: „Der evangelische Wetterhahn, das ist: Ungleiche Reden Martini Lutheri etc. Ingolstadt 1587". Hier einige „Porzionen-Ueberschriften (laut „Inhalt der Materien"). Die Menschenbildung in einer Bäuschelsuppe. — Ein Ragout, vom Geitz, vom Adel, von Bürger und Bauren (sol). von Herrschaften und Gesinde. (Wobei Pikantes.) — Handwerksleute und Arbeiter in Fachenwandeln (sol). — Die Herren Juristen in einer Limoniensauce. — Deutschland und die ganze Menschheit in einer Pastete. — Der Wucher, ein stark gesalzener Braten. — Die theuren Zeiten in Schmalz gebacken. — Die Lebensmittel und Besoldungen, ein köstlicher Salat. — Der Wirrwarr, am Spieße gebraten. — Allerhand zum Nachtisch. Z. B. Die Pestilenz in bittern Makaronen. Krapfen mit Pulver und Bley gefüllt, eine Torte von alten und neuen Aerzten etc. etc.

— menschl. Handlungen u. Schicksale in kleinen u. angenehmen Erzählungen. 8. Leipz. Benj. Fleischer.

Spiegel menschl. Handl. u. Schicksale in Erzähl. 8. Leipz. Solbrig. (B. Fleischer.) 794.

—— der Heiligkeit f. den Priester. 12. ($^1/_2$ B.) Landshut 844, Thomann'sche Buchh.

Spiegel, der, für Israeliten, ein Gegenstück zu der Posse: Unser Verkehr, von S. Hochheimer. 8. Nürnberg, Campe. 819.

Spiegl Der Jugend, Das ist: Kurtzer Lebens-Begriff deß Heiligen Stanislai Kostka. Der Gesellschaft Jesu, zusammen getragen Von einem Priester auß ermeldter Gesellschaft. Sambt ... Bericht von der Heiligsprechung der zweyen Heiligen Aloysii Gonzaga. Und Stanislai Kostka. Augsburg, Verlag M. Wolf, Druck: München, Maria M. Riedlin, 1727. Kl.8°. 11 Bl. 178 & 115 S. 1 (leeres) Bl. Mit 7 feinen Kupfern von Carl Jos. Porta. Hübsch broschiert (Blatt aus e. liturg. Druck), ub.
De B.-S. IX, 1322 gibt wohl irrtümlich die Jahreszahl 1717 an, die Heiligsprechung Kotskas und Gonzages fand erst 1726 statt.

—— christlicher Jungfrauen, oder Anweisung zu einem gottseligen, jungfräulichen Lebenswandel. Ein kathol. Gebetbuch. 12. (8 B. u. 1 Kpfr.) Grätz 843, Kienreich's Vrlgs-Compt.

Spiegel christlicher Jungfrauen, oder Unterweisung zu einem gottseligen, jungfräulichen Lebens: gläubige Christen zur geistlichen Tröstung, zum Nutzen und Heile aufs Neue herausgegeben. Neuhaus, 1856. Druck und Verlag von Alois Josef Landfraß.) (Böhmisch.)

— christlicher Jungfrauen, oder Unterweisung zu einem gottseligen, jungfräulichen Lebenswandel. Ein kathol. Gebetbuch mit Morgen-, Abend-, Meß- 2c. Gebeten 2c. 3. verm. Aufl. Graz 857. (Ferstl.) 18. (306 S.) n. 8 ngr

Spiegel christlicher Jungfrauen, oder Unterweisung zu einem gottseligen, jungfräulichen Lebenswandel. Ein katholisches Gebetbuch mit Morgen-, Abend-, Meß-, Beicht- und Kommuniongebeten u. s. w. 3te vermehrte Auflage. Gratz, 1857. Druck von C. Tanzer. Verlag von Josef Sirolla. (306 S. 8.)

Spiegel für die Kritiker des neulich gemachten Friedens zu Liebe allen denen, die sich nach demselben so würdig sehnten und zu Ehren Leopolds II., verfasst von G. L. in Oedenburg. O. O. V: *Lukas, G.* (széchenyi 4/525) (biblport)

Der **Spiegel** für Kunst, Eleganz und Mode. Wien 1828–48. 8°
[Hrsg.: Franz Wiesen.]

Der **Spiegel** für Kunst, Eleganz und Mode. Verlegt und herausgegeben von Franz Wiesen 4.—6. 9. 10. 12—16. 19. 20. Jahrgang. Ofen. Gedruckt in der königl. Universitäts-Buchdruckerei 1831—1833. 1836. 1837. 1839—1843. 1846. 1847.
Mit kol. Modekupfern. 8°
VI ff.: Ofen und Pesth. Zu haben im Verlags-Bureau. — XIV ff. Redigirt von Samuel Rosenthal . . . Verlag von Fr. Wiesens Wittwe u. S. Rosenthal. – XX. Der Spiegel. Zeitschrift für die elegante Welt Mode, Literatur, Kunst, Theater.
Erschienen 1828–1847.

—curiöser, ein Bilderbuch für Kinder. Mit Kpf. Fol. Nürnb. 793. Endter. 9 gl mit ill. Kpf. 12 gl

Curioser **Spiegel**, worinnen der ganze Lebenslauf des Menschen von der Kindheit bis zum Alter zu sehen, in Figuren mit beygefügten ganz neuen kurzen Erklärungen vorgestellt Neue Auflage. [1804?] Nürnberg, in der Johann Andrea Endterischen Handlung
Tit., XLI S. m. 41 kol. Holzschn. 2°
Die Tafeln, verschiedene Stände und Berufsklassen darstellend, z. T. von Susanna Maria Sandrart gezeichnet und von Elias Porzel in Holz geschnitten. 1. Aufl. 1689
Abb. 113

—des menschl. Lebens, in Bildern dargestellt. (13 illum. Kpfrtaf.) gr. 4. Nürnberg 834. Endter. n. 7/8 ₰

—menschl. Leidenschaften, v. Becker, Huber, Lafontaine u. A. 8. Leipz., Joachim. 1 ₰ 8 gl

— menschl. Leidenschaften, v. Becker, Huber, Lafontaine, Lindemann u. a. m., mit K. 8. Prag, Neureutter. (Joachim in Leipz.) 801. 1 8

Spiegel deutscher Leute. Innsbruck 1859. H: *Ficker, Jul.* (Dn)

— der, deutscher Leute. Textabdruck der Innsbrucker Handschrift. Mit Unterstützung der kaiserl. Akademie der Wissenschaften herausg. von Jul. Ficker. Innsbruck 859. Wagner. gr. 8. (XXI, 210 S.) n. 1 ₰ 15 ngr.

SPIEGEL für Liebende, oder Geschichte einer Kokette. (Sammlg. angebl. wirklich gewechselter zahmer Briefe.) Straßburg (Bern, Typographie). 1793. 8°.
Rar! — Tit. (m. kl. typogr. Vign.), VIII—126 S. — Laut Vorw. ein Original-Briefwechsel, hrsg. als „warnendes Beispiel f. Jünglinge u. Mädchen".
„Meiner würdigen Freundinn M**** S**** geweihet", darunter die Verse:

Wenn einst nach still verseufzten Leiden
Ein leichter Grabehügel mein Gebein
Bedekket — o so mögen diese Blätter
In Ihrem Herzen mir ein bleibend Denkmal seyn!

— der, für Literatur 2c., s. Damenzeitung.

—— der, f. junge Mädchen. Erzählung in (mit) 12 Bildern. 12. (1½ B.) Prag 843, Sandtner.

—— für junge Mädchen. Auszug aus: „Unterricht für die Jugend" von Gobinet. Nach der 10. approb. Aufl. aus dem Französ. Mit einem Vorwort der Verf. 16. (VI, 140 S.) Augsburg 873, Kranzfelder'sche Buchh. *

—— f. kleine Mädchen. Belehrende Erzählungen aus d. Mädchenwelt. 16. (12½ B. m. ill. Kpfr.) Leipzig 845, Brauns.

— magischer, darin zu schauen die Zukunft Deutschlands u. aller umlieg. Länder. Hiebevor ein Wort von d. Herrlichkeit unsers Reichs, edler deutscher Nation an Herz u. Seele gelegt, durch Theophrast, genannt Teutonius. gr. 8. Leipz. ... Joachim. 10 gl

Spiegel, Magischer, darin zu schauen die Zukunft Deutschlands und aller umliegenden Lande. Hiebevor ein Wort von der Herrlichkeit unseres Reiches edler deutscher Nation an Herz und Seele gelegt durch Theophrast genannt Teutonicus. 1806. V: *Wetzel, Friedrich Gottlieb.* (Schultz, Franz, Der Verfasser der Nachtwachen des Bonaventura. Berlin 1909. S. 229.)

SPIEGEL für ehescheue, ehelustige u. neuverehelichte Männer in den gebildeten Classen. Freyberg, bey Craz u. Gerlach. 1827. 12°. (1 Mk. 30 Pfg. Votsch, München, 1885.)
VII—64 S. Moralisirende Schrift, nicht häufig.

SPIEGEL des sehr gemein im Schwange gehenden Mund-Schein u. Heuchel-Christenthums jetziger Zeiten. 1707. 12°.
Bibl. Kielmans-Egg. III. p. 1342. — Rar!

— neuer goldner, od. Erzählungsbuch f. Knaben u. Mädchen z. angenehmen u. nützl. Unterhaltung. Mit Kpf. Stuttg., Sonnewald. 12 gl ill. 15 gl

NEUER GOLDENER SPIEGEL. Erzählungen für Kinder mittleren Alters. 3. verbess. Aufl. Mit 8 kolorirten Bildern (= Lithogr.] von TH. ROTHBART. Stuttgart, W. Nitzschke [c. 1855]. 2 Bl. 217 S. Or.-Prägeband aus weißem Glanzkarton m. Titel u. Ornamentaufl. in Gold u. Rot, Lwdrücken. 35.—
Nicht bei R. Reizendes, schön illustr. Buch. Sehr gut erhalten.

– neuer goldener. Ein Erzählungsbuch für Kinder mittleren Alters. 2. gänzlich umgearb. Aufl. Mit 4 (lith. u. color.) Bildern. Stuttgart 863. Sonnewald. 16. (2 Bl., 203 S.) 18 ngr.

Spiegel, neuer goldener. Ein Erzählungsbuch für Kinder mittleren Alters. 2., gänzlich umgearb. Aufl. Stuttgart. 865. Nitzschke. gr. 16. (III, 203 S. mit 4 lith. u. color. Bildern in Tondr.) cart. 18 ngr.

Spiegel, neuer goldener. Erzählungen für Kinder mittleren Alters. 3. verb. Aufl. gr. 16. (217 S. mit 8 kolor. Bildern in Stnt. von Th. Rothbart.) Stuttgart 873, Nitzschke.

Spiegel, neuer goldener. Erzählungen f. Kinder mittleren Alters. 4., verb. Aufl. Mit 8 (lith. u.) color. Bildern v. Th. Rothbart. 8. (217 S.) Stuttgart 876. Nitzschke. 2. 50

Spiegel, Der offene, von Philalethes. Istambul und Monte Santo [Koburg 1799]. V: *Ernesti, Johann Heinrich Martin.* (NN 14, 1024)

— d. offene, v. Philalethes. 8. Istambol. (Ahl in Cob.) 799.

Spiegel, Der politische, unserer Zeiten. Wien 1787. V: *Schweighofer, Joh. Mich.* (biblport)

Spiegel ohne Quecksilber, in welchem alle diejenigen, welche hineinsehen, doch ihr eigenes Bild finden können . . . Frankf. u. Leipzig 1782. V: *Seyfried, Heinrich Wilhelm.* (BGE) (Ky)

Spiegel, der, ohne Quecksilber, in welchem alle die, so hineinsehen, ihr eigen Bild finden; ein kleiner Beitr. z. Geschichte der Menschheit rc. (von H. U. Seyfried). 8. Frankf. a. M. 782. (Hermann); (a. Wienbrack in Leipz.) 6 gl

— d., ohne Quecksilber, in welch. alle die so hinein sehen ihr eigen Bild finden. 8. Frankf. Reiffenstein. (Hermann.) 782.

— — derselbe hat auch den Titel: Spiegel ohne Quecksilber, e. kl. Beytr. z. Gesch. d. Menschh. f. Deutschl. 8. Leipz. Gräff.

SPIEGEL, Der rothe, für die schönsten Geschöpfe der Erde. Halle, Hendel, 1782. 8°.

172 S. u. 2 Bll. Reg. Enth. Gedichte u. Aufsätze verschied. Verf. S. 36—50: Europa. Eine Idylle, nach Moschus. — Selten!

Spiegel, Der, der Seele vom Verfasser: »Die Wunder der Schöpfung.« Innsbruck 1890. V: *Bogner, Peter.* (Margr)

Spiegel, Der seltsame. Ein Lustspiel in einem Aufzuge . . . Dresden 1786. V: *Brühl, Alois Friedrich Graf von.* (BrMm)

— d. seltsame,. Lstsp. v. Bruhl. 8. Dresd. Walther. 786.

SPIEGEL, Der Silberne, od. Schäfer-Erzehlungen (in poet. Prosa) aus denen Thälern am Fuße der Allgewer-Gebürge (verfaßt von *J.*** L.*** S.***, hrsg. von D. H. J. F. v. W.). Mit Titelkpfr. (unsign.). Allgew. In der Hütte neben Lucindors Quelle. (Augsburg, Stage) 1774. 8°. (4 Mk. 50 Pfg., Julius Neumann, Magdeb., 1908.)

160 S. (incl. 4 Bll. Vorst.). Initialen des Vf. u. Herausg. unter der Vorrede. — Selten!

Inh.: 1—2: Lucindor u. Silvia, e. Hirten-Erzehlung. 3. Schäfer-Erzehlung Palemons, eines alten Hirten auf dem Campodunischen (Kemptenschen) Gefielde (!). 4. Milon u. Damon, e. Erzehlung üb. d. Zustand der Hirten auf dem Campodun. Gefielde (!). 5. Erzehlung eines festlichen Spazierganges verschied. Schäfer u. Schäferinnen auf denen Campodunischen Fluren. 6. Eine Erzehlung . . . ., enth. die Krankheit eines alten Schäfers auf denen Campodunischen Gefielden (!).

SPIEGEL der menschlichen Sitten. Dressden 1737. 4°. Rar!

Spiegel, Ein, der Tauffe mit Geist, mit Wasser und mit Blut . . . Germantown 1744. V: *Funck, Hnr.* (Seidensticker, German Printing in America. Philad. 1893.)

—— ein, der Taufe, mit Geist, mit Wasser und mit Blut. In 9 Thle. verfasset. Aufs neue aufgesetzt und ausgezogen aus dem heil. Fundament-Buch, dem N. und A. T. und den Canonischen Büchern. gr. 16. (108 S.) Lancaster, Pa. 861. (Philadelphia, Schäfer und Koradi.) geb.

— der Thorheit, mit d. Tusche d. Wahrheit gezeichnet. 8. Grätz 794. Ferstl. 3 gl

— der Tugend u. Weisheit, s.a. H. M. Berliner.

Spiegel der Tugend und Weisheit. Ein Lesebuch für junge Israeliten beyderley Geschlechts. 8. Karlsruhe, Braun. 818. — 12

— d. Unschuld od. Leben Aloys Gonzaga, m. K. 2 Thle. 12. Wien. Gerold. 744.

SPIEGEL, Ein, für Verheirathete u. Ehestandslustige, oder Schattenseiten des ehelichen Lebens. Dresden, o. J. 12°. Selten!

Spiegel, ein, für Viele. Lebensgeschichte eines verlorenen, aber wiedergefundenen Sohnes. Von ihm selbst erzählt. 12. (36 S.) Barmen 880. Wiemann. n. — 20

—— des berliner Volksgeistes. Kom.-poet. bearb. z. Deklamiren od. z. scen. Darstellung in fröhl. Gesellschaften. 1. Hft. 16. (6⅛ B.) Berlin 835, (Zesch.?) *

— christl. Vollkommenheit für Hausväter u. Hausmütter oder: kurze Anweisung dessen, was gute u. christliche Hausväter und Hausmütter täglich thun sollen, damit sie ihre Standespflichten erfüllen, Gott treu dienen u. selig werden. Von e. kath. Geistlichen. 8. (16 S.) Paderborn 842, Winkler. n. 1 ngl

Spiegel evangelischer Vollkommenheit, wie der Mensch zu näherer Vereinigung mit Gott gelangen kann. Ein kathol. Gebet- und Betrachtungsbuch. Nach dem Werke eines gelehrten Karthäusers, aus dem Altkölnischen frei bearb. von Joseph Maria Siegl. 2. Ausg. 8. (XX und 622 S. mit 1 Kpfr. nach F. Overbeck und allegor. Titel.) Regensburg 847, Manz.

§ SPIEGEL der Regier-süchtigen bösen Weibern, worinnen entsetzlich zu ersehen, dero grosse Schalck- und Bossheit, gifftiger Zorn, und erschröckliche Rachgierigkeit. O. O. u. J. 8°.

Interess., stellenw. etwas freie und derbsatyr. Schrift, welche auch viele volksthümliche Reime enthält.

* — — Dasselbe. O. O. 1723. 8°. (In Berlin: 8° Yz 771.)

— — Dasselbe. O. O. 1724. 8°. (1 fl. 48 xr. L. Rosenthal, vor 1875.)

Nicolai, cat. univ. Berlin 1737.

§ * — — Dasselbe, tit.: Spiegel der regiersichtigen (sic!) bösen Weibern, Worinnen entsetzlich und nach Genügen zu ersehen: dero grossen Schalck und Boßheit, gifftiger Zorn, und erschröckliche Rachgierlichkeit. Und zwar nicht allein der Kern von solcher Sathanischen Schlangen-Bruth, aus unterschiedlichen gemeinen Büchern verfaßt, wie nicht weniger, was auch die Heil. Vätter und Kirchen-Lehrer von deren schlimmen verlogenen Werckzeug der Teuffeln beschrieben. Ja so gar die Heil. Schrifft selbst, wie hierinn mit mehrerem zu vernemmen, von solchen gifftigen Drachen- und Natter-Gezicht, genugsame Erweisung stellet, wie unter andern zu lesen, Syrach cap. 26 v. 9. daß jene seynd eine Geissel, die niemand verschonen. Zusammen getragen durch einen der bösen Weiber, als zweyfüssigen Ketten-Hunden, ihr groß geneigter Freund und allezeit affectionirter Diener, gleichwie der Hund gegen der Katz. Der dritte Druck. AUGSPURG, Zu finden bey Mathias Wolff, Buchhändler nechst U. L. Frauen Thor. 1725. 8°. (In Berlin: an Yy 3311.) (54 xr. Th. Ackermann, München, vor 1875; jetzt viel theurer!)

143 S. incl. Tit. Einiges in Versen.

— — Dasselbe. Ebd. 1726. 8°.

Haydinger's Bibl. I. 2. p. 63 no. 917.

— — Dasselbe, tit.: Spiegel Der regiersichtigen (!) bösen Weibern, Worinnen Entsetzlich und nach Genügen zu ersehen: dero grossen Schalck- und Boßheit, gifftiger Zorn, und erschröckliche Rachgierigkeit. Und zwar nicht allein der Kern von solcher Sathanischen Schlangen-Bruth, auß unterschidlichen gemeinen Büchern verfaßt, wie nit weniger was auch die H. Vätter und Kirchen-Lehrer von deren schlimmen verlogenen Werckzeug der Teuffeln beschriben. Ja so gar die H. Schrifft selbst, wie hierinn mit mehrerem zu vernemmen, von solchen gifftigen Drachen- und Natter-Gezicht, genugsame Erweisung stellet, wie unter andern zu lesen, Syrach cap. 26. v. 9. daß jene seynd eine Geisel, die niemand verschonen(!). Zusamen getragen durch einen der bösen Weiber, als zweyfüßigen Ketten-Hunden, ihr groß-geneigter Freund und allezeit affectionirter Diener, gleichwie der Hund gegen der Katzen. Die sechste Auflag. Augspurg in Verlag Matthiæ Wolff Buchhändler nächst U. L. Frauen Thor, 1733. 8°. (8 Kr. Halm & Goldmann, Wien, 1907; 5 Kr. Carl Greif, Wien, 1908.)

142 S. (incl. Tit. u. 2 Bll. „Vorred").

— d. Weisheit od. curieuse Geheimnisse v. Antimonio. 8. Dresden. 747.

Der **Spiegel** der W e l t , eine Wochenschrift. St. 1–12. Prag: Diesbach 1784. [Hrsg.: Klausner.]

— w o h l g e s c h l i f f e n e r, od. sinn- u. geistreiche Sonntags-predigten. 4. Augsb. Wolf. 732.

Spiegel, Adolf [aus Lübbecke '(Westf.)']: Aus d. pharmakolog. Institut zu Würzburg. Über die Ausscheidung von Salpetersäure ... Würzburg, P. Scheiner's Buchdr., 1894; 17 S. 8.
Würzburg, Med. Fak., Inaug.-Diss. v. 1894

Spiegel, *Hermann* Albert [app. Arzt aus Osnabrück]: '(Aus d. Heilanstalt f. Lungenleidende zu Hohenhonnef.)' Über Dauererfolge der Anstaltsbehandlung der chronischen Lungentuberkulose. E. statist. Beitrag ... Bonn, Univ.-Buchdr. v. C. Georgi, 1897; 39 S. 8.
Bonn, Med. Fak., Inaug.-Diss. v. [17. März] 1897

† S p i e g e l, Andr., (Chrstn. Gtlo. Kayser,) neuester Anekdoten-Schmaus, s. A n e k d o t e n - S c h m a u s.

Spiegel, Andr., (Ch. G.-Kayser), Anekdoten-Schmaus, neuester, s. **Spaßvögel**, Leipz., 4r—12r Flug.

Spiegel, Bernh., B e k e n n t n i ß z w a n g u. Bekenntnißfreiheit. Vortrag, geh. auf dem ersten nordwestdeutschen Protestantentag in Hannover. gr. 8. (34 S.) Berlin 871. Leipzig, Barth. n. — 50

Spiegel, Bernh., Hermann B o n n u s, erster Superintendent von Lübeck u. Reformator von Osnabrück. Nach seinem Leben u. seinen Schriften bearb. Nebst bisher noch ungedr. Anlagen enth.: Die Kirchenordnung für die Landkirchspiele des Fürstenthums Osnabrück rc. Leipzig 864. Roßberg. gr. 8. (VIII, 151 S.) n. 20 ngr.

— offener B r i e f an Hrn. Archidiac. Baurschmidt in Lüchow. Osnabrück 862. Meinders. gr. 8. (15 S.) n. 3 ngr.

—— G e s c h i c h t e der christlichen Kirche. Ein Lehrbuch für höhere Lehranstalten, wie auch zum Gebrauch für Gebildete. gr. 8. (IV und 150 S.) Leipzig 863, Roßberg'sche Buchh.

Spiegel, Bernh., Geschichte der christlichen Kirche, in den Hauptzügen ihrer Entwickelung dargestellt. Ein Lehrbuch für höhere Lehranstalten, wie auch zum Gebrauch für Gebildete. 2., umgearb. u. verm. Aufl. gr. 8. (X, 239 S.) Zürich 877. Schmidt. n. 3. —

Spiegel, Bernh., D. Albert Rizäus H a r d e n b e r g. Ein Theologenleben aus der Reformationszeit. [Aus dem Bremischen Jahrbuche.] Bremen 869. Müller. gr. 8. (VIII, 383 S. mit einer Steintaf. in Tondr.) n. 2 ℔

—— der K a m p f für Bekenntnißfreiheit in der Prov. Hannover. Actenmäßig dargestellt. 1. Abthl. gr. 8. (58 S.) Berlin 873, Henschel. [Leipzig, Barth.] *

—— die L e h r e in der lutherischen Landeskirche Hannovers. Hannover 870. Helwing. gr. 8. (45 S.) n. 5 ngr.

—— das ewige O s t e r n. Predigt am 2. Ostertage den 14. April 1873 gehalten zu St. Marien in Osnabrück. 8. (16 S.) Berlin 873, Henschel. [Leipzig, Barth.]

Spiegel, Bernh., der kirchliche S t r e i t des Pastors Sulze in der Stadt Osnabrück. Geschichtlich beleuchtet. Leipzig 863. Bredt in Comm. gr. 8. (27 S.) n. 5 ngr.

— die U n f e h l b a r k e i t d. Papstes, s.: V o r t r ä g e, protestantische.

S p i e g e l, Bernh., Wie weit haben es die Jesuiten bisher gebracht und was haben wir noch von ihnen zu erwarten? Vortrag im Protestantenverein zu Osnabrück gehalten am 6. März 1884 im Saale des Clubs der Harmonie. (24 S.); 2. Aufl. gr. 8. (32 S.) Osnabrück 884, (Rackhorst'sche Buchh.) *

Spiegel, Daniel [Praes.], s. E b e r s b a c h, Daniel: De natali Christi.

Spiegel, D[avid], Rabbiner: Zur G e s c h i c h t e der jüdischen Katastrophe unter Titus und Hadrian im Talmud und Midrasch. Wien [1904]. 47 S. 8°. [7. VII. 03.]
Bern. Phil. Diss. 1904/1905.

S p i e g e l, D[avid]. Zur Geschichte der jüdischen Katastrophe unter Titus und Hadrian im Talmud und Midrasch. Diss. Phil. Bern. 47 S. gr.-8. (Freiwaldau,) Verlag von Rabbiner D. Spiegel; Druck Moriz Waizner & Sohn, Wien, [1904].

Spiegel, E., die Südafrikanische Republik (Transvaal) u. ihre Goldproduktion. Daten zur Orientirg. f. Besitzer südafrikan. Goldminen-Aktien u. Staatspapiere unter Benutzg. amtl. Quellen zusammengestellt. gr. 8. (31 S. m. 1 Kartenskizze.) Berlin 893. W. T. Bruer. n. — 60

Spiegel, Eduard. (geb. Dortmund 13. 10. 1846): De juris pignoris atque singillatim subpignoris speciei natura recentissimorum maxime scriptorum habita ratione. Berolini (1869). (74 S.) 8°
Berlin, Jur. Diss. v. 21. Aug. 1869

Spiegel, Edu., de juris pignoris atque singillatim subpignoris speciei natura. Recentissimorum maxime scriptorum habita ratione. Dissertatio inauguralis. Berlin 869. (Puttkammer & Mühlbrecht.) gr. 8. (74 S.) 7½ ngr.

Spiegel, Emil: Ueber „Behandlung der Gonorrhoe nach Janet'scher Methode mit Berücksichtigung der Abortivmethoden" ... München, k. Hof- u. Univ.-Buchdr. v. Dr. C. Wolf & Sohn, 1895; 32 S. 8.
München, Med. Fak., Inaug.-Diss. v. 1895

Spiegel, Friedrich

Spiegel, Fr., die Alexandersage bei den Orientalen. Nach den besten Quellen dargestellt. gr. 8. (VIII u. 72 S.) Leipzig 851, W. Engelmann. ½ ℔

S p i e g e l, Friedr., Èranische A l t e r t h u m s k u n d e. 1. und 2. Bd. gr. 8. Leipzig, Engelmann. à Bd. * M. 11. *
Inhalt:
Bd. 1. Geographie, Ethnographie und älteste Geschichte. (XII, 760 S.) 871.
» 2. Religion. Geschichte bis zum Tode Alexanders des Grossen. (XII, 632 S.) 873.

S p i e g e l, Friedr., erânische Alterthumskunde. 3. (Schluss-) Bd.: Geschichte, Staats- und Familienleben, Wissenschaft und Kunst. Mit vollständ. Register über alle 3 Bde. gr. 8. (IV, 863 S.) Leipzig 878, Engelmann. *

Spiegel, Fr., s. A n e c d o t a Pàlica.

S p i e g e l, Dr. Friedrich —. Avesta die heiligen Schriften der Parsen. Zum ersten Male im Grundtexte sammt der Huzvâresch-Uebersetzung herausgegeben von — —. I. Band: Der Vendidad. 8. Wien. Aus der k. k. Hof- und Staatsdruckerei. Leipzig. Bei Wilhelm Engelmann. 1853.

Spiegel, Friedr., *Dr., Prof. der morgenländ. Sprachen a. d. Univ. zu Erlangen etc.* Avesta die heiligen Schriften der Parsen. Im Grundtexte sammt der Huzvâresch-Uebersetzung. *Wien* 1858. *K. K. Hof- u. Staatsdr.* II. Bd. Vispered u. Yaçna. 36 Bg. 8⁰.

Spiegel, Frid., Chrestomathia Persica, s. Chrestomathia.

Spiegel, Fr., Einleitung in die traditionellen Schriften der Parsen. 1. Thl. A. u. d. T.: Grammatik der Huzvâresch-Sprache. Lex.-8. (X und 194 S.) Leipzig 856, Engelmann. *

Spiegel, Fr., Einleitung in die traditionellen Schriften der Parsen. 2. Thl. A. u. d. T.: Die traditionelle Literatur der Parsen in ihrem Zusammenhange mit den angränzenden Literaturen dargestellt. Lex.-8. (XII und 472 S.) Leipzig 860, Engelmann. *

— Erân das Land zwischen dem Indus u. Tigris. Beiträge zur Kenntniss des Landes u. seiner Geschichte. Berlin 863. Dümmler's Verlhdlg. gr. 8. (V, 384 S.) n. 2 ₰

—— der neunzehnte Fargard des Vendidad. 1. und 2. Abthl. gr. 4. (91 S.) (München 850—51, Franz.) *
Aus: Abhandlungen der 1. Classe der kgl. Akademie der Wissenschaften 6. Bd. 1. Abthl., besonders abgedruckt.

—— der neunzehnte Fargard des Vendidad. 3. Abthl. gr. 4. (40 S.) München 854, (Franz.) *
Aus: Abhandlungen der k. bayer. Akademie der Wissenschaften, besonders abgedruckt.
1. und 2. Abthl. Ebendas. 1850—51. * 26 Ngr.

Spiegel, Fr.: Grammatik der Huzvâresch-Sprache. Wien 1856.

—— Grammatik der Pârsisprache nebst Sprachproben. gr. 8. (VIII und 209 S.) Leipzig 851, W. Engelmann. *

—— Grammatik der altbaktrischen Sprache nebst einem Anh. über den Gâthâdialekt. gr. 8. (V und 410 S.) Leipzig 867, Engelmann. *

Spiegel, Fr., vergleichende Grammatik der altérânischen Sprachen. gr. 8. (IV, 559 S.) Leipzig 882, Engelmann. *

—— Zur Interpretation des Vendidad. gr. 8. (54 S.) Leipzig 853, Engelmann. *

— s. Kammavakya. Liber de officiis sacerdotum Buddhicorum.

—— die altpersischen Keilschriften. Im Grundtexte mit Uebersetzung, Grammatik und Glossar. Lex.-8. (VII und 223 S.) Leipzig 862, Engelmann. *

— die altpersischen Keilinschriften. Im Grundtexte mit Uebersetzung, Grammatik u. Glossar. 2., verm. Aufl. gr. 8. (VIII, 246 S. m. 1 Taf.) Ebend. 881. n. 9. —

Spiegel, Friedr., Commentar über das Avesta. 1. Bd.: Der Vendidâd. Leipzig 864. Engelmann. gr. 8. (XV, 477 S.) n. 3 ₰ 20 ngr.

—— Commentar über das Avesta. 2. Bd.: Vispered, Yaçna und Khorda-Avesta. gr. 8. (XL, 743 S.) Ebendas. 869. *
1. Bd. Ebendas. 1865. * ℳ 11.

Spiegel, F., die arische Periode und ihre Zustände, s. a. Einzelbeiträge zur allgemeinen und vergleichenden Sprachwissenschaft.

Spiegel, F., die arische Periode u. ihre Zustände. gr. 8. (X, 330 S.) Leipzig 887. Friedrich. n. 12. —

—— über die irânische Stammverfassung. gr. 4. (21 S.) München 855, (Franz.) **
Aus: Abhandlungen der k. bayr. Akademie der Wissenschaften, besonders abgedruckt.

—— über einige eingeschobene Stellen im Vendidad. gr. 4. (42 S.) (München 850, Franz.) *
Aus: Abhandlungen der 1. Classe der kgl. Akademie der Wissenschaften 6. Bd. 1. Abthl., besonders abgedruckt.

— arische Studien. 1. Heft: I. Beiträge zur altbaktrischen Grammatik. — II. Der Einfluss des Semitismus auf das Avesta. — III. Zur Geschichte des Dualismus. — IV. Das dreissigste Capitel des Yaçna in Huzvâreschübersetzung. — V. Avesta und Shâhnâme. — VI. Zur Lehre vom Infinitiv und Absolutiv in den arischen Sprachen. gr. 8. (162 S.) Leipzig 874, Engelmann. *

– (Hrsg.), s. Windischmann, Fr.: Zoroastrische Studien.

– (Hrsg.), s. Yasna.

Spiegel, G. de, l'esprit de la philosophie de Schopenhauer. Darmstadt 863. Zernin. gr. 8. (2 Bl., 40 S.) 9 ngr.

Spiegel, G. de, l'esprit de la philosophie de Schopenhauer. Suppléments. Darmstadt 865. Zernin. gr. 8. (III, 51 S.) 9 ngr.

— Maximes sur l'éducation des princes. Leipzig 865. Veit & Co. gr. 16. (XI, 79 S.) n. 20 ngr.

Spiegel, G. v., Sein oder Nichtsein nach dem Tode? Eine Vorlesung gehalten zu Dresden. 1. und 2. Aufl. 8. (45 S.) Dresden 870, Burdach. *

Spiegel, Gaston, aus Gebweiler (Ob.-Els.): Ein Fall von Übergangsform zwischen spastischer Spinalparalyse und amyotrophischer Lateralsklerose. *Straßburg i. E. 1904: C. Müh & Co.* (26 S.) 8°
Straßburg, Med. Diss. v. 1904

Spiegel, Gebhard Zur Charakteristik des Epigrammatikers M. Valerius Martialis. Eine Studie zur Geschichte der römischen Literatur. (Umschlagtitel: . . . Martialis. I.) 8 (S. 3—41). (Fortsetzung und Schluss). (Umschlagtitel: . . II Theil) 8 (S. 3—40 = 43—78).
Progr. K. k. Ober-G. der Franciskaner *Hall* 1891. 1892

Spiegel, G[ustav], (Lehramtsassessor): Ausgeführter Lehrplan für den deutschen Unterricht in der Sexta der Realschule. *(Oppenheim 1903: W. Traumüller.)* (23 S.) 4° [Kopft.]
Oppenheim, großh. R, P 1903 (742)

Spiegel, Herm., Herm. Bonnus. Erster Superintendent v. Lübeck u. Reformator v. Osnabrück, nach seinem Leben u. seinen Schriften dargestellt. Nebst 14 Anlagen u. e. Bildniß v. Bonnus. 2., umgearb. u. vervollständ. Aufl. gr. 8. (VIII, 212 S.) Göttingen 892. Vandenhoeck & Ruprecht's Verl. n. 4. —

Spiegel, Hermann: Saadia al-Fajjumi's arabische Danielversion. Nach einem Manuscript der kgl. Bibliothek in Berlin zum ersten Male herausgegeben, mit Einleitung und Anmerkungen versehen. Berlin 1906. 16 + XXXVI S. 8°. [22. VII. 03.]
Bern. Phil. Diss 1906 1907

Spiegel, Hermann. Saadia al Fajjûmi's arabische Danielversion. Nach einem Manuscript der kgl. Bibliothek in Berlin zum ersten Male hrg., mit Einleitung und Anmerkungen versehen. Diss. Phil. Bern. 17 + Text XXXV S. 8. Berlin, H. Itzkowski, 1906.

Spiegel, H., s.a.Saadia al-Fajjûmi s arabische Daniel-version.

Spiegel, Herm., das Wesen des Spiritismus. Vom physikal. und physiolog. Standpunkte besprochen. gr. 8. (VII, 70 S.) Leipzig 888, Mutze. *

Spiegel, Hermann Albert, s. Spiegel, Albert

Spiegel, J., prakt. Anleitg. zur Bekämpfg. d. Rüben-Nematode Heterodera Schachtii. 2. Aufl. d. i. J. 1893 erschien. Schrift, erweit. durch Anführg. d. günst. Resultate, welche durch d. Fangpflanzenbau auf 100 Hektar weiten Flächen erzielt wurden, sammt d. einschläg. ausführl. Kostenberechng. 8. (52 S.) Wien, W. Frick. n. 1. 60

Spiegel. Dr. Ignatz, Einführung in die erste Hilfe bei Unfällen. Vollständiger Samariter-Curs. Gemeinverständlich bearbeitet. Gr.-8. (135 S.) Wien: Konegen 1898. 1 20

Spiegel, I.: Einführung in die erste Hilfe bei Unfällen. Wien 1899. 137 S.

Spiegel, Ign., Einführung in die erste Hilfe bei Unfällen. Für Samaritercurse u. zur Selbstbelehrg. gemeinverständlich dargestellt. 2. umgearb. u. verm. Aufl. 8. (VIII, 202 S. m. 110 Abbildgn. u. 3 Taf.) Wien 902. M. Perles. n. 2. 50; geb. n. 3. —
1. Aufl. (V, 137 S.) 899. n. 2. —.

Spiegel, J., Einführung in die erste Hilfe bei Unfällen. 4. Aufl. 8°. (ill. 224 S.) Wien: Perles 1907. K 2.50

Spiegel, Ign., Einführung in die 1. Hilfe bei Unfällen. Für Samariterkurse und zur Selbstbelehrg. gemeinverständlich dargestellt. Mit zahlreich. Illustr. nach photograph. Aufnahmen. 4. verb. Aufl. Durchgesehen u. eingeleitet v. Karl Hawranek. (VIII, 224 S.) 8. Wien 908. M. Perles. 2. 50

Spiegel, Johann Nicolaus, s. Spiegel, Nicolaus

van de Spiegel, L. P. J., Résumé des Négociations, qui accomp. la Révolution des Pays-Bas Autrichiens; avec les pièces justificatives. gr. in-8. Amsterdam 841, Jh. Müller. 3 *ℳ* 2 *ngl*

Spiegel. Leopold [aus Berlin]: **Beiträge zur Beurteilung und experimentellen Prüfung der Methoden zur Bestimmung der Salpetersäure im Brunnenwasser ....** Berlin, Buchdr. v. Gustav Schade (Otto Francke) (1886); 55 + 1 S. 8°.
Berlin, Phil. Fak., Inaug.-Diss. v. 11. Dez. 1886.

Spiegel, Leopold, Beiträge zur Beurteilung und experimentellen Prüfung der Methoden zur Bestimmung der Salpetersäure im Brunnenwasser. Diss. Berlin 1886, Mayer & Müller. 8°. 55 S.

Spiegel, Leop., Einführung in die Pharmakologie. Für Studierende der Medizin u. der Pharmazie. (VIII, 193 S.) 8. München 911. E. Reinhardt. 2.50; geb. in Leinw. 3. 50

— Chemische Konstitution u. physiologische Wirkung. (96 S.) Lex. 8. Stuttgart 909. F. Enke. 3. 60
Sonderabdr. aus: „Sammlung chem. u. chemisch-techn. Vorträge“.

Der Stickstoff und seine wichtigsten Verbindungen. Von Dr. Leopold **Spiegel**, Privatd., Berlin. Mit Abb. *Braunschweig: F. Vieweg & Sohn 1903.* (XII, 911 S.) 8° [03. 4569

Spiegel, Ludw., jurist. Bemerkungen zu d. Wahlreformvorlagen. [Aus: „Jurist. Blätter“.] gr. 8. (39 S.) Wien 896. (Prag, J. G. Calve.) n. 1. 35

Spiegel, Ludw., die geschichtliche Entwicklung des österreichischen Staatsrechts, s.a. Sammlung gemeinnütz. Vorträge. Nr. 316. 317.

Spiegel, L., Die geschichtliche Entwicklung des österr. Staatsrechtes. [Sammlung gemeinnütziger Vorträge. Nr. 316—317.] Gr.-8°. (23 S.) † Prag: Calve 1905. K —.40

— die heimatrechtliche Ersitzung. gr. 8. (VIII, 216 S.) Wien 898. Manz. n. 3. 60

Spiegel, Ludw., Hye u. die Wiener Revolution. Ein Beitrag zur Geschichte der polit. und kriminalist. Literatur Österreichs. (IV, 36 S.) gr. 8. Leipzig 910. Duncker & Humblot. 1.—

— s.: Verfassung u. Verwaltungsorganisation der Städte Österreichs.

Spiegel, Ludw., die kaiserl. Verordnungen m. provisorischer Gesetzeskraft nach österreichischem Staatsrechte. Lex.-8. (V, 214 S.) Prag u. Wien 893. F. Tempsky. — Leipzig, G. Freytag. n. 7. —

— Die Verwaltungsrechtswissenschaft. Beiträge zur Systematik u. Methodik der Rechtswissenschaften. (XIII, 222 S.) gr. 8. Leipzig 909. Duncker & Humblot. 5. 50

Spiegel, M., Ledigenheime. Schriften d. Ver. f. Soc.-Pol., Bd. 128. 8°. Leipzig, Duncker u. Humblot, 1908.

Spiegel Martin: Methode der Integration der linearen Differentialgleichungen 2. Ordnung mit linearen Koeffizienten durch bestimmte Integrale. 26. 24. St. Pölten 03. 04.
Progr.

Spiegel, Nic[olaus], Dr., Prof.: **Gelehrtenproletariat und Gaunertum vom Beginn des XIV. bis zur Mitte des XVI. Jahrhunderts. Mit 2 Beil.: 1. Das Alter des Basler Ratsmandates gegen die Gilen und Lamen, sowie des liber vagatorum. 2. Der Text des lib. vagat. und des 'Bedelerordens' v. Gengenbach.** *Schweinfurt 1902: F. J. Reichardt.* (58 S.) 8°
Schweinfurt, k. humanist. G, P 1902*

Spiegel, Nic., Gelehrtenproletariat u. Gaunertum vom Beginn des XIV. bis zur Mitte des 16. Jahrh. Mit 2 Beilagen: 1. Das Alter des Basler Ratsmandates gegen die Gilen u. Lamen, sowie das liber vagatorum. 2. Der Text des lib. vagat. u. des ‚Bedelerordens‘ v. Gengenbach. Progr. gr. 8. (58 S.) Schweinfurt 902. (E. Stoer.) n. 1. —

Spiegel, Nicolaus: Die Grundlagen der Vagantenpoësie. Würzburg 1908: Stürtz. 34 S. 8°
Würzburg, k. Altes G P 1908* [S 08. 460

Spiegel, Nic. [Dr.]: Der Numerus Saturnius. E. rhythm. Studie. Würzburg, Druck d. kgl. Universitätsdr. v. H. Stürtz, 1895; 48 S. 8.
Würzburg, k. altes G, P 1895*

Spiegel, Nik[olaus], Prof. Dr.: Das fahrende Schülertum, ein Ergebnis der deutschen Schulverhältnisse während des XV/XVI Jahrhunderts. Mit einer Beilage: Zeit und Örtlichkeit in den Wanderberichten von Zink, Butzbach und Platter. Würzburg 1904: C. J. Becker. (70 S.) 8°
Würzburg, k. Altes G P 1904*

Spiegel, *Nicolaus* [Dr.]: Untersuchungen über die ältere christliche Hymnenpoësie. I. Tl: Reimverwendg u. Taktwechsel. Würzburg, Druck d. kgl. Universitätsdr. v. H. Stürtz, 1896; 64 S. 8.
Würzburg, k. altes G, P 1896*

Spiegel, *Nicolaus* [Dr.]: Untersuchungen über die ältere christliche Hymnenpoesie. II. Tl: Der Strophenbau in d. Hymnen u. d. jüngeren Sequenzen. [Forts. d. P-Beil. 1896.] Würzburg, kgl. Universitätsdr. v. H. Stürtz, 1897; 1 Bl., 67—115 S. 8.
Würzburg, k. altes G, P 1897*

Spiegel, Nic. [k. Studienlehrer bei St. Stephan in Augsburg]: Vaganten und Bacchanten. I. Teil: Der Ursprung des Vagantentums . . . Augsburg: Druck v. Ph. J. Pfeiffer 1888. IV, 60 S. u. 1 Tab. 8°
Würzburg, Phil. Fak., Inaug.-Diss. v. 1888

[J.] **Spiegel,** Nic. [Dr.]: Die Vaganten und ihr ‚Orden'. Speyer, Druck d. Jäger'schen Buchdr., 1892; 2 Bl., 73 S. 8.
Speyer, k. humanist. G, P 1892*

Spiegel, Otto, appr. Arzt a. Gelsenkirchen: Ein Fall von progressiver perniciöser Anämie mit schwerer Erkrankung des Rückenmarkes. München 1904: Kastner & Callwey. (35 S.) 8°
München, Med. Fak., Ref. v. Bauer, Diss. v. 7. Okt. 1904
[Geb. 16. Aug. 80 Gelsenkirchen, Westfalen; Wohnort: Wiesbaden; Staatsangeh.: Preußen; Vorbildung: Gymn. Burgsteinfurt Reife Juli 99; Studium: München 2, Kiel 2, Bonn 1, Berlin 2, München 2 S.; Coll. 21 Sept. 04; Approb. 6. Juli 04.]

Spiegel, Otto [aus Dortmund]: Über die psychischen Störungen bei der disseminierten Sklerose. . . . Berlin, Buchdr. v. G. Schade, *1891*; 30 S., 1 Bl. 8°
Berlin, Med. Fak., Inaug.-Diss. v. 8. Apr. 1891

Spiegel, Paul: Die Ernährung der Säuglinge zu München im Jahre 1896. *München 1898: Kastner & Lossen.* (34 S.) 8°
München, Med. Diss. v. 1898

Spiegel, Percy, a. Bradford (Yorkshire): Über stickstoffhaltige Derivate der Trichloressigsäure. (Berlin-Wilmersdorf: C. Arnold 1906.) (40 S.) 8°
Berlin, Phil. Fak., Ref. Gabriel, Diss. v. 22. Dez. 1906
[Geb. 4. März 85 Bradford (Yorkshire), England; Wohnort: London; Staatsangeh.: England; Vorbildung: Askan. Gymn. Berlin Reife O. 03; Studium: Berlin 7 S.; Rig. 8. Nov. 06.]

Spiegel, Rich., der Steinrechner f. d. Baugewerbe. 4. (96 S.) Nürnberg 897. (F. Korn.) n. 2. 50

Spiegel, Rich., der Steinrechner f. das Baugewerbe. 2. Aufl. 4. (176 S.) Nürnberg 899. (Halle, L. Hofstetter.) n. 3. —

Spiegel, Richard: Der Steinrechner für das Baugewerbe ... Verf.: Richard Spiegel. 2. Aufl. Nürnberg: C. Reinhardt (aufgedr.: Halle a. S.: L. Hofstetter) 1899. (171 Taf.) 8° (4°)

Spiegel, Walter: Die Bedeutung der Musik für die griechische Erziehung im klassischen Altertum. Berlin: Warneck 1910. 92 S. 8°
Erlangen, Phil. Diss. v. 18. Okt. 1910, Ref. Hensel
[Geb. 10. Dez. 87 Berlin; Wohnort: Berlin; Staatsangeh.: Preußen; Vorbildung: Gymn. Gr.-Lichterfelde Reife O. 06; Studium: Halle 2, Lausanne 1, Berlin 3, Erlangen 2 S.; Rig. 6. Juni 10.] [U 11. 1000

BETTELMÖNCHE. — Grab, Das, der Bettel-Mönche (von *Franz Wilh.* Frhrn. *v. Spiegel zum Diesenberg-Canstein*). Gedruckt im J. 1781. 8°. 8 Bll. u. 174 S. (5 Mk. E. Frensdorff, 1908.)

Spiegel v. u. z. Peckelsheim, Frhr., rationelle Geflügelzucht als gute Einnahmequelle f. die Förstersfrau. gr. 8. (24 S.) Hann.-Münden (902). (H. Augustin.) n. — 60

Spiegel v. u. zu Peckelsheim, Frhr., rationelle Geflügelzucht als gute Einnahmequelle f. die Förstersfrau. 2. Aufl. (32 S.) gr. 8. Neudamm 903. J. Neumann. n. 1. —

Spiegel v. u. zu Peckelsheim, Frhr., rationelle Geflügelzucht als gute Einnahmequelle f. die Förstersfrau. 3. Aufl. Mit 11 Abb. d. empfehlenswertesten Nutzgeflügelrassen. (58 S.) 8. Neudamm 909. J. Neumann. 1. —

— dasselbe f. kleine Haushaltungen in Land u. Stadt. Mit 15 Abb. der empfehlenswertesten Nutzgeflügelrassen. (63 S.) 8. Ebd. 910. 1. —

Spiegel, v. Pickelsheim, Frhrr. Dtr. Er., Gedichte; hrsgg. von Karl F. v. Reitzenstein. 8. Wien 793. Schaumburg u. C. 14 ℊ

SPIEGEL v. Pickelsheim, Dietr. Ernst Frhr. (1737—89), Gedichte; hrsg. von Carl Frhrn. v. Reitzenstein. Wien, Stahel, 1793. 12°. XVI u. 207 S. (5 Mk. 60 Pfg. Taussig, Prag, 1907.)
Enth. u. a. Uebersetzungen von Gedichten *Grécourt's* u. a. französ. Autoren. — Engelmann hat „1792".

Lied der Loge zur Sonne am Geburts-Tage Alexanders, des geliebten Durchlauchtigsten Landes-Vaters und Protektors! von einem Br. [d. i. Spiegel von Pickelsheim.] Anno 1787. 4 Bl. 8°. [Umschlagtit.]
„Manche Quelle reiner Freude" ...
Sehr selten.

Spiegelberg, A., Humoristisches zum Vorlesen u. Vortragen in Lehrerkreisen u. Lehrerversammlungen. 2. Heft. (III, 77 S.) kl. 8. Graz 904. (P. Cieslar.) n. 1. —

Spiegelberg, Bernard. (geb. Salzkotten bei Paderborn 1821): De fermentatione sanguinis purulenta. Berolini (1846). (31 S.) 8°
Berlin, Med. Diss. v. 30. Juli 1846

Spiegelberg, C. G. F., Vergleichungstabellen d. Franken u. Centimen, mit den im Königreich Westphalen cursirenden Münzsorten. gr. 4. Braunschw. Vieweg. 812.

Spiegelberg, Erich, a. Hannover: Aus der Straßburger Hebammenschule. Ein Fall von Chorioepithelioma malignum. Straßburg i. E. 1905: C. Müh & Cie. (38 S.) 8°
Straßburg, Med. Fak., Ref. Fehling, Diss. v. 25. März 1905
[Geb. 27. Sept. 77 Hannover; Wohnort: Hannover; Staatsangeh.: Preußen; Vorbildung: Reife Leibniz-Realgymn. Hannover, Ergänzungsprüf. Ratsgymn. Osnabrück; Studium: Straßburg 1, München 2, Berlin 4, Straßburg 4 S.; Coll. 2. März 05; Approb. 15. Febr. 05.]

Spiegelberg, Ernst [Referendar]: Eigenthumserwerb an Flussinseln . . . . Rostock, Univ.-Buchdr. v. Adler's Erben, 1886; 58 S. 8°.
Rostock, Jur. Fak., Inaug.-Diss. v. 26. Febr. 1886.

Spiegelberg, Ernst, Eigenthumserwerb an Flussinseln. Diss. Rostock 1886, G. B. Leopolds Univ.-Buchh. 8°. 58 S.

Spiegelberg, Ernst, Referendar a. Hannover: Die offene Handelsgesellschaft als Teilnehmerin an einer anderen offenen Handelsgesellschaft. Göttingen 1906: W. F. Kaestner. (VII, 56 S.) 8°
Göttingen, Jur. Fak., Ref. Ehrenberg, Diss. v. 25. Sept. 1906
[Geb. 31. Dez. 82 Salzkotten; Wohnort: Hannover; Staatsangeh.: Preußen; Vorbildung: Lyceum II Hannover Reife O. 01; Studium: Berlin 2, München 2, Göttingen 2 S.; Rig. 23. Mai 06.]

Spiegelberg, G., lustige Kurzweil. 1000 (originelle, neue) Scherzfragen nebst Antworten zur Unterhaltg. f. Jung u. Alt. (IV, 87 S.) 8. Leipzig (904). Ernst. — 75

Spiegelberg, G., über 1700 Themen zu freien Aufsätzen u. Niederschriften in d. Volksschule. (VIII, 53 S.) 8. Halle 910. H. Gesenius. — 60

Spiegelberg, Gustav, Zwei neue Mannschaftswettspiele: D. Glockenball u. d. Schlachtenball, m. Abb., Leipzig, 14 S., 16°.

Spiegelberg, Hanns Hannak, Alcibiades. Ein Drama in 1 Vorspiel u. 3 Akten. (136 S.) kl. 8. Berlin (910). H. Vermühler. Geb. 2. —

Spiegelberg, Hugo [app. Arzt aus Breslau]: Beiträge zur Kenntnis der multipel auftretenden Knochensarkome ... Frankfurt a. M., H. L. Brönner's Druckerei, 1894; 31 S. 8.
Freiburg i. B., Med. Fak., Inaug.-Diss. v. 1894

Spiegelberg, Joh. Hugo, die Influenza im Kindesalter. Ein kurzer krit. Ueberblick üb. die Literatur der letzten 15 - 20 Jahre. (14 S.) gr. 8. Leipzig 903. B. Konegen. n. 1. —

Spiegelberg, Joh. Hugo, die Krankheiten des Mundes u. der Zähne im Kindesalter, s.: Abhandlungen, Würzburger, a. d. Gesamtgebiet d. prakt. Medizin. I. 9.

— die Rolle der Schilddrüse bei Stillstand u. Hemmung des Wachstums etc., s.: Hertoghe, E.

— zur natürlichen Säuglingsernährung. (11 S.) gr. 8. Ebd. 904. n. 1. —
2 Sonderabdrucke aus: „Der Kinder-Arzt".

Spiegelberg, Joh. Hugo, Ursachen u. Behandlung der Kehlkopfstenosen im Kindesalter, s.: Abhandlungen, Würzburger. a. d. Gesamtgebiet d. prakt. Medizin. II. 11.

— Wesen u. Behandlung der Krämpfe im Kindesalter, s.: Abhandlungen, Würzburger, aus dem Gesamtgebiet der prakt. Medizin. II. 5.

Spielberg, Otto

—— Allgemeines über Exsudate in der Umgebung des weibl. Genitalcanals, } s. Sammlung klin. Vorträge.

Spiegelberg, Otto, über intrauterine Behandlung, } s. Sammlung klin. Vorträge.

—— die Diagnose der Eierstockstumoren, besonders der Cystome, } s. Sammlung klin. Vorträge.

Spiegelberg, Otto, de l'essence de la fièvre puerpérale, s.: Recueil de conférences cliniques.

Spiegelberg, Otto, Lehrbuch der Geburtshülfe, s.a. Cyclus organ. verbund. Lehrbücher etc.

Spiegelberg, Otto, Lehrbuch der Geburtshülfe für Aerzte und Studirende. 2 Hälften. Lex.-8. Lahr, Schauenburg's Verlag. [1. Hälfte. (S. 1—404 mit 76 eingedr. Holzschn. und Lithogr.) 877; 2. Hälfte. (X, S. 405—874 mit 68 eingedr. Holzschn.) 878.] à Hälfte * ℳ 10. *

— Lehrbuch der Geburtshülfe für Aerzte u. Studirende. 2., verm. Aufl., beendet von M. Wiener. Lex.-8. (XII, 798 S. m. eingedr., zum Thl. farb., Holzschn.) Lahr 880. Schauenburg n. 20. —

—— Lehrbuch der Geburtshülfe für Aerzte und Studirende. 2. verm. Aufl. Lex.-8. (XII, 798 S. mit eingedr., zum Theil farbigen, Holzschn.) Lahr 882, Schauenburg's Verlag. *

Spiegelberg, Otto. Lehrbuch der Geburtshilfe f. Aerzte u. Studierende. 3. Aufl., neu bearb. v. Max Wiener. Lex.-8. (XIV, 858 S. m. Abbildgn.) Lahr 891, Schauenburg. * 20 —
geb. in Hlbfrz. · 22 —

— zur Lehre vom schräg verengten Becken. Mit 3 lith. Taf. (wovon 1 in Buntdr. in gr. 8. u. qu. 4.) [Aus: „Archiv f. Gynaekologie."] gr. 8. (25 S.) Berlin 871. Hirschwald. n. 2. —

Spiegelberg, Otto: Zur Lehre vom schrägverengten Becken. (Leipzig) 1871. (VI, 24 S., 3 Taf.) 8° *(Aus: Archiv f. Gynäkol. Bd 2. [1871.])*
Breslau, Glückwunsch d. med. Fak. z. 50-jähr. Dr.-Jubil. v. Hans Carl Leop. Barkow am 16. Febr. 1871

— über Placenta praevia, s.: Sammlung klinischer Vorträge.

Spiegelberg, Otto [Gerichtsass. in Frankfurt a. M.]: Ueber das gegenseitige Verhältniss zwischen dem gerichtlichen Geständniss und der Offenkundigkeit bei dem Gericht nach der deutschen Civilprozessordnung ... Frankfurt a. M., H. L. Brönner's Druckerei, 1896; 1 Bl., II, 128 S. 8.
Marburg, Jur. Fak., Inaug.-Diss. v. [1. Juni] 1896

—— über das Wesen des Puerperalfiebers, s. Sammlung klin. Vorträge.

Spiegelberg, P[aul]: Über den 3-N-Aminobenzoylenharnstoff und seine Derivate. Rostock 1905: C. Hinstorff. (52 S.) 8°
Rostock, Phil. Fak., Ref. Michaelis, Diss. v. 25. Juni 1905
[Geb. 26. Okt. 78 Wollin; Wohnort: Wollin; Staatsangeh.: Preußen; Vorbildung: Realprogymn. Wollin Reife f. Obersekunda O. 94; Studium: Rostock 7 S.; Rig. 29. Nov. 04.]

Spiegelberg, Wilh., Arbeiter u. Arbeiterbewegg. im Pharaonenreich unt. d. Ramessiden (ca. 1400 - 1100 v. Chr.) E. kulturgeschichtl. Skizze. gr. 8. (IV, 25 S. m. 2 Abb. u. 1 Lichtdr.-Taf.) Strassburg 895. K. J. Trübner, Verl. n. 1. —

Spiegelberg, Wilh., der Aufenthalt Israels in Aegypten im Lichte der aegyptischen Monumente. (Umschlag: 2. Aufl.) (56 S. m. 12 Abbildgn.) 8. Strassburg 904. Schlesier & Schweikhardt. n. 1. —

Spiegelberg, Wilh., zwei Beiträge zur Geschichte u. Topographie der thebanischen Necropolis im neuen Reich. I. Der Grabtempel Amenophis' I. zu Drah-Abu'l-Negga. II. Plan e. Gesamtarbeit üb. die Verwaltg. der theban. Necropolis im neuen Reich. (Vortrag.) gr. 4. (III u. 16 autogr. S. m. Fig. u. 6 Taf.) Strassburg 898. Schlesier & Schweikhardt. n. 6. —

Aegyptische und griechische Eigennamen aus Mumienetiketten der römischen Kaiserzeit auf Grund von grossenteils unveröff. Material gesamm. u. erl. von Wilhelm **Spiegelberg**, Prof., Strassburg. *Leipzig: J. C. Hinrichs 1901.* (VII, 58 S., 33 Taf.) 4°
— **Spiegelberg**: Demotische Studien. H. 1. (01. 6075

— Elephantine-Papyri, s.: Urkunden, ägyptische, aus den kgl. Museen in Berlin. (Rubensohn, O.)

— Geschichte der ägyptischen Kunst bis zum Hellenismus, s.a. Orient, der alte. 1. Erg.-Bd.

Spiegelberg, Wilhelm: Geschichte der Ägyptischen Kunst bis zum Hellenismus im Abriß dargest. von —. Mit 79 Abb. Leipzig: J. C. Hinrichs 1903. (VI, 88 S.) 8°
Orient, Der alte. Erg. Bd. 1.

— s.a. Grabsteine u. Denksteine, ägyptische, aus süddeutschen Sammlungen.

Spiegelberg, Wilhelm: Aegyptische Grabsteine und Denksteine aus süddeutschen Sammlungen. Hrsg. von Wilhelm Spiegelberg, Prof. in Strassburg, [&] B[althasar] Pörtner, Divisionspfarrer in Mühlhausen. 1. Strassburg i. E.: Schlesier & Schweikhardt 1902. 4⁰ [Lith.]

— die demotischen Inschriften, s.a.Catalogue général des antiquités égyptiennes du musée du Caire. XVI.

Spiegelberg, Wilhelm. Die demotischen Inschriften. *Leipzig: W. Drugulin 1904.* (IX, 100 S.) 2⁰(4⁰)
= Denkmaeler, Die demotischen, 30601–31166. 1.
= Catalogue général des antiquités égypt. du Musée du Caire. Vol. 16.
[04. 16170

— Ausgewählte Kunst-Denkmäler d. ägypt. Sammlg. der Kaiser Wilhelms-Universität Strassburg. Mit 77 Abb. auf 20 Lichtdr.-Taf., davon 2 in Mehrfarbendr., nach Zeichngn. v. Hugo Tschuncky, u. 28 Abb. im Text. (Gedr. m. Unterstützg. d. „Wissenschaftl. Gesellschaft in Strassburg".) (VI, 47 S.) 33×26 cm. Strassburg 909. [Schlesier & Schweikhardt.] Leipzig, J. C. Hinrichs' Verl. Geb. in Leinw. 30. —

— der Name des Phoenix. gr. 8. (S. 163—165.) Strassburg 901. K. J. Trübner. n.n. — 50
Sonderabdruck aus: „Strassb. Festschrift z. 46. Versammlg. deutscher Philologen u. Schulmänner".

— die Novelle im alten Aegypten. E. litterar-histor. Essay. 8. (IV, 53 S.) Ebd. 898. n. 1. —

— demotische Papyrus aus den königl. Museen zu Berlin. Hrsg. v. der Generalverwaltung. Mit erläut. Texte. gr. Fol. (III, 36 S. m. 99 Lichtdr.-Taf.) Leipzig 902. Giesecke & Devrient. Geb. in Halbleinw. n. 100. —

— die demotischen Papyrus der Strassburger Bibliothek. Hrsg. u. übers. 4. (52 S. m. 6 Abbildgn.) Mit 17 Lichtdr.-Taf. in Mappe. Imp.-Fol. Strassburg 902. Schlesier & Schweikhardt. n. 60. —

— Die demotischen Papyrus, s.a.Catalogue général d. antiquités égyptiennes du musée du Caire.

Spiegelberg, Wilhelm: Die demotischen Papyrus von —. Text. Tafeln. Strassburg i. E. 1908: M. Dumont Schauberg. 4⁰
(Die demotischen Denkmäler. 2.)
(Catalogue general des antiquites egypt. du Musee du Caire. [15.] 2.)

— Die demotischen Papyrus der Musées Royaux du Cinquantenaire (zu Brüssel). (V, 32 S. m. 7 Taf.) 32×25,5 cm. Brüssel (18 Rue de Paroissiens) 909. Vromant & Co. Kart. 12. —

— Der Papyrus Libbey, e. ägyptischer Heiratsvertrag, s.: Schriften d. wissenschaftl. Gesellschaft in Stassburg. I.

— ägyptologische Randglossen zum Alten Testament. (48 S.) gr. 8. Strassburg 904. Schlesier & Schweikhardt. n. 2.40

— Rechnungen aus d. Zeit Setis I. (ca. 1350 v. Chr.) m. and. Rechngn. d. neuen Reiches, hrsg. u. erklärt v. S. Text- u. Tafelbd. Fol. (VII, 99 S. m. 43 Taf. u. 1 Bl. Text.) Ebd. 896. Kart., Taf. in Mappe, n.n. 70. —

— Der Sagenkreis des Königs Petubastis, s.a. Studien, demotische. 3. Heft.

Spiegelberg, Wilhelm: Der Sagenkreis des Königs Petubastis. Nach d. Strassburger demotischen Papyrus sowie d. Wiener u. Pariser Bruchstücken hrsg. von —. Leipzig: Hinrichs 1910. 80, 102 S., 22 Taf. 4⁰
(Spiegelberg: Demotische Studien. H. 3.)

Die Aegyptische Sammlung des Museum Meermanno-Westreenianum im Haag. Hrsg. u. erl. v. Wilhelm Spiegelberg, Privatdoz. . . . an d. . . . Univ. Strassburg. *Strassburg: K. J. Trübner 1896.* (2 Bl., 29 S., 5 Taf.) 1 Bd 4. [Text autogr.]
[96. 911

— Die Schrift u. Sprache d. alten Ägypter, s.a. Orient, D. alte. VIII, 2.

Die Schrift und Sprache der alten Ägypter. Von Wilhelm Spiegelberg, Prof., Straßburg. Mit 3 Abb. u. mehreren Schriftproben. Leipzig: J. C. Hinrichs 1907. (32 S.) 8⁰ [J.]
= Orient, Der Alte. Jg. 8, H. 2.
[07. 549

— ägyptisches Sprachgut in den aus Aegypten stammenden aramäischen Urkunden der Perserzeit, s.: Studien, orientalische.

Spiegelberg, Wilh., demotische Studien. 2. Heft. 33×25,5 cm. Leipzig, J. C. Hinrichs' Verl. nn 12. —
Demot. Papyrus v. der Insel Elephantine. I. Nr. 1–13. Veröffentlicht u. bearb. (27 S. m. 10 Lichtdr.-Taf.) 908.
Heft 1 u. d. T.: Spiegelberg, W., ägyptische u. griech. Eigennamen aus Mumienetiketten d. röm. Kaiserzeit. Ebd. 901. 24.—.

Spiegelberg, Wilhelm: Studien und Materialien zum Rechtswesen des Pharaonenreiches der Dynast. XVIII—XXI '(c. 1500—1000 v. Chr.)' . . . Hannover, Comm.-V. d. Hahn'schen Buchh., 1892; 1 Bl., 132 S. 4. [autogr.]
Strassburg, Phil. Fak., Inaug.-Diss. v. 1892

Spiegelberg, Wilh., Studien u. Materialien zum Rechtswesen d. Pharaonenreiches der Dynast. XVIII–XXI (c. 1500—1000 v. Chr.). Diss. gr. 4. (132 S.) Hannover 892. (Hahn.) n. 10. —

— Das demotische Totenbuch der Pariser Nationalbibliothek, s.: Studien, demotische. 4. Heft.

Ein Spiegelbild der Wahrheitsliebe der Führer des Evangelischen Arbeitervereins. Unter bes. Berücks. d. Charaktereigenschaften d. Kommerz.R. Peter Wegmann von Rothenditmold der Casseler Arbeiterschaft u. d. Bürgern von Rothenditmold gewidmet. *Cassel: G. Garbe 1903.* (20 S.) 8⁰ [Umschlagt. J.]
[04. 1354 4

Spiegelbilder der Erinnerung. Erlebtes, Erschautes, Erdachtes aus den Papieren eines Fünfzigers. Von dem Verfasser der »Modernen Imperatoren«. Bevorwortet von A. Meißner. Leipzig 1868. V: *Kertbeny (= Benkert), Carl Maria.* (Russell VII, 2, 384)

Spiegelbilder der Erinnerung. 2 Bde. 8. Leipzig 868, Licht und Meyer. 6 —

Spiegelbilder der Erinnerung. Erlebtes, Erschautes, Erdachtes aus den Papieren eines Fünfzigers. Vom Verf. der „modernen Imperatoren". Bevorwortet von Alfr. Meißner. 2 Bde. 8. (VIII, 434 S.) Leipzig 868, Matthes.

Spiegelbilder aus der Geschichte des deutschen Vaterlandes. 1—3. Bd. 16. Glogau 859. 60, Flemming's Verlag. à Bd. * 10 Ngr. *

Inhalt:
Bd. 1. Kühn, Fr., Ghlodwig. Eine Erzählung aus der Geschichte des deutschen Volkes. Nach Hendrik Conscience, für die Jugend bearb. (181 S. mit 3 Stnl. in Tondr.)
„ 2. —— der Burggraf von Nürnberg. Eine Erzählung für die Jugend. (111 S. mit 3 lithogr. Illustr. in Tondr. von Carl Jaeger.)
„ 3. —— Leuthen. Eine Erzählung für die Jugend. (108 S. mit 3 lithogr. Illustr. in Tondr. von Carl Jaeger.)

Spiegelbilder aus der Geschichte des deutschen Vaterlandes. 4.—9. Bd. 16. Glogau, Flemming. cart. à Bd. * 10 Ngr. *

Inhalt:

Bd. 4. Kühn, Frz., Ferdinand v. Schill. Eine Erzählung. (190 S. mit 4 lithogr. Illustr. von Carl Jaeger.) 862.
" 5. —— Seydlitz. Eine Erzählung für die Jugend. (202 S. mit 4 lithogr. Illustr. von Carl Jäger.) 862.
" 6. —— Scharnhorst. Eine Erzählung für die Jugend. (116 S. mit 4 lithogr. Bildern von Carl Jäger.) 864.
" 7. —— Nettelbeck. Eine Erzählung für die Jugend. (141 S. mit 4 lithogr. Bildern in Tondr. von Carl Jäger.) 865.
" 8. —— Derfflinger. Eine Erzählung für die Jugend. (135 S. mit 4 lithogr. Bildern in Tondr. von Carl Jäger.) 865.
" 9. —— deutsche Treue. Eine Erzählung aus der Geschichte des deutschen Volkes. (191 S. mit 4 lithogr. Bildern in Tondr. von L. Venus.) 867.

—— aus der Geschichte des deutschen Vaterlandes. 4., 5. und 10. Bdchn. gr. 16. Glogau 870, Flemming. geb. à Bdchn. *ℳ 1. *

Inhalt:

Bdchn. 4. Kühn, Frz., Ferdinand v. Schill. Eine Erzählung für die Jugend. 2. Aufl. (194 S. mit 4 Illustr., Stnt., von Carl Jaeger.)
" 5. Seydlitz. Eine Erzählung für die Jugend. 2. Aufl. (206 S. mit 4 Illustr., Stnt., von Carl Jaeger.)
" 10. Kühn, Frz., Barbarossa. Eine Erzählung aus der Geschichte des deutschen Volkes. (160 S. mit 4 lithogr. Bildern in Tondr. von L. Venus.)

—— aus dem Kinderleben. Ein neuer Struwelpeter. gr. 4. (20 Chromolithogr. mit Text.) Wesel 869, Düms. cart.

Spiegel-Bilder für das zarte Kindesalter. Eine Sammlung Geschichtchen in Versen mit 22 ill. Abbild. Für Kinder von 2—7 Jahren. 4. (18 Bl.) Weimar 847, Hoffmann.

Spiegel-Bilder für das zarte Kindesalter ... Weimar [1854.] V: *Jäde, Heinrich F.* (Ky)

Spiegel-Bilder für das zarte Kindesalter. Eine Sammlung Geschichtchen in Versen mit 22 ill. Abbild. Für Kinder von 2—7 Jahren. 2. Aufl. 4. (18 ill. Stnt. mit Text.) Weimar 854, Hoffmann.

Spiegelbilder für kleine Knaben und Mädchen. 8. (16 S. mit 8 ill. Stnt.) Stuttgart 862, Nitzschke. cart.

Spiegelbilder aus dem Leben, in Erzählungen von J. Fr. Schink. 8. Berlin, Schlesinger. 820.

—— aus dem Leben und der Geschichte der Völker, s.a. Kühn, Frz.

Spiegelbilder aus dem Leben u. der Geschichte der Völker. Erzählungen f. die Jugend. 1—12. Bdchn. 12. Leipzig 885. 86. Oehmigke. cart. à — 75

1. Gott verläßt keinen Deutschen. Geschichte e. jungen Seefahrers. Der Jugend erzählt v. Frz. Kühn. Mit 1 Titelbild. 2. Aufl. (95 S.)
2. Auf der Steppe. Erlebnisse in e. deutschen Ansiedelg. Rußlands. Der deutschen Jugend erzählt v. Frz. Kühn. Mit 1 Titelbild. 2. Aufl. (94 S.)
3. Die Brüder. Erzählung aus der Zeit der Befreiungskriege. Der deutschen Jugend gewidmet v. Frz. Kühn. Mit Titelbild. 2. Aufl. (104 S.)
4. Peter Szapar od. die Türken in Ungarn u. vor Wien. Erzählung f. die Jugend v. Frz. Kühn. Mit 1 Titelbild. 2. Aufl. (104 S.)
5. Zwei Lebenswege. Erzählung aus dem Leben in den Vereinigten Staaten v. Nordamerika. Von Frz. Kühn. Mit 1 Titelbild. 2. Aufl. (105 S.)
6. Treue Freundschaft od. Schloß u. Mühle. Erzählung aus der Franzosenzeit. Der deutschen Jugend gewidmet v. Frz. Kühn. Mit 1 Titelbild. 2. Aufl. (102 S.)
7. Die junge Griechin am Hofe d. Kaisers Nero. Von Ferd. Schmidt. 3. Aufl. (96 S.)
8. Unter deutschen Eichen zur Zeit Karls d. Großen. Von Frz. Wiedemann. 2. Aufl. (96 S.)
9. Treue Anhänglichkeit. Erzählung aus der Vergangenheit Venedigs. Von Frz. Kühn. 2. Aufl. (104 S.)
10. Die Schwestern. Erzählung aus e. schles. Gebirgsdorfe. Von Frz. Kühn. 2. Aufl. (96 S.)
11. Ein edler Sohn od. im Dienste der Ostindischen Compagnie. Von Fr. Kühn. 2. Aufl. (95 S.)
12. Gustav. Eine Erzählg. aus der Geschichte Schwedens. Von Frz. Kühn. 2. Aufl. (91 S.)

Spiegelbilder aus dem Leben u. der Geschichte der Völker. 13.—22. Bdchn. Mit je 1 Titelbild. 12. Leipzig 887. 888. Oehmigke. cart. à — 75

13. Schwester Martha, od.: Ein edler Beruf. Von F. Kühn. 2. Aufl. (96 S.)
14. Jakob, der kleine Farmer, od.: Bleibe im Lande. Von F. Kühn. 2. Aufl. (94 S.)
15. Die Farm im Urwald. Erlebnisse e. jungen Auswanderers. Von F. Kühn. 2. Aufl. (100 S.)
16. Admiral Carpfänger, e. deutscher Seeheld. Von H. Smidt. 2. Aufl. (96 S.)
17. Die Goldsucher in Australien. Erzählung nach dem Engl. Von A. Nitsche. 3. Aufl. (96 S.)
18. Der Katzenraphael. Lebensbild e. seltsamen Künstlers. Von F. Wiedemann. 2. Aufl. (108 S.)
19. Das Vaterunser u. das Leben. Erzählung zu Nutz u. Frommen der lieben Jugend. Von F. Wiedemann. 2. Aufl. (116 S.)
20. Christlieb. Eine erzgebirg. Dorfgeschichte. Von F. Wiedemann. 2. Aufl. (112 S.)
21. Durch Sturm zum Hafen. Erzählung aus der Zeit d. 30jähr. Krieges. Von F. Carstädt. (92 S.)
22. Vaterlandsliebe. Erzählung aus der Zeit der Not u. der Erhebg. Deutschlands. Von F. Kühn. 2. Aufl. (95 S.)

Spiegelbilder aus dem Leben u. der Geschichte der Völker. Erzählungen f. die Jugend. 1.—7., 9.—11. u. 23.—27. Bd. 12. (Mit je 1 Titelbild.) Leipzig, A. Oehmigke's Verl. Kart. à — 75

1. Gott verläßt keinen Deutschen. Geschichte e. jungen Seefahrers. Von Frz. Kühn. 3. Aufl. (95 S.) 885.
2. Auf der Steppe. Erlebnisse in e. deutschen Ansiedlg. Rußlands. Von Frz. Kühn. 3. Aufl. (94 S.) 885.
3. Die Brüder. Erzählung aus der Zeit der Befreiungskriege. Von Frz. Kühn. 3. Aufl. (104 S.) 885.
4. Peter Szapar od.: die Türken in Ungarn u. vor Wien. Von Frz. Kühn. 3. Aufl. (104 S.) 885.
5. Zwei Lebenswege. Erzählung aus dem Leben in den Vereinigten Staaten v. Nordamerika. Von Frz. Kühn. 3. Aufl. (105 S.) 885.
6. Treue Freundschaft od. Schloß u. Mühle. Erzählung aus der Franzosenzeit. Von Frz. Kühn. 3. Aufl. (102 S.) 885.
7. Die junge Griechin am Hofe des Kaisers Nero. Von Ferd. Schmidt. 4. Aufl. (96 S.) 886.
9. Treue Anhänglichkeit. Erzählung aus der Vergangenheit Venedigs. Von Frz. Kühn. 3. Aufl. (104 S.) 886.
10. Die Schwestern. Erzählung aus e. schles. Gebirgsdorfe. Von Frz. Kühn. 3. Aufl. (96 S.) 886.
11. Ein edler Sohn od.: Im Dienste der Ostind. Compagnie. Von Frz. Kühn. 3. Aufl. (95 S.) 886.
23. Peter Schöffer u. die Erfindung der Buchdruckerkunst. Ein Kulturbild f. die reifere Jugend v. W. Maßlieb. 2. Aufl. (128 S.) 893.
24. George Stephenson u. die Entstehung der Eisenbahnen. Ein Kultur- u. Lebensbild f. die reifere Jugend v. W. Maßlieb. 2. Aufl. (118 S.) 893.
25. Aus der Jugendzeit berühmter Künstler. Von Emil Ohly. (Beethovens Knabenjahre. Aus Correggios Jugendleben. Die Jugend Palestrinas.) 2. Aufl. (112 S.) 894.
26. Der sibirische Zobeljäger. Erzählung v. Pet. Parley. Nach dem Engl. 4. Aufl. (96 S.) 894.
27. Die Zeiten sind nicht mehr, wo Bertha spann. Erzählung f. die Jugend v. Katharina Diez. 2. Aufl. (112 S.) 894.

Spiegelbilder aus dem Leben u. der Geschichte d. Völker. Erzählgn. f. d. Jugend. 1., 2., 6., 8. u. 28.—40. Bd. 12. (Mit je 1 Titelbild.) Leipzig, A. Oehmigke. Kart. à — 75

1. Gott verläßt keinen Deutschen. Gesch. e. jungen Seefahrers. D. Jugend erz. Von Frz. Kühn. 4. Aufl. (96 S.) 895.
2. Auf d. Steppe. Erlebn. in e. deutschen Ansiedlg. Rußlands. D. Jugend erz. Von Frz. Kühn. 4. Aufl. (95 S.) 895.
6. Treue Freundschaft oder: Schloß u. Mühle. Erzählg. aus der Franzosenzeit. Von Frz. Kühn. 4. Aufl. (104 S. m. Titelbild.) 897.
8. Unt. deutschen Eichen zur Zeit Karls d. Großen. Erzählg. f. d. Jugend. Von Frz. Wiedemann. 3. Aufl. (96 S. m. 1 Titelbild.) 898.
28. Kaiserin Adelheid. Geschichtl. Erzählg. f. d. Jugend. Von Katharina Diez. 2. Aufl. (93 S.) 895.
29. Aus d. Leben berühmter Künstler. Von Emil Ohly. Guido v. Arezzo, d. Erfinder d. Notensystems. — Salvator Rosas Jugendzeit. — Joseph Tartini. 2. Aufl. (103 S.) 895.
30. Der rechte Soldat. Geschichte aus d. Zeit d. franz. Krieges. Von Aurelie. (102 S.) 895.
31. D. Töchter d. Farmers. Erzählg. f. d. Jugend. Von Aurelie. (140 S.) 896.
32. D. Johannistag. Erzählg. f. d. Jugend. Von Aurelie. (92 S.) 896.

33. Wer ist reich? Erzählg. f. die Jugend. Von Aurelie. (127 S.) 896.
34. Auf wogender See. Kurbrandenburg. Seegeschichten. — Nebst e. Vorgeschichte: Edelsitz u. Fischerhütte. Von Heinr. Smidt. 2. Aufl. (156 S.) 896.
35. Am Hofe d. Königin Luise. Erzählg. f. d. Jugend. Von J. Pederzani-Weber. (84 S.) 896.
36. Auf grünem Ried. Erzählg. f. d. Jugend. Von A. Gnevkow. (128 S.) 897.
37. Yermak, d. Kosak, u. d. Eroberg. Sibiriens. Am Obi. 2 Erzählgn. f. d. Jugend. Von Thdr. Griesinger. (126 S.) 897.
38. Auf Neufundland u. Labrador oder: wie es mir gelang, mein Glück zu machen. Zwischen zwei Weltteilen. D. Jugend erzählt. Von Thdr. Griesinger. (103 S.) 897.
39. D. Kinderkreuzzug. Erzählg. f. d. Jugend. Von J. Pederzani-Weber. (103 S.) 898.
40. Für freie Stunden. Heiteres u. Ernstes f. jung u. alt. 2. Aufl. Von K. Th. Kriebitzsch. (104 S.) 898.

Spiegelbilder aus dem Leben u. der Geschichte der Völker. Erzählungen f. die Jugend. 3., 10., 13., 15. u. 41.—59. Bd. 12. (Mit je 1 Titelbild.) Leipzig, A. Oehmigke. Kart. à n. — 75

Inhaltsübersicht in alphabetischer Ordnung:

Field, John, das Blockhaus. Erzählung aus dem westl. Amerika. 2. Aufl. (112 S.) (901.) (Bd. 56.)
Gnevkow, A., Meister Wohlgemuts Lehrbuben. Erzählung f. die Jugend. (85 S.) (900.) (Bd. 48.)
— die Verschwörung zu Amsterdam. Geschichtliche Erzählung f. die Jugend. (101 S.) (900.) (Bd. 47.)
— Wohlthun trägt Zinsen. Erzählung f. die Jugend. (93 S.) (899.) (Bd. 46.)
Griesinger, Thdr., isländische Geschichten. Der Jugend erzählt. (87 S.) (902.) (Bd. 59.)
— 12 Monate unter den Lappen. Erzählung f. die Jugend. (96 S.) (901.) (Bd. 57.)
Hirschfeld, Herm., Brudertreue. Erzählung f. die Jugend nach e. wahren Begebenheit. (84 S.) (899.) (Bd. 42.)
— auf dem Kellingshof. Erzählung aus der Geschichte Holsteins. (96 S.) (900.) (Bd. 50.)
— die Last der Krone. Geschichtliche Erzählung f. die Jugend. (100 S.) (902.) (Bd. 58.)
— der Page des Königs v. Navarra. Historische Erzählg. f. die Jugend. (86 S.) (899.) (Bd. 43.)
— ein Pariser Aschenbrödel od. Durch Leid zu Ehren. — Waisengrün. Zwei Erzählgn. f. die Jugend (96 S.) (899.) (Bd. 45.)
— der goldene Stiefel. — Die Sükler Sparbüchse. — Das Feuerzeug. Drei geschichtl. Erzählgn. f. die Jugend. (111 S.) (899.) (Bd. 44.)
— aus den Tagen großer Kriegsführer. Drei geschichtl. Erzählgn. f. die Jugend. (104 S.) (900.) (Bd. 51.)
Kühn, Frz., die Brüder. Erzählg. aus der Zeit der Befreiungskriege. Der Jugend gewidmet. 4. Aufl. (102 S.) (899.) (Bd. 3.)
— die Farm im Urwald. Erlebnisse e. jungen Auswanderers. 3. Aufl. (100 S.) (902.) (Bd. 15.)
— kindliche Liebe. Erzählung f. die Jugend. 2. Aufl. (91 S.) (899.) (Bd. 41.)
— Schwester Martha od.: Ein edler Beruf. 3. Aufl. (96 S.) (901.) (Bd. 13.)
— die Schwestern. Erzählg. aus e. schles. Gebirgsdorfe. 3. Aufl. (96 S.) (899.) (Bd. 10.)
Laudien, H., Marschall Vorwärts. Bilder aus dem Leben e. deutschen Helden. Der Jugend u. dem Volke erzählt. 2. Aufl. (112 S.) (900.) (Bd. 54.)
Mensch, G., John Franklin, der kühne Nordpolfahrer. Der Jugend u. dem Volke erzählt. Mit e. Karte der Nordpolarregion. 2. Aufl. (104 S.) (901.) (Bd. 55.)
Neumann, Ernst, der Eseltreiber v. San Remo od. Gottes Wege sind wunderbar. Eine Erzählg. v. der Riviera. (109 S.) (900.) (Bd. 52.)
— um Freiheit u. Vaterland. Erzählung aus dem Lande der Buren in Süd-Afrika. Für die Jugend u. ihre Freunde. (120 S.) (900.) (Bd. 53.)
Niedergesäß, Rob., Prinz Eugen u. das Ende der Türkennot. 2. Aufl. (112 S.) (900.) (Bd. 49.)

Spiegelbilder aus dem Leben u. der Geschichte der Völker. Erzählungen f. die Jugend. 60. Bd. 12. Leipzig, Einbeck, A. Oehmigke. Kart. n. — 75

Der treue Knecht od. wahre u. falsche Freunde. Eine erzgebirg. Dorfgeschichte f. die reifere Jugend. Von Frz. Wiedemann. 2. Aufl. (144 S. m. Titelbild.) (903.)

Spiegelbilder aus dem Leben u. der Geschichte der Völker. Erzählungen f. die Jugend. 61.—66. Bd. kl. 8. Einbeck, A. Oehmigke. Kart. à — 75

Klette, H., Skizzenbuch. Bunte Bilder aus der Natur u. d. Menschenleben. 1. Bdchn. (106 S. m. Titelbild.) (907.) (Bd. 66.)
Mensch, G., der Bienenjäger. Nach James Fenimore Cooper. Für die reifere Jugend bearb. 4. Aufl. (181 S. m. 3 Vollbildern.) (907.) (Bd. 64. 65.)
Nieritz, Gust., die Armenkaserne. Der Arbeit Segen. Zwei Erzählgn. m. Bildern. (130 S.) (906.) (Bd. 61.)
Zastrow, Carl, Deutsche in Nordamerika. Erzählung f. die reifere Jugend. 2. Aufl. (191 S. m. 2 Vollbildern.) (907.) (Bd. 62. 63.)

Spiegelbilder der hervorragendsten Mitglieder der jetzt tagenden Zweiten Cammer der Hannoverschen Stände-Versammlung ... Peine 1862. V: *Erck, Otto.* (PROVB nann 271)

—— neue, für das zarte Kindesalter. Eine Sammlung Geschichten in Versen mit 37 ill. Abbild. Für Kinder von 2—8 Jahren. gr. 4. (18 Bl.) Weimar 847, Hoffmann. –

Spiegelbilder, poetisch-historische. Zur Darlegung u. Heilung der Schäden unserer Zeit beleuchtet durch H . . . r. Mit einleitenden Bemerkungen von Th. Scheerer. gr. 16. (48 S.) Freiberg 877. (Craz & Gerlach.) n. 1. —

—— der Sahara. Eine Sammlung arab. Volkslieder. Zum ersten Male in's Deutsche übertragen von Jul. Altmann. 2. (Titel-)Aufl. der „Wüstenharfe". 8. (XX und 183 S. mit 1 Holzschnt. in Tondr.) Leipzig (856)61. [Glauchau, Moritz.] cart.

Spiegelfechtereien, od. Abentheuer e. Phantasten. 4 Thle. 8. Leipz. 792. (Aue in Altona). 2 ₰

SPIEGELFECHTEREYEN oder Abentheuer eines Fantasten (= „Lubomir", als Norm. 4 Thle. Mit 1 Titelkpf. (Geistererscheinung) und 1 Titelvign. (J: F: Schröter del et sc. L[ips]). Leipzig, bey Friedrich Gotthold Jacobäer, 1793. Gr. 8°. (4 Mk. W. H. Kühl, Berlin, c. 1882; 7 Mk. 50 Pfg. Speyer & Peters, Berlin, 1913.)

1: Tit., 2 Bll. Vorr., 206 S., 1 weißes Bl. 2: 168 S. (incl. Tit.). 3: 256 S. (incl. Tit.). 4: 278 S. (incl. Tit.), 1 weißes Bl.
Ueber dieses curiose, stellenweise dialogisirte, freie Opus voller Mord und Todtschlag, Hof- und Liebesintriguen, handelt ausführlich Müller-Fraureuth, Carl. Die Ritter- und Räuberromane. Halle 1894.

v. **Spiegelfeld**, J. Deodat B(aron), Andeutungen zum Entw. eines neuen Stämpelgesezes. gr. 8. (VIII u. 45 S.) Innsbruck 848. (Wagner.) 1/4 ₰

v. **Spiegelfeld**, J. Deodat Frhr., Erläuterung des II. u. III. Abschnittes des allerhöchsten Stämpel- u. Tax-Gesetzes vom 27. Jänner 1840, betreff. die Anwendung des Stämpels auf gerichtl. Akte in u. außer Streitsachen. Mit e. Anhange: Von der Anwendung des Stämpels auf Verhandlungen über Verbrechen, schwere Polizei-Uebertretungen u. Polizei-Vergehen. gr. 8. Innsbruck 843, Wagner. n. 1 2/3 ₰

— s. Nachtrag zur Erläuterung d. Stempel-Tax-Gesetzes.

Spiegelfeld, Max Freiherr von. Essays. Kl.-8. (68 S.) Innsbruck: Wagner 1892. — 50

Spiegelhalder, Ernst [app. Arzt aus Lenzkirch '(Bad. Schwarzwald)']: Einige Beiträge zur Kenntnis der Brotverhältnisse in Franken ... Würzburg, Druck v. F. Fromme, 1893; 20 S. 8.
Würzburg, Med. Fak., Inaug.-Diss. v. 1893

Spiegelhauer, G., und G. Leonhardi, homiletisches Handbuch zu Predigten aus der Apostelgeschichte, s. Leonhardi, G.

Spiegelhoff, Johannes Hermann, approb. Arzt aus Hüthum: Aus d. Universitäts-Augenklinik zu Giessen. Beitrag zur Lehre von der Conjunctivitis blennorrhoica. Giessen 1902: v. Münchow. (46 S.) 8°
Giessen, Med. Diss. v. 1902

Spiegel-Kalender, eleganter, 1880—1885. 16. (à Jahrg. 16 S. mit Spiegel.) Wien, Perles. geb. à Jahrg. *

Spiegel-Kalender, eleganter, 1886 und 1887. 16. (à Jahrg. 16 S. mit Spiegel.) Wien, Perles. geb. à Jahrg. *

—— dass. — 1888 und 1889. 64. (à Jahrg. 29 S. mit Spiegel.) Ebendas. geb. mit Metallecken à Jahrg. *

Spiegel-Kalender, eleganter. 1890—1893. 64. (à Jahrg. 29 S. m. Spiegel.) Wien, Perles. geb. m. Metalldecken à Jahrg. * 2 10

Spiegel-Kalender, Eleganter, 1894. 13. Jahrg. 64. (29 S. mit Spiegel.) Elegant in Leder-Einband Wien: Perles 1.20

Spiegel-Kalender, eleganter, 1895. 64. (29 S. m. Spiegel.) Wien, M. Perles. Geb. in Ldr. n. 2. 40

Spiegel-Kalender, Neuer eleganter, pro 1896. XV. Jahrg. In elegantem Ledereinband mit feinem Spiegel Wien: Perles 1.20

Spiegel-Kalender, Neuer eleganter, pro 1897. XVI. Jahrg. In elegantem Ledereinband mit feinem Spiegel Wien: Perles 1.20

Spiegel-Kalender, Neuer eleganter, pro 1898. XVII. Jahrgang. In elegantem Ledereinbande mit feinem Spiegel Wien: Perles 1.20

Spiegel-Kalender, eleganter, 1899. 64. (31 S. m. Spiegel.) Wien, M. Perles. Geb. in Ldr. n. 2. 40

Spiegel-Kalender, eleganter, 1903. (31 S. m. Spiegel.) 64. Wien, M. Perles. Geb. in Ldr. n. 2. 40

Spiegel-Kalender, eleganter, 1907. (31 S. m. Spiegel.) 64. Wien, M. Perles. Geb. in Ldr. n. 2. 40

Spiegel-Kalender, eleganter, 1911. (31 S. m. Spiegel.) 7,3×5,3 cm. Wien, M. Perles. Geb. 2. 40

Spiegel-Kalender für das Jahr 1856 von Johann Schöpf. Erster Jahrgang. „Auf Erden durchs ganze Jahr und drei Tagreisen durch die Hölle." Mit einer Vorrede von P. A. Scherer. Innsbruck. Verlag und Druck der Wagner'schen Buchhandlung. (VIII. 44 S. 8.)

Über ein neues Spiegelmetall von Dr. Ludwig Mach in Jena und dessen optische Untersuchung von Dr. Victor Schumann in Leipzig. Mit 1 Tafel und 3 Textfiguren. Aus den Sitzungsberichten der kaiserl. Akademie der Wissenschaften in Wien. Mathem.-naturw. Classe; Bd. CVIII. Abth. II. a. Februar 1899. Wien. 1899. In Comm. Gerold's Sohn. Gr.-8°. 28 S. fl. —.45

Spiegel-Sextant, Der, ein nützliches Instrument für den Ingenieur. Mit 4 Kupfertafeln. 4. Stuttgart 1794.

Spiegelsextant, Der, ein Instrument für Ingenieure. Stuttgart 1795. V: *Hochstetter, Carl von.* (Ky)

Spiegelsextant, der, ein Instrument f. Ingenieure (v. K. v. Hochstetter). Mit Kpf. 4. Stuttg. 795. (Metzler). 1 ß

Spiegelsextant, d., e. Instrument f. Ingenieure, m. K. 4. Stuttgart, Metzler. 798. 1 —

Spiegelthal, Carl August, s. Spiegelthal, Karl August

Spiegelthal, Joseph. (geb. Paderborn 27. 9. 1815): De curatione variolarum per calidum regimen vitiosa. Berolini (1840). (25 S.) 8°
Berlin, Med. Diss. v. 5. Sept. 1840

Spiegelthal, Karl August

Spiegelthal, K. Aug., der erbrechtliche Anspruch Leipziger Kramer-Innungs-Verwandter an das Stamm- u. Gesammtvermögen ihrer Innung. Zum Gedächtniß dieser 600jähr. Stiftg. 1292—1892. Auf Grund geschichtl. Erhebgn. aus urkundl. Quellen zusammengestellt u. bearb. gr. 8. (XVI, 156 S.) Dresden 894, A., Circusstr. 3., Ad. Güntzel. n.n. 2. 50

Spiegelthal, Carl Aug., die Organisation des Auswanderungswesens u. ihr Einfluß auf d. deutschen Handels-Verhältnisse, m. Bezugnahme auf d. Einführung e. zeitgemäßen gemeinschaftl. Handelssystems, zunächst den hohen deutschen Staatsregierungen zur Prüfung anheimgegeben. 8. (VIII u. 39 S.) Leipzig 851, Hartmann in Comm. n. 1/3 ß

Spiegl, Otto, der angehende Einjährig-Freiwillige. Ratgeber in allen Fragen d. Einjährig-Freiwilligen-Dienstes. Handbüchlein f. den Dienstgebrauch der Einjährigen-Freiwilligen-Prüfungskommissionen, Bez.-Ersatzkomm., sogen. militärberechtigten Lehranstalten, Militär- u. Gemeindebehörden ꝛc. (87 S.) 8. Bayreuth 908. L. Ellwanger. (Nur direkt.) 1.—; geb. n 1.50

Spiegl, R., „Nürnberger Trichter". Tabelle z. Erlerng. der einfachen u. doppelten Buchführg. 27,5×78 cm. Hamburg (908). Henschel & Müller. 1.20

SPIEGLER, Anton (Raunertshofen): Die Pylethrombosis.- München: Ernst 1884. 28 S.
25.7.1884 - Urk (Titel: De pylethrombosi.); Chr 1884/85,19
Diss. Ingolst.-Landsh.-Mchn.

Spiegler, Eduard

Spiegler, Ed., üb. einige hochmolekulare Acetoxime der Fettreihe. [Aus dem Laboratorium d. Prof. V. Meyer in Zürich.] Lex.-8. (3 S.) Wien 884. (Gerold's Sohn.) — 15

— Zur Kenntnis des Diphenylazetoxims. S. 89. II. 88 . . . . vgr.
Separatabdruck

Spiegler Eduard: Zur Kenntnis der Euxanthongruppe. S. 89. II. 680 . . . . vgr.
Separatabdruck

SPIEGLER, Eduard: Zur Kenntnis der Hydroxylamin-Reaktion. — 1884. 51 S. Diss. Graz, Univ.

Spiegler, J., praktische Anleitung zur Bekämpfung der Rüben-Nematode (Heterodera Schachtii). [Aus: „Oesterr. Landw. Wochenbl."] 8. (27 S. m. 7 Holzschn.) Wien 893. W. Frick. n. 1. 20

Spiegler, Dr. Julius S. Der Freiheitskampf der ungarischen Nation (1848—1849) kritisch beleuchtet. 8. Leipzig 1870.

Spiegler, Jul. S., d. Freiheitskampf d. ungarischen Nation (1848—1849) kritisch beleuchtet. gr. 8. (148 S.) Leipzig 898. W. Friedrich. n. 3. —; geb. n. 4. —

Der Freiheitskampf der ungarischen Nation '(1848—1849)' krit. beleuchtet v. Dr. Julius S. Spiegler. *Leipzig: W. Friedrich [1898].* (148 S.) 1 Bd 8. [98. 1115

Spiegler, Jul. S., der Freiheitskampf der ungar. Nation. (1848—1849.) Kritisch beleuchtet. 2. verm. u. verb. Aufl., zu d. Verf. 50jähr. Schriftsteller-Jubiläum. (164 S.) gr. 8. Leipzig 908. M. Altmann. 3.—; geb. 4.—

Spiegler, Jul. S. Geschichte der Philosophie d. Judenthums. Nach den neuesten Forschgn. dargestellt. gr. 8. (XIII, 369 S.) Lpz. 890. W. Friedrich. * 8 —

— die Unsterblichkeit d. Seele nach d. neuesten naturhistor. u. filosofischen Forschgn. gr. 8. (VIII, 127 S.) Ebd. 895. n. 2. 40

Spiegler, Jul. S., die Unsterblichkeit der Seele nach den neuesten naturhistorischen u. filosofischen Forschungen. 2. verm. Aufl. gr. 8. (IV, 154 S.) Leipzig 900. [W. Friedrich.] M. Altmann. n. 3. —

— Die Unsterblichkeit der Seele nach d. neuesten naturhistor. u. filosophischen Forschungen. 3. verm. Aufl. m. e. Anhang üb. Spiritismus. (V, 154 u. 20 S.) gr. 8. Ebd. 909. 2. 50

Spiegler, Wlh., f. Betrachtt. üb. d. Leben J. Chr.

Spieht, J., Die Rechtsanschauungen der Togoneger u. ihre Stellung zum europäischen Gerichtswesen. [Aus: „Jahrb. üb. d. deut. Kolonien".] (18 S. m. Abbildgn.) gr. 8. Bremen, Verlag der norddeutschen Missions-Gesellschaft. 1908 —. 50.

Spieker, Hans Hugo Gust., Geheimer Regierungs- u. Provinzial-Schulrat in Hannover. Ein Lebensbild e. Schulmannes. Mit 1 Brustbild nebst Namenszug. gr. 8. (60 S.) Hannover 888. C. Meyer. n. 1. 20

Spieker, s. a. Spicker. — Spiecker. — Spiker. — Spikker.

Spieker, Chrstn. Wilh., christl. Abendandachten auf alle Tage d. Jahres. gr. 8. (35 B., Ttlkpfr. u. Vign.) Berlin 832, Amelang.

Spieker, Chrstn. Wilh., christl. Abendandachten auf alle Tage d. Jahres. 2., verb. Aufl. gr. 8. (36½ B. u. Ttlkpfr.) Berlin 840, C. F. Amelang.

Spieker, Chrn. Wilh., christliche Abendandachten auf alle Tage des Jahres. 4. verb. Aufl. Leipzig 859. Amelang. gr. 8. (492 S. u. 1 Stahlst.) 1 ℛ 22½ ngr.

— des Herrn Abendmahl. Ein Beicht- u. Communionbuch für gebildete Christen. 8. Berl. 820. 2e verb. u. verm. Aufl. mit 1 Kpf. u. 1 Vign. gr. 12. Ebd. 824. 3e Aufl. 829. Amelang. 1 ℛ

—— des Herrn Abendmahl. Ein Beicht- u. Communionbuch f. gebild. Christen. 3., u. 4., verm. u. verb. Aufl. (18 u. 18½ B., Ttlkpfr. u. Vign.) gr. 12. Berlin 833, Amelang. à 1 —

—— des Herrn Abendmahl. Ein Beicht- u. Communionb. f. gebild. Christen. 5., verb. Aufl. 8. (24 B. u. 1 Stahlst.) Berlin 839, C. F. Amelang.

Spieker, Chrstn. Wilh., des Herrn Abendmahl. Ein Beicht- u. Communionbuch für gebild. Christen. 6., verb. Aufl. 8. (24 B., 1 Stahlst. u. gestoch. Ttlblt.) Berlin 846, Amelang, Vrlgsh.

Spieker, Chrn. Wilh., des Herrn Abendmahl. Ein Beicht- u. Communionbuch für gebildete Christen. 7. verb. Aufl. Leipzig 858. Amelang. 8. (XII, 230 S. u. 1 Stahlst.) 15 ngr.; Velinp. 20 ngr.

Spieker, Chr. W., des Herrn Abendmahl. Ein Beicht- und Communionbuch. 8. Aufl., neu bearb. von Augusti. gr. 8. (XIV, 258 S. mit 1 Stahlst.) Leipzig 868, Amelang's Verlag. geb. mit Goldschn.

Spieker, Chr. W., des Herrn Abendmahl. Ein Beicht- u. Communionbuch. 9. Aufl., bearb. von Augusti. 8. (XVI, 268 S. m. 1 Stahlst.) Leipzig 880. Amelang. geb. m. Goldschn. n. 3. —

Spieker, Chr. W., des Herrn Abendmahl. Ein Beicht- und Communionbuch bearb. von Augusti. 9. Aufl. (XVI, 268 S. mit 1 Stahlst.) 1880; 10. Aufl. 8. (XVI, 255 S. mit 1 Stahlst.) Leipzig 884, Amelang's Verlag. geb. mit Goldschn. *

— Andachtsbuch f. gebildete Christen. 2 Thle. 8. Berl. 816. 2e A. 818. 3e A. 821. 4e A. 824. 5e A. 830. Amelang. 2 ℛ

Spieker, Chrstn. Wilh., Andachtsbuch f. gebild. Christen. 2 Thle. 6., verm. u. verb. Aufl. gr. 12. (36½ B. u. 4 Stahlst.) Berlin, 839, C. F. Amelang. Thlr.

Spieker, Chrn. Wilh., Andachtsbuch für gebildete Christen. 7. verm. u. verb. Aufl. gr. 8. (XX u. 627 S. m. 1 Stahlst.) Leipzig 851, Amelang. 2 ℛ

—— Andachtsbuch für gebildete Christen. 9., verm. und verb. Aufl. gr. 8. (XVI und 676 S. mit 1 Stahlst.) Leipzig 860, Amelang's Verlag. geb.

Spieker, Chr. W., Andachtsbuch für gebildete Christen. 10., durchaus neu bearb. Aufl. von H. Keßler. gr. 8. (XX und 709 S. mit 1 Stahlst. von Paul Thumann.) Leipzig 868, Amelang's Verlag. geb. mit Goldschn.

s. Archiv f. Pastoralwissenschaft.

Spieker, C. W., Bericht üb. die neue Einrichtung des Schulwesens zu Frankfurt an d. Oder. 8. Züllichau, Darnmann. 816.

—— Beschreibung u. Geschichte d. Marien- od. Oberkirche zu Frankfurt a. d. O. Ein Beitr. z. Kirchen- u. Reformations-Geschichte d. Mark Brandenburg. gr. 8. (32¼ B. u. 5 Stnt.) Frankfurt a. d. O. 835. [Berlin, Danz.] 2 Thlr. 12 Gr., Schrbp.

Spieker, Christ. Wlh., Beschreibung u. Geschichte d. Marien- oder Oberkirche zu Frankfurt an der Oder. Ein Beitrag zur Kirchen- u. Reformations-Geschichte der Mark Brandenburg. Mit 5 lithogr. Blättern. gr. 8. Frankfurt a. d. O. 835. Tempel. 2½ ℛ Schreibp. 3 ℛ

— über das ursprüngl. Böse in dem Menschen, dessen Erklärbarkeit u. Heilung. — Ueber den Mysticismus, dessen Begriff, Ursprung u. Werth. 8. Marburg 827, Krieger.

Spieker, Christian Wilhelm s. Brescius, C. R. und Spieker, Christian Wilhelm.

— s. Brescius, Carl Fr., Predigten.

— d. auf Gott vertrauende Christ in seinen Gebeten, an allen hohen Festen, vor u. nach d. Beichte u. d. heil. Abendmahle, am Morgen u. Abende jed. Tages etc. 8. Berlin 826, Flittner.

—— der auf Gott vertrauende Christ, in seinen Gebeten an allen hohen Festen, vor u. nach d. Beichte u. dem heil. Abendmahle, am Morgen u. Abende jedes Tages etc. Nebst e. geschichtl. u. bibl. Anh. — A. u. d. T.: Gebete u. fromme Betrachtn. f. d. kirchl. u. häusl. Andacht. Als Anh. zum Frankfurter Gesangbuch. 2., verm. Aufl. 8. (16 B.) Berlin 828, [Sander.]

—— Confessio fidei, s. Confessio.

– s. Darstell. der großen universalhistor. Begebenheiten, u. setze hinzu: (v. C. W. Spieker).

—— Darstellungen aus d. Leben des General-Superint. rc. Dr. Carl Friedr. Bretschneider. Mit Auszügen aus seinen Briefen u. sein. literar. Nachlaß. gr. 8. (27½ B.) Frankfurt a. d. O. 845, Trowitzsch u. Sohn. *

— Erzähll. aus d. Geschichte u. d. häusl. Leben, f. die gebildete Jugend. Mit 1 Kpf. 8. Leipz. 819. Voß. 1 ₰ 12 g

— Familiengeschichten für Kinder. 1r Bd. A. u. d. T.: Louise Thalheim, od. das Hausmütterchen. Mit 21 illum. Kpf., eine Bildungsgeschichte f. Töchter. 16. Leipz. 807. (ohne f. Namen). 2e A. (mit f. Namen). 8. Ebd. 816. Voß. 1 ₰ 16 g 2r Bd. A. u. d. T.: die glückl. Kinder, ein Geschenk f. gute Söhne u. Töchter. 4 Thle. Mit Kpf. u. Mus. 16. Ebd. 808. 2e Aufl. 818. 1 ₰ 16 g

— Familiengeschichten f. Kinder 1r 2r (hat auch den Titel: Louise Thalheim od. d. Hausmütterchen, mit 21 illum. K. e. Bildungsgeschichte f. Töchter. 2 Bde.) 16. Ebend. 807.

— — derselb. 3r 4r Thl. (hat auch d. Titel: d. glücklichen Kinder, e. Geschenk f. gute Söhne u. Töchter, m. K. u. Musik. 2 Thle.) 16. Ebend. 808.

— Familiengeschichten f. Kinder. 1r Thl. Familie Thalheim, eine Bildungsgeschichte f. gute Töchter. 2te Aufl. 8. Leipz. Voß. 816.

— — Familiengeschichten für Kinder. 1r Theil enthält Luise Thalheim. 2r Thl. die glücklichen Kinder. 2te Aufl. 8. Ebend. 817. à 1 Thlr. 16 Gr.

— Familien-Geschichten für Kinder. 2 Bde. 3. verb. Ausg. Frankfurt a. d. O. (857.) Trowitzsch. 8. Jeder Bd. 1 ₰. 7½ ngr.

Inhalt. 1. Bd.: Luise Thalheim. Eine Bildungsgeschichte für gute Töchter. (XV, 232 S. u. 6 color. Lithogr.) — 2. Bd.: Die glücklichen Kinder. Ein Geschenk für gute Söhne u. Töchter. (XV, 296 S., 6 color. Lithogr. u. 1 lith. Karte in 4.)

– s.a. Gebete u. fromme Betracht. der kirchl. u. häusl. Andacht.

— Gebete u. fromme Betrachtungen für die öffentl. u. häusl. Andacht. 8. Berlin 825, Flittner.

—— Gebete f. christl. Bürger u. Landleute. 8. (9½ B.) Frankfurt a. d. O. 836, Trowitzsch u. Sohn.

— christl. Gebete. Ein Anhang zu der Sammlung geistl. Lieder für die öffentl. u. häusl. Andacht. Mit 1 Vign. 8. Berlin 825, Flittner.

— — Gebete, Predigten u. Reden zur Zeit der Erhebung des Preuß. Volks gegen die Tyranney des Auslandes im Felde und in der Heimath gehalten. 8. Berlin, Nauck. 816.

— über d. Gebrauch d. Rationalismus beim Religions- u. Volksunterricht. 8. Marburg 821, Krieger.

—— die Gefühle, von welchen meine Seele erfüllt ist beim Hinblick auf meine 25jähr. Wirksamkeit in d. Gemeinde. Eine Predigt. 8. (2¼ B.) Frankfurt a. d. O. 834, Tempel.

— — Gelegenheitsreden u. liturgische Formulare. Nebst einleit. Abhandlungen. 1r Bd. 8. Frankfurt a. O., Flittner. 820.

Auch unter dem Titel:

Taufreden, nebst einer einleit. Abhandlung über die Taufe.

– s.a. Gesangbuch f. die evangel. Gemeinde in Frankfurt a. d. O.

— — Gesangbuch für die evangel. christl. Gemeinde in Frankfurt a. O. 5te Aufl. 8. Frankf. a. O., Flittner. 820.

— kleines Gesangbuch f. Schulen. 8. Züllichau, Darnmann. 815.

— kl. Gesangbuch f. Schulen. 2te Aufl. 8. Züllichau 822, Darnmann.

—— Gesangbuch f. Schulen. 3., verb. u. verm. Aufl. Züllichau 836., 4., verb. u. verm. A. 8. (à 7¼ B.) Halle 842, Knapp. à

—— Gesangbuch für Schulen. 5., verb. und verm. Aufl. 8. (XIV und 102 S.) Halle 851(52,) Knapp.

—— Geschichte d. Einführung d. Reformation in d. Mark Brandenburg. Zur 3. Säkularfeier am 1. Nov. 1839. gr. 8. (18¾ B.) Berlin 839, Duncker u. Humblot. *

— — Geschichte der Eroberung des heiligen Grabes rc. s. J. F. Schachert.

—— Geschichte der Stadt Frankfurt an der Oder (1. Thl.:) von der Gründung der Stadt bis zum Königthum der Hohenzollern. gr. 8. (XXII und 277 S.) Frankfurt a. d. O. 853, Harnecker und Comp. *

— — Geschichte Dr. Martin Luthers und der durch ihn bewirkten Reformation der Kirche in Deutschland. 1r Thl. gr. 8. Berlin, Amelang. 818.

—— Geschichte der Reformation in Deutschland bis zum Religionsfrieden zu Augsburg. 1. Bd. Geschichte d. christl. Religion u. Kirche, besond. in Deutschland, bis zur Reformation. gr. 8. (21¼ B.) Leipzig 846, (47,) T. O. Weigel. *

—— dass. — 2. Bd. 1. Abthl. gr. 8. (400 S.) Ebds. 848. *

Spieker, Chrn. Wilh., Geschichte des augsburger Religionsfriedens vom 26. Septbr. 1555. Mit einer einleitenden Geschichte der Reformation. Lex.-8. (XXXI und 317 S.) Schleiz 854, Hübscher. *

—— der christl. Glaube. Ein Confirmationsb. f. d. reif. Jugend. Neue wohlf. Ausg. gr. 8. (35 B. u. Ttlkpfr.) Berlin 840, Amelang.

—— das Augsburg. Glaubensbekenntniß, s. Glaubensbekenntniß.

— der Harz. Seine Geschichte, Ruinen u. Sagen. Zwei Reisen in den Jahren 1800 u. 1850. 8. (XII u. 292 S.) Berlin 852, Gebauer. n. 1 ₰

—— der Harz. Seine Geschichte, Ruinen und Sagen. Zwei Reisen in den J. 1800 und 1850. 1. Aufl. 1852. und 2. Aufl. 8. (XII und 292 S.) Berlin 856, Gebauer'sche Buchh.

— der Harz, seine Ruinen und Sagen. Zwei Reisen in den Jahren 1800 u. 1850. Erinnerungsblätter. 2. (Titel-)Aufl. Berlin 857. Gebauer. 8. (XII, 292 S.) 1 ₰.

— Vater Hellwig unt. s. Kindern, z. nützl. u. angenehm. Unterhalt. in Familien, m. K. 2 Thle. 8. Nürnb. Campe. 808–10. (à 1 Rthlr. 8 gr.)

— kurzer Inbegriff d. Hauptwahrheiten des Christenthums. 8. Berl. 812. Nauck. 8 g 2e Aufl. s. unten: Lehrbuch der christl. Religion.

—Luthers Katechismus, s. Dr. Mart. Luther.

—— Kirchen- u. Reformations-Geschichte d. Mark Brandenburg. 1. Thl. Lex.-8. (39 B.) Berlin 839, Duncker u. Humblot. *

— üb. d. ehemal. u. jetzige Lage d. Juden in Deutschland, eine historische publicistische Untersuchung. 8. Halle, Hendel. 809.

—Leben u. Charakter Jh. Cph Plotheus, Predigers an d. Oberkirche zu Frankf. a. d. O. Nebst der am Sonntage nach seinem Tode gehalt. Predigt. 8. Frankf. a. d. O. 812.

—— das Leben Joachim Aug. Chrst. Zarnacks, vormal. Direkt. am großen Militairwaisenhause zu Potsdam. 8. (6½ B.) Frankfurt a. d. O. 830, Tempel.

Lebensbeschreibung des Herzogs Maximil. Julius Leopold von Braunschweig. Hrsg. von Christian Wilh. Spieker. Frankfurt a. d. O.: Tempel in Comm. 1835. VII, 72 S. 8⁰
Erwähnt auf S. 16 Leopolds Zugehörigkeit zum Bunde.

—— Lebensbeschreibung d. Herzogs Maxim. Julius Leopold von Braunschweig. 1. Aufl. (5 B. u. 1 Facsim.) 835. * ⅓ Thlr., 2., verb. Aufl. gr. 8. (5¼ B. u. 1 Facsim.) Frankfurt a. d. O. 839. [Berlin, Danz.]

Spieker, Chrn. Wilh., Lebensbeschreibg. des Herzogs Maximilian Julius Leopold v. Braunschweig. 5. Aufl. gr. 8. (XI, 81 S.) Frankfurt a/O. 898. Trowitzsch & Sohn. Kart. n. 1. 50

— Lebensgeschichte des Andreas Musculus, General-Superintendent der Mark Brandenburg, Consistorialrath, Doctor u. erster Professor der Theologie u. Pfarrer zu Frankfurt an d. Oder. Ein Beitrag zur Reformations- u. Sittengeschichte des 16. Jahrh. Frankfurt a. d. O. 858. Trowitzsch. gr. 8. (XII, 376 S. u. lith. Portr.) 2 ℛ.

— Lehrbuch d. christl. Religion f. Bürgerschulen: 1r Thl. A. u. d. T.: Biblische Geschichte, Beschreib. des jüd. Landes u. d. Sitten u. Gebräuche d. Juden. 8. Berl. 826. Rücker 10 gr 2r Thl. A. u. d. T.: Einleit. in die Bücher d. heil. Schrift. 8. Ebd. 827. 10 gr 3r Thl. A. u. d. T.: Geschichte d. christl. Religion u. Kirche. 8. Ebd. 828. 10 gr

Spieker, Chrstn. Wilh., Lehrbuch d. christl. Religion rc. 4. Thl. — A. u. d. T.: Christl. Religionslehre f. Bürgerschulen u. d. Unterr. d. Catechumenen. 2., verb. Aufl. 8. (10 B.) Berlin 829, Nauck. Thlr.

— Lehrbuch der christl. (Religion) Religionslehre. (2e Aufl. des Inbegriffs der Hauptwahrheiten rc.) 8. Berl. 823. 2e (3e) A. auch unt. d. T: christl. Religionslehre f. Bürgerschulen rc. 8. Ebd. 829. Nauck. 9 gr Weiß Pap. 12 gr

— s. Magazin von Casual., besonders kleinern geistl. Amtsreden.

—— christl. Morgenandachten auf alle Tage d. Jahres. 1. Aufl. (29½ B., Ttlkpfr. u. Vign.) 831., 2., verm. A. (32 B., Ttlkpfr. u. Vign.) gr. 8. Berlin 835, Amelang. à

— christliche Morgenandachten auf alle Tage d. Jahres. 3. verb. Aufl. gr. 8. (XVIII u. 479 S. m. 1 Kpfrst.) Leipzig 850, Amelang. 1⅓ ℛ

—— christliche Morgenandachten auf alle Tage des Jahres. 5., verb. Aufl. gr. 8. (452 S. mit 1 Stahlst.) Leipzig 859, Amelang's Verlag. geb. 1

—— christliche Morgenandachten auf alle Tage des Jahres. 6., durchaus neu bearb. Aufl. von H. Keßler. gr. 8. (VIII, 544 S. mit 1 Stahlst. von P. Thumann.) Ebendas. 868. geb. mit Goldschn.

—Predigt z. Feier d. Krönungs- u. Friedensfestes am 18. Jan. 1816 gehalten. 8. Frankf. a. d. O. 816. Acad. Buchh. 4 gr

—Predigt u. Gesänge am Tage der allgem. Todtenfeier, z. Gedächtniß der gefallenen Krieger, d. 4. Juli 1816 in Frankfurt a. d. O. gehalten. 8. Frankf. 816.

— und Reichhelm, Predigten bei der Feier des 600jähr. Stiftungsfestes der Stadt Frankfurt an der Oder am 14. Juli 1853 in Gegenwart Sr. Maj. des Königs gehalten. Frankfurt a. d. O. 853. Harnecker u. Co. gr. 8. (21 S.) nn. 5 ngr.

—— Predigten u. Reden bei besond. Gelegenheiten, Festen u. amtl. Verricht. gehalten. 1. Bd. gr. 8. (28 B.) Leipzig 841, [Köhler'sche Vrlsh.]

—— Predigten u. Reden bei besond. Gelegenheiten, Festen u. amtl. Verrichtungen. 2. Bd. gr. 8. (26 B.) Leipzig 843, [Winter.

— Rede bei Einweihung d. neuen Schulgebäudes f. d. Oberschule zu Frankfurt a. O., am 26. Nov. 1824. gr. 8. Berl. 825, Flittner.

—Rede bei Einweihung des neuen Schulgebäudes f. die Oberschule zu Frankfurt a. d. O., am 20. Nov. 1824. gr. 8. Berl. 825. (Sander). 8 gr Hbg. Pr. 4 gr

—Rede, gehalten vor d. preuß. Fuß-Garde-Regiment zu Frankfurt a. d. O. 8. Frankf. a. d. O. 801. (Sander in Berl.) 6 gr

— Rede, gehalten v. d. preuß. Fuß-Garde-Regiment zu Frankfurt an der Oder. 8. Frankfurt, Akadem. Buchhdl. 809. — 6

— — Rede, gehalten vor dem K. Preuß. Garderegiment zu Fuß, am 8ten Octb. 1809. 8. Frankf. a. O. 809. Jetzt Flittner. — 6

—— Rede an d. Gruft d. Hrn. Joh. Wilh. Rudelius, Bürgers, Kaufmanns u. Vorstehers d. Hren. Stadtverordneten zu Frankfurt a. d. O., Ritters rc. Nebst e. kurzen Lebensabriß d. Verstorb. gr. 8. (1 B.) Frankfurt a. d. O. 832, Tempel.

—meine Reise von Halle nach d. Brocken in d. Jahre 1802. 8. Halle 803. Hendel. 18 gr 1817 unter d. neuen Titel u. ohne d. Verf. Namen: Spaziergang durch d. Harz u. nach d. Brocken. Ein Begleiter f. Harzreisende. 8. Leipz., Joachim. 1 ,

—christl. Religionsvorträge. Nebst religiösen Betrachtt., als Einleit. zu d. Predigten. gr. 8. Züllichau 812. 2e Aufl. 817. (Baumgärtner in Leipz.) 1 ℛ 12 gr (a. Hinrichs). Hbg. Pr. 20 gr

— christl. Religionsvorträge. Nebst religiösen Betrachtungen, als Einleitung zu den Predigten. gr. 8. Züllichau, Darnmann. 812.

—zwei öffentl. Religionsvorträge am Geburtstage Sr. Majest. Friedrich Wilhelm III. u. bei d. Todtenfeier der hochsel. Königin Louise. 8. Berl. 810.

— s. Samml. geistl. Lieder f. die häusl u. öffentl. Andacht.

— Sammlung von Predigten, nebst einigen Confirmationshandlungen. gr. 8. Ebend. 812.

– s. J. F. Schachert, Geschichte d. Eroberung des heil. Grabes.

— ausgewählte Schriften für christliche Erbauung. 4 Bde. Leipzig 855, 56. Amelang. gr. 8. 5 Rthl. 15 ngr.
1. Bd.: Christliche Morgenandachten auf alle Tage des Jahres. 4. verb. Aufl. (XII, 475 S. u. 1 Stahlst.)
2. Bd.: Christliche Abendandachten auf alle Tage des Jahres. 3. verb. Aufl. (520 S. u. 1 Stahlst.)
3. Bd.: Andachtsbuch für gebildete Christen. 8. verm. rc. Aufl. (XVI, 676 S. u. 1 Stahlst.)
4. Bd.: Emiliens Stunden der Andacht u. des Nachdenkens. Für die erwachsenen Töchter der gebildeten Stände. 7. durchgängig verm. rc. Aufl. (XXII, 345 S. u. 1 Stahlst.)

– s. A. R. Fr. Seemann, Albert u. Eugenie, u. dess.: die Familie Otto.

— Emiliens Stunden d. Andacht u. des Nachdenkens für die erwachsenen Töchter der gebildeten Stände, (ohne s. Namen). 8. Leipz. 808. 2e A. 816. 3e Aufl. 823. 4e Aufl. 828. Voß. 1 Rthl 16 gr

—— Emiliens Stunden d. Andacht u. d. Nachdenkens. Für d. erwachs. Töchter d. gebild. Stände. 2 Bde. 5., verb. u. verm. Aufl. gr. 12. (24 B. u. Titkpfr.) Leipzig 837. Voß.

— Emiliens Stunden der Andacht u. des Nachdenkens. Für die erwachs. Töchter der gebild. Stände. 6. durchgäng. verb. u. verm. Aufl. 8. (XXII u. 500 S.) Leipzig 848, Voß. 1⅓ Rthl

—— Emiliens Stunden der Andacht und des Nachdenkens. Für erwachsene Töchter der gebildeten Stände. 9. Aufl., neu bearb. von Augusti. Mit Titelbild. Ebendas. 868. geb. mit Goldschn.

– s. Taschenbuch, Westphälisches.

—— christl. Trostbuch f. Leidende u. Traurige. gr. 8. (30 B.) Berlin 838, C. F. Amelang.

—— christliches Trostbuch für Leidende und Traurige. (Neue Titel-Ausg.) gr. 8. (VIII und 466 S. mit 1 Stahlst.) Leipzig (888)61, Amelang's Verlag. geb.

—— die Weihe des Christen. Ein Confirmationsbuch f. d. reif. Jugend. In Briefen an meine Söhne. (Mit Titkpfr. u. Titvign.) gr. 8. (35 B.) Berlin 833, Amelang.

—— wodurch hat sich d. Städteordnung bewährt als e. gute u. heilsame Sache? Eine Predigt, am 16. April 1834 bei d. 25jähr. Jubelfeier d. Städteordnung in d. Oberkirche zu Frankfurt a. d. O. gehalt. 8. (1¼ B.) Frankfurt a. d. O., Tempel.

— Worte am Grabe Karl Fr. Kirchhofs, Kaufmanns zu Glauchau, u. d. Lehrlings Traug. Freisdorff aus Leipz. 8. Dobrilugk 817. 2e A. 818.

- s. A. Zarnack, Sophronia.

Spieker, Fr. Sam.. († d. 17. Aug. 1821.) s. 1) Inbegriff der vorzügl. Wissenschaften. 2) Sphinx u. Oedipus.

Spieker, G.

Spieker, G., evangelische Andachten nach den heil. Psalmen f. Schule u. Haus. 3., durchgeseh. Aufl. gr. 8. (VIII, 271 S.) Hannover 888. C. Meyer. n. 3. 60; geb. n.n. 3. 80

—— Kurze Anleitung zum Lösen der Übungsaufgaben des Lehrbuchs der ebenen Geometrie f. höhere Lehranstalten. 8. (IV, 72 S.) Ebd. 892. * 1 20

Spieker, G., die allgemeinen Bestimmungen vom 15. Octbr. 1872, nebst Prüfungs-Ordnungen m. den später erlassenen erläut. u. ergänz. Verfüggn. 8. Aufl. 8. (160 S.) Hannover 885. Meyer. cart. n. 1. 60

Spieker, G., die allgem. Bestimmungen, neue Aufl., s. a. Leverkühn, C. G. C.

— die allgemeinen Bestimmungen vom 15. Oktbr. 1872 nebst d. Prüfungsordnungen u. den Erlassen üb. die Schulaufsicht in Preußen mit erläuternden und ergänzenden Verfügungen. 9., veränd. u. m. Zugaben üb. die höhere Mädchenschule, die Fortbildungsschule rc. verm. Aufl., bearb. v. C. G. C. Leverkühn. gr. 8. (VIII, 228 S.) Ebd. 890. cart. n. 2. —

Spieker, G. Die allgemeinen Bestimmungen vom 15. Oktbr. 1872, nebst den Prüfungsordngn. u. den Erlassen über die Schulaufsicht in Preußen m. erläut. u. ergänz. Verfügungen bearb. 9. u. 10. veränd. u. m. Zugaben über die höhere Mädchenschule, die Fortbildungsschule rc. verm. Aufl., bearb. von C. G. C. Leverkühn. gr. 8. (VIII, 228 S.) Hannov.-Linden 891, Manz u. Lange. cart. * 2 —
Die 9. Aufl. erschien ursprünglich bei C. Meyer in Hannover.

Spieker, G., die allgemeinen Bestimmungen vom 15. Oktbr. 1872, nebst den Prüfungsordngn. u. den Erlassen üb. die Schulaufsicht in Preußen m. erläut. u. ergänz. Verfüggn. 11., veränd. u. m. Zugaben üb. die höhere Mädchenschule, die Fortbildungsschule u. s. w. verm. Aufl., bearb. v. C. G. C. Leverkühn. gr. 8. (VIII, 240 S.) Hannover-Linden 894. Manz & Lange. Kart. n. 2. —

Spieker, G., d. allgem. Bestimmungen v. 15. Oktbr 1872, nebst d. Prüfungsordgn. u. d. Erlassen üb. d Schulaufsicht in Preußen m. erläut u. ergänz. Verfüggn 12., veränd. u. m. Zugaben üb. d. höh. Mädchenschule, d. Fortbildungsschule u. s. w. verm. Aufl., bearb. v. C. G. C. Leverkühn. Mit Beilage, betr. Neuordng. des höh. Mädchenschulwesens. gr. 8. (VIII, 240 u. 46 S.) Hannover 894. Manz & Lange. Kart. u. geh. n. 2. —

Spieker, G.: Die allgemeinen Bestimmungen vom 15. Oktober 1872 nebst den Prüfungsordnungen und den Erlassen über die Schulaufsicht in Preussen mit erläuternden und ergänzenden Verfügungen. In den ersten 8.Aufl. bearb. von G. Spiecker, weil. Geh. Reg.- u. Prov.-Schulrat. 13. veränd. u. mit Zugaben über die höh. Mädchenschulen verm. Aufl. bearb. von C. G. C. Leverkühn, Geh. Reg.- u. Schulrat. Hannover: Manz & Lange 1899. (308 S.) 8°

Spieker, G., die Hohenzollern und die Volksschule. Ein Beitrag zum richtigen Verständnis des preuß. Volksschulwesens. 3. durchges. und erweit. Aufl. gr. 8. (71 S.) Hannover 882, Meyer. *

—— Lehrbuch der ebenen Geometrie m. Übungs-Aufgaben für höhere Lehranstalten. 20. verb. Aufl. gr. 8. (IV, 278 S. m. Holzschn.) Potsd. 892, A. Stein. 2 50; geb. * 2 90

—— Lehrbuch der ebenen u. sphärischen Trigonometrie m. Übungs-Aufgaben f. höhere Lehranstalten. 2. verb. Aufl. gr. 8. (VII, 140 S. m. eingedr. Holzschn.) Ebd. 890. * 1 40; geb. * 1 60

Spieker, G., Nachklänge aus den heiligen Psalmen in den Abendandachten eines Schullehrer-Seminars. 2. (Titel-)Ausg. gr. 8. (VIII, 316 S.) Hannover (870)78, Meyer. *

— e. Palmenzweig auf den Sarg unseres in Gott ruhenden Kaisers u. Königs Wilhelm. Dem deutschen Volke in Haus, Schule u. Heer gewidmet. Mit 16 Abbildgn. nebst 2 Namenszügen. 1.—3. Aufl. gr. 8. (43 S.) Ebd. 888. n. — 50

— das königliche Schullehrerseminar u. Waisenhaus zu Neuzelle in dem ersten Halbjahrhundert ihres Bestehens, geschichtlich dargestellt. Berlin 867. W. Schultze. 8. (VIII, 198 S. mit 1 photogr. Abbildg. von Neuzelle.) n. 22⅓ ngr.

Spieker, Gust., liturgische Andachten und Gesänge, zunächst für den Gebrauch seiner lieben Gemeinde zusammengestellt. 8. (23 S.) Breslau 857, Dülfer.

Spieker, Gust. (geb. Boyadel in Schles. 7. 12. 1851): Der Axillarschnitt zur Resection des Schulter-Gelenks bei irreponibler Luxation nach B. von Langenbeck. Berlin (1876). (30 S.) 8°
Berlin, Med. Diss. v. 11. März 1876

Spieker, Gust., die evangelischen Gastgemeinden Schlesiens. Ein historisch-statistischer Versuch als Beitrag zur genaueren Kenntniß der kirchlichen Zustände Schlesiens. Breslau 861. Dülfer. gr. 8. (VI, 152 S.) n. 20 ngr.

Spieker, G., Gott mit uns! Predigt am allgemeinen Bettage, den 27. Juni 1866. Breslau 866. (Dülfer.) gr. 8. (10 S.) 1⅓ ngr.

— Was fordert die Kirche von ihren Dienern? Synodal-Predigt bei Einführung in das Ephorat in der Kirche zu Bunzlau am 26. Juni 1862. Bunzlau 862. Kreuschmer in Comm. 8. (15 S.) n. 2 ngr.

Spieker, G., Was redet Gott durch die Wassersnoth zu uns? Eine Predigt und eine Abendbetstunde, am 3. Septbr. 1854 in Boyadel gehalten. 8. (20 S.) Breslau 854, (Dülfer's Buchh.) *

Spieker, H. H. G., Zions Klage und Hoffnung an seinen Missionsfesten. Predigt gehalten am 14. Oktbr. 1847 bei dem Missionsfeste zu Neusalz. 8. (16 S.) Grünberg 848, Weiß. *

Spieker, Jh., üb. das ursprüngl. Böse in d. Menschen, dessen Erklärbarkeit u. Heilung. — Ueber den Mysticismus, dessen Begriff, Ursprung u. Werth. 8. Marb. 827. Krieger. 10 gl

— üb. d. Gebrauch d. Rationalismus beim Religions- u. Volks-Unterricht. 8. Marb. 821. Krieger. 8 gl

— Katechismus, od. Unterricht in der christl. Lehre f. Kinder, die zum Denken angeführt sind. 8. Hersf. u. (Marb.) 800. Krieger. 8 gl

— Katechismus d. christl. Lehre f. Volksschulen. (A. u. d. T.: Das christl. Sitten- u. Glaubensbuch f. Volksschulen). 8. Gotha 805. 2e A. 811. Perthes. 6 gl 2e Aufl. 2 Thle. 8. Ebd. 819. 8 gl 4e A. 824. 8 gl

Spieker, J., mein Liederschatz. Sammlg. d. beliebtesten Lieder u. Scherzgesänge f. gesell. Kreise. 6., verm. Aufl. Mit 2 Porträts. 16. (66 S.) Paderborn 897. F. Schöningh. In Ledertuch kart. n. — 20

Spieker, J., mein Liederschatz. Sammlung der beliebtesten Lieder u. Scherzgesänge f. gesell. Kreise. 8. Aufl. Mit 2 Porträts. 16. (68 S.) Paderborn (900). F. Schöningh. In Ledertuch kart. n. — 20

Mein Liederschatz. Sammlung d. beliebtesten Lieder u. Scherzgesänge f. gesellige Kreise. Hrsg. von J. Spieker. 9. Aufl. Mit 2 Portr. *Paderborn: F. Schöningh [1900].* (68 S.) 8° [F.] [ot. 9839 6

Spieker, J., mein Liederschatz. Sammlung der beliebtesten Lieder u. Scherzgesänge f. gesell. Kreise. 10. verb. Aufl. Mit 2 Porträts. (68 S.) 16. Paderborn (904). F. Schöningh. In Ledertuch kart. — 20

Spieker, J., mein Liederschatz. Sammlg. der beliebtesten Lieder u. Scherzgesänge f. gesell. Kreise. 11. Aufl. (68 S. m. 1 Bildnis.) 16. Paderborn (910). F. Schöningh. Geb. — 20

J.. Spieker üb. d. Mysticism., dess. Begriff, Urspr. u. Werth. Progr. *Herborn*, Krieger. 825. 4° 2e Aufl. zus. m. d. Abhandl. üb. d. ursprüngl. Böse in dem Menschen, dess. Erklärbark. u. Heilung. *Herb.*, Krieger u. Comp. 827. 8° 10 gl

— Predigt üb. die Trennung u. Wiedervereinigung der evangel. Kirche. 8. Frankf. a. M. 818. (Krieger in Cassel). 2 gl

— — Predigt auf d. Vereinigungsfest d. Reformation. 8. Marburg, Krieger. 817.

— Predigten aus dessen letzten Lebensjahren, (v. J. Fr. Spieker u. Eman. Groß). gr. 8. Neust. a. d. O. 819. Wagner. 1 ℔ Hbg. Pr. 16 gl

(Spieker, Johs.) — Einige Predigten aus d. letzten Lebensjahren d. verstorb. Herzogl. Nassau. Kirchenr. J. Spieker. gr. 8. (15½ B.) Neustadt a. d. O. 829, Wagner.

— kurzer Unterricht üb. das große Reformationsfest, u. dessen Bedeutung f. die erwachsene Jugend. 8. Wiesbad. 818. Schellenberg. 6 gl

— das Verstandesbuch f. Landschulen. 8. Marb. 810. 2e Aufl. 818. 3e A. 821. Krieger. 8 gl

Spieker, Joh., Verstandesbuch f. Landschulen. 2te verb. Aufl. 8. Marb. Krieger. 813.

— das neue Wunderkind unserer Zeit, od. das entdeckte Geheimniß, die Kinder vor d. Blattern zu schützen. 8. Hersf. 801.

Spieker, Jh. Fr., s. Jh. Spieker, Predigten aus dessen letzten Lebensjahren.

Spieker, Johann Friedrich Rudolf, s. Spieker, Rudolf

Spieker, Johannes, Theologe, s. Spieker, Johann

Spieker, Johannes: Grundsteinlegung eines neuen Gymnasiums. S. 11—16. 4. Progr. Städt. Progymn. *Werl* 1910 (496).

Spieker, P., d. königl. Observatorien f. Astrophysik, Meteorologie u. Geodäsie auf d. Telegraphenberge bei Potsdam. [Aus: „Zeitschr. f. Bauwesen."] gr. Fol. (IV, 35 S. m. 19 Abb. u. 16 Kpfrtaf.) Berlin 895. W. Ernst & Sohn. Kart. n. 30. —

Spieker, Paul, medizinische Lehranstalten der Universitäten usw., s.: Müssigbrodt, Paul.

Spieker, (Joan. Frid.) Rud. (geb. Pewesin bei Brandenburg a. H. 29. 11. 1815): De diabete. Berolini (1839). (38 S.) 8°
Berlin, Med. Diss. v. 5. Aug. 1839

Spieker, Theodor

Spieker, Th., kurze Anleitung zum Lösen der Übungsaufgaben d. Lehrbuchs der ebenen Geometrie f. höhere Lehranstalten. 8. (IV, 72 S.) Potsdam 892. A. Stein. n. 1. 20

Spieker, Th., kurze Anleitung zum Lösen der Übungsaufgaben des Lehrbuchs der ebenen Geometrie f. höh. Lehranstalten. 2. Aufl. gr. 8. (IV, 68 S.) Potsdam 900. A. Stein. n. 1. 20; kart. n. 1. 40

Spieker, Th., kurze Anleitung zum Lösen der Uebungsaufgaben des Lehrbuchs der ebenen Geometrie f. höhere Lehranstalten. 3. verb. Aufl. 5.—6. Taus. (IV, 68 S.) 8. Potsdam 904. A. Stein. n. 1. 20; kart. n. 1. 40

Kurze Anleitung zum Lösen der Übungsaufgaben des Lehrbuchs der ebenen Geometrie für höhere Lehranstalten von Prof. Dr. Th[eodor] Spieker. 4., verb. Aufl. Potsdam: A. Stein 1907. (70 S.) 8° [F.] [08. 10017

Spieker, Th., kurze Anleitung zum Lösen der Übungsaufgaben des Lehrbuchs der ebenen Geometrie f. höhere Lehranstalten. 5. verb. Aufl. 9.—10. Taus. (IV, 71 S.) 8. Potsdam 909. A. Stein. 1.20; kart. 1. 40

Spieker, Th., Beitrag zur Theorie der Seilpolygone und der Kettenlinie. Programm des herzogl. Carlsgymnasiums zu Bernburg. Michaelis 1852. 4. (18 S. mit 1 Stnt.) Bernburg 853, (Schmelzer's Hofbuchh.) *

Spieker, Thdr., lineare Construction der Kegelschnitte. Potsdam 867. (Riegel'sche Buchh.) gr. 4. (19. S. mit 2 Steintaff.) n. 10 ngr.

Spieker, Th., Lehrbuch der Arithmetik u. Algebra m. Uebungs-Aufgaben f. höhere Lehranstalten. 1. Thl. gr. 8. (IV, 364 S.) Potsdam 875. Stein. n. 3. 40

Spieker, Th., Lehrbuch der Arithmetik u. Algebra mit Übungs-Aufsätzen für höhere Lehranstalten. 1. Tl. 2., verb. Aufl. 8. (IV, 379 S.) Potsdam 881. Stein. n. 3. —

Spieker, Th., Lehrbuch der Arithmetik u. Algebra mit Übungs-Aufgaben f. höhere Lehranstalten. 3., verb. Aufl. gr. 8. (IV, 399 S.) Potsdam 888. Stein. n. 3. —

[F.] Lehrbuch der Arithmetik und Algebra m. Übgs-Aufg. f. höh. Lehranst. v. Prof. Dr. Th[eodor] Spieker. 4. verb. Aufl. Tl 1. 2. *Potsdam: A. Stein 1895.* 2 Bde 8.
1. (2 Bl., 244 S.) 2. (1 Bl., 245—400 S.) [96. 546

Spieker, Theodor: Lehrbuch der Arithmetik und Algebra mit Übungs-Aufgaben f. höhere Lehranstalten. Von Prof. Dr. –. T. 1. 2. Potsdam: Stein 1903–10. 8°
1. 5. verb. Aufl. 1903. 2. 6. verb. Aufl. 1910.

— Lehrbuch der Arithmetik u. Algebra m. Übungs-Aufgaben f. höhere Lehranstalten. 1. Tl. 6. verb. Aufl. 11.—12. Taus. (IV, 248 S.) 8. Ebd. 909. Geb. 2. 50

—— Lehrbuch der ebenen Geometrie in Übungs-Aufgaben für höhere Lehranstalten. 1.—3., verb. Aufl. gr. 8. (VIII und 280 S. mit eingedr. Holzschn.) Potsdam 862—68, Riegel'sche Buchh. *

—— Lehrbuch der ebenen Geometrie mit Uebungs-Aufgaben für höhere Lehranstalten. 4.—12. verb. Aufl. gr. 8. (VII, 320 S. mit eingedr. Holzschn.) Ebendas. 870—75. *

Spieker, Th., Lehrbuch der ebenen Geometrie mit Uebungs-Aufgaben für höhere Lehranstalten. Mit vielen in den Text gedr. Holzschn. 13. verb. Aufl. (VII, 328 S.) 1877; 14. verb. Aufl. gr. 8. (VIII, 335 S.) Potsdam 879, Stein's Verlagsh. *

—— Lehrbuch der ebenen Geometrie mit Übungs-Aufgaben für höhere Lehranstalten. Mit vielen in den Text gedr. Holzschn. 15. verb. Aufl. (VIII, 338 S.) 1881; 16. verb. Aufl. gr. 8. (VIII, 326 S.) Ebendas. 884. *

Spieker, Th., Lehrbuch der ebenen Geometrie m. Uebungs-Aufgaben f. höhere Lehranstalten. Mit vielen in den Text gedr. Holzschn. 17. Aufl. gr. 8. (VIII, 294 S.) Potsdam 886. Stein. n. 2. 50

— dasselbe. Ausg. B. Für mittlere Klassen. gr. 8. (IV, 179 S.) Ebend. 886. n. 1. 60; geb. n. 1. 80

—— Lehrbuch der ebenen Geometrie mit Übungs-Aufgaben für höhere Lehranstalten. Mit vielen in den Text gedr. Holzschn. 17. verb. Aufl. (VIII, 294 S.) 886; 18. verb. Aufl. gr. 8. (IV, 299 S.) Ebendas. 888. *

— Lehrbuch der ebenen Geometrie m. Übungs-Aufgaben f. höhere Lehranstalten. 19., verb. Aufl. gr. 8. (IV, 279 S. m. Holzschn.) Ebd. 890. n. 2. 50

— dasselbe. Ausgabe B. Für mittlere Klassen. 2., verb. Aufl. gr. 8. (IV, 180 S. m. Holzschn.) Ebd. 889. n. 1. 60

—— dass. — Ausg. B. Für mittlere Klassen. 3. verb. Aufl. gr. 8. (IV, 178 S. m. Holzschn.) Ebd. 892 * 1 60; geb. * 1 80

— Lehrbuch der ebenen Geometrie m. Übungs-Aufgaben f. höhere Lehranstalten. (Ausg. A.) 21., verb. Aufl. gr. 8. (IV, 276 S. m. Holzschn.) Ebd. 894. n. 2. 50

— dasselbe. Ausg. B. Für mittlere Klassen. 4., verb. Aufl. gr. 8. (IV, 171 S. m. Holzschn.) Ebd. 894. n. 1. 60

— dasselbe. Ausg. C. Abgekürzte Kurse. gr. 8. (IV, 204 S. m. Holzschn.) Ebd. 894. n. 1. 20

— Lehrbuch d. ebenen Geometrie m. Uebungs-Aufgaben f. höh. Lehranst. 22., verb. Aufl. gr. 8. (IV, 276 S. m. Holzschn.) Ebd. 895. Kart. n. 2. 50

— dasselbe. Ausg. B. Für mittl. Klassen. 6., verb. Aufl. gr. 8. (V, 170 S.) Ebd. 897. n. 1. 60
geb. in Leinw. n. 1. 90

— dasselbe. Ausg. B. Für mittlere Klassen. 7. verb. Aufl. gr. 8. (V, 170 S. m. Holzschn.) Ebd. 899. n. 1. 60;
geb. in Leinw. n. 1. 90

— Lehrbuch der ebenen Geometrie m. Übungs-Aufgaben f. höhere Lehranstalten. Ausg. A. 25. verb. Aufl. 132.—141. Taus. gr. 8. (IV, 278 S. m. Fig.) Ebd. 901.
n. 2. 50; geb. n. 3. —

Spieker, Theodor: Lehrbuch der ebenen Geometrie mit Übungs-Aufgaben f. höhere Lehranstalten. Von Prof. Dr. –. Mit vielen Holzschn. Ausg. B. Für mittl. Klassen. 8. verb. Aufl. Potsdam: A. Stein 1901. (IV, 172 S.) 8°

Spieker, Theodor: Lehrbuch der ebenen Geometrie mit Übungs-Aufgaben für höhere Lehranstalten von Prof. Dr. –. Mit vielen Holzschn. Ausg. A. 26. verb. Aufl. Potsdam: A. Stein 1903. (278 S.) 8°

— dasselbe. Ausg. B. Für mittlere Klassen. 9. verb. Aufl. 30.—34. Taus. (V, 172 S. m. Fig.) gr. 8. Ebd. 903.
n. 1. 60; geb. in Leinw. n. 2. —

— Ausg. C. Abgekürzte Kurse. 2. Aufl. gr. 8. (IV, 205 S. m. Fig.) Ebd. 903. n. 2. —; geb. n. 2. 50

— Lehrbuch der ebenen Geometrie m. Uebungs-Aufgaben f. höhere Lehranstalten. Ausg. A. 28. verb. Aufl. 162. bis 171. Tausend. (IV, 278 S. m. Fig.) 8. Ebd. 906. n. 2. 50; geb. n. 3. —

— dasselbe. Ausg. C. Abgekürzte Kurse. 3. Aufl. 5. u. 6. Tausend. (IV, 206 S. m. Fig.) 8. Ebd. 906. n. 2. —; geb. n. 2. 50

Lehrbuch der ebenen Geometrie mit Übungs-Aufgaben f. höh. Lehranst. von Prof. Dr. Th[eodor] **Spieker**. Mit vielen Holzschn. Ausg. A. 29. verb. Aufl. Potsdam: A. Stein 1907. (278 S.) 8° [F.] 08. 10018

— Lehrbuch der ebenen Geometrie m. Übungs-Aufgaben f. höh. Lehranstalten. Ausg. A. 30. verb. Aufl. 182—191. Tausend. (IV, 278 S. m. Holzschn.) 8. Potsdam 908. A. Stein. 2.50; geb. 3. —

— dasselbe. Ausg. C. Abgekürzte Kurse. 4. Aufl. 7. u. 8. Tausend. (IV, 206 S. m. Holzschn.) 8. Ebd. 908. Geb. 2.50

— dasselbe. Ausg. B. Für mittlere Klassen. 13. verb. Aufl. 51.—56. Tausend. (IV, 185 S. m. Holzschn.) 8. Ebd. 910. Geb. in Leinw. 2. 50

— Lehrbuch der Geometrie f. höhere Mädchenschulen, s.: Winkler.

— Lehrbuch d. Stereometrie m. Uebungs-Aufgaben f. höh. Lehranst. M. in d. Text gedr. Holzschn. 2., verb. Aufl. gr. 8. (IV, 108 S.) Ebd. 897. n. 1. 60; geb. in Leinw. n. 1. 90

— Lehrbuch der Stereometrie m. Übungs-Aufgaben f. höhere Lehranstalten. 8. verb. Aufl. 4.—6. Tausend. gr. 8. (IV, 119 S. m. Holzschn.) Ebd. 901. n. 1.60; geb. n. 2. —

— Lehrbuch der ebenen u. sphärischen Trigonometrie m. Uebungs-Aufgaben f. höhere Lehranstalten. Mit Holzschn. gr. 8. (IV, 135 S.) Ebend. 885. n. 1. 40

— Lehrbuch der ebenen u. sphärischen Trigonometrie m. Übungs-Aufgaben f. höhere Lehranstalten. 2., verb. Aufl. gr. 8. (VII, 140 S. m. eingedr. Holzschn.) Ebd. 890. n. 1. 40

— Lehrbuch d. ebenen u. sphärischen Trigonometrie m. Uebungs-Aufgaben u. e. kurzen Einleitg. in die sphärische Astronomie f. höh. Lehranst. 4., verb. Aufl. gr. 8. (IV, 151 S. m. Holzschn.) Ebd. 899. n. 1. 40; geb. in Leinw. n.n. 1. 70

— Lehrbuch der ebenen u. sphärischen Trigonometrie m. Uebungs-Aufgaben u. e. kurzen Einleitung in die sphärische Astronomie f. höh. Lehranstalten. 6. verb. Aufl. 12.—14. Tausend. (IV, 151 S. m. Holzschn.) 8. Ebd. (904). n. 1. 40; geb. in Leinw. n. 1. 80

Lehrbuch der ebenen und sphärischen Trigonometrie mit Übungs-Aufgaben u. e. kurzen Einl. in d. sphär. Astronomie f. höh. Lehranst. von Prof. Dr. Th[eodor] **Spieker**. Mit Holzschn. 7. verb. Aufl. Potsdam: A. Stein 1907. (150 S.) 8° [F.] 08. 10019

— Lehrbuch d. ebenen u. sphärischen Trigonometrie m. Übungs-Aufgaben u. e. kurzen Einleitg. in die sphär. Astronomie f. höh. Lehranstalten. 8. verb. Aufl. 18.—20. Tausend. (IV, 151 S. m. Holzschn.) 8. Ebd. 909. Geb. 1. 80

Spieker, Th., Leitfaden für den arithmetischen Unterricht in höhern Lehranstalten. 1. u. 2. Cursus für mittlere Klassen. Potsdam 857. Riegel'sche Buchhdlg. gr. 8. (VII, 139 S.) n. $12^1/_2$ ngr.

Spiekerkötter, C. G. H., Anleitung z. Kenntniß der vorzügl. einheimischen Giftpflanzen. Ein Lehr- u. Lesebüchlein f. d. liebe Jugend in den Elementar-Schulen. 8. (2 B.) Minden 844, Eßmann.

—— die Giftpflanzen Deutschlands, deren Wirkungen auf das Leben u. die Gesundheit der Menschen u. Thiere; nebst Angabe einiger Antidote bei Vergiftungsfällen durch Pflanzengifte, einer kurzgefaßten Einleitung zur Botanik u. dem Linneschen Sexualsysteme. Ein Handbuch f. Jedermann, insbesond. f. Lehrer ꝛc. gr. 8. ($6^1/_8$ B.) Minden 844, Eßmann.

—— Harfentöne, od. christl. Gedichte z. häusl. Erbauung. 12. ($4^1/_2$ B.) Minden 846, Eßmann.

Spiekerkötter, C. G. H., die Ravensburg u. ihre ursprünglichen Grafen. Aus den vorhandenen Quellen. 12. (94 S.) Minden 882. Marowsky. n. 1. —

Spiekerkötter, C. G. H., die Ravensburg u. ihre ursprünglichen Grafen. Aus den vorhandenen Quellen. 2. [Titel-] Ausg. 12. (94 S.) Bielefeld [882]. (900.) A. Helmich. n. 1. —

Spiekermann, Dan. Henr. Ferd. (geb. Stargard in Pomm. 29. 11. 1812): De cardialgia. Berolini (1838). (29 S.) 8°
Berlin, Med. Diss. v. 13. Aug. 1838

Spiekermann, E., Magdeburg, s.: Kawerau, Alb.

Spiekeroog [Schlagwort]

Spiekeroog, s.: Deutschland, Kürschner-Pelp.

SPIEKMANN, Kaspar (Arnsberg): De methodo antiseptica etiam ruri a medicis adhibenda. (Titel nach der Urkunde)
25.4.1883 - Urk; Chr 1882/83,18
Diss. Ingolst.-Landsh.-Mchn.

Spiel

— u. **Arbeit**. Allerhand anzieh. Beschäftiggn. f. die Jugend. Hrsg. v. Otto Robert. I—IV. gr. 8. Ravensburg, O. Maier. n. 7. 30
I. Die Segeljacht. Anleitung zur selbstständ. Herstellg. e. lenkbaren Segeljacht (Modell-Größe 65 cm.) Von H. Cranz. Mit 3 Modellbogen. (48 S. m. Abbildgn.) (900.) n. 1. 80
II. Camera obscura. Anleitung zur Herstellg. e. Camera obscura. Zur Unterhaltg. u. als Zeichenapparat geeignet. Von Otto Robert. Mit 3 Musterbog. (25 S. m. Abb.) (900.) n. 1. 50
III. Anleitung zur Herstellung u. Benützung e. Schattentheaters. Von Otto Robert. (9 S. m. Abb. u. 2 Taf.) (902.) n. — 60
IV. Burg. Anleitung zur selbständ. Herstellg e. großen dauerhaften, zum Spielen geeigneten Ritterburg. Von Otto Mayser. Mit 20 Modellbogen in Mappe. (23 S.) (902.) n. 3. 50

Spiel u. Arbeit. Allerhand anzieh. Beschäftiggn. f. die Jugend. Hrsg. v. Otto Robert. 5.—20. Bdchn. gr. 8. Ravensburg, O. Maier. n. 18. 85
Filek, E. K., die Elektrisiermaschine. Eine leichtfaßl. Anleitg. zur Herstellg. e. Elektrisiermaschine u. e. Anzahl interessanter Nebenapparate. Mit 1 Modellbog. (32 S. m. Abbildgn. u. 1 Taf.) (905.) (15. Bdchn.) n. — 80
Honold, Ernst, Drachen u. Luftballon. Leichtverständliche Anleitg. zur selbständ. Herstellg. v. vielen Drachen u. e. Heißluftballons. Mit 2 Modellbog. (32 S. m. Abbildgn. u. 1 Taf.) (904.) (8. Bdchn.) n. — 60
— Projektions-Apparat f. Lichtbilder. Modellbogen u. Anleitg. zur Selbstanfertigg. e. Projektionsapparats f. Ansichtskarten, Photographien usw. Mit 2 Modellbog. (40 S. m. Abbildgn.) (905.) (16. Bdchn.) n. 1. —
— das Telephon. Modellbogen u. Anleitg. zur Selbstanfertigg. v. 2. vollständ. Fernsprechstationen. Mit 6 Detailbogen. (69 S. m. Fig.) (906.) (18. Bdchn.) n. 1. 50
— der Elektrophor u. seine Nebenapparate. Eine leichtfaßl. Anleitg. zur Herstellg. e. Elektrophors u. e. Anzahl interessanter Nebenapparate. Mit 1 Modellbog. (26 S. m. Abbildgn.) (905.) (11. Bdchn.) n. — 80
— die elektrische Klingel. Leichtfaßl. Anleitg. zur Herstellg. e. elektr. Läutewerks m. Taster u. mehreren galvan. Batterien. Mit 5 Modellbogen. (26 S.) (906.) (17. Bdchn.) n. — 80

— Wasserräder zum Antrieb beweglicher Fig. u. kleinerer Apparate. Modellbogen u. Anleitg. f. Knaben zur selbständ. Herstellg. v. Wasserrädern. Mit 5 Modellbog. (24 S. m. Abbildgn.) (904.) (6. Bdchn.) n. — 80

— Windräder u. Windmotoren. Anleitg. zur selbständ. Herstellg. f. Knaben. Mit 4 Modellbog. (36 S. m. Abbildgn.) (905.) (14. Bdchn.) n. 1. 20

Mayser, Otto, Eisenbahn- u. Bahnhofsbau f. Knaben. Modellbogen u. Anleitg. zur Selbstanfertigg. v. Stationsgebäuden, Güterhallen, Brücken, Uebergängen, Drehscheiben, Signalen, Tunnels etc. etc. in Form dauerhafter, zum Eisenbahnspiel geeigneter Modelle. Mit 6 Modellbog. (29 S. m. Abbildgn.) (904.) (9. Bdchn.) In Mappe n. 2. 75

— Elektromotor f. Knaben. Leichtverständl. Anleitg., nach welcher unsere Knaben sich e. kleinen Elektromotor selbständig herstellen können. Mit 1 Modellbog. (27 S. m. Abbildgn.) (904.) (7. Bdchn.) n. — 60

— elektrisches Licht. Anleitung u. Modellbogen zur Selbstanfertigg. e. Dynamomaschine. Mit 2 Detailbogen. (39 S. m. Fig.) (906.) (20. Bdchn.) n. 1. 20

— Photographie-Apparat. Modellbogen u. Anleitg. zur Selbstanfertigg. e. photograph. Kamera u. sonst. photograph. Apparate. Nebst Anleitg. zum Photographieren. Mit 2 Modellbog. (32 S. m. Abbildgn.) (905.) (12. Bdchn.) n. — 80

— Wasserturbine. Eine leichtfaßl. Anleitg. zur Herstellung e. Wasserturbine. Mit 3 Modellbogen. (15 S. m. Fig.) (906). (19. Bdchn.) n. — 70

Mittag, M., Stereoskop. Anleitg. zur selbständ. u. verständnisvollen Herstellg. e. Stereoskops. Mit zahlr. Illustr. u. 1 Modellbog. (16 S.) (904.) (5. Bdchn.) n. — 60

Smith, Percy, die Herstellg. e. Kindertheaters. Eine leichtfaßl. Anleitg. Mit 2 Modellbog. u. 1 farb. Bogen: Theaterproszenium. (21 S. m. Abbildgn. u. 1 Taf.) (905.) (13. Bdchn.) n. 1. 20

Wolze, Pet., die Saalburg. Anleitung zur selbständ. u. verständnisvollen Herstellg. e. altröm. Kastells, m. einigen aus techn. Gründen gebotenen Vereinfachgn., aber im großen getreu nach der Saalburg, f. Spielzwecke unserer Knaben. Mit 7 Modellbog. (23 S. m. Abbildgn.) (901.) (10. Bdchn.) In Mappe n. 3. 50

Spiel u. **Arbeit.** Allerhand anzieh. Beschäftiggn. f. die Jugend. Hrsg. v. Otto Robert. 21.—43. Bdchn. 8. Ravensburg, O. Maier. 27. 75

Claus, A., Blinkfeuer. Ein unterhalt. Lichterspiel. Anleitung z. Herstellen e. kleinen Apparats m. wechselndem buntem Licht. Mit 2 Detailbog. (19 S. m. 8 Fig.) (910.) (40. Bdchn.) — 60

Czepa, A., Tesla-Licht (elektrisches Licht). Leichtfaßl. Anleitg. zur Selbstherstellg. e. Apparates z. Erzeugg. v. Tesla-Licht. Mit 1 Modellbog. (28 S. m. Abb.) (909.) (34. Bdchn.) — 70

Filek, E. K., Aquarium. Modellbogen u. Anleitg. zur selbständ. Herstellg. e. Aquariums, sowie zur Pflege u. Beobachtg. der Tiere. Mit 2 Modellbog. (91 S.) (907.) (22. Bdchn.) 2. —

— Einrichtungen f. Schmetterlingszucht. Eine leichtfaßl. Anleitg. z. Zucht d. Schmetterlinge, sowie z. Fang d. Raupen u. Falter, ferner z. Anlage e. biolog. Sammlg. Mit 5 Modellbog. (54 S. m. Abb.) (908.) (30. Bdchn.) 1. 40

— Das Terrarium. Leichtfaßliche Anleitg. z. Anlage desselben u. zur Pflege der Tiere. Mit 1 Modellbog. (40 S.) (907.) (23. Bdchn.) 1. 20

Freund, Gust., Zauber-Apparate selbst herzustellen. Ein Illusions-Theater m. leichtfaßl. u. leicht ausführbaren mag. Kunststücken. Mit 1 Detailbog. (53 S. m. Abbildgn.) (910.) (43. Bdchn.) — 80

Gagstätter, Frdr., Brückenwage m. 5 kg Tragkraft (Dezimalwage). Eine leichtfaßl. Anleitg. z. Herstellg. e. Dezimal- od. Brückenwage fürs Haus. Mit 4 Modellbog. (24 S.) (907.) (21. Bdchn.) — 70

Gemmert, F. J., Kinematograph. (Für's reifere Alter!) Modellbogen u. Anleitg. zur selbständ. Herstellg. e. gutgeh. Kinematographen-Apparates. Mit 1 Modellbog. u. 1 Grundriß. (40 S. m. Abb.) (909.) (38. Bdchn.) 1. —

— Telegraphenapparat. Leichtverständl. Anleitg. z. Selbstherstellg. Mit 1 Modellbog. (23 S. m. Abb.) (908.) (32. Bdchn.) — 80

Gruber, Arth., Buchdruckmaschine (im System e. Schnellpresse). Eine leichtverständl. Anleitg. zur Selbstherstellg. m. zahlr. Illustr. Mit 1 Detailbog. (40 S.) (908.) (31. Bdchn.) 1. 20

— Heliograph. Eine selbstverständl. Anleitg. z. Selbstherstellg. e. Apparates zum Telegraphieren m. Hilfe des Lichtes. Mit 2 Detailbog. (31 S. m. Abb.) (908.) (29. Bdchn.) — 80

— Pantograph (Storchschnabel). Eine leichtfaßl. Anleitg. zur Herstellg. e. Vergrößerungsapparates f. Zeichngn. Mit e. Modellbog. (15 S.) (907.) (25. Bdchn.) — 60

— Zink-Klischees. Leichtfaßliche Anleitg. zur Selbstherstellg. v. druckfert. Zink-Klischees. Mit e. Anh.: Photozinkographie, Linoleum- u. Farbendruck. Mit 1 Vorlagenbog. (42 S. m. Abb. u. 1 farb. Taf.) (909.) (35. Bdchn.) 1. 20

Hoffmann, C., Herbarium. Kurzgefaßte Anleitg. zur Einrichtg. e. Herbariums, nebst e. 2. Tl., enth. Anleitg. zum Sammeln, Bestimmen u. Beobachten der Pflanzen (v. K. G. Lutz). Mit d. Beigaben: 466 Etiquetten d. wichtigsten Pflanzen etc. (7, IV, 96 S.) (907.) (21. Bdchn.) 2. —

Honold, Ernst, Apparate f. photographische Vergrößerung. Modellbog. u. Anleitg. z. Herstellg. photograph. Vergrößerungs-Apparate, sowie Anleitg. zum selbständ. photograph. Vergrößern. Mit 2 Detailbog. (36 S. m. Abb.) (908.) (28. Bdchn.) 1. —

— Induktionsapparate. Modellbogen u. Anleitg. zur Selbstherstellg. verschiedener Elektrisierapparate u. Funkeninduktoren. Mit 12 Detailbog. (54 S. m. Abb.) (909.) (33. Bdchn.) 1. 80

— Laterna magica. Modellbogen u. Anleitg. zur selbständ. Herstellg. e. großen Laterna magica m. dazu gehör. Glasbildern. Mit 2 Detailbog. (32 S.) (907.) (26. Bdchn.) 1. 60

— Telegraphie ohne Draht. Anleitung zur Herstellg. einfacher Apparate u. ganzer Stationen, sowie Anweisg. zur Vornahme v. Versuchen. Mit 3 Detailbog. (78 S. m. Abb.) 909. (37. Bdchn.) 2. —

Mayser, Otto, Kriegsschiff. Anleitung u. Modellbogen zur Selbstanfertigg. e. durch Dampf od. durch e. Federmotor in Beweg. zu setz. lenkbaren Kriegsschiffes. Mit 2 Detailbog. (40 S.) (909.) (36. Bdchn.) 1. 20

— Das Puppenhaus. Anleitung u. Modellbogen zur Selbstherstellg. e. großen Puppenhauses. Mit 9 Detailbog. (42 S. m. Abb.) (908.) (27. Bdchn.) In Mappe 2. 75

Riemenschneider, Kurt, lenkbarer Aeroplan. Anleitung z. Selbstherstellg. e. Flugapparates als Gleit- od. Drachenflieger. Mit 3 Detailbog. (40 S. m. 21 Fig.) (910.) (39. Bdchn.) 1. 20

Schmidt, Eduard, Bobsleighschlitten. Anleitung zur Selbstherstellg. e. Lenkschlittens. Mit 2 Detailbog. (15 S. m. 13 Fig.) (910.) (42. Bdchn.) — 60

Zirkel, Emil, Tischbillard. Leichtfaßliche Anleitg. zur Herstellg. e. Tischbillards. Mit 1 Detailbog. (16 S. m. 6 Fig.) (910.) (41. Bdchn.) — 60

Spiel, Das, in strengster Bedeutung. [Tübingen 1795.] V: *Weisshuhn, Friedrich August.* (MI.)

Spiel bringt Gefahr, Lustspiel in 5 Akten von F. L. W. Meyer. 8. Altona, Hammerich. 818.

Spiel, frohes. Schönstes Bilder-ABC m. Reimen u. Rätseln. gr. 4. (16 S. m. z. Tl. farb. Abb.) Konstanz 897. C. Hirsch. Kart. 1. —

Spiel, frohes, in Bildern, m. Reimen u. Rätseln. gr. 8. (16 S. m. z. Tl. farb. Abbildgn.) Konstanz (902). C. Hirsch. — 25

— frohes, im Kinderleben. gr. 4. (8 S. m. z. Tl. farb. Abb.) Ebd. 898. — 50

Spiel, ein geistlich, von S. Meinrad's Leben u. Sterben, s.: Bibliothek d. litterar. Vereins in Stuttgart. 69.

Spiel, ein geistlich, von St. Meinulphus. In 8 Aufzügen. gr. 16. (95 S.) Paderborn 869, Schöningh.

Spiel, Ein geistliches, auf Zwingli's Todestag (1531). Basel 1892. V: *Salis, Arnold v.* (Cat. d. Stadtbibl. Zürich. Zürich 1864—97.)

Spiel, Geographisches, für Kinder . . . enthaltend eine Kenntniss der Karte von Europa. Bremen 1778. V: *Drude, Frdr. Ludwig Heimbert.* (MGT) »1780« (KY)

Spiel, geographisches, f. Kinder. 12. Presburg, Löwe. 785.

— geograph. f. Kinder von 6 bis 9 Jahren, enth. eine Kenntniß der Karte von Europa, (v. F. L. H. Drude). 8. Bremen 780. Cramer. 8 gl

— geograph., in deutscher, ungar. u. böhm. Sprache. Preßb., Weber, 8 gl

— das, in Gesellschaften z. Vergnügen, in Fragen u. Antworten. 8. Berl. 786. Lange. 4 gl

Spiel, Historisches, für die Jugend nach Schröckhs Weltgeschichte . . . Berlin 1787—96. V: *Schmalz, Marie Wilhelmine.* (schl) (MGT) (Ky) (NN)

— histor., f. die Jugend, nach Schröckhs Weltgeschichte 3 Spiele mit 165 kleinen Karten (von Mar. W. Schmalz). 16. Berl. 787—96. Rellstab. (Nauck). (a 16 gl) 2 ß

Der Jugend Spiel und Beschäftigung. Ill. Zeitschr. f. Spiel, Beschäftigungen, Unterhaltung, Handfertigkeit u. Hausfleiß. Leipzig. Jg. 1—3. 1884—86.

— der Jugend, u. Leben. Nürnberg 868. Koenecke. 8. (16 lith. u. color. Taff.) 6 ngr; auf Leinw. baar n. 10 ngr

Spiel, das, von den zehn Jungfrauen, eine Opera seria, gegeben zu Eisenach am 24. April 1322, übertragen und zeitgeschichtlich behandelt von Alb. Freybe. gr. 16. (V, 99 S.) Leipzig 870, J. Naumann.

Das Spiel von den zehn Jungfrauen aufgeführt zu Eisenach am 24. April 1322. Nach d. einzigen aufgefundenen Hs. hrsg. von Ludwig Bechstein [1855]. Eisenach: Eifert & Scheibe [um 1910]. 30 S. 8°

Spiel. – Zum Spiel von Frau Jutten, s. Bechstein, Ludwig

Spiel, Ein, von einem Keiser und eim Apt. Hsg. von A. Keller. Tübingen 1850. V: *Folz, Hans* [?]. (BrMm)

Spiel Karten, ein. Lehrbuch der höheren Kartenkunst in 3 Abthlgn. Von R. P. Prag 853. Haase. 12. (VI, 298 S. m. Holzschn. im Text.) 20 ngr

— f. Kinder, das Gedächtniß u. d. Verstand zu schärfen. 12. Lpz. 777. Hilscher. 6 gl

Spiel und Leben. Ein Bilderbuch für Kleine u. Große. 1—3. Aufl. Dresden (854—58.) Meinhold. 4. (16 S. m. color. Lithogr. u. lith. u. color. Titel.) 18 ngr

Spiel und Liebe; oder Treff Bube u. Caro Dame. Lustsp. in 2 Aufzügen v. Carli. 8. Ratibor, Juhr.

SPIEL und Liebe. Illustrirt von G. Sieben. (190*.) (Mk. 2—.)
W. Schindler, Pressburg, 1910.

Spiel u. Lust, der Kinder. qu. 8. (6 Holzschntaf. in Buntdr.) Stuttgart 871. G. Weise. — 20

Spiel, das rationelle, an der Bank, aus dem Standpunkt der organischen und mathematischen Verhältnisse des Hasardspiels dargelegt und in allen Verwickelungen der Partie praktisch durchgeführt. (Als Mscr. gedr.) gr. 8. (VI und 30 S.) Mainz 850. (Wiesbaden, Kreidel.) *

Spiel und Scherz. Bilderbuch mit 5 bewegl. (chromolithogr.) Taf. gr. 4. (5 Bl. Text.) Fürth 885, Schaller und Kirn. geb. Mit Goldpressung und Titelbild

— und Scherz. Ein Bilderbuch für die lieben Kleinen. Mit Text in Versen. qu. 4. (6 S. mit 6 Farbdr.-Bildern von Offterdinger.) Stuttgart 886, Loewe. cart. * Ausg. auf Leinw. *

Spiel u. Scherz fürs Kinderherz. (16 S. m. z. Tl. farb. Abbildgn.) Lex.-8. Reutlingen (905). Enßlin & Laiblin. — 70; auf Pappe (8 S. m. farb. Abbildgn.) Geb. 1. —

— das schöne, von d. Hause, welches Peter erbauet hat. Mit 10 ill. Kpf. u. so viele Blätter Erklärung in deutscher u. französ. Sprache. 12. Zürich 825. Trachsler. 16 gl

Spiel, Ein seer schön und nützlich, von der lieblichen Geburt unseres Herren Jesu Christi zu Cöln an der Spree. 1641. Berlin 1862. V: *Knaust Heinrich.* H: *Friedländer, Gottl.* [?]. (GGr) (MD)

Spiel, das, aller Spiele, zur Belehr. u. Unterhalt. f. Jung u. Alt. Vorzugsweise Eltern, Lehrern u. Erziehern, als unerschöpflich in seiner Nutzanwendung empfohlen. (4 Kl. u. 1 gr. Alphabet, u. Zahlen, nebst 1 B. Erklär., 8.) Lüneburg 832, Herold u. Wahlstab.

Spiel, das, die Spielerwelt u. die Geheimnisse der Falschspieler. Eine Beleuchtungs- u. Enthüllungs-Schrift v. Signor Domino. Mit Illustr. 8. (VIII, 210 S.) Breslau 886. Kern's Verl. n. 3. —; geb. n. 4. —

Spiel und Sport. Das Buch der gesellschaftlichen Unterhaltungen und Vergnügungen, der körperlichen Übungen, ritterlichen Erholungen und Künste. Leipzig u. Berlin. Gr.-8°. 2 Bde.
Bd. 1: Illustriertes Familien-Spielbuch, hrsg. v. Jan Daniel Georgens u. Jeanne Marie von Gayette-Georgens, 1882.
Bd. 2: Illustriertes Sport-Buch, hrsg. v. Jan Daniel Georgens, 1883.

Spiel u. Sport, früher deutsche Ballspiel-Zeitg. Organ z. Förderg. der Interessen aller athlet. Sports. Specielles Organ d. Vereinigg.: „Deutscher Fussball- u. Cricketbund". Berliner Fussball-Clubs „Concordia", „Frankfurt", „Borussia" etc. 2. Jahrg. 52 Nrn. (à Nr. 10 S.) gr. 4. Berl. NW. Mittelstr. 3, 892, J. Bloch. Vierteljährlich * 1 —
Der 1. Jahrg. erschien u. d. T.: Deutsche Ballspiel-Zeitung. (22 Nrn.) * 2 —.

Spiel u. Sport. Organ zur Förderg. d. Interessen aller athlet. Sports. Deutsches Lawn-Tennis Fachblatt. Spec. Organ. d. Vereinigg.: „Deutscher Fussball- u. Cricketbund", „süddeutsche Fussball-Union" etc. etc. 5.—7. Jahrg. 1895—1897. à 52 Nrn. (à ca. 4 Bog.) gr. 4. Berlin (w. Mauerstr. 86/88). J. Bloch. à Jahrg. n. 6. —

— — dasselbe. Nebst Beiblatt: English-Chat. 8. Jahrg. 1898. 52 Nrn. (à ca. 3 Bog.) gr. 4. n. 6. —
Kann auch vierteljährlich bezogen werden.

— u. Sport. Organ zur Förderg. der Interessen aller athlet. Sports. Deutsches Lawn-Tennis-Fachblatt. Beiblatt: English Chat. 9. u. 10. Jahrg. 1899 u. 1900. à 52 Nrn. gr. 4. (à ca. 18 S.) Berlin (W., Potsdamerstr. 56). R. Fuess. à Jahrg. n. 6. —

— — dasselbe. Officielles Organ folg. Vereinigg.: Deutscher Fussball-Bund, Verband deutscher Ballspielvereine, Berlin etc. Red.: S. Bloch. 11. Jahrg. 1901. 52 Nrn. gr. 4. (à ca. 12 S.) Ebd. n. 6. —
Fortsetzung s.: Sport im Bild.

Spiel und Sport. Herausgeber Hans Feller. I. Jahrg. 1898. Mit Illustrationen. Folio. Pro Mai—September (20 Nummern) 1.—
Karlsbad: Feller 1898

Spiel und Sport. M. reich. ill. Beiträgen v. . . . Bielefeld & Leipzig: Velhagen & Klasing 1899. (VI, 192 S., 7 Taf.) 1 Bd. 8°
Jugendbibliothek, Velhagen & Klasings. Bd. IV.

— — s. a. Velhagen & Klasing's Jugendbibliothek.

Bei Spiel und Tanz. *Berlin: E. Bloch 1896.* (80 S.) 8° [Z.]
— Sammlung, Ludw. Blochs, neuer Ansprachen u. Tischreden in Prosa. 18. [01. 11737

Spiel, Das Urner, vom Wilhelm Tell. Hsg. v. Wilhelm Vischer. Basel 1874. V: *Fabritius, Johannes.* (Kluge, F., Beil. der Münchener N. Nachr. 1908. Nr. 92, S. 124 f.)

Spiel u. Vergnügen. Ein neues Bilderbuch für die heitere Kinderwelt. Nürnberg 865. Koenecke. qu. 4. (16 color. Steintaf.) cart. 10 ngr; auf Leinw. 26 ngr

Spiel, Geo. Hnr. Grhrd., s. Archiv, neues vaterländisches 2c.

Spiel, George, s.: Gemälde, berühmte, der Welt.

Spiel, Joa. Fr. Alb., Diss. inaug. de confirmatione vel insinuatione pactorum dotalium judiciali secundum jus Brunswico-Lüneburgicum. 4. Götting. 784. Dieterich. 2 gl.

SPIEL-ALMANACH .... (am Schluss: Volkslieder), hrsg. von Julius Cäsar (ps.). Mit Titelvignette. Berlin 1797. 8°.
Martin Breslauer's Berliner Octob.-Auct. 1910 no. 1900. — Der Pseud. fehlt bei Weller.

Spiel-Almanach, enthaltend die neueste Anweisung zu einer gründlichen und leichten Erlernung ...
hrsg. v. Julius Cäsar.
Berlin: Oehmigke
1797.
Forts. u. d. T.: Neuester Spielalmanach.
1800.

— — Dasselbe. Ebd. 1799. Kl. 8°. (3 Mk. Hans Lommer, Gotha, 1911.)

Spielalmanach für 1809. Berlin, Oehmigke d. jüng.

Spielalmanach f. Karten-, Schach-, Bret-, Billard- 2c. Spieler, zum Selbstunterricht v. Jul. Cäsar. 8. Berl. 810. Neue Aufl. f. v. Abenstein.

Spielalmanach f. Karten-, Schach-, Bret-, Billard- 2c. Spieler, zum Selbstunterricht von Jul. Cäsar, verbess. von Abendstein. 8. Berl. Hayn. 815. in Futt.

Spielalmanach f. Knaben u. Mädchen v. 8—14 Jahren, zu angenehm. u. belehrender Unterhaltung, m. illum. K. 16. Leipz. Sommer. 816. 1 Rthlr.

— **f. Knaben u. Mädchen von 8 bis 14 Jahren, zu angenehmer u. belehr. Unterhaltung. Mit ill. Kpf. 16. Leipz. 816. N. A. 820. (W. Nauck). 1** rß

Spiel-Almanach, Neuer, fürs Jahr .... Hg.: Caesar.
1798. M. Titelk.
Berlin.

Neuester *Spielalmanach.* Oder gründliche Anweisg zur leichteren Erlerng aller bekannten Karten-, Brett-, Kegel- und Ballspiele. Hrsg. v. Julius Cäsar.
Berlin: Cäsar
1800.
Anf. u. d. T.: Spielalmanach.
Forts. u. d. T.: Spielalmanach f. Karten-, Schach- ... Spieler.

Spiel-Almanach, Neuester, f. d. J. .... oder gründl. Anweisung ... Hg.: Julius Caesar.
1801. M. Titelk.
Berlin.

Spielalmanach, Neuester, für Karten-, Schach-, Bret-, Billard-, Kegel- u. Ballspieler. Hg.: Abenstein, O. W. v.
(1819). 2. Aufl.
Berlin.

Spiel-Bähn. Der merkwürdigste Prophet und Seher unserer Zeit. Seine Prophezeihungen und Lebensgeschichte nach einem alten Manuscript. Bonn 1846. V: *Schrattenholz, W.* (STBKöln II, 52)

Spiel-Bähn der Prophet. Seine merkwürdigsten Prophezeihungen auf unsere Zeit. Nach ein. alten Manuscripte. 2. verm. Aufl. 8. (16 S.) Bonn 847, Habicht in Comm. n. 2 ngr — 3., mit Erläutergn. verm. Aufl. gr. 12. (22 S.) Ebd. 848, in Comm. 1/12 rß — 4., nach d. Wortlaute d. betreff. Manuscripts m. den fehlenden Versen der frühern Ausg. erweiterte, sehr verm. u. ganz umgearb. Aufl. vom alleinigen Eigenthümer d. Urtertes Wilh. Schrattenholz. 12. (45 S.) Ebd. 848. 3 ngr — 5. Aufl. v. Wilh. Schrattenholz. 12. (48 S.) Ebd. 849. 3 ngr

Spiel-Bähn, der Prophet. Die merkwürdigste Prophezeihung auf unsere Zeit und Zukunft. Nach einem alten Manuscripte. 8., durch eine wortgetreue Mittheilung des alten Manuscripts vervollständigte u. mit vielen andern authentischen Prophezeihungen verm. Aufl. vom alleinigen Eigenthümer des Urtertes Wilh. Schrattenholz. Bonn 854. Habicht. 12. (52 S.) 3 ngr

Spiel-Bähn, Prophezeihungen, s. Hermann v. Lehnin.

Spielbank, die. Ein tragisches Schausp. in 5 Aufz. 8. (7 B.) Belle-Vue 845, Verlags-Buchh.

Spielbanken, die, zu Grunde gerichtet durch die Spieler, oder: Die Kunst, jede Bank zu sprengen u. mit dem kleinsten Einsatz die höchsten Gewinne zu erzielen. Nebst einer Wahrscheinlichkeits-Berechnung, in jeder bei der Spielbank zugebrachten Stunde ca. 500 Thaler zu gewinnen. Aus den hinterlassenen Papieren des Russischen Fursten v. S**. Berlin 859. Lassar. 8. (31 S.) n. 1 rß

Saarbrücken-Rom über den St. Gotthard in 12 Tagen. Distanzritt von **Spielberg**, Rittm. im Dragoner-Reg. No 7. Mit 26 Abb. u. 13 Karten. *Berlin: M. Oldenbourg 1900.* (99 S.) 8° [01. 12074

Der alte Spielberg. Gotthilf Otto Lebrecht **Spielberg**. Ein Erbauungsbuch f. Selbstdenkende u. ihre eigenen Wege Gehende. München: M. Steinebach [1906]. (587 S.) 8° [Z.] [07. 306 II

Spielberg, H., die obere Capelle der Maria im Palazzo publico zu Siena. gr. Fol. (5 S. mit 7 Taf., wovon 3 in Kpfrst. und 4 chromolithogr.) Berlin (861)62, Ernst und Korn. *

Spielberg, H., die obere Capelle der Maria im Palazzo publico zu Siena. Mit 7 Taf. in Farbendr. u. Stich. 2. Aufl. gr. Fol. (5 S.) Berlin 876. Ernst & Korn. n. 30. —

Spielberg, Hanns v. Gräfin Langeweile. Ihr Bild. 1. u. 2. Aufl. 8. (181 S.) Berl. 889, Mückenberger. * 3 —; geb. * 4 —

— **Militaria,** s.: Eckstein's humoristische Bibliothek.

Spielberg, Hanns v., s.: Kobeltitz, Hanns v.

Spielberg, Johann. Über einige Fälle von Ösophagusstrikturen bei Kindern nach Verätzungen und Diphtherie, mit besonderer Berücksichtigung der Thiosinaminbehandlung. (Aus dem Kinderspital zu Basel). Diss. Med. Basel. 23 S. 8. Basel, Friedrich Reinhardt, 1907.

Spielberg, Moritz Fürst zu Oettingen-, s. Oettingen-Spielberg.

Spielberg, Otto, mein Bilderbuch. 8. (VII, 94 S.) München 881, Bassermann'sche Verlagsh. *

Spielberg, Otto, das Buch vom gerechten Richter. (VI, 160 S.) 8. Dresden 903. E. Pierson. n. 2.—; geb. n. 3.—

Spielberg, Otto, Denkrede auf Bogumil Goltz. Grünberg i./Schl. 864. Levysohn. 8. (15 S.) n. 3 ngr.

Spielberg, Otto, Discretes und Indiscretes. Causerien. gr. 16. (VII, 158 S.) Berlin 870, Langmann und Comp. [Posen, Jolowicz.] (*M 1,50.)

Spielberg, Otto, Discretes u. Indiscretes. Causerien. Berlin. 870. Verlags-Institut. gr. 16. (VII, 158 S.) n. 15 ngr.

Spielberg, Otto, vom Baume der Erkenntniß gesammelte Früchte. 8. (V, 69 S.) München 879. Bassermann. n. 1. 20

Spielberg, Otto, Gedanken u. Meinungen des hochwohlgeborenen Hrn. Spielberg, Freiherr v. Natur, u. v. Gottes Gnaden sein eigener König. 8. (VIII, 256 S.) Stuttgart 902. R. Lutz. n. 3.—; geb. n. 4.—

Spielberg, Otto. Die Grundsätze d. natürlichen Menschen. 8. (90 S.) Zür. 889, Verlags-Magazin. * 1 20

Spielberg, O. Hamburg. Tag- und Nachtbilder. Berlin 1871. 8°.
Volkstypen. — Volksfeste. — Die Häuser der Gefallenen Op de Judenbors. etc.

—— verliebte Herzen. gr. 16. (VII, 80 S.) [Ebendas.] 870. (*M 1.)

— Himmel- u. Höllenfahrten eines Kleinstädters. Leipzig 865. Luppe. 8. (VII, 64 S.) 9 ngr.

Spielberg, Otto. Der Kampf gegen die bestehende Ordnung. Gr. in-8°, 75 S. Zürich, Verlagsmagazin (J. Schabelitz). 1887 1 50

— unser Leben muss Religion sein. (III, 144 S.) 8. Ebd. 904. n. 2.—; geb. n. 3.—

— Lebensansichten eines Sonderlings. Berlin 870. Verlags-Institut. gr. 16. (III, 154 S.) n 15 ngr.

— Lebensweisheit e. alten Sokratikers. 12. (IV, 288 S.) Zürich 899. E. Speidel. n. 3. 20

— Literatur-Portraits. Ebend. 870. gr. 16. (VII, 120 S.) n. 15 ngr.

— d. Menschen-Ideal u. seine Erfüllung. gr. 8. (119 S.) Zürich 886. Wien, Wiener Volksbuchh. n. 2. 40; ermäß. Pr. n. 1.—

Spielberg, Otto, das Menschen-Ideal u. seine Erfüllung. gr. 8. (119 S.) Zürich 886. Verlags-Magazin. n. 2. 40

Spielberg, Otto. Die Menschen-Rechte. Ein Wegweiser für diese Welt der Komödie. Gr. in-8°, 33 S. Zürich, Verlagsmagazin (J. Schabelitz). 1888.

— die Moral der freien Mannesart. 12. (III, 316 S.) Zürich 899. E. Speidel. n. 3. 20

Der Philosoph von Heidelberg (oder: Vier Bücher Lebens-Philosophie). [Verf.: Dr. Otto Spielberg, Heidelberg.] Heidelberg: Philos. Verl. [1908]. 563 S. 8° [09. 18392

Spielberg, Otto, der Philosoph v. Heidelberg. Ein Erbauungsbuch f. freie Geister. 2. verm. u. veränd. Aufl. (VII, 519 S.) kl. 8. Heidelberg (910). Philosoph. Verlag. 4.—; geb. 5.—

—— der neue Philosoph für die Welt. 16. (VII, 158 S.) Neuwied 882, Heuser's Verlag.

—— dass. — 1. und 2. Bdchn. 16. Ebendas. 883. à Bdchn. M 1,50. *
Inhalt:
Bdchn. 1. Hinter dem Schleier der Maja. (XII, 158 S.)
" 2. Der neue Sittencodex. (XII, 170 S.)

—— dass. — 3. Bdchn.: In nomine Dei. Worte des Herzens. 12. (VIII, 143 S.) [Zürich 884, Schröter.] Neuwied, Heuser's Verlag. *

— Regen u. Sonnenschein. Heiteres u. Ernstes. Ebend. 870. gr. 16. (III, 110 S.) n. 15 ngr.

— der Sittenkodex des neuen Jahrhunderts. 12. (208 S.) Ebd. 900. n. 3. 20

Spielberg, Otto, der neue Sittencodex. 16. (IV, 170 S.) Neuwied 893. A. Schupp. n. 1. 50

—— Träumereien eines Kleinstädters. 8. Hamburg 869, Richter. *

— der rechte Weg ins Leben od. die neue Ethik. 8. (VIII, 240 S.) Dresden 903. E. Pierson. n. 3.—; geb. n. 4.—

— die Wege des Schaffenden. (VII, 196 S.) 8. Ebd. 904. n. 2.—; geb. n. 3.—

—— aus dieser Welt der Komödie. gr. 8. (VIII, 320 S.) Neuwied 886, Heuser's Verlag. M 6.—.; geb. * *

— aus dieser Welt der Komödie. Neue billige Volks-[Titel-]Ausg. (VIII, 320 S.) 8. Neuwied [886] (904). L. Heuser Wwe. & Co. n. 2. 50

— aus dieser Welt der Komödie. 2 Thle. 2. Aufl. gr. 8. Neuwied 888. Heuser's Verl. 4.—
1. Die Frau u. die Gesellschaft. (112 S.) 1. 50
2. Umgang — Liebe — Leben. Heiteres u. Ernstes. (S. 113—320.) 2. 50

— die moralische Weltordnung ohne Gott. (96 S.) 8. Bamberg (904). Handels-Druckerei u. Verlagsh. n. 1.—

— — Wie denken Sie über die Ehe? Aufrichtigkeiten. Ebd. 1879. 8°. (50 Pfg. Th. Ackermann, 1885.)
Sämmtlich zahm.

Spielberg, Werner: Die Schuldbeschränkung bei der Gattungsschuld. *Borna-Leipzig 1903: R. Noske.* (X, 64 S.) 8° Leipzig, Jur. Diss. v. 1903

Spielberger, ..., s. v. Birkenstock, Friedrich d. Einzigen.

Spielberger (Hrsg.), s. Zeitschrift für Vermessungswesen.

Spielblätter, magische, mit der komischen Zauber-Pantomime z. gesellschaftl. Unterhaltung, welche man in einem Augenblicke 20mal verändern kann. 35 illum. Kärtchen, mit Erklär. 32. Grätz 831. Kaiser. (Leipz., Weygand). In Etuis 8 ℊ

(F) Spielbuch. Mehr als 400 Spiele und Belustigungen für Schule und Haus. Gesammelt und herausgegeben von Josef Ambros. 10. Auflage. Wien und Leipzig. [1900.] Pichler's W. & S. IV, 160 S. Geb. K 1.20

Spielbuch, allgemeines u. vollständ. Eine Anleitung alle bekannten Conversations-Spiele, als Piquet, l'Hombre, Tresett, Alliance ꝛc. auf das Gründlichste zu erlernen. Nebst den Regeln u. Gesetzen der Billard-, Kegel-, Ball- u. Gesellschaftsspiele, u. einigen nothw. Winken z. Erkenntniß betrüg. Kartenmischungen. 2. Aufl. 16. (31 B.) Wien 846, [Tendler u. Comp.]

Spielbuch, Das große illustrierte. Hrsg. von Theodor Rulemann. Berlin 1908

Spielbuch, das, für Kinder. Fol. (3 Chromolithogr. in gr. Fol. mit untergedr. Texte.) Wesel 885, Düms. cart.

Spielbuch f. Kinder. Fol. (4 farb. Spieltaf. m. eingedr. Text.) Wesel 892, W. Düms. cart. in hoch 4° — 50

Spielbuch f. Kinder. (Neue Ausg.) (4 farb. Bl.) 30,5×20 cm. Wesel (909). W. Düms. Kart. — 50

— neuestes, nebst Anweis. zu e. leichten Erlernung d. l'Hombre, Quadrille, Cinquille, Whist, Tarok ꝛc. 8. Wien 805. v. Mösle. 3 ℛ Hbg. Pr. Drckp. 1 ℛ 4 ℊ Schrbp. 1 ℛ 8 ℊ

Spielbuch, neuestes, enthaltend: L'Hombre, Whist, Boston, Piquet, Tarok, nebst allen andern beliebten Kartenspielen. Alles kurz und faßlich, auf Erfahrung gegründet dargestellt. 8. Wien 834. Haas. 1/2 ℛ — 2e verm. Aufl. unt. d. T.: Spielbuch, neuestes, nebst den nothwendigen Anstands- u. Klugheitsregeln, so wie als Anhang: Warnende Winke über die künstlichen Mischungen unredlicher Spieler. gr. 12. Ebd. 839. 1/2 ℛ

—— neuestes allgem., enthalt.: Der vollkommene Kartenspieler, nebst warnenden Winken üb. d. Mischungen listiger u. unredl. Spieler. Der allezeit fertige Brettspieler. Der willkommene Gesellschafter, od. Beiträge zur Unterhalt. froher Zirkel ꝛc. Alles kurz u. faßlich, auf Erfahr. gegründet dargest., u. beschrieben f. Jung u. Alt. 8. (26½ B. u. 1 Kpfrt.) Wien 829, Haas.

Spielbuch, neuestes, nebst d. nothwendigen Anstands- u. Klugheitsregeln, so wie als Anh.: Warnende Winke üb. d. künstl. Mischungen unredl. Spieler. 2., verb. u. verm. Aufl. gr. 12. (9 B.) 839., 3., verm. u. verb. A. 12. (11½ B.) Wien 842, Haas'sche Buchh. à

Spiel- und Lesebuch, Physikalisches naturhistorisches, für Kinder. Berlin 1793. V: *Baumann*. B: *Koch, Erduin Julius*. (Neuest. Gel. Berlin I, 248.)

Spiel- u. Lesebuch, physikal.-naturhistor., f. Kinder. 8. Berl. 793. Franke. (Barth in Leipz.) 8 ℊ

Spielbücher, hrsg. v. Otto Robert. 1.—3. 8. Ravensburg, O. Maier. à n. — 80; kart. à n. 1. —

1. Schach. Leichtfaßl. Anleitg. zur Erlerng. des Schachspiels. Von Caesar Mitis. (86 S. m. Diagr.) (905.)
2. Allerlei Brettspiele u. andere Hausspiele. Leichtfaßl. Anleitg. zur Erlerng. der beliebtesten Brettspiele etc. Von Caesar Mitis. (63 S. m. Abbildgn.) (905.)
3. Rechnerische Scherze. Zahlenkunststücke u. Geometrisches, f. jung u. alt gesammelt. Von Caesar Mitis. (76 S. m. Fig.) (906.)

Spielbücher, hrsg. v. Otto Robert. 4.—6. Bdchn. 8. Ravensburg, O. Maier. à — 80; kart. 1. —

Czepa, A., Domino. Anleitung zur Erlerng. des Dominospieles m. e. Sammlg. v. Aufgaben u. allerlei Domino-Spielereien nebst Auflösgn. (43 S.) (910.) (5. Bdchn.)
— Scherzfragen, Wortspiele u. allerlei Kurzweil. Mit e. Anh.: Auflösungen. (75 S. m. Fig.) (909.) (4. Bdchn.)
— Streichholz-Spielereien. Kunststücke u. Scherze nebst Auflösgn. (II, 63 S.) (910.) (6. Bdchn.)

Spielbüchlein, gesellschaftliches. (Auszug III. aus dem „gemüthlichen Festleiter.") gr. 16. Crefeld 844, Klein. 1/6 ℛ 2. umgearb. Aufl. Ebend. 846. 1/6 ℛ

Spielbüchlein, gesellschaftliches. 1. Aufl. (4⅛ B.) 844. u. 2., umgearb. Aufl. gr. 16. (3⅛ B.) Crefeld 845, Klein. à Thlr.

Spiel-Cameraden, s. Spielkameraden.

Spiele

— angenehme u. nützliche; f. die Jugend z. ersten Unterricht im Lesen nach Schlez Methode. Mit ill. Kpf. 8. Nürnb. 708. Bieling. (Fr. Fleischer in Leipz.) 12 ℊ

— angenehme u. nützliche, f. d. Jugend z. ersten Unterr. im Lesen nach Schlez Methode, m. illum. K. 8. Leipzig, Beni. Fleischer. 798.

— für die Bühne, von Adolph Müllner. 1ste Lief. (enth. der neun u. zwanzigste Februar; Trauersp. in 1 Akt. Die Vertrauten; ein Lustsp. in 3 Akten. Der angolische Kater; oder die Königin v. Golkonde. Die Zurückkunft aus Surinam; Lustsp. in 3 Akten.) 8. Leipz. Breitkopf und Härtel. 815.

— für die Bühne, von Ad. Müllner. 1s 2s Bändchen. Neue Aufl. mit Kupf. 8. Leipzig, Göschen. 818 — 820. à 1 Rthlr. 16 Gr.

— dramatische, von Pellegrin. Herausgegeb. von A. W. Schlegel. gr. 8. Berlin, Unger. 804. (Rücker.)

Spiele, dramatische, von C. L. Kannegießer. 1s Bdchn. 12. Berlin, Achenwall. 810. (Rücker.)

Spiele, dramat., von C. L. Kannegießer 1s Bdchn. 12. Berl. Saalfeld. 810.

Spiele, Dramatische. Hg.: C. Costenoble.
1810. 284 S. M. Kpf.
1811. 1 Bl., 260 S. M. 1 Portr. u. 4 kol. Kpf.
1816. 1 Bl., 352 S. M. 6 kol. Kpf.
Hamburg. Goed., IV, 128, 6.

— dramatische, von Lembert, enth: 1) der Ehemann in der Klemme. 2) Prof. Haller. 3) die Verwandten des Großveziers. 4) der Gemahl von ungefähr. 5) die verbundeten Truppen. 12. Leipzig, Brockhaus. 816.

— dramat. von K. Thorbecke. 1r Theil. (Aruaja, Lustsp. — Nemesis, Trauersp.) gr. 8. Mannheim, Schwan und Götz. 821.

Spiele, dramatische, u. Erzählungen, von C. J. Contessa, u. C. W. Sallcl. rc. 8. Hirschb. Thomas. 811.

— dramatische, für die Jugend bey festlichen Gelegenheiten, von M. Thieme. Enth.: die Heimkehr. — das Räthsel, oder der kleine Clavierspieler. — die Scheidestunde. — das Angebinde. — das frohe Fest. — Querstriche. — der Namenstag. — die Weinlese. 8. Berlin, Petri. 819.

Spiele, dramatische, für die Jugend. Von der Verf. der „Mädchenträume, Blumengeschichten, Lebensbilder rc." St. Gallen 865. Scheitlin & Zollikofer. 8. (VII, 128 S.) 18 ngr.

— dramatische, für Knaben. Aus dem Bender'schen Institute zu Weinheim. 1. Bdchn. Frankfurt a. M. 862. Brönner. (Ch. Winter.) 8. (XX, 153 S. u. 5 lith. Musikbeilagen in 4.) n. 16 ngr.

Spiele, dramatische, für Mädchen. Nr. 1—5. 12. Bonn 884, Hauptmann. *

Inhalt:
Nr. 1. Clara. In 5 Acten. (70 S.) * 40 Pf.
= 2. Constantia. In 3 Acten. (60 S.) * 40 Pf.
= 3. Hedwig. In 5 Acten. (82 S.) * 50 Pf.
= 4. Judith. In 3 Acten. (54 S.) * 40 Pf.
= 5. Das Madonnenbild. In 5 Acten. (86 S.) * 50 Pf.

Spiele, dramatische, für Mädchen. Nr. 6—8. Bonn 886, Hauptmann.

Inhalt:
Nr. 6. Elisabeth oder die Verbannten. Schauspiel in 5 Acten. (103 S.) * 60 Pf.
= 7. Die heilige Nacht. Weihnachtsspiel in 2 Abthlgn. (32 S.) * 25 Pf.
= 8. Die heil. drei Könige. Religiöses Schauspiel in 3 Acten. (52 S.) * 40 Pf.
Nr. 1—5. Ebendas. 1884. * ℳ 2.20.

— dramatische, für heitere Stunden. 12. (IV, 195 S.) Ebendas. 883. cart. *

Spiele, dramatische, f. heitere Stunden. 2. verb. Aufl. 12. (IV, 195 S.) Bonn 885. Hauptmann. geb. n. 1. —

Spiele, dramatische, für heitere Stunden. 3. Aufl. 16. (VI, 277 S.) Bonn 890. Hauptmann. geb. n. 1. —

Spiele, dramatische, f. heitere Stunden. 4. Aufl. gr. 16. (VI, 277 S.) Bonn 893. P. Hauptmann. Geb. in Leinw. n. 1. —

Spiele, dramatische, f. heitere Stunden. 5. Aufl. 16. (VI, 296 S.) Bonn 898. P. Hauptmann. Geb. in Leinw. n. 1. —

Spiele, dramatische, f. heitere Stunden. 7. Aufl. (VI, 280 S.) 8. Bonn (908). P. Hauptmann. Geb. in Leinw. 1. —

Spiele, dramatische, f. Töchterschulen, Pensionate u. Mädchenvereine. 1. u. 2. Bdchn. (187 u. 140 S.) kl. 8. Regensburg (904. 906). J. Habbel. à 1.20; geb. in Leinw. à 1.50

— dramatische, f. Töchterschulen, Pensionate u. Mädchenvereine. 3.—7. Bdchn. 8. Regensburg, J. Habbel. à 1.20; geb. in Leinw. à 1.50
Donna Gratia. Drama in 5 Akten. (83 S.) (910.) (7. Bdchn.)
Fugger, Sibylle, od. Dem Glauben treu. Drama in 5 Akten. (78 S.) (908.) (5. Bdchn.)
Paula, Schwester M., O. S. F., Zenobia, Königin v. Palmyra. Historisches Drama in 5 Aufzügen. Nach dem gleichnam. Roman v. Ad. J. Cüppers bearb. (98 S.) (907.) (3. Bdchn.)
Scharlachrose, die. Drama in 5 Akten. (110 S.) (910.) (6. Bdchn.)
Silvia, die Priesterin der Vesta. Drama in 5 Aufzügen. (90 S.) (907.) (4. Bdchn.)

Spiele im Freien (Ball, Lawn-Tennis, Crikett, Croquet, Laufspiele). Berlin. 192 S. m. Abb.

— im Freien, od. fröhliche Unterhaltt. im geselligen Kreise an schönen Sommertagen. (A. u. d. T.: Lätitia rc. 3s Heft). 12. Leipz., (Centr.-Compt.) 6 gr

— 75, gesammelt von der Spielkommission des Schreber-Vereins zu Eisleben. 8. (47 S.) Eisleben 886. (Leipzig, Siegismund & Volkening.) n. — 50

— 75, gesammelt von der Spielkommission d. Schreber-Vereins zu Eisleben. 12. (46 S. m. 1 Taf.) Eisleben 886, (Winkler). * — 50

— gesellige, f. religiöse Vereine u. Genossenschaften. 2 Tle. Fragen u. Antworten. (103 u. 85 S. m. Spielmarken.) kl. 8. Ebd. (907). Geb. in Leinw. 2. —

Spiele, gesellschaftliche, s. Langbein, C. F. G., der Taschengesellschafter.

— gesellschaftl., zur Beförder. der Heiterkeit u. d. Frohsinns. 8. Leipz. 804. (W. Nauck). 16 gr

— gesellschaftliche, z. Beförd. d. Heiterkeit u. d. Frohsinns. 8. Leipz. Sommer. 804.

Spiele, gesellschaftliche, für Kinder u. junge Leute, bestehend in einem zwölffachen u. dreißig andern unterhaltenden Spielen, wodurch eine Menge nützlicher Kenntnisse auf eine angenehme Art beigebracht werden kann. Neueste Aufl. 12. Grätz 817. Kienreich. 1/4 rß

Spiele, harmlose, guter Kinder in 12 (lith. u.) gemalten Abbild. qu. 8. Nürnberg 849, Renner & Co. 1/3 rß

— f. d. Jugend nach Schlez Lehrart rc. 8. Nürnb. Bielina. 797.

Spiele mit der schulentlassenen Jugend, Jugendheime, Spielvereine, in Oberschlesien (Auszug aus d. Hauptber. 1905 üb. d. dtsch. Jugend- u. Volksspielbewegung in Oberschlesien), Bismarckhütte, 8 S., 8°.

— ohne Karten, z. Unterhalt. f. Kinder. Altenb. 832. Schnuphase. 6 gr

— — für Kinder und junge Leute. 8. Ebendas. 808.

— — dies. f. Kinder u. f. junge Leute, (v. Albrecht.) 3te Aufl. 8. Leipz. Sommer. 811.

— f. die Kinderwelt, (enth. 1) Der Wolf in d. Schafheerde, mit 6 Spieltafeln. 2) a. Die Veränderlichen. b. Das Hochzeitgeschenk, mit 2 Steintaf. od. 36 Kärtchen. 3) Das sinnreiche Puzzelspiel, in 6 Theilen, mit 24 Abbildd. auf 4 Taf.) Mit 13 Taf. u. Beschreib. in Futteral. Leipz., Lauffer. color. 18 gr

— kleine, dramatische, für stehende Bühnen und Privattheater, von W. Vogel. 8. Aarau, Sauerländer. 818.

Spiele und Gespräche, Kleine, für Kinder. Hamburg 1777. V: *Röding, Johann Heinrich.* (Ky)

— kleine, u. Gespräche f. Kinder (v. J. H. Röding l.) 8. Hamb. 777. N. A. 780. Bohn. 8 gr

SPIELE des Witzes, Kleine. Hamburg 1763. 8. (1/6 Rthl.) L. St. Goar 43. (1877); an No. 4166.

—— die, der Knaben in den Erholungsstunden. Mit 12 lithogr. und ill. Abbildungen. qu. 4. Nürnberg 849, [Renner's Erbe.]

Spiele f. Knappenvereine. Hrsg. vom Vororts-Präses d. Saarbrücker Knappenvereins Wilhelm. 8. (70 S.) Paderborn 874. F. Schöningh. n. — 75

—— und Lieder für Erwachsene. Mit Melodien. Vom Hrsg. der „Sing- und Spiellieder für die Elementarschule" ec. 8. (IV und 60 S.) Leipzig 854, Klinkhardt.

—— die, der kleinen Mädchen in getreuen Bildern dargestellt. qu. 4. (11 ill. Stnt.) Nürnberg 849, [Renner's Erbe.]

— u. Märchen. Malbuch. (24 S. m. z. Tl. farb. Abb.) qu. 16. Hannover (901). A. Molling & Co. — 15

Spiele, neue, zur Beförder. der Freude u. des geselligen Vergnügens. 8. Leipz. 801. Meißner. 16 gl

— neue olympische, u. deren Bedeutung f. Europa. (36 S.) gr. 8. Linz 906. R. Pirngruber. n. — 80

— neueste, des Witzes ec. (ist Buch zum Todtlachen. 14s Heft.)

Olympische Spiele und deren Bedeutung für Europa, Linz a. Donau 1906, 36 S., Gr.-8°.

Spiele, Die olympischen, erster Versuch eines Zukunfts-Philologen. Prag 1878. V: *Alton, Johann.* (EB)

Spiele, die olympischen, 776 v. Chr.—1896 n. Chr. M. Genehmigg. u. Unterstützg. d. Central-Comités d. internat. olymp. Spiele unt. d. Vorsitze Sr. kgl. Hoh. d. Kronprinzen Constantin. 2 Thle. gr. 4. Athen, C. Beck. n. 10. —
I. D. olymp. Spiele im Altertum. Von P. Lambros u. N. G. Politis. M. e. Vorworte v. Timoleon Philemon. Deutsche Übersetzg. v. Mich. Deffner. — Englische Übersetzg. v. C. A. (VI, 107 S. m. z. Tl. farb. Abb. u. 1 Taf.) 896.
II. Die olympischen Spiele im Jahre 1896. Von Pierre de Coubertin, Timoleon J. Philemon, N. G. Politis u. Charalambos Anninos. Deutsche Uebersetzg. v. Paul Engnath. — English Translation by A. v. K. (119 S. m. Abb.) 897.

Spiele, Die, des Schicksals oder Felix und Sophie ... Basel 1784. V: *Braun, Johann Adam.* (Ky) (BGE)

Spiele, die, des Schicksals, oder Felix und Sophie, eine Vaterlandsgeschichte, 8. Basel, 784. Serini. 8 gl.

Spiele des glücklichen u. unglückl. Schicksals; ein moral. Roman. 8. Frankf. Varrentrapp. 769. Rthlr. •

Spiele müßiger Stunden, von K. Müchler. s. im Alphabet Müchler.

— d. kl. Thalia, s. a. Moissy.

— d. kleinen Thalia, a. d. Frz. d. Moissy. 8. Berlin, Himburg. 775.

— zur gesell. Unterhaltung. 1e Lieferg. 4. Heidelb. 808. (Mohr). 9 gl

— zur gesellschaftl. Unterhaltung, ein Nachtr. z. Taschenbuch d. Freude. 12. Zeitz 811. Webel. 3 gl

— u. Vergnügungen der kindlich frohen Knaben im ersten Alter, ein unterhaltendes Bilderbuch mit kurzen Erzähll., deutsch u. französ. Nebst 18 illum. Bildern. 12. Wien 819. Müller. 1 rf 8 gl

Spiele und Vergnügungen der kindlich-frohen Knaben im ersten Alter. Ein unterhaltendes Bilderbuch mit kurzen Erzählungen ... Jeux et amusemens des garçons en bas-âge ... Wien, bey H. F. Müller ... [Um 1825.]
Tit., 72 S. Text; 18 Taf. in kol. Lithogr. 8°.

— u. Vergnügungen der kindlich-frohen Mädchen im ersten Alter; ein unterhaltendes Bilderbuch mit kurzen Erzähll. u. 18 schön color. Kpf. deutsch u. französ. 12. Wien 819. Müller. 1 rf 8 gl

— vier dramatische, üb. die 2. Türkenbelagerung aus den J. 1683—1685, s.: Neudrucke, Wiener.

Spiele, vier geistliche, des 17. Jahrhunderts für Charfreitag und Fronleichnamsfest. Nach einer Handschrift des städtischen Archivs zu Uerdingen mit geschichtlichen und sprachlichen Bemerkungen von A. Rein. Crefeld 853. Kühler. gr. 8. (64 S.) 7½ ngr.

— für die Volksschule. Enthaltend Spiele mit und ohne Gesang, nebst einem vollständigen Lehrplane des Turnunterrichts in der Volksschule. Fortsetzung der „Sing- u. Spiellieder f. die Elementarschule". Herausg. von e. praktischen Schulmanne. Leipzig 853. Klinkhardt. 8. (IV, 54 S.) 4⅓ ngr.

IX. deutscher Kongreß für Volks- u. Jugendspiele in Kiel 1908. Spiele. Vorführungen u. Wettkämpfe am Sonnabend, d. 20. Juni 1908. (Kiel 1908.) 1 Bl. 8°, geb. in Fol. [Kopft.]

— d. vornehmsten, od. d. möglichst. faßlichst. u. vollständigst. Anweis. zu den verschiedenen Arten Tarok, l'Hombre, Whist ec. m. K. 12. Zeitz, Webel. 807. — 8

— d. Witzes. 8. Hamb. Hertel. 763.

— des Witzes. Ein fröhl. Buch f. trübe Zeiten. 8. Heidelb. 813. Engelmann. 18 gl

— des Witzes, ein fröhliches Buch f. trübe Zeiten. 8. Heidelb. Mohr. 813.

— des Witzes, od. 100 der besten Fabeln u. Erzähll. der vorzügl. deutschen Dichter. Herausgg. v. Fleude Makario. 8. Hamb. 822. Herold. 6 gl

— des Witzes, der Laune und des Frohsinns, von J. F. Schink. 8. Rudolstadt, Klüger. 801.

* **SPIELE** des Witzes und der Phantasie. (Zahme Gedichte von *Frdr. Wilh. Ludw. Meyer* [1759—1840], dem sogen. „Hamburger Schröder"-Biograph, u. Andern ältern deutschen Dichtern, z. B. *Paul Flemming*.) Berlin 1793. Bei Frdr. Vieweg d. Aelt. 8°. (Im British Museum.) (6 Mk., schönes unbeschn. Expl., O. Rauthe, Friedenau-Berlin, 1908; 3 Mk., Expl. auf Velinp. mit breitem Rande, in Hfrz., 3 Mk. Baer & Co., 1894.)
205 S. (incl. Tit.), 1 unbez. S. Enth. u. a. ein frühes Gedicht von *Aug. Wilh. Schlegel*: „An Bacchidion" (in 18 sechszeil. Str.)

Spiele des Witzes und der Phantasie. Berlin 1793. V: *Meyer, Friedrich Ludwig Wilhelm.* (EE) (Ky) (BrMm)

Spieler, der; Trspl. (von Jh. Joach. Chph. Bode). 8. Hamb. 760. N. A. 766. Herold. 3 gl

Spieler, Die. Schauspiel in fünf Aufzügen. Mannheim 1785. V: *Beil, Johann David.* (GGr)

— die,. Schsp. v. Beil. gr. 8. Mannh. Schwan. 785.

Spieler, der; e. Erzählung in Briefen; aus d. Engl. 3 Bde. 8. Leipz. 787. (Brockhaus). 1 ℔

Spieler, die, eine Erzählung in Briefen, aus dem Engl. 3 Theile, 8. Leipzig, 787. Feind. 1 Rthl.

Spieler, die, eine Erzähl. in Briefen, a. d. Engl. 3 Bde. 8. Leipz. Junius. (Gleditsch.) 787.

— der,. Schsp. v. A. W. Iffland. 8. Lpz. Göschen. 799.

— d. falschen,. Lstsp v. Klinger. 8. Berl. Himburg. 783.

— — dasselbe. 8. Wien, Kurzböck. 782.

Spieler, die, von Fritz v. Fr., s. Erzahlungen und Novellen, neue.

Spieler, die, im Glück u. Unglück, s. Taschenbuch für das Jahr 1811.

Spieler, die jungen; od. böse Gesellschaften verderben gute Sitten. Lstsp. v. Weiße. 8. Lpz. Crusius. 781. Rthlr.

Spieler, d. verrathene falsche, d. allen seinen Geheimniss. entblößt, m. K. 2 Thle. 8. Berlin u. Danzig, Müller. 768.

Spieler, Alexander (Julius Theodorus) *(geb. Breslau 17. 6. 1817)*: De plantis venenatis Silesiae. Vratislaviae (1841). (42 S.) 8°
Breslau, Med. Diss. v. 24. Dez. 1841

Spieler, Johannes (geb. am 13 Juli 1858 in Freienohl Westf.): '(Aus d. Klinik f. Hautkrankh. u. Syph. in Bonn.)' — Beitrag zur Lehre von der Sclerodermie ... Bonn, Univ.-Buchdr. v. C. Georgi 1885. 50 S., 1 Bl. 8.
Bonn, Med. Fak., Diss. v. 24 Juli 1885

Spieler, Joseph [aus Isny]: Beitrag zur Casuistik der traumatischen Aneurysmen. . . . München, Buchdr. v. M. Ernst, 1889; 87 S. 8°
München, Med. Fak., Inaug.-Diss. v. 1889

Spielereien vom Maler Anton. 1. Bd. Altona 1798. V: *Rhode, Johann Gottlieb.* (R-N)

Spielereyen vom Mahler Anton, m. Kupf. 2 Thle. 8. Hamb. Vollmer. 799. (I. 1 Thlr. 12 gr. II. 18 gr.) 2 6

Spielereien, chemische, belustigende u. belehrende, bestehend aus mehreren neuen, ohne alle Gefahr u. mit wenigen Kosten zu machenden Kunststücken. Ein angenehmes Weihnachtsgeschenk f. die wißbegierige Jugend. 8. Leipz., Joachim. 12 gl

Spielereien für Kinder. Mit vielen Bildern u. Geschichtchen. 4. (4 S. m. 8 color. lith. Taf. m. Text). Stuttgart 849, Thienemann. 3/8 ℔

Spielereien für Kinder in 30 von Fr. Voltz componirten Bildchen (auf 6 Taf.) nebst vielen Verschen von Karl Thienemann. 3. neugezeichnete Aufl. gr. 4. (2 S. Text.) Eßlingen 872, Schreiber. geb.

Spielereien f. Kinder in 30 v. † Maler Fr. Voltz componirten (chromolith.) Bildchen nebst vielen Verschen v. Karl Thienemann. 4. neugezeichnete Aufl. 4 (8 Taf. m. Text.) Eßlingen 876. Schreiber. n. 1. 30

Spielereien für Kinder. 40 in feinstem Farbendr. ausgeführte Bildchen, nebst vielen Verschen von Karl Thienemann. 5. neugezeichnete Aufl. 4. (8 Chromolithogr. mit 2 S. Text.) Eßlingen 885, Schreiber. geb.

— für den Nipptisch. Humoristische Albumblätter f. d. J. 1850. Dem schönen Geschlecht gewidmet. Illustrationen (in Holzschnitt) v. W. Scholz. 16. (31 S.) Berlin, Hofmann & Co. 6 ngl

Spielerglück, das; Lstspl., s. a. J. G. Dyck, Theater.

Spielerglück, das,. Lstsp. 8. Lpz. Dyk. 786.

SPIELERIN, Die. Graz, Leykam.
Verboten v. L.-G. Graz, 26. IV. 1897. § 516.

Spielerin, die; od. d. Diener dreyer Herren. Lstsp. in 5 Akten, nach Dancourt in 4 Acten. 8. Wien, Rehm. 810.

Spielerinnen, Die, oder der Diener dreyer Herren. Ein Lustspiel in fünf A. nach Dancourt. Wien 1811. V: *Richter, Joseph.* (GGr)

Spielerleben u. Gaunerkniffe, nebst Anecdoten aus der Spielerwelt rc. 8. Gotha, Stendel. 813.

Spieler- u. Wucherer-Prozeß, der große, in Hannover. Die gesammten Verhandlgn. m. 4 Text-Illustr. u. e. Titelbilde: Der alte ehrl. Seemann. 2. Aufl. gr. 8. (46 S.) Berlin 893. G. Volger. n. — 50

Spielers, des, Gang u. Ende, oder: Irret euch nicht, Gott läßt sich nicht spotten. Erzählung f. Jedermann. 8. (1½ B.) Cammin 846, [Behrendt u. Comp.]
Aus: Volksblatt für Stadt u. Land rc., besond. abgedruckt.

Spielers, des, Gang u. Ende, oder: Irret euch nicht, Gott läßt sich nicht spotten. Erzählung für Jedermann. Abdruck a. d. Volksblatt f. Stadt u. Land. 8. Cammin 846, Domine u. Comp. n. 2 ngl

Spielers, des, Gang und Ende. 16. (8 S.) Barmen 870, Klein.

Spielers, d., Gang u. Ende. 16. (8 S.) Barmen 874. (Wiemann.) n. — 6

Erstes Spiel- und Sportfest des Rheinischen Spielverbandes zu M.-Gladbach, 13.—14. 5. 1899. M.-Gladbach 1899. 8°.

Kieler Spielfest zu Ehren der Teilnehmer am Kongreß für Volks- und Jugendspiele. (Kiel. 1908.) 2 Bl. 8°, geb. in Fol. [Kopft.]

Spielfogel, Rosa. (Auguste) Comte's moralphilosophische Methode. Diss. Phil. I. Univ. Zürich. [Mit 1 Figur.] 119 S. 8. Zürich, Aktien-Buchdr., 1909.

Spielgenossen. gr. 8. (12 S. m. 3 farb. u. 10 schwarzen Bild.) Konstanz 895. C. Hirsch. — 40

SPIEL-GESELL, Lust-erweckender. O. O. u. J. 12°.
Bibl. Kielmans-Egg. I. p. 1071.

SPIELGESELLE, der Lusterweckende, zur Ergötzlichkeit bey Conversationen ausgefertiget. Jena 1701. 12⁰. 16 Bogen.
Bibl. Ludov. Vitemb. 1705; Bibl. Kielmans-Egg. I. p. 1146.

Spielhagen, Friedrich. Dem Meister des deutschen Romans zu seinem 70. Geburtstage v. Freunden und Jüngern gewidmet. Hrsg. auf Veranlassg. der Verlagshandlg. v. Festausschuss der Spielhagen-Feier. Lex.-8. (IV, 98 S. m. 1 Abbildg. u. 10 Taf.) Leipzig 899. L. Staackmann. 6. —

Spielhagen's, Friedrich, Lebensbild, s.: Ziemssen, L.

Spielhagen, A., aus Deutschlands Vergangenheit, s.a. Kühling, A., u. Güttner's Sammlung v. lebenden Bildern.

[F.] Aus Deutschlands Vergangenheit. E. Cyklus v. lebenden Bildern m. verbind. Text v. A. Spielhagen ... *Berlin: Kühling & Güttner [1891].* (1 Bl., 7 S.) 1 Bd 8.
= Sammlung, Kühling & Güttner's, v. lebenden Bildern ... H. 1. [96. 5607

Spielhagen, Frdr., alles fließt, s.: Reclam's Novellen-Bibliothek.

— alles fließt, s.: Universal-Bibliothek.

—— Allzeit voran. Roman. 3 Bde. 8. (352; 316; 282 S.) Berlin 872, Janke. [Leipzig, Staackmann.] *

—— dass. — 4. neu durchgeseh. Aufl. [1. Ster.-Aufl.] 8. (468 S.) Leipzig 874, Staackmann. *M 3.; geb. *

Spielhagen, Friedrich
Allzeit voran. Roman. 5. Aufl. 2. Stereotyp-Aufl. Leipzig: Staackmann 1877. 468 S. 8⁰

— allzeit voran. Roman. 6. Aufl. [3. Ster.-Aufl.] 8. (468 S.) Ebend. 880. n. 3. —; geb. n. 4. —

—— die schönen Amerikanerinnen. Novelle. 3. Aufl. 8. (282 S.) Ebendas. 873. *
geb. mit Goldschn. *

— die schönen Amerikanerinnen. Novelle. 5. Aufl. 8. (212 S.) Ebend. 876. n. 2. —

—— dass. — Volksausg. 6. Aufl. 8. (212 S.) Ebendas. 878. *

—— die schönen Amerikanerinnen. Novelle. 7. und 8. Aufl. [Volksausg.] 8. (212 S.) Ebendas. 880,81. *M 1.; geb. *

— die schönen Amerikanerinnen. Novelle. 9. Aufl. (Volksausg.) 8. (212 S.) Ebend. 885. n. 1. —

Spielhagen, Frdr., die schönen Amerikanerinnen. Novelle. 12. Aufl. (Volksausg.) 8. (212 S.) Leipzig 893. L. Staackmann. n. 1. —

— die schönen Amerikanerinnen. Illustriert v. C. H. Kuechler. 8. (180 S.) Stuttgart (902). C. Krabbe. n. 2. —; geb. in Ldr. n.n. 3. 50

—— Angela. Roman. 2 Bde. 1. und 2. Aufl. 8. (344; 376 S.) Ebendas. 881. *M 9.; geb. *

[F.] Neue Beiträge zur Theorie und Technik der Epik und Dramatik. Von Friedrich Spielhagen. *Leipzig: L. Staackmann 1898.* (XIV, 359 S.) 1 Bd 8. [97. 5633

— Beiträge zur Theorie u. Technik des Romans. 8. (XV, 347 S.) Ebend. 883. n. 6. —; geb. n. 7. 50

— Daphne, s.: Engelhorn's allgemeine Romanbibliothek.

Spielhagen, Friedrich [aus Magdeburg]: Über Desinfection ärztlicher Bürsten. . . . Berlin, Buchdr. v. Gustav Schade (Otto Francke) (1890); 31 + 1 S. 8⁰
Berlin, Med. Fak., Inaug.-Diss. v. 11. März 1890

—— die Dorfkokette, s.a. Novellenschatz, neuer, deutscher.

— dasselbe, s.a. Reclams's Unterhaltungs-Bibliothek.

— dasselbe, s.a. Universal-Bibliothek.

—— die Dorfcoquette. Eine Erzählung. 1. Aufl. (142 S.) 1869, und 2. Aufl. 8. (153 S.) Schwerin 870, Hildebrand's Verlag. [Leipzig, Staackmann.] (*M 3.) *M 2.; geb. *

—— die Dorfcoquette. Novelle. 4. und 5. Aufl. Volksausg. 8. (74 S.) Ebendas. 878,79. *

— die Dorfcoquette. Illustriert v. Heinr. Hübner. gr. 8. (135 S.) Ebd. (900). n. 2. —; geb. in Ldr. n. 3. 50

Spielhagen, Frdr., Auf der Düne. Novelle. Hannover 858. Meyer. 12. (2 Bl., 272 S.) n. 1 ₰.

—— auf der Düne. Novelle. 5. Aufl. [Volksausg.] 8. (178 S.) Leipzig 872, Staackmann. *M 1.; geb. *

—— auf der Düne. Novelle. Volksausg. (7. Aufl.) 8. (194 S.) Ebendas. 878. *

—— auf der Düne. Novelle. 8. und 9. Aufl. [Volksausg.] 8. (194 S.) Ebendas. 880,82. *M 1.; geb. *

— auf der Düne. Illustriert v. M. Barascudts. (190 S.) 8. Stuttgart (906). C. Krabbe. n. 2. —; geb. in Leinw. n.n. 3. 50

—— durch Nacht zum Licht. (Fortsetzung von: „Problematische Naturen.") Roman. 2., neu durchgeseh. Aufl. br. 8. (671 S.) Berlin 863, Janke. *

Spielhagen, Friedr., drei Erzählungen. [Die Dorfkokette. — Breite Schultern. — Der Vergnügungscommissar.] 8. (147 S.) Leipzig 881, Staackmann. *M 1.; geb. *

—— drei Erzählungen. 2. Aufl. [Die Dorfkokette. Breite Schultern. Der Vergnügungscommissar.] 8. (147 S.) Leipzig 885, Staackmann. *

Spielhagen, Frdr., literarischer Essay üb. ihn, s.: Karpeles, G.

— Faust u. Nathan. Ein Vortrag gehalten im Saale des Berliner Handwerkervereins am 13. Decbr. 1866. Berlin 867. F. Duncker. 8. (27 S.) n. 5 ngr.

— Faustulus. Roman. 1.—3. Taus. 8. (291 S.) Ebd. 898. n. 3. —; geb. n. 4. —

—— Finder u. Erfinder. Erinnerungen aus meinem Leben. 2 Bde. 8. (XII, 404; XI, 447 S.) Lpz. 890, Staackmann. * 10 —; geb. * 12 —

— Frei geboren. Roman. 3. Taus. 8. (IV, 399 S.) Leipzig 900. L. Staackmann. n. 4. —; geb. n. 5. —

Spielhagen, Friedrich: Frei geboren. Roman von –. 7. Taus. Leipzig: L. Staackmann 1901. (IV, 399 S.) 8°

— Gedichte. 12. (VII, 258 S.) Leipzig 892. L. Staackmann. n. 3.75; geb. in Leinw. m. Goldschn. n. 5. —

Spielhagen, Frdr., amerikanische Gedichte, s. Gedichte.

— neue Gedichte. 12. (VII, 253 S.) Ebd. 899. n. 3. – ; geb. in Leinw. m. Goldschn. n. 4. —

— gerettet. Schauspiel in 4 Akten. 8. (III, 176 S.) Ebend. 884. n. 3. —; geb. n. 4. —

— die Geschichte des Erstlingswerks, s.: Franzos, Karl Emil.

— das Gespenst im Hause, dramatisiert, s.: Stenglin, Fel. v.

—— Hammer und Amboß. Roman in 5 Büchern. 5 Bde. 1. und 2. Aufl. 8. (254; 319; 285; 272; 311 S.) Schwerin 869, Hilbebrand's Verlag. [Leipzig, Staackmann.] *

—— dass. — 3.–5. Aufl. 2 Bde. 8. (488; 400 S.) Ebendas. 870–75. *ℳ 6.: geb. *

— Hammer u. Amboß. Roman. 2 Bde. 7. Aufl. 8. (488 u. 400 S.) Ebend. 879. n. 6. – ; geb. n. 8. —

— dasselbe. 2 Thle. 8. Aufl. [4. Ster.-Aufl.] 8. (488 u. 400 S.) Ebend. 881. n. 7. —; geb. n. 9. —

[F.] Hammer und Amboss. Roman v. Friedrich Spielhagen. 13. Aufl. Th. 1. 2. *Leipzig: L. Staackmann 1896.* 2 Bde 8. 1. (2 Bl., 408 S.) 2. (2 Bl., 400 S.)
= Spielhagen, F.: Sämmtl. Romane. Bd 3. 4. [98 6433 G]

Friedrich Spielhagen. Hammer und Amboss. 23.–27. Aufl. Volksausg. Leipzig: Staackmann 1910. 716 S. 8° [11. 6328 5

– Hans u. Grete, s.a. Volksbücher d. deutschen Dichter-Gedächtnis-Stiftung.

—— Hans und Grete. Eine Dorfgeschichte. 1. Aufl. 1868, und 2. Aufl. gr. 16. (246 S.) Berlin 869, Janke. *

— Hans u. Grete. Eine Dorfgeschichte. 1. u. 2. Aufl. Berlin 868.69. Leipzig, Staackmann. gr. 16. (246 S.) n. 1 ℳ

— Hans u. Grete. Eine Dorfgeschichte. 4. Aufl. 8. (229 S.) Ebend 873. n. 2. —

— Hans u. Grete. Schauspiel in 5 Acten [m. Benutzg. der gleichnam. Novelle d. Verf.]. 8. (147 S.) Ebend. 876. 3. – –

—— Hans und Grete. Eine Dorfgeschichte. Volksausg. 5. und 5. Aufl. 8. (229 S.) Ebendas. 878. *

— Hans u. Grete. Eine Dorfgeschichte. 7. Aufl. 8. (229 S.) Ebend. 881. n. 1. —

Hans und Grete. Novelle von Friedrich Spielhagen. Ill. von P. Halke. *Berlin: Bong & Co. [1899].* (132 S.) 8° [F.]
= Meister-Novellen des XIX. Jhs. Bd 1, [F.]
= Klassikerbibliothek, Illustrierte. Bd 15, [F.] [00. 9676

—— an der Heilquelle. Novelle. 2.–5. Aufl. 8. (132 S.) Ebendas. 885,86. ℳ 6.–.; geb. *

— Herrin. Novelle. 3. Taus. 8. (306 S.) Ebd. 899. n. 3. —; geb. n. 4. —

Spielhagen, Friedrich
Die von Hohenstein. Roman. Berlin 1863.
In: Wochenschrift, Otto Janke's Deutsche. Nr 1-7.

— die von Hohenstein. Roman. 4 Bde. Berlin 864. Janke. 8. (1330 S.) n. 5 ℛ 20 ngr.

— die v. Hohenstein. Roman. 4. Aufl. 8. (772 S.) Ebend. 877. n. 4. 50; geb. n. 5. 50

— die v. Hohenstein. Roman. 6. Aufl. 8. (772 S.) Ebend. 885. n. 3. 50; geb. n. 4. 50

— s. Kaulbach, Wilh. v., Goethe's Frauengestalten.

— s.: Kaulbach, Wilh. v., Goethe-Galerie.

— platt Land. Roman. 3 Bde. 8. (342, 339 u. 252 S.) Ebend. 879. n. 12. – ; geb. n. 15. —

— Liebe f. Liebe. Schauspiel in 4 Acten. gr. 16. (160 S.) Ebend. 875. 3. —; geb. m. Goldschn. 4. 25

— Mesmerismus. — Alles fließt. Zwei Novellen. 8. (298 S.) Ebd. 897. n. 3. —; geb. 4. —

—— problematische Naturen. Roman. 4 Bde. 8. (1094 S.) Berlin 861, Janke.

—— dass. — 2. Abthl. A. u. d. T.: Durch Nacht zum Licht. 4 Bde. 8. (1189 S.) Ebendas. (861)62.

—— problematische Naturen. Roman. 2., neu durchgeseh. Aufl. br. 8. (609 S.) Berlin 863, Janke. *

Spielhagen, Friedr., problematische Naturen. Roman. 2 Abthlgn. 6. Aufl. 1873, und 7. Aufl. 8. (623 S. mit 1 Stahlst.) Leipzig 875, Staackmann. *ℳ 7,50.; geb. *
(2. Abthl. früher u. d. T.: Durch Nacht zum Licht.)

– problematische Naturen. Roman. 1. Abth. 9. Aufl. 8. (623 S.) Ebend. 880. n. 3. 50

—— problematische Naturen. Roman. 2 Abthlgn. [1. Abthl. 11. Aufl. (623 S.); 2. Abthl. 10. Aufl. (561 S.)] 8. Ebendas. 885. à Abthl. *ℳ 3.50. * geb. à Abthl. *ℳ 4.50. *

— Problematische Naturen. Illustr. v. Rich. Gutschmidt. Jubiläums-Ausg. 2 Bde. gr. 8. (688 u. 612 S.) Ebd. 898. Geb. in Leinw. n. 15. —; in Halbfrz. n. 16. —
Erschien auch in 24 Lfgn. à n. – 50.

Spielhagen, Friedrich
Noblesse oblige. Roman. Th. 2. Leipzig: Staackmann 1882. 8°
Titelbl. fehlt.

— Noblesse oblige. Roman in 3 Büchern. 4. u. 5. Aufl. 8. (492 S.) Ebd. 888. n. 6. —; geb. n. 7. —

— Novellen. 2 Bde. 8. Ebendas. 872. à Bd. *ℳ 4,50.; geb. *
Inhalt:
Bd. 1. Clara Vere. — Auf der Düne. — In der zwölften Stunde. — Röschen vom Hofe.
„ 2. Die schönen Amerikanerinnen. — Hans und Grete. — Die Dorfcoquette. — Deutsche Pioniere.

Spielhagen, Friedr., Novellen. 1. Bd. 7. Aufl. 8. (639 S.) Leipzig 885, Staackmann. *
geb. *

— Opfer. Roman. 2. u. 3. Tausf. 8. (à 533 S.) Ebd. 900. n. 4. 50; geb. in Leinw. 6. —

— ein neuer Pharao. Roman in 4 Büchern. 4. Aufl. 8. (513 S.) Leipzig 889. L. Staackmann. n. 6. —; geb. in Leinw. n. 7. —

Spielhagen, Frdr., die Philosophin. Schauspiel in 4 Akten. 8. (III, 143 S.) Leipzig 887. Staackmann. n. 2. —

— Deutsche Pioniere, s. a. Bücher, die, des deutschen Hauses. I, 4.

—— deutsche Pioniere. Eine Geschichte aus dem vorigen Jahrh. 1. Aufl. 1870, und 2. durchgeseh. Aufl. gr. 8. (V, 364 S.) Berlin 871, Janke. [Leipzig, Staackmann.] *
—— dass. — 3. Aufl. 16. (VII, 247 S.) Ebendas. 872. *
geb. *

—— deutsche Pioniere. Novelle. Volksausg. 5. und 6. Aufl. 8. (188 S.) Ebendas. 878,79. *

— deutsche Pioniere. Novelle. 7. Aufl. [Volksausg.] 8. (188 S.) Ebend. 881. n. 1. —; geb. n. 1. 25

Deutsche Pioniere. Eine Geschichte aus d. vorigen Jh. von Friedrich **Spielhagen**. Mit 4 Originalillustr. von Gino v. Finetti. (Vorr.: Dr. W[ilhelm] M[ießner].) Berlin-Leipzig: Buchverl. fürs Deutsche Haus 1908. (304 S.) 8° [F.]
= **Bücher**, Die, d. Deutschen Hauses. Reihe 1. Bd 4. (08. 5766

—— Quisisana. Novelle. 1.—3. Aufl. 8. (429 S.) Ebendas. 880. *M 6.; geb. *

— Quisisana. Novelle. 4. Aufl. Taschen-Ausg. 8. (256 S.) Ebend. 886. n. 2. —; geb. n. 3. —

— Quisisana. Novelle. 5. Aufl. Taschen-Ausg. 8. (256 S.) Ebd. 887. n. 2. —; geb. n. 3. —

Friedrich **Spielhagen**: Quisisana. Noblesse oblige. Volksausg. Leipzig: Staackmann 1910. 508 S. 8° (11. 6332 5

Spielhagen, Friedrich
In Reih' und Glied. Roman. Buch 1-9. Berlin 1866.
In: Roman-Zeitung, Deutsche. Bd 2-4.

—— in Reih' und Glied. Ein Roman in 9 Büchern. 5 Bde. 8. (1613 S.) Berlin 867, Janke.

— in Reih' u. Glied. Roman. 2 Thle. 4. Aufl. 8. (550 u. 620 S.) Ebend. 876. n. 7. 50

— in Reih' u. Glied. Roman. 2 Thle. 5. Aufl. [Ster.-Aufl.] 8. (550 u. 620 S.) Ebend. 879. n. 7. 50

Friedrich **Spielhagen**. In Reih' und Glied. 21.–25. Aufl. Volksausg. Leipzig: Staackmann 1910. 935 S. 8° (11. 6331 5

— Romane. Neue Folge. 1. u. 2. Bd. Der sämmtl. Romane 23. u. 24. Bd. 8. Ebd. à n. 3. —; geb. in Leinw. à n. 4. —; in Halbfrz. à n. 4. 60
1. Sonntagskind. 4. Aufl. (598 S.) 897.
2. Stumme des Himmels. Roman. 5. Aufl. (462 S.) 898.

— Romane. Neue Folge. 3.—6. Bd. Der sämtl. Romane 25.—28. Bd. 8. Ebd. à n. 3. —; geb. in Leinw. à n. 4. —; in Halbfrz. à n. 4. 60
3. Zum Zeitvertreib. — Susi. 2 Novellen. (409 S.) 899.
4. Faustulus. — Herrin. 2 Novellen. (493 S.) 899.
5. Selbstgerecht. — Mesmerismus. 2 Novellen. (364 S.) 900.
6. Opfer. Roman. 7. Aufl. (490 S.) 901.

— dasselbe. 94.—113. Lfg. = 2. Serie 33.—52. Lfg. oder 5. Bd. (Schluß)—8. Bd. 8. Ebd. 891. à Lfg. n. — 30; in Bdn. à n. 2. —; geb. in Leinw. à n. 3. —; einzelne Bde. à n. 3. 50; geb. à n. 4. 50
5. Bd. Platt Land. (S. 273—553.) — 6. Bd. Angela. (444 S.) — 7. Bd. Uhlenhans. (467 S.) — 8. Bd. Quisisana. Breite Schultern. Der Vergnügungskommissar. Das Skelet im Hause. (483 S.)

— dasselbe. 114.—145. Lfg. = 3. Serie 32 Lfgn. oder 5 Bde. (der sämmtl. Werke 19.—23. Bd.) 8. Ebd. 892. à Lfg. n. — 30; in Bdn. à n. 2. —; geb. in Leinw. à n. 3. —
1. (19.) Bd. An der Heilquelle. 6. Aufl. (384 S.)
2. (20.) Bd. Noblesse oblige. 5. Aufl. (506 S.)
3. (21.) Bd. Ein neuer Pharao. Roman in 4 Büchern. 5. Aufl. (531 S.)
4. u. 5. (22. u. 23.) Bd. Was will das werden? Roman in 9 Büchern. 5. Aufl. 2 Bde. (596 u. 453 S.)
Einzelne Bde. der 3. Serie werden nicht abgegeben.

— dasselbe. Neue Folge. (In 50 Lfgn.) 1.—6. Lfg. 8. Ebd. (902). à n. — 35
1. Bd. Sonntagskind. (S. 1—384.)

Spielhagen, Frdr., Romane. Neue Folge. 7.—50. (Schluß-) Lfg. kl. 8. Leipzig (903. 904). L. Staackmann.) à n. — 35
1. Bd. Sonntagskind. (S. 385—598.)
2. Bd. Zum Zeitvertreib. Susi. 2 Novellen. (409 S.)
3. Bd. Opfer. Roman. (490 S.)
4. Bd. Faustulus. — Herrin. 2 Novellen. (493 S.)
5. Bd. Stumme des Himmels. Roman. (462 S.)
6. Bd. Selbstgericht. — Mesmerismus. 2 Novellen. (364 S.)
7. Bd. Frei geboren. Roman. 9. Aufl. (IV, 899 S.)

— dasselbe. 7. Bd. Frei geboren. Roman. 9. Aufl. (VI, 399 S.) kl. 8. Ebd. (904). n. 3. —; geb. n. 4. —

— dasselbe. (Wohlfeile Volksausg.) 7 Bde. (598, 409, 490, 493, 462, 364 u. 399 S. m. Bildnis.) 8. Ebd. (903). Geb. in Leinw. in Kassette n. 26. —

Spielhagen, Friedr. Ausgewählte Romane. Erste Serie. 61 Lfgn. od. 9 Bde. 8. Lpz. 889—92, Staackmann. à Lfg. — 30; * 18 — geb. 27 —; einzelne Bde. à 3 50; geb. à 4 50
1. 5. Problematische Naturen. 2 Bde. 16. Aufl. (623; 564 S.)
2. Die von Hohenstein. 8. Aufl. (772 S.)
3. 4. Hammer u. Amboß. 10. Aufl. 2 Bde. (488; 400 S.)
6. 7. In Reih' u. Glied. 9. Aufl. 2 Bde. (550; 620 S.)
8. 9. Sturmflut. 7. Aufl. 2 Bde. (377; 469 S.)

—— dass. — Zweite Serie. 52 Lfgn. od. 8 Bde. 8. Ebd. 889—92. à Lfg. — 30; * 16 —; geb. 24 —; einzelne Bde. à 3 50; geb. à 4 50
1. 4. Kleine Romane. 2 Bde. (637; 592 S.)
2. Allzeit voran. 7. Aufl. (468 S.)
3. Was die Schwalbe sang. Ultimo. 7. Aufl. (481 S.)
5. Platt Land. 5. Aufl. (553 S.)
6. Angela. 5. Aufl. (444 S.)
7. Uhlenhans. 8. Aufl. (467 S.)
8. Quisisana. — Erzählungen. 7. Aufl. (483 S.)

—— dass. — Dritte Serie. 32 Lfgn. od. 5. Bde. 8. Ebd. 889—92. à Lfg. — 30; * 10; geb. 15 —
1. An der Heilquelle. 6. Aufl. (384 S.)
2. Noblesse oblige. 5. Aufl. (506 S.)
3. Ein neuer Pharao. 5. Aufl. (531 S.)
4. 5. Was will das werden? 2 Bde. 5. Aufl. (596; 453 S.)
Von der 3. Serie werden einzelne Bände nicht abgegeben.

— ausgewählte Romane. (1. Serie.) 61 Lfgn. 8. Ebd. 889—890. à — 30 (in Bdn. à n. 2. —; geb. à n. 2. 80)
1. Bd. Problematische Naturen. 1. Abth. (623 S.) — Die v. Hohenstein. (S. 1—512.)
2. Bd. Die v. Hohenstein. (S. 513—772.)
3. 4. Bd. Hammer u. Amboß. 2 Thle. (488 u. 400 S.)
5. Bd. Problematische Naturen. 2. Abth. (564 S.)
6. 7. Bd. In Reih u. Glied. 2 Thle. (550 u. 620 S.)
8. 9. Bd. Sturmflut. 2 Bde. (377 u. 460 S.)

— dasselbe. (2. Serie in 8 Bdn. od. 52 Lfgn.) 62.—93. Lfg. 8. Ebd. 890. à — 30; in Bdn. à n. 2. —; geb. à n. 2. 80
1. Bd. Kleine Romane. 1. Bd.: Clara Vere. — Auf der Düne. — In der zwölften Stunde. — Röschen vom Hofe. (639 S.)
2. Bd. Allzeit voran. (364 S.)
3. Bd. Was die Schwalbe sang. Ultimo. (481 S.)
4. Bd. Kleine Romane. 2. Bd. Die schönen Amerikanerinnen. — Hans u. Grete. — Die Dorfcoquette. — Deutsche Pioniere. (V, 592 S.)
5. Bd. Platt Land. Roman. (S. 1—272.)

— ausgewählte Romane. 1.—61. Lfg. = 1. Serie 61 Lfgn. oder 9 Bde. 2. Aufl. 8. Ebd. à Lfg. n. — 30; in Bdn. à n. 2. —; geb. in Leinw. à n. 3. —; einzelne Bde. à n. 3. 50; geb. à n. 4. 50
1. Bd. Problematische Naturen. 1. Abth. 16. Aufl. (623 S.) 891.
2. Bd. Die v. Hohenstein. (772 S.) 891.
3. u. 4. Bd. Hammer u. Amboß. 2 Thle. 12. Aufl. (488 u. 400 S.) 894.
5. Bd. Problematische Naturen. 2. Abth. (Durch Nacht zum Licht.) (564 S.) 891.
6. u. 7. Bd. In Reih u. Glied. 2 Thle. 10. Aufl. (550 u. 620 S.) 893.
8. u. 9. Bd. Sturmflut. 2 Thle. (1. Bd. 8. Aufl.) 377 u. 460 S.) 893. 890.

— Ausgewählte Romane. Volksausg. 5 Bde. 8. Leipzig 907. L. Staackmann. Geb. in Leinw. 18.—; in Kassette 20.—; einz. Bde. 4. —
1. Problematische Naturen. 46.—50. Aufl. (983 S. m. Bildnis.)
2. Sturmflut. 21.—25. Aufl. (617 S.)
3. Was will das werden? 9.—14. Aufl. (783 S.)
4. Sonntagskind. 8.—12. Aufl. — Stumme des Himmels. 8.—12. Aufl. (832 S.)
5. Opfer. 10.—14. Aufl. — Freigeboren. 11.—15. Aufl. (667 S.)

— dasselbe. (2. Serie.) 5 Bde. (716, 935, 736, 508 u. 628 S.) 8. Ebd. 910. Geb. in Leinw. 20.—; in Kassette 22. —

—— kleine Romane. 5 Bde. 8. Berlin 862—64, Janke. *
Inhalt:
Bd. 1. 2. Auf der Düne. 2 Bde. 2. Aufl. (433 S.) * 2 Thlr.
" 3. Clara Vere. 2. Aufl. (299 S.) * 1 Thlr.
" 4. In der zwölften Stunde. (274 S.) * 1 Thlr.
" 5. Röschen vom Hofe. (VIII und 328 S.) * 1 Thlr. 15 Ngr.

Friedrich Spielhagen. Kleine Romane. Volksausg. Leipzig: Staackmann 1910. 628 S. 8° [11. 6330 5

Spielhagen's, Frdr., sämmtliche Romane. Neue Ausg. in 145 Lfgn. od. 22 Bdn. 8. Leipzig, L. Staackmann. à Lfg. — 40; à Bd. n. 3. —; geb. in Leinw. à n. 4. —; in Halbfrz. à n. 4. 60
1. Problemat. Naturen. 1. Abth. 18. Aufl. (623 S.) 895.
2. Die v. Hohenstein. 9. Aufl. (772 S.) 895.
3. 4. Hammer u. Amboß. 2 Thle. 12. Aufl. (488 u. 400 S.) 895.
5. Problematische Naturen. 2. Abth. (Durch Nacht zum Licht.) 16. Aufl. (564 S.) 895.
6. 7. In Reih u. Glied. 2 Thle. 10. Aufl. (550 u. 620 S.) 895. 96.
8. 9. Sturmflut. 2 Bde. 10. Aufl. (377 u. 460 S.) 896.
10. Kleine Romane. 1. Bd.: Clara Vere. — Auf der Düne. — In d. 12. Stunde. — Röschen vom Hofe. 10. Aufl. (639 S.) 896.
11. Allzeit voran. Roman. 11. Aufl. (468 S.) 896.
12. Was die Schwalbe sang. Roman. 9. Aufl. — Ultimo. (481 S.) 896.
13. Kleine Romane. 2. Bd.: Die schönen Amerikanerinnen. — Hans u. Grete. — Die Dorfcoquette. — Deutsche Pioniere. 10. Aufl. (592 S.) 895.
14. Platt Land. Roman. 7. Aufl. (553 S.) 897.
15. Angela. Roman. 6. Aufl. (444 S.) 895.
16. Uhlenhans. Roman. 8. Aufl. (467 S.) 896.
17. Quisisana. 9. Aufl. — Breite Schultern. — Der Vergnügungskommissar. — Das Skelett im Hause. (483 S.) 896.
18. An der Heilquelle. Roman. 3. Aufl. (384 S.) 897.
19. Noblesse oblige. Roman in 3 Büchern. 7. Aufl. (506 S.) 897.
20. Ein neuer Pharao. Roman in 4 Büchern. 7. Aufl. (531 S.) 897.
21. 22. Was will das werden? Roman in 9 Büchern. 6. Aufl. (596 u. 453 S.) 895.

Spielhagen's, Frdr., sämmtliche Romane. Neue Ausg. 1., 3.—5. u. 11. Bd. 8. Leipzig, L. Staackmann. à n. 3. —; geb. in Leinw. à n. 4. —; in Halbfrz. à n. 4. 60
1. Problematische Naturen. 1. Abth. 20. Aufl. (623 S.) 899.
3. 4. Hammer u. Amboß. 2 Thle. 13. Aufl. (488 u. 400 S.) 896.
5. Problematische Naturen. 2. Abth. (Durch Nacht zum Licht.) 19. Aufl. (564 S.) 899.
11. Allzeit voran. 11. Aufl. (468 S.) 896.

Spielhagen's, Frdr., sämmtliche Romane. 1.—9. u. 14.—20. Bd. 8. Leipzig, L. Staackmann. à n. 3. —; geb. in Leinw. à 4. —; in Halbfrz. à 4. 60
1. Problematische Naturen. 1. Abth. 22. Aufl. (623 S.) 900.
2. Die v. Hohenstein. 10. Aufl. (772 S.) 899.
3. 4. Hammer u. Amboß. 2 Thle. 15. Aufl. (488 u. 400 S.) 900.
5. Problematische Naturen. 2. Abth. (Durch Nacht zum Licht.) 21. Aufl. (564 S.) 900.
6. In Reih' u. Glied. 1. Thl. 12. Aufl. (550 S.) 900.
7. Dasselbe. 2. Thl 11. Aufl. (620 S.) 897.
8. 9. Sturmflut. 14. Aufl. 2 Bde. (377 u. 460 S.) 900.
14. Platt Land. 8 Aufl. (553 S.) 897.
15. Angela. 8. Aufl. (444 S.) 898.
16. Uhlenhans. 9. Aufl. (467 S.) 899.
17. Quisisana. Breite Schultern. — Der Vergnügungskommissar. Das Skelet im Hause. 9. Aufl. (483 S.) 896.
18. An der Heilquelle. 8. Aufl. (384 S.) 899.
19. Noblesse oblige. In 3 Büchern. 9. Aufl. (506 S.) 900.
20. Ein neuer Pharao. In 4 Büchern. 8. Aufl. (531 S.) 900.

Spielhagen, Friedrich
Röschen vom Hofe. Roman. Berlin 1864.
In: Roman-Zeitung, Deutsche. Bd 2.

-- Röschen vom Hofe. 3. (Pracht-)Ausg. Berlin 866. Janke. gr. 16. (255 S. mit 1 Titelbilde von A. Hann in Holzschn. u dem photogr. Portr. des Verf.) geb. mit Goldschn. n. 1 ₰ 20 ngr.

—— Röschen vom Hofe. 5. Aufl. (236 S.) 1873, und 6. Aufl. 8. (154 S.) Ebendas. 875. *
geb. mit Goldschn. *

—— Röschen vom Hofe. Novelle. Volksausg. 7. und 8. Aufl. 8. (154 S.) Ebendas. 876,78. *

—— Röschen vom Hofe. Novelle. 9. und 10. Aufl. [Volksausg.] 8. (156 S.) Ebendas. 880,81. *

— Röschen vom Hofe. Novelle. 12. Aufl. [Volksausg.] 8. (156 S.) Ebend. 886. n. 1. —

— Röschen vom Hofe. Illustr. v. René Reinicke. (153 S.) 8. Ebd. (905). n. 2. —; geb. in Ldr. n.n. 3. 50

—— vermischte Schriften. 1. Bd. 1. Aufl. 1864. und 2. Aufl., und 2. Bd. 8. (VI und 320 S., V und 316 S.) Berlin 868, Janke. à Bd. * 1 Thlr. 15 Ngr. *

—— vermischte Schriften und amerikanische Gedichte. 8. (468 S.) Ebendas. 877. * ℳ 3,50.; geb. *

— breite Schultern, s.a. Reuter's Bibliothek f. Gabelsberger-Stenographen.

— Breite Schultern. Der Vergnügungskommissar, s.a. Kürschner's Bücherschatz.

Breite Schultern. Der Vergnügungskommissar. 2 Erzählungen von Friedrich Spielhagen. Mit Ill. von W. Roegge. Berlin, Leipzig: H. Hillger [1908]. (88 S.) 8° [F.]
= Bücherschatz, Kürschners. No 615. [08. 12087

[F.] Selbstgerecht. Roman in 2 Bdn v. Friedrich Spielhagen. Bd 1. 2. *Stuttgart: J. Engelhorn 1896.* 2 Bde 8.
1. (159 S.) 2. (144 S.)
= Romanbibliothek, Engelhorns Allg. Jg. XII. Bd 17. 18. [98. 6363 G

— das Skelett im Hause, dramatisiert, s.a. Pauli, Karl.

—— das Skelet im Hause. Novelle. 2. Aufl. 8. (254 S.) Ebendas. 878. * ℳ 3.; geb. *

—— dass. — 3. und 4. Aufl. 8. (151 S.) Ebendas. 880,81. * geb. *

Spielhagen, Friedrich
Das Skelet im Hause. Novelle. 4. Aufl. Leipzig: Staackmann 1881. 151 S. 8°

— Skizzen, Geschichten u. Gedichte. 8. Ebend. 881. n. 3. 50; geb. n. 4. 50

—— aus meinem Skizzenbuche. 8. (VIII, 361 S.) Ebendas. 874. *M 3.; geb. *

— Sonntagskind. Roman in 6 Büchern. 3 Bde. 2. Aufl. 8. (259, 225 u. 379 S.) Leipzig 893. L. Staackmann. n. 10. —; in 2 Leinw.-Bde. geb. n. 12. —

— aus meiner Studienmappe, s.a. Verein, allgemeiner, für deutsche Literatur.

—— Aus meiner Studienmappe. Beiträge zur litterar. Aesthetik u. Kritik. 2. Aufl. gr. 8. (IX, 361 S.) Berl. 891, Allgemeiner Verein f. Deutsche Litteratur. * 6 —; geb. * 7 —

— Stumme des Himmels. Roman in 4 Büchern. 2 Bde. 8. (302 u. 375 S.) Leipzig 895. L. Staackmann. n. 6. —; geb. in Leinw. n. 8. —

Stumme des Himmels. Roman in 4 Büchern von Friedrich Spielhagen. 2. Aufl. Bd 1. 2. *Leipzig: L. Staackmann 1895.* 2 Bde 8° [5] 10

— Stumme des Himmels. Roman. 7 Bdchn. (In russ. Sprache.) 12. (134, 146, 185 u. 166 S.) Stuttgart 895. C. Malcomes. à n. — 50

— dasselbe, s.a. Malcomes' internationale russische Unterhaltungs-Bibliothek.

—— in der zwölften Stunde. Novelle. 4. Aufl. [Volksausg.] 8. (130 S.) Ebendas. 872. *M 1.; geb. *

—— in der zwölften Stunde. Novelle. Volksausg. 6. Aufl. 8. (130 S.) Ebendas. 878. *

—— in der zwölften Stunde. Novelle. 7. und 8. Aufl. [Volksausg.] 8. (130 S.) Ebendas. 880,83. *M 1.; geb. **

— in zwölfter Stunde. Illustriert v. Carl Zopf. gr. 8. (155 S.) Stuttgart (901). C. Krabbe. n. 2. —; geb. in Ldr. n.n. 3. 50

—— Sturmflut. Roman in 6 Büchern. 3 Bde. 1. und 2. Aufl. 8. (297; 392; 389 S.) Ebendas. 877. * geb. *

Spielhagen, Frdr., Sturmflut. Roman in 6 Büchern. 3. Aufl. 2 Bde. (Wohlf. Ausg.) 8. (377 u. 460 S.) Leipzig 878. Staackmann. n. 6. —; geb. n. 8. —

— Sturmflut. Roman. 5. Aufl. 2 Bde. 8. (377 u. 480 S.) Ebend. 883. n. 7. —

Sturmflut. Roman von Friedrich Spielhagen. Leipzig: Staackmann [1909]. 1110 S. 8°
(Bibliothek August Scherl. Bd 95–98.) [10. 13666

— Susi, s.a. Engelhorn's Romanbibliothek, 11. Jahrg.

[F] Susi. E. Hofgeschichte v. Friedrich Spielhagen. Bd 1. 2. *Stuttgart: J. Engelhorn 1895.* 2 Bde 8.
1 (160 S.) 2 (144 S.)
= Romanbibliothek, Engelhorns Allgemeine. Jg. 11. Bd 17. [98.10506

—— unter Tannen. Zwei Novellen. 8. (432 S.) Berlin 868, Janke. *

—— Uhlenhans. Roman. 2 Bde. 1.—3. Aufl. 8. (340; 398 S.) Ebendas. 884. *M 10; geb. *

—— Ultimo. Novelle. 1.—3. Aufl. 8. (232 S.) Ebendas. 873—75. *M 3.; geb. * 4 —

—— Ultimo. Novelle. Volksausg. 6. Aufl. 8. (127 S.) Ebendas. 878. *

—— Ultimo. Novelle. 7.—9. Aufl. [Volksausg.] 8. (127 S.) Ebendas. 879—81. *

— Ultimo. Novelle. 10. Aufl. [Volksausg.] 8. (154 S.) Ebend. 883. n. 1. —; geb. n.n. 1. 25

— Ultimo. Novelle. Illustr. v. C. H. Kuechler. (160 S.) gr. 8. Ebd. (903). n. 2. —; geb. in Ldr. n.n. 3. 50

Spielhagen, Friedr., Clara Vere. Novelle. 8. (186 S.) Hannover 856(57,) Meyer.

—— Clara Vere. Novelle. 5. Aufl. [Volksausg.] 8. (148 S.) Ebendas. 872. *M 1.; geb. *

Spielhagen, Friedr., Clara Vere. Novelle. Volksausg. 7. Aufl. 8. (154 S.) Leipzig 878, Staackmann. *

—— Clara Vere. Novelle. 8. und 9. Aufl. [Volksausg.] 8. (154 S.) Ebendas. 880,83. *M 1.; geb. **

— Clara Vere. Novelle. 12. Aufl. (Volksausg.) 8. (154 S.) Leipzig 893. L. Staackmann. n. 1. —

— Clara Vere. Illustr. v. René Reinicke. (152 S.) 8. Ebd. (904). n. 2. —: geb. in Ldr. n.n. 3. 50

— von Neapel bis Syrakus. Reiseskizzen. 8. (322 S.) Ebend. 878. n. 3. —; geb. n. 4. —

— was die Schwalbe sang, s.a. Universal-Bibliothek.

—— Was die Schwalbe sang. Roman. 2 Bde. 1. und 2. Aufl. 8. (272; 294 S.) Ebendas. 873. *
—— dass. — 3. Aufl. Wohlfeile Ausg. in 1 Bde. 8. (354 S.) Ebendas. 875. *M 3.; geb. *

— was die Schwalbe sang. Roman. 5. Aufl. [2. Ster.-Aufl.] 8. (354 S.) Ebend. 879. n. 3. —

— was die Schwalbe sang. Roman. 6. Aufl. [3. Ster.-Aufl.] 8. (354 S.) Ebend. 885. n. 3. —; geb. n. 4. —

Spielhagen, Friedrich: Was die Schwalbe sang. Roman von —. (Berlin: Vorwärts 1898.) (263–616 S.) 8°
Stunden, In freien. Jg. 2. Halbjahresbd 1. H. 16 26.

Friedrich Spielhagen. Was die Schwalbe sang. Platt Land. Volksausg. Leipzig: Staackmann 1910. 736 S. 8° [11. 6329 5

Spielhagen, Friedrich
Was soll das werden? Roman. Bd 2.3. Leipzig: Staackmann 1887. 8°

—— was will das werden? Roman in 9 Büchern. 3 Bde. 1. und 2. Aufl. 8. (390; 424; 500 S.) Ebendas. 887. * geb. *

—— Was will das werden? Roman in neun Büchern. 4. (Titel-)Aufl. Wohlf. Ausg. 3 Bde. 8. (390; 424; 500 S.) Lpz. 891, Staackmann. * 7 —; geb. * 10 —

— am Wege. Vermischte Schriften. (III, 278 S.) 8. Leipzig 903. L. Staackmann. n. 3. 50; geb. in Leinw. n.n. 4. 50

Spielhagen, Friedrich

Gesammelte Werke. Neue, vom Verfasser veranstaltete, revidirte Ausgabe. Bd 1-12. Mit einem Portrait des Verfassers.
Berlin: Janke 1866-67. 8°

1- 3. Problematische Naturen. Roman. 3. Aufl. 1866.
4. Auf der Düne. Roman. 3. Aufl. 1866.
5. Clara Vere. Roman. 3. Aufl. 1867.
6. Röschen vom Hofe. Roman. 4. Aufl. 1867.
7- 9. Die von Hohenstein. Roman. 2. Aufl. 1867.
10-12. Durch Nacht zum Licht. (Forts. von : Problematische Naturen). Roman. 3. Aufl. 1867.

Spielhagen's, Friedr., gesammelte Werke. Neue, vom Verf. veranstaltete, revid. Ausg. (Mit dem Portr. des Verf. [in Holzschn.]) 21 Bde. Berlin 866,67. Leipzig, Strackmann. br. 8. Jeder Bd. n. 10 ngr.
1—3. Bd. Problematische Naturen. Roman. 3. Aufl. 3 Bde. (610 S.)
4. Bd. Auf der Düne. Roman. 3. Aufl. (194 S.)
5. Bd. Clara Vere. Roman. 3. Aufl. — In der zwölften Stunde. Roman. 2. Aufl. (288 S.)
6. Bd. Röschen vom Hofe. Roman. 4. Aufl. (159 S.)
7—9. Bd. Die von Hohenstein. Roman. 4. Aufl. 3 Bde. (706 S,)
10—12. Bd. Durch Nacht zum Licht. (Fortsetzung von Problematische Naturen.) Roman. 3. Aufl. 3 Bde. (615 S.)
13—21. Bd. In Reih' u. Glied. Roman. 6 Bde. 2. Aufl. (1166 S.)

— sämmtl. Werke, s.a. National-Bibliothek neuer deut. Dichter.

Spielhagen's, Friedr., sämmtliche Werke. Neue, vom Verf. revid. Ausg. 11 Bde. 8. Berlin 871, Janke. *

Spielhagen's, Frdr., sämmtliche Werke. Neue, vom Verf. rev. Ausg. 10 Bde. 8. Leipzig 871. Staackmann. n. 30. —
1. u. 2. Problematische Naturen. 2 Abthlgn. 4. Aufl. (559 S. m. 1 Portr. in Holzschn. u. III, 516 S.)
3. Auf der Düne. — Röschen vom Hofe. — Clara Vere. — In der 12. Stunde. (III, 608 S.)
4. Die v. Hohenstein. 3. Aufl. (III, 682 S.)
5. u. 6. In Reih' u. Glied. 2 Thle. 3. Aufl. (III, 504 u. III, 542 S.)
7. Vermischte Schriften. 2. Aufl. Amerikanische Gedichte. 3. Aufl. (V, 468 S.)
8. Der Vergnügungscommissar. — Die schönen Amerikanerinnen. — Hans u. Grete. — Die Dorfcoquette. — Deutsche Pioniere. (III, 578 S.)
9. u. 10. Hammer u. Amboß. 2 Thle. 4. Aufl. (III, 424 u. III, 348 S.)

— dasselbe. 57 Lfgn. 8. Ebend. 872. 73. à n. — 60
1. u. 2. Bd. Problematische Naturen. Roman. 1. Abth. 5. Aufl. (559 S.) u. 2. Abth. 4. Aufl. (516 S.)
3. Bd. Novellen. (608 S.)
4. Bd. Die v. Hohenstein. Roman. 3. Aufl. (682 S.)
5. u. 6. Bd. In Reih und Glied. Roman. 3. Aufl. (1. Thl. 504 u. 2. Thl. 542 S.)
7. Bd. Vermischte Schriften. 2. Aufl. u. Amerikanische Gedichte. 3. Aufl. (468 S.)
8. Bd. Novellen. 2. Bd. Der Vergnügungscommissär. (38 S.) Die schönen Amerikanerinnen. (578 S.)
9. u. 10. Bd. Hammer u. Amboß. (1. Thl. 424 u. 2. Thl. 358 S.)
11. Bd. Allzeit voran. Roman. 3. neu durchgeseh. Aufl. (468 S.)

— dasselbe. 1., 2. u. 11. Bd. 8. Ebend. 873. 74. n. 10. 50
1. 2. Problematische Naturen. Roman. 2 Abthlgn. 6. Aufl. (623 S. m. 1 Stahlst.) n. 7. 50
11. Allzeit voran. 4. neu durchges.h. Aufl. (468 S.) n. 3. —

Spielhagen's, Frdr., sämmtliche Werke. 3., vom Verf. rev. Aufl. (In ca. 90 Lfgn.) 1—58. Lfg. 8. (à ca. 6 B.) Leipzig 875. 76. Staackmann. à — 50

Spielhagen's, Frdr., sämmtliche Werke. 3., vom Verfasser rev. Aufl. 59—93. Lfg. 8. (à 5 B.) Leipzig 877—79. Staackmann. à — 50

Spielhagen's, Friedr., sämmtliche Werke. 3. vom Verf. durchgeseh. Ausg. 15 Bde. in 100 Lfgn. 8. Leipzig, Staackmann. à Bd. * M 3,50.; compl. * geb. à Bd. * M 4,50. *

Inhalt:
Bd. 1. Problematische Naturen. 1. Abthl. 9. Aufl. (623 S.) 880.
" 2. —— dass. — 2. Abthl.: Durch Nacht zum Licht. 7. Aufl. (564 S.) 880.
" 3. Novellen I. Clara Vere. — Auf der Düne. — In der zwölften Stunde. — Röschen vom Hofe. (638 S.) 880.
" 4. Die v. Hohenstein. 4. und 5. Aufl. (772 S.) 878,80.
" 5. 6. In Reih' und Glied. 2 Thle. 4. und 5. Aufl. (550; 620 S.) 878,79.
" 7. Skizzen, Geschichten und Gedichte. (576 S.) 881.
" 8. Novellen II. Die schönen Amerikanerinnen. — Hans und Grete. — Die Dorfcoquette. — Deutsche Pioniere. (592 S.) 880.
" 9. 10. Hammer und Amboß. 2 Thle. 7. und 8. Aufl. (488; 400 S.) 879.
" 11. Allzeit voran. 5. und 6. Aufl. (468 S.) 877,80.
" 12. Was die Schwalbe sang. Ultimo. 4. Aufl. (127 S.) 877.
" 13. 14. Sturmflut. 2 Thle. 4. Aufl. (377; 460 S.) 878.
" 15. Platt Land. 3. Aufl. (553 S.) 881.

Spielhagen's, Friedr., sämmtliche Werke. 3. vom Verf. durchges. Ausg. 15 Bde. 8. Leipzig, Staackmann. à Bd. * M 3,50.; compl. * geb. à Bd. * M 4,50. *

Inhalt:
Bd. 1. Problematische Naturen. 1. Abthl. 10. und 11. Aufl. (623 S.) 883,85.
" 2. —— dass. — 2. Abthl.: Durch Nacht zum Licht. 8.—10. Aufl. (564 S.) 881—85.
" 3. Novellen I. Clara Vere. — Auf der Düne. — In der zwölften Stunde. — Röschen vom Hofe. 7. Aufl. (438 S.) 885.
" 4. Die von Hohenstein. 6. Aufl. (772 S.) 885.
" 5. 6. In Reih' und Glied. 2 Thle. 6. und 7. Aufl. (550; 620 S.) 883,85.
" 7. Skizzen, Geschichten und Gedichte. 2. Aufl. (576 S.) 885.
" 8. Novellen II. Die schönen Amerikanerinnen. — Hans und Grete. — Die Dorfcoquette. — Deutsche Pioniere. 7. Aufl. (592 S.) 885.
" 9. 10. Hammer und Amboß. 2 Thle. 9. Aufl. (488; 400 S.) 885.
" 11. Allzeit voran. 7. Aufl. (468 S.) 885.
" 12. Was die Schwalbe sang. 6. Aufl. (354 S.) — Ultimo. 11. Aufl. (127 S.) 885.
" 13. 14. Sturmflut. 2 Thle. 5. Aufl. (377; 460 S.) 883.
" 15. Platt Land. 4. Aufl. (553 S.) 886.

Spielhagen's, Frdr., sämmtliche Werke. 16. u. 17. Bd. 8. Leipzig 886. Staackmann. à n. 3. 50; geb. à n. 4. 50
16. Angela. Roman. 3. Aufl. (444 S.)
17. Uhlenhans. Roman. 5. Aufl. (467 S.)

Spielhagen, Friedr., sämmtliche Werke. 1., 2., 5., 6., 8., 13., 14., 18. Bd. 8. Leipzig, Staackmann. à n. 3. 50 geb. à n. 4. 50
1. 2. Problematische Naturen. Roman. 2 Bde. 12. Aufl. (623; 564 S.) 887.
5. 6. In Reih und Glied. Roman. 2 Bde. 8. Aufl. (550; 620 S.) 887.
8. Novellen. II. Bd. 8. Aufl. (592 S.) 886.
13. 14. Sturmflut. Roman. 2 Bde. 6. Aufl. (377; 460 S.) 886.
18. Quisisana. Novelle und Dramen. 5. Aufl. (615 S.) 887.

Spielhagen, Friedrich [Hrsg.]

s. Wochenschrift, Otto Janke's Deutsche. 1863.

—— In eiserner Zeit. Trauerspiel in 5 Akten. 8. (139 S.) Ebd. 891. * 2 —; geb. 3 —
Vgl.: Karpeles, Gust. J. S. Ein literar. Essay. — Litteratur, moderne realistische.

— zum Zeitvertreib. Roman. 8. (265 S.) Leipzig 897. L. Staackmann. n. 3. —; geb. 4. —

Spielhagen, Gust., Kunst-Scherben, gesammelt u. zusammengestellt. 1. Lfg. Fol. (6 Chromolith. m. 1 Bl. Text u. chromolith. Titel.) Berlin 882. Spielhagen & Co. 10. —

Spielhagen, Gust., Kunst-Scherben. Gesammelt u. zusammengestellt. 2. Lfg. Fol. (6 Chromolith. m. 1 Bl. Text.) Berlin 884. Spielhagen & Co. In Mappe. 10. — (1. u. 2.: 20. —)

Spielhagen, v. K., s.: Litteratur, moderne realistische.

Spielhagen, W., Gesetz, betr. die Abänderung d. Gewerbeordnung (kleiner Befähigungsnachweis). Vom 30. V. 1908. Zugleich als Nachtrag zur 17. Aufl. d. Gewerbeordng. f. das Deutsche Reich. Textausg. m. Anmerkgn. u. Sachregister. (32 S.) 16. Berlin 908. J. Guttentag. — 30

Spielhagen, W., das Invalidenversicherungsgesetz, s.: Isenbart, W.

Spielhäuser, Die, und die öffentliche Meinung. Nr. 4. Gegenwärtige Sachlage. Übers. a. d. Franz. v. Dr. J[acob] K[ummer]. Bern 1904. V: *Lombard, Frank.* (BBullSchw 4, 1904)

Spielhauß, Ernst

Spielhauß, Er., buntes Freiberg. Leuchtkugeln vom S. Petrithurm. 1. Hft. gr. 16. Leipz. 844, Binder. (Bamberg.) n. 6 *ngl*

Spielhauß, Ernst, buntes Freiberg. Leuchtkugeln vom St. Petrithurm. 1. Hft. gr. 16. (3½ B.) Leipzig 844, [Senf.] *

Spielhoff, Wilh., Heimatkunde des Kreises Iserlohn. Für Schule und Haus bearb. 1. und 2. Aufl. 8. (52 S. mit 1 lithogr. und color. Karte.) Schwerte 881,82, Saatmann. *

Spielhölle, die Homburger, in geschichtlicher u. aktenmäßiger Beleuchtung. (Aus dem Volksfreund für das mittlere Deutschland abgedr.) Frankfurt a. M. 862. (Küchler.) 8. (IV, 63 S.) n. 10 *ngr*

Spiel-Journal, allgemeines, f. Gewinn und Verlust, auch f. das tägliche Hauswesen. 8. Augsburg, Bürglen. 805.

Spielkameraden

Spiel-Cameraden, die. qu. 4. (12 S. m. 6 color. Holzschntaf.) Stuttgart 875. G. Weise. — 60

Spiel-Kameraden. qu. 12. (8 S. m. z. Tl. farb. Bildern.) Stuttgart 894. F. Loewe. — 20

Spielkarten, die, der Weigel'schen Sammlung. Mit 8 Facs. Leipzig 865. T. O. Weigel. Fol. (45 S. mit eingedr. Holzschn., 1 Kpfrst. u. 7 Holzschntaff., wovon 3 color.) cart. n. 8 *ℛ*

Spielkarten-Almanach für das schöne Geschlecht, mit Erklärung ... Wien 1815. H: *Perinet, Joachim.* (WBI.) (MGT) (Ky) (Kn)

Spiel-Kätzchen. Ausgestanzt. 12. (8 S. m. z. Tl. farb. Bildern.) Stuttgart 893. F. Loewe. — 25

Spielkursus zu Greifswald 1905. Inh.: Lieder, Verzeichnis d. Teilnehmer ... (Greifswald 1905: F. W. Kunike.) (15 S.) 8°

Spiellen, Max v. Wappenbuch des westphalischen Adels. gezeichnet von Prof. Adolf M Hildebrandt. 1. Band Text; 2. Band Tafeln. (2 Bde.) Fol. Görlitz 1899-1903.

Spielleute, die, der Infanterie. Handbuch für den gesammten Dienst derselben. Nach den ergangenen Bestimmungen und nach Erfahrungen aus der Praxis bearb. 8. (55 S.) Berlin 886, Mittler und Sohn. *

Spielmann, der. Ballet in 2 Abthlgn., nach einer Skizze Th. Gautiers componirt von Karl Telle. Musik von D. J. Förster. Für das k. k. Hofoperntheater in Wien. 8. (10 S. mit erklär. Text.) Wien, Künast. **

'Der Spielmann'. Drama in 1 Aufzug von **Hildegard Stradal.** *Kassel: Th. G. Fisher & Co. 1901.* (34 S.) 8° [J.] 01. 6919 4

Spielmann, der. Monatsblätter f. deutsche Dichtg. Hrsg. u. red. v. Ernst Wachler. 1. u. 2. Jahrg. 1901 u. 1902. à 12 Hfte. 8. (à ca. 48 S. m. Titelbild.) Berlin. Düsseldorf, Fischer & Franke. à Jahrg. 8. —

Der **Spielmann.** Ein Jahrbuch deutscher Dichtung. Hrsg. von Ernst Wachler. Mit Bild. von Franz Stassen u. Buchschmuck von Herm. Hirzel. Jg. [1.] 1901. *Berlin: Fischer & Franke 1902.* 8° [J.] 04. 2782

Spielmann, der. Ein Almanach zeitgenöss. Dichtg., in Vierteljahrsheften hrsg. v. Ernst Wachler. Mit Zeichngn. v. Ernst Liebermann. 3. Jahrg. 1903. 4 Hefte. (à ca. 80 S.) 8. Berlin, Fischer & Franke. n. 6. —
Erscheint nicht mehr.

— dasselbe. Das deutsche Jahr. (Frühling, Sommer, Herbst. Winter.) (81, 81, 82 u. 78 S.) 8. Ebd. 904. Geb. in Leinw. n. 4. 50

— dasselbe. Deutsches Land. (Bach u. Strom. Wald. Heide. Hochland.) (84, 63, 82 u. 70 S.) 8. Ebd. 905. Geb. in Leinw. n. 4. 50

— dasselbe. Deutsches Volk. (Gute alte Zeit. Schalk. Arbeiter. Soldaten.) (79, 72, 78 u. 86 S.) 8. Ebd. 905. Geb. in Leinw. n. 4. 50

Spielmann, der. Deutsche Gestalten. (Arme u. Reiche m. Bildschmuck v. Jul. Widnmann. Sänger m. Bildschmuck v. Hans Röhm. Helden m. Bildschmuck v. Willib. Weingärtner. Abenteurer m. Bildschmuck v. Rud. Schiestl.) (III, 87, 86, 65 u. 85 S.) 8. München 906. G. D. W. Callwey. Geb. in Leinw. n. 4. 50

Spielmann. Der deutsche Spielmann. Eine Auswahl aus dem Schatz deutscher Dichtung für Jugend und Volk. Hrg. von Ernst Weber. Mit Bildern von deutschen Künstlern. Band 1—3. kl.-4. München, Verlag des deutschen Spielmanns: Georg D. W. Callwey & Carl Haushalter G. m. b. H., 1903. (*je* M. 1. —)

Band 1: Kindheit. — *A. u. d. T.:* Kindheit. Des Kindes kleine und grosse Welt, seine Lust und sein Leid. Gesammelt von Ernst Weber. Bildschmuck von Ernst Kreidolf. 61 S.

Band 2: Wanderer. — *A. u. d. T.:* Wanderer. Eine Fahrt durchs deutsche Land. Gesammelt.... Bildschmuck von J[ohann] V[incenz] Cissarz. IV + 64 S. — *Darin S. 16. 40-42. 61-63 von Schweizern.*

Band 3: Wald. — *A. u. d. T.:* Wald. Der deutsche Wald und was er raunt und singt. Gesammelt.... Bildschmuck von Willibald Weingärtner. IV + 63 S. — *Darin S. 2. 15-17. 32. 39 f. 43 von Schweizern.*

Spielmann. Der deutsche Spielmann. Eine Auswahl aus dem Schatz deutscher Dichtung für Jugend und Volk. Hrg. von Ernst Weber. Mit Bildern von deutschen Künstlern. Band 4—6. kl.-4. München, Verlag des deutschen Spielmanns: Georg D. W. Callwey & Carl Haushalter G. m. b. H., 1903. (*je* M. 1. —)

Band 4: Hochland. — *A. u. d. T.:* Hochland. Ein Ausflug ins Land der Berge voll Alpenzauber und Höhenluft. Gesammelt von Ernst Weber. Bildschmuck von Franz Hoch. IV + 68 S.

Band 5: Meer. — *A. u. d. T.:* Meer. Die weite See, das Ziel deutscher Sehnsucht.... Gesammelt.... Bildschmuck von J[ohann] V[incenz] Cissarz. 70 S. — *Darin S. 8. 42/4. 56 f. 66/9 von Schweizern.*

Band 6: Helden. — *A. u. d. T.:* Helden. Ein Buch des grossen und des schlichten Heldentums.... Gesammelt.... Bildschmuck von Willibald Weingärtner. IV + 64 S. — *Darin S. 13/5. 19 f. von* C[onrad] F[erdinand] Meyer.

Spielmann. Der deutsche Sp'. Eine Auswahl aus dem Schatz deutscher Dichtung für Jugend und Volk. Hrg. von Ernst Weber. Mit Bildern von deutschen Künstlern. Band 7. kl.-4. München, Verlag des d' Sp': Georg D. W. Callwey & Carl Haushalter. (*je* M. 1. —)

Band 7: Schalk. — *A. u. d. T.:* Schalk. Der deutsche Humor.... Gesammelt.... Bildschmuck von Julius Diez. 70 S. 1903. — *Darin S. 80 f. 45 f. 47/51. 58 f. 56. 68 von Schweizern; s. auch S. 34/8.*

Spielmann. Der deutsche Sp'. Eine Auswahl aus dem Schatz deutscher Dichtung für Jugend und Volk. Hrg. von Ernst Weber. Mit Bildern von deutschen Künstlern. Band 8—15. kl.-4. München, Georg D. W. Callwey, 1904. (*je* M. 1. —)

Band 8: Legenden. — *A. u. bes. T.:* ... Bildschmuck von Georg A(d) Stroedel. IV + 69 S. — *Darin S. 15 f. u. 67 f. von Schweizern; s. auch S. 42/5.*

Band 9: Arbeiter. — *A. u. bes. T.:* ... Bildschmuck von Georg Oskar Erler. 78 S. — *Darin S. 20/2. 26. 43 f. 52 f. 66 f. von Sch'; s. auch S. 76.*

Band 10: Soldaten. — *A. u. bes. T.:* ... Bildschmuck von Georg Oskar Erler. 86 S. — *Darin S. 48. 53/5. 63/5. 73 f. von Sch'.*

Band 11: Sänger. — *A. u. bes. T.:* ... Bildschmuck von Hans Röhm. 86 S. — *Darin S. 48 f. u. 74 f. von Sch'.*

Band 12: Frühling. — *A. u. bes. T.:* ... Bildschmuck von Hans R[ichard] v. Volkmann. 81 S. — *Darin S. 20/2. 32/5. 46. 66/8 von Sch'.*

Band 13: Sommer. — *A. u. bes. T.:* ... Bildschmuck von Edm[und] Steppes. 81 S. — *Darin S. 16. 46. 64. 75/7 von Sch'.*

Band 14: Herbst. — *A. u. bes. T.:* ... Bildschmuck von Karl Biese. 82 S. — *Darin S. 7 f. 10 f. 30/6. 49/52. 68. 75/8 von Sch'.*

Band 15: Der deutsche Winter. — *A. u. bes. T.:* ... Bildschmuck von Karl Biese. 78 S. — *Darin S. 9 f. 22/5. 42/5. 54. 57 von Sch'; s. auch S. 64/6.*

Spielmann. Der deutsche Sp'. Eine Auswahl aus dem Schatz deutscher Dichtung für Jugend und Volk. Hrg. von Ernst Weber. Mit Bildern von deutschen Künstlern. Band 16—18. kl.-4. München. Georg D. W. Callwey, 1905. [*je* M. 1. —]

Band 16: Gute alte Zeit. — *A. u. bes. T.:* ... Bildschmuck von Rudolf Schiestl. 80 S. — *Darin S. 12/27:* (Gottfried Keller.) Dietegen [illustriert]; *S. 35/7 von* J[ohann] P[eter] Hebel.

Band 17: Himmel und Hölle. — *A. u. bes. T.:* ... Bildschmuck von Jul[ius] Diez. 76 S.

Band 18: Stadt und Land. — *A. u. bes. T.:* ... Bildschmuck von J[ohann] V[incenz] Cissarz. 78 S. — *Darin S. 74 f. von* Gottfried Keller.

Band 19: Bach und Strom. — *A. u. bes. T.:* ... Bildschmuck von Ernst Liebermann. 84 S. — *Darin S. 6. 13. 23 f. 47/9. 55/9. 61. 64 von Schweizern.*

Spielmann. Der deutsche Sp'. Eine Auswahl aus dem Schatz deutscher Dichtung für Jugend und Volk. Hrg. von Ernst Weber. Mit Bildern von deutschen Künstlern. Band 20—23. kl.-4. München, Georg D. W. Callwey. [*je* M. 1. —]

Band 20: Heide. — *A. u. bes. T.:* ... Bildschmuck von Adalbert Holzer. 82 S. 1905.

Band 21: Arme und Reiche. — *A. u. bes. T.:* ... Bildschmuck von Julius Widenmann. 87 S. 1906. — *Darin S. 18 f. 35/8 von* Karl Henckell *und* J[ohann] P[eter] Hebel.

Band 22: Abenteurer. — *A. u. bes. T.:* ... Bildschmuck von Rudolf Schiestl. 85 S. 1906. — *Darin S. 18/24. 34. 48 f. 73/5 von* J[ohann] P[eter] Hebel *und* Gottfried Keller.

Band 23: Germanentum. — *A. u. bes. T.:* ... Bildschmuck von Hans Röhm. 90 S. 1906. — *Darin S. 11/13. 36 f. 68/73 von* C[onrad] F[erdinand] Meyer, Carl Spitteler *und* [Joseph] Viktor von Scheffel.

Spielmann, der deutsche. Eine Auswahl aus dem Schatz deutscher Dichtg. f. Jugend u. Volk. Hrsg. v. Ernst Weber. Mit Bildern deutscher Künstler. 3., 9., 10., 12.—15. u. 24.—40. Bd. 8. München, G. D. W. Callwey. à 1.—

Arbeiter. Das deutsche Volk im Werktagsgewand u. was seine Kraft schaffen u. tragen kann. Bildschmuck v. Geo. Osk. Erler. 2. Aufl. (96 S.) 910. (9. Bd.)

Blumen u. Bäume. Lieder u. Geschichten aus dem Pflanzenreich. Die Welt unter Blüten u. Blättern. Bildschmuck v. Rud. Sieck. (88 S.) 907. (29. Bd.)

Fabelreich. Menschentorheit u. Menschentugend im Maskenkleid des Außermenschlichen. Mit Bildschmuck versehen v. Ernst Weber. (96 S.) 910. (40. Bd.)

Frühling. Der deutsche Lenz u. was er blühn u. werden läßt. Bildschmuck v. Hans v. Volkmann. 2. Aufl. (98 S.) 910. (12. Bd.)

Gespenster. Was vom Glauben unserer Urahnen noch heute hierzulande spukt u. was daraus geworden ist. Bildschmuck v. Jul. Diez. (88 S.) 907. (27. Bd.)

Glück u. Trost. Ein Buch zur inneren Einkehr, v. den wahren u. falschen Schätzen des Lebens. Bildschmuck v. Hans Schwegerle. (92 S.) 910. (37. Bd.)

Hellas. Griechisches Leben u. altklass. Geist in deutsch. Wiedergeburt. Bildschmuck v. Karl Bauer. (104 S.) 909. (32. Bd.)

Herbst. Der deutsche Herbst, des Jahres großer Sterbetag, der Jäger u. der Winzer Freude. Bildschmuck v. Karl Biese. 2. (veränd.) Aufl. (98 S.) 910. (14. Bd.)

Italia. Das Land der deutschen Sehnsucht, wie es unsre Dichter schauten u. besangen. Bildschmuck v. Hans Wolkert. (91 S.) 908. (31. Bd.)

Menschenherzen. Ein Buch v. der Liebe, was sie edlen Dichtern war u. reinen Menschen sein kann. Bildschmuck v. Rud. Schiestl. (88 S.) 908. (36. Bd.)

Mittelalter. Wie unsere Ahnen sich das Bürgerrecht erstritten haben. Von der Blütezeit des Rittertums bis zum Sieg der Städte. Bildschmuck v. Schrödter. (80 S.) 907. (24. Bd.)

Neuzeit. Wie unsre Väter reif wurden f. e. neues deutsches Reich. Von den großen Freiheitskämpfen m. dem fremden Zwingherrn. Bildschmuck v. Angelo Jank. (96 S.) 907. (26. Bd.)

Nordland. Normanenmut u. Wikingtrotz in Bildern u. in Sagen. Bildschmuck v. Ludw. Koch. (96 S.) 907. (30. Bd.)

Riesen u. Zwerge. Übermenschliches u. Untermenschliches im Reiche der Natur. Bildschmuck v. Rud. Schiestl. (98 S.) 910. (39. Bd.)

Soldaten. Der deutsche Mann in Wehr u. Waffen, wie er zu kämpfen u. zu sterben weiß. Bildschmuck v. Geo. Osk. Erler. 2. Aufl. (110 S.) 910. (10. Bd.)

Sommer. Der deutsche Sommer, der Stirnen feucht u. Hände schwielig macht, doch auch die goldnen Ernten schenkt. Bildschmuck v. Edm. Steppes. 2. Aufl. (97 S.) 910. (13. Bd.)

Tag u. Nacht. Der Stunden schneller Wechsellauf von Morgengrauen bis Mitternacht. Bildschmuck v. Otto Bauriedl. (93 S.) 910. (38. Bd.)

Tod. Wie der Sensenmann in deutschen Landen Freund u. Feind besucht u. wie man ihn aufnimmt. Bildschmuck von Matthäus Schiestl. (85 S.) 907. (28. Bd.)

Tierwelt. Springendes u. sing. Leben, in deutschen Landen v. Dichtern geschaut u. erlauscht. Bildschmuck v. Ludw. Werner. (92 S.) 908. (35. Bd.)

Vaterland. Das neue Deutsche Reich, wie es geworden ist, u. was es uns sein u. bleiben soll. Bildschmuck v. Wilh. Roegge. (92 S.) 909. (34. Bd.)

Wald. Der deutsche Wald u. was er raunt u. singt. Bildschmuck v. Willib. Weingärtner. 2. Aufl. (99 S.) 910. (3. Bd.)

Winter. Der deutsche Winter, die Zeit der Träume im Lande voll Schnee u. Eis. Bildschmuck v. Karl Biese. 2. (veränd.) Aufl. (108 S.) 910. (15. Bd.)

Zeit der Wandlungen. Wie unsere Vorfahren freie Menschen wurden. Von den blut. u. unblut. Errungenschaften im Reiche der Geister. Bildschmuck v. Carl Rösch. (90 S.) 907. (25. Bd.)

Zonen, fremde. Der wilde West, Wüste u. Morgenland im Lichte deutscher Dichtg. Bildschmuck v. Hans Volkert. (92 S.) 908. (33. Bd.)

— dasselbe. (Band-Ausg.) Ebd.

Geb. in Leinw. jeder Bd. 4. 50

Geschichte, deutsche. (Germanentum, Mittelalter, Zeit der Wandlgn., Neuzeit, m. Bildschmuck v. Hans Röhm, Hans Schroedter, Carl Rösch u. Angelo Jank.) (III, 90, 86, 90 u. 96 S.) 907.

Glaube, deutscher. (Legenden, Gespenster, Tod, Himmel u. Hölle, m. Bildschmuck v. Geo. A. Stroedel, Jul. Diez, Matthäus Schiestl u. Jul. Diez.) (III, 69, 88, 85 u. 76 S.) 907.

Heimat, deutsche. (Vaterland, Tag u. Nacht, Stadt u. Land, Meer m. Buchschmuck v. Wilh. Roegge, Otto Bauriedl, J. V. Cissarz.) (92, 93, 78 u. 70 S.) 910.

Jahr, das deutsche. 2. verm. Aufl. (Frühling, Sommer, Herbst, Winter m. Bildschmuck von Hans v. Volkmann, Ed. Steppes, Karl Biese.) (III, 98, 97, 98 u. 108 S.) (910.)

Leben, deutsches. (Kindheit, Wanderer, Menschenherzen, Glück u. Trost m. Buchschmuck v. Ernst Kreidolf, J. V. Cissarz, Rud. Schiestl u. Hans Schwegerle.) (64, 64, 88 u. 92 S.) 910.

Natur, deutsche. (Blumen u. Bäume, Tierwelt, Riesen u. Zwerge, Fabelreich m. Buchschmuck v. Rud. Sieck, Ludw. Werner, Rud. Schiestl u. Ernst Weber.) (88, 92, 98 u. 96 S.) 910.

Welt, fremde. (Hellas, Italia, Nordland, fremde Zonen, m. Bildschmuck v. Karl Bauer, Hans Volkert, Ludw. Koch.) (104, 91, 96 u. 92 S.) (909.)

Spielmann, Alois, die Echtheit d. Platonischen Dialoges Charmides m. Beziehg. auf die „Platonische Frage“ u. m. besond. Rücksicht auf Schaarschmidt's Athetese untersucht. gr. 8. (IV, 74 S.) Innsbruck 875. Wagner. 1. 60

Spielmann, Aloys, Platons Pantheismus. Brixen (F. A. Köhler, Leipzig, in Kommiss.), 1877, 8°, 26 S., 40 Pf., Progr. des Vincentinum.

Über Platos philos.-theol. Anschauungen s. die Litt. s. v. „Plato“ im Register.

Spielmann, Aloys, Platons Pantheismus. Brixen 1878. Progr. des Gymn.

Spielmann, Alois Die Aristotelischen Stellen vom τρίτος ἄνθρωπος. 8 (15 S.).

Progr. F. B. Privat-G. am Seminar. Vincent. *Brixen* 1891.

Nicht im Tauschverkehr.

Spielmann, Alois Tod des Professors Josef Braun. 8 (S. 42—44).

F. B. Privat-G. am Semin. Vincent. *Brixen* 1894.

Nicht im Tauschverkehr.

Progr.

Spielmann, C. [Pseud.]

[d. i. Kerkow, Karl Friedrich]

Spielmann, C., Abriß der Geschichte der evangelisch-lutherischen Synode von Ohio u. anderen Staaten, in einfacher Darstellung, von ihren ersten Anfängen bis zum Jahre 1846. Nebst einem Anh. 8. (III, 197 S.) Columbus, O. 880. (Dresden, H. J. Naumann.) geb. n. 3. 75

Spielmann, C., Herzog Adolf v. Nassau. Ein Zypressenkranz. Illustriert v. K. Kögler u. C. J. Frankenbach. (51 S.) gr. 8. Wiesbaden (906). R. Bechtold & Co. n. 1.—

Spielmann, C., gastronomisches Allerlei. Kochrecepte und Küchenwinke. 8. (VIII, 78 S.) Berlin 876, [Welle.] Friedberg und Mode.

Spielmann, C., Alt-Mecklenburg u. das Heute. Social-politische Aphorismen. Leipzig 866. Kollmann. gr. 8. (30 S.) n. 5 ngr.

Spielmann, C. (C. F. Kerkow), am Bagno vorbei, s. a. Kürschner's, Jos., Bücherschatz.

Spielmann, C.: Am Bagno vorbei. Roman von C. Spielmann [d. i. Karl Friedrich Kerkow]. Mit Ill. von A. Lewin. Berlin, Eisenach, Leipzig: H. Hillger [1905]. (111 S.) 8° Bücherschatz, Kürschners. No 441.

— Arier u. Mongolen. Weckruf an die europäischen Kontinentalen unter histor. u. polit. Beleuchtg. der gelben Gefahr. (XII, 264 S.) 8. Halle 905. H. Gesenius. n. 3. 20

Artistenblut. Geschichten von C. **Spielmann** [d. i. Karl Friedrich Kerkow], Signor Saltarino [d. i. Hermann Waldemar Otto] u. Franz Kurz-Elsheim. Mülheim a. d. Ruhr: J. Bagel [1902]. (111 S.) 8° [F.] 106. 3034

Spielmann, C., Aufgang u. Niedergang. Gemeinverständl. Darstellg. der Ereignisse des Jahrzehnts 1805—1815 zur Hundertjahr-Erinnerg. Mit 21 histor. Bildnissen. (VII, 274 S.) gr. 8. Halle 906. H. Gesenius. n. 3. —; geb. in Leinw. n. 4. 20

Spielmann, C., Beiträge zur Geschichte des Nassauer Landes. Die Stadt Wiesbaden u. ihre Bewohner zu Anfang uns. Jahrh. gr. 8. (61 S.) Wiesbaden 897. Lützenkirchen & Bröcking. n. 1. 50

—— Schloß Braunt. Norddeutsche Edelhofgeschichte. 2 Bde. gr. 16. (X und 508 S.) Leipzig 862, Kollmann.

— Burgen- u. Aussichtsführer f. Touristen und Geschichtsfreunde. Nr. 1—7. 12. (Mit je 1 Abbildg. u. 1 Titelbild.) Wiesbaden (898). W. Bröcking Verl. 3.—

1. Burg Sonnenberg bei Wiesbaden. (22 S.) (898.) —40
2. Der Neroberg bei Wiesbaden. (19 S.) (898.) —40
3. Niederwald u. Nationaldenkmal. (28 S.) (898.) —50
4. Der Rochusberg bei Bingen. (17 S.) (898.) —40
5. Der Feldberg im Taunus. (27 S.) (898.) —50
6. Der Drachenfels u. das Siebengebirge. (28 S.) (899.) —40
7. Der Laacher See. (28 S.) (899.) —40

— Burggraf, Kurfürst u. Junker. Zwei vaterländ. Erzählgn. Mit Illustr. in Farbendruck nach Aquarellen v. Eugen Siegert, Titelzeichng. v. Hans Looschen. gr. 8. (VII, 240 S.) Berlin (900). Globus-Verlag. Geb. in Leinw. 3. —

Spielmann, C., achtundvierziger nassauer Chronik. Darstellung der Ereignisse in Nassau im J. 1848. Mit 1 Titelbilde u. 10 Textillustr. gr. 8. (V, 178 S.) Wiesbaden 899. P. Plaum. n. 2. 50

— — Nach dem Diner. Junggesellen-Plaudereien. 2 Bdchn. Altona. Verlags-Bureau. (A. Prinz.) 1874. Breit-12°. Zahm. (1 Rthl. Fischhaber, c. 1875.)

I: 85 S. 1. Die Tafelrunde. 2. Tinka. 3. Malvina u. Yella. 4. Auf duftendem Heu.

II: 80 S. 1. Meines Herzens Morgentraum. 2. Eine Nacht in Lithauen. 3. Auch einmal gefochten. 4. Zofe Carolina's Geschichte.

— s.: Erzählungen, Nassauer.

Spielmann, C., das nassauische Feldgericht. gr. 8. (20 S.) Wiesbaden 902. P. Plaum. n. — 75

— Balzar v. Flammersfeld. Roman vom Westerwalde. (258 S.) 8. Leipzig (906). P. List. n. 3. —; geb. n. 4.—

—— leichte Fracht. Plaudereien für Boudoir und Damen-Coupé über Verschiedenes und mehreres Andere. gr. 16. (135 S.) Altona 876, Verlags-Bureau.

Spielmann, C., Führer durch Weilburg u. Umgebung. (Nord-Ost-Nassau.) Im Auftrage des Taunusklub Weilburg hrsg. Mit Illustr. v. Ferd. Nitzsche u. 1 Karte v. Ludw. Ravenstein. 8. (VIII, 118 S.) Weilburg 894. H. Diesterweg. n.n. 1. 80

— — Aus meiner Gauklerzeit. Memoiren-Roman. 1895-1896.

— deutsche Geschichte vom Ende des großen Krieges bis zum Beginne des 20. Jahrh. Zum Gebrauche f. die Jugend. gr. 8. (III, 144 S. m. Abbildgn.) Halle (902). H. Gesenius. Geb. in Leinw. n. 2. —

— Geschichte v. Nassau (Land u. Haus) von den ältesten Zeiten bis zur Gegenwart in 3 Tln. 1. Tl. Politische Geschichte. Mit 1 (farb.) Territorialkarte v. K. Jacobi u. 14 histor. Personenbildern. (XII, 525 S.) gr. 8. Wiesbaden (910). P. Plaum. 7.50; geb. in Leinw. 9. —

— Geschichte der Stadt u. Herrschaft Weilburg von der ältesten Zeit bis zur Gegenwart. gr. 8. (XI, 292 S. m. 1 Abb.) Weilburg 896. H. Diesterweg. n. 3. —; geb. n. 3. 50

der Geschichtsunterricht in ausgef. Lektionen. Für d. Hand d. Lehrers nach d. neueren method. Grundsätzen bearb. 1. Tl.: D. Hohenzollern v. Kaiser Wilhelm II. bis z. Großen Kurfürsten. Für d. Mittelstufe v. Volks- u. Mittelschulen u. d. Unterklassen höh. Schulen. gr. 8. (XII, 319 S.) Wiesbaden 897. F. Bossong. n. 2. 80

— der Geschichtsunterricht in ausgeführten Lektionen. Für die Hand des Lehrers nach neueren method. Grundsätzen u. nach den neuen ministeriellen Bestimmgn. bearb. 2. u. 3. Tl. gr. 8. Ebd. n. 10. 50; geb. in Leinw. n. 12. 50

2. Deutsche Geschichte von der ältesten Zeit bis zum Ende des großen Krieges. Für die Oberstufe v. Volks- u. Mittelschulen u. die Mittelklassen höherer Schulen. (X, 529 S.) 901. n. 4. 50; geb. n. 5. 50
3. Preußisch-deutsche Geschichte vom Ende des großen Krieges bis zum Beginne des 20. Jahrh. Für die Oberstufe v. Volks- u. Mittelschulen u. die Mittelklassen (Tertia, Untersekunda) höherer Schulen. (XII, 658 S.) 902. n. 6. —; geb. n. 7. —

Der Geschichtsunterricht in ausgeführten Lektionen. Für d. Hand d. Lehrers ... bearb. von Dr. C[hristian] **Spielmann**. Für d. Mittelstufe von Volks- u. Mittelschulen u. d. Unterklassen höh. Schulen. 2. verb. Aufl. T. 1. *Halle: H. Gesenius 1903.* 8° 103. 10813

— Der Geschichtsunterricht in ausgeführten Lektionen. Für die Hand des Lehrers nach den neueren method. Grundsätzen u. den neuen ministeriellen Bestimmgn. bearb. 1.—3. Tl. gr. 8. Halle, H. Gesenius. 14.—; geb. in Leinw. 17. —

1. Die Hohenzollern von Kaiser Wilhelm II. bis zum Großen Kurfürsten. Für die Mittelstufe v. Volks- u. Mittelschulen u. die Unterklassen höherer Schulen. 3., durchgeseh. Aufl. (XII, 354 S.) 908. 2.80; geb. 3. 80
2. Deutsche Geschichte von der ältesten Zeit bis zum Ende des großen Krieges. Für die Oberstufe v. Volks- u. Mittelschulen u. die Mittelklassen höherer Schulen. 2., durchgeseh. u. erweit. Aufl. (XII, 592 S.) 907. 5.20; geb. 6. 20
3. Preußisch-deutsche Geschichte vom Ende des großen Krieges bis zum Beginne des 20. Jahrh. Für die Oberstufe v. Volks- u. Mittelschulen u. die Mittelklassen (Tertia, Untersekunda) höherer Schulen. 2. durchgeseh. Aufl. (XII, 660 S.) 909. 6.—; geb. 7. —

— — Bunte Gesellschaft, Circusgesch. (c. 1898.)

— Gold od. Galeere, s.: Eisenbahn-Unterhaltungen.

— Johann Gutenberg u. s. s.a. Flemming's, Carl, Schüler, vaterländ. Jugendschriften.

Spielmann, C.: Johann Gutenberg und seine Schüler. Geschichtl. Erzählg. f. jung u. alt v. –. M. 1 Bildn. Gutenberg's ... u. 3 Orig.-Ill. v. Ludwig Berwald. Glogau: C. Flemming [1897]. (182 S., 1 Portr., 3 Taf.) 1 Bd 8°
Jugendschriften, C. Flemmings Vaterländische. Bd 53.

Spielmann C. Johann Gutenberg und seine Schüler. (182 S 4 T) Glogau (1900)

— Hannibal, s.: Grabbe, Chrn. Dietr.

—— Humoresken und Burlesken. Skizzen und Studien. 8. (128 S.) Berlin 875, Denicke's Verlag.

— Karl v. Ibell. Lebensbild e. deutschen Staatsmanns. 1780—1834. Mit zahlr. urkundl. u. briefl. Beilagen, 1 Stammtaf. u. 1 Bildn. in Heliograv. gr. 8. (XI, 271 S.) Wiesbaden 897. C. W. Kreidel. n. 4. —

— Intermezzi, Circus-Humoresken. 1899—1900.

— Johannisberg im Rheingau. Kulturhistor. Studie. (95 S. m. 1 Abb.) 8. Wiesbaden (910). P. Plaum. — 75

— Jotham. Biblische Erzählg. (Buch der Richter 9.) 8. (237 S.) Halle 901. H. Gesenius. n. 3. — ; geb. in Leinw. n. 4. —

Spielmann, C., Ismael. Gaukler-Roman. 2 Thle. Leipzig 862. Kollmann. 16. (443 S.) 1 ℛ 20 ngr.

— — Judith. Erlebtes. 2 Bdchn. Altona. Verlags-Bureau (A. Prinz). 1874. Breit-12°. Zahm. (1 Mk. 50 Pfg. Gust. Apitzsch, Lpz., 1885.)
68+59 S., nebst 2 Bll. Verlag d. Firma.

— — Dasselbe. O. O. u. J. (Hamburg 188*). 12°.

—— wendenburgische Junker. Ein Familienroman. 3 Bde. gr. 16. (IX, 290; 341; 517 S.) Ebendas. 869.

— d. Kinder d. Wendenfürsten, s.: Flemming's, Carl, vaterländ. Jugendschriften.

— der Kunstreiter, s.a. Geschichten, intime.

Spielmann, C.: Der Kunstreiter. Erlebnisse aus d. Wanderjahren e. Zirkuskünstlers, wiedererzählt von C. Spielmann [d. i. Karl Friedrich Kerkow]. Berlin: Berliner Roman-Verl. [1905]. (48 S.) 8°
Geschichten, Intime. 61.

— das Kurhaus zu Wiesbaden 1808—1904. Aktenmäss. Geschichte seiner Entwickelg. dargestellt u. m. Unterstützg. der Kurverwaltg. hrsg. (V, 167 S. m. 10 Abbildgn. u. 3 Plänen.) gr. 8. Wiesbaden 904. P. Plaum. Geb. in Leinw. n. 4. 50

— d. Kyffhäuser-Kaiser (Kaiser s.a. Flemming's, Carl, Friedrich II.), vaterländ. Jugendschriften.

[F.] Der Kyffhäuser-Kaiser. (Kaiser Friedrich II.) Geschichtl. Erzählg f. jung u. alt v. C. Spielmann. M. 4 Ill. v. Carl Römer. Glogau: C. Flemming [1897]. (163 S., 4 Taf.) 1 Bd 8.
= Jugendschriften, C. Flemmings Vaterländische. Bd 54. 98. 1175

—— aus dem Leben des Herzens. Novelle. Hrsg. nach den Aufzeichnungen einer Frühverstorbenen. gr. 16. (III, 122 S.) Leipzig 869, Kollmann. *

Spielmann, C., Leicht geschürzt, s.a. Eckstein's Reise-Bibliothek.

— leicht geschürzt, s.a. Mylius, O., A. v. Winterfeld u. A., heitere Geschichten aus dem Ehestandsleben.

—— leicht geschürzt. Bunte Skizzen. 1. und 2. Bdchn. 8. (277 S.) Leipzig 863, Kollmann.

SPIELMANN, C. (d. i. *Karl Friedr. Kerkow*, geb. 17. Dezbr. 1828 in Friedland in Mecklenb.), Leicht geschürzt, bunte kleinere und grössere Skizzen. 6 Thle. Leipzig 1863—65. (7. Aufl. 1897.) 8°. (1—2 u. 6 in Rostock, Landesbibl.; 6: „Berlin 1885".)

Spielmann, C., leicht geschürzt. Bunte Skizzen. 3—5. Bd. Leipzig 869,70. 8. (VII, 124 S., III, 220 S., III, 214 S.) n. 2 ℛ 20 ngr.

Spielmann, C., leicht geschürzt. Neue Humoresken. [6. Bdchn.] 8. (VII, 165 S.) Berlin 885. Eckstein Nachf. n. 1. —

Leicht geschürzt. Launige Geschichten ⟨neue 6. Folge⟩ von C. Spielmann [d. i. Karl Friedrich Kerkow]. Mülheim a. d. Ruhr: J. Bagel [1904]. (104 S.) 8° [F.] 06. 3055

Spielmann, C., die Lorelei. 12. (21 S.) Wiesbaden 897. Lützenkirchen & Bröcking. — 30

— General Marceaus letzter Feldzug, s.: Sammlung militär-wissenschaftlicher Vorträge u. Aufsätze.

— die Meister der Pädagogik nach ihrem Leben, ihren Werken u. ihrer Bedeutg. kurz vorgeführt. 1.—12. Bdchn. (Mit je 1 Bildnis.) 8. Neuwied, L. Heuser Wwe. & Co. à — 60

1. Martin Luther. (27 S.) 904. — 2. Jan Amos Komensky (genannt Comenius). (33 S.) 904. — 3. John Locke. (26 S.) 904. — 4. Jean Jacques Rousseau. (36 S.) 904. — 5. Heinrich Pestalozzi. (37 S.) 904. — 6. Johann Friedrich Herbart. (32 S.) 904. — 7. Michel de Montaigne. (23 S.) 905. — 8. Wolfgang Ratke (genannt Ratichius). (27 S.) 905. — 9. August Hermann Francke. (34 S.) 905. — 10. Joh. Bernh. Basedow. (27 S.) 905. — 11. Bernhard Overberg. (28 S.) 905. — 12. Adolf Diesterweg. (31 S.) 905.

Spielmann, C., der neue Mongolensturm. Caveant Europae populi. Stimme e. Predigers in der Wüste über die Vorgänge in Ostasien. 8. (80 S.) Braunschweig 895. Berlin, C. A. Schwetschke & Sohn. n. 1.50

— s.: Nassovia.

— Graf Oberon. (Novelle.) 1900.

— Pusstaliebe, s.a. Geschichten, intime.

Pußtaliebe. Eine Erzählung aus d. Gesellsch. u. d. Zirkus von C. Spielmann [d. i. Karl Friedrich Kerkow]. Wien: C. Hölzer [1904]. (48 S.) 8° [F.]
= Geschichten, Intime. 47. 05. 7519

SPIELMANN, C., Puſtaliebe. Eine Erzählung aus der Geſellſchaft und dem Zirkus (= Intime Geſchichten Heft 47). Berlin O, Berliner Romanverlag (um 1905). 8°.
Verb. d. Ldg. I Berlin 2 C. M. 40/05.

— Die wichtigsten Reichs- u. Staatseinrichtungen. Für Schule u. Haus in volkstüml. Weise dargestellt. [Aus: „Geschichtsunterr. in ausgeführten Lektionen, Tl. III".] (IV, 31 S.) 8. Halle 909. H. Gesenius. — 25

— Sagen u. Geschichten aus dem Nassauer Lande (Reg.-Bez. Wiesbaden). Für Schule u. Haus. gr. 8. (VII, 160 u. Begleitwort IV S. m. 8 Vollbild.) Wiesbaden 894. Gebr. Petmecky. Geb. n. 1.60

— Sagen u. Geschichten aus dem Nassauer Lande. (Reg.-Bez. Wiesbaden.) Für Schule u. Haus hrsg. (Neue [Titel-]Ausg.) gr. 8. (VII, 160 S. m. 8 Vollbildern.) Wiesbaden 899. H. Staadt. Geb. in Leinw. n. 1.60

— d. Säuglings-Bowle, s.: Geschichten, intime.

— — Seinen Namen verkauft. (Novelle.) 1883.

— Spielmannsklänge. Dichtungen. (V, 197 S. m. 10 Vollbildern.) 8. Wiesbaden (905). H. Staadt. Geb. in Leinw. 3.50

— dasselbe, 2. Aufl. (197 S. m. Abbildgn.) 8. Langensalza (906). H. Beyer & Söhne. Geb. in Leinw. n. 3.—

— Erzherzog Stephan. Ein Lebensbild. 8. (68 S. m. 1 Bildnis.) Bad Ems 900. R. Sommer. n. — 60

— das Testament von Weilburg. Historisches Festspiel zur Tausendjahrfeier der Stadt Weilburg. (31 S. m. Titelbild.) 8. Wiesbaden 906. R. Bechtold & Co. n. — 50

— in Tricot, s.a. Eckstein's Reise-Bibliothek.

— — Im Tricot, Circus-Geschichten. 1890; 7. Aufl. 1897.

Spielmann, C. (Carl Frdr. Kerkow), in Tricot. Bilder aus der Artisten-Welt. (Neue Folge.) 8. (111 S.) Mülheim a/R. (902). J. Bagel. — 30

— in Tricot. Bilder aus der Artisten-Welt. — Spielmann, C., Signor Saltarino u. Frz. Kurz-Elsheim: Artistenblut. Geschichten. (Umschlag: Spielmann, C.: Wandernde Künstler.) (111 u. 112 S.) 8. Mülheim a/R. (904). J. Bagel. — 60

— der Unterricht am Gymnasium Augusteum zu Idstein (1569—1817). Diss. gr. 8. (121 S.) Wiesbaden 894. (Bern, H. Körber.) n. 2.40

(B) — Der Unterricht am Gymnasium zu Idstein. 894. Jetzt: Leipzig, K. W. Hiersemann.

— **Waldwanderungen.** Ein Führer durch Wiesbadens nächste Umgebg. [Promenade-Lectüre.] gr. 8. (79 S.) Wiesbaden 890. Conr. Reinhardt. n. 1.—

Spielmann, C.: Das Weinmarktbuch der Stadt Kaub 1544-1676. Wiesbaden 1902. Plaum. 23 S. -- 43*

— Wiesbaden u. Umgebung, s.: Beckmann-Führer.

— **die schöne Yella,** s.a. Eckstein's 50-Pfennig-Bibliothek.

— — Mlle Yella, Circus-Gesch. 1893; 6. Aufl. 1897.

Spielmann, Carl, s. Spielmann, C.

Spielmann, Chr.: Festschrift zur Feier des 500jährigen Bestehens der Schützengesellschaft Kronberg. Kronberg, 1898. 1683

Spielmann, Christian

Spielmann, C., Chinas Erwachen, s.a. Abhandlungen, kolonialpolitische. 2. Heft.

Hofrat Dr. C[hristian] **Spielmann**: Chinas Erwachen. Leipzig: Deutsche Zukunft 1909. S. 12–19. 8°
Aus: Deutscher Frühling.
(Kolonialpolitische Abhandlungen. H. 2, [2.])

— Schülerhefte f. den vaterländischen Geschichtsunterricht. 3 Hfte. gr. 8. Halle, H. Gesenius. Kart. n. 2.30
1. Die Hohenzollern von Kaiser Wilhelm II. bis zum Großen Kurfürsten. Für die Mittelstufe v. Volks- u. Mittelschulen u. die Unterklassen höherer Schulen. (62 S. m. 1 Bildnis.) (901.) n. — 50
2. Deutsche Geschichte von den ältesten Zeiten bis zum Ende des großen Krieges. Für die Oberstufe v. Volks- u. Mittelschulen. (IV, 99 S.) (902.) n. — 80
3. Preußisch-deutsche Geschichte vom Ende des großen Krieges bis zum Beginne des 20. Jahrh. Für die Oberstufe v. Volks- u. Mittelschulen. (IV, 144 S. m. Abbildgn.) (902.) n. 1.—

Schülerhefte für den vaterländischen Geschichtsunterricht. Von Dr. C[hristian] **Spielmann**. 2. Aufl. H. 1. Halle a. S.: H. Gesenius [1906?]. 8° [F.] [07. 5165

— Schülerhefte f. den Geschichtsunterricht. 1. Heft. (Für die Mittelstufe der Volksschule u. die Unterklassen der Mittelschule.) Die Hohenzollern von Kaiser Wilhelm II. bis zum großen Kurfürsten. 3. Aufl. (62 S.) 8. Ebd. (910). Geb. — 50

— dasselbe in Mittelschulen. Nach den neuen ministeriellen Bestimmgn. bearb. 2.—4. Heft. 8. Ebd. Geb. 2.70
2. Griechische, römische u. älteste deutsche Geschichte. (VIII, 110 S.) (910.) Geb. — 90
3. Deutsche Geschichte von der Völkerwanderung bis zum Ende des Großen Krieges. 3., durchgeseh. Aufl. (IV, 102 S.) (910.) Geb. — 80
4. Preußisch-deutsche Geschichte vom Ende des Großen Krieges bis zum Beginne des 20. Jahrh. 3., durchgeseh. Aufl. (IV, 147 S. m. 4 Vollbildern.) (910.) Geb. 1.—

— Schülerhefte f. den vaterländ. Geschichtsunterricht. 2. u. 3. Heft. 8. Ebd. Geb. 1.80
2. Deutsche Geschichte von den ältesten Zeiten bis zum Ende des großen Krieges. Für die Oberstufe v. Volks- u. Mittelschulen. 2., durchgeseh. Aufl. (IV, 104 S.) (910.) Geb. — 80
3. Preußisch-deutsche Geschichte vom Ende des großen Krieges bis zum Beginne des 20. Jahrh. Für die Oberstufe v. Volks- u. Mittelschulen. 2., durchgeseh. Aufl. (IV, 147 S. m. 4 Bildnissen.) (910.) Geb. 1.—

Die Taiping-Revolution in China. ⟨1850–1864⟩. Ein Kapitel d. menschl. Tragikomödie. Nebst e. Überblick über Gesch. u. Entwickelung Chinas. Von Dr. C[hristian] **Spielmann**. *Halle a. S.: H. Gesenius 1900.* (IV, 162 S.) 8° [00. 13374 7

Die Taiping-Revolution in China ⟨1850–1864⟩. Ein Kapitel d. menschl. Tragikomödie. Nebst e. Überblick über Gesch. u. Entwickelung Chinas. Von Dr. C[hristian] **Spielmann**. 2. Aufl. *Halle a. S.: H. Gesenius 1900.* (162 S.) 8° [02. 7417

Viktor Prinz zu Wied-Neuwied. Lebensbild e. fürstl. Freiheitskämpfers. Dem deutschen Volke vorgeführt von Dr. C[hristian] **Spielmann**. Wiesbaden: P. Plaum 1907. (83 S.) 8° [F.] [07. 18839

[F.] Die Stadt Wiesbaden und ihre Bewohner zu Anfang unseres Jahrhunderts. Von Dr. C[hristian] **Spielmann** (Stadtarchivar ...). *Wiesbaden: Lützenkirchen & Bröcking 1897.* (61 S.) 1 Bd 8.
= **Beiträge** z. Geschichte d. Nassauer Landes. [No] 1. [97. 8425

Spielmann, E., Konzentration d. Unterrichts in der Volks- u. Mittelschule. Ein theoretisch-prakt. Handbuch f. Lehrer. gr. 8. (VIII, 344 S. m. 2 Karten u. e. Anzahl Tab. u. Fig.) Wiesbaden 890. Limbarth. n. 4. 50

Spielmann, E., Prospect d. „Salzbades" Lubatschowitz in Mähren, nebst kurzer übersichtl. Darstellg. seiner alkalisch-muriat., jod- u. bromhält. Heilquellen, Bäder-, Milch- u. Molkencuranstalt, sowie deren Wirkungsweise u. Gebrauchsanzeige. 8. (31 S. m. 4 Holzschn.) Wien 886. (Braumüller.) n. — 60

Spielmann, Eman., Curort „Salzbad-Luhatschowitz" in Mähren. In histor., geolog., physikalisch-chem. u. therapeut. Hinsicht skizzirt. Mit 5 Ansichten u. 1 Routen-Kärtchen. 8. (VI, 70 S.) Wien 896. W. Braumüller. In Leinw. kart. n. 1. 20

Spielmann, F., Verbrennungskraftmaschinen u. Generatoren. (VIII, 176 S. m. 169 Abb.) gr. 8. Leipzig 907. J. J. Weber. Geb. in Leinw. 6. —

Spielmann, Ferd., italienische Grammatik, s.: Gerstl, Eug.

Spielmann, Ferdinand Das Gymnasium eine Erziehungsanstalt. 8 (24 S.). **Progr.** F. B. Privat-G. am Seminar. Vincent. *Brixen* 1894. Nicht im Tauschverkehr.

Spielmann, Ferdinand: Katalog der Lehrerbibliothek 8 (34 S.). (Fortsetzung.) 8 (38 S.). Fürstbischöfl. Privat-G. am Seminarium Vincentinum *Brixen a. E.* 1899. 1900. Nicht im Tauschverkehr. **Progr.**

Spielmann, Ferd., Unsterblichkeit u. künftiges Leben nach Homers Epen. Brixen 1878, 8°, 34 S., Progr.
Die weitere Litt. über die heidnische Unsterblichkeitslehre s. § 21.

Spielmann, Ferdin., Unsterblichkeit und künftiges Leben nach Homer. Brixen, 1878, Progr. des Gymn.

Spielmann, Fr. Ant., Fabeln. 1r Thl. Mit Kpf. 8. Prag 787 Schönfeld. 10 gr

— s. Kinderzeitung, Prager.

Spielmann, F[riedrich]: Die Stromverteilung in Kurzschlußwickelungen. 1903. 24 S. 4°
Aachen, Dr.-Ing.-Diss. v. 30. 6. 1903

Spielmann, H., Lehrplan f. Bauhandwerkerklassen, s.: Schulze, E., Lehrplan f. Metallarbeiterklassen.

Spielmann, Jakob Reinhold: Anleitung zur Kenntniß der Arzneymittel. (Institutiones materiae medicae. Dt.) Übers.von (Johann Jakob Spielmann.) 866 S., gbd.

Straßburg: Bauer 1775

JB 1.419

Spielmann, Jac. Reinh., Anleit. z. Lehre v. d. Arzneymitteln z. Gebr. d. Vorles. a. d. Latein. 8. Strasburg, Treuttel u. W. 785. 1 —

Spielmann, Jak. Reinhold, († d. 9. Sept. 1783.) Anleit. z. Lehre von d. Arzneimitteln, z. Gebrauch d. Vorlesungen; aus d. Latein. v. Jh. Jak. Spielmann. 8. Straßb. 786. Treuttel u. W. 2 Thlr

Spielmann, Jakob Reinhold: Chemische Begriffe und Erfahrungen. (Institutiones chemicae praelectionibus academicis accommodatae. Dt.) Ins Französische übers.mit Anmerkungen von (Antoine Alexis) Cadet (de Vaux). Übers.aus beiden Fassungen von Johann Hermann Pfingsten. 542 S., gbd., 1 Taf.

Dresden: Walther 1783

JB 319

— institutiones chemiae in us. praelectionum academ. 8maj. Strassb. 763. Ed. II. 766. Treuttel u. W. 20 gr

— institutiones materiae medicae praelectionibus academicis accommodatae. 8maj. Strassb. 784. Treuttel u. W. 1 Thlr 20 gr

— Pharmacopoea generalis. II Tmi. 4. Strassb. 783. Treuttel u. W. 3 Thlr 16 gr Velinp. 4 Thlr 12 gr

— Prodromus Florae Argentoratensis. 8. Strassb. 766.

— kleine prakt. medicin. u. chem. Schriften; aus d. Latein. Mit Kpf. gr. 8. Leipz. 786. Weygand. 1 Thlr 6 gr

— syllabus medicamentorum. 8. Strasb. Treuttel et W. (et. Pott, Laus.) 777.

— syllabus medicamentorum. 8. Strassb. 778. Treuttel u. W.; (u. Pott u. C. in Lausanne). 10 gr

— chem. Versuche u. Erfahr. n. d. latein. Urschr. u. der franz. Uebers. d. Cadet, übers. v. Pfingsten, m. K. gr. 8. Dresden, Walther. 783.

Spielmann, Joh., Anfangsgründe d. Geometrie, s.: Močnik, Frz. Ritter v.

Spielmann, Joh., geometrische Anschauungslehre, s.: Močnik, Frz. Ritter v.

Spielmann, Joh., Diagnostik der Geisteskrankheiten. Für Ärzte und Richter. Wien 855. Braumüller. gr. 8. (XV, 526 S.) n. 3 Thlr

— geometrische Formenlehre u. Anfangsgründe der Geometrie f. Realschulen, s.: Močnik, Frz. Ritter v.

— Lehrbuch der Geometrie f. die 4.—8. Klasse der Gymnasien u. Realschulen, s.: Močnik, Frz. Ritter v.

— Lehrbuch der Geometrie f. die oberen Klassen der Gymnasien, s.: Močnik, Frz. Ritter v.

Spielmann, Joh. Über den elektrischen Leitungswiderstand der Kohle. 16 S. 8. **Progr.** G. III. Bez. *Wien* 1885.

— fünfstell. gemeine Logarithmen, s.: Gernerth, Aug.

Spielmannus, Joh. Ern.: De successione fisci, Von erblosen Gütern. Argentorati et Lipsiae 1714.

Spielmann, Jh. Jak., Olerum Argentoratensium Fasc. I., II. Strassb. 770.

(Spielmann, Johann Jakob) (Übers.):

s.: Spielmann, Jakob Reinhold: Anleitung zur Kenntniß der Arzneymittel. (Institutiones materiae medicae. Dt.) Straßburg: 1775

JB 1.419

Spielmann, Jos., Deutschlands Hoffnung. Paderborn 867. Kleine. 16. (100 S.) n. 6 ngr.

—— die Offenbarung, s. Pape, J.

—— die Weissagung des heil. Johannes von den sieben Gemeinden. Der geheimen Offenbarung 1. Thl. Zum Verständniß unseres Zeitalters, seiner Vergangenheit und Zukunft. 8. (III und 156 S. mit 1 Tab. in gr. Fol.) Paderborn 867, Kleine.

Spielmann, L. Protagoras, s.a. *Jahresbericht* der Lehranstalt zu Sarnen.

Spielmann, P. Luitfrid, Protagoras im Hause des Kallias. Sarnen 1878. Progr.

Spielmann, L. H., in Laune u. Stimmung. Lieder. 12. (VII, 104 S.) Leipzig 888. (K. F. Koehler's Sort.) geb. m. Goldschn. n. 3. —

Spielmann, L. H., in Laune u. Stimmung. Lieder. 2. (Titel-) Aufl. 12. (VII, 104 S.) Leipzig (888) 895. L. Hamann. 2. —; geb. in Leinw. 3. —

Spielmann, L. H., Terpsichore-Kalender 1898, der „Bastel", Verein jüngerer Buchhändler, zu ihrem 36. Stiftungsfeste gewidmet. 12. (14 S. m. Abbildgn.) Dresden 893. (L. Hamann bei J. Naumann.) — 80

Spielmann, Ludw., Gesetzbuch für Friedensrichter ꝛc. 2 Bde. 8. Strasburg, Levrault. (a. Turneisen in Cassel.)

Spielmann, Ludw., Handbuch f. Vormünder in der fränkischen Republik. 8. Strasb. Levrault. (a. Turneisen in Cassel.) Rthlr.

Spielmann, Edw., s. Napoleon, bürgerl. Gesetzbuch.

Spielmann, M. H., british portrait painting to the opening of the 19. century. 2 vols. (131 Taf. m. XV, 91 u. IX, 108 S. Text.) 40×30 cm. London 910. Berlin, Photograph. Gesellsch. Geb. in Halbperg. 525.—; auf japan. Pap. 1050. —

Spielmann, Melanie, Reinheit. Der Roman einer Schauspielerin. (V, 122 S. m. 1 Bild.) 8. Dresden 905. E. Pierson. n. 2. —; geb. n. 3. —

Spielmann, Percy E. Über das elektromotorische Verhalten der Platinverbindungen. Diss. Phil. Basel. [Mit Figuren.] 68 S. 8. Basel, Walz & Miéville, 1908.

Spielmann, Sigm., s.: Bureau-Compass.

Spielmann, Sigm., Lehrbuch d. Bank-Correspondenz f. Handels-Lehranst., Specialcourse u. z. Selbstunterrichte. gr. 8. (IV, 248 S.) Wien 898. (J. Eisenstein & Co.) n. 3. —

— Lehrbuch der Bank-Korrespondenz f. Handels-Lehranstalten, Spezialkurse u. zum Selbstunterrichte. 2. u. 3. Aufl. (à III, 204 S.) gr. 8. Berlin (904). Möller & Borel. n. 3. —; geb. n. 4. —

Spielmann, Sigm., die Weltsprache Volapük in 3 Lectionen. 4. gänzlich umgestaltete und verm. Aufl. 12. (32 S.) Leipzig 888, E. H. Mayer. *

Handbuch der Anstalten und Einrichtungen zur Pflege v. Wissenschaft und Kunst in Berlin. Zsgest. unt. Benutzg amtl. Quellen v. Wilh. **Spielmann,** Rechngsr. im Kultusminist. *Berlin: Mayer & Müller 1897.* (2 Bl., 361 S.) 1 Bd 8. [97. 1874

SPIELMANNS-BUCH. Novellen in Versen aus dem 12. u. 13. Jahrhundert, übertragen von Wilhelm Hertz. Stuttgart, Gebr. Kröner, 1886. 8°. (In Wolfenb.)

SPIELMANNSDICHTUNG, Die. Bearbeitet von P. Piper. 2 Bde. (Die reine Spielmannsdichtung. Spielmannsdichtungen geistlichen und ritterlichen Ursprunges.) Stuttgart 1888. (Kürschner).

Spielmannsgeschichten. Hrsg. v. Paul Ernst. (309 S.) 8. München (910). G. Müller. Geb. in Pappbd. 10.—; in Halbfrz. 15.—; Luxusausg. 30. —

Spielmans. Stanislaus Hosius des berühmten ermländischen Bischofs und Cardinals Leben und Wirken, ein Charakterbild für die studirende Jugend unserer Tage. 48 S.
Aachen, Progr. 1857

Spielmans, Max, approb. Arzt aus Zarskaia-Slavianka b. St. Petersburg: Über das Vorkommen von Muskelinterposition bei Fracturen und die in dem interponirten Muskelgewebe zu beobachtenden feineren Veränderungen. Von der med. Facultät d. Kgl. Christian-Albrecht-Universität zu Kiel preisgekr. Schrift. *Kiel 1901: H. Fiencke.* (32 S.) 8°
Kiel, Med. Diss. v. [29. Juni] 1901

Spiel- u. Holzwaren-Markt, der. Halbmonatsschrift für Fabrikanten, Grossisten u. Exporteure. Red.: Hans Säuberlich. 2. Jahrg. Oktbr. 1906—Dezbr. 1906. 30 Nrn. (à ca. 12 S.) 4. Chemnitz (Müllerstr. 34) A. Seyfarth. n. 7. 50

Spiel- u. Holzwaren-Markt, der. Exportzeitschrift f. Fabrikanten, Grossisten, Exporteure u. Detaillisten v. Spiel-, Musik-, Kurz-, Galanterie-, Holz- u. Korbwaren, sowie Sportartikeln. Red.: Carl Richter. 6. Jahrg. 1910. 24 Nrn. (à ca. 10 S.) 31×22,5 cm. Stollberg i/Erzgeb., Verlag des Spiel- u. Holzwaren-Markt. Leipzig, M. v. Criegern. nnn 6. —

Spielmeyer, Walther, aus Dessau, Assist. am Kgl. pathol. Inst. in Halle: Ein Beitrag zur Kenntniss der Encephalitis. Mit 1 lithogr. Taf. *Berlin 1902: L. Schumacher.* (20 S.) 8° ¶(Aus: Archiv f. Psychiatrie, Bd 35, H. 3.)
Halle, Med. Diss. v. 29. März 1902

Spielmeyer, Walth., Technik der Untersuchung d. Nervensystems, s.: Kahlden's, v., Technik der histologischen Untersuchung pathologisch-anatomischer Präparate.

— Die Trypanosomenkrankheiten u. ihre Beziehungen zu den syphilogenen Nervenkrankheiten. Untersuchungen aus dem Institut f. Schiffs- u. Tropenkrankheiten in Hamburg u. aus der psychiatr. Klinik in Freiburg i. Br. (V, 106 S. m. 6 Taf.) gr. 8. Jena 908. G. Fischer. 10. —

Spielmeyer, Walther, Assistent an der psychiatrischen Klinik: Klinische und anatomische Untersuchungen über eine besondere Form von familiärer amaurotischer Idiotie. Gotha: Engelhardt-Reyher 1907. (62 S., 2 Taf.) 8° ¶(S.-Abdr. aus Nissls „Histolog. und histopath. Arbeiten", Bd 2. 1907).
Freiburg i. B., Med. Fak., Hab.-Schr. v. 1907

Ein obligatorischer Spielnachmittag an den deutschen Schulen. Hrsg. v. Zentral-Ausschuß für Volks- u. Jugendspiele in Deutschland. Görlitz 1904. 28 S.

Spiel-Parthie, eine, s. Voth's Bühnen-Repertoir.

Spielpartien, kleine, der Dame Phantasie; arrangirt von dem Verf. der romant. Erinnerungen aus dem Leben. 8. Gotha 823, Hennings.

SPIELPARTHIEN, Kleine, der Dame Phantasie. (Zieml. zahme Liebesintriguen.) Arrangirt vom Verfasser der „romantischen Erinnerungen aus dem Leben". Erfurt u. Gotha, in der Hennings'schen Buchhandlung, 1824. Kl. 8°. (1 Mk. Scheible, vor 1885; jetzt höher.)
Tit. u. 272 S. — Inh.: 1. Die beiden Lottchen; od.: der Mann sei des Weibes Haupt. 2. Studentenstreiche, od.: die Probe im romant. Fache. 3. Die Ohrfeige. (2 u. 3 Erzählungen nach aufgegebenen Wörtern.)

Die **Spielplatzfrage**, Gesuch d. Badischen Landesaussch. f. Leibesübungen an d. Großherz. Minister. d. Innern, 1 S., 4°.

Spiel-Quodlibet z. Unterhaltung in d. langen Winterabenden. 3 Spiele. Nürnb. 825. Campe. 1 ₰ 8 gr

Spielregel f. Zuschauer. 64. (3 S.) Leipzig 887. Siegismund & Volkening. — 10

Spielregeln des technischen Ausschusses. ⟨Im Auftr. d. Zentral-Ausschusses z. Förderung d. Volks- u. Jugendspiele in Deutschland.⟩ 1. *Leipzig: R. Voigtländer 1896.* 8° [F.] [01. 11746

Spielregeln d. technischen Ausschusses. (Im Auftrage des Zentral-Ausschusses zur Förderg. d. Volks- u. Jugendspiele in Deutschland.) I.—VI. 24. Leipzig, R. Voigtländer. à n. — 20
I. Faustball. 2. Aufl. (14 S.) 898.
II. Fußball ohne Aufnehmen des Balles. 2. Aufl. (28 S.) 897.
III. Schlagball ohne Einschenker. 3. Aufl. (28 S.) 897.
IV. Schleuderball. Barlauf. 2. Aufl. (21 S.) 898.
V. Schlagball m. Einschenker. (30 S.) 897.
VI. Tambourinball. (25 S.) 893.

— des technischen Ausschusses. (Im Auftrage des Zentral-Ausschusses zur Förderg. der Volks- u. Jugendspiele in Deutschland.) 1.—9. Hft. 24. Leipzig, R. Voigtländer. à n. — 20
1. Faustball. Raffball. 3. Aufl. (24 S.) 902.
2. Fußball ohne Aufnehmen des Balles. 3. u. 4. Aufl. (à 28 S. m. 1 Fig.) 900. 902.
3. Schlagball ohne Einschenker. 4. Aufl. (26 S.) 901.
4. Schleuderball. Barlauf. 3. Aufl. (21 S.) 902.
5. Schlagball m. Einschenker. 2. Aufl. (28 S. m. 1 Fig.) 900.
6. Tamburinball. 2. Aufl. (24 S.) 902.
7. Schlagball m. Freistätten. (28 S.) 899.
8. Grenzball. Stoßball. Feldball. (32 S. m. Fig.) 899.
9. Fußball m. Aufnehmen des Balles. (52 S. m. 1 Fig.) 899.

Spielregeln des technischen Ausschusses. (Im Auftrage des Zentral-Ausschusses zur Förderung der Volks- u. Jugendspiele in Deutschland.) 1.—9. Heft. 24. Leipzig 906. B. G. Teubner. à n. — 20
1. Faustball. Raffball. 5. Aufl. (25 S. m. Fig.)
2. Fußball, einfacher, ohne Aufnehmen des Balles. 7. Aufl. (34 S. m. Fig.)
3. Schlagball ohne Einschenker. 6. Aufl. (44 S. m. Fig.)
4. Schleuderball. Barlauf. 5. Aufl. (21 S.)
5. Schlagball m. Einschenker. 4. Aufl. (30 S. m. Fig.)
6. Tamburinball. 4. Aufl. (21 S.)
7. Schlagball m. Freistätten. 3. Aufl. (28 S.)
8. Grenzball. Stoßball. Feldball. 3. Aufl. (31 S. m. Fig.)
9. Fußball, gemischter, (m. Aufnehmen des Balles). 3. Aufl. (58 S.)

Spielregeln des technischen Ausschusses. ⟨Im Auftr. d. Zentralausschusses z. Förderung d. Volks- u. Jugendspiele in Deutschland.⟩ H. 1. 6. Aufl. Leipzig & Berlin: B. G. Teubner 1907. 8° [F.] [07. 5636

— des technischen Ausschusses. (Im Auftrage des Zentralausschusses zur Förderg. der Volks- u. Jugendspiele in Deutschland.) Heft 1—9. 10 a b u. 11. 10,8×7,3 cm. Leipzig, B. G. Teubner. à — 20
1. Faustball. Raffball. 8. Aufl. (36 S.) 910.
2. Einfacher Fußball ohne Aufnehmen des Balles. 11. Aufl. (34 S. m. Fig.) 910.
3. Schlagball ohne Einschenker. 9. Aufl. (53 S.) 910.
4. Schleuderball. Barlauf. 7. Aufl. (25 S.) 909.
5. Schlagball m. Einschenker. 6. Aufl. (32 S. m. 1 Fig.) 909.
6. Tamburinball. 6. Aufl. (25 S.) 910.
7. Schlagball m. Freistätten. 4. Aufl. (28 S. m. 1 Fig.) 908.
8. Grenzball. Stoßball. Feldball. 6. Aufl. (32 S.) 910.
9. Gemischter Fußball (m. Aufnehmen des Balles). 5. Aufl. (58 S.) 909.
10a. Korbball f. Männer. (33 S. m. Fig.) 910.
10b. Korbball f. Frauen. (36 S. m. Fig.) 910.
11. Treibball (Hockey), Eistreibball (Eishockey). (44 S. m. 4 Fig.) 910.

Spielregeln des Fussball mit Aufnehmen des Balles. 8°. 52 S. Leipzig. 1899. M. —.20 1399

Spielregeln für das neue Gartenspiel, Bremer Reifturnier, m. Situationsplan, Bremen, 14 S., 1 Bl., 16°.

— die, v. Lawn-Tennis. Deutsche v. dem Vorstande des deutschen Lawn-Tennis-Bundes festgestellte amtl. Ausg. (20 S.) 8. Baden-Baden 904. E. Sommermeyer. n. — 50

Spielregeln, die, v. Lawn-Tennis. Deutsche, v. dem Vorstande des deutschen Lawn-Tennis-Bundes festgestellte amtl. Ausg. (20 S.) 8. Baden-Baden 907. E. Sommermeyer. — 50

Spielregeln für Nicht-Mitspieler. 16. (3 S.) Leipzig 884, Roegner.

Spielregeln für Nicht-Mitspieler. 30. verb. Aufl. 16. (3 S.) Leipzig 886, Roegner. *

Spielregeln des Rugbyfußballspiels, a. d. Engl. übers. v. Dr. Edward Ullrich, Hof 1893, Heidelberg 1901/02, 1905/06, 16°. 3 Bde.

Spielregeln des Rugby-Fussballspiels f. 1902—1903. Im Auftrag des 5. deutschen Rugbytages. Aus dem Engl. übers. v. Edward Ullrich. 16. (24 S.) Heidelberg (902). K. Groos. n. — 30

— des Rugby-Fussballspiels für 1905–1906. Im Auftrag des 5. deutschen Rugby-Tages. Aus dem Engl. übers. von Edward Ullrich. (29 S.) 16. Heidelberg (905). (K. Groos Nachf.) n. — 30

— des Rugby-Fussballspiels f. 1910—1911. Aus dem Engl. übers. v. Edward Ullrich. (34 S.) 16. Heidelberg (910). K. Groos. nn — 30

Spiel-Regeln für Tarok-Boston. Wien 856. Grund. 8. (7 S.) 3 ngr.

Spielsaal, Deutscher. [Auszug aus d. „gemüthl. Festleiter."] 2. verm. u. veränd. Aufl. gr. 16. (154 S.) Crefeld 849, Klein. 1/4 ₰

Spielsaal, deutscher, für frohe Gesellschaften. gr. 16. (7½ B.) Crefeld 844, Klein.
Aus: Festleiter, gemüthlicher ꝛc., besond. abgedruckt.

Spielschachtel, die. (Ein lust. Bilderbuch f. kleine Leute.) (12 farb. Bl.) qu. gr. 8. Stuttgart (906). Loewe. Geb. 2. —; auf Pappe 3. —; Leporello-Ausg. 3. —

Spielschachtel-Bilder. (4 farb. Bl. m. Text.) 33,5×23,5 cm. Stuttgart (910). G. Weise. — 40

Spielschule zur Bildung der fünf Sinne für kleine Kinder. Dresden 1806. V: *Roller*, *David Sam.* (Ky)

Spielschule z. Bildung der fünf Sinne f. kleine Kinder, (von Dav. Sam. Roller). Mit 1 Kpf. 8. Dresd. 806. Arnold. 8 gr

Spiel-Tafel, Neuerfundene, chronologische, zur Erlernung der Universal-Historie. Regenspurg 1719. V: *Buffier, Claude.* (EB)

Spiel-Tafeln f. unser Kind. 6 lose (farb.) Bildertafeln (m. 12 Bild.). gr. 4. Stuttgart 895. F. Loewe. In Kasten 2.50

Spielter, Sam. Hnr. Gtb., Geschichte u. Charakter d. merkwürd. bibl. Personen, s.a. Erläuter. einer in Kupfer gestoch. Vorstellung.

Spielter, S. H. Gb., Geschichte u. Charakter der merkwürdigsten biblischen Personen. 8. Berlin, Realschulbuchh. 786. — 8

Spiel-Vertrag. Lotterie. Ausspielgeschäft ... Leipzig 1833. V: *Neubert, Jul. Ludw.* (schz)

Spiel-Vertrag. Lotterie. Ausspielgeschäft. Dargestellt von e. prakt. Juristen. gr. 8. (3¼ B.) Leipzig 833, [Günz.]

Spielvogel, Kurt, Repetitorium der zahnärztlichen Wissenschaften. Kurzes Lehrbuch aller nöth. Disciplinen m. Einschluss der Chemie f. die Beflissenen der Zahnheilkunde. gr. 8. (XVIII, 296 S.) Strassburg 894. Strassburger Druckerei u. Verlagsanstalt. n. 6. —

— die Ursachen der Zahnkrankheiten, ihre Folgen, Verhütung u. Behandlung, nebst Anh. üb. Zahnreinigungs-Mittel. Vortrag, geh. im Gewerbe- u. Handwerker-Verein zu Landsberg a/W. 8. (32 S.) Landsberg a/W. 890. Volger & Klein. — 75

Spielvogel, Moritz: Ueber einige Nitronaphtonitrile, -Amide und -Säuren, sowie über die Darstellungen und Nitrirungen von einigen Naphtylaminderivaten. 1895. 45 S. 8⁰ ¶ Auch als phil. Diss. v. Bern. Karlsruhe, Dipl.-Diss. v. 27. 6. 1895

SPIELVOGEL, RUDOLF: Gebet- und Gesangbuch für die Gläubiger der katholischen Kirche in Bács-Almás. Gesammelt aus verschiedenen approbirten Gesangbücher von Rudolf Spielvogel, Kántor. Budapest ca. 1900. Druck der Szent Gellért katholischen Verlagsanstalt. 362, XIV. X. - 180 mm

Spielwaren-Börse. Zentral-Organ, Fach- u. Offerten-Blatt f. die gesamten Interessen der Spiel- u. Kurzwaren-Industrie, sowie der verwandten Handels- u. Industriezweige. 1. Jahrg. 1892. 24 Nrn. (½ Bog.) gr. 4. Leipzig, H. Hucke. n. 2. —

Spielwaaren-Magazin, od. Quelle nützl. Beschäftigung u. Belehrung, s.a. Döring, C. W.

Spielwaaren-Magazin, oder Quelle nützlicher Beschäftigung u. Belehrung zum Vergnügen der Jugend. 1s Halbjahr 1834. Juli — December. Nebst: Süddeutscher literar. Anzeiger. 26 Numm. Mit viel. Abbildd. gr. 4. Kandern, Ober-Rhein.-Comptoir. n. 1⅙ ℛ — Mit lithogr., dem Text besond. beigelegten Tafeln auf ganz dickes, milchweißes Karten-Velinp. n. 3⅓ ℛ — Mit illum. Abbildd. n. 6 ℛ

Spielwerk des Glücks in der Geschichte des Joseph Houdry, von Hempel, 2 Theile, 8. Daselbst, 785. Jacobäer. 1 Rthl. 15 sgl.

Spielwerke, Schöne, beym Wein, Punsch, Bischof und Krambambuli in Hamburg. Hamb. u. Leipz. 1763. V: *Dreyer, Johann Matth.* (schr) (BGE)

Spielwerke, schöne, bei Wein, Punsch, Bischof rc. 8. Hamb. 763. Hertel. 4 gr.

Spiel-Zeitung. Red.: Alois Carl Hammer. 1. Jahrg. Juli 1883—Juni 1884. 36 Nrn. (B. m. Illustr.) gr. 4. Wien, Cerny. 6. —

Spiel- und Beschäftigungs-Zeitung, deutsche. Illustrierte Blätter für anregende Beschäftigung im Familienkreise, Pflege des Hausfleißes, der Handfertigkeit, der naturwissenschaftl. Liebhabereien rc. Zugleich Organ aller die Pflege und Ausbildung der Jugend betreffenden Bestrebungen. Unter Mitwirkung namhafter Fachleute und Jugendschriftsteller hrsg. von Hugo Elm. 1. Jahrg. April 1882 bis März 1883. 24 Nrn. (à Nr. 1½ Bog. mit eingedr. Holzschn.) gr. 4. Stralsund, Misch. *
Nicht weiter erschienen.

Spiel-Zeitung f. Jung u. Alt. 1. Jahrg. Mai 1891—Apr. 1892. 52 Nrn. (Bog. m. Abbildgn.) gr. 8. Berlin, C. Baetz. n. 6. — ; einzelne Nrn. n. — 20

Spielzeug, das, oder die Weihnachtbude. Ein buntes Bilderbuch f. Kinder. gr. 8. (10 S. m. 8 lith. u. color. Taf.) Stuttgart 851, Thienemann. ⅜ ℛ

Spielzeug, allerlei, f. kleine Kinder. Leinwand-Bilderbuch m. Lackanstrich. 4. (16 farb. Taf. m. eingedr. u. 1 Bl. Text.) Eßlingen 892, Schreiber. cart. * 2 —

Dresdner **Spielzeug** aus den Dresdner Werkstätten für Handwerkskunst. Dresden [1904 bis 1911].
2 Hefte 8° u. 4°
[1. 1904]. 16 Bl. m. 57 Abb. 4°
[2. 1911]. 30 Bl. m. 94 Abb. 8°

Spielzeug, der Knaben, s.a. Knaben, der, Spielzeug.

Spielzeug der Knaben. Von Freunden der muntern Jugend in Reime und Bilder gebracht. Mit 8 color. Stahlst. Nürnberg (854.) Geißler. 8. (31 S.) 15 ngr.

SPIELZEUG, Schön, zum Neuen Jahre, oder angenehme Vorfälle in der Familie des Herrn Guthaus. Hamburg (Leipzig, Gräff) 1793. 8⁰. Rar!
Korn's Geschichts- u. Romanen-Cat. Breslau 1798; fehlt bei Kayser unter Romanen, S. 118.

Spielzeug-Alphabet. Ausgestanzt. qu. 4. (16 S. m. z. Tl. farb. Illustr.) München 892. Nürnberg, Th. Stroefer. n. — 75

Spielzeug-Modellierbuch, das. (6 farb. Taf. m. Text auf dem Umschlag.) Lex. 8. Nürnberg (907). Th. Stroefer. — 75

Spier, A., von der Kunst in Karlsruhe. (S. 117—160 m. Abbildgn. u. 12 Taf.) 36×27 cm. München (903). F. Hanfstaengl. 8. —

Spier, A., Landschaften, s.: Schindler, E. J.

— Franz v. Lenbach. 2 Tle. (S. 77—100 u. 151—198 m. Abbildgn. u. 14 u. 13 Taf.) 36×27 cm. Ebd. (894. 905). à 8. —

— Carl Marr. (39 S. m. Abb. u. 12 Taf.) 36×27 cm. Ebd. (900). 8. —

— Jakob Emil Schindler. (20 S. m. Abbildgn. u. 6 Taf.) 36×27 cm. Ebd. 893. 4. —

— Gustav Schönleber. (S. 79—102 m. Abbildgn. u. 6 Taf.) 36×27 cm. Ebd. 909. 4. —

Spier, A., Text z. Burger's Gravuren, s.: Burger, Anton.

— Paul Thiem. (S. 117—136 m. Abbildgn. u. 6 Taf.) 36,5×27,5 cm. Ebd. (908). 4. —

— Hans Thoma. (S. 61—112 m. Abbildgn. u. 13 Taf.) 36×27 cm. Ebd. (899). 8. —
7 Sonderabdrucke aus: „Die Kunst unserer Zeit".

— Hans Thoma. Ein Portrait. 8. (34 S. m. 4 Taf.) Frankfurt a/M. 900. H. Keller. n. 1. —

Spier, J. J., testimonia patrum de Pauli ap. itinere in Hispaniam labefactata Viteb. 1740. 4.

— historia critica de hispanico Pauli itinere. Ibid. 1742. 4.

Spier, Jh. Wlh., s. Denkmal d. Erinnerung.

Spier, Isaak, prakt. Arzt a. Alsfeld (Ober-Hessen): Beobachtungen über Masern vom Jahre 1890—1905 incl. an der I. med. Abteilung des Krankenhauses l. d. Isar. München 1908: Kastner & Callwey. (21 S.) 8°
München, Med. Fak., Ref. v. Bauer, Diss. v. 25. Juni 1906
[Geb. 6. Juli 81 Alsfeld; Wohnort: Alsfeld; Staatsangeb.: Hessen; Vorbildung: Gymn. Fulda Reife O. 01; Studium: München 5, Berlin 3, München 2 S.; Coll. 25. Juni 06; Approb. 8. Mai 06.]

Spier, Isidor, a. Großkrotzenburg b. Hanau: Über einen Fall von Sarkoma idiopathicum multiplex haemorrhagicum. Würzburg 1906: P. Scheiner. (43 S.) 8°
Würzburg, Med. Fak., Ref. v. Leube, Diss. v. 26. Sept. 1906
[Geb. 11. Aug. 80 Großkrotzenburg; Wohnort: Würzburg; Staatsangeh.: Preußen; Vorbildung: Gymn. Hanau Reife O. 01; Studium: Würzburg 5, Straßburg 2, Würzburg 3 S.; Coll. 25. Juli 06; Approb. 24. Juli 06.]

Spier, Moses [aus Gemünden (Hessen-Nassau)]: Ueber peritoneale Reibegeräusche ... Würzburg: Anton Boegler'sche Buchdr., 1889. 36 S. 8°
Würzburg, Med. Fak., Inaug.-Diss. v. 1889

Spier, Walther, approb. Arzt aus Trarbach (Mosel): Aus d. chirurg. Klinik zu Kiel. Kasuistischer Beitrag zur Lehre der Wirbelverletzungen. *Kiel 1903: Schmidt & Klaunig.* (26 S.) 8°
Kiel, Med. Diss. v. [23. Juli] 1903

v. Spieren, Reimarus, († ...) s. Leben J. Bunkels u. verschied. Frauenzimmer.

Spiering, Carl Theodor Hermann,
s. Spiering, Karl Theodor Hermann

Spiering, Ernst *Christian* [app. Arzt aus Rethwischdorf]: Aus d. patholog. Institut zu Kiel. Über Trachealektasieen ... Kiel, Druck v. Schmidt & Klaunig, 1894; 14 S., 1 Bl. 8.
Kiel, Med. Fak., Inaug.-Diss. v. [25. Juni] 1894

Spiering, Hnr. Gli., Anleit., f. Aerzte zur Gewißheit in der prakt. Heilkunde. gr. 8. Leipz. 807. (Aue in Altona). 1 ℛ

Spiering, H. G., Anleitung f. Aerzte z. Gewißheit in d. Heilkunde. gr. 8. Leipz. Jacobäer. 807. 1 —

— medicin. Beobachtt. u. Erfahrr. 1r Thl. gr. 8. Altona 800. Hammerich; (a. Wienbrack in Leipz.) 1 ℛ

Spiering, Heinrich Gottlob: Medicinische Beobachtungen und Erfahrungen. Th.1, 324 S., gbd.

Altona u.Leipzig: Kaven 1800

JB 2.337

— Ergänzungen z. dies. Handbuche rc. m. K. 2 Bde. gr. 8. Ebend. 803–5. (à 2 Rthlr. 8 gr.)

— Ergänzungen zu diesem Handbuche rc. 2 Bde. Mit 2 Kpf. gr. 8. Leipz. 804 u. 5. (Aue in Altona). 4 ℛ 16 gℛ

— die prakt. Geburtshülfe. gr. 8. Leipz. 801. (Aue in Altona). 1 ℛ 12 gℛ

— Handbuch der innern u. äußern Heilkunde. 1r Thl. 6 Bde. u. 2r Thl. 3 Bde. Mit vielen Kpf. gr. 8. 796—802. (Aue in Altona). 17 ℛ 8 gℛ Hbg. P. 10 ℛ

Spiering, H(einrich) G(ottlob): Handbuch der innern und äußern Heilkunde. Bd 1/1-6, Bd 2/1-3, Ergänzungen Bd 1-2, gbd., Abb.

Leipzig: Jacobäer 1796-1805

JB 2.336

— materia medica. 8maj. Leipz. 801. (Aue in Alt.) 2 ℛ 12 gℛ

Spiering, J., Schreib- u. Lesefibel, s.: Gurcke, Gottfr.

— s. Th. Sydenhamm, sämmtl. Werke.

Spiering, Karl Theodor Hermann

Spiering, Car. Th(eod.) Herm. (geb. Merseburg 27. 9. 1816): De Secali cornuto. Berolini (1839). (36 S.) 8°
Berlin, Med. Diss. v. 10. Aug. 1839

Spiering, Reinhold

Spiering, R., das Kaufmannsgericht. Eine systemat. Darstellung der das Verfahren vor den Kaufmannsgerichten regelnden gesetzl. Bestimmungen, nebst e. Anh., enth.: I. Die Rechtsverhältnisse der Handlungsgehilfen u. Handlungslehrlinge (Auszug aus dem Handelsgesetzbuche, §§ 59—83), II. Entwürfe zu Klagen etc. Dargestellt f. Kaufleute u. kaufmänn. Angestellte. (65 S.) kl. 8. Berlin 905. (Gerdes & Hödel.) Kart. n. 1. —

Das Kaufmannsgericht. Eine systemat. Darstellung der das Verfahren vor d. Kaufmannsgerichten regelnden gesetzl. Bestimmungen, nebst e. Anh., enth. 1. Die Rechtsverhältnisse d. Handlungsgehilfen u. Handlungslehrlinge (Ausz. aus d. HGB., §§ 59–83). 2. Entwürfe zu Klagen &c. Dargest. f. Kaufleute u. kaufm. Angestellte von R[einhold] **Spiering**, Landger.Sekr. Berlin: Selbstverl. 1905. (54 S.) 8° [F.] (07. 16046

Spiering, Richard (geb. Wittenberg a. E. 23. 9. 1861): 100 Fälle von Craniotomie aus der Klinik und Poliklinik des Geh. Raths Prof. Dr. Gusserow zu Berlin. Berlin (1885). (54 S.) 8°
Berlin, Med. Diss. v. 23. Mai 1885

Spiero, Heinr., Gedichte des Wanderers. 8. (124 S.) Leipzig (902). Berlin, H. Seemann Nachf. n. 3. 50

Spiero, H., s. Gegen die Schundliteratur.

Spiero, Heinr., deutsche Geister. Studien u. Essays zur Literatur der Gegenwart. (VI, 263 S. m. 19 Bildnissen.) 8. Leipzig 910. Xenien-Verlag. 5. —; geb. in Halbldr. n 7. —

— Geschichte der deutschen Lyrik seit Claudius, s.a. Aus Natur u. Geisteswelt.

Spiero, Heinrich: G e s c h i c h t e der deutschen Lyrik seit Claudius. Von Dr. –. Leipzig: Teubner 1909. 158 S. 8°
(Aus Natur u. Geisteswelt. Bdch. 254.)

Spiero, Heinr., H e r m e n. Essays u. Studien. (VI, 234 S.) gr. 8. Hamburg 906. L. Voss. n. 3. —; geb. n. 4. 50

Paul Heyse. Der Dichter u. seine Werke. Von Heinrich **Spiero.** Stuttgart & Berlin: Cotta 1910. 112 S. 8° (10. 13333

— K r a n z u. Krähen. Neue Gedichte. (107 S.) gr. 8. Hamburg 903. Leipzig, F. W. Grunow. n. 1. 50

Kranz und Krähen. Neue Gedichte von Heinrich **Spiero.** Hamburg: Verlagsanst. & Dr. A.-G. 1903. 107 S. 8° (10. 6889

— Rudolf L i n d a u. (VII, 126 S.) 8. Berlin 909. E. Fleischel & Co. 2.—; geb. 3. —

— S t ä d t e. Essays. (VII, 162 S.) 8. Hamburg 909. Leipzig, L. Voss. 2. —

— Das Volk u. die Literatur, s.: G e g e n die Schundliteratur.

Spiero, Olga, u. Heinr. Spiero, Fontane-Brevier. (199 S.) schmal 8. Berlin 905. F. Fontane & Co. n. 3. —; geb. n. 4. —

S p i e r s, A., englische Poesie, od. Samml. d. schönsten Lesestücke aus d. grössten Dichtern Grossbrittanniens, in chronolog. Ordn. v. 13. Jahrh. bis auf uns. Tage, begleitet von ein. Lehre d. Prosodie. gr. 12. (23½ B.) Mainz 836, v. Zabern. *

—— englische Sprachübungen nach rationeller Methode. N.d. 2. Ausg. f. Deutschland's Schulen bearb. v. Heinr. Bacharach. gr. 12. (14½ B.) Frankfurt a. M. 835, [Sauerländer's Verl.]

Spiers, Alexander (Paris)
Dictionaire général Anglais-francais. Ed. II.
Paris 1849. 8°
Étude raisonée de la langue Anglaise. Ed. V.
Paris 1842.
[Beide Schriften zur Promotion eingereicht.]
Dr. phil. Giessen 1.9.1849. 26 Kriegsverlust.

Spiers, R. Phené, Architecture east and west. A collection of essays written at various times during the last sixteen years. (XVIII, 269 S. m. 116 Abb. im Text u. auf Tafeln u. 1 Porträt.) gr. 8. London 905. Leipzig, K. W. Hiersemann. Geb. in Leinw. n. 12. 80

— die Architektur v. Griechenland u. Rom, s.: A n d e r s o n, W. J.

— Die Architekturformen des klassischen Altertums, s.: U h d e, Constant.

Spiers, R. Phené, the architectural formes of the classic age, s.: U h d e, Const.

Spies, Hermine. Ein Gedenkbuch f. ihre Freunde v. ihrer Schwester. Mit e. Vorwort v. Heinr. Bulthaupt. 1. u. 2. Aufl. gr. 8. (VIII, 300 S. m. Bildnis.) Stuttgart 894. G. J. Göschen. n. 5. —; geb. in Leinw. n.n. 6. —

Spies, Hermine. Ein Gedenkbuch f. ihre Freunde v. ihrer Schwester. Mit e. Vorwort von Heinr. Bulthaupt. 3., verb. u. durch e. Reihe ungedruckter Briefe v. Johannes Brahms u. Klaus Groth verm. Aufl. (317 S. m. Abbildgn. u. 1 Bildnis.) 8. Leipzig 905. G. J. Göschen. n. 5. —; geb. n. 6. —

(G) **Spies, Hermine.** Ein Gedenkbuch. 905. Jetzt: Berlin, Meyer & Jessen.

Spies, s.a. S p i e ß.

v. Spies, (Appellationsgerichts-Vicepräsident,) ..., Beleuchtung der Verfassungs-Urkunde für das Königreich Bayern. 1. Thl. Enthaltend: Tit. I. bis IV. der Verfassungs-Urkunde, die Beilagen I bis III, die Anhänge I u. II u. die ergänz. neuern Gesetze u. Verordnungen. gr. 8. Erlangen 842, Palm u. Enke. $1^1/_8$ ₰

S p i e s, v., Beleuchtung der Verfassungs-Urkunde für das Königr. Bayern. 2. (Titel-)Aufl. 1. Thl. gr. 8. (XII und 293 S.) Erlangen 848, Palm und Enke.

Spies, einheitl. Gestaltung des Religionsunterrichtes in Schule u. Kirche, s.a. S a m m l u n g pädagog. Vorträge, 8. Bd., 2. Hft.

Einheitliche Gestaltung des Religionsunterrichtes in Schule und Kirche. (I.) Von Spies, Pastor zu Spellen. (II.) Von W[ilh.] A r m s t r o f f, Stadtschulinsp. zu Duisburg. *Bielefeld: A. Helmich [1895].* 8.
(I.) (12 S.) (II.) (18 S.)
= Sammlung pädagogischer V o r t r ä g e. Bd VIII. H. 2. 3. (96. 1146

— u. **Armstroff,** d. einheitl. Gestaltg. d. R e l i g i o n s u n t e r r i c h t s in Schule u. Kirche. Zwei Vorträge, geh. zu Dinslaken in e. v. d. Geistlichen u. Lehrern des Synodalbez. Duisburg-Ruhrort besuchten Versammlg. [Aus: „Sammlg. pädagog. Vorträge".] gr. 8. (30 S.) Bielefeld 896. A. Helmich. n. – 75

v. **Spies,** (Minist.-Rath), Kritik d. Schrift des dän. Staatsraths Dr. Oersted, üb. d. Entwurf zu e. Strafgesetzbuche für d. Königr. Baiern. 8. Landsh. 825. Weber in Münch. 12 gr

Die Lehrer der Schule seit 1573. — Von S p i e s, Subr. — 1881, Grünstadt, ibid. — S. 21—24[8].
Progr. Grünstadt (Pfalz), Isol. lat. Schule

Eine historische Skizze der Schule (als Anhang). — Von S p i e s, Subr. — 1878, Grünstadt, Karl Thieme. — S. 17--21[8].
Progr. Grünstadt (Pfalz), Isol. lat. Schule

S p i e s, A., der goldene Mittelweg, s. W a l l n e r's allgemeine Schaubühne.

Spies, A., G. m. b. H., Waagenfabrik und Eisengießerei: Katalog. Siegen i. Westf. 1904/1905

Spies, A., begleitende Worte zu lebenden Bildern, s.: W a l l n e r, E., deutsche Festspiel-Halle.

Spies, Arno, Humorfritzchen. 50 neue gemüthliche Declamationen. 12. (IV, 124 S.) Dresden 880. Art. n. 1. —

Spies, August

— Die Nihilisten; hrsg. vom Literarischen Club. 8°. St. Louis 1888.

Reminiscenzen von August Spies. Seine Rede vor Richter Gary, socialpolitische Abhandlungen, Briefe, Notizen etc., übers. u. redig. von Albert Currlin, hrsg. von Frau Christine Spies. 8°. Chicago s. a. (188.).

Spies, C., Anleitung zu e. gründl. Religions-Unterricht in Verbindung m. e. zweckmäßigen u. unbeschwerlichen Katechismus-lernen in unsern evang. Schulen. gr. 8. (3 B.) Karlsruhe 845, Groos.

Spies, C., das Symbolum apostolicum; soll es stehen oder fallen? Mit einer ideellen Federzeichnung. gr. 8. (46 S.) Karlsruhe 847, Groos. 1/4 ₰

Spies, (Chr.,) die freie Predigerwahl, dargestellt in drei Predigten. 8. Frankfurt 827, Sauerländer.

Spies, Christian Heinrich, s. Spieß.

Spies, Cph. Dav. Jak., Catalogus dissertationum inaug. medicarum Acad. Altorfinae, et Supplem. ad ejusd. Catalogum, s.a. *Catalogus*, u. setze hinzu: (v. Cph. D. J. Spies).

Cliph. Dav. Jac. Spies catalogus dissertationum inauguralium medicarum academiae Altorfinae; cum appendice dissertationum eiusdem argumenti sub praesidio habitarum ab inaugurationis anno 1623 ad haec usque tempora concinnatus. Altorf. 1797. 4. — Supplementa: Norimb. 1806. 4.

— s Münz-Lexicon, kurzgefaßtes.

Spies, Fr. v., histor.-topograph. Darstellung d. im k. bayer. Obermainkreise geltenden Gesetze, mit spezieller Angabe ders., u. e. Rechtsstatistik. gr. 8. (8 B.) Bamberg 837, [Hobbach.] *

— historisch-topograph. Darstellung der im königl. bayer. Obermainkreise geltenden Gesetze, mit spezieller Angabe derselben, und einer Rechtsstatistik. gr. 8. Bamberg 837. Literar.-artist. Institut. n. 2/3 ₰

—— Erläuterungen zu dem Gesetze v. 17. Nov. 1837, einige Verbesserungen d. Gerichtsordn. in bürgerl. Rechtsstreitigkeiten betr., mit besond. Bezieh. auf d. ält. Gesetze u. d. Ständeverhandlungen. gr. 8. (7 B.) Bamberg 838, [Hobbach.]

— Erläuterungen zu d. Gesetze vom 17. Nov. 1837, einige Verbesserungen der Gerichtsordnung in bürgerlichen Rechtsstreitigkeiten betreffend, mit besond. Beziehung auf die älteren Gesetze u. die Ständeverhandlungen. gr. 8. Bamberg 838. Literarisch-artistisches Institut. 5/8 ₰ — 2e verb. u. verm. Aufl. gr. 8. Ebd. 839. 3/4 ₰

—— Handbuch d. bamberger Provinzialrechts. 8. (..B.) Bamberg 838, Dresch.

—— Sammlung aller Ergänzungen u. Erläuterungen z. Codex judiciarius. 4. (..B.) Bamberg 835, Dresch.

—— Sammlung aller Ergänzungen u. Erläuterungen z. Strafgesetzbuche. 2. Aufl. 4. (.. B.) Bamberg 839, Dresch.

v. Spies, Fr., Sammlung aller Ergänzungen u. Erläuterungen zum Strafgesetzbuche. 2e Aufl. 4. Bamberg 840. Dresch. 5/6 ₰ (1 ₰)

Spies, Frz., theoret.-prakt. Anleit. des cameralist. Rechnungssystems aus d. Lehrsätzen d. Staatsrechnungswissenschaft. gr. 8. Wien 788. Wucherer. (Gastl in Brünn). 2 ₰
s.a. Spieß.

Spies, Frdr., Baden-Baden. Neuester, kurzer Führer durch die Stadt u. ihre Umgegend. Mit 12 Illustr. u. e. Plan der Stadt. (IV, 28 u. XVI S.) 12. Baden-Baden 904. F. Spies. n. —50; m. Touristenkarte n. —75

— dasselbe. Nouveau guide pour la ville et ses environs. Traduit par L. Kiener. (IV, 50 S. m. 12 Abbildgn., 1 Plan u. 1 Karte.) kl. 8. Baden-Baden (904). F. Spies. n. 1. 20

— dasselbe. Newest short guide through the town and its surroundings. Translated by H. H. Cooper. (VI, 60 S. m. 12 Abbildgn. auf 8 Taf. u. 1 farb. Plan.) kl. 8. Ebd. 906. n. 1. 20

Spies, F., Baden-Baden. Neuester, kurzer Führer durch die Stadt u. ihre Umgegend. Mit 12 Illustr. u. 1 Plan der Stadt. 2. Aufl. (VI, 65 S.) kl. 8. Baden-Baden 907. 08. F. Spies. —50; m. Touristenkarte — 75

— dasselbe, 8. Aufl., s.: Baden-Baden.

Spies, Friedr. v., Beleuchtung der Verfassungs-Urkunde f. d. Königr. Bayern. 1. Thl. Enthaltend: Tit. I. bis IV. der Verfassungs-Urkunde, die Beilagen I. bis III, die Anhänge I u. II u. die ergänz. neuern Gesetze u. Verordnungen. gr. 8. (18¾ B.) Erlangen 842, Palm u. Enke.

Spies, Friedrich [approb. Arzt aus Würzweiler]: Beobachtungen über einen im k. Garnison-Lazareth zu Oberwiesenfeld bei München im Jahre 1887 verlaufenen Infectioesen Catarrh der Respirationsorgane im Anschlusse an eine kleine Masernepidemie dortselbst ... München: Druck v. Fr. Bickel 1887. 24 S. 8°
Würzburg, Med. Fak., Inaug.-Diss. v. 1887.

Spies, Fritz: Untersuchungen von nach dem Plasmolyse-Verfahren gewonnenen Hefe-Enzymen. 1909. 83 S. 8°
Braunschweig, Dr.-Ing.-Diss. v. 9. 6. 1909

Spies, Georg [aus Montabaur in Nassau]: Zur Kenntniss der Chinolin-meta-sulfonsaeure, und der Chinolin-ortho-sulfonsaeure .... Freiburg i. B., Buchdr. v. Chr. Ströcker, 1888; 62 S. + 1 Bl. 8°
Freiburg i. B., Phil. Fak., Inaug.-Diss. v. 1887

Spies, Georg Christoph Albert A. S. 380/5

Dissertatio inauguralis de cauta Germanicorum mixti generis statutorum interpretatione.
Altdorf (Hessel) 26. VI. 1764. 28 S.

Gew.: Stadt Nürnberg.
W. v.: Johann Bartholomaeus Riederer, Wolfgang Albert Spies (Vater), Jo. Bernhard Hoffer.
32976

Spies, Gottlieb Albert (Nürnberg) A. S. 200/2

Specimen inaugurale iuridicum de mulierum ornamentis.
Altdorf (Meyer) 5. XII. 1743. 32 S.

Gew.: Stadt Nürnberg.
W. v.: Johann Jodokus Beck, Wolfgang Albert Spies (Bruder), Johann Albert Spies (Bruder), Gustav Georg Biermann, Philipp Ludwig Beck (Opp.), Johann Jakob Solger (Opp.), Georg Ferdinand Müller, Heinrich Immanuel Münck. 32977

Spies, Heinrich: Studien zur Geschichte des englischen Pronomens im xv. und xvi. Jahrhundert. '(Flexionslehre u. Syntax.)' ... (Erscheint vollst. als No 1 von: Stud. z. engl. Philol.) Halle a. S., Druck v. E. Karras, 1897; 3 Bl., 41 S., 1 Bl. 8.
Göttingen, Phil. Fak., Inaug.-Diss. v. [1. Apr.] 1897

Spies, Heinr., Studien zur Geschichte des englischen Pronomens im XV. u. XVI. Jahrh., s.a. Studien zur engl. Philologie.

Studien zur Geschichte des englischen Pronomens im xv. und xvi. Jahrh. '(Flexionslehre und Syntax)' v. Heinrich Spies. *Halle a. S.: Niemeyer 1897.* (XIX, 31 S.) 1 Bd 8.
= Studien z. englischen Philologie. [No] 1. [97. 5943 ida

Spies, Heinr., aus der Tätigkeit des Allgemeinen deutschen Schulvereins zur Erhaltung des Deutschtums im Auslande in Brasilien, s.a. Schriften des Allgemeinen deutschen Schulvereins. 5.

Spies, Heinrich: Aus der Tätigkeit des Allgemeinen Deutschen Schulvereins zur Erhaltung des Deutschtums im Auslande in Brasilien. Erfolge–Hoffnungen–Wünsche. Von Dr. –. Berlin: G. Reimer 1902. (38 S.) 8°
Schriften d. Allgemeinen Deutschen Schulvereins. H. 5.

Spies, J., Untersuchungen üb. die lyrischen Trouvères belges d. XII–XIV. Jahrh., s.a. Ausgaben u. Abhandlungen aus dem Gebiete der romanischen Philologie.

Spies, J. Untersuchungen über die lyrischen Trouvères belges des 12.—14. Jahrhunderts p. p. M. Aug. Scheler. (Bruxelles 1876.) Diss. Marburg 1884. 49 S.

Spies, J. A., de libellis pacis vet. ecclesiae corumque ab indulgentiis pontificiorum discrimine. Altorf. 1745. 4.

Kurze Geschichte der Loge zum wiedererbauten Tempel der Bruderliebe in Worms von Joh. Spies. Vortrag in der St. Johannisfest-Loge am 25. Juni 1854. [Leipzig 1854: Andrä.] 15 S. 8° [Umschlagtit.]
Abgedr. in: FZ. 8 (1854) S. 329—333.

Spies, Johann Albert, s. Spis

Spies, Johann Carl, s. Spiess.

Spies, Johann Christian: Kirchdorf Curau. [Von –.] [Ausschnitt aus: Schriften der Schleswig-Holsteinischen patriotischen Gesellschaft. Bd. 5. (Altona. 1822.)] 8°

Spies, Johann Christian: Nachrichten vom Kirchdorf Curau von –. (Altona. 1822.) Siehe in: Schriften der Schleswig-Holsteinischen patriotischen Gesellschaft. Bd. 5. Heft 2 und 3. 8°

Spies, Johann Christoph (Mögeldorf) Phl. I, 68/10

Dissertatio historico-philologica de consecratis gentilium lucis. Präs. Andreas Christian Eschenbach.
In: Berniz, Karl Fasciculus dissertationum philologicarum II. Rotterdam (Ruynen) 1710. S. 189-252.

Diss. Jena 1686. 32987

Spies, Johann Christoph (Mögeldorf) Phl. I, 68/11

De scribis veterum Romanorum.
Präs. Andreas Christian Eschenbach.
In: Berniz, Karl: Fasciculus dissertationum philologicarum II. Rotterdam (Ruynen) 1710. S. 259 - 279.

Diss. Jena 7. IX. 1687. 32988

Johann Jakob Albert Spies
De Utilitate venaesectionis in morbis praecipue febre nervosa ubi ordinarie locum non habet. Altorfii (1795:) I.P. Meyer. 36 S. 8°
Altdorf, Med. Diss. v. 22. Mai 1795
2. Ex.: Mx 198 (40)

Spies, Johann Karl, s. Spiess

Spies, Johann Paul Thomas, s. Spiess.

Spies, Joseph [Dr.]: Otway's Titus and Berenice and Racine's Bérénice, a parallel. Wetzlar, Druck v. F. Schnitzler, 1891; S. 1 11; 4°
Wetzlar, k. G, OP 1891 (462)

SPIES, Karl (Schoenborn): De acido diazobenzolo sulfurico ad urinae saccharum demonstrandum adhibendo. (Titel nach der Urkunde)
11.7.1883 - Urk; Chr 1883/84,12
Diss. Ingolst.-Landsh.-Mchn.

Spies, Karl, 300 leichte Bilder-Rätsel zur Unterhaltung und Belehrung der Jugend, insbesondere zur Anregung beim Geographie- und Geschichtsunterricht. 8. (44 lithogr. S. mit 11 S. Lösungen.) Regensburg 888, Coppenrath's Verlag. geb. *

v. Spies, Karl, s. J. Carmignani, die Todesstrafe.

Spies, Karl, Hilfsbüchlein beim Unterrichte in der neuen für die bayerischen Schulen anbefohlenen Rechtschreibung. 2., verb. u. verm. Aufl. 8. (16 S.) Regensburg 880. Pustet. — 10

Spies, Louise, s.: Böhme's, Jac., Gedanken aus übersinnl. Leben.

Spies, Ludwig Emil Paul, s. Spies, Paul

Spies, Luise, Anleitung zum französischen u. englischen Unterricht nach dem französischen Lehrbuche v. Ph. Rossmann u. F. Schmidt u. dem engl. Lehrbuche v. F. Schmidt. 1. u. 2. Schulj. gr. 8. (IV, 42 u. IV, 47 S.) Bielefeld 900. 901. Velhagen & Klasing. à n. — 60

Spies, Luise, Anleitung zum französ. u. engl. Unterricht nach dem französ. Lehrbuche v. Ph. Rossmann u. F. Schmidt. 1. Schulj. 2. Aufl. (V, 42 S.) 8. Bielefeld 904. Velhagen & Klasing. n. — 60

Spies, Luise, Anleitung zum französischen u. englischen Unterricht nach dem französischen Lehrbuche von Ph. Rossmann u. F. Schmidt u. nach dem englischen Lesebuche von F. Schmidt. I. Schulj. 3. Aufl. (VI, 42 S.) 8. Bielefeld 909. Velhagen & Klasing. — 50

— fremdsprachlicher Unterricht. I. u. II. gr. 8. Leipzig, Dürr'sche Buchh. à n. 3. —
I. Musterlektionen f. den französ. Unterricht. Nach der analyt. Methode, (XIII, 242 S.) 903.
II. Musterlektionen f. den engl. Unterricht. Nach der analyt. Methode. (XV, 239 S.) 904.
Fortsetzung, s.: Unterricht.

Hermine Spies. Ein Gedenkbuch f. ihre Freunde von ihrer Schwester (Minna Spies). Mit e. Vorw. von Heinrich Bulthaupt. 3., verb. u. durch e. Reihe ungedr. Briefe von Johannes Brahms und Klaus Groth verm. Aufl. *Leipzig: G. J. Göschen 1905.* (316 S.) 8° [F.] [c4. 1656₄

Spies, P., Elementarphysik, s.: Hermes, O.

Spies, P., Elemente der Astronomie, s.: Hermes, O.

Spies, (Paul), physikalische Entwicklungsmöglichkeiten. Festrede, geh. am 27. I. 1909 in der königl. Akademie zu Posen v. dem zeit. Rektor S. (16 S.) Lex. 8. Leipzig 909. B. G. Teubner. — 50
Sonderabdruck aus: „Himmel u. Erde".

— die Erzeugung u. die physikal. Eigenschaften der Röntgenstrahlen, s. a. Bibliothek, moderne ärztliche. 8. Hft.

Spies, Paul: Die Erzeugung und die physikalischen Eigenschaften der Röntgenstrahlen. Von Prof. Dr. P[aul] Spies, Posen. Berlin: L. Simion Nf. 1904. (45 S.) 8°
Bibliothek, Moderne ärztliche. H. 8.

— Grundriss der Experimentalphysik, s.: Joohmann, E.

Spies, P., üb. die Kraft des elektrischen Stromes, s.a. Sammlung populärer Schriften, hrsg. v. der Gesellschaft Urania.

Spies P, über die Kraft des elektrischen Stromes. (Slg d. Urania 24) Berlin 1894

Spies, P., das Nernstsche Licht, s.a. Sammlung popul. Schriften, hrsg. v. der Gesellschaft Urania zu Berlin. 52.

Spies, Paul: Das Nernstsche Licht. Von Dr. P[aul] Spies in Berlin. Mit 1 Abb. Berlin: H. Paetel 1899. (9 S.) 8⁰
Sammlung populärer Schriften hrsg. v. d. Urania. No 52.

— Tesla's Licht der Zukunft, s.a. Sammlung populärer Schriften, hrsg. v. der Gesellschaft Urania zu Berlin.

'Teslas Licht der Zukunft'. Popul. Experimentalvortr. üb. Ströme hoher Wechselzahl u. Spanng geh. in d. Urania v. P[aul] Spies. M. Ill. *Berlin: H. Paetel 1895.* (19 S.) 1 Bd 4.(8.)
= Sammlung populärer Schriften hrsg. v. d. . . . Urania. No 34. [96. 385

Spies, Paul, flüssige Luft u. tiefe Temperaturen, s.a. Sammlung populärer Schriften, hrsg. v. der Gesellschaft Urania zu Berlin.

Spies, Paul: Flüssige Luft und tiefe Temperaturen. Von Dr. P[aul] Spies in Berlin. Bearb. nach zwei in d. Urania v. Verf. geh. Experimentalvortr. Berlin: H. Paetel 1897. (18 S.) 8⁰
Sammlung populärer Schriften hrsg. v. d. Urania. No 48.

— Physik, s.: Koerber, Fel.

— üb. Roentgen'sche Strahlen, s.a. Sammlung populärer Schriften, hrsg. v. der Gesellschaft Urania zu Berlin.

Über Roentgensche Strahlen. Popul. Experimentalvortr. geh. in d. Urania zu Berlin v. Paul Spies . . . zu Berlin. M. Ill. *Berlin: H. Paetel 1896.* (13 S., 1 Taf.) 1 Bd 4.(8.)
= Sammlung populärer Schriften hrsg. v. d. . . . Urania. No 39. [97. 53

— Telegraphie ohne Draht, s.a. Sammlung populärer Schriften, hrsg. v. der Gesellschaft Urania zu Berlin.

Spies, Paul: Telegraphie ohne Draht. Von Dr. P[aul] Spies in Berlin. Mit Ill. Berlin: H. Paetel 1898. (19 S.) 8⁰
Sammlung populärer Schriften hrsg. v. d. Urania. No 50.

Spies, *Ludwig Emil* Paul [aus Charlottenburg]: Über die Wärmewirkung des ungeschlossenen Hochfrequenzstromes ... Berlin, W. Gronau's Buchdr., 1896; 2 Bl., 46 S., 1 Bl. 8.
Kiel, Phil. Fak., Inaug.-Diss. v. [29. Juli] 1896

— Wellen u. Strahlen in ihrer Bedeutung f. die neuere Naturforschung etc., s.a. Sammlung populärer Schriften, hrsg. v. der Gesellschaft Urania zu Berlin.

Spies P, Wellen und Strahlen in ihrer Bedeutung für die neuere Naturforschung. (Sammlung populärer Schriften der Gesellschaft Urania 7) Berlin 1891

Spies, Robert: Kreditgenossenschaften und genossenschaftliche Großbanken. Borna-Leipzig 1909: Noske. VIII, 68 S. 8°
Erlangen, Phil. Diss. v. 15. Juli 1909. Ref. v. Eheberg
[Geb. 26. Dez. 81 Würzweiler; Wohnort: Stuttgart; Staatsangeh.: Bayern; Vorbildung: Gymn. Burghausen a. S. Reife 01; Studium: München 7, Erlangen 1 S.; Rig. 2. März 09.] [U 09. 865

Ein Jahr unter Kindern. Erzählungen f. Kinder von 4–10 Jahren. Hrsg. von S[ophie] Freifrau **S[pies]** v. B[üllesheim] geb. Gräfin W[esterholt] G[ysenberg]. Münster i. W.: Coppenrath in Komm. 1905. (144 S.) 8° [F.] [06. 2707 6

SPIES, THEOD., Diss. inaug. sistens operationum obstetriciarum indicationes. Kiliæ. 1827. 4. P.

Spies, Wilhelm, appr. Arzt a. Schöllkrippen: Bericht über 1000 Geburten der Kgl. Universitätsfrauenklinik zu Würzburg. Würzburg 1907: F. Staudenraus. (58 S.) 8°
Würzburg, Med. Fak., Ref. Hofmeier, Diss. v. 23. Febr. 1907
[Geb. 6. Febr. 80 Schöllkrippen; Wohnort: Würzburg; Staatsangeh.: Bayern; Vorbildung: Gymn. Würzburg Reife Juli 00; Studium: Würzburg 10 S.; Coll. 22. Jan. 07; Approb. 20. Nov. 06.]

Spies, Wolfgang Albert (Nürnberg) Altd. Phs. 6/6

Disquisitio VIII. problematum iuris naturae et gentium. Präs. Christian Gottlieb Schwarz.
Altdorf (Kohles) 4. III. 1730. 20 S. 32990

Spies, Wolfgang Albert (Nürnberg) A. S. 383/25

Dissertatio inauguralis iuridica de iure patriae potestatis circa nuptias liberorum.
Altdorf (Meyer) 17. III. 1732. 44 S.

Gew.: Stadt Nürnberg.
W. v.: Johann Jodokus Beck, Georg Friedrich Deinlein, C. G. Schwarz. 32991

Spieseke, Albert. Rud. (geb. Potsdam 12. 7. 1831): De diabete mellito. Berolini (1855). (29 S.) 8°
Berlin, Med. Diss. v. 17. Apr. 1855

Spieser, Hans, Elsaß-Lothringen als Bundesstaat. (IV, 131 S.) 8. Berlin 908. C. A. Schwetschke & Sohn. 2. —

Spieser, J., ein Klassenversuchen der begrifflichen Methode im ersten Leseunterricht. (40 S. m. Abbildgn.) 8. Leipzig 904. K. G. Th. Scheffer. n. — 36
Sonderabdruck aus: „Hauslehrer".

Lautschrift. Von J. **Spieser** in Waldhambach. Langensalza 1900: H. Beyer & Söhne. (34 S.) 8°
Aus: Reins Enzyklopäd. Handbuch d. Pädagogik. 2. Aufl. Bd 5. [08. 2516 6

— die begriffliche Methode im ersten Leseunterricht. Ein Bericht. (8 S. m. Abbildgn.) gr. 8. Ebd. 906. n. — 30

Spieser, Johannes (Hrsg.), s. Reform.

Spieser, Theod., Lexicon universale latino-germanicum et germanico-latinum. 8. maj. Basel. Bischoff. 716.

Spieske, H. A., Erinnerungen e. alten Oldenburgers. gr. 8. (16 S.) Oldenburg 874. Schulze. — 75

Spieske, H. A., aus Oldenburgs glücklichen und unglücklichen Zeiten. Erinnerungen vom J. 1792 bis auf den heutigen Tag. gr. 8. (21 S.) Oldenburg 876, Schulze'sche Hofbuchh.

Adolf Spieß z. f. 100. Geburtstage (Wiesbadener Tagebl. 3. 2. 1910), 1 S., 8°.

Spieß, der, wird umgekehrt. (Gedicht.) 1 Bl. in gr. 8. Leipzig 848, Naumburg. n. 1 ngl.

Spieß, s.a. Spies.

Spieß Andeutungen über Werth, Zweck und Methode des kalligraphischen Unterrichts mit besonderer Rücksicht auf Realschulen. 12 S. . . . .

Halle, R.Sch., Progr. 1842

Spieß, ..., s. Bibliothek, dramatische.

Spieß, s.: Gedanken zum Diakonissen-Wesen.

Spieß, das Gemeinde-Stimm- u. Wahlrecht in den Landgemeinden der 7 östlichen Provinzen. Auf Grund der Materialien der Landgemeindeordng. vom 3. Juli 1891 u. der Rechtsprechg. d. Oberverwaltungsgerichts zum prakt. Gebrauche systematisch dargestellt. gr. 8. (VI, 113 S.) Berlin 892. C. Heymanns Verl. Kart. n. 2.—

SPIESS (ps.?), Die wahrsagende Zigeunerin. Ein Seitenstük (!) zu dem wahrsagenden Zigeuner. Mit (unsign.) Kpfr.-Vign. (die Zigeunerin, einem jungen Paare wahrsagend). Frankfurt (o. Adresse) 1802. 8°.
Tit., 1 Bl. Inh., 144 S.

Spiess, A., Die weibl. Charactere in d. griech. Tragoedie, entw. a. d. Weltanschauung d. Griechen. Pr. 1846. 68 S. 4°. 1.50

Spiess, A., und C. Ludwig, Vergleichung der Wärme des Unterkiefer-Drüsenspeichels etc., s. Ludwig, C.

Spieß, Adolf

Spieß, A.: Bericht über das Turnen der Schüler des Gymnasiums und des Waisenhauses im Sommerhalbjahr 1844. Basel 1844. 16 S. Basel, Gymn. P 1844.

Spieß, Ado., Bericht üb. d. Turnen der Schüler des Gymnasiums u. des Waisenhauses im Sommerhalbjahre 1844. Einladungsschrift zur Promotionsfeier des Gymnasiums u. der Realschule. gr. 8. (1⅛ B.) Basel 845, Schweighauser'sche Buchh.

Spieß, Ad., Blick auf den früheren u. jetzigen Stand d. Turnkunst zur Beleuchtung ihrer inneren Entwickelung u. ihrer Anwendung. (Abdr. aus Nr. 8—10 des „Turners.") gr. 8. (32 S.) Dresden 847, Gottschalck. n. ⅙ ß

Spiess, Adolf, prakt. Arzt aus Hirschberg bei Grossalmerode: Die **Blutverluste in der Nachgeburtsperiode bei abwartender Methode nach normalen und pathologischen Geburten.** *Marburg 1899: J. Hamel.* (29 S.) 8°
Marburg, Med. Diss. v. 28. Apr. 1899

—— Gedanken üb. d. Einordnung des Turnwesens in das Ganze d. Volkserziehung. gr. 8. (2¾ B.) Basel 842, Schweighauser'sche Buchh.

Spieß, Adf., Gedanken üb. die Einordnung d. Turnwesens in das Ganze der Volkserziehg. 2. Ausg. gr. 8. (VI, 86 S.) Basel 871. Richter. n. — 75

Spieß, Adolf, Gedanken und Winke für Turnlehrer, Darmstadt 1872, 15 S., 8°.

—— die Lehre der Turnkunst. 1—4. Thl. gr. 8. Basel, Schweighauser'sche Buchh.
A. u. d. Ttln.:
Thl. 1. Das Turnen in den Freiübungen f. beide Geschlechter. (11⅛ B.) 840. 25 Ngr.
» 2. Das Turnen in den Hangübungen. Mit Abbildung der Hangleiter. (15½ B.) 842. 1 Thlr.
» 3. Das Turnen in den Stemmübungen. Mit e. Anhang der Liegeübungen. (22⅛ B.) 843. 1 Thlr. 5 Ngr.
» 4. Das Turnen in den Gemeinübungen, in e. Lehre von d. Ordnungsverhältnissen bei den Gliederungen e. Mehrzahl f. beide Geschlechter dargestellt. (15½ B., m. viel. eingedr. Fig.) 846. 1 Thlr. 20 Ngr.

Spieß, Adf., die Lehre der Turnkunst. 1. Thl. A. u. d. T.: Das Turnen in den Freiübungen für beide Geschlechter. 2. Aufl. gr. 8. (XII und 167 S.) Basel 867, Schweighauser'sche Verlagsh. *

—— die Lehre der Turnkunst. 2.—4. Thl. 2. Aufl. gr. 8. Ebendas. *
Inhalt:
Thl. 2. Das Turnen in den Hangübungen für beide Geschlechter. (XV, 231 S. mit Abbild. der Hangleiter, auf 4 Stnt.) 871. *ℳ 4.
» 3. Das Turnen in den Stemmübungen für beide Geschlechter. Mit einem Anh.: der Liegeübungen. (XVI, 271 S.) 874. *ℳ 4,50.
» 4. Das Turnen in den Gemeinübungen in einer Lehre von den Ordnungsverhältnissen bei den Gliederungen einer Mehrzahl für beide Geschlechter dargestellt. Mit 155 in den Text gedr. Abbild. 874. *ℳ 5.

Spieß, Adf., die Lehre der Turnkunst. 4. Thl.: Das Turnen in den Gemeinübungen, in einer Lehre von den Ordnungsverhältnissen bei den Gliederungen einer Mehrzahl für beide Geschlechter dargestellt. 2. Aufl. gr. 8. (227 S. mit eingedr. Fig.) Basel 885, Schwabe. *

— Reigen u. Liederreigen für das Schulturnen, aus dem Nachlasse. Mit einer Einleitung, erklär. Anmerkungen u. einer Anzahl von Liedern hrsg. von K. Waßmannsdorff. Frankfurt a. M. 869. Sauerländer. gr. 8. (VIII, 157 S. mit eingedr. Holzschn.) 22½ ngr.

Spieß, Adf., Reigen u. Liederreigen f. das Schulturnen aus dem Nachlasse v. A. S. Mit e. Einleitg., erklär. Anmerkgn. u. e. Anzahl v. Liedern hrsg. v. K. Waßmannsdorff. 2. verb. u. m. e. Anh. „Gang- u. Hüpfarten f. das Mädchenturnen" verm. Aufl. gr. 8. (XIV, 195 S.) Frankfurt a/M. 885. Sauerländer. n. 2. 40

— kleine Schriften üb. Turnen. Nebst Beiträgen zu seiner Lebensgeschichte. Gesammelt u. hrsg. v. J. C. Lion. gr. 8. (XC, 188 S.) Hof 872. Grau & Co. n. 2. 40

— dasselbe. Neue Ausg. gr. 8. (XC, 188 S.) Ebend. 877. n. 3. —

—— Turnbuch für Schulen als Anleitung für den Turnunterricht durch die Lehrer der Schulen. 1. Thl.: Die Uebungen für die Altersstufe vom 6—10. Jahre bei Knaben und Mädchen. gr. 8. (XIII und 369 S. mit 2 Zeichn. in 4.) Basel 847, Schweighauser'sche Vrlgsh.

—— dass. — 2. Thl.: Die Uebungen für die Altersstufe vom 10—16. Jahre bei Knaben und Mädchen. gr. 8. (XII und 503 S.) Ebds. 851.

Spieß, Adf., Turnbuch für Schulen als Anleitung für den Turnunterricht durch die Lehrer der Schulen. 1. Bd.: Die Uebungen für die Altersstufe vom sechsten bis zehnten J. bei Knaben und Mädchen. 2. verm. und verb. Aufl., besorgt von J. C. Lion. gr. 8. (XIX, 421 S. mit 2 lithogr. Taf. Abbild.) Basel 880, [Schweighauserische Verlagsh.] Schwabe. *

Spieß, Adf. Turnbuch f. Schulen als Anleitung f. den Turnunterricht durch die Lehrer der Schulen. 2. Bd. Die Uebgn. höherer Altersstufen bei Knaben u. Mädchen. 2. verm. u. verb. Aufl., besorgt v. J. C. Lion. gr. 8. (XXVI, 497 S.) Basel 889, Schwabe. * 6 —

Spieß, A.: Das Turnen in den Freiübungen für beide Geschlechter. Basel 1840. 167 S. (Lehre der Turnkunst. 1.)
— — 1867.

Spieß, Adolf, das Turnen in den Freiübungen, für beide Geschlechter, dargestellt. gr. 8. Basel 840. Schweighauser. ⁵⁄₆ ß

Spieß, A.: Das Turnen in den Gemeinübungen, in einer Lehre von den Ordnungsverhältnissen bei den Gliederungen einer Mehrzahl. Basel 1846. 230 S. (Lehre der Turnkunst. 4.)
— — 2. Aufl. 1885.

Spiess, A., s.: Vierteljahrsschrift, deutsche, f. öffentliche Gesundheitspflege.

Spieß, Alb., enthülltes Geheimniß einer neuen Kunst- u. Schnelldruckerei. Nebst erklärenden Mustern. Ein versieg. Couvert. Magdeburg 838. Richter. 2/3 ₰

Spieß, Albert, enthülltes Geheimniß einer neuen Kunst- und Schnelldruckerei, od. gründl. Anweisung, auf eine sehr leichte Art für wenig Groschen alle Arten Gardinen, Bettdecken, Tücher, Kleider u. Schürzen in Wolle, Baumwolle, Leinen und Seide, mit den schönsten Blumen, Guirlanden u. Namen zu verzieren. Nebst erklär. Mustern. Ein versiegeltes Couvert. Magdeburg 841, Baensch. 1/4 ₰

Spiess, Alexander

Spiess, die hygienischen Einrichtungen von Frankfurt am Main. Mit Zugrundelegg. der Hrn. Varrentrapp im Jahre 1881 gewidmeten Festschrift: Frankfurt am Main in seinen hygienischen Verhältnissen u. Einrichtgn., bearb. unter Mitwirkg. v. Behnke u. Lindley. gr. 8. (VI, 327 S. m. 1 Lichtdr.) Frankfurt a/M. 888. Mahlau & Waldschmidt. geb. n. 10. —

Frankfurt am Main. Führer durch d. Stadt mit besond. Berücks. d. naturwiss., ärztl. u. hyg. Anstalten u. Einrichtungen. Den Teilnehmern an d. 68. Versammlung deutscher Naturf. u. Aerzte 1896 gewidmet von d. Magistr. Bearb. von Geh.San.R. Dr. A[lexander] Spiess. Frankfurt a.M. 1896: R. Mahlau, F. Mahlau & Waldschmidt. (XII, 188 S.) 8° [07. 17406 4

Spiess, (Ern. Frid.) Armin. (geb. Bromberg 1828): De hepatis structura. Berolini (1851). (26 S.) 8°
Berlin, Med. Diss. v. 24. Mai 1851

Spieß, Aug., kritische Bemerkungen zum Entwurf eines Gesetzes betr. das Urheberrecht an Werken der bildenden Künste u. der Photographie (Reichstagsvorlage vom 28. XI. 1905). (184 S.) Lex.-8. Berlin-Schöneberg 906. Weisenbach Riffarth & Co. n. 2. —

Spiess: Bericht über die 5jährige Wirksamkeit der Bergschule zu Dillenburg. Wiesbaden 1863.
Schul-/Univ.-Schrift

Spiess, August, und Spiess, Emil. Die Bureauarbeiten einer Geschäftsinhaberin. Theoretisch-praktische Anleitung zum Studium der Geschäftsaufsätze und der Buchführung für Schülerinnen, Lehrtöchter und Geschäftsinhaberinnen. Von A' und E' Sp', Lehrer. [Mit Figuren.] IV + 102 S. 8. Bern, A. Francke, 1907. [geb. fr. 2.20]

Spiess, [August, und Spiess, Emil]. Bureauarbeiten einer Geschäftsinhaberin: Formulare zum Kassajournal. 20 Blatt, *in Umschlag-Band*. 4. Bern, A. Francke, [1907]. fr. 1.20

Spiess, Aug., e. Episode aus dem Leben der Eltern P. P. Rubens. gr. 8. (23 S.) Dillenburg 873. Seel. — 50

Spiess, Aug[ust]. Das Schloss Grynau. Vortrag, gehalten an der Jahresversammlung des Histor. Vereins des Kantons Schwyz den 25. Oktober 1903 zu Lachen. [Mit 2 Tafeln. Sep.-Abdr. aus: Mitteilungen des Historischen V' des K' Sch'. Heft 13, 1903.] 43 S. 8. Schwyz, Emil Steiner, 1905.

Spiess, Aug. (I.), das Lahnthal von seinem Ursprung bis zur Ausmündung nebst seiner nächsten Umgebung. 8. (XXXII und 248 S. mit 1 Stahlst. und 1 lithogr. Karte in qu. 4.) Ems 866, Kirchberger. * 25 Ngr.; geb. *

Spieß, Aug., Goethe's Leben und Dichtungen. Im Zusammenhange dargestellt. Wiesbaden 854. Kreidel u. Niedner. gr. 8. (XII, 444 S. u. lith. Bildniß.) 2 ₰.

Spieß, Aug., Schiller's Leben u. Dichtungen. Mit dem Bildniß Schiller's (in Stahlst.). Wiesbaden 859. Kreidel. gr. 8. (IX, 402 S.) 2 ₰

Spieß, Aug., u. Frdr. Spieß, Deutsches Lesebuch für mittlere Gymnasialklassen. gr. 8. (XL u. 488 S.) Bielefeld 848, Velhagen & Klasing. 1 ₰

— und Friedr. Spieß, deutsches Lesebuch für mittlere Gymnasialklassen und Realschulen. 2. verb. Aufl. Bielefeld 854. Velhagen u. Klasing. gr. 8. (XXXII, 464 S.) 1 ₰.

— u. Frdr. Spieß, deutsches Lesebuch für mittlere Gymnasialklassen u. Realschulen. 3. Aufl. Herausg. von Aug. Spieß. Bielefeld 862. Velhagen & Klasing. gr. 8. (XXXI, 494 S.) n. 1 ₰

— u. Frdr. Spieß, deutsches Lesebuch für mittlere Gymnasialklassen u. Realschulen. 4. Aufl. Hrsg. von Aug. Spieß. gr. 8. (XXXI, 506 S.) Wiesbaden 877. Limbarth. n. 4. —

Spieß, Aug., u. Frdr. Spieß, deutsches Lesebuch f. mittlere Gymnasialklassen. 5. Aufl. Hrsg. v. Aug. Spieß. gr. 8. (XXXI, 506 S.) Wiesbaden 886. Limbarth. n. 4. —

Spieß, die Elberfelder Militärbefreiungsprozesse. Erwiderg. auf die Angriffe des Dr. med. Pfalz aus Düsseldorf u. anderer. Vom Untersuchungsrichter in diesen Prozessen, Sp. (82 S.) gr. 8. Leipzig 903. F. A. Berger. n. 1. —

Spieß, A., s.: Parcival.

– und Emil Spiess

— — Rechenbuch f. gewerbliche, kaufmännische u. allgemeine Fortbildungsschulen. Beispiele, Erklärgn. u. Aufgaben. 1. Tl.: Bürgerliche Rechnungsarten. 2. Tl.: Berufliches Rechnen: Verkehrsanstalten, Dienstpersonal, Geschäftsmann, Landwirt, Varia. (72 S.) gr. 8. Biel 910. (Leipzig, R. Wöpke.) 1. —

— — Rechenbuch f. Mädchen-Fortbildungsschulen. (IV, 54 S.) 8. Zürich (908). Art. Institut Orell Füssli. 1.—; Schlüssel (23 S.) (909). 1. —

— Rede zur Feier des Geburtstages Sr. Maj. des Königs Wilhelm I. gehalten im großen Archivsaale zu Dillenburg. Dillenburg 867. Seel. gr. 8. (12 S.) n. 2 ngr.

—— das Dillenburger Schloss. hoch 4. (32 S. mit 2 Stnt. in hoch 4. und qu. Fol.) Wiesbaden 870. (Dillenburg, Seel.) *
Aus: Annalen des Vereins für nassauische Alterthumskunde und Geschichte, besonders abgedruckt.

Spieß, Aug., Schul- u. Gelegenheits-Reden. gr. 8. (III, 139 S.) Wiesbaden 880. Limbarth. n. 2. -

– Übungsbuch für Quinta [I. Abschnitt], lateinisches Vocabularium dazu, s.: Votsch, W.

Spiess, B., Reise-Handbuch durch die Rhön. Mit e. Gebirgs- u. Routen-Karte. 4., verb. Aufl. 12. (VIII, 150 S.) Meiningen 887. (v. Eye.) cart. n. 1. 60

Spiess, B. Reise-Handbuch durch die Rhön. 5. verb. Aufl. 12. (190 S. m. 1 farb. Karte.) Meiningen 892, (v. Eye). cart. * 1 60

Spiess, B., die Rhön. 8. (X und 234 S. mit 1 Holzschn.) Würzburg 867, Stuber. * 1 Thlr.; mit 1 lithogr. Karte. *

Spiess, B., die Rhön. 2., durch ein Routennetz u. eine verb. Karte ergänzte Aufl. 12. (XXVI, 237 S. m. 1 Holzschntaf.) Würzburg 882. Stuber's Verl. cart. n. 2. —

Spiess, B., die Rhön. Prakt. Reisehandbuch. 6. Aufl. Neubearb. unt. Mitwirkg. bewährter Fachleute. Mit 1 Höhenschichtenkarte v. C. Hossfeld, 1 Verkehrs-, 4 Routenkärtchen u. 1 Karte v. Gersfeld u. Umgebg. 12. (VII, 100 S.) Meiningen 897. G. Schrage. Geb. n. 1.80

Spieß, B., Wanderbüchlein durch die Rhön für Naturfreunde. 8. (IX und 186 S. mit 1 lithogr. Karte in Fol.) Meiningen 854, Brückner und Renner. *

—— Wegweiser durch die Rhön. 2., umgearb. Aufl. 8. (VIII und 144 S. mit 1 lithogr. Routenkarte in Fol.) Salzungen 865, Scheermesser.

Spiess, Balthasar, Beiträge zu einem hennebergischen Idiotikon. gr. 8. (VII, 296 S.) [Wien 881, Braumüller.] Cannstatt, Steyer. *

Spieß, Balth., artige Geschichten für artige Kinder. Neuer Jugendspiegel. 160 ausgewählte Erzählungen f. Kinder im Alter von 6 bis 8 Jahren. Mit 25 Text-Abbildgn., einem (chromoxylogr.) Titelbild u. 3 Tonbildern. gr. 8. (VI, 120 S.) Leipzig 878. Spamer. n. 2. —; cart. n. 2. 50

Spieß, Balthas., die fränkisch-hennebergische Mundart. Mit e. (lith.) Karte (in 4.) 8. (X, 102 S.) Wien 873. Braumüller. n. 2. 40

— Volksthümliches aus dem Fränkisch-Hennebergischen gesammelt u. hersg. Mit einem Vorworte von Rhold. Bechstein. Wien 869. Braumüller. gr. 8. (XVI, 216 S.) n. 1 ₰

—— und C. Michael, das schönste Weihnachtsbuch. Artige Geschichten und Erzählungen für Knaben und Mädchen im Alter von sechs bis acht J. 2. gänzlich umgearb. Aufl. der „Artigen Geschichten". gr. 8. (VIII, 192 S. mit 50 Textabbild. und 4 Buntbildern.) Leipzig 880, Spamer. *ℳ 2.; cart. *

Spieß, B. (II.), und C. Michael, das schönste Weihnachtsbuch. Artige Geschichten für artige Kinder. 160 kleine Geschichten und Erzählungen für Knaben und Mädchen im Alter von 6 bis 8 Jahren. 3. gänzlich umgearb. Aufl. der „Artigen Geschichten". gr. 8. (VIII, 192 S. mit 50 Text-Abbild. und 4 Buntbildern.) Leipzig 887, Spamer. *ℳ 2.—.; cart.

Spieß, B., u. C. Michael, d. schönste Weihnachtsbuch. Artige Geschichten f. artige Kinder. 160 kleine Geschichten u. Erzählgn. f. Knaben u. Mädchen im Alter v. 6 bis 8 Jahren. 4. [Titel-] Aufl. M. 50 Text-Abb. u. 4 Buntbild. gr. 8. (VIII, 192 S.) Leipzig (887) 896. O. Spamer. n. 1. 40; geb. in Leinw. n. 2. —

Spieß, Bernh., Luther's Beziehungen zu Nassau. gr. 8. (VI, 30 S.) Frankfurt a. M. 884, Diesterweg. *

Spiess, Bernh., Goethe u. das Christentum. gr. 8. (VIII, 72 S. m. 1 Taf.) Frankfurt a/M. 902. Englert & Schlosser. n. 1. 50

Spiess, Bernh. Die christlichen Ideen der Parzivaldichtung. 15 S. Progr. G. *Wiesbaden* 1879.

Spieß, Bernh., Al Koran. Leben u. Lehre d. Propheten, s.: Volksbibliothek, religiöse.

Spiess, Bernhard [Dr., Prof.]: Verzeichnis aller Lehrer des Pädagogiums '(1817—1844)' und des Gymnasiums '(1844—1894)'. Wiesbaden, L. Schellenberg'sche Hof-Buchdr., 1894; 31—103 S. 4.
Wiesbaden, k. G, Festschr. 1894

Spieß, C., die Gründg. v. Agu, s.: Missions-Schriften, Bremer.

Spieß, Carl, s. Spieß, Karl

Spieß, Carl Felix, s. Spieß, Felix

Spieß, Christian Heinrich

Spieß, Chr. H., s.a. Alte, Der, überall und nirgends.

Der Alte überall und nirgends. Eine Geistergeschichte von Chr[istian] Heinr. **Spiess**. T. 1—4. Prag: 1792. 1793. 8°

Der Alte Überall und Nirgends. Geistergeschichte von C[hristian] H[einr.] **Spiess**. T. 1—4. Frankfurt u. Leipzig: 1795—96. 8°.
I. [u. II.]: 2. u. verb. Auflg. 1 Titelkupfer, 332 S. 1795. III. u. IV.: neuverb. Auflg. 1 Titelkupfer, 320 S. 1796.
W. 41536 ist dementsprechend zu berichtigen und zu ergänzen. 1.

°[Dasselbe.] [2. Aufl.] T. 1—4. Leipzig: 1797. 8°

°[Dasselbe.] [3. Aufl.] T. 1—4. Leipzig: Kleefeld [recte: Bauer] 1802. 1803. 8°

°[Dasselbe.] 5. rechtmäss. Ausg. T. 1 bis 4. M. 1 Kpfr. Leipzig: Andrä 1824. 8°
TB. 00. T. 3 u. 4 sind von K. C. Herschel und erschienen Leipzig: 1897. 1840 ist in: „Spiess, Sämmtliche Werke. Nordhausen: Fürst" noch einmal abgedruckt.

°[Dasselbe.] [wahrscheinlich Nachdruck] T. 1—4. Leipzig: Joachim o. J. 8°

°[Dasselbe.] [Nachdruck?] T. 1—4. Leipzig: Hinrichs in Komm. o. J. 8°

— die Berggeister; e. Geistergeschichte. Mit Kpf. 8. Prag 797. N. A. 805. (Krappe in Leipz.) 10 gr

— Biographien der Selbstmörder. 4 Bde. 8. Prag 786 — 789. 3e A. 792. Schönfeld. (Centr.-Compt. in Leipz.) 2 ₰

Spieß, Chr. H., Biographien d. Selbstmörder. 8. Prag. (Joachim, auch Sommer in Leipz.) 792.

— — d. Wahnsinnigen, m. K. 4 Thle. 8. Leipz. Voß. 795–796. (I. III. IV. à 1 Rthlr. 8 gr. II. 1 Rthlr. 4 gr.)

— Jacob v. Buchenstein. 3 Thle. 8. Leipz. 796 — 798. Leo. 4 ₰ 4 gr

— les Chevaliers du Lion, hist. du XII. Siecle. d'apres l'allemand. IV Vols. 8. Berl., Duncker u. H. 1 ₰ 12 gr

— Maria Clement, die Glocke um Mitternacht. 8. Ollmütz 800.

— der Deutschherr, od. d. Geheimniß d. Geburt. 8. Leipz. 811. Joachim. 16 ℊ (NB. ist nicht v. Spieß).

— das Ehrenwort. Lstspl. in 4 A. Wien ... K. Haas. 6 ℊ

— kleine Erzähll. u. Geschichten. 3 Thle. Mit Kpf. 8. Prag 797—803. (Eggenberger). 2 ℛ (Krappe in Leipz.) 3 ℛ

Spiess, Christian Heinrich

Kleine Erzählungen und Geschichten. Von Christian Heinrich Spieß. Bdchn 2.
Prag 1802. 189 S. 8°

— kleine Erzählungen u. Geschichten, m. K. 3 Thle. 8. Prag, Barth. 803–4. (à 1 Rthlr.) 3 —

– s. Erzählungen, komische.

Spieß, Chr. H., kleine Erzählungen u. Geschichten. 3 Thle. Mit Kpfrn. 8. Prag. 803. Jetzt Verl. v. Hartmann das.

— — derselben 3r Thl. f. die Besitzer der ersten Auflage. 8. Ebend. 804.

Spieß, Chr. H., (F. A. Schulze), die ganze Familie wie sie sein sollte, s. Fr. Laun.

— Folgen einer einzigen Lüge. Schspl. 8. Prag 792. Neureutter. 8 ℊ

— Friedrich, der letzte Graf v. Toggenburg. Ritter-Schspl. 8. Prag 794. Neureutter. (Hinrichs in Leipz.) 12 ℊ

Spieß, Chr. Hnr., Friedrich der Schläfer, oder die Zwillinge von Dreyeichen. Geistergeschichte. 8. Leipzig ... (Central-Comptoir.) 1 ℛ

— Gallerie de Suicides, avec les motifs qui y ont donné lieu, trad. de l'allemand. II Vol. 12. Lausanne, Pott et Comp. 807. 1 16

— Geheimnisse der alten Aegyptier, eine wahre Zauber- u. Geistergeschichte. 3 Thle. 8. Leipz. 794. Leo. 3 ℛ 12 ℊ

Die Geheimnisse der alten Egipzier. Eine wahre Zauber- und Geistergeschichte des achtzehnten Jahrhunderts von K[ristian] H[einr.] Spiess. Th. 1—3. Leipzig: Leo 1798—1799. 8°
1. Mit 2 Kpfrn. 1798. 340 S.; 2. 1798. 381 S. 1 Kpfr.; 3. 1799. 458 S. 1 Kpfr.
cf. °Neue allg. deutsche Bibliothek. 41 (1798) S. 54; 50 (1800) S. 378; 54 (1800) S. 42; °Müller-Fraureuth: Ritter- u. Räuberromane. 1894 S. 67.
Kl. 3975 b, TB. 134.

– s. Georg v. Treuherzen.

Spieß, Christ. Heinr., das Gespenst am Marienthurm oder: die eingemauerte Tochter. Romantische Erzählung. Leipzig 866. Literarisches Museum. gr. 16. (147 S.) 10 ngr.

— Hans Heiling, vierter u. letzter Regent 2c. 4 Thle. 8. Leipz. 798, 99. Voß. 4 ℛ

— die strahlende Jungfrau. 8. Leipz. 800. Joachim. 1 ℛ 18 ℊ

— die zwölf schlafenden Jungfrauen. 3 Thle. 8. Leipz. 795, 96. Leo. 3 ℛ 16 ℊ

Spieß, Chr. Hnr., die 12 schlafenden Jünglinge. 8. Ollmütz 799. (Leipzig, Joachim.) 1 ℛ

— Klara v. Hoheneichen. Ritter-Schspl. in 4 A. 8. Frankf. 801. (K. Haas in Wien). 6 ℊ

— Criminalgeschichten voller Abentheuer u. Wunder. 4 Bde. 8. Hamb. 801. (Herold jun.) 4 ℛ 12 ℊ (NB. Der Titel lügt, es ist nicht von Spieß).

Spiess, Christian Heinrich

Kriminalgeschichten voller Abentheuer und Wunder und doch streng der Wahrheit getreu. Nachlaß von K.H. Spieß. Th. 2.3.
Hamburg, Leipzig: 1804. 8°

— Criminalgeschichten voller Abenteuer u. Wunder und doch streng d. Wahrheit getreu. 4 Bde. 8. Hamb. Vollmer. 810–3. (I. 1 Rthlr. II. 18 gr. III. 1 Rthlr 4 gr. IV. enthält Hamburgische Criminalgeschichten. 1 Rthlr.) 3 22

Die Löwenritter. Eine Geschichte des 13. Jahrhunderts von K[ristian] H[einr.] Spiess. Bd 1—4. Mit Kupfern. Frankfurt u. Leipzig 1794—1795. 8°

[N. Aufl. u. d. Tit.:]
Die Löwenritter von Krist[ian] Heinr. Spiess. 2. verb. Aufl. Th. 1—4. Frankfurt u. Leipzig 1796. 8°
1. 272 S. 1 Kpfr.; 2. 328 S. 1 Kpfr.; 3. 199 S. 1 Kpfr.; 4. Die Löwenritter. Eine Geschichte des dreizehnten Jhs. von K. H. Spiess. o. O. 166 S. 1 Kpfr.

°[Dasselbe.] N. umgearb. Aufl. T 1. 2. Leipzig: Leo 1837. 8°

[Dasselbe.] Eine Geschichte des 13. Jhs. Vollständig nach der 1. Orig. Ausg. Mit 4 Kpfrn. Stuttgart: Henne 1844. 8°
1. 200 S. 1 Kpfr.; 2. 199 S. 1 Kpfr.; 3. 191 S. 1 Kpfr.; 4. 174 S. 1 Kpfr.
cf. L. 23 (1864) S. 20.
TB. 107. Eine franz. Ausg. erschien in Berlin: Fröhlich 1800.

— der Marienthurm; e. Rittergeschichte. 8. Prag 797. (Krappe in Leipz.) 9 ℊ

— die Mausfalle, oder d. Reise nach Egypten; Lstspl. in 3 A. 8. Prag 786. Schönfeld. 4 ℊ

Spieß, Chr. Hnr., der Mäusefallen- u. Hechelkrämer. 8. Prag 792. N. A. 795. Neureutter. 18 ℊ

— Oswald u. Mathilde; e. Ritter-Schspl. in 3 Aufz. 8. Leipz. 793. (Krappe). 10 ℊ 8. Prag 801. Eggenberger. 8 ℊ

— die Perücken, oder der Diener ist klüger als d. Herr. Lstspl. in 1 A. 8. Freyberg 802. Craz u. G. 4 ℊ

— das Petermännchen. 2 Thle. 8. Prag 793. Neureutter. 1 ℛ 10 ℊ 3 Thle. 8. (Leipz., Joachim). 2 ℛ 16 ℊ (3r Thl. E. u. d. T.: Haller, Mathilde, od. d. gelöste Zauber. 22 ℊ Ist aber nicht von Spieß).

— des Ritters Benno v. Elsenburg Reisen u. Abentheuer. 3 Thle. 8. Leipz. 795, 96. Voß. 4 ℛ 18 ℊ

— meine Reisen durch die Höhlen d. Unglücks u. Gemächer des Jammers. 4 Thle. 8. Leipz. 796—99. Leo. 4 ℛ 20 ℊ

Spieß, Chr. Hnr., Rinfried v. Todtensteine, Stifter u. Zerstörer d. Adlerbundes. 8. ... Reichsbureau. 1 ℛ 12 ℊ

— der Ritter mit d. güldenen Horn. 1r Thl. 8. Leipz. 799. Leo. 1 ℛ 8 ℊ 2r Thl. 8. Berl. 803. Reimer. 1 ℛ 8 ℊ

— s. Schlenzheim, General.

Spieß, Chr. Hnr., ausgewählte Schriften (in 20 Bänden). 1. Liefg. 1.—4. Bd.: Das Petermännchen, 2 Thle. — Biographien der Selbstmörder. 2 Thle. gr. 12. Nürnberg 841, Winter. 3 ℛ

Spies, Chr. Hnr., († 17. Aug. 1799.) gesammelte Schriften. 2 Bde. Mit Kpf. 8. Prag 790. Meißner. 2 ℛ

— biograph. Skizzen d. Selbstmörder, (als Nachlese zu seinen Biographien d. Selbstmörder, 8. Grätz, Tusch. 793.

— Maria Stuart; Trspl. 8. Wien 784. 8. Prag 793. Neureutter. 8 ℊ

— die 3 Töchter; Lstspl. 8. Wien 782. Prag 793. Neureutter. (Leo in Leipz.) 8 ℊ

— die Ueberraschung; Lstspl. 8. Leipz. 799. Leo. 6 ℊ

— die Ungerechtigkeit u. Bosheit d. Menschen im Bunde mit d. Schicksale u. d. Gesetzen 2c. 8. Leipz. 806. Reinicke u. C. in Halle. 1 ℛ 12 ℊ

— Verrätherei u. Eifersucht. Trspl. in 5 A. 8. Leipz., Central-Compt. 18 ℊ

— sammtl. Werke. Zum erstenmal in vollständ. Sammlung herausg. u. mit einer Lebensbeschreibung d. Verf. begl. von C. Schöpfer v Nodishain. 9r Thl.: Der Mäusefallen- u. Hechelkrämer. 8. Nordhausen 840. Fürst. $^2/_3$ ℛ

— sämmtl. Werke. Herausgeg. von C. Schöpfer v. Nodishain. 10. Thl.: Klara von Hoheneichen. 8. Nordhausen 841, Fürst. $^2/_3$ ℛ

— ders. 11. Thl.: Der Marienthurm; e. Rittergeschichte. 8. Ebend. 841. $^2/_3$ ℛ

Spieß, Chr. Hnr., theatral. Werke. 2 Bde. (Enth.: 1) Maria Stuart. Wien 784. R. A. ... 8 ℊ 2) Liebe u. Muth 2c. 790. 8 ℊ 3) Die 3 Töchter. 8 ℊ 4) Das Ehrenwort. 790. 8 ℊ 5) Clara v. Hoheneichen. 790. 8 ℊ 6) Stadt u. Land. 791. 8 ℊ) 8. Prag 793. (Hinrichs in Leipz.) 2 ℛ

— theatralische Werke. 2 Bde. (enthaltend: a) Maria Stuart. b) Liebe u. Muth 2c. c) d. 3 Töchter. d) das Ehrenwort. e) Clara v. Hoheneichen. f) Stadt u. Land, s. einzeln in Schauspielen.) 8. Prag, Neureutter. (Hinrichs in Leipz. in Commiss.) 793.

SPIESS, J. H. (ps.?), Der wahrsagende Zigeuner. Ein Taschenbuch auf das Jahr 1795 zum Nutzen u. Vergnügen für junge Frauenzimmer. Mit Titelkpfr. u. Titelvign., J. Penzel, del. et fec. Leipzig. 12⁰.
Emil Hirsch, München, Cat. 48. (1907.): Beibd. — Rar!

— d. wahrsag. Zigeuner, ein Taschenbuch z. Nutzen und Vergnügen f. Frauenzimmer. 12. Leipz. Voß. 798. —
(d. Alte überall u. nirgends — d. Berggeister — Jacob von Buchenstein — Dücos neue Reisen in die Höhlen des Unglücks — Friedrich d. Schläfer — Geheimnisse d. alten Egyptier — Hans Heiling — d. 12 schlafenden Jungfrauen — d. strahlende Jungfrau — die Löwenritter — d. Marienthurm — d. Mäusefallen- u. Hechelkrämer — Oswald u. Mathilde — d. Petermännchen — Reisen u. Abenth. Benno v. Elsenburg — meine Reisen durch die Höhlen d. Unglücks — meine Reisen d. d. Paläste d. Freude — Rinfried vom Todtensteine — d. Ritter m. d. goldnen Horn — das Schauermännchen, siehe in Romanen.)
(Friedrich d. letzte, Graf v. Toggenburg — Clara v. Hoheneichen — drey Töchter — die Ueberraschung — Verrätherey u. Eifersucht, s. unter Schauspiele.)

Spies, Chr. Hnr., der wahrsagende Zigeuner-Kalender für d. J. 1795. 12. Leipz. 794. Voß. 16 ℊ

Spieß, C. R., das Gleichniß von dem verlornen Sohne. Vier Adventspredigten. 8. (4½ B.) Düsseldorf 843, Bötticher'sche Bh. *

Spieß, C. R., Predigten beim Amts-Wechsel. gr. 8. (2⅛ B.) Düsseldorf 840, Schreiner. (?)

— s. Spieß, J. Chr., die Lehre des Christenthums.

Spieß, C. R., s. J. Cph. Spieß, Predigten.

— der Unglaube und seine Widerlegung. Gastpredigt. gr. 8. Frankfurt a/M. 841, Zimmer. ⅛ ℛ

Spieß, Ed., Gemüthlichkeit geht üb. Alles! Eine Sammlg. älterer u. neuer Vorträge heiteren u. ernsten Inhalts, zu Abendunterhaltgn. f. Gesellschaften, Vereine u. Familien, Polterabendscherze, Tischreden bei Hochzeiten, patriot. Toaste u. Ansprachen 2c., Couplets u. Liebes-Gedichte 2c. 8. (VII, 135 S.) Berlin 883. Ißleib. n. 1. —

Spieß, Edm., die evangelische Allianz u. ihre Generalversammlung in New-York vom 2. bis 10. Oktbr. 1873. Skizzen u. Erinnergn. auf die Reise nach u. in Amerika. gr. 8. (VIII, 271 S.) Jena 874. Dufft. n. 4. —

Spieß, Edm., Entwicklungsgeschichte der Vorstellungen vom Zustande nach dem Tode auf Grund vergleichender Religionsforschung dargestellt. gr. 8. (XVI, 615 S.) Jena 877. Costenoble. n. 13. —

Spieß, E. Ueber Feuerbestattung oder Leichenverbrennung. 1878. Jena Costenoble.

Spieß, E. Geheiligt werde dein Name! Ein Büchlein vom Schwören. gr. 16. (24 S.) Herborn 891, Buchh. d. Nass. Colportagevereins. * — 10

—— Ist in Wirklichkeit der Religionsunterricht der Krebsschaden unsrer Zeit? Beleuchtung und Widerlegung der von Dr. Fritz Schultze gegen Religiosität, Religionslehrer und Religionsunterricht erhobenen Vorwürfe und Beschuldigungen. gr. 8. (40 S.) Ebendas. 873. *
Vgl.: Schultze, Fritz.

Spieß, Edm., Liederharfe im Kirchen- u. Volkston für Gustav-Adolf-Kreise. Zu festlichem u. außerfestlichem Gebrauche zusammengestellt u. dem Gustav-Adolf-Verein gewidmet. Darmstadt 867. Zernin. 16. (VIII, 79 S.) n. 5 ngr.

— Logos spermaticós. Parallelstellen zum neuen Testament aus den Schriften der alten Griechen. Ein Beitrag zur christl. Apologetik u. zur vergleich. Religionsforschg. gr. 8. (LXIII, 505 S.) Leipzig 871. Engelmann. 9. —

— comparative study of religions a. its importance for christianity. A paper read before the general conference of the evangelical alliance. gr. 8. (32 S.) Ebend. 874. n. — 80

— de religionem indagationis comparativae vi ac dignitate theologica. Dissertatio inauguralis. gr. 8. (IV, 52 S.) Jena 871. (Fr. Frommann.) n. — 80

Spieß, Edm., Ehrhard Weigel, weiland Professor der Mathematik und Astronomie zu Jena, der Lehrer von Leibnitz und Pufendorf. Ein Lebensbild aus der Universitäts- und Gelehrtengeschichte des 17. Jahrh., gleichzeitig ein Beitrag zur Geschichte der Erfindungen, sowie zur Geschichte der Pädagogik. Nach gedr. und ungedr. Quellen gezeichnet. gr. 8. (VII, 157 S.) Leipzig 881, Klinkhardt. *

— die 7 Wunder von Jena. Ein Beitrag zur Geschichte der Städtewahrzeichen. gr. 8. (40 S.) Ebend. 878. — 75

Spiess, Emil, und Spiess, Aug[ust]. Rechenbuch für Mädchen-Fortbildungsschulen. [2 Teile.] 8. Zürich, Orell Füssli, (1908[—1909]).

[Teil 1:] Rechenbuch.... II + IV + 54 S. (1908.) (fr. 1. —)
[Teil 2:] Schlüssel zum R'.... 23 S. [1909.] [fr. 1. —]

Spiess, Emil. Der Rechnungsunterricht im 1. Schuljahr. Methodisches Handbüchlein für Lehrerinnen und Lehrer an Elementarklassen. II + 40 S. 8. Lyss, A. Wenger-Kocher, (1903). [fr. —.50]

Spiess, Emil. Der schriftliche Verkehr im Geschäftsleben. Theoretisch-praktische Anleitung zum Studium des gewerblichen Aufsatzes für den Gebrauch in Schulen und zum Selbstunterricht, enthaltend: Geschäftsbriefe, Geschäftsaufsätze, Erklärungen, Gesetzesbestimmungen, Redeformen u. Aufgaben. VIII + 136 S. 8. Bern, Schmid & Francke, 1902. [cart. fr. 1.60]

Spiess, Emil. Der schriftliche Verkehr im Geschäftsleben. Aufgabensammlung für Primar-, Sekundar- und Fortbildungsschüler zur «Theoretisch-praktischen Anleitung». IV + 44 S. 8. Bern, Schmid & Francke, 1902. [fr. —.50]

Spiess Emil, und Spiess, August. Der schriftliche Verkehr im Geschäftsleben. Theoretisch-praktische Anleitung zum Studium der Geschäftskorrespondenz mit Lieferanten, Kunden, Banken und Behörden, des Rechnungs- und Zahlungsverkehrs, der gewerblichen und kaufmännischen Buchführung, der Kalkulation, des Speditionswesens und der einschlägigen Gesetzesbestimmungen für Schüler, Lehrlinge und Geschäftsinhaber. Von E' und A' Sp', Lehrer. 2., umgearbeitete und erweiterte Aufl. [Mit Figuren.] IV + 147 S. 8. Bern, A. Francke, 1907. [geb. fr. 3.20]

Spiess, [Emil, und Spiess, August]. Der schriftliche Verkehr im Geschäftsleben. 2. Aufl. 1907: Formulare zum Kassajournal. 20 Blatt, *in Umschlag-Band*, 4. Bern, A. Francke, [1907]. fr. 1.20

Spiess, Ernst. Naturhistorische Bestrebungen Nürnbergs im 17. u. 18. Jahrh. Leben u. Werke ihrer Beschützer u. Vertreter. gr. 8. (64 S.) Nürnb. 890. (Würzb., Ballhorn u. Cramer.) * 1 —

Spiess Ernst. Die Haftpflicht der Eisenbahnen für Schädigung des Eigentums der Adjazenten während des Baues und Betriebes. Diss. Jur. Univ. Zürich. VIII + 69 S. 8. Bülach, S. Scheuchzer, 1901.

Spieß, Ernst, Wandtafel der wichtigsten Cultur- u. Handelspflanzen. Zusammengestellt u. beschrieben. Lith. u. color. Mit Text. Imp.-Fol. Nürnberg 876. Geißler. Auf Leinw. 9. —; m. Stäben 13. 05

Spiess, Ernst Friedrich Armin, s. Spiess, Armin.

Spieß, F., das Jerusalem des Josephus. Ein Beitrag zur Topographie der heil. Stadt. Mit 2 lith. Taf. gr. 8. (IV, 112 S.) Berlin 881. Habel. n. 2. 80

— der Tempel zu Jerusalem während des letzten Jahrhunderts seines Bestandes nach Josephus, s. a. Sammlung gemeinverständl. wissenschaftl. Vorträge.

Spiess, F., D. Tempel zu Jerusalem während des letzten Jahrhunderts seines Bestandes nach Josephus. 1880. 36 S. u. 1 Taf. 4°. 1.—

Spiess F. der Tempel zu Jerusalem während des letzten Jahrhunderts seines Bestandes nach Josephus. (Samml. wissenschaftlicher Vorträge 358) Berlin 1881

Spieſs, (Carl) Felix (geb. Berlin 12. 3. 1854): Ueber die verschiedenen Nierenaffectionen bei Syphilis constitutionalis. Berlin (1877). (31 S.) 8
Berlin. Med. Diss. v. 10. Aug. 1877

Spieß, Frz., theoret. prakt. Anleit. z. cameralist. Rechnungssystem etc. gr. 8. Wien, Wucherer. (Gastl in Brünn.) 788. Rthlr

Spiess, Friedrich

Spieß, Fr., Anhang zu seinem latein. Uebungsbuch f. Quarta u. Tertia, enthaltend: Die wichtigsten Regeln der Syntaxis nach Siberti's latein. Grammatik. gr. 8. (1⅝ B.) Essen 844, Bädeker.

— dass. 2. verb. u. verm. Aufl. gr. 8. Ebend. 846. n. 1/12 rf

Spieß, F., Beispiele z. Einübung d. französ. Formenlehre. (Nebst Wörterverzeichniß.) 8. (9⅛ B.) Duisburg 837, Schmachtenberg.

Spies, Friedrich, Beobachtungen über einen im k. Garnison-Lazareth zu Oberwiesenfeld bei München im Jahre 1887 verlaufenen Infectioesen Catarrh der Respirationsorgane im Anschlusse an eine kleine Masernepidemie dortselbst. Diss. Würzburg 1887, Stahelsche Univ.-Buchh. 8°. 24 S.

Spieß, Fr[idericus]: * De dialecto Theocritea. 75 S. 4° (2°)
Halle-Wittenberg, Phil. Diss. v. 17. Dez. 1868
Geb. [Nohra (Kr. Grafsch. Hohenstein) 25. 3. 1843]

Spieß, Fr., griechische Formenlehre für Anfänger. 1. Aufl. (IV und 99 S.) 1848. * 7½ Ngr. und 2., verm. und verb. Aufl. bearb. von Th. Breiter. gr. 12. (IV und 104 S.) Essen 852, Bädeker. *

Spieß, Fr., Griechische Formenlehre für Anfänger bearbeitet. gr. 12. (IV u. 99 S.) Essen 850, Bädeker. — 2. verm. u. verb. Aufl. bearb. von Th. Breiter. gr. 12. (IV u. 104 S.) Ebd. 852. n. ¼ rf

Spieß, Friedr., griechische Formenlehre für Anfänger. 3. bericht. Aufl., bearb. von Th. Breiter. Essen 856. Bädeker. 8. (104 S. u. 1 Tab. in 4.) n. 7½ ngr.

Spieß, Fr., griechische Formenlehre f. Anfänger. 7. [der neuen Bearbeitg. 6.] Aufl. v. Th. Breiter. 8. (124 S.) Essen 873. Bädeker. n. 1. —; geb. n.n. 1. 20

Spieß, Fr., griechische Formenlehre für Anfänger. 8. [der neuen Bearbeitung 7.] Aufl. von Th. Breiter. gr. 8. (124 S. mit 1 Tab. in qu. gr. 4.) Essen 877, Bädeker. *

Spieß, Fr., griechische Formenlehre f. Anfänger. 9. Aufl. v. Th. Breiter. 8. (128 S.) Essen 882. Bädeker. geb. n.n. 1. 20

Spieß, F., griechische Formenlehre f. Anfänger. 10., nach den Bestimmgn. der preuß. Lehrpläne v. 1892 rev. Aufl. v. Th. Breiter. gr. 8. (144 S.) Essen 894. G. D. Baedeker. Geb. in Leinw. n. 1. 60

Spieß, Fr., Gemäldesaal menschlicher Ungeheuer, berüchtigter Spitzbuben u. Betrüger. 8. Nordhausen 839. Fürst. 3/4 ₰

Spieß, Fr., Gemäldesaal menschl. Ungeheuer, berücht. Spitzbuben u. Betrüger. 8. (9 B.) Nordhausen 839. [Leipzig, Literar. Museum.]

Spieß Homer's Hymnus auf den Delischen Apollo. (Einleit., Anmerk. und Uebers.) 15 S. . . . .
Duisburg, Progr. 1833

... Rectore academiae magnificentissimo ... Carolo Alexandro ... prorectore ... Gottlobo Linck ... ex decreto ordinis theologorum decanus Carolus Siegfried ... in virum plurimum reverendum Fridericum Spiess ... doctoris theologiae dignitatem iura et privilegia contulit, collata publico hoc diplomate ... promulgari iussit. Ienae d. XVI. m. Februarii a. 1897. *Ienae*, typ. Neuenhahni, *1897*; 1 Bl. 2.
(Nicht für den Austausch)

—— die wichtigsten Regeln d. Syntaxis nach Siberti's u. Meiring's lat. Schulgrammatik als Anhang zu den lat. Uebungsbüchern. 2., verb. u. verm. Aufl. gr. 8. (2 B.) Essen 846, Bädeker. *

—— die wichtigsten Regeln der Syntaxis nach Siberti's und Meiring's latein. Schulgrammatik. Als Anhang zu den latein. Uebungsbüchern für Quarta und Tertia. 3., verb. und mit Beispielen verm. Aufl. gr. 12. (46 S.) Essen 850, Bädeker. *

Spieß, Fr., die wichtigsten Regeln der Syntaxis nach Siberti's und Meiring's lateinischer Schulgrammatik. Als Anhang zu den latein. Uebungsbüchern für Quarta und Tertia. 8., verb. und verm. Aufl. 8. (48 S.) Essen 861,62, Bädeker. Thlr. *

Spiess, F., Die wichtigsten Regeln der Syntaxis nach Siberti's u. Meiring's lat. Schulgrammatik. 1865. 48 S. 90

—— die wichtigsten Regeln der Syntaxis nach Siberti's und Meiring's lateinischer Schulgrammatik. Als Anh. zu den latein. Uebungsbüchern für Quarta und Tertia. 11., verb. Aufl. 8. (48 S.) Ebendas. 868. *

—— die wichtigsten Regeln der Syntaxis nach Siberti's und Meiring's latein. Schulgrammatik. Als Anhang zu den latein. Uebungsbüchern für Quarta und Tertia. 13.—15. verb. Aufl. 8. (48 S.) Ebendas. 871—74. (* 30 Pf.) *

—— die wichtigsten Regeln der Syntaxis nach Siberti's und Meiring's lateinischer Schulgrammatik. Als Anhang zu den latein. Uebungsbüchern für Quarta und Tertia. 16. verb. Aufl. 8. (48 S.) Ebendas. 879. *

—— die wichtigsten Regeln der Syntax nach Sibertis und Meirings lateinischer Schulgrammatik. Als Anhang zu den latein. Ubungsbüchern für Quarta und Tertia. 17. Aufl. 8. (48 S.) Ebendas. 883.

Spieß, Frdr., physikalische Topographie v. Thüringen. Ein Beitrag zur Heimathskunde. Nebst e. (chromolith.) physikal. Karte v. Thüringen, 5 Profilen d. thüringer u. Franken-Waldes u. e. (lith.) Uebersichtsskizze ihrer Längen- u. Höhenverhältnisse (in qu. 4.) gr. 8. (IV, 144 S.) Weimar 874. Böhlau. n. 3. —; Ausg. ohne Karten n. 2. —

— Uebungsbuch zum Uebersetzen in's Deutsche u. aus dem Deutschen in's Griechische f. Anfänger. 11. (der neuen Bearbeitg. 10.) Aufl. v. Th. Breiter. 8. (184 S.) Ebend. 874. n. 1. 50; geb. n.n. 1. 70

—— Uebungsbuch z. Uebersetzen aus d. Deutschen in's Lateinische zu der latein. Schulgrammatik v. M. Siberti u. M. Meiring, f. die Tertia bearb. gr. 8. (8¼ B.) Essen 844, Bädeker.

—— Uebungsbuch z. Uebersetzen aus d. Deutschen in's Lateinische zu der latein. Schulgrammatik v. M. Siberti u. M. Meiring, f. die Quarta bearb. 1. Aufl. gr. 8. (7½ B.) 844. 2., verb. u. verm. Aufl. 12. (6 B.) Essen 847, Bädeker. à —

Spieß, Fr., Uebungsbuch zum Uebersetzen aus dem Deutschen ins Lateinische zu der latein. Schulgrammatik von M. Siberti u. M. Meiring, für die Tertia bearb. 2. verb. u. verm. Aufl. gr. 12. (IV u. 139 S.) Essen 850, Bädeker. 5/12 ₰

—— Uebungsbuch zum Uebersetzen aus dem Deutschen in's Lateinische zu der latein. Schulgrammatik von M. Siberti und M. Meiring für die Quarta (Sexta) bearb. 6., verb. und verm Aufl. 8. (128 S.) Essen 858, Bädeker. *

Spieß, F., Uebungsbuch zum Uebersetzen aus dem Deutschen in's Lateinische zu der lateinischen Schulgrammatik von M. Siberti u. M. Meiring, für die Quarta bearb. 9., verb. Aufl. Essen 867. Bädeker. gr. 8. (131 S.) n. 12½ ngr.

— — Für die Tertia bearb. 7., verb. Aufl. Ebend. 867. 8. (148 S.) n. 12½ ngr.

—— Uebungsbuch zum Uebersetzen aus dem Deutschen in's Lateinische zu der lateinischen Schulgrammatik von M. Siberti und M. Meiring für die Quarta bearb. 10.—12. umgearb. Aufl. 8. (128 S.) Ebendas. 868—72. *
—— dass. — Für die Tertia bearb. 8. und 9. Aufl. 8. (147 S.) Ebendas. 869,73. *

—— Uebungsbuch zum Uebersetzen aus dem Deutschen in's Lateinische zu der lateinischen Schulgrammatik von Siberti und M. Meiring, für die Quarta bearb. 13. umgearb. Aufl. 8. (128 S.) Ebendas. 873. * *M* 1,25.; geb. **

—— dass. — Für Tertia. 10. und 11. umgearb. Aufl. 8. (152 S.) Ebendas. 875,79. *
geb. **

—— Uebungsbuch zum Uebersetzen aus dem Deutschen in's Lateinische zu der lateinischen Schulgrammatik von Siberti und M. Meiring, für die Quarta bearb. 14.—16. umgearb. Aufl. (128 S.) 1874—77; 17.—19. Aufl. 8. (132 S.) Ebendas. 878—85. * *M* 1,25.; geb. **
—— dass. — Für Tertia bearb. 12. umgearb. Aufl. 8. (163 S.) Ebendas. 884. *

—— Uebungsbuch zum Uebersetzen aus dem Deutschen in's Lateinische. Für Quarta. 19. und 20. Aufl. 8. (132 S.) Ebendas. 885,88. * *M* 1.25.; geb. *

—— dass. — Für Tertia. 13. Aufl. 8. (163 S.) Ebendas. 888. * *M* 1.25.; geb. *

– Ubungsbuch zum Übersetzen aus dem Deutschen ins Lateinische. 4. Abtlg. f. Obertertia u. Untersekunda. 14. Aufl. Ausg. B, umgearb. nach den preuß. Lehrplänen v. 1892 v. Max Heynacher. gr. 8. (IV, 195 S.) Ebd. 894. Geb. in Leinw. n. 2. 25

Spieß (F.) u. Max Heynacher's Übungsbuch zum Übersetzen aus dem Deutschen ins Lateinische. 3. Abtlg.: f. Quarta u. Untertertia. 24. Aufl. Hrsg. v. Max Heynacher. (156 S.) 8. Essen 905. G. D. Baedeker. Geb. 1. 80

—— Uebungsbuch zum Uebersetzen aus dem Griechischen ins Deutsche und aus dem Deutschen ins Griechische für Anfänger bearb. gr. 12. (VI und 183 S.) Essen 848, Bädeker. *

—— Uebungsbuch zum Uebersetzen aus dem Griechischen ins Deutsche und aus dem Deutschen ins Griechische für Anfänger bearb. 2., verm. und verb. Aufl., bearb. von Th. Breiter. gr. 12. (IV und 164 S.) Essen 853, Bädeker. *

— Uebungsbuch zum Uebersetzen aus dem Griechischen ins Deutsche und aus dem Deutschen ins Griechische für Anfänger bearb. 2. Aufl. 853. (IV, 164 S.) — 3. verm. u. verb. Aufl. bearb. von Th. Breiter. Essen 857. Bädeker. 8. (IV, 188 S.) n. 15 ngr.

Spieß, Fr., Uebersetzungsbuch zum Uebersetzen aus dem Griechischen ins Deutsche und aus dem Deutschen ins Griechische für Anfänger. 4., bericht. Aufl., bearb. von Th. Breiter. gr. 8. (IV und 186 S.) Essen 860, Bädeker. *

—— Uebungsbuch zum Uebersetzen aus dem Griechischen ins Deutsche und aus dem Deutschen in's Griechische für Anfänger. 5.—7., durchgeseh. Aufl. bearb. von Th. Breiter. 8. (184 S.) Essen 862—67, Baedeker. *

—— Uebungsbuch zum Uebersetzen aus dem Griechischen in's Deutsche und aus dem Deutschen in's Griechische für Anfänger. 3.—10. (der neuen Bearbeitung 7.—9.) Aufl. von Th. Breiter. 8. Ebendas. 869—73. *

—— Uebungsbuch zum Uebersetzen aus dem Griechischen in's Deutsche und aus dem Deutschen in's Griechische für Anfänger. 11. [der neuen Bearbeitung 10.] Aufl. von Th. Breiter. (184 S.) 1874; 12. [der neuen Bearbeitung 11.] Aufl. 8. (197 S.) Ebendas. 877. * *M* 1,50.; geb. **

—— Uebungsbuch zum Uebersetzen aus dem Griechischen in's Deutsche und aus dem Deutschen in's Griechische für Anfänger. 13. und 14. Aufl. 8. (197 S.) Ebendas. 880,82. * *M* 1,50.; geb. **

—— Übungsbuch zum Übersetzen aus dem Griechischen in das Deutsche und aus dem Deutschen in das Griechische für Anfänger. 15. [der neuen Bearb. 14.] Aufl. von Th. Breiter. 8. (198 S.) Essen 887, Bädeker. * *M* 1.50.; geb. **

— Übungsbuch zum Übersetzen aus dem Griechischen in das Deutsche u. aus dem Deutschen in das Griechische f. Anfänger. 16. (der neuen Bearbeitg. 15.) Aufl. v. Th. Breiter. 8. (196 S.) Ebd. 893. n. 1. 50

Übungsbuch zum Übersetzen aus dem Griechischen in das Deutsche und aus dem Deutschen in das Griechische für Anfänger. Begründet von F[riedr.] Spieß, weil. Prof. zu Wiesbaden. 17. Aufl. Ausg. B, umgearb. nach den preuß. Lehrpl. von 1892 von H[ugo] v. Kleist. [Nebst] Anh. *Essen: G. D. Bädeker 1894–1902.* 2 Bde 8° [J.]
Anh. — Kleist, H. v.: Beispiele zu d. Lehre von d. Satzarten im Griech.

—— Uebungsbuch z. Uebersetzen aus d. Latein. in's Deutsche u. aus d. Deutschen in's Lateinische f. die untersten Gymnasialklassen. 1. Abthl.: für Sexta (Octava.) 12. (3⅓ B.) Essen 845, Bädeker.

—— dass. 2. Abthl.: f. Quinta (Septima.) 12. (6⅓ B.) Essen 846, Bädeker.

—— Uebungsbuch zum Uebersetzen aus dem Lateinischen in's Deutsche und aus dem Deutschen in's Lateinische für die untersten Gymnasialklassen bearb. 1. Abthl.: für Sexta (Octava). 2—4. Aufl. 1847—50. und 6., verb. und verm. Aufl. 8. (84 S.) Essen 852(53,) Bädeker.

— Uebungsbuch zum Uebersetzen aus dem Lateinischen in's Deutsche und aus dem Deutschen in's Lateinische für die untersten Gymnasialklassen bearb. 1. Abth.: für Sexta (Octava). 7. verb. Aufl. 854. (84 S.) — 10. verb. u. verm. Aufl. Essen 858. Bädeker. 8. (80 S.) 7½ ngr.

— — 2. Abth.: für Quinta (Septima). 3. Aufl. 853. (136 S.) — 5. verb. u. verm. Aufl. Essen 858. Bädeker. gr. 8. (148 S.) n. 12½ ngr.

—— Uebungsbuch zum Uebersetzen aus dem Lateinischen in's Deutsche und aus dem Deutschen in's Lateinische für die untersten Gymnasialkassen bearb. 1. Abthl.: für Sexta. 10—13., verb. und verm. Aufl. gr. 8. (87 S.) Essen 858—61, Bädeker. *

—— dass. — 2. Abthl.: für Quinta. 5. Aufl. 1858. und 6., verb. und verm. Aufl. gr. 8. (144 S.) Ebendas. 860. *

—— Uebungsbuch zum Uebersetzen aus dem Lateinischen in's Deutsche und aus dem Deutschen in's Lateinische für die untersten Gymnasialklassen bearb. 2 Abthlgn. gr. 8. Essen 862—67, Bädeker. [1. Abthl. Für Sexta. 14.—22., verb. Aufl. (96 S.) * 7½ Ngr., 2. Abthl. Für Quinta. 7.—10. Aufl. (152 S.) * 12½ Ngr.] *

—— Uebungsbuch zum Uebersetzen aus dem Lateinischen in's Deutsche und aus dem Deutschen in's Lateinische für die untersten Gymnasialklassen bearb. 2 Abthlgn. gr. 8. Ebendas. 869—74. *

Inhalt:
Abthl. 1. Für Sexta. 26.—39. Aufl. (98 S.) * 75 Pf.
" 2. Für Quinta. 12.—19. verb. Aufl. (168 S.) * *M* 1,25.

Spieß, Fr., Uebungsbuch zum Uebersetzen aus dem Lateinischen in's Deutsche und aus dem Deutschen in's Lateinische für die untersten Gymnasialklassen bearb. 2 Abthlgn. gr. 8. Essen, Bädeker. * *M* 2.; geb. *

Inhalt:
Abthl. 1. Für Sexta. 40.—46. Aufl. (96 S.) 875—77. * 75 Pf.; geb. ** 95 Pf.
" 2. Für Quinta. 20.—23. Aufl. (154, 14 S.) 875—79. * *M* 1,25.; geb. ** *M* 1,50.

—— Uebungsbuch zum Uebersetzen aus dem Lateinischen in's Deutsche und aus dem Deutschen in's Lateinische für die untersten Gymnasialklassen bearb. 2 Abthlgn. gr. 8. Ebendas. * *M* 2.; geb. *

Inhalt:
Abthl. 1. Für Sexta. 47.—49. Aufl. (96 S.) 878,79; 50.—57. Aufl. (100 S.) 880—86. * 75 Pf.; geb. ** 95 Pf.
" 2. Für Quinta. 24. Aufl. (154, 14 S.) 880; 25.—27. Aufl. (170 S.) 882—84. * *M* 1.25.; geb. ** *M* 1.50.

— Uebungsbuch zum Uebersetzen aus dem Lateinischen ins Deutsche u. aus dem Deutschen ins Lateinische, f. die untersten Gymnasialklassen bearb. 1. Abtlg.: für Sexta. 54. Aufl. 8. (100 S.) Ebend. 883. geb. n. 1.—

— dasselbe, f. Quinta. 26. Aufl. 8. (170 S.) Ebend. 883. n. 1. 25; geb. n. 1. 50

—— Uebungsbuch zum Uebersetzen aus dem Lateinischen in's Deutsche und aus dem Deutschen in's Lateinische für die untersten Gymnasialklassen. Bearb. von W. Schmitz. 1. und 2. Abthl. 8. Ebendas. * *M* 2.—.; geb. *

Inhalt:
Abthl. 1. Für Sexta. 58. und 59. Aufl. (100 S.) 886,88. * 75 Pf.; geb. * *M* 1.—.
" 2. Für Quinta. 28. und 29. Aufl. (227 S.) 886,88. * *M* 1.25.; geb. * *M* 1.50.

— Übungsbuch zum Übersetzen aus dem Lateinischen ins Deutsche u. aus dem Deutschen ins Lateinische, f. die untersten Gymnasialklassen bearb. v. W. Schmitz. 1. u. 2. Abtlg. 8. Ebd. n. 2. —; geb. n. 2. 50
1. Für Sexta. 60. Aufl. (100 S.) 889. n. — 75; geb. n. 1. —
2. Für Quinta. 29. Aufl. (227 S.) 888. n. 1. 25; geb. n. 1. 50

— Übungsbuch zum Übersetzen aus dem Lateinischen ins Deutsche u. aus dem Deutschen ins Lateinische f. Quinta. Ausg. A. Bearb. v. W. Schmitz. 31. Aufl. gr. 8. (259 S.) Ebd. 893. n. 1. 25; geb. n.n. 1. 45

— dasselbe f. die untersten Gymnasialklassen bearb. Ausg. B, umgearb. nach den preuß. Lehrplänen v. 1891 v. Max Heynacher. 3 Abtlgn. gr. 8. Ebd. 894. Geb. in Leinw. n. 5. —

1. Für Sexta. 62. Aufl. (101 S.) n. 1. 20
2. Für Quinta. 31. Aufl. (VI, 174 S.) n. 2. —
3. Für Quarta u. Untertertia. 22. Aufl. (152 S.) n. 1. 80

Spieß, F., Übungsbuch zum Übersetzen aus d. Lateinischen ins Deutsche u. aus dem Deutschen ins Lateinische, f. die untersten Gymnasialklassen bearb. 1. Abtlg.: Sexta. 63. Aufl. Ausg. B, umgearb. nach den preuß. Lehrplänen v. 1892 v. Max Heynacher. gr. 8. (104 S.) Essen 899. G. D. Baedeker. Geb. in Leinw. n. 1. 20

— dasselbe zum Übersetzen aus dem Deutschen ins Lateinische. 3. Abtlg.: für Quarta u. Untertertia. 23. Aufl. Ausg. B, umgearb. nach den preuß. Lehrplänen v. 1901 v. Max Heynacher. gr. 8. (162 S.) Ebd. 902. Geb. in Leinw. n. 1.80

Spieß, F., Uebungsbuch zum Uebersetzen aus dem Lateinischen ins Deutsche u. aus dem Deutschen ins Lateinische f. die untersten Gymnasialklassen. 1. Abtlg.: für Sexta. 65. Aufl. Ausg. A. (100 S.) 8. Essen 904. G. D. Baedeker. Geb. n. 1. —; Ausg. B., umgearb. nach den preuß. Lehrplänen von 1901 von Max Heynacher. (IV, 114 S.) 904. Geb. in Leinw. n. 1. 20

— u. Max **Heynacher's** Uebungsbuch zum Uebersetzen aus dem Lateinischen ins Deutsche u. aus dem Deutschen ins Lateinische. 2. Abtlg.: f. Quinta. 32. Aufl. Ausg. B, umgearb. nach den preuß. Lehrplänen v. 1901 v. Max Heynacher. (IV, 190 S.) 8. Ebd. 904. Geb. in Leinw. n. 2. —

Spiess, F. Der griechische Unterricht in Quarta. 24 S. *Pless* 1881. Progr.

Spiess, Verzeichniss aller Lehrer des Pädagogiums (1817—1844) u. des Gymnasiums zu Wiesbaden (1844—1894), s.: **Festschrift** zur Gedenkfeier des 50jähr. Bestehens des königl. Gymnasiums zu Wiesbaden.

Spiess, F[riedrich] W[ilhelm]. Radfahrer-Führer durch die Schweiz verfasst von F. W. Sp'.... [Hrg. vom] Touring-Club der Schweiz.... [Mit 1 Karte] = Guide Routier pour la Suisse composé par M. F.-W. Sp'.... [Publié par le] Touring-Club Suisse.... [Avec 1 carte.] 8. (Genève.)
[1. Aufl. = 1re éd.] (Supplément à la Revue du T.-C. S., Juillet 1898.) (1898.)
Auflage 2 = 2e Ed. (1899.)

Spieß, Dr. G. Anleitung zur Erlernung des Kommandierens. Frankfurt a. M. 1903. 26 S.

Spiess, Gust., kurze Anleitung zur Erlerng. e. richtigen Tonbildung in Sprache u. Gesang. 8. (16 S.) Leipzig 900. [A. Georgi.] G. Thieme. n. — 40

Spiess, Gust., kurze Anleitg. zur Erlerng. e. richtigen Tonbildung in Sprache u. Gesang. 2. Aufl. (16 S.) 8. Frankfurt a/M. 904. J. Alt. n. — 80

Spieß, Gust., die preußische Expedition nach Ostasien während der Jahre 1860—1862. Reise-Skizzen aus Japan, China, Siam u. der indischen Inselwelt. Mit 8 Tonbildern, mehreren Portr.-Tableaux, sowie zahlreichen in den Text gedr. Illustr. Berlin 864. Spamer. Lex.-8. (X, 428 S.) n. 3 ℛ︎

Spiess, Gust., d. Untersuchg. d. Mundes u. d. Rachens, s. a. **Klinik,** Berliner.

Die Untersuchung der Mund- und Rachenhöhle '(einschliesslich des Nasenrachenraumes)'. Von Dr. Gustav Spiess '(Frankfurt a. M.)'. *(Berlin-Prag: Fischer 1896.)* (32 S.) 8.
= Klinik, Berliner. H. 93. [96. 1750

Spieß, Gustav Adolf

Spieß, G. A., über die Bedeutung der Naturwissenschaften für unsere Zeit und: Ueber das körperliche Bedingtsein der Seelenthätigkeiten. Zwei Festreden, gehalten bei der 31. u. 32. öffentlichen Jahresfeier der Senkenbergischen naturforschenden Gesellschaft, den 29. Mai 1853 und den 28. Mai 1854. Frankfurt a. M. 854. Hermann. 16. (104 S.) 15 ngr.

Spieß, G. A., **Gedanken über die Bildung von Friedens-Vereinen in Deutschland.** Dem am 22. Juli in London zu eröffnenden 4. Friedenscongresse gewidmet. gr. 8. (32 S.) Frankfurt a. M. 851, Sauerländer. n. 1/6 ℛ︎

Spieß, G. A., über die Grenzen der Naturwissenschaft mit Beziehung auf Darwin's Lehre von der Entstehung der Arten im Thier- und Pflanzenreich durch natürliche Züchtung. Festrede, gehalten bei der 40. Jahres-Feier der Senckenberg. naturforsch. Gesellschaft am 31. Mai 1863. 8. (32 S.) Frankfurt a. M. 863, Hermann'sche Verlagsh.

— zur Lehre von der Entzündung. Eine pathologisch-physiologische Abhandlung. Frankfurt a. M. 854. Hermann. gr. 8. (3 Bl., 201 S.) 1 ℛ︎.

Spieß, G. A., Physiologie des Nervensystems, vom ärztlichen Standpunkte dargestellt. gr. 8. (32⅜ B.) Braunschweig 844, Vieweg u. Sohn. *

—— pathologische Physiologie. Grundzüge der gesammten Krankheitslehre, im Zusammenhange dargestellt. (In 3 Abthlgn.) 1. und 2. Abthl. Lex.-8. (XXII und 709 S.) Frankfurt a. M. 856(57,) Meidinger Sohn und Comp.

Spiess, G. A., pathologische Physiologie. Grundzüge der gesammten Krankheitslehre im Zusammenhange dargestellt. 3. Abthl. (Schluss.) Lex.-8. (XXIII und XXIV und S. 711—1129.) Frankfurt a. M. 857. [Hamm, Grote'sche Buchh.]

— die pathologische Physiologie und Herr Prof. Rud. Virchow, eine Antikritik. Frankfurt a. M. 858. Hermann. gr. 8. (24 S.) n. 5 ngr.

Spieß, G. A., Skizze einer Theorie der Lebenserscheinungen im gesunden und krankhaften Zustande, s. J. B. Helmont.

Spieß, G(ustav) A(dolf): J.B.van Helmont's System der Medicin, verglichen mit den bedeutenderen Systemen älterer und neuerer Zeit, ein Beitrag zur Entwickelungsgeschichte medicinischer Theorien; nebst der Skizze einer Theorie der Lebenserscheinungen im gesunden und krankhaften Zustande. 520 S., gbd.

Frankfurt am Main: Schmerber 1840

JB 5.724

Spieß, [Heinrich]: [Bericht über den Abschied des Direktors Dr. Broicher und seine Einführung als Direktor.] S. 17 bis 19. 4. Städt. Gymn. *Bochum* 1902 (386).
*1860—1910. Festbuch zur fünfzigjährigen Jubelfeier des Königlichen Gymnasiums zu Bochum am 8., 9. und 10. Oktober 1910. 40 S. 8. **Progr.** Kgl. Gymn. *Bochum* 1910.

Spiess, H., De Alcmanis poetae dialecto. Diss. 1877. 52 S. 1.—

Spieß, (Heinrich): Festrede bei der Feier des 350jährigen Bestehens der Anstalt. Danzig 1909: Schroth. S. 14—19. 4°
Danzig, st. G P 1909 (33) [S 09. 449

Spieß, Heinr., deutsches Lesebuch f. höhere Schulen, s.: **Hellwig, P.**

— die **Lyrik** des 19. Jahrh. Für den Schulgebrauch hrsg. (232 S.) 11. 8. Leipzig 905. G. Freytag. — Wien, F. Tempsky. Geb. n. 1. 50

Spieß, H., Prosalesebuch, s.: Hellwig, P., P. Hirt u. U. Zernial, deutsches Lesebuch f. höhere Schulen.

— die deutschen Romantiker. Für den Schulgebrauch hrsg. (246 S.) 12. Ebd. 904. Geb. n. 1.50

Spieß, Hugo, aus Courtrai: Über die Jodometrie von Gold und Platin. *Freiburg i. B.: Speyer & Kaerner 1902.* (37 S.) 8° Freiburg i. B., Phil. Diss. v. 1902

Spiess, J.: „Gründlicher Unterricht zur practischen Gru[illegible]buchführung, den Herren Gutsbesitzern, Pächtern etc. ge[illegible]idmet", Wien 1814.

Spieß, J. B., s. Aelternzeitung.

Spieß, J. B., Eusebia, s. Eusebia.

Spieß, J. B., über Geistlichen-Vereine. Ein Gutachten. gr. 8. Offenbach a. M. 837. Wachtershäuser; jetzt Heinemann. 5/12 ₰

—— die Lehre d. christl. Glaubens u. Lebens in systemat. geordn. Bibelsprüchen. (Zum 3. Lehrgange d. Unterrichtswegweisers gehörig.) 8. (4 B.) Gießen 840, [Heyer's Verl.]

—— erstes Lese- u. Lehrbuch f. Volksschulen. (Zum 2. Thle. d. 1. Lehrgangs d. Unterrichtswegweisers v. demſ. Verf. gehörig.) gr. 8. (4½ B.) Gießen 836, [Heyer's Verl.] **

Spieß, J. B., Lesebuch f. die Unterklasse d. Volksschule. Mit Rücksicht auf den Schreib-Leseunterricht. 1. Abthl. 2., umgearb. u. verm. Aufl. 8. (4⅝ B.) Meiningen 846, Blum Thlr. *

Spieß, J. B., Lesebuch für die Unterklasse der Volksschule. Mit Rücksicht auf den Schreib-Lese-Unterricht. 3. verb. Aufl. 8. (84 u. VIII S.) Meiningen 850, Blum. 1/12 ₰

Spieß, J. B., Lesebuch für die Unterklasse der Volksschule. Mit Rücksicht auf den Schreib-Lese-Unterricht. 3., verb. Aufl. 8. (84 und VIII S.) Meiningen 850, [Eye.]

Spieß, J. B., Lesebuch für die Unterklasse der Volksschule. Mit Rücksicht auf den Schreib-Leseunterricht. 4. verb. Aufl. Hildburghausen 854. Kesselring'sche Hofbuchhdlg. 8. (80 S. u. 12 lith. S.) n. 3 ngr.

— s. Schulwächter, der.

—— üb. d. Trennung d. Geschlechter in Volksschulen. Ein Gutachten. 8. (3¾ B.) Darmstadt 838, Leske.
Aus der: Allgem. Schulzeitung, besond. abgedruckt.

—— der Unterrichtswegweiser f. d. Gesammtgebiet d. Lehrgegenstände in Volksschulen, f. Lehrer an dens. 1. Lehrgang. 1. Thl. — A. u. d. T.: Leitfaden bei d. Unterr. in d. Denkübungen f. Lehrer an Schulen. 1. Lehrg. gr. 8. (11½ B.) Gießen 834, Heyer, Vater.

—— der Unterrichtswegweiser f. d. Gesammtgebiet d. Lehrgegenstände in Volksschulen, f. Lehrer an dens. 1. Lehrg. 1—4. u. 8. Thl. gr. 8. Gießen, [Heyer's Verl.]

A. u. d. Ttln.:

Thl. 1. Leitfaden bei d. Unterr. in d. Denkübungen. 1. Lehrg. 2., verb. Aufl. (12 B.) 840. 16 Gr.
" 2. Leitfaden bei d. Unterrichte in d. Sprachbildungslehre f. Lehrer an Schulen. 1. Lehrg. (10¼ B.) 836. 14 Gr.
" 3. Leitfaden bei d. Unterrichte in d. Zahlenlehre. 1. Lehrg. (10½ B.) 837. 14 Gr.
" 4. Leitfaden bei d. Unterrichte in d. Raumlehre. 1. Lehrg. (7 B. m. viel. Holzschn.) 838. 10 Gr.
" 8. Leitfaden bei d. Unterrichte in d. Religionslehre. 1. Lehrg. (15 B.) 840. 20 Gr.

5—7. Thl. sind (1842) noch nicht erschienen.

— Wanderbüchlein durch die Rhön für Naturfreunde. Mit 1 (lith.) Karte (in Fol.). Meiningen (854.) Brückner u. Renner. 8. (IX, 186 S.) n. 15 ngr.

—— Wandtafeln f. d. Lautiren u. Lesen. Zum 2. Thle. d. 1. Lehrg. d. Unterrichtswegweisers gehörig. gr. Fol. (12 B.) Gießen 837, [Heyer's Verl.] *

Spieß, J. B., (Pfarr.,) 12 Wandtafeln für das Lautiren und Lesen. 2. Aufl. gr. Fol. Gießen 846, Heyer's Verl. In Couvert. n. 1/3 ₰

—— Zeitschrift f. Schulwesen ꝛc., s. Schulwächter.

Spieß, J. C., Schatz d. Gesundheit. 8. Hannov. Helwing. 711. — 4

Spieß, J.H., s. Spieß, Christian Heinrich

Spieß, J. L., erbaul. Passionsgedanken. 8. Schwabach, Enderes. 744.

Spieß, J.M., s.a. Spieß, J. S.

†Spieß, J. M., (Joh. Ad. Bergk,) die Kunst, zu essen u. zu trinken, od. Anweis., wie man beim Essen u. Trinken zu verfahren hat, um e. gesundes, munteres, langes u. kräftiges Leben zu erhalten. 8. (7½ B.) Leipzig 830, [Ernst.]

—— Schutz- u. Trutzmittel gegen d. asiat. Cholera: od. Anweis., wie man alle Furcht vor dies. Seuche verscheuchen, u. sich vor d. letztern verwahren u. sich sicher u. schnell heilen kann. 8. (2½ B.) Leipzig 831, Expedit. d. europ. Aufsehers. (?)

Spieß, J. M., (J. A. Bergk), der unfehlbare Wetterprophet, od. Anweis., wie man die zukünftige Witterung erfahren kann. 8. Leipz. 828. Bergk. 9 ℊ

—— der unfehlbare Wetterprophet, od. Anweis., wie man d. zukünftige Witterung erfahren kann. 8. (6½ B.) Leipzig 828, [Serig.]

Spieß, J. S., s.a. Spieß, J. M.

Spieß, J. S., die Gesundheitskunde im Essen u. Trinken ꝛc. Neue Ausg. 8. (7½ B.) Quedlinburg 838, Ernst'sche Buchh.

Spieß, J. S., (J. A. Bergk), die Kunst, zu essen u. zu trinken, od. Anweis., wie man beim Essen u. Trinken zu verfahren hat, um ein gesundes, munteres, langes u. kräftiges Leben zu erhalten. 8. Leipz. 830. Dr. Bergk. 12 ℊ

— Schutz- u. Trutzmittel gegen die asiat. Cholera; od. Anweis., wie man alle Furcht vor dieser Seuche verscheuchen, u. sich vor der letztern verwahren u. sich sicher u. schnell heilen kann. 8. Leipz. 831. Dr. Bergk. 4 ℊ

Spieß, Johann Christoph

— Anleitung u. Ermunterung z. würd. Feier des deutschen Siegesfestes, in 2 Predigten. gr. 8. Frankf. am M. Gebhardt u. Körber. 814.

Spieß, Jo. Cph., Antrittspredigt bei d. reform. deutschen Gemeinde in Frankfurt d. 27. Juni 1813. 8. Frankf. 813. Guilhaumann. 6 ℊ

— Jesu Aufforderung z. Gebet um einen von Gott gesendeten Lehrer. Eine Predigt. 12. Frankf. a. M. 827. Sauerländer. 3 ℊ

— Denkmäler od. Predigten üb. die Ereignisse d. Jahre 1813 u. 1814. gr. 8. Frankf. a. M. 815. Guilhaumann. 1 ₰ 8 ℊ

—die apostol. Ermahnung zur christl. Wohlthätigkeit gegen Nothleidende. Eine Predigt. 8. Frankf. a. M. 824. Sauerländer. 4 gr

Spieß, J. Chr., die Lehre des Christenthums. Neue Aufl. der 2. verb. Ausg. besorgt von E. R. Spieß. 8. (12 B.) Frankfurt a. M. 846, Zimmer.

— die Lehre d. Christenthums f. die gebildete Jugend. 8. Frankf. a. M. 818. Guilhaumann. 20 gr

— die freie Predigerwahl, dargestellt in drei Predigten. 8. Frankf. a. M. 827. Sauerländer. 16 gr

Spieß, Joh. Chrstph., ausgewählte Predigten. Nach d. Tode dess. hrsg. v. dess. Sohne Eb. Rud. Spieß. 3 Bde. gr. 8. (58 B.) Frankfurt a. M. 830, [Schmerber.] 3 Thlr., f. Pap.
Bd. 1. Ueber Tod u. ewiges Leben.
„ 2. Festpredigten.
„ 3. Vermischte Predigten.

— Versuch einer protestant. Kirchenordnung nach d. Bedürfnissen unsers Zeitalters. 8. Duisb. 807. Bädeker. 1 ℛ 16 gr

— Winke aus d. Jugendgeschichte Jesu f. das wechselseit. Verhalten zwischen Eltern u. heranwachsenden Kindern. Eine Homilie. gr. 8. Frankf. a. M. 817. Hermann. 3 gr

Spieß, Jh. Jak., († d. 30. Juli 1844.) kleine Beitrr. z. Aufnahme u. Ausbreit. d. Münzwissenschaft. 4 Stcke. 8. Ansb. 765—68. (Gassert). 1 ℛ 8 gr

— neue Beyträge z. Geschichte und Münzwissenschaft. 18 Stck. gr. 8. Nürnb. Bauer u. M. (Schmidmer.) 782. — 8

— s.a. Brandenburg. histor. Münzbelustigungen.

— brandenburgische Münzbelustigungen, eine Wochenschrift. 5 Thle. 4. Ansbach, Haueisen. 768 – 74.

— Samml. von 134 alten u. neuen Speciesthalern. 8. Ansb. 764.

— Vergleichung der Theuerung in Schlesien 1736 mit der 1770 in Deutschland. 8. Ansb. 771.

Johann Karl Spiess

Joh[annes] Carolus Spies [Spiess]: De Aëre aquis
et locis Goslariensibus. [Resp.:] Johannes Conra-
dus Trumphius [Trumph]. Helmstadii (1724:) Schnorr.
48 S. 8

Helmstedt, Med. Diss. v. 6. Okt. 1724

Johann Karl Spiess

Johannes Carolus Spies [Spiess]: Oeconomiae anima-
lis Cognitio. Helmstadii (1718:) Hammius. 4 Bl. 8°

Helmstedt, Med. Univ.- Schr. v. 23. Juni 1718

Spies, Jo. Car., Diss. de doloribus ventriculi. Helmst. 4°. **1729**

Johann Karl Spiess

Joh[annes] Carolus Spies [Spiess] Examen aquarum
mineralium Furstenauiensium et Vechteldensium.
[Resp.:] Rudolphus Augustus Behrens. Helmstadii
1724: Schnorr. 72 S. 8°

Helmstedt, Med. Diss. v. 5. Okt. 1724

[Mit hs. Widmung.]

2. Ex.: Mx 39 (1)
3. Ex.: Mx 281 (6) [fälschlich 26. Sept. 1724 als Promotions- Datum aufgedruckt.]

Spies, Johann Karl [Praes.], s. S c h ü t t e, Johann Bernhard Anton: Disputatio inauguralis medica veram rationi conformem auctoritate probatam ac experientia confirmatam tympanitis theoriam ac therapiam exhibens.

Spies, Johann Karl [Praes.], s. S c h w a r z, Georg Ludwig: Veritatum medico-practicarum decas.

Johann Karl Spiess

Joh[annes] Carolus Spies [Spiess]: Tympanitis Theo-
ria ac therapia. [Resp.:] Joh[annes] Bernh[ardus]
Anton Schütte. Helmstadii (1724:) Schnorr. 40 S. 8°

Helmstedt, Med. Diss. v. 21. Dez. 1724

Spies, Johann Karl [Praes.], s. T r u m p h, Johann Konrad: De aere aquis et loci Goslariensibus.

Johann Karl Spiess

Der panaceae solutivae oder magnesiae albae eröff-
nete Unschuld darinnen derselben wahre Bereitung,
vortreffliche Würckung, nichtige Beschuldigung und
richtige Vertheidigung vorgetragen von Joh[ann]
Carl Spieß. Wolffenbüttel: Freytag [1709]. 45 S. 8°

Spiess, Jo. Car., Diss. de valeriana. Helmst. 4°. **1724**

Spieß, Johann Konrad

Spiess, Jo. Conr., Melancholia hypochondriaca salivatione mercuriali cito, tuto ac radicitus exstirpata, quam secundum omnes circumstantias methodumque curandi adhibitam ulteriori philiatrorum disquisitioni exposuit. 23 l. Helmst. 12°.
1704

Musicalische | Bibel-|Andachten, | Bestehend in auserlesenen | Geistlichen Gedichten | aus Rowe, Prior, Canitz &c. | Zu Ein, Zwey, und Dreyen Stimmen, | samt dem *General-Bass*, | mit untermengten | Flöten- und *VIOLIN*-Stücken, | und *concertirenden CANTATen*, | *componirt* von | Johann Martin Spieß, | *Organist* im Münster zu Bern. | Herausgegeben von einer | Privat-Music-Gesellschafft in Bern. | Z | Gedruckt | auf Kosten der Gesellschafft. | *MDCCLXII.*

[Bern] 1762, [V:] Privat-Music-Gesellschafft in Bern – 8° – (4) 174 Sn.

Spiess, Johann Paul Thomas

— s. Etwas üb. Ertheilung academ. Würden.

Spiess, Johann Paul Thomas (Nürnberg) Altd. Jur. lose

Dissertatio iuris publici inauguralis sistens observationes nonnullas de iuribus S. R. G. I. vicariorum generatim et de limitata eorum auctoritate imperii comitia continuandi speciatim.
Altdorf (Meyer) 18. X. 1790. 35 S.

Gew.: Stadt Nürnberg. 32996

Spies, Jo. P. Th.: Versuch ein. Anleit. zur Reichsstadt-Nürnberg. Judicial-Praxis. 1e Abthl. *Nürnb.*, 806. 8.

Spiess, Joannes Guilielmus Fridericus: Nonnulla de contagiis, contagione atque morbis contagiosis. (Berolini) 1832: (Nietack). 70 S. 8°
Halle-Wittenberg, Med. Diss., nachgeliefert von dem am 8. Sept. 1831 auf Thesen promovierten Verf.
Geb. Duisburg am Rhein 5. 8. 1809. V.
Verf. erlebte die Diplomerneuerung 1881 als Sanitätsrat in Frankfurt a. M., vgl. Anh. Nr. 361.

SPIESS, Joseph (Au/München): De somnio morborum genitore.- Monachii: Hübschmann 1834. 15 S. 1.3.1834 - Urk; F 62
Diss.Ingolst.-Landsh.-Mchn.

Spiess, Julius [aus Hohensolms, Kreis Wetzlar]: Ueber die auf Wasser gleitenden elektrischen Funken .... Marburg, Univ.-Buchdr. (R. Friedrich), 1887; 18 S. u. 3 Taf. 4°.
Marburg, Phil. Fak., Inaug.-Diss. v. [15. März, 1887

Spiess, Julius, über die auf Wasser gleitenden elektrischen Funken. Diss. Marburg 1887, N. G. Elwertsche Univ.-Buchh. 4°. 18 S. mit 3 Taf.

Spiess, Julius [Dr.]: Das Verhältnis von Apostelgesch. 15 zu Gal. 2, e. Beitr. z. Gesch. d. Parteiverhältnisse im Urchristentum. Crefeld, Druck v. Kramer & Baum, *1892*; 3—12 S. 4.
Crefeld, G, OP 1892 (433)

(F) **Spiess**, K. v., Von den Ufern des Lebens. 8°. (126 S.)
Wien: Akademischer Verlag für Kunst und Wissenschaft 1906.

Spieß, K. H. Biographien der Selbstmörder, 4 Theile, 8. Prag, 786-89. Schönfeld. 2 Rtl. Dasselbe Buch, dritte Original-Ausgabe, 8. Daselbst, 791. Albrecht. 1 Rthl.

— — Biographien der Wahnsinnigen, 4 Theile mit Kupf. 8. Leipzig, 795-96. Voß. 5 Rthl. 5 ggl.

— — kleine Erzählungen und Geschichten, 1r Theil, mit 1 Kupf. 8. Prag, 797. Barth. 1 Rthl.

Spieß, K. H., Konrad v. Strahlenberg, od. das Geistergericht um Mitternacht in den Ruinen d. Schreckensteins. 8. Manh. 826. Löffler. 1 ℳ 4 gr

— — meine Reisen durch die Hölen des Unglücks und die Gemächer des Jammers, 3 Theile mit Kupf. 8. Leipzig, 796-97. Leo. 3 Rthl. 25 ggl.

Spieß, Karl

Spieß, Carl, gründliche kurzgefaßte Anleitung zur Obstbaumzucht in Gärten u. auf freiem Felde. gr. 12. (135 S.) Wien 848, Gerold. 1/2 ℳ

SPIESS, Karl v.: Ginkgo, Cephalotaxus und die Taxaceen. Eine philogenetische Studie. - (Österr. Bot. Z. Bd. 72, 1902, H. 11)

Spieß, Carl, Lehrbuch der ebenen Geometrie zum Gebrauche an höheren Lehranstalten und beim Selbststudium. 2., verb. und verm. Aufl. gr. 8. (X und 198 S. mit 200 in den Text gedr. Fig. in Holzschn.) Leipzig 862, C. F. Winter'sche Verlagsh. *

—— Anhang dazu. Die Resultate und Andeutungen zur Auflösung der in dem Lehrbuche befindl. Aufgaben enth. 2., verm. und verb. Aufl. gr. 8. (IV und 75 S. mit 79 in den Text gedr. Fig. in Holzschn.) Ebendas. 862. *

von Spieß, Karl: Prähistorie und Mythos. S. 3—29. 8.
Progr K. k. Staats-Ober-Gymn. *Wiener-Neustadt* 1910.
1. Die Kunst im Zeitalter der Mammut- und Renntierjäger. 2. Die Kunst in der jüngeren Steinzeit, in der Bronzezeit und frühen Eisenzeit. 3. Der Mondmythos. 4. Die Funde der jüngeren Stein-, der Bronze- und Eisenzeit und ihre Beziehung zum Mondmythos. 5. Mondmythos und Weltanschauung. 6. Die zwei Weltanschauungen der Antike.

Spiess, Karl v., von den Ufern des Lebens. (Buchschmuck v. Rud. Junk.) (127 S.) kl. 8. Wien (906). **Akadem. Verlag.** n. 1. 80; geb. n. 3. —

Spieß, L., der Schauspieler von Stettin, s. Bibliothek, dramatische.

Spieß, M. K., romant.-poet. Blumenkörbchen. 8. Wien 804. Gerold. 8 gr

Spieß, Marie Cl., die Glocke um Mitternacht. 8. Leipzig, Joachim; ist d. Pr. 2/3 ℳ (Vgl. Thl. VI. Romane. S. 55.)

Spieß, Max

Spieß. **Die Hinterlegung u. vorläufige Verwahrung v. Geld, Werthpapieren u. Kostbarkeiten. Systematische Darstellg. der in Preußen gelt. Vorschriften, m. besond. Berücksicht. d. Nachweises der Empfangsberechtigg., nebst vollständ. Text der Hinterlegungsordng. vom 14. März 1879. Zum prakt. Gebrauch f. Behörden u. Rechtsanwälte. gr. 8. (VIII, 224 S.) Berl. 890, C. Heymann.** geb. * 5 —

Spiess, Meinradus. Tractatus musicus compositorio-practicus. Opus VIII. Augspurg 1746.

Spieß. Mor., Aberglauben, Sitten u. Gebräuche des sächsischen Obererzgebirges. Ein Beitrag zur Kenntniß des Volksglaubens u. Volkslebens im Königreich Sachsen. [Abhandlung, zum Programm der Realschule zu Annaberg für 1862 gehörig.] Dresden 862. Burdach. 4. (80 S.) n. 24 ngr.

Spieß, Mor., **sächsische Geschichte in Biographien. Hrsg. von Oberlehrern der königl. Realschule zu Annaberg. In 3 koncentrisch sich erweiternden Kursen. 1. Kursus, die für den Anfangsunterricht geeignetsten Biographien enth. 3. und 4. Ausg. gr. 8. (VIII, 66 S.) Hildburghausen 869,77, Kesselring'sche Hofbuchh.** *

Spieß, **Mor., u. Berlet.** Sächsische Geschichte in Biographien. Hrsg. v. Oberlehrern d. königl. Realgymnasiums zu Annaberg. In 2 koncentrisch sich erweiternden Kursen. 1. Kurs., die f. den Anfangsunterricht geeignetsten Biographien enth. 5. verb., durch e. Register verm. Aufl. 8. (VIII, 104 S.) [Hildburgh. 889.] Frankf. a. M., Kesselring. cart. * 1 —
Ein 2. Kurs. ist noch nicht erschienen.

Spieß, **Mor.**, sächsische Geschichte in Biographien für höhere Schulen. s. Geschichte.

—— Hiob, metrisch übersetzt, s. Hiob.

Spiess, Moritz *Albert:* Die deutsche Reichsregierung unter Heinrich IV. '(1056—1072)'. Dresden, Lehmannsche Buchdr., 1894; III—XXVI S. 4.
Dresden, G z. heiligen Kreuz, OP 1894 (535)

Spieß, Mor., und **Berlet**, deutsche Schulgrammatik, s.a. Schulgrammatik.

—— **und Bruno Berlet, deutsche Schulgrammatik. In 3 „konzentrisch sich erweiternden" Kursen. 1. und 2. Kursus. 8. Ebendas. à Kursus * 60 Pf.** *
Inhalt:
Kursus 1. Für den Unterricht in Unterklassen berechnet. 5. und 6. Aufl. (XII, 60 S.) 875,76.
" 2. Für den Unterricht in Mittelklassen berechnet. 5. Aufl. (VIII, 81 S.) 877.

— u. Bruno **Berlet**, deutsche Schulgrammatik. In 3 „koncentrisch sich erweiternden" Kursen. 1. Kurs., für den Unterricht in Unterklassen berechnet. 6. Aufl. 8. (XII, 60 S.) Ebend. 878. n. — 60

— — dasselbe. 2. Kurs., für den Unterricht in Mittelklassen berechnet. 5. Aufl. 8. (VIII, 81 S.) Ebend. 877. n. — 60

Spieß, Mor., und Bruno Berlet, deutsche Schulgrammatik. In „konzentr. sich erweit." Kursen. 2 Kurse. 8. Hildburghausen, Kesselring'sche Hofbuchh. à Kursus * 60 Pf.; geb. *
Inhalt:
Kursus 1. Für den Unterricht in Unterklassen berechnet. 7. Aufl. (XII, 62 S.) 883.
" 2. Für den Unterricht in Mittelklassen berechnet. 6. Aufl. (VIII, 80 S.) 880.

Spieß, Mor., und Berlet, deutsche Schulgrammatik. 2. Kursus, für den Unterricht in Mittelklassen berechnet. 7. Aufl. 8. (VIII, 90 S.) Hildburghausen 885, Kesselring'sche Hofbuchh. *

Spieß, Mor., u. Berlet, deutsche Schulgrammatik. 1. Kurs., f. den Unterricht in den untersten Klassen höherer Lehranstalten berechnet. 8., neubearb. Aufl., besorgt v. E. Berlet. gr. 8. (X, 89 S.) Frankfurt a/M. 894. Kesselring. n. — 50

—— deutsche Schulgrammatik für höhere Schulen, s. Schulgrammatik, deutsche.

Spieß, Mor., Sachsens ländliche Volksschulen. Ein Nachweis der Unzulänglichkeit unserer Volksbildung und einige Vorschläge zur Abhülfe. 30 Thesen. 8. (VIII, 71 S.) Leipzig 869, Klinkhardt. *

– und Bruno Berlet

— — Weltgeschichte, s. a. Weltgeschichte.

—— und Bruno Berlet, Weltgeschichte in Biographien. Hrsg. von Lehrern der Realschule zu Annaberg. In 3 „konzentrisch sich erweiternden" Kursen. gr. 8. Hildburghausen, Thüringer Schulbuchh. [Kesselring'sche Hofbuchh.] à Kursus *M 2,50. *
Inhalt:
Kursus 1. Für Unterklassen berechnet. 7.—9. verb. und bis auf die Gegenwart fortgeführte Aufl. (XII, 274 S. mit 1 lithogr. Uebersichtskarte zur alten Geschichte in qu. 4.) 871—75.
Kursus 2. Für den Unterricht in Mittelklassen berechnet. 5. Aufl. 1874. und 6. verb. und bis auf die Gegenwart fortgeführte Aufl. (XIII, 336 S.) 875.
" 3. Für den Unterricht in höheren Mittelklassen berechnet. 3. verb. und bis auf die Gegenwart fortgeführte Aufl. (XII, 400 S.) 875.

—— —— Weltgeschichte in Biographien. In 3 „konzentrisch sich erweiternden Kursen. gr. 8. Ebendas. à Kursus *M 2,50. *
Inhalt:
Kursus 1. Für den Unterricht in Unterklassen berechnet. 10. verb. und bis auf die Gegenwart fortgeführte Aufl. (XII, 256 S. mit 1 Uebersichtskarte zur alten Geschichte, Holzschntaf. in qu. Fol.) 1876; 11. verb. und bis auf die Gegenwart fortgeführte Aufl. (XII, 256 S. mit 1 lithogr. Uebersichtskarte zur alten Geschichte, sowie 1 chromolithogr. Karte von Alt-Griechenland und von Alt-Italien.) 879.
" 2. Für den Unterricht in Mittelklassen berechnet. 7. verb. und bis auf die Gegenwart fortgeführte Aufl. (XII, 296 S.) 876.
" 3. Für den Unterricht in Mittelklassen berechnet. 4. verb. und bis auf die Gegenwart fortgeführte Aufl. (XII, 320 S.) 877.

Spieß, Mor., und Bruno Berlet, Weltgeschichte in Biographien. In 3 konzentrisch sich erweiternden Kursen. 1. und 2. Kursus. gr. 8. Hildburghausen, Kesselring'sche Hofbuchh. à Kursus *M 2,50. *
Inhalt:
Kursus 1. Für den Unterricht in Unterklassen berechnet. 12. verb., durch ein Register verm. Aufl. - Nach neuer Orthographie. Mit 1 Übersichtskarte zur alten Geschichte, sowie 1 Karte von Altgriechenland und von Altitalien (chromolithogr.). (XII, 264 S.) 881.
" 2. Für den Unterricht in Mittelklassen berechnet. 8. verb., durch ein Register verm. Aufl. (XII, 283 S.) 883.

—— —— Weltgeschichte in Biographien. In 3 koncentrisch sich erweiternden Kursen. 1. und 3. Kursus. gr. 8. Ebendas. à Kursus *M 2.50. *
Inhalt:
Kursus 1. Für den Unterricht in Unterklassen berechnet. 13. verb. Aufl. (XII, 265 S. mit 1 Übersichtskarte zur alten Geschichte, sowie 1 Karte von Altgriechenland und von Altitalien.) 885.
" 3. Für den Unterricht in höheren Mittelklassen berechnet. 5. verb., durch ein Register verm. Aufl. (XII, 340 S.) 887.

—— —— Weltgeschichte in Biographien. In 3 koncentrisch sich erweit. Kursen. gr. 8. Frankf. a. M., Kesselring. geb. à Bd. * 3 —; * 6 —
1. Kurs., f. den Unterricht in Unterklassen berechnet. 14. verb. Aufl. Mit e. Uebersichtskarte zur alten Geschichte, sowie e. Karte v. Altgriechenland u. v. Altitalien. (X, 344 S.) 891.
2. Kurs., f. den Unterricht in Mittelklassen berechnet. 9. verb. Aufl. (X, 356 S.) 892.

Spieß, Mor., u. Berlet, Weltgeschichte in Biographien. In 3 koncentrisch sich erweit. Kursen. 1. Kurs., f. den Unterricht in Unterklassen bearb. 15., neubearb. Aufl., besorgt v. Erich Berlet. gr. 8. (X, 250 S.) Frankfurt a/M. 898. Kesselring. Geb. n. 3. —

Spieß, Mor., u. Berlet, Weltgeschichte in Biographien. In 3 koncentrisch sich erweit. Kursen. 1. Kurs., f. den Unterricht in Unterklassen berechnet. 16. Aufl., besorgt v. Erich Berlet. gr. 8. (X, 250 S.) Frankfurt a/M. 901. Kesselring. Geb. n. 3. —

— — dasselbe, Ergänzungen, s.: Kümpel, C.

Spiess, O. Graphische Berechnung der Dachstühle. Leipzig 1874. 4.

Spiess, O. Graphische Berechnung des Parallelträgers. Leipzig 1874. 4.

Spiess, Otto. Die Grundbegriffe der Iterations-Rechnung. Diss. Phil. Basel. (Separatabdruck aus den Mitteilungen der naturforschenden Gesellschaft in Bern [aus dem Jahre 1901. Nr. 1500 1518].) 34 S. 8. Basel, K. J. Wyss, 1902.

Spiess, Otto, die Mathematik auf dem Gymnasium. (S. 233—246.) gr. 8. Basel 907. (Leipzig, C. Beck.) — 60
Sonderabdruck aus: „Festschr. z. 49. Vers. deut. Philologen u. Schulmänner".

Spiess, Otto. Die Mathematik auf dem Gymnasium. Aus der Festschrift zur 49. Versammlung Deutscher Philologen und Schulmänner. Basel 1907. II S. + S. 232—246. 8. [Basel, Buchdr. Emil Birkhäuser;] — *Aufdruck:* Leipzig, Carl Beck, Verlag—, [1907]. [M.—.60]

Spiess, Otto. Raum und Zeit. Akademischer Vortrag, gehalten in der Aula des Basler Museum am 13. November 1906. Separatabdruck aus dem Sonntagsblatt der «Basler Nachrichten» vom 16., 23. und 30. Dezember 1906. 30 S. 8. [Basel, Basler Berichthaus, 1907.] [fr. —.50]

Spieß, P. M., musikalisch. Traktat 2c. Fol. Augsb. Lotter u. Sohn. 764.

Spiess, Paul, ein Beitrag z. Bildung pentacarbocyclischer Verbindungen. Diss. gr. 8. (59 S.) Göttingen 902. (Vandenhoeck & Ruprecht.) n. 1. 20

Spiess, Paul, aus Stolberg, (Rhld.): **Ein Beitrag zur Bildung Pentacarbocyclischer Verbindungen.** *Göttingen 1902: E. A. Huth.* (58 S.) 8°
Göttingen, Phil. Diss. v. [18. Juli] 1902

Spiess, Paul, aus Linnich (Rheinl.): **Ueber Säureanhydride, Säureamide und ihre Derivate.** *Freiburg i. B. 1900: C. A. Wagner.* (60 S.) 8°
Freiburg i. B., Phil. Diss. v. 1900

Spieß, Phpp., der Bürgermeister u. sein Sohn. Erzählg. aus d. alten Heilbronn. M. 14 Zeichngn. v. Otto Rauth. 2. Aufl. 8. (III, 270 S.) Heilbronn 896. E. Salzer. n. 2. 40; geb. n. 3. —

Spieß, Philipp (Wilh. Staehle), der Reichsprozeß. Erzählg. (309 S.) 8. Heilbronn 904. E. Salzer. n. 2. 80; geb. n. 3. 60

Spieß, Philipp (Wilh. Staehle), bis zum Feierabend, s.: Jugend- u. Volksbibliothek, deutsche.

Spieß, Phpp., Kurt Hartmuts Glück u. Elend. Erzählg. aus dem alten Heilbronn. Mit Buchschmuck von Carl Spindler. 8. (III, 315 S.) Heilbronn 900. E. Salzer. n. 2. 80; geb. n. 3. 60

— der Heiligenpfleger v. Gruppenbach. Erzählg. Buchschmuck v. H. Seufferheld. 8. (293 S.) Ebd. 902. n. 2. 80; geb. n. 3. 60

Spieß, Ph., der Klostervogt v. Lichtenstern, s.: Jugend- u. Volksbibliothek, deutsche.

—— der Krankenhauspförtner, s. Jugend- und Volksbibliothek, deutsche.

— Kriegs- u. Friedensbilder, s.: Jugend- u. Volksbibliothek, deutsche.

Spieß, Ph., der Schachtelfrieder, s.: Immergrün.

Spieß, Phpp., der Steinmetz v. St. Kilian. Erzählung aus dem alten Heilbronn. Mit 1 Photograv. 8. (IV, 218 S.) Heilbronn 894. E. Salzer. n. 1. 80; geb. in Leinw. 2. 50

— der Steinmetz v. St. Kilian. Erzählg. aus dem alten Heilbronn. Mit Buchschmuck v. Geo. Barlösius. 2. Aufl. 8. (IV, 204 S.) Heilbronn 901. E. Salzer. n. 2. —; geb. n. 2. 80

—— der Wichse-Fabrikant, s. Jugend- und Volksbibliothek, deutsche.

Spieß, Philipp Ernst

Spieß, Ph. Er., († d. 5. März 1794.) von Archiven. 8. Baireuth 777. (Gebauer in Halle). 6 gr

Spiess, Ph. E.: „Von Archiven", Bayreuth 1777 (Hagen).

— Aufklär. in d. Geschichte u. Diplomatik, als eine Fortsetzung seiner archivar. Nebenarbeiten. gr. 4. Bayreuth 791. (Grau in Hof). 1 rthlr 16 gr

— Beweis, daß Pfalzgraf Hermann bei Rhein, der sonst d. Zunahmen von Stahlek hatte, ein geborner Graf von Hochstätt in Ostfranken gewesen ist. gr. 4. Münch. 792. (Franz). 4 gr

— bulla aurea Rudolphi I. Romanorum regis etc. 4. Bayr. 774. Lübeck. 6 gr

— Geschichte d. Kaiserl. 9jähr. Bundes v. J. 1535—44. Aus d. Originalakten dargest. gr. 4. Erlang. 788. Palm. 1 rthlr 12 gr

Spiess, Philipp Ernst. Lebensumstände, von ihm eigenhändig verfasst; bei seiner Beerdigung abgelesen . . . Baireuth 1794. H: *Hacker, Carl Chn Theodor.* (BB) H: *Kapp, Johann.* (MGT) (Ky)

Spieß, Ph. Er., Lebensumstände, von ihm eigenhändig verfaßt, bei seiner Beerdigung am 8. März abgelesen, nebst der dabei (v. Jh. Kapp) gehalt. Standrede, z. Druck befördert (v. K. C. Th. Hacker). 4. Bayr. 794. Lübeck. 4 gr

— archivarische Nebenarbeiten u. Nachrr. vermischten Inhalts, mit Urkunden. 2 Thle. gr. 4. Halle 783—85. Gebauer. 2 rthlr

— von den Reuter-Siegeln. Mit 1 Taf. gr. 4. Münch. 782. (G. Franz). 4 gr

— von den Reuter-Siegeln. gr. 4. Halle 784. Gebauer. 4 gr

— Unterricht von d. Gebrauch der Siegel-Oblaten. Mit Zusätzen u. Bemerkk. üb. die Bedienung des span. Wachses bei d. Urkunden-Besiegelung, v. Jh. Ph. Roos. 4. Frankf. a. M. 794. Andreä. 6 gr

— Unterr. v. Gebr. d. Siegel-Oblaten. 4. Frankf. Andreä. 797.

Spieß, Ph. H., mein Lebenslauf, s.: Gladitz, Carl.

Spiess, Placid., praxis catechetica, od. Gespräche zwischen Vater u. Sohn, von dem rechten Glauben u. der christkathol. Lehre. 12. Augsb. 785. Veith. 4 gr

Spiess, Placid., Praxis catechetica, od. Gespräche zwischen Vater u. Sohn rc. 12. Augsb. Veith. 799. — 4

Spieß, Theone, Emilie, od. so lohnt die Treue. Ein Roman. 8. Bresl. 801. Gehr. 8 gr

Spieß, Walter, Gerichtsref. zu Frankfurt a. M.: Der Erbschaftskauf und die verwandten obligatorischen Verträge im Bürgerlichen Gesetzbuch. *Frankfurt a. M. 1903: R. Mahlau.* (73 S.) 8°
Marburg, Jur. Diss. v. [27. Juli] 1903

Spieß, Wilhelm, Aufstellung der Geräte in der Turnhalle Biel, Entworf. u. ausgeführt v. —, Bern, 1 Bl.

Spieß, Wilh., praktische Beispiele zu den kommissionellen Gebarungen in der österr. Staatsverrechnung. (V, 36 S.) gr. 8. Innsbruck 904. Wagner. n. 1. —

Spiess, Wilhelm. Die Brunnen Berns. Geschichte, Bilder u. Lieder. [Mit 2 Melodien.] Allen Schweizern gewidmet . . . 4. Bern [1891].

Spieß, Wilh., nach dem Gesetz u. Zeugniß! Jesaias 8, 20. Die beiden ersten Hauptstücke des kleinen Katechismus Dr. Martin Luthers mit Auslegung u. vorangehender Einleitung. Ansbach 869. (Junge.) gr. 8. (IV, 152 S.) n. 8 ngr.

Spiess, Wilhelm. Gradaus. [Gedichte.] 3. Aufl. 128 S. 8. Bern, Selbstverlag des Verfassers (Druck von K. J. Wyss), 1902. [fr. 2. —]

Spieß, Wilh., Katerlieder v. Muggi Mäusetod. 2. Aufl. 8. (126 S.) Bern 894. (K. J. Wyß.) Geb. in Leinw. m. Goldschn. n. 5. —

Spieß, Wilh., Katerlieder d. Muggi Mäusetod. 3. Aufl. 8. (126 S.) Bern 895. (K. J. Wyß.) Geb. in Leinw. m. Goldschn. n. 5. —

Spiess, Wilhelm. Katerlieder des Muggi Mäusetod. 6. verbesserte und vermehrte Aufl. II + 150 S. 8. Bern, Selbstverlag des Verfassers (Buchdr. Fr. Bürgin, Basel), 1902. [geb. fr. 5. —]

Spiess, W., das Primarschulwesen Berns und die geistige und körperliche Entwicklung unserer Schuljugend. Ein Mahnruf an Behörden, Lehrer und Eltern anlässlich der Gemeindereorganisation. Nach den von der bern. Erziehungsdirektion, dem Schulinspektorat, dem hiesigen Gemeinderat und Freunden der Sache unterstützten statist. Erhebungen und öffentl. Aktenstücken zusammengestellt. gr. 4. (32 S.) Bern 888, (Köhler'sche Buchh.) *

Spieß, Wilhelm, Stemmbalken, Bock und Schrägbrett, Sturmbrett, für Schweiz. Schulen, Neue Modelle nach d. Maßen d. Eidg. Normalien entworf. u. zu der. Ergänzung in natürl. Größe ausgef., gez. v. Alfr. Fehlbaum, Bern, 1 Bl., 2°.

Spieß, Wilhelm, Universal-Doppel-Leiter-System (mit gewinkelter, fester Gleitbahn), Entworf. u. in natürl. Größe ausgef., Bern, 1 Bl., 2°.

Spießbach, Christianus Gotthelf: De singularibus quibusdam cerebri cordisque vulneribus. Vratislaviae (1812). (6 Bl.) 4°
(Praeses: Heinrich Friedrich Link.)
Breslau, Med. Diss. v. 12. Dez. 1812

Spießbürger's Gedankensplitter. Wochenschrift von Nichtgelehrten für Selbstdenklustige. Red.: Frz. Schmücker. 1. Jahrg. Novbr.—Dezbr. 1906. 6 Nrn. (à ca. 8 S.) 4. Berlin, Verlag v. Spießbürgers Gedankensplitter.
Erscheint nicht weiter. à Nr. — 10

Spießbürger, der katholische, des katholischen Philisters Bruder, s. Broschüren-Cyklus für das katholische Deutschland

Spiessbürger, Abr. s.a. Notenblätter.

Spießbürger, Abrah., katzenmusikal. Notenblätter aus Breslau, als Beitrag zur Würdigung demokrat. Personen u. Zustände. Allen politischen Gaunern u. Jesuiten zu Ehren u. dem deutschen Volke zum Studium vorgehalten. gr. 8. (99 S.) Sondershausen 848, Eupel. 1/4 ℛ

Spieße und Nägel. Wider die Schwarmgeister. Von e. Freunde d. wahren Christenthums. gr. 12. (3 1/4 B.) Barmen 837, Steinhaus.

Spiessen, Max v.: Tante Kläres Raritäten. Kulturgeschichtl. Bilder aus d. Vergangenheit. Von —. (Vorr.: Prof. Dr. A[lbert] Weskamp.) Bd 1–3. Dülmen: Laumann (1910–11.) 8°
[1.] (1910). 2. 3. (1911.)

Spiessen, Max v., Wappenbuch des westfälischen Adels. Gezeichnet v. Adf. M. Hildebrandt. 1.—11. Lfg. gr. 4. (338 z. Tl. farb. Taf. m. Text S. 1—84.) Görlitz (898—901). C. A. Starke. à Lfg. n. 9. —

Spiessen, Max v., Wappenbuch des westfälischen Adels, m. Zeichngn. von Adf. M. Hildebrandt. 12. (Schluß-)Lfg. (26 z. Tl. farb. Taf. m. Text IX, S. 85—144, XCII u. 20 S.) gr. 4. Görlitz 903. C. A. Starke. n. 9. —; Subskr.-Pr. f. die bis 24. XII. 1898 bestellten Ex. n. 6. —

à Spiessenhoff, Diss. de spasmis in genere. Heildelberg. 4°. 1738

Spießgesell, der, aus d. Engl. 3 Bde. 8. (43 1/2 B.) Leipzig 837, [Cassel,] Fischer.

Spiessmacher, Johann Friedrich (Bockhorn/Old.)
4°Thl. VIII, 78/21

Disquisitio, num genibus flexis studiis incumbere liceat ? vel, Ob man kniend studiren dürffe ?
Präs. Georg Heinrich Goetze.
Lübeck (Struck) 26. V. 1717. 8 S. 33001

Spiessmacher, Johann Friedrich (Bockhorn/Old.)
4°Thl. VIII, 78/18

Dissertatio theologica, de moribundis evangelico-Lutheranis, insidiis pontificiorum obnoxiis.
Präs. Georg Heinrich Goetze.
Lübeck (Struck) 28. V. 1717. 16 S. 33002

Spiessruthen, Litterarische, oder die hochadligen und berüchtigten Xenien. Mit erläuternden Anmerkungen ... Weimar. Jena u. Leipzig ... [Berlin 1797.]
V: *Jenisch, Daniel.* (Wr) (Ky) (EE) (GGr)

Spießruthen, literar., od. d. Xenien, erläutert mit Anmerkk. (v. Dan. Jenisch). 8. Leipz. 797. Rein. 12 gr

Spieth, Jak., die Bedeutung der Mission f. die deutsche Kolonie Togo, s.: Missions-Schriften, Bremer. Nr. 25.

— die Entwicklung der evangelischen Christengemeinde im Ewe-Lande, s.: Missionsschriften, Bremer. Nr. 12.

Spieth, Jak., die Ewe-Stämme. Material zur Kunde des Ewe-Volkes in Deutsch-Togo. Mit 2 farb. Karten u. 172 Bildern. (80 u. 962 S.) Lex.-8. Berlin 906. D. Reimer. n. 60. —; geb. n. 66. —

— Krankenbehandlung bei den Eweern in Togo, s.: Flugschriften des Bremer Vereins f. ärztliche Mission.

— 50 Jahre Missionsarbeit in Ho, s.: Missions-Schriften, Bremer. Nr. 26.

— Die Rechtsanschauungen der Togoneger u. ihre Stellung zum europäischen Gerichtswesen. (18 S. m. Abbildgn.) gr. 8. Bremen 908. (Verlag der norddeutschen Missions-Gesellschaft.) — 50
Sonderabdruck aus: „Jahrb. üb. d. deut. Kolonien".

— das Sühnebedürfnis der Heiden im Ewe-Lande, s.: Missionsschriften, Bremer. Nr. 13.

— Die religiösen Vorstellungen der Eweer, s.: Missions-Schriften, Bremer. Nr. 17.

— Wie kommt die Bekehrung e. Heiden zustande?, s.: Missions-Schriften, Bremer. Nr. 22.

Spiethoff, Luisens Segen, s. Festspiele zu Kaisers Geburtstag.

Spiethoff, A. Vorbemerkungen zu einer Theorie der Überproduktion. Vortrag. Berlin 1901. (Separat-Abzug.)

Spiethoff, Arthur, a. Berlin: Beiträge zur Analyse und Theorie der allgemeinen Wirtschaftskrisen. ⟨T. 2, Kap. 2.⟩ (Leipzig: Duncker & Humblot 1905.) (39 S.) 8° ¶(Ersch. vollst. in d. Staats- und sozialwissensch. Forschungen, Bd 24.)
Berlin, Phil. Fak., Ref. Wagner, Schmoller, Diss. v. 18. Febr. 1905
[Geb. 13. Mai 73 Düsseldorf; Heimatsort: Berlin; Staatsangeh.: Preußen; Vorbildung: Gymn. Mühlhausen in Thüringen Reife M. 93; Studium: Berlin 3, Genf 1, Berlin 7 S.; Rig. 19. Jan. 05.]

Spiethoff, Arth., s.: Festgaben f. Adolph Wagner.

Spiethoff, Bodo, approb. Arzt: Über den Blutdruck bei Morbus Basedow. *(Altenburg, S.-A.) 1902: (Pierer).* (15 S.) 8°
Jena, Med. Diss. v. (28. Juni) 1902

Spiethoff, Bodo, Dr. med., fr. Assistenzarzt: Aus der Abteilung für Haut- und Geschlechtskrankheiten des Allgemeinen Krankenhauses St. Georg ⟨Oberarzt Dr. Engel-Reimers.⟩. Klinische und experimentelle Studien über Blastomykose. Mit 2 Tafeln. Hamburg und Leipzig: L. Voss 1905. (42 S.) 8° ¶(Aus: Jahrbücher der Hamburgischen Staatskrankenanstalten Bd. 9.)
Jena, Med. Fak., Hab.-Schr. v. 1905

Spiethoff F, der Geschäftsschwindel und seine Bekämpfung durch die mit den Kreditvereinen verbundenen Schutzgenossenschaften. 5. Auflage. Düsseldorf 1869

Spiethoff, (Red.), s. Wegweiser, Genossenschaftlicher.

Spiethoff, F., das Wucherthum und dessen Bekämpfung durch die Vorschuß- und Credit-Vereine [auch Volks- und Gewerbebanken genannt]. Zum Zweck bill. und massenhafter Verbreitung hrsg. 1.—9. Aufl. gr. 8. (28 S.) Düsseldorf [Wiesbaden] 868, Gestewitz. *

Spiethoff, Fritz (Red.), s. Pionier.

Spiethoff, Gust., die Großmacht Presse u. das deutsche Schriftsteller-Elend. Ein Wort an alle Zeitungs-Verleger u. Literaten Deutschlands aus Anlaß d. Falles Maron in Berlin. gr. 8. (128 S.) Düsseldorf 883. F. Bagel. 1. 80

Spiethoff, Gust. Die Großmacht Presse u. das deutsche Schriftsteller-Elend. gr. 8. Düsseld. 883. Frankf. a. M., Jaeger's Verlag. 1 80

Spiethoff, Heinr. (Friedr. Leo Matthias) (geb. Arnsberg 21. 2. 1854): Ueber Ehrlichs Diazoreaction. Ein Beitrag zur Chemie des Urins. Neunkirchen (1884). (22 S.) 8°
Berlin, Med. Diss. v. 12. Aug. 1884

Spietschka, Th., u. A. **Grünfeld**, d. Pflege d. Haut u. ihrer Adnexa, nebst Angabe d. wichtigsten pharmako-therapeut. Mittel. gr. 8. (VI, 201 S. m. 9 Abb.) Stuttgart 896. F. Enke. n. 5. —

Śpiewnik ludowy. Zbiór naszych najulubieńszych piosenek ludowych. *Bochum: Wydawnictwa 'Wiarusa Polskiego' [1903].* (31 S.) 8°
[Volkstüml. Liederbuch. Sammlung unserer beliebtesten Volksliedchen.]
(Dodatek do Gazety Toruńskiej, Codziennej i Przyjaciela [1903].) [04.334] 10

Spiewy choralne w bazylice katedralnéj Krakowskiéj, s.: Cantica choralia.

Spiez am Thunersee (Berner Oberland, Schweiz. Führer). Hrg. vom Verkehrsverein Spiez. [Mit Illustrationen und 1 Tafel.] II + 44 S. 8. (Bümpliz-Bern, A. Benteli & Co., [1907].) [fr. —.35]

Spigl Anton: Die Wasserführung der Donau bei Wien in den Jahren von 1881 bis 1895.
1899 PN 1262 **Diss.** Wien, Univ. 2366

Spigl, Anton: Die Wasserführung der Donau bei Wien. 32 S. 8.
Progr Gymn. der k. k. Theresianischen Akademie *Wien* 1907.

Spigolatura. Dedicata al populo Svizzero da un amico dell umanita. S'interdiscono ristampa e traducione. In-8°, 15 S. Basilea, Chr. Krüsi, 1882.
*** Gegen das Impfgesetz vom 30. Juli.

Spika, Johann

— De imitatione Horatiana in Senecae canticis chori. (51). Wien II. (Soph. G). 90.
Progr.

Spika Johann: De Seneca Horatii imitatore in tragoediarum canticis chori.
II. 1883 PN 324 **Diss.** Wien, Univ. 1443

Spika, *Johann* De usu praepositionum in L. Annaei Senecae tragoediis. 8 (S. 3—32).
Progr. K. k. Staatsg. im XVII. Bezirke (Hernals) *Wien* 1893.

Spiker, s.a. Spicker. – Spiecker. – Spieker. – Spikker.

Spiker, H. S., s. Spiker, Samuel Heinrich

Spiker, Samuel Heinrich

– s. Beckford, Erinnerungen.

Spiker, S. H. Berlin und seine Umgebungen im neunzehnten Jahrhundert. Eine Sammlung in Stahl gestochener Ansichten von den ausgezeichnetesten Künstlern Englands nach an Ort und Stelle aufgenommenen Zeichnungen von Mauch, Gärtner, Biermann und Hintze. Nebst topographisch-historischen Erläuterungen. Berlin 1833. 4°.

Spiker, Sam. Heinr., topograph.-histor. Beschreibung v. Berlin, s. Berlin.

– s. Darstellung des Lustspiels Lalla Ruckh.

Spiker, S. H., s. Gedike, Fr., Engl. Lesebuch.

– s. Journal d. neuesten Land- u. Seereisen.

Spiker, H S [Übers.]
s. Irving, W.: Bracebridge-Hall. 1823.

Spiker, H S [Übers.]
s. Irving, Washington: Jonathan Oldstyle's Briefe. 1824.

Spiker, H S [Übers.]
s. Irving, W.: Erzählungen eines Reisenden. 1825.

Spiker, H S [Übers.]
s. Irving, W.: Gottfried Crayon's Skizzenbuch. 1825.

Spiker, S. H., Reise durch England, Wales u. Schottland im Jahre 1816. 2 Thle. Mit Kpf. u. Vign. 8. Leipz. 818. Göschen. 4 ₰

– s. W. Scott, d. Pirat.

– s. Dess. Quentin Durward.

– s. Shakspeare's König Heinrich VIII.

—Uebersicht. histor., der neuen Politik u. Staatsverwaltung; aus d. Engl. übers. mit Anmerkk. 2 Bde. gr. 8. Berl. 815, 816. Duncker u. H. 2 ₰ 8 gr

—Zeitschrift f. die neueste Geschichte, s. Chr. Fr. Rühs.

Spikker, s.a. Spicker. – Spiecker. – Spieker. – Spiker.

Spikker, B. Chr. v., u. Ad. Broenneberg, vaterländ. Archiv f. hannov.-brandenb. Geschichte rc., } s. Archiv.
—— —— vaterländ. Archiv d. histor. Vereins f. Niedersachsen, }

Ein Spil von einem Keiser und eim Apt herausgegeben von Adelbert Keller. Tübingen, gedruckt bei L. F. Fues. (Auf dem Vorsatzbl.:) Geschenk des Herausgebers. 8°.
Fastnachtspiel nach einer Handschrift in Wolfenbüttel aus dem J. 1486. Abgedr. in Keller, Fastnachtspiele 1 S. 199–210 Nr. 22.

Spil, dat, fan der upstandinge, s.: Bibliothek der deutschen National-Literatur. I. Abthl. 31. Bd.

Spilcker, Burchh. Christian von, s. Adel, Üb. d. Hannöverschen.

—— und Ad. v. Broennenberg, vaterländ. Archiv, s. Archiv.

Spilcker, Burchh. Chrstn. v., Beiträge zur Geschichte d. edlen Hren. v. Adenoys u. d. Grafen v. Hallermund. 8. (5¼ B. u. 1 Tab. qu. Fol.) Lüneburg 833, Herold u. Wahlstab. Thlr.
Aus „Vaterländ. Archiv, hrsg. v. B. C. v. Spilcker u. A. v. Broennenberg" besond. abgedruckt.

Spilcker, B. C. v., Beiträge zur älteren deutschen Geschichte. 1. Bd. Geschichte der Grafen von Wölpe und ihrer Besitzungen. 2 Thle. Mit zahlr. geneal. Tabellen. Arolsen 1827. Speyer. 8°

—— Beiträge zur älteren deutschen Geschichte. 2. Bd. — A. u. d. T.: Geschichte d. Grafen v. Everstein u. ihrer Besitzungen, aus Urkunden u. a. gleichzeit. Quellen zusammengest. (2 Abthln.) 8. (31 B.) Arolsen 833, Speyer.
1. Bd. Ebendas. 1827. 2 Thlr.

Spilker, B. C. v., historisch-topogr. statistische Beschreibung der Residenzstadt Hannover. 8. Hannover, Hahn. 819.

Spilcker, Burchh. Christian von, s. noch Etwas üb. d. Kurfürstenthum Hannover.

—— über d. Kloster Schinna. Ein Beitr. zur Geschichte d. gräfl. Familien v. Lucca, Oldenburg u. Hallermund. 8. (3½ B.) Lüneburg 827, Herold u. Wahlstab.

Spilcker, Heinr., Gedichte. 8. (III, 166 S.) Hamburg 873. Brücker. n. 2. 50; geb. m. Goldschn. n. 4. —

Die Vortheile grosser Geister aus der gründlichen Erkenntniss verschiedener Sprachen, in einer Danksagungsrede bey der Aufnahme in die Königliche deutsche Gesellschaft in Preussen abgefasset von HEINRICH EBERHARD, FREYHERRN von SPILCKER, ... Königsberg, gedruckt in der Königl. Hof und Akademischen Buchdruckerey. fol.

Vgl. Spilker.

SPILETAK, Andreas: De Bogomilis. — (1904) 187 Bl. 2° (Handschr.) Diss. Wien, Univ. Diss. 821

Spilger, Ludwig, aus Laubach: Flora und Vegetation des Vogelsbergs. *Gießen: E. Roth 1903.* (32 S.) 8° ¶ [Erschien vollst. 1903 im gleichen Verlage.]
Gießen, Phil. Diss. v. 1903

Spilger, Ludw., Flora u. Vegetation des Vogelsbergs. Mit e. Vorwort v. A. Hansen. (IV, 134 S.) 8. Giessen 903. E. Roth. n. 1. 60

Spilhaus, L., das Exerciren d. Infanterie d. oldenburgisch-hanseat. Brigade. Graphisch dargest. qu. gr. 8. (12½ B. u. 95 ill. Stnt.) Lübeck 840, (v. Rohdensche Buchh.)

Spilhaus, Nita, Malerisches aus Lübeck. 12 Orig.-Radiergn. (III S. Text.) gr. Fol. Lübeck (901). B. Nöhring. In Leinw.-Mappe 60. —

Spiliotopulus, Damaskinos [Dr. d. Phil. u. Archimandrit d. griech. orth. Kirche in Muenchen]: Ueber Pherecydes den [handschr.] Syrier und seine Theogonia (And. Tit.: Σπηλιωτόπουλος, Δαμασκηνός: Περὶ Φερεκύδου τοῦ Συρίου καὶ τῆς Θεογονίας αὐτοῦ) . . . Athen, Buchdr. „Der Palamidis", 1890; 78 S. 8°
Erlangen, Phil. Fak., Inaug.-Diss. v. 1890

Spilker, vgl. Spilcker.

(v. **Spilker**). Abhdl. v. d. Meinungen der Alten, die Träume, Gespenster u. Zaubereyen betreffend 2c. Lpz. 8°. 1754

Spilker. Alte und neue Kriegskunst in dem Bilde des Grafen von Sachsen. 4. Leipzig 1751

SPILKER, ADOLF. Ein Beitrag zur Kenntnis stickstoffhaltiger Abkömmlinge der Salicylsäure. Berlin, 1888 (47 S.)
Erlangen, Phil. Fak., Diss. v. 1888.

Kokerei und Teerprodukte der Steinkohle. Von Dr. A[dolf] **Spilker**. Halle: W. Knapp 1908. (VIII, 100 S.) 8°
= **Monographien** über chem.-techn. Fabrikationsmethoden. Bd 13. (08.73)84 3

Spilker, Ernst [aus Vilsen (Hannover)]: Ueber den Einfluss der Alkalien auf den Stoffwechsel, mit besonderer Berücksichtigung der Harnsäure. . . . Berlin, Buchdr. v. M. Niethe (1889); 32 S. 8°
Berlin, Med. Fak., Inaug.-Diss. v. 18. Mai 1889

Spilker, Fr. H. Eb., versuchte freye Uebersetzung d. Satyren des russischen Prinzen Kantemir. 8. Berlin, Haude. 752.

Spilker, Fr. H. Eb., s. Kantemir, Uebersetzung d. Satyren.

Spill, Bruno, Assistenzarzt am Knappschaftslazarett Zabrze: Über die Meningitis cerebrospinalis nach sechzig im Knappschaftslazarett zu Zabrze während der Epidemie 1904/05 beobachteten Fällen. Breslau 1905: Bresl. Genoss.-Buchdr. (68 S.) 8°
Breslau, Med. Fak., Ref. v. Strümpell, Diss. v. 29. Juli 1905
[Geb. 17. Okt. 78 Thorn; Heimatsort: Strehlen, Schles.; Staatsangeh.: Preußen; Vorbildung: Gymn. Thorn Reife M. 98; Studium: Königsberg 4, Leipzig 2, Breslau 3 S.; Coll. 27. Juli 05; Approb. 9. März 03.]

Über den neu-fremdsprachlichen Unterricht. Eine Studie von G[ottfried] Spill, Rektor in Thorn. Hannover: C. Meyer 1893. (30 S.) 8° (07. 7763

Spilleke, August

Spilleke, De consilio quo Tacitus Germaniam scripserit et de fide ei tribuenda. Berolini 1825. 4.

— über den Erfolg des Unterrichts auf Realschulen. Progr. der Kgl. Realschule Berlin 1850. 4°. 17 S.

— Grundsätze des Lehrplans für die Realschule. Ebd. 1828. Progr.

Spillete, (A.,) gesammelte Schulschriften. gr. 8. Berl. 825, Enslin.

Spillete, A., gesammelte Schulschriften. gr. 8. Berl. 826. Th. Enslin.

Spilleke, A. Ueber das Wesen der Bürgerschule. Berlin, Friedr.-Wilh.-G. u. königl. R., 1822. 70 S. Progr.

Spilleke, Ernst, appr. Arzt a. Gr.-Quenstedt: Traumatische Lungentuberkulose. Wohlau 1908: Schulze. (29 S.) 8°
Freiburg i. B., Med. Fak., Ref. Bäumler, Diss. v. 1908
[Geb. 22. Juli 76 Gr. Quenstedt b. Halberstadt; Wohnort: Luisenheim, Post Kandern; Staatsangeh.: Preußen; Vorbildung: Gymn. Clausthal i. H. Reife M. 98; Studium: Halle 7, Berlin 2 S.; Approb. S.-S. 03.]

[Spiller, Else.] Qu'est-elle? Que veut-elle? Que fait-elle? Qui? L'Armée du Salut. [Traduit de l'allemand. Avec 12 planches.] IV + 127 p. 8. Berne, Quartier Général, Département Commercial (Buch- & Kunstdr. Jean Frey, Zürich, 1909). [fr. 1.—]

[Spiller, Else.] Was ist, Was will, Was tut Die Heilsarmee? [Mit 12 Tafeln.] VIII + 144 S. 8. Bern, Nationales Hauptquartier, Handels-Departement (Buch- & Kunstdr. Jean Frey, Zürich, 1909). [fr. 1.—]

Spiller, F., der Handelsrichter als Kommissarius zur Führung d. Handelsregisters im Sinne d. Allg. Deutschen Handelsgesetzbuchs, d. Genossenschafts-, d. Zeichen- u. d. Musterregisters, sowie d. Registers zur Eintragg. der Ausschliessg. od. Aufhebg. der ehel. Gütergemeinschaft. Handbuch f. Juristen u. Kaufleute. 8. (VI, 143 S.) Berlin 876. C. Heymann's Verl. n. 3. —

Spiller, Franz *Constantin* [aus Thorn]: Zur Frage nach dem Vorkommen von Carbaminsäure im Thierkörper ... Leipzig, Druck v. A. Edelmann Univ.-Buchdr., 1897; 27 S. 8.
Leipzig, Med. Fak., Inaug.-Diss. v. 19. Mai 1897

Spiller, Franz Michael: De succo ... Viennae ... 1765. Wien, Med. Diss. 1765 ... 8°

Spiller jr., Gust., perspektivische Ansichten vollständ. Zimmer-Einrichtungen in einfacher u. eleganter Ausführung, nebst Darstellg. der einzelnen Möbelstücke in Aufriss, Durchschnitt u. Grundriss. Mit genauen Preisberechnungn. Orig.-Entwürfe in verschiedenen Stilarten. (In 10 Lfgn.) 1.—6. Lfg. gr. Fol. (50 Taf. m. 38 S. Text.) Düsseldorf 899. 900. F. Wolfrum. à 6. —

Spiller jr., Gust., neue Bautischlerarbeiten aller Stylarten zum prakt. Gebrauche f. Tischler, Architekten, Gewerbeschulen etc. Nebst Detailzeichngn. in natürl. Grösse. Orig.-Entwürfe. I. Abth. Thüren, Thore, Einfahrten etc. 4 Lfgn. Fol. (à 8 Taf. m. 5 Detailbogen.) Düsseldorf 895—897. F. Wolfrum. à Lfg. 6. —
(I. Abth. kplt. in Mappe 24. —)

— dasselbe. II. Abtlg.: Decken u. Lambris in allen mögl. Formen u. Grössen. 32 Taf. u. 20 Detailbog. 4 Lfgn. Fol. Ebd. 896—897. à Lfg. 6. —
(II. Abtlg. kplt. in Mappe 24. —)

— dasselbe. III. Abth. Fenster in allen Formen, Einrichtgn. v. Banken, Kassenabschlusswände, Bureauabschlüsse etc. 4 Lfgn. Fol. (à 8 Taf. m. je 5 Detailbog.) Ebd. 896—897. à Lfg. 6. —
(III. Abth. kplt. in Mappe 24. —)

— dasselbe. IV. Abth. Laden-Einrichtgn. f. alle Branchen, Apotheken, Wirtschafts-Einrichtungen. 4 Lfgn. Fol. (à 8 Taf. m. je 5 Detailbog.) Ebd. 896—897. à Lfg. 6. —
(IV. Abth. kplt. in Mappe 24. —)

Bericht des Internationalen Bundes der Ethischen Gesellschaften von 1907—1909 von Generalsekretär GUSTAV SPILLER. Wien 1909. Verlag der Ethischen Gesellschaft. 8°.

Spiller, Gust., s.a. Bericht des internationalen Bundes der ethischen Gesellschaften.

Spiller, Gust., der internationale ethische Bund. (11 S.) gr. 8. Wien (III/2, Ob. Viaduktgasse 32) 905. Verlag der eth. Gesellschaft. — 50
Sonderabdruck aus: „Mittlgn. d. eth. Gesellsch. in Wien".

Spiller, Josef

Spiller: Commentationis criticae de Xenophontis Historia Graeca part. 15 S.–Gleiwitz, Progr. 1862

Spiller: Kritische Geschichte des korinthischen Krieges. 27 S.–Gleiwitz, Progr. 1852

Spiller: De o r a t i o n e Agathonis in Convivio Platonico habita. 14 S. – Gleiwitz, Progr. 1857.

Spiller, Josephus *(geb. Hermsdorf bei Friedland in Böhm. 9. 4. 1807)*: Quaestionum de Xenophontis historia Graeca specimen. Vratislaviae: F. E. C. Leuckart (1843). (51 S.) 8°
Breslau, Phil. Diss. v. 28. Jan. 1843

—— grammatisch geordnete Stoffsammlung zu latein. Memorirübungen. 1. u. 2. Aufl. 8. (à 6½ B.) Breslau 844, Leuckart. à * .

Spiller, J. De temporibus convivii Platon. (Zeitbestimmung desf.) 13 S. . . . .
Gleiwitz, Progr. 1841

Spiller, Karl, approb. Arzt aus Lübeck: **Über Amaurose nach Blutungen.** *Lübeck 1901: Ch. Coleman.* (20 S.) 8°
Kiel, Med. Diss. v. [30. Sept.] 1901

Placentarrest oder Placentarpolyp? Von C[arl] Spiller, pr. Arzt. *Halberstadt: Helm in Comm. 1894.* (34 S.) 8° [01. 438]

Spiller, P., über d. Ansichten in Betreff d. Mathematik als Unterrichtszweig auf Gymnasien, welche in der zu Halle am 30. Mai 1833 abgehalt. Konferenz d. Gymnasial-Direktoren d. Provinz Sachsen laut geworden sind. (Mit Aktenstücken.) 8. (3½ B.) Glogau 834, Flemming.

—— Beschreibung u. Zeichnung e. rauchverzehr., sehr wirksamen Sparofens, welcher keine Klappe in d. Abzugsröhre od. anderwärts besitzt u. Luftheizung bewirkt. 8. (1¼ B. u. 2 Stnt. 4.) Glogau 834, [Berlin,] Heymann.

Spiller, P. Disputatio de analysi curvae, aequatione hac expressae: $(z^2 - x^2)^2 - 6axz^2 - 2ax^3 + a^2x^2 = 0$. 16 S. . . . .
Posen, M., Progr. 1838

Spiller, P. Ideen zu einer Organisation des Schulwesens. 14 S. .
Posen, M. G., Progr. 1845

—— Leitfaden in d. niedern Mathematik f. den Bedarf d. Gymnasien bearb. 2 Thle. 8. Groß-Glogau. (Glogau, Flemming.)
Thl. 1. Reine u. angewandte Arithmetik. (14 B.) 830. 16 Gr.
= 2. Ebene u. körperl. Raumgrößenlehre mit Einschluß d. Trigonometrie. (12 B. u. 3 Stnt. Fol.) 831. 20 Gr.

Spiller, (Gymnasiallehrer) ..., **Leitfaden in der Mathematik** f. d. Bedarf d. Gymnasien **bearb.** 1r Thl. **reine u. angewandte** Arithmetik. 16 gr 2r Thl. **ebene** u. körperl. **Raumgrößenlehre** mit Einschluß der **Trigonometrie.** Mit 3 **Steindr.,** 20 gr 8. Glogau 831. (N. **Günter'sche B.**) 1 ß 12 gr

Spiller, P. Ueber die Methode des Examinirens. 20 S. . . . . .
Progr. Glogau k. 1832

—— die bürgerl. u. kaufmänn. Rechnungsarten, wissenschaftl. u. leicht faßl. dargest. f. höhere Bürgerschulen, Gewerbeschulen, d. unt. Gymnasialklassen u. Geschäftsleute. 8. (10 B.) Glogau 834, [Berlin,] Heymann.

Spiller, P., 3200 arithmet. u. geometr. Rechnungsaufgaben aus dem durch d. preuß. Abiturientenreglement vorgezeichn. Gebiete d. Elementarmathematik f. Gymnasien, höh. Bürger-, Gewerbe- u. Militair-Schulen. gr. 8. (16¾ B. u. 1 Figtaf.) Berlin 839, [Mittler, Berlh.]

Spiller, P., Resultate nebst Winken zu deren Auffindung zu den 3200 arithmet. u. geometr. Rechnungsaufgaben aus dem durch d. preuß. Abiturientenreglement vorgezeichn. Gebiete d. Elementarmathematik f. Gymnasien, höh. Bürger-, Gewerbe- u. Militair-Schulen. gr. 8. (9½ B.) Berlin 840, [Mittler, Brlsh.] Thlr.

Spiller, P., 3200 arithmetische u. geometrische Rechnungsaufgaben aus dem durch das preuß Abiturientenreglement vorgezeichneten Gebiete der Elementarmathematik für Gymnasien, höhere Bürger-, Gewerbe- u. Militair-Schulen. Neue revid. u. verb. Aufl. Mit 1 Figurentaf. (in Kpfrst. u. 4.) gr. 8. (X u. 260 S.) Berlin 850, Mittler & Sohn. 7/8 ß

—— Resultate nebst Winken zu deren Auffindung zu Obigem. 2., verb. Aufl. gr. 8. (150 S.) Berlin 850, Mittler und Sohn.

Spiller, Paul, Arbeiter-Schutz bei Hochbauten auf Grund polizeil. u. berufsgenossenschaftl. Vorschriften. Handbuch f. Beauftragte, Bauherren, Bauleitende, Bauunternehmer, Poliere, Bauaufseher rc. rc. 8. (X, 68 S. m. Fig. u. 1 Taf.) Berlin 897. O. Elsner. Kart. n. 1. 25

Spiller, Philipp

Spiller, Phil., die Einheit der Naturkräfte. gr. 8. (38 S.) Berlin 868, C. Duncker. *

—— die Entstehung der Welt u. die Einheit der Naturkräfte. Populäre Kosmogonie. Mit 15 in den Text gedruckten Zeichnungen (in Holzschn.). 7 Liefgn. Berlin 870. C. Heymann. gr. 8. (508 S.) Jede Liefg. n. 10 ngr.

—— die Entstehung der Welt und die Einheit der Naturkräfte. Populäre Kosmogenie. 7 Lfgn. gr. 8. (508 S. mit 15 in den Text gedr. Zeichnungen in Holzschn.) Berlin 870,71, Imme. [Bichteler und Comp.] à Lfg. * M. 1. *
geb. *

Spiller, Ph., Die Erdbeben von 1868 und eine Theorie dieser Naturerscheinung.

—— Gott im Lichte der Naturwissenschaften. Studien über Gott, Welt und Unsterblichkeit. 8. (VIII, 120 S.) Berlin 873, Denicke's Verlag. *

Spiller, Phpp., Gott im Lichte der Naturwissenschaften. Studien über Gott, Welt, Unsterblichkeit. 2. (Titel-)Ausg. gr. 8. (120 S.) Leipzig 883, Denicke's Verlag. *

Spiller, Ph., Grundriß der Physik nach ihrem gegenwärtigen Standpunkte. Mit 249 Fig. gr. 8. (XIV und 317 S. mit 4 Stnt. in qu. gr. 4.) Posen 853. Berlin, (Mittler und Sohn.) Thlr. *

Spiller, Ph., Grundriß der Physik nach ihrem gegenwärtigen Standpunkte. 2., wesentlich verb. und erweiterte Aufl. gr. 8. (XVI und 420 S. mit 250 in den Text gedr. Fig. in Holzschn.) Triest 857, Direction des österreichischen Lloyd. *

Spiller, Phil., Grundriß der Physik nach ihrem gegenwärtigen Standpunct. 3. erweiterte Aufl. Mit 250 in den Text gedr. Fig. (Holzschn.) Triest 862. Direct. des österreich. Lloyd. gr. 8. (XVI, 431 S.) n. 1 ₰ 10 ngr.

—— Grundriß der Physik nach ihrem gegenwärtigen Standpunkte für Gymnasien, Realschulen, polytechnische und Militär-Anstalten, sowie zu Repetitorien und zum Selbststudium. 4. erweit. und verb. Aufl. gr. 8. (XXIII, 512 S. mit 275 in den Text gedr. Fig. in Holzschn.) Berlin 869, Heymann. [Wichteler und Comp.]

—— Handbuch der Physik zur Selbstbelehrung für Jedermann. 2 Bde. 2. (Titel-)Aufl. gr. 8. (568 S., VII und 560 S. mit 432 in den Text gedr. Fig. und Abbild. in Holzschn.) Berlin 868, Janke. *
1.Aufl.unt.d.T.:Populäre Physik...

—— Homo sapiens. Der Mensch nach seiner körperl. und geist. Entwickelung. Eine Volksschrift. gr. 8. (IV, 101 S.) Berlin 872, Imme. [Wichteler und Comp.]

Spiller, Phpp., Irrwege der Naturphilosophie. Naturwissenschaftliche Aphorismen aus etwa 80 Autoren. gr. 8. (42 S.) Berlin 878. Stuhr. n. 1. 20

– das Leben. Naturwissenschaftliche Entwickelung des organischen Seelen- u. Geisteslebens. gr. 8. (VIII, 195 S.) Ebend. 878. n. 4. 50

—— drei Lebensfragen für Staat, Schule und Kirche und die Umgestaltung des deutschen Schulwesens. gr. 8. (VIII, 134 S.) Berlin 871, Cronbach. *

— 3 Lebensfragen f. Staat, Schule u. Kirche u. die Umgestaltung d. deutschen Schulwesens. 2. Ausg. gr. 8. (IV, 134 S.) Berlin 873. Denicke's Verl. n. 1. 50

— das Naturerkennen nach seinen angeblichen u. wirklichen Gränzen. Untersuchungen. gr. 8. (VII, 64 S.) Ebend. 873. n. 1. 20

—— das Phantom der Imponderabilien in der Physik. Ein Versuch zu einer neuen Theorie des Magnetismus und der Elektrizität in ihren Beziehungen auf Schall, Licht und Wärme. Gewidmet der 34. Versammlung der Naturforscher und Aerzte zu Carlsruhe in Baden. gr. 8. (56 S.) Posen 858, (Rehfeld.) *

—— Physik für Frauen und zum Gebrauch für höhere Töchterschulen. gr. 8. (XII und 174 S. mit 112 in den Text gedr. Fig. in Holzschn.) Berlin 864, Janke. *

— populäre Physik für Handwerker, Gewerbtreibende, Fabrikanten, Architekten u. Landwirthe sowie zur Selbstbelehrung für Jedermann. Mit zahlreichen in den Text gedr. Holzschn. (In 16–20 Liefgn.) 1. u. 2. Liefg. Berlin 865. Oehmigke's Verlag. gr. 8. (S. 1–128.) Jede Liefg. n. 5 ngr.

-- populäre Physik für Handwerker, Gewerbtreibende, Fabrikanten, Architekten u. Landwirthe sowie zur Selbstbelehrung für Jedermann. Mit zahlreichen in den Text gedr. Holzschn. (2 Bde. in 18 Liefgn.) 2—18. Liefg. Berlin 865,66. Oehmigke's Verlag. gr. 8. (1. Bd. S. 128–568, u. 2. Bd. 560 S.) Jede Liefg. n. 5 ngr.
Dasselbe erschien unter folgendem Titel:
Handbuch d.Physik...2.Aufl.

—— gemeinschaftliche Prinzipien für die Erscheinungen des Schalles, des Lichtes, der Wärme, des Magnetismus und der Elektrizität. gr. 8. (24 S.) Posen 855,58. (Berlin, Mittler und Sohn.) *

— naturwissenschaftliche Streifzüge. gr. 8. (IV, 235 S.) Ebend. 873. n. 4. —

– naturwissenschaftliche Streifzüge. 2., verb. Aufl. gr. 8. (VII, 235 S.) Berlin 878. Denicke. n. 3. —

—— naturwissenschaftliche Streifzüge. 3. (Titel-)Aufl. gr. 8. (III, 235 S.) Ebendas. 883.

Spiller: Das System der Elementarmathematik nebst einigen Lehren. 55 S.–Posen M., Progr. 1856

—— das System der Elementar-Arithmetik und einige daran sich schliessende Lehren. Ein Leitfaden für höhere Unterrichts-Anstalten. gr. 4. (56 S.) Berlin 856(58), Mittler und Sohn. *

— neue Theorie der Elektrizität u. des Magnetismus in ihren Beziehungen auf Schall, Licht u. Wärme. 3. erweit. Aufl. mit 5 Fig. im Texte (in Holzschn.). Berlin 861. Mittler & Sohn. gr. 8. (IV, 94 S.) 15 ngr.

— die Urkraft d. Weltalls nach ihrem Wesen u. Wirken auf allen Naturgebieten. Für Gebildete jeden Standes. Mit im Text angebrachten Holzschn. Lex.-8. (X, 428 S.) Berlin 876. Stuhr. n. 8. —

— der Weltäther als kosmische Kraft. gr. 8. (22 S.) Berlin 873. Denicke's Verl. n. — 50

—— die Weltschöpfung vom Standpunkte der heutigen Wissenschaft. Mit neuen Untersuchungen. gr. 8. (III, 80 S. mit 8 eingedr. Fig. in Holzschn.) Berlin 868, G. Duncker. *

Spiller, R. Zur Geschichte des Märchens vom Dornröschen. Frauenfeld, Kantonssch., 1893. 37 S. u. 1 Tafel. 4.
Progr.

Spiller, Reinhold

Spiller, Rhold., s.: Füetrer, bayerische Chronik.

Spiller, Rhold., Studien üb. Albrecht v. Scharfenberg u. Ulrich Füetrer. gr. 8. (55 S.) Leipzig 883. (Fock.) n. 1. —

Spiller, Robert

Spiller R.: Beitrag zur Kenntnis der Marburger Brunnenwässer. 5. 31. Marburg R.884.889.
Progr.

Spiller Rob.: Über Beziehungen des Galvanismus zur theoretischen Chemie. 26. Marburg R. 77.
Progr.

Spiller, Volkmar

Spiller, V., die Gattin des Pflanzers, — Schuld u. Sühne, } s.: Unterhaltungs-Bibliothek.

Spiller, Volkmar, Schuld u. Sühne, s.: Volks-Erzählungen, kleine.

Spiller von Hauenschild, Richard Georg

Spiller v. Hauenschild, R. G., s.a.†Waldau, M.

Spiller v. Hauenschild, G., (Max Waldau,) Aus der Junkerwelt, s.a.Aus.

Spiller v. Hauenschild, aus der Junkerwelt. s.a.Weltbücherei. moderne.

Aus der Junkerwelt. Von [Richard Georg] Spiller v. Hauenschild. Magdeburg: Magdeb. Verl.-Anst. [1908]. 380 S. 8°
(Moderne Weltbücherei. [5.]) [10. 1174 3

Spiller v. Hauenschild, G., s.: Nach der Natur. —

Spiller von Mitterberg, Christian Heinrich Ludwig Wilhelm

Spiller von Mitterberg, s.a.Mitterberg.

Spiller v. Mitterberg, Chr. Hnr. Ldw. Wlh., Beitr. zur Geschichte großer Staatsmänner, od. e. Nachr. von d. Leben u. Ende rc. A. Carpzov. 8. Koburg 796.

— Beitrr. z. genauen Kenntniß d. Reichsverfassung Deutschlands. 8. Coburg 800. (Riemann). 1 ♂

— neue Beitrr. z. Staatsrechte u. z. Geschichte v. Sachsen. gr. 8. Eisenach 801. (Bärecke). 1 ♂

— histor. Denkwürdigkk. u. Sittengemälde, auch Charakterzüge u. Anekdoten aus dem Leben weiser Regenten, verdienstvoller Staatsmänner u. berühmter Gelehrten der Vorzeit. Mit e. Anh. ungedruckter Schreiben u. Briefe. gr. 8. Rudolst. 830. (Arnst., Hildebrand). 18 gl (Hoffmann in Weimar). 16 gl

Spiller v. Mitterberg, Chrstn. Heinr. Ludw. Wilh., histor. Denkwürdigkeiten u. Sittengemälde, auch Charakterzüge u. Anekdoten aus d. Leben weiser Regenten, verdienstvoller Staatsmänner u. berühmter Gelehrten d. Vorzeit. Mit e. Anh. ungedr. Schreiben u. Briefe. gr. 8. (11¼ B.) Rudolstadt 830. [Leipzig, Böhme.]

Spiller von Mitterberg, Christian Heinrich Ludwig Wilhelm, s. Empfindungen.

Spiller von Mitterberg, Christian Heinrich Ludwig Wilhelm, s. Fritsch, A.: Kl. Schriften.

– s. Geist u. Gefühl.

Spiller von Mitterberg, Chr. Hnr. Ldw. Wlh., Diplomatische und aktenmässige Nachrichten von den wohlthätigen Stiftungen und verschiedenen Institutionen in Koburg und auf dem Lande. 4°. Koburg (Riemann) 1810.

(Spiller v. Mitterberg, Ch. H. L.): Samml. d. wichtigsten neuern vaterländ. Gesetze; auch unt. d. T.: Diplomat. Beyträge z. weisen Gesetzgeb. überh., bes. in Rücks. auf d. Polizey. *Cob.*, Ahl, 790—93. 3 Thle. 8. (1 Thl. 14 Gr.)
Vgl. Beiträge, ...

— Samml. v. Polizeigesetzen u. Verordnn. 2 Thle. 4. Koburg 791—93. (Riemann). 1 ♂ 4 gl

– s. Taschenbuch, Genealog.-geograph.

– s. Unterhaltung empfinds. Seelen.

ZURUF an Regenten oder kleines Taschenbuch zum Nachdenken (von *Spiller v. Mitterberg*). Deutschland 1789. 8°. 32 S.
Kössling, Lpz., 3. (187*), no. 1679, Beibd. 3.
Vgl. Zuruf...

Spilling, das Reichsbeamtengesetz, s.: Perels.

Spilling, Emil (geb. Frankfurt a. O. 16. 3. 1857): Ueber Blutuntersuchungen bei Leukämie. Berlin (1880). (37 S.) 8°
Berlin, Med. Diss. v. 9. Aug. 1880

Spilling, H., das Fechten auf Hieb u. Stoß auf Grund der Allerhöchsten Verordnung vom 11. IV. 1901. Mit 62 Abbildgn., gezeichnet v. Karl Spilling. qu. 8. (160 S.) Berlin 902. E. S. Mittler & Sohn. n. 1.75; kart. n. 2.—

Spilling, Ricardvs (geb. am 30 Dez. 1845 [nicht 1844] in Frankfurt a. O.): De notione onervm realivm ... Bonnae, typ. F. Krvegeri (1867). 29 S., 1 Bl. 8.
[Bonn], Jur. Fak., Diss. v. 21 Juni 1867

Spillmann. Joseph Sp' S. J. 1842 1905. s.a.Hamann, Frl. Elisabeth Margaretha].

Joseph **Spillmann** S. J. 1842–1905. Ein Gedenkblatt. Freiburg im Br.: Herder 1905. (20 S.) 8° [Ӧ.]

Spillmann, Augustinus (Josephus Franziscus) *(geb. Schlegel bei Glatz 4. 4. 1830)*: Nonnulla de funiculi umbilicalis humani pathologia. Vratislaviae (1854). (32 S.) 8°
Breslau, Med. Diss. v. 28. Okt. 1854

Spillmann, Bernhard, aus Zürich: **Ueber Phosphorvanadinmolybdate. (Aus dem anorganischen chemischen Laboratorium der Universität Bern.) Zürich 1909. X + 58 S. 8°. [16 VII. 09.]**
Bern. Phil. Diss. 1909/10.

Spillmann, Bernhard. Ueber Phosphorvanadinmolybdate. Diss. Phil. Bern. X + 58 S. 8. Zürich, Gebr. Leemann & Co., 1909.

Spillmann, Bernhard Heinrich, Gerichts-Ass.: Was ist unter dem Ausdrucke: 'oder ein sonstiges Recht' in dem § 823 Abs. 1 des B.G.B. zu verstehen? Berlin 1908: Pöllner. 49 S. 8°
Heidelberg, Jur. Diss. v. 5. April 1909, Ref. Wenger
[Geb. 28. März 80 Timmel; Wohnort: Papenburg; Staatsangeh.: Preußen; Vorbildung: Gymn. Bremerhaven Reife O. 99; Studium: Freiburg i. B. 1, München 2, Berlin 1, Göttingen 3 S.; Rig. 6. Nov. 08.] [U 09. 1913

Spillmann, E., Caesariana. St. Gallen 1878.

Spillmann, E.: Ed. Escher. Zürich, Kantonsschule. Progr. 1887

Spillmann, Emil (Mitarb.), s.a.Aufgaben zum Übersetzen ins Lateinische.

Spillmann, Emil, Aufgaben zum Uebersetzen ins Lateinische, s.a.Frei, Joh.

Sp[illmann], E[mil]: † Professor Dr. Moritz Guggenheim. S. 99—101. 4. **Progr.** Kantonsschule *Zürich* 1909.

Spillmann, E., u. E. Walder, lateinisches Lesebuch f. untere Klassen von Gymnasien. 2. verm. u. verb. Aufl. (IV, 285 S.) gr. 8. Zürich 909. Beer & Co. Geb. 3. 20

— **Latein. Übungsbuch f. Anfänger, s.: Walder, E.**

Spillmann, Jean, aus Steckborn: Zur Anatomie und Histologie des Herzens und der Hauptarterien der Diotocardier. Mit 3 Tafeln und 2 Figuren im Text. Jena 1905. VI + 52 S. 8°. S.-A. a. „Jenaische Zeitschr." Bd. 40 (N. F. 33) Heft 3. S. 537—588 mit Tafeln XIX—XXI. [25. IX. 05.]
Zürich. Phil. Diss. II. S. 1905/1906.
Exemplare mit Tafeln nicht für den Austausch.

Spillmann, Jean. Zur Anatomie und Histologie des Herzens und der Hauptarterien der Diotocardier. Diss. Phil. [II.] Univ. Zürich. Mit 3 Tafeln und 2 Figuren im Text. [Sep.-Abdr. aus: Jenaische Zeitschrift für Naturwissenschaft, Band 40, N. F. Band 33.] VI + 52 S. 8. Jena, Gustav Fischer, 1905.

Spillmann, Josef

— amad á vuestros enemigos, } s.: Desde lejanas tierras, 1.

Spillmann, J., durch Asien. Ein Buch m. vielen Bildern f. die Jugend. 1. u. 2. Hälfte. gr. 4. Freiburg i/Br., Herder. n. 16. —
1. Hälfte: Die mohammedan. u. die russ. Länder [West- u. Nordasien]. (IX, 388 S. m. 1 farb. Karte.) 889. n. 7. —
2. Hälfte: Japan, China u. Indien [Ost- u. Südasien]. (X, 538 S.) 890. n. 9. —

Spillmann, Jos., S. J., durch Asien. E. Buch m. vielen Bildern f. d. Jugend. Nebst e. großen kolor. Karte v. Asien. 2 Hälften. 2., verm. Aufl. gr. 4. Freiburg i/B., Herder. n. 17. 60; geb. n. 20. 20
1. Die mohammedan. u. d. russ. Länder. (West- u. Nordasien.) (XII, 430 S.) 898. n. 8. —; geb. n. 9. 20
2. Japan, China u. Indien. (Ost- u. Südasien.) M. e. kolor. Karte d. Kiau-Tschou-Bucht. (X, 571 S.) 898. n. 9. 60; geb. n. 11. —

Spillmann, Joseph. Bienaventurados los Misericordiosos. Episodio de la insurrección de los Negros en Haití. Por el P. José Sp', de la Compañía de Jesús. [Traducido del alemán.] Con cuatro grabados. VI + 107 p. 8. Friburgo de Brisgovia ⟨Alemania⟩, B. Herder, 1902. ([M. —. 80;] en media tela fr. 1. 25, en tela 2. —)
Desde Lejanas Tierras. Galería de narraciones.... Tomito 14.

Die Blutzeugen unter Elisabeth bis 1583. Ein Beitrag z. Kirchengesch. Englands. Von Joseph **Spillmann** S. J. 2., teilw. umgearb. u. erg. Aufl. Freiburg im Br.: Herder (1900). (XII, 439 S.) 8° [F.]
Früherer T.: Die engl. Martyrer unter Heinrich VIII. u. Elisabeth ⟨1535–1583⟩. Von J. Spillmann. Th. 2.
= **Spillmann**: Geschichte d. Katholikenverfolgung in England 1535–1681. T. 2.

Die Blutzeugen unter Elisabeth bis 1583. Ein Beitrag z. Kirchengeschichte Englands. Von Joseph **Spillmann** S. J. 3., neu durchgearb. u. erg. Aufl. Freiburg i. Br: Herder 1910. XII, 480 S. 8°
(Spillmann: Geschichte d. Katholikenverfolgung in England. T. 2.) [10. 7286 B

Die Blutzeugen unter Heinrich VIII. Ein Beitrag z. Kirchengesch. Englands. Von Joseph **Spillmann** S. J. 2., teilw. umgearb. u. erg. Aufl. Mit d. Portr. d. sel. Johannes Fisher. Freiburg im Br.: Herder (1900). (XVII, 262 S.) 8° [F.]
Früherer T.: Die engl. Martyrer unter Heinrich VIII. u. Elisabeth ⟨1535–1583⟩. Von J. Spillmann. Th. 1.
= **Spillmann**: Geschichte d. Katholikenverfolgung in England 1535–1681. T. 1.

Die Blutzeugen unter Heinrich VIII. Ein Beitrag z. Kirchengeschichte Englands. Von Joseph **Spillmann** S. J. 3., neu durchgearb. u. erg. Aufl. Mit d. Portr. d. sel. Johannes Fisher nach e. Zeichnung Holbeins. Freiburg i. Br.: Herder 1910. XV, 305 S. 8°
(Spillmann: Geschichte d. Katholikenverfolgung in England. T. 1.) [10. 7285 B

Die Blutzeugen der letzten zwanzig Jahre Elisabeths. 1584–1603. Ein Beitrag z. Kirchengesch. Englands. Von Joseph **Spillmann** S. J. Mit Bildn. von Maria Stuart. Freiburg im Br.: Herder 1905. (XVI, 492 S.) 8° [F.]
= **Spillmann**: Geschichte d. Katholikenverfolgung in England 1535–1681. T. 3. [05. 9117

Die Blutzeugen unter Jakob I., Karl I. und dem Commonwealth. 1603–1654. Ein Beitrag z. Kirchengesch. Englands. Von Joseph **Spillmann** S. J. Freiburg im Br.: Herder 1905. (XV, 404 S.) 8° [F.]
= **Spillmann**: Geschichte d. Katholikenverfolgung in England 1535–1681. T. 4. [05. 9118

Die Blutzeugen aus den Tagen der Titus Oates-Verschwörung. 1678–1681. Ein Beitrag z. Kirchengesch. Englands. Von Joseph **Spillmann** S. J. Mit d. Portr. d. Oliver Plunket. Freiburg im B.: Herder 1901. (XIII, 377 S.) 8° [F.]
= **Spillmann**: Geschichte d. Katholikenverfolgung in England 1535–1681. T. 5. [05. 9119

Spillmann, Joseph. Die koreanischen Brüder. Ein Zug aus der Missionsgeschichte Koreas. 4. Aufl. Mit vier Bildern [Tafeln, und illustriertem Umschlag]. VI + 101 S. 8. Freiburg im Breisgau, Herder, 1902. (M. —. 60, geb. M. —. 80)
Aus fernen Landen ... gesammelt von Joseph Spillmann S. J. Bändchen 12... .

— d. korean. Brüder, s. a. Aus fernen Landen, 12. Bdchn.

— Children of Mary, } s.: Tales of foreign lands.

Spillmann, Jos., S. J., s.: Desde lejanas tierras.

—— und J. B. Diel, katholische Erzählungen und Novellen aus dem Hausfreund-Kalender. 8. (III, 380 S. mit Holzschn.-Illustr., eingedr. und auf Taf.) Amberg 881, Habbel. cart.

Spillmann, Josef: La expedición á Nicaragua, s. Desde lejanas tierras. Bd. 9.

Spillmann, Joseph. La Fiesta del Corpus de los Indios Chiquitos. Episodio de las antiguas misiones de América del Sur. Por el P. José Sp', de la Compañía de Jesús. [Traducido del alemán.] Con cuatro grabados. VI + 100 p. 8. Friburgo de Brisgovia, ⟨Alemania⟩, B. Herder, 1902. ([M. —. 80;] en media tela fr. 1. 25. en tela 2. —)
Desde Lejanas Tierras. Galería de narraciones.... Tomito 15.

— Lucius Flavus. Histor. Roman aus d. letzten Tagen Jerusalems. 2 Bde. 8. (IV, 420 u. IV, 424 S. m. 3 Plänen.) Freiburg i/B. 898. Herder. n. 5. 60; geb. in Leinw. n. 7. 60

— Lucius Flavus. Historischer Roman in 2 Bdn. aus den letzten Tagen Jerusalems. 2. u. 3. Aufl. 8. (à VI 420 S. m. 2 Taf. u. VI, 424 S. m. 1 Karte.) Ebd. 899 901. n. 5. 60; geb. in Leinw. n. 7. 60

— Lucius Flavus. Historischer Roman in 2 Bdn. aus den letzten Tagen Jerusalems. 4. Aufl. (VI, 420 S. m. 2 Taf. u. VI, 424 S. m. 1 Karte.) 11. 8. Freiburg i/B. 905. Herder. n. 5. 60; geb. in Leinw. n. 7. 60

— Lucius Flavus. Historischer Roman aus den letzten Tagen Jerusalems. 8. Aufl. 2 Bde. (IV, 366 u. IV, 367 S. m. 12 Vollbildern, 2 Taf. u. 1 Karte.) 8. Ebd. (909). 6. —; geb. in Halbleinw. 8. —

— the wonderful flower of Woxindon. An historical romance of the time of queen Elizabeth. 2. ed. gr. 8. (VII, 494 S.) St. Louis, Mo. 898. Ebd. Geb. in Leinw. n. 5. —

Spillmann, Joseph. Das Fronleichnamsfest der Chiquiten. Ein Bild aus den alten Missionen Südamerikas. 3. Aufl. Mit vier Bildern [Tafeln, und illustriertem Umschlag]. VI + 96 S. 8. Freiburg im Breisgau, Herder, (1903). [M. —. 80, geb. M. 1. —]

Aus fernen Landen ... gesammelt von Joseph Spillmann S. J. Bändchen 17....

Spillmann, Joseph. Das Fronleichnamsfest der Chiquiten.... 4. [Titel-]Aufl. ... VI + 96 S. 8. Freiburg im Breisgau, Herder, (1905). [M. —. 60, geb. —. 80]

Aus fernen Landen.... Bändchen 17.... — 3. Aufl. (1903): R

Geschichte der Katholikenverfolgung in England 1535–1681. Die engl. Märtyrer seit d. Glaubensspaltung. Von Joseph Spillmann S. J. T. 1–5. Freiburg im Br.: Herder (1900)–05. 5 Bde 8° [5.]

1 = Die Blutzeugen unter Heinrich VIII. 2. Aufl. Mit Portr. (1900.)
2 = Die Blutzeugen unter Elisabeth bis 1583. 2. Aufl. (1900.)
3 = Die Blutzeugen d. letzten 20 Jahre Elisabeths. 1584–1603. Mit Bildn. 1905.
4 = Die Blutzeugen unter Jakob I., Karl I. u. d. Commonwealth 1603–1654. 1905.
5 = Die Blutzeugen aus d. Tagen d. Titus Oates-Verschwörung. 1678–1681. Mit Portr. (1901.)

[05. 9114

Spillmann, Joseph. Geschichte der Katholikenverfolgung in England 1535—1681. Die englischen Märtyrer seit der Glaubensspaltung. Von J' Sp' S. J. 5 Teile.... 8. Freiburg im Breisgau, Herder. [zus. M. 18. —, geb. 25. 20]

1. Teil *a. u. d. T.:* Die Blutzeugen unter Heinrich VIII. Ein Beitrag zur Kirchengeschichte Englands. 2., teilweise umgearbeitete und ergänzte Aufl. Mit dem Porträt [Tafel] des sel. Johannes Fisher nach einer Zeichnung [Hans] Holbeins. XX + 262 S. (1905.)

2. Teil *a. u. d. T.:* Die Bl' unter Elisabeth bis 1583. Ein B' zur K' E'. 2., teilweise umgearbeitete und ergänzte Aufl. [Mit 1 Plan.] XIV + 439 S. (1905.) (1 und 2 zus. M. 6. —, geb. in 1 Band 7. 80)

3. Teil *a. u. d. T.:* Die Bl' der letzten zwanzig Jahre Elisabeths 1584 —1603. Ein B' zur K' E'. Mit Bildnis [Tafel] von Maria Stuart. XVI + 492 S. 1905. [M. 4. 60, geb. 6. 40]

4. Teil *a. u. d. T.:* Die Bl' unter Jakob I., Karl I und dem Commonwealth 1603—1654. Ein B' zur K' E'. XVI + 401 S. 1905. [M. 3. 80, geb. 5. 60]

5. ⟨Schluss-⟩Teil *a. u. d. T.:* Die Bl' aus den Tagen der Titus Oates-Verschwörung 1678 – 1681. Ein B' zur K' E'. Mit dem Porträt [Tafel] des ehrwürdigen Oliver Plunket. XIV + 377 S. (1905.) (M. 3. 60, geb. 5. 40)

Spillmann, Joseph, S. J. Geschichte der Katholikenverfolgung in England 1535—1681. Die englischen Märtyrer seit der Glaubensspaltung. Teil 1 *u.* 2.... 3., neu durchgearbeitete und ergänzte Aufl. 8. Freiburg im Breisgau, Herder, 1910.

Teil 1 *a. u. d. T.:* Die Blutzeugen unter Heinrich VIII. Ein Beitrag zur Kirchengeschichte Englands. Mit dem Porträt [Tafel] des sel. Johannes Fisher nach einer Zeichnung Holbeins. XVI + 305 S. [M. 3. 50, geb. 5. —]

Teil 2 *a. u. d. T.:* Die Bl' unter Elisabeth bis 1583. Ein B' zur K' E'. [Mit 1 Plan.] XIV + 486 S. [M. 5. —, geb. 6. 50]

Spillmann, Joseph. Die Goldsucher. Eine Erzählung aus der Mission von Alaska. Von J' Sp' S. J. 3. [Titel-]Aufl. Mit vier Bildern [Tafeln, und illustriertem Umschlag]. VI + 108 S. 8. Freiburg im Breisgau, Herder, (1906). [M. —. 80, geb. 1. —]

Aus fernen Landen ... gesammelt von Joseph Spillmann S. J. Bändchen 21....

1.—2. Aufl. 1904.

— Heinr. Hahn. Lebensbild eines seeleneifrigen Arztes. Mit einem Titelbild (in Holzschn.). [Aus: „Die kathol. Missionen".] 8. (51 S.) Ebend. 882. n. — 50

— Los Hermanos coreanos, s.: Desde lejanas tierras.

Spillmann, Joseph. Los Hijos de María. Cuento del Cáucaso. Traducido del alemán del P. José Sp' de la Compañía de Jesús. 3ª edición. Con cuatro grabados. VI + 96 p. 8. Friburgo de Brisgovia ⟨Alemania⟩, B. Herder, (1906). [M. —. 60, geb. —. 80]

Desde lejanas tierras. Galería de narraciones.... Tomo 3....

— los hijos de Maria, s.a. Desde lejanas tierras.

Spillmann, Joseph. Kämpfe und Kronen. Eine Erzählung aus Annam. 5. Aufl. Mit vier Bildern [Tafeln, und illustriertem Umschlag]. VI + 106 S. 8. Freiburg im Breisgau, Herder, (1901). (M. —. 60, geb. M. —. 80)

Aus fernen Landen ... gesammelt von Joseph Spillmann S. J. Bändchen 8....

Spillmann, Joseph. Kämpfe und Kronen.... 6. [Titel-] Aufl. ... VI + 106 S. 8. Freiburg im Breisgau, Herder, (1903). (M. —. 60, geb. —. 80)

Aus fernen Landen.... Bändchen 8.... — 5. Aufl. (1901): R

Spillmann, Joseph. Kämpfe und Kronen.... 7. [Titel-]Aufl. ... VI + 106 S. 8. Freiburg im Breisgau, Herder, (1906). (M. —. 60, geb. —. 80)

Aus fernen Landen.... Bändchen 8.... — 5. Aufl. (1901): R

— Kämpfe u. Kronen, s.a. Aus fernen Landen, 8. Bdchn.

Spillmann, Joseph. Kreuz und Chrysanthemum. Eine Episode aus der Geschichte Japans. Historische Erzählung in zwei Bänden von J' Sp' S. J. VI + 344 u. VI + 334 S. 8. Freiburg im Breisgau, Herder, 1902. [zus. M. 5. —, geb. 7. —]

— Kreuz u. Chrysanthemum. Eine Episode aus der Geschichte Japans. Historische Erzählg. in 2 Bdn. 2. unveränd. Aufl. 8. (VI, 344 u. VI, 334 S.) Freiburg i/B. 902. Herder. n. 5. —; geb. in Leinw. n. 7. —

—— Aus fernen Landen. Eine Reihe illustr. Erzählgn. f. die Jugend. Aus den Beilagen der „Kathol. Missionen" gesammelt. 1.—3. Bdchn. 12. Ebd. à Bdchn. * — 80; cart. * 1 —

1. Spillmann, Jos. Liebet eure Feinde! Eine Erzählg. aus den Maori-Kriegen auf Neuseeland. (VII, 79 S. m. 4 Bildern.) 891.
2. Arumugam, der standhafte indische Prinz. Schicksale eines bekehrten indischen Prinzen. Frei nach den Missionsberichten erzählt von A. v. B. (VIII, 78 S. mit 4 Bildern.) 892.
3. Spillmann, Jos. Die Marienkinder. Eine Erzählung aus dem Kaukasus. (VIII, 86 S. m. 4 Bildern.) 892.

Spillmann, Jos., S. J., s.a. Aus fernen Landen.

Spillmann, Joseph. Liebet eure Feinde! Eine Erzählung aus den Maori-Kriegen auf Neuseeland. 7. Aufl. Mit vier Bildern [Tafeln, und illustriertem Umschlag]. VI + 79 S. 8. Freiburg im Breisgau, Herder, (1902). [M. —. 60, geb. M. —. 80]

Aus fernen Landen ... gesammelt von Joseph Spillmann S. J. Bändchen 1....

Vgl. Aus fernen Landen. Bd. 1.

Spillmann, Joseph. Liebet eure Feinde! .... 8. u. 9. [Titel-]Aufl. ... VI + 79 S. 8. Freiburg im Breisgau, Herder, (1904) u. (1906). [M. —. 60, geb. —. 80]

Aus fernen Landen.... Bändchen 1.... —

Spillmann, Josef: Love your enemies, s. Tales of foreign lands.

Spillmann, Joseph. Luchas y Coronas. Narración del imperio de Annam. Por el P. José Sp', de la Compañía de Jesús. [Traducido del alemán.] Con cuatro grabados. 2ª edición. VI + 110 p. 8. Friburgo de Brisgovia ⟨Alemania⟩, B. Herder, 1902. ([M. —. 80;] en media tela fr. 1. 25, en tela 2. —)

Desde Lejanas Tierras. Galería de narraciones.... Tomito 5.

— luchas y coronas, s.a. Desde lejanas tierras, V.

Spillmann, Joseph. Die Marienkinder. Eine Erzählung aus dem Kaukasus. 8. Aufl. Mit vier Bildern [Tafeln, und illustriertem Umschlag]. VI + 86 S. 8. Freiburg im Breisgau, Herder, (1903). (M. —. 60, geb. M. —. 80)

Aus fernen Landen ... gesammelt von Joseph Spillmann S. J. Bändchen 3....

Vgl. Aus fernen Landen. Bd. 3.

Spillmann, Joseph. Die Marienkinder.... 9. u. 10. [Titel-]Aufl. ... VI + 86 S. 8. Freiburg im Breisgau, Herder, (1905) u. (1907). (M. —. 60, geb. —. 80)

Aus fernen Landen.... Bändchen 3.... — 8. Aufl. (1903)

— die englischen Martyrer unter Elisabeth bis 1583. Ein Beitrag zur Kirchengeschichte d. 16. Jahrh. [Ergänzungshefte zu den „Stimmen aus Maria-Laach" 39. 40.] gr. 8. (XIV, 319 S.) Ebd. 887. n. 4. 20

Spillmann, Jos., die englischen Martyrer unter Heinrich VIII. Ein Beitrag zur Kirchengeschichte des 16. Jahrh. [Ergänzungshefte zu den „Stimmen aus Maria-Laach" 38.] gr. 8. (VII, 171 S.) Freiburg i. Br. 887, Herder'sche Verlagsh. *

— die englischen Martyrer unter Heinrich VIII. u. Elisabeth (1535—1583). Ein Beitrag zur Kirchengeschichte des 16. Jahrh. 2 Thle. Mit dem Portr. des sel. Johannes Fisher nach e. Zeichng. Holbeins. 2., theilweise umgearb. u. ergänzte Aufl. gr. 8. (XVII, 262 u. XII, 439 S. m 1 Taf.) Ebd. 900. n. 6.—; in 1 Halbfrz.-Bd. n. 7.8(

Vgl.Spillmann: Die Blutzeugen...

Spillmann, Joseph. Der Neffe der Königin. Historische Erzählung aus der Missionsgeschichte Japans. 6. Aufl. Mit vier Bildern [Tafeln, und illustriertem Umschlag]. VI + 101 S. 8. Freiburg im Breisgau, Herder, (1902). (M. —. 60, geb. M. —. 80)

Aus fernen Landen ... gesammelt von Joseph Spillmann S. J. Bändchen 5....

Vgl.A u s fernen Landen.Bd.5.

Spillmann, Jos., S. J., the queen's nephew, s.: Tales of foreign lands.

Spillmann, Joseph. Nubes y Rayos de Sol. Novelas del Padre José Sp' de la Compañía de Jesús. Con trece ilustraciones de Fed. (= Fritz) Bergen. 2da edición. VIII + 371 p. 8. Friburgo de Brisgovia ⟨Alemania⟩, B. Herder, 1906. [M. 2.40, geb. 3.—]

Herder, Las Buenas Novelas. Tomo 3 .... 2da edición.

2., *unveränderte Ausgabe.* — *1a edición.* 1905.

Spillmann, Jos., S. J., Nubes y rayos de sol, s.a.Herder, las buenas novelas. III.

— ein Opfer des Beichtgeheimnisses. Frei nach e. wahren Begebenheit erzählt. 4. Aufl. 8. (VIII, 319 S.) Freiburg i/B. 898. Herder. n. 2. —; geb. in Leinw. n. 3. —

— ein Opfer des Beichtgeheimnisses. Frei nach e. wahren Begebenheit erzählt. 5.—7. Aufl. 8. (à VIII, 319 S.) Ebd. 900—903. n. 2.—; geb. in Leinw. n. 3. —

Spillmann, Joseph. Ein Opfer des Beichtgeheimnisses. Frei nach einer wahren Begebenheit erzählt von Joseph Spillmann S. J. 8. und 9. Aufl. Mit zwölf Vollbildern [Tafeln]. VIII + 319 S. 8. Freiburg im Breisgau, Herder, 1903. [geb. M. 3. —]

Spillmann, Joseph. Ein Opfer des Beichtgeheimnisses. Frei nach einer wahren Begebenheit erzählt von J' Spillmann S. J. 10. und 11. Aufl. Mit 12 Bildern [Tafeln]. VIII + 319 S. 8. Freiburg im Breisgau, Herder, 1906. [M. 2.40, geb. 3.—]

Spillmann, Joseph. Ein Opfer des Beichtgeheimnisses. Frei nach einer wahren Begebenheit erzählt von J' Sp' S. J. 12. Aufl. Mit zwölf Bildern [Tafeln] (**Umschlag:* Illustrierte Ausgabe). VIII + 319 S. 8. Freiburg im Breisgau, Herder, (1908). [M. 2.40, geb. 3.—]

— Ein Opfer des Beichtgeheimnisses. Frei nach e. wahren Begebenheit erzählt. 15. Aufl. (VIII, 319 S. m. 12 Vollbildern.) kl. 8. Ebd. (910). 2.80; geb. in Halbleinw. 3.50

Spillmann, Joseph. Gesammelte Romane und Erzählungen von J' Sp' S. J. Volksausgabe. 14 Bände.... 8. Freiburg im Breisgau, Herder, 1905—(1908). (geb. *je* M. 2.—)

Band 1 *u.* 2..., *a. u. d. T.:* Lucius Flavus. Historischer Roman aus den letzten Tagen Jerusalems.... 5. Aufl. 2 Bände. 1905. — 1. Band. [Mit 2 Tafeln.] X + 338 S.; 2. ⟨Schluss-⟩Band. [Mit 1 Karte.] VI + 341 S.

Band 3 *u.* 4..., *a. u. d. T.:* Tapfer und Treu. Memoiren eines Offiziers der Schweizergarde Ludwigs XVI. Historischer Roman in zwei Bänden. 5. Aufl. 1906. — 1. Band. VI + 285 S.; 2. ⟨Schluss-⟩Band. [Mit 1 Plan.] VI + 289 S.

Band 5 *u.* 6..., *a. u. d. T.:* Um das Leben einer Königin. Historischer Roman in zwei Bänden aus der französischen Schreckenszeit. ⟨Fortsetzung von «Tapfer und Treu».⟩ 3. Aufl. 1906. — 1. Band. VI + 279 S.; 2. ⟨Schluss-⟩Band. [Mit 2 Plänen.] VI + 297 S.

Band 7 *u.* 8..., *a. u. d. T.:* Kreuz und Chrysanthemum. Eine Episode aus der Geschichte Japans. Historische Erzählung in zwei Bänden. 3. Aufl. 1907. — 1. Band. VI + 276 S.; 2. ⟨Schluss-⟩Band. VI + 271 S.

Band 9 *u.* 10..., *a. u. d. T.:* Die Wunderblume von Woxindon. Historischer Roman aus dem letzten Jahre Maria Stuarts. 7. Aufl. 2 Bände. (1907.) — 1. Band. VIII + 276 S.; 2. ⟨Schluss-⟩Band. [Mit 1 Plan.] VIII + 251 S.

Band 11 *u.* 12..., *a. u. d. T.:* Wolken und Sonnenschein. Novellen und Erzählungen. 7. Aufl. 2 Bände. (1908.) — 1. Band. VI + 264 S.; 2. ⟨Schluss-⟩Band. VI + 264 S.

Band 13..., *a. u. d. T.:* Ein Opfer des Beichtgeheimnisses. Frei nach einer wahren Begebenheit erzählt. 13. Aufl. VIII + 274 S. (1908.)

14. ⟨Schluss-⟩Band..., *a. u. d. T.:* Der schwarze Schumacher. Erzählung aus dem Schweizer Volksleben des 18. Jahrhunderts. 3. Aufl. VI + 378 S. (1908.)

— Gesammelte Romane u. Erzählungen. Volksausg. 14 Bde. kl. 8. Ebd. Geb. in Leinw. à 2. —

1. 2. Lucius Flavius. Historischer Roman aus den letzten Tagen Jerusalems. 6. u. 7. Aufl. 2 Bde. (X, 338 u. VI, 311 S. m. 2 Taf. u. 1 Karte.) (907. 08.)
3. 4. Tapfer u. Treu. Memoiren e. Offiziers der Schweizergarde Ludwigs XVI. Historischer Roman in 2 Bdn. 6. u. 7. Aufl. (VI, 285 u. VI, 289 S. m. 1 Plan.) (908. 10.)
5. 6. Um das Leben e. Königin. Historischer Roman in 2 Bdn. aus der franz. Schreckenszeit. (Fortsetzung von „Tapfer und Treu".) 5. Aufl. (VI, 279 u. VI, 297 S. m. 2 Plänen.) (908.)
7. 8. Kreuz u. Chrysanthemum. Eine Episode aus der Geschichte Japans. Historische Erzählg. in 2 Bdn. 3. u. 4. Aufl. (V, 276 u. V, 271 S.) (907. 10.)
9. 10. Die Wunderblume v. Woxindon. Historischer Roman aus d. letzten Jahre Maria Stuarts. 7. u. 8. Aufl. 2 Bde. (VII, 276 u. VII, 219 S. m. 1 Plan.) (907. 10.)
11. 12. Wolken u. Sonnenschein. Novellen u. Erzählungen. 7. Aufl. 2 Bde. (à V, 264 S.) (908.)
13. Ein Opfer des Beichtgeheimnisses. Frei nach e. wahren Begebenheit erzählt. 13. u. 14. Aufl. (VII, 274 S.) (908. 10.)
14. Der schwarze Schumacher. Erinnerung aus dem Schweizer Volksleben des 18. Jahrh. 3. Aufl. (VI, 378 S.) (908.)

Spillmann, Jos., rund um Afrika. Ein Buch m. vielen Bildern f. die Jugend. Aus den Jugendbeilagen der „Kathol. Missionen" gesammelt u. ergänzt. gr. 4. (IX, 264 S. m. eingedr. Holzschn., 1 Taf. u. 2 Karten.) Freiburg i/Br. 885. Herder. n. 5. —; geb. n. 6. —

Spillmann, Jos., rund um Afrika. Ein Buch m. vielen Bildern f. die Jugend. 2., wesentl. erweit. Aufl., m. e. großen color. Karte v. Afrika. gr. 4. (X, 424 S.) Freiburg i/B. 891. Herder. n. 7. 50; geb. in Halbleinw. n. 8. 70

— rund um Afrika. E. Buch m. vielen Bildern f. d. Jugend. 3., wesentlich erweit. Aufl., m. e. großen kolor. Karte v. Afrika. gr. 4. (XI, 483 S.) Freiburg i/B. 897. Herder. n. 8. 40; geb. in Halbleinw. n. 9. 80

Spillmann, Joseph. Die Schiffbrüchigen. Eine Erzählung für die Jugend. 3. Aufl. Mit vier Bildern [Tafeln, und illustriertem Umschlag]. VI + 99 S. 8. Freiburg im Breisgau, Herder, 1901. [M. —. 60, geb. M. —. 80]

Aus fernen Landen ... gesammelt von Joseph Spillmann S. J. Bändchen 15....

Spillmann, Joseph. Die Schiffbrüchigen.... 4. [Titel-]Aufl. VI + 99 S. 8. Freiburg im Breisgau, Herder, (1903).

Aus fernen Landen.... Bändchen 15.... —

Spillmann, Joseph. Die beiden Schiffsjungen. Eine Erzählung aus Cayenne. Mit vier Bildern [Tafeln, und illustriertem Umschlag]. VI + 102 S. 8. Freiburg im Breisgau, Herder, 1902. [M. —. 80, geb. M. 1. —]

Aus fernen Landen ... gesammelt von Joseph Spillmann S. J. Bändchen 18....

Spillmann, Joseph. Die beiden Schiffsjungen.... 3. [Titel-]Aufl. ... VI + 102 S. 8. Freiburg im Breisgau, Herder, 1903. [M. —. 80, geb. 1. —]

Aus fernen Landen.... Bändchen 18.... —

Spillmann, Joseph. Die beiden Schiffsjungen.... 4. [Titel-]Aufl. ... VI + 102 S. 8. Freiburg im Breisgau, Herder, (1905). (M. —. 60, geb. —. 80)

Aus fernen Landen.... Bändchen 18.... —

Spillmann, Joseph. Der schwarze Schumacher. Erzählung aus dem Schweizer Volksleben des 18. Jahrhunderts von Joseph Spillmann S. J. [Mit illustriertem Umschlag.] VI + 464 S. 8. Freiburg im Breisgau, Herder, 1903. [geb. M. 4. 80]

Spillmann, Joseph. Der schwarze Schumacher. Erzählung aus dem Schweizer Volksleben des 18. Jahrhunderts von J' Sp' S. J. 2., unveränderte Aufl. [Mit illustriertem Umschlag.] VI + 464 S. 8. Freiburg im Breisgau, Herder, 1907. [geb. M. 4. 80]

Spillmann, Joseph. «Selig die Barmherzigen!» Erzählung aus den Tagen des Negeraufstandes von Haïti. 3. Aufl. Mit vier Bildern [Tafeln, und illustriertem Umschlag]. VI + 102 S. 8. Freiburg im Breisgau, Herder, 1901. [M. —. 80, geb. M. 1. —]
Aus fernen Landen ... gesammelt von Joseph Spillmann S. J. Bändchen 16....

Spillmann, Joseph, S. J. Die Sklaven des Sultans. Eine Erzählung aus Konstantinopel im 17. Jahrhundert. 8. Aufl. Mit vier Bildern [Tafeln, und illustriertem Umschlag]. VI + 109 S. 8. Freiburg im Breisgau, Herder, (1910). (M. —. 60, geb. —. 80)
Aus fernen Landen.... Bändchen 10....

— die Sklaven des Sultans, s. a. Aus fernen Landen, X.

Spillmann, Joseph. El Sobrino de la Reina. Narración tomada de la historia de las misiones del Japón por el P. José Sp', de la compañía de Jesús. [Traducido del alemán.] Con cuatro grabados. 2a edición. VI + 111 p. 8. Friburgo de Brisgovia ⟨Alemania⟩, B. Herder, 1902. ([M. —.80;] en media tela fr. 1.25, en tela 2.—)
Desde Lejanas Tierras. Galería de narraciones .... Tomito 4.

— el sobrino de la reina, s. a. Desde lejanas tierras, IV.

Spillmann, Joseph. Ueber die Südsee. ⟨Australien und Oceanien.⟩ Ein Buch mit vielen Bildern [wovon 1 Tafel] für die Jugend. Von J' Sp' S. J. Mit zwei colorirten Karten. 4. Freiburg im Breisgau 1892. Herder. (VII, 311 S.)

Spillmann, Joseph, S. J. Über die Südsee. ⟨Australien und Ozeanien.⟩ Ein Buch mit vielen Bildern für die Jugend. Mit einer grossen kolorierten Karte. 2., vermehrte Aufl. XII + 378 S. 4. Freiburg im Breisgau, Herder, 1902. [M. 7. 60, geb. 9. —]

— tapfer u. treu. Memoiren e. Offiziers d. Schweizergarde Ludwigs XVI. Histor. Roman in 2 Bdn. 1. u. 2., unveränd. Aufl. 8. (VI, 354 u. VI, 358 S. m. 1 Plan.) Freiburg i/B. 897. Herder. n. 5. —; geb. in Leinw. n. 7. —

Spillmann, Joseph. Tapfer und Treu. Memoiren eines Offiziers der Schweizergarde Ludwigs XVI. Historischer Roman in zwei Bänden. 3. Aufl. [Mit illustriertem Umschlag.] VI + 354 u. VI + 358 S. 8. Freiburg im Breisgau, Herder. 1901. [M. 5. —]

— Tapfer u. treu. Memoiren e. Offiziers der Schweizergarde Ludwigs XVI. Historischer Roman in 2 Bdn. 4. Aufl. (VI, 354 u. VI, 358 S. m. 1 Plan.) kl. 8. Ebd. 905. n. 5. —; geb. in Leinw. n. 7. —

— um das Leben e. Königin. Historischer Roman in 2 Bdn. aus der französischen Schreckenszeit. (Fortsetzung v. „Tapfer u. treu".) 1. u. 2., unveränd. Aufl. 8. (VI, 352 u. VI, 376 S. m. 2 Plänen.) Ebd. 900. 901. n. 5.50 geb. in Leinw. n. 7.5(

Spillmann, Joseph. Um das Leben einer Königin. Historischer Roman in zwei Bänden aus der französischen Schreckenszeit. ⟨Fortsetzung von «Tapfer und Treu».⟩ Von J' Sp' S. J. 4. Aufl. 8. Freiburg im Breisgau, Herder, (1908). [zus. M. 5. 50, geb. 7. 50]
1. Band. VI + 354 S. — 2. ⟨Schluss-⟩Band. [Mit 2 Plänen.] VI + 379 S.

— a victim of the seal confession. A true story. 8. (324 S.) Ebd. 898. Geb. in Leinw. n. 4. —

Spillmann, Joseph. Una Víctima del Secreto de la Confesión. Novela fundada en un suceso verídico. Por el Padre José Sp' de la Compañía de Jesús. Con doce ilustraciones de Francisco Sardá y Ladico. 2da edición. II + VIII + 377 p. 8. Friburgo de Brisgovia ⟨Alemania⟩, B. Herder, 1905. [M. 2. 40, geb. 3. —]
Herder, Las Buenas Novelas. Tomo 1....
2., *unveränderte Ausgabe (mit dem Umschlag der 1., anonym ersch. Ausg.:* ... Por un Padre de la C' de J'. ... 1903). — *1a edición.* 1903.

— una victima del secreto de la confesión, s. a. Herder, las buenas novelas, I.

Spillmann, Jos., vom Cap zum Sambesi. Die Anfänge der Sambesi-Mission. Aus den Tagebüchern d. P. Terörde S. J. u. aus den Berichten der anderen Missionäre dargestellt. Mit zahlreichen (Holzschn.-)Illustr. u. (4 lith.) Karten. gr. 8. (XVI, 432 S.) Freiburg i/Br. 882. Herder. 6. —

— in der Neuen Welt. 1. Hälfte: Westindien u. Südamerika. Ein Buch m. vielen Bildern f. die Jugend. gr. 4. (XII, 380 S. m. 2 farb. Karten.) Freiburg-i/B. 894. Herder. n. 7. —; geb. in Halbleinw. n. 8. 20

— in der neuen Welt. 2. Hälfte: Mittel- u. Nordamerika. E. Buch m. vielen Bild. f. d. Jugend. gr. 4. (X, 483 S. m. 1 farb. Karte) Ebd. 895. n. 9. —; geb. in Halbleinw. n. 10. 40 (Kplt.: n. 16. —; geb. n. 18. 60)

Spillmann, Joseph. In der Neuen Welt. 1. Hälfte: Westindien und Südamerika. Ein Buch mit vielen Bildern für die Jugend. Von J' Spillmann S. J. 2., vermehrte Aufl. Mit einer grossen kolorierten Karte. XII + 408 S. 4. Freiburg im Breisgau, Herder, 1904. [M. 8. —]

— Wolken u. Sonnenschein. Novellen u. Erzählungen. 3., verm. Aufl. 8. (554 S.) Ebd. 888. n. 4. —; geb. n. 5. —

— Wolken u. Sonnenschein. Novellen u. Erzählgn. 4. Aufl. 2 Bde. 8. (V, 315 u. V, 318 S.) Ebd. 894. 4. 20; in 1 Leinwbd. n. 6. —

— Wolken u. Sonnenschein. Novellen u. Erzählgn. 5. Aufl. 2 Bde. 8. (V, 315 u. V, 313 S.) Ebd. 898. n. 4. —; geb. n. 6. —

— Wolken u. Sonnenschein. Novellen u. Erzählgn. 6. Aufl. Mit Bildern v. Fritz Bergen. 2 Bde. 8. (V, 336 u. V, 335 S.) Ebd. 903. n. 4.80; geb. in Leinw. n. 7.—

Spillmann, Joseph, S. J. Wolken und Sonnenschein. Novellen und Erzählungen. Mit Bildern von Fritz Bergen. 7. Aufl. 2 Bände. 8. Freiburg im Breisgau, Herder, (1909). [zus. geb. M. 7. —]
1. Band. VI + 336 S. — 2. ⟨Schluss-⟩Band. VI + 335 S.

— die Wunderblume v. Woxindon. Historischer Roman aus dem letzten Jahre Maria Stuarts. 2 Bde. 12. (VII, 332 u. VII, 304 S.) Ebd. 898. 5. —; geb. in Leinw. n. 6. 50

— die Wunderblume von Woxindon. Histor. Roman aus d. letzten Jahre Maria Stuarts. 3. Aufl. 2 Bde. 8. (VII, 342 u. VII, 308 S. m. 1 Plan.) Freiburg i/B. 898. Herder. n. 5.; geb. in Leinw. n. 6. 50

Spillmann, Joseph. Die Wunderblume von Woxindon. Historischer Roman aus dem letzten Jahre Maria Stuarts. Von J' Sp' S. J. 2 Bände. 8. Freiburg im Breisgau, Herder. [zus. M. 5. —, geb.: *4. Aufl.* 6. 50, *5. u. 6. Aufl.* 7. —]
1. Band. VIII + 342 S. — 2. ⟨Schluss-⟩Band. [Mit 1 Plan.] VIII + 307 S.
4. *u.* 5. Aufl. 1901 *u.* 1903.
6. Aufl. (1908.)

Spillmann, Joseph. Die Brüder Yang und die Boxer. Eine Erzählung aus den jüngsten Wirren in China. Mit vier Bildern [Tafeln, und illustriertem Umschlag]. VI + 99 S. 8. Freiburg im Breisgau, Herder, 1903. [M. —. 80, geb. M. 1. —]
Aus fernen Landen ... gesammelt von Joseph Spillmann S. J. Bändchen 19....

Spillmann, Joseph. Der Zug nach Nicaragua. Eine Erzählung aus der Zeit der Conquistadoren. 5. Aufl. Mit vier Bildern [Tafeln, und illustriertem Umschlag]. VI + 112 S. 8. Freiburg im Breisgau, Herder, (1903). [M. —. 60, geb. M. —. 80]
Aus fernen Landen ... gesammelt von Joseph Spillmann S. J. Bändchen 13....

— der Zug nach Nicaragua, s. a. Aus fernen Landen, XIII.

Spillmann, Theodor. Beitrag zur Kenntnis der Giftwirkung des Wasserschierlings Cicuta virosa. Diss. Vet.-Med. Univ. Zürich. 54 S. 8. Rostock, Carl Hinstorff, 1910.

Spillner, Emil, Befestigung der Bürgersteige u. Hofflächen, s.: Handbuch der Architektur. 3. Tl. 6. Bd.

— Eisbehälter u. Kühlanlagen, s.: Brückner, Ernst.

—— Eisbehälter u. sonstige Kühlanlagen, s. Osthoff, Geo.

— Sicherungen gegen Feuer, Blitzschlag, Bodensenkungen u. Erderschütterungen; Stützmauern, s.: Handbuch der Architektur. 3. Tl. 6. Bd.

Spillner, Friedrich G[ustav], Chemiker d. Emschergenossenschaft zu Essen-Ruhr: Die Trocknung des Klärschlammes. 1910. 63 S. 8° ¶ Auch in: Mitteilungen aus d. Kgl. Prüfungsanstalt f. Wasserversorgung u. Abwässerbeseitigung zu Berlin. H. 14. 1911.
Hannover, Dr.-Ing.-Diss. v. 31. 10. 1910

Spillner, Johann Georg A. S. 580/58a

Dissertatio iuridica de filia propria bona possidente ad petitionem dotis ex feudo non admittenda.
Präs. Friedrich Gottlieb Zoller.
Leipzig (Breitkopf) 19. V. 1763. 20 S.

Gew.: Christian Gf. von Loss. 33008

Spillner, Johann Georg A. S. 174/27

Dissertatio iuridica de renunciatione hereditatis a filia iurato facta, ob enormem laesionem rescindenda.
Präs. Friedrich Zoller.
Leipzig (Stopfel) 1. VI. 1752. 16 S. 33007

Spillner, Otto, Gerichtsass.: Das Haftungsprivileg des urteilenden Richters. ⟨§ 839 Abs. 2 BGB.⟩ Borna-Leipzig 1910: Noske. VII, 45 S. 8°
Heidelberg, Jur. Diss. v. 7. Nov. 1910, Ref. Gradenwitz
[Geb. 4. Okt. 81 Aachen; Wohnort: Essen a. R.; Staatsangeh.: Preußen; Vorbildung: Gymn. Essen Reife O. 01; Studium: Genf 3, Berlin 3 S.; Rig. 5. Aug. 10.] [U 11. 2140

Spillner, Rudolf (Gustav Adolf) von

Spillner R. v.: Wissenschaftliche Ergebnisse d. im Hausthiergarten d. landwirtschaftlichen Instituts angestellten Versuche d. Kreuzung d. bornesischen Wildschweins mit dem europäischen Wild- bezw. Hausschwein. Diss. Halle a. S. 1893. 38 S. 4°.

Spillner, Rud. v., wissenschaftliche Ergebnisse der im Hausthiergarten des landwirthschaftlichen Instituts angestellten Versuche der Kreuzung des bornesischen Wildschweins m. dem europäischen Wild- bezw. Hausschwein, s.: Berichte aus dem physiologischen Laboratorium u. der Versuchsanstalt des landwirthschaftlichen Instituts der Universität Halle.

Spilsbury's, Picturesque Scenery in the Holy Land taken during the campaigns of 1799 — 1820. coloured plates. 5 Vols. (Leipsic, Fr. Fleischer.)

Spina, Arnold

Spina, A., experimentelle Beiträge zu der Lehre v. der inneren Athmung der Organe. Aus dem Böhm. übers. gr. 8. (70 S.) Prag 889. Bursik & Kohout. n. 2. —

Spina, Arnold, über Resorption u. Secretion. gr. 8. (III, 105 S.) Leipzig 882. Engelmann. n. 3. —

— über die Saftbahnen des hyalinen Knorpels. [Mit 1 (lith.) Taf.] [Aus: „Sitzungsber. d. k. Akad. d. Wiss."] Lex.-8. (11 S.) Wien 879. (Gerold's Sohn.) n. — 40

Spina, Arnold, Studien üb. Tuberculose. gr. 8. (III, 128 S.) Wien 883. Braumüller. n. 3. —

Untersuchungen über die Bildung der Knorpelgrundsubstanz (mit 1 Taf.) S. 81. III ... —40
Separatabdruck

—— Untersuchungen über die Bildung der Knorpelgrundsubstanz. Lex.-8. (12 S. mit 1 lithogr. Taf.) Wien 879, (Gerold's Sohn). *

— Untersuchungen über die mechanischen Leistungen der acinösen Drüsen, s.: Stricker, S.

— Untersuchungen über die Mechanik der Darm- u. Hautresorption. [Aus: „Sitzungsber. d. k. Akad. d. Wiss."] Lex.-8. (12 S.) Ebend. 881. n.n. — 25

Spina, A[rnold]: Die Verdienste Stricker's u. s. Schule auf d. Gebiete d. Mikroskopie d. normalen u. entzündeten Gewebe. *Leipzig & Wien 1898.*
in: Jahre, 30, experim. Pathologie ... S. Stricker ... gewidm. [98 3804

Rosen und Dornen. Von C. F. Spina. Den Schwestern unseres Bundes gewidmet. New York 1871: Voytits. 47 S. 8°
Tt. 1916. Gedichte u. Reden von H. Dingeldey, J. M. Buthmann, F. Holtschmidt u. a. 439.

Spina, David Baron de (Ed.):

s.: Juengken, Johann Helfrich: Corpus pharmaceutico-chymico-medicum universale... Editio tertia. Francofurti ad Moenum: 1732

SPINA, DAVID DE.
Manuale sive lexicon pharmaceutico-chymicum, instar compendii medicis practicis et pharmacopœis maxime commodum, continens medicamenta composita polychresta tum usualia tum minus usualia, ex notissimis pharmacopœis et celeberrimus authoribus practicis desumta et par tim ex corpore pharmaceutico domini physici Jüngken huc translata; editio completa cum indice locupletissimo. Francofurti ad Mœnum, 1700. pp. 1054-25, 8vo.

de **Spina,** Dav., Lexicon pharmac.-chymicum. Frcf. ad M. 8°.
1702.

Spina, David Baron de: Manuale sive lexicon pharmaceutico-chymicum, instar compendii medicis practicis...maxime commodum...cui ad maiorem...utilitatem accessit catalogus morborum. Editio secunda, priori longe auctior. 1179 S., gbd., Abb.

Francofurti ad Moenum: Knoch 1715

Spina, Dav. v., manuale sive Lexicon pharmaceutico-chymicum. 8. Francf. Esslinger. 715.

Spina, Franz: Aus der Chronik des Mähr.-Trübauer Webermeisters Michael Heger. (1663—1730.) S. 3—20. 8.
Progr. K. k. Staats-Gymn. *Mähr.-Trübau* 1905.

Spina, Franz: Die alttschechische Schelmenzunft 'Frantowa Prava'. Prag: Bellmann 1909. XIII, 223 S. 8°
(Beiträge z. d. deutsch-slaw. Literaturbeziehungen. 1.)
(Prager Deutsche Studien. H. 13.)

Spina, Frz., die alttschechische Schelmenzunft 'Frantova Práva', s. a. Studien, Prager deutsche.

Spina Franz: Ein m. h. d. Handschriftbruchstück. 4. Braunau 95.
Progr.

Spina, Franz: Die nachgoethesche Literatur im Gymnasialunterricht. S. 121—139. 8.
In: Festschrift zur Feier des 100 jähr. Bestandes k. k. Staats-gymn. *Mähr.-Trübau* 1903.
Progr.

Spina, Franz: Der Vers in den Dramen des Andreas Gryphius. Phil. Diss., Prag 1896/97.

Spina Franz: Der Vers in den Dramen des Andreas Gryphius und sein Einfluss auf den tragischen Stil. 76. Braunau 95.
Progr.

Spina, Friedrich Peter von (Heidelberg) A. S. 10/23

Disputatio inauguralis juridica, exhibens varias ex jure quaestiones.
Heidelberg (Mayer) (22.) XII. 1716. 24 S.

33010

Spina, Friedrich Peter von (Heidelberg) A. S. 9/8

Disputatio juridica de transactionibus.
Präs. Berth. Busch.
Heidelberg (Mayer) (12.) III. 1714. 22 S.

33009

Spina, H., s.: Töne u. Geräusche.

Spinak, Bernard: Ueber das Verhalten der Leukocyten im Blute und Sputum bei asthmatischen Zuständen. Leipzig 1908: Georgi. 39 S. 8°
Leipzig, Med. Diss. v. 16. Dez. 1908, Ref. Curschmann
[Geb. 24. Okt. 84 Warschau; Wohnort: Warschau; Staatsangeh.: Rußland; Vorbildung: Oberrealsch. Warschau Reife O. 02, Erg.-Prüf. Gymn. Petrikau O. 03; Studium: Königsberg 6, Leipzig 4 S.; Rig. 13. Dez. 08.] [U 09. 2884

Spinalba, od. Offenbarungen a. d. Rosenkreuzerorden, aus d. Franz. d. Regnault Warin bearbeit. v. Fr. Oertel. 2 Thle. 8. Leipz. Weygand. 804.

Spinalba, oder die Offenbarungen aus dem Rosenkreuzer-Orden, von Regnault-Warin. 2 Thle. 8. 804. Ist jetzt bey Weygand in Leipzig zu haben.

Spinalba, Karl [Pseud.]
s. Spindler, Karl [Wirkl. Name]

SPINČIĆ, Alois: Die Geschichte Istriens bis zur Zeit Kaiser Karls des Großen. — 1876. 99 S. Diss. Graz, Univ.

Spincič, Bogomir, sloven. Sprachführer. I. Selbstunterrichts-Sprachlehrmethode, II. Slovenisch-deutsches und deutsch-sloven. Wörterbuch. 2. Aufl. (44 u. 159 S.) 16. Wien 908. F. C. Mickl. Geb. 1. 70

— dasselbe. I. Gründliche u. leichtfaßl. Methode, die slov. Sprache durch Selbstunterricht theoretisch u. praktisch in sehr kurzer Zeit ohne Lehrer gut lesen, schreiben u. sprechen zu lernen. Mit ausgewählten Gesprächen, Spracheigenheiten, Sprichwörtern u. Leseübgn. (Wenedikt's Sprachbücher.) 2. Aufl. (44 S.) 16. Ebd. 908. — 60

Spincic, Dr. Bogomir, Slovenischer Sprachquetscher. Neue unfehlbare Methode, die slovenische Sprache theoretisch und praktisch in kurzer Zeit ohne Lehrer gut lesen, schreiben und sprechen zu lernen. Mit einem Anhange von Gesprächen, Spracheigenheiten. Sprichwörtern und einer reichhaltigen Wortsammlung 16. (134 S.) —.36
Wien: A.Wenedikt & Sohn 1896.

——— slovenischer Sprachquetscher. Gründl. u. leichtfaßl. Methode, d. sloven. Sprache theoretisch u. praktisch in sehr kurzer Zeit ohne Lehrer gut lesen, schreiben u. sprechen zu lernen. Mit e. Anh. v. Gesprächen, Spracheigenheiten, Sprichwörtern u. e. reichhalt. Wortsammlg. in deutscher u. sloven. Sprache. Nach den besten Quellen bearb. 16. (135 S.) Wien 896. (Leipzig, Literar. Anstalt, A. Schulze.) n. — 72

Spincič, B., Slowenischer Sprachquetscher. Gründliche und leichtfaßliche Methode, die slowenische Sprache schreiben und sprechen zu lernen. 16°. (43 S.) K —.72
Wien: A.Reitinger 1907.

— Slovenisch-deutsch und Deutsch-slovenisches Taschen-Wörterbuch. 16. (158 S.)
Wien: A.Wenedikt & Sohn 1896.

——— slovenisch-deutsch u. deutsch-slovenisches Taschen-Wörterbuch. 16. (159 S.) Wien 896. (Leipzig, Literar. Anstalt, A. Schulze.) n. — 86

— Kleines Wörterbuch der slovenischen Sprache. Slovenisch-deutsch u. deutsch-slovenisch in e. Bdchn. (Neue [Titel-]Ausg.) (159 S.) 16. Ebd. [896] (909). — 80

Spindel, Peter, der badische Reinecke Fuchs und seine Gesellen. Eine schöne Geschichte aus der neuesten Zeit in Reime gebracht. 2. Aufl. 8. (147 S.) Köln. Gedr. in diesem Jahr?

Spindeler, Karl: Ein Beitrag zur Einführung in das Gebiet der räumlichen Configurationen. (Th. 1.) Diedenhofen, Buchdr. v. G. Hollinger, 1894; 31 S. 4.
Diedenhofen, G, MP 1894 (510)

Spindeler, Karl: Ein Beitrag zur Einführung in das Gebiet der räumlichen Configurationen. '(Forts.)' (Forts. d. P-Beil. 1894.) Diedenhofen, Buchdr. v. G. Hollinger, 1896; 22 S. 4.
Diedenhofen, G, MP 1896 (518)

Spindeler, Karl: Ein Beitrag zur Einführung in das Gebiet der räumlichen Configurationen ⟨Fortsetzung⟩. *Diedenhofen 1898: G. Hollinger.* (28 S.) 4° ¶(Fortsetzung d. P-Beilagen 1894. 96.)
Diedenhofen, G, P 1898 (533)

Spindeler, Karl: Ein **Beitrag** zur Einführung in das Gebiet der räumlichen Configurationen. (Schluss.) *Diedenhofen 1900: G. Hollinger.* (18 S.) 4° ¶(Schluss d. P-Beil. 1894, 96, 98.)
Diedenhofen, G, MP 1900 (546)

Spindelbauer, Jos., s. Beichtkind.

Spindler, s.: Humorist, der.

Spindler A, Vorlagen für das Freihandzeichnen an gewerblichen Lehranstalten. Gitter-Motive. (40 T) fol Wien (1901)

Der moderne Polsterer. Eine Abhandlung über d. gesamte Gebiet d. Polsterarbeiten nebst Bemerkungen über Material, Werkzeuge u. sonstige Erfordernisse. Mit 197 Abb. Von Adolf **Spindler**. Berlin: Berg & Schoch 1907. (184 S.) 8° [F.]
Aus: Deutsche Tapezierer-Zeitung. [08. 3187

Schalldichtmachen von Türen und Telephon-Zellen. Nach prakt. Erfahrungen erl. von Adolf **Spindler**, Zürich. Berlin: Berg & Schoch 1907. (23 S.) 8° [F.] [08. 3188

Spindler, Alex., Luitbald u. Herrmann; od.: die Riesenbrüder vom Harzgebirge. Romant. Ritter- u. Räubergemälde aus d. Zeiten d. deutschen Ritterthums. 2 Thle. 8. (19½ B. u. 1 Stnt.) Freiberg 832, Engelhardt.

Spindler, Carl, s. Spindler, Karl.

Spindler, Charles

u. Jos. **Sattler,** Elsaesser Bilderbogen. — Images alsaciennes. II. Serie. 4 Lfgn. Fol. (à Lfg. 6 Lichtdr.-Taf.) Strassburg 895. (F. X. Le Roux & Co.) n. 12. —; in Mappe n. 15. —; einzelne Lfgn. n. 4. —

— dasselbe 1. Serie, s.: Sattler, Jos.

— u. J. **Sattler,** Elsässer Bilderbogen, Fortsetzg., s.: Rundschau, illustr. elsässische.

Spindler, Charles, **Trachten u. Sitten im Elsass, s.: Laugel, A.**

— elsässisches Trachtenbüchlein. Leporello-Album. schmal 12. (10 farb. Taf.) Strassburg (899). Schlesier & Schweikhardt. n. 1. 50

Spindler C, elsässisches Trachtenbüchlein. 10 Blatt. Strassburg 1900

SPINDLER, Chr. Gotthold. Unschuldige Jugend-Früchte oder Sammlung poetischer Sendschreiben. Nebst einem theatralischen Anhang. Mit 4 Kupfern. Leipzig 1745. 8°. 16 Bogen. (In München: P. o. germ. 1407; auch in Stuttgart und in Dresden: Lit. Germ. rec. B. 2281.) (2 Mk., Völcker, Frf. a. M., vor 1885; jetzt theurer!) Scheible, vor 1885; jetzt theurer!)
Cat. Meissner III. p. 548. — Sehr abweichend ist der Titel im M. M. 1745, E 1a, und O. M. V. 1746. H 1b citirt: M. *Chr. Gotthold Spindlers* Poetisches Brief-Buch, bestehend 1) in schertzhaften und verliebten, 2) in Glückwünschenden, 3) in tröstenden, 4) in vermischten Briefen, nebst einem theatralischen Anhang, das Wunderbare der Liebe, die unglückliche Aufrichtigkeit, bestrafte Boßheit, und glückliche Verstellung, mit Kupfern. Leipzig b. C. F. Geßner. 8°.

Spindler, Chr. Gtf., unschuld. Jugendfrüchte od. Samml. poet. Sendschr. nebst e. theatral. Anh. 8. Leipz. Müller. 745.

Spindler, David Jakob (Neustadt/Osterland)
A. S. 101/13

Dissertatio inauguralis iuridica de libertate mutandae probationis in processu. Präs. Johann Friedrich Hertel. Jena (Ritter) 19. XI. 1735. 28 S.

Gew.: Johann Christian von Hennicke.
W. v.: Präs., Johann Gottfried Fortan (Opp.), Engel Friedrich Trübel (Opp.) Johann Christian Spindler, Friedrich August Reichard, J. D. Beck. 33016

Spindler, Ed., der Kretin. Eine Novelle aus der neuesten Zeitgeschichte. 8. (13 B.) Wesel 837, **Klönne.**

—— die Mauren in Spanien. **Histor.-romant. Gemälde in drei Rahmen unter 5 Bdn. — X. u. d. Ttln.: Saba od. d. Untergang d. westgothischen Reichs. 2 Bde. — Don Rodrigo Diaz.— Der letzte Maure. 2 Bde. 8. (76 B.) Wesel 840, Klönne.**

—— des Schusters Zögling. **Romant. Sitten- u. Charakter-Gemälde aus d. Zeiten d. Kaisers Rudolph v. Habsburg.** 3 Bde. 8. (53½ B.) **Wesel** 838, **Klönne.**

Spindler, Erwin, neue Buchstaben-Vorlagen f. Brandmalerei,
— Wandsprüche u. Alphabete f. Brandmalerei,
s.: Vorlagen f. Brandmalerei.

Spindler, Franz: Beiträge zur Kenntnis der Milchkatalase. Berlin 1910. 69 S.
Wien, Vet.-med. Diss. v. 1911.

Spindler, Gotthold [Dr.]: Die freien Vorträge in Prima. Steglitz, *Berlin, Druck v. W. Büxenstein,* 1896; 18 S. 4.
Steglitz, G u. in d. Entwickelg begriff. R, OP 1896 (88)

Spindler, Gotthold De Zoilo Homeromastige qui vocatur. 4 (15 S.) **Progr.** Ritter-Akad. *Brandenburg a. H.* 1888 (zu 66).

Spindler, Gotthold [Saxo-Borussus]: De Zoilo Homeromastige qui vocatur. . . . Halis Saxonum, typ. Ploetzianis (R. Nietschmann), 1889; 29 + 1 S. 8°
Erlangen, Phil. Fak., Inaug.-Diss. v. 1880

Spindler, Gustav

Spindler, G., das Schlachtvieh- u. Fleischbeschaugesetz vom 3. VI. 1900 m. den Ausführungsvorschriften des Reichs u. Württembergs. Textausg. m. Anmerkgn. (XXXI, 306 S.) gr. 8. Stuttgart 903. W. Kohlhammer.
n. 2.20; geb. in Leinw. n. 2. 50

Spindler, H., s. A. Dumas, Napoleon.

Spindler, H., der Geheimnißvolle, oder die beiden Verbrechen. 8. Leipzig 830. (**Berlin, Bade.**) ⅓ ₰

Spindler, H., der Geheimnißvolle, od. d. beiden Verbrechen. Ruff. Novelle. 8. (11¼ B.) Leipzig 830, Glück.

Spindler, Heinrich [aus Königswinter am Rhein]: Über die Ätiologie der Gesichtslagen. . . . Würzburg, Paul Scheiner's Buchdr., 1888; 20 S. 8°
Würzburg, Med. Fak., Inaug.-Diss. v. 1888

Spindler, Heinrich. Ueber den Austausch von Chlor, Brom und Jod zwischen organischen und anorganischen Halogenverbindungen. Tübingen, 1885.

Spindler, Heinrich [Gymnasialoberlehrer in Zwickau]: Der Gigantenmythus in seiner älteren Überlieferung . . . . Zwickau, Druck v. R. Zückler, 1888; 1 Bl. + 26 S. + 1 Bl. 4°
Leipzig, Phil. Fak., Inaug.-Diss. v. 22. Febr. 1888

Spindler, Heinrich, der Gigantenmythus in seiner älteren Ueberlieferung. Diss. Leipzig 1888, Gustav Fock. 4°. 26 S.

Spindler, Heinr., Gustav Adolf. Histor. Festspiel in 5 Akten. gr. 8. (VIII, 76 S.) Zwickau 894. (E. W. Marx.) n. 1. —

Spindler, Heinr., s.: Heimat, unsere.

Spindler's, Lehrkalender. VI. Jahrg. auf d. Schulj. 1892—1893. [1. Jan. 1892 bis 1. April 1893.] 12. (XXXIV S., Schreibkal. u. 88 S.) Zwickau, Marx. geb. in Ldr. * 1 20
Früher u. d. T.: Taschenkalender f. Lehrer.

Spindler's Lehrerkalender. VII. Jahrg. auf d. Schulj. 1893—1894. (1. Jan. 1893 bis 1. Apr. 1894.) 12. (XXXIV S., Schreibkalender u. 88 S.) Zwickau, E. W. Marx. Geb. in Ldr. n. 1. 20

— Lehrerkalender. IX. Jahrg. auf d. Schulj. 1895—1896 (1. Jan. 1895 bis 1. April 1896). gr. 16. (XXXI S., Schreibkalender u. 64 S.) Ebd. Geb. in Ldr. n. 1. 20

Spindler, Heinrich, Im Olymp, Ein phantastisches Turnfestsp. in 2 Aufzügen, Zwickau, 29 S., 8°.

— Sammlung deutscher Aufsätze, s.: Krumbach, Karl Jul.

Spindler, H[einrich], Dr., chem.-techn. Mitglied d. K. W. Medizinalkollegiums: Die Unschädlichmachung der Abwasser in Württemberg. Stuttgart: Enke 1896. VI, 157 S. 8° ¶ Auch als Buch. *S*
Stuttgart Te. H., Hab.-Schr. v. 20. 3. 1896

Spindler, Hermannus [Marpurgensis]: Syntaxeos Propertianae capita duo, quae sunt de verbi temporibus et modis. . . . Marpurgi Chattorum, typ. C. L. Pfeilii typogr. acad., 1888; 31 : 1 S. 8°
Marburg, Phil. Fak., Inaug.-Diss. v. [20. Sept.] 1888

Spindler, J., Dienstunterricht der königl. bayerischen Infanterie. Leitfaden bei Ertheilung des Unterrichts und Handbuch für den Infanteristen und Jäger. (IV, 91 S.) 1881; 2. und 3. Aufl. 8. (IV, 88 S. mit Illustr.) Bamberg 883,84, (Schmidt'sche Buchh.) *

Spindler, J. Dienstunterricht der bayer. Infanterie. Bamberg 1882. 91 S.

Spindler, J., Dienstunterricht der königl. bayerischen Infanterie. Leitfaden bei Ertheilung des Unterrichts und Handbuch für den Infanteristen und Jäger. 4. Aufl. (95 S. mit dem Lichtdr.-Bilde Sr. Maj. König Ludwig II. von Bayern.) 886; 5. Aufl. (95 S.); 6. und 7. Aufl. (98 S. mit 6 Taf. und dem Lichtdr.-Bilde Sr. Königl. Hoh. des Prinzregenten Luitpold von Bayern.) 887; 8. Aufl. 8. (96 S. mit 6 Taf. und dem Lichtdr.-Bilde Sr. Königl. Hoh. des Prinzregenten Luitpold von Bayern.) Bamberg 888, (Schmidt'sche Buchh.)

Spindler, J. Dienstunterricht der königl. bayerischen Infanterie. Leitfaden bei Erteilg. d. Unterrichts u. Handbuch f. den Infanteristen u. Jäger. 9.—11. Aufl. 8. (4, 96 S. m. Abbildgn. u. 1 Bildnis.) Bamb. 889—92, (Schmidt). ** — 50

Spindler, J., Dienstunterricht der königl. bayerischen Infanterie. Leitfaden bei Erteilg. des Unterrichts u. Handbuch f. den Infanteristen u. Jäger. 14. Aufl. 8. (4 u. 96 S. m. Abbildgn., 7 z. Tl. farb. Taf. u. 1 Bildnis.) Bamberg 895. (Schmidt.) n.n. — 50

Spindler, J., Dienstunterricht d. kgl. bayer. Infanterie. Leitfaden bei Ertheilg. d. Unterrichts u. Handbuch f. d. Infanteristen u. Jäger. 20. Aufl. Mit dem f. Bilde Sr. königl. Hoh. d. Prinzregenten Luitpold v. Bayern, 6 schwarzen u. 6 farb. Bildertaf. 8. (3 u. 95 S.) Bamberg 899. (Schmidt.) n.n. — 55

- Dass.23.Aufl.Ebda.1902.

Spindler, J., Dienstunterricht der königl. bayerischen Infanterie. Leitfaden u. Handbuch für den Unterricht. 24. Aufl. Mit dem farb. Bilde Sr. kgl. Hoh. des Prinzregenten Luitpold von Bayern, 6 schwarzen u. 6 farb. Bildertaf 8. (IV, 112 S.) Bamberg 903. (Schmidt.) n.n. — 55

Spindler, J., Dienstunterricht der königl. bayerischen Infanterie. 27. Aufl. Mit dem f. Bilde Sr. kgl. Hoh. des Prinzregenten Luitpold v. Bayern, 9 schwarzen u.. 7 farb. Bildertaf. (IV, 108 S.) 8. Bamberg 906. (Schmidt.) n.n. — 55

Spindler, J., Dienstunterricht d. königl. bayer. Infanterie. 30. Aufl. Mit dem Bilde J. k. H. des Prinzregenten Luitpold, der Prinzen Ludwig, Rupprecht u. Luitpold, sowie vielen schwarzen u. farb. Bildertaf. (IV, 112 S.) 8. Bamberg 909. (Schmidt.) nn — 50

— das Infanterie-Gewehr M 71/84, nebst zugehöriger Munition. Nachtrag zum Dienstunterr. d. k. bayer. Infanterie. 8. (S. 25—37.) Ebd. 887. n. — 8

— Ordens- u. Verdienstzeichen der k. bayerischen Armee. gr. Fol. (3 Chromolith.) Ebend. 882. n. 1. 50

—— Ordens- und Verdienstzeichen der k. bayerischen Armee. gr. Fol. (3 Chromolithogr.) (Ebendas.) 883. *

— d. Signaturen d. Generalstabskarten d. deutschen Reiches 1 : 100,000, v. Frankreich 1 : 80,000, Oesterreich 1 : 75,000, u. Russland 1 : 126,000, nebst Erklärgn. f. d. französ. Karte. Als Hilfsmittel z. Kartenlesen zusammengest. gr. 8. (16 S.) München 895. Literarisch-artist. Anstalt. n. 1. —

— die Signaturen der Generalstabskarten d. deutschen Reiches 1 : 100,000, v. Frankreich 1 : 80,000, Oesterreich 1 75,000, u. Russland 1 : 126,000, nebst Erklärgn. f. diese Karten. Als Hilfsmittel zum Kartenlesen zusammengestellt. 2. Aufl. gr. 8. (32 S.) München 900. Literarisch-artist. Anstalt. n. 1. —

Spindler, J. H.: Neueröffnetes Kriegs- u. Friedens archiv ..., s. Haymann, Johann Gf.

Spindler, Johann

Spindler, J., Bocklet u. seine Heilquellen. gr. 8. Würzburg. (Bamberg, Göbhardt.) 819.

Spindler, Jh., Bocklet u. seine Heilquellen. gr. 8. Würzb. (Bamb.) 819. (Frankf. a. M., Wesché). 18 gr

Ueber Entzündungen des Auges und ihre Behandlung. Von Johann Spindler. Würzburg: Stahel 1807. 158 S. 8°

Allgemeine Nosologie und Therapie als Wissenschaft. Leitfaden für seine Vorlesungen von Joh[ann] Spindler. Frankfurt a.M.: Andreä 1810. X,222 S. 8°

Über das Princip [Prinzip] des Menschen-Magnetismus. Von Joh[ann] Spindler. Nürnberg: Campe 1811. X, 102 S. 8°

Spindler, Johann Heinrich (Naumburg) A. S. 171/16

De commercio in S. R. imperio tempore belli interdicto dissertatio. Präs. Karl Friedrich Hommel. Leipzig (Langenheim) 28. V. 1745. 40 S.

W. v.: Präs. 33018

Spindler, Jo. Heinr.: Von der im H. R. R. bei Kriegszeiten verbotenen Handlung. 745.

Spindler, Josef

Spindler, Jos., das hl. Meßopfer, des Lebens Quell für Priester u. Volk. Predigt zur Primiz-Feier d. Priesters aus der Gesellschaft des göttl. Heilandes P. Joseph M. Bergmiller, in der Stadtpfarrkirche zu Krumbach am 9. VI. 1907 geh. (16 S.) 8. Augsburg 907. Literar. Institut von Dr. M. Huttler. — 20

Spindler, Jos., die deutsche Schulvereinsschule in Wrschowitz. Geschichte e. deutschen Schule im tschech. Sprachgebiete, nach den Acten erzählt. gr. 8. (24 S.) Leipzig 898. Berlin, G. H. Meyer. n. — 50

Spindler, Jos., der ethische Werth d. Nationalgefühls, s.: Sammlung gemeinnütziger Vorträge.

—— Wesen u. Ziele der criminal-anthropologischen Schule in Italien. Vortrag, geh. in der anthropolog. Section der Gesellschaft f. Physiokratie in Prag am 14. Febr. 1889. gr. 8. (23 S.) Prag 889, (Fr. Haerpfer). * — 60

Spindler, Karl, nach Amerika. Der glückliche Herd, s.: Volksbücherei. 2.

—— das belletristische Ausland, s. Ausland.

Spindler, (C.,) der Bastard. Eine deutsche Sittengeschichte aus d. Zeitalter Kaiser Rudolf d. Zweiten. 3 Bde. 8. Zürich 826, Orell.

Spindler, (A. R.) Carl, der Bastard. Eine deutsche Sittengeschichte a. d. Zeitalter Kaiser Rudolph d. Zweiten. 3 Bde. 2. Orig.-Ausg. 8. (59¼ B.) Zürich 829, Orell, Füßli u. Comp. Thlr.
Vgl. dess. „sämmtl. Werke," 38–41. Bd.

Spindler, Karl

Der Bastard. Eine deutsche Sittengeschichte aus dem
Zeitalter Kaiser Rudolph des Zweiten. Th. 1-3.
Stuttgart: Arnold 1838. 8°

Spindler, Carl, der Bastard. Eine deutsche Sittengeschichte aus dem Zeitalter Kaiser Rudolfs II. 4 Tle. in 2 Bdn. 12. (254, 264, 283 u. 193 S.) Stuttgart 894. C. Malcomes.

— dasselbe, s.: Roman- u. Erzählungsschatz f. das deutsche Haus.

Spindler, K., Boa Constrictor. Roman. 2 Bde. 8. Stuttgart 836. Hallberger. 4¼ Thlr.

—— Damen-Zeitung, s. Damen-Zeitung.

—— der Erzähler aus Heimath u. Fremde, s. Erzähler.

Spindler, Karl

Lustige Geschichten für ernste Zeit. Weltansichten,
Historien und wunderliche Bekanntschaften vom Touristen
Theophil Langenstrick, genannt "Grand-Fusil". Hrsg. von
Carl Spindler. Bd 1.2.
Stuttgart: Hallberger 1850. 8°

Spindler, C., lustige Geschichten für ernste Zeit. Weltansichten, Historien u. wunderliche Bekanntschaften vom Touristen Theophil Langenstrick, gen. „Grand Fusil." 2 Bde. 2. (Titel-) Aufl. 8. (704 S.) Ebd. (850) 851. 3½ Thlr.

Spindler, (C.,) Gott beschert über Nacht. Vaterländisches Schauspiel in 4 Akten, nach der gleich betitelten Erzählung in den: „Alpenrosen für 1824." gr. 12. Zürich 825, Orell.

Spindler, Karl

Herbstviolen. Erzählungen und Novellen. Bd 1.2.
Stuttgart: Hallberger 1834. 8°

— der Hofzwerg, s.: Volksbücher, Wiesbadener.

— der Hofzwerg, s.: Volksbücherei. 10.

Karl Spindler. Der Hofzwerg. Der Nürnberger Sophokles. Der schwarze Herrgott in Tirol. Münster i. W.: Aschendorff [1909]. 94 S. 8°
(Unsere Erzähler. Buch 11.) [10. 1907]

Spindler, Karl, der Hofzwerg. Der Nürnberger Sophokles. Der schwarze Herrgott in Tirol, s.: Erzähler, unsere.

Spindler, Karl

Je länger, je lieber. Erzählungen und Novellen. Bd 2.
München: Franckh 1830. 350 S. 8°

—— Je länger, je lieber. Erzähln. u. Novellen. 3 Bde. 8. (60 B.) München 830. [Stuttgart, Hallberger.]
Vgl. dess. „sämmtl. Werke," 35–37. Bd.

—— der Jesuit. Charaktergemälde a. d. ersten Viertel d. 18. Jahrh. 3 Bde. gr. 12. (39 B.) Stuttgart 829, [Hallberger.]
Vgl. dess. „sämmtl. Werke," 8–10. Bd.
– Dass. 2.Aufl.Ebda.1832.

Spindler, Karl

Der Jesuit. Charaktergemälde aus dem 1. Viertel des
18. Jh. Th. 1-3.
Stuttgart: Arnold 1838. 8°

Der Jesuit. Charaktergemälde aus d. ersten Viertel d. 18. Jhs von (Carl) Spindler. Mit e. Vorbemerkung u. d. Bilde d. Verf. *Halle a. d. S.: O. Hendel [1904].* (IV, 317 S.) 8° [H.]
(Bibliothek d. Gesamtlitteratur d. In- u. Auslandes. No 1812–1815.)

— der Jesuit, s.: Bibliothek der Gesamtlitteratur...

— dasselbe, s.: Universal-Bibliothek.

Spindler, Karl

Der Invalide. Historisch romantische Bilder neuerer
Zeit. Th. 1-5.
Stuttgart: Arnold 1838. 8°

— der Jude, deutsches Sittengemälde aus d. 1sten Hälfte des 15. Jahrh. 3 Bde. 8. Stuttg. 827, Franckh.

—— der Jude. Deutsches Sittengemälde a. d. ersten Hälfte d. 15. Jahrh. 3 Bde. 2. Aufl. gr. 12. (46 B.) Stuttgart 829, [Hallberger.]
Vgl. dess. „sämmtl. Werke," 26–29. Bd.

Spindler, Karl

Der Jude. Deutsches Sittengemälde aus der 1. Hälfte
des 15. Jh. Th. 2.3.
Stuttgart 1838: Müller (3: Arnold). 8°

Spindler, Karl. Der Jude. Deutsches Sittengemälde aus der ersten Hälfte d. 15. Jahrh. Künstlerisch illustrirt. 4 Bde. 12. (224; 224; 224; 84 S.) Teschen 891, K. Prochaska. geb. in 3 Bde. * 2 40
—— dass. — s. Romane, die besten, der Weltliteratur.

— der Jude, s.: Romane, klassische, der Weltlitteratur.

Spindler, C., der Jude, s. Universal-Bibliothek Nr. 2181–2186.

Kettenglieder. Gesammelte Erzählungen von C[arl] **Spindler.** Bd. 1—3. Stuttgart: Hallberger 1829. 8°

°[Dasselbe.] 2. Aufl. Bd 1—3. Ebendas. 1832. 8°
(Spindler, C.: Sämmtl. Werke. 11 bis 13.)
cf. L. 23 (1864) S. 29.
TB. 253. N. Ausg. Stuttgart 1839 u. 1846/47.
In der 5. Erzählung (der ersten des 2. Bdes): „Der erschlagene Meister. Romantische Skizze", wird die Sage der Verpflanzung d. Templerei nach Schottland benutzt u. daran die Entstehung des Gebrauchs, bei der Aufnahme in den Frmrbund Frauenhandschuhe zu verabreichen, geknüpft.

Spindler (A. R.) C., s. Klopstock's sämmtl. Werke. 13r–18r Thl.

Spindler, Karl

Der König von Zion. Romantisches Gemälde aus dem 16. Jh. Bd 1-3.
Stuttgart: Hallberger 1840. 8°

Spindler, (C.,) Eugen v. Kronstein, od. des Lebens u. d. Liebe Masken. 2 Bdchn. 8. Constanz 824, Wallis.

Meistererzählungen. Die Mohrin von Toledo … Von C[arl] Spindler. Magdeburg: Magdeb. Verl.-Anst. [1908]. Getr. Pag. 8°
(Moderne Weltbücherei. [8.]) 109. 1178 3

— Meister-Erzählungen, s. a. Weltbücherei, moderne.

Spindler, Karl

Moosrosen. Erzählungen und Novellen. Bd 1-3.
Stuttgart: Franckh 1830. 8°

—— Moosrosen. Erzähln. u. Novellen. 3 Bde. 8. ($52\frac{1}{2}$ B.) Stuttgart 830, [Hallberger.]
Vgl. dess. „sämmtl. Werke," 32–34. Bd.

Spindler, Karl

Die Nonne von Gnadenzell. Sittengemälde des 15. Jh. Bd 1-3.
Stuttgart: Hallberger 1840. 8°

Die Nonne von Gnadenzell. Sittengemälde des 15. Jahrh. von C[arl] Spindler. Magdeburg: Magdeb. Verl.-Anst. [1908.] 384 S. 8°
(Moderne Weltbücherei. [7.]) 109. 1177 3

- Die Nonne v. Gnadenzell, s. a. Weltbücherei, moderne.

— Nordlicht, s.: Jugend- u. Volksbibliothek, deutsche.

— Freund Pilgram. Romant. Gemälde aus d. 14. Jahrh. gr. 12. Aarau 825, Sauerländer.

—— Freund Pilgram. Romant. Gemälde a. d. 14. Jahrh. Neue, unveränd. Ausg. gr. 12. ($10\frac{1}{3}$ B.) Aarau 830, Sauerländer.
Vgl. dess. „sämmtl. Werke," 25. Bd.

— Ritter u. Bürger, s.: Reuter's Bibliothek f. Gabelsberger-Stenographen.

— Ritter u. Bürger. Ein echter Edelmann, s.: Volksbücherei. 6.

Spindler's, Carl, ausgewählte Romane. Neue Classiker-Ausg. 1—84. Lfg. gr. 16. (à 5 B.) Stuttgart 875. 76. Hallberger. à — 40

Spindler's, Carl, ausgewählte Romane. Neue Klassiker-Ausg. 85—93. (Schluß-)Lfg. gr. 16. (à 5 B.) Stuttgart 877. Deutsche Verlags-Anstalt. à — 40

Spindler's, Carl, ausgewählte Romane. Neue Klassiker-Ausg. 93 Lfgn. oder 14 Bde. gr. 16. Stuttgart 876, [Hallberger.] Deutsche Verlags-Anstalt. à Lfg. 40 Pf.; compl. geb. in Leinw. *

Inhalt:
Bd. 1. 2. Der Jude. 4 Thle. (261; 284; 326; 262 S.)
" 3. Der Jesuit. 3 Thle. (176; 186; 157 S.)
" 4. Die Nonne von Gnadenzell. 3 Thle. (186; 217; 220 S.)
Bd. 5. 6. Der Invalide. 5 Thle. (148; 196; 139; 214; 156 S.) Eugen v. Kronstein. 2 Thle. (106; 130 S.)
" 7. Boa Constrictor. 2 Thle. (166; 330 S.)
" 8. 9. Der König Zion. 3 Thle. (227; 261; 280 S.) — Fridolin Schwertberger. 1. Thl. (201 S.)
" 10. Fridolin Schwertberger. 2.—4. Thl. (200; 208; 198 S.)
" 11. 12. Der Vogelhändler von Imst. 4 Thle. (214; 258; 210; 241 S.)
" 13. 14. Der Bastard. 4 Thle. (263; 236; 310; 250 S.)

—— größere Romane. 1—32. Bd. 8. Stuttgart 848, Hallberger'sche Vrlgsh. à Bd. 1 Thlr.

Inhalt:
Bd. 1—4. Der Vogelhändler von Imst. 4 Bde. (1436 S.)
5—8. Fridolin Schwertberger. 4 Bde. (1427 S.)
Bd. 9., 10. Meister Kleiberleib. 2 Bde. (618 S.)
" 11. Blümlein Wunderhold, oder Abenteuer bei dem großen Freischießen zu Straßburg im J. 1576. (202 S.)
" 12—15. Der Jude. 3. Aufl. 4 Bde. (1753 S.)
" 16—18. Der Jesuit. 3. Aufl. 3 Bde. (852 S.)
" 19. Der Schwärmer. (360 S.)
" 20—23. Der Bastard. 4 Bde. (1604 S.)
" 24. Freund Pilgram. 2. Aufl. (306 S.)
" 25—27. Die Nonne von Gnadenzell. 3 Bde. (1004 S.)
" 28. Hans Waldmann. Histor. Schauspiel. (262 S.)
" 29—32. Der Invalide. 1—4. Bd. (1167 S.)

Spindler, Karl

C. Spindler's ausgewählte Schriften. Bd 3.
Stuttgart: Müller 1838. 8°

3. Der Jesuit. Charaktergemälde. Aus dem ersten Viertel des 18. Jh. Th. 1-3.

— der Schwärmer, Lebens- u. Charakterbilder vergang. Zeit. 8. Stuttg. 831. Hallberger. 2 Thlr 6 gGr

— Sommermalven. Erzähll. u. Novellen. 2 Bde. 8. Stuttg. 832. Hallberger. 3 Thlr

Spindler, Karl

Sommermalven. Erzählungen und Novellen. Bd 1.
Stuttgart: Hallberger 1833. 306 S. 8°

SPINDLER, C., Städte u. Menschen. 1. Bd.: Wien. Stuttgart 1848. 8°.
Karajan's Bibl. II. no. 4963.

—— Vergiß mein nicht, s. a. Vergiß mein nicht.

— Vergißmeinnicht. Taschenbuch der Liebe, der Freundschaft u. dem Familienleben des deutschen Volkes gewidmet. Für das Jahr 1848 u. 1849. br. 8. Für d. J. 1848. Mit Illustrationen, (4 Lith. u. 12 Holzschn.) von L. Weißer u. Hohenstein. (232 S.) Für d. J. 1849. Mit 1 Stahlst., 18 Illustr. (in Holzschn.) u. 2 illustr. Musikbeilagen (in qu. 4.) aus der xylograph. Anstalt von A. Hohenstein. (XVI u. 248 S.) Stuttgart, Franckh. à n. 16 ngr; in Engl. Einb. m. Goldschn. n. 1 Thlr 6 ngr

Spindler, C., d. Vogelhändler v. Imst. (Tiroler) Volksroman in 4 Bdn. 12. (178, 228, 181 u. 215 S.) Stuttgart 895. Franckh. 3. —; in 2 Leinwbdn. n. 4. 50

— dasselbe, s.: Roman- u. Erzählungsschatz f. das deutsche Haus.

Spindler, (A. R.) Carl, sämmtl. Werke. 1—41. Bd. 8. Stuttgart, Hallberger.

A. u. d. Tln.:

Bd. 1—5. Der Invalide. Histor.-romant. Bilder neuerer Zeit. 5 Bde. (91 B. u. S's. Bildn.) 831. 8 Thlr. 12 Gr.

" 6. Der Schwärmer. Lebens- u. Charakterbilder aus vergang. Zeit. ($22\frac{1}{2}$ B.) 831. 2 Thlr. 6 Gr.

" 7. Blümlein Wunderhold, od. Abentheuer bei d. großen Freischießen zu Straßburg im J. 1576. Romant. Erzähl. (13 B.) 831. 1 Thlr. 6 Gr.

" 8—10. Der Jesuit. Charaktergemälde aus d. ersten Viertel d. 18. Jahrh. 2. Aufl. 3 Bde. 8. ($53\frac{1}{2}$ B.) 832. 5 Thlr. 6 Gr.

" 11—13. Kettenglieder. Gesammelte Erzähln. 2. Aufl. 3 Bde. 8. ($59\frac{1}{8}$ B.) 832. 4 Thlr. 6 Gr.

" 14., 15. Sommermalven. Erzähln. u. Novellen. 2 Bde. ($39\frac{1}{4}$ B.) 833. 3 Thlr.

" 16., 17. Winterspenden. Erzähln. u. Novellen. 2 Bde. ($36\frac{1}{2}$ B.) 833. 3 Thlr.

" 18—20. Die Nonne v. Gnadenzell. Sittengemälde d. 15. Jahrh. 3 Bde. ($63\frac{1}{2}$ B.) 833. 5 Thlr. 6 Gr.

" 21., 22. Eugen v. Kronstein, od. d. Lebens u. d. Liebe Masken. 2. Aufl. 2 Bde. (26 B.) 834. 2 Thlr. 6 Gr. (833?)

" 23., 24. Lenzblüthen. Erzähln. u. Novellen. 2 Bde. ($47\frac{3}{4}$ B.) 834. 4 Thlr.

" 25. Freund Pilgram. Romant. Gemälde a. d. 14. Jahrh. 2. Aufl. (19 B.) 834. 1 Thlr. 12 Gr.

" 26—29. Der Jude. Deutsches Sittengemälde a. d. ersten Hälfte d. 15. Jahrh. 3. Aufl. 4 Bde. (110 B.) 834. 7 Thlr.

" 30., 31. Herbstviolen. Erzähln. u. Novellen. 2 Bde. (39 B.) 834. 3 Thlr.

" 32—34. Moosrosen. Erzähln. u. Novellen. 2. Ausg. 3 Bde. ($51\frac{1}{2}$ B.) 835. 4 Thlr. 6 Gr.

" 35—37. Je länger, je lieber. Erzähln. u. Novellen. 2. Ausg. 3 Bde. ($58\frac{1}{2}$ B.) 835. 4 Thlr. 6 Gr.

" 38—41. Der Bastard. Eine deutsche Sittengeschichte a. d. Zeitalter Kaiser Rudolph d. Zweiten. 4 Bde. (101 B.) 835. 6 Thlr.

—— sämmtliche Werke. 8. Bd. Der Jesuit. Charaktergemälde aus dem ersten Viertel des 18. Jahrhunderts. 3. Aufl. 3 Bde. 8. ($53\frac{1}{8}$ B.) Stuttgart 845, Hallbergersche Vrlgsh.

Spindler, (A. R.) Carl, sämmtl. Werke. 42—69. Bd. 8. Stuttgart, Hallbergersche Vrlsbuchh.

A. u. d. Tln.:

Bd. 42., 43. Boa Constrictor. 2 Bde. ($49\frac{1}{4}$ B.) 836. 4 Thlr. 6 Gr.

" 44., 45. Tag und Nacht. Erzähln. 2 Bde. (38 B.) 836. 3 Thlr. 6 Gr.

" 46., 47. Regenbogenstrahlen. Erzähln. 2 Bde. ($37\frac{1}{4}$ B.) 836. 3 Thlr. 6 Gr.

" 48. Hans Waldmann. Histor. Schausp. in 5 Aufz., nebst e. Vorsp. in 1 Aufz. ($16\frac{1}{4}$ B.) 837. 1 Thlr. 12 Gr.

" 49—51. Der König von Zion. Romant. Gemälde aus d. 16. Jahrh. 3 Bde.: Der Schneider v. Leyden. — Der Prophet Johann zu Münster. — Der König in seinem neuen Tempel. ($75\frac{1}{2}$ B.) 837. 5 Thlr. 6 Gr.

" 52., 53. Scenen und Geschichten. 2 Bde. ($46\frac{1}{8}$ B.) 837. 3 Thlr. 6 Gr.

" 54., 55. Rosetten. — Erzähln. u. Novellen. 2 Bde. ($42\frac{1}{4}$ B.) 838. 3 Thlr. 6 Gr.

" 56., 57. Frutti di Mare. 2 Bde. (37 B.) 839. 3 Thlr. 6 Gr.

" 58., 59. Walpurgis-Nächte. 2 Bde. ($39\frac{1}{4}$ B.) 840. 3 Thlr. 6 Gr. (1839?)

" 60., 61. Mancherlei. 2 Bde. ($40\frac{1}{4}$ B.) 841. 3 Thlr. 6 Gr.

" 62—65. Der Vogelhändler von Imst. (Tirol vor hundert Jahren.) Volksroman. 4 Bde. ($89\frac{1}{4}$ B.) 841, 42. 7 Thlr.

" 66., 67. Schildereien. Erzähln. 2 Bde. ($40\frac{1}{2}$ B.) 843. 3 Thlr. 6 Gr. (842?)

" 68., 69. Hell und Dunkel. Erzähln. 2 Bde. (39 B.) 842. 3 Thlr. 6 Gr.

1—41. Bd. Ebendas. 1831—35. 65 Thlr.

—— Gallerie zu Carl Spindler's Werken. (Stahlstiche.) 6 Lfgn. (à 4 Blätter.) 8. Stuttgart 837, Hallberger'sche Vrlsh. à $\frac{1}{2}$ Thlr.

Spindler, (A. R.), Carl, sämmtliche Werke. 70., 71. Bd. u. 72—83. Bd. (od. Neue Folge. 1—12. Bd.) 8. Stuttgart, Hallbergersche Vrlgsh.

A. u. d. Tln.:

Bd. 70., 71. Bunte Geschichten. 2 Bde. ($42\frac{1}{2}$ B.) 844. 3 Thlr. $7\frac{1}{2}$ Ngr.

" 72—75. Fridolin Schwertberger. Bürgerleben u. Familienchronik aus einer süddeutschen Stadt. 4 Bde. ($83\frac{1}{4}$ B.) 844, 45. 7 Thlr.

" 76., 77. Winterzeitvertreib. Erzählungen. 2 Bde. ($39\frac{1}{2}$ B.) 844. 3 Thlr. $7\frac{1}{2}$ Ngr.

" 78., 79. Muntere Lebensbilder. 2 Bde. (43 B.) 845. 3 Thlr. $7\frac{1}{2}$ Ngr.

" 80., 81. Volksgeschichten. 2 Bde. (38 B.) 846. 3 Thlr.

" 82., 83. Meister Kleiderleib. Geschichte eines Abenteurers, während einer Sommerzeit in Baden-Baden. 2 Bde. (39 B.) 847. 3 Thlr. (292, 326 S.)

1—69. Bd. Ebendas. 1831—43. 112 Thlr. $7\frac{1}{2}$ Ngr.

— dies. (84. Bd.) Neue Folge. 13. Bd. A. u. d. T.: Städte u. Menschen. Erinnerungen in bunter Reihe. 1. Bd. 8. (264 S.) Ebd. 848. 1 ℛ 18 ngr

— dies. (86 u. 87. Bd.) Neue Folge. 15 u. 16. Bd. A. u. d. T.: Erzählungen beim Licht. 2 Bde. 8. (303 u. 376 S.) Ebd. 848. (à 1 ℛ) 2 ℛ

— dies. (88 u. 89. Bd.) Neue Folge. 17 u. 18. Bd. A. u. d. T.: Für Stadt u. Land. 2 Bde. 8. (636 S.) Ebd. 849. 2 ℛ

— dies. (90 u. 91. Bd.) Neue Folge. 19 u. 20. Bd. A. u. d. T.: Lustige Geschichten f. ernste Zeit. Weltansichten, Historien u. wunderliche Bekanntschaften v. Touristen Theophil Langenstrick, gen. „Grand-Fusil." 2 Bde. 8. (704 S.) Ebd. 850. $3\frac{1}{2}$ ℛ

— dies. (92—95. Bd.) Neue Folge. 21—24. Bd. A. u. d. T.: Putsch & Comp. 1847 — 1848 — 1849. Roman. 4 Bde. 8. Ebd. 851. 7 ℛ — 4 Bde. Neue (Titel-) Aufl. 8. Ebd. (851) 852. n. 5 ℛ 6 ngr

— dies. (96 u. 97. Bd.) Neue Folge. 25 u. 26. Bd. A. u. d. T.: Lesereien. Im Bade, auf Reisen, auf dem Lande. 2 Bde. 8. (672 S.) Ebd. 852. 2 ℛ

Spindler's, C., sämmtliche Werke. (98—102. Bd.) Neue Folge 27—31. Bd. Stuttgart 853, 54. Hallberger'sche Verlhdlg. 8. 6 ℛ. 18 ngr

27. Bd.: Der Teufel im Bade. Aufzeichnungen eines Kurgastes in Homburg. (2 Bl., 276 S.) n. 1 ℛ. 18 ngr

28. 29. Bd.: Winterbuch. Erzählungen. 2 Bde. (318; 399 S.) 2 ℛ. 15 ngr

30. 31. Bd.: Mosaik. Erzählungen. 2 Bde. (364; 345 S.) 2 ℛ. 15 ngr

—— dass. — (99. und 100. Bd.) Neue Folge. 28. und 29. Bd. A. u. d. T.: Winterbuch. Erzählungen. 2 Bde. 1. Aufl. 1854. und 2. Aufl. 8. (717 S.) Ebds. 855.

—— sämmtl. Werke. Wohlfeile Ausg. 59 Bde. kl. 8. (688 B.) Stuttgart 838—43, Hallbergersche Vrlsh. à $\frac{1}{2}$ Thlr., m. 1 Stahlst. $\frac{7}{12}$ Thlr. Ohne Stahlst. $29\frac{1}{2}$ Thlr., m. Stahlst.

Bd. 1 — 4. Der Jude. Deutsches Sittengemälde a. d. 1. Hälfte d. 15. Jahrh. 4 Bde.

" 5., 6. Winterspenden. 2 Bde.

" 7—10. Der Bastard. 4 Bde.

" 11—15. Der Invalide. 5 Bde.

" 16—18. Moosrosen. 3 Bde.

" 19., 20. Eugen v. Kronstein. 2 Bde. (f. 1 Bd. berechnet.)

" 21. Der Schwärmer.

" 22., 23. Lenzblüthen. 2 Bde.

" 24., 25. Sommermalven. 2 Bde.

" 26—28. Der Jesuit. 3 Bde.

" 29—31. Kettenglieder. 3 Bde.

" 32., 33. Herbstviolen. 2 Bde.

" 34. Blümlein Wunderhold.

" 35. Freund Pilgram.

" 36—38. Je länger, je lieber. 3 Bde.

" 39—41. Die Nonne von Gnadenzell. 3 Bde.

" 42., 43. Rosetten. 2 Bde.

" 44. Hans Waldmann.

" 45., 46. Boa Constrictor. 2 Bde.

" 47., 48. Regenbogenstrahlen. 2 Bde.

" 49., 50. Tag und Nacht. 2 Bde.

" 51—53. Der König von Zion. 3 Bde.

" 54., 55. Scenen u. Geschichten. 2 Bde.

— sämmtl. Werke. Wohlf. Ausg. 1r—4r Bd. A. u. d. T.: Der Jude. Deutsches Sittengemälde aus d. ersten Hälfte des 15ten Jahrhunderts. 4 Bde. 8. Ebd. 838. à n. $\frac{1}{2}$ ℛ — Jedes mit Titelkpfr. n. $\frac{7}{12}$ ℛ — 5r u. 6r Bd. Winterspenden. 2 Bde. 8. Ebd. 838. à $\frac{1}{2}$ ℛ — Mit 1 Stahlst. à $\frac{7}{12}$ ℛ — 7r—10r Bd. Der Bastard. 4 Bde. 8. Ebd. 838, 39. à $\frac{1}{2}$ ℛ — Mit 1 Stahlst. à n. $\frac{7}{12}$ ℛ — 11r—15r Bd. Der Invalide 5 Bde. 8. Ebd. 839. à n. $\frac{1}{2}$ ℛ — Mit 1 Stahlst. à n. $\frac{7}{12}$ ℛ — 16r—18r Bd. Moosrosen. 3 Bde. 8. Ebd. 839. à n. $\frac{1}{2}$ ℛ — Mit 1 Stahlst. à n. $\frac{7}{12}$ ℛ — 19r—28r Bd. A. u. d. T.: Eugen von Kronstein. 2 Bde. — Der Schwärmer. — Lenzblüthen. 2 Bde. — Sommermalven. 2 Bde. — Der Jesuit. 1r—3r Bd. 8. Ebd. 839. à n. $\frac{1}{2}$ ℛ — Mit 1 Stahlst. à n. $\frac{7}{12}$ ℛ — 29r—55r Bd. Kettenglieder. 3 Bde. — Herbstviolen. 2 Bde. — Blümlein Wunderhold. — Freund Pilgram. — Je länger, je lieber. 3 Bde. — Die Nonne von Gnadenzell. 3 Bde. — Rosetten. 2 Bde. — Hans Waldmann. — Boa Constrictor. 2 Bde. — Tag und Nacht. — Regenbogenstrahlen. 2 Bde. — Der König v. Zion. 3 Bde. — Scenen u. Geschichten. 1r u. 2r Bd. 8. Ebd. 839, 40. à n. $\frac{1}{2}$ ℛ — Mit 1 Stahlst. à n. $\frac{7}{12}$ ℛ (Einzelne Bände dieser wohlfeilen Ausgabe sind nicht zu haben.)

— Werke. Wohlfeile Ausg. 56. u. 57. Bd. A. u. d. T.: Frutti di Mare. 1. u. 2. Bd. 8. Ebend. 843. à n. 1/2 ℛ — Mit 1 Stahlst. à n. 7/12 ℛ — 58. u. 59. Bd. Walpurgisnächte. 1. u. 2. Bd. 8. Ebend. 843. à n. 1/2 ℛ — Mit 1 Stahlst. à n. 7/12 ℛ

— dies. Wohlfeile Ausg. 60—87. Bd. 8. 60 u. 61. Mancherlei. 2 Bde. (343 S.) 62—65. Der Vogelhändler von Imst. Volksroman. 4 Bde. (783 S.) 66 u. 67. Schildereien. 2 Bde. (333 S.) 68 u. 69. Hell und Dunkel. 2 Bde. (324 S.) 70 u. 71. Bunte Geschichten. 2 Bde. (350 S.) 72—75. Fridolin Schwertbürger. Bürgerleben u. Familienchronik aus einer süddeutschen Stadt. 4 Bde. (699 S.) 76 u. 77. Winterzeitvertreib. Erzählungen. 2 Bde. (340 S.) 78 u. 79. Muntere Lebensbilder. 2 Bde. (368 S.) 80 u. 81. Volksgeschichten. 2 Bde. (176 u. 160 S.) 82 u. 83. Meister Kleiderleib. Geschichte eines Abenteurers, während einer Sommerzeit in Baden-Baden. 2 Bde. (365 S.) 84 u. 85. Erzählungen beim Licht. 2 Bde. (385 S.) 86 u. 87. Für Stadt u. Land. 2 Bde. (363 S.) Ebd. 851-852. (1—87: 43 1/2 ℛ)

— — Wohlfeile Ausg. 88—101. Bd. Stuttgart 856. Hallberger'sche Verlhdlg. 8. Jeder Bd. n. 15 ngr.
88—91. Bd.: Putsch u. Co. 1847. 1848. 1849. 4 Bde. (224; 212; 207; 218 S.)
92. 93. Bd.: Lustige Geschichten für ernste Zeit. 2 Bde. (205; 245 S.)
94. 95. Bd.: Lesereien. 2 Bde. (220; 203 S.)
96. Bd.: Der Teufel im Bade. (179 S.)
97. 98. Bd.: Winterbuch. 2 Bde. (200; 255 S.)
99. 100. Bd.: Mosaik. 2 Bde. (227; 215 S.)
101. Bd.: Städte u. Menschen. (167 S.)

—— dass. Neue wohlf. Ausg. 1—71. Bd. (od. 1—142. Lfg.) 8. (811 7/8 B.) Stuttgart 846, 47, Hallbergersche Vrlgsh. (à Lfg. 5 Ngr.)

Inhalt:
Bd. 1—4. Der Vogelhändler von Imst. (Tirol vor 400 Jahren.) Volksroman. 4 Bde.
" 5., 6. Mancherlei. 2 Bde.
" 7., 8. Walpurgis-Nächte. 2 Bde.
" 9—12. Der Bastard. Eine deutsche Sittengeschichte aus d. Zeitalter Kaiser Rudolph II. 4 Bde.
" 13., 14. Rosetten. Erzählungen u. Novellen. 2 Bde.
" 15., 16. Frutti di Mare. 2 Bde.
" 17., 18. Schildereien. Erzählungen. 2 Bde.
" 19—22. Der Jude. Deutsches Sittengemälde des 15. Jahrh. 4 Bde.
" 23., 24. Hell und Dunkel. Erzählungen. 2 Bde.
" 25. Der Schwärmer. Lebens- u. Charakterbilder aus vergangener Zeit.
" 26., 27. Winterspenden. Erzählungen u. Novellen. 2 Bde.
" 28., 29. Eugen von Kronstein, od. des Lebens u. der Liebe Masken. 2 Bde.
" 30. Freund Pilgram. Romant. Gemälde aus dem 14. Jahrh.
" 31—33. Je länger, je lieber. Erzählungen u. Novellen. 3 Bde.
" 34—38. Der Invalide. Historisch-romant. Bilder neuerer Zeit. 5 Bde.
" 39—41. Moosrosen. Erzählungen u. Novellen. 3 Bde.
" 42. Hans Waldmann. Histor. Schausp. in 5 Aufz. nebst e. Vorspiel in 1 Aufzug.
" 43., 44. Bunte Geschichten. 2 Bde.
" 45. Blümlein Wunderhold, od. Abenteuer bei dem großen Freischießen zu Straßburg, im Jahre 1576. Romant. Erzählung.
" 46—48. Die Nonne von Gnadenzell. Sittengemälde des 15. Jahrhund. 3 Bde.
" 49., 50. Sommermalven. Erzählungen u. Novellen. 2 Bde.
" 51—53. Kettenglieder. Gesammelte Erzählungen. 3 Bde.
" 54., 55. Herbstviolen. Erzählungen u. Novellen. 2 Bde.
" 56—58. Der Jesuit. Charaktergemälde aus dem ersten Viertel des 18. Jahrh. 3 Bde.
" 59., 60. Scenen u. Geschichten. 2 Bde.
" 61., 62. Boa Constrictor. 2 Bde.
" 63., 64. Regenbogenstrahlen. Erzählungen. 2 Bde.
" 65., 66. Tag u. Nacht. Erzählungen. 2 Bde.
" 67., 68. Lenzblüthen. Erzählungen u. Novellen. 2 Bde.
" 69—71. Der König von Zion. Romant. Gemälde aus dem 16. Jahrh. 3 Bde.

— Werke. Classiker-Ausgabe. 101 Bde. (in 192 Liefgn.) Stuttgart 854—56. Hallberger'sche Verlhdlg. 16. n. 25 ℛ. 18 ngr.
1—4. Bd.: Der Jude. Deutsches Sittengemälde aus der ersten Hälfte des 15. Jahrhunderts. 4 Bde. (252; 280; 317; 260 S.)
5—6. Bd.: Winterspenden. Erzählungen und Novellen. 2 Bde. (140; 152 S.)
7—10. Bd.: Der Bastard. Eine deutsche Sittengeschichte aus dem Zeitalter Kaiser Rudolph des Zweiten. 4 Bde. (220; 200; 263; 212 S.)
11—15. Bd.: Der Invalide. Historisch-romantische Bilder neuerer Zeit. 5 Bde. (123; 168; 120; 179; 130 S.)
16—18. Bd.: Moosrosen. Erzählungen und Novellen. 3 Bde. (114; 132; 144 S.)
19. 20. Bd.: Eugen von Kronstein oder des Lebens und der Liebe Masken. 2 Bde. (88; 110 S.)
21. Bd.: Der Schwärmer. Lebens- und Charakterbilder aus vergangener Zeit. (190 S.)
22. 23. Bd.: Lenzblüthen. Erzählungen und Novellen. 2 Bde. (208; 196 S.)
24. 25. Bd.: Sommermalven. Erzählungen und Novellen. 2 Bde. (159; 167 S.)
26—28. Bd.: Der Jesuit. Charaktergemälde aus dem ersten Viertel des 18. Jahrhunderts. 3 Bde. (148; 160; 134 S.)
29—31. Bd.: Kettenglieder. Gesammelte Erzählungen. 3 Bde. (171; 163; 160 S.)
32. 33. Bd.: Herbstviolen. Erzählungen und Novellen. 2 Bde. (188; 144 S.)
34. Bd.: Blümlein Wunderhold, oder Abenteuer bei dem großen Freischießen zu Straßburg im Jahre 1576. Romantische Erzählung. (102 S.)
35. Bd.: Freund Pilgram. Romantisches Gemälde aus dem 14. Jahrhundert. (162 S.)
36—38. Bd.: Je länger, je lieber. Erzählungen und Novellen. 3 Bde. (140; 180; 159 S.)
39—41. Bd.: Die Nonne von Gnadenzell. Sittengemälde des 15. Jahrh. 3 Bde. (150; 184; 185 S.)
42. 43. Bd.: Rosetten. Erzählungen u. Novellen. 2 Bde. (206; 151 S.)
44. Bd.: Hans Waldmann. Histor. Schauspiel in 5 Aufz., nebst einem Vorspiel in 1 Aufz. (160 S.)
45. 46. Bd.: Boa Constrictor. 2 Bde. (140; 287 S.)
47. 48. Bd.: Regenbogenstrahlen. Erzählungen. 2 Bde. (168; 172 S.)
49. 50. Bd.: Tag und Nacht. Erzählungen. 2 Bde. (181; 141 S.)
51—53. Bd.: Der König von Zion. Romant. Gemälde aus dem 17. Jahrh. 3 Bde. (188; 221; 232 S.)
54. 55. Bd.: Scenen u. Geschichten. 2 Bde. (179; 215 S.)
56. 57. Bd.: Frutti di Mare. 2 Bde. (183; 167 S.)
58. 59. Bd.: Walpurgis-Nächte: 2 Bde. (178; 173 S.)
60. 61. Bd.: Mancherlei. 2 Bde. (176; 168 S.)
62—65. Bd.: Der Vogelhändler von Imst. (Tirol vor hundert Jahren.) Volksroman in 4 Bdn. (180; 222; 175; 206 S.)
66. 67. Bd.: Schildereien. Erzählungen. 2 Bde. (167; 168 S.)
68. 69. Bd.: Hell und Dunkel. Erzählungen. 2 Bde. (164; 160 S.)
70. 71. Bd.: Bunte Geschichten. 2 Bde. (175; 176 S.)
72—75. Bd.: Fridolin Schwertberger. Bürgerleben und Familienchronik aus einer süddeutschen Stadt. 4 Bde. (176; 172; 183; 168 S.)
76. 77. Bd.: Winterzeitvertreib. Erzählungen. 2 Bde. (166; 173 S.)
78. 79. Bd.: Muntere Lebensbilder. 2 Bde. (176; 192 S.)
80. 81. Bd.: Volksgeschichten. 2 Bde. (176; 160 S.)
82. 83. Bd.: Meister Kleiderleib. Geschichte eines Abenteurers, während einer Sommerzeit in Baden-Baden. 2 Bde. (174; 191 S.)
84. 85. Bd.: Erzählungen beim Licht. 2 Bde. (172; 213 S.)
86. 87. Bd.: Für Stadt und Land. 2 Bde. (184; 179 S.)
88—91. Bd.: Putsch u. Comp. 1847 — 1848 — 1849. 4 Bde. (224; 212; 207; 218 S.)
92. 93. Bd.: Lustige Geschichten für ernste Zeit. Weltansichten, Historien und wunderliche Bekanntschaften vom Touristen Theophil Langenstrick, gen. „Grand-Fusil." 2 Bde. (205; 245 S.)
94. 95. Bd.: Lesereien. Im Bade, auf Reisen, auf dem Lande. 2 Bde. (220; 203 S.)
96. Bd.: Der Teufel im Bade. (179 S.)
97. 98. Bd.: Winterbuch. 2 Bde. (200; 255 S.)
99. 100. Bd.: Mosaik. 2 Bde. (227; 215 S.)
101. Bd.: Städte u. Menschen. (167 S.)

Spindler, Karl

Winterspenden. Erzählungen und Novellen. Bd 2. Stuttgart: Hallberger 1833. 302 S. 8°

— Blümlein Wunderhold, od. Abenteuer bei dem großen Freischießen zu Straßburg, im J. 1576. Romant. Erzählung mit histor. Anmerkk. u. 3 Steindr. 8. Straßb. 825, Levrault.

Spindler, C(arl). Blümlein Wunderhold oder Abenteuer bei dem grossen Freischiessen zu Strassburg im Jahre 1576. Romantische Erzählung. [Mit illustriertem Titel.] II + 96 S. 8. Zürich, Verein für Verbreitung guter Schriften, November 1909. fr. —. 20
Verein für Verbreitung guter Schriften. Zürich, Nr. 76.

— Blilmlein Wunderhold od. Abenteuer bei dem großen Freischießen zu Straßburg im J. 1576, s. a. Verein f. Verbreitg. guter Schriften, Zürich.

—— Zeitspiegel, s. Zeitspiegel.

— Zwillinge. Zwei Erzählungen: Der Vampyr u. seine Braut. Nachtstück aus der neuesten Zeit. — Friedmüllers Sannchen. Erzählung aus dem Jahre 1638. Nebst einem Anhang v. Originalbriefen. 8. Hanau 826, Edler.

—— Zwillinge. Zwei Erzähln. Der Vampyr u. seine Braut. Nachtstück aus d. neuesten Zeit. — Friedmüllers Sannchen. Erzähl. a. d. J. 1638. Nebst e. Anh. v. Originalbriefen. 2. Aufl. 8. (16 B.) Hanau 832, Edler.

Spindler, Karl Heinrich, s. Spindler, Heinrich.

Spindler, Karl J.

— Frimundr od. Die Normannen in Grönland, s.: Jugend- u. Volksbibliothek, deutsche.

Spindler, Karl J., Fru Gildrun, s.: Jugend- u. Volksbibliothek, deutsche.

Spindler, Max, eigner Herd ist Goldes wert. Ein Wegweiser für alle diejenigen, die auf dem Lande im eigenen Hause gesund und billig wohnen wollen. Praktische Familienhäuser m. Hausgärten für 3500 Mk. aufwärts. 3. Aufl. (80 S. m. Abbildgn.) gr. 8. Wiesbaden 910. Westdeutsche Verlagsgesellschaft. 1.50; geb. n 2. —

Spindler, Otto, s.: Beamten-Kalender, deutscher.

Spindler, Otto, das sächs. Sparkassenrecht, s.: Bibliothek der Verwaltungsbeamten. Bd. 6.

Spindler, P., Namen- u. Sachregister, s.: Annalen der Physik u. Chemie.

Spindler, Paul, Gedichte. 8. (VII, 126 S.) Stuttgart 888, Kohlhammer. geb.

Spindler, Paul, s.: Methode Schliemann zur Selbsterlernung der englischen Sprache.

SPINDLER, PAUL. Ueber den Nitrirungsprocess der Benzolderivate. Tübingen, 1883.

Spindler, Peter: Über Alopecia areata.... Strassburg: Univ.-Buchdr. v. J. H. Ed. Heitz (Heitz & Mündel) 1889. 58 S. 8°
Strassburg, Med. Fak., Inaug.-Diss. v. 1889

Spindler, Philipp Jakob

Spindler. Ph. Jac., s. Chrismann, Regula fidei catholicae.

Spindler, Phil. Jak., aktenmäßige Darstellung der offiziellen Verhandlungen über die Glaubensansichten in Betreff des sogenannten Irvingianismus und die wegen derselben erfolgte Privation und Exkommunikation (des Verf.) gr. 8. (202 S.) Kaufbeuren 856(57.) (Reichel.) *

Spindler, Phil. Jak., Übersichtliche Evangelienharmonie nebst mehreren übersichtlichen biblischen Beigaben. Ein Handbüchlein für Theologen und jeden andern Liebhaber der hl. Schriften. Augsburg, Rieger, 1852, 8°, III u. 180 S., 1,50 Mk.

Spindler, Philipp Jakob, s. Wahrheitsfreund, Der.

Spindler, Prosper, **de Arnobii genere dicendi. Diss. gr. 8. (78 S.) Strassburg 901. (Leipzig, Buchh. G. Fock.) n. 1. 50**

Der Kindergarten zu Spindlersfeld. (Verf.: W. Spindler.) *(Berlin 1896: O. v. Holten.)* (2 Bl.) 8° [Ou. 5186

Spindler: Verzeichniß der von der Firma W. Spindler in Berlin und Spindlersfeld ausgestellten Gegenstände. (Berlin 1889)

SPINDLER, WERNER. Eine neue Reaktion des Phosgens. Zur Geschichte des o-Nitro- und o-Amidobenzyl-Piperidins. Berlin, 1898. Schade. (49 S.)
Erlangen, Diss.v.17.Febr.1898.

Spindler, Wilhelm [aus Berlin]: [I.] Einwirkung von salzsaurem Hydroxylamin und Phenylhydroxylamin auf Nitrosobasen. [II.] Zur Kenntniss der Nitrosoverbindungen der Metamidophenole ... Berlin, Druck v. O. v. Holten, 1896; 26 S., 1 Bl. 8.
Erlangen, Phil Fak., Inaug.-Diss. v. 29. Juli 1896

Spindler, Wilh., üb. Podophyllotoxin. Ein Beitrag zur Lehre v. den Abführmitteln. Diss. gr. 8. (70 S.) Jurjow (Dorpat) 893. (E. J. Karow.) n. 1. 50

Spindler jun., Wilh., Sammlung von ca. 400 der gediegensten Sinn- und Trinksprüche und fernigen Sprüchwörtern, ausgewählt und als geschmackvolle Wand-Decorationen in Farbendr. ausgeführt. Mit 1 (chromolithogr.) Abbildung der betr. Wand-Decorationen in verkleinertem Maßstabe. 16. (VII, 74 S.) Stuttgart 877, Spindler jun. cart.

Spindler, William

Spindler, Will., Allerlei — Gereimtes und Ungereimtes. gr. 8. (VI, 357 S. mit 1 Stahlst.) Berlin 873, Staude. [Rubenow.] (* M. 4,50.)

Spindler, Will., das Asyl für Obdachlose in Berlin. Ein Vortrag gehalten am 29. Octbr. 1869. 1. u. 2. Aufl. Berlin 870. Rubenow. 16. (31 S.) n. 2½ ngr.

—— dass. — 3. — Bazar — Aufl. gr. 8. (32 S.) Ebendas. 870.

Spindler, Will., Millionen-Billionen Staaten-Soldaten Zahlen beweisen! Ein Vortrag über das Sparen im Privat- und Staatshaushalt gehalten im Neu-Cölner Bezirks-Verein. 8. (35 S.) Berlin 866, Seehagen.

—— die Schule — die Schule und nochmals die Schule! Ein Vortrag gelegentlich der 18. allgemeinen deutschen Lehrer-Versammlung gehalten am 5. Mai 1869 im Neu-Cölln. Bez.-Verein. 1. und 2. Aufl. 8. (31 S.) Ebendas. 869.

Spindler von Hofegg, Ant., Correspondenz, s.: Wolfsgruber, Cölestin.

Spinelli, Niccola, a basso porto. (Am unteren Hafen.) Neapolitanische Volks-Scenen v. Goffredo Cognetti. Lyrisches Drama in 3 Akten v. Eug. Checchi. Deutsch v. Ludw. Hartmann. Musik v. S. Textbuch. 8. (57 S.) Köln 894. Kölner Verlags-Anstalt u. Druckerei. n. — 60

Spinette, Albin Frh. v., Rechtsschutz der Schwachsinnigen, s.: Beiträge zur Schwachsinnigen-Fürsorge. 4. Heft.

v. Spinetto, Alban, (Jh. Fr. **Hertel,**) poet. Schnupftabacksdose für die wächserne Nase **d. Justiz. 2 Thle. 8. Frankf. u.** Leipz. 739. N. A. Jena 766. **Gollner. 1 ß**

Spinetto, Alb. de [d. i. Hertel, Jo. Friedr.]: Politische Schnupf-Tabacks-Dose vor die wächserne Nase der Justiz in sich fassend Juristische Streit-Fragen im Handel u. Wandel von den Kauff- u. Mieth- oder Pacht- auch andern Contracten, mit satyr. Feder entworfen u. aus d. Ital. ins Teutsche übers. 2. Aufl. [Th. 1. 2.] Jena u. Leipzig 1766.

Spingler, d. Fanny, Begebenheiten; e. engl. Gesch. a. d. Frz. d. Frau Beccari. 8. Lpz. Müller. 783.

Spingler, Johann Christoph

Spingler, Joh. Chrph., Anleitung zu einem bildenden praktischen Rechenunterrichte für Volks-, Real- und Fortbildungsschulen mit besond. Rücksichtnahme auf die Lehrerbildung. gr. 8. (XXIV und 404 S.) Cannstatt 859, (Bosheuyer.) *

Spingler, J. Chr., Aufgaben dazu. gr. 8. (164 S.) Stuttgart 864. Metzler's Verlag. *

Spingler, J. Chr., Lehrbuch der niederen u. höheren Arithmetik mit besonderer Rücksicht auf gewerbl. Rechnen. Zum Gebrauche für Realanstalten, Gymnasien, Fortbildungsschulen ꝛc. Stuttgart 865. Metzler's Verlag. gr. 8. (XV, 432 S.) n. 2 ₰ 4 ngr

Spingler, J. C., methodisch geordnete Rechenaufgaben über die gemeinen und Decimalbrüche und deren Anwendung auf die verschiedenen Lebens- und Verkehrsverhältnisse mit vollständiger Durchführung des Rechnens nach dem metrischen Maße und Gewichte. Für die Mittel- und Oberklassen der Volks- und niederen Gelehrtenschulen, sowie für landwirthschaftl. und gewerbl. Fortbildungsschulen. 8. Stuttgart 870, Metzler's Verlag. cart. *

Spingler, J. C., Resultate und Auflösungen der schwierigen Beispiele der obigen Rechenaufgaben. Mit einem Anhang, das elementarische Ausziehen der Wurzeln enthaltend. 8. Ebendas. 870. *

Spingler, Joh. Chrph., Uebungsaufgaben für das schriftliche Rechnen. 3 Abthlgn. gr. 8. Cannstatt 859, (Bosheuyer.) Thlr. *

Inhalt:
Abthl. 1. Die Lehre von den Ganzen. (S. 1—32.) * 2 Ngr.
" 2. Die Lehre von den gemeinen Brüchen. (S. 33—60.) * 2 Ngr.
" 3. Auf Gegenstände des Lebens und Verkehrs angewendete Verhältnißaufgaben, sammt der Lehre von den Decimalbrüchen. (S. 61—132.) * 4½ Ngr.

—— Uebungsaufgaben für das schriftliche Rechnen in Volksschulen. 3 Abthlgn. gr. 8. Stuttgart, Metzler's Verlag. *

Inhalt:
Abthl. 1. Aufgaben über die Lehre von den Ganzen. 2., verb. Aufl. (32 S.) 866. * 4 Ngr.
" 2. Aufgaben über die Lehre von den gemeinen Brüchen und deren Anwendung. 2., verb. und verm. Aufl. (24 S.) 867. * 4 Ngr.
" 3. Anwendung der Lehre von ganzen und gemeinen Brüchen auf Verhältnißrechnungen, und der Decimalbrüche auf Flächen- und Körperberechnungen. 2., verb. und verm. Aufl. (72 S.) 867. * 8 Ngr.

Spingler, J. Chr., Zins-Tafeln enthltd. die Berechnung der Zinsen aus 5 Silbergroschen bis 20000 Thaler Capital von 1 bis zu 360 Tagen zu 2¾, 3, 3¼ ꝛc. u. 5%. Das Jahr zu 360 Tagen, jeden Monat zu 30 Tagen angenommen. Stuttgart 867. Metzler's Verlag. 4. (VIII, 360 S. mit 1 Zeitberechnungstaf.) geb. n. 2 ₰

Spinkes, Nathanael. Erbauliche Betrachtungen und Gebete für Kranke und Sterbende . . . a. d. Engl. . . . Zürich 1767. Ü: *Rahn, Rudolph.* (ML)

Spinkes, Nath., erbauliche Betrachtungen und Gebete für Kranke u. Sterbende. 8. Zürich, Orell, Füßli und Comp. 787.

Spinnanstalt zu Birkach, in Stuttgart. 8. Stuttg. 795. Metzler. 8 gl.

Spinn - Anstalt zu Birkach. Stuttg. 1795. 2. Aufl. 1796. V: *Kohler, Friedrich Wilhelm.* (Heyd)

Spinne, die, als die beste Wetterprophetin, (v. Jos. Schmidt). 8. Münch. 799. 2e A. 801. Lindauer. 4 gl.

Spinnen, die, s.: Wochenbände.

SPINNENGEWEBE. Gerichtliches, oder kuriöse Gerichtshändel und Urtheile. O. O. 1798. 8°. Sehr rar! (3 Mk. P. Neubner, Cöln, 1892.)

Enthält unter Anderem: Rechtsstreit zwischen e. adelichen Großmama u. e. vom Fenster herabgefallene Hufschmied. — Grosser Bratwurstprozess. — Rechtsstreit zwischen e. Wirth u. e. hungrigen Bettelstudenten. — Wichtiger Prozess zwischen e. Stutzer u. e. Weinbauer. — Grosser Bartausrupfungsprozess zwischen Hans u. Steffel etc.

Spinner [Sachliches OW]

Spinner u. Weber, der. Maschinen- u. Rohstoff-Zeitung f. sämmtl. Spinnereien, Webereien [Tuchfabriken u. Walkereien], Färbereien, Bleichereien, Stoff-Druckereien, Wirkereien u. Strickereien, Appretur-Anstalten u. verwandte Branchen in ganz Deutschland, Oesterreich-Ungarn, Russland, Italien etc. Hrsg.: Hausdorff & Co. Red.: L. Seidelmeyer. 4.—7. Jahrg. 1887—1890. à 24 Nrn. (B.) gr. 4. Leipzig, Expedition, Katharinenstr. 29. à Jahrg. n. 2. —; f. sämmtl. Textilindustrielle gratis.

Spinner u. Weber, der. Maschinen- u. Rohstoff-Zeitg. f. sämmtl. Spinnereien, Webereien [Tuchfabriken u. Walkereien], Färbereien, Bleichereien, Stoff-Druckereien, Wirkereien u. Strickereien, Appretur-Anstalten, sowie f. alle verwandten Branchen in ganz Deutschland, Oesterreich-Ungarn, Russland, Italien, Schweiz etc. Hrsg.: Hausdorff & Co. Red.: L. Seidelmeyer. 8.—11. Jahrg. 1891—1894. gr. 4. Leipzig, Expedition, Katharinenstr. 29. à Jahrg. n. 3. —; f. sämmtl. Textilindustrielle gratis.

Erscheint in zwanglosen Nrn. (à ca. 2 Bog.)

Spinner u. Weber, der. Maschinen- u. Rohstoff-Zeitg. f. sämmtl. Spinnereien, Webereien [Tuchfabriken u. Walkereien], Färbereien, Bleichereien, Stoff-Druckereien, Wirkereien u. Strickereien, Appretur-Anstalten, sowie f. alle verw. Branchen in ganz Deutschland, Oesterreich-Ungarn, Russland, Italien, Schweiz etc. Red.: L. Seidelmeyer. 12. u. 13. Jahrg. 1895—1896. à 52 Nrn. (à ca. 2 Bog.) gr. 4. Leipzig, „Spinner u. Weber", Hausdorff & Co. à Jahrg. n. 3. —

— dasselbe. 14. u. 15. Jahrg. 1897—1898. à 52 Nrn. (à ca. 2 Bog.) gr. 4. Ebd. à Jahrg. n. 4. —

Kann auch vierteljährlich bezogen werden.

Spinner u. Weber, der. Maschinen- u. Rohstoff-Zeitg. für sämmtl. Spinnereien, Webereien (Tuchfabriken), Färbereien, Bleichereien, Stoff-Druckereien, Wirkereien u. Strickereien, Appretur-Anstalten u. verwandte Branchen in ganz Deutschland, Oesterreich-Ungarn, Russland, Italien, Schweiz, Japan etc. Begründet 1883. Red.: L. Seidelmeyer. 16.—19. Jahrg. 1899—1902. à 52 Nrn. gr. 4. (à ca. 12 S.) Leipzig, Spinner & Weber, Hausdorff & Co. à Jahrg. n. 4. —

Spinner u. Weber, der. Maschinen- u. Rohstoff-Zeitg. f. sämtl. Spinnereien, Webereien (Tuchfabriken), Färbereien, Bleichereien, Stoff-Druckereien, Wirkereien u. Strickereien, Appretur-Anstalten u. verwandte Branchen in ganz Deutschland, Oesterreich-Ungarn, Russland, Italien, Schweiz. Begründet 1883. Red.: Fr. Wiegand. 20.–23. Jahrg. 1903—1906. à 52 Nrn. (à ca. 20 S.) gr. 4. Leipzig, Hausdorff & Co. à Jhrg. n. 4. —

Spinner u. Weber, der. Maschinen- u. Rohstoff-Zeitg. f. sämtliche Spinnereien, Webereien (Tuchfabriken), Färbereien, Bleichereien, Stoff-Druckereien, Wirkereien u. Strickereien, Appretur-Anstalten u. verwandte Branchen in ganz Deutschland, Österreich-Ungarn, Russland, Italien, Schweiz. Gegründet 1883. Red.: Fr. Wiegand. 24.—28. Jahrg. 1907—1910. à 52 Nrn. (à ca. 24 S.) 33×26 cm. Leipzig, Hausdorff & Co. à Jahrg. 4. —

Spinner [Verfasser]

Graf Zeppelins Erkundigungsritt nach dem Schirlenhofe 1870. Die ersten Säbelhiebe. Text u. Ill. von August **Spinner**. Strassburg i. E.: C. A. Vomhoff (1908). (75 S.) 8° [F.] [08. 16542

Spinner, Christoph Gottfried (Wohlau) A. S. 1320/5

De nova mensura corporum universali. Präs. Johann Friedrich Weidler. Wittenberg (Gerdes) 27. IX. 1727. 24 S.
33020

[F.] Mexiko und Rom. Schicksale eines Schweizers in fremden Kriegsdiensten. Von Heinrich **Spinner**. *Leipzig & Zürich: Th. Schröter (1897).* (5 Bl., 174 S.) 1 Bd 8. [97. 3874

Spinner, Heinrich. Algier — Mexiko — Rom. Schicksale (*Umschlag:* Erlebnisse) eines Schweizers in fremden Kriegsdiensten. 2. vermehrte und verbesserte Aufl. des Buches « Mexiko und Rom ». [Mit Porträt und 4 Tafeln.] VIII + 332 S. 8. Zürich und Leipzig, Th. Schröter. 1901. [fr. 3. —]

Spinner, Jakob: Die Königspsalmen als der Ausdruck der höfischen Poesie des israelitisch-jüdischen Volkes. Phil. Diss., Prag 1900/1901.

Spinner, S., Etwas üb. den Stand der Cultur bei den Juden in Polen im XVI. Jahrh. 1. Heft. (48 S.) 8. Wien (903). (Frankfurt a/M., J. Kauffmann.) n. 1. —

Spinnerin, die, am Kreuze, eine romant. Volkssage von C. Marsch. Mit Kupf. 8. Prag und Wien, Haas. 818.

Spinnerkönig's Höllenfahrt. Ein Herbstnachtstraum. St. Gallen 860. Scheitlin & Zollikofer. 16. (79 S.) 9 ngr.

Spinnfest, Das, zu Nunehani.
[Weimar 1794.] V: *Böttiger, Carl Aug.* (MGT)

IM Spinngewebe der Halbwelt. Wahre Geschichten aus dem Leben der Pariser Halbwelt. Budapest, Verlag der Buchhandlung »Pannonia«, Sachs & Pollack, 1896. 8°.
[E. III, 427.]
Verb. d. Ldg. I Berlin 2. C. M. 85/02.

IM Spinngewebe der Halbwelt. (I: Wahre Geschichten aus dem Leben der Pariser Halbwelt. II: Aus den Memoiren der Madame Nini Fleuron.) Mit Illustrationen. (190*.) (2 Mk. M. Luck, Berlin, c. 1905.)

Spinnler, Erwin. Das Wachsthum der Tabakpflanze. Physiologisch-chemische Untersuchungen über Aufnahme, Vertheilung und Wanderung der Nahrungsstoffe. Bern, 1884.

Spinnler, C[arl]. Rundsicht vom Aussichtsturm Liestal, 637 m ü. Meer. Gez. von C. Sp', Ingenieur. 1 Bl. quer-fol., *in Umschlag* 8. Liestal, Suter, Marti & Schäublin, [1906]. [fr. —.50]
Titel auf dem Blatt: Rundsicht vom A' L'. *Panorama in Kreisform (Durchm. des äussersten Randes* 383/4 mm.). — *Rückseite des Bl. bedruckt.*

Spinnrad, das verbesserte sächs. 3. Bericht über das Spinnschulenwesen im Kreisdirections-Bezirke Budissin, erstattet v. dem Vorstande des Vereins zu Begründung v. Spinnschulen, zur Erinnerung an den 3. Stiftungstag der Spinnschulen von Schönbach u. Königshain. 8. (20 S.) Löbau 851. (Raderberg, am Ende.) n. 2 ngr.

Spinnrocken, Die drei . . .
Leipzig 1793. V: *Goldstein, Aug. Freiin von geb. von Wallenrodt.* (schl)

Spinnrocken, die drey, eine Geschichte, mit 1 Kupf. 8. Daselbst, 793. Voß. 25 sgl.
Auch unter dem Titel:
Bibliothek der grauen Vorwelt, 1r Theil.

Spinnstube, die. Illustrirtes Volksblatt für Stadt u. Land. Red.: Frdr. Müller. Jahrg. 1851. 52 Nrn. Imp. 4. (½ Bg. m. eingedr. Holzschn.) Stuttgart, Hofbuchdruckerei zu Guttenberg. 21 ngr. — Jahrg. 1852. 52 Nrn. Imp. 4. (½ Bg. mit eingedr. Holzschn.) Stuttgart, Exped. d. illustrirten Zeitschrift. 24 ngr.

Spinnstube, die. Eine Sammlung von Orig.-Romanen und Novellen. Ein Buch für den Bürger und Landmann zur Unterhaltung und Belehrung. 14 Lfgn. 4. Mit Chromolithogr. Dresden 868, Tittel. à Lfg. 25 Pf.

Spinnstube, die. Eine Sammlung von Orig.-Romanen u. Novellen. Ein Buch für den Bürger u. Landmann zur Unterhaltung u. Belehrung. (In 14 Liefgn.) 1. Liefg. Dresden 869. Tittel. 4. (112 S. mit 6 Chromolith.) Jede Liefg. 2½ ngr.

Spinnstube, die, s. Horn, W. O. v.

—— die, ein Volksbuch für die J. 1871—1874. Begründet von W. O. v. Horn [Wilh. Oertel]. Im Verein mit namhaften Volksschriftstellern fortgeführt von H. Oertel. 26.—29. Jahrg. 8. (VII, 206; III, 208; III, 223; 204 S., mit 1 Stahlst. und vielen eingedr. Holzschn.) Frankfurt a. M., Sauerländer's Verlag. à Jahrg. *

—— dass. — für das J. 1875. 30. Jahrg. 8. (205 S. mit 1 Stahlst. und vielen eingedr. Holzschn.) Wiesbaden, Riedner. *

Spinnstube, die. Ein Volksbuch für die J. 1876—1880. Begründet von W. O. v. Horn [W. Oertel]. Im Vereine mit namhaften Volksschriftstellern fortgeführt von H. Oertel. 31.—35. Jahrg. Mit Stahlst. und vielen (eingedr.) Holzschn. gezeichnet von Ferd. Klimsch. 8. (XXXII, 196; XXXII, 228; 164; 168; XXXII, 216 S.) Wiesbaden, Riedner. à Jahrg. *

Spinnstube, die. Ein Volksbuch für die J. 1881—85. Begründet von W. O. von Horn [Wilh. Oertel]. Im Vereine mit namhaften Volksschriftstellern fortgeführt von H. Oertel. 36.—40. Jahrg. Mit je 1 Stahlst. und vielen (eingedr.) Holzschn. 8. (204; XXXII, 179; XXXII, 188; XXXII, 256; XXXII, 250 S.) Wiesbaden, Riedner. à Jahrg. * geb. à Jahrg. *

Spinnstube, die, e. Volksbuch f. d. J. 1887. Begründet von W. O. v. Horn [Wilh. Oertel]. Im Vereine m. namhaften Volksschriftstellern fortgeführt v. H. Oertel. 42. Jahrg. Mit e. Stahlst. u. vielen Holzschn. 8. (XXXII, 164 S.) Wiesbaden, Riedner. n. 1. 30; geb. n. 1. 60

Spinnstube, die, e. Volksbuch f. d. J. 1888. 1889. Begründet von W. O. v. Horn [Wilh. Oertel]. Im Vereine m. namhaften Volksschriftstellern fortgeführt v. H. Oertel. 43. u. 44. Jahrg. 8. (XXXII, 142; XXXII, 164 S., m. je 1 Stahlst. u. eingedr. Abbildgn.) Altenburg, St. Geibel. à n. 1. 30; geb. n. 1. 60

— dasselbe, f. d. J. 1890, 1891. 45. u. 46. Jahrg. 8. (XXXII, 180; XLIII, 168 S., m. je 1 Stahlst. u. eingedr. Abbildgn.) Ebd. à n. 1. 20; geb. n. 1. 60

Spinnstube, die, e. Volksbuch f. d. J. 1892—1825. Begründet v. W. O. v. Horn (Wilh. Oertel). Im Vereine m. namhaften Volksschriftstellern fortgeführt v. H. Oertel. 47.—50. Jahrg Mit e. Titelbild u. Illustr. v. R. Starcke. 12. (à Jahrg. ca. XLIV, 180 S) Altenburg, St. Geibel. à Jahrg. n. 1. 20; geb n. 1. 60

—— die, im Harz. Schauspiel m. Gesang in 4 Akten, hrsg. v. einer Freundin der Jugend. 12. (27 S.) Halberst. 891, (Ernst). — 60

Spino, Pietro, **Istoria della vita e fatti dell' eccellentissimo capitano di guerra Bartolomeo Colleoni. 8. (159 S.) Triest 859, Coen.** *

Spinola, Erich *Albert Bernhard* [aus Neu-Plaue '(Prov. Brandenb.)']: Ueber Pylephlebitis suppurativa ... Berlin, C. Vogts Buchdr., *1896*; 27 S., 2 Bl. 8.
Berlin, Med. Fak., Inaug.-Diss. v. 10. Mai 1896

Spinola, Jak. Ambr., heiliger Jahrkalender, od. Betracht ub. das Leben Jesu Chr. 4. Nürnb, 720.

Spinola, Joseph Ambrosius (Wetzlar)
Theses inaugurales ex universo jure selectae.
Giessae 29. Dez. 1755: Jo. Jak. Braun. 12 S. 4°
pro licentia supremos in utroque jure consequendi honores.

Spinola, Max., **Insectorum Liguriae species novae aut rariores, quas in agro ligustico nuper detexit, descripsit et iconibus illustravit, adjecto catalogo specierum auctoribus jam enumeratarum, quae in eadem regione passim occurrunt. II Tom. 4. Genua 806—808. (Volke in Wien).** 7 ℳ

—insectorum Liguriae species novae aut rariores etc. cum VI tab. aen. II Tmi. 4maj. (Frkf. a. M.) 809. Jäger. 5 ℳ

— — idem liber, II Tom. cum figur. 4. maj. Paris et Strasb. König. 809.

Spinola, [Werner Theodor Jos.]: Ueber die Entwicklung neuer Krankheitsformen der Hausthiere. E. Vortrag. Berlin 1845. 16 S.

Spinola, Wern. Th. Jos., Handbuch der speciellen Pathologie und Therapie für Thierärzte. (In 3 Abthlgn.) 1. und 2. Abthl.: (Fieber. — Entzündungen.) gr. 8. (S. 1—798.) Berlin 855—56, A. Hirschwald. *

Spinola, Wern. Th. Jos., **Handbuch der speciellen Pathologie und Therapie für Thierärzte. 3. Abthl.: (Hautausschläge; Ab- und Aussonderungs-Krankheiten.) gr. 8. (S. 799—1328.) Berlin 857, A. Hirschwald.** *

—— dass. — 4. (Schluss-) Abthl.: (Nervenkrankheiten; Cachexien.) gr. 8. (XV und S. 1329—1784.) Ebendas. 858. *
1. und 2. Abthl. Ebendas. 1855. 56. * 4 Thlr. 6 Ngr.

Spinola, Wern. Th. Jos., Handbuch der speciellen Pathologie und Therapie für Thierärzte. Nach eigenen Erfahrungen bearb. 2 Bde. 2., verm. und verb. Aufl. gr. 8. (XVI und 1492 S.) Berlin 863, A. Hirschwald. *

Spinola, Wern. Theod. Jos., die Influenza der Pferde in ihren verschiedenen Modificationen dargestellt. gr. 8. (13 B.) Berlin 844, Logier. Thlr. *

Spinola, Wern[er] Theod[or] Jos.: Die Influenza der Pferde in ihren verschiedenen Modificationen dargest. Berlin 1844. IX, 197 S.

Spinola, **Wern. Theod. Jos., die Influenza der Pferde in ihren verschied. Modificationen dargestellt. 2. Ausg. gr. 8. (VIII und 197 S.) Berlin 849, A. Hirschwald.** *

—— die Krankheiten der Schweine. 8. (19¼ B.) Berlin 842, Aug. Hirschwald, Verl.

Spinola W. Th. J.: Die Krankheiten d. Schweine. Berl. 1842. 296 S.

—— Mittheilungen über die Rinderpest, gesammelt auf einer, im Auftrage der kgl. preuss. Staatsregierung im Frühjahr 1845 nach Polen u. Russland unternommenen Reise. gr. 8. (10½ B.) Berlin 846, Aug. Hirschwald, Verl. * —

Spinola W. Th. J.: Mittheilungen üb. die Rinderpest, gesammelt auf einer ... im Frühjahr 1845 nach Polen u. Russland unternommenen Reise. Berl. 1846. 162 S.

Spinola, Wern. Theod. Jos., Sammlung v. thierärztl. Gutachten, Berichten u. Protokollen, nebst e. Anweis. der, bei ihrer Anfertigung zu beobacht. Formen u. Regeln, in besond. Bezieh. auf die, in d. k. preuß. Staaten geltenden, Gesetze. gr. 8. (20 B.) Berlin 836, (Logier.) Thlr. *

Spinola W. Th. J.: Sammlung v. thierärztlichen Gutachten, Berichten u. Protokollen, nebst einer Anweisung d., bei ihrer Anfertigung zu beobachtenden, Formen u. Regeln ... Berl. 1836. 308 S.

—— Sammlung von thierärztl. Gutachten, Berichten und Protokollen, nebst einer Anweisung der bei ihrer Anfertigung zu beobachtenden Formen und Regeln, in besond. Beziehung auf die in den königl. preuss. Staaten geltenden Gesetze. Ein Handbuch, zunächst für angehende Kreisthierärzte. 2., verm. und verb. Aufl. gr. 8. (XII und 273 S.) Berlin 849, A. Hirschwald. *

—— Sammlung von thierärztlichen Gutachten, Berichten und Protokollen, nebst einer Anweisung der bei ihrer Anfertigung zu beobacht. Formen und Regeln, in besond. Beziehung auf die in den königl. preuss. Staaten gelt. Gesetze. Ein Handbuch, zunächst für angehende Kreisthierärzte. 3., verm. und verb. Aufl. gr. 8. (XIV und 257 S.) Berlin 865, A. Hirschwald. *

—— üb. d. Vorkommen v. Eiterknoten-Abscessen (vomicis) in den Lungen der Pferde, u. deren bessere Würdigung in d. gerichtl. Thierheilkunde. gr. 8. (11 B.) Gießen 839, Ricker. (172S)
Aus der: Zeitschrift f. Thierheilkunde u. Viehzucht, besond. abgedruckt.

Spinoza II. oder Subiroth Sopim ... Rom [Berlin] 1787. V: *Lucas.* (wr)

Spinoza II., od. Subiroth Sophim. 8. Rom 787. (W. Vieweg in Berl.) 8 ℳ

Spinoza, Benedictus (Baruch) de

Spinoza, **Baruch.** Ein Vortrag, s. Schwarz, A.

—— Leben u. Charakter, s. Fischer, Kuno. Philosophische Schriften.

Spinoza's Lehre vom Verhältniß der Substanz zu ihren Bestimmtheiten dargestellt von C. H—r. gr. 8. (III und 63 S.) Bern 850, [Blom.]

Spinoza's Lehre vom Verhältniß der Substanz zu ihren Bestimmtheiten dargestellt von C. H—r. gr. 8. (IV u. 63 S.) Bern 850, Jenni Vater. ⅓ ß

Spinoza's, B., Religionsphilosophie nach Chr. A. Thilo, s.: Religionsphilosophie in Einzeldarstellungen. 7. Heft.

—— und Schleiermacher, s. Schmidt, P.

—— System der Philosophie, s. Brasch, Mor.

—— Systema philosophicum delineavit Car. Thomas. 8maj. (5 B.) Regimontii Boruss. 835, (Gräfe et Unzer.)

B[enedikt] de Spinozas kurzgefasste Abhandlung von Gott, dem Menschen und dessen Glück [Korte verhandeling van god ...]. Aus d. Holländ. ins Deutsche übers. u. mit e. Vorw. begl. von C[arl] Schaarschmidt, Prof., Bonn. 3. verb. Aufl. Leipzig: Dürr 1907. (XI, 128 S.) 8°
= Bibliothek, Philosophische. [Neue Ausg.] Bd 91. [07. 12394

-- Abhandlg. vom Staate, s.: Bibliothek, philosophische.

— theologisch-politische Abhandlungen, mit Anmerk. v. Murr u. Conz. gr. 8. Stuttgart, Steinkopf. 806. 2 —

Benedict v. Spinoza's Theologisch-politische Abhandlung [Tractatus theologico-politicus] ... Uebers. u. erl. von J[ul.] H[erm.] v. Kirchmann. [1. 2.] Leipzig: Dürr (2: Berlin: L. Heimann) 1871–1900. 2 Bde 8°
[1.] 2. durchges. Ausg. 1900. [2.] Erläuterungen. 1871.
= Bibliothek, Philosophische. [Neue Ausg.] Bd 93. [99.]

Baruch de [Benedikt v.] Spinoza. Abhandlung über die Verbesserung des Verstandes. Abhandlung vom Staate. 3. Aufl. Übertr. u. eingel., nebst Anm. u. Reg. von Carl Gebhardt. Leipzig: Dürr 1907. (XXXII, 214 S.) 8°
= Bibliothek, Philosophische. [Neue Ausg.] Bd 95. [07. 4784

—— Abhandlung über die Vervollkommnung des Verstandes, s. Universal-Bibliothek Nr. 2487.

— theolog.-polit. Abhandll., übers. mit e. einleit. Vorrede u. e. Anmerkk. v. K. Ph. Conz. gr. 8. Stuttg. 806. Steinkopf. 2 ß

— theolog.-polit. Abhandll. Freie Uebersetzung u. mit Anmerkk. begleitet von J. A. Kalb. gr. 8. Münch. 825. Finsterlin. 1 ß 18 gl

Spinoza, Bened. v., 2 Abhandl. üb. d. Cultur d. menschl. Verstandes, u. üb. Aristokratie u. Demokratie. 8. Prag, Schönfeld. 785. — 20

SPINOZA Benedikt von. Zwei Abhandlungen über die Kultur des menschlichen Verstandes und über Aristokratie und Demokratie – Hrg. v. S. [ ] H [ ] Ewald. Schönfeld, Prag 1786.

— adnotat. ad tract. theologico-politicum. Ex autographo ed. atque praef. est C. G. v. Murr. c. effigie et chirographo. 4maj. Nürnb. 802. Monath u. K. 16 gl

Spinoza, Bened. de, eigenhändiger Brief an Joh. Georg. Graevius. (Aufbewahrt in der königl. Bibliothek zu Kopenhagen.) Vervielfältigung. 4. (2 Bl.) Übersetzung. (Hrsg. v. W. Meijer.) gr. 8. (4 S.) Berlin (900). (M. Harrwitz.) n.n. 2. 50

Die Briefe mehrerer Gelehrten an Benedict v. Spinoza und dessen Antworten, soweit beide z. besseren Verständniss s. Schriften dienen. Uebers. u. erl. von J[ul.] H[erm.] v. Kirchmann. [1. 2.] Leipzig: Dürr 1872–97. 2 Bde 8°
[1.] 1897. [2.] Erläuterungen zu Benedict v. Spinoza's Briefwechsel. 1872.
= Bibliothek, Philosophische. [Neue Ausg.] Bd 96. 101.

Nachbildung der im Jahre 1902 noch erhaltenen eigenhändigen Briefe des Benedictus Despinoza [Spinoza] ... Hrsg. von W. Meijer, im Haag. *Im Haag 1903: Mouton & Co.* (13 Facs., 84, 20 S.) 4° [03. 1:606

—— s. Briefwechsel, der, des Spinoza.

Spinoza's, B., Briefwechsel, s.: Universal-Bibliothek.

— ethica ordine geometrico demonstrata. Ex editione operum quotquot reperta sunt, quam curaverant J. van Vloten et J. P. N. Land, seorsum repetita. (VII, 180 S.) Lex.-8. Haag 905. M. Nijhoff. n.n. 3. 50

— dasselbe, s.: Bücher der Weisheit u. Schönheit.

— dasselbe, s.: Universal-Bibliothek. 2361-2364

(Bd. v.) Spinoza's Ethik. (*Gera*, Bekmann. B. 790-93.) N. veränd. A. *Lpz.*, Böhme. 796. 2 Thle. 8° 1 ß 18 gl ist: Sp-'s philos. Schrr. 2-3r Bd.

— Ethik, nebst denen auf die Ethik sich beziehenden Briefen; aus d. Latein. v. Fr. W. Val. Schmidt. gr. 8. Berl. 811. Nicolai. 2 ß 4 gl s. auch unten: philosoph. Schriften.

Eb. Ethik, nebst d. Briefen, welche sich auf Gegenstände d. Ethik beziehen; a. d. Lat. übers. v. F. W. Val. Schmidt. 1r Bd., d. Eth. enth. *Berl.* u. *Stett.*, Nicolai. 812. gr 8° 2 ß 4 gl

Spinoza, [B.v.,] Ethik. Im Urtexte hrsg. und mit einer Einleitung über dessen Leben, Schriften und Lehre versehen von Hugo Ginsberg. 8. (299 S.) [Leipzig 875, Koschny.] Heidelberg, Weiss. *

— Ethik. Uebers., erläutert u. m. Lebensbeschreibg. Spinoza's versehen von J. H. v. Kirchmann. 4. Aufl. 8. (VIII, 255 S.) Heidelberg 886. Weiss' Verl. n. 1. 50; geb. n. 2. —

Spinoza, B.: Die Ethik. Neu übers. u. mit einl. Vorw. vers. v. J. Stern. Leipzig 1887. 408 S. (Reclams Univ.-Bibl. 851—55.)

Baruch [Benedikt] de Spinoza. Ethik. Übers. u. mit e. Einl. u. e. Reg. versehen von Dr. Otto Baensch. *Leipzig: Dürr 1905.* (XXVI, 311 S.) 8°
= Bibliothek, Philosophische. [Neue Ausg.] Bd 92.

— Die Ethik. Deutsch v. Carl Vogl. (Kröners Volksausg.) (IV, 148 S.) gr. 8. Leipzig (909). A. Kröner. 1. —

Spinoza, Baruch [Benedictus] de: Ethik. Übers. u. m. e. Einl. u. e. Reg. vers. von Otto Baensch. 7. (d. neuen Übers. 2. verb.) Aufl. Leipzig: Dürr 1910. XXIX, 315 S. 8°
(Philosophische Bibliothek. Bd 92.)

Spinoza, Bened. de, Opera philosophica omnia, s. a. Corpus philosophor. T. III.

Ej. opera philosophica omnia, ed. et praefat. adjecit A.. Gfrörer. (Sect. I. II.) *Stuttg.*, Metzler. B. 830-31. gr 8° 2 ß 22 gl

— opera philosophica. Vol. III et IV. 8. Heidelberg 877. 82. Weiss' Verl. à n. 3. — (cplt.: n. 11. —)
III. Theologisch-politischer Tractat. Mit einer Einleitung hrsg. von Hugo Ginsberg. (35, XVI, 336 S.)
IV. Die unvollendeten lateinischen Abhandlungen Spinoza's. Mit einer Einleitung hrsg. von Hugo Ginsberg. (VI, 73 u. XXIV, 258 S.)

—— Opera philosophica. Vol. IV (finis): Die unvollendeten lateinischen Abhandlungen Spinoza's. Mit einer Einleitung hrsg. von Hugo Ginsberg. 8. (VI, 73; XXIV, 258 S.) Heidelberg 882, Weiss' Verlag. *
Vol. I—III bilden: I. Ethik. 875. *ℳ 2. — II. Briefwechsel. 876. *ℳ 3. — III. Der theologisch-politische Tractat. 877. *ℳ 3.

Spinoza, Benedictus de: Praecipua opera philos., s. Descartes, Rene.

— opera quae supersunt omnia cur. etc. access. nonnullis ed. H. E. G. Paulus, c. imagine auctor. II Tmi. 8maj. Jena 802. (Reimer in Berl.) 7 ₰

Bd. de **Spinozae** opera quae supersunt omnia, iterum edenda cur., praefatt., vitam auct., nec non notitias, quae ad histor. scriptorum pertinent, add. H. Eb. Glo. **Paulus.** *Jena*, akad. B. 803. 2 V. 8° 7 ₰

Spinoza, Ben. de, opera omnia, cur. H. E. G. Paulus. 2 Vol. gr. 8. Jenae, 802 et 3. Jetzt Verlag v. Reimer in Berlin.

Spinoza, Bened. de, Opera quae supersunt omnia. Ex editionibus principibus denuo ed. et praefatus est Car. Herm. Bruder. III Vol. Edit. stereot. 16. Lipsiae, Bernh. Tauchnitz jun. à $22\frac{1}{2}$ Ngr.
Vol. I. Principia philosophiae, cogitata metaphysica, ethica. ($27\frac{3}{4}$ B.) 843.
- II. De intellectus emendatione, tractatus politicus, epistolae. (23 B.) 844.
- III. Tractatus theolog.-politicus. Compendium grammatices linguae hebraeae. ($26\frac{1}{4}$ B.) 846.

(Spinoza.) — Ad Bened. de Spinoza opera quae supersunt omnia supplementum. Continens tractatum hucusque ineditum de deo et homine, tractatulum de Iride, epistolas nonnullas ineditas, et ad eas vitamque philosophi collectanea. Cum philosophi chirographo (lith.) ejusque imagine photograph. Amsterdam 862. F. Muller. 16. (VIII, 316 S.) n. 2 ₰ 15 ngr

Spinoza, Benedicti de, opera quotquot reperta sunt. Recognoverunt J. van Vloten et J. P. N. Land. Vol. I. gr. 8. (XII, 630 S.) Haag 882. Nijhoff. geb. n.n. 18. —

Spinoza, Benedicti de, opera quotquot reperta sunt. Recognoverunt J. van Vloten et J. P. N. Lund. Vol. II. gr. 8. (XII, 634 S. m. rad. Portr. u. 1 fcsm. Brief.) Haag 883. Nijhoff. geb. n. 20. — (cplt.: n. 38. —)

Spinoza, Benedicti de, opera quotquot reperta sunt. Recognoverunt J. van Vloten et J. P. N. Land. Ed. II. Tom. I—III. gr. 8. (XII, 396; IX, 435 u. VII, 356 S.) Haag 895. M. Nijhoff. Geb. à n.n. 4. 75

René Descartes' Prinzipien der Philosophie [Renati des Cartes principiorum philosophiae] Erster u. zweiter Th. In geometr. Weise begründet durch Benedict v. **Spinoza** aus Amsterdam. Mit e. Anh.: Metaphys. Gedanken d. Letzteren, in welchem sowohl die in dem allg. wie in d. bes. Th. d. Metaphysik vorkommenden schwierigen Fragen kurz erklärt werden. Uebers. u. erl. von J[ul.] H[erm.] v. Kirchmann. [1. 2.] Leipzig: Dürr 1871–[93]. 2 Bde 8°
[1.] 2. Aufl. [1893.] [2.] Erläuterungen. 1871.
= **Bibliothek,** Philosophische. [Neue Ausg.] Bd 94. 98. [06. 13431 10

René Descartes' Prinzipien der Philosophie [Renati des Cartes principiorum philosophiae] Erster u. zweiter Th. In geometr. Weise begründet von Benedict v. **Spinoza** aus Amsterdam. Mit e. Anh.: Metaphys. Gedanken d. Letzteren, in welchem sowohl die in dem allg. wie in d. bes. Th. d. Metaphysik vorkommenden schwierigen Fragen kurz erklärt werden. Uebers. u. erl. von J[ul.] H[erm.] v. Kirchmann. 2. Aufl. [Nur Übers. erschienen.] *Berlin: R. Salinger [1893].* (XXV, 158 S.) 8°
— **Bibliothek,** Philosophische. Bd 41. [03. 2245

Baruch de [Benedikt v.] **Spinoza** 1. Descartes' Prinzipien der Philosophie auf geometrische Weise begründet. 2. Anh., enth. metaphysische Gedanken. 3. Aufl. Neu übers. u. hrsg. von Dr. Artur Buchenau. Leipzig: Dürr 1907. (VIII, 190 S.) 8°
= **Bibliothek,** Philosophische. [Neue Ausg.] Bd 94. [07. 4783

Spinoza, Benedikt v. Ueber Heilige Schrift, Judenthum, Recht der höchsten Gewalt in geistlichen Dingen, und Freyheit zu philosophiren. Aus dem Lateinischen. (Aus: „Spinoza's philosophische Schriften".) 8. Gera 1787.

Bd. v. **Spinoza's** philos. Schriften, a. d. Lat. v. Schak Hm. **Ewald.** *Gera*, Beckmann, nachh. *Lpz.*, Böhme. 1-2r B. 785-87. 3r B. Ethik. (790.) 796. 8° 3 ₰ 18 gl

— philosoph. Schriften. 2 Thle. gr. 8. Gera 787—790. Beckmann. (Enobloch in Leipz.) 1 ₰ 8 gl (1r üb. heil Schrift u. Judenthum. 18 gl 2r Ethik. 1 ₰)

SPINOZA und WOLFF. — B. v. S. Sittenlehre widerleget von dem berühmten Weltweisen unserer Zeit Herrn Christian Wolf. Aus dem Lateinischen übersetzet [von JOHANN LORENZ SCHMIDT]. Frankfurt und Leipzig, 1744. 8°. 56. 598 und 128 S. Schöner glatter Pgtbd. d. Z. mit altem Rückentitel.
Van der Linde Nr. 25. Erste deutsche Ausgabe der „Ethik", des berühmten Hauptwerks Spinozas; auch deren Vorrede (von LUDWIG MEYER oder JARRIG FELLIS) ist mit übersetzt. Den kleineren zweiten Teil bildet die etwas summarische „Widerlegung der Sittenlehre B. v. S." von Christian Wolff, aus dessen Theologia naturalis von 1737 ausgezogen und übersetzt, in der Wolff die Ethik das „einzige Lehrgebäude der Gottesleugnung, welches in öffentlichem Drucke heraus ist" nennt, und von dessen Grundsätzen er erachte, daß er sie „über einen Haufen werfen" müsse

— Sittenlehre, nebst Ch. Wolfs Widerlegung. 8. Frkft. u. Hamb. Herold. 744. 1 —

de Spinoza, Bened., († 1677), tractatus de Deo et homine ejusque felicitate lineamenta atque adnotationes ad tractatum theologico politicum ed. et illustravit Ed. Boehmer. gr. 4. (IV u. 63 S.) Halae 852, Lippert. n. ⅔ ₰

—— kurzer Tractat von Gott, dem Menschen und dessen Glückseligkeit. Auf Grund einer neuen, von Dr. Antonius van der Linde vorgenommenen Vergleichung der Handschriften ins Deutsche übersetzt und mit einer Einleitung, krit. und sachl. Erläuterungen begleitet von Chrph. Sigwart. gr. 8. (LXIV, 232 S.) Tübingen 870, Laupp'sche Buchh. *

— kurzer Tractat von Gott, dem Menschen u. dessen Glückseligkeit. Auf Grund einer neuen von Antonius van der Linde vorgenommenen Vergleichung der Handschriften ins Deutsche übersetzt, mit einer Einleitung, krit. u. sachl. Erläuterungen begleitet von Chrph. Sigwart. 2. (Titel-)Ausg. gr. 8. (LXIV, 232 S.) Freiburg i/Br. (1870) 881. Mohr. n. 2. —

— der theologisch-politische Traktat, s.: Universal-Bibliothek. 2177–80.

—— theologisch-politischer Tractat. Mit einer Einleitung hrsg. von Hugo Ginsberg. gr. 8. (35, XVI, 336 S.) [Leipzig 877, Koschny.] Heidelberg, Weiss. *

Baruch de [Benedikt v.] **Spinoza.** Theologisch-politischer Traktat (tractatus theologico-politicus). 3. Aufl. Übertr. u. eingel. nebst Anm. u. Reg. von Carl Gebhardt. Leipzig: Dürr 1908. (XXXIV, 422 S.) 8°
= **Bibliothek,** Philosophische. [Neue Ausg.] Bd 93. [08. 5736

Spinoza, Benedict v. (geb. 24. Novbr. 1632 in Amsterd., von jüdischen, aus Portugal eingewand. Eltern, † 21. Febr. 1677 im Haag), *sämmtliche Werke.* Aus d. Latein. mit dem *Leben Spinoza's* von *Berthold Auerbach.* 5 Bde. (in 2 voll.). Mit Portr. u. Facsim. *Spinoza's.* Stuttgart, J. Scheible, 1841. 12°. Hsrsbde. Gering papierfleckig.
I: CXXV S. (incl. Biogr.). 200 S. u. Facsim.-Tafel. II: 541 S. III: 1 Bl., 466 S. IV: 2 Bll., 284 S. V: 422 S.

Spinoza, Bened. v., sämmtl. Werke. A. d. Lat. mit d. Leben Spinoza's v. Berth. Auerbach. 5 Bde. 16. ($133\frac{3}{4}$ B., S's. Bildn. u. Facsim.) Stuttgart 841, [Scheible, Rieger u. Sattler.]

Spinoza's, B. de, sämmtliche Werke. Aus dem Latein. m. e. Lebensgeschichte Spinoza's v. Berth. Auerbach. Mit dem Bildnisse Spinoza's (in Stahlst.) 2 Bde. 2., sorgfältig durchgeseh. u. m. den neu aufgefundenen Schriften verm. Aufl. gr. 8. (LXIV, 563 u. III, 570 S.) Stuttgart 871. Cotta. n. 17. —

Spinozismus, der christlich ergänzte, die allein mögliche Vorstellung vom wahrhaft göttlichen Sein. Eine Skizze in 4 Abthlgn. Würzburg 858. Halm. 8. (24 S. m. Holzschn. im Text.) n. 5 ngr.

Spinozismus, der christlich ergänzte, die allein mögliche Vorstellung vom wahrhaft göttlichen Sein. Eine Skizze in 4 Abthlgn. 8. (24 S. mit eingedr. Holzschn.) Würzburg 858, [Julien.] *

Poppi Spinozismus detectus, oder vernünftige Gedanken von dem wahren Unterschiede der philosophischen und mathematischen Methode oder Lehrart. Jena. *G. Chr. Trobert.* 8. 1721.

Spintler, Rudolfus, Ohrdrufiensis: De Phoca imperatore Romanorum. Jenae 1905: G. Neuenhahn. (54 S.) 8°
Jena, Phil. Fak., Ref. Gelzer, Diss. v. 12. Jan. 1906
[Geb. 18. Jan. 84 Ohrdruf; Wohnort: Ohrdruf; Staatsangeh.: Sachsen-Coburg-Gotha; Vorbildung: Gymn. Gotha Reife O. 02; Studium: Jena 7 S.; Rig. 4. Aug. 05.]

SPINTLER, W. (nicht ps.), Eugenio Moroso, Hauptmann einer Räuberbande in Calabrien, dann Galeerensclave u. endlich Sergeant-Major der Fremdenlegion in Algier oder die Erstürmung Constantine's. Höchst interessantes Räuber- u. Kriegsgemälde der neuesten Zeit. Leipzig, Schreck, 1838. 8°. 208 S. Zahm. (1 Mk. 50 Pfg. Franz Teubner, Bonn, c. 1895.)

Spion, Der, oder Geschichte des Afterbarons von Maubert. A. d. Franz. Amsterdam [Berlin] 1759. V: *Saint-Flour.* Ü: *Hirsch, Michael Christian.* (WR) (Barbier) (Querard)

Der Spion oder Geschichte des falschen Baron [Joh. Ludw.] v. **Maubert**, Verf. verschiedener Lästerschriften, welche während dem jetzigen Kriege zum Vorschein gekommen sind, u. die ihm die Verweisung aus Holland zugezogen. o. O. 1759.

— od. Geschichte des falschen Barons v. Maubert, Verfass. verschied. Lästerschriften. 8. Berl. 759. Haude; (a. C. F. Günther in Glogau). 3 gr.

Spion, der, nach dem Franz. 2 Theile mit 1 Kupf. 8. Daselbst, 796. Rabenhorst. 1 Rthl. 20 gl.

Spion, der; aus d. Französ. 2 Thle. 8. Leipz. 801. Rabenhorst.

Spion, der, Drama in 5 Aufz. N. d. Franz. d. Ancelot u. Mazères v. C. D'oench. 8. (9 B.) Liegnitz 831, (Kuhlmey.)

Spion, der, od. das rothe Buch der Wölfe v. Lucifer. 4 Bde. Neue illustr. (Titel-) Ausg. 8. (797 S. m. 4 Lith.) Meißen 851, Goedsche. 2 rf

Spion, Der englische; Trauerspiel. Salzburg 1781. V: *Vierthaler, Franz Michael.* (KY) (GGR)

Spion, d. engl., Trsp. 8. Salzb. Waisenh. (Duyle.) 781.

Spion, Der entlarvte, oder Beleuchtung der geheimen Geschichte des Berliner Hofs. O. O. 1789. Gr. 8°. (In Berlin, Magistratsbibl.) XXIV—363 S. Selten! (7 Mk. 50 Pfg., schönes Expl. in Hpgtb., Frdr. Klüber.)

Spion, Der geplünderte. ... A. d. Franz. London [Leipz.] 1783. V: *Baudouin de Guémadeuc.* (EB)

Spion, der geplünderte; aus d. Französ. 8. London 783. (Barth in Leipz.) 18 gr.

Spion, Der, an den Höfen der christlichen Potentaten oder Briefe und Nachrichten eines geheimen Abgesandten der Pforte an den europäischen Hofen. 6 Theile. Frankfurt a. M. 1773—1737. V: *Marana, Jean Paul* (= *Jean Baptist Primi Visconti comte de Saint-Majole*). (Bibl. Martin. Berol. 1779, p. 133) (BGE VII³, 401/2)

Spion, Der Normännische, oder merkwürdige Begebenheiten des vorgeblichen Barons von Maubert. A. d. Franz. ... Brünn 1783 [1785]. V: *Saint-Flour.* Ü: *Hirsch, Michael Christian.* (WILL) (KY) (ML)

— d. türkische, an den Höfen in Europa, od. Briefe, 32 Stück. 8. Frankf. van Düren. 747. — 16

Spion des Volks: 1825–1828 Greensburg, PA

SPION, Der, in Wien. Berichte von dem, was er im Monate Jenner 1784 ausspionirt hat. 21 Stücke Wien 1784—89. 8°.
l. c. no. 1615. — Höchst selten!

Sergei D.... Die russische Spionin. (Gräfin Della Torre.) Roman aus d. Gegenwart. Berlin: C. Duncker [1905]. (299 S.) 8° [J.] 106. 1906

Spir, African, c. Philosoph der Neuzeit. Von Humanus. 8. (22 S.) Leipzig 892. J. G. Findel. n. — 40

Spir u. die Bedeutung seiner Philosophie für die Gegenwart. Vortrag, geh. im Fortbildungsverein für Arbeiter zu Leipzig. (Von J. G. Findel.) gr. 8. (20 S.) Leipzig 881. Findel. n. — 40

Spir und die Bedeutung seiner Philosophie ... Leipzig 1881. V: *Findel, Jos. Gabr.* (KY)

Spir, African

Spir, A., Andeutungen zu einem widerspruchslosen Denken. gr. 8. (32 S.) Leipzig 868, Findel. *

—— kurze Darstellung der Grundzüge einer philosophischen Anschauungsweise. gr. 8. (23 S.) Ebendas. 869.

Spir, A., Denken u. Wirklichkeit. Versuch e. Erneuerg. der krit. Philosophie. 2 Bde. gr. 8. (XIV, 469 u. VIII, 257 S.) Leipzig 873. Findel. n. 14. —

Spir, A., Denken u. Wirklichkeit. Versuch einer Erneuerung der krit. Philosophie. 2 Bde. 2., umgearb. Aufl. gr. 8. (XII, 386 u. VI, 292 S. m. 1 Tab. in qu. gr. Fol.) Leipzig 877. Findel. n. 10. —

Spir, A., Denken u. Wirklichkeit. Versuch e. Erneuerg. d. krit. Philosophie. 3., rev. u. stellenweise umgeänd. Aufl. (Neue [Titel-] Ausg.) 2 Bde. gr. 8. Stuttgart (884) 896. P. Neff Verl. n. 8. —
1. Die Norm d. Denkens. (XII, 416 S.)
2. Die Welt d. Erfahrg. (VI, 322 S.)

— Empirie u. Philosophie. Vier Abhandlgn. gr. 8. (88 S. m. 1 Tab. in qu. Fol.) Ebend. 876. 1. 50

—— Erörterung einer philosophischen Grundeinsicht. gr. 8. (XV, 86 S.) Ebendas. 869.

— philosophische Essays. (Neue [Titel-] Ausg.) gr. 8. (IX, 226 S.) Ebd. (885) 896. n. 4. —

— Johann Gottlieb Fichte nach s. Briefen. gr. 8. (IV, 104 S.) n. 1. 50
Leipzig: Findel 1879.

—— Forschung nach der Gewissheit in der Erkenntniss der Wirklichkeit. 8. (IX, 346 S. mit 1 Tab. in qu. gr. 4.) Ebendas. 869. *

— vier Grundfragen. gr. 8. (V, 106 S.) Ebend. 880. n. 2. —

— über Idealismus u. Pessimismus. Zwei populäre Aufsätze. gr. 8. (36 S.) Ebend. 879. — 60

—— Moralität und Religion. gr. 8. (156 S.) Ebendas. 874. *

—— Moralität und Religion. 2. verb. und verm. Aufl. gr. 8. (III, 185 S.) Ebendas. 878. *

— Moralität u. Religion. 3. Aufl. Recht u. Unrecht. 2. Aufl. (Neue [Titel-] Ausg.) gr. 8. (VI, 285 S.) Ebd. (885) 896. n. 4. —

— Recht u. Unrecht. Eine Erörterung der Principien. gr. 8. (108 S.) Ebend. 879. 1. 50

— Recht u. Unrecht. Eine Erörterg. der Principien. 2. Ausg. gr. 8. (VII, 108 S.) Ebend. 883. n. 1. 20

Spir, A., gesammelte Schriften. 16 Lfgn. oder 4 Bde. gr. 8. Leipzig, Findel. Subscr.-Pr. à Lfg. * ℳ 1.; Ladenpr. *
Inhalt:
Bd. 1. 2. Denken und Wirklichkeit. Versuch einer Erneuerung der krit. Philosophie. 3. Aufl. 2 Bde. (XII, 416; 322 S.) 884. * ℳ 11.
» 3. Schriften zur Moralphilosophie. (VI, 285 S.) 885. * ℳ 5.
» 4. Vermischte Schriften. (IX, 226 S.) 885. * ℳ 4.

— kleine Schriften. Ebend. 869. gr. 8. (XVI, 228 S.) n. 1 ℳ

—— kleine Schriften. gr. 8. (XVI, 228 S.) Ebendas. 870. *

Spir, A., Sinn u. Folgen der modernen Geistesströmung. 2. Aufl. gr. 8. (31 S.) Leipzig 878. Findel. — 50

— Studien. [1. Zwei Naturforscher üb. das Naturerkennen. 2. Was sehen wir? 3. Versöhnung von Wissenschaft u. Religion. 4. Gehirn u. Seelenleben.] 8. (III, 78 S.) Ebend. 883. n. 1. 20

—— Vorschlag an die Freunde einer vernünftigen Lebensführung. gr. 8. (VII, 55 S.) Ebendas. 869.

Spir, A., die Wahrheit. gr. 8. (XIX und 220 S.) Leipzig 867, Findel.

Spir, A(frican). (Gesammelte Werke.) Hrg. von Helene Claparède-Spir (Champel bei Genf). (2 Bände.) 8. Leipzig, Johann Ambrosius Barth, 1908—1909.
(Band 1:) Denken und Wirklichkeit. Versuch einer Erneuerung der kritischen Philosophie. 4. Aufl. mit Titelbild [Porträt-Tafel], nebst einer Skizze über des Autors Leben und Lehre von H' C'-S'. XXX + 548 S. 1908. [M. 12. —, geb. 13. —]
(Band 2:) Moralität und Religion. 4. Aufl. — Recht und Unrecht. Schriften vermischten Inhalts. 3. Aufl. VI + 390 S. 1909. [M. 8. —, geb. 9. —]

Spir, Johann Rodolph von (Basel) A. S. 808/36

Dissertatio inauguralis juridica, de possessione. Basel (Lüde) 26. V. 1713. 31 S.

Gew.: Jakob Burckhard, Samuel Battier, Johann Rodolph Fesch, Johann Konrad Wieland, Johann Rodolph Huber. 33021

Spira, Emil, die Wahlpflicht. Oeffentlich-rechtliche Studie. (233 S.) gr. 8. Wien 909. Manz. 5. —

Spira, Emil. Die Zuchthaus- und Gefängnisstrafe, ihre Differenzierung und Stellung im Strafgesetze. Ein Beitrag zur Strafrechtsreform, mit Berücksichtigung des Vorentwurfes zu einem schweizerischen Strafgesetze. IV + 167 S. 8. München, C. H. Beck, 1905. [M. 4. —]

Spira, Francesca, prime letture italiane, rivedute e pubblicate da G. G. Hopf. 12. (III, 76 S.) Nürnberg 883, Korn'sche Buchh. *

Spira, J., the Yalkut on Isaiah, s.: Machir b. Abba Mari.

Spira, R., über Erschütterung des Ohrlabyrinthes (Commotio labyrinthi), s.: Vorträge, klinische, aus dem Gebiete der Otologie. V. 1.

Spira, Salomon: Die Eschatologie der Juden nach Talmud und Midrasch. . . . Halle, *Druck v. H. Itzkowski, Berlin*, 1889; 39 + 1 S. 8°
Halle, Phil. Fak., Inaug.-Diss. v. [1. Mai] 1889

Spirago, Frz., ausgewählte Beispiele zum katholischen Katechismus. gr. 8. (II, 208 S.) Trautenau 902. (Lingen, R. van Acken.) n. 2. 40

Spirago, Frz., Beispiel-Sammlung f. das christliche Volk, insbesondere f. Katecheten, Prediger u. Lehrer. 3. Aufl. 12.—16. Taus. (IV, 552 S.) 8. Prag 909. Lingen, R. van Acken. 3.75; geb. n 4. 50

Spirago, Frz., gründliche Belehrung üb. die hl. Beicht. 1. Aufl. 1.—3. Taus. (52 S.) kl. 8. Prag 905. (Lingen, R. van Acken.) — 15

— dasselbe üb. die hl. Kommunion. 3. Aufl. 10.—15. Taus. (32 S.) kl. 8. Ebd. 905. — 10

— gründl. Belehrung üb d. hl. Meßopfer. [Aus: „S., kath. Volks-Katechismus".] 5. Aufl. 8.—17. Taus. gr. 8. (32 S.) Ebd. 897. — 15

— dasselbe üb. das hl. Meßopfer. 12. Aufl. 53.—57. Taus. (32 S.) gr. 8. Ebd. 905. — 15

— Gründliche Belehrung üb. das hl. Meßopfer. [Aus: „Kath. Volks-Katechismus".] 14. Aufl. 63.—67. Taus. (64 S.) kl. 8. Lingen 908. (R. van Acken.) n — 20

Spirago, gründliche Belehrg. üb. d. Sacrament d. Ehe. [Aus: „S., kath. Volks-Katechismus".] 2. Aufl. 6.—10. Taus. gr. 8. (16 S.) Trautenau 898. (Lingen, R. van Acken.) n. — 10

— dasselbe üb. das Sakrament der Ehe. 6. Aufl. 26. bis 30. Taus. (16 S.) gr. 8. Lingen 904. (R. van Acken.) — 10
4 Sonderabdrucke aus: „Kath. Volks-Katechismus".

— Catéchisme catholique populaire, rédigé d'après les règles de la pédagogie pour les besoins de l'époque contemporaine. 1. partie: Dogme. Traduit de l'allemand sur la 3me éd. revue et augmentée par N. Delsor. gr. 8. (XVI, 207 S.) Strassburg (902). F. X. Le Roux & Co. n. 1. 60

— Catéchisme catholique populaire, rédigé d'après les règles de la pédagogie pour les besoins de l'époque contemporaine. 2. et 3. partie. gr. 8. Strassburg, F. X. Le Roux & Co. à n. 1.60; (Kplt. Ermäss. Pr. n. 4. —; geb. in Leinw. n.n. 5. 20)
2. Morale. Traduit de l'allemand sur la 3me éd. revue et augmentée par N. Delsor. (216 S.) 903.
3. Les sources de la grace. Traduit de l'allemand sur la 5me éd. revue augmentée par N. Delsor. (211 S.) (903.)

— der Christ im Leiden. Trostgedanken. (20 S.) gr. 16. Lingen 903. R. van Acken. n. — 10

— gründl. Erklärung üb. d. hl. Meßopfer. [Aus: „S., kathol. Volks-Katechismus".] gr. 8. (36 S.) Ebd. 896. — 15

— Heiteres aus dem Religions-Unterrichte u. aus der Seelsorge. 1. u. 2. Heft. 8. Prag. (Lingen, R. van Acken.) — 90
1. (58 S.) 908. — 50. — 2. (48 S.) 909. — 40.

— katholischer Katechismus f. d. Jugend, pädagog. u. zeitgemäß ausgearb. 8. (VIII, 166 u. Beigabe f. d. Katecheten 7 S.) Ebd. 895. Kart. n. — 70

— katholischer Katechismus f. die Jugend m. Fragen u. Antworten. 3., gänzlich umgearb. Aufl. gr. 8. (X, 248 u. IV S.) Trautenau 901. (Lingen, R. van Acken.) n.n. — 85

Spirago, Frz., katholischer Katechismus f. die Jugend in Fragen u. Antworten. 7. umgearb. Aufl. (VIII, 212 S.) 8. Prag 908. (Lingen, R. van Acken.) nn — 85; geb. nn 1. 10

— Lehrbuch der speciellen Methodik des katholischen Religionsunterrichtes. Pädagog. Grundsätze bei Ertheilg. des kathol. Religionsunterrichtes in der Volks- u. Bürgerschule. gr. 8. (230 S.) Ebd. 900. n. 2. 20

— specielle Methodik des katholischen Religionsunterrichtes. Praktische Rathschläge f. die Ertheilg. des kathol. Religionsunterrichtes in der Volks- u. Bürgerschule. 2. Aufl. 4.—6. Taus. (236 S.) gr. 8. Trautenau 902. (Lingen, R. van Acken). n. 2. 20; geb. n.n. 2. 70

— Spezielle Methodik des katholischen Religionsunterrichtes. Prakt. Ratschläge f. Katecheten. 3. Aufl. 7. Taus. (VIII, 239 S.) gr. 8. Ebd. 908. 2.25; geb. n 2. 75

— d. Seelengewinner od. wie man Sünder z. Heiland führen soll. Autor. Uebersetzg. v. E. Spliedt. gr. 8. (VIII, 230 S.) Heilbronn 896. Stuttgart, M. Kielmann. n. 3. —

— katholischer Volks-Katechismus, pädagog. u. zeitgemäß ausgearb. 4. Aufl. 18.—25. Taus. 3 Thle. gr. 8. Ebd. 898. n.n. 4. —; in 1 Bd. geb. n.n. 5. —
1. Glaubenslehre. (XXII, 210 S.) — 2. Sittenlehre. (II, 225 S.) 3. Gnadenlehre. (II, 188 S.)

— dasselbe. Ergänzg., betr. d. folg. Fragen: 1. D. Liebe zur Nation. 2. D. sociale Stellg. d. Frau. 3. D. Standeswahl. 4. D. Wert d. Religion. gr. 8. (16 S.) Ebd. 898. n. — 50

— katholischer Volks-Katechismus, pädagogisch u. zeitgemäß ausgearbeitet. 3 Tle. 6. Aufl. (31.—35. Taus.) gr. 8. Prag 906. (Lingen, R. van Acken.) n.n. 4. 50; in 1 Bd. geb. n.n. 5. 50
1. Glaubenslehre. (XII, 228 S.) — 2. Sittenlehre. (II, 256 S.) — 3. Gnadenlehre. (II, 196 S.)

Spirgatis, Ernst, Berechnung der Fahrzeiten aus den Zugkräften der Dampflokomotiven. gr. 8. (68 S.) Leipzig 902. [M. Spirgatis.] Halle a/S., R. Haupt. n. 3. 50

Spirgatis, Eugen: Verlobung und Vermählung im altfranzösischen volkstümlichen Epos. Berlin, R. Gaertner, 1894; 27 S. 4.
Berlin, Leibniz-G, OP 1894 (61)

Spirgatis, H. Anleitung für die qualitative chemische Analyse. 3. Aufl. Neu bearb. v. Ernst Pieszczek. gr. 8. (IV, 72 S.) Königsb. i. Pr. 892, Beyer. * 2 80

Spirgatis, Max

Spirgatis, M., Heinrich Knoblochtzer in Strassburg, s. Schorbach, K.

Spirgatis, Max., die Lieder Friedrich's v. Hausen. gr. 8. (64 S.) Tübingen 876. (Fues.) n. — 80

Spirgatis, M., englische Litteratur auf der Frankfurter Messe von 1561—1620. gr. 8. (S. 37—89.) Ebd. 902. n. 3. —

— Personalverzeichnis der Pariser Universität v. 1464 u. die darin aufgeführten Handschriften- u. Pergamenthändler, s.: Centralblatt f. Bibliothekswesen, Beihefte.

— d. litterarische Produktion Deutschlands im 17. Jahrh. u. die Leipziger Messkataloge. gr. 8. (S. 24—61.) Ebd. 901. n. 2. 50
2 Sonderabdrucke aus: „Sammlg. bibliothekswiss. Arbeiten".

Spirig, Wilhelm

Spirig, W., Beiträge zur Bakteriologie der Typhuscomplicationen, s.: Mittheilungen aus Kliniken u. medicinischen Instituten der Schweiz.

Spirig, W. Ueber den Einfluss von Ruhe, mässiger Bewegung und körperlicher Arbeit auf die normale Magenverdauung des Menschen. Mit 11 Tabellen. Dissertation. Gr. in-8°. 20 S. Bern (H. Koerber vorm. Huber & Cie.). 1892. 1 10

Spiringer, Franz: Zur Geschichte des Aschaffenburger höheren Unterrichtswesens. I. Das Aschaffenburger Gymnasium unter Leitung des Jesuitenordens. 1620—1773. 52 S., 2 Taf. 8. II. Das Aschaffenburger Gymnasium 1773—1814. 46 S. 8. Progr. Kgl. hum. Gymn. *Aschaffenburg* 1901. 1906.

Festspiel „Zur guten Obhut“ mit dem Zwischenspiel „Ein wackerer Dekurio“ (Beilage zum Jahresbericht). — Von Franz Spiringer, G.-L. — 1902, Aschaffenburg, Wailandt'sche Druckerei-Aktienges. — P. 5—19. (Zur Feier der Wiedereröffnung der Aula des K. Gymnasiums.)

Progr. Aschaffenburg, K. Gymn.

Spirisophie. Zeitschrift f. die Harmonie zwischen Vernunft, Religion u. Lebensthätigkeit. Hrsg: L. Fink. 1. Jahrg. 1889. 12 Nrn. (3/4 B.) gr. 4. Berlin, (Siegismund). n.n. 3. —

Spirit, the. of the english Magazines. III Toms. 8. Hamb. 775. Mathiessen. 1 ℛ

Spirit, the, of the english Magazines. III Tms. 8. Hamb. Mathiesen, 785. 1 —

Spiritulia theotisca. Sermonum sex ecclesiasticorum et orationis dominicae rhythmis expositae fragmenta. Edid., praef. est, notas adjec. Wilh. Wakkernagel. gr. 8. Bresl. 827. Grass, B. u. C. 6 gℛ

Spiritismus, der, seine Erscheinungen, sein Wesen u. sein Nutzen, nach authent. Quellen bearb. v. Veratrinus Leuchtkäfer. gr. 8. (56 S.) Belin 875. G. Reimer. n. 1. —

Spiritismus, der, der Gegenwart, seine hohe Bedeutung u. psychografische Begründung. 9 Episteln an einen forschenden Freund. Wien 868. C. A. Müller. gr. 8. (VII, 103 S.) n. 1 ℛ 10 ngr

Spiritismus, Der, in Leipzig. Leipzig 1878. V: *Dove, Alfred.* (ABJP)

Spiritismus, der, in Leipzig. [Aus: „Im neuen Reich“.] gr. 8. (15 S.) Leipzig 878. Hirzel. — 30

Spiritist, der. Zeitschrift f. Spiritismus u. verw. Gebiete. Hrsg.: D. Clecner. Red.: Aug. Lambert. 2. Jahrg. 1898. 24 Nrn. (Bog.) gr. 4. Zürich (C. Schmidt). n. 4. —
Kann auch halbjährlich bezogen werden.

Spiritist, der. Zeitschrift f. Spiritismus u. verwandte Gebiete. Erstes u. einz. Blatt unter Leitg. höherer Geister. Hrsg.: A. Dellefant. Red.: Aug. Lambert. 3. Jahrg. 1899. 24 Nrn. gr. 4. (à ca. 8 S.) Zürich (C. Schmidt). n. 4.—

— dasselbe. 4. Jahrg. Juli 1900—Juni 1901. 24 Nrn. gr. 4. (à ca. 8 S.) Ebd. n. 5. —

— dasselbe. Red.: P. Näf. 5. Jahrg. 1902. 24 Nrn. gr. 4. (à ca. 8 S.) Ebd. n. 5. —
Erscheint nicht mehr.

Spirituosen-Zeitung, deutsche. Halbmonatsschrift f. die Spirituosen- u. verwandte Getränke-Industrie. Jahrg. 1907—1910. à 24 Nrn. (à ca. 8 S.) Neustadt a/H., D. Meininger. à Jahrg. 4.—; m. Das Weinblatt 10. —

Spiritus [Sachliches OW]

Spiritualismus, der, s. Tische, die wandernden magnetisirten.

Spiritus Sancti Benedicti ex sacra ipsius regula et vita . . . ad meditandum per singulos anni dies . . . monachis sub ejusdem patris regula militantibus propositus. Pars I—III. Tugii 1753. V: *Müller, Deodat.* (CLZür Forts. II)

Spiritus Christi et Christianorum . . . Monachii 1784. V: *Seccard, Louis.* (Jes)

Spiritus aus Feld-, Jagd- u. and. Flaschen. Eine Samml. charakterist. Anekdoten u. Erzähln. a. d. Leben; nebst e. Auswahl v. Aphorismen, Gedichten, Charaden u. Räthseln. Von ein. in d. Ruhestand versetzten k. sächs. Offizier. 1. u. 2. Destillation. 8. (6½ u. 7½ B.) Leipzig 837, Schreck. à

Spiritus litterarius Nobertinus . . . Augustae Vind. 1771. V: *Lienhart, Georg.* (Barbier)

Spiritus Stoae, Geist d. Stoa; Latein.-Deutsch. 6 Hefte. 8. Leutschau 818—20. (Kaschau, Wigand). 4 ℛ

Spiritus vocationis sacerdotalis; materia triduanae collectionis . . . Constantiae 1762. V: *Groner, Armand.* (Jes)

Spiritus [Verfasser]

Spiritus, Fritz Constans (geb. Eibde . . 1806). De curatione herniae sanguinalis incarceratae. Berolini (1827). (21 S.) 8°
Berlin, Med. Diss. v. 21. Dez. 1827

Spiritus, Constantin (geb. Solingen 4. 10. 1815). De sacchari Saturni usu interno. Berolini (1839). (56 S.) 8°
Berlin, Med. Diss. v. 18. Juli 1839

Spiritus, Paul, Reg.-Refer.: Inwieweit muss sich die Zivilbevölkerung vermögensrechtliche Beschränkungen zu Gunsten der Militärgewalt im Frieden gefallen lassen? ⟨Nach dem in Preussen geltenden Recht.⟩ Bonn: Georgi 1910. 50 S. 8°
Heidelberg, Jur. Diss. v. 11. Juni 1910, Ref. Fleiner
[Geb. 30. Dez. 85 Cöln; Wohnort: Mörs; Staatsangeh.: Preußen; Vorbildung: Städt. Gymn. Bonn Reife O. 04; Studium: Cambridge 1, Tübingen 2, Bonn 3 S.; Rig. 3. März 10.] [U 10. 2023

Spiritus Asper, s. Asper.

Spiritus Asper u. Lenis [Pseud.], s. Korn, Friedrich

Spiritus asper u. Spiritus lenis, Panorama v. Ofen u. Pesth ꝛc., s. Panorama.

Spiritushandel, Schlesiens, in Bezug auf die Preis-Notirungen an der Breslauer Börse. gr. 8. (16 S. mit 1 Formular in qu. Fol.) Breslau 871, Schletter'sche Buchh. [Heppner's Verlag.]

Spiritus-Industrie, die, s. Wettendorfer's Zeitschrift.

Spiritus-Industrie (Die). Wettendorfers Zeitschrift. Redakteur: G. Wettendorfer. — vols. 4to. Wien, 1883-94 +

Spiritusindustrie, die deutsche, im J. 1877. Bericht über die Verhandlungen der 25. Generalversammlung des Vereins der Spiritusfabrikanten in Deutschland. [Aus: „Zeitschr. f. Spiritusindustrie“.] gr. 4. (48 S.) Berlin 878. Parey. n. 1. —

Spiritus-Industrie, Die mitteldeutsche, und ihre Beziehungen zur Tarifreform. Halle 1877.

Spiritusindustrie und Spiritushandel; Separatabdruck aus dem summar. Geschäftsberichte der Brünner Handels- und Gewerbekammer für das Jahr 1889. 1 Tafel. 8°. 10 S. Brunn. 1890.

Spiritus-Preis-Reductions-Tabelle v. 10,000 Liter % auf 8000 Quart % berechnet. qu. 4. Leipzig 871. Leiner. n.n. — 10

Spiritus-Revue. Zentralorgan f. die gesamte Spiritusindustrie. Hrsg. u. Red.: E. Schlesinger. 3. Jahrg. 1906. 12 Hefte. (à ca. 8 S.) 4. Wien (II/3 Negerlegasse Nr. 6 [Schoellerhof], Administration. n.n.n. 12. — Nicht durch den Buchhandel zu beziehen.

Spiritus- und Spirituosen-**Rundschau.** Wochenschrift f. d. Interessen d. spiritusverarbeit. Industrien ... Regelmäßige Beilage: 'Die Deutsche Fruchtsaft-Industrie'. [Jg. 1.] (Berlin) 1906: (Liebheit & Thiesen). 4° [07.13193

DEUTSCHE SPIRITUS-ZEITUNG. — vols., 4to. Kolberg in Preussen, 1894 +

Spirk, Ant., praktisches Handbuch der gesammten Färberei und Druckerei. gr. 8. (VIII, 195 S. mit eingedr. Holzschn.) Berlin 869, Grieben.
—— dass. — 2. Aufl. gr. 8. (VIII, 195 S. mit eingedr. Holzschn.) Leipzig 874, G. Weigel.

Spirk, Ant., prosaische u. poet. Lesenübungen aus bewährten italien. Schriftstellern gesammelt. 8. Prag 820. Buchler. 16 gr.

— Uebersetzungsübungen aus d. Deutschen ins Italien. mit untergelegten Bedeutungen u. Redensarten rc. 8. Prag 827. Neureutter. 10 gr. (Calve). 16 gr.

Spirkner, B., Besiedlung des Amtsgerichtes Eggenfelden. Eggenfelden 1907

Spirkner, B., Schulgeschichte Niederbayerns im Zusammenhalt m. der bayrischen Schulgeschichte. Nach Quellen bearb. Hrsg. m. Unterstützg. des kathol. Lehrer-Vereins in Bayern. gr. 8. (VIII, 322 S.) Kempten 901. (J. Kösel.) n. 4.— ; geb. in Halbfrz. n. 5.20

Spiro. physiologisch-topographische Untersuchungen am Rückenmark d. Frosches, s.: Mémoires de l'académie impériale des sciences de St.-Pétersbourg.

Spiro, Albert. (geb. Magdeburg 4. 1. 1838): De pertussi. Berolini (1860). (31 S.) 8°
Berlin, Med. Diss. v. 4. Juni 1860

Spiro, Friedrich

— Ein verschollener Alexandriner. S.-A. 1899. 5 S. u. 1 Abb. 4°.

Geschichte der Musik. Von Friedrich **Spiro.** Leipzig: B. G. Teubner 1907. (172 S.) 8° [F.]
= **Natur,** Aus, u. Geisteswelt. Bdch. 143. [07. 9083

Spiro, Frdr., Geschichte der Musik, s. Aus Natur u. Geisteswelt.

Spiro, Friedrich: M e s s e in As-dur von Franz Schubert. Kleiner Konzertführer. Leipzig: Breitkopf & Härtel [1908]. 26 S. 8°
(Breitkopf & Härtels Musikbücher. Abt. 2. Nr 629/30.)

Spiro, Friedrich: M e s s e in Es-dur von Franz Schubert. Kleiner Konzertführer. Leipzig: Breitkopf & Härtel [1908]. 20 S. 8°
(Breitkopf & Härtels Musikbücher. Abt. 2. Nr 632/33.)

Spiro, F., Pausanias-Scholien. S.-A. 1894. 7 S.

Spiro, Frid. (Julius) (geb. Berlin 28. 12. 1863): De Euripidis Phoenissis. Berolini (1884). (70 S.) 8°
Berlin, Phil. Diss. v. 26. Juli 1884

Spiro, Frdr., de Euripidis Phoenissis. Inest tabula. gr. 8. (66 S.) Berlin 884. Weidmann. n. 2. —

Spiro, F., Ricerche Alexandrine: Callimaco ed Apollonio. S.-A. 1893. 14 S.

Spiro, F., Versabteilungen. S.-A. 1890. 6 S.

Spiro, Georg [aus Ostrowo]: Einige Untersuchungen über die physikalische Beschaffenheit des Brotes ... Würzburg, Becker's Univ.-Buchdr., 1893; 40 S. 8.
Würzburg, Med. Fak., Inaug.-Diss. v. 1893

Spiro, Hans *Willibald Rudolf* [aus Berlin]: '(Aus d. Klinik d. Hrn Prof. Dr. Jolly.)' **Ueber zwei Fälle von Gehirngeschwulst** ... Berlin, C. Vogt's Buchdr., *1894*; 31 S. 8.
Berlin, Med. Fak., Inaug.-Diss. v. 16. Jan. 1894

Spiro, J., über die Gallenbildung beim Hunde, s. Archiv für Anatomie und Physiologie.

Spiro, Jean. Des inventions brevetables en Suisse. Extrait de la Zeitschrift für schweizer. Recht N. F. Bd. 20. II + 18 p. 8. Bâle, R. Reich, 1901.

Spiro, Karl, s.: Analyse des Harns.

Spiro, Karl, Arzt u. Krankenkasse. Vortrag, geh. vor der „Vereinigg. Lothringer Hilfefreunde" in Metz im Jan. 1906. Mit e. Vorwort v. Fr. Naumann. (14 S.) gr. 8. Berlin-Schöneberg 906. Verlag der Hilfe. n. — 25

Spiro, Karl [aus Berlin]: Beiträge zur Kenntniss des Oxalessigesters. ... Würzburg, Becker's Univ.-Buchdr., 1889; 28 S. 8°
Würzburg, Phil. Fak., Inaug.-Diss. v. 1889

— s.: Ergebnisse der Physiologie.

— s.: Jahres-Bericht üb. d. Fortschritte d. Tier-Chemie.

— über physikalische u. physiologische Selection. Habilitationsschrift. gr. 8. (65 S.) Strassburg 897. (E. van Hauten.) n. 1.50

Spiro, Luser. aus Warschau: Vergleichende U n t e r s u c h u n g über das Verhalten von Aethylenchloriden und Aethylenbromiden gegen Pyridin. Zürich 1907. 71 S. 8°. [25. III. 07.]
Zürich. Phil. Diss. II. S. 1906/1907.

Spiro, Luser. Vergleichende Untersuchung über das Verhalten von Aethylenchloriden und Aethylenbromiden gegen Pyridin. Diss. Phil. [II.] Univ. Zürich. 71 S. 8. Zürich, Gebr. Leemann & Co., 1907.

Mario **Spiro.** Schatten. Ein Band Verse. Berlin-Wilmersdorf: A. R. Meyer 1907. (70 S.) 8° [08. 7018

SPIRO, Theodor (Breslau): Die Behandlung der complicierten Fractur. Mit Rücksicht auf drei Fälle derselben aus der chirurg. Klinik des Herrn Geh.-R. Professor Dr. Ritter von Nussbaum in München.- München: Ernst 1888. 23,1 S.
20.12.1887 - Chr 1887/88,19; Jv 1887/88,217
Diss. Ingolst.-Landsh.-Mchn.

Spiro-Rombro, Assia, musikalische Elementartheorie in Fragen u. Antworten zum Lehren u. Selbstlernen. (48 S.) kl. 8. Rom 905. Loescher & Co. n.n. 1. —

Spis, Johann Albert [Praes.], s. B a u r i e d e l , Paul Joachim Sigismund: De discrimine et convenientia philosophiae ac theologiae.

Spis, Johann Albert [Praes.], s. Bernhold, Johann Gottfried: Problema psychologicum de praejudiciis promiscue non damnandis.

Spies, Johann Albert (Nürnberg) A. S. 351/25

Exercitatio academica de imputatione soluti ex pluribus nominibus Von Anrechnung der Bezahlung bey mehrern verhandenen Schuld-Posten. Präs. Heinrich Hildebrand. Altdorf (Kohles) 21. VIII. 1727. 31 S. 32983

Spies, Johann Albert (Nürnberg) A. S. 347/5

Exercitatio philosophica de iure hominum nasciturorum. Präs. Christian Gottlieb Schwarz. Altdorf (Kohles) 19. XII. 1725. 64 S.

W. v.: **Präs.**, Johann Heinrich Müller, Jo. David Koeler, **Jakob Wilhelm Feuerlin.** 32980

Spis, Johann Albert [Praes.], s. König, Gustav Georg: De affectibus eorumque regimine in genere.

Spies, Johann Albert (Nürnberg) A. S. 1315/9

Observationes astronomico-physicae selectae in specula Altdorfina ... habitae ... Pars posterior. Präs. Johann Heinrich Müller. Altdorf (Kohles) 12. VI. (1723 ca.) 16 S. 32978

Spies, Johann Albert (Nürnberg) Altd. Phs. 38/11

Observationum eclecticarum de metaphysica Leibnitio-Wolffiana specimen I. Präs. Jakob Wilhelm Feuerlin. In: Feuerlin: Observationes eclecticae ex controversiis de metaphysica Leibnitio-Wolfiana. Altdorf (Kohles) (1726). 8 S. 32982

Spis, Johann Albert [Praes.], s. Regenfus, Jodokus Wilhelm: De quantitate et usu propositionum indefinitarum.

Spies, Johann Albert (Nürnberg) A. S. 330/19

De revocatione testamentorum inprimis reciprocorum. Altdorf (Meyer) 26. VI. 1733. 28 S. 32984

Spis, Johann Albert [Praes.], s. Rupert, Johann: De notionibus innatis.

Spis, Johann Albert [Praes.], s. Schneider, Karl Benedikt: Dissertatio inauguralis qua aprosopolypsian iustitiae divinae ultricissive vindicias poenarum quae gentilibus pariter ac Iudaeis sunt subeundae ex Rom. II, 12 ... submittit ...

Spies, Johann Albert (Nürnberg) Altd. Phs. 5/21

Exercitatio de varia supellectile rei librariae veterum. Präs. Christian Gottlieb Schwarz. Altdorf (Kohles) 2. V. 1725. 24 Bl., 3 Taf. 32979

Spis, Johann Albert [Praes.], s. Vigitill, Karl Benedikt: Positionum philosophicarum pars altera de philosophiae natura et constitutione.

Spies, Johann Albert (Nürnberg) A. S. 31/7

Dissertatio inauguralis ex historia imperii Germanici sistens vindicias electionis dubiae Iodoci imperatoris contra Sigismundum. Präs. Johann David Koehler. Altdorf (Kohles) 22. VI. 1726. 19 S. 32981

Spis, Wolfgang Albert [Praes.], s. Gadomovo Gadomski, Karl Alexander von: De testamento per procuratorem non offerendo.

Spisar, Karl, zur Cytologie der gegliederten Milchröhren. (16 S. m. 1 Taf.) gr. 8. Prag 906. (F. Řivnáč.) n. — 40
Sonderabdr. a.: „Sitzungsber. d. böhm. Gesellsch. d. Wiss."

Spisy výtečných českých básniků novověkých. Prag 860—64 Kober. 16.
Cast I.: Spisy Frant. Jaromíra Rubeše. Dil I—IV (364 S.; 168 S.; 400 S.; 484 S.) n. 3 ꝛ
Část II.: Spisy Jaroslava Langera. Dil I. II. (368 S.; 624 S.) n. 2 ꝛ
Část III.: Spisy Karla Hynka Máchy. Dil I. II. (300 S.; 498 S.) n. 1 ꝛ 24 ngr.
Část IV.: Spisy Václ. Klim. Klicpery. Dil I—IX. (I. u. II.: 757 S.; III.: 475 S.; IV.: 454 S.; V.: 375 S.; VI. u. VII.: 828 S.; VIII.: 448 S.; IX.: 340 S.) n. 8 ꝛ
Část V.: Spisy Mil Zdir. Poláka. Dil I. II. (384 S.; 536 S.) n. 2 ꝛ

Spital, das homöopathische, der barmherzigen Schwester zu Gumpendorf in Wien. Ein Aufruf zur Gründung eines ähnlichen Spitals in Bayern vom Vereine der homöopath. Aerzte Münchens. München 855. (Franz.) gr. 8. (16 S.) 3 ngr.

Spital, das, der israelitischen Cultusgemeinde Wien seit der Eröffnung am 10. Apr. 1873 bis Ende 1883. Mit 5 autogr. Taf. gr. 8. (VII, 264 S.) Wien 885. Braumüller. n. 3. —

Spitaler: Kaiser Heinrich II. des Heiligen Verhältnis zum römischen Stul, zu den östlichen Nachbarvölkern und Geist seiner Regierung. Zs. 38 S. – Fiume. Progr. 1856, 1857

Spitaler, Frz., der Groß-Venediger in der norischen Central-Alpenkette, s. v. Kürsinger, Ign.

Spitaler, Rudolf

Spitaler, R., die Achsenschwankungen der Erde als Ursache geotektonischer Vorgänge. (36 S. m. 4 Fig. u. 2 Taf.) gr. 8. Wien 907. A. Hölder. 1. 60
Sonderabdr. aus: „Sitzungsber. d. k. Akad. d. Wiss."

Spitaler, Rud., Bahnbestimmung des Kometen 1851 III (Brorsen). [Aus: „Denkschr. d. k. Akad. d. Wiss."] Imp.-4. (26 S.) Wien 894. (F. Tempsky.) n. 1. 40

Spitaler, R., Bahnbestimmung d. Kometen 1890 VII (Spitaler). [Aus: „Denkschr. d. k. Akad. d. Wiss."] gr. 4. (22 S. m. 1 Fig.) Wien 896. (C. Gerold's Sohn.) n. 1. 40

Die periodischen **Luftmassenverschiebungen** und ihr Einfluss auf die Lagenänderungen der Erdachse (Breitenschwankungen). Von Dr. Rudolf **Spitaler**, Prof. in Prag. Mit 1 Karte. *Gotha: J. Perthes 1901.* (51 S.) 4°
= **Mitteilungen**, Petermanns, aus J. Perthes' Geogr. Anstalt. Erg.H. No 137. [01. 1313]

Spitaler, Rud., die period. Luftmassenverschiebungen u. ihr Einfluss auf d. Lagenänderungen d. Erdachse, s. a. Petermann, A., Mitteilungen. 137. Erg.-Hft.

Spitaler, R., d. Ursache d. Breitenschwankungen. [Aus: „Denkschr. d. k. Akad. d. Wiss."] gr. 4. (10 S. m. 1 Fig. u. 1 Karte.) Wien 897. (C. Gerold's Sohn.) n. 1. 40

Spitaler, R., periodische Verschiebungen des Schwerpunktes der Erde. (16 S.) gr. 8. Wien 905. (A. Hölder.) n. — 40
Sonderabdruck aus: „Sitzungsber. d. k. Akad. d. Wiss."

Spitaler, Rud., die Wärmevertheilung auf der Erdoberfläche. Imp.-4. (20 S. m. 1 Tab.) Wien 885. (Gerold's Sohn.) n. 1. 40

Spitaler, Rud., die Wärmevertheilung auf der Erdoberfläche. Imp.-4. (20 S. mit 1 Tab.) Wien 885, (Tempsky.) *
Aus: Denkschriften der k. Akademie der Wissenschaften, besonders abgedruckt.

SPITALSKANDALE. Spital-Skandaln oder getreue Schilderung des gegenwärtigen Zustandes des allgemeinen Wienerkrankenhauses, nebst einer charakteristischen Zeichnung der vier Spital-Oekonomen. Elysium, [Wien] 1793. 2 Tl. in 1 vol. VIII + 68 S.

Spitalscandale, 1r. 8. Kempten 793. Kösel; (a. Dannheimer). 4 gl.

Kettenlied zur Trauerloge. [Von Spitta.] [Perleberg] o. J. 1 Bl. 8° [Kopftit.]
Ohne Noten: „Es zieht ein stiller Engel . . ." 193.

Spitta, Adolph (Eduard Jean) (geb. Bremen): De labio leporino. Berolini (1851). (37 S.) 8°
Berlin, Med. Diss. v. 6. Dez. 1851

Spitta, *Eduard Carl* Albert [aus Brandenburg]: Beitrag zur Kenntniss der Todesursachen nach Herniotomie wegen Darmeinklemmung auf Grund von 23 in den letzten 5 Jahren auf der hiesigen chirurgischen Klinik zu Greifswald beobachteten Fällen. . . . Greifswald, Druck v. J. Abel, 1891; 51 S. 8°
Greifswald, Med. Fak., Inaug.-Diss. v. 20. März 1891

Spitta, Albert, aus Neumarkt, Oberpfalz: Zur Kenntnis des Diphenylisodithiobiazolon. *Erlangen 1902: F. Junge.* (44 S.) 8°
Erlangen, Phil. Diss. v. 9. Mai 1901

Auswahl schöner, dekorativer Porträts. 335 Blätter in vorzügl. Abdrücken ... aus d. reichhaltigen Sammlungen d. ehemal. Antiquars u. Sammlers August **Spitta**, Berlin. Mit 22 Abb. Berlin: K.E. Henrici 1908. (68 S.) 8° (K. E. Henrici. Katalog 1.) [08. 16543 2

Spitta, Friedrich

— Rich. **Bürkner** u. a., Abendmahls-Feiern m. Einzelkelch. Ihre Notwendigkeit u. Gestaltg. Erweit. Abdr. v.: „Aktenmäßiges z. Abendmahls-Hygiene". (31 S. m. 4 Abbildgn.) Lex.-8. Göttingen 904. Vandenhoeck & Ruprecht. n. — 60
Sonderabdr. a.: „Monatschr. f. Gottesdienst u. kirchl. Kunst".

Spitta, Frdr., Herzog Albrecht v. Preußen als geistlicher Liederdichter. (IV, 48 S. m. 2 Abb.) Lex. 8. Göttingen 908. Vandenhoeck & Ruprecht. 1. 40
Sonderabdr. aus: „Monatschr. f. Gottesdienst u. kirchl. Kunst".

Spitta, Frdr., die liturgische Andacht am Luther-Jubiläum. Kritik u. Vorschlag. gr. 8. (33 S.) Halle 883. Niemeyer. n. — 80

Spitta, Frdr., liturgischer Anh., s.: Schoeberlein, Ludw., Musica sacra.

Spitta, Friedr. Die Apostelgeschichte, ihre Quellen u. deren geschichtlicher Wert. gr. 8. (XI, 380 S.) Halle a. S. 891, Buchh. d. Waisenhauses. * 8 —

— Beiträge zur Frage nach der geistlichen Dichtung des Herzogs Albrecht v. Preussen. (S. 253—277.) gr. 8. Königsberg 909. (F. Beyer.) — 50

— dasselbe. II. Die Markgrafenlieder. (S. 50—112.) gr. 8. Ebd. (910). — 60
2 Sonderabdrucke aus: „Altpreuss. Monatsschr."

Der Brief des Jakobus untersucht von Friedrich **Spitta**. Göttingen: Vandenhoeck & Ruprecht 1896. (IV, 239 S.) 8°
Aus: Spitta: Zur Geschichte u. Litt. d. Urchristentums. Bd 2. [08. 17335 11

Spitta, Frdr., der Brief des Julius Africanus an Aristides kritisch untersucht u. hergestellt. gr. 8. (VII, 122 S.) Halle 877. Buchh. d. Waisenh. n. 2. 40

— der 2. Brief d. Petrus u. der Brief d. Judas. Eine geschichtl. Untersuchg. gr. 8. (VII, 544 S.) Halle 885. Buchh. d. Waisenhauses. n. 9. —

— Über Chorgesang im evangelischen Gottesdienste. 8. (24 S.) Straßb. 889, Bull. * — 60

Spitta, F., üb. Chorgesang im evangel. Gottesdienste. 8. (24 S.) Straßburg 889. Schmidt. n. — 60

— der Entwurf der preußischen Agende. Liturgische Betrachtgn. üb. die Form der Gemeindegottesdienste. gr. 8. (96 S.) Göttingen 893. Vandenhoeck & Ruprecht. n. 1. 80

— der Entwurf des Gesangbuchs f. die vereinigte Kirche der Pfalz. 2. unveränd. Abdr. (16 S.) Lex.-8. Ebd. 906. — 50
Sonderabdruck aus: „Monatsschr. f. Gottesdienst u. kirchl. Kunst".

'Ein feste Burg ist unser Gott'. Die Lieder Luthers in ihrer Bedeutung für das evangelische Kirchenlied. Von Friedrich **Spitta**. Göttingen: Vandenhoeck & Ruprecht 1905. (VIII, 410 S.) 8° [F.] [05. 14653

— Festpredigt, s.: Festwoche, e., der evangel. Gemeinde Hamm.

— Festpredigten. 8. (VIII, 151 S.) Bonn 886. Habicht. n. 2. —; geb. n. 3. —

— Drei kirchliche Festspiele f. Weihnachten, Ostern u. Pfingsten. 1. u. 2. Aufl. gr. 8. (78 S.) Straßb. 889,91, Heitz. * 1 80

— Drei kirchliche Festspiele f. Weihnachten, Ostern u. Pfingsten. 3. Aufl. (78 S.) gr. 8. Straßburg (904). J. H. E. Heitz. n.n. 1. 80

Spitta, Friedrich: Die Geburt Christi, s. Herzogenberg, Heinrich von.

— das Gesangbuch f. die evangelischen Gemeinden v. Elsaß-Lothringen, kritisch beleuchtet. gr. 8. (48 S.) Ebd. 894. n. 1. —

— das Straßburger Gesangbuch f. Christen augsburg. Confession untersucht. gr. 8. (98 S.) Straßburg 897. J. H. E. Heitz. n. 2. —

— zur Geschichte u. Litteratur d. Urchristentums. 1. Bd. gr. 8. Göttingen 893. Vandenhoeck & Ruprecht. n. 8. —
Die zweimalige römische Gefangenschaft des Paulus; der 2. Brief an die Thessalonicher; Unordnungen im Texte des 4. Evangeliums; die urchristl. Traditionen üb. Ursprung u. Sinn d. Abendmahls. (VII, 340 S.)

— zur Geschichte u. Litteratur d. Urchristentums. 2. Bd. gr. 8. Ebd. 896. n. 10. — (1. u. 2.: n. 18. —) Der Brief des Jakobus; Studien z. Hirten d. Hermas. (VI, 437 S.)

Spitta, Frdr., zur Geschichte u. Litteratur des Urchristentums. III. Bd. 1. Hälfte: Untersuchungen üb. den Brief des Paulus an die Römer. gr. 8. (VI, 193 S.) Göttingen 901. Vandenhoeck & Ruprecht. n. 5. — I. u. II. Bd. Ebd. 893. 896. n. 18. —.

— Zur Geschichte u. Litteratur des Urchristentums. III. Bd. 2. Hälfte: Die Versuchg. Jesu. — Lücken im Markusevangelium. — Das Testament Hiobs u. das Neue Testament. (IV, 210 S.) gr. 8. Göttingen 907. Vandenhoeck & Ruprecht. 6. — Bd. I, II u. III, 1. Ebd. 893–901. 23.—

— Gottesdienst u. Kunst. Vortrag, geh. im evang. Vereinshause zu Straßburg. gr. 8. (26 S.) Straßburg 895. J. H. E. Heitz. n. — 50

— Haendel u. Bach. Zwei Festreden. gr. 8. (34 S.) Bonn 885. Hochgürtel. n.n. — 90

Heinrich von Herzogenberg und die evangelische Kirchenmusik von Friedrich Spitta. Leipzig: J. Rieter-Biedermann 1900. (16 S.) 8° [F.] Aus: Monatsschrift f. Gottesdienst u. kirchl. Kunst. Jg. 5, No 11. [07. 11132

— Jesus u. die Heidenmission. (VIII, 116 S.) gr. 8. Gießen 909. A. Töpelmann. 3. 50

— der Knabe Jesus, e. biblische Geschichte u. ihre apokryphischen Entstellungen. Vortrag. 12. (29 S.) Halle 883. Niemeyer. n. — 40

Das Johannes-Evangelium als Quelle der Geschichte Jesu. Von Friedrich Spitta. Göttingen: Vandenhoeck & Ruprecht 1910. XLVII, 406 S. 8° [09. 18041

— die Kelchbewegung in Deutschland u. die Reform der Abendmahlsfeier. Mit 1 Beilage: Abbildungen v. Einzelkelchen. (XVIII, 222 S.) gr. 8. Göttingen 904. Vandenhoeck & Ruprecht. n. 3. —; geb. n. 3. 80

Die ungarischen Königslieder. Ein Blatt aus d. hymnolog. Geschichte d. Reformationszeit von Friedrich Spitta. Göttingen: Vandenhoeck & Ruprecht 1909. S. 323–343. 4°(8°) Aus: Monatsschrift f. Gottesdienst u. kirchl. Kunst. Jg 14, H. 11. [10. 6312 7

Spitta, Frdr., die Konstanzer Liederdichter, s.: Kirchenliederdichter, unsere.

Spitta, Frdr., Luther u. der evangelische Gottesdienst. Vortrag. 8. (40 S.) Halle 884. Niemeyer. n. — 60

— das Magnifikat, e. Psalm der Maria u. nicht der Elisabeth, s.: Abhandlungen, theologische.

— s.: Monatsschrift f. Gottesdienst u. kirchl. Kunst.

— Musik- u. Kunstpflege auf dem Lande, s.: Gemeindeabend, der.

— die Offenbarung d. Johannes, untersucht. gr. 8. (XII, 587 S.) Halle 889. Buchhandlg. d. Waisenhauses. n. 12. —

— die Passionen nach den vier Evangelisten v. Heinr. Schütz. Ein Beitrag zur Feier d. 300jähr. Schütz-Jubiläums. gr. 8. (V, 65 S.) Leipzig 886. Breitkopf & Härtel. n. 1. 50

— Christi Predigt an die Geister. [1. Petr. 3, 19 ff.] Ein Beitrag zur neutestamentl. Theologie. gr. 8. (III, 68 S.) Göttingen 890. Vandenhoeck & Ruprecht's Verl. n. 1. 50

Spitta, Frdr., Predigt bei d. 51. Hauptversammlg. d. evangel. Vereins d. Gustav-Adolf-Stiftung, s.: Hackenschmidt, C.

— Predigt am 1. Jahresfeste d. niedersächsischen Kirchenchorverbandes am 11. X. 1899 in der St. Michaeliskirche zu Hildesheim geh. gr. 8. (8 S.) Göttingen 899. Vandenhoeck & Ruprecht. — 30

— Predigten. 1. u. 3. Bd. 8. Straßburg, F. Bull. à n. 2. 40; geb. à n. 3. 20
1. Festpredigten. 2. veränd. u. verm. Aufl. (VIII, 219 S.)
3. Predigten aus der Trinitatiszeit u. kirchl. Gelegenheitsreden. (VIII, 224 S.)

—— Predigten. 2. Bd. Sonntagspredigten aus der festl. Hälfte d. Kirchenjahres. 8. (VIII, 175 S.) Straßb. i. E. 891, Bull. * 2 40; geb. * 3 —
1. Bd. u. d. T.: Festpredigten. [Bonn 1886, Habicht.] Straßb., Schmidt. * 2 —; geb. * 3 —.

—— Zur Reform d. evangel. Kultus. Briefe u. Abhandlgn. gr. 8. (VIII, 140 S. m. 1 Abbildg.) Gött. 891, Vandenhoeck u. Ruprecht's Verlag. * 2 40

— Heinr. Schütz. Eine Gedächtnissrede. gr. 8. (24 S.) Hildburghausen 886. Gadow & Sohn. n. — 40

Streitfragen der Geschichte Jesu von Friedrich Spitta. Göttingen: Vandenhoeck & Ruprecht 1907. (VIII, 230 S.) 8° [F.] [07. 8379

Studien zu Luthers Liedern. Von Friedrich Spitta. Göttingen: Vandenhoeck & Ruprecht 1907. (48 S.) 4°(8°) [F.] Aus: Monatsschrift f. Gottesdienst u. kirchl. Kunst. 1906. [07. 3969

Untersuchungen über den Brief des Paulus an die Römer. Von Friedrich Spitta. *Göttingen: Vandenhoeck & Ruprecht 1901.* (193 S.) 8° [Umschlagt.]
= Spitta: Zur Geschichte u. Litt. d. Urchristentums. Bd 3, Hälfte 1. [01. 11747

Die Versuchung Jesu. Lücken im Markusevangelium. Das Testament Hiobs u. d. Neue Testament. Von Friedrich Spitta. Göttingen: Vandenhoeck & Ruprecht 1907. (210 S.) 8° [Umschlagt.]
= Spitta: Zur Geschichte u. Litt. d. Urchristentums. Bd 3, Hälfte 2. [07. 14403 9

— die Verteidigung des preußischen Agendenentwurfs durch den Generalreferenten der Kommission P. Kleinert, zurückgewiesen v. F. S. gr. 8. (76 S.) Ebd. 894. n. 1. 20

— s.: Zwick, Johs., Gebete u. Lieder f. die Jugend.

Gustav Adolf Spitta

Quaedam de ovariorum morbis. Berolini (1829:) Typis Brüschckianis. 29 S. 8°

Berlin, Med. Diss. v. 15. Apr. 1829

Spitta, Heinrich

Spitta, Heinr., praktische Beiträge zur gerichtsärztlichen Psychologie. Rostock 855. Stiller. gr. 8. (XXIV, 126 S.) n. 25 *ngr.*

Spitta, H., e. Blick in unsere Zeit. 1. u. 2. unveränd. Abdr. gr. 8. (44 S.) Freiburg i/Br. 888. J. C. B. Mohr. n. — 80

Spitta, Heinr., die asiat. Cholera im Grossh. Mecklenburg-Schwerin im J. 1832. Amtl. Berichte, im Auftrage d. Grossh. Medicinal-Commission hrsg. gr. 8. (11/4 B.) Rostock 833, Stiller.

— s. a. Cholera, die asiatische, im Großherzogth. Mecklenburg.

Henricus (Helmericus Ludovicus) Spitta: Commentatio physiologico- pathologica mutationes, affectiones et morbos in organismo et oeconomia feminarum cessante fluxus menstrui periodo sistens. Gottingae 1818: Dieterich. 48 S. 8°

Göttingen, Med. Preisschr. v. 4. Juni 1818

— Comment. physiolog. patholog. mutationes, affectiones et morbos in organismo et oeconomia feminar. cessante fluxus menstrui periodo sistens. gr. 4. Götting. 822, Dietrich.

—— de contagio praesertim Cholerae orientalis. Prolus. 4maj. (2 B.) Rostochii 832, (Stiller.)

— de Sanguinis dignitate in pathologia restituenda. 8maj. Rostochii 822, Stiller.

Spitta, Heinr., Einleitung in die Psychologie als Wissenschaft. gr. 8. (IX, 154 S.) Freiburg i/Br. 886. Mohr. n. 3. 60

— novae doctrinae patholog. auctore Broussais in Franco-Gallia divulgatae succincta epitome. 8maj. Götting. 822. Deuerlich. 16 gr (Dieterich). 8 gr

— üb. die Essentialität der Fieber; ein patholog. Versuch. 8. Götting. 823. Deuerlich. (IV, 99 S)

Spitta, H. (H. L.), s. Esser.

Spitta, Heinr., von der Expansion des Blutes. gr. 4. (3½ B.) Rostock 835, (Stillersche Hofbuchh.)

Spitta, Heinr. Die psychologische Forschung u. ihre Aufgabe in der Gegenwart. Akademische Antrittsrede. gr. 8. (IV, 36 S.) Freib. i. Br. 889, J. C. B. Mohr. — 80

— das medizin. Klinikum in Rostock. 1r Bericht. 8. Rostock 826, Stiller.

Spitta, Heinrich: Die Leichenöffnung in Bezug auf Pathologie und Diagnostik. 435 S., gbd.

Stendal: Franzen & Große 1826

Spitta, Heinr., mein Recht auf Leben. gr. 8. (XI, 468 S.) Tübingen 900. J. C. B. Mohr. n. 6. —

Spitta, Heinr., die Schlaf- u. Traumzustände der menschlichen Seele m. besond. Berücksicht. ihres Verhältnisses zu den psychischen Alienationen. gr. 8. (XVI, 294 S.) Tübingen 878. Fues. n. 5. —

Spitta, Heinr., die Schlaf- und Traumzustände der menschlichen Seele, mit besond. Berücksicht. ihres Verhältnisses zu den psych. Alienationen. 2. stark verm. Aufl. gr. 8. (XXIII, 420 S.) Tübingen 882, Fues. *

Spitta, Heinr., die Schlaf- u. Traumzustände der menschlichen Seele m. besond. Berücksicht. ihres Verhältnisses zu den psychischen Alienationen. 2., stark verm. Aufl. 2. (Titel-)Ausg. gr. 8. (XXIII, 420 S.) Freiburg i/B. 892. J. C. B. Mohr. n. 6. —

Das deutsche Volk und seine nationale Beziehung. Unmoderne Rezepte von Dr. Heinrich Spitta, Prof., Tübingen. *Tübingen & Leipzig: J. C. B. Mohr 1901.* (47 S.) 8° (01. 11.) 11

— die Willensbestimmungen u. ihr Verhältniss zu den impulsiven Handlungen. Eine forensisch-psycholog. Untersuchung. gr. 8. (X, 138 S.) Ebend. 881. n. 2. 80

—— Die Willensbestimmungen u. ihr Verhältniss zu den impulsiven Handlungen. Eine forensisch-psycholog. Untersuchung. 2. (Titel-)Ausg. gr. 8. (X, 138 S.) Ebd. 892. * 2 —

Spitta, Hnr. A. L., Stunden der Feier. (Gedichte). 8. Götting. 819. (Vandenhöck u. R.) 16 gr

Spitta, Karl Johann Philipp

Spitta, Carl Joh. Phil., biblische Andachten, s. a. Andachten, bibl.

Spitta, Karl Joh. Phpp., biblische Andachten, s. a. Universal-Bibliothek, christliche.

Spitta, Carl Joh. Phil., ist auch ein Unglück in der Stadt, das der Herr nicht thue? Predigt am Sonntag nach dem 8. Juni 1852 gehalten. gr. 8. (11 S.) Hannover 852, Ehlermann. n. n. 1/12 ₰

Spitta, Karl Joh. Phpp., Lieder aus d. Jugendzeit. 12. (IV, 248 S.) Leipzig 898. C. G. Naumann. n. 3. —; geb. n. 4. —

Spitta, Philipp. Lieder aus der Jugendzeit. Leipzig 1898. H: *Peters, Ad. Herm.* (Berl)

Spitta, Carl Joh. Phil., nachgelassene geistliche Lieder. Mit des Dichters Bildniß (in Stahlst.) 861. — 2. Aufl. Leipzig 862. Friese. 8. (XVIII, 187 S.) n. 1 ₰; geb. n. 1 ₰ 10 ngr.

Spitta, Carl Joh. Phil., nachgelassene geistliche Lieder. 3. Aufl. Leipzig 865. Friese. 8. (XVIII, 187 S. mit des Dichters Bildniß in Kpfrst.) n. 1 ₰ geb. mit Goldschn. n. 1 ₰ 10 ngr.

Spitta, Carl Joh. Phil., nachgelassene geistliche Lieder. 4. Aufl. 8. (XVIII, 187 S.) Leipzig 868, Friese. [Bremen, Heinsius.] ℳ 1,50.; geb. * Feine Ausg. mit Stahlst. ℳ 3.; geb. *

Spitta, Carl Joh. Phpp., nachgelassene geistliche Lieder. 5. Aufl. 8. (XVI, 187 S.) Bremen 883. Heinsius. n. 2. —; geb. n. 3. —

Spitta, C. J. Ph., nachgelassene geistliche Lieder. 6. Aufl 8. (XVI, 187 S. m. 1 Kpfrst.) Bremen 884. Heinsius' Nachf. geb. m. Goldschn. 2. —

Spitta, Carl Joh. Phil., des scheidenden Predigers letzte Predigt. Abschieds-Predigt, gehalten am 19. Trin.-Sonntage 1853 über Phil. 2, 12—16. Peine, Heuer. gr. 8. (14 S.) nn. 2½ ngr.

Spitta, Carl Joh. Phil., die letzten Predigten in der Gemeinde. 1. und 2. (Titel-)Aufl. gr. 8. (VII und 63 S.) Hannover 849, Ehlermann.

Spitta, C. J. Ph., Psalter u. Harfe. 2 Sammlgn. christl. Lieder zur häusl. Erbauung, s.: Bibliothek der Gesamt-Litteratur d. In- u. Auslandes.

— dasselbe, s.: Bibliothek theologischer Klassiker.

— dasselbe, s.: Hesse's, Max, Volksbücherei.

— dasselbe, s.: Meyer's Volksbücher.

— dasselbe, s.: Universal-Bibliothek.

— dasselbe, s.: Universalbibliothek, christliche.

Spitta, Carl Joh. Phil., Psalter u. Harfe. Eine Samml. christl. Lieder zur häusl. Erbauung. 1. Aufl. (6¼ B.) Pirna 833., 2. u. 3., verm. A. (à 7 B.) gr. 12. Leipzig 834, 36, Friese. à

Spitta, Karl Jh. Phil., Psalter und Harfe. Eine Sammlung christlicher Lieder zur häusl. Erbauung. gr. 12. Pirna 833. Friese. ⅔ ℛ — 2e verm. Aufl. gr. 12. Ebd. 834. ⅔ ℛ — 3e verb. Aufl. gr. 12. Ebd. 836. ⅔ ℛ — 4e Aufl., mit Stereotypen. 8. Ebd. 836. n. ⅓ ℛ — Auf Velinp. mit verziert. Titel u. cart. ⅔ ℛ — 6e Aufl., mit Stereotypen. 8. Ebd. 838. n. ⅓ ℛ — Velinp. cart. ⅔ ℛ — 7e Aufl. 8. Ebd. 839. ⅓ ℛ Velinp. ⅔ ℛ — 8e u. 9e Aufl., mit Stereotypen. 8. Ebd. 840. ⅔ ℛ

—— Psalter u. Harfe. Eine Samml. christl. Lieder z. häusl. Erbauung. 4—10. Aufl., mit Stereot. 8. (à 10½ B.) Leipzig 836—41, Friese. à * 8 Gr., Vlnp. m. verziert. Ttl.

Lieder hieraus, mit Begleit. d. Pianof. in Musik gesetzt v. Carl Wilh. Fliegel. qu. gr. 4. (2¼ B.) Basel 840, [Bahnmaier's Buchh.] 9 Gr.

24 Lieder hieraus, z. häuslichen Erbau. comp. v. C. Rebe. qu. ½ Fol. Berlin 840, [J. A. Wohlgemuth.] 1 Thlr. 8 Gr.

Melodien hierzu, s. Becker, C. F.

Spitta, Carl Joh. Phil., Psalter u. Harfe. Eine Sammlung christl. Lieder zur häusl. Erbauung. 12. Aufl. mit Stereotypen. 8. (10½ B.) Leipzig 843, Friese.

—— dass. Zweite Sammlung. 2. Aufl. (6⅝ B.) 843. u. 3. Aufl. 8. (6½ B. u. gestoch. Ttl.) Ebds. 844. à *

—— dass. — 2. Sammlung. 5. und 6. Aufl. 1849,50. und 7. Aufl. (1. Aufl. der billigen Ausg.) 8. (IV und 100 S.) Ebds. 851(52.) *.
Fein Pap. *

— dass. 2. Sammlung christlicher Lieder zur häuslichen Erbauung. 5. Aufl., m. Ster. 8. (IV u. 100 S. m. gest. Titel.) Ebd. 849. n. ½ ℛ — 6. Aufl. 8. (IV u. 100 S. m. gest. Titel.) Ebd. 851. — 8. Aufl. [1. Aufl. der billigen Ausg.] 8. (IV u. 100 S.) Ebd. 852. n. ¼ ℛ

— Psalter u. Harfe. Eine Sammlung christlicher Lieder z. häuslichen Erbauung. (1. Sammlg. Ordin. Ausg.) 15. Aufl. m. Stereot. 8. (159 S.) Leipzig 849, Friese. n. ⅓ ℛ — 16. Aufl. m. Stereot. 8. (VIII u. 159 S.) Ebd. 851. n. ⅓ ℛ fein Pap. m. gest. Titel. n. ½ ℛ

—— dass. — 2. Sammlung. 8. Aufl. 1854. und 9. Aufl. (2. Aufl. der billigen Ausg.) 8. (IV und 100 S.) Ebds. 854. *

— — Zweite Sammlung christlicher Lieder zur häuslichen Erbauung. 8. Aufl. (2. Aufl. der billigen Ausg.) 854. — 9. Aufl. 856. — 10. Aufl. Leipzig 858. Friese. 8. (IV, 100 S.)
n. 7½ ngr.; feine Ausg. n. 15 ngr.

— Psalter und Harfe. Erste Sammlung christlicher Lieder zur häuslichen Erbauung. 17—22. Aufl. Leipzig 853—58. Friese. 8. (VI, 150 S.) n. 10 ngr.; feine Ausg. 20 ngr.

— — 2. Sammlung. 11—15. Aufl. Ebend. 859—64. 8. (IV, 100 S.) n. 7½ ngr.; feine Ausg. n. 15 ngr.;
1. u. 2. Sammlung geb. 1 ℛ;
Prachtausg. mit 1 Stahlst. geb. n. 1 ℛ 15 ngr.

— Psalter u. Harfe. 1. Sammlung christlicher Lieder zur häuslichen Erbauung. 23—28. Aufl. Ebend. 860—64. 8. (IV, 159 S.) n. 10 ngr.; feine Ausg. n. 20 ngr.

—— dass. — 2. Sammlung. 13.—17. Aufl. 8. (IV und 100 S.) Ebendas. 862—65. * 7½ Ngr.; Velinp. cart. *
1. und 2. Sammlung compl. geb.
Velinp. geb. mit Goldschn. *

—— Psalter und Harfe. 1. Sammlung christlicher Lieder zur häusl. Erbauung. 25.—30. Aufl. 8. (IV und 156 S.) Leipzig 862—66, Friese. * 10 Ngr.; Velinp. cart.

— — 2. Sammlung. 16—18. Aufl. Ebend. 865—69. 8. (IV, 100 S.) n. 7½ ngr.; Velinp. cart. n. 15 ngr.
1. u. 2. Sammlung compl. geb. 1 ℛ;
Velinp. geb. mit Goldschn. n. 1 ℛ 16 ngr.

— Psalter u. Harfe. 1. Sammlung christlicher Lieder zur häusl. Erbauung. 29—30. Aufl. Ebend. 865—69. 8. (IV, 159 S.) n. 10 ngr.;
Velinp. cart. 20 ngr.

—— dass. — Min.-Ausg. 16. (IV und 100 S. mit 1 Stahlst.) Ebendas. 869. geb. mit Goldschn.

—— Psalter und Harfe. 1. Sammlung christl. Lieder zur häusl. Erbauung. 31.—35. Aufl. 8. (IV, 159 S.) [Ebendas.] 869—75. *
Velinpap. cart.

—— dass. — 2. Sammlung. 18.—22. Aufl. 8. (IV, 100 S.) [Ebendas.] 869—75. * 75 Pf.; Velinpap. cart. *
1. und 2. Sammlung geb. in 1 Bd.
Velinpap. mit Goldschn. (* ℳ 4,60.) *

—— dass. — Erste Sammlung christl. Lieder zu häusl. Erbauung. Min.-Ausg. 2. Aufl. 1870. ℳ 3,75., und 3.—5. Aufl. 16. (IV, 100 S.) [Ebendas.] 872—75. geb. mit Goldschn.

Spitta, Carl Joh. Phpp., Psalter u. Harfe. Zwei Sammlgn. christl. Lieder zur häusl. Erbaug. gr. 16. Leipzig 876. Bremen, Heinsius. In 1 Bd. geb. 3. —; Pracht-Ausg. auf Velinpap. m. 1 Stahlst. geb. m. Goldschn. n. 5. —

1. 35. Aufl. (IV, 159 S.) — 2. 23. Aufl. (IV, 100 S.)

— dasselbe. Min.-Ausg. 5. Aufl. 16. (IV, 159 u. IV, 100 S.) Ebend. 876. geb. m. Goldschn. n. 4. —

Spitta, Carl Joh. Phpp., Psalter und Harfe. Zwei Sammlungen christl. Lieder zur häusl. Erbauung. 8. Bremen 878, Heinsius. [1. Sammlung. 36. Aufl. (IV, 159 S.) * ℳ 1.; 2. Sammlung. 23. Aufl. (IV, 100 S.) * 75 Pf.] *
geb. in Leinw. in 1 Bd.
Feine Ausg. 8. Mit Stahlst. geb. *
Prachtausg. gr. 8. geb. mit Goldschn. *

—— dass. — Min.-Ausg. 6. Aufl. 16. (IV, 159; IV, 100 S.) Ebendas. 879. geb. in 1 Bd. mit Goldschn. *

— dasselbe. Min.-Ausg. 7. Aufl. 16. (IV, 159 u. IV, 100 S. m. 1 Lichtdr.) Ebend. 880. In 1 Bd. geb. m. Goldschn. n. 5. —

—— Psalter und Harfe. Zwei Sammlungen christl. Lieder zur häusl. Erbauung. 8. Ebendas. 879—84. [1. Sammlung. 37.—49. Aufl. (IV, 159 S.) * ℳ 1.; 2. Sammlung. 24.—38. Aufl. (IV, 100 S.) * 75 Pf.] * ℳ 1,75.; geb. in Leinw. in 1 Bd.
Feine Ausg. 8. Mit Stahlst. geb. *
Prachtausg. gr. 8. geb. mit Goldschn. *

— dasselbe. Feine Ausg. Mit 1 Stahlst. 8. Ebend. 880. In 1 Bd. geb. m. Goldschn. n. 6. —

1. 38. Aufl. (VI, 159 S.) — 2. 26. Aufl. (IV, 100 S.)

—— dass. — 50. Aufl. Jubel-Ausg. Mit 24 Vollbildern, dem Portr. Spittas, Illustr. und 42 Initialen nach Orig. von B. Plockhorst und F. Wanderer. Neugeordnet nach dem Vater Unser. Mit Einleitung und Biographie Spittas von Jul. Sturm. 16 Lfgn. gr. 4. (VIII, 176 S.) Ebendas. 884.
à Lfg. * ℳ 1,20.; geb. *

Spitta, Carl Joh. Phpp., Psalter und Harfe. Zwei Sammlungen christl. Lieder zur häusl. Erbauung. [I.: 51.—54. Aufl.; II.: 39.—43. Aufl.] Ausg. Nr. 1: Oktav-Volks-Ausg. 8. (IV, 159; IV, 100 S.) Bremen 885—87, Heinsius Nachf. geb. in Calicot *
Ausg. Nr. 2. geb. mit Goldschn.
Ausg. Nr. 3. Min.-Ausg. Mit Lichtdr.-Bild. gr. 16. 884—87. geb. mit Goldschn. *
Ausg. Nr. 4. Mit 2 Lichtdr.-Bildern. In vergoldete Decke geb. mit Goldschn. *
Ausg. Nr. 5. Oktav-Prachtausg. Mit 1 Lichtdr.-Bild. 884—87. geb. mit Goldschn. *
Ausg. Nr. 6. Mit 2 Lichtdr.-Bildern. In vergoldete Decke geb. mit Goldschn. *

— Psalter u. Harfe. 2 Sammlgn. christl. Lieder zur häusl. Erbauung. Orig.-Ausgaben. 49.—54. resp. 37.—42. Aufl. 8. (IV, 159 u. IV, 100 S.) Ebd. 887—890.
Ausg. Nr. 1. Einfache Volks-Ausg. Mit Portrait. In schwarz Leinen m. Marmorschn. geb. n. 1. 35
Ausg. Nr. 2. Feine Volks-Ausg. Mit Portrait. In schwarz Leinen m. Goldschn. geb. n. 1. 80
Ausg. Nr. 3. Einfache Miniatur-Ausg. Mit 4 Bildern v. B. Plockhorst. Einfach in schwarz Leinen m. Goldschn. geb. n. 3. —
Ausg. Nr. 4. Feine Miniatur-Ausg. Mit 8 Bildern v. B. Plockhorst. Eleg. in Leinen m. reicher Deckenvergoldung u. m. Goldschn. geb. n. 3. 50
Ausg. Nr. 5. Einfache Oktav-Pracht-Ausg. Mit 4 Bildern v. B. Plockhorst. Einfach in schwarz Leinen m. Goldschn. geb. n. 3. 60
Ausg. Nr. 6. Feine Oktav-Pracht-Ausg. Mit 8 Bildern v. B. Plockhorst. Eleg. in Leinen m. reicher Deckenvergoldung u. m. Goldschn. geb. n. 4. —
Ausg. Nr. 8. Taschen-Ausg. Mit Portrait. Leinenband m. Goldschn. n. 1. —

— dasselbe. 55. Aufl. Ausg. Nr. 7. Neue Jubel-Ausg. Mit 24 Vollbildern, dem Portrait Spitta's, Illustr. u. 42 Initialen nach Originalen von B. Plockhorst u. F. Wanderer. Neu geordnet nach dem Vater Unser. Mit Einleitg. u. Biographie Spitta's v. Jul. Sturm. gr. 4. (VII, 176 S.) Ebd. 890. geb. m. Goldschn. 15. —

—— dass. — Neue Orig.-Ausg. (Einfache Volks-Ausg.) 8. (XXI, 264 S.) Brem. 890,91, Heinsius' Nachf. In 1 Bd. geb. (Nr. 1.) 1 35; geb. m. Goldschn. (Nr. 2.) 1 80; Orig.-Ausg. Nr. 3. Einfache Min.-Ausg. (16°.) Mit 4 Bildern v. B. Plockhorst. geb. m. Goldschn. 3 —; Ausg. Nr. 4. Mit 8 Bildern. eleg. geb. m. Goldschn. 3 50; Ausg. Nr. 5. Einfache Oktav-Pracht-Ausg. Mit 4 Bildern. geb. m. Goldschn. 3 60; Ausg. Nr. 6. Mit 8 Bildern. eleg. geb. m. Goldschn. 4 —. Taschen-Ausg. 16. (XIII, 256 S.) geb. m. Goldschn. (Nr. 8.) 1 —

— dasselbe. Vollständige Ausg. beider Tle. 8. (200 S.) Berlin 890. Norddeutsches Verlags-Institut, J. Jolowicz. geb. m. Goldschn. 2. —

—— dass. — 8. (200 S.) Berl. 890, Pohlmann. geb. m. Goldschn. 2 —
—— dass. — Zwei Sammlgn. christl. Lieder zur häusl. Erbauung. Volksausg. 2. Aufl. 16. (IV, 155; 92 S.) [Dresd. 890.] Charlottenb., Brandner. geb. * 1 50
—— dass. — (In 1 Bde.) Wohlf. Ausg. m. Titelbild. 12. (IV, 155; IV, 92 S.) Ebd. 890. geb. m. Goldschn. * 2 —

—— dass. — Mit 9 Compositionen v. Pfannschmidt in Lichtdr. 12. (IV, 155; IV, 92 S.) Ebd. 890. geb. m. Goldschn. * 3 50

—— dass. — 8. (VIII, 216 S.) Halle 890, Gesenius. geb. * 1 50 geb. m. Goldschn. * 2 —

— dasselbe. 12. (IV, 108 S.) Leipzig 890. Fock. geb. m. Goldschn. n. 1. 20

—— dass. — Vollständige Ausg. beider Tle. 1.—3. Aufl. Min.-Ausg. gr. 16. (VIII, 258 S. mit 4 Lichtdr.-Bildern.) Stuttg. 890—92, Greiner u. Pfeiffer. geb. m. Goldschn. * 8 —
—— dass. — 9. Aufl. Taschen-Ausg. 16. (VIII, 258 S. m. 4 Bildern.) Ebd. 892. geb. m. Goldschn. * 1 80
—— dass. — 8. (126; 76 S. m. 1 Titelbild.) Lpz. 890, Cavael. geb. * 1 50; m. 6 farb. Illustr. geb. m. Goldschn. * 3 —

Spitta, Carl Joh. Phpp. Psalter u. Harfe. Zwei Sammlungen christl. Lieder zur häusl. Erbauung. Mit 8 Kompositionen in Kpfrdr. von Heinr. Schönherr. gr. 4. (IV, 114; 66 S.) [Dresd. 891.] Charlottenb., Brandner. geb. m. Goldschn. * 10 —

Spitta, Carl Joh. Phpp. Psalter u. Harfe. Sammlung christl. Lieder zur häusl. Erbauung. Vollständige Ausg. 16. (166 S.) Herborn 891, Buchh. d. Nassauischen Colportagevereins. * — 25; geb. * — 60 m. Goldschn. * 1 —
—— dass. — 8. (X, 187 S.) Lpz. 891, Th. Knaur. geb. in Leinw. * 1 —; m. Goldschn. * 1 50; in Hlbfrz. * 2 50
—— dass. — Erste Sammlung christl. Lieder z. häusl. Erbauung. 12. (IV, 108 S.) Lpz. 891, Fock. geb. m. Goldschn. * 1 20

— dasselbe. 12. (196 S.) Leipzig 893. W. Fiedler. Geb. m. Goldschn. n. 1. 50

— dasselbe. Beide Sammlgn. in 1 Bd. vereinigt, sachlich geordnet u. m. Angabe der Melodien versehen. 2. Aufl. gr. 16. (166 S.) Herborn 894. Buchh. d. Nass. Colportagevereins. n. — 25; geb. in Leinw. n. — 60; m. Goldschn. n. 1. —

— dasselbe. Vollständige Ausg. beider Tle. 4. Aufl. Min.-Ausg. gr. 16. (VIII, 258 S. m. 4 Lichtdr.-Bildern.) Stuttgart 894. Greiner & Pfeiffer. Geb. in Leinw. m. Goldschn. n. 3. —

— dasselbe. 10. Aufl. Taschen-Ausg. 16. (VIII, 258 S. m. 4 Bildern.) Ebd. 894. Geb. in Leinw. m. Goldschn. n. 1. 80

— dasselbe. 12. (280 S. m. 1 Stahlst.) Reutlingen 895. Fleischhauer & Spohn. Geb. in Leinw. n. 2. —

— dasselbe. 13. Aufl. 16. (VIII, 258 S. m. 4 Vollbild.) Geb. in Leinw. m. Goldschn. n. 1. 80
Stuttg.: Greiner & Pfeiffer 1896.

— dasselbe. Illustr. v. P. Schnorr u. W. Eißel. 14. Aufl. 8. (VIII, 256 S. m. 4 Illustr.) Ebd. 896. Geb. in Leinw. m. Goldschn. n. 3. 60

— Psalter u. Harfe. Zwei Sammlgn. christl. Lieder zur häusl. Erbaug. Orig.-Ausg. Nr. 10. (Schlichte Ausg.) M. d. Bilde u. d. Lebensbeschreibg. d. Verf. gr. 16. (XVI, 160 S.) Bremen 897. Leipzig, M. Heinsius Nachf. Geb. in Leinw. n. — 60

— dasselbe. Orig.-Ausg. (Ausg. Nr. 9 m. großem Druck.) gr. 8. (X, 262 S. m. Bildn.) Ebd. 895. Geb. in Leinw. m. Goldschn. 3. —

— dasselbe. Vollst. Ausg. beider Teile. 12. (208 S.) Reutlingen 897. Enßlin & Laiblin. Geb. in Leinw. 1. 20; auf bess. Pap. m. 4 Lichtdr., eleg. geb. m. Goldschn. 2. 50

— dasselbe. 22. Aufl. 16. (VIII, 258 S.) Stuttgart 898. Greiner & Pfeiffer. Geb. in Leinw. n. 1. —

— Psalter u. Harfe. Zwei Sammlgn. christl. Lieder zur häusl. Erbaug. 2. durchgeseh. Aufl. 12. (VIII, 216 S.) Halle 900. H. Gesenius. Geb. in Leinw. n. 1. 50; m. Goldschn. n. 2. —

— dasselbe. Sammlung christl. Lieder zur häusl. Erbaug. 16. (VIII, 216 S.) Konstanz (900). C. Hirsch. Geb. in Leinw. m. Goldschn. 1. —

— dasselbe. Sammlung christl. Lieder zur häusl. Erbaug. Beide Sammlgn. in e. Bd. vereinigt, sachlich geordnet u. m. Angabe der Melodien versehen. 3. Aufl. Jubelausg. zu seinem 100jähr. Geburtstage. 18.—39. Taus. gr. 16. (172 S. m. Bildnis.) Herborn 901. Buchh. des nass. Colportagevereins. n. — 25; geb. n. — 45; in Leinw. n. — 60; m. Goldschn. n. 1. —

— dasselbe. Zwei Sammlgn. christl. Lieder zur häusl. Erbaug. 3. Aufl. (VIII, 216 S.) 12. Halle (903). H. Gesenius (903). Geb. in Leinw. m. Goldschn. n. 2. —

Spitta, Karl Joh. Philipp, Psalter u. Harfe. Sammlung christl. Lieder zur häusl. Erbaug. Vollständige Ausg beider Tle. (VI, 254 S.) 12. Leipzig (903). H. Lautenschläger. Geb. in Leinw. m. Goldschn. n. 2. —

— dasselbe. (224 S. m. 4 Taf.) 16. Reutlingen (906). R. Bardtenschlager. Geb. in Leinw. m. Goldschn. 2. 75

Spitta, Ludwig

Alltägliches und Sonntägliches. Lose Blätter zu stillem Bedenken von Dingen, die Freund u. Feind angehen. Von L[udwig] Spitta. (Vorr.: M. Ebeling, Pastor.) *Gütersloh: C. Bertelsmann 1902.* (57 S.) 8° [F.] [02. 472]

[F.] Engelbert Arnoldi. Skizzenbuch zu dem Leben e. einsamen Konfessors. Von Ludwig Spitta ... *Gotha: F. A. Perthes 1898.* (x S., 1 Bl., 173 S.) 1 Bd 8. [98. 194]

Spitta, L., Fragestücke üb. Kirche u. Gottesdienst, nebst e. kirchl. Gebetbüchlein f. evangel. Christen. 8. (56 S.) Hannover 888. Feesche. n. — 50

Spitta, Ludw., Fragestücke üb. Kirche u. Gottesdienst f. evangelische Christen. 2. Aufl. 12. (32 S.) Hannover 893. H. Feesche. n. — 25

Spitta, L., die Geduld. Ein Hauptstück der Nachfolge Christi. Vortrag, im Evangel. Verein zu Hannover geh. am 21. Jan. 1880. 16. (74 S.) Hamburg 880. Evangel. Buchh. n. — 20

— Meister Harmen. 8. (X, 355 S.) Gotha 893. F. A. Perthes. Geb. in Leinw. n. 4. 50

— Herzogin Mathilde. Meister Wolfhards Aventiure. Ein Gedenkblatt. 8. (XII, 275 S.) Ebd. 895. Geb. in Leinw. n. 4. 50

Spitta, Ludwig: Moses, s. Bruch, Max

— **Rede bei d. Beerdigg. d. Amtmanns Melchior v. der Decken zu Bergen bei Celle, geh. am 1. Novbr. 1880. 8. (8 S.) Celle (880). (Hannover u. Celle, Schulbuchh.)** — 30

Spitta, Ludw., Hans Sumenicht, der Schildknecht. Eine Burgmannsgeschichte aus dem Weserthale. 8. (VIII, 285 S.) Gotha 891. F. A. Perthes. geb. n. 4. —

— Hans Sumenicht der Schildknecht. Eine Burgmannsgeschichte aus dem Weserthale. 2. Aufl. 8. (VIII, 285 S.) Gotha 902. F. A. Perthes. Geb. in Leinw. **n. 4. —**

Spitta, Ludw. Otto Adb., aus der Geschichte der St. Lamberti-Gemeinde zu Bergen bei Celle. Ein Beitrag zur Kirchen- u. Culturgeschichte d. Fürstenth. Lüneburg, cell. Theils, in Vorträgen. 8. (VI, 148 S.) Hildesheim 876. Lax. n. 1. 20

Spitta, O., die Untersuchung u. Beurteilung des Wassers u. des Abwassers, s.: Ohlmüller, W.

Spitta, Oscar [app. Arzt aus Berlin]: Über den Verlauf von Schwangerschaft, Geburt und Wochenbett bei besonders jungen Erstgebärenden ... Marburg, *Druck v. A. Haack, Berlin, 1895;* 30 S., 1 Bl. 8.
Marburg, Med. Fak., Inaug.-Diss. v. 8. Mai 1895

Spitta, P., De amicorum, qui vocantur, in Macedonum regno condicione. Diss. 1875. 40 S. 1.50

Spitta, Philipp

Spitta, Phpp., musikgeschichtliche Aufsätze. gr. 8. (VII, 471 S.) Berlin 894. Gebr. Paetel. n. 9. —; geb. in Halbfrz. n. 11. —

Spitta, Phpp., zur Ausgabe der Compositionen Friedrich's d. Grossen. [Aus: „Vierteljahrsschr. f. Musikwissensch."] gr. 8. (9 S.) Leipzig 890. Breitkopf & Härtel. n. — 30

Spitta, Ph., über Johann Sebastian Bach, s. Sammlung musikalischer Vorträge.

Spitta, Phpp., Johann Sebastian Bach. 1. Bd. gr. 8. (XXVIII, 855 S. u. 6 S. Noten.) Leipzig 873. Breitkopf & Härtel. n. 16. 50

Spitta, Phpp., Johann Sebastian Bach. 2. (Schluss-)Bd. Lex.-8. (XIV, 1014 S.; Musikbeilage 20 S.) Leipzig 880, Breitkopf und Härtel. *ℳ 19,50.; geb. *
1. Bd. Ebendas. 1873.

Spitta, Philipp. Ein Lebensbild Robert Schumann's. Leipzig 1882. (Aus: Sammlung musikalischer Vorträge (Waldersee). Ser. IV, 37, 38.)

—— ein Lebensbild Robert Schumann's, s. a. Sammlung musikalischer Vorträge.

—— Zur Musik. 16 Aufsätze. gr. 8. (VII, 471 S.) Berl. 892, Gebr. Paetel. * 9 —; geb. in Hlbfrz. * 11 —

Spitta Ph., die Passionsmusiken von Sebastian Bach und Heinrich Schütz. (Samml. gemeinverständl. wissenschaftl. Vorträge NF 176) Hamburg 1873

— die Passionsmusiken v. Sebast. Bach u. Heinr. Schütz, s. a. Sammlung gemeinverständl. wissenschaftl. Vorträge.

Spitta, Phil., Quaestiones Vergilianae. Göttingen 867. Deuerlich'sche Buchh. gr. 4. (47 S.) n. 12 ngr.

—— de Taciti in componendis enunciatis ratione. Pars prior. gr. 8. (V und 160 S.) Göttingen 866, (Deuerlich'sche Buchh.) *

Spitta, Philipp. Spontini in Berlin. (S.-A. Deutsche Rundschau XVII, 6. Berlin 1891.)

Spitta, Philipp (Hrsg.), s. Vierteljahrsschrift für Musikwissenschaft.

Spitta, Theodor

Spitta, Thdr., entschleierte Dunkel. Novellen. Berlin 867. Wegener. gr. 8. (III, 244 S.) 1 Thlr.

Spitta, Theodor [aus Bremen]: Die geschichtliche Entwicklung des foenus nauticum ... Erlangen, k. b. Hof- u. Univ.-Buchdr. v. F. Junge, 1896; x, 105 S. 8.
Erlangen, Jur. Fak., Inaug.-Diss. v. 1896

—— reine Herzen. Novellen. 16. (V und 95 S.) Berlin 868, Wegener. 15 Ngr.; geb. —

— reine Herzen. Novellen. 2. Aufl. Ebend. 868. 16. (V, 95 S.) 15 ngr.; geb. 22½ ngr.

Spitta, Thdr., reine Herzen. Novellen. 2. unveränd. Aufl. 16. (V, 95 S.) Berlin 869, Wegener.

— Waldblumen. Gedichte. Stuttgart 866. Kröner. 8. (XI, 192 S.) geb. mit Goldschn. n. 1 Thlr. 10 ngr.

Spitta, Walter, a. Tübingen: Aus der Tübinger Universitäts-Augenklinik. Ueber familiäre fleckförmige Hornhautentartung. Tübingen: F. Pietzcker 1905. (29 S.) 8°
Tübingen, Med. Fak., Ref. Schleich, Diss. v. 21. März 1906
[Geb. 16. Juni 79 Tübingen; Wohnort: Tübingen; Staatsangeh.: Württemberg; Vorbildung: Gymn. Reutlingen Reife M. 99; Studium: Tübingen 6, Kiel 1, Straßburg 1, Tübingen 3 S.; Coll. 1. Juli 05; Approb. 15. März 06.]

Spitta, Wilhelm

Spitta-Bey, Guill., contes arabes modernes, recueillis et traduits. gr. 8. (XI, 224 S.) Leiden 883. Brill. n.n. 6. 50

Spitta, Wilh., Fracht-Tabellen v. 1 Schiffspfund à 12 ℔ bis 20 ₰ Lohn, berechnet nach Liespfund f. Kaufleute, Spediteure u. Fuhrleute. 8. Lüneb. 801. Herold u. W. 8 ℔

Spitta, Wilh., zur Geschichte Abu'l Hasan al-Aśarî's. gr. 8. (VIII, 117 S.) Leipzig 876. Hinrichs' Verl. n. 3. —

Spitta-Bey, Wilh., Grammatik des arabischen Vulgärdialectes von Aegypten. gr. 8. (XXXI, 519 S.) Leipzig 880. Hinrichs' Verl. n. 25. —; geb. n. 26. —

Spitta, W.: „Practische und historische Handlungswissenschaften der auf Handlungscomtoiren vorkommenden Geschäfte", Hannover 1799 (Helwing). — Vorh.: Com. Bibl. Hamburg.

Spitta, Wolfgang: Der landwirtschaftliche Grundkredit in Württemberg mit besonderer Berücksichtigung des Württembergischen Kreditvereins in Stuttgart. Tübingen 1904: H. Laupp. (103 S.) 8°
Tübingen, Staatsw. Fak., Ref. v. Schönberg, Diss. v. 1. Dez. 1904
[Geb. 10. Juni 79 Tübingen; Wohnort: Tübingen; Staatsangeh.: Württemberg; Vorbildung: Reife Gymn. Reutlingen; Studium: Tübingen 5 S.; Rig. 7. Juli 04.]

Spittal, Robertus (Edinensis)
Dissertatio medica inauguralis De quodam vitio renum quod urinae mutatio peculiaris comitatur.
Giessae: Heyer 1832. 32 S.
Diss. med. 11.3.1832. vorh. 7.

Spittel, Ernst, praktische Anleitung zur Herstellung u. Erhaltung einer, den jetzigen Anforderungen entsprechenden, Elementarschule. 8. (157 S.) Gotha 851, Müller in Comm. 1/2 ℔

Spittel, Max: Besitz und Ersitzung einer gefundenen Sache nach römischem Rechte. *Göttingen 1898: Dieterich.* (56 S.) 8°
Göttingen, Iur. Diss. v. [28. März] 1898

Spittel, Max, Referendar, Aachen: Uber [!] das Verhältnis der Herstellung zum Geldersatz im Bürgerlichen Gesetzbuche. *Greifswald 1900: J. Abel.* (39 S.) 8° [F.]
Greifswald, Iur. Diss. v. [9. Nov.] 1900

Spittel, Osk., die deutschen Sparcassen, deren Entstehung, Einrichtung, Aufgaben u. Ziele. gr. 8. (III, 58 S.) Gotha 880. Thienemann. n. 1. —

Spittel, W., der Orgelunterricht in evangelischen Volksschullehrer-Seminaren, als Vorbereitung f. das kirchliche Organistenamt. gr. 8. (29 S.) Gotha 887. Thienemann. n. — 80

Spitteler, Karl

... s. Tandem, Felix.

Spitteler, Carl, Balladen. 8. (VII, 157 S. m. Bildn.) Zürich 896. A. Müller's Verl. n. 3. —; geb. m. Goldschn. n. 4. 50

Spitteler, Carl, Balladen. 2. Aufl. (VIII, 152 S.) 8. Zürich 906. A. Müller's Verl. n. 3. —; geb. in Leinw. n. 4. —

Spitteler, Carl, meine Beziehungen zu Nietzsche. (50 S.) kl. 8. München 908. Süddeutsche Monatshefte. 1. —

Spitteler, Carl. Extramundana. [Kosmische Dichtungen.] 2. Ausgabe. [Mit illustriertem Umschlag.] II + 320 S. 8. Jena und Leipzig, Eugen Diederichs, 1905. [M. 4. —, geb. 5. —] N 4116
Titel-Ausg. -- (Die 1. Aufl. erschien 1883, [unter dem Pseudonym C. Felix] Tandem.)

Spitteler, Carl. Friedli, der Kolderi. 12. (III, 165 S.) Zür. 891, Alb. Müller's Verlag. 3 —

Spitteler, Carl. Friedli der Kolderi. 2. Aufl. IV + 128 S. 8. Zürich, Albert Müller, 1908. [geb. fr. 4. 50]

Spitteler, Carl. Olympischer Frühling. Epos. 4 (Bände). 8. Leipzig (*Bd. 4: Jena), Eugen Diederichs.
(Bd. 1:) Die Auffahrt, Ouverture. IV + 123 S. 1900. (M. 2. 50, geb. 3. 50)
(Bd.) 2: Hera, die Braut. IV + 146 S. 1901. (M. 2. 50, geb. 3. 50)
(Bd.) 3: Die hohe Zeit. IV + 143 S. 1903. (M. 2. 50, geb. 3. 50)
(Bd.) 4: Ende und Wende. IV + 90 S. 1905. [M. 2. —, geb. 3. —]

Spitteler, Carl. Olympischer Frühling. Epos. (2. Aufl.) 4 (Bände). 8. Jena, Eugen Diederichs, 1905—1907. ([*je* M. 2.50, geb. 3.50;] in 2 Bd. geb. 12. —)
(Band 1:) Die Auffahrt, Ouverture. IV + 124 S. 1905.
(Bd.) 2: Hera, die Braut. IV + 152 S. 1905.
(Bd.) 3: Die hohe Zeit. IV + 158 S. 1905.
(Bd.) 4: Ende und Wende. IV + 104 S. 1907.

Spitteler, Carl. Olympischer Frühling. Epos. 3. Aufl. 2 Bände (= 4 Teile). 8. Jena, Eugen Diederichs, 1907. [geb. *je* M. 6. —]
Band 1. (Teil 1: Die Auffahrt, Ouverture; — Teil 2: Hera, die Braut.) IV + 123 + II + 152 S.
Band 2. (Teil 3: Die hohe Zeit; — Teil 4: Ende und Wende.) IV + 157 + II + 104 S.

Carl **Spitteler**. Olympischer Frühling. Epos. (1)–4. Jena: E. Diederichs 1905–08. 4 Bde 8° [F.]
(1.) Die Auffahrt. Ouverture. (2. Aufl.) 1905. 2. Hera, d. Braut. (3. Aufl.) 1908. 3. Die hohe Zeit. (2. Aufl.) 1905. 4. Ende u. Wende. (2. Aufl.) 1907. [08. 8682 11

Spitteler, Carl. Olympischer Frühling. Neue vollständig umgearbeitete Ausgabe. 2 Bände (= 5 Teile). 8. Jena, Eugen Diederichs. 1910. [*zus.* M. 7. —, geb. 9. 50]
Band 1. (Teil 1: Die Auffahrt; — Teil 2: Hera die Braut.) IV + 250 S.
Band 2. (Teil 3: Die hohe Zeit; — Teil 4: Der hohen Zeit Ende; — Teil 5: Zeus.) IV + 352 S.

Spitteler, Carl. (Die Mädchenfeinde:) Gerold und Hansli, Die M'. Eine Kindergeschichte. (Geschrieben 1890. Umgearbeitet 1907. Mit Buchausstattung von K[onrad] F[erdinand] v. Freyhold.) IV + 132 S. 8. Jena, Eugen Diederichs, 1907. [M. 2. 50, geb. 3. 50]

Literarische Gleichnisse. Von Carl **Spitteler**. Zürich: A. Müller 1892. VII, 85 S. 8° [10. 11143

Spitteler, Carl. Literarische Gleichnisse. 2. Aufl. VIII + 100 S. 8. Zürich, Albert Müller, 1908. [geb. fr. 3.50]

Spitteler, Carl. Glockenlieder. Gedichte. IV + 95 S. 8. Jena, Eugen Diederichs, 1906. [M. 3. —, geb. 4. —]

Spitteler, Carl. Glockenlieder. 2. Aufl. II + 78 S. 8. Jena, Eugen Diederichs, 1910. [M. 2. —, geb. 3. —]

— der Gotthard. 8. (IV, 250 S. m. 1 farb. Karte.) Frauenfeld 897. J. Huber. Geb. in Leinw. n. 2. 40

Spitteler, K. Gustav. Ein Idyll. In-8°. 123 S. Zürich, Albert Müller's Verlag. 1892. 2 —

Spitteler, Carl. Gustav. Ein Idyll. 2. Aufl. IV + 94 S. 8. Zürich, Albert Müller, 1908. [geb. fr. 3.50]

Spitteler, Carl. Imago. (Mit Titelzeichnung von Rudolf Löw.) IV + 232 S. 8. Jena, Eugen Diederichs, 1906. [M. 3. —, geb. 4. —]

— Imago. (5.—7. Tauf.) (230 S.) 8. Jena 910. E. Diederichs. 3.—; geb. 4. —

— Conrad der Leutenant. E. Darstellg. 8. (212 S.) Berlin 898. Vita, Deutsches Verlagshaus. n. 2. —; geb. n. 3. —

Spitteler, Carl. Conrad der Leutnant. Eine Darstellung. 2. Aufl. (Mit Buchausstattung von E[mil] R[udolf] Weiss.) II + 208 S. 8. Jena, Eugen Diederichs, 1906. [M. 3. —, geb. 4. —]

Spitteler, Carl. Prometheus und Epimetheus, ein Gleichnis. 2. Aufl. (Mit Buchausstattung von Marie Bock.) VI + 368 S. 8. Jena, Eugen Diederichs, 1906. [M. 5. —, geb. 6. —]

Spitteler, Carl. Schmetterlinge. Gedichte. 2. Aufl. IV + 112 S. 8. Jena, Eugen Diederichs, 1907. [M. 2.50, geb. 3.50]

Carl **Spitteler**. Lachende Wahrheiten. Gesammelte Essays. Florenz & Leipzig: E. Diederichs 1898. (VIII, 340 S.) 8° [J.] [07. 3054 11

Spitteler, Carl. Lachende Wahrheiten. Gesammelte Essays. 2. Aufl. II + 302 S. 8. Jena, Eugen Diederichs, 1905. [M. 3.50, geb. 4.50]

Spitteler, Carl. Lachende Wahrheiten. Gesammelte Essays. 3. Aufl. II + 279 S. 8. Jena, Eugen Diederichs, 1908. [M. 3.50, geb. 4.50]

Spittendorf, Markus: Denkwürdigkeiten, s. Geschichtsquellen d. Prov. Sachsen ... Bd 11.

SPITTER, Kasimir Maximilian (Lessen): Über traumatische Rupturen des Trommelfells.- München: Knorr & Hirth 1895. 26 S.,2 Tab.
14.3.1895 - Chr 1894/95,22; Jv 1894/95,209
Diss. Ingolst.-Landsh.-Mchn.

Spittler. Von Heeren u. Hugo, nebst einigen Anmerk. eines Ungenannten. (Aus vaterl. Museum, civilist. Magazin u. dem Morgenblatt besond. abgedruckt.) Nebst e. Fac Simile. 8. Berl. Nicolius. 812.

Spittler. Christ. Friedr. Sp' im Rahmen seiner Zeit. Basel s. [Spittler, Susette].

Spittler, Christian Ferdinand, s. Moser, Joh. Jak.: Württemberg. Bibliothek.

[Spittler, Chn. Ferd.:] Genealogische Nachrichten von der Bilfingerischen Familie. Stuttgart: Metzler 1802. 4°.
Vgl. Nachrichten, ...

Spittler, E. C.: Von d. ehemal. Zinsbark. d. nord. Reiche an d. Röm. Stuhl. Eine v. d. Kön. Societät d. Wissenschh. zu Kopenhagen gekrönte Preisschr. *Hannover*. 797. 8. (7 Gr.)
Vgl. Spittler, Ludw. Tim. v.

Spittler, Heinrich Aaron von

v. Spittler, Hnr. Aar., Beantwortung d. Frage: Ob scharfe Gesetze e. Staat verträglich sein? 4. Stuttg. 779.

— Beobachtt. üb. die Grundgesetze e. Staats. 8. Tübing. 777.

— Betrachtt. üb. d. Blutbann der Reichsritterschaft in Schwaben. 8. ... 783.

Spittler, Heinrich Aaron von, s. Gerichtsbarkeit d. höchsten Reichsgerichts.

Spittler, Heinrich Aaron (Stuttgart) A. S. 607/47

Dissertatio inauguralis iuridica de iurisdictione criminali Wirtembergica et maxime de centena Moecc-mühlensi. Präs. Gottfried Daniel Hoffmann.
Tübingen (Fuess) VI.1775. 38 S.

W. v. · Präs. 33023

Spittler. Heinr. Aaron: Das Recht Brod- oder Panis-Briefe zu geben, ob solches auch bei evangelischen mittelbaren Stiftern statt habe, untersucht. (Tübingen) 1783.

Spittler, H. Aar., d. Recht Brod- od. Panisbriefe zu geben. 4. Regensb. Montag. 783.

Spittler, Heinrich Aaron (Stuttgart) A. S. 607/46

De successione in apanagium.
Präs. Gottfried Daniel Hoffmann.
Tübingen (Fues) XI. 1773. 30 S. 33022

Spittler, Jo. Gottfried (Tuttlingen) A. S. 6/32

Carolus Magnus Franciae rex huius historia varii generis observationibus illustrata.
Präs. Johann Michael Hallwachs.
Tübingen (Schramm) 10./11. IX. 1734. 92 S.

5 Resp. 33025

Spittler, Johann Friedrich (Bad Cannstatt) A. S. 1395/7

De origine gentium Celticarum dissertatio.
Präs. Matthaeus Hiller.
Tübingen (Graez) 1707. 41 S.

3 Resp. 33024

Spittler, Ludwig Friedrich (Bad Cannstatt) A. S. 1358/33

Dissertatio philosophica de natura atque indole studii metaphysici. Präs. Daniel Maichel.
Tübingen (Pflicke) III.1728. 24 S.

W. v. : Präs. 33026

Spittler, Ludwig Timotheus Frhrr. von

Spittler, Lud. Tim., histor. Beyträge z. rechtl. Untersuch. üb. d. Wirtemberg. Privileg. de non appellando. gr. 8. Götting. Vandenhök. 784.

SPITTLER, Ludwig Timotheus 1752 - 1810
Entwurf der Geschichte der Europäischen Staaten vom Hofrath Spittler ...
Erster [- Zweyter] Theil.
Berlin: Mylius. 1793 [- 1794]. 8°.
Landes- und Stadtbibliothek Düsseldorf

Spittler, (Ludwig Timotheus): Entwurf der Geschichte der Europäischen Staaten. 2. Abdruck. Mit einer Fortsetzung bis auf die neuesten Zeiten versehen v. Georg Sartorius. 8°
Th. 1–2. Berlin. 1807.

— Entwurf d. Geschichte d. europäischen Staaten, m. e. Fortf. bis auf d. neuesten Zeiten v. G. Sartorius. 2 Thle. gr. 8. Berlin, Mylius. 808.

Spittler, (L. T.,) Entwurf d. Geschichte der europ. Staaten, mit einer Forts. bis auf d. neuesten Zeiten versehen von G. Sartorius. 2 Thle. 3e Aufl. gr. 8. Berlin 823, Mylius.

Spittler, Ludwig Timotheus von u. J. G. Gurlitt: G e s c h i c h t e der Bettelorden. Hamburg 1822. 4°

— Geschichte d. Churfürstenth. Hannover seit d. Reformation bis Ende d. 17n Jahrh. 2 Thle. gr. 8. Götting. 786. N. A. (nur neues Titelbl.) gr. 8. Hannov. 798. Hahn. 3 ℛ 12 ℊ

—— Geschichte d. Hierarchie v. Gregor VII. bis auf d. Zeiten d. Reformation. A. d. literar. Nachlasse d. Dr. (J. G.) Gurlitt hrsg. u. mit Anmerkn. begl. v. C. Müller. 4. (16 B.) Hamburg 828, (Herold.)

— Geschichte des Kelchs im Abendmahle. gr. 8. Lemgo, Meyer. 780.

—— Gesch. d. Kreuzzüge. A. d. literar. Nachlasse d. Dr. (J. G.) Gurlitt hrsg. u. mit Anmerkn. begl. v. C. Müllor. 4. (5 B.) Hamburg 827, (Herold.)

— Geschichte des Papstthums, nach dessen akadem. Vorlesungen. Mit Anmerkk. hersgg. v. J. Gurlitt, f. d. allgem. Gebrauch erneuert v. H. E. G. Paulus. 8. Heidelb. 826. Oswald. 2 ℛ Vergl. unten: Vorlesungen.

(v. SPITTLER, Ludw. Timoth.): Geschichte des kanonischen Rechts bis auf die Zeiten d. falschen Isidorus. *Halle*. 778. Gebauer. 8.

Vgl. G e s c h i c h t e...

Spittler, (Ludwig Timotheus Frhrr. v.): G e s c h i c h t e der dänischen Revolution im Jahr 1660. Berlin: Mylius 1796. 8°

Spittler, L[udw.] Th[imoth. Frh.] v. Über die Geschichte und Verfassung des Jesuitenordens. Hrsg u. m. e. chronolog. Übersicht d. Gesch. d. Ordens u. einig Urk. begleit. Leipzig 1817. Rein 8°

Spittler, Ludwig Timotheus Freih. von. Ueber die Geschichte und Verfassung des Jesuitenordens . . . Leipz. 1817. H: *Lindau, Wilh. Adolph.* (GGr)

– Gesch. Wirtembergs unt. d. Regierung d. Grafen u. Herzoge gr. 8. Götting. Vandenhök u. R. 783.

— Grundriß d. Geschichte der christl. Kirche. gr. 8. Götting. 782. 2e A. 785. 3e A. 791. 4e A. 806. 5e Aufl. bis auf unsre Zeit herabgeführt v. G. J. Planck. gr. 8. Ebd. 813. Vandenhöck u. R. 2 ℛ

Spittler, L. T., Grundriß d. Geschichte d. christl. Kirche. 5te Aufl. bis auf unsre Zeit herabgeführt von G. J. Plank. gr. 8. Götting. Vandenhöck u. R. 813.

Spittler, Ludwig Timotheus Frhrr. von, s. K o p p e, Joh. Benj.: Predigten.

– s. M a g a z i n, Götting. histor.

Spittler, Lud. Tim., Nebeninstruction v. d. Stadt- u. Amtsversammlung z. N. im Wirtembergischen ihren Landesdeputirten ertheilt. 8. Stuttg. Metzler. 797. Rthlr. — 9

— über Christoph Besolds Religionsveränderung. Mit Zusätzen von G. C. F. Mohnike. 8. Greifswalde 822, Koch.

Spittler, Ludwig Timotheus v., s. S a m m l u n g d. Instruktionen d. span. Inquisitionsgerichts.

— Samml. v. Urkunden u. Actenstücken z. neuest. Wirtemberg. Geschichte. 2 Thle. gr. 8. Götting. Vandenhök u. R. 791–96. (I. 16 gr. II. 1 Rthlr. 10 gr.)

— krit. Untersuch. d. 60ten laodicäischen Canons. 8. Bremen. (Barth in Lpz.) 777.

— de usu versionis Alexandrinae apud Josephum. 4. Götting. 779. Vandenhöck u. R. 2 ℊ

— Vorlesungen üb. die Gesch. des Papstthums. In 5 Programmen u. e. Anhange in 3 Progr., die ausführlichere Geschichte d. Papstthums im 18n Jahrh. enthaltend, mit einigen Anmerkk. v. J. Gurlitt. 1824—26. Orig.-Ausg. vollständig herausgg. 1828. 4. Hamb., (Herold). 2 ℛ 12 ℊ Ein 2r u. 3r Anh. sind: Geschichte d. Kreuzzüge; aus d. literar. Nachlasse des Dr. Gurlitt hersgg. u. mit Anmerkk. begleitet v. C. Müller. 4. Ebd. 827. 8 ℊ — Geschichte d. Hierarchie von Gregor VII. bis auf die Zeiten d. Reformation; aus dem literar. Nachlasse des Dr. Gurlitt hersgg. u. mit Anmerkk. begleitet v. C. Müller. 4. Ebd. 828. 1 ℛ

Spittler, Ludw. Timoth. Frh. v., Vorlesungen üb. Politik. Hrsg. v. Karl Wächter. gr. 8. (30 B.) Stuttgart 828, Cotta.

v. Spittler, Frhrr. Ldw. Tim., († d. 14. März 1810.) sämmtl. Werke. Herausgg. von K. Wächter. 6 Bde. gr. 8. Stuttg. 827—28. v. Cotta. 14 ℛ 16 ℊ

Spittler's sämmtliche Werke, herausgegeben von Karl Wächter. 1. Bd. Geschichte des k a n o n i s c h e n R e c h t s bis auf die Zeiten des falschen Isidorus. 2. Bd. Grundriss der Geschichte der c h r i s t l i c h e n K i r c h e. 8.—10. Bd. Vermischte Schriften über T h e o l o g i e, K i r c h e n g e s c h i c h t e und K i r c h e n r e c h t. — Stuttgart und Tübingen 1827—1828.

Spittler, Ludw. Timoth. Frh. v., sämmtl. Werke. Hrsg. v. Karl Wächter. (Lfg. 1—3. od.) 1—8. Bd. gr. 8. Stuttgart, Cotta.
Lfg. 1. od. 1—3. Bd. (74 B.) 827. 6 Thlr. 8 Gr.
1. Bd. Geschichte d. kanonischen Rechts bis auf d. Zeiten d. falschen Isidorus.
2. " Grundriß d. Gesch. d. christl. Kirche. Nach d. 4. Aufl. v. 1806.
3. " Entwurf d. Gesch. d. Europäischen Staaten, 1. Thl.
" 2. od. 4. u. 5. Bd. (58 B.) 828. 8 Thlr. 8 Gr.
4. Bd. Entwurf d. Gesch. d. Europäischen Staaten, 2. Thl.
5. " Gesch. d. dänischen Revolution im J. 1660.
" 3. od. 6—8. Bd. (89 B.) 835. 5 Thlr. 18 Gr.
6. u. 7. Bd. Gesch. d. Fürstenth. Hannover seit d. Zeiten d. Reformation bis zu Ende d. 17. Jahrh., 2 Thle.
8. Bd. A. u. d. T.: Vermischte Schriften üb. Theologie, Kirchengeschichte u. Kirchenrecht, 1. Bd.

Spittler, Ludw. Timoth. v., sämmtl. Werke. Hrsg. v. Karl Wächter. (4. u. 5. Lfg. od.) 9—14. Bd. u. 1 Bd. Politik. gr. 8. Stuttgart, Cotta'sche Buchh.
A. u. d. Tteln.:
Lfg. 4. od. 9—11. Bd. (113¾ B.) 836. 6 Thlr. 12 Gr.
9., 10. Bd. Vermischte Schriften üb. Theologie, Kirchengesch. u. Kirchenrecht. 2. u. 3. Bd.
11. " Vermischte Schriften üb. deutsche Gesch., Statistik u. öffentl. Recht. 1. Bd.
" 5. od. 12—14. Bd. (87¾ B.) 837. 4 Thlr. 18 Gr.
12., 13. Bd. Vermischte Schriften üb. deutsche Gesch., Statistik u. öffentl. Recht. 2. u. 3. Bd.
A. u. d. Ttl.:
Vermischte Schriften üb. württemb. Geschichte, Statistik u. öffentl. Recht. 2 Bde. 3 Thlr.
14. Bd. Vermischte Schriften üb. Gesch. d. europäischen Staaten.
(15.) " Vorlesungen üb. Politik. (Dieser Bd. erschien bereits 1828 ohne Haupttitel, letzterer wurde erst mit dem 14. Bde. geliefert.)
1—8. Bd. Ebendas. 1827—35. 20 Thlr. 10 Gr.

Frhr. v. SPITTLER, L. Tim.: Von d. ehemal. Zinsbarkeit der nord. Reiche an d. röm. Stuhl. *Hannov.*, Hahn. 797. 8. (7 Gr.)

Vgl. Spittler, E. C.

[Spittler, Susette.] Christ(ian) Friedr(ich) Spittler (1782–[1867]) im Rahmen seiner Zeit. Gesammelt aus seinem schriftlichen Nachlass. Mit Vorwort von Pfr. A[dolf] Sarasin. 1. [einziger] Band: ([Bis zum Jahre] 1812.) 8. Basel [1876]. Spittler. (VI,460 S.)

Spittler's, C. F., Leben, s. Kober, J.

Spitz, der kluge. Ein Bilderbuch für meine Kinder. Mit Bildern, nach Zeichnungen v. Gust. Schlick. 16. (0½ B. u. 16 Bild.) Leipzig 845, Hartung.

Zur Lage und Stimmung in Elsaß-Lothringen von A. Spitz. 2. verb. Aufl. Straßburg: F. H. Le Roux & Co. 1894. (35 S.) 8° [Umschlagt. F.] [05. 24566

Spitz, A., Leitfaden in der Kirchengeschichte beim Katechismusunterricht. gr. 16. (24 S.) Straßburg (899). F. X. Le Roux & Co. n.n. — 10

Spitz, A., Der Sozialismus im Reichslande. (Dasbach's Volksbibliothek, 2. Folge, 16. Heft.) 8°. Trier, Paulinus-Dr., 1891.

— der Sozialismus im Reichslande, s. a. Dasbach's Volksbibliothek.

Spitz, Alex., Uto mit dem Tüchlein. Ein Lied aus Kaiser Rothbarts Tagen. gr. 8. (VIII, 471 S.) Mainz 878. v. Zabern. n. 9. —

Spitz, Alex., Uto mit dem Tüchlein. Ein Lied aus Kaiser Rothbarts Tagen. 2. (Titel-)Aufl. gr. 8. (VII, 471 S.) Mainz 883, von Zabern. *

Eine Rede des Generals d. Inf. z. D. [Alexander] v. Spitz, des Vors. d. Kyffhäuserbundes der deutschen Landes-Kriegerverbände, geh.... am 16. Sept. 1906. (Berlin 1906: Vaterländ. Verl.- u. Kunstanst.) (1 Bl.) 4° [F.] [07. 7187 3

Spitz, Andr.: Abhandlung über die Frage: Soll das, was bei Ehescheidungen dem Protestanten u. Reformirten Recht ist, auch dem Katholiken Recht seyn? o. O. 1796.

Spitz, Andreas [Praes.], s. Schröder, Mansuetus: De patriarchatibus, primatibus ac dignitatibus metropoliticis.

Spitz, Anselm Christoph

Spitz, A. Ch., Bemerk. üb. die durch d. Abschälen der Baumrinde vermehrte Fruchtbarkeit d. Obstbäume. 1r 2r Versuch. gr. 8. Erfurt, Beyer u. M. 802-4.

Spitz, Ans. Chr., Bemerk. üb. d., durch d. Abschälen d. Baumrinde vermehrte Fruchtbarkeit d. Obstbäume. 1. u. 2. Versuch. gr. 8. Erfurt, 1802 u. 4. (Otto.) — 7½

SPITZ, Anselm Christoph: Kurze Beschreibung des Ulmenbaums, nebst angezeigter versuchter und für gut befundener Art und Weise, wie leicht diese Holzart aus Saamen zu erziehen und zu vermehren, auch wie bei Aussaat und Anpflanzung derselben zu verfahren ist. - Erfurt 1796 Ebda.

Spitz A. C.: Ueber Erziehung guter auch neuer Obst- u. Spielarten auf Kernstämmen ohne Veredlung. Erfurt 1798. 116 S. Ebda.

— üb. Erziehung guter, auch neuer Obst- u. Spielarten, auf Kernstämmen ohne Veredlung. 8. Erfurt, 1798. (Speyer, Lang.) (— 10) — 5

SPITZ, Anselm Christoph: Der Rathgeber in der Holzzucht vom ersten Keime an bis zum vollendeten Wachsthume des Stammes nach den Kennzeichen, der Anzucht, den Eigenschaften und der Benutzung, in alphabetischer Ordnung. - Erfurt 1805. XLII, 230 S. - 2. Aufl. ebd. 1806

Spitz A. C.: Patriotische Vorschläge z. Aussaat u. Anpflanzung solcher Holzarten, die sich durch einen geschwinden Wuchs vor andern vorzüglich auszeichnen ... Erfurt 1797. 126 S. Ebda

Spitz, Aug., d. Juristenspiegel. Höchst wichtig f. jeden Juristen u. die es werden wollen. 12. (32 S.) Spandau 896. A. Flemming. — 40

Spitz, B[aruch] *(geb. Kempen in Pos. 31. 12. 1854)*: Die Recurrens-Epidemie in Breslau im Jahre 1879. Breslau 1879. (22 S.) 8° *[Im Buchhandel 1879 bei Köhler in Breslau.]*

Breslau, Med. Diss. v. 8. Nov. 1879

Spitz, Carl, s. Spitz, Karl.

Spitz, Christoph (Altstetten) A. S. 236/23

Assertiones quaedam juridicae de loco contractus. Altdorf (Meyer) 3. X. 1710. 12 S. 33027

Spitz, Engelb., Sammlung method. geordn. Kartenskizzen aus d. Gebiete d. deutschen Reiches, zum Selbstunterr. u. Schulgebr. bearb. 8. (II, 28 S.) Baden-Baden (894). Selbstverlag. n.n. — 50

— dasselbe aus d. Gebiete v. Europa z. Selbstunterr. u. Schulgebr. bearb. 8. (II, 20 S.) Ebd. (894). n.n. — 40

Spitz, E., Sammlung methodisch geordneter Zeichngn. aus dem Gebiete der wirbellosen Tiere u. d. Anthropologie zum Selbstunterricht u. Schulgebrauch. 8. (80 Lith. S. m. VIII S. Text.) Bühl 889. Konkordia, Actiengesellschaft. n.n. 2. —

Spitz, Engelb. Sammlung methodisch geordneter Zeichnungen aus dem Gebiete der wirbellosen Tiere u. der Anthropologie, zum Selbstunterricht u. zum Schulgebrauch bearb. 2. verm. Aufl. 8. (IV, 15, 82 S.) Baden-Baden 892, Selbstverlag d. Verf. ** 1 50
franco ** 1 60

1. Aufl. erschien in Bühl 1889, (Konkordia, A.-G.).

Spitz, Engelb., Sammlung methodisch geordneter Zeichnungen aus dem Gebiete der wirbellosen Tiere u. der Anthropologie, z. Selbstunterr. u. Schulgebr. bearb. 4. Aufl. 12. (IV, 80 S.) Baden-Baden (898). Selbstverlag. n.n. 1. 40

—— desgl. — aus dem Gebiete der Wirbeltiere, zum Schul- u. Privatgebrauch bearb. 2. verm. Aufl. 8. (II, 15, 54 S.) Ebd. 892. ** 1 20; franko ** 1 25

1. Aufl. erschien in Achern, 1891.

— dasselbe aus dem Gebiete der Wirbeltiere, z. Selbstunterricht u. Schulgebrauch bearb. 5. Aufl. 12. (IV, 51 S.) Ebd. (899). n.n. 1. 20

Spitz, Erhard [Praes.], s. Bauer, Joh. Wolfgang: Jura viduarum clericorum & professorum vulgo Das Wittwen-Recht der Professoren und Geistlichen Weiber.

Spitz, Erhard (Altdorf) A. S. 373/22

Totius Codicis Justinianei conspectus.. Präs. Felix Spitz. Altdorf (Meyer) 23. VI. 1706. 60 S. 33029

Spitz, Erhard (Altdorf) A. S. 773/27

De nundinarum jure disputatio juris publici. Präs. Johann Christoph Wagenseil. Altdorf (Meyer) 26. XI. 1704. 4 Bl. 33028

Spitz, Erhard (Altdorf) A. S. 365/33

De stigmatis. Altdorf (Kohles) VI. 1711. 50 S. 33030

Spitz, F., de clerico venatore. Hal. 1735. 4.

Spitz, F. K. (Pfarrer). Der wahre Anbeter Gottes und fromme Verehrer Mariä. Ein vollständiges Gebetbuch für katholische Christen. Mit bischöflicher Genehmigung. Mit 2 Bildern. Gr. in-18⁰, 640 S. Einsiedeln, Gebr. Benziger. 1880. 1 25

Spitz, F. K., der wahre Anbeter Gottes und fromme Verehrer Mariä. Ein vollständ. Gebetbuch für kathol. Christen. 11. Aufl. 16. (X, 628 S.) Einsiedeln 880, Gebr. Benziger.
1.—10. Aufl. erschienen im Selbstverlage des Verfassers.

Spitz, F. Ch., le fervent chrétien ou recueil de prières à l'usage des fidèles de toutes les conditions. 4. Ed. 16. (60 S. m. 4 Stahlst.) Einsiedeln 870. Benziger. 1. 60

Spitz, F. K., s. M. J. v. Geramb, Briefe an Eugen. — dess. Der Liebhaber und Anbeter d. Heilandes. — dess. Wallfahrt nach Jerusalem.

— manuel du fervent chrétien ou recueil de prières à l'usage des fidèles de toutes les conditions. 16. (260 S. m. e. Stahlst.) Ebend. 870. — 70

Spitz, Felix [Praes.], s. Apfelter, Wolfg. Ferdin. von: Theses ex universo jure, tam civili, quam canonico, tam ex libris feudalibus, quam etiam praxi criminali depromptae.

Spitz, Felix [Praes.], s. Hofmann, Joh. Konrad: De procurationibus canonicis. Von Visitations=Mahlen und Verpflegungen.

Spitzius, Fel.: „De jurisdictione forestali. Vom Forst-Recht", Aldorfii 1756. — Vorh.: Bibl. des Kammergerichts Berlin — Ec. 2610.

Spitz, Felix [Praes.], s. Rötenbeck, Johann Paul: Collegii disputatorii quo institutionum imperialium paraphrasis paratitlaris ... committitur, exercitium III. continens lib. IV. tit. VII. VIII. IX.X. et XI.

Spitz, Felix [Praes.], s. Scharmann, Johann Leonhard: Conspectus seu dispositio Pandectarum synoptica, ex praelectionibus celeberrimi quondam Joachimi Hopperi.

Spitz, Felix [Praes.], s. Spitz, Erhard: Totius Codicis Justinianei conspectus.

Spitz, Felix [Praes.], s. Spitz, Heinrich Felix: Conspectus seu dispositio Pandectarum synoptica, ex praelectionibus ... Joachimi Hopperi.

Spitz, Felix [Praes.], s. Stierlin, Georg Friedrich: Collegii disputatorii quo institutionum imperialium paraphrasis paratitlaris ... sommittitur exercitium primum continens lib. IV. tit. I. II. III. IV. et V.

Spitz, Felix [Praes.], s. Textor, Johann Wolfgang: Collegii disputatorii quo institutionum imperialium paraphrasis paratitlaris ... exercitium quartum continens lib. IV. tit. XII. XIII. XIV. et XV. ...

Spitz, Felix [Praes.], s. Wülfer, Georg Andreas: Collegii disputatorii quo institutionum imperialium paraphrasis paratitlaris ... committitur, exercitium III. continens lib. III. tit. XXIII. XXIV. XXV. XXVI. et XXVII.

Spitz, Gustav: Über einige gemischte Äther des Resorzins. S. 90. II. 317 . . . . vgr.
Separatabdruck

Spitz, Heinrich Felix (Altdorf) A. S. 778/1

Conspectus seu dispositio Pandectarum synoptica, ex praelectionibus ... JoachimiHopperi.
Präs. Felix Spitz.
Altdorf (Kohles) 1713. 54 S.

7 Resp. 33033

Spitz, Heinrich Felix (Altdorf) A. S. 196/49

Collegii feudalis ad B. Stryckii examen juris feud. cap. XXIII. disput. XIV. de speciali juris feudalis altero amissionem feudi ob feloniam indicante.
Präs. Heinrich Hildebrand.
Altdorf (Kohles) 20. XI. 1715. 12 S. 33034

Spitz, Helene, was muß man v. Darwin wissen? Gemeinverständlich beantwortet. gr. 8. (80 S.) Berlin (902). H. Steinitz. n. 1. —

Spitz, Hermann, Medizinalprakt.: Aus d. Univ.-Augenklinik zu Leipzig. Zur Kasuistik der angeborenen Beweglichkeitsstörungen des Auges. Borna-Leipzig 1910: Noske. 40 S. 8°
Leipzig, Med. Diss. v. 31. Mai 1910, Ref. Sattler
[Geb. 13. Febr. 85 Salanten; Wohnort: Cöln-Ehrenfeld; Staatsangeh.: Rußland; Vorbildung: König-Albert-Gymn. Leipzig Reife O. 04; Studium: Leipzig 2, Freiburg i. B. 1, Leipzig 7 S.; Coll. 3. Juni 10; Approb. 20. Juni 10.] [U 10. 3064

SPITZ, J. W. (ps.?), Die Ehestandswehen, oder: Charakteristik des schönen aber nicht immer edlen Geschlechts. Köln, o. J. (18**). 8⁰. (20 Pfg. G. Priewe, 1895.)

— — Gardinen-Predigten, oder: Die kleinen Leiden des Ehestandes. Köln, o. J. (18**). 8⁰. (25 Pfg. der Vorige.)

Spitz, Johann Christoph [Praes.], s. Koch, Karl Gottlob: De natura et effectu constituti possessorii.

Spitz, Johann Christoph [Praes.], s. Müller, Christoph Friedr.: De obligatione domini erga vasallum.

Spitz, Johann Christoph [Praes.], s. Neumeister, Karl August: Jura donationum inter vivos historice explicata.

Spitz, Johann Christoph [Praes.], s. Rothplez, Johann Jakob: De iurisconsulto a iurisperito, leguleio et rabula quam maxime diverso.

Spitz, Joh. Phil., evangel. Lehre v. d. nicht allgem. Gnade. 8. Frankf. 736.

Spitz, Joh. Wilh., Ausflug von Cöln nach Königswinter u. Rückreise üb. Godesberg u. Bonn nach Cöln. Eine Tagesfahrt f. Einheimische u. Fremde. qu. gr. 4. ($2^1/_2$ B., 4 Stahlst., 5 Lith. u. 1 Plan.) Düsseldorf 841. (Leipzig, Polet.)

Spitz, Joh. Wilh., der neueste maitre de plaisir, oder die Geschicklichkeit zu jeder Jahreszeit eine Gesellschaft auf das belustigendste u. angenehmste zu unterhalten. Enthaltend: die ältern u. neuesten beliebten Lieder, Karten- u. andere Kunststücke, humoristische Erzählungen rc. Im Anh.: Neueste Polterabendscherze u. Strohkranzreden. Gesammelt u. hrsg. 12. (246 S.) Aachen 850, Hensen & Co. 1/2 ₰

Spitz, Joh. Wilh., Die Rheinfahrt von Köln bis Mainz, mit Beschreibung des Rheinlaufs von seinem Ursprunge bis zu seiner Mündung in die Waal. Bd. 1. 2. Düsseldorf 1840. 8. . . . . (D.)

—— das maler. u. romant. Rheinland in Geschichten u. Sagen. 2 Bde. gr. 8. (28 B. u. 30 Stahlst.) Düsseldorf 838. (Leipzig, Polet.) •

—— Wanderungen durch Bonn u. d. Umgegend. Eine Skizze f. Einheimische u. Fremde. qu. gr. 8. (1¼ B. u. 4 Stahlst.) Düsseldorf 840. (Leipzig, Polet.)

—— Wanderungen durch Düsseldorf u. d. Umgegend. Eine Skizze für Einheimische u. Fremde. qu. gr. 8. (1¼ B., 5 Stahlst. u. 1 Stnt.) Düsseldorf 841. (Leipzig, Polet.)

Spitz Jonas. Das biblische Palästina zum bessern Verständnisse der heiligen Schrift in geographischer Beziehung für Schul- und Privatgebrauch. 8. (78 S.) Prag, M. J. Landau 1853.

Spitz, Carl, geometrische Aufgaben zum Gebrauche an höheren Lehranstalten u. beim Selbststudium. 3 Thle. Leipzig 855. C. F. Winter. gr. 8. n. 1 ₰. 10 ngr.
1. Thl.: Berechnungs-Aufgaben aus der ebenen Geometrie nebst den zugehörigen Resultaten. Mit 52 in den Text gedr. Fig. (Holzschn.) (X, 134 S.) n. 14 ngr.
2. Thl.: Berechnungs-Aufgaben aus der körperl. Geometrie nebst den zugehörigen Resultaten. Mit 3 in den Text gedr. Fig. (VI, 107 S.) n. 12 ngr.
3. Thl.: Andeutungen zu den Auflösungen der Berechnungs-Aufgaben aus der ebenen u. körperl. Geometrie. Mit 55 in den Text gedr. Fig. (VI, 146 S.) n. 14 ngr.

Spitz, Carl: Chinolinderivate des 1,5 Naphtylendiamins. 1908. 29 S. 8⁰
¶ Vgl. Journal f. prakt. Chemie. Bd 187. N. F. Bd 79. 1909.
Darmstadt, Dr.-Ing.-Diss. v. 28. 7. 1908

—— Elemente der Geometrie in Lehrsätzen und Aufgaben zum Gebrauche an Gewerbschulen, sowie zur Selbstbelehrung für Gewerbtreibende. (In 2 Thln.) 1. Thl.: Die ebene Geometrie enthaltend. gr. 8. (VII und 124 S. mit 147 in den Text gedr. Holzschn.) Heidelberg 852 [und Leipzig,] C. F. Winter'sche Vrlgsh. *

—— dass. — 2. Thl.: Die Stereometrie enthaltend. gr. 8. (VII und 92 S. mit 43 in den Text eingedr. Holzschn.) Ebds. 853. *

Spitz, Carl, erster Cursus der Differential- und Integralrechnung nebst einer Sammlung von vielen Beispielen und Uebungsaufgaben zum Gebrauche an höheren Lehranstalten und beim Selbststudium. Mit vielen in den Text gedr. Fig. (in Holzschn.) 2 Lfgn. gr. 8. Leipzig, C. F. Winter'sche Verlagsh. [1. Lfg. (S. 1—283.) 870. * ℳ. 4,50.; 2. Lfg. (XII, S. 284—629.) 871. * ℳ. 6.]

Spitz, Carl, Lehrbuch der allgemeinen Arithmetik zum Gebrauche an höheren Lehranstalten und beim Selbststudium. 2 Thle. Leipzig 863, 64. C. F. Winter. gr. 8.
1. Thl.: Die allgemeine Arithmetik bis einschließlich zur Anwendung der Reihen auf die Zinseszins- u. Rentenrechnung nebst 1130 Uebungsaufgaben enthaltend. (XVI, 407 S.) n. 2 ₰ 8 ngr.
Anhang, die Resultate u. Andeutungen zur Auflösung der in dem Lehrbuche befindlichen Aufgaben enthaltend. (64 S.) n. 10 ngr.
2. Thl.: Die Combinationslehre, den binomischen Satz, die Wahrscheinlichkeitsrechnung und die sich auf die menschliche Sterblichkeit gründenden Rechnungsarten nebst 200 Uebungsaufgaben enthaltend. (X, 208 S.) n. 1 ₰ 10 ngr.
Anhang, die Resultate rc. enthaltend. (26 S.) n. 6 ngr.

Spitz, Carl, Lehrbuch der allgemeinen Arithmetik zum Gebrauche an höheren Lehranstalten und beim Selbststudium. 1. Thl.: Die allgemeine Arithmetik bis einschließlich zur Anwendung der Reihen auf die Zinseszins- und Rentenrechnung nebst 1450 Uebungsaufgaben enth. 1. Aufl. 1863. * 2 Thlr. 8 Ngr. und 2., verb. und verm. Aufl. gr. 8. (XII und 471 S.) Leipzig 868, C. F. Winter'sche Verlagsh.

—— Anhang dazu. Die Resultate und Andeutungen zur Auflösung der in dem Lehrbuche befindl. Aufgaben enth. 1. Thl. 1. Aufl. 1863. * 10 Ngr. und 2., verb. und verm. Aufl. gr. 8. (82 S.) Ebendas. 868. *

—— dass. — 2. Thl.: Die Combinationslehre, den binom. Satz, die Wahrscheinlichkeitsrechnung, die sich auf die menschl. Sterblichkeit gründ. Rechnungsarten, die höheren Gleichungen und die Einleitung zur Lehre von den Determinanten, nebst 500 Beispielen und Uebungsaufgaben enth. 2. verb. und verm. Aufl. gr. 8. (VII, 333 S.) Ebendas. 873. *

—— dass. — Anhang. Die Resultate und Andeutungen zur Auflösung der in dem Lehrbuche befindl. Aufgaben enth. 2. verb. und verm. Aufl. gr. 8. (38 S.) Ebendas. 873. *

—— Lehrbuch der allgemeinen Arithmetik zum Gebrauche an höheren Lehranstalten und beim Selbststudium. 1. Thl.: Die allgemeine Arithmetik bis einschließlich zur Anwendung der Reihen auf die Zinseszins- und Rentenrechnung nebst 2230 Beispielen und Uebungsaufgaben enth. 3. verb. und verm. Aufl. gr. 8. (XVI, 501 S.) Ebendas. 874. *

—— dass. — Anhang: Die Resultate und Andeutungen zur Auflösung der in dem Lehrbuche befindl. Aufgaben enth. 3. verb. und verm. Aufl. gr. 8. (93 S.) Ebendas. 874. *

—— dass. — 2. Tl.: Die Combinationslehre, den binom. Satz, die Wahrscheinlichkeitsrechnung, die sich auf die menschl. Sterblichkeit gründenden Rechnungsarten, die höheren Gleichungen und die Einleitung zur Lehre von den Determinanten, nebst 500 Beispielen und Übungsaufgaben enthaltend. 3. verb. und verm. Aufl. gr. 8. (XV, 333 S.) Ebendas. 881. *

—— dass. — Anhang: Die Resultate und Andeutungen zur Auflösung der Aufgaben enthaltend. 3. verb. und verm. Aufl. gr. 8. (38 S.) Ebendas. 881. *

Spitz, Carl, Lehrbuch der allgemeinen Arithmetik zum Gebrauche an höheren Lehranstalten und beim Selbststudium. 1. Tl.: Die allgemeine Arithmetik bis einschließlich zur Anwendung der Reihen auf die Zinseszins- und Rentenrechnung, nebst 2230 Beispielen und Übungsaufgaben enthaltend. 4. verb. und verm. Aufl. gr. 8. (XVI, 503 S.) Leipzig 882, C. F. Winter'sche Verlagsh. *

—— dass. — Anhang zum 1. Tl.: Die Resultate und Andeutungen zur Auflösung der in dem Lehrbuche befindl. Aufgaben enthaltend. 4. verb. und verm. Aufl. gr. 8. (93 S.) Ebendas. 882. *

Spitz, Carl, Lehrbuch der ebenen Geometrie zum Gebrauche an höheren Lehranstalten und beim Selbststudium. gr. 8. (VIII und 183 S. mit 194 in den Text gedr. Fig. in Holzschn.) Leipzig 857. C. F. Winter'sche Verlagsh. *

—— Anhang dazu. Die Resultate und Andeutungen zur Auflösung der in dem Lehrbuche befindl. Aufgaben enthaltend. gr. 8. (IV und 60 S. mit 64 in den Text gedr. Fig. in Holzschn.) Ebendas. 857. *

— Lehrbuch der ebenen Geometrie zum Gebrauche an höheren Lehranstalten und beim Selbststudium. 2., verb. u. verm. Aufl. Mit 200 in den Text gedr. Fig. (Holzschn.) Ebend. 862. gr. 8. (X, 198 S.) n. 24 ngr.
Anhang, die Resultate rc. enthaltend. 2. verm. u. verb. Aufl. Mit 79 in den Text gedr. Fig. (Holzschn.) (IV, 75 S.) n. 10 ngr.

—— Lehrbuch der ebenen Geometrie nebst einer Sammlung von 650 Uebungsaufgaben zum Gebrauche an höheren Lehranstalten und beim Selbststudium. 2. Aufl. 1862. * 24 Ngr. und 3., verb. und verm. Aufl. gr. 8. (VIII und 255 S. mit 226 in den Text gedr. Fig. in Holzschn.) Leipzig 865, C. F. Winter'sche Verlagsh. *

—— Anhang dazu. Die Resultate und Andeutungen zur Auflösung der in dem Lehrbuche befindl. Aufgaben enth. 2. Aufl. 1862. * 10 Ngr. und 3., verb. und verm. Aufl. gr. 8. (IV und 87 S. mit 94 in den Text gedr. Fig. in Holzschn.) Ebendas. 865. *

—— Lehrbuch der ebenen Geometrie nebst einer Sammlung von 720 Uebungsaufgaben zum Gebrauche an höheren Lehranstalten und beim Selbststudium. 4. verb. und verm. Aufl. gr. 8. (XII, 269 S. mit 234 in den Text gedr. Fig. in Holzschn.) Ebendas. 869. *

—— dass. — nebst einer Sammlung von 730 Uebungsaufgaben. 5. verb. und verm. Aufl. gr. 8. (XII, 277 S. mit 245 in den Text gedr. Holzschn.) Ebendas. 873. *

— — Anhang dazu. Die Resultate u. Andeutungen zur Auflösung der in dem Lehrbuche befindlichen Aufgaben enthltd. 4., verb. u. verm. Aufl. Ebend. 869. gr. 8. (IV, 102 S. mit in den Text gedr. Figg. in Holzschn.) n. 12 ngr.

Spitz, Carl, Lehrbuch der ebenen Geometrie, nebst einer Sammlung von 800 Uebungsaufgaben. 6. verb. und verm. Aufl. gr. 8. (XII, 280 S. mit 250 in den Text gedr. Holzschn.) Leipzig 875, C. F. Winter'sche Verlagsh. *
—— dass. — Anhang. Die Resultate und Andeutungen zur Auflösung der in dem Lehrbuche befindl. Aufgaben enth. 4. und 5. Aufl. 1869,73. *M 1,20., und 6. verb. und verm. Aufl. gr. 8. (IV, 106 S. mit 112 in den Text gedr. Fig. in Holzschn.) Ebendas. 875. *

Spitz, Carl, Lehrbuch der ebenen Geometrie, nebst einer Sammlung von 800 Uebungsaufgaben zum Gebrauche an höheren Lehranstalten und beim Selbststudium. 7. verb. und verm. Aufl. gr. 8. (XII, 283 S. mit 251 in den Text gedr. Holzschn.) Leipzig 877, C. F. Winter'sche Verlagsh. *

—— dass. — Anhang. Die Resultate und Andeutungen zur Auflösung der Aufgaben enth. 7. verb. und verm. Aufl. gr. 8. (IV, 106 S. mit 112 in den Text gedr. Holzschn.-Fig.) Ebendas. 877. *

— Lehrbuch der ebenen Geometrie, nebst einer Sammlung von 800 Übungsaufgaben zum Gebrauche an höheren Lehranstalten u. beim Selbststudium. 8., verb. u. verm. Aufl. Mit 251 in den Text gedr. Holzschn. gr. 8. (XII, 283 S.) Leipzig 881. C. F. Winter. n. 2. 80; Anh., die Resultate u. Andeutungen zur Auflösung der Aufgaben enth. 8., verb. u. verm. Aufl. Mit 112 in den Text gedr. Fig. (IV, 106 S.) n. 1. 40

Spitz, C., Lehrbuch der ebenen Geometrie, nebst e. Sammlg. v. 800 Übungsaufgaben, zum Gebrauche an höh. Lehranstalten u. beim Selbststudium. 9., verb. Aufl. Mit 251 in den Text gedr. Holzschn. gr. 8. (XII, 290 S.) Leipzig 888. C. F. Winter. n. 3. —

— dasselbe. Anhang, die Resultate u. Andeutgn. zur Auflösg. der in dem Lehrbuche befindl. Aufgaben enth. 9., verb. Aufl. Mit 112 in den Text gedr. Fig. gr. 8. (IV, 113 S.) Ebd. 888. n. 1. 50

Spitz, Carl, Lehrbuch der ebenen Geometrie, nebst e. Sammlg. von 800 Übungsaufgaben zum Gebrauch an höheren Lehranstalten u. beim Selbststudium. 10. Aufl. m. 256 in den Text gedr. Holzschn. Hierzu e. Beigabe: (XXV) Erläuternde Taf. m. erklär. Text v. K. Traub. gr. 8. (XII, 294 u. 32 S.) Leipzig 899. C. F. Winter. n. 4. 50; Anh.: Die Resultate u. Andeutgn. zur Auflösg. der in dem Lehrbuch befindl. Aufgaben enth. 10. verb. u. verm. Aufl. Mit 112 in den Text gedr. Fig. (IV, 113 S.) n. 1. 60

—— Lehrbuch der ebenen Polygonometrie nebst Beispielen und Uebungsaufgaben zum Gebrauche an höheren Lehranstalten und beim Selbststudium. gr. 8. (VIII und 88 S. mit 30 in den Text gedr. Fig. in Holzschn.) Leipzig 866, C. F. Winter'sche Verlagsh.

Spitz, Carl, Lehrbuch der ebenen Polygonometrie, nebst Beispielen u. Übungsaufgaben zum Gebrauche an höheren Lehranstalten u. beim Selbststudium. Mit 30 in den Text gedr. Fig. 2., verb. Aufl. gr. 8. (VIII, 85 S.) Leipzig 881. C. F. Winter. n. 1. 80

—— Lehrbuch der Stereometrie zum Gebrauche an höheren Lehranstalten und beim Selbststudium. gr. 8. (VIII und 132 S. mit 101 in den Text gedr. Fig. in Holzschn.) Leipzig 858, C. F. Winter'sche Verlagsh. *

—— dass. — Anhang. Die Resultate und Andeutungen zur Auflösung der in dem Lehrbuche befindl. Aufgaben enthaltend. gr. 8. (19 S. mit 6 in den Text gedr. Fig. in Holzschn.) Ebendas. 858. *

— Lehrbuch der Stereometrie nebst einer Sammlung von 220 Uebungsaufgaben zum Gebrauche an höheren Lehranstalten und beim Selbststudium. Mit 107 in den Text gedr. Fig. (Holzschn.) 2., verb. u. verm. Aufl. Ebend. 861. gr. 8. (XVI, 175 S.) n. 24 ngr.
Anhang, die Resultate ꝛc. enthaltend. 2., verb. u. verm. Aufl. Mit 6 in den Text gedr. Fig. (Holzschn.) (20 S.) n. 4 ngr.

—— Lehrbuch der Stereometrie nebst einer Sammlung von 240 Uebungsaufgaben zum Gebrauche an höheren Lehranstalten und beim Selbststudium. 2. Aufl. 1864. und 3., verb. und verm. Aufl. gr. 8. (XII und 190 S. mit 112 in den Text gedr. Fig. in Holzschn.) Leipzig 868, C. F. Winter'sche Verlagsh. *

— — Anhang dazu. Die Resultate und Andeutungen zur Auflösung der in dem Lehrbuche befindl. Aufgaben enth. 2. Aufl. 1864. * 8 Ngr. und 3., verb. und verm. Aufl. gr. 8. (34 S. mit 15 in den Text gedr. Fig. in Holzschn.) Ebendas. 868.

— Lehrbuch der Stereometrie, nebst e. Sammlg. v. 350 Uebungsaufgaben zum Gebrauche an höheren Lehranstalten. Mit 114 in den Text gedr. Fig. (in Holzschn.) 4., verb. u. verm. Aufl. gr. 8. (XII, 195 S.) Ebend. 875. n. 2. 40

— dasselbe. Anhang. Die Resultate u. Andeutgn. zur Auflösg. der in dem Lehrbuche befindl. Aufgaben enth. 4. verb. u. verm. Aufl. Mit 12 in den Text gedr. Fig. (in Holzschn.) gr. 8. (39 S.) Leipzig 875. C. F. Winter. n. — 60

—— Lehrbuch der Stereometrie, nebst einer Sammlung von 350 Übungsaufgaben zum Gebrauche an höheren Lehranstalten und beim Selbststudium. 5. verb. und verm. Aufl. gr. 8. (XII, 195 S. mit 114 in den Text gedr. Fig.) Ebendas. 882. *

—— dass. — Anhang: Die Resultate und Andeutungen zur Auflösung der in dem Lehrbuche befindl. Aufgaben enthaltend. 5. verb. und verm. Aufl. gr. 8. (39 S. mit 15 in den Text gedr. Fig.) Ebendas. 882. *

Spitz, Carl. Lehrbuch der Stereometrie, nebst e. Sammlg. v. 350 Übungsaufgaben zum Gebrauche an höheren Lehranstalten u. beim Selbststudium. 6. verb. u. verm. Aufl. gr. 8. (XII, 201 S. m. 114 eingedr. Fig.) Lpz. 890, C. F. Winter. * 3 —

—— dass. — Anh., die Resultate u. Andeutgn. zur Auflösg. der in dem Lehrbuche befindl. Aufgaben enth. 6. verb. u. verm. Aufl. gr. 8. (39 S. m. 15 eingedr. Fig.) Ebd. 890. * — 80

—— Lehrbuch der ebenen Trigonometrie zum Gebrauche an höheren Lehranstalten und beim Selbststudium. gr. 8. (VIII und 83 S. mit 28 in den Text gedr. Fig. in Holzschn.) Leipzig 859, C. F. Winter'sche Verlagsh. *

—— Anhang dazu. Die Resultate und Andeutungen zur Auflösung der in dem Lehrbuche befindl. Aufgaben enthaltend. gr. 8. (32 S. mit 7 in den Text gedr. Fig. in Holzschn.) Ebendas. 859. *

— — nebst einer Sammlung von 500 Uebungsaufgaben zum Gebrauche an höheren Lehranstalten und beim Selbststudium. 2., verb. u. sehr verm. Aufl. Mit 43 in den Text gedr. Fig. (Holzschn.) Ebend. 864. gr. 8. (XI, 115 S.) n. 16 ngr.
Anhang, die Resultate ꝛc. enth. 859. (32 S.) n. 4 ngr. — 2., verb. u. sehr verm. Aufl. Mit 16 in den Text gedr. Fig. (Holzschn.) 864. (55 S.) n. 8 ngr.

—— Lehrbuch der ebenen Trigonometrie, nebst einer Sammlung von 630 Beispielen und Uebungsaufgaben zum Gebrauche an höheren Lehranstalten und beim Selbststudium. 3. Aufl. 1870. (XIII, 133 S. mit 46 Fig.) *M 1,80., und 4. verb. und verm. Aufl. gr. 8. (XI, 137 S. mit 47 in den Text gedr. Fig. in Holzschn.) Ebendas. 874. *

—— dass. — Anhang. Die Resultate und Andeutungen zur Auflösung der in dem Lehrbuche befindl. Aufgaben enth. 3. Aufl. (67 S. mit 21 Fig.) 1870, und 4. verb. und verm. Aufl. gr. 8. (71 S. mit 23 in den Text gedr. Fig. in Holzschn.) Ebendas. 874. *

—— **Lehrbuch der ebenen Trigonometrie, nebst einer Sammlung von 630 Beispielen und Uebungsaufgaben zum Gebrauche an höheren Lehranstalten und beim Selbststudium. 5. verb. und verm. Aufl. gr. 8. (XI, 137 S. mit 45 in den Text gedr. Holzschn.-Fig.) Ebendas. 877.** *

—— **dass. — Anhang. Die Resultate und Andeutungen zur Auflösung der in dem Lehrbuche befindl. Aufgaben enth. 5. verb. und verm. Aufl. gr. 8. (72 S. mit 23 in den Text gedr. Holzschn.-Fig.) Ebendas. 877.** *

—— Lehrbuch der ebenen Trigonometrie, nebst einer Sammlung von 630 Beispielen und Übungsaufgaben, zum Gebrauche an höheren Lehranstalten und beim Selbststudium. 6. verb. und verm. Aufl. gr. 8. (XI, 140 S. mit 47 in den Text gedr. Fig.) Ebendas. 888. *

—— dass. — Anhang, die Resultate und Andeutungen zur Auflösung der in dem Lehrbuche befindl. Aufgaben enthaltend. 6. verb. und verm. Aufl. gr. 8. (73 S. mit 23 in den Text gedr. Fig.) Ebendas. 888. *

—— Lehrbuch der sphärischen Trigonometrie nebst vielen Beispielen über deren Anwendung zum Gebrauche an höheren Lehranstalten und beim Selbststudium. gr. 8. (VIII und 160 S. mit 42 in den Text gedr. Fig. in Holzschn.) Leipzig 866, C. F. Winter'sche Verlagsh. *

— Lehrbuch der sphärischen Trigonometrie nebst vielen Beispielen üb. deren Anwendung, zum Gebrauche an höheren Lehranstalten u. beim Selbststudium. 2. verb. u. verm. Aufl. Mit 42 in den Text gedr. Fig. (in Holzschn.) gr. 8. (VIII, 173 S.) Ebend. 875. n. 3. 50

—— Lehrbuch der sphärischen Trigonometrie, nebst vielen Beispielen über deren Anwendung, zum Gebrauche an höheren Lehranstalten und beim Selbststudium. 3. durchgeseh. Aufl. gr. 8. (VIII, 175 S. mit 42 in den Text gedr. Fig.) Ebendas. 886. *

— die ersten Sätze vom Dreiecke u. die Parallelen. Nach Bolyai's Grundsätzen bearb. Eine Beigabe zu d. Verf. Lehrbuch der ebenen Geometrie. Mit 43 in den Text gedr. Holzschn. gr. 8. (V, 44 S.) Ebend. 874. n. — 60

Spitz, C. Die ersten Sätze vom Dreieck und die Parallelen. Heidelberg 1875.

Spitz, Karl, neue Zeichenvorlagen. Landschaften aus Baden, f. Anfänger zusammengestellt. qu. gr. 8. (8 Taf.) Freiburg i/Br. 883. Mayer. — 60

Spitz, Leo, approb. Arzt aus Rosheim i. E.: Die Störungen der Sensibilität und der Sinnesfunctionen bei den traumatischen Neurosen. *Strassburg i. E. 1901: C. & J. Goeller.* (60 S.) 8° Strassburg, Med. Diss. v. 1901

Spitz Otto: Quaestiones Lysiacae, quibus, quid ex orationibus Lysiacis ad seditionem optimatium anno 404/3 Athenis exortam melius intellegendam pertineat. II. 1910 PN 2871 Diss. Wien, Univ.

(F) **Spitz**, P. H., Die Schule Mariens. Kleine Lesungen für marianische Kongregationen. 8°. (360 S.) K 2.—, geb. K 2.50
Wien: Doll 1906.

Spitz, Rich. Elisa, Begegnungen. Aus dem Tagebuche e. Schiffsarztes. (III, 190 S.) 8. Wien 909. H. Heller & Co. 2.50; geb. 3.50

— Das Teehaus zu den 100 Stufen. Aus dem Tagebuche e. Schiffsarztes. Der „Begegngn." anderer Tl. 1. u. 2. Aufl. (IV, 204 S.) 8. Ebd. 910. 3.—; geb. 4.—

Spitz, Sigm., u. Adf. **Lichtblau**, zur Lage der Bierindustrie in Oesterreich. Ein Wink für den tagenden Reichsrath. Mit 3 statist. Tabellen u. Abbildungen der Orig.-Amerikan. Biermarken u. Anweisungen über deren Verwendung. gr. 8. (48 S.) Wien 878. (Prag, Calve) n. 2. —

Spitz, Wlh., s. Fr. Schulz.

Spitzbart, eine komi-tragische Geschichte für unser pädagogisches Jahrhundert. Leipz. 1779. Nachdruck Tübingen 1779. V: *Schummel, Johann Gottlieb.* (GGr IV³, 590, Nr. 39/10)

Spitzbart; eine tragi-kom. Geschichte (v. J. G. Schummel). 8. Leipz. 779. Weygand. 1 ℔

Spitzbart, Der Dritte, oder die Schulmeisterwahl. Gemälde menschlicher Entwürfe, Leidenschaften und Thorheiten. Lindau 1792. Neue Ausgabe Lindau 1807. V: *Stellwag, J. H. L.* (GGr IV³, 590, Nr. 39/10) (Hdschr. Mitth. von Friedrich Müller, München) (BGE VII³, 404)

— der dritte, oder die Schulmeisterwahl, ein Gemählde menschlicher Entwürfe, Leidenschaften und Thorheiten, mit Kupf. 8. Lindau, (Breslau) 792. Gutsch. 10 gl.

— der dritte, od. die Schulmeisterwahl. 8. Lindau (Leipz.) 807. (Nauck). 10 Gr

— **d. dritte, od. d. Schulmeisterwahl; ein Gemälde menschl. Entwürfe, Leidenschaften u. Thorheiten. 8.** Lindau. (Sommer in Lpz.) 807.

Spitzbart, Der Zweite, oder die Schulmeisterwahl. Ein Gemälde menschlicher Entwürfe, Leidenschaften und Thorheiten. Nicht Roman, sondern Beytrag zur Philosophie und Geschichte der Menschheit. Als ein Pendant zum Leben des Herrn M. Sebaldus Nothanker. Berlin u. Halle 1785. V: *Kosmann, Joh. Wilh. Andr.* (GGr IV³, 500/501, Nr. 14/12°; IV³, 590, Nr. 39/10)

— der zweite, oder die Schulmeisterwahl. 8. Berl. 785. Gutsch. 8 Gr

Spitzbart, Andreas

Spitzbart, (Andr.,) die höchste Räderkraft im Maschinenwesen, angewendet bei e. neuerfund. Preß.- Heb- u. Zug-Maschine rc. 8. Wien 821, Grund. (Leipz., Fr. Fleischer.)

Spitzbarth, C., die Kunst des Drechslers in ihrem ganzen Umfange, s.: Martin, C. A.

Spitzbarth, C. (Red.), s. Tischler-Zeitung, Allgemeine.

Ferdinand Spitzbarth

De metus Effectu in hominem sanum et aegrum. Goettingae 1811: Baier. 52 S. 8°

Göttingen, Med. Diss. v. 15. Aug. 1811

Spitzbarth, F., de metus effectu in hominem sanum et aegrum. 8. Gotting. Brose. 811.

SPITZBAUCH, Martin, ein satirisch-komischer Roman in Versen, im Geschmack der Jobsiade, hrsg. von *G. L.* Mit 2 Silhouetten (Portraits des Verf. u. des Martin Spitzbauch) u. einigen Kpfrn. im Text. Würzburg 1806. Auf Kosten des Verfassers. (Auf S. 172: Würzburg, Gedruckt bei Joseph Stahel.) 8°. („Ladenpreis 1 fl. rheinl.") X u. 172 S. (10 Mk. Max Harrwitz, Berlin, 1908; 20 Mk., schönes Expl. in Liebhaberfrzbd., Wilh. Jacobsohn & Co., Breslau, 1908.)

Seltenes Studentenepos, dessen Verf. nicht bekannt ist. Mit Subscribenten-Verzeichniss.

Spitzbauch, Martin, e. satyrisch-komischer Roman in Versen, m. K. 8. Duisb. Bädecker u. K. 806.

Spitzberg-Album. Dichtungen aus Nordböhmen. Gesammelt v. F. Hantschel u. A. Paudler. 8. (VII, 434 S.) Böhm.-Leipa 883. (Hamann.) geb. 3. —

Spitzberg-Album, Dichtungen aus Nordböhmen Gesammelt von Dr. F. Hantschel u. Prof A. Paudler. Herausg. von Spitzberg-Thurmbau-Comité. gr. 8. (27 Bgn.) Böhm.-Leipa, *J. Widinsky. Orig.-Einbd. 2 fl. 1883

Spitzberger, Aug., allgemeiner deutscher Knobel-Komment, prakt. Leitfaden f. das Würfelspiel, unter besond Berücksicht. d. akadem. Knobelspieles. 16. (VIII, 45 S.) Leipzig 875. G. Schulze. n. — 50

Die Spitze Deutschlands, Deutschlands Einheit. Ein Wort zur wichtigsten der Tagesfragen. Stuttgart, J. F. Steinkopf. 18 S. 8°.

Spitze, die historische u. die neuzeitliche, in Muster-Beispielen. (24 Lichtdr.-Taf. m. III S. Text.) 48,5× 32,5 cm. Plauen (909). Ch. Stoll. In Mappe 24. —

Spitzeder, Cerf u. das Publikum. Letztes Wort in d. Sache. Von *Κάλλος*. 8. Berl, 832. Lüderitz. 4 gr

Spitzeder, Cerf u. das Publikum. Letztes Wort in d. Sache. Von *Κάλλος*. 8. (1½ B.) Berlin 832, [Schroeder.]

Spitzeder, Adele (geb. 9. Febr. 1832 zu Berlin. Tochter des am 13. Dezbr. 1832 zu München verstorb. k. Hofschausp. u. Hofkapellensängers Jos. Spitzeder, u. dessen Gattin Betty, geb. Vio. k. b. Hofsängerin), Geschichte meines Lebens. Stuttgart. Verlagscomptoir. 1878. 8°. Unbeschn., m. Pap. durchschoss. Expl. in eleg. Hfzb. m. d. bunten Orig.-Umschl.

In dieser Verfassung selten! Die im Buche vorkommenden Personen-Namen sind noch besonders am Rande mit Bleistift notirt. Auf d. Vorsatzblatt folgende handschriftl. Verse:

Schwärmerisch, geistreich, Adele, du lose,
Schriebst du dir selbst eine Apotheose.
Leider nur fehlt dem Romane die Klarheit.
Ob's nicht am Ende mehr Dichtung als Wahrheit!

VII—341 S. — Eine zweite Aufl. erschien in demselb. Jahre.

Spitzeder, Adele, Geschichte meines Lebens. gr. 8. (VII, 341 S.) Stuttgart 878, [Verlagscomptoir.] Moser.

Spitzel, die russischen, in Deutschland. Von Asiato. I. Interpollation über die russ. Polizeispione in der Sitzg. des deutschen Reichstags am 19. I. 1904. (In russ. Sprache.) (70 S.) 8. Berlin 904. F. Gottheiner. n. 1. 20

SPITZEL, Joseph Friedrich von (Sulzbach): Tentamen de hysteria.- Monachii: Giesser 1835. 16 S. 23.8.1835 - Urk: F 61
Diss. Ingolst.-Landsh.-Mchn.

Spitzel, Nicodem., Dum Carlos, d. reitende Infanterist v. Spanien, od.: D. schreckl. Folgen d. Trunkenboldigkeit, s.: Fastnachts-Bühne.

Des Ermordeten Rache. Gespensterdrama in 7 Akten von Nicodemus Spitzel. *Berlin: E. Bloch [1894]*. (S. 203-208.) 8° [R.]
-- Thespiskarren. Wallner's. Lfg 21.

Spitzel, Nicodemus, des Ermordeten Rache, s. a. Wallner's Thespiskarren.

Spitzel, Theoph., gebrochene Macht d. Teufels. 8. Frankf. Andreä.

Spitzen. Monatsschrift f. die elegante Welt. Hrsg. v. Truth. Red.: W. Fischer. 1. Jahrg. Aug.—December 1903. 5 Hefte. (à ca. 64 S.) Fol. Berlin, R. Eckstein Nachf. à 1. —

Erscheint nicht mehr.

Spitzen, alte. 36 Photogr. nach Originalen. Fol. Berlin 886. Claesen & Co. In Mappe. n. 75. —

Spitzen, Gardinen, Stickereien. Organ f. die Fabrikanten, Handlgn., Exporteure u. Importeure. Red.: Hans Säuberlich. 2. Jahrg. 1910. 24 Nrn. (à ca. 16 S.) Lex. 8. Leipzig (Gutenbergstr. 2), Herm. Schneider. nn 6. —

— u. Stickereien. 1. Bd. (30 Lichtdr.-Taf.) qu. Lex.-8. Plauen i. V. (904). (C. F. Schulz & Co.) (Nur direkt.) In Mappe n. 32. —

Spitzen-Album, gelegentlich der 1. Ausstellg. v. Spitzen- u. Nadelarbeiten m. Unterstützg. d. k. k. Handelsministeriums hrg. vom k. k. österr. Museum f. Kunst u. Industrie. 30 Blatt Lichtdr., aufgenommen v. Ant. Voigt. Nach den Originalen ausgewählt u. m. e. Vorwort versehen v. Alb. Ilg. gr. 4. (2 S. Text.) Wien 876. (Gerold & Co) n. 12. —

Spitzen-Ausstellung im Ferdinandeum 29. Mai bis 5. Juni 1906 ... Innsbruck 1906. V: *Wieser, Franz Ritter von.* (Margr)

Spitzen-Ausstellung, die Wiener. Herausgegeben vom k. k. Museum für Kunst und Industrie mit Einleitung von M Dreger. (28 S 60 T) (Sammelmappe, ornamentale und kunstgewerbliche 9. 10) fol [VS] Leipzig 1906

Spitzenausstellung, die Wiener, 1906, m. Einleitg. v. M. Dreger, s. a. Sammelmappe, ornamentale u. kunstgewerbliche.

Spitzenberg, Georg Karl

Die Spitzenberg'schen Kulturgeräthe. Deren Wesen, Zweck u. wirthschaftl. Bedeutg, nebst Anl. f. d. prakt. Gebr. unter spec. Berücks. d. Forstkultur. Von G. K. Spitzenberg, Kgl. Preuss. Forstaufseher. 2. Aufl. M. 58 in d. Text gedr. Holzschn. *Berlin: P. Parey 1898.* (108 S.) 1 Bd 8. [98. 396]

Spitzenberg, G. K., über Mißgestaltungen d. Wurzelsystems der Kiefer u. üb. Kulturmethoden. Im wesentlichen aus dem Mskr. „Betrachtungen üb. alte u. neue Methoden der Kiefernkultur auf dem Gebiet d. sand. Flachlandes" u. aus Kulturbriefen v. J. 1898. (32 S. m. Abbildgn.) Lex. 8. Neudamm 908. J. Neumann 1. —

Spitzenberger, Jos., das Dankesopfer, zur Ehre des großen Schäfferfürsten Palemon. Singspl. 8. Straubing. 776.

Spitzenberger, Jos.: Gedichte. München 1776. 8°

— die Schäfferfeier; e. Singspl. in 2 Aufz. 8. Straub. 777.

Spitzenberger, Jos., († d. .. Nov. 1822.) Uebersetzungen aus latein. Dichtern, wobei im Deutschen das näml. Sylbenmaas, wie im Latein., beobachtet wurde. 8. Straubing. 776. (Montag u. W. in Regensb.) 9 ℊ N. A. 8. Münch. 780.

Spitzenberger, Jos., s. Virgil's Aeneis.

Das **Spitzen-Klöppeln.** Eine Anleitung zum Selbstunterricht im Kloppeln ... herausgegeben von der **Redaktion** der Illustrierten Damenzeitung „Der Bazar" ... Berlin ... Verlag der Bazar-Aktien-Gesellschaft o. J.
Tit., 6 S. m. 47 Holzschn. 2°

Der | Spitzenkragen | oder | König Georg | und Lady Horatia., (Fig.: *Porträt einer Dame*, 76 × 81)
Kol.: Reutlingen. Druck von Enßlin und Laiblin.
o. J., 16 S., 160 × 105.
Priv.-Bes.

Spitzen-Mappe. Motiven-Quelle für die Spitzen- u. Stickerei-Industrie. I.—III. Bd. à 12 Hefte. (à Bd. 72 Lichtdr.-Taf.) 33×24,5 cm. Plauen 906—08. Ch. Stoll. In Mappe à Bd. 36. —; einz. Hefte 4. —

Spitzen- u. Stickerei-Muster. (8 Lichtdr.-Taf.) 33×25 cm. Ebd. (910). 8. —

Spitzenpfeil, Lor. Rhard., zum Bauprojekt des Petriturmes in Kulmbach. Eine kulturhistor. Skizze. Mit e. Vorwort v. Paul Johs. Rée u. e. literar. Anh. (42 S.) 8. Kulmbach 908. R. Rehm. nn — 50

Spitzenzeichner, der. Ca. 200 Orig.-Entwürfe. Aus d. Praxis — für die **Praxis.** (20 Lichtdr.-Taf.) 45×33,5 cm. Plauen 910. O. Haebler. In Halbleinw.-Mappe 30. —

Über die Kreuzung der centralen Nervenbahnen und ihre Beziehungen zur Phylogenese des Wirbeltierkörpers. Von Dr. Alexander **Spitzer** in Wien. Mit 1 Taf. Leipzig & Wien: Deuticke 1910. 267 S. 8° [10. 7600

Ueber **Migräne.** Von Dr. **Alexander Spitzer** in Wien. *Jena: G. Fischer 1901.* (119 S.) 8° [01. 695

Spitzer Alphons: Über methylierte Phloroglucine. S. [illegible] vgr.
Separatabdruck

— Über Tetramethylphloroglucin. S. [illegible] vgr.
Separatabdruck

Spitzer Alfred: Dr. William Strode. Sein Leben und seine Werke.
II. 1909 PN 2798 **Diss.** Wien, Univ.

Spitzer, Alfr. Alex., die Jagdgesetze f. Niederösterreich u. Wien samt den zu diesen erflossenen Statthaltereiverordnungen, sowie den geltenden einschlägigen Gesetzen u. Vorschriften. Zusammengestellt u. erläutert. (VI, 300 S.) 8. Wien 903. M. Perles. n. 3. 20; geb. n. 4. —

Richterliche Stundung. Von Dr. **Alfred Alexander Spitzer,** k. k. Gerichtsseer. *Wien: Manz 1902.* (51 S.) 8° [F.] [02. 193

Spitzer, Bernh., deutsches Lesebuch f. jüd. Volksschulen, s.: **Gabel, Jak.**

Spitzer, D., s.: **Export-Adressbuch** f. den Orient, **Russland u. Kaukasus.**

Spitzer, D., Wegweiser für den oesterreichischen Handel mit dem Orient. gr. 8. (IV, 82 S.) Wien 874, Lechner's Verlag. *

Spitzer, D., **Wegweiser** f. den österreichischen Handel m. dem Orient. 2. Aufl. gr. 8. (86 S.) Wien 876. Bermann & Altmann in Comm. n. 4. —

— **Wegweiser** für den österreichisch-ungarischen Handel mit dem Orient. Jahrg. 1883/84. 3. verb. Aufl. gr. 8. (XI, 150 S.). Wien 883. (Perles.) *
— dass. — Jahrg. 1885/86. gr. 8. (XIII, 211 S.) (Ebendas.) 884. *

Spitzer, D., Wegweiser f. den österreich.-ungarischen Handel m. dem Orient. Jahrg. 1887/88. gr. 8. (XIX, 260 S.) Wien 887. (Perles.) n. 6. —

Spitzer, D. L. (Red.), s. Centralblatt für Glas-Industrie und Keramik.

ESAU ben Naphtali (d. i. *Daniel Spitzer*, geb. 1835), Apokryphische Erzählungen. Gesammelt (verfasst) von —. Wien. Rosner, 1879. 8°. (10 Mk., Hlwd. mit Benutzung des Orig.-Umschlages, Bernh. Liebisch, Lpz., 1909:)

Spitzer, D., das Herrenrecht. Eine Novelle in Briefen. 1.—8. Aufl. 16. (81 S. mit Initialen und Kopfleisten.) Wien 877,78, Rosner. *

SPITZER, D. Das Herrenrecht. Eine Novelle in Briefen. 3. A. Wien 1878. 8°. (Mk. 2—.) (1 Mk. 25 Pfg. Schweitzer & Mohr, Berlin, 1909.)
Amüsant u. originell. Betrifft das jus primæ noctis. — 1905 erschien die dreizehnte Auflage. (Ed. 1 1877.) (6 Mk. Edm. Meyer, Berlin, 1911.)

— **dass. — 9. und 10. Aufl. gr. 16. (XI, 100 S.) Leipzig 879, Klinkhardt.** *

Spitzer, D., das Herrenrecht. Eine Novelle in Briefen. 11. Aufl. 16. (XI, 100 S. m. Initialen u. Kopfleisten.) Leipzig 882. Klinkhardt. n. 2. —

Spitzer, D., das Herrenrecht. Eine Novelle in Briefen. 13. Aufl. (VIII, 72 S.) 8. Leipzig 905. [E. Polz.] E. List. n. 1. 80; geb. n.n. 2. 40

— D., Wiener Spaziergänge. ff. 8. (216 S.) Wien, Waldheim. 1869. 1 fl. 20 kr.

— **Wiener Spaziergänge.** Neue Sammlg. gr. 8. (VIII, 256 S.) Wien 873. Rosner. n. 3. 60

— **Wiener Spaziergänge. 1. Sammlung. 2. Aufl. 8. (VIII, 322 S.) Wien 877. [Rosner.] Klinkhardt.** *

— **dass. — 3. Sammlung. 1. und 2. Aufl. 8. (XI, 367 S.) Wien 877, [Rosner.] Klinkhardt.** *

Spitzer, D., Wiener Spaziergänge. 2. Sammlung. 3. Aufl. 8. (VIII, 336 S.) Wien 879, Klinkhardt. *

— dass. — 4. Sammlung. 8. (VI, 261 S.) Wien 879, **Klinkhardt.** *

— **Wiener Spaziergänge.** 1. Sammlung. 3. verm. Aufl. (VIII, 322 S.) Ebendas. 880. *
— dass. — 3. Sammlung. 3. Aufl. 8. (XI, 353 S.) Wien 881, Klinkhardt. *
— dass. — 5. Sammlung. 8. (VII, 342 S.) Ebendas. 882. *
2. und 4. Sammlung. Ebendas. 1879. à *ℳ 4,50.

Spitzer, D., Wiener Spaziergänge. 6. Sammlung. 1. und 2. Aufl. 8. (VIII, 343 S.) Leipzig 886, Klinkhardt. *
1.—5. Sammlung. Ebendas. 1879—82. à *ℳ 4.50.

Spitzer, Dan., letzte Wiener Spaziergänge. Mit e. Charakteristik seines Lebens u. seiner Schriften v. Max Kalbeck. (Dazu 1 Heliogr.: Spitzer's Portr., nach Leop. Müller u. e. Facsim. seiner Handschrift.) 8. (XLV, 310 S.) Wien 894. Literar. Gesellschaft. n. 4. 20

Spitzer, Dan., s.: Wagner, Rich., Brief an e. Putzmacherin.

—— verliebte Wagnerianer. 1.—6. Aufl. 12. (189 S.) Leipzig 880, Klinkhardt. *

Spitzer, David. Darstellung und Kritik der Thierpsychologie Georg Friedrich Maier's (*d. i.:* Meier's). (Diss. Phil. Bern.) IV + 126 S. 8. Györ, Gustav Gross, 1903.

Spitzer, Emanuel

—— Emanuel Spitzer-Album. Zehn Phototyp. nach den Orig Gemälden d. Künstlers. gr. Fol. (1 Bl. Text.) Münch. 891, Photogr Union. In Mappe 15 —; Cab.-Ausg. in Mappe 10 —

Emanuel Spitzer-Album. Zehn Phototyp. nach den Orig.-Gemälden d. Künstlers. gr. Fol. (1 Bl. Text.) München 891. Verlagsanstalt f. Kunst u. Wissenschaft. In Leinw.-Mappe. 15. —; Cab.-Ausg. in Photographie. 12. In Leinw.-Mappe. 10. —

Spitzer, Eman. So sind wir! Bilder v. E. S. mit Gedichten von Benno Rauchenegger. gr. 4. (IV, 44 S. m. 12 Lichtdr.-Taf.) Münch. 892, Verlagsanstalt f. Kunst u. Wissenschaft. geb. m. G. * 15 —

Spitzer, Eman., Evas Töchter. Text v. Emma Merk. gr. Fol. (VI, 60 S. m. z. Tl. farb. Bildern u. 8 farb. Taf.) München 898. F. Hanfstaengl. In Plüsch-Einbd. n. 60. —

Spitzer, Erik, Bericht von einem nicht häufig vorkommenden u. einigen noch nicht beobachteten Variationen der Verzweigung der Augennerven u. ihrer Verbindung mit einander. gr. 4. (Mit 5 Taf. Abb.) Kopenhagen 845, Schubothe. n. 1 1/3 ℳ

Spitzer, Felix. Josef von Sonnenfels (1733–1817) als Nationalökonom. Diss. Phil. Bern. 124 S. 8. Budapest, Elek Lipót, (1906).

Spitzer, Friedrich Viktor

Spitzer, F. V., über das Camphen des Borneols u. des Camphers, s.: Kachler, J.

— über ein vom Campher derivirendes Camphen u. die Synthese seiner Homologen. 1. Abhandlung. [Aus dem Laboratorium von A. Lieben.] [Aus: „Sitzungsber. d. k. Akad. d. Wiss."] Lex.-8. (11 S.) Wien 878. (Gerold's Sohn.) n.n. — 25

— zur Kenntniss der Camphorchloride. 1. Abhandlg. [Aus dem Laboratorium von A. Lieben.] [Aus: „Sitzungsber. d. k. Akad. d. Wiss."] Lex.-8. (8 S.) Ebend. 878. n. — 20

— Zur Kenntnis der Kampferchloride. 2. Abhandlung. S. S1. II. 5[illegible] . . . . vgr. **Separatabdruck**

Spitzer, F. V., über einen neuen Kohlenwasserstoff der Camphergruppe, s. Kachler, J.

Spitzer, Frdr. Vict., üb. Parabromphenol u. einige neue Derivate desselben. Inaugural-Dissertation. gr. 8. (42 S.) Göttingen 875. (Vandenhoeck & Ruprecht.) n. — 80

Spitzer, Fritz

Spitzer, F. Ueber einige Derivate der β-Naphtoxyessigsäure. Berlin. 1900. E.Ebering. (55 S.)

Berlin, Diss.v.1.8.1900.

Spitzer, Hugo, Hermann Hettners kunstphilosophische Anfänge u. Literarästhetik. Untersuchgn. zur Theorie u. Geschichte der Aesthetik. 1. Bd. (XVII, 507 S.) gr. 8. Graz 903. Leuschner & Lubensky. n. 12. —

Spitzer, Hugo, Beiträge zur Descendenztheorie u. zur Methodologie der Naturwissenschaft. gr. 8. (XV, 538 S.) Leipzig 886. Brockhaus. n. 12. —

Spitzer, Hugo, Nominalismus u. Realismus in der neuesten deutschen Philosophie, m. Berücksicht. ihres Verhältnisses zur modernen Naturwissenschaft dargestellt. 8. (104 S.) Leipzig 876. O. Wigand. 1. 20

Spitzer, Hugo, kritische Studien zur Aesthetik d. Gegenwart. gr. 8. (87 S.) Wien 897. C. Fromme. n. 2. —

Spitzer, Hugo, über Ursprung u. Bedeutung des Hylozoismus. Eine philosoph. Studie. gr. 8. (80 S.) Graz 881. Leuschner & Lubensky. n. 2. 40

— über das Verhältniss der Philosophie zu den organischen Naturwissenschaften. Vortrag. gr. 8. (64 S.) Leipzig 883. O. Wigand. n. — 80

Spitzer, Jakob

Spitzer, Jak., praktische Anleitung zur Takt-Schreibmethode in deutscher u. engl. Schrift. qu. gr. 8. (7 S. u. 54 lith. Bl.) Wien 849, Gerold. 24 ngl.

Spitzer, Jak., 100 praktische Aufgaben für die Stylistik. Vom Standpunkte der neueren Pädagogik bearb. 1—3. Bdchn. 8. (XII und 190 S.) Wien 856(57,) Mayer und Comp. à Bdchn. 7 1/2 Ngr. –

Spitzer, Jakob. Hundert praktische Aufgaben zur die Stylistik. Vom Standpunkte der neueren Pädagogik bearbeitet von — —. 1. 2. 3. Bändchen. Wien, 1857. Druck von Anton Schweiger. Verlag von Mayer und Komp. (56, 68, 68 S. 8.)

Spitzer, **Jakob**, *Lehrer an der Herrmann'schen Töchterschule in Wien.* Tausend Aufgaben für den Unterricht im Kopfrechnen, nach der neuen Münzordnung zusammengestellt. *Wien* 1859. Druck u. Verl. von *Leopold Grund.* 96 S., 8°.

Spitzer, **Jakob.** Auflösungen zu Tausend Aufgaben für den Unterricht im Kopfrechnen. Nach der neuen Münzordnung zusammengestellt. *Wien* 1859. *Leop. Grund.* XV S., kl. 8°.

Spitzer, Jakob —. Bei 200 häusliche Aufgaben für den deutschen Sprachunterricht. Auf Grundlage der jüngsten Reformen bearbeitet von — —. Für die 1. und 2. Klasse bestimmt. 8. (66 S.) Welt. Druck und Verlag von Joh. Haas. 1854.

Spitzer Jakob — Häusliche Aufgaben für den deutschen Sprachunterricht. Auf Grundlage der jüngsten Reformen bearbeitet von — — 1. Heft. Für das 2. Schuljahr bestimmt. (Vormals 1. Classe, obere Abtheilung.) 2. Heft. Für das 3. Schuljahr bestimmt. (Vormals 2. Klasse.) — Wien, 1855. Druck von L. C. Zamarski. Verlag von Pfautsch & Voß. (30, 63 S. 8.)

Spitzer, Jak., Aufgaben für den deutschen Sprachunterricht. Auf Grundlage der jüngsten Reformen bearbeitet. 1. u. 2. Heft. Wien 855. Pfautsch u. Voß. gr. 8. (30, 67 S.) 13½ ngr.
Inhalt. 1. Heft: Häusliche Aufgaben ꝛc. Für das zweite Schuljahr bestimmt. (Vormals 1. Klasse, obere Abth.) 2. verb. Aufl. 4½ ngr.
2. Heft: Bei 200 häusliche Aufgaben ꝛc. Für das 3. Schuljahr bestimmt. (Vormals 2. Klasse.) 2. verb. Aufl. 9 ngr.

Spitzer, Jakob —. Bei 200 häusliche Aufgaben für den deutschen Sprachunterricht. Auf Grundlage der jüngsten Reformen für Schüler der III. Klasse bearbeitet von — —. I. Kurs. Wels. 1855. Schnellpressendruck und Verlag von Johann Haas. (66 S. 8.) geh

Spitzer Jakob —. Aufgaben für den deutschen Sprachunterricht. Auf Grundlage der jüngsten Reformen für Schüler der III. Klasse bearbeitet von — —. II. Kurs. Wels. 1855. Druck und Verlag von Joh. Haas. (60 S. 8.)

Spitzer, Jakob, Bei 200 häusliche Aufgaben für den deutschen Sprachunterricht. Auf Grundlage der jüngsten Reformen bearbeitet. 2. verbesserte Auflage. Für die II. und III. Klasse bestimmt. (Früher für die I. und II. Klasse bestimmt.) II. 8. (66 S.) Wels. Haas. 1869 44 kr.

Spitzer, Jak., Aufsatzlehre. Für Schule u. Haus theoretisch u. praktisch bearb. Für Volks- u. Unter-Realschulen. 2. Aufl. der Elemente des Styls, verb. u. durch mehr als 300 Uebungen bereichert. Wien 860. Mayer & Co. 8. (VII, 234 S.) 18 ngr.

— Briefbüchlein oder: Die Briefschreibekunst in allen Zweigen praktisch erläutert u. mit Beispielen versehen; nebst einem Anhang der nothwendigsten, im bürgerlichen Leben vorkommenden Aufsätze ꝛc. für alle wie immer sich ereignenden Fälle. Für die Jugend u. insbesondere für Stadt- u. Landschulen bearb. Mit 250 praktischen Beispielen u. Aufgaben. Wien 860. Dirnböck. 12. (IV, 91 S.) 8 ngr.

Spitzer, Jakob, Briefbüchlein, oder: Die Briefschreibekunst praktisch erläutert u. mit Beispielen versehen. Für die Jugend u. insbesond. für Stadt- u. Landschulen. Mit 250 prakt. Beispielen u. Aufgaben. 2. Aufl. Wien 866. Dirnböck's Buchh. 8. (90 S.) n. 6 ngr.

Spitzer, Jakob, Briefbüchlein nebst einem Anhange von Geschäftsaufsätzen und praktischen Aufgaben für die Satzlehre. Für Stadt- und Landschulen bearbeitet. 3. verbesserte Auflage. Mit 280 praktischen Beispielen und Aufgaben bereichert. 8. (71 S.) Wien, Dirnböck's B. (Georg Draudt) 1870 40 kr.

Spitzer, Jakob — Geographische Charaktergemälde. In abgerundeten Landschaftsbildern zur Belehrung für alle Stände, so wie zum Schul- und Privatgebrauche bearbeitet von — —. Wien, 1855. Druck und Verlag von Leopold Grund. (VI. 169 S. 8.)

— Deklamazionsschule für die Schülerinnen der Mittelklassen an höheren Töchterschulen. Gesammelt und herausg. Wien 854. Sommer. (F. Klemm.) 8. (108 S.) n. 10 ngr.

— Deklamazions-Schule für die Schülerinnen der Mittelklassen an höheren Töchterschulen. 8. (108 S.) Wien 854. (Leipzig, Hübner.) *

— Deklamazions-Schule für die Schülerinnen der Unterklassen an höheren Töchterschulen. Wien 852. Grund. 8. (48 S.) 3 ngr.

Spitzer, Jakob. — Die Elemente des deutschen Styls. Für Schule und Haus theoretisch und praktisch bearbeitet. Mit 224 praktischen Uebungen bereichert. 8. (196 S.) Wien. Verlag von Mayer und Komp. Druck von A. Schweiger. 1852.

— Erheiterungs-Bibliothek für die Jugend. 1. Bdchn. 8. (IV u. 151 S. m. 1 Stahlst.) Jena 852, Mauke. n. ⅓ rf

Spitzer, Jakob —. Geographie für Volksschulen. Bearbeitet von — —. Mit einer Uebersichtstabelle des ganzen Kaiserstaates versehen. Wien, 1856. Druck von Anton Schweiger. Verlag von Mayer u. Komp. (45 S. kl. 8.) Mit einer „Uebersichtstabelle des österreichischen Kaiserstaates."

— Geografie für Volksschulen. Mit einer Uebersichtstabelle des ganzen Kaiserstaates versehen. II. verm. Aufl. *Wien* 1858. Verl. von *Mayer & C.* 51 S. 8°. 12 kr.

Spitzer, Jak., Geografie für Volksschulen. Mit einer Uebersichtstabelle des ganzen Kaiserstaates (in qu. gr. Fol.) versehen. 2. Aufl. 1858. und 3., nach den neuesten Veränderungen bearb. Aufl. gr. 8. (IV und 52 S. mit eingedr. Holzschn.) Wien 861, Mayer und Comp.

Spitzer, Jakob, Geographie für Volksschulen. Mit 1 Uebersichtstabelle des ganzen Kaiserstaates. 4. nach den neuesten Veränderungen bearb. Aufl. 8. (51 S.) Wien. Mayer & Comp. 1862 24 kr.

— Geografie für Volksschulen. Mit einer Uebersichtstabelle des ganzen Kaiserstaates versehen (in Fol.). 5., nach den neuesten Veränderungen bearb. Aufl. Mit Holzschn. Ebend. 864. 8. (IV, 52 S.) 6 ngr.

— Geografie für Volksschulen. Mit einer Uebersichtstabelle des ganzen Kaiserstaates versehen. 6. u. 7., nach den neuesten Veränderungen bearb. Aufl. Wien 865–67. Mayer & Co. gr. 8. (VI, 58 S. mit eingedr. Holzschn.) 6 ngr.

Spitzer, Jak., Geografie für Volksschulen. Mit einer Uebersichtstabelle der österreich.-ungar. Monarchie versehen (in qu. Fol.). 11.—15., nach den neuesten Veränderungen bearb. Aufl. gr. 8. (IV, 70 S. mit eingedr. Holzschn.) Wien 870—75, Mayer und Comp. *

— die Geschichte der Babenberger. Für die reifere Jugend bearb. u. herausg. Wien 853. Mayer u. Co. 8. (178 S. u. 2 Lithogr.) 8 ngr.

Spitzer, Jakob — Geschichte für Volksschulen. Bearbeitet von — —. Wien, 1856. Druck von Anton Schweiger. Verlag von Mayer und Kompagnie. (45 S. 8.)

— Geschichte für Volksschulen. 2., verm. Aufl. 8. (49 S.) Wien 860, Sallmayer und Comp.

— theoretisch-praktisches Handbuch der deutschen Sprache. Ein Hilfs- u. Handbuch für Lehrer u. Schüler u. alle jene Personen, welche sich mit Vorlesungen über die deutsche Sprache befassen. 3 Thle. in 1 Bd. [1. Thl. a. u. d. T.: Wortforschung. Kurze gründliche u. bündige Darstellung vom Gebrauche der 10 Redetheile. 2 u. 3. Thl. a. u. d. T.: Wortfügung ꝛc.] 8. (X, 232 u. 167 S.) Wien 848, Braumüller & Seidel. — 2 Thle. [Wortforschung. — Wortfügung.] 2. Aufl. gr. 12. (VIII u. 399 S.) Wien 851, Braumüller. 1¼ rf

— theoretisch-praktisches Handbuch der deutschen Sprache. 3 Thle. Ebend. 8.
Inhalt: 1. Für die I. u. II. Klasse bestimmt. 859. (IV, 42 S.) 4½ ngr.
2. Für die III. Klasse bestimmt. 859. (109 S.) 9 ngr. — 2—5. Aufl. 860—63. (120 S.) 12 ngr.
3. Für die IV. Klasse bestimmt. (2 Bl., 204 S.) 18 ngr.

—— theoretisch-praktisches Handbuch der deutschen Sprache. 3., gänzlich umgearb., durch viele Beispiele und Aufgaben verm. Ausg. 3 Thle. 8. Wien 859. 60, Mayer und Comp.
Inhalt:
Thl. 1. Für die erste und zweite Klasse bestimmt. (IV und 42 S.) 4½ Ngr.
" 2. Für die dritte Klasse bestimmt. (109 S.) 9 Ngr.
" 3. Für die vierte Klasse bestimmt. (III und 204 S.) 18 Ngr.

—— dass. — Für die dritte Klasse bestimmt. 4., durch viele Beispiele und Aufgaben verm. Ausg. 8. (116 S.) Ebendas. (861)62.

Spitzer, Jak., theoretisch-praktisches Handbuch der deutschen Sprache. 2. Bdchn., für die III. Klasse bestimmt. 5., durch viele Beispiele und Aufgaben verm. Aufl. 8. (120 S.) Wien 863, Mayer und Comp.

— Theoretisch-praktisches Handbuch der deutschen Sprache. 4. Heft. 2. Thl. Die Satzlehre. 5. gänzlich umgearbeitete und mit vielen neuen Aufgaben und Beispielen vermehrte Ausgabe. kl. 8. (93 S.) Wien, Mayer's Verlags-Expedition. 1867. 44 kr

— Theoretisch praktisches Handbuch der deutschen Sprache. 3. Heft. 1. Theil. 7. mit vielen neuen Aufgaben und Beispielen vermehrte Auflage. 1871. 8., (195 S.) Ebds. 80 kr.
Inhalt: 1. Die Formenlehre. — 2. Die Rechtschreibung.

— Theoretisch-praktisches Handbuch der deutschen Rechtschreibung. Nach den neuesten Veränderungen für Volks-, Töchter- und Bürgerschulen bearbeitet. 2 gänzlich umgearbeitete und mit 303 praktischen Uebungen versehene Auflage. 1871. 8. (159 S.) Ebds. 64 kr.

— Dasselbe. 4. Heft. 2. Theil. 6. mit vielen neuen Aufgaben und Beispielen vermehrte Ausgabe. 1871. 8. (98 S.) Ebds. 44 kr.
Inhalt: Die Satzlehre nebst der Lehre von den Satzzeichen.

Spitzer, Jak., theoretisch-praktisches Hand-Buch der deutschen Sprache. 1. u. 2. Hft. 12. Aufl. 8. Wien 885. Mayer & Co. n. 1. 70
1. (III, 78 S.) n. — 55. — 2. (155 S.) n. 1. 15

Spitzer, Jak., theoretisch-praktisches Hand-Buch der deutschen Sprache. 1.—4. Hft. gr. 8. Wien, Mayer & Co. n. 3. 90
1. 14. Aufl. (80 S.) 891. n. — 60
2. 13., durchgesch. Aufl. (155 S.) 891. n. 1. —
3. 1. Die Formenlehre. 2. Die Rechtschreibung. 9., m. vielen neuen Aufgaben u. Beispielen verm. Aufl. (198 S.) 882. n. 1. 50
4. Die Satzlehre, nebst der Lehre v. den Satzzeichen. 7., m. vielen neuen Aufgaben u. Beispielen verm. Ausg. (102 S.) 880. n. — 80

— Heimatskunde von Nieder-Oesterreich. Für Volks-, Töchter- und Bürgerschulen bearbeitet. 1871. kl. 8. (55 S.) L. Mayer.
Enthält: 1. Die Ortsbeschreibung des Heimatslandes und 2. einen geschichtlichen Abriß desselben mit Berücksichtigung der Stadt Wien.

—— Hülfsbuch für den Unterricht in der deutschen Sprache, s. Hülfsbuch.

Spitzer, Jakob — Hülfsbuch für den Unterricht in der deutschen Sprache. Nach dem von Seite des hohen k. k. Unterrichtsministeriums vorgeschriebenen Lehrplane für Volks- und Töchterschulen bearbeitet von — —. 1. und 2. Schuljahr. Zweite, durch viele Beispiele vermehrte Auflage. Wien, 1856. Druck von Anton Schweiger. Im Verlage bei Mayer und Komp. (24 S. 8.)

Spitzer, Jakob — Hilfsbuch für den Unterricht in der deutschen Sprache. Nach dem von Seite des hohen k. k. Unterrichtsministeriums vorgeschriebenen Lehrplane für Volks- und Töchterschulen bearbeitet von — —. 3tes Schuljahr. 2te vermehrte Auflage. Wien, 1856. Druck von Ant. Schweiger. Verlag von Mayer und Komp. (65 S. 8.)

Spitzer, Jakob — Hilfsbuch für den Unterricht in der deutschen Sprache. Nach dem von Seite des hohen k. k. Unterrichtsministeriums vorgeschriebenen Lehrplane für Volks- und Töchterschulen bearbeitet von — —. 4tes Schuljahr. 1tes Heft. Mit Rücksicht auf die Satzlehre bearbeitete Wortforschung. 2te vermehrte Auflage. Wien, 1857. Druck von Anton Schweiger. Im Verlag von Mayer & Komp. (97 S. 8.)

—— Hilfsbuch für den Unterricht in der deutschen Sprache. Nach dem von Seite des hohen k. k. Unterrichtsministeriums vorgeschriebenen Lehrplane für Volks- und Töchterschulen bearb. 1. und 2. Schuljahr. 4., durch viele Beispiele verm. Aufl. 8. (IV und 40 S.) Wien (861)62, Mayer und Comp.

—— dass. — 3. Schuljahr. 2—4. Aufl. 8. (117 S.) Ebendas. 858—61.

—— dass. — 4. Schuljahr. 1. Heft: Mit Rücksicht auf die Satzlehre bearbeitete Wortforschung. 3., verm. Aufl. gr. 8. (114 S.) Ebendas. 860.

—— pädagogisches Jahrbuch für Oesterreichs Volksschullehrer, s. Jahrbuch.

— Katechismus der Naturgeschichte. Für Volks- und Töchterschulen bearb. Wien 860. Dirnböck. 8. (IV, 75 S.) 8 ngr.

—— Katechismus der Naturgeschichte. Für Volks- und Töchterschulen bearb. Zur mündl. und schriftl. Wiederholung sind der Zoologie, der Botanik und der Mineralogie 42 zweckmäßige Aufgaben beigegeben. 2., verb. Aufl. 8. (IV und 74 S.) Wien 866, Dirnböck's Buchh. *

Spitzer, Jakob: Katechismus der Naturgeschichte. Für Volks- und Töchterschulen bearbeitet. Zur mündlichen und schriftlichen Wiederholung sind der Zoologie, der Botanik und der Mineralogie 42 zweckmäßige Aufgaben beigegeben. 3. vermehrte Auflage. 1869. 8. (60 S.) Ebds.

— Katechismus der Naturgeschichte. Für Volks- und Töchterschulen bearbeitet. Zur mündlichen und schriftlichen Wiederholung sind der Zoologie, der Botanik und der Mineralogie zweiundvierzig zweckmäßige Aufgaben beigegeben. 4. vermehrte Auflage. 1871. 8. (63 S.) Ebds. 40 kr.

— Katechismus der Naturgeschichte. Für Volks- u. Töchterschulen. Zur mündl. u. schriftl. Wiederholg. sind der Zoologie, der Botanik u. der Mineralogie 42 zweckmäß. Aufgaben beigegeben. 5. verm. Aufl. 8. (63 S.) Wien 873. Dirnböck. n. — 80

— Leitfaden der deutschen Literaturgeschichte. Für Töchterschulen bearbeitet. Jena 853. Mauke. 8. (238 S.) 15 ngr.

— Leitfaden für den Unterricht in der deutschen Sprache. Für die Zöglinge höherer Unterrichtsanstalten bearb. u. nach dem von Seite des hohen Unterrichtsministeriums vorgeschriebenen Lehrplane eingerichtet. Formenlehre u. Rechtschreibung, Satzlehre, Interpunkzionslehre, Metrik. Wien 858. Mayer u. Co. gr. 8. (VIII, 159 S.) 15 ngr.

— Leitfaden für den Unterricht in der deutschen Sprache. Für Volks-, Töchter- und Bürgerschulen bearbeitet und nach dem von Seite des k. k. Unterrichts-Ministeriums vorgeschriebenen Lehrplane eingerichtet. 2. vermehrte und verbesserte Auflage. 1871. 8. (165 S.) Ebds. 64 kr.
Inhalt: Formenlehre und Rechtschreibung. Satzlehre nebst praktischen Aufgaben. Interpunctionslehre. Metrik.

Spitzer, Jak., kleines Lesebuch für Elementarklassen. Nach der Laut- und Schreiblesemethode. 8. (75 S.) Wien 849, Gerold, Verlag. *

— u. F. Lang, Lexikon der neueren Rechtschreibung, siehe: Lang, F.

Spitzer, Jakob —. Methodisch geordnete Materialien für die deutsche Rechtschreibung. Auf Grundlage der jüngsten Reformen bearbeitet und herausgegeben von — —. Für Mittelklassen. 8. (1 Bl. 120 S.) Wien. Druck von Anton Schweiger. Verlag von Mayer und Komp. 1854.

— Mythologie der Griechen, Römer, Aegypter u. Deutschen; nebst einer Erläuterung der in der Kunst am häufigsten vorkommenden allegorischen Darstellungen. Für die Oberklassen an Real- u. Töchterschulen, sowie zum Privatgebrauche ꝛc. bearb. u. hrsg. 2 Thle. gr. 8. (1: 66 S. 2: IV u. 139 S.) Erfurt 852, Körner. 1: n. 1/4 ℛ 2: n. 12 ngr) n. 19 1/2 ngr

— populäre Naturlehre. Für Volks- und Töchterschulen bearbeitet. 1. Kurs. Mit 33 Abbildgn. (Holzschn. im Text.) — 2. Kurs. Mit 19 Abbildgn. (Holzschn. im Text.) Wien 855. Pfautsch u. Voß. gr. 8. (3 Bl., 63; 2 Bl., 63 S.) Jeder Kurs 9 ngr

Spitzer, Jakob, populäre Naturlehre für Volks- u. Töchterschulen. In faßl. u. zweckmäß. Bearbeitung in Fragen u. Antworten. 1. Cursus. 2., verb. Aufl. Wien 866. Schlieper. 8. (VI, 73 S. mit eingedr. Holzschn.) n. 9 ngr

Spitzer, Jakob — Die neue Rechenschule. Eine praktische Darstellung, um den Kindern durch kleine Erzählungen, Fabeln, Mährchen und Räthseln Rechnen zu lernen. Bearbeitet von — —. Wien, 1856. Druck von Anton Schweiger. Verlag von Mayer und Komp. (110 S. 8.)

— das mündliche u. schriftliche Rechnen im Zahlenraume von 1 bis 100. Für Schule u. Haus bearb. Wien 866. Schlieper. 8. (76 S.) n. 10 ngr

Spitzer, Jakob, Rechnungsaufgaben. Für die untern Klassen an gehobenen Töchterschulen sowie für den häuslichen Fleiß bearbeitet. 1868. kl. 8. (45 S.) Wien. Dirnböck's Buchh. (Georg Draudt.) 25 kr.

— Rechnungsaufgaben für die Oberklassen an gehobenen Töchterschulen sowie für den häuslichen Fleiß. Wien 868. Dirnböck. 8. (40 S.) n. 5 ngr

— Rechnungsaufgaben für die Schüler der 2. Klasse. 1. Kurs. Für Schule u. Haus bearb. Ebend. 866. 8. (19 S.) n.n. 2 1/2 ngr

— — für die Schüler der 3. Klasse. 1. Kurs. Ebend. 866. 8. (23 S.) n. 3 ngr

— — für die Schüler der 4. Klasse. 1. Kurs. Ebend. 866. 8. (20 S.) n.n. 2 1/2 ngr

—— die deutsche Rechtschreibung nebst einem kleinen Wörterverzeichnisse. Auf Grundlage der jüngsten Reformen theoret. und prakt. bearb. 3. Schuljahr. 8. (IV und 83 S.) Wien 857, Mayer und Comp.

—— dass. — 4. Schuljahr. 1. Heft. 8. (IV und 128 S.) Ebendas. 858.

—— theoretisch-praktische Satzzeichenlehre für Schule und Haus. Der deutschen Rechtschreibung 4. Schuljahr 2. Heft. 8. (IV und 108 S.) Wien 858, Mayer und Comp.

Spitzer, Jak., der kleine Schnell-Leser. Nach diesem Büchlein kann Jedermann unterrichten und den Kindern binnen 6 Wochen Lesen lernen. Nach einer leicht faßlichen Methode bearb. ꝛc. Wien 851. Grund. 8. (32 S.) 3 ngr

— der Schnell-Rechner. Auf Grundlage der neuen Münzordnung bearbeitet. 1. u. 2. Schuljahr. Wien 858. Mayer u. Co. 8. (3 Bl., 112 S.) 7 1/2 ngr

— — 3. Schuljahr, mit einer Reduktions-Tabelle (in Fol.) versehen. Ebend. 858. 8. (2 Bl., 69 S.) 7 1/2 ngr

— — 4. Schuljahr, mit einer Reduktions-Tabelle (in qu. Fol.) versehen, so wie durch mehr als 300 Beispiele bereichert. Ebend. 858. 8. (2 Bl., 69 S.) 7 1/2 ngr

— der Schnell-Rechner. Auf Grundlage der neuen Münzordnung bearb. 3 Bdchn. (1—4. Schuljahr.) Wien 862. Mayer & Co. 8. (114 S., 64 S. u. 62 S.) Jedes Bdchn. n. 7 1/2 ngr

—— pädagogischer Schreib-Kalender, s. Schreib-Kalender, pädagogischer.

Spitzer, Jakob —, *Lehrer an der Hermann'schen Töchter-Schule in Wien.* Die Schule des Vortrages und der ästhetischen Bildung. Theoretisch und praktisch dargestellt und mit einer Abhandlung über die verschiedenen Arten der Dichtungen versehen von — —. *Brünn* 1858. Druck und Verlag von *Buschak & Irrgang.* IV, 136 S., 1 Bl. 8°.

Spitzer, Jak., neue Schul-Geografie. Auf Grundlage der neuesten Veränderungen bearb. Wien 860. Sommer. (F. Klemm.) 8. (2 Bl., 152 S.) n. 16 ngr

— Schul-Geografie. Auf Grundlage der neuesten Veränderungen bearb. 2. veränd. Aufl. Wien 866. Sommer. — F. Klemm. 8. (IV, 152 S.) n. 12 ngr

—— der praktische Stadt- und Landschullehrer. Im Geiste der neuen Zeit bearb. 6 Lfgn. gr. 8. (1—4 Lfg. S. 1—318.) Wien 856, Mayer und Comp.

— der praktische Stadt- und Landschullehrer für das J. 1858. Im Geiste der neuen Zeit bearb. Wien 858. Mayer u. Co. gr. 8. (2 Bl., 128 S. u. 1 Tab. in Fol.) 15 ngr

— Unterhaltungen aus der Naturlehre. Ein Festgeschenk für die Jugend. Mit 1 (lith. u.) color. Titelbilde u. 52 Holzschnitten (im Text.). Wien 856. Pfautsch u. Voß. gr. 8. (3 Bl., 63; 2 Bl., 63 S.) 27 ngr

—— der Unterricht in den Realien. Ein Hülfsbuch für Volksschulen bearb. 1.—3. Heft. gr. 8. Wien, Mayer und Comp. *

Inhalt:

Heft 1. Für ein- und zweiklassige Volksschulen. (III, 76 S.) 870. * 50 Pf.
" 2. Für dreiklassige Volksschulen. (IV, 110 S.) 871. * 75 Pf.
" 3. Für vierklassige Volksschulen. (168 S.) 871. * ℳ 1,10.

—— dass. — Ein Hilfsbuch für Volks-, Töchter-, Bürger- und Fortbildungsschulen. Realien 4. Heft. gr. 8. (256 S. mit eingedr. Holzschn.) Ebendas. 871. *

— österreichische Vaterlandsgeschichte. Für Schule und Haus bearbeitet. Jena 853. Mauke. 8. (196 S.) 15 ngr

— — 2. revid. Ausg. Wien 857. Sallmayer u. Co. 8. (196 S.) n. 12 ngr

Spitzer, Jakob, österreichische Vaterlandsgeschichte für Schule und Haus. 3. verbesserte und bis auf unsere Tage ergänzte Auflage. 8. (180 S.) Wien. Mayer & Comp. 1870 60 kr.

—— Vortrags- und Gedächtnisübungen. Eine Sammlung von Musterstücken, zur Uebung für die Jugend im Schönlesen und Sprechen. 8. (72 S.) Wien 860, Dirnböck.

— Vortrags- u. Gedächtnißübungen. Eine Sammlung von Musterstücken zur Uebung für die Jugend im Schönlesen u. Sprechen. 2. Aufl. Wien 865. Dirnböck's Buchh. 8. (72 S.) n. 4 ngr.

— die Waise aus Lowood. Frei bearb. nach Dr. Ch. F. Grieb's Uebersetzung. Wien 862. Pichler. (Leipzig, Liebeskind.) 8. (198 S. u. 1 Holzschntaf.) 16 ngr.

—— geografisch-geschichtlicher Wegweiser in der österreich. Monarchie. Zunächst für Unterreal- und Töchterschulen nach der neuesten Eintheilung bearb. und hrsg. 1. Thl. 2. Aufl. gr. 16. (IV und 203 S.) Wien 851(52,) Sallmayer und Comp.

Spitzer, Jak., kleine Weltgeschichte. Für Volks- und Töchterschulen bearb. 3., gänzlich umgearb. und nach dem neuen Lehrplane eingericht. Aufl. gr. 8. (III, 86 S.) Wien 870, Mayer und Comp. *

Spitzer, Jakob. — Kurzgefaßte Weltgeschichte für Töchterschulen. 8. (232 S.) Wien. Verlag von Mayer und Komp. Druck von Anton Schweiger. 1853.

Spitzer, Jak., kurzgefaßte Weltgeschichte für Töchterschulen. 2., verb. Aufl. 8. (222 S.) Wien 861, Mayer und Comp. Thlr.

—— kurzgefaßte Weltgeschichte für Töchterschulen. 4. Aufl. gr. 8. (III, 234 S.) Ebendas. 869. *

—— österreichische Weltgeschichte für Schule und Haus bearb. 3. verb. und bis auf unsere Tage ergänzte Aufl. gr. 8. (IV, 191 S.) Ebendas. 871. *

Spitzer, Johann

Spitzer, Johs., Lautlehre d. arkadischen Dialektes. gr. 8. (VIII, 60 S.) Kiel 883. (Lipsius & Tischer.) n. 1. 60
Diss.

Spitzer, Joh., s. Papstthum und Concil.

—— Teufelsbündler. Zauber- und Herenglauben und dessen kirchl. Ausbeutung zur Schändung der Menschheit. gr. 8. (XX, 130 S.) Leipzig 870, O. Wigand.

Spitzer, Joh., Teufelsbündler. Zauber- u. Herenglauben u. dessen kirchl. Ausbeutg. zur Schändg. der Menschheit. gr. 8. (XX, 130 S.) Leipzig 871. O. Wigand. 1. 50

— die katholisch-politischen Vereine u. ihre Ziele. Leipzig 870. O. Wigand. 16. (125 S.) 6 ngr.

Spitzer, Jos., Erlebtes u. Erdachtes. Novellen. 8. (72 S.) Dresden 902. E. Pierson. n. 1.—; geb. n. 2.—

Spitzer, Jos., Erlebtes u. Erdachtes. Novellen. 2. Bd. (82 S.) 8. Dresden 904. E. Pierson. n. 1.—; geb. n. 2.—

Spitzer, Jos. Ant., Berechnung der Monier-Gewölbe. Wissenschaftliche Verwerthg. der Versuchsergebnisse bei dem Purkersdorfer Probegewölbe v. 23 m Lichtweite nach System Monier. (Betonbau-Unternehmung G. A. Wayss & Co. Wien I. Maximilianstr. No. 5) (16 S. m. 14 Fig. u. 3 Taf.) 4. Wien 896. (Berlin, Gropius.) n n. 2. 80

— die Wasserversorgung der Stadt Komotau. Bau der Talsperre, Stollen, Filter u. Hochbehälter. Vortrag, geh. in der Vollversammlg. des österr. Ingenieur- u. Architekten-Vereins am 23. I. 1904. (10 S. m. Abbildgn.) 4. Wien 904. (Lehmann & Wentzel.) n. 3.—
2 Sonderabdrucke aus: „Ztschr. des österr. Ingenieur- u. Architektenver."

Motorwagen und Lokomotive. Krit. Darstellung d. jetzigen Standes d. Frage d. Motorwagen u. d. Führung leichter Züge durch Motorwagen oder Lokomotiven in techn. u. wirtschaftl. Beziehung von Karl Spitzer, Ober-Ingen., u. Dr. Viktor Krakauer. Wien: A. Hölder 1907. (XVII, 260 S.) 8°
= Schriften über Verkehrswesen. Reihe 2, Bd 2. [07. 1144]

Spitzer, Carl. med. pract. von Zürich: Aus der medizinischen Klinik der Universität Zürich (Direktor: Prof. Dr. H. Eichhorst). Die Spital-Infektionen der medizinischen Klinik in Zürich vom Jahre 1884 bis 1904. Zürich 1905. 38 S. 8°. [23. I. 06.]
Zürich. Med. Diss. 1905/1906.

Spitzer, Carl. Die Spital-Infektionen der medizinischen Klinik in Zürich vom Jahre 1884—1904. Diss. Med. Univ. Zürich. *Kopftitel:* Aus der medizinischen Klinik der Universität Zürich ⟨Direktor: Prof. Dr. H[ermann] Eichhorst⟩. 38 S. 8. Zürich, F. Lohbauer, 1905.

Spitzer, Karl Ludw., aus Acherns Vergangenheit m. bes. Berücksicht. der kulturgeschichtlichen u. kirchlichen Verhältnisse. Festschrift zur Grundsteinlegg. der evangel. Christuskirche im Jahre des 100jähr. Stadtjubiläums v. Achern. (107 S. m. 2 Taf.) 8. Heidelberg 908. Ev. Verlag 2.—

Die Wortbildung als stilistisches Mittel, exemplifiziert an Rabelais. Nebst e. Anh. über d. Wortbildung bei Balzac in seinen 'Contes drolatiques' von Leo Spitzer. Halle a. S.: Niemeyer 1910. 157 S. 8°
(Zeitschrift f. roman. Philologie. Beih. 29.) [10. 17728 2]

Spitzer, Ludw., u. Alfr. Jungmann, Ergebnisse von 240 operierten Lupusfällen nebst Bemerkungen zur modernen Lupusbehandlung. Zugleich Ergänzg. zu Prof. Eduard Lang's Monographie: „Der Lupus u. dessen operative Behandlg." Eingeleitet durch „Betrachtgn. üb. die neueren Heilmethoden der Lupus" v. Eduard Lang. (IV, 205 S. m. 63 Abbildgn.) gr. 8. Wien 905. J. Šafář. n. 6. 50

Spitzer, M., der Krieg u. die Moral, s.: Volksschriften zur Umwälzung der Geister. 43. Hft.

Spitzer, M. A., s. a. Walter, Ernst.

Sieben Theaterstücke von Ernst Walter (M[oritz] A[dolf] Spitzer). Wien: C. Konegen 1900. (319 S.) 8° [F] [c9 1131]

Spitzer, R., Mülheimer Bürgerbuch. Sammlung v. Verordngn. u. Vorschriften, welche v. d. Kreise u. d. Stadt Mülheim a. d. Ruhr erlassen sind u. zu Recht bestehen. Anh.: Verzeichnis sämtl. Polizei-Verordngn. u. sonst. polizeil. Vorschriften f. d. Reg.-Bez. Düsseldorf. Im amtl. Auftr. hrsg. gr. 8. (XII, 691 S.) Mülheim a/R. 898. H. Baedeker. Geb. in Leinw. n. 6.—

Spitzer, Rudolf. 1890 ff. [früherer Name]
s. a. Lothar, Rudolf [09. 5132]

Spitzer, Rudolf: Beiträge zur Geschichte des Spieles in Alt-Frankreich. ... Heidelberg: C. Winter's Universitätsbuchh., 1891. 2 Bl., 54 S. 8°
Heidelberg, Phil. Fak., Inaug.-Diss. v. [13. Jun.] 1891

Spitzer, Rud., französische Kulturstudien. I. Beiträge zur Geschichte d. Spieles in Alt-Frankreich. gr. 8. (54 S.) Heidelberg 891. C. Winter. n. 1. 60

Spitzer, S. William Ewart Gladstone. Eine biograph. Skizze. gr. 8. (III, 47 S.) Wien 892, Leop. Weiß. * — 90

Spitzer, Salom. Tikun Schlomo. Homiletische Vorträge, Sabbath-, Fest- u. Trauerreden, nebst Anh. „Simlath Benjamin“, enth. bibl. u. talmud. Exegesen. Hrsg. v. Jos. B. Kohn. (In hebr. Sprache.) 4. (280 S.) Wien 892, (Lippe). * 4 —

Spitzer, Sam., d. Brief bei d. alten Völkern, namentl. Hebräern, Römern u. Griechen. Kulturgeschichtl. dargest. 8. (V, 239 S.) Budapest 893. Essegg, V. Fritsche. n. 4. —

Spitzer, Samuel — Chut-Hamschulasch, drei Predigten von — —. Oberrabbiner zu Essegg. Essegg, 1857, Dr. und Verlag von Karl Lehmann und Komp. (36 S. 8.)

Spitzer Samuel: De Matris Magnae Idaeae apud Romanos cultu dissertatio historica.
1883 PN 313 Diss.Wien, Univ.

Spitzer, Samuel [aus Balassa-Gyarmat]: Darstellung und Kritik der Moralphilosophie Spir's ... Raab, Buchdr. Brüder Gross, 1896 ([Umschlagt.:] 1897); VIII, 130 S., 2 Bl. 8.
Würzburg, Phil. Fak., Inaug.-Diss. v. 1897

Spitzer Dr. Samuel: Zum Ehrbegriffe in den Homerischen Gedichten. 17. Radautz 94.
Progr.

Spitzer, Sam., die Gemeinde-Ordnung bei den alten Israeliten verglichen m. den diesfälligen neuesten Bestimmungn. in Oesterreich-Ungarn. gr. 8. (143 S.) Essek 874. (Wien, Brüder Winter.) n. 2. 40

Spitzer, Samuel: Als die Inaug.-Schrift vertretend wurde angenommen des Verf. Druckschrift: Das Heer- und Wehrgesetz der alten Israeliten im Vergleiche zu den in Ungarn-Oesterreich bestehenden diesfälligen Bestimmungen. Pest 1869: Neuer. 54 S. 8°
[Halle-Wittenberg, Phil. Diss. v. 14. Nov. 1872]
Geb. [Sopron = Oedenburg (Ungarn) 1828]
Der Verf. hatte ausserdem eingereicht seine Druckschrift: Die jüdische Ehe nach mosaisch talmudischem und den in Oesterreich bestehenden besonders neuesten Ehegesetzen. Essek 1869: Wagner & Frank. 26 S. 8° [Umschlagt.]

Spitzer, S. Das Heer- u. Wehrgesetz der alten Israeliten, Griechen und Römer, verglichen mit den desfallsigen Bestimmungen für Österreich-Ungarn. 8. Vinkowce 1879.

Spitzer, Sam., das Jubiläum in seiner wörtlichen und historischen Bedeutung. Nach dem alten hebr. Schriftthum und einschläg. anderen Quellen. Eine Studie aus Anlass des 40jähr. Regierungs-Jubiläum Sr. Allerhöchsten Maj. des Kaisers und Königs Franz Josef I. 8. (123 S.) Essek 888. (Wien, Lippe.) *

Spitzer Dr. Samuel: Zum Kaiserjubelfeste. Radautz 99.
Progr.

—— über Sitte und Sitten der alten Völker, namentlich der Hebräer, Griechen und Römer. gr. 8. (90 S.) Budapest 887. (Wien, Lippe.) *

Spitzer. Dr. Samuel, Ober-Rabbiner, Die Uhr. Ein Beitrag zur Geschichte d. Alten. (Hebräer, Griechen, Römer) 8. (160 S.) Essegg, * Vict. Fritsche. 1 fl. 50 kr. 1885.

Spitzer, Samuel — Vier Vorträge des mosaisch-religiösen Inhaltes. Von — — 8. (43 S.) Pesth, Druck Emil Müller 1853.

Spitzer Siegfried: Die Wortbildung als stilistisches Mittel, exemplifiziert an Rabelais, nebst einem Anhang über die Wortbildung bei Balzac in seinen Contes Drolatiques.
1910 PN 2900 Diss.Wien, Univ.

Spitzer, Simon

Spitzer, Sim., Anleitung zur Berechnung der Leibrenten und Anwartschaften. Wien 860. Gerold. gr. 8. (VIII, 96 S.) n. 1 ℔

Spitzer, Sim., Anleitung zur Berechnung der Leibrenten u. Anwartschaften, sowie der Invaliden-Pensionen, Heirathsausstattungen u. Krankencassen. 2., verb. u. verm. Aufl. gr. 8. (IV, 188 S.) Wien 881. Gerold's Sohn. n. 5. —

Spitzer, Sim., Anleitung zur Berechnung der im Wiener Coursblatte notirten Papiere, nebst einem Anh. über Prämien, Nochgeschäfte und Stellagen. Lex.-8. (V und 73 S.) Wien 863, Gerold's Sohn. *

Spitzer: Ueber Arbitragerechnung. 78 S. 8° Wien H., Progr. 1868

Spitzer, Sim., allgemeine Auflösung der Zahlen-Gleichungen mit einer und mehreren Unbekannten. Fol. (VIII und 73 S.) Wien 851, Gerold, Verlag. *

Spitzer, Sim., Auflösung transcendenter Gleichungen. [Aus d. 3. Bd. der Denkschriften der k. Akad. der Wissensch. abgedr.] Fol. (8 S.) Wien 852. (Braumüller.) n. 8 ngl (s. auch: Denkschriften der k. Akademie der Wissenschaften. III. Bd. 3. Lfg.)

Spitzer, Sim., Auflösung transcendenter Gleichungen. Fol. (8 S.) Wien 852, (Gerold's Sohn.) *
Aus: Denkschriften der k. Akademie der Wissenschaften 3. Bd., besonders abgedruckt.

— Aufsuchung der reellen u. imaginären Wurzeln einer Zahlengleichung höheren Grades. Mit einem Vorwort von Leop. Carl Schulz v. Strasznitzki. [Aus den Abhandlgn. gesammelt u. hrsg. von W. Haidinger. III. Bd. 2. Abth.] Imp. 4. (34 S.) Wien 849, Braumuller. n. 1 ℔ (siehe auch: Abhandlungen, naturwissenschaftliche, hrsg. von W. Haidinger. III. Bd.)

Spitzer, Sim., Bemerkungen über die Integration linearer Differential-Gleichungen mit Coëfficienten, die bezuglich der unabhängig variablen von der ersten Potenz sind. (Aus d. Sitzungsberichten d. k. Akad. d. W.) Wien 857. Gerold in Comm. gr. 8. (36 S.) n. 5 nqr.

— Bemerkungen über ausgezeichnete Linien krummer Flächen. S. 10. 15. ngr.
Separatabdruck

Spitzer: Ueber die Berechnung der im Wiener Cursblatte notierten Papiere. 62 S. 8° Wien H., Progr. 1869

Spitzer, S.: Ueber die Berechnung der im Wiener Cursblatte notierten Papiere und über die Arbitragen-Rechnung in solchen Papieren. 140 und 76 S. 8°. – Wien. Hand. Ak., Progr. 1870. 1871.

Spitzer Simon: Über die geometrische Darstellung eines Systems höherer Zahlengleichungen. S. 6. 12 Ngr.
Separatabdruck

Spitzer, S., Entwurf v. Statuten e. Versicherungs-Gesellschaft gegen Verluste in Handelsgeschäften. gr. 8. (15 S.) Wien 887. Cerny. n. — 40

—— Gesammt-Uebersicht über die Production, Consumtion und Circulation der Mineralkohle, als Erläuterung zur Kohlenrevier-Karte des Kaiserstaates Oesterreich nach authent. Quellen. Lex.-8. (IV und 103 S. mit 1 ill. Karte in Imp.-Fol.) Wien 864, (Prandel.) *

Spitzer, Sim., Gesetze in den höheren Zahlengleichungen mit einer oder mehreren Unbekannten. Mit einem Vorwort von Leop. Carl Schulz von Strasznitzki. [Aus den naturwissenschaftlichen Abhandlungen gesammelt u. hrsg. von W. Haidinger. III. Bd. II. Abth.] Imp. 4. (30 S. m. 1 lith. Taf.) Wien 849, Braumüller. n. 24 ngr (siehe auch: Abhandlungen, naturwissenschaftliche, hrsg. von W. Haidinger, III. Bd.)

— Integration der Differential-Gleichung $(a_2 + b_2 x) y'' + (a_1 + b_1 x) y' + (a_0 + b_0 x) Y = 0$. (Aus d. Sitzungsberichten d. k. Akad. d. W.) Wien 857. Gerold in Comm. gr. 8. (42 S.) n. 7 ngr.

Spitzer, Simon, Integration partieller Differential-Gleichungen. gr. 8. (IV, 93 S.) Wien 879, Gerold's Sohn. *

—— Integration verschiedener linearer Differential-Gleichungen. Lex.-8. (32 S.) Wien 857, (Gerold's Sohn.) * *
aus: Sitzungsberichte der k. Akademie der Wissenschaften, Jahrg. 1857, besonders abgedruckt.

— Integration verschiedener linearer Differential-Gleichungen. (Aus d. Sitzungsberichten d. k. Akad. d. W.) Ebend. 858. gr. 8. (32 S.) n. 5 ngr.

— Neue Integrationsmethode für Differenzengleichungen, deren Koeffizienten ganze algebraische Funktionen der unabhängigen Veränderlichen sind. S. 20. [illegible] vgr.
Separatabdruck

Spitzer: Ueber Invaliden-Pensionen. 57 S. 8°-Wien H, Progr. 1864

— über die Kriterien des Grössten und Kleinsten bei den Problemen der Variationsrechnung. (Aus d. Sitzungsberichten d. k. Akad. d. W.) Ebend. 854. gr. 8. (82 S.) n. 14 ngr.

—— über die Kriterien des Grössten und Kleinsten bei den Problemen der Variationsrechnung. Lex.-8. (82 S.) Wien 855, (Gerold's Sohn.) *
Aus: Sitzungsberichte der k. Akademie der Wissenschaften J. 1854, besonders abgedruckt.

— Über die Kriterien des Grössten und Kleinsten bei den Problemen der Variationsrechnung. 1. Mitteilung. S. 12. 1854 vgr.
— — 2. Mitteilung. S. 11. [illegible] vgr.
Separatabdruck

— über Münz- und Arbitragen-Rechnung. Wien 861. Gerold. gr. 8. (127 S.) n. 1 ₰ 4 ngr.

Spitzer, Simon, üb. Münz- u. Arbitragen-Rechnung. 2., vollständig umgearb. Aufl. gr. 8. (VIII, 172 S.) Wien 872. Gerold's Sohn. n. 4. 40

— Note über die zweiwerthigen Functionen, s.: Abhandlungen, naturwissenschaftliche, herausg. von W. Haidinger. III. Bd.

Spitzer: Ueber die Pensionsvereine der Beamten österr. Eisenbahn-Dampfschiffahrts- und Bank-Gesellschaften. 41 S. 8°.-Wien H., Progr. 1863

— Skizzen aus dem Gebiete der höheren Gleichungen, s.: Abhandlungen, naturwissenschaftl., hrsg. von W. Haidinger, IV. Bd.

—— Studien über die Integration linearer Differential-Gleichungen. Lex.-8. (XII und 82 S.) Wien 860, Gerold's Sohn.

—— dass. — 1. Fortsetzung. Lex.-8. (VI und 102 S.) Ebendas. 861. *

—— Studien über die Integration linearer Differential-Gleichungen. 2. Fortsetzung. Lex.-8. (VI und 118 S.) Wien 862, Gerold's Sohn. *

Spitzer, Simon, neue Studien üb. die Integration linearer Differential-Gleichungen. gr. 8. (142 S.) Wien 874. Gerold's Sohn. n. 6. —

— neue Studien über die Integration linearer Differential-Gleichungen. 1. u. 2. Fortsetzung. gr. 8. (IV, 96 u. IV, 80 S.) Ebend. 881. 82. n. 7. — (1—3.: n. 13. 60)

Spitzer, Simon, neue Studien üb. die Integration linearer Differential-Gleichungen. 3. Fortsetzung [Schluss]. gr. 8. (VI, 78 S.) Wien 883. Gerold's Sohn. n. 3. 60 (Hauptwerk u. 1—3. Fortsetzg.: n. 17. 20)

Spitzer, Sim., Tabellen für die Zinses-Zinsen- u. Renten-Rechnung mit Anwendung derselben auf die Berechnung von Anlehen, Construction von Amortisationsplänen etc. Wien 865. Gerold's Sohn. gr. 8. (VIII, 431 S.) n. 3 ₰ 10 ngr.

— Tabellen f. die Zinses-Zinsen u. Renten-Rechnung, mit Anwendg. derselben auf die Berechnung v. Anlehen, Construction v. Amortisationsplänen etc. 2. umgearb. Aufl. gr. 8. (XII, 465 S.) Ebend. 875. n. 15. —

Spitzer, Sim., Tabellen für die Zinses-Zinsen- und Renten-Rechnung mit Anwendung derselben auf Berechnung von Anlehen, Construction von Amortisationsplänen etc. 3. verb. und verm. Aufl. gr. 8. (VIII, 513 S.) Wien 886, Gerold's Sohn. *ℳ 15.—.; geb. *

Spitzer, Sim., Tabellen f. d. Zinses-Zinsen u. Renten-Rechng. m. Anwendg. derselben auf Berechng. v. Anleihen, Construction von Amortisationsplänen etc. 4., unveränd. Aufl. gr. 8. (VIII, 513 S.) Wien 897. C. Gerold's Sohn. n. 15; geb. in Leinw. 16. 40

Spitzer, Simon, Untersuchungen im Gebiete linearer Differential-Gleichungen. 1. Heft. gr. 8. (60 S.) Wien, Carl Gerold's Sohn. 1 fl 50 kr. 1884

—— Untersuchungen im Gebiete linearer Differential-Gleichungen. 2. und 3. Heft. gr. 8. (VI, 49; VI, 45.) Ebendas. 885. à Heft *
1. Heft. Ebendas. 1884. *ℳ 3.—.

—— Vorlesungen über lineare Differential-Gleichungen. gr. 8. (XVI, 194 S.) Ebendas. 878. *

— Zusätze zu meinen Arbeiten über höhere Gleichungen. S. 7. [illegible] vgr.
Separatabdruck

Spitzer, T., Lebensschicksale der Geschäfts-Reisenden u. der allgemeine Konkurrenzkampf. Ein getreues Spiegelbild üb. die krit. Verhältnisse im kaufmänn., industriellen u. Gewerbeverkehr. Hrsg. u. verf. auf Grund 25 jähr. Erfahrg. als Reiseschriftsteller. (47 S.) 8. Berlin (W. 62, Lützowufer 22) (904). Selbstverlag. n. — 50

Jubiläums-Broschüre im Interesse d. reisenden Geschäftswelt. Lebensschicksale der Geschäfts-Reisenden und der allgemeine Konkurrenzkampf. Ein getreues Spiegelbild über d. krit. Verhältnisse im kaufmänn., industr. u. Gewerbeverkehr ... Verf. ... von T. Spitzer. 1.–10 Taus. Berlin: Paritschke & Schurich [1905]. (47 S.) 8° [Aut. u. F.]

Spitzer, T., Wald u. Flur. Gemeinnützige Abhandlgn. üb. die neuesten Errungenschaften auf dem Gebiete d. Forst- u. Landwirthschaft ꝛc., unter besond. Berücksicht. d. Fortschritte im landwirthschaftl. Maschinenwesen, nebst Anh. von Bezugsquellen. Mit zahlr. Abbildgn. im Text. Unter Mitwirkg. von O. v. Riesenthal, A. Berghaus u. Paul Hoepffner red. u. hrsg. gr. 8. (VI, 144 S.) Berlin 890. (Leipzig, H. Voigt.) n. 2. —

Spitzer, L., Wald u. Flur. Gemeinnützige Abhandlgn. üb. die neuesten Errungenschaften auf dem Gebiete der Forst- u. Landwirthschaft 2c., unter besond. Berücksicht. der Fortschritte im landwirthschaftl. Maschinenwesen, nebst Anh. v. Bezugsquellen. Mit zahlreichen Abbildgn. im Text. Unter Mitwirkg. v. O. v. Riesenthal, A. Berghaus u. Paul Hocpfner red. u. hrsg. 2. (Titel-)Aufl. gr. 8. (VIII, 144 S.) Berlin 891. (Leipzig, W. Opetz.) n. 1. —

Spitzer, Wilhelm [pr. Arzt]: Aus d. pharmakolog. Institut d. Univ. Breslau. Experimentaluntersuchungen über die Darmwirkung des Opiums und Morphins. ... (Aus: Virchow's Arch. f. path. Anat. ... 123. Bd. 1891.) Berlin, *Druck u. Verl. v. G. Reimer,* 1891; 40 S., 1 Bl. 8°
Breslau, Med. Fak., Inaug.-Diss. v. 20. März 1891

Spitzer, Wilh., Experimentaluntersuchungen üb. die Darmwirkung d. Opiums u. Morphins. [Aus: „Archiv f. pathol. Anatomie etc."] Diss. gr. 8. (40 S.) Berlin 891. (Breslau, L. Köhler.) n. 1. —

Spitzfeder, Jonas. Merkwürdige Lebensbeschreibung des uns allen sehr bekannten französischen Generals Vandamme. (8) 8. s. l. 1813.

Spitzl, von der Verf. des kleinen Matthis, Krummschnäbelchen 2c. 2. Aufl. Straßburg 866. (Berlin, E. Beck.) 8. (20 S.) n. 2⅓ ngr.

Spitzka, Joh., übersichtliche Darstellung der unter dem Titel: „Reise der österreichischen Fregatte Novara um die Erde in den J. 1857, 1858, 1859 unter den Befehlen des Commodore B. v. Wüllerstorf-Urbair" erschienenen Publicationen. Nebst Schlussbericht der Novara-Commission der kaiserl. Akademie der Wissenschaften an Se. Maj. den Kaiser über die Vollendung der wissenschaftl. Publicationen der Novara-Expedition und der geschichtl. Darstellung dieser Expedition. Im Auftrage der Novara-Commission der kaiserl. Akademie der Wissenschaften zusammengestellt zur Orientirung für die Käufer und zur Erleichterung der Ordnung für die Besitzer des ganzen Werkes. gr. 4. (XII S. und Schlussbericht XII S.) Wien 877, (Gerold's Sohn.)

Spitzkugeln. Zeit-Distichen ... Darmstadt 1849. V: *Hoffmann genannt von Fallersleben, August Heinrich.* (GGr)

Spitzkugeln. Beiblatt zur Wartburg. 12 Nummern. Leipzig 1850. 4.

Spitzkugeln. (Satyr.-polit. Wochenschrift.) Nr. 11—12 (in 1 Bde.). Leipzig, Magaz. f. Lit., 1850. 4°. Hsrsb., geles.
52 fortl. S. Mit vielen sehr originellen Hirsch.-Illustr. — Selten!

Spitzkugeln, humoristische. Im Vereine mit mehreren satirischen Freischützen herausg. von Aristophanes d. j. Wien 862. Markgraf & Co. 8. (126 S. m. Holzschn.) n. 5 ngr.

SPITZLBACHMAYR, Johann (Passau): De exanthematibus quibusdam chronicis.- München: Deschler 1851.
32 S.
5.5.1851 - Urk: F 67
Diss. Ingolst-Landsh.-Mchn.

Spitzlin, Christiana Rosina, Christiana Rosina Spitzlin // Poetische // Ergötzungs= //Stunden. // Augspurg /// Verlegts Mertz und Mayer / 1731. - 15 Blatt (nicht paginiert) Titelkupfer, Titelblatt, Widmung, Vorrede und Ehrengedichte von B. H. Brockes, Gottl. Siegm. Corvinus u.a. - 208 S.

Spitzlin, Chr. Rosina, poetische Ergötzungsstunden. 2 Thle 8. Augsb. Merz. 735-38.

Spitzmüller, Alexander

Spitzmüller, A., Die Quote. [Aus: „Österr. Staatswörterbuch".] (39 S.) Lex-8. Wien, A. Hölder. 1907. 1. 30.

— Die staatsfinanziellen Vereinbarungen im österreichisch-ungarischen Ausgleich. Vortrag, geh. in d. Gesellschaft der Volkswirte am 4. II. 1908. (26 S.) gr. 8. Wien 908. W. Braumüller. — 80
Sonderabdruck aus: „Ztschr. f. Volkswirtschaft, Sozialpolitik u. Verwaltg."

Spitzmüller, Alex., die österr.-ungar. Währungsreform. Lex.-8. (II, 118 S.) Wien 902. W. Braumüller. n. 3. —
Sonderabdruck aus: „Zeitschrift f. Volkswirtschaft" etc.

Spitzmüller, J., 15 Anschauungsbilder f. den geograph. Unterricht. Anh. zu: Kurzgefaßte Erdbeschreibg. f. deutsche Schulen v. S. gr. 8. (10 S.) Bruchsal (898). O. Katz. n. — 10

Spitzmüller, J., kurzgefaßte Erdbeschreibung für Volksschulen. 1.—3. Aufl. 3 Thle. in 1 Heft. 4. (à 4 S.) Bruchsal 878,79, Katz Sohn. *
Einzelne Theile à *
Inhalt:
Thl. 1. Das deutsche Reich.
" 2. Europa.
" 3. Asien, Afrika, Amerika, Australien.

Spitzmüller, J., kurzgefaßte Erdbeschreibung für Volksschulen. 4. und 5. verm. und verb. Ausg. gr. 8. (32 S.) Bruchsal 880,81, Katz. *

—— kurzgefaßte Erdbeschreibung für deutsche Schulen. 6. verm. und verb. Aufl. gr. 8. (32 S.) Ebendas. 883. *
In 3 Heften à *
Inhalt:
1. Deutsches Reich. (8 S.) — 2. Europa; die Himmelskörper. (12 S.) — 3. Die vier Erdteile: Asien, Afrika, Amerika, Australien; die Himmelskörper. (12 S.)

Spitzmüller, J., kurzgefaßte Erdbeschreibung f. deutsche Schulen. gr. 8. (32 S.) Bruchsal 886. Katz, Sohn. n. — 25; in 3 Hftn. à n. — 15
1. Deutsches Reich. 9. Aufl. (10 S.)
2. Europa; die Himmelskörper. 7. Aufl. (12 S.)
3. Die 4 Erdteile: Asien, Afrika, Amerika, Australien; die Himmelskörper. 7. Aufl. (13 S.)

Spitzmüller, J., kurzgefaßte Erdbeschreibung f. deutsche Schulen. 10. Ausg. gr. 8. (36 S.) Bruchsal 888. O. Katz. n. — 25

— kurzgefaßte Erdbeschreibung für deutsche Schulen. Neue, m. vielen (1 farb.) Illustr. versch. Ausg. gr. 8. (36 S.) Ebd. 900. n. — 25

Über Therapie und Heilerfolge bei Skrofulose und chirurgischer Tuberkulose der Kinder im Kaiserin Elisabeth-Kinderhospital in Bad Hall in Oberösterreich von Dr. **Walter Spitzmüller,** Dirig. Primarius, Hall. *Leipzig & Wien: F. Deuticke 1904.* (51 S.) 8° [04. 200]

Spitznagel, Anton [Justizref.]: Die Haussuchung im Strafprozess insbes. nach d. Strafprozessordng f. d. deutsche Reich ... Tübingen, Druck v. W. Armbruster & O. Riecker, 1896; 3 Bl., 64 S. 8.
Tübingen, Jur. Fak., Inaug.-Diss. v. 1897

Spitznagel, Ant., d. Haussuchung im Strafprozess insbesondere nach d. Strafprozessordng. f. d. deutsche Reich. Diss. gr. 8. (VI, 64 S.) Tübingen 896. (F. Fues.) n. 2. —

Spitznagel, Kilian Zebedäus, (K. F. Döhnel), Kilian ich komme wieder! oder: Meiner Frauen wirkl. Erscheinung nach ihrem Tode. Eine wahre Geschichte. 8. Zwickau u. Leipz. 805.

Spitzner, Adam Benedikt

— disquisit. critica super locis illustr. codicis sacr. hebr. ad illustrationem ideae analyticae sacrae nuper editae. 4. Leipz. 770. Hertel. 6 gr.

Spitzner, Adm. Bdkt., (✝ d. 4. Oct. 1793.) idea analyticae sacrae textus hebraici Vet. Test. ex accentibus. 4. Leipz. 769. Hertel. 4 gl

— institutiones ad analyticam sacram textus hebraici Vet. Test. ex accentibus. 8. Halle 786. Waisenhaus-B. 14 gl

— comment. philologica de parenthesi libris sacris V. et N. Testamenti accommodata. 8. Lps. Büschel. 772. — 12

— commentatio philologica de parenthesi libris sacris Vet. et N. Testamenti accommodata. 8. Leipz. 773. Büschel. 12 gl

— vindiciae originis et auctoritatis divinae punctorum, vocalium et accentuum in libris sacris Vet. Test. etc. 8. Lpz. 791. (List in Berl.) 1 ₰

— vindiciae originis et auctoritatis divinae punctorum, vocal. et accent in libris sacris vet. Test. 8. Lipsiae, Sommer. 791.

Spitzner, Alfr., die wissenschaftliche u. praktische Bedeutung der Lehre v. den psychopathischen Minderwertigkeiten f. die Pädagogik. Vortrag, geh. auf der 31. allgemeinen deutschen Lehrerversammlg. (dem deutschen Lehrertage) zu Stuttgart, Pfingsten 1894. gr. 8. (46 S.) Leipzig 894. E. Ungleich. n. — 90

Johannistag. [Kompon. von] Alfred **Spitzner.** [Leipzig o. J.: Vogel.] 1 Bl. 8°. [Kopftit.]
Mit Noten: „Rosen streut Johannisluft" ... 21.

[F.] **Spitzner,**(*Rudolf*) Alfred: Natur und Naturgemässheit bei J. J. Rousseau ... Jena, Frommannsche Buchdr., 1891; IV, 103 S. 8.
Leipzig, Phil. Fak., Inaug.-Diss. v. [13. Jan.] 1892

Natur und Naturgemäßheit bei J. J. Rousseau. Eine philos.-pädag. Studie von Dr. Alfred Spitzner. Leipzig: Ungleich in Komm. 1892. IV, 101 S. 8° [10. 6329

Spitzner, Alfr., die psychologische Pädagogik, s.: Strümpell, Ludw.

Spitzner, Alfr., die pädagog. Pathologie, s.: Strümpell, L.

— dasselbe im Seminarunterricht, s.: Beiträge zur Lehrerbildung u. Lehrerfortbildung. 24. Hft.

Psychogene Störungen der Schulkinder. Ein Kapitel d. pädag. Pathologie. Von Dr. Alfred Spitzner. *Leipzig: E. Ungleich 1899.* (45 S.) 8° [F.] [01. 10917

[F.] Das Völkerschlacht-National-Denkmal, das Denkmal der Befreiung und der nationalen Wiedergeburt Deutschlands ... Denkschrift d. Deutschen Patrioten-Bundes hrsg. v. dessen 1. Schriftführer Dr. Alfred Spitzner .. *Leipzig: Deutscher Patrioten-Bund 1897.* (44 S., 6 Bl.) 1 Bd 8. [98. 3176 I

Spitzner, Alfr., das Völkerschlacht-National-Denkmal, d. Denkmal d. Befreiung u. d. nationalen Wiedergeburt Deutschlands. Denkschrift d. deutschen Patrioten-Bundes. gr. 8. (44 S. m. 7 Abb.) Leipzig 897. (F. Fleischer, Berl.) n. — 50

Spitzner, Alois Aegid, das Lächeln der Tessa. Ein Renaissance-Spiel. 1. u. 2. Tausend. (118 S.) 8. Wien (904). Das literar. Deutsch-Oesterreich. n. 2. 50

Spitzner, Ernst — Suli, der Sulioten Festung, Fall im Jahre 1803 [Gratulationsgedicht zum Abgang dreier Primaner zur Universität]. 7 S.
Wittenberg, Progr. 1843

Spitzner, (Er.) Franz (Heinrich)

Spitzner, F. — Abschiedsworte bei Gelegenheit der feierl. Entlassung einiger akadem. Abiturienten, gespr. den 23. Septbr. 1824. 3 S.
Wittenberg, Progr. 1825

Spitzner, F. — Carminum latinorum ex Graeco petitorum specimen. (Euphorbus. Homo. Achilles ex undis servatus. Irae coelestes. Andromachae querelae. Philoctetes. Pandarus. Tempus. Septem sapientes Graeciae. Ver. Aestus.) 16 S. . . . .
Wittenberg, Progr. 1836

Spitzner, F., kurze Darstellung der frühern Geschichte und neuen Einrichtung des Lyceums zu Wittenberg :c. 8. (Leipzig, Fr. Fleischer.) 818.

—— Geschichte d. Gymnasiums u. d. Schulanstalten zu Wittenberg, aus d. Quellen erzählt. gr. 8. (20½ B.) Leipzig 830, [Böhme]

Spitzner, Fr. Frz. Hnr., Geschichte des Gymnasiums u. der Schulanstalten zu Wittenberg, aus d. Quellen erzählt. gr. 8. Leipz. 830. Hartmann. 1 ₰ 8 gl

Spitzner, Franz, s. Homerus: Ilias.

Spitzner, Franz, s. Köppen, J. H. J.: Erklär. Anmerkungen zu Homers Ilias.

— observationes criticae in Appollonii Rhodii Argonautica et Nonni Dionysiaca. 4. Wittenb. 810

Spitzner, Fr., Observationes criticae et grammat. in Q. Smyrnaei Posthomerica. Viteb. 818. P. I. 8.

Spitzner, F., Observat. crit. et grammat. in Quinti Smyrnaei Posthomerica. I. Pr. 1819. 14 S. 1.—

Spitzner, Franc., Observationum criticar. et grammaticar. in Quinti Smyrnaei posthomerica particul. IV. 4maj. (1⅓ B.) Lipsiae 837, libr. Weidmann. Thlr.

—— **Observationes criticae et grammaticae in Quinti Smyrnaei posthomerica. 8maj. (22¼ B.) Lipsiae 839, libr. Weidmann.**

Spitzner, F. — De periculis, quae varia et multiformis doctrinarum supellex scholis intendit. . . . .
Progr. Wittenberg 1825

— de productione brevium syllabarum caesurae vi effecta in versu Graeco heroico, maxime Homerico, commentat. philologica. 4. Wittenb. 812.

— **Quaestiuncula de accentus inclinatione particulae περί apud Homerum concedenda cum corollario.** Pr. 1832. 10 S. 4°. —.90

— de versu graecor. heroico, maxime Homerico. Acced. ejusdem Mantissa observat. crit. et grammat. in Q. Smyrnaei posthomericor. libr. XIV, dissertat. de media syllaba pentametri Graeci elegiaci (auctore F. Fr. Friedemann). 8maj. Leipz. 815. Weidmann. 1 ₰ 16 gl Schrbp. 2 ₰ Velinp. 4 ₰

Spitzner, Fr., de versu Graecorum heroico, maxime Homerico. Acc. Observationes criticae in Quintum Smyrnaeum, et Friedemanni Dissertatio de media syllaba Pentametri. Lips. 816. 8.

Spitzner, F., Versuch e. kurzen Anweis. z. griech. Prosodie. Gel. 1821. 96 S.

-- Versuch einer kurzen Anweis. zur griech. Prosodie. gr. 8. Gotha 821. Hennings. 16 gr (Auch in Chr. Fr. Rost's griech.-deutsch. Wörterbuche. 1r Thl.)

Spitzner, (Fr.,) Versuch einer kurzen Anweisung zur griechischen Prosodie. Lexiconform. Gotha 824, Hennings.

—— Versuch einer kurzen Anweis. zur griech. Prosodie. (3. Aufl.) Lex.-8. (6 B.) Gotha 829. [Leipzig, Leich.] Vgl. Rost, Val. Chr. Fr., griech.-deutsch. u. deutsch-gr. Wörterbuch, 1. Thl.

Spitzner, F. De vi et usu praeposit. ἀνά et κατά ap. Homer. 37 S. Wittenberg, Progr. 1831

Spitzner, Franc., Dissertat. de vi et usu praepositionum ἀνά et κατά apud Homerum. — Annales scholastici. 4 maj. (6½ B. incl. 1 Tab.) Vitebergae 831, Zimmermann.

Spitzner, F., Curarum crit. in scholia Eudociae violarium. 1819.

Spitzner, Gottlob Friedrich (Reichenbach/Vl.)
A. S. 140/111

Dissertatio iuridica de poenis usurarum exactionem respuentibus. Präs. Heinrich Brokes.
Wittenberg (Eichsfeld) VI. 1741. 24 S.

Gew.: Albert Christian Hahn (Grossvater), Georg Friedrich Spitzner (Vater). 33038

Spitzner, *Ernst Otto Friedrich* Johannes: Beitrag zur Kritik der Unterrichts- und Erziehungslehre des Desiderius Erasmus auf Grund seiner „Declamatio de pueris liberaliter instituendis" ... Leipzig-R., Druck v. O. Schmidt, 1893; 50 S., 1 Bl. 8. Leipzig, Phil. Fak., Inaug.-Diss. v. [18. Sept.] 1893

Spitzner, Johann Er.

— ausführl. Anweis. vorliegende Bienenschwärme ohne den geringsten Nachtheil d. Alten abzutreiben. 8. Leipz. 777. (Snoblock). 2 gr

— prakt. Anweis. z. natürl. u. glückl. Bienenzucht in Körben. 8. Lpz. Böhme. 775.

— prakt. Anweis. zur natürl. u. glückl. Bienenzucht in Körben. 8. Leipz. 775. (Snobloch). 8 gr

— ausführl. theoret.-prakt. Beschreib. der Korbbienenzucht, ihrer Dauer u. ihres Nutzens, ohne Künstelei rc. gr. 8. Leipz 788. 2e A. Mit 1 Kpf. 803. 3e A. herausgg. v. Fr. Pohl. Mit 3 Kpf. gr. 8. Ebd. 823. Hinrichs. 1 rℓ 8 gr

— ausführl. theoret. prakt. Beschreib. d. Korbbienenzucht, ihrer Dauer u. ihres Nutzens, ohne Künsteley rc. gr. 8. Lpz. Junius. (Hinrichs.) 810.

Spitzner, Jh. Er., († d. 31. Aug. 1805.) immerwährender Bienenkalender, in kurzgefaßten u. aus langer Erfahr. bewährten Regeln rc. Mit 1 Kpf. gr. 8. Leipz. 805. 2e Aufl. 810. (Hinrichs). 14 gr Schrbp. 18 gr

Spitzner, Jh. Er., krit. Geschichte der Meinungen vom Geschlechte d. Bienen, von Begattung u. Befruchtung der Bienenmütter u. d. Erzeugung d. verschied. Arten d. Bienen. 2 Thle. gr. 8. Leipz. 795, 96. (Brockhaus). 2 rℓ

— Korbbienenzucht in einem vollständ. Auszuge. 8. Pesth 806 Typ. Soc. 8 gr

Spitzner, Jh. Er., Die Landwirthschaft in Gemeinheiten, nach ihren Vortheilen, Mängeln und nöthigen Verbesserungen. gr. 8⁰. Leipzig (Brockhaus) 1791.

— Landwirthschaft in Gemeinheiten, nach ihren Vortheilen, u. Verbess. rc. gr. 8. Leipz. Junius. (Gledisch.) 791.

— die Zurücksetzung d. schädl. späten Frühjahrshutung auf der Wiesen, als das einzige Mittel d. Futtermangel rc. abzuhelfen 8. Leipz. 791. (Brockhaus). 9 gr

— Zurücksetzung d. schädl. späten Frühjahrshutung auf d. Wiesen, als d. einz. Mittel d. Futtermangel rc. abzuhelfen. 8. Leipz. Junius. (Gleditsch.) 791.

Spitzner, Karl Fr., († d. 7. Jan. 1782.) s. Thom. Wildmann, Abhandl. von d. Bienen.

Spitzner, Karl Friedrich (Reichenbach/Vl.)
A. S. 1392/11

Dissertatio historico-philosophica de decoro varia doctorum placita et scripta exponens.
Präs. Martin Hasse.
Wittenberg (Eichsfeld) V. 1740. 34 S.

Gew.: Albert Christian Hahn (Grossvater).
33039

Spitzner, Karl Friedrich [Praes.], s. Doering, Paul Rudolf: Notio decori distincta completa.

Spitzner, Rudolf Alfred, s. Spitzner, Alfred.

Spitzweg, Ed., praktische Notizen aus der italienischen Umgangssprache. Gewisse volksthümliche u. dialektmässige Ausdrucksweisen, wie sie besonders im Venetianischen u. in einigen benachbarten Provinzen, z. B. auf dem Triestiner u. Istrianer-Litorale gehört werden. Dargestellt in einer Sammlung von gesellschaftlichen Gesprächen, einzelnen Redensarten u. Wörtern etc. Zum Gebrauche der schon der italienischen Sprache Kundigen bearb. München 861. Aibl. gr. 16. (144 S.) n. 21 ngr.

Spitzweg, Eugen (Hrsg.), s. Spitzweg, Karl: Spitzweg-Mappe.

Spitzweg, Karl

Spitzweg, K., Spitzweg-Album. Fol. (14 Lichtdr.-Taf. m. Bildn.) München 896. F. Hanfstaengl. In Leinw.-Mappe 25. —

Spitzweg-Mappe, die. Hervorrag. Gemälde d. Meisters in Kupferdruck-Reproduction. M. Vorwort v. Fr. Pecht. Hrsg. v. E. Spitzweg. gr. Fol. (12 Taf. m. 8 S. Text.) München 887. Braun & Schneider. In Mappe. n. 50. —; Ausg. vor der Schrift (auf chin. Pap. u. m. d. Portr. des Künstlers [nur in 12 Exemplaren hergestellt]) n. 200. —

Spitzweg-Mappe, die. Hervorragende Gemälde d. Meisters in Kpfrdr.-Reproduktion. M. Vorwort v. Frdr. Pecht. Hrsg. v. Eug. Spitzweg. 2. Aufl. gr. Fol. (12 Blatt m. VIII S. Text.) München 898. Braun & Schneider. In Leinw.-Mappe n. 50. —

Spitzweg-Mappe. Hrsg. vom Kunstwart. (8 Bl. m. VIII S. illustr. Text.) 38×28 cm. München (908). G. D. W. Callwey. In Umschlag 2.50

— die neue. Hervorragende Gemälde des Meisters in Kupferdruck-Reproduction. Heliogravüre v. E. Albert. Hrsg. v. E. Spitzweg. kl. 4. (12 Taf. m. 4 S. Text.) Ebd. 888. In Mappe. 12. —

— die neue. Hervorragende Gemälde d. Meisters in Kpfdr.-Reproduction. Heliogravüre v. Eug. Albert. Hrsg. v. Eug. Spitzweg. 2. Aufl. gr. 8. (12 Blatt.) Ebd. 898. In Leinw.-Mappe 12. —

Spitzy, Hans, über Bau u. Entwicklung des kindlichen Fusses. (32 S. m. 5 Taf.) Lex.-8. Berlin 903. S. Karger. n. 2. —
Sonderabdruck aus: „Jahrb. f. Kinderheilkde."

Spitzy, Hans, Chirurgie u. Orthopädie im Kindesalter, s.: Handbuch d. Kinderheilkunde.

Spix, Johann Baptist Ritter von

v. Spix, Ritter Jh. Bapt., üb. die Affen der alten u. neuer Welt im Allgemeinen u. besond. üb. die schwarzen Heulaffer u. d. Moloch; nebst e. Verzeichniß aller bis jetzt bekannter Affenarten. Mit 2 Kpf. gr. 4. Münch. 814. Franz. 8 ℊ

de Spix, (J. B.,) Animalia nova sive species novae Lacertarum quas in itinere per Brasiliam annis 1817—20. colleg. et descripsit. Cum 30 tabb. aen. lithograph. et color. Imp. 4. Monachii 825, (Lips., Fr. Fleischer.) 24 16

— Brasilien in seiner Entwickelung seit der Entdeckung bis auf unsere Zeit. Eine Rede. gr. 4. Münch. 817. (Fr. Fleischer in Leipz.) 15 ℊ u. gr. 4. Ebd. 821. Finsterlin. 8 ℊ

von Spix, Johann: Brasilien in seiner Entwicklung bis auf unsere Zeit. Eine Rede zur Feyer des Maximilians-Tages in der öffentlichen Sitzung der Akademie der Wissenschaften gehalten. München 1821. 44 S. 4°. (M 1926

— Brasilien in seiner Entwickelung seit der Entdeckung bis auf unsere Zeit. Eine Rede gr. 4. Münch. 822. Finsterlin. — 8

Spix, de et Martius, de. Carte générale de l'Amérique méridionale en deux grandes feuilles. Munich. 1825. Folio.

— et Martius, Carte générale de l'Amerique meridionale en 2 feuilles, d'après les observations et les cartes speciales rapportéer du voyage dans l'interieur du Brésil pendant les années 1817—1820. Münch. 827. (Leipz., Fr. Fleischer). 8 ß 18 ℊ

Spix, J. B., Cephalogenesis, sive capitis ossei structura formatio ac significatio per omnes animalium classes. gr. fol. München, Lindauer, auch Perthes u. B. in Hamb. 815. 57 12

— Cephalogenesis, sive capitis ossei structura, formatio ac significatio per omnes animalium classes, genera ac aetates digesta, atque tabulis illustrata, legesque simul psychologiae, cranioscopiae ac physiognomiae inde derivatae. Accedd. XVIII Tabb. Fol. maj. Münch. 825. (Leipz., Fr. Fleischer). 69 ß

— Darstell. des innern Körperbaues d. gemeinen Blutigels. Mit 2 Abbildd. gr. 4. Münch. 814. (Franz). 16 ℊ

—— et L. Agassiz, selecta genera et species piscium etc., s. a. Martius, C. F. Ph. de.

— et Aggasiz, selecta genera et species Piscium, quos in itinere per Brasiliam annis MDCCCXVII — XX peracto collegit et pingendos curavit. Vol. I. Cum 55 Tab. lithogr. Fol. Münch. 829. (Fr. Fleischer in Leipz.) 60 ß Vol. II. Cum 46 Tab. color. 831. Ebd. 49 ß 12 ℊ

Geschichte und Beurtheilung aller Systeme in der Zoologie nach ihrer Entwicklungsfolge von Aristoteles bis auf die gegenwärtige Zeit. Von Johannes Spix. Nürnberg: Schrag 1811. XXVI, 710 S. 8°

v. Spix, Ritter Jh. Bapt., u. Martius, Karte von Brasilien in 2 Blätt. Elephanten-Fol. Münch. 826. (Leipz., Fr. Fleischer). 10 ß

— üb. eine neue Landschneckengattung ꝛc. gr. 4. Münch. 825. (Franz). 4 ℊ

— Abhandl. über die Naturgeschichte des medicin. Blutegels. Münch. 181 . .

Spix. Ueber ein neues, vermuthlich dem Pteropus Vampyrus Linn. zugehöriges Petrifikat aus dem Solenhofer Kalkbruch in Bayern. (Aus d. Denkschr. d. k. Akad.) München 1820. 4.

— üb. ein neues, vermuthlich dem Pteropus vampyrus angehöriges Petrificat aus d. Solenhofer Steinbruch in Baiern. Mit 1 Kpft. gr. 4. Münch. 820. (Franz). 5 ℊ

—— und C. F. Ph. v. Martius, Reise in Brasilien, s. Martius, C. F. Ph. v.

— Dies. f. die Jugend bearb. v. K. F. Dietzsch, s. Taschenbuch der neuern, f. die Jugend bearb. Entdeckungsreisen. Bd. 2.

— u. C. F. Ph. v. Martius, Reise in Brasilien auf Befehl Sr. Maj. Max. Joseph I., Königs v. Baiern in d. J. 1817—20. 3 Thle. gr. 4. Münch. 823—831. (Leipz., Fr. Fleischer). 12 ß 16 ℊ, Roy.-Velinp. mit 3 Atlassen. 66 ß Imp.-Velinp. 85 ß 12 ℊ (Vergl. Martius; auch F. E. Desberger).

— u. C. F. Ph. v. Martius, Reise in Brasilien, auf Befehl Sr. Maj. Max. Jos. I., Königs von Baiern in d. J. 1817 — 20. 1r Thl. Mit 1 Atlas in gr. Roy-Folio 2 illum. u. 13 Schwz. Steindr. enth. 1 Karte u. 1 Heft brasilian. Volkslieder. Imp.-Fol. Münch. 824, (Leipz., Fr. Fleischer.) 38 Rthl. ohne Atlas, 4 Rthl. in Roy.-4. mit Atlas.

Spix, Joh. Bapt. v., u. Carl Fr. Phil. v. Martius, Reise in Brasilien. Für die reifere Jugend bearb. u. mit Worterklärungen versehen von Jos. v. Hefner. 2 Bde. 8. (34⅝ B. u. 4 Stnt.) Augsburg 846, Jaquet's Vrlgsh.

de Spix, (J. B.,) Avium species novae quas in itinere per Brasiliam annis 817 — 20. colleg. et descripsit. Tom. I et II. Cum 222 tabb. aen. lithograph. et color. Fol. Münch. 824 u. 26. (Lips., Fr. Fleischer.) Rthlr.

— Avium species novae, quas in itinere per Brasiliam annis 1817—20. colleg. et descripsit. Tom. I. et II. Cum 222 tabb. aen. lithograph. et color. Fol. Münch. 825 u. 26. (Leipz., Fr. Fleischer). 252 ß

— Ranae et Testudinis Brasiliensis Species novae, cum tab. XXXIX color. Fol. min. Münch. 825. (Leipz., Fr. Fleischer). 45 ß

— Serpentum Brasiliensium species novae, ou histoire naturelle des espèces nouvelles des Serpens, recueillies et observées pendant le Voyage dans l'interieur du Brésil dans les années 1817—1820. Ecrite d'après les notes du Voyageur par J. Wagler. Avec 28 Planches lithograph. et color. Imp. Fol. Münch. 824. (Leipz., Fr. Fleischer). 38 ß

— Serpentum Brasiliensium species novae, ou histoire naturelle des espèces nouvelle des Serpens, recueillis et observées pendant le Voyage dans l'interieur du Brésil dans les années 1817 — 20. Ecrite d'après les notes du Voyageur par J. Wagler. Avec 26. Planches lithograph. et color. Imp. Fol. Monachii 824, (Lips., Fr. Fleischer.)

— Simiarum et Vespertilionum Brasiliensium species novae, ou histoire naturelle des espèces nouvelles de Singes et chauves-souris observées et recueillies pendant le voyage dans l'interieur de Brèsil dans les années 1817 — 1820. Cum 38 tabb. aen. lithogr. et color. Imp.-Fol. Münch. 824. (Leipz., Fr. Fleischer). 63 ₰

Spix, Jo. Bapt. de, Testacea fluviatilia, quae in itinere per Brasiliam annis 1817—20, collegit et pingenda curavit. Digessit, descripsit et observat. illustr. J. A. Wagner. Edid. F. a Paula de Schrank et C. F. P. de Martius. Fol. (11 B. u. 29 ill. Stnt.) Monachii 827. (Lipsiae, Fr. Fleischer.)

— Testacea Fluviatilia, quae in itinere per Brasiliam annis 1817—1820, collegit et pingenda curavit. Digessit, descripsit et observat. illustr. J. A. Wagner. Edid. F. a Paula de Schrank et C. F. P. de Martius. Mit 29 illum. Steintaf. Fol. Münch. 828. (Fr. Fleischer in Leipz.) 25 ₰

Spiz, Felix. s. Spitz

Splanemann, Gust. (geb. Wormditt 7. 11. 1827): De Digitali purpurea. Berolini (1854). (27 S.) 8°
Berlin, Med. Diss. v. 21. Okt. 1854

Splawa Neyman, Hans von: Über die Ozonide einiger cyclischen Kohlenwasserstoffe und ihre Spaltungsgeschwindigkeit. Kiel 1910: Lüdtke & Martens. 42 S. 8°
Kiel, Phil. Diss. v. 2. Juni 1910, Ref. Harries
[Geb. 18. Nov. 85 Rastatt; Wohnort: Spandau; Staatsangeh.: Preußen; Vorbildung: Gymn. Siegburg Reife O. 06; Studium: Bonn 1, Kiel 7 S.; Rig. 22. Jan. 10.] [U 10. 2539

Spleen, der; od. einer hat zu viel, d. andere zu wenig. Lstsp. 8 Wien, Kurzböck. 776.

— — dasselb. gr. 8. Lpz. Rein. 795.

Spleen, Jack, oder ich erschieße mich nicht. Lstspl., s. J. G. Dyck, Theater.

S[pleiss]. J[ohann] J[acob]. Beschreibung der astronomischen Uhr auf dem Frohnwaag-Thurm in Schaffhausen. Mit kurzem historischem Vorwort, und einem lithographirten und illuminirten Zifferblatt. Verfasst von J. J. S. [Neu hrg. von Johann Jacob Schalch.] 8. [Schaffhausen] o. J. [1830/40].

Spleiß, Johann Jakob: Disputatio solennis medica de febribus in genere et earundem percuratione per sudorem in specie.
Basel; med. Diss. 1705

Spleiss, Thomas (Schaffhausen) A. S. 1344/42

Dissertatio physico-mathematica, de propagatione luminis, ejusdemque refractione et reflexione. Basel (Thurnisius) 25. V. 1728. 16 S.

Gew.: Stadt Schaffhausen. 33040

Splendid, der König; e. Feenmährchen, (v. Mch. Truckenbrot). 8. Nürnb. 782. Grattenauer. 10 ₰

Splendid, Der König, ein Mährchen. Nürnb. 1788. V: *Truckenbrot, Michael.* (Ky) (ML)

Splendor lucis, od. Glanz des Lichts; aus d. Hebr. rc. v. Wienner, herausgg. v. A. Booz. 8. Leipz. 785. (Cnobloch). 6 ₰

Splenis, de usu morboque splenico ad Werlhofium liber. 8. Wolfenb. Meisner. 761. — 12

Splény's Beschreibung der Bukowina. Hrsg. v. Joh. Polek. 12. (XVI, 167 S.) Czernowitz 893. H. Pardini. n. 2. —

Spletchaeff, M. S., zur orientalischen Frage. Die Wahrheit unter allen Umständen Mai 854. Stuttgart, Fr. Köhler in Comm. (Aue.) 8. (24 S.) 3¾ ngr.

Splett, Franz

— Kaisers Geburtstag in d. Volksschule. Reden u. Gedichte zur Geburtstagsfeier Sr. Maj. Kaiser Wilhelm II. gr. 8. (48 S. m. Bildn.) Breslau 896. F. Goerlich. n. — 60

Kaisers Geburtstag in der Volksschule. Reden u. Gedichte z. Geburtstagsfeier S. M. Kaiser Wilhelms II. Von Franz Splett. 2. verm. Aufl. Breslau: F. Goerlich [1905]. (59 S.) 8° [F.] [06. 12056 2

Splett, Frz., Kaisers Geburtstag in der Volksschule. Reden u. Gedichte zur Geburtstagsfeier Sr. Maj. Kaiser Wilhelms. II. 4., verm. u. verb. Aufl. (64 S.) gr. 8. Breslau (909). F. Goerlich. — 60

Splett, Frz, Josephus v. Hohenzollern, d. letzte Abt v. Oliva. Eine pädagogisch-histor. Studie. gr. 8. (VIII, 79 S. m. Bildn.) Danzig 898. R. Barth. n. 1. 25

— Maria von Hohenzollern. Eine biographisch-histor. Studie. (VI, 96 S. m. Abbildgn., 1 Bildnis u. 1 Stammtaf.) gr. 8. Graudenz 904. G. Röthe. n. 2. —; Prachtausg. geb. in Leinw. n. 4. —

Splettstösser, Oskar, a. Rosenfelde in Westpreußen: Über das δ-Chlor-γ-valerolacton und einige verwandte Körper, (Berlin: R. Trenkel 1907.) (39 S.) 8°
Berlin, Phil. Fak., Ref. Fischer, Diss. v. 15. März 1907
[Geb. 7. Okt. 78 Rosenfelde, Kr. Deutsch-Krone, Westpr.; Wohnort: Steinburg (Pommern); Staatsangeh.: Preußen; Vorbildung: Humboldt-Gymn. Berlin Reife M. 01; Studium: Berlin 10 S.; Rig. 29. Nov. 06.]

Splettstößer, Willy

— u. G. Wolff, Diktierstoff zur Einübung d. deutschen Rechtschreibung u. Zeichensetzung. 2 Tle. 8. Ebd. 908. 3.—; geb. 4. —
I. Vorkursus. 1. bis 3. Schulj. (VIII, 83 S.) 1.—; geb. 1. 40
II. Haupt- u. Ergänzungskursus. 4. bis 8. Schulj. (XIII, 200 S.) 2.—; geb. 2. 60

Splettstösser, Willy: Der heimkehrende Gatte und sein Weib in der Weltlitteratur. T. 1. *Berlin: Mayer & Müller 1898.* (69 S.) 8° ¶ (Erscheint vollständig im gleichen Verlage.)
Berlin, Phil. Diss. v. 10. Aug. 1898

Splettstösser, W., der heimkehrende Gatte u. s. Weib in d. Weltlitteratur. Litterar-histor. Abhandlg. gr. 8. (96 S.) Berlin 899. Mayer & Müller. n. 2. 40

Splettstößer, W., biblische Geschichten f. die Vorschulen höh. Lehranstalten. 4., erweit. Aufl. (VIII, 76 S.) 8. Berlin 906. Trowitzsch & Sohn. Kart. n. — 80

Biblische Geschichten für die Vorschulen höherer Lehranstalten von W[illy] Splettstößer, Lehrer. 5., der 4. gleichlautende Aufl. Berlin: Trowitzsch & Sohn 1907. (VIII, 76 S.) 8° [F.] [07. 7188

Splettstösser, Willi, Maxim Gorki. Eine Studie üb. die Ursachen seiner Popularität. (46 S. m. 1 Bildnis.) 8. Charlottenburg 904. G. Bürkner. n. — 75

Splettstößer, Willy u. G. Wolff

— — Methodik des Rechtschreibunterrichtes. Ein Beitrag z. Förderg. des orthograph. Unterrichts in der Volksschule. (VII, 114 S.) 8. Ebd. 908. 1.60; geb. 2. —

Splettstößer, W[illy] u. G. Wolff: M e t h o d i k des Rechtschreibunterrichtes. Ein Beitrag z. Förderung d. orthogr. Unterrichtes in d. Volksschule. Berlin: Trowitzsch 1909. VI, 114 S. 8°

Splettstösser, Willi, Dr.: Vittorio Alfieris Oreste. Berlin 1907: Weidmann. (37 S.) 4°
Berlin, XIII. R OP 1907 (148)

Splettstößer, W., Rechenbuch f. die Vorschule, s.: Vogel, E.

— Rechenfibel, s.: Vogel, E.

— deutsche Sprachübungen f. die Vorschulen höherer Lehranstalten. 3 Tle. 8. Ebd. 906. Kart. n. 2.65
I. Grundleg. Uebungen f. das 1. Schulj. (III, 32 S.) n. — 55
II. Oktava. (VIII, 96 S.) n. 1. —
III. Septima. (VIII, 115 S.) n. 1. 10

Deutsche Sprachübungen für die Vorschulen höherer Lehranstalten von W[illy] **Splettstößer,** Lehrer. 1 3. Berlin: Trowitzsch & Sohn 1906 07. 3 Bde 8° [F.]
1 Grundlegende Übungen f. d. 1. Schuljahr 1906 2. Oktava. 1907.
3 Septima. 1907. [07. 7189

Splettstößer, W., deutsche Sprachübungen f. die Vorschulen höherer Lehranstalten. II. u. III. Ausg. A. 2. Aufl. 8. Berlin, Trowitzsch & Sohn. Kart. 2. 20
II. Oktava. (IV, 100 S.) 908. Kart. 1. —
III. Septima. (IV, 124 S.) 908. Kart. 1. 20

— dasselbe. II. u. III. Ausg. B. 8. Ebd. 910. Geb. 2. 10
II. Oktava. 8., durchgeseh. Aufl. (VI, 96 S.) Geb. 1. —
III. Septima. 3., durchgeseh. Aufl. (VI, 118 S.) Geb. 1. 10

Spliedt, E., Spurgeon's Austritt u. das Tadelsvotum d. Rates der „Baptist Union". 8. (III, 57 S.) Bonn 888. Schergens. n. — 50

Spliedt, E., Spurgeon's Austritt u. das Tadelsvotum des Rates der „Baptist Union". (Neue [Titel-]Ausg.) (III, 57 S.) 8. Neukirchen [888] (906). Buchh. d. Erziehungsvereins. Kart. n. — 25

Spliedt, Gustav, approb. Arzt aus Kappeln (Schlei): Aus d. pathol. Institute zu Kiel. Aorten-Aneurysmen und Syfilis. *Kiel 1903: H. Fiencke* (27 S.) 8°
Kiel, Med. Diss. v. [25. Juli] 1903

Spliedt O. J. F.: Monstri acardiaci descriptio anatomica. Diss. inaug. anatom.-physiol. Kiliae 1859. 20 S. 3 Tvl. 4°.

Spliedt, Walther: Über Myelitis. *Mölln i. L. 1897: L. Alwart.* (32 S.) 8°
Freiburg i. B., Med. Diss. v. 1897

Splieth, Gustav Ludwig: De linguae persicae grammatica doctrina. Halle-Wittenberg, Phil. Diss. v. 31. Jan. 1846
Geb. [Salzwedel 7. 4. 1824]
Ms. fehlt. Mit der Diss. ist vermutlich identisch des Verf. Buch: 'Abdu 'r-Rašīd b. 'Abdu 'l-Gafūr Husainī: [Neupersisch:] Qawā'id u dawābit zbabān-i pārsī
Grammaticae persicae praecepta ac regulae quas lexico persico Ferhengi Reschidi praefixas e duobus codicibus uno Roedigeri, altero bibliothecae Reg. Berolinensis scripsit et edidit [Gustav Ludwig] Splieth. Halis: Lippert & Schmidt 1846. 51 S. 4°
Verf. erlebte das goldene Dr.-Jubiläum 1893 als ehem. ao. Professor in Jena und Geheimer Legationsrat a. D. in Berlin.

Splieth, Wilhelm [aus Itzehoe]: Ueber vorgeschichtliche Alterthümer Schleswig-Holsteins m. bes. Berücks. ihrer Beziehg zu d. Geologie d. Landes u. ihrer mineralog. Eigenschaften ... Kiel & Leipzig, Lipsius & Tischer, 1896; 61 S., 1 Bl. 8.
Kiel, Phil. Fak., Inaug.-Diss. v. [12. Aug.] 1896

Ueber vorgeschichtliche Alterthümer Schleswig-Holsteins mit besonderer Berücksichtigung ihrer Beziehung zu der Geologie des Landes und ihrer mineralogischen Eigenschaften. Von Wilhelm **Splieth.** Kiel und Leipzig. 1896. Sonderabdruck aus dem Archiv für Anthropologie und Geologie Schleswig-Holsteins. Bd. 2. Heft 2. 1896. 8°.

Splieth, [Wilhelm:] Ueber das D a n e w e r k . Separat-Abdruck aus dem Correspondenz-Blatt der deutschen anthropologischen Gesellschaft. Nr. 9. o. O. 1897. 4°

Splieth, W., Inventar der Bronzealterfunde aus Schleswig-Holstein. Mit 230 Abbildgn. (auf 13 Taf.) nach Federzeichngn. v. F. Knorr u. W. Prell. gr. 8. (89 S.) Kiel 900. Lipsius & Tischer. n. 5. —

Splieth, W., neue Mittheilungen v. den Runensteinen bei Schleswig, s.: Handelmann, H.

Splingard, Alexis, s.: Clarissa.

Splingard, F. Eisenbahnverbindung zwischen Köln und Marburg. Kassel 1847. fol.

Splitgerber jr., aus den Alpen. I.—III. Serie. Je 4 Kunstblätter in Farbendr. München (904). Kunstverlag München H. Sonntag. á 2. 50
I. 24×32 cm. — II. III. Je 30,5×41,5 cm.

Splitgerber, C., Ueber das Glas. Gesammelte Aufsätze. Berlin 1852.

Splithusius, Heinrich Gottlieb (Köthen) A. S. 776/41

Dissertatio inauguralis juridica de sententia declaratoria. Präs. Johann Bernhard Friese.
Jena (Werther) 4. VI. 1718. 32 S.

W. v.: Karl Heinrich Hoermann (Opp.), Jo. Gottfried Rugeroeh, Zacharias Schubarth, Johann Gotthard Nohr, Johann Friedrich Petersen (Opp.), Emanuel Lebrecht Heinrich. 33041

Splithusius, Johann Friedrich (Köthen) A. S. 766/7

Dissertatio inauguralis juridica de contractu aestimatorio. Präs. Wilhelm Hieronymus Bruckner.
Jena (Müller) 16. IV. 1710. 48 S. 33042

Splitt, A., Nachrichten über Deutschland u. seine 38 Länder u. Ländchen, reichend bis März 1848. Frei von jeder Reflexion. Nach Berghaus, Dieterici, Galleti u. a. 8. (63 S.) Berlin 849. (Springer.) n. 8 ngr

Splittegarb, E., e. Kritik der Übungsbücher d. grundlegenden Rechenunterrichts, unt. Beleuchtg. d. gebräuchlichsten Methoden. gr. 8. (69 S.) Düsseldorf 890. Schwann. n. 1. 20

Splittegarb, E. Rechenaufgaben f. die unteren Klassen höherer Lehranstalten, sowie f. die Volksschule. 3 Hefte. 8. Düsseld. 890, Schwann. [1. Heft. (47 S.) ** — 40; 2. Heft. (51 S.) ** — 40; 3. Heft. (68 S.) ** — 50.] ** 1 30

Splittegarb, E., Rechenaufgaben f. die unteren Klassen höherer Lehranstalten, sowie f. die Volksschule. 2. u. 3. Hft. 8. Düsseldorf, L. Schwann. Kart. n.n. 1.30
2. Die Zahlenräume 1 bis 200 u. 1 bis 1000. 2. Aufl. (51 S.) (901.) n. — 60
3. Der unbegrenzte Zahlenraum. Das Rechnen m. benannten Zahlen. 2. Aufl. (68 S.) (901.) n.n. — 70

Splittegarb, E., Rechenaufgaben f. die unteren Klassen höherer Lehranstalten, sowie f. die Volksschule. III. Hft. 8. Düsseldorf, L. Schwann. Kart. n.n. — 70
Der unbegrenzte Zahlenraum. Das Rechnen m. benannten Zahlen. 3. Aufl. (68 S.) (906.)

Splittegarb, E., Rechenaufgaben f. die unteren Klassen höh. Lehranstalten, sowie f. die Volksschule. I. u. II. Heft. 8. Düsseldorf (907). L. Schwann. — 80; kart. 1. 20
I. Die Zahlenräume 1 bis 5, 1 bis 10, 1 bis 20 u. 1 bis 100. 3. Aufl. (unveränd. Neudr.). (48 S. m. Abbildgn.) — 40; geb. — 60
II. Die Zahlenräume 1 bis 200 u. 1 bis 1000. 3. Aufl. (unveränd. Neudr.) (51 S.) — 40; geb. — 60

Splittegarb, Karl Friedrich

Splittegarb, Karl Fr., († d. 18. Nov. 1802.) A B C, od. erstes Schulbuch. Mit Fig. 8. Berl. 799. 2e A. 8. Halle 808. N. A. 831. Waisenhaus-B. 4 gr ill. 8 gr

Splittegarb, Carl Frdr., A B C oder erstes Schulbuch. Neue Aufl. 8. (126 S. m. eingedr. Holzschn.) Halle 851, Buchh. d. Waisenhauses. 1/6 Rthlr

— französ. ABC-Spiel rc. 8. Berl. 785. (Dümmler). 2 gr

— verbess. ABC-Spiel, od. Bemerkk. f. Eltern rc. 8. Berl. 784. (Dümmler). 2 gr Schrbp. 3 gr

Anleitung zum Rechnen (von *K. F. Splittegarb*) Berlin, Hesse. 8 2 Th. (10 gr.) 1784.

— Anleit. z. Rechnen. 2 Thle. 8. Halle 785. 2e Aufl. 790, 91. 1r Thl. 9e A. 825. 5 gr 2r Thl. 8e A. 823. 5 gr N. Aufl. f. die preuß. Staaten in Silbergroschen. 2 Thle. Ebd. 830. Waisenhaus-B. 10 gr

— Anleit. z. Rechnen. 2 Thle. 8. Ebend. 809-10. (à 5 gr.)

— Anleitung zum Rechnen. 1r u. 2r Thl. 5te u. 6te Aufl. 8. Ebend. 815. (à 5 gr.)

Splittegarb, C. F., Anleitung zum Rechnen. II Thle. 8te Aufl. 8. Halle, Waisenhaus. 820. — 10

Splittegarb, Karl Friedr., Anleitung z. Rechnen. 2 Thle. (1. 10., verb. Aufl., 2. 9. verb. A.) 8. (13¼ B.) Halle 837, Buchh. d. Waisenhauses.

— neue Bemerkk. üb. d. Lesenlehren, die deutsche Rechtschreibung u. d. Gebrauch des neuen Bilder-ABC. 8. Berl. 787. (Dümmler). 2 gr

— neues Bilder-ABC, od. deutsches Lesebuch f. die Jugend. 1r Thl. Mit Kpf. 8. Berl. 787. 2e A. 791. 3e A. ... 4e Aufl. 794. 5e A. 798. 6e A. 808. (Dümmler). 14 gr ill. 1 Rthlr 12 gr 2r Thl. od. Moral in Beispielen. 8. Ebd. 789. 3e Aufl. 801. 4e A. 794. 5e Aufl. hrsgg. v. F. P. Wilmsen. Mit Kpf. 8. Ebd. 805. 10 gr ill. 16 gr

— die größte Erleichterung des Lesenlernens, bewirkt durch e. Bogen mit großgedr. Sylben rc. 1e u. 2e Lieferg. gr. 8. Berl. 788. 2e A. 790, 91. Waisenhaus-B. (I. 3 gr II. 6 gr) 9 gr

Splittegarb, Karl Friedrich, s. F r a g e n üb. d. Inhalt d. Taschenbuchs f. Kinder.

– s. G e b r a u c h , Üb. den, d. Taschenbuchs f. die Jugend.

Handbuch für Lehrer bey der Anleitung zum Rechnen. (von *K. F. Splittegarb*) Berl. Hesse. 8. 1 Th. 32 S. — 2. Th 32 S. 1784/85.

— Handbuch f. Lehrer bei d. Anleit. zum Rechnen. 2 Thle. 8. Halle 784, 85. 1r Thl. 7e A. 823. 3 gr 2r Thl. 5e A. 822. 3 gr N. A. f. die preuß. Staaten in Silbergroschen. 2 Thle. Ebd. 830. Waisenhaus-B. (à 3 gr) 6 gr

— Handbuch f. Lehrer b. Unterricht im Rechnen. 2 Thle. 8 Ebend. 806. (à 3 gr.)

Splittegarb, C. F., Handbuch f. Lehrer beim Unterricht im Rechnen. 1r Thl. 5te Aufl. 8. Halle, Waisenhausbuchh. 813.

— — dass. 2r Thl. 3te Aufl. 8. Ebend. 814.

— Handbuch für Lehrer beym Unterricht im Rechnen. 2 Thle. 6te Aufl. 8. Ebend. 819.

— Handbuch f. Lehrer beym Unterr. im Rechnen. 2 Thle. Neue Aufl. f. d. Preuß. Staaten in Silbergroschen. 8. (8 B.) Halle 830, Buchh. d. Waisenhauses.

— die neuesten Lehr- u. Erziehungsvortheile; e. Quartalschrift. 1s Quart. 8. Berl. 787.

— deutsches Lesebuch, s. oben: Bilder-ABC, 1r Thl.

— deutsches Lesebuch f. d. ersten Anfänger, m. K. 8. Berlin, Lange. 784.
Schreibp.

— französ. Lesebuch f. Anfänger. 8. Berl. 788. Mit e. französ.-deutschen Wortregister. 8. Halle 809. 10e A. 831. Waisenhaus-B. 10 gr

— franz. Lesebuch, nebst ein. franz.-deutschen Wörterbuche. 5te Aufl. 8. Ebend. 813.

— französ. Lesebuch für Anfänger. 6te Aufl. 8. Ebendas. 819.

Splittegarb, (C. F.) französ. Lesebuch f. Anfänger, nebst e. französ. Wörterbuche. 7e Aufl. 8. Halle 822, Waisenhaus-Buchh.

—— franz. Lesebuch f. Anfänger. Nebst e kurzgef. Grammatik u. e. franz.-deutsch. Wörterbuche. 9. Aufl. (15½ B.) 828., 10. A. ... (?), 11., verb. A. (16 B. incl. 2 Tab. 4.) 8. Halle 834, Buchh. d. Waisenhauses.
à

—— franz. Lesebuch f. Anfänger. Nebst e. kurzgef. Grammatik u. e. franz.-deutsch. Wörterbuche. 12., verb. Aufl. 8. (..B.) Halle 841, Buchh. d. Waisenhauses.

— Dass. bearbeitet v. M. L. Schlesinger. 8. Bresl. 801. Gehr. 12 gr

Splittegarb's, C. F., Lateinisches Lesebuch f. Anfänger. Berlin 794. 8.

— latein. Lesebuch f. Anfänger. 8. Halle 794. Waisenhaus-B. 5 gr Schrbp. 6 gr

SPLITTEGARB, C. F., L i e d e r z u r B i l d u n g d e s H e r z e n s. Hrsg. von —. Berlin. Frankesche Buchh. 1795. Kl. 8°. 2 Bll., 340 S., 5 Bll. Reg. (In Berlin, Magistratsbibl.)

— heil. Lieder, Freunden der Andacht geweihet. 8. Halle 801. Waisenhaus-B. 1 Rthlr

– s. L i e d e r bei Tische.

– s. L i e d e r der Weisheit und Tugend.

— Materialien zu e. größern Lesekästchen f. Schulen rc. nebst e. Anleit. zu dessen Gebrauch. 8. Berl, u. Halle 801. Waisenhaus-B. 2 Gr

— Moral in Beispielen, s. oben: Bilder-ABC, 2r Thl.

– s. Müchler, J. G.: Neues Taschenbuch für die Jugend.

— Rechenblättchen, welche die Aufgg. aus d. 1n Thl. der Anleit. enthalten. 12. Halle 801. Waisenhaus-B. 3 Gr

— Sprachbüchlein. 2te Aufl. 8. Hildburgshausen, Hanisch. 813.

— deutsche Sprachlehre für Anfänger, mit Aufgaben. 8. Halle ... 4e A. 809. 10e A. 824. Waisenhaus-B. 6 Gr

— deutsche Sprachlehre f. Anfänger mit Aufgaben. 5te Aufl. 8. Halle, Waisenhausbuchh. 812.

— deutsche Sprachlehre für Anfänger mit Aufgaben. 8te Aufl. 8. Ebend. 820.

—— deutsche Sprachlehre f. Anfänger, mit Aufgaben. 11., verb. Aufl. 8. (10½ B.) Halle 834, Buchh. d. Waisenhauses.

—— deutsche Sprachlehre f. Anfänger, mit Aufgaben. 12. Aufl. 8. (10½ B.) Halle 840, Buchh. d. Waisenhauses.

—— s. Taschenbuch f. Kinder.

— wie lehret man Kindern am leichtesten die französ. Sprache? 8. (Halle) 788. Waisenhaus B. 1 Gr

– s. Zeittafel d. Weltgeschichte.

Splitter. Wochenschrift f. Humor u. Unterhaltung. Hrsgbr: Bernard Lebel [u. Arthur Zapp]. 1.—4. Jahrg. Oktbr. 1889—Septbr. 1893. à Jahrg. 52 Nrn. (Bog.) gr. 4. Berl., Exped. à Jahrg. * 8

— dasselbe. Hrsg.: Bernard Lebel u. Max Böttcher. Mitred.: Hans v. Grünau. 5. Jahrg. Oktbr. 1893—Septbr. 1894. 52 Nrn. (à ca. 2 Bog.) gr. 4. Ebd. n. 8. —

Splitter u. Balken aus Oesterreich. 8. (10½ B.) Leipzig 845, Phil. Reclam jun.

Splitter, protestantische u. römische Balken. Betrachtungen zur Borromäus-Enzyklika v. Gustav Adolf. (62 S.) 8. Würzburg (910). Memminger. — 60

Splitter, Otto, d. Buchstabenschrift. E. Darstellg. ihrer Entwickelg., nebst e. Anh. üb. Graphologie. gr. 8. (24 S.) Flöha 897. A. Peitz & Sohn. — 40

Splittgerber, A., die Abstammung des Menschen nach Hypothese u. Wissenschaft. s.: Lehr- u. Wehr für's deutsche Volk.

— dein Wort ist meines Fußes Leuchte, s.: Unterhaltungs-Bibliothek, christliche.

Splittgerber, A., d. evangelische Geistliche u. d. Mischehe. gr. 8. (40 S.) Berlin 898. Reuther & Reichard. n. — 60

— Jesus u. d. Samariterin am Jakobsbrunnen. 3 Predigten üb. Joh. 4, V. 1—42, nebst e. Abschiedspredigt. E. Blatt d. Erinnerg. f. f. ehemal. Gemeinde Schmarse. gr. 8. (44 S.) Schwerin 895. F. Bahn. n. — 50

Splittgerber, A., ist die Inquisition e. großartige Institution rc. gewesen?, s.: Schriften f. das evangelische Volk.

Splittgerber, A., Kampf u. Sieg des Evangeliums im Kreise Schwiebus, s.: Schriften f. das deutsche Volk.

Splittgerber, A., kann e. moderner Mensch an Wunder glauben?, s.: Lehr u. Wehr fürs deutsche Volk. 10. Hft.

— Georg Müller, der Waisenvater in Bristol, s.: Für Feste u. Freunde d. inn. Mission, 18. Hft.

— die Sünde wider den heiligen Geist, die Verstockungssünde d. Wiedergeborenen. gr. 8. (67 S.) Gütersloh 890. Bertelsmann. n. 1. —

Splittgerber, Arthur

— Die Bedeutung der Fischerei f. die Fleischversorgung im Deutschen Reich, s.: Jahrbücher, landwirtschaftliche. 38. Bd. (König, J.)

Splittgerber, Arthur: Chemische Zusammensetzung und Nährwert des Fischfleisches. Langensalza (1909): Beyer. 58 S. 8° ¶(Aus: J. König & A. Splittgerber: Die Bedeutung d. Fischerei f. d. Fleischversorgung im Dtsch. Reich, ersch. b. Parey, Berlin, auch als: Landwirtsch. Jahrbücher. Bd 38, Erg.Bd 4.)
Münster, Phil. Diss. v. 5. Juni 1909, Ref. König
[Geb. 24. Sept. 84 Meiningen; Wohnort: Münster i. W.; Staatsangeh.: Sachsen-Meiningen; Vorbildung: Paulin. Gymn. Münster Reife O. 04; Studium: Münster 8, München 1 S.; Rig. 13. Febr. 09.] [U 09. 3617

Splittgerber, Carl, s. Splittgerber, Karl.

Splittgerber, Frz., aus dem geistlichen Amte. Erinnerungen u. Winke, vornehmlich jüngeren Amtsbrüdern dargeboten. 8. (IV, 252 S.) Leipzig 886. Böhme. n. 2. 60

Splittgerber, Frz., die gegenwärtige Lage der evangelischen Volksschule in Preußen u. die Simultanschule. Vortrag. Geh. auf der Jahres-Versammlung der Freunde der positiven Union am 16. Septbr. 1880 zu Stettin. gr. 8. (8 S.) Berlin 880. Deutsche evangel. Buch- u. Traktat-Gesellschaft in Comm. n. — 20

—— aus dem innern Leben. Erfahrungsbeweise für die Einwirkungen einer höheren Welt in das Seelenleben des Menschen. Ein Beitrag zur christl. Mystik. gr. 8. (X, 162 S.) Leipzig 880, Böhme. *
—— dass. — 2. vollständig umgearb. und durch Beiträge angesehener Theologen verm. Aufl. gr. 8. (XVI, 384 S.) Ebendas. 884. * ℳ 4.; geb. *

Splittgerber, Frz., die moderne widerchristliche Pädagogik nach ihren Bahnbrechern Rousseau und Basedow vom Standpunkt des Evangeliums aus dargestellt und beurtheilt. 8. (VII, 160 S.) Leipzig 878, [Böhme und Drescher.] Böhme. *

Splittgerber, Frz., Schlaf u. Tod, nebst den damit zusammenhängenden Erscheinungen des Seelenlebens. Eine psychologisch-apologet. Erörterung des Schlaf- u. Traumlebens, des Ahnungsvermögens u. des höheren Aufleuchtens der Seele im Sterben. 3 Liefgn. Halle 866. Fricke. gr. 8. (XXIV. 493 S.) 2 Thlr

— Schlaf u. Tod oder die Nachtseite des Seelenlebens nach ihren häufigsten Erscheinungen im Diesseits u. an der Schwelle des Jenseits; mit besonderer Berücksichtigung des Schlaf- u. Traumlebens, des Ahnungsvermögens u. der natürlichen Prophetie, sowie des höheren Aufleuchtens der Seele in der Nähe des Todes; nach bewährten Thatsachen dargestellt u. vom Standpunkt des Christenthums beurtheilt. 2., völlig umgearb. u. wesentlich verm. Aufl. 2 Thle. gr. 8. (VIII, 384 u. VIII, 276 S.) Halle 880. 81. Fricke's Verl. 9. —

Splittgerber, Frz., das Sterben wahrer Gotteskinder ein Anbruch des ewigen Lebens. Zwei Vorträge, gehalten im Evangel. Vereinshause und im Saale des Kultusministeriums zu Berlin. 8. (VI, 65 S.) Leipzig 884, Böhme.

Splittgerber, Frz., Tod, Fortleben nach dem Tode und Auferstehung. Ein biblisch-apologetischer Versuch zur Lösung der wichtigsten, in dies Gebiet einschlagenden Fragen mit besonderer Berücksichtigung der älteren und neueren Literatur. Halle 862. Fricke. 8. (XVI, 198 S.) 18 ngr.

Splittgerber, Frz., Tod, Fortleben und Auferstehung. Ein biblisch-apologet. Versuch mit besond. Berücksicht. der einschläg. Literatur. 2. vollständig umgearb. und verb. Aufl. 8. (XVI, 243 S.) Halle 869, Fricke.

—— Tod, Fortleben und Auferstehung oder die letzten Dinge des Menschen, auf Grund der heil. Schrift unter besond. Berücksicht. der bezügl. Literatur dargestellt. 3. wesentlich verm. und verb. Aufl. 8. (XVI, 272 S.) Halle 879, Fricke. * ℳ 3.; geb. *

—— Tod, Fortleben und Auferstehung. Eine biblisch-apologet. Erörterung der letzten Dinge des Menschen. 4. mehrfach erweit. Aufl. 8. (XX, 351 S.) Halle 885 Fricke's Verlag. *

Splittgerber, Immanuel, aus Wurchow (Preussen):
I. Über die beiden Amino-Campholsäuren.
II. Über einige Derivate des Citronellals. Basel 1906.
58 S. 8°. [31. I. 06.]
Basel Phil. Diss. 1905/1906.

Splittgerber, Immanuel. 1. Über die beiden Amino-Campholsäuren; 2. Über einige Derivate des Citronellals. Diss. Phil. Basel. 58 S. 8. Basel, Emil Birkhäuser, 1906.

Splittgerber, Carl [pr. Arzt aus Pasewalk]: Beiträge zur Lehre von der Hernia obturatoria m. Beschreibg e. durch Operation geheilten Falles ... Greifswald, Druck v. J. Abel, 1892; 28 S. 8.
Greifswald, Med. Fak., Inaug.-Diss. v. 22. März 1892

Splittgerber, Wilhelm, s.: In's Schlaraffenland mit der Sozialdemokratie.

Splügen, s.: Schweiz. Volksatlas.

Splügenbahn. Uebersichtsplan und Längenprofil 1871–72. Fol.

Splügenbahn. Einstimmig für den Splügen! Ein Wort zur Beherzigung für die Volksabstimmung. 23 Sn. 8. 1872.

Splügenpass, s.: Schweiz. Atlas.

Spoch: Wolfram v. Eschenbach. Strassb. 1863.
Schul-/Univ.-Schrift

Spogen, Joseph: Kuck dengem Kand ant' A.-Loss t' Kanner Kanner sin. Zwé Lidder. Wirder fum W(illy) G(oergen). Weis fum Jos. Spogen. Leipzig. - 5 S. 4°

Spohlinger, J. J. Die Locomotive als Erzengel durch den Gotthardtunnel. In-8°. Stuttgart, Metzler'sche Buchh. 1880.

Spohn, Bergrechtliche Ausführungen im Hinblick auf ein für das Großherzogtum Baden zu erlassendes Berggesetz. Mannheim, 1859–1860. 83 S.

Spohn, A., theoretisch-praktische Anleitung zur Behandlung d. deutschen Anschauungs- u. Sprachunterrichts in der Elementarklasse, resp. Unterabtheilg. utraquist. Schulen nebst einigen prakt. Fingerzeigen f. den ersten Schulunterricht überhaupt. gr. 8. (VII, 114 S.) Leipzig 872. Peter. n. 1. 25

—— deutsche Fibel. 2. verb. Aufl. 8. (78 S. mit eingedr. Holzschn.) Ebendas. 874. * 30 Pf.; geb. *

Spohn, A., deutsche Fibel. 3.—5. Aufl. 8. (78 S. mit eingedr. Holzschn.) Leipzig 875—79, Peter's Verlag. *
geb. **

Spohn, A., deutsche Fibel. 7., nach der vom königl. Ministerium der geistlichen, Unterrichts- u. Medizinal-Angelegenheiten verordneten Rechtschreibung bearb. Aufl. gr. 8. (80 S.) Leipzig 880. Peter. n. — 30; geb. n.n. — 45

Spohn, A., deutsche Fibel. 6.—10. nach der vom königl. Ministerium der geistl., Unterrichts- und Medizinal-Angelegenheiten verordneten Rechtschreibung bearb. Aufl. gr. 8. (80 S.) Leipzig 880—86, Peter's Verlag. * 30 Pf.; geb. **

Spohn, A. Deutsche Fibel. 12. Aufl. gr. 8. (80 S. m. Bildern.) Lpz. 892, C. Peter. * — 30; geb. * — 45

Spohn, A., deutsche Fibel. 13. Aufl. gr. 8. (80 S. m. Bildern.) Leipzig 893. C. Peter. n. — 30; kart. n. — 45

Spohn, A., deutsche Fibel. 15., verb. Aufl. gr. 8. (80 S. m. Abb.) Leipzig 898. C. Peter. n. — 30; geb. n.n. — 45

Spohn, A., deutsche Fibel. 16. Aufl. gr. 8. (80 S. m. Abbildgn.) Leipzig (901). C. Peter. n. — 30; geb. n.n. — 45

Spohn, A., deutsche Fibel. 19., dem Ministerial-Erlaß vom 28. II. 1902 entsprechend durchgeseh. u. verb. Aufl. nach neuer Orthographie. (80 S. m. Abbildgn.) 8. Leipzig 906. Dürr'sche Buchh. Geb. n.n. — 45

Spohn, A., deutsche Fibel. 20., dem Ministerial-Erlaß v. 28. II. 1902 entsprechend durchgeseh. u. verb. Aufl. nach neuer Orthographie. (80 S. m. Abbildgn.) 8. Leipzig 909. [Dürr'sche Buchh.] C. Peter's Verl. — 30; geb. n — 45

— polsko-niemiecki Elementarz. — Polnisch-deutsche Fibel u. erstes Lesebuch f. utraquist. Schulen. gr. 8. (IV, 90 S. m. eingedr. Holzschn.) Ebend. 872. n. — 55

—— polnisch-deutsche Fibel für utraquistische Schulen. 2 Thle. 2. verm. und verb. Aufl. 8. Ebendas. 874. *
geb. *
Inhalt:
Thl. 1. (64 S. mit eingedr. Holzschn.) * 25 Pf.; geb. ** 38 Pf.
„ 2. Erstes Lesebuch für utraquist. Schulen. (88 S. mit eingedr. Holzschn.) * 35 Pf.; geb. ** 50 Pf.

— polnisch-deutsche Fibel f. utraquistische Schulen. 2 Thle. 8. Ebend. 874. 76. n. — 60; geb. n. — 88
1. 3. Aufl. (64 S. m. eingedr. Holzschn.) n. — 25; geb. n.n. — 38
2. Erstes Lesebuch f. utraquist. Schulen. 2. Aufl. (88 S. m. eingedr. Holzschn.) n. — 35; geb. n.n. — 50

—— polnisch-deutsche Fibel für utraquistische Schulen. 2 Thle. 3. Aufl. 8. Ebendas. 875. [1. Thl. (64 S. mit eingedr. Holzschn.) * 25 Pf., geb. ** 38 Pf.; 2. Thl. (88 S. mit eingedr. Holzschn.) 877. * 35 Pf.; geb. * 50 Pf.] * 60 Pf.; geb. *

— deutsches Lesebuch für die Mittelklassen katholischer Volksschulen. Unter Mitwirkung praktischer Schulmänner hrsg. gr. 8. (IV, 108 S.) Königsberg 881. Bon's Verl. n. — 35

— deutsches Lesebuch für die Mittelklassen paritätischer Volksschulen. Unter Mitwirkung praktischer Schulmänner hrsg. gr. 8. (IV, 108 S.) Ebend. 881. n. — 35

— deutsches Lesebuch für die Oberklassen katholischer Volksschulen. Unter Mitwirkung praktischer Schulmänner hrsg. gr. 8. (XV, 488 S.) Ebend. 881. n. 1. 20

Spohn, Adalbert, Prof.: Der Indikativ und der Konjunktiv in der Behandlung der französischen Syntax auf der Sekunda des Gymnasiums. Ostrowo 1906: Th. Hoffmann's Erben. (28 S.) 8°
Ostrowo, k. G OP 1906 (204)

Spohn, [Adalbert], Prof.: Vorlagen zu französischen Sprechübungen am Gymnasium zu Ostrowo. Ostrowo 1904: Th. Hoffmann's Erben. (19 S.) 8°
Ostrowo, k. G OP 1904 (194)

Spohn, Carl, s. Spohn, Karl.

Spohn, D., Hilfsbuch f. den Religionsunterricht, s.: Bak, J.

Leitfaden für den Handarbeitsunterricht in einfachen Schulen. Bearb. von F. **Spohn**, Rektor. 2. Aufl. Mit 19 gedr. u. 8 lith. Skizzen. Löbau, Westpr.: M. Hoffmann (1898). (VIII, 104 S.) 8° [F.] (os. 6785 10

Spohn, F. W. A., der Friede mit allen Menschen. Predigt über Röm. 12, 18. in der Domkirche zu Berlin am 21. Jan. 1844 gehalten. gr. 8. (1 B.) Berlin, Hayn. 1844. *

Spohn, F. W. A., das Leben im Reiche Gottes. Ein Erbauungsbuch für evangelische Christen. Stettin 860. Nagel. 8. (XIII, 415 S.) n. 1 ß 10 ngr.

—— **Predigt zu Deutschlands Jubelfeier am 6. Aug. 1843. gr. 8. (1 B.) Berlin, Springer.** *

Spohn, Friedrich August Wilhelm

***Spohn*, Fr. Aug.** Wlh., (✝ d. **17. Jan. 1824.)** de agro Trojano in carminib. **Homeri** descripto comment. geogr.-crit. 8maj. **Leipz. 814. Weigel. 4 gr** Schrbp. **6 gr**

Spohn, Friedrich August Wilhelm, s. Hesiodus: Opera et dies.

Spohn, Friedrich August Wilhelm, s. Isocrates: Panegyricus.

Spohn, F. A. W., Lectiones Theocritea. Spec. I. Pr. 1822. 48 S. 4°.		1.20
— — II. Gel. 1823. 16 S. 4°.		1.20
— — III. Pr. 1823. 24 S. 4°.		1.—

Spohn, (Fr. A. Wilh.,) lectiones Theocriteae, Spec. I — IV. 4. Lips. 824. (W. Vogel.)

— de lingua et literis veterum Aegyptiorum. Acced. Grammatica atque Glossar. Aegyptiacum edid. ed. absolv. G. Seyffarth. Pars. I. 4maj. Lips. 825, Weidmann. 1 Rthl. 16 gr. Schreib-P.

Spohn, Frid. Aug. Guil., de lingua et literis veterum Aegyptiorum, cum permultis tabulis lithograph. literas Aegyptiorum tum vulgari tum sacerdotali ratione scriptas explicantibus, atque interpretationem Rosettanae aliar. Inscriptionum et aliquot voluminum papyraceorum in sepulcris repertorum exhibentibus; acced. Grammatica atque Glossarium Aegyptiacum. edid. et absolvit Gust. Seyffarth. Ps. II. Prodromus. 4maj. (5½ B. u. 12 Stnt. Fol. maj.) Lipsiae 831, Weidmann.
Ps. I. Ebendas. 1825. 1 Thlr. 16 Gr.

— s. Nicephorus Blemm.: Duo Opuscula.

Spohn, F. A., W., De extrema Odysseae parte inde a rhapsodiae Ψ versu CCXCVII aevo recentiore orta quam Homerico I. Diss. 1815. 83 S. 2.-

— Commentatio de extrema Odysseae parte inde a Rhapsod. Ψ versu CCXCVII. aevo recentiore orta, quam Homerico. 8maj. Leipz. 816. Weidmann. 1 ß 8 gr Schrbp. 1 ß 12 gr Velinp. 2 ß

Spohn, F. A. G., de Tibulli vita et carminibus disputatio. Lips. 819. P. I. 8. (In zwei Abtheilungen, deren erste Carmen I-IV, und zweite V. enthält. Abtheil. I. enthält 74 Seiten, II. 28 Seiten, beide in fortlaufender Seitenzahl 103 Seiten).

***Spohn*, Fr. Aug. Wlh., Disp. de A. Tibulli vita et carminibus: P. I. et II. Cap. I — V. et P. III. 8maj. Leipz. 819 u. 820.**

Spohn, Georg

— evangel. protestant. Kirchenrecht in Baden.
I. Kirchenvereinigung u. Kirchenverfassung. Karlsruhe 871.
II. Kirchenverwaltung. Ebd. 875.

Spohn, Georg, aus Mehlsack (Ostpr.): **Über Sarkome** an den kindlichen weiblichen Genitalien. *Leipzig: G. Fock 1900.* (71 S.) 8°
Leipzig, Med. Diss. v. 15. März 1900

Spohn, Geo., badisches Staatskirchenrecht. Durch Mittheilung des Gesetzes vom 9. Octbr. 1860 über die rechtliche Stellung der Kirchen u. kirchlichen Vereine im Staate, sowie der anderen auf Grund derselben noch geltenden Gesetze u. Verordnungen. Carlsruhe 868. (Groos.) gr. 8. (XVII, 257 S.) n. 1 ß

Spohn, Georg [aus Ravensburg (Württemb.)]: Chemisch-geologische Studien in der Umgegend von Forchheim ... Stuttgart, k. Hofbuchdr. Zu Guttenberg (C. Grüninger), 1896; 2 Bl., 31 S. 8.
Erlangen, Phil. Fak., Inaug.-Diss. v. 24. Juli 1895

Spohn, Gottlieb Leberecht

Spohn, Gtl. Lebr., (✝ d. 2. Juni 1794.) Antwort auf eine Anzeige in d. Jenaischen Allgem. Literaturzeitung; e. Programm. 4. Dortm. 792.

— kurze Betracht. üb. die Strafgerechtigkeit Gottes. 4. Dortm. 790.

— üb. die Beweise von d. Unsterblichkeit der menschl. Seele. 4. Dortm. 793.

— collatio versionis syriacae, quam Peschito vocant, cum fragmentis in commentariis Ephraemi Syri obviis. Spec. I. et II. 4. Leipz. 785—94. Breitkopf. u. H. 8 gr

— Diss. qua examinatur S. Rev. Staeudlini interpretatio loci Jes. LII, 13. 14. 15. et LIII. tot. 4. Leipz. 794.

— etwas über die Ortsverschiedenheit im künftigen Leben. 4. Dortm. 790.

Spohn, Gottlieb Leberecht, s. Jeremias, vates, e vers. Judaeor. Alexandr.

Spohn, G. L., Ieremias vates e versione judaeorum Alexandrinorum ac reliquorum interpretum graecorum. 8. maj Lips. Breitkopf et H.

— üb. das erste Kapitel d. Briefes an d. Hebräer, 4. Dortm. 794.

Spohn, Gottlieb Leberecht, De ratione textus biblici in Ephraemi Syri commentariis obvii eiusque usu critico. Dissertatio quam ... eruditorum examini subiiciet — assumto socio Carolo Davide Ilgen. Lipsiae 1786.

— Prediger Salomo, s. Salomo.

Spohn, Gottlieb Leberecht: Der Prediger S a l o m o aus dem hebräischen aufs neue übersetzt und mit kritischen Anmerkungen begleitet. Leipzig 1785.

– s. S c h ö t t g e n , Chr.: Nov. Lexicon.

— wie die Seele nach d. Tode d. Menschen wirke? Dortm. 791.

– s. W o i d i i , K. G.: Notitia ...

Spohn, Hermann [aus Karlsruhe in Baden]: Beiträge zur Kenntniss einiger Derivate des Amarins .... Freiburg i. B., Buchdr. v Chr. Ströcker, 1888; 40 S. + 1 Bl. 8°
Freiburg i. B., Phil. Fak., Inaug.-Diss. v. 1888

Spohn, Carl, 76 zweistimmige Lieder für Schulen, stufenweise geordnet. qu. 4. (5 B.) Karlsruhe 845, Braun'sche Hofbuchh. * –

—— Singschule zum Gebrauch für Stadt- u. Landschulen. 3 Hfte. qu. (3½ B.) Karlsruhe 844, Braun'sche Hofbuchh. *

Spohn, Klemens

Die Bedeutung, Stellung und Pflichten des Ehrenrats unter besond. Berücks. der f. d. Offiziere d. Beurlaubtenstandes maßgebenden Verhältnisse von [Klemens] **Spohn**, Oberst. Berlin 1907: R. Eisenschmidt. (68 S.) 8° [F.]

Die Bedeutung, Stellung und Pflichten des Ehrenrats unter besond. Berücks. der f. d. Offiziere d. Beurlaubtenstandes maßgebenden Verhältnisse von [Klemens] **Spohn**, Oberst. 2. unveränd. Aufl. Berlin: R. Eisenschmidt 1908. (68 S.) 8° [F.]

Spohn, die B e d e u t u n g, Stellung u. Pflichten d. Ehrenrats nebst Würdigung der Tätigkeit des Kommandeurs unter besond. Berücksicht. der f. die Offiziere des Beurlaubtenstandes maßgeb. Verhältnisse. 3. auf Grund des Neuabdr. v. 1910 veränd. u. erheblich erweit. Aufl. (87 S.) gr. 8. Berlin 910. R. Eisenschmidt. 1. 50

— Berufs- u. Standespflichten der Unteroffiziere, s.: U n t e r o f f i z i e r - B i b l i o t h e k.

Spohn, die D e t a i l a u s b i l d u n g des Infanteristen f. das Gefecht als Schütze u. im Entfernungsschätzen unter Zugrundelegung des Exerzir-Reglements — Abdr. 1889 — u. der Schießvorschrift 1899. 2. bericht. Aufl. 8. (68 S.) Berlin 902. Liebel. n. 1.—

[F.] Dienstunterricht für den deutschen Infanteristen in 74 Briefen. Nebst e. Beil. üb. d. Gewehr. E. Hülfsb. z. Erlerng aller Dienstobliegenhtn u. e. Wegweiser zu treuer Pflichterfüllg. Von **Spohn**, Hauptmann ... *Potsdam: E. Dörings Erben 1896.* (V, 201 S.) 1 Bd 8. [96. 5435

Spohn, D i e n s t u n t e r r i c h t f. d. deutschen Infanteristen in 75 Briefen. Nebst e. Beilage üb. d. Gewehr. Ein Hülfsbuch zur Erlerng. aller Dienstobliegenheiten u. e. Wegweiser zu treuer Pflichterfüllg. V. e. alten Soldaten an seine jungen Freunde. 3., verb. u. verm. Aufl. 8. (V, 210 S. m. Abb. u. 1 Bildnistaf.) Potsdam 898. Berlin, R. Schröder. n. — 50

— Die allgemeinen D i e n s t v e r h ä l t n i s s e der Offiziere des Beurlaubtenstandes f. Heer u. Marine. Eine Zusammenstellg. der maßgeb. Bestimmgn. nebst Erläutergn. (173 S.) 8. Berlin 909. R. Eisenschmidt. 2.40; geb. 3. —

— die D i s z i p l i n a r - S t r a f g e w a l t d. Kompagnie-, Eskadrons- u. Batterie-Chefs, erläut. unt. Zugrundelegg. d. Disziplinar-Strafordng. v. 31. X. 1872, d. Militär-Strafgesetzbuches f. d. deutsche Reich v. 20. VI. 1872 u. d. Kriegsartikel f. d. Heer v. 31. X. 1872. 8. (78 S.) Berlin 897. R. Eisenschmidt. n. — 80; kart. n. 1. —

— die D i s z i p l i n a r - S t r a f g e w a l t des Kompagnie-, Eskadrons- u. Batterie-Chefs, erläutert unter Zugrundelegg. der Disziplinar-Strafordng. v. 31. X. 1872, des Militär-Strafgesetzbuches f. das Deutsche Reich v. 20. VI. 1872 u. der Kriegsartikel f. das Heer v. 31. X. 1872. 2. unveränd. Aufl. 8. (78 S.) Berlin 902. R. Eisenschmidt. Kart. n. 1. —

Die Einjährig-Freiwilligen, Offizier-Aspiranten der Reserve und Offiziere des Beurlaubtenstandes aller Waffen. Ihre Bedeutung f. d. Armee u. ihre Ausbildung von [Klemens] **Spohn**, Oberstlt. Berlin: R. Eisenschmidt 1906. (64 S.) 8° [F.] [08. 18108

Aus d. Praxis f. d. Praxis. Die Erziehung des Soldaten für seinen Beruf in Krieg und Frieden für d. Kompagnie-, Eskadron- u. Batterie-Chefs, sowie f. d. Subaltern-Offiz. geschrieben von [Klemens] **Spohn**, Oberstlt. Berlin: R. Eisenschmidt 1907. (98 S.) 8° [F.] [08. 18103

Spohn, [Klemens] : Die konventionellen G e b r ä u c h e beim Zweikampf unter Berücksichtigung des Offizierstandes. Von e. älteren aktiven Offizier. Nebst Anh.: Verordn. über d. Ehrengerichte d. Offiziere im Preuß. Heere v. 2. Mai 1874. A. K. O. v. 1. Jan. 1897. Strafrechtl. Bestimmungen über d. Zweikampf. Neubearb. 7. durchges. Aufl. Berlin: Eisenschmidt 1909. 60 S. 8°

Die konventionellen Gebräuche beim Zweikampf unter Berücks. d. Offizierstandes. Von e. älteren aktiven Offizier. Nebst Anh. Neu bearb. von [Klemens] **Spohn**, Oberst z. D. 7. durchges. Aufl. Berlin: Eisenschmidt 1909 [übergekl.: Neuabdr. 1910]. 60 S. 8°

— s. Gebräuche, die konventionellen, beim Zweikampf.

— G e d ä c h t n i s t a f e l zur Ausbildung des Infanteristen im Gefechtsdrill in Stichworten zum Gebrauch f. Unteroffiziere u. Rekrutenoffiziere. (27 S.) 16. Berlin 908. R. Eisenschmidt. — 20

— der I n f a n t e r i e - U n t e r o f f i z i e r im innern u. im Garnison-Dienst als Merkbuch f. das Gedächtniß. 12. (130 S.) Berlin 899. R. Eisenschmidt. Kart. n. 1. —

Die Kriegsartikel. Deren Besprechung u. Erläuterung von [Klemens] **Spohn**, Oberstlt. 2., nach d. neuen Kriegsartikeln verb. Aufl. Berlin: Liebel 1907. (68 S.) 8° [F.] [07. 1617

Spohn, Lebensbild Sr. Maj. d. Kaiser W i l h e l m II., deutschen Kaisers, Königs v. Preußen. Zur Feier f. 10jähr. Regierungsantrittes 15. VI. 1898. D. kaiserl. Kriegsheere u. allen deutschen Patrioten gewidmet. M. 10 Abb. 8. (71 S.) Berlin 898. R. Schröder. n. — 30

Luxus und Wohlleben im deutschen Offizierkorps. Ein Wort z. Abwehr von K[lemens] **Spohn**, Major. Berlin: H. Walther 1904. (30 S.) 8° [F.] [05. 3248

— P r ü f u n g s a u f g a b e n für Einjährig-Freiwillige u. Reserveoffizieraspiranten der Infanterie. 5. neubearb. Aufl. (XIV, 372 S.) kl. 8. Leipzig 910. F. Engelmann, Geb. 4. 60

Spohn. Ratgeber in Ehrenfragen aller Art. T. 1. 3. Berlin 1909. 1912.
T. 1. Die Bedeutung, Stellung u. Pflichten des Ehrenrats nebst Würdigung der Tätigkeit des Kommandeurs unter besond. Berücksichtigung der f. d. Offiz. d. Marine, d. Beurlaubtenstandes u. die Offiz. a. D. maßgebenden Verhältnisse. 4. Aufl.
T. 3. Die konventionellen Gebräuche beim Zweikampf.

— R a t g e b e r in Ehrenfragen aller Art. (In 3 Tln.) 2. Tl. Beurteilung der verschiedensten Ehrenfragen, die zu Ehrenhändeln u. Ehrengerichten Anlaß geben. (86 S.) gr. 8. Berlin 910. R. Eisenschmidt. 1.50; geb. 1. 80

Ratschläge und Winke für die praktische Ausbildung und Schulung der Infanterie-Kompagnie von [Klemens] **Spohn**, Oberstlt. Berlin: R. Eisenschmidt 1907. (112 S.) 8° [F.] [08. 18104

— **Rekrutenbriefe.** Ein militär. Katechismus f. alte u. junge Soldaten. 21.—25. Tauf. (32 S.) kl. 8. Oldenburg (905). G. Stalling's Verl. n. — 25

— **Reservistenbriefe.** Eine ergänz. Fortsetzg. meiner Rekrutenbriefe als Geleitwort f. den zur Reserve beurlaubten Soldaten u. als Wegweiser zur Treue im bürgerl. Leben. (56 S.) kl. 8. Ebd. (905). n. — 30

— Standes- u. Berufspflichten d. deutsch. Offiziers, s.: **Schaible, C.**

[S.] Das Turnen der Infanterie nebst Zwei Beilagen unter Zugrundlegung d. Turnvorschr. v. 24. Oct. 1895 nebst Nachtr. (Anl. 3), d. Exerzierreglements v. 1. Sept. 1888 u. d. Schiessvorschr. v. 9. Sept. 1893 v. [Clemens] Spohn, Major . . . *Berlin: R. Schroder 1898.* (2 Bl., 96 S.) 1 Bd 8.

— das **Turnen** der Infanterie, nebst 2 Beilagen, unter Zugrundelegg. der Turnvorschrift vom 24. X. 1895 nebst Nachtrag (Anlage 3), des Exerzierreglements vom 1. IX. 1888 u. der Schießvorschrift vom 16. XI. 1899. 2. verb. Aufl. (IV, 96 S.) kl. 8. Berlin 905. Charlottenburg, R. Schröder. n. 1. —

— Der Unteroffizier als Lehrer u. Erzieher, s.: **Unteroffizier-Bibliothek.**

Spohn, D., biblische Geschichte, s.: **Baß, J.**

Spohr. Louis Spohr. Njbl. Zürich s. [Stierlin, Leonhard].

[Biographie von] Louis Spohr. 1. 2. Abtheilung. (50., 51. Neujahrstück der allgem. Musik-Gesellschaft in Zürich 1862. 1863.) Zürich

Spohr, die **Behandlung** v. Wunden nach den Grundsätzen d. Naturheilkunde, s.: **Gesundheits-Bibliothek.**

— der **Brechdurchfall** der Säuglinge (cholera infantum, Kinder-Cholera), u. seine naturgemäße Behandlung. gr. 8. (48 S.) Berlin 890. E. Globig. n. — 50

—— Die **Cholera,** ihre Verhütung u. naturgemässe Behandlung. 1.—4. Aufl. Lex.-8. (15 S.) Berl. 892, (W. Issleib). — 25
Aus: Naturarzt, besonders abgedruckt.

— **die Cholera, ihre Verhütung u. naturgemässe Behandlung. [Aus: „Naturarzt".] 1.—4. Aufl. Lex.-8. (15 S.) Berlin 892. (G. Schuhr.) — 25**

—— die **Diphteritis,** ihre Entstehung, Verhütung und naturgemäße Heilung ohne Anwendung von Arznei. Preisschrift des Berliner Vereins für volksverständl. Gesundheitspflege. Vom alten Wasserfreund. 1. und 2. mit einigen Zusätzen versehene Aufl. 8. (46 S.) Hannover 884, Schmorl und v. Seefeld. *

— **die Diphteritis, ihre Entstehung, Verhütung u. naturgemäße Heilung ohne Anwendung v. Arznei. Preisschrift d. Berliner Vereins f. volksverständl. Gesundheitspflege. Vom alten Wasserfreund. 3., neu durchgesch. u. verb. Aufl. 12. (46 S.) Hannover 892. Schmorl & v. Seefeld Nachf. n. — 50**

— **etwas üb. Halskrankheiten, ihre Entstehung, Verhütung u. naturgemäße Heilung. Mit kurzem Rückblick auf Kaiser Friedrich III. trag. Ende. [Aus: „Naturärztl. Sprechstunden".] gr. 8. (40 S.) Nürnberg 892. (F. Korn.) — 25**

— **die Folgen der Impfung in Volk u. Armee. Ein Gutachten auf Grund 48jähr. Erfahrgn. gr. 8. (32 S.) Leipzig 891. Oranienburg, Verlag der „Neuen Heilkunst" (Loth. Volkmar). n. — 50**

Spohr, Geschichte der Beobachtung, Einschliessung, Belagerung u. Beschiessung von Mézières im deutsch-französischen Kriege 1870—1871. Im Auftrage der königl. General-Inspection der Artillerie mit Benutzung dienstlicher Quellen bearb. Mit 10 Beilagen, 5 (lith.) Plänen u. Karten. gr. 8. (VIII, 312 S.) Berlin 879. Voss. n. 10. —

— **Geschichte** der Beobachtung, Einschliessung, Belagerung und Beschiessung von Montmédy im deutsch-französischen Kriege 1870/71. Auf Veranlassung der königl. General-Inspection der Artillerie mit Benutzung dienstl. Quellen bearb. gr. 8. (IX, 230 S. mit 8 Beilagen, 4 lithogr. Plänen und Karten.) Ebendas. 877. *

— **Geschlechtskrankheiten** d. Männer, ihre Entstehg., Verhütg. u. naturgemäße Heilg., nach 50jähr. Erfahrg. dargest. gr. 8. (XII, 163 S.) Nürnberg 896. Verl. d. Naturheilvereins. 1. 50

— **Gesundheits-Brevier** od. Was haben wir zu tun u. zu lassen, um uns gesund zu erhalten bezw. um gesund zu werden? Grundzüge e. populären Gesundheitslehre. 4.—8. Tauf. (64 S.) gr. 8. Gießen 907. A. Töpelmann. n. — 50

— die Logik in der Reitkunst, s.: **Pferde,** unsere. 28 u. 32.

— **die Mauke, ihre Ursachen u. ihre Heilung. Mit e. Anh.: Recept nach Spohr zur naturgemäßen arzneilosen Heilg. der Mauke. 12. (15 S.) Berlin 894. (A.-G. Pionier.) n. — 20**

— **die Medicin vor dem Gericht der Öffentlichkeit,** s.: **Tages- u. Lebensfragen.**

— die **Naturheilkunde** u. ihre Gegner. Betrachtungen über Wesen u. Ursachen der Krankheiten, üb. Bakteriologie u. Biologie. 2. Taus. (96 S.) 8. Leipzig 905. K. Lentze. n. 1. 50

— die naturgemäße **Pflege** d. Mundes u. der Zähne, s.: **Gesundheits-Bibliothek.**

—— Die **Pocken,** ihre Entstehung, Verhütung (nicht durch Impfung), u. naturgemäße Heilung etc. gr. 8. (36 S.) Berl. 891, Issleib. * — 40

— **die Pocken, ihre Entstehung, Verhütung (nicht durch Impfung) u. naturgemäße Heilung, nebst Vorschlägen zur Verhütg. d. Impfschädiggn. u. zum Sturze d. Impfgesetzes, m. e. Vorwort: Ueber die Koch'sche Tuberculose-Impfg., ihre wahrscheinl. Zwecke u. Ziele. gr. 8. (36 S.) Berlin 891. G. Schuhr. n. — 40**

— Die kommende **Reitinstruktion,** s.: **Pferde,** unsere. 42.

—— Zur **Taktik** der Zukunft. Grundlegende Betrachtgn. üb. die Wirkgn. der Einführg. d. rauchlosen Pulvers u. kleinkalibr. Mehrladers auf die Taktik. gr. 8. (127 S.) Berl. 892, A. Bath. * 1 80
Aus: Jahrbb. f. die deutsche Armee u. Marine, besonders abgedruckt.

— **was haben wir zu thun u. zu lassen, um uns gesund zu erhalten, bezw. um gesund zu werden? Grundzüge e. Vortrages, geh. in Nürnberg am 4. Mai 1892. Hrsg. vom Naturheilverein Nürnberg. gr. 8. (57 S.) Nürnberg 893. (F. Korn.) — 40**

— e. aufklär. Wort zur **Ansteckungstheorie,** s.: **Fort** m. d. Ansteckungstheorie.

Spohr, die Cernirung, Belagerung u. Beschiessung v. Thionville im deutsch-französischen Kriege 1870/71. Im Auftr. der königl. General-Inspection der Artillerie, unter besond. Berücksicht. der artillerist. Verhältnisse u. m. Benutzg. dienstl. Quellen bearb. Mit 9 Beilagen u. 3 (lith.) Plänen u. Karten (in Imp.-Fol.) gr. 8. (VIII, 160 S.) Berlin 875. Voss. n. 6. —

Spohr, Ferdinand [aus Cassel]: Die Prapositionen bei M. Aurelius Antonin. . . . Cassel, Druck v. L. Döll, 1890; 58 S. + 1 Bl. 8° Erlangen, Phil. Fak., Inaug.-Diss. v. 1890

Spohr, Fr., Gedichte. 1.Aufl. (7 B.) 837., 2. A. gr. 12. (8 B.) Braunschweig 842, Leibrock. à

Spohr, Georg Ludwig Heinrich

G. L. H. Spohrs Anfangsgründe der Algebra. Frankfurt am Mayn, bey den Eichenbergischen Erben. 8. 300 S. 1776

Spohr, L., Anweis. z. Differential- u. Integralrechnung. gr. 8. Lpz. Gräff. 793.

— Anweis. zur Differential- u. Integral-Rechnung. Mit Kpft. gr. 8. Leipz. 793. (Wienbrack). 20 gr

— vermischte Gedichte. Französ. u. deutsch. gr. 8. Frankf. a. M. 767.

— einige Lieder. 8. Bremen 775.

— deutsche u. französ. Lieder, nebst einigen Anmerkk. darüber. 8. Braunschw. 781.

Spohr, Karl Heinrich (Übers.u.Comm.):

s.: Aitken, John: Grundsäze der Entbindungskunst. (Principles of midwifery. The third edition. Dt.) Nürnberg: 1789

Spohr, Karl Heinrich, s. Asti, F.: Entwurf.

s. Baldini: Methode.

Spohr, Karl Heinrich (Übers.u.Comm.):

s.: Bertrandi, (Giovanni) Ambrogio: Abhandlung von den venerischen Krankheiten nebst vorgesezter Lebensbeschreibung des Verfassers. (Malattie veneree. Dt.) Th.1. Nürnberg: 1790

s. Black, W.: Vergleichung.

Spohr, K(arl) H(einrich) (Übers.):

s.: Chambon de Montaux, (Nicolas): Medicinisch-praktische Abhandlung von den Krankheiten unverheiratheter Frauenzimmer. (Des Maladies des femmes. Première partie: Maladies des filles. Dt.) Nürnberg u.Leipzig: 1787

— s. Chandler, B.: Untersuchung.

s. Deacon: Anweis.

s. Delonnes: Abhandlung.

— s. Fearon: Abhandlung.

— s. Flores, J.: Mittel.

— s. Fontana, F.: Üb. das Viperngift.

— s. Fontana, N.: Bemerkungen.

— s. Foster, Ed.: Anweis.

— s. Fourcroy: Anweis.

— s. Gherardini: Geschichte.

Spohr, K[arl] H[einrich]: Veterinarisches Handbuch oder Anweisung die Krankheiten der Thiere zu erkennen u. zu heilen ... nach alphab. Ordnung. **Bd** 1—5. Nürnberg 1798—1809.
1. 1798. 2. 1799. 3. 1805. 4. 1806. 5. 1809.

Spohr, Karl Hnr., veterinar. Handbuch, od. Anweis., die Krankheiten der Thiere zu erkennen u. zu heilen, f. Thierärzte u. Haushälter in alphabet. Ordnung. 5 Bde. gr. 8. Nürnb. 798—809. Bauer u. R.

Spohr, K(arl) H(einrich): Veterinarisches Handbuch oder Anweisung die Krankheiten der Thiere zu erkennen und zu heilen für Thierärzte und Haushälter nach alphabetischer Ordnung. Bd 2, 270 S., gbd.

Nürnberg: Raspe 1799

Spohr, Karl Hnr., veterinärisches Handbuch, oder Anweisung die Krankheiten der Thiere zu erkennen u. zu heilen, für Thierärzte und Landwirthe, nach alphabet. Ordnung. 2 Bde. in 5 Abthll. A—Z. 2e Ausg. gr. 8. Nürnberg 834. Bauer u. Raspe. $2^2/_3$ ß

— s. Hewson: v. Blute.

— s. Manning, H.: Entdeckungen.

— s. Masdewall, D. J.: Bericht üb. die Epidemie in Catalonien.

— s. Nessi, J.: Unterricht.

— s. Nicholson, W.: Anfangsgründe der Scheidekunst.

— s. Parea: Abhandl.

— s. Petrini, J.: Abhandl.

— s. Pott, P.: Bemerkungen u. dess. Werke.

— s. Roe, K.: Abhandl.

— s. Simmons, F. S.: Bemerkungen.

— s. Spence, D.: System.

— s. Stak, R. W.: Medicin. Fälle.

— s. Sue d. Jüng.: Versuche e. Geburtshülfe.

— s. Troja, M.: Krankheiten.

s. Walker: Untersuchung.

Spohr, Kurt: Das Beweisinteresse in Strafsachen '(sog. Materielle Beweislast)'. Allgem. Tl: Grundlegg ... Giessen, grossh. Hof- u. Univ.-Dr. C. v. Münchow 1894. 39 S. 8⁰
Giessen, Jur. Fak., Inaug.-Diss. v. 1894

Leonh. Gotth. Spohr de vi inertiae differtatiuncula. Vindebonae. 4. 1753.

Spohr's, Louis, Autobiography. Translated from the German. Copyright edit. Göttingen 865. Wigand. gr. 8. (X, 670 S.) geb. n. 4 ℛ

Die letzten Dinge. Oratorium in Mus. gesetzt von Louis Spohr. Leipzig: Breitkopf & Härtel [1898]. (8 S.) 8⁰
= Textbibliothek, Breitkopf & Härtels. No 121.

Spohr, L., Fall Babylons, — Faust, } s.: Breitkopf & Härtel's Textbibliothek. Nr. 44. 90.

Spohr, L., Faust, — Jessonda, } s.: Mode's Opern-Text-Bibliothek.

Spohr, L., Jessonda, s. Breitkopf und Härtel's Text-Bibliothek Nr. 243.

Gehe, E. — Jessonda Oper in 3 Akten, von — —. Musik von L. Spohr. Innsbruck. 1855. Druck von Felician Rauch (36 S 8.) geb

Jessonda. Grosse Oper in 3 Akten von E[duard] Gehe. Musik von Ludwig Spohr. Text d. Gesänge. Leipzig: Breitkopf & Härtel [1898]. (32 S.) 8⁰
= Textbibliothek, Breitkopf & Härtels. No 361.

Spohr's, Louis, Selbstbiographie. 2 Bde. Göttingen 860, 61. Wigand. gr. 8. (XV, 350 S.; 413 S. mit photogr. Portr., 6 lith. Taf. u. 12 S. Notenbeilagen.) n. 4 ℛ

Spohr, Louis: Des Heilands letzte Stunden. Oratorium in 2 Teilen. In Musik ges. u. d. Dichter desselben Herrn Hofrat [Friedr.] Rochlitz gewidm. Leipzig: Breitkopf & Härtel [1897]. (19 S.) 8⁰
= Textbibliothek, Breitkopf & Härtels. No 116.

Spohr, Louis. Violinschule. Originalausgabe. Wien (1832).

Spohr, Louis, Violinschule. Orig.-Ausg. (3 Thle.) Fol. (62½ B., 3 Kpfrt., S's. Bildn. u. verziert. Ttl.) Wien 833, Haslinger.

Spohr, Louis: Zemire u. Azor. s. Breitkopf u. Härtel's Text-Bibliothek Nr. 89.

Spohr, Ludwig [aus Bernburg]: Über die politische und publizistische Wirksamkeit Gebhards von Salzburg (1060—88). . . . Halle a. S., Hofbuchdr. v. C. A. Kaemmerer & Co., 1890; 71 S. 8⁰
Halle, Phil. Fak., Inaug.-Diss. v. [4. Febr.] 1891

SPOHR, Max, Bücherkatalog: Interessante Literatur! Geneigtester Beachtung empfohlen! Leipzig.
Verboten v. L.-G. Laibach, 10. November 1894. §§ 64, 65 a, 122 a d, 302, 303, 305, 516.

Verzeichnis neuer empfehlenswerther Werke aus dem Verlage v. M. Spohr. Leipzig.
Verboten vom L.-G. Graz, 29. Jänner 1895. §§ 305, 516.

Spohr, Peter

[F.] Bart- und Kopf-Flechten, ihre Entstehg, Verhütg u. Heilg. Von [P.] Spohr, Oberst a. D. 1. Taus. . . . *Berlin: W. Möller [1897].* (30 S.) 1 Bd 8.
= Hausbücher f. Gesundheits-Pflege. Bd 11 (bis). (97 : 330

Bart- und Kopf-Flechten, ihre Entstehung, Verhütung und Heilung. Von [P.] Spohr, Oberst a. D. 2. verm. u. verb. Aufl. *Berlin: W. Möller 1903.* (37 S.) 8⁰ [F.]
= Hausbücher f. Gesundheitspflege. Bd 11. (03. 3009

Spohr, die Bein- und Hufleiden der Pferde, ihre Entstehung, Verhütung und arzneilose Heilung, nebst einem Anhang über arzneilose Heilung von Druckschäden und Wunden. 1.—3. Aufl. gr. 8. (XVI, 132 S.) Berlin 884, Wilhelmi. *

Spohr [P.]. Die Bein- u. Hufleiden der Pferde, ihre Entstehg., Verhütg. u. arzneilose Heilg., nebst e. Anh. üb. arzneilose Heilg. v. Druckschäden u. Wunden. 4. vielfach vervollständ. u. verb. Aufl. gr. 8. (XIV, 146 S.) Berl. 889, Wilhelmi. * 2 —

Spohr, die Bein- u. Hufleiden der Pferde, ihre Entstehg., Verhütg. u. arzneilose Heilg., nebst e. Anh. die arzneilose Heilg. v. Druckschäden u. Wunden. 5., verm. Aufl. gr. 8. (XVI, 160 S.) Berlin 894. R. Wilhelmi. Geb. in Leinw. n. 3. —

— d. Bein- u. Hufleiden d. Pferde, ihre Entstehg., Verhütg. u. arzneilose Heilg., nebst e. Anh. üb. arzneilose Heilg. v. Druckschäden u. Wunden. 6., neu durchgeseh., verm. u. verb. Aufl. (M. 2 Fig.-Taf. im Text.) gr. 8. (XVI, 174 S.) Leipzig 897. A. Strauch. n. 2. —; geb. in Leinw. n.n. 3. —

Spohr, Peter, Das Bein- u. Hufleiden der Pferde, ihre Entstehung, Verhütung, Heilung. (VI.) Berlin 97. Wilhelmi. Geb. M. 3.–

Spohr, die Bein- u. Hufleiden der Pferde, ihre Entstehung, Verhütung u. arzneilose Heilung, nebst e. Anh. üb. arzneilose Heilg. v. Druckschäden u. Wunden. 7. neu durchgeseh. u. stark verm. Aufl. (Mit 2 Fig.-Taf. u. 1 Skizze im Text.) (XVI, 193 S.) gr. 8. Leipzig 903. A. Strauch. n. 2. – ; geb. in Leinw. n. 3. —

Spohr, die Bein- u. Hufleiden der Pferde, ihre Entstehung, Verhütung u. arzneilose Heilung nebst e. Anh. üb. arzneilose Heilung v. Druckschäden u. Wunden. 8. neu durchgeseh. u. verm. Aufl. (XVII, 204 S. m. Abb.) 8. Leipzig 910. A. Strauch. Geb. in Leinw. 3. —

—— die naturgemäße Gesundheitspflege der Pferde als Vorbeugung gegen Krankheiten, mit besond. Berücksicht. militär. Verhältnisse nach 36jähr. eigenen Erfahrungen bearb. 1.—3. Aufl. gr. 8. (VIII, 188 S.) Hannover 886—88, Schmorl und v. Seefeld. *ℳ 3.—; geb. *

— die naturgemäße Gesundheitspflege der Pferde als Vorbeugung gegen Krankheiten m. besond. Berücksicht. militär. Verhältnisse, nach 36jähr. eigenen Erfahrgn. bearb. 2. Aufl. gr. 8. (VIII, 188 S.) Ebend. 886. n. 3. —; geb. n. 4. —

— Die naturgemäße Gesundheitspflege der Pferde als Vorbeugung gegen Krankheiten mit bes. Berücksicht. mil. Verhältnisse.
Hannover 188 S.
2. Aufl. 1887.

— die naturgemäße Gesundheitspflege der Pferde als Vorbeugung gegen Krankheiten m. besond. Berücksicht. militärischer Verhältnisse, nach 54jähr. eigenen Erfahrgn. bearb. 4. verm. u. verb. Aufl. (X, 192 S.) gr. 8. Hannover 904. Schmorl & v. Seefeld Nachf. n. 3. —; geb. n. 4. —

Spohr, die Gesundheitspflege der Truppen im Felde nach den Grundsätzen einer naturgemässen Lebensweise und Abhärtungsmethode nebst einem Anh. über die Behandlung von Fusskranken, Reitkranken, Contusionen, Verstauchungen und Verrenkungen. Zum Gebrauch für Offiziere bearb. gr. 8. (IV und 60 S.) Berlin 866, Vossische Buchh. *

—— Die Influenza [Grippe, Brust- u. Rothlaufseuche] der Pferde, ihre Entstehungsursachen, Verhütg. u. naturgemäße Heilg. ohne Anwendg. v. Arznei. 8. (VI, 82 S.) Hannov. 889, Schmorl u. v. Seefeld. * 1 50

Spohr, die Kolik der Pferde, ihre Entstehg., Verhütg. u. naturgemäße Heilg. ohne Arznei. Preisbewerbungsschrift Nr. 777711. 8. (VII, 62 S.) Hannover 889. Schmorl & v. Seefeld. n. 1. 50

—— Die inneren Krankheiten der Pferde, ihre Entstehung, Verhütung u. naturgemäße Heilung ohne Anwendung v. Arznei. gr. 8. (XV, 277 S.) Ebd. 889. * 4 —; geb. * 5 —

— die inneren Krankheiten der Pferde, ihre Entstehung, Verhütung u. naturgemäße Heilung ohne Anwendung v. Arznei. 4. verm. Aufl. (XVI, 281 S.) gr. 8. Ebd. 904. n. 4. —; geb. n. 5. —

— über naturgemäße chirurgische Methoden zur Heilung v. Knochenbrüchen, sowie über die Correctur v. Steif-, Schief- u. Krummheilungen mittelst Apparat-Behandlung, erläutert durch Erfahrgn. am eigenen Leibe. gr. 8. (IV, 85 S. m. 9 Taf.) Berlin (900). (H. Steinitz.) n. 3. —

— d. Niederbrechen v. Renn- u. Reitpferden in schnellen Gangarten, s. a. Pferde, unsere, Hft. 2.

Spohr: Das Niederbrechen v. Renn- u. Reitpferden in schnellen Gangarten, seine Ursachen u. Folgen, wie deren Verhütung u. Heilung. Stuttg. 1897. 48 S.
(Unsere Pferde. H. 2). 462.

Die Ruckermethode als Abrichtungsmethode des Soldatenpferdes (Reit- und Zugpferdes) beurteilt von [P.] Spohr, Oberst a. D. Berlin Bath 1909. 52 S. 8° 10. 2166

— die Zäumung bei Reit- u. Kutschpferden. Eine rationelle Zäumungslehre auf theilweise neuen, als richtig nachgewiesenen Grundlagen, nebst Bemerkgn. üb. Reiterei, Gebiß- u. Zügelwirkg. 8. (VII, 184 S.) Hannover 888. Schmorl & v. Seefeld. n. 3. —

— die Zäumungsfrage bei Renn- u. Reitpferden, s.: Pferde, unsere, Hft. 5.

Spohr, Roderich [Assistenzarzt an d. chir. Univ.-Klinik in Giessen]: Ein Beitrag zur Pathogenese des Gallenblasenkrebses ... M. e. Abb. Giessen, C. v. Münchow, Univ.-Dr., 1892; 29 S., 1 Taf. 8.
Giessen, Med. Fak., Inaug.-Diss. v. 1892.

Spohr, Wilhelm: Bilder und Stimmungen. Gedichte. Berlin-Leipzig: C. Wigand 1909. 72 S. 8°

Spohr, Wilh., Fidus. hoch 4. (III, 127 S. m. z. Tl. farb. Abbildgn., 27 Taf. u. 1 Bildnis.) Minden 902. J. C. C. Bruns. Geb. in Leinw. n. 30. —

— Der rote Freibeuter, s.: Cooper, James Fenimore.

Geschäfts-Ordnung für die Vorsitzenden der Gemeinde-Kirchenräthe (Pfarrer). Bearb. u. hrsg. von Wilhelm Spohr zu Danzig. *Danzig 1898: A. Schroth.* (VIII, 190 S.) 8° [F.] 00. 4909

— Der fliegende Holländer, s.: Marryat.

— s.: Kunst, die, im Leben des Kindes.

Spohr, Wilh., die schönsten Märchen aus 1001 Nacht. Mit 6 farb. u. 10 Text-Bildern v. W. F. A. J. Baarzon Morel. 1. Sammlg. Für Knaben u. Mädchen vom 12. Jahre an. Nach Weils Uebersetzg. aus dem Urtext ausgewählt u. bearb. (III, 153 S.) Lex.-8. Köln (904). Schaffstein & Co. Geb. 8. —

Die schönsten Märchen aus Tausend und eine Nacht [Alf laila wa-laila, deutsch, Ausz.]. Nach [Gustav] Weils Uebers. aus d. Urtext f. d. Jugend ausgewählt u. bearb. von Wilh. Spohr. Sammlung 1–4. Für Knaben u. Mädchen v. 12. Jahre an. Köln a. Rh.: Schafstein & Cie [1904]. 4 Bde 8° [F.]
= Volksbücher, Schafsteins, f. d. Jugend. Bd 3. 6–8. 04. 5787

— Die schönsten Märchen aus 1001 Nacht, s. a. Schaffstein's Volksbücher f. die Jugend.

— s.: Multatuli. Auswahl aus seinen Werken.

— s.: Multatuli-Briefe.

— der Pirat, s.: Marryat, Frederick.

Spohrer, J.: „Vorschläge zum Besten der Handlung", Frankfurt a. M. 1807. — Vorh.: Com. Bibl. Hamburg.

Spöhrer, C.

— theoret.-prakt. Anleitung f. d. Unterricht in d. einfachen u. doppelten, sowie verbess. einfach. u. amerikan. Buchführg., s. a. Handbibliothek d. gesamten Handelswissenschaften. 5.

Spöhrer C, Anleitung für den Unterricht in der einfachen, doppelten und amerikanischen Buchführung. 2. Aufl. (Handbibl. d. Handelsw. 5) Stuttgart (1891)

Spöhrer, C., die kaufmännische Arithmetik, s. a. Handbibliothek der gesamten Handelswissenschaften. 1. Bd.

Spöhrer, C., die kaufmänn. Arithmetik in ihrem ganzen Umfange, s. a. Handbibliothek der gesamten Handelswissenschaften. II.

Spöhrer C, die kaufmännische Arithmetik. 2 Bde (Handbibliothek der Handelswissenschaften 1 und 2) Stuttgart 1890

Spöhrer, C., kaufmännische Arithmetik, 4. Aufl., s.: Busse, Max, kaufmännisches Rechnen.

—— Gerberei-Buchführung. Praktisches Handbuch zur Selbsterlernung der Gerbereibuchführung. 8. (160 S.) Calw 883, Selbstverlag. cart.

Spöhrer, C., Gerberei-Buchführung. 8. Calw 883. Neudamm, Neumann. geb.

— Gerberei-Buchführung. Praktisches Handbuch zur Selbsterlerng. der Gerbereibuchführg. 8. (160 S.) Neudamm 884. Neumann. geb. 4. —

Spöhrer, C., Gerberei-Buchführung. Prakt. Handbuch zur Selbsterlernung der Buchführg. in Gerbereien. 2. Aufl. 8. (160 S.) Neudamm 898. J. Neumann. Geb. n. 3. —

— ausführliches Handbuch der Konto-Korrente in ihren verschiedenen Anwendungsformen f. den Selbstunterricht u. Schulgebrauch. 12. (48 S.) Stuttgart 894. A. Brettinger. n. — 90; kart. n. 1. 20

— d. deutsche Handelskorrespondenz, f.: Handbibliothek d. ges. Handelswissenschaften, Bd. 6.

Spöhrer C., die deutsche Handelskorrespondenz. 3. Auflage. (Handbibliothek der Handelswissenschaften 6) Stuttgart 1890

Spöhring, Anna, neues Bremisches Kochbuch für Haushaltungen aller Stände. gr. 16. (VI u. 342 S.) Bremen 847. (Hampe.) n. 5/6 ₰

Spohrmann, Eugen

Spohrmann, E., Geschichte des königl. Schullehrer-Seminars zu Steinau a. O. Festschrift zur 50jähr. Jubelfeier des Seminars am 12. X. 1899. Mit mehreren Abbildgn. u. Grundrissen, sowie e. farb. Lageplan. gr. 8. (181 S.) Breslau 899. F. Hirt. n. 2. —

Spohr's Jubel-Fest im Januar 1847. 8. (59 S.) Cassel 847, Hotop. 6 ngr

Společník, veselý. Užitečný a potřebný průvodce ve společnosti a zábavách vůbec. Sestavil P. S. T—ý. 862. (165 S.) — 2. rozmnožené vydání. Prag 863. Kuranda. 16. (205 S.) n. 6 nkr

Społeczeństwa, Ludzkiego, Filozofia ekonomii materyalnéj Część I. II. gr. 8. (24¼ B.) Poznan 843, 846, Stefańskiego. *

Spoletto, von, f. Servius.

Spoelgen, J. Analyse et critique des Précieuses ridicules de Molière. Diss. Rostock 1873. 19 S.

Spölgen, *Johann* Ulrich Boner al. Didaktiker. (21 S.) **Progr.** Bg. *Aachen* 1888 (137)

Spölin, Johann Michael (Heilbronn) A. S. 282/8

Commentatio ascetica de regulis Calogerorum Basilianorum. Präs. Christoph Sonntag. Rec. Altdorf (Kohles) 1717. 40 S.

Diss. 16. VIII. 1702.
W. v. · Präs., Johann Joachim Zentgraf, Ernst Friedrich Gerhard, Johann Nikolaus Ammon.

33044

Spoloutschensky, M. S., Religion der Russen in Vergleich mit der röm.-kathol.; aus d. Russ. v. M. Schimek. Aus Olearii Reisen nach Rußland. 8. Wien 783. Hartmann. 4 gr

Sind die Buren Feinde der Mission? Von Pfarrer Spoelstra in Heidelberg. Aus d. Holländ. übers. u. mit Vorw. vers. von A. Schowalter. 1.-20. Taus. *Berlin: M. Warneck 1902.* (32 S.) 8° [G.]

Spolverini, B., la Coltivasione del Riso. gr. 4. Inspr. 796. Wagner. 3 ₰ 8 gr

Spolz, Anna, Handarbeitsunterricht der Blinden, f.: Hillardt-Stenzinger, Gabriele, Methodik des Handarbeits-Unterrichtes f. Lehrerinnen-Bildungsanstalten.

Spomin na božji pot in na sveto leto romarske cerkve sv. Križa na Peravi z nekterimi molitvami 1874. V Celovcu, St. Hermagoras-Druck., (1874). 40 S.

Spon, baron de: La capitulation de l'empereur Charles VII avec des remarques instructives touchant l'état et le gouvernement actuel de l'empire, ainsi que sur les questions du droit public d'Allemagne les plus remarquables. 4. Francfort sur le Meyn 1742.

Bar. de Spon: La Capitulation de L'Empereur Charles VII. avec des remarques instr. *Francfort sur le Meyn.* 743. 4.

Spon, J., das Alterthum d. Religion, in e. Antwortschreiben an d. Pater la Chaise. 8. Götting. 772. Dieterich.

Spon, Jak., dissert. de utilitate numismatum in Physiognomia, e gallico sermone in latinum vertit T. B. 8. Leipz. 771. Weidmann. 3 gr

Sponagel, Georg Chr.

Sponagel, G. C., des Vetters Feldzug in die Seebäder von Doberan. Mit 1 Kpf. gr. 8. Hannov. 826. Hahn. 1 ₰ 20 gr

Sponagel, Geo. Chr., meine viertägigen Leiden im Bade zu Pyrmont, in Briefen an e. Freund. 8. Hannov. 801. Hahn. 1 ₰ 2e Aufl. Mit Kpf. 8. Ebd. 814. 3e Aufl. 8. Pyrm. 824. Uslar. 1 ₰

Sponagel, G. C., meine viertägige Leiden im Bade z. Pyrmont, in Briefen an einen Freund. 8. Hannover, Hahn. 809.

Sponagel, (G. C.) meine 4tåg. Leiden im Bade zu Pyrmont. Eine Brunnen-Lectüre. 3e unveränd. Aufl. 8. Pyrmont 824, Uslar.

Sponagel, Paul. Über die Phenylierung von Phenolen. Diss. Phil. [II.] Univ. Zürich. 79 S. 8. Zürich, F. Lohbauer, 1906.

Spöndli, Heinrich, vgl. Spöndly, Heinrich

Spöndli, Heinr., über das Eheverboth wegen Verwandtschaft u. das Verbrechen des Incestes. gr. 8. (7⅞ B.) Zürich 844. Meyer u. Zeller. * –

Spöndli, Prof. Dr. H., Erinnerungen a. d. obstetricischen Praxis. IV, 44 Stn. gr. 8. Zürich, Orell Füssli & Co. 1875. 2. —

Spöndli, Heinr., die Fruchtlagen und ihre Verwandlungen. Zürich 855. Schulthess. 8. (VIII, 56 S.) 9 ngr

Spöndli, H(einr.), die unschädliche Kopfzange, casuistisch bearb. für Studirende und pract. Aerzte. gr. 8. (VII und 106 S.) Zürich 862, Schulthess. *

—— über den Primordialschädel der Säugethiere u. des Menschen. Inauguraldissertation. gr. 8. (2½ B. u. 1 ill. Stnt.) Zürich 846, Meyer u. Zeller. –

Spöndli, Heinr., die Revolution in der Medicin. Ein Versuch in Skizzen. gr. 8. (VI u. 61 S.) Zurich 849, Schulthess. ⅓ ₰

Spöndli, Heinr., die Schädelburchmesser der Neugebornen und ihre Bedeutung. gr. 8. (V und 42 S.) Zürich 857, Schulthess.

Spöndli, H., Schwangerschaft, Geburt u. Wochenbett. Den Frauen gewidmet. 2. Aufl. 8. (64 S.) Zürich 879. Orell, Füßli & Co. Verl. — 75

40. Neujahrsblatt zum Besten des Waisenhauses in Zürich. Zürich, J. J. Ulrich. 4. 23 Stn. Mit einem Holzschn. „Volkskrankheiten." (Von Prof. Dr. Spöndli.) 1877.

Spoendli, J. C., de sensibilitate ossium morbosa. 4. Götting. 814. Brose. 4 ggr

[Spondli, Johann Rudolf *I*: 1782–1827.] (Die Aufnahme der Lokarner in Zürich 1555. [Mit 1 Tafel.]) Njbl. Chorh. Zürich 1810. 4. [Zürich.]

Spöndli, Johann Rudolf *I*. Predigt gehalten … den 16. Brachmonat 1822 über das hohe und höchste Alter, veranlasst durch den … Hinscheid der am 12. dies, im hundert und dritten ihrer Lebens-Jahre, verstorbenen Jungfrau Maria Keller von hier, nebst einigen biographischen Notitzen und dem Bildniss derselben von H[einrich] Meyer [Tafel]. Von J' Rudolph Sp' … 8. Zürich.

Spöndli, J[ohann] Rud[olf] *II* [1801–1834]. Drei Predigten, bei feierlichen Gelegenheiten gehalten und seiner lieben Gemeinde gewidmet von J. Rud. Sp'. Pfarrer in Dübendorf. (Predigt gehalten am Pfarreinsatze, den 8. April 1832. – Kirchweihpredigt. Erstes Lauten zweier neuen Glocken, gehalten am 23sten Oktober. – Gedächtnisspredigt auf den sel. … Dekan H[einrich] Bremi, geb. … 1748, gest. den 23. Dez. 1832 … .) Hrg. von Antistes (Georg) Gessner … . 8. Zürich 1833.

Spondli, S(igmund). Haupt-Rechnung über die dem Central-Comité der Schweizerischen gemeinnützigen Gesellschaft zur Verfügung gestellten Liebes-Steuern für die am 27sten August 1834 durch Ueberschwemmung beschadigten Cantone Uri, Graubünden, Tessin und Wallis. 4. Zurich, März 1836.

Spöndli, S[igmund]. Schluss-Rechnung über die Verwaltung der Liebesgaben für die am 6. September 1839 Verunglückten. Zürich, im April 1843 *s.* Schluss-Bericht über die Wirksamkeit des Hülfsvereins … . Zürich 1843.

Spöndli, S[igmund]. Verzeichniss der gesammelten Liebesgaben für die am 6. September 1839 in Zürich Verwundeten … . Zürich, im April 1840 *s.* Bericht über die Wirksamkeit des Hülfsvereins … . Zürich 1840.

Spöndlin, R[udolf]: Ueber das Wesen des Verlagsrechts und dessen Verletzung durch den Nachdruck mit Rücksicht auf das deutsche, französische und schweizerische Recht. Zür. F. Schulthess Dr. 1867. 2 Bl., 81 S., 1 Bl. 8°
Zürich, Jur. Diss. [v. 16. März 1867].

Spöndlin, Wilhelm. Rechtsverhältnisse an Friedhöfen, unter besonderer Berücksichtigung des zürcherischen Rechtes. Diss. Jur. Univ. Zürich. XII + 102 S. 8. Zürich, Schulthess & Cie., 1910.

Spöndly, Heinrich, vgl. Spöndli, Heinrich.

[Spondly, Heinrich.] Briefe aus Pfäfers. Den Freunden dieses Bades gewidmet von einem Kurgast. 8. Zürich 1867.

Spöndly, H., die Fehlgeburt. Den Frauen gewidmet. 8. (30 S.) Zürich 883. Orell Füßli & Co. Verl. — 75

Spöndly, H., Sanct Gotthard. Ein Naturbild. br. 8. (29 S.) Zürich 872. Herzog. n. — 40

Spöndly, H., Schwangerschaft, Geburt u. Wochenbett. Zürich 869. Orell, Füßli & Co. 8. (64 S.) $7\frac{1}{2}$ ngr.

— Schwangerschaft, Geburt und Wochenbett. Den Frauen gewidmet. 2. Aufl. 8. (64 S.) Ebendas. 879.

Spondly, Otto, med. pract. aus Zürich: Aus dem pathologischen Institut der Universität Zürich. Ueber Pigment in einem Sacrococcygealteratom. Zür. Zurcher u. Furrer Dr. 1894. 35 S. 8°.
Zürich, Med. Diss. [v. 7. Jan. 1895].

Sponeck, Karl Friedrich Graf von

Sponeck, Graf Karl Fr. von: „Forstwissenschaftliche und botanische Abhandlungen und Bemerkungen", 1. (einziges) Bändchen, Heidelberg 1807. Mohr.

Sponeck C. F. v.: Forstwissenschaftliche u. botan. Abhandlungen u. Bemerkungen. Bdch. 1. Heidelb. 1807. 184 S. 1 kol. Tvl.

SPONECK, Karl Friedrich Graf v.: Über den Anbau und Behandlung des wein- und spitzblättrigen Ahorns (Acer pseudo-platanus und platanoides) mit Rücksicht auf Zucker-Benutzung. - Heidelberg 1811. VIII, 88 S.

v. Sponeck, Graf Karl Fr., üb. den Anbau u. die forstl. Behandl. des wein- u. spitzblättrigen Ahorns, mit Rücksicht auf Zuckerbenutzung. 8. Manh. 811. Schwan u. G. 10 ggr

SPONECK, Karl Friedrich Graf v.: Über die Anlegung, Einrichtung und den Nutzen der Holzgärten und Holzmagazine in forstlicher und staatswirthschaftlicher Hinsicht. - Heidelberg 1819. 134 S., 1 Taf.

— üb. die Anlegung, Einrichtung u. d. Nutzen der Holzgärten u. Holzmagazine in forstl. u. staatswissenschaftl. Hinsicht. 8. Heidelb. 819 Groos. 16 ggr

SPONECK, Carl Friedrich Graf v.: Anleitung zur Einsammlung, Aufbewahrung, Kenntniß in Rücksicht auf Güte und Aussaat des Saamens von den vorzüglichsten deutschen Waldbäumen. - Karlsruhe 1803. 106 S., 1 Taf. - 2. Aufl. Stuttgart 1804. 106 S., 1 Taf.

— Anleit. zum Einsammeln, Aufbewahren u. Kenntniß in Rücksicht auf Güte u. Aussaat des Saamens von den vorzügl. deutschen Waldbäumen. Mit 1 Kpf. gr. 8. Stuttg. 804. (Hofmann). 10 ggr (Müller in Karlsr.) 12 ggr

SPONECK, Karl Friedrich Graf v.: Anleitung, wie man in freien Wäldern Roth-, Dam- und Rehwild, in Anzahl; auf die sicherste Weise in gewissen Waldgegenden; ohne Schaden für diese; und für den Landmann; in gesundem Zustand; und bei guter Vermehrung erhalten kann. - Heidelberg 1811. VII, 136 S.

— Anleitung, wie man in freien Wäldern Roth-, Damm- u. Rehwild rc. erhalten kann. 8. Heidelb. Mohr u. W. (In Comm.) 812. — 16

— — Anleitung wie man in freyen Wäldern Roth-, Damm- und Rehwild rc. erhalten könne. Neue Aufl. 8. Ebend. 819. — 16

Sponeck, Graf Karl Fr. von: „Forstliche Aufsätze und Bemerkungen", Mannheim 1810 (Schwan). 2. Ausgabe, ebenda 1817.

SPONECK, Karl Friedrich Graf v.: Forstliche Aufsätze und Bemerkungen. - Mannheim, Heidelberg 1810. XV, 280 S., 1 Taf. - 2. Aufl. ebd. 1817. 280 S., 1 Taf.

SPONECK, Karl Friedrich Graf v.: Beiträge zu dem Forst- und Jagdwesen. - Leipzig 1819

— prakt. Bemerk. üb. unsere deutschen reinen Nadelhölzer, vorzügl. in Hinsicht auf die besten Hiebsstellungen. gr. 8. Cassel u. Marb. 815. Krieger. 8 ggr

Sponeck v.: Ueber die Beschaffenheit, Entstehung u. Cultivirung d. Sümpfe (od. sogenannten Missen) in Gebirgsforsten, m. vorzüglicher Hinsicht auf den wirtemberg. u. badischen Antheil d. Schwarzwalds. Ulm 1806. 18 S. (Særtr.) P.

— üb. die Beschaffenheit, Entstehung u. Kultivirung der Sümpfe (od. sogenannte Missen) in Gebirgsforsten rc. gr. 8. Ulm 807. Stettin. 2 ggr

v. Sponeck, (C. F., Graf,) Handbuch des Floßwesens (Manuel du Flottage), vorzüglich für Forstmänner, Kameralisten u. Floß-Beamte. Mit 4 Steintaf. 8. Stuttg. 825. Metzler. 1 16

SPONECK, Karl Friedrich Graf v.: Handbuch des Floßwesens (Manuel du Flottage) vorzüglich für Forstmänner, Kameralisten und Floß-Beamte. - Stuttgart 1825. VI, 255 S., 4 Taf.

v. Sponeck, Karl Fr.: Ueb. d. Holzdiebstahl, eine staats- forsstwissenschaftl. Abhandlung. *Heidelberg*, Groos. 823. 8. (10 Gr. Schrbp. 12 Gr.)

SPONECK, Carl Friedrich Graf v.: Über den Holzdiebstahl. Eine staats- und forstwissenschaftliche Abhandlung. - Heidelberg 1823. VIII, 104 S.

SPONECK, C. F. Graf v.: Sammlung naturhistorischer und vorzüglich Jäger-Beobachtungen und Jagd-Anecdoten, welche theils von dem Herausgeber selbst, theils von anderen, und vorzüglich von seinem verstorbenen Vater gemacht worden sind. - Heidelberg 1824. 320 S., 1 Taf.

— Samml. naturhistor. u. vorzügl. Jäger-Beobachtt. u. Jagd-Anekdoten. 2 Thle. Mit Steintaf. gr. 8. Heidelb. 825 u. 26. Groos. 3 ꝛ

SPONECK, Karl Friedrich Graf v.: Über den Schwarzwald. Für alle, denen es um gründliche und praktische Kenntnisse im Forstwesen zu thun ist. - Heidelberg 1817. 500 S.

— der Schwarzwald, ein Handbuch für Forstmänner, denen es um gründl. u. prakt. Kenntnisse in Behandl. d. Gebirgsforste zu thun ist ꝛc. 8. Heidelb. 819. Groos. 12 gr.

– Der Schwarzwald. Ein Handbuch f. Forstmänner, denen es um gründliche u. praktische Kenntnisse in der Waldbehandlung d. Gebirgsforste zu thun ist ... Heidelb. 1819. 500 S.

Sponeck, Karl Fr. Graf von. „Ueber die Veräusserung der Staatswaldflächen zu landwirthschaftlichem Gebrauch; eine staatswirthschaftliche Abhandlung", Heidelberg 1823 (Groos).

SPONECK, Carl Friedrich Graf v.: Über die Veräusserung von Staatswaldflächen zu landwirthschaftlichem Gebrauch. Eine staatswirthschaftliche Abhandlung. - Heidelberg 1823. 116 S.

SPONECK, Karl Friedrich v.: Über vermischte Wälder, ihr Vorkommen, ihre Behandlung, Erhaltung und für manche Fälle Umformung derselben. Eine staats- und forstwissenschaftliche Abhandlung. - Heidelberg, Leipzig 1825. 54 S.

— üb. vermischte Wälder, ihrem Vorkommen, ihrer Behandlung, Erhaltung ꝛc. gr. 8. Heidelb. 825. Groos. 8 gr.

Sponeck C. F. v.: Ueber den Zustand u. die forstliche Behandlung desjenigen Theils Wirtembergischen Schwarzwalds, welcher den Neuenbürger Oberforst ausmacht. Ulm 1806. 78 S. (Særtr.).

— üb. d. Zustand u. die forstl. Behandl. desjenigen Theils des würtemberg. Schwarzwaldes, welcher d. Neuenburger Oberforst ausmacht. gr. 8. Ulm 807. Stettin. 6 gr.

Sponemann, A., Hülfsbuch f. jeden Gewehrbesitzer. 1. u. 2. Aufl. 8. (à 4 B. u. 1 Abbild.) Quedlinburg 839, 40, Basse. à

Spongberg, J., Interpretationis latinae Thucydidis spec.. lib. II capp. I—XXXIV. G 1868. 19 S. Fol.

Sponheim, s.a. Tritheimius.

SPONHEIM, TRITHEMIUS DE.
Güldenes Kleinod oder Schatzkästlein. Aus dem lateinischen, um seiner Unschätzbarkeit willen, ins deutsche übersetzt von Fr. Basilio Valentino, zum erstenmale herausgegeben, nebst zwoen andern forne mit angedruckten seltenen Handschriften von Jamimah KoranhapuCH. Leipzig, bey Paul Gotthelf Kummer, 1782. pp. 135, 16mo. Ill.
According to Schmieder this is a spurious work by an unknown author.

Sponheimer, J., der Vegetarismus, e. wirtschaftliche Notwendigkeit. Versuch e. wissenschaftl. Begründg. des Vegetarismus. (V, 103 S.) gr. 8. Berlin 905. Lebensreform. n. 1. 50

— das Wohnungselend der Grossstädte u. seine Abwendung durch Selbsthilfe. (VIII, 78 S. m. Abbildgn.) gr. 8. Ebd. 906. n. 1. —

Sponholz, Salzschlirf, seine Heilquellen und seine Moorbäder, mit besonderer Berücksichtigung des Hessischen Bitterwassers zu Grossenlüder. Cassel (ohne Druckjahr). 8.

Sponholz, Aug. Jak. Fr., († d. 30. Juli 1818.) Religionsvorträge bei besond. Veranlassungen gehalten. 8. Neubrandenb. 818. Dümmler. 6 gr.

Sponholz, Fr. Th., Choral-Melodieen in Tonziffern-Bezeichnung mit untergelegt. Texte zu d. neuern Gesangbüchern d. evangel. Kirche, nebst e. Anh. kirchl. Responsorien u. vollständ. Registern. qu. 8. (11 B.) Neustrelitz u. Neubrandenburg 834, Dümmler.

Sponholz, F. Th., Schlußgebete, Fürbitten, Danksagungen u. Abkündigungen nach gehalt. Gottesdienste, nebst Leichen-Lectionen f. Landküster. 8. (2¼ B.) Friedland [Neustrelitz,] 837, Barnewitz.

Sponholz, F. Th., Wo lag Rhetra? Versuch einer historisch-kritischen Beantwortung dieser Frage. Mit 2 (lith.) Karten (in Fol.). Neubrandenburg 861. Brünslow. gr. 8. (41 S.) n. 12 ngr.

Sponholz, Carl: Ueber den Gebrauch der Narcotica bei Geisteskrankheiten. Halle 1874: Lipke. 43 S. 8°
Halle-Wittenberg, Med. Diss. v. 29. Aug. 1874
Geb. Bergen (Rügen) 23. 2. 1843. V.

Sponholz, Karl Moritz (Friedrich)

Sponholz, C. M., die Controverse d. Zurechnung bei zweifelhaften Gemüthszuständen. Ein psycholog.-forensischer Versuch f. Aerzte u. Juristen. gr. 8. (8½ B.) Stralsund 839, Löfflersche Buchh.

Sponholz, Car. Maur. (Frid.) (geb. Loitz a. d. Peene Dec. 1813). De ... nomate, pluribus morbi casibus adiectis. Berolini (1836). (45 S.) 8°
Berlin, Med. Diss. v. 6. Juli 1836

Sponholz, Carl Mor. Fr., die Reform der Medicinal-Verfassung Preussens u. ihre Finalität. Ein 2. Beitrag im offenen Sendschreiben an den Geh. Medicinal-Rath Hrn. Dr. Jos. H. Schmidt. gr. 8. (8¾ B.) Stralsund 846, Volkmann. *

Sponholz, Carl Mor. Fr., die Reform der Medicinal-Verfassung Preussens und ihre Finalität. Ein zweiter Beitrag im offenen Sendschreiben an den Geh. Med.-Rath. Dr. Jos. Herrm. Schmidt. gr. 8. (137 S.) Stralsund 847, [Rosenkranz's Verlag.] *

Sponholz, Carl Mor. Fr., die Reform der Medicinal-Verfassung Preussens u. ihre Finalität. Ein zweiter Beitrag im offenen Sendschreiben an d. Geh. Med.-Rath Dr. Jos. Herrm. Schmidt. gr. 8. (137 S.) Stralsund 847, Volkmann. n. ½ ꝛ

— allgemeine u. spezielle Statistik der Medizinal-Personen der preuß. Monarchie. Jahrg. 1845. Unter Benutzung amtl. Quellen entworfen. gr. 8. (21⅞ B.) Stralsund 845, (Löffler'sche Bh.) * (332 S)

Sponholz, O., Karte des Saalthals. 1:350,000. Lithogr. qu. gr. 4. Jena 877, Deistung's Buchh. *

Sponitzer, Georg (L.) Wilhelm

Sponitzer, G. L. W., freymüthig, wahr u. deutlich, zu d. Hofapotheker Meyer in Stettin gesprochen, üb. seine Schrift: was fodern d. Medicinalordnungen ꝛc.? 8. Berlin, Müller. 805.

— freimüthig, wahr u. deutlich zu d. Hofapotheker Meyer in Stettin gesprochen, üb. seine Schrift: Was fordern die Medicinalordnungen v. d. Apothekern? 8. Berl. 805. (Stuhr). 20 gr.

Sponitzer, Georg Wilhelm, s. L a u n e , Er.

— das Tanzen in patholog.=moral. Hinsicht erwogen. 8. Berl. 795. Maurers B.

Sponitzer, Geo. Wlh., Untersuchung u. nähere Bestimmung der neulich in Anregung gebrachten Schädlichkeit d. Bleiglasur des irdenen Geschirrs. 8. Berl. 795. Maurers B. 3 gl

– s. V e r k e t z e r u n g s s u c h t .

Spoenla, Anselm Franz Anton (Erfurt) A. S. 14/22

Dissertatio inauguralis juridica, de foro et privilegiis practicantium in camera imperiali.
Giessen (Vulpius) 1. II. 1718. 24 S. 33045

Spoenla, Anton Hartman Wilhelm (Mainz) A. S. 809/46

Disputatio inauguralis, complectens assertiones selectiores, ex jure canonico, civili, publico et feudali.
Erfurt (Grosch) 29. V. 1713. 46 S. 33046

Spoenla, Jo. Daniel Richard [Praes.], s. M ü n c h h a u s e n , Karl Wilhelm Ernst von: Meditationes juris naturalis methodo mathematicorum prolatas.

Sponnagel, Fritz, a. Sitno (Rußl.): Addition von Natriummalonester an ungesättigte Verbindungen. Halle a. S. 1905: C. A. Kaemmerer & Co. (41 S.) 8°
Halle, Phil. Fak., Ref. Volhard, Diss. v. 10. Aug. 1905
[Geb. 6. Dez. 80 Sitno, Gouvern. Plozk, Rußl.; Wohnort: Golub; Staatsangeh.: Rußland; Vorbildung: Realgymn. Thorn Reife O. 01; Studium: Berlin 1, Halle 7 S.; Rig. 24. Juli 05.]

Sponneck, Wilhelm Karl Eppingen Graf

Sponneck, W. C. E. Graf, die holsteinische Ständeversammlung und die Verfassungsfrage. Kopenhagen 859. Gyldendal. gr. 8. (2 Bl., 79 S.) 15 ngr.

Sponner, Adolf Über die Begrenzung und Anordnung des Lehrstoffes auf den zwei untersten Stufen des Lateinunterrichtes. 8 (S. 3—20). Progr. Staats-Oberg. *Iglau* 1888.

Sponner, Adolf: Bericht über die Gründung der Kaiser Franz Josef-Jubiläums-Stiftung am k. k. Staatsgymnasium in Mähr.-Weißkirchen. (Umschlagtitel: Bericht über die Kaiser ... Stiftung.) 8 (S. 61—63). (Schlufs.) 8 (S. 62—64). K. k. Staatsg. *Mähr.-Weißkirchen* 1899. 1900.
Progr.

Sponner, Karl, Naturgeschichte f. Bürgerschulen, s.: S t i n g l , Geo.

Sponner-Wendt, Irene, vierzig Jahre pädagog. Tätigkeit, s.: W e n d t's, Ferd. Mar., psycholog. Kindergartenpädagogik.

Sponsel, Jean Louis, d. A b t e i k i r c h e zu A m o r b a c h. E. Prachtwerk deutscher Rokokokunst. Nach archival. Quellen beschrieben u. erläut. M. 3 Textbild. u. 40 Lichtdr.-Taf. nach photograph. Aufnahme unt. Leitg. d. Verf. gr. Fol. (52 Sp. u. 1 Bl. Text.) Dresden 896. W. Hoffmann. In Leinw.-Mappe n. 50. —

Sponsel, Jean Louis [aus Hanau am Main]: Sandrarts Teutsche Academie. Eine kritische Sichtung. I. Theil. . . . Dresden, Druck v. Wilhelm Hoffmann, 1889; 2 Bl. + 81 + 1 S. 8°
Leipzig, Phil. Fak., Inaug.-Diss. v. 6. Apr. 1889

Sandrarts Teutsche Academie kritisch gesichtet v. J e a n L o u i s **Sponsel**. M. 1 Lichtdruckbildn. *Dresden: W. Hoffmann 1896.* (4 Bl., 186 S., 1 Portr.) 1 Bd 8. [96. 3468

Sponsel, Jean Louis, Bilder-Atlas zur sächsischen Gesch., s.: S c h m i d t , Otto Eduard.

Sponsel, Jean Louis, Johann Melchior Dinglinger u. seine Werke. Aus Anlass der Enthüllg. der Dinglinger-Gedenktafel am Geburtshause des Künstlers in Biberach a. d. Riss gewidmet von dem Vorsitzenden des Vereins der Juweliere, Gold- u. Silberschmiede Württembergs Emil Foehr-Stuttgart. (71 S. m. 20 Abbildgn.) Lex.-8. Stuttgart 904. (Biberach, Dorn.) n. 3. —

— dasselbe. 2. Aufl. (71 S. m. 20 Abbildgn.) Lex.-8. Dresden 905. (H. Burdach.) n. 3. —

Sponsel, Jean Louis, die Frauenkirche zu Dresden. Geschichte ihrer Entstehg. von Geo Bähr's frühesten Entwürfen an bis zur Vollendg. nach dem Tode des Erbauers. 4 Lfgn. Fol. (VI, 122 S. m. 40 Lichtdr.-Taf.) Dresden 893. W. Baensch. à 7. 50

Fürsten-Bildnisse aus dem Hause Wettin. Hrsg. v. Kgl. sächs. Altertumsverein, bearb. von Jean Louis **Sponsel**. Mit 100 Taf. u. 74 Abb. Dresden: W. Baensch 1906. (X, 95 S., 100 Taf.) 4° [06. 898

— s. a. F ü r s t e n - B i l d n i s s e aus dem Hause Wettin.

Sponsel, Jean Louis, **K a b i n e t t s t ü c k e der Meissner Porzellan-Manufaktur von Johann Joachim Kändler. Mit zahlreichen Beilagen u. Textbildern. gr. 4. (231 S.)** Leipzig 900. Berlin, H. Seemann Nachf. n. 30. —; geb. in Halbldr. n.n. 32. 50

(B) — Kabinettstücke der Meissner Porzellan-Manufaktur. 900. (KBL 82.) Jetzt: Leipzig, Klinkhardt & Biermann.

— G e o r g L ü h r i g. [Aus: „Graph. Künste“.] Fol. (12 S. m. 7 Abb. u. 2 Taf.) Wien 898. Gesellschaft f. vervielfältig. Kunst. n. 6. —

— s.: M o n o g r a p h i e n des Kunstgewerbes.

— das m o d e r n e P l a k a t. M. 52 farb. Steindr.-Taf. u. 266 Textabb. gr. 4. (VII, 316 S.) Dresden 897. G. Kühtmann. n. 60. —; geb. n.n. 75. —; numerierte Ausg., Text auf chines., Taf. auf Japanpap. n. 120. —; Ausg. m. fortlauf. Farbenskala der Tafeln n. 300. —; Umschlag auf Japanpap. n. 10. —
Erschien auch in 20 Lfgn. à n. 3. —.

— Das m o d e r n e P l a k a t. (32 S. m. Abb. u. 12 Taf.) 36×27 cm. München (897). F. Hanfstaengl. 8. —
Sonderabdruck aus: „Die Kunst unserer Zeit“.

— **das Reiterdenkmal Augusts des Starken u. seine Modelle. gr. 8. (50 S. m. 6 Abbildgn.) Dresden 901. W. Baensch.** n. 1. 50
Sonderabdruck aus: „Neues Archiv f. sächs. Geschichte“.

Sponsel, s. a. V o l k s t r a c h t e n u. B a u e r n h ä u s e r, sächsische.

Schmidt, O. Seyffert & Sponsel. Sächsische Volkstrachten und Bauernhäuser. Herausgegeben von dem Ausschuß für das Sächsische Volkstrachtenfest zu Dresden 1896 ... Dresden. Druck und Verlag von Wilhelm Hoffmann 1897.
Tit., 4 Bl.; 40 Taf. gr 2°.

— Der Z w i n g e r, die Hoffeste u. die Schlossbaupläne zu Dresden. (In 5 Lfgn.) 1.—4. Lfg. (à 25 Lichtdr.-Taf.) 51×38 cm. Dresden (909. 10). Kunstanstalt Stengel & Co. à Lfg. 20. —

Sponsel, Johann Ulrich

Sponsel, Jh. Ulr., († d. 5. Jan. 1788.) philolog.=exeget. Abhandll. 1s Stck. 8. Ansb. 761. Haueisen.

— gründl. Erklär. biblisch. Stellen. 8. Nürnb. 779. Monath u. K. 4 gl

— exercitationes philolog. exeget. in diversos scripturae sacrae locos. 4. Onolzbach 764. (Gassert). 1 ℛ

— exercitationes philolog. exeget. in divers. scripturae sacrae locos. 4. Onolzbach, Haueisen. 764.

— von der Göttlichkeit der Bücher der Chronica u. Esra. 8. Schwabach 775. Enderes.

— erweit. Grundrisse zu Predigten über alle Sonn-, Fest- u. Aposteltags-Evangelien. 1r Jahrg. 2 Thle. 8. Bayr. 761. Lübeck. 1 ℛ 8 ℊ 2r Jahrg. 2 Thle. 8. Heilbr. 779. Eckebrecht. (Class). 2 ℛ 12 ℊ

— Grundrisse zu Hochzeit-Predigten üb. bibl. Texte. 5 Thle. 8. Bayr. 761—68. (1r u. 2r Thl. N. A. 773.) Mit n. Titelbl.: 3e Aufl. 796. Lübeck. 1 ℛ

— Grundrisse z. Predigten üb. Hochzeittexte. 5 Thle. 8. Bayreuth, Lübeck. 797.

Sponsel, Johann Ulrich, s. Hasenest, Joh. Geo.: Beschreibung ...

— Abhandl. über den Propheten Jesaias. 2 Thle. 4. Nürnb. 779—80. Bauer u. M. 2 ℛ

— von dem verfluchten Kain u. dem gefallenen Adam. 8. Frkf. u. Leipz. 777. (Monath u. K. in Nürnb.) 2 ℊ

— Abhandl. von der den Kindern Israel angeschuldigten Dieberei, u. ihrer Einnahme des Landes Canaan. 8. Schwabach 777. Enderes.

— kurze Leichenreden, welche bei den sogen. Leichenvermahn. können abgeles. werden. 4 Thle. 8. Bayr. 763. N. A. 8. Ansb. 778. (Gassert). 1 ℛ 16 ℊ

Sponsel, Johann Ulrich. Orgelhistorie. Nürnberg 1771. Monath u. K.

— parerga theologico exegetica. II Ptes. 8. Coburg, Ahl. 751–53.

— parerga theologico-exegetica. II Partes. 8. Coburg 752—753. (Riemann). 8 ℊ

— Predigten über alle hohe Fest-, Apostel- u. feiertägl. Evangelien. 8. Bayr. 759. Lübeck. 18 ℊ

— Predigten über alle Sonn-, Fest- u. Feiertags-Evangelien des ganzen Jahres. 2 Thle. 8. Heilbr. 783. Class. 2 ℛ 8 ℊ

— Prüfung der Michaelischen Erklär. des Briefs Pauli an die Hebräer. 8. Bayr. 767. Lübeck. 4 ℊ

Sponsel, Jh. Ulr., Samml. etlicher heil. Reden über Steller heil. Schrift. 8. Nürnb. 759. Ammermüller. 6 ℊ

— Abhandl. vom Selbstmorde. 8. Nürnb. 776. Monath u. K.

— Abhandl. v. d. Sünde wid. d. heil. Geist. 8. Schwabach, Enderes. 777.

— Abhandl. üb. die Verwirrung der Sprachen beim Thurmbau zu Babel. 8. Schwabach 776. Enderes. 3 ℊ

— gerettete wichtige theolog. Wahrheiten. 8. Windsheim 755. (Nürnb., Monath u. K.) 2 ℊ

Spontini in Deutschland, od. unparthei. Würdigung seiner Leistungen während sein. Aufenthaltes daselbst in d. letzten zehn Jahren. Lex.-8. (8 B.) Leipzig 830, [Steinacker.]

Spontini, Gasparo Sp'. (Njbl.) (Zürich) s. [Weber, Heinrich].

[Biographie von] Gasparo Spontini. (66. Neujahrsstück der allgem. Musik-Gesellschaft in Zürich 1878.) Zürich.

Spontini, Gasparo

Spontini's Biographie, s.: Robert, C.

Spontini, Gasp., Ferdinand Cortez, Oper, — die Vestalin, heroische Oper, } s. Breitkopf und Härtel's Text-Bibliothek Nr. 254 und 179.

Spontini, G. v., Fernand Cortez, — Nurmehal, od. das Rosenfest v. Caschmir, — Olympia, — die Vestalin, } s.: Mode's Opern-Text-Bibliothek.

Spontini, Gasparo: Fernand Cortez, oder Die Eroberung Mexikos. Oper in 3 Akten von J[os.] A[lph.] Esmenard u. V[ictor] J[oseph] E[tienne] de Jouy. Musik von Gasparo Spontini. Text d. Gesänge. Leipzig: Breitkopf & Härtel [1898]. (29 S.) 8°
= Textbibliothek, Breitkopf & Härtels. No 369.

Spontini, Gasparo, Klagen üb. d. Verfall d. dramat. Musik. A. d. Franz. übers. u. mit erläut. Anmerkn. begleit. v. ein. Gesellschaft v. Kunstfreunden u. Verehrern d. großen Meisters. gr. 12. (2 B.) Leipzig 837, Michelsen.

Spontorno, Giov. Batt. Christoph Colombo. A. d. Italien. von Ad. Wagner. 8. Leipzig 1825. 2,00.

Spoo, Gaspard Mathias, u. Michel Welter: Der Kanton Esch und die Wahlen. Ein offenes Wort an die Wähler. Esch/Alzette: Willems 1896. – 40 S. 8°

Spoo, Gaspard Mathias, u. Michel Welter: Der Gemeindefonds und die Subsidien. Stadt und Kanton Esch an der Alzette. (Separatabdruck aus "Escher Zeitung".) Esch-sur-Alzette: Nimax 1895. – 8 S. 4°

Spoo, Peter, prakt. Arzt: Zur Statistik der Echinokokkenkrankheit in Vorpommern. (Casuistik von 47 aus Vorpommern stammenden Echinokokkusfällen.) Greifswald 1909: Abel. 30 S. 8°
Greifswald, Med. Diss. v. 30. Juli 1909, Ref. Peiper-Strübing
[Geb. 28. Sept. 75 Lünebach; Wohnort: Kassel; Staatsangeh.: Preußen; Vorbildung: Kaiser-Wilhelm-Gymn. Cöln Reife M. 99; Studium: Greifswald 9 S.; Coll. 18. Dez. 07; Approb. 21. März 05.] [U 09. 1501

Spoof, datt. Eine Geschichte aus dem Volksleben in der Mundart der elbinger Höhe. 8. (8 S.) Elbing 849, Neumann-Hartmann.

Spoof, W., Leonora Galigai, — die Ungarn in Italien, } s. Novellen-Sammlung.

Spoon, Reisen n. Italien, Griechenland u. Spanien. Fol. Nürnb. Raspe.

Spoor- en Tram-Kaart van Nederland. 1 : 817,000. Met karton van het Noordzee-Kanaal. 1 : 200,000. Chromolithogr. Fol. Amsterdam 888, Seyffardt.

Spor, Caius Rudolph von (Lausitz) A. S. 195/8

Dissertatio inauguralis iuris publici et feudalis de natura vasallagii et subiectionis in territoriis S. R. imperii.
Frankfurt/O. (Schwartz) 1739. 59 S.

Diss. 17. IX. 1723. 33058

Sporberg, Otto, approb. Arzt, Straßburg i. E.: **Staphylococcus** als Erreger von pleuritischen Ergüssen. *Straßburg i. E. 1903: C. Müh & Co.* (45 S.) 8°
Straßburg, Med. Diss. v. 1903

Sporbert, Richard: Der Gottesbegriff Lockes und Berkeleys. Weida i. Th. 1910: Thomas & Hubert. 88 S. 8°
Leipzig, Phil. Diss. v. 24. Nov. 1910, Ref. Barth, Volkelt
[Geb. 1. Okt. 86 Dresden; Wohnort: Dresden-A.; Staatsangeh.: Sachsen; Vorbildung: Annensch. Dresden Reife O. 06; Studium: Freiburg i. B. 1, Leipzig 7 S.; Rig. 22. Juli 10.] [U 11. 3318

[Sporck, Aloysia Cajetana Francisca Gräfin von?] Christliche Betrachtungen und Sitten-Lehren, Zusammen gezogen So wohl auß der H. Schrifft und den HH. Vättern, als auch auß den bewehrtesten alten und neuen Scribenten, mit beygefügten vielen vortrefflichen Gedancken, verschiedener Lateinischen und Frantzösischen berühmten Poeten, Vormahls in Frantzösischer Sprache verfaßt, Durch Einen Abbten, und der heiligen Schrifft Doctor, Anietzo aber ins Teutsche übersetzt, Durch A. C. F. G. V. S. Prag im Königs-Hoff, gedruckt bey Wolfgang Wickhart, Ertz-Bischofflichen Buchdrucker. 1714. 8°. Titel und 376 S. *mit Wappenholzschnitt am Schluß.* Etwas fleck. Pgtbd. d. Z., Rücken unbedeutend lädiert.

Die Initialen A. C. F. G. V. S. deuten auf ein Mitglied der gräflichen Familie Sporck in Böhmen (Kuku und Lissa), die einen philantropisch-pietist.-katholischen Kreis um sich geschaffen hatte und von der sich zwei Mitglieder, nämlich Graf Franz Anton (1662—1738) und Gräfin Maria Eleonora Francisca Cajetana Aloysia (1637—1717) schriftstellerisch betätigten und mit Initialen auf den Titel zeichneten, die am Schlusse immer die Buchstaben G. V. S. aufwiesen. Auch der Druckort Prag und die erzbischöfliche Druckerei sind Merkmale der Sporckschen Publikationen. Allerdings stimmen die Initialen unseres Titels nur dann auf die Gräfin Sporck, wenn man die Reihenfolge der Initialen umdreht und die ersten beiden (*Maria Eleonora*) wegläßt. Da aber die Gräfin drei ähnliche Werke aus dem Französ. in den Jahren 1706/07 übersetzt hat (cf. FdF. 1146b-d), darf man auch bei diesem Werk auf ihre Herausgeberschaft schließen. Ihr bekanntestes Werk ist die Übersetzung der „Geistlichen Todts-Gedanken" mit dem Totentanz von Michael Rentz. Der französische Originalherausgeber ist nicht bezeichnet, der Text erinnert an die von dem Jesuiten J. Bouhours herausgegebenen Sammlungen. Viele längere Stellen in Versen, meist nach antiken Autoren. — Bibliographisch konnten wir das Buch nicht ermitteln, doch macht das Exemplar einen vollständigen Eindruck.

Sporck, El. Fr. Gr. v., Christliche // Sitten=Lehr. // Oder // Kunst / recht und gut // zuleben. // Darinnen ein warhaffter Christ alle seine // Schuldigkeiten / ersehen / die Tugenden üben / und // die Laster wird meyden lehrnen. // Verbessert // und // Auß dem Frantzösischen in das Teutsche // übersetzt // Durch // El. Fr. Gr. V. Sp. // Getruckt im Fürstlichen Stifft Kempten / durch // Johann Mayr / Anno 1702. - 1.-5. Buch. 12 Blatt (nicht paginiert) Titelblätter, Zuschrift, Widmung und Verzeichnis. - 645 S. - Bei der Zählung der Seiten sind (57,58) 59 und 60 wiederholt.
Am Ende der Zuschrift steht: El. Fr. Gr. V. Sporck.
Christliche // Sitten=Lehr. // Oder // Kunst recht und gut // zuleben. // Sechstes=Buch. // Von denen Tugenden / welche unsern Näch= //sten anbetreffen / und von denen diesen Tugenden // entgegen gesetzten Lastern. // Anderter=Theil. // Verbessert. // Und // Auß dem Frantzösischen in das Teutsche übersetzt // Durch // El. Fr. Gr. V. Sp. // Gedruckt im Fürstlichen Stifft Kempten / durch // Johann Mayr / Anno 1705. - 6. und 7. Buch. - 6 Blatt (nicht paginiert) Titel, Vorrede und Verzeichnis. - 360 S.

8. und 9. Buch. - 532 S. - Ohne ein Titelblatt.

Sporck, v., Sittenlehre. 2 Thle. 4. Augsb. 716.

Sporck, Franz Anton Graf von. [Das „Bonrepos-Büchlein" bestehend aus:] Christliche Kinder-Lehr, Oder Das heilige Vater Unser. Der Englische Gruß ... 1721. Prag, gedruckt bey Wolffgang Wickhart. — Verschiedene Buß-Gedancken Einer Reumüthigen Seele, Uber Die Sterblichkeit deß Menschens. Welche Auff dem ... Frantz Anton Grafen von Sporck (Tit:) zugehörigen Vogel-Berg, Bon Repos genannt, Hin und Her angeschriebener zu lesen seynd; in Reymen verfast ... [Ebenda 1721]. — Geistliche Betrachtungen, Wie man Gott dienen, den Nächsten lieben, und sich selbst um das Heyl seiner Seelen bemühen soll ... Auff die bekannte Bon-Repos Aria. Prag, W. Wickhart, 1722. Kl.8°. Insgesamt 49 und 27 Bl. (ohne das letzte leere), *3 gefaltete Kupfer. Mit 2 Melodien.* Etwas abgegriff. Pbd. d. Z. mit gemustertem Brokatpapierüberzug. Rücken leicht lädiert.

Benedikt, Sporck Nr. 66 (gibt aber den letzten Teil „Geistl. Betrachtungen" nicht an). Seltenes Werkchen aus dem interessanten „katholischen Erweckungskreise" des böhmischen Grafen F. A. von Sporck (1662—1738), dem Mäzen des Dichters G. B. Hancke und anderer zeitgenöss. Poeten. Sowohl der Graf selbst wie seine Gattin Maria Eleonora Franziska betätigten sich poetisch und wahrscheinlich stammen mehrere der Lieder und Prosastücke dieses Büchleins von dem Grafen, so z. B. die 50 Totentanzstrophen, die sich auch in den durch die Munifizenz des Grafen in reicher Ausstattung gedruckten „Geistlichen Todts-Gedancken" finden, zu denen Sporcks Hofmaler Michael Rentz eindrucksvolle Radierungen schuf.

[—] Das christliche Jahr, oder Die Episteln und Evangelien, Auf die Kirchen-Fest-Täge und Gelübd-Messen durch das gantze Jahr, Sambt dererselben Außlegung, ... Wie auch Einem kurtzen Begriff deß Lebens von denen Heiligen derer Gedächtnuß begangen wird. Aus der Frantzösischen in die Teutsche Sprach übersetzt ... Vermehret und verbesseret, das anderte mahl an Tag gegeben. 11 Tle. in 2 Bdn. Prag, Labaunische Erben, 1733—34. Fol. 4 Bl. 1097 S. 1 Bl., Titel, 1341 S. 1 Bl. *Mit gestoch. Frontispiz, 1 gestoch. Porträt des Grafen Sporck von F. J. Haas, 275 Textkupfern von M. H. Rentz und J. D. Montalegre, mehreren Kopf- und Schlußstücken und 1 Seite Noten.* Blindgeprägte (leicht „verworfene") Schweinslederbde. d. Z. mit Rsch. (etwas berieben und fleckig).

FdF. 1146c. Benedikt, Heinr.: Franz Anton Graf von Sporck (Wien 1923) Nr. 119. — Dritte Ausgabe (erste illustr.) dieser Übersetzung nach L. I. LE MAITRE (oder W. LETOURNEUX?)

Spörcken-Lüdersburg, W. v., Rathschläge zum vortheilhaften Betriebe der Pferdezucht an kleine Züchter. [Aus: „Protocolle der königl. Landwirthschafts-Gesellschaft zu Celle".] gr. 8. (14 S.) Celle 879. Schulze'sche Buchh. n. — 30

Spörcken-Lüdersburg, W. v., Ratschläge zum vorteilhaften Betriebe der Pferdezucht an kleine Züchter. 2. Aufl. Hrsg. v. der königl. Landwirtschafts-Gesellschaft u. dem Vereine zur Förderg. der hannov. Landes-Pferdezucht. gr. 8. (14 S.) Hannover 887. (Celle, Schulze.) n. — 50

Spoerel, Rudolph: Zur C a s u i s t i k der Beckenbrüche ...
Berlin: Buchdr. v. Gustav Schade (Otto Francke) (1889). 29, 1 S., 1 Bl. 8°
Berlin, Med. Fak., Inaug.-Diss. v. 17. Jul. 1889

Sporen, Die; ein pädagogisches Trauerspiel in drey Aufzügen. Riga 1785. V: *Snell, Carl Philipp Michael.* (Ky) (R-N)

Sporenberg, Johann Theodor (Corschenbroich)
De Hepatitide.
[lt. Dekanatsbuch nur handschriftlich eingereicht.]
Dr. med. Giessen 27.7.1819.

Sporer, B[ened.], Prof. Dr.: Zur **Ableitung** allgemeiner Eigenschaften algebraischer Kurven. *Stuttgart 1899: J. B. Metzler.* (S. 19—45) 4°
Ehingen, k. G., P 1899 (620)

Sporer, Bened., niedere Analysis, s. a. Sammlung, Göschen. 53.

Niedere Analysis von Prof. Dr. Benedikt **Sporer.** Mit 5 Fig. 2., verb. Aufl. Leipzig: Göschen 1901. 179 S. 8°
(Sammlung Göschen. 53.) [11. 1306. 11

— üb. d. Feuerbach'schen Kreis. [Aus: „Sitzungsber. d. k. Akad. d. Wiss."] gr. 8. (15 S. m. 4 Fig.) Wien 897. (C. Gerold's Sohn.) n. — 40

Sporer, Benedikt [Professoratsverweser an d. Realanst. Heilbronn]: Über den Schwerpunkt der gemeinschaftlichen Punkte zweier algebraischer Kurven ... Tübingen, F. Fues, 1896; 1 Bl., 40 S. 8.
Tübingen, Naturw. Fak., Inaug.-Diss. v. 1896

Sporer, Georg Mathias

Sporer, Dr. G. M. — Ueber die Aufhebung der Sanitätsreserven und Kontumaz-Anstalten von — —. Fiume, 1856. Druck und Verlag von Herkules Rezza. In Kommission bei Karl Gerold's Sohn in Wien. (17 S. 8.)

Sporer, G. M., über die Aufhebung der Sanitätsreserven und Contumaz-Anstalten. gr. 8. (17 S.) Fiume 856(57), Rezza.

Sporer, G. M., Catarrhus genitalium, pathologice ac therapeutice. 8maj. Wien 820. (Gerold). 12 gr.

Sporer, G e o r g M a t h i a s. Grundrisse eines vollständigen Systems der Staatsarzneikunde. Klgft., v. Kleinmayr, 1837. 130 S.

Sporer, G. Matth.: Grundrisse eines vollständigen Systems der Staatsarzneikunde, für Aerzte, Sanitätsbeamte u. Rechtsgelehrte. ***Klagenfurth, (Leipz.,*** **Wigand in Comm.) 837. gr. 8. (18 Gr.)**

— Oedip. Tragödie in 5 Acten. Aus dem illyrischen vom Verf. Fiume 858. Rezza. 8. (96 S.) 12 ngr.

Sporer, Geo. M., Stand und Critik der Sanitätspflege durch die Staatsverwaltung, mit besond. Beziehung auf die österreich. Monarchie. gr. 8. (III und 171 S.) Laibach 849, [v. Kleinmayr und Bamberg.]

Sporer, Georg Mathias: Versuch einer systematischen Darstellung der fieberhaften Volkskrankheiten nach medicinisch-polizeilichen Grundsätzen. 196 S., gbd.

Wien: Gerold 1833

Sporer, Georg Mathias. Vorträge eines alten Landarztes. Klgft., v. Kleinmayr, 1840. 126 S.

Sporer, Patrick

Sporer, Theologia moralis c. suppl. Theol. moral. 4 Tmi. fol. Salzb. Mayr. 711.

Sporer, Patritius, O. S. F., Theologica moralis, decalogalis et sacramentalis. Novis curis ed. F. Irenaeus Bierbaum, O. S. F. Tom. I. gr. 8. (IX, 878 S.) Paderborn 897. Bonifacius-Druckerei. 7. 50

Sporer, Patritius, O. ff. min., theologia moralis, decalogalis et sacramentalis. Novis curis ed. Irenaeus Bierbaum, O. ff. min. Tom II et III. gr. 8. Paderborn, Bonifacius-Druckerei. 17. 40
II. (VI, 948 S.) 900. 7. 80. — III. (IX, 1167 S.) 901. 9. 60
Tom. I. Ebd. 897. 7. 50.

Sporer, Patritius, O. ff. min., Theologia moralis, decalogalis et sacramentalis. Novis curis ed. Irenaeus Bierbaum, O. ff. min. Ed. II. Tom I—III. gr. 8. Paderborn, Bonifacius-Druckerei. n. 24. 90
I. (IX, 860 S.) 901. 7. 50. — II. (VI, 926 S.) 903. 7. 80. — III. (IX, 1146 S.) 905. 9. 60.

Spörer, Gustav

Spoerer, G., Anfangsgründe der Geometrie bearbeitet für die Quarta eines Gymnasiums. gr. 8. (32 S. m. 1 lith. Taf. in qu. Fol.) Anclam 851, Dietze. ¼ ₰

—— Beobachtungen der Sonnenflecken vom Octbr. 1871 bis Decbr. 1873, s. Publicationen des astrophysikal. Observatoriums zu Potsdam.

Spörer, G., Beobachtungen der Sonnenflecken von Jan. 1874 bis Decbr. 1879, s.: Publicationen des astrophysikalischen Observatoriums zu Potsdam.

Spörer, G., Beobachtungen v. Sonnenflecken in den J. 1880—1884, s.: Publicationen d. astrophysikalischen Observatoriums zu Potsdam.

Spörer, G., Beobachtungen v. Sonnenflecken in den J. 1885 bis 1893, s.: Publikationen des astrophysikalischen Observatoriums zu Potsdam.

Spörer, G., Beobachtung der Sonnenflecken zu Anclam. Mit 23 lith. Taf. Publication der astronom. Gesellschaft XIII. gr. 4. (161 S.) Leipzig 874. Engelmann in Comm. n. 15. —

Spörer, G., Beobachtungen von Sonnenflecken. II. Fortsetzung der Publication XIII der astronom. Gesellschaft. gr. 4. (142 S. mit 12 lithogr. Taf.) Leipzig 876, Engelmann. *
I. Ebendas. 1874. *ℳ 15.

Spörer: I. Beobachtungen von Sonnenflecken und daraus abgeleitete Elemente der Rotation der Sonne. 31 S. II. Die Stürme auf der Sonne. 20 S. III. Zusammenstellung der aus mehrj. astr. Beobachtungen gewonnenen Resultate. 30 S. – Anclam, Progr. 1862, 1863, 1868

Spörer, G., Beobachtungen von Sonnenflecken und daraus abgeleitete Elemente der Rotation der Sonne. Anclam 862. (Dietze.) gr. 4. (31 S. u. 1 lith. Taf.) n. 15 ngr.

—— dass. — II. Die Stürme auf der Sonne. gr. 4. (20 S.) (Ebendas.) 863. *

Spörer, G., Beobachtungen von Sonnenflecken u. daraus abgeleitete Elemente der Rotation der Sonne. III. Eine Zusammenstellung der aus mehrjährigen astronomischen Beobachtungen gewonnenen Resultate. Anclam 868. Boetteke. gr. 4. (30 S.) n. 10 ngr.

— Dr., Beobachtungen von Sonnenflecken, VI. (Aus den Astronom. Nachr. besonders abgedruckt.)

Spoerer, Gust. (Frid. Guil.) (geb. Berlin 23. 10. 1822): De cometa, qui anno 1723 apparuit. Berolini 1843. (34 S.) 4°
Berlin, Phil. Diss. v. 14. Dez. 1843

—— die ebene Geometrie und Trigonometrie. 2. Heft, als Fortsetzung der „Anfangsgründe der Geometrie" für die oberen Gymnasialclassen bearb. gr. 8. (IV und 97 S. mit 2 Stnt. in qu. Fol.) Anclam 852, Dietze.

Spoerer, G., die ebene Geometrie und Trigonometrie, für den Schulunterricht bearb. 1. Heft. Mit 1 (lith.) Figurentaf. (in Fol.) 2. verb. Aufl. Anclam 858. Dietze. gr. 8. (35 S.) n. 7½ ngr.

— die ebene Geometrie u. Trigonometrie 2. Hft. f. die oberen Gymnasialklassen bearb. Mit 2 (lith.) Figurentaf. (in qu. Fol.) 2. Aufl. gr. 8. (80 S.) Anclam 870. Krüger. n. 1. 25

Spörer, G. Ueber die Periodicität der Sonnenflecken, s. Acta, nova, academiae caesareae Leopoldino-Carolinae.

— üb. die Periodicität der Sonnenflecken seit dem J. 1618, vornehmlich in Bezug auf die heliographische Breite derselben, u. Nachweis e. erheblichen Störung dieser Periodicität während e. langen Zeitraumes. [Aus: „Nova Acta d. ksl. Leop.-Carol. deutschen Akad. d. Naturforscher".] gr. 4. (44 S.) Halle 889. (Leipzig, Engelmann.) n. 2. —

— die Reise nach Indien zur Beobachtung der totalen Sonnenfinsterniss am 18. Aug. 1868. Vortrag gehalten in der Singakademie zu Berlin am 16. Janr. 1869. Leipzig 869. Engelmann. gr. 8. (30 S.) 6 ngr.

— Ueber Sonnenflecke. Mit einer Karte: Sonnenflecke, beobachtet im Jahre 1865. (Auszug aus dem Monatsbericht der Kgl. Akad. der Wissensch. zu Berlin vom November 1865.) Berlin.

—— die Trigonometrie für die oberen Gymnasialklassen bearb. 2. Aufl. gr. 8. (28 S. mit 1 Stnt.) Anclam 870, Krüger. *

Spörer: Ueber den mathematischen Unterricht auf Gymnasien. 17 S. – Anclam, Progr. 1855.

Spoerer, G., populäre Vorlesungen über Astronomie. gr. 8. (VI und 116 S. mit 1 lithogr. Figurentaf. und 1 lithogr. Mondkarte in 4.) Anclam 853, Dietze. Thlr.

SPORER, J. Fr., Almosenpredigt. — Des Bauernpredigers Rede über das Evangelium vom reichen Mann. — Kirchweihpredigt. (Sämmtlich jocos.) 4°. Selten! (²/₃ Rthl., Scheible, 1868; jetzt theurer!)

PREDIGTEN, Vier lustige (von *Spörer* u. A.). — Mit *Anhang*. O. O. 1765. 4°. Selten! (1 fl. 30 xr. Scheible, vor 1870; jetzt theurer!)

Spörer, Jul., Kosmos der Poesie od. Natur- u. Menschenwelt in der Dichtg. 1. Bd.: Dissonanzen u. Accorde. gr. 4. (XII, 180 S.) Gotha 872. F. A. Perthes. n. 6. —

Spörer, J.: Nowaja Semla in geographischer, naturhistorischer und volkswirthschaftlicher Beziehung. Nach den Quellen bearbeitet. Mit einer Uebersichtskarte und einer Spezialkarte. Gotha 1867. VII, 112 S. = Ergänzungsheft zu Petermann's Geographischen Mittheilungen. No. 21. 8°. [Z 25

Spörer, J., Nowaja Semlä, s.a. Mittheilungen aus Justus Perthes' geographischer Anstalt.

Spörer, Karl Hnr., Diss. inaug. med. de inflammatione, morbo animalium et vegetabilium. 8. Dorpat 824. (73 S.)

Sporgel, s.a. Daube, Ernst

Sporgel, noch Feierohmds. E Lasebuch in Altenborjscher Mundort. 8. (VI, 73 S.) Altenburg 894. O. Bonde's Verl. n. — 80

Sporgel, noch Feierohmds. E Lasebuch in altenborjscher Mundort. 2. u. 3. Hft. 8. (III, 78 u. IV, 84 S.) Altenburg 895. 97. O. Bonde. à Hft. n. — 80

Sporgel, nach Feierohmds, Fortsetzg., s.: Daube, Ernst.

Spörhase A, Fachzeichnen für Stellmacher. (Lachner III, 5) 4° Leipzig 1889

Spörhase, A., s.: Lehrhefte f. den Einzelunterricht an Gewerbe- u. Handwerkerschulen.

Spork, Eug., die Geburt des Herrn, s.: Vereinsbühne. I.

Saulus und die ersten Christen. Biblisches Schauspiel in 4 Acten und 4 Bildern. Von Eugen Spork. Graz. 1900. Moser's Buchhandlung. 8°. 56 S. fl. —.40

— Saulus u. die ersten Christen, s.a. Vereinsbühne. II.

Spork, Ferdinand Graf (Red.), s. Taschenkalender. Bayreuther.

Spork, Walter, die Ungarn in Italien, siehe: Novellen-Sammlung, 105 u. 106. Bchn.

Spörl, Georg Heinrich

— nähere Beschreib. des Bades u. d. Mineral- u. Heilquellen zu Steben in d. kön. baier. Obermainkreise u. der vormal. Provinz Bayreuth. 8. ... 822.

Spörl, Geo. Hnr., Uebersicht u. Beschreib. des Gesundheitsbrunnens zu Steben im Fürstenth. Bayreuth. 8. Hof 811. (Grau). 12 gr

Spoerl, H., Wie verhütet und beseitigt man Zahnschmerzen? oder die Pflege der Zähne. 8. (47 S.) Berlin 884, Kühl. *

Spoerl, Hans (Hrsg.), s. Almanach, Photographischer.

— die photographischen Apparate u. sonstigen Hilfsmittel zur Aufnahme, deren Beschreibg., sowie Erläuterg. ihrer Anwendg. zur Herstellg. von Porträts, Landschaften, Momentaufnahmen, Stereoskopbildern u. Reproduktionen. 11., vollständig neu bearb. Aufl. v. Paul Ed. Liesegangs Handbuch. Bd. I. Mit 106 Illustr. u. Kunstbeilagen. (122 S.) gr. 8. Leipzig 904. E. Liesegang. n. 3. —

— die Lichtpaus-Verfahren, s.a. Liesegang's photographischer Bücherschatz. III.

Spörl, H., Die Lichtpaus-Verfahren zur Herstellung von Kopien nach Zeichnungen, Plänen, Stichen, photographischen Negativen usw. 4. Aufl. Leipzig, 1906. 135 S. mit Abb. [Db 43

— Photographie, s.a. Vogel, H. W.

Die Photographie in der Technik ... Von Hans **Spörl**. Mit 48 Abb. Hannover: Jänecke 1909. 189 S. 8°
(Bibliothek d. gesamten Technik. Bd 115.) 109. 10994 7

— Die Photographie in der Technik, s.a. Bibliothek der gesamten Technik.

— der Pigment-Druck, s.a. Liesegang, Paul Ed.

Spörl H, der Pigmentdruck (Kohledruck). 13. Auflage von Liesegangs Kohledruck. (164 S 1 T) (Liesegangs photographischer Bücherschatz 1) Leipzig 1905

— Porträt-Kunst in der Photographie. Ein Lehrbuch üb. neuzeitl. Porträtdarstellg. auf photograph. Wege f. Fachleute u. Liebhaber. 2 Tle. Lex. 8. Leipzig 909. E. Liesegang. à 4.—; geb. à 4. 60
I. Aesthetik. Mit 74 instruktiven Bildnis-Beispielen. (125 S.)
II. Praxis. Mit 78 instruktiven Bildnis-Beispielen. (125 S.)

— praktische Rezeptsammlung f. Fach- u. Amateur-Photographen. Mit genauer Angabe der Anwendungsweise. (147 S.) 8. Leipzig 905. E. Liesegang. n. 3. —

— Praktische Rezeptsammlung f. Fach- u. Amateur-Photographen. Mit genauer Angabe d. Anwendungsweise. 2., durchgearb. u. verm. Aufl. (168 S.) gr. 8. Ebd. 907. 3. —; geb. 3. 60

Spörl, Johann Konrad

Spörl, Joh. Conr., Evangelium Mosis, od. Zeugnisse v. Leiden u. Tod Jesu Chr., so in d. 5. B. Mos. enth. 8. Nrnb. Schmidt. 732.

Spoerl, Johann Konrad (Nürnberg) A. S. 261/16

Eximius in medio aevo philosophus Gerbertus ... postea Romanus pontifex Sylvester II. iniuriis tam veterum quam recentiorum scriptorum dissertatione inaugurali philosophica ... liberatur.
Präs. Johann David Koeler.
Altdorf (Kohles) 14. VI. 1720. 40 S.

Gew.: Gustav Georg Tezel, Johann Christoph von ImHof, Leonhard Grundherr, Hieronymus Wilhelm Ebner. 33050

— introductio in notitiam insignium typographicorum. 4. Nrnb. 730.

Spörl, Johann Konrad Chr.

— Beantwort. der Manheim. Preisfr.: Welches sind die besten ausführb. Mittel, dem Kindermorde Einhalt zu thun? 8. 8. Mühlhaus. 781. (Hahn in Hannov.) 2 gr

— Briefe, histor., ökonom. u. and. Inhalts. 8. Hannov. 786.

Spörl, Jh. Konr. Chr., vermischte Briefe, enthalt. Reisebeschreibb. von Holland, Spanien, Surinam, Algier ꝛc. 2 Thle. 8. Langens. 786. Zolling. 1 ℔ 6 gl

— Geschichte v. Corsika, v. Anfang ihrer Bevölkerung bis 1777. gr. 8. Hannov. 777. Helwing. 14 gl

— Predigten e. Menschenfreundes f. Bürger. gr. 8. Lemgo 783. Meyer. 16 gl

SPÖRL, Robert (Regensburg): Ein Fall von beiderseitiger Membrana pupillaris perseverans.- München: Wolf 1902. 34 S.
15.7.1902 - Chr 1902/03,22; Jv 1902/03,316
Diss.Ingolst.-Landsh.-Mchn.

Spörl, Volkmar Daniel

— daß göttl. Strafgerichte seien, zu welchen auch große Wasserfluthen zu rechnen sind, aus heil. Schrift bewiesen. 8. Nürnb. 786.

Spoerl, Volkmar Daniel (Nürnberg) Altd. Ahg. 13/12

Meditationum de legibus religionis politicis ad pacis religio. August. Vindelic. a. MDLV sancitae art. II. III et IV illustrandos specimen II.
Präs. Johann Heumann.
Altdorf (Hessel) 10. IV. 1756. 40 S.

Gew.: Johann Adam Rudolph Karl Geuder, Georg Friedrich Poemer, Karl Friedrich Behaim, Johann Jakob Haller. 33056

Spörl, Volkm. Dn., († d. 21. Jan. 1807.) vollständ. Pastoraltheologie. gr. 8. Nürnb. 764. Riegel u. W. 20 gl

Spoerl-Gamma, Heinr., Frauenleiden! Verhütung u. Heilg. derselben durch Massage u. Heilgymnastik. gr. 8. (45 S.) Leipzig-Reudnitz 895. M. Hoffmann. n. 1. 25

Spoerl-Gamma, H., die Pflege d. Kindes im ersten Lebensjahre. Nach eigenen Erfahrgn. u. Beobachtgn. bearb. gr. 8. (21 S.) Erlangen 891. Junge. n. — 40

Sporleder, A., (36) Bilder u. Fabeln. Ein Festgeschenk für die Jugend. gr. 8. (7½ B.) Hannover 844, Hahn'sche Hofbh. *

Sporleder, Ernst: Ueber einen Fall von symmetrischen Lymphomen der Orbita. *Leipzig (1897): A. Edelmann.* (14 S.) 8°
Leipzig, Med. Diss. v. 28. Sept. 1897

Sporleder, F. W.

FESTSCHRIFT ZUR FEIER SEINES 25JÄHRIGEN BESTEHENS herausgegeben von dem wissenschaftlichen Verein zu Wernigerode.
1. Vorwort, Verzeichniss der Mitglieder und der gehaltenen Vorträge.
2. F. W. SPORLEDER, Verzeichniss der in der Grafschaft Wernigerode und der nächsten Umgegend wildwachsenden Phanerogamen und Gefäss-Cryptogamen. Mit 1 Steindruck-Tafel. Wernigerode. 1868. Druck von B. Angerstein. 8°.

Sporleder, F. W., Verzeichniß der in der Grafschaft Wernigerode u. der nächsten Umgegend wildwachsenden Phanerogamen u. Gefäß-Kryptogamen, sowie der daselbst im Freien in größerer Menge gebauten Pflanzen. 2., nach dem Tode des Verf. neu bearb. u. durch ein Verzeichniß der im Gebiet bis jetzt aufgefundenen Laubmoose verm. Aufl. Hrsg. vom wissenschaftl. Verein zu Wernigerode. 8. (XXXVI, 336 S.) Wernigerode 882. (Fintbein.) n.n. 3. —

Graf Haeseler-Anekdoten. Gesammelt u. hrsg. von Friedrich **Sporleder**. Metz: Graf-Haeseler-Anekdoten [übergestempelt: R. Lupus] 1907. (128 S.) 8° [F.] 07. 7190

Sporleder, Frdr., Graf Häseler-Anekdoten. (Aus d. Leben u. Wirken des ehemal. kommandier. Generals des 16. Armee-Korps.) Gesammelt u. hrsg. 2. verm. Aufl. (4.—7. Tausd.) (128 S. m. Abb.) 8. Metz 907. Elsaß-lothring. Union-Verlag. 1. —

— Die Legende üb. Wilhelm II. (219, V u. IV S.) 8. Metz (908). P. Müller. 3. —

Die Legende über Wilhelm II. von Fr[iedrich] **Sporleder**. Metz: Elsaß-Lothring. Unionsverl. (1908). (219, V, IV S.) 8° 08. 13339

Sporleder, Georg, Referendar: Der Unterhaltsanspruch nach dem Bürgerlichen Gesetzbuche. *Rostock 1901: C. Hinstorff.* (76 S.) 8° [F.]
Rostock, Jur. Diss. v. [14. Febr.] 1901

Sporleder, J., praktischer Lehrgang zur schnellen u. leichten Erlernung der englischen Sprache, s.: Ahn, F.

Sporleder, Carl [Oberl. an d. Realsch. zu Düsseldorf]: Über Montchrestiens „Escossoise" ... [= Progr. d. Realsch. zu Düsseldorf 1893.] Marburg, *1892;* 44 S., 1 Bl. 4.
Marburg, Phil. Fak., Inaug.-Diss. v. [18. März] 1893

Sporleder, Carl Über die „Escossoise" von Antoine de Montchrestien. 4 (22 S.). **Progr.** Rsch. *Düsseldorf* 1893 (497).

Sporleder, Werner, Gerichtsassessor, a. Rostock, juristischer Hilfsarbeiter der Gemeindeverwaltung Berlin-Mariendorf: Die Einwendungen des Eigentümers gegen den Anspruch aus der Hypothek nach bürgerlichem Gesetzbuch. Rostock 1906: H. Winterberg. (69 S.) 8° [F.]
Rostock, Jur. Fak., Ref. Matthiaß, Diss. v. 10. Febr. 1907
[Geb. 24. Juni 76 Steinbeck b. Güstrow; Wohnort: Mariendorf b. Berlin; Staatsangeb.: Mecklenburg-Schwerin; Vorbildung: Gymn. Rostock Reife O. 97; Studium: Rostock 4, München 1, Leipzig 1 S.; Rig. 28. Nov. 06.]

SPÖRLEIN, Hans (München): Zur Kenntnis der lienalen Leucämie.- München: Ernst 1892. 36 S., 1 Taf.
20.12.1892 - Chr 1892/93,16; Jv 1892/93,212 (Prom.-Datum: 1893)
Diss. Ingolst.-Landsh.-Mchn.

Spörlein, Johann

Spörlein, J., Theologische Einwendung gegen die scholastisch-philosophische Lehre vom Menschen im Entwurfe vorgelegt. Bamberg, Reindl, 1867. 8°, 82 S., 80 Pf.

Die Gegensätze in der Lehre des heil. Cyrillus und des Nestorius von der Menschwerdung Gottes. Von Joh. Spörlein, P. der Theol. — 1853. Ebend. — S. 3—22.
Progr. Bamberg

Spörlein, J., die christliche Gesellschaftsordnung u. die neue Zeit. Nördlingen 866. Beck'sche Buchh. gr. 8. (51 S.) 7½ ngr.

Spörlein, J., Grundsätze des Clemens von Alexandrien über griechische Philosophie u. christliche Wissenschaft. Bamberg 1840, 4°, 22 S., Programm.

Spörlein, Joh., die Verfolgungen der Christen im römischen Reiche. Regensburg 858. Manz. 8. (2 Bl., 215 S.) 19½ ngr.

Spörlin u. Rahn, Verzierungen, s. Verzierungen.

Spörlin, Johs., Predigten. Nebst e. Auszug aus seinem Tagebuche u. einigen Notizen über sein Leben. gr. 8. (21¼ B.) Mülhausen 840, Rißler.

Spörlin, Johs., Predigten. Nebst einem Auszug aus seinem Tagebuche u. einigen Notizen über sein Leben. gr. 8. (LXXX u. 269 S.) Mülhausen im Elsaß 852. Frankfurt a. M., Zimmer'sche Sortiments-Buchhandlung. (Völcker.) n. 28 ngr.

Spörlin, Margarethe, der Kaisersberger Doktor u. andere Geschichten, s.: Jugend- u. Volksbibliothek, deutsche.

Spörlin, Margaretha, der alte Eli. Eine einfache Geschichte aus dem elsäßischen Volksleben. 3. Aufl. 8. (188 S.) Basel 879. Schneider. n. 1. 50

Spörlin, Margarethe. Der alte Eli. Eine einfache Geschichte aus dem elsässischen Volksleben. Von Margareta Spörlin ... [Mit 1 Tafel.] 152 S. 8. Stuttgart, J. F. Steinkopf, 1906. [cart. M. –. 90, geb. 1. –]
Deutsche Jugend- und Volksbibliothek. Band 209....

— der alte Eli, s.: Jugend- u. Volksbibliothek, deutsche.

— Vater Jung-Stilling u. Fräulein Katharina. Eine Erinnerung aus Badenweiler. 8. (158 S.) Ebend. 877. n. 2. —

Spörlin, M., elsässische Lebensbilder. 3. Bdchn. 296 Stn. 8. Basel, F. Schneider. 1875. 3. 60

—— elsäßische Lebensbilder. 1. und 2. Bdchn. Autoris. Ausg. 8. Ebendas. 875. [1. Bdchn. Bevorwortet von Ernst Stähelin. 4. Aufl. (VIII, 324 S.) * M. 2,40.; 2. Bdchn. 3. Aufl. (182 S.) * M. 1,50.] *
—— dass. — 3. Bdchn.: Drei goldene Hochzeiten. Ein Sittengemälde aus der Familienchronik. 2. Aufl. 8. (VI, 296 S.) Ebendas. 876. *
—— dass. — 4. Bdchn. Autoris. Ausg. 8. (256 S.) Ebendas. 875. *
Val. Lebensbilder, elsäßische.

— elsäßische Lebens-Bilder. 1. Bdchn. Bevorwortet von Ernst Stähelin. Autoris. Ausg. 5. Aufl. 8. (X, 324 S.) Ebend. 881. n. 2. 40

— dasselbe. 4. Bdchn. Autoris. Ausg. 2. Aufl. 8. (III, 256 S.) Ebend. 882. n. 2. —

— elsäßische Lebensbilder. 2. Bdchn. Autoris. Ausg. 4. Aufl. 8. (182 S.) Ebend. 885. n. 1. 50

— dasselbe. 1—17. Hft. 8. Hamburg 886. Evangel. Buchh. n. 1. 68
1. Der Kaisersberger Doktor u. der kleine Matthis. (28 S.) n. — 10
2. Der alte Stephansturm. (16 S.) n. — 6
3. Krumm-Schnäbelchen. (28 S.) n. — 10
4. Die Diener d. Worts. (28 S.) n. — 10
5. Die Flüchtlinge. (32 S.) n. — 10
6. Der Pelzrock. (32 S.) n. — 10
7. Spitzi. (24 S.) n. — 9
8. Der Heimgang. (24 S.) n. — 10
9. Meister Klaus. (32 S.) n. — 10
10. Das Waldhaus. (28 S.) n. — 10
11. Onkel Balthesars Reliquie. (40 S.) n. — 12
12. Ein armer Schüler. (36 S.) n. — 12
13. Eine Stille im Lande. (16 S.) n. — 6
14. Vater Siegrists Rosenstock. (20 S.) n. — 7
15. Der Vetter Hans Jerg. (48 S.) n. — 15
16. Mein Kuckuck. (15 S.) n. — 6
17. Drakenstein od. e. Blick nach Südafrika. (48 S.) n. — 15

— elsässische Lebens-Bilder. I. Bd. 6. Aufl. (III, 310 S. m. 4 Vollbildern.) kl. 8. Stuttgart 905. J. F. Steinkopf. Geb. in Leinw. 3. —
Auch die übrig. Schriften ders. Verf. aus dem Verlage d. Basler Buch- u. Antiqu.-Handlg. vorm. A. Geering sind an obige Firma übergegangen.

Spörlin, Margarethe. Der Pelzrock und andere Geschichten. Aus den Elsässischen Lebensbildern von M' Sp' (Band 1, 6. Aufl.). [Mit 2 Tafeln.] IV + 158 S. 8. Stuttgart, J. F. Steinkopf, 1907. [cart. M. —. 90, geb. 1. —]
Deutsche Jugend- und Volksbibliothek. Band 213....

Spörlin, Margar., der Pelzrock u. andere Geschichten, s.: Jugend u. Volksbibliothek, deutsche.

Spörlin, Margaretha, gesammelte Schriften. Autoris. Ausg. 6 Bde. in 20 Lfgn. 8. Basel 886,87, Schneider. à Lfg. * 60 Pf. *
Inhalt:
Bd. 1. Elsässische Lebensbilder. 1. Bd. Bevorwortet von Ernst Stähelin. 5. Aufl. (IX, 324 S.)
" 2. Dass. — 2. Bd. 4. Aufl. (182 S.)
" 3. Dass. — 3. Bd. 2. Aufl. (296 S.)
" 4. Dass. — 4. Bd. 2. Aufl. (256 S.)
" 5. Vater Jung-Stilling. 2. Aufl. (158 S.)
" 6. Der alte Eli. 3. Aufl. (188 S.)

(Spörlin, S[ebastian].) Christliche Beherzigung der gegenwärtigen bedenklichen Zeitumstände. 8. Basel 1792.

Spörlin, Seb., christl. Beherzigung der gegenwärt. bedenkl. Zeitumstände. 8. Basel 793.

— Fragen u. Antworten üb. die fünf Hauptstücke. 8. Basel 771.

— chronolog. Grundriß der bibl. Geschichte des Alt. u. N. Testaments. 8. Basel 783. Schweighäuser. 3 gr.

Spörlin, Sebastian, s. Hans u. Bethe.

— erbaul. Hausgesänge u. Beitr. zur Hausandacht. 8. Basel 770. Schweighäuser. 2 gr.

— s. Pictet, Ben.: Über Religionsprüfung.

Spörlin, Seb[astian]. Predigt über Pred. Sal. 9, 12. bey der Beerdigung des in der Nacht vom 16. auf den 17. Weinmonats zu Eptingen jämmerlich ermordeten Jakob Tschudi ... gehalten ... den 19ten Weinmonats 1788. 8. Basel 1788.

— ein Schärfchen zur Hausandacht. gr. 8. Basel 786. Schweighäuser. 8 gr.

— katechet. Unterricht in der Religion, f. die Confirmanden. 8. Basel 772. Imhof. (Chr. Fr. Günther in Glogau). 8 gr.

— Verschiedenes über Allerhand. 8. Basel 782.

Spormann, Gust. (geb. Ilseuburg 7. 8. 1836): De diabete mellito. Berolini (1865). (32 [vielmehr 30] S.) 8°
Berlin, Med. Diss. v. 5. Aug. 1865

Spormann, Karl, Dr.: Die im nordwestlichen Neuvorpommern bisher beobachteten Großschmetterlinge, mit besonderer Berücksichtigung der näheren Umgegend Stralsunds. Ein Beitrag zur Makrolepidopterenfauna Pommerns. T. 1. Die Rhopaloceren und Heteroceren ausser den Geometriden. Stralsund 1907: Regierungs-Buchdruckerei. (56 S.) 4°
Stralsund, G OP 1907 (186)

Spormann, Karl: Die in Neuvorpommern bisher beobachteten Grossschmetterlinge (mit bes. Berücks. d. näheren Umgebung Stralsunds.) Ein Beitr. zur Makrolepidopterenfauna Pommerns. T. 2. Die Geometriden u. e. Nachtrag. Stralsund 1909: Kgl. Regierungs-Buchdr. 36 S. 4° ¶[Forts. d. P-Beil. 1907.]
Stralsund, G OP 1909 (210) [S 09. 450

Spormann, Carolus [Guestphalus]: De ellipsis brachylogiaeque apud Herodotum et Thucydidem usu. . . . Halis Saxonum, form. descr. E. Karras, 1888; 75 + 1 S. 8°
Halle, Phil. Fak., Inaug.-Diss. v. [3. Nov.] 1888

Sporn [Sachliches OW]

Sporn, der. Red.: F. André. Jahrg. 1863. April—Decbr. 39 Nrn. (à 1—1½ Bgn.) Berlin, Wagner. gr. 4. n. 6 ℳ

— — Central-Blatt für die Gesammt-Interessen des deutschen Sport. Officielles Organ des rheinischen Renn-Vereins. Red.: F. André. 2. Jahrg. 1864. 52 Nrn. (à 1—1½ Bgn.) Ebend. gr. 4. n. 8 ℳ

Sporn, der. Central-Blatt für die Gesammt-Interessen des deutschen Sport. Officielles Organ des rheinischen Renn-Vereins. Redact.: F. André. 3—8. Jahrg. 1865—70. à Jahrg. 52 Nrn. (1—1½ Bgn.) Berlin, Wagner. gr. 4. Jeder Jahrg. n. 8 ₰

Sporn, der. Centralblatt f. die Gesammt-Interessen d. deutschen Sport. Officielles Organ norddeutscher Rennvereine. Red.: F. André. 9—12. Jahrg. 1871—1874 à 52 Nrn. (à 1—2 B.) gr. 4. Berlin, Wagner. à Jahrg. n. 24. —

— dasselbe. 13. u. 14. Jahrg. 1875 u. 1876 à 52 Nrn. (à 1—2 B.) gr. 4. Berlin. (Leipzig, Werner.) à Jahrg. n.n. 30. —

Sporn, der. Zentral-Blatt für die Gesammt-Interessen des deutschen Sport's. Organ der Landes-Vollblut-Zucht. Red.: F. André. 15. u. 16. Jahrg. 1877 u. 1878. à 52 Nrn. (à 1—2 B.) gr. 4. Berlin. Leipzig, Werner in Comm. à Jahrg. n.n. 30. —

Sporn, der. Zentralblatt für die Gesammt-Interessen des deutschen Sports. Organ der Landes-Vollblut-Zucht. Redact.: O. v. Estorff. 18.—22. Jahrg. 1880—1884. à Jahrg. 52 Nrn. (à Nr. 1—2 Bog.) gr. 4. Berlin, Expedition. à Jahrg. **

Sporn, der. Zentralblatt f. die Gesammt-Interessen d. deutschen Sport's. Organ der Landes-Vollblut-Zucht. Red.: O. v. Estorff, Ad. Carstens u. Konr. Keudell. 22—24. Jahrg. 1884—1886. à 52 Nrn. (à 1—2 B.) gr. 4. Berlin, Exped. à Jahrg. n n. 30. —

Sporn, der. Zentral-Blatt f. die Gesammt-Interessen d. deutschen Sports. Organ der Landes-Vollblut-Zucht. Red. i. V.: K. v. Keudell. 25. Jahrg. 1887. 52 Nrn. (à 1—2 B.) gr. 4. Berlin, Exped. n.n. 30. —

— dasselbe. Red.: M. Hartmann. 26. Jahrg. 1888. 52 Nrn. (à 1—2 B.) gr. 4. Ebd. n.n. 30. —

— dasselbe. Red.: A. Carstens. 27. 28. Jahrg. 1889. 1890 à 52 Nrn. (à 1—2 B.) gr. 4. Ebd. à Jahrg. n.n. 30 —

Sporn, der. Zentral-Blatt f. die Gesammt-Interessen der deutschen Pferde-Rennen. Organ der Landes-Pferdezucht. Red.: Frz. v. Wedell. 29. Jahrg. 1891. 104 Nrn. (à 1—2 Bog.) gr. 4. Berlin, Exped. n.n. 30. —

— dasselbe. Chef.-Red.: Graf C. G. Wrangel. Red.: Wilh. Meyer. 30. Jahrg. 1892. 104 Nrn. (à 1—2 Bog.) gr. 4. Ebd. n.n. 30. —

— dasselbe. Red.: Wilh. Meyer. 31. Jahrg. 1893. 52 Nrn. (à 3—4 Bog.) gr. 4. Ebd. n. 30. —

— dasselbe. Red.: Alfr. Siebert. 32. Jahrg. 1894. 52 Nrn. (à 3—4 Bog.) gr. 4. Ebd. n. 30. —

Sporn, der. Zentral-Blatt f. d. Gesammt-Interessen d. Deutschen Pferde-Rennen. Organ d. Landes-Pferdezucht. Red.: Alfr. Siebert. 33.—36. Jahrg. 1895—1898. à 52 Nrn. (à ca. 4 Bog. m. Abb.) gr. 4. Berlin, Expedition. à Jahrg. n.n. 30. —; einz. Nrn. n.n. — 75
Kann auch vierteljährlich bezogen werden.

Sporn, der. Zentral-Blatt f. die Gesammt-Interessen der deutschen Pferde-Rennen. Organ der Landes-Pferdezucht. Red.: Rich. Fölzer u. Alfr. Siebert. 37. Jahrg. 1899. 52 Nrn. gr. 4. (à ca. 10 u. Rennbulletin 8 S.) Berlin (S.O. 36, Forststr. 51, I.), Verlag Sporn. n.n. 30. —

— dasselbe. Red.: Rich. Fölzer. 38. u. 39. Jahrg. 1900 u. 1901. à 52 Nrn. gr. Fol. (à ca. 8 S.) Ebd. à Jahrg. n. 16. —

Sporn [Verfasser]

Sporn, C., freier Handel u. Wandel. Eine volksthüml. Betrachtg. üb. die Elementarsätze der Volkswirthschaftslehre. gr. 8. (48 S.) Magdeburg 876. E. Baensch. n. — 75

Sporn, C., freier Handel und Wandel. Eine volksthüml. Betrachtung über die Elementarsätze der Volkswirthschaftslehre. gr. 8. (48 S.) Magdeburg 878, E. Baensch. *

Sporn, Karl [Pseud.], s. a. Sieboth, C.

Sporn, C., die Herberge zur wilden Bache, oder: Des Meisters Fehlschuß. Eine Räuber- und Wildschützen-Erzählung aus dem Anfange des vorigen Jahrhunderts. 2 Bde. kl. 8. Nordhausen 842, Fürst. $1^{2}/_{3}$ ₰

† Sporn, C., (C. Sieboth,) die Herberge zur wilden Bache, oder: Des Meisters Fehlschuß. Eine Räuber- u. Wildschützen-Erzählung aus d. Anfange des vor. Jahrhunderts. 2 Bde. 8. (28 B.) Nordhausen 842, [Leipzig, Literar. Museum.] Thlr.

† Sporn, C., (C. Sieboth,) der Pfad der Nacht, od.: der Räuberhäuptling als Bauchredner. Eine d. schauerlichsten Räuber-Erzähln. a. d. letzten Viertel d. 17. Jahrh. 2 Bde. 8. (25 B.) Nordhausen 841. [Leipzig, Literar. Museum.] 2 Thlr., hrbgs. Pr.

Sporn, Karl, Vesania die Wahnsinnige, oder: Der Racheschwur. Eine Räuber-Erzähl. 2 Bde. 8. Nordhaus. 838. Fürst. $2^{1}/_{6}$ ₰

—— Vesania die Wahnsinnige, od.: der Racheschwur. Eine Räuber-Erzähl. 2 Bde. 8. (28½ B.) Nordhausen 838. [Leipzig, Literar. Museum.] 2⅙ Thlr., hrbgs. Pr.

Spornberger, Al., Geschichte der Pfarrkirche v. Bozen. (Ausgearb. auf der Grundlage v. Justinian Ladurner's „Beiträgen" zur Geschichte eben dieser Pfarrkirche.) Mit e. kunstgeschichtl. u. e. archival. Anh. gr. 8. (VII, 108 S. m. 1 Abbildg.) Bozen 894. A. Auer & Co. n. 1. 60

Spornberger, Georg *Heinrich Gustav* [aus Wollstein]: Ueber Arthritis deformans der Wirbelsäule ... Berlin, Druck v. E. Ebering, *1897*; 26 S., 3 Bl. 8.
Berlin, Med. Fak., Inaug.-Diss. v. 2. Aug. 1897

Spornberger, Hans, Referendar in Obornik i. P.: Die Gestaltung der Besitzverhältnisse bei einer gefundenen Sache in ihrer geschichtlichen Entwicklung. Borna-Leipzig 1905: R. Noske. (VII, 75 S.) 8°
Breslau, Jur. Fak., Ref. Leonhard, Diss. v. 8. Aug. 1905
[Geb. 17. Mai 82 Neutomischel, Prov. Posen; Heimatsort: Obornik; Staatsangeh.: Preußen; Vorbildung: Gymn. Rogasen Reife O. 01; Studium: Freiburg i. B. 1, Berlin 1, Breslau 4 S.; Rig. 30. Nov. 04.]

Sporon, Benjamin Georg. Die Hauptlehren der christlichen Religion. Aus dem Dänischen. Kopenhagen **1781**. Ü: *Münter, Fr.* (Bruun Suppl. 35)

Sporon, B. G., Hauptlehren der christl. Religion, zum Gebr. der Schulen in Dänemark u. Norwegen. 8. Kopenh. 781. (Brummer). 4 ₰

Sporon, B. G., Hauptlehren d. christlichen Religion z. Gebr. d. Schulen in Dänemark und Norwegen. 8. Copenhagen, Proft. 781.

Sporon, C. D., Handbuch für Gold- u. Silberarbeiter, nach den neuesten Erfindungen u. Verbesserungen bearb. Nebst Tabellen zur Berechnung des einzukaufenden Goldes u. Silbers. gr. 8. (11 B. u. 1 Taf. m. Abbild.) Quedlinburg 846, Basse.

Spörr, Bernard M., O. Servit., e. verborgener Edelstein Innsbrucks od. d. Leben d. sel. Fürstin Anna Juliana Gonzaga, Tertiar-Schwester d. Serviten-Ordens. gr. 8. (VIII, 273 S. m. Titelbild u. 1 Stammtaf.) Innsbruck 895. Vereinsbuchh. u. Buchdruckerei. n. 2. 40

Spörr, Bernard M. Lebens-Bilder aus dem Serviten-Orden. 1. Bd. gr. 8. (XII, 632 S. m. Titelbild.) Innsbruck 892, Vereinsbuchh. u. Buchdruckerei. * 6 —

Spörr, Bernard M., Lebensbilder aus dem Serviten-Orden. 2.-3. Bd. gr. 8. (Mit Abbildgn.) Innsbruck, Vereinsbuchh. n. 17. 60
2. (XV, 704 S.) 892. n. 6. —.
— 3. (V, 656 S.) 894. n. 6. 60.

— Lebens-Bilder aus d. Serviten-Orden. Gez. u. zusammengest. 4. Bd. gr. 8. (VIII, 979 S. m. Abb., Titelbild u. 1 Tab.) Ebd. 896. n. 8. —
(1.—4.: n. 25. 60)

— Maria am Fuße des Kreuzes, s.: Greimbl, Chrysologus M.

— Monat d. Schmerzenmutter. Betrachtgn. u. Gebete zu Ehren d. schmerzhaften Mutter f. d. September-Monat. gr. 16. (IX, 319 S. m. 1 Farbdr.) Innsbruck 898. Vereinsbuchh. u. Buchdruckerei.
Geb. in Leinw. n. 2. —

Spörr, Robert: Die Rebenschule im Großbetriebe. Eine ausführliche Beschreibung sämmtlicher in der Rebenschule vorkommenden Arbeiten. Mit 53 Abb. Wien, Pest, Leipzig, Hartleben 1900. VII, 139 S. — 121. Gei 1*. LKRald.*

Spoerri, Carl. s. Spoerri, Karl.

Spörri, H., warum hält es so schwer, im geistlichen Leben auf der Höhe zu bleiben? Eine brenn. Frage, biblisch beantwortet. (32 S.) 8. Geisweid (910). Verlagshaus der deutschen Zeltmission. — 25

Spörri, Heinr., deutsches Lesebuch für schweizerische Sekundar-, Real- und Bezirksschulen. 1. und 2. Thl. 8. (VIII, 322; IV, 380 S.) Zürich 883,84, Orell, Füssli und Comp. cart. à Thl. *M 3. *

Spörri, Heinr., deutsches Lesebuch für schweizerische Sekundar-, Real- und Bezirksschulen. 3. Tl. gr. 8. (V, 518 S.) Zürich 885, Orell, Füssli und Comp., Verlag. cart. *
1. und 2. Tl. Ebendas. 1883,84. cart. à Thl. *M 3.—.

Spörri, Heinr. Deutsches Lesebuch f. schweizerische Sekundar-, Real- u. Bezirksschulen. 1. u. 2. Tl. 2. verb. Aufl. 8. (VII, 316; IV, 414 S.) Zür. 889, Orell, Füssli Verlag.
geb. à Tl. * 3 —; * 6 —
3. Tl. Ebd. 1885. * 3 50.

Spörri, H., deutsches Lesebuch f. schweizerische Sekundar-, Real- u. Bezirksschulen. 1. 2. Tl. 2., verb. Aufl. gr. 8. (VII, 316; IV, 414 S.) Zürich 890. Orell Füssli Verl. geb. à n. 3 —

Referate. Drei R', gehalten an der ersten Konferenz deutsch-schweizerischer Hoffnungsbund-Leiter [des Blauen Kreuzes] am 17. August 1902 in Basel (von C[onrad] Leu, H[einrich] Spörri [und] E[rnst] Böhm). ⟨Im Auszug wiedergegeben.⟩ 16 S. 8. [Bern, J. Fischer-Lehmann, 1902.]

Spörri, Hermann

Spörri, Herm., durch Gottes Gnade allein! Predigt, geh. im Festgottesdienst zur Feier d. 400jähr. Geburtstages Zwingli's den 6. Jan. 1884. gr. 8. (20 S.) Hamburg 884. Seippel. n. — 40

— über den Einfluß d. gegenwärtigen Krieges auf die religiöse Entwickelung d. deutschen Volks. Vortrag, gehalten im Protestantenverein zu Hamburg d. 22. Novbr. 1870. gr. 8. (21 S.) Ebend. 870. n. — 45

Spörri, Herm., er ist im Glauben gestorben, ohne die Verheißung zu empfangen. Predigt, zum Gedächtniß Kaiser Friedrichs den 17. Juni 1888 gehalten. gr. 8. (13 S.) Hamburg 888, Seippel. *

Spörri, Herm., zur Erinnerung an Richard Rothe. gr. 8. (56 S.) Hamburg 899. H. Seippel. n. 1. —

— zur hundertjähr. Feier der Geburt Schleiermachers. Vortrag gehalten vor dem Verein für Kunst u. Wissenschaft in der Aula des Johanneums zu Hamburg den 21. Novbr. 1868. Hamburg 868. Mauke Söhne. gr. 8. (30 S.) n. 6 ngr.

—— der alte und der neue Glaube. Vortrag über das neueste Buch von Strauß gehalten im Protestantenverein zu Hamburg den 12. Decbr. 1872. 1. und 2. Aufl. gr. 8. (36 S.) Ebendas. 872. *

— der alte u. der neue Glaube. Vortrag üb. das neueste Buch v. Strauß geh. im Protestantenverein zu Hamburg den 12. Decbr. 1872. 2. Aufl. gr. 8. (36 S.) Ebend. 873. n. — 75

Spörri, Herm., das Gotteshaus der Gemeinde Jesu Christi. Predigt, geh. im Festgottesdienst zum Gedächtniß an die vor 25 Jahren erfolgte Eröffnung d. Kirche der evang.-reform. Gemeinde den 29. Jan. 1882. gr. 8. (19 S.) Hamburg 882. Seippel. n. — 50

Spörri, Herm., die Gottessaat u. ihr Schicksal. Rede gehalten bei der Confirmation von Schülern der Industrieschule, den 23. Dezbr. 1867 in der Großmünsterkapelle. Zürich 868. Orell, Füßli & Co. gr. 8. (15 S.) n. 4 ngr.

Spörri, Herm., üb. den Cultus der Madonna. Vortrag, geh. im Verein f. Kunst u. Wissenschaft. gr. 8. (29 S.) Hamburg 872. Seippel. n. — 60

—— das Leben verlieren — das Leben gewinnen. Predigt gehalten am Tage nach der Rückkehr der Hamburger Truppen den 18. Juni 1871. gr. 8. (16 S.) Hamburg 871, Seippel. *

— Predigt gehalten am Jahresfeste des Hamburgischen Hauptvereins der Gustav-Adolf-Stiftung, den 11. Novbr. 1869 in der St. Jacobi-Kirche. Hamburg 869. Nolte. gr. 8. (23 S.) n. 3 ngr.

—— Predigten. gr. 8. (V, 153 S.) Hamburg 875, Seippel. *

— das Priesterthum des christlichen Volkes in den Gefahren des Vaterlandes. Predigt gehalten den 17. Juli 1870. Hamburg 870. Seippel & Leopold. gr. 8. (15 S.) n. 3 ngr.

— Rede bei der Beerdigung des Hrn. Dr. E. Martini, den 15. Febr 1880 in der Kapelle des St. Jacobi-Begräbnißplatzes geh. gr. 8. (11 S.) Ebend. 880. n.n. — 50

— Rede, bei der Enthüllung des Lessing-Denkmals in Hamburg den 8. Septbr. 1881 geh. Mit (Lichtdr.-) Abbildung des Denkmals. gr. 8. (17 S.) Ebend. 881. n. — 80

— Rede, zur Feier d. 400jähr. Geburtstages Luthers im Verein f. Kunst u. Wissenschaft geh. gr. 8. (21 S.) Ebend. 884. n. — 50

— das Reich Gottes ist inwendig in euch. Predigt am Schluß der 9. deutschen Protestantentages, den 30. Septbr. 1875 in der St. Bernhardinskirche zu Breslau geh. gr. 8. (12 S.) Breslau 875. Trewendt & Granier. — 25

— des evangelischen Predigers Verkündigung. Predigt, gehalten beim Antritt des Predigtamtes an der deutschen reformirten Gemeinde in Hamburg, den 27. Septbr. 1868. Hamburg 869. (Grüning.) gr. 8. (15 S.) n. 3 ngr

— die Weihe zum Lebensberuf. Confirmations-Rede, gehalten am Gründonnerstag 1871. gr. 8. (15 S.) Hamburg 871. Seippel. n. — 30

—— über das Wesen des Protestantismus. Vortrag gehalten im Protestantenverein zu Hamburg den 25. Jan. 1869. 1. und 2. Aufl. gr. 8. (23 S.) Hamburg 869, (Grüning.) *

Spörri, Hermann. Worte am Grabe Gustav Dandliker's, Lehrers… in Burgdorf, gesprochen von Dr. H' Sp'… den 24. Juli 1866. 8. Zürich 1866.

Spörri, Hermann. Worte am Grabe Albert Steiner's gesprochen von H' Sp' den 13. Juni 1865. 8. *o. O.*

Spörri, Herm., unvergessene Worte. Predigten. (XI, 320 S. m. 1 Taf.) gr. 8. Leipzig 904. [R. Wöpke.] Göttingen, Vandenhoeck & Ruprecht. 4. —; geb. n.n. 5. —

-- Ulrich Zwingli. Vortrag, geh. im Verein für Kunst u. Wissenschaft zu Hamburg den 23. Jan. 1882. gr. 8. (36 S.) Ebend. 882. n. — 75

Spörri, Herm., Zwingli-Studien. gr. 8. (VII und 133 S.) Leipzig 866, Hirzel. *

Spörri, Joh[ann] Jac[ob]: Ueber die granulirte Leber. Zür. Orell Füssli Cie Dr. 1849. 37 S., 1 Bl. 8°
Zürich, Med. Diss. v. 20. Merz 1849.

Spoerri, Carl. pract. Arzt in [und von] Bauma (Kt. Zürich): Ueber die Congenitale Luxation des Kniegelenks. Uster-Zür. A. Diggelmann Dr. 1892. 88 S., 2 Taf. 8°.
Zürich, Med. Diss., v. 1. Juni 1892.

Spörri, Sam., Jesus u. die Sünde. Eine Untersuchg. nach den 4 Evangelien zur Klärg. des Sündenbegriffs. (84 S.) 8. Basel 909. Kober. -- 80

Spörry, Hans. Das Stempelwesen in Japan. Mit 2 Tafeln und zahlreichen Textbildern. ([Veröffentlicht durch die] Schweizerische Heraldische Gesellschaft.) 66 S. gr.-8. Zürich, F. Lohbauer, 1901. [fr. 4. —]

Spörry, Hans. Die Verwendung dos Bambus in Japan und Katalog der Spörry'schen Bambus-Sammlung. Mit einer botanischen Einleitung von Dr. C[arl] Schröter, Professor… in Zürich. 8 lithogr. Tafeln und etwa 100 Textbilder. XII + 200 S. 8. Zürich, Zürcher & Furrer [Comm. J. Meier-Merhart], 1903. [fr. 5. —]
([Eigentümerin] der Sammlung:) Geographisch-Ethnographische Gesellschaft Zürich.

Spors, Bruno: Die Beziehungen Kaiser Sigmunds zu Venedig in den Jahren 1433–1437. Kiel 1905: Schmidt & Klaunig. (61 S.) 8°
Kiel, Phil. Fak., Ref. Rodenberg, Diss. v. 12. Aug. 1905

Sporschil, Johann

Sporschil, Joh., Anleitung z. Selbststud. d. Akustik. — Hydraulik. — Mechanik. — Pneumatik. — Pyronomik, s. Führer, der, in d. Reich d. Wissenschn. u. Künste, 1. Bd. 1—5. Abthl.

Sporschil und Hartmann, Anleitung zum Selbststudium der Akustik, Mechanik, Mineralogie, Versteinerungskunde und Chemie, Berg- und Hüttenkunde, Geologie. Leipzig 1834—38. 8.

Sporschil J, Anleitung zum Selbststudium der Elektrizität, des Galvanismus und Magnetismus. 2. Auflage. Leipzig 1839

Sporschil J. Anleitung zum Selbststudium der Optik. Leipzig 1839

Sporschil, Joh., praktische Bedenken gegen den Versuch, eine sogenannte apostol.-kath. Kirche in Deutschl. zu stiften. gr. 8. (2½ B.) Leipzig 845, (Volckmar.) *

Sporschil, Johann, Historische und rechtliche Beleuchtung des von Preußen, Sachsen und Hannover ausgegangenen Verfassungsentwurfes für das deutsche Reich sowie der von den drei Kronen veröffentlichten authentischen Auslegung mit besonderer Rücksicht auf den österreichischen Kaiserstaat. Leipzig, J. Jackowitz, 1849. 52 S. 8°.

Sporschil, Joh., kritische Beleuchtung der Reformvorschläge der schriftstellerischen Gegner der österreich. Regierung. gr. 8 (172 S.) Leipzig 847, Jackowitz.

— Bemerkk. üb. den Entwurf d. Verfassungs-Urkunde des Königr. Sachsen. 8. Leipz. 831. Hartmann. 3 ℊ

—— Bemerkungen üb. d. Verfassungsurkunde d. Königr. Sachsen. gr. 8. (10¾ B.) Leipzig 832, [Böhme.]

Sporschil, Jh., Bemerkk. üb. die Verfassungsurkunde des Königr. Sachsen. gr. 8. Leipz. 832. Hartmann. 16 ℊ

—— Beweis der Nothwendigkeit, das von der kgl. sächs. Staatsregierung in Betreff der sich Deutschkatholiken nennenden Dissidenten vorgeschlagene Interimistikum in ein Definitivum zu verwandeln. gr. 8. (3 B.) Leipzig 845, Jackowitz. *

Sporschil, Johann, s. Bird: Nathan der Quaker.

– s. Brougham, H.: Gott u. Unsterblichkeit.

– s. Bulwer: Die letzten Tage…

Sporschil, Joh., die große Chronik, oder Geschichte d. Weltkampfes in den Jahren 1813, 1814 u. 1815. Mit 40 bis 50 Stahlstichen nach berühmten Gemälden, historisch-geograph. Uebersichtskarten u. Plänen. 1e — 3e Lfrg. Mit Stahlstichen, Karten u. Plan. Lex.-8. Leipzig 838 — 47. Reclam jun., jetzt Westermann in Braunschweig. à n. 1/3 ℛ — Prachtausg. auf chines. Papier à n. 2/3 ℛ

Sporschil, Joh., die große Chronik, od. Geschichte d. Weltkampfs in d. J. 1813, 1814 u. 1815. 6 Bde. (od. 43 Lfgn.) Nebst Register. 1—4. Stereot.-Aufl. Lex.-8. (à 19¾ B., 51 Stahlst., 23 radir. u. col. Schlachtenpläne u. 4 Uebersichtskart.) Braunschweig 838 — 42, Westermann. *
Prachtausg. *

Sporschil, Johann. Die grosso Chronik. Geschichto des Krieges des verbündeten Europa's gegen Napoleon Bonaparte, in den Jahren 1813, 1814 und 1815. 3. Stereotyp-Aufl. Mit Sach- und Namenregister. 51 Stahlstichen, 19 Schlachtplanen und 4 Karten. (7 Bde.) 8. Braunschweig 1841—1842.

—— Nachträge z. großen Chronik. — A. u. d. Ttln.: Feldzug d. Oesterreicher in Illyrien u. Italien in d. J. 1813 u. 1814. — Feldzug d. Engländer, Spanier u. Portugiesen geg. d. französ. Armeen d. Pyrenäen u. von Arragonien, im J. 1814. — Feldzug d. Oesterreicher geg. Joachim Murat, im J. 1815. Lex.-8. (29 B.) Braunschweig 842, 43, Westermann. *

Daraus apart:

Feldzug d. Oesterreicher in Illyrien. * 16 Gr.

— d. Engländer im Jahre 1814. * 19¼ Gr.

— d. Oesterreicher gegen Joachim Murat. * 16 Gr.

— dass. Werk. Wohlfeile Ausgabe. (In 6 Bdn. od. 26 Liefg.) 5. Stereotyp-Abdr. Mit 5 Stahlst., 14 Plänen u. 3 Karten. Lex.-8. Ebend. 843, 44. (à n. ¼ ℛ) 6½ ℛ — Alphabet. Sach- und Namenregister dazu, von M. Heinrich. Lex.-8. Ebend. gratis.

Die große Chronik. Geschichte des Krieges des verbündeten Europas gegen Napoleon Bonaparte in den Jahren 1813, 1814 u. 1815. 5 Aufl. T. 1–3. Mit Abb., Pl. u. Krt. Braunschweig 1844.

—— dass. 6 Bde. 5. Ster.-Ausg. Lex.-8. (193¼ B. u. 6 Stahlst., Plänen u. Uebersichtskart.) Ebds. 844. *

Sporschil, Johann [Übers.]

s. Cooper, J.F.: Die Heidenmauer. 1832.

– s. Cooper, J. F.: Der Henker. – Die Heimkehr.

— a compl. Dictionary of the english lang., s. J. G. *Flügel.*

Sporschil, Joh., and Böttger, a complete dictionary of the english and german and german and english languages, in 2 vols. (Vol. 1.: English and German, in which the pronunciation is denoted by accentuation. — Vol. 2.: German and English.) Compiled and carefully revised. 5. Ster.-Edition. br. 8. (1. Bd. 448 S.) Leipzig 858, M. Schäfer. Thlr.

Sporschil, J., and Fr. Aug. Böttger, a complete dictionary of the English and German and German and English languages in 2 vols. — Vollständiges englisch-deutsches und deutsch-englisches Taschen-Wörterbuch. 2 Thle. 6. ster.-edit. 8. (III und 877 S.) Altona 862, Verlags-Bureau.

– s. Familien-Bibliothek.

Sporschil, J. Feldzug der Engländer, Spanier und Portugiesen gegen die französischen Armeen der Pyrenäen u. von Aragonien i. J. 1814. Braunschweig 1842. 147 S.

—— Feldzug der Engländer, Spanier u. Portugiesen gegen die französischen Armeen der Pyrenäen u. von Aragonien im J. 1814. Lex.-8. (10⅜ B.) Braunschweig 844, Westermann. *

Sporschil, J. Feldzug der Österreicher in Illyrien und Italien in den Jahren 1813 und 1814. Braunschweig 1842. 162 S.

—— Feldzug der Oesterreicher in Illyrien u. Italien in den J. 1813 u. 1814. Lex.-8. (10⅞ B.) Braunschweig 844, Westermann. *

Aus: Dessen die große Chronik rc., besond. abgedruckt.

(Sporschil.) Der Feldzug der Oesterreicher in der Lombardei unter dem General-Feldmarschall Graf Radetzky im Jahre 1848. Mit dem Bildnisse Sr. Majestät Kaiser Franz Josef I. und dem Bildnisse Radetzky's, sowie einer Karte der Lombardei. (2. Ausg. enthaltend den Feldzug 1848 und 1849.) — 8. Stuttgart 1848.

(Sporschil.) Der Feldzug der Oesterreicher in der Lombardei unter dem GFM. Grafen Radetzky in den Jahren 1848 und 1849. 2. Ausg. 8. Stuttgart 1850.

– Feldzug der Österreicher gegen Joachim Murat im Jahre 1815. Braunschweig 1842. 113 S.

—— Feldzug der Oesterreicher gegen Joachim Murat im J. 1815. Lex.-8. (7⅝ B.) Braunschweig 844, Westermann. *

Aus: Dessen die große Chronik rc., besond. abgedruckt.

—— die Freiheitskriege der Deutschen von 1813, 1814, 1815. 26 Lfgn. 8. (176 B., 12 Stahlst., 10 Karten u. Pläne.) Braunschweig 845, Westermann. à * 6 Ngr. *

Bildet die 6. (veränd.) Aufl. der großen Chronik.

– Die Freiheitskriege der Deutschen in den Jahren 1813, 1814 und 1815. 6. veränderte Auflage, mit 12 Stahlstichen und 22 colorirten Schlachtenplänen. (9 Bde.) 8. Braunschweig 1845—1846.

Sporschil, Joh., die Freiheitskriege der Deutschen in den J. 1813, 1814, 1815. 7. Aufl. 9 Bde. 8. (2683 S. mit 12 Stahlst. und 22 lithogr. und ill. Schlachtplänen.) Braunschweig 860, Westermann. *

Sporschil, Joh., Geschichte der Deutschen von den ältesten Zeiten bis auf unsere Tage. 1—34. Heft. Mit eingedr. Holzschn. gr. 8. Regensburg 849, Manz. [1. Bd. (728 S. und 1 Stahlst.) 2. (716 S.) 3. (750 S.) 4. (862 S.) 5. (S. 1—64.) à Heft 7½ Ngr.]

— Geschichte der Deutschen von den ältesten Zeiten bis auf unsere Tage. 1 — 34. Hft. gr. 8. (1. Bd. 728 S. m. eingedr. Holzschn. u. 1 Stahlst. 2. Bd. 716 S. m. eingedr. Holzschn. 3 Bd. 750 S. m. eingedr. Holzschn. 4. Bd. 862 S. m. eingedr. Holzschn. 5 Bd. S. 1—64 m. eingedr. Holzschn.) Regensburg 849—52, Manz. (à ¼ ℛ) 8½ ℛ

Sporschil, Joh., Geschichte der Deutschen von den ältesten Zeiten bis auf unsere Tage. 35—45. Heft. Regensburg 853, 54. Manz. Lex.-8. (5. Bd.; S. 65—1016.) Jedes Heft 7½ ngr.

5. Bd. A. u. d. T.: Neueste Geschichte der Deutschen. 1815—1851. 3 ℛ.

Sporschil, Joh., Geschichte der Deutschen von den ältesten Zeiten bis auf unsere Tage. 2. Aufl. (Neue Titel-Ausg.) Mit 1 Stahlst. u. mehr als 100 Holzschn. 5 Bde. Regensburg 859. Manz. gr. 8. 7 ℛ 15 ngr.

—— Geschichte der Deutschen von den ältesten Zeiten bis auf unsere Tage. 2. Aufl. In 5 Bdn. oder 30 Heften. Mit 1 Stahlst. und mehr als 100 (eingedr.) Holzschn. gr. 8. Regensburg 859.60, Manz. [1. Bd. (728 S.) 2. (716 S.) 3. (750 S.) 4. (862 S.) 5. (1016 S.)] à Heft 7½ Ngr.

Wurde auch in 120 Lfgn. à 2 Ngr. ausgegeben.

Sporschil, Joh., die Geschichte der Deutschen von den ältesten Zeiten bis auf unsere Tage. Fortgesetzt von M. Wechs. Mit einem Stahlst.: Karl der Große, und mit mehr als 100 Holzschn.

31.—41. Heft. 6. Bd.: Neueste Geschichte der Deutschen. 1851—1862. gr. 8. (868 S.) Regensburg 871, Manz. à Heft 75 Pf.

1.—5. Bd. 2. Aufl. Ebendas. 1859—67. ℳ 22,50.

Sporschil, Johann: Geschichte der Entstehung, des Wachsthums und der Größe der österreichischen Monarchie. Bd 1 - 8, gbd., Abb.

Leipzig: Bd 1 - 6: Volckmar 1843 - 1845; Bd 7 - 8: Renger 1845 - 1846

—— Geschichte des Entstehens, des Wachsthums und der Größe der österreich. Monarchie. Neue unveränd. Ausg. 8 Bde. gr. 8. (4525 S.) Leipzig 847, Renger'sche Buchh.

—— Geschichte der Hohenstaufen. 10 Lfgn. Mit Stahlst. nach Originalzeichnungen von Trautscholdt. Lex.-8. (30⅜ B. u. 10 Stahlst.) Braunschweig 843, 44, Westermann. * à 10 Ngr. *

— Geschichte der Hohenstaufen. Mit 10 Stahlst. nach Originalzeichnungen von W. Trautschold u. J. J. Jung. 2. (Titel-) Aufl. gr. 8. (478 S.) Braunschweig 848, Westermann. n. 2 ℛ

— Geschichte der Kreuzzüge. Mit Stahlstichen nach Originalzeichn. von J. Kirchhoff. 12 Hfte. Mit 12 Stahlst. u. 1 Karte. Lex.-8. Leipzig 843, 44, Volckmar. (à n. 1/4 ℛ) n. 3 ℛ

—— Geschichte der Kreuzzüge. Mit Stahlstichen nach Originalzeichnungen v. J. Kirchhoff. (12 Hfte.) Lex.-8. (36 1/4 B., 12 Stahlst., 1 Karte u. gest. Titel.) Leipzig 843—45. [Frankfurt a. M., Jos. Baer.] * 3 Thlr., Hrbges. Pr. *
Aus: Dessen Geschichte des Entstehens rc., besond. abgedruckt.

— Geschichte des dreißigjährigen Krieges. Mit 182 Origin.-Illustrationen von F. W. Pfeiffer. 3. (Titel-) Aufl. 2 Abtheilgn. gr. 8. (VI u. 700 S.) Braunschweig (845) 848, Westermann. n. 2 2/3 ℛ

Sporschil, J. Kurzgefaßte Geschichte des siebenjährigen Krieges. Leipzig (1845). 8°. (Aus: Sporschil: Gesch. d. österr. Monarchie.)

— Geschichte des Kaisers Napoleon, s. Geschichts-Bibliothek 26 Bdchn.

Sporschil, Joh. Geschichte des Kaisers Napoleon. 24. Leipzig 1840.

—— neueste Geschichte der österreich. Monarchie vom Regierungsantritte der Kaiserin Maria Theresia bis zum Tode des ersten Erbkaisers von Oesterreich. 12 Lfgn. gr. 8. (99 5/8 B. u. 2 Stahlst.) Leipzig 845, 46, Renger'sche Buchh.
Aus Sporschil: Geschichte des Entstehens....d.österr.Monarchie.

—— populäre Geschichte der kath. Kirche f. Bekenner aller Confessionen. 3 Bde. gr. 8. (115 3/4 B. u. 3 Portr.) Leipzig 846, 47, Ernst Fleischer.

—— populäre Geschichte der katholischen Kirche. 2., bis auf die neueste Zeit fortgeführte Ausg. 3 Bde. Lex.-8. (XXVIII und 1869 S. mit Portr. in Stahlst.) Leipzig 850, E. Fleischer. à Bd. 1 Thlr. 6 Ngr.

—— Geschichte d. Völkerschlacht bei Leipzig. Ein Erinnerungsbuch f. d. deutsche Volk. Lex.-8. (12 1/4 B., 20 Stahlst. u. 4 Schlachtpläne.) Braunschweig 841, Westermann. *

—— Geschichte der Zertrümmerung des Napoleonischen Heeres durch die Schlacht von Belle-Alliance, sowie der einleitenden Ursachen u. nächsten Folgen dieses großen Ereignisses. Lex.-8. (18 1/8 B., 12 Stahlst. u. 3 Pläne.) Braunschweig 843, Westermann. *

Sporschil, Johann, s. Gibbon, Ed.: Geschichte des allmähligen Sinkens u. Unterganges des röm. Reiches.

— s. Goldsmith, O.: The Vicar of Wakefield.

— s. Hazlitt, W.: Geschichte Napoleons.

—— neues Heldenbuch f. d. deutsche Jugend, enth. d. Großthaten d. Deutschen in d. Befreiungskriegen v. 1813, 1814 u. 1815. 3 Bde. 2., unveränd. Ster.-Abdr. Lex.-8. (35 3/4 B. u. 23 Stahlst.) Braunschweig 840, Westermann. *

—— neues Heldenbuch f. die deutsche Jugend, enth. die Großthaten der Deutschen in den Befreiungskriegen v. 1813, 1814 u. 1815. 3 Thle. (10 Lfgn.) 2. Stereot.-Aufl. m. 7 Stahlst. 843., 3. Stereot.-Aufl. m. 25 Stahlst. (à 35 3/4 B.) 844. u. 4. Stereot.-Aufl. gr. 8. (41 B. u. 20 Stahlst.) Braunschweig 846, Westermann à *

Sporschil, Johann. Neues Heldenbuch für die deutsche Jugend, enthaltend die Grossthaten der Deutschen in den Befreiungskriegen von 1813, 1814 und 1815, 1.—3. Band mit 20 Stahlstichen. Vierte unveränd. Stereotyp-Ausgabe. (In 1 Band.) 8. Braunschweig 1848.

—— neues Heldenbuch für die deutsche Jugend, enthaltend die Großthaten der Deutschen in den Befreiungskriegen von 1813, 1814 und 1815. 3 Bde. 5. (Titel-)Aufl. gr. 8. (XXXIV und 535 S. mit 20 Stahlst.) Braunschweig 854(55,) Westermann. *

— neues Heldenbuch für die Deutsche Jugend, enthaltend die Großthaten der Deutschen in den Befreiungskriegen von 1813, 1814 und 1815. 3 Bde. Mit 20 Stahlst. 5. Stereot.-Aufl. Braunschweig 855. Westermann. gr. 8. (2 Bl., XXIV, 143 S.; 2 Bl., 176 S.; 2 Bl., 216 S.) n. 2 ℛ

Sporschil, Johann, s. Hofnarren, Die beiden.

— s. Kabinets-Bibliothek, Edinburger. 3.4.7. u. 8. Thl.

Sporschil, J. Die Kaiser-Chronik enth. d. Schlachten, Gefechte etc. d. französischen Heere unter Napoleon. Mit 90 Bild., gest. v. Reveil. 8. Leipzig 1837. 13,50. — 2. A. 1838. 9,00.
Vgl. Kaiser-Chronik, Die.

—— der bisherige Kampf d. franz. Republikaner gegen Ludwig Philipp, König d. Franzosen. gr. 8. (12 B.) Leipzig 834, O. Wigand.

Sporschil, Joh., Karl der Große, sein Reich u. sein Haus. gr. 8. (31 1/4 B. u. 1 Stahlst.) Braunschweig 846, Westermann. * 1 Thlr. 18 Ngr. In Leinw. geb. Thlr. *

—— Kraft u. Geist d. engl. Sprache in Sprichwörtern, Kernsprüchen u. eigenthüml. Redensarten d. engl. Volkes. 16. (7 B.) Leipzig 837, [Renger'sche Buchh.] *

— Kraft und Geist der engl. Sprache in Sprichwörtern, Kernsprüchen u. eigenthüml. Redensarten d. engl. Volkes. Für Lehrer u. Lernende gesammelt. 16. Leipzig 837. Volckmar. n. 1/2 ℛ

s. Kreene, H. G.: Pers. Fabeln.

Sporschil, Jh., der dreißigjährige Krieg. Illustrirt durch circa 150 in den Text eingedr. Holzschnitte von Unzelmann, Vogel, Kretschmar, Beneworth, Sears, Nicholls, Brown, Mezger, Brugnot, Kugelmann u. A. Original-Zeichnungen von F. W. Pfeiffer. 15 Liefg. Lex.-8. Braunschweig 842, 43, Westermann. (à n. 1/3 ℛ) n. 5 ℛ

—— der dreißigjährige Krieg. Illustrirt durch circa 150 in den Text eingedruckte Holzschnitte von Unzelmann, Vogel, Kretschmar, Beneworth, Sears, Nicholls, Brown, Mezger, Brugnot, Kugelmann u. A. Original-Zeichnungen von F. W. Pfeiffer. 2 Bde. (15 Lfgn.) Lex.-8. (58 3/8 B.) Braunschweig 843—45, Westermann. *

— dass. Illustrirt durch circa 180 in den Text eingedr. Holzschnitte. Original-Zeichnungen von Pfeiffer. 14 Liefg. 16. Ebend. 844, 45. (à n. 1/6 ℛ) 2 Bde. n. 2 1/3 ℛ

Sporschil, J. Der dreissigjährige Krieg. (VI 700.) 8. Braunschweig 1843. 15,00. (58 3/8 B.) 8. ib. 1844. 7,00. — 3. A. 8. ib. 1848. 8,00.

Sporschil, Joh., der dreißigjährige Krieg. Illustrirt von F. W. Pfeiffer. 3. Aufl. 2 Bde. Braunschweig 855. Westermann. gr. 16. (LXXXIV, 287; VI, 330 S. m. Holzschn. im Text.) n. 2 ℛ

Sporschil, Johann, Die europäische Kriegs- und Friedensfrage. Leipzig. J. Jackowitz. 1849. 44 S. 8°.

— lasset die Löwin in Frieden! Eine Warnung an die Neuerer, die sich Deutsch-Katholiken nennen. gr. 8. (2¹/₂ B.) Leipzig 845, (Jackowitz.)

— Leipzig, Meissen, Dresden u. die sächsische Schweiz. Ein Wegweiser u. Führer auf den Schlachtfeldern von Leipzig u. Dresden, zu den Merkwürdigkeiten u. Kunstschätzen der obgenannten Städte u. durch die reizendsten Gegenden Sachsens. Lex.-8. (14¹/₂ B. u. 15 Stahlst.) Leipzig 844, [Haendel.] *

— Leipzig, Meißen, Dresden und die sächs. Schweiz. Ein Wegweiser u. Führer auf den Schlachtfeldern von Leipzig u. Dresden, zu den Merkwürdigkeiten u. Kunstschätzen der obgenannten Städte u. durch die reizendsten Gegenden Sachsens. Mit 15 Stahlst. Lex.-8. Leipz. 844, G. Wigand. n. ²/₃ Thlr

— neues engl. Lefebuch, s. Telesforo de Trueba y Cosio, life of Hernan Cortes.

s. Maria von Burgund.

s. Montesquieu: Betrachtungen über die Ursachen der Größe der Römer.

— Oesterreich und die Broschürenschmiede gegen dieses Kaiserthum. gr. 8. (347 S.) Leipzig 847, Jackowitz.

— Pius der Neunte und Geschichte aller Vorgänger Sr. Heiligkeit auf dem Stuhle des heil. Apostelfürsten Petrus. 8. (VI und 322 S.) Leipzig 848, Hartung.

— and Fr. Aug. Böttger, a compl. Pocket-Dictionary of the english and german and german and english language. — A. u. d. T.: Vollständ. engl.-deutsches u. deutsch-engl. Taschen-Wörterbuch. 2 Thle. Enthalt. alle gebräuchl., wie auch veralteten Wörter, Kunstausdrücke u. sprüchwörtl. Redensarten. gr. 16. (55¹/₂ B.) Leipzig 834, Liebeskind.

— and (Fr. Aug.) Boettger, a compl. Pocket-Dictionary of the engl. and german u. german and engl. languages. — A. u. d. T.: Vollst. engl.-deutsch. u. deutsch-engl. Taschen-Wörterbuch. Enth. alle gebräuchl., wie auch veralteten Wörter, Kunstausdrücke u. sprüchwörtl. Redensarten. 2. Ster.-Abdr. 838. 2 Thlr., u. 3. Ster.-Abdr. gr. 16. (à 55¹/₄ B.) Leipzig 841, Liebeskind. *

— and (Fr. Aug.) Böttger, A complete pocket-dictionary of the english and german and german and english languages. 2 Vols. 4. ster. edit. 8. (55¹/₄ B.) Leipzig 843, Liebeskind. *

— and F. A. Böttger, a complete pocket-dictionary of the English and German and German and English languages in 2 vols. [Vol. I.: English and German. — II. Thl.: Deutsch u. Englisch.] 5. Ster.-Edition. br. 8. (IV u. 877 S.) Leipzig 848, Liebeskind. n. 1¹/₂ Thlr

Sporschil, Johann, Der österreichische Protest vom 28. November und die preußische Antwort vom 12. Dezember 1849. Leipzig, J. Jackowitz, 1850. 23 S. 8⁰.

(Sporschil, Joh.) Joseph v. Radowitz. [Männer der Gegenwart. 1.] (52. 8 Leipzig 1850 0,50

Sporschil, Johann, Die österreichische Reichsverfassung vom 4. März 1849 im Zusammenhange mit den ihr vorhergegangenen Ereignissen und ihre Bedeutung für den Kaiserstaat. Leipzig, J. Jackowitz, 1849. V, 133 S. 8⁰.

s. Reisen u. Seefahrten.

— die neuste franz. Revolution u. ihre Folgen. gr. 8. (8 B.) Leipzig 830, [Böhme.]

— die neueste französ. Revolution u. ihre Folgen. gr. 8. Leipz. 830. C. H. F. Hartmann. 12 gr

Sporschil, Johann, vor dem Richterstuhle der Vernunft u. Wissenschaft. Ein Beitrag zur Lösung psychologischer Räthsel u. zugleich ein offenes Sendschreiben. 12. (1 B.) Leipzig 845, [Gust. Pönicke.]

s. Roß, J.: Zweite Reise.

s. Russel, M.: Ländergemälde.

— Sachsen, s.: Deutschland, das malerische u. romant. 5. Bd.

— s. Salle: Polit. Leben.

— s. Say, J. B.: Handbuch ...

— die Schädlichkeit d. Branntwein-Völlerei, u. die Mittel diesem Laster zu steuern. Allen Regierungen, Obrigkeiten u. Menschenfreunden an d. Herz gelegt. 8. (1¹/₂ B.) Zwickau 831, Richter.

Sporschil, Joh., ausführl. theoret.-prakt. Schulgrammatik d. engl. Sprache, enth.: Orthoëpie, Orthographie, Etymologie, Syntax, Interpunctionslehre u. Prosodie. gr. 8. (31¹/₄ B.) Leipzig 838, [Renger'sche Buchh.] Thlr.

— ausführl. theoretisch-prakt. Schulgrammatik der engl. Sprache, enthaltend: Orthoëpie, Orthographie, Etymologie, Syntax, Interpunctionslehre u. Prosodie. gr. 8. Leipzig 838. Volckmar. 1 Thlr

Sporschil, Johann. Die Schweizer-Chronik. Von der Stiftung des Rutlibundes bis zum ewigen Frieden mit Frankreich. Mit 25 Stahlstichen nach Orginalzeichnungen von G[eorg] Opiz [sowie illustrierten Vortitel und ill. Umschlag]. ([25] Lieferungen.) 4. Leipzig 1840.

— die Schweizer-Chronik. Von der Stiftung des Rütlibundes bis zum ewigen Frieden mit Frankreich. Mit 32 Stahlstichen nach Originalzeichnungen von G. Opiz. (26 Lfrgg.) Lex.-8. Leipzig 840. Kayser'sche Buchh. (Beyer.) (à n. 5¹/₃ gr) 5 Thlr 18²/₃ gr

— die Schweizer-Chronik. Von d. Stiftung d. Rütlibundes bis z. ewigen Frieden mit Frankreich. (26 Lfgn.) Lex.-8. (46 B. u. 37 Stahlst.) Leipzig 840, 41, [Orthaus.]

— die Schweizer-Chronik. Von der Stiftung des Rütlibundes bis zum ewigen Frieden mit Frankreich. Mit Stahlst. nach Originalzeichn. von G. Opiz. 2., unveränd. Stereotyp-Aufl. 26 Lfgn. Lex.-8. (41 B., 25 Stahlst. u. gest. Ttl.) Leipzig 845, 46, [Orthaus.] à L. 3¹/₄ Ngr.

— der deutsche Stylist, od. prakt. Anleitung z. Abfassung schriftl. Aufsätze nach einer neuen, faßl., das Selbstdenken erleichternden Methode, z. Gebr. in Schulen, beim Privat- wie auch z. Selbstunterr. 8. (8 B.) Leipzig 837, [Göschensche Vrlgh.]

— Taschengrammatik d. engl. Sprache, nebst Anleit. z. deren schnellen Erlern. durch Selbstunterr. Nebst 2 Anh.: eine Samml. irrig construirter Sätze z. Berichtigung, u. 6 Tabn. d. wichtigsten engl. Wörter-Unterschiede, durch zahlr. Beispiele erläut. 16. (16 B.) Leipzig 835, Otto Wigand.

s. Trollope: Wien u. d. Oesterreicher.

— Ursachen des Abfalls der sogenannten Deutschkatholiken von der katholischen Kirche. gr. 8. (3 B.) Leipzig 845, Jackowitz.

— Versuch e. direkten Beweises d. Rechtmäßigkeit d. Todesstrafe. gr. 8. (2 B.) Leipzig 838, Weber.

Sporschil, J. Die allgemeine Volksbewaffnung, ihre Organisation u. ihre Vorzüge vor den stehenden Heeren. Leipzig 1831. 219 S.

—— die allgem. Volksbewaffnung, ihre Organisation u. ihre Vorzüge vor d. stehenden Heeren, in Bezug auf Landesvertheidigung, Gesittung, Politik u. Staatswirthschaft. gr. 8. (14 B.) Leipzig 831, (Kayser.)

— die allgem. Volksbewaffnung, ihre Organisation und ihre Vorzüge vor den stehenden Heeren, in Bezug auf Landesvertheidigung, Gesittung, Politik u. Staatswirthschaft. gr. 8. Leipzig 831. (Melzer.) 1 ₰

— die allgem. Volksbewaffnung, ihre Organisation u. ihre Vorzüge vor den stehenden Heeren, in Bezug auf Landesvertheidigung, Gesittung, Politik u. Staatswirthschaft. gr. 8. Leipz. 831. Wolbrecht. 1 ₰

— Wallenstein. Histor. Versuch. Mit Wallensteins Portr. 8. Leipz. 828. (Mittler). 18 g. 8. Ebd. 832. J. F. Fischer. 8 g.

—— Wanderungen durch d. sächs. Schweiz, s. Deutschland, d. maler. u. romant., I. Sect.

— Wanderungen durch die sächs. Schweiz. Mit 30 Stahlst. (N. Aufl. der 1n Sektion des maler. u. romant. Deutschland.) Lex.-8. Leipzig 840. Georg Wigand. n. $3^1/_3$ ₰

—— die Weltstellung Rußlands in der Gegenwart. gr. 8. (48 S.) Leipzig 849, Jackowitz.

— s. Whitshead: Leben u. Thaten engl. Räuber.

—— bündige Widerlegung der Deklamationen des Grafen Ladislaus Teleki, angebl. ungar. Gesandten bei der französ. Republik, gegen Oesterreich und Rußland. gr. 8. (35 S.) Leipzig 849, Jackowitz.

— s. Wochenblatt, Literar.

—— kurzgef. Wörterbuch d. engl. Gesetzes- u. Gerichtsausdrücke, mit beigefügt. Sacherklärung u. histor. Erläutern. Ein nothwend. Ergänzungsanh. zu allen engl.-deutschen Wörterbüchern. 16. ($4^1/_2$ B.) Leipzig 834, O. Wigand.

Sporschil, Johann, Das eigentliche Ziel der gegenwärtigen Politik Preußens. Leipzig, J. Jackowitz, 1849. 32 S. 8°.

Sport. Oesterreichische Blätter über Pferde und Jagd. Redact.: Ant. Blaschke. 1. und 2. Jahrg. 1864 und 1865. à Jahrg. 52 Nrn. (½ Bog.) Mit Beilagen. Lex.-8. Wien, Pfautsch' Sortiment. à Jahrg. * *

—— dass. — Redact.: F. Pichler. 4. Jahrg. 1866. 52 Nrn. (Bog.) Mit Beilagen. 4. Wien, Pfautsch' Sortiment. *

—— dass. — Redact.: Romuald. v. Przybylski. 5. Jahrg. 1867. 52 Nrn. (Bog.) Mit Beilagen. 4. Wien, (Schlieper.) *

— — Officielles Organ des österreichischen Rennvereins. Redact.: F. Pichler. 3. Jahrg. 1865. 52 Nrn. (½ Bgn.) Mit Beilagen. Wien, (Beck'sche Univ.-Buchh.) Lex.-8. n.n. 8 ₰

Sport. Officielles Organ des Jockey-Club für Oesterreich. Redact.: Fr. v. Karst-Karstenwerth, gen. Flemming. 7. und 8. Jahrg. 1876 und 1877. à Jahrg. 52 Nrn. (à 2 Bog.) Fol. (Ebendas.) à Jahrg. **

Jg. 1-6 s. Sportblatt.

Sport. Officielles Organ des Jockey-Club für Oesterreich, d. Trabrenn-Vereines, des Reiter-Club in Wien, des Vollblutzucht-Vereines für Oesterreich u. der Gesellschaft zur Prämiirung gut dressirter Campagne-Pferde. Red.: Fr. v. Karst-Karstenwerth, gen. Flemming. 9—13. Jahrg. 1878—1882. à 52 Nrn. (à $1-1^1/_2$ B.) Fol. Wien, F. Beck in Comm. à Jahrg. n.n. 36. —

Sport. Officielles Organ des Jokey-Club für Oesterreich. Reiter-Club in Wien etc. Folio. 19. Jahrg. 1881. (52 Nrn. à $1-1^1/_2$ Bogen) viertelj. 4 fl. 50 kr. nur baar.

Wien: Beck.

Sport. Officielles Organ des Jockey-Club für Oesterreich, des Reiter-Club in Wien, des Vollblutzucht-Vereines für Oesterreich und der Gesellschaft zur Prämiirung gut dressirter Campagne-Reiter. Redact.: Fr. v. Karst-Karstenwerth. Jahrg. 1880—1883. à Jahrg. 52 Nrn. (à Nr. 1—2 Bog.) Fol. Wien, (F. Beck.) à Jahrg. * *

Sport, Organ d. Jockey-Club f. Oesterreich, d. galiz. Vereines f. Pferdezucht u. Rennen, d. Reiter-Club in Wien, d. Vollblutzucht-Vereines f. Oesterreich u. der Gesellschaft zur Prämiirg. guter Campagne-Reiter. Red.: Fr. v. Karst. 20—23. Jahrg. 1883—1886. à 52 Nrn. (à 1—2 B.) Fol. Wien, (F. Beck). à Jahrg. n.n. 36. —

Sport. Organ f. die Interessen der Vollblutzucht u. Pferderennen, ferner officielles Organ d. galiz. Vereines f. Pferdezucht u. Rennen, d. Reiter-Club in Wien, d. Vollblutzucht-Vereines f. Oesterreich u. der Campagne-Reiter-Gesellschaft in Wien. Red.: Fr. v. Karst. 25. Jahrg. 1887. 52 Nrn. (à 1—2 B.) Fol. Wien, (F. Beck). n.n. 36. —

— dasselbe. Red.: E. Tschöpe. 26. u. 27. Jahrg. 1888. 1889. à 52 Nrn. (à 1—2 B.) Fol. Ebd. à Jahrg. n.n. 36. —

„Sport." Officielles Organ des Wiener Trabrenn-Vereines und des Verbandes der österreichisch-ungarischen Trabrenn-Vereine, sowie der Campagne-Reiter-Gesellschaft in Wien und des galizischen Rennvereines. Redacteur: Rudolf Stürzer. 28. Jahrg. 1890. 52 Nummern. (à 1—2 Bg.) Fol. In Comm. Wien: Beck. * 12.—

Sport. Officielles Organ d. Wiener Trabrenn-Vereines u. d. Verbandes der österr.-ungar. Trabrenn-Vereine, sowie der Campagne-Reiter-Gesellschaft in Wien. Hrsg.: Joh. Kreuzer. Red. v. Rud. Stürzer. 29.—32. Jahrg. 1891—1894. à 52 Nrn. (à 1—2 Bog.) Fol. Wien, (F. Beck). à Jahrg. m. directer Postversendg. n.n. 24. —

Sport. Offic. Organ d. Wiener Trabrenn-Vereines, sow. d. Campagne-Reiter-Gesellschaft in Wien. Hrsg.: Joh. Kreuzer. Chef-Red.: Rud. Stürzer. 33.—35. Jahrg. 1895—1897. à 52 Nrn. (à ca. 12 S.) Fol. Wien (F. Beck). à Jahrg. m. directer Postversendg. n.n. 24. —

Sport. Officielles Organ der Campagne-Reiter-Gesellschaft in Wien. Hrsg.: Joh. Kreuzer. Red.: Rud. Stürzer. 36. u. 37. Jahrg. 1899/1900. à ca. 140 Nrn. Fol. (à ca. 8 S.) Wien (F. Beck). Postfrei à Jahrg. n.n. 24. —

— dasselbe. 38. Jahrg. 1901. ca. 140 Nrn. Fol. (à ca. 8 S.) Ebd. Postfrei n.n. 26. —

— dasselbe. 39. Jahrg. 1902. Etwa 140 Nrn. Fol. (à ca. 8 S.) Ebd. Postfrei n.n. 30. —

Sport. Officielles Organ der Campagne-Reiter-Gesellschaft in Wien. Hrsg.: Joh. Kreuzer. Red.: Rud. Stürzer. 41. Jahrg. 1903. Etwa 140 Nrn. (à ca. 8 S.) Fol. Wien (F. Beck). Postfrei n.n. 30. —
Nicht mehr im Buchhandel.

Sport. Kleine Visites aus unsern Sphären. 8. (114 S.) Prag 873, André. *

Sport. Illustrirte Blätter für Reiter und Pferdefreunde. Mit Orig.-Zeichnungen von Emil Adam, O. Fikentscher, H. Lang, E. Volkers, L. Voltz, G. Wie u. A. 2 Bde. oder 11 Hefte. gr. 4. Stuttgart, Schickhardt und Ebner. [1. Bd. 6 Hefte. (132 S. mit 29 Taf. in Farbendr. und Holzschn. und eingedr. Holzschn.) 875,76. * M. 24.; geb. * M. 28.; 2. Bd. 5 Hefte. (IV, 98 S. mit 22 Taf. in Farbendr. und Holzschn. und eingedr. Holzschn.) * M. 20.; geb. * M. 24.] à Heft * M. 4. * geb. *

— Illustrirte Blätter für Reiter u. Pferdefreunde. Mit Orig.-Zeichnungen von Emil Adam, O. Fikentscher, H. Lang etc. 2. Bd. 5 Hfte. Imp.-4. (IV, 98 S. mit eingedr. Holzschn. 7 Holzschntaf. u. 12 Chromolith.) Stuttgart 879. Schickhardt & Ebner. à n. 4. —

Sport: 1898?–1902?

Weekly. Title varies: SPORT UND FREISCHÜTZ. Sub-title: Organ für Schützen, Jäger, Fischer und Kegler. Issued as supplement to DER FREISCHÜTZ, with which it is paged. Large quarto, each issue 12 pages. Edited & published by W. V. Weber, 1898–99; edited by F. E. Leutenegger, & published by Erb & Leutenegger, 1900–02.
New York, NY

Sport. [1.] 1905. Bearb. von Fedor Freund. Berlin: Boll & Pickardt 1905. quer-8° [07. 8144

— 1906. (79 S. m. Abbildgn.) qu. Lex.-8. Berlin (905). Verlag Sankt Georg. Geb. in Leinw. n. 8. —

Sport 1910. Ein Überblick in Wort u. Bild üb. die verschiedenen Sports unter besond. Berücksicht. d. Reit- u. Fahrsports, zusammengestellt v. Alfr. Mart. Zeller. Umschlagzeichnung v. Geo. Koch. (109 S. m. Abb.) 34,5×25,5 cm. Berlin [Verlag St. Georg], Leipzig, Grethlein & Co. Geb. in Leinw. 6. —

—— der, in der Armee. Eine zeitgemäße Betrachtung von einem alten Reiter-Offizier. 1. und 2. Aufl. gr. 8. (21 S.) Rathenow 886, Babenzien. *

— athletischer, s.: Miniatur-Bibliothek.

— im Bild. Illustr. Zeitschrift f. alle Sportzweige, m. Feuilleton. 1. Jahrg. Mai 1895—Apr. 1896. 52 Nrn. (à ca. 20 S.) Fol. Berlin-Charlottenburg, „Sport im Bild". n. 24. —

— dasselbe. Red.: Karl Doerry. 2.—4. Jahrg. 1896—1898. à 52 Nrn. (à ca. 16 S.) Fol. Ebd. à Jahrg. n. 16. —; einz. Nrn. n. — 35
Kann auch vierteljährlich bezogen werden.

— im Bild. Red.: Karl Doerry. 5. Jahrg. 1899. 52 Nrn. Fol. (à ca. 16 S.) Berlin, Berliner Union. n. 16. —

— dasselbe. Mit Beiblatt Sport im Wort. Red.: Kurt Doerry. 6. Jahrg. 52 Nrn. Fol. (à ca. 8 u. 8 S.) Ebd. n. 19. —

— dasselbe. Red.: Kurt Doerry. 7. u. 8. Jahrg. 1901 u. 1902. à 52 Nrn. Fol. (à ca. 16 S.) Ebd. à Jahrg. n. 20. —
Die Zeitschrift „Spiel u. Sport" wurde hiermit vereinigt.

— im Bild. Illustrierte Wochenschrift f. Sport, Gesellschaft, Theater, verbunden m. „Ross u. Reiter". Chef-Red.: Kurt Doerry. Mit der Beilage „Pferde-Verkaufsliste". 9.—12. Jahrg. 1903—1906. à 52 Nrn. (832, 1148, 1256 u. 1420 S.) Fol. Berlin, A. Scherl. 1903 20. —; 1904 23. —; 1905 u. 1906 à 24. —

— im Bild. Illustrierte Wochenschrift f. Sport, Gesellschaft, Theater, verbunden m. „Ross u. Reiter". Verantwortlicher Red.: Kurt Doerry, in Österreich-Ungarn B. Wirth. Mit der Beilage „Pferde-Verkaufsliste". 13.—16. Jahrg. 1907—1910. à 52 Nrn. (à ca. 32 S.) 37×24,5 cm. Berlin, A. Scherl. à Jahrg. 24.—

Sport im Bild-Jahrbuch 1909. (243 S. m. z. Tl. farb. Abb.) 20×14,5 cm. Berlin, A. Scherl. Geb. in Leinw. 3. —

Sport,

—— deutscher. Fachzeitschrift f. Rudern, Segeln, Eislauf, Schwimmen, Turnen u. verwandte Sportkreise. Redact.: A. Schacht. 1. Jahrg. April 1891—März 1892. 52 Nrn. (à Nr. 1½ Bog. m. Abbildgn.) gr. 4. Hamb., Verlagsanstalt u. Druckerei, A.-G. Vierteljährlich * 4 —
Nur 8 Nrn. erschienen.

— deutscher. Organ f. Pferdezucht u. Rennsport in Deutschland m. der Wochen-Beilage „Traber Sport". Red.: F. v. Wedell. 1. Jahrg. 1892. 181 Nrn. (à 1—1½ Bog.) gr. 4. Berlin, A. Braun & Co. n. 24. —

— dasselbe. 2. Jahrg. 1893. 225 Nrn. (à ca. 1 Bog.) gr. 4. Berlin, Schadowstrasse 8, Georg Ehlers. n. 24. —

— dasselbe. 3. Jahrg. 1894. 226 Nrn. (à ca. 1 Bog.) gr. 4. Ebd. n. 14. 60

— deutscher. Organ für Rennsport u. Pferdezucht. Red.: Frz. v. Wedell. 4. Jahrg. 1895. ca. 230 Nrn. (à ca. 12 S.) Fol. Berlin, Verlag d. Deutschen Sport. n.n.n. 16. —

— dasselbe. 5.—7. Jahrg. 1897—1898. à ca. 258 Nrn. (à ca. 12 S. m. Taf.) Fol. Ebd.

— deutscher. Organ für Rennsport u. Pferdezucht. Chef-Red.: Frz. v. Wedel. 10. Jahrg. 1901. ca. 300 Nrn. gr. Fol. (à ca. 8 S.) Berlin, Verlag des deutschen Sport. n.n. 27. —

— deutscher. Organ für Rennsport u. Pferdezucht. Chef-Red.: Geo. Ehlers. 13. Jahrg. 1904. Etwa 300 Nrn. (à ca. 8 S.) Fol. Berlin, Deutscher Sport. n.n.n. 30. —
Nicht mehr im Buchhandel.

— illustrierter. Moderne aktuelle Wochenschrift. Chefred.: Gust. Moeckel. Oktbr. 1909—Dezbr. 1910. 65 Nrn. (1272 S.) 32×23 cm. Berlin-Schöneberg, Illustrierter Sport. 10. —

Sport und Körperpflege, Miniaturbibliothek 863/864, Leipzig, 96 S., 16°.

Sport u. Körperpflege, s. a. Miniatur-Bibliothek.

— — Unter Mitwirkg. v. G. Biedenkapp, Hugo Borrmann, F. Boxhammer u. a. Hrsg. v. Rich. Nordhausen. Ausg. 1908. (VII, 924 S. m. Abb. u. z. Tl. farb. Taf.) Lex 8. Leipzig, J. J. Arnd. Geb. in Leinw. 16. —

— — dasselbe. Ausg. 1910. Volksausg. (VII, 924 S. m. Abb. u. farb. Taf.) Lex. 8. Ebd. Geb. in Halbleinw. 7.50

Sport, lustiger. Unentbehrliches Hand- u. Nachschlagebuch f. alle Sporttreibenden, darin vom Turnen, Reiten, Fischen, Jagen, Rad- u. Wagen-Fahren, Kegeln, Schwimmen, Schlittschuhlaufen, Luftschiffen, Rudern, Bergsteigen, Scheibenschießen u. s. w. allerlei Kurzweiliges vorkommt zur Ergötzg. u. Erheiterg. f. Jung u. Alt, Hoch u. Nieder, Gesunde u. Kranke. Hrsg. vom Sport-Club der „Fliegenden Blätter". Mit e. Vorwort von v. Miris. gr. 8. (200 S. m. Bildern.) München 891. Braun & Schneider. n. 2. —; geb. n. 3. —

— u. **Mode**, s.: Künstler-Sport-Mappe, Münchener.

Sport, der, in Musterblättern f. Kunst u. Gewerbe, enth.: Kleine Allegorien, Stillleben, Thier-Studien etc. etc. 8 Lfgn. Fol. (à 5 photolithogr. Taf.) Wien 890,91, Thiel u. Schkerl. à Lfg. * 2 50
compl. in Mappe * 22 —

— u. **Salon.** Illustrirte Sport-Zeitung. Hrsg. u. Red.: M. v. Laaba. 3. Jahrg. 1880 52 Nrn. (à 4—6 B. m. eingedr. Holzschn. u. Chemigr.) Fol. Berlin v. Decker. n. 26 —
cf.: Sport-Zeitung, illustrirte.

—— und Salon. Illustrirte Sport-Zeitung. Hrsgbr. und Redact.: M. v. Laaba. 3. Jahrg. 1880. 52 Nrn. (à Nr. 4—5 Bog. mit eingedr. Holzschn. und Chemigr.) Fol. Wien, Expedition. *
Früher u. d. T.: Sport-Zeitung, illustrirte.

— u. **Salon.** Illustr. Zeitschrift f. d. vornehme Welt. Hrsg. u. Red.: M. Hahn. 1. Jahrg. April—Decbr. 1898. 27 Nrn. (à ca. 2 Bog.) gr. 4. Wien, Sport u. Salon. à Hft. — 40

— & **Salon.** Illustrirte Zeitschrift f. die vornehme Welt. Hrsg. u. Red.: M. Hahn. 2.—4. Jahrg. 1899—1901. à 52 Nrn. gr. 4. (à ca. 32 S.) Wien (IV, Plösslg. 1), Sport & Salon. à Jahrg. n. 20. —

— dasselbe. 5. Jahrg. 1902. à 52 Nrn. gr. 4. (à ca. 30 S.) Ebd. n. 25. —

— & **Salon.** Illustrierte Zeitschrift für die vornehme Welt. Hrsg.: Hugo Fraenkel. Red.: Herm. Hofmann. 6.—8. Jahrg. 1903—1905. 52 Nrn. (à ca. 20 S.) gr. 4. Wien (I, Nibelungengasse 7), Sport u. Salon. à Jhrg. n. 25. —; Luxusausg. n. 40. —; Prachtausg. n. 100. —

Sport und Salon. Illustrierte Zeitschrift für die vornehme Welt. Kaiser-Jubiläumsfestnummer. 4°. (56 S.) K 2 —
Wien: "Elbemühl" 1908.

u. **Unterhaltungsspiele** f. den Unteroffizier, s.: Unteroffizier-Bibliothek.

— im Wort. Beilage zu Sport im Bild. Chef-Red.: A. Pitcairn-Knowles. Red.: Kurt Doerry. April 1899 —März 1900. 52 Nrn. Fol. (à 4 u. 8 S.) Berlin, Berliner Union. n. 6. —
Mit „Sport im Bild" vereinigt.

Sport im Wort. Vereinigt mit 'Spiel u. Sport' u. d. 'Deutschen Sport-Nachrichten'. Chef-Red. Kurt Doerry. No 1. *(Berlin: Sport im Bild) 1903.* 1° (03. 59)

— im Wort. Fachblatt f. Lawn-Tennis u. sämtl. Rasensports. Officielles Organ des deutschen Fussball-Bundes, des Verbandes Berliner Ballspielvereine, des Verbandes süddeutscher Ballspielvereine usw. Red.: Kurt Doerry. Jahrg. 1906. 52 Nrn. (à ca. 12 S.) 4. Berlin, A. Scherl. n. 4.80

— im Wort. Allgemeine Sport-Zeitg. Offizielles Organ des deutschen Fussball-Bundes, d. Verbandes Berliner Ballspielvereine, des Verbandes süddeutscher Fussballvereine usw. Red.: Kurt Doerry. 10. Jahrg. 1908. ca. 300 Nrn. (à ca. 6 S.) 47×32 cm. Berlin, A. Scherl.
Nicht mehr im Buchhandel. nnn 6. —

Sport-Adressen, Wiener. Allgemeines Sport-Adressbuch f. die k. k. Reichshaupt- u. Residenzstadt Wien. Hrsg. v. Johs. Winkler u. Aug. Strasilla. 1886. 16. (55 S.) Troppau 886. Strasilla. n. 2. —

Sport-Album. Abbildungen für Pferdeliebhaber. Orig.-Zeichnungen von Emil Adam, O. Fikentscher, H. Lang, Emil Volkers. 12 Bl., in Holzschn. ausgeführt. gr. 4. Stuttgart 881. Schickhardt & Ebner. In Mappe. n. 4. —

Sport-Album der 'Rad-Welt'. Ein radsportliches Jahrbuch. (Red.: Adolph Schulze.) [1.] *Berlin: 'Rad-Welt' [1903].* 4°(8°) [illegible]

Sport-Album der „Rad-Welt". Ein radsportl. Jahrbuch. Hrsg. vom Verlag der „Rad-Welt". 5. Jahrg. (129 S. m. Abbildgn.) Lex.-8. Berlin (906). Buchdruckerei u. Verlagsanstalt „Strauss". Geb. n. 2. —

Sport-Album der „Rad-Welt". Ein radsportl. Jahrbuch. VIII. Jahrg. Hrsg. vom Verlag d. „Rad-Welt". (132 S. m. Abb.) Lex. 8. Berlin (909). Buchdr. u. Verlagsanstalt „Strauss". Geb. 2. 50

— des „Sankt-Georg" 1911. Pferde-Sport. Eine hippolog. Bilder-Revue. (96 S.) 7,5×25 cm. Berlin 911. Verlag St. Georg. Geb. in Halbleinw. 2. —

Sport-Almanach, allgemeiner, f. 1908. (99 S. m. Abb.) Lex. 8. Berlin, Harmonie. — 50

Sportblatt. Centralblatt für die Interessen der Pferdezucht und des Sport. Officielles Organ des österreich. Jockey-Club. Hrsgbr.: Carl Leidesdorf und Francis Cavaliero. 1. und 2. Jahrg. 1870 und 1871. à Jahrg. 52 Nrn. (Bog.) Fol. Wien, Pichler's Wwe. und Sohn. à Jahrg. *
—— dass. — 3. Jahrg. 1872. Hrsgbr.: Carl Suchomel. Redact.: Otto Mayr. 52 Nrn. (Bog.) Fol. Wien, (F. Beck's Verlag.) *
Mit Rennkalender *

—— dass. — Officielles Organ des österreich. Jockey-Club, und der Special-Comités für die internationale Pferde-Ausstellung, das internationale Pferde-Rennen und die internationale Regatta bei der Wiener Welt-Ausstellung 1873. Hrsgbr.: Carl Suchomel. Redact.: Otto Mayr. 4. Jahrg. 1873. 52 Nrn. (à 2 Bog.) Fol. (Ebendas.) *
—— dass. — Officielles Organ des österreich. Jockey-Club und der Gesellschaft zur Praemiirung gut dressirter Campagne-Pferde. Hrsgbr.: Carl Suchomel. Redact.: Otto Mayr. 5. Jahrg. 1874. 102 Nrn. (Bog.) Fol. (Ebendas.) *

Sportblatt. Centralblatt für die Interessen der Pferdezucht und des Sport. Officielles Organ des österreich. Jockey-Club, der Gesellschaft zur Prämiirung gut dressirter Campagne-Pferde, des Trabrenn-Vereines etc. Redact.: Fr. v. Karst-Karstenwerth. 6. Jahrg. 1875. 101 Nrn. (à 1—2 Bog.) Fol. Wien, (F. Beck.) *
Mit Rennkalender *
Die Fortsetzung bildet:
Sport.

Sportblatt, ill. österr. Offizielles Organ des österr. Lawn-Tennis-Verband, Sportausschuss f. leichte Athletik, österreich. Athleten-Union usw. Hrsg.: Fel. Schmal. Red.: M. Fronz-Leuthe. 5. u. 6. Jahrg. 1909 u. 1910. à 52 Nrn. (à Jahrg. 832 S.) 31×22,5 cm. Wien, H. Goldschmiedt. à Jahrg. 12. —

Sport-Blatt, neues, f. Wald, Feld u. Flur. Wochenschrift f. alle Sport-Zweige u. Sport-Vereins-Zeitung. 1. Jahrg. 1887/88. 52 Nrn. (B.) Fol. Hannover, Rehtmeyer. n. 8. —

— oesterreiches. Central-Organ f. die Interessen d. Sport. Hrsg. v. C. **Mayr** u. L. **Ramschak**. 1. Jahrg. 1875. 104 Nrn. (B.) gr. 4. Wien 875. (Faesy & Frick.) n. 28. —

Sport-Blatt, oesterreichisch-ungarisches. Central-Organ für die Interessen des Sport. Hrsg. von C. v. Szent Iványi. 1. Jahrg. 1876. 52 Nrn. (Bog.) Fol. Wien, (Expedition.) *
—— dass. — 2. Jahrg. 1877. 52 Nrn. (Bog.) Fol. (Ebendas.) *
Nicht weiter erschienen.

Sport-Blatt, österr.-ungarisches. Central-Organ für die Interessen des Sport. Hrsg. v. C. v. Zzent-Iványi. 2. Jahrg. 1877. 1—3. Quartal. 39. Nrn. (B.) Fol. Wien. Frick in Comm. n. 24. —

Sportblatt, schweizer. Organ zur Pflege schweizer. Sportlebens: Radfahren, Wasserfahren (Segel-, Ruder- u. Pontonfahren), Fussball, Lawn Tennis, Schachspiel, Reiten, Schwimmen, Eis- u. Schneesport, Fechten, Athletik, Armbrust- u. Flobertschiessen, Amateurphotographie etc. Red.: J. Enderli, Hans Fahrni, Jean Endorli, jgr. 1. Jahrg. 1898. 48 Nrn. (Bog. m. Abb.) Fol. Zürich (I., Stampfenbachstr. 26), Verlag des „Schweizer Sportblatt". Postfrei n n. 7. 10

Sportblatt f. Züchter u. Liebhaber von Rassehunden. Red.: E. Prösler. 1. Jahrg. Oktbr. 1899—Septbr. 1900. 52 Nrn. (à ca. 12 S. m. Abbildgn.) Frankfurt a/M., Kern & Birner. n. 8. —

Sport-Block-Kalender pro 1885. I. Jahrg. Mit Deckblatt sportlicher Zeichnung.
Wien: Perles.

Sport-Block-Kalender für 1889. 16. Wien, Perles' Verlag. *

Sport-Block-Kalender pro 1890
— — Mit Goldpressung
Wien: Perles.

Sportbuch, allgemeines. Ein allgemeines Sport-Adressbuch, welches in der übersichtl. Aufzeichnung der sportl. Vereine und Gesellschaften, Anstalten, Bezugsquellen, Zeitschriften, Mitglieder einzelner grösserer Vereine etc. etc. ein umfassendes zeitgemässes Bild des gesammten Sportlebens im Deutschen Reiche, in Oesterreich-Ungarn, Holland, der Schweiz etc., ja des ganzen europ. Continents darbietet. 12. (VIII, 231 S.) Troppau 887, Strasilla. geb.

Das grosse illustrierte Sportbuch. Hrsg. v. Th. Rulemann. Berlin 1909. 700 S. m. Abb.

Sportbuch, illustriertes österreichisches. 1910. (89 S.) gr. 8. Wien 910. (Derflinger & Fischer.) — 60

Sportel ..., vgl. Sportul ...

Sportelgesetz, allgemeines, für das Königr. Württemberg. Vom 24. März 1881. Mit ausführlichem Sachregister. 16. (56 S.) Stuttgart 881. Kohlhammer. n. — 20

Sportel-Gesetzgebung, die, im Großherzogthum Baden. Sammlung der Gesetze und Verordnungen über Gerichtskosten, Rechtspolizeigebühren, Verwaltungssporteln, sowie über die sonstigen in dieses Gebiet einschlagenden Gebühren und Kosten. Zum Gebrauch für Gerichts-, Verwaltungs-, Steuer- und Gemeindebeamte, Rechtsanwälte, sowie für Handel- und Gewerbtreibende. gr. 8. (X, 352 S.) Karlsruhe 881, Braun'sche Hofbuchh.

Sportel-Gesetzgebung, die neue, für die Gerichte und Verwaltungsbehörden in Baden. Systematisch zusammengestellt nebst einem Anhang über den Gebührenbezug der Gerichtsboten, Gerichtsvollzieher, Vollstreckungsbeamten ꝛc. sowie mit der Vollzugsverordnung über den Sportelansatz bei den Gerichten. Mannheim 864. Schneider. gr. 8. (VIII, 108 S.) n. 15 ngr.

Sportel-Gesetzgebung, die neue, für die Gerichte und Verwaltungsbehörden in Baden. Systematisch zusammengestellt nebst einem Anh. über den Gebührenbezug der Gerichtsboten, Gerichtsvollzieher, Vollstreckungsbeamten ꝛc. sowie mit der Vollzugsverordnung über den Sportelansatz bei den Gerichten. 2. Aufl. gr. 8. (VIII und 108 S.) Mannheim 867, Schneider. *

Sportelgesetzgebung, die Preußische, s.: **Müller**, C. F.

Sporteln, üb. d., Ansicht u. Wünsche. 8. Mannh. Kaufmann. 803.

Sportelordnung

— der Grafschaft Lippe. Fol. Lemgo, Meyer. 769.

Sportelordnung, revidirte, bei der Neumärk. Regierung u. Consistorio. Fol. Halle 771. Waisenhaus-B. 2 gr.

— u. Taxe für sämmtl. Untergerichte des Fürstenth. Halberstadt ꝛc. Halberst., Dölle. 12 gr.

Sporteltantiemen

— für die Gerichtshöfe u. Tribunale in Westphalen. gr. 4. Hannov. 811. Hahn. 6 gr.

— für die Huissiers. 4. Götting. 813. Dieterich. 8 gr.

Sporteltantiemen, üb. die, der baier. Landrichter u. ihr Surrogat. Eine kummerlt. Abhandl. gr. 12. Münch. 832. Franz. 5 gr.

Revidirter Sporteltarif für den Civilprozess. 4 Stn. 8. Uri 1871.

Sporteltaxe

— Königl. Sächs., nach welcher die Gerichts-, Advokaten- und Notariats-, auch Copial-Gebühren gefordert u. bezahlt werden sollen, vom 26 Nov. 1840. gr. 8. Dresden 840. (Leipzig, Fr. Fleischer.) n. 5 gr.

Sportel-Taxe, k. sächs., nach welcher d. Gerichts-, Advokaten- u. Notariats-, auch Copial-Gebühren gefordert u. bezahlt werden sollen; v. 26. Nov. 1840. Alphabet. geord. v. ein. prakt. Juristen. gr. 8. (3½ B.) Dresden 841. (Leipzig, Fr. Fleischer.) *

Sporteln-Taxe f. sämmtl. Untergerichte im Königr. Hannover, alphabet. geord., nach d. Tax-Ordnung in d. Untergerichts-Ordn. v. 5. Oct. 1827. gr. 4. (7 B.) Celle 828, Schulze.

Sporteln-Taxe für sämmtl. Untergerichte im Königreiche Hannover, alphabetisch geordnet nach d. Gesetze vom 13. Dec. 1834, nebst Verzeichniß der Fälle, wo nach der Verordnung v. 21. Oct. 1834 ein besonderer Stempel zu gebrauchen. gr. 8. Celle 835. Schulze. ⅓ rf — Das K. Hannov. Gesetz, die Abänderung der unter d. 5. Oct. 1827 für die Untergerichte erlassenen Sporteln-Taxe, so wie die Beschränkung der bei denselben zu verhand. geringen Schuldsachen betreffend. Vom 13. Dec. 1834. gr. 8. Ebd. 835. ¼ rf

Sportel-Taxen, Kgl. Preuß., s. **Welkart**, J. E.

Sportel-Taxen f. sämmtl. Unter-Gerichte in d. preuß. Staaten; f. d. gewöhnl. Prozesse nach d. Taxe v. 23. Aug. 1815; die Mandats-, summar. u. Bagatell-Prozesse nach d. Taxe v. 9. Okt. 1833; für Nichtigkeitsbeschwerde-Sachen nach d. Verordn. v. 14. Dec. 1833, mit d. sämmtl. später ergang. Erläutn. u. Ergänzn. gr. 8. (12½ B.) Berlin 838, Stuhr'sche Buchh.

Sportel- u. Stempel-Taxordnungen, die gesammten k. sächs., mit allen bis z. 31. Jan. 1841 erschien. Sportel- u. Stempelgesetzen u. d. Sportelregulative v. 3. Decbr. 1837, alphabet.-systemat. geord. u. zusammengest. v. ein. prakt. Rechtsgelehrten. gr. 12. (12¼ B.) Leipzig 841, Fest'sche Vrlsbuchh.

Sport-Humor. Klapphorn- u. Knittelverse, Schnadahüpfln u. Scherze in Wort u. Bild. 2. Bd. V. Rud. Kleinecke. Illustrationen erster Künstler. 8. (40 S.) Berlin, W. Möller. n. — 50; m. Winkler, Johs., u. A., Sport-Humor, 1. Bd., in 1 Bd. geh. 8. (Umschlag-) Aufl. n. 1. —

— dasselbe, s. a.: **Winkler, Johs.**

Sporthumor, Red.: R. L. Leonard. Jahrg. 1909 u. 1910. 26 Nrn. (à ca. 16 S. m. z. Tl. farb. Abb.) 32,5×24,5 cm. Berlin, Verlag „Sport-Humor". à Jahrg. 5. —

Sportjahrbuch für Österreich. Kl. 8°. Wien, 1901–1906. m. Abb. (nach 1906 nicht mehr erschienen).

Sport-Jahrbuch für Oesterreich 1906 v. Fel. Schmal. 4. Jahrg. (198 S.) kl. 8. Wien (F. Beck). n. 1. —

Sport-Industrie, die. Erstes illustrirtes Wiener Fach- und Modeblatt für Wagenbau, Pferde-Equipirung etc. Hrsgbr.: G. A. List und H. F. Fenderl. 1. Jahrg. 1884/85. 24 Nrn. (à Nr. 2 Bog.) hoch 4. Wien, (F. Beck.)

Sport-Industrie, die. Erstes illustrirtes Wiener Fach- und Modeblatt für Wagenbau, Pferde-Equipirung etc. Hrsgbr.: G. A. List und J. und Th. Woda. 2. Jahrg. 1885. 24 Nrn. (à Nr. 2 Bog.) hoch 4. Wien, (F. Beck.) *
Nicht weiter erschienen.

Sporting-Almanach ... Von Otto von Corvin-Wiersbitzki. Jg 1: 1844. [*Mehr nicht ersch.*]
Leipzig: Teubner (1843). XVI, 304 S. m. Abb., 3 Taf. 8°
[Kol. Vort.]

Sport-Journal. Deutsche Tageszeitung des deutsch- u. französ. Rennsport. fol. seit 1905. Köln. jährl. etwa 300 N.

Sport-Kalender, deutscher, 1898. 16. (81 S.) Berlin, Verlag des Deutschen Sport. Geb. 1. 50

— **deutscher**, 1899. 8. Jahrg. 16. (71 S.) Berlin, Verlag des deutschen Sport. Geb. 1. —

Sport-Kalender, lustiger, f. 1904. Hrsg. vom „Schnauferl", flieg. Blätter f. Sport-Humor. (114 S. m. Abbildgn.) gr. 8. München, Berlin, Ver. Verlagsanstalten G. Braunbeck u. Gutenberg-Druckerei. 1. —
Erscheint nicht mehr.

Sport-Kalender für die Saison 1900, red. von Alfr. v. Schik-Markenau. 12. (16 u. 80 S. m. Tagebuch.) Wien, M. Perles. Geb. in Leinw. n. 2. 40

Sport-Litteratur. Athletik u. Gymnastik, Turnen, Fechten, Rasenspiele, Wassersport, alpiner u. Wintersport, Brieftauben, Hunde, Jagd, Schieß-, Pferde-, Fahr-, Reiten, Rennsport, Luftschiffahrt, Radfahr-, Automobilsport. (88 S. m. 8 Taf.) 8. München 908. J. Lindauer. — 75

Das **Sportluftbad.** Berlin: Kraft u. Schönheit [1905]. (48 S.) 8° [S.]
= **Kraft** u. Schönheit. Sonderh. 4. [05. 1313]

Sportmeier, Gebrüder [Pseudon.] s. Ott, Johann Rudolf, und Ott, Gottlieb.

Sportphotograph, der. Illustrierte Bildungs- u. Unterhaltungs-Fachschrift f. Amateur-Photographen u. Freunde jeder Sportgattg. Red.: Rich. Koehlich. 1. Jahrg. April—Dezbr. 1908. 18 Nrn. (à ca. 16 S.) 31,5×24 cm. Breslau, P. Förster. 8. —
Erscheint nicht mehr.

Sportplatz, der, d. Bicycle-Club Köln u. seine Einrichtungen. 16. (VII, 32 S. m. 2 Plänen.) Köln 889. (Leipzig, L. Weber.) n.n. — 50

Sport-Rundschau. Illustrierte Fachzeitschrift f. Pferdesport, Automobil- u. Radfahrsport, Athletik, Amateur-Photographie, Wassersport, Touristik, Hunde- u. Geflügelzucht etc. etc. Septbr. 1904. 2 Nrn. (à 20 S. m. Abbildgn.) Lex.-8. München, E. Koch. Unentgeltlich.
Erscheint nicht mehr.

Sportkleidung, die gesammte, e. Album enth. auf 8 künstlerisch ausgeführten Orig.-Bildern die Darstellg. eleganter u. prakt. Sportskostüme f. den Jagd- u. Bergsport, den Rad- u. Reitsport, den Wasser- u. Eissport, sowie den Turn- u. Spielsport. gr. 4. (11 S.) Dresden 892. Exped. der Europ. Modenzeitg. In Karton-Mappe n. 3. 75; farb. Ausg. in Leinw.-Mappe n. 6. —

Sportul ..., vgl. Sportel ...

Revidirte **Sportul-Ordnung** bei der Neumärckischen Regierung und Consistorio, worinnen 1. die Sportuln bey der Regierung, 2. die Sportuln bey dem Consistorio, 3. die Gebühren der Advocaten, 4. die Landreuter-Gebühren reguliret ... werden. [Dat.:] Berlin, den 15. 4. 1751. Halle 1751. **fol.**

Interemistische **Sportul-Taxe** für die Justitz-Commissarios, in so fern dieselben als Curatores und Contradictores bey Concurs- und Liquidations-Prozessen gebraucht werden. [Dat.:] Berlin, den 30. März 1787. (Berlin: Decker 1787.)

Interemistische **Sportul- u. Stempel-Taxe** für die Ober- und Untergerichte, ingleichen die Justiz-Commissarios in sämmtlichen Königlich-Preußischen Landen. Berlin, den 26. April 1781. (Berlin : Decker 1781.) **fol.**

Interimistische **Sportul- und Stempeltaxe** in Prozeß- und andern gerichtlichen Angelegenheiten für die Justizämter, Magisträte und andere Untergerichte in der Churmark mit Ausschluß des Berlinischen Stadtgerichtes (vom 8. July 1801) [usw.]. (Berlin 1801.) **fol.**

Sportul-Taxe für die Südpreußische Regierungen. [Dat.:] Berlin d. 19. 12. 1795. Posen 1796. **fol.**

Sport-Weiber. Berlin: Kleines Witzblatt [um 1904]. (63 S.) 8°
= **Witzblatt-Bilderbuch.** Bd 9. [06. 9386]

Sport-Welt. Hrsg. v. G. Ehlers u. F. v. Wedell. Red.: F. v. Wedell. 1. Jahrg. 1887. 69 Nrn. (B.) gr. 4. Berlin NW., Unter den Linden 60, Expedition. n. 24. —

— dasselbe. 2. Jahrg. 1888. 121 Nrn. (B.) gr. 4. Ebd. n. 24. —

Sport-Woche, neue. Zeitschrift f. sämtl. Rasensports, Eissports etc. Offizielles u. Publikations-Organ des „Deutschen Fussball-Bundes", des „Verbandes Berliner Ballspielvereine" usw., ca. 460 Rasensport-Verbänden u. Vereinen m. 39000 Mitgliedern. Red.: P. Neumann. 2.—5.Jahrg. 1903—1906. à 52 Nrn. (624, 832, 832 u. 832 S.) Berlin, Hans Walter. à Jhrg. n. 5. 20

Sport-Woche, neue. Zeitschrift f. sämtl. Rasensports, Eissports etc. Offizielles u. Publikations-Organ des „Deutschen Fussball-Bundes", der „Deutschen Sportbehörde f. Athletik" usw., ca. 840 Rasensport-Verbänden u. Vereinen m. 80000 Mitgliedern. Red.: P. Neumann. 6.—9. Jahrg. 1907—1910. à 52 Nrn. (à Jahrg. 832 S.) 30,5×23,5 cm. Berlin, Hans Walter. à Jahrg. 6. —

— **Zeitung,** Allgemeine, Wochenschrift für alle Sportzweige. Herausgegeben u. redig. v. Victor Silberer. V. Jahrg. 1884. 52 Nrn. (2 B.) Fol. Wien, Verl. d. „Allg. Sportzeitung" (V. Silberer). 16 fl. Einzelne Nrn. 40 kr.

Sport-Zeitung, allgemeine. Wochenschrift f. alle Sportzweige. Hrsg. u. red. v. Vict. Silberer. 6. u. 7. Jahrg. 1885 u. 1886. à 52 Nrn. (5 B.) Fol. Wien, Verlag der Allg. Sport-Zeitung. à Jahrg. n. 30. —

— dasselbe. Neujahrs-Beilage 1887. Fol. (48 S. m. Illustr.) Ebd. n. 2. —

Sport-Zeitung, allgemeine. Wochenschrift f. alle Sport-Zweige. Hrsg. u. red. v. Vict. Silberer. 8. u. 9. Jahrg. 1887. 1888. à 52 Nrn. (5 B.) Fol. Wien, Verlag der allg. Sport-Zeitung. à Jahrg. n. 30. —

— dasselbe. 10. u. 11. Jahrg. 1889. 1890. à 52 Nrn. (5 B.) Fol. Ebd. Mit directer Postversendg. à Jahrg. n. 36. —

Sport-Zeitung, allgemeine. Wochenblatt f. alle Sport-Zweige. Hrsg.: Vict. Silberer. Red.: Arth. Horner. 12.–15. Jahrg. 1891—1894. à 52 Nrn. (à ca. 5 Bog.) Fol. Wien, Verlag der allg. Sport-Zeitung. Mit directer Postversendg. à Jahrg. n. 30. —

— dasselbe. Neujahrs-Album. 12.—15. Jahrg. 1891—1894. Den Abonnenten u. Lesern gewidmet v. Vict. Silberer. Fol. (à ca. 50 S. m. Illustr.) Ebd. à Jahrg. n. 2. —; feine Ausg. n. 4. —

Sport-Zeitung, allgemeine. Neujahrs-Album 1895. Den Abonnenten u. Lesern gewidmet v. Vict. Silberer. Fol. (43 S. m. Illustr.) Wien, Verlag der allg. Sport-Zeitung. n. 2. —; feine Ausg. n. 4. —

Sport-Zeitung, allgemeine. Wochenschrift f. alle Sport-Zweige. Hrsg. u. red. v. Vict. Silberer. 16.—19. Jahrg. 1895—1898. à 52 Nrn. (à ca. 28 S.) Fol. Wien, Verlag der allg. Sport-Zeitung. à Jahrg. postfrei n. 36. —
Kann auch vierteljährlich bezogen werden.

Sport-Zeitung, allgemeine. Wochenschrift f. alle Sport-Zweige. Hrsg. u. red. v. Vict. Silberer. Verantwortlich: Jos. Vorwahlner. 20.—23. Jahrg. 1899—1902. à 52 Nrn. Fol. (à ca. 24 S.) Wien, Verlag der allg. Sport-Zeitg. à Jahrg. n.n. 36. —

Sport-Zeitung, allgemeine. Wochenschrift f. alle Sport-Zweige. Hrsg. u. red. v. Vict. Silberer. 24.—27. Jahrg. 1903—1906. à ca. 115 Nrn. (1906 IV, IV u. 1606 S. m. Abb.) Fol. Wien, Verlag der allg. Sport-Zeitg. à Jhrg. n.n. 36. —

Sport-Zeitung, allgemeine. Wochenschrift f. alle Sportzweige. Hrsg. u. red. v. Vict. Silberer. 28.—31. Jahrg. 1907—1910. à ca. 115 Nrn. (à ca. 20 S.) 42,5×29,5 cm. Wien, Verlag der allg. Sport-Zeitg. Postfrei à Jahrg. nnn 36. —

— dasselbe. Red.: Alex. Grosset. 1. Jahrg. April 1900 —März 1901. 32 Nrn. Lex.-8. (à ca. 16 S. m. Abb.) Riga (Marstallstr. 1). F. Deutsch. n. 10. —

— allgemeine deutsche. Officielles Organ der internationalen Sport-Ausstellung Köln 1889. 24 Nrn. (1½ B. m. Illustr.) Fol. Köln 889. Kölner Verlags-Anstalt u. Druckerei, A.-G. n. 3. —

Sport- u. Spiel-Zeitung, deutsche. Wochenschrift f. Alt u. Jung zur Belebg. d. Sinnes f. edlere Vergnüggn. d. Geistes u. Körpers. Red.: J. D. Georgens. 1. Jahrg. 1885. 52 Nrn. (2 B. m. Illustr.) gr. 4. Elberfeld, Friederichs. n. 4. 80

—— dass. — 2. Jahrg. 1886. 52 Nrn. (à Nr. 2 Bog mit Illustr.) gr. 4. Berlin, Mittag. *

Sport- u. Jagdzeitung. Internationales Organ f. Pferdezucht u. alle Sportzweige. Früher: „Oesterr. Zeitschrift f. Hippologie u. Pferdezucht". Hrsg. u. Red.: L. Ramschak. 12. u. 13. Jahrg. 1889. 1890. à 52 Nrn. (3 B.) Fol. Wien, F. Beck. n. 28. —
s.: Zeitschrift, österr., f. Hippologie u. Pferdezucht.

Sport- u. Jagd-Zeitung. Internationales Organ f. Pferdezucht u. alle Sportzweige. Früher: „Oesterr. Zeitschrift f. Hippologie u. Pferdezucht". Hrsg. u. red. v. Ludw. Ramschak. 14. u. 15. Jahrg. 1891. 1892. à 52 Nrn. (3½ Bog. m. Abbildgn.) Fol. Wien, (F. Beck). à Jahrg. n. 28. —

— — Officielles Organ d. Yacht-Klub „k. u. k. Yacht-Geschwader" etc. Red.: H. Prochaska. 16. Jahrg. 1893. 52 Nrn. (à ca. 3 Bog. m. Abbildgn.) Fol. Ebd. n. 28. —

Sport- und Jagdzeitung. Officielles Organ des unter dem Allerhöchsten Protectorate Sr. kaiserl. und königl. Apostolischen Majestät des Kaisers und Königs stehenden „Yacht-Club kaiserl. und königl. Yacht-Geschwader", des „Union-Yacht-Club" in Wien, der Zweigvereine am Atter-, Traun- und Wörthersee und des österreichischen Ski-Vereines. Herausgegeben von L. Ramschak. Redigirt von J. Dr. Gotthilf Bamberger. Siebzehnter Jahrgang. 1894. 52 Nrn. (à 1—2 B.) Fol. In Comm. Wien: Beck. * 14.—

Sport- u. Jagd-Zeitung. Offic. Organ d. Yacht Club k. u. k. Yacht-Geschwader etc. Hrsg. v. L. Ramschak. Red.: Heinr. Prochaska. 18. Jahrg. 1895. 52 Nrn. (à ca. 2 Bog.) Fol. Wien (F. Beck). n. 28. —

— — Hrsg.: Vict. Ramschak. Red.: Othmar Swoboda. 19. Jahrg. 1896. ca. 60 Nrn. (à ca. 2 Bog.) Fol. Ebd. n. 28. —

Sport-Zeitung, illustrirte. Redact.: M. v. Laaba. 1. und 2. Jahrg. 1878 und 1879. à Jahrg. 52 Nrn. (à 2—2½ Bog. mit eingedr. Chemityp.) Fol. [Berlin, Wiegandt, Hempel und Parey.] Leipzig, (Werner.) à Jahrg. *

Forts.s.S p o r t u.Salon.

Illustrierte Sportzeitung für Athletik, Gymnastik und Verwandtes. Hrsg.: A. Stolz. München. 4°
Jg. 17—20. 1908—11.

— illustrierte. Hrsg.: Alb. Stolz. Red.: Eug. Seybold. 18. u. 19. Jahrg. 1909 u. 1910. à 52 Nrn. (à Jahrg. 1248 S.) 31,5×23 cm. München, A. Stolz & Co. à Jahrg. 10. —

— mitteldeutsche. Alleiniges amtl. Organ d. Verbandes mitteldeutscher Ballspiel-Vereine. Red.: Alfr. Perls. 1. Jahrg. Nov. 1910—Oktbr. 1911. 52 Nrn. (à ca. 16 S.) 31×23 cm. Leipzig (Brüderstr. 6), Bomboes & Schneider. 6. —

di Sposetti, s. Zerboni.

di Sposetti, Ritter v. Zerbond, s.: Aus Galizien.

Sposoby i przepisy lecznictwa przyrodnego. Z 48 rycinami. Berlin: A. Czarnowski 1900. (77 S.) 8°
[Die Verfahren u. Vorschriften d. Naturheilkunde]

Способы русскаго сельскаго хозяйства въ настоящее время. Сост. 3. Н. Т. (Die Lage der russischen Landwirthschaft.) 8. (31 S.) Berlin 862, Behr's Buchh. *

Špot, K., naučení o pomoci při porodu zvířectva hospodářského, s. Rolník nového věku.

Spotorno, G., Christoph Colombo u. seine Entdeck. Deutsch bearb. v. Ad. Wagner. Mit Colombo's Bildn. u. Holzschn. 8. Leipz. 825. Er. Fleischer. 16 gr

Spott, Ernst, Michelmuhdwitsch. Wallfahrt e. Allerwelts-heiden mitten durchs Herz vom Hl. Deutschen Reiche. (108 S.) 8. Dresden (906). E. Pierson. n. 2. —; geb. n. 3. —

Spott, Max, antike Thongefässe. Wandtafeln für den Gebrauch im Freihandzeichen-Unterricht an den unteren Klassen der Gymnasien, Lehrerbildungs-Anstalten, Realschulen, Bürgerschulen u. Fortbildungsschulen. Imp.-Fol. (10 Taf. m. 1 Bl. Text in Fol.) Bamberg (901). Schmidt. In Mappe n. 6. —

Spott M, Antike Tongefässe. Wandtafeln. (10 T) fol Bamberg (1904)

Spott- u. Jubelalmanach f. Deutsche. Hg.: Joh. Fr. Schink. 1815. 23 Bl., XXIV, 192 S. u. 1 Bl. M. Titelk. Hamburg. Goed. VIII, 89, 173.

Spöttel, A., zur Sprachreinigung. Eine Sammlg. der gebräuchlichsten Fremdwörter, nebst deren Anwendg. in Sätzen, wobei f. das Fremdwort immer das deutsche Wort zu gebrauchen ist. 1. u. 2. (verb.) Aufl. gr. 8. (III, 40 S.) München 891. 892. M. Kellerer. n. — 60

Spöttel, A., zur Sprachreinigung. E. Sammlg. der in d. deutschen Sprache gebräuchlichsten Fremdwörter, m. Bezeichng. der Aussprache u. Angabe ihrer Abstammg., verdeutscht od. erklärt u. angewendet in Sätzen, wobei f. d. Fremdwort immer d. deutsche Wort zu gebrauchen ist, nebst e. Anh. v. Fremdwörtern, welche häufig in der Baukunst vorkommen. 3. Aufl. gr. 8. (40 S.) München 899. M. Kellerer. n. — 60

Spöttel, Otto [aus München]: Über Formverschiedenheiten der Flügelfortsätze des Keilbeins bei Menschen und Affen ... München, Druck v. E. Mühlthaler's k. Hof-Buchdr., 1896; 64 S. 8.
München, Phil. Fak., Inaug.-Diss. v. 1896

Spöttelkärmese, de. Dr griene Muhndak. In Erfurter Mundart. 16. (32 S.) Erfurt 878. Körner. — 15

Spötter, Der, oder Zytherens Sieg. Keine Fabel. Von J. St. (Wien) 1793. V: *Stransky, J.* (?). (BGE VIII³, 506)

Spötter, der, oder Zytherens Sieg; keine Fabel. 8. Wien 793. Hörling. 14 gr

Spottiswoode, William. Die Mathematik in ihren Beziehungen zu den anderen Wissenschaften; a. d. Engl. Leipzig. 1879. Ü: *Gretschel, Hnr.* (Cat. d. Stadtbibl. Zürich. Zürich 1864—97.)

Spottiswoode, Will., die Mathematik in ihren Beziehungen zu den anderen Wissenschaften. Aus dem Engl. gr. 8. (IV, 48 S.) Leipzig 879. Quandt & Händel. n. 1. 20

Spottke, Franz, approb. Apotheker aus Volkmannsdorf: Die stickstoffhaltigen Reservestoffe in den vegetativen Organen der Pflanze. *Berlin [1899]: Gebr. Engelke.* (38 S.) 8°
Rostock, Phil. Diss. v. [6. Mai] 1899

Spörtl, P. B. Marcus, christl. Wandel vor Gott. Ein Gebet- u. Andachtsbuch für kathol. Christen. (Mit Titelbild.) gr. 12. Nördlingen 840. Beck'sche Buchh. 7 gr

Spöttle, Josef: Kurze Darstellung der Kulturentwicklung im Donaumoos. Augsburg 1896.
(Ähnlich als Vortrag im Bericht über die 36. Wanderversammlung b. Landwirte.)

Spöttle, Jos., s.: Lehrbuch des Tiefbaues.

Spöttle, J., kurzgefaßter Leitfaden f. den kulturtechnischen Unterricht. Für Schüler niederer Landwirtschaftsschulen, prakt. Landwirte, Wiesenbaumeister, Kulturaufseher u. Vorarbeiter. 8. (62 S. m. 33 Textabbildgn.) Berlin 892. P. Parey. Kart. n. 1. 25

Spöttle, Joseph [aus Martinszell]: Über die deutsche Münzreform und deren Einfluss auf den landwirtschaftlichen Erwerb innerhalb des Reichsgebietes bezw. über die von einer internationalen Doppelwährung für die deutsche Landwirtschaft zu hoffenden Vor- und Nachteile. ... Ansbach, Druck v. C. Brügel & Sohn, 1889; 2 Bl. + 67 S. + 1 Bl. u. 8 Tab. 8°
Leipzig, Phil. Fak., Inaug.-Diss. v. 9. Sept. 1889

— J. Wey u. P. Gerhardt, landwirtschaftlicher Wasserbau einschl. Deichbau, Deichschleusen u. Fischteiche, hrsg. v. Fr. Kreuter, s.: Handbuch der Ingenieurwissenschaften.

Spottlieder der evangelischen Stralsunder auf die römisch-katholische Priesterschaft aus den J. 1524—1527. Nach archival. Aufzeichnungen hrsg. und mit Einleitung und kurzen Erläuterungen begleitet von Ernst Zober. (Mit einem Anhang: Ueber das älteste stralsunder Gesangbuch.) gr. 8. (VIII und 24 S.) Stralsund 855, Löffler'sche Buchh. *

Spottlieder der evangelischen Stralsunder rc., s. Zober.

Spottreden eines Mitglieds der Teutschen Gesellschaft zu Jena ... Leipz. u. Rostock 1753. V: *Quistorp, Johann Jacob.* (ML)

Spottreden eines Mitgliedes d. deutschen Gesellschaft in Jena. 8. Rostock 753. Keppe. 5 gr

Spottvogel: Jahrgang 1–53, no. 18r, Feb.? 1866 – May 1918.

Humorous weekly, published as Sunday edition of TAGLICHER TELEGRAPH, later TELEGRAPH UND TRIBÜNE. Quarto, each issue 8–16 pages. Title varies: DER SPOTTVOGEL, 1866. Place of publication varies: Cincinnati, Ohio. One of most interesting and delightful of the Sunday papers; in 1869/70, it contained few humorous pictures, small in size, but in last several years, there is much illustration, including portraits, cartoons, photos; printed on newsprint. The TELEGRAPH advertises it as "Das erste Witzblatt Amerika's". Sub-title: 1) Sonntagsblatt des ‚Täglichen Teleg.', 1866 – June 1871. 2) Belletristisch-humoristisches ‚Sonntagsblatt', July 2, 1871 – 1913; 3) Belletristisch-humoristisches Sonntagsblatt des ‚Telegraph und Tribüne', 1914 – 18. Circulation: 1870, 2500 (est.); 1880, 3500; 1895, 6100; 1905, 9875; 1910, 11,954; 1915, 11,979.
Indianapolis, IN

„Spottvogel", der, pfeift auf Alles. Hrsgbr.: Karl Schneidt [Karl Klarenthal]. 1. Jahrg. Septbr.—Decbr. 1891 17 Nrn., u. 2. Jahrg. 1892. 52 Nrn. (Bog.) 8. Berl., Spottvogel-Verlag. à Nr. * — 10

„Spottvogel", der, pfeift auf alles. Hrsg.: Karl Schneidt (Karl Klarenthal). 1. Jahrg. 1891. 28 Nrn. (à ca. 1½ Bog.) 8. Berlin, Moderner Verlag. à Nr. n. — 10

— dasselbe. 2. Jahrg. 1892. 24 Nrn. (à ca. 1½ Bog.) 8. Ebd. Nr. 1—4 à n. — 10; Nr. 5—24 à n. — 20

Spottvogel, der. Hrsg.: Karl Schneidt. 3. Jahrg. Febr. 1897—Jan. 1898. 12 Nrn. (à ca. 4 Bog.) 8. Berlin, Kresse & Lenz. n. 6. —; einz. Hfte. n. — 50

— dasselbe. Wochenschrift f. Humor, Satire u. Wahrheit. Hrsg. v. Karl Schneidt. 3. Jahrg. (Neue Folge.) Oktbr.—Dezbr. 1898. 13 Nrn. (à ca. 2 Bog.) 8. Ebd. 1. 30; einz. Nr. — 10

Spottvogel. Kritisch-satir. Halbmonatsschrift. Hrsg.: Karl Schneidt. (5. Jahrg.) Juli 1902—Juni 1903. 52 Hfte. gr. 8. (à ca. 32 S.) Berlin, („Die Welt am Montag"). 4. 80

SPOTTVOGEL. Kritisch-satirische Halbmonatsschrift. Herausgeber Karl Schmidt. 6 Jahrgänge. Berlin 1898—1903. (à Heft 20 Pfg.)
Interessante und vollständig sehr seltene Zeitschrift, die wiederholt beschlagnahmt wurde. Einzelne Hefte tragen Änderungen im Titel (Der Spottvogel im Käfig — Der freie Spottvogel) je nach dem der Herausgeber eine Strafe abbrummen mußte oder in Freiheit war. Kulturhistorisch wichtige Notizen über Prostitution, Sittenpolizei usw. Auch in der Belletristik viel Sexuelles. (Dr. Neumann, Berlin.)

Spottvogel im Glaspalast. Epigramme in Wort und Bild auf die III. internationale Kunstausstellung in München 1888. Von K. Cassius. gr. 8. (64 S.) München 888, (J. Lindauer'sche Buchh.)

— dasselbe. (2. Flug.) Epigramme in Wort u. Bild auf die Münchener Jahres-Ausstellg. 1889 v. K. Cassius. 8. (48 S.) München 889. Putze. n. 1. —

— dasselbe. 1890. (3. Flug.) Von K. Cassius. gr. 8. (47 S. m. Illustr.) München 890. Littauer. n. 1. –

— in d. Bayerischen Landes-Ausstellung in Nürnberg. Hrsg. v. Dichter-Gigerl. M. e. Anh.: d. Poesie in d. Landes-Ausstellg. schmal gr. 8. (16 S.) Nürnberg 896. J. Ph. Raw's Verl. n. — 20

Spottvogel, Der, unter Satanskindern. Leipz. [1804]. V: *Niceus, Christian Friedrich.* (Adel) (Ky) (MGT)

Spottvogel, d., unter Satanskindern. 8. Lpz. (Graffs in Weißenfels.) 804.

SPOTTVOGEL, Hans (ps.), 99 neue Klapphornstrophen. 1885.
Weller. Lex. Ps. p. 536.

SPOTTVOGEL, Jocosus (ps.), Satyrischer Frauen- und Mädchenspiegel der heutigen Welt. Zum Scherz und Lachen. In Knittel- und Rüttelversen. Quedlinburg und Leipzig. Druck und Verlag von Gottfr. Basse. 1833. 12⁰. (3 Mk., im Orig.-Umschl. mit Bordüre, Max Harrwitz, 1891; 4 Mk. H. Streisand, Berlin, 1909.)
IV (Tit. u. Inh.), 98 S., 1 Bl. humorist. Verlag d. Firma. — Unter den 54 Nrn. einige etwas freie Gedichte, z. B. Das Geständniß der Brautnacht; die wandernde Wiege; die Freunde (letztere beiden Nrn. bekannte Hahnreischwänke).

Spoun, Otto: Ueber die Gewinnung von Phenanthrenchinon- und Phenanthrenabkömmlingen aus 2-Nitrophenanthrenchinon. 1910. 52 S. 8⁰
Stuttgart, Dr.-Ing.-Diss. v. 26. 7. 1910

Der **Spoykanal** und die Hafenanlagen der Stadt Cleve. Cleve 1910: Botz. 18 S. 8° [Umschlagt.] [11. 7099

Sprach-Academie, europäisch-amerikanische, f. angew. Französisch—Englisch—Italienisch rc. Erstes Lehrgebäude. D. französ. Geschäfts- u. Umgangs-Sprache der Gegenwart, in 30 Tagen ohne Lehrer erlernbar durch d. Unterrichtsbriefe aller Unterrichtsbriefe v. Honoré Le Prince. (In 30 Briefen.) 1. u. 2. Unterrichtsbrief. gr. 8. (S. 1—64.) Turin 896. Europäisch-amerikan. Verlags-Anstalt A. Döll. à 1. —

Sprach- und Sittenanzeiger der Deutschen. Nr. 1–105. Berlin: Maurer 1817. 4⁰
[Hrsg.: Theodor Heinsius.]

Sprachbilder, niederrheinische. Unter Mitwirkg. niederrhein. Gelehrten, Forscher u. Sammler in zwanglosen Hftn. hrsg. v. Wilh. Meyer-Markau. 1. Hft. gr. 8. Duisburg 893. J. Ewich. n. — 60
Unsere hochdeutsche Sprache in ihrem Duisburger Alltagsgewande. Vortrag, geh. im Duisburger Zweigverein des „Allgemeinen deutschen Sprachvereins" v. Wilh. Meyer-Markau. (36 S.)

Sprachblätter, englische u. französische, f. den Selbstunterricht zur schnellen, sicheren u. gründl. Erlerng. dieser genannten Weltsprachen ohne Meister u. sonst. Hilfsbücher. Redig. v. L. M. Bauer u. J. Schwarz. Verantw. Red. Joh. Bing. 1. Jahrg. 52 Nrn. (B.) 4. Wien 873. Brüder Winter. n. 12. —, Einzelne Nummern. n. — 20

Sprachbuch, s. (Stern, W., u. J. Gersbach.)

Sprach- u. Aufsatzbuch f. Schüler der Unter- u. Mittelklasse, enth.: orthograph. u. grammatikal. Uebgn., Beschreibgn., Vergleiche, Erzählgn., Briefe u. s. w. 9., nach den ministeriellen Bestimmgn. vom 15. Okt. 1872 umgearb. Aufl. 8. (88 S.) Krefeld 876. Klein. n. — 30

Sprach- u. Aufsatzbuch, f. Schüler der Unter- u. Mittelklasse, enth.: orthograph. u. grammatikal. Uebungen, Beschreibungen, Vergleiche, Erzählungen, Briefe u. s. w. 10., nach den ministeriellen Bestimmungen v. 15. Oktbr. 1872 umgearb. Aufl. 8. (88 S.) Crefeld 878. Klein. n. — 30

Sprach- und Aufsatzbuch für Schüler der Unter- und Mittelstufe. 11. neu bearb. Aufl. 8. (59 S.) Crefeld 884, Klein'sche Buchh. *

Sprachbuch, Deutsch-Böhmisches — oder Anweisung, wie die Böhmen in kurzer Zeit Deutsch und die Deutschen Böhmisch sprechen lernen können. (Auch mit Böhmischem Titel und Texte). 8. (64 S.) Neuhaus, Druck und Verlag Jos. Landfraß 1853.

Sprachbuch, deutsch-böhmisches — oder Anweisung, wie die Böhmen in kurzer Zeit deutsch und die Deutschen böhmisch sprechen lernen können. — Německo-česká Mlůwnice aneb: Naůceni, kterak Čessi w krátkem časе německy, a Němci česky rozpráwěti se naučiti mohou. W *Jindřichowě Hradci* 1857. Tisk a Sklad *Alojsia Josefa Landfrasa*. 64 S. 8⁰. (*Neuhaus* 1857. Druck u. Verlag des *Josef Landfrass*.)

Sprachbuch, deutsches, enth. grammatische, orthographische u. stilistische Übungen für die mittlern u. obern Klassen der Volksschulen, sowie für die untern Klassen höherer Bürgerschulen. Hrsg. v. mehreren prakt. Schulmännern des Rheinlandes. 3., verb. u. verm. Aufl. 8. (103 S.) Düsseldorf 882. Schwann. n. — 50

Sprachbuch, deutsches, f. Bürger- u. Volksschulen. Hrsg. v. dem Vorstande der Schülrenstiftg. Ausg. in 1 Tle. gr. 8. (III, 122 S.) Osnabrück 894. Rackhorst. n. — 40; geb. n. — 60; in 2 Tle. kart. à n. — 30 1. (68 S.) — 2. (S. 69—122.)

Deutsches Sprachbuch für Landschulen. Von e. prakt. Landlehrer. Ausg. A. (Lehrerheft). B. (Schülerheft). Langensalza: F. G. L. Gressler 1899. 2 Bde. 8⁰

Sprachbuch, deutsches, f. Landschulen. Von e. prakt. Landlehrer. Ausg. A. (Lehrerheft.) 8. (VI, 92 S.) Langensalza 899. Schulbuchh. 1. —; Ausg. B. (Schülerheft.) (VI, 76 S.) n. — 40

Sprachbuch, drittes, mit einer Anleitung zu Briefen und Geschäftsaufsätzen. 8. (280 S.) Wien 860, Schulbücherverlag. geb.

Sprachbuch, drittes — Für die oberste Klasse der Haupt- und Stadtschulen im Kaiserthum Oesterreich. *Wien* 1857. Im *k. k. Schulbücherverl.* 138 S. 1 Bl. 8⁰. Preis 13 kr.

—— drittes, f. die Oberschüler deutscher Elementarschulen. (Von W. Stern.) 3., verm. Aufl. gr. 12. (6 B.) Ebds. 845.

—— —— drittes, für Oberschüler deutscher Elementarschulen. 6. Aufl. 8. (144 S.) Karlsruhe 864, Groos. *

Perva nemška slovnica za ljudske šole. Erstes deutsches Sprach- und Lesebuch für slovenische Volksschulen. Revidirter Text. Wien 1881. K. k. Schulbücherverlag. Preis eines Exemplars, steif gebunden 26 kr.

Sprachbuch, Erstes deutsches, für ruthenische Volksschulen in der Bukowina —.30

· Zweites. Nach Julius Roth bearbeitet von J. A. Hlibowicki. Wien 1892. K. k. Schulbücher-Verlag —.35
(Verordnungsblatt v. 15 Juni 1893, Stück XII)

Sprach- und Lesebuch, Erstes, für deutsche Elementarschulen. 5. Auflage. O. O. 1841. V: *Stern, Wilhelm.* (Ky) Sprach- u. Lesebuch, Zweites, für die Mittelschüler . . . 3. Aufl. 1842. Sprach- u. Lesebuch, Drittes, für die Oberschüler. 3. Aufl. 1845. V: *Stern, Wilhelm.* (Ky)

Sprach- u. Lesebuch, erstes, für deutsche Elementarschulen. (Von W. Stern.) 5. unveränd. Aufl. gr. 12. 841. 7. Aufl. gr. 12. Karlsruhe 844, Groos. 1/8 ₰

Sprach- u. Lesebuch, erstes, f. deutsche Elementarschulen. (Von W. Stern.) 7. Aufl. gr. 12. (3¼ B.) Karlsruhe 844, Groos.

Sprach- und Lesebuch, erstes, für deutsche Elementarschulen. (Von W. Stern.) 15. Aufl. Karlsruhe 857. Groos. gr. 8. (80 S. u. 8 lith. S.) n. 4 ngr.

Sprach- und Lesebuch, erstes, für deutsche Elementarschulen. (Von W. Stern.) 16—22. unveränd. Aufl. Karlsruhe 858—64. Groos. 8. (80 S.) n. 4 ngr.

Sprach- und Lesebuch, erstes, für deutsche Elementarschulen. (Von W. Stern.) 22.—26., unveränd. Aufl. 8. (80 S.) Karlsruhe 864—68, Groos. *

Sprach- u. Lesebuch, Erstes, für israelitische Elementarschulen. Karlsruhe 1857. 5. Aufl. 1857. V: *Stern, Wilh.* (Ky)

Sprach- u. Lesebuch, erstes, für Elementarschulen u. den Privatgebrauch. (Von Hiller.) 8. Königsberg 831. (Berlin, Th. Enslin.) 1/4 ₰

Sprach- u. Lesebuch, erstes, f. Elementarschulen u. den Privatgebr. (Von Hiller.) 8. (8 B.) Königsberg 831, Hartung. (Leipzig, Fort.)

Sprach- und Lesebuch, erstes, Für die erste Klasse der österreichischen Volksschulen. 8. (160 S.) Wien. Gedruckt bei Leopold Grund. 1851. Preis 20 kr. CM. Verlag der Schulbücher-Verschleiß-Administration.

Sprach- und Lesebuch, erstes, für die evangelischen Volksschulen im Kaiserthume Oesterreich. 8. (158 S. 1. Bl.) Wien. Gedruckt bei Leop. Grund. 1854. Gebunden in Leinwandrücken 14 kr. C. M. Verlag der Schulbücher-Verschleiß-Administration.

Sprach- und Lesebuch, erstes, für die israelitischen Volksschulen im Kaiserthume Oesterreich. 8. (163 S. 3 Bl.) Wien. Gedruckt bei Leopold Grund. 1854. Gebunden in Leinwandrücken 15 kr. C. M. Verlag der Schulbücher-Verschleiß-Administration.

Sprach- und Lesebuch, erstes — Für die israelitischen Volksschulen im Kaiserthume Oesterreich. Wien, 1855. Im k. k. Schulbücher-Verlage. (169 S. 3 Bl. 8.)

Sprach- und Lesebuch, erstes, für die katholischen Volksschulen im Kaiserthume Oesterreich. 8. (160 S. 2 Bl.) Wien. Gedruckt bei Leopold Grund. 1854. Gebunden in Leinwandrücken 14 kr C. M. Verlag der Schulbücher-Verschleiß-Administration.

Sprach- und Lesebuch — erstes — für die katholischen Volksschulen im Kaiserthume Oesterreich. Prag, 1855. (156 S. 2 Bl. 8.) Schulbücherverlag.

Sprach-, Lese- und Lehrbuch für die untern und mittlern Klassen der Elementarschulen, s. Lese-, Lehr- und Sprachbuch.

Ruthenisches Sprachbuch (zu dem III. Lesebuche für das 5. und 6. Schuljahr). Wien. K. k. Schulbücher-Verlag, 1897. (Min.-Erl. v. 9. Juni 1897, Z. 14423.) Geb. —.10

Serbisches Sprach- und Lesebuch, Drittes. Wien 1895, K. k. Schulbücher-Verlag (Min.-Erl. vom 15. Juni 1895. Z. 14330.) Geb. —.55

Sprach- und Lesebuch, zweites und drittes fur die Volksschulen. Wien 1873. 75

Sprach- und Lesebuch — zweites — für die zweite Klasse der katholischen Haupt- und Stadtschulen im Kaiserthume Oesterreich. Prag, 1853. (262 S. 8.) Schulbücherverlag.

Sprach- und Lesebuch, zweites, für die zweite Klasse der katholischen Haupt- und Stadtschulen im Kaiserthume Oesterreich. 8. (284 S.) Wien. Gedruckt bei Leopold Grund. 1853. Gebunden in Leinwandrücken 23 kr. C. M.
Verlag der Schulbücher-Verschleiß-Administration.

— zweites, für die Mittelschüler deutscher Elementarschulen. (Von W. Stern.) 3. Aufl. 842. 4. Aufl. gr. 12. Ebd. 843. 1/8 ℛ

—— zweites, f. die Mittelschüler deutscher Elementarschulen. (Von W. Stern.) 4. Aufl. gr. 12. (4 B.) Ebds. 843.

—— —— zweites, für Mittelschüler deutscher Elementarschulen. 10. und 11. Aufl. 8. (96 S.) Karlsruhe 864,67, Groos. *

Sprach- u. Lesebuch, zweites — Für die israelitischen Volksschulen im Kaiserthum Oesterreich. *Wien* 1857. Im *k. k. Schulbücher-Verlage.* 284 S. 8°. Preis 23 kr.

(B. G.) Teubners kleine Sprachbücher. 1. *Leipzig & Berlin: B. G. Teubner 1904.* 8° [F.]

Sprachbüchlein. 2e Aufl. 8. Hildburgh. 812. Hanisch. 2 gr

Sprachbüchlein, deutsches, m. zahlreichen Uebungsaufgaben, zusammengestellt v. lothring. Schulmännern. Mittelstufe (IV, 29 S.) 8. Metz 905. P. Even. n. — 25

Sprachbüchlein für Elementarschulen. Herausg. von einem Lehrervereine. M.-Gladbach 864. Spaarmann. 8. (56 S.) n. 3 ngr.

Sprachbüchlein f. Elementarschulen. Hrsg. v. Lehrern d. Schulpflege-Bezirks M. Gladbach. 8. (IV, 59 S.) M. Gladbach 871. Hoster. geb. n. — 35

Sprachbüchlein für Elementarschulen. Hrsg. von Lehrern des Schulpflege-Bezirks M.-Gladbach. 2., verb. Aufl. 8. (IV. 48 S.) M.-Gladbach 879. Hoster. n. — 40

Sprach-, Lese- und Schreibbüchlein, s. Lese-, Schreib- und Sprachbüchlein.

Sprachbüchlein für die ersten Schuljahre. Planmäßige Uebungen im verbundenen Sprach-, Aufsatz- u. Recht-schreib-Unterricht. Von einem Elementarlehrer. Würzburg 870. Staudinger. gr. 8. (44 S.) n. 2 ngr.

Sprachbüchlein f. Volksschulen. Hrsg. v. Lehrern d. Schulpflege-Bezirks M. Gladbach. 3., m. neuer Orthogr. verseh. u. m. prakt. Übgn. f. das Rechtschreiben verm. Aufl. 8. (IV, 52 S.) M. Gladbach 884. Hoster. n. — 40

Sprachbüchlein für die zweite Vorbereitungs-Abtheilung. 8. (1 B.) München 845, Finsterlin.

Sprachdenklehre. Ein Handbuch für Elementarlehrer. Theoretisch u. praktisch bearb. von einem Lehrer. Coblenz 853. Hölscher. 12. (311 S.) 15 ngr.

Sprachdenkmale, die altesten deutschen, u. bis jetzt bekannte alteste Handschrift der Sachsen in Siebenburgen. Mitgetheilt aus dem Original-Fragment einer auf Pergament geschriebenen Hermannstadter Kirchenmatrikel des XIV. u. spaterer Jahrh. von Ant. Kurz. Mit 1 lith. Taf. (in qu. gr. 4.) [Aus dem Serapeum abgedr.] br. gr. 8. (46 S.) Leipzig 848, T. O. Weigel. n. 1/3 ℛ

Die ältesten deutschen Sprach-Denkmälor. In Lichtdrucken hrsg. v. M(agda) Enneccerus. *Frankfurt a. M.: F. Enneccerus 1897.* (2 Bl, 18 Taf.) 1 Bd gr. 2. [97 3674]

Sprachdenkmäler, altbergamaskische, s.: Bibliothek, romanische.

Die altpreußischen Sprachdenkmäler. Einl., Texte, Grammatik, Wörterbuch von Dr. Reinhold Trautmann. (In 2 T.) Göttingen: Vandenhoeck & Ruprecht 19(09 -)10. XXXII, 470 S. 8°
(1. Texte. 1909.) (2. Grammatik, Wörterbuch. 1910.)

Sprachdenkmäler, Bosnisch-türkische, gesammelt, gesichtet und herausgegeben von Otto Blau. [= AKM. V. Band. No. 2.] Leipzig 1868.

Sprach- und Literaturdenkmale, englische, des 16., 17. und 18. Jahrh., hrsg. von Karl Vollmöller. 1. Bdchn.: Gorboduc or Ferrex and Porrex. A tragedy by Thom. Norton and Thom. Sackville. A. D. 1561. Edited by L. Toulmin Smith. 8. (XXIX, 97 S.) Heilbronn 883, Gebr. Henninger. *

Sprach- und Literaturdenkmale, englische, des 16., 17. und 18. Jahrh., hrsg. von Karl Vollmöller. 2.—4. Bd. 8. Heilbronn, Gebr. Henninger. †

Inhalt:

Bd. 2. Marlowe's Werke. Historisch-krit. Ausg. von Herm. Breymann und Albr. Wagner. I. Tamburlaine, hrsg. von Albr. Wagner. (XL, 211 S.) 885. *ℳ 4.—.

» 3. The life and death of Doctor Faustus, made into a farce. By Mr. Mountford. With the humours of Harlequin and Scaramouche. London, 1697. Mit Einleitung und Anmerkungen hrsg. von Otto Francke. (XXXVIII, 44 S.) 886. *ℳ 1.20.

» 4. Euphues. The anatomy of wit by John Lyly. To which is added the first chapter of Sir Philip Sidney's Arcadia. Edited, with introduction and notes by Friedr. Landmann. (XXXII, 150 S.) 887. *ℳ 2.80.

Sprach- u. Literaturdenkmäler, englische, d. 16., 17. u. 18. Jahrh., hrsg. v. K. Vollmöller. 4.—6. u. 8. Bd. 8. Heilbronn, [Gebr. Henninger]. Ulm, Kerler. n. 16. 80

4. Euphues. The anatomy of wit by John Lyly. To which is added the first chapter of Sir Philip Sidney's Arcadia. Edited, with introduction and notes by Frdr. Landmann. (XXXII, 150 S.) 887. n. 2. 80
5. Marlowe's Werke. Historisch-kritische Ausg. v. H. Breymann u. A. Wagner. II. Doctor Faustus. Hrsg. v. H. Breymann. (LV, 197 S.) 889. n. 4. —
6. Percy's Reliques of ancient English poetry. Nach der 1. Ausg. v. 1765 m. den Varianten der späteren Orig.-Ausg. hrsg. u. m. Einleitg., Anmerkgn. u. den erhaltenen Singweisen versehen v. M. M. A. Schröer. 1. Hälfte. (V, 524 S. m. 1 Musikbeilage.) 889. n. 8. —
8. Marlowe's Werke. Historisch-kritische Ausg. v. H. Breymann u. A. Wagner. III. The Jew of Malta. Hrsg. v. A. Wagner. (XIV, 111 S.) 889. n. 2. —

Der 7. Bd. erschien noch nicht.

Sprache

— über die, (v. K. G. Jochmann). gr. 8. Heidelb. 828. Winter. 2 ℛ 4 gr Velinp. 2 ℛ 18 gr

Sprache, die, der Blumen, theils nach d. Orientalischen d. Selam, vorzügl. aber nach vaterländ. Muster-Dichtungen bearb. Mit 1 illum. Kpf. 16. Würzb. 826. Etlinger. 16 gr

Sprache der Blumen. 5. Aufl. 32. (48 S.) Schw. Hall 850, Haspel. n. 1/8 ℛ cart. m. Goldschn. n. 1/6 ℛ

Sprache, die, der Blumen od.: was ist meine Bedeutg.? In Gedichten vorgetragen f. alle Jungfrauen u. Jünglinge. 32. (70 S.) Mügeln 872. (Leipzig, G. Senf.) — 25

Sprache, die, der Blumen. Dargestellt in 12 Reliefs. Chromolith. 4. Leipzig 883. (Baldamus Sep.-Cto.) n. 2. 50

Sprache der Blumen, allen Jungfrauen u. Jünglingen gewidmet. 1. Aufl. Weißenfels 835, Sueß. * 2 Gr., 2. u. 3. A. 16. (à 2 1/8 B.) Hall 839, Haspel'sche Buchh. ü

—— der Blumen für Liebe und Freundschaft. Von G. 16. (93 S.) Brünn 884, Karafiat's Verlag.

Sprache, die, der Blumen in Prosa u. Versen. Nebst einer Anleitung zur gründl. Erlernung des Whist- u. Bostonspiels. 64. Berlin 844, Grobe. n. 1/6 ß — 2. Aufl. 64. Ebend. 846. n. 1/6 ß

—— dass. 2. Aufl. 2 1/4 Zoll hoch u. 1 3/4 Zoll breit. (144 S.) Ebds. 847. *

—— die, der Blumen in Prosa und Versen. Nebst einer Anleitung zur gründl. Erlernung des Whist- und Bostonspiels. 3. Aufl. 1850. und 4. Aufl. 64. (143 S.) Berlin 851, Grobe. *

— u. Literatur, üb. die deutsche. An J. K. H. die verwittw. Frau Herzogin v. Braunschweig u. Lüneburg, (v. Jh. Fr. Wlh. Jerusalem). gr. 8. Berl. 781. Rottmann. 4 gl

Für deutsche Sprache, Literatur und Cultur-Geschichte. Eine Schrift der deutschen Gesellschaft zu Berlin. Bd. 1. Berlin: Nauck 1794. 8⁰
[Hrsg.: Joh. Friedr. August Kinderling, Joh. Peter Willenbücher, Erwin Julius Koch.]

— — Fortsetz. dess. s. Beyträge z. deutsch. Sprachkunde.

Cooper Institute. v NY. Die dte Spr in d öffentlichen Schulen. Reden bei der Massenversammlung im Cooper Institut v NY am 18. März, 1875. NY. 1875.

Sprache, Deutsche, und deutsches Streben in Amerika. Von einem Deutsch-Amerikaner. New York 1907. V: *Fritsch, W. A.* (Berl 1909, S. 1040)

Sprache, deutsche, u. deutsches Streben in Amerika. Von e. Deutsch-Amerikaner. (14 S.) gr. 8. New York 907. (Lemcke & Buechner.) — 50

Sprache, deutscher, Ehrenkranz. Was d. Dichter uns. Muttersprache zu Liebe u. zu Leide singen u. sagen. 8. (X, 339 S.) Berlin 898. Verlag d. allgem. deutschen Sprachvereins. n. 2. 40; geb. n. 3. —

Sprache u. Dichtung. Forschungen zur Linguistik u. Literaturwissenschaft. Hrsg. v. Harry Maync u. S. Singer. 1.—4. Heft. gr. 8. Tübingen, J. C. B. Mohr. 14. 80
Azzolini, Margherita, Giosuè Carducci u. d. deutsche Literatur. (VII, 96 S.) 910. (3. Heft.) 3. —
Bacon, Susan Almira, the source of Wolfram's Willehalm. (VIII, 172 S. m. 1 Taf.) 910. (4. Heft.) 6. —
Mayne, Harry, die altdeutschen Fragmente v. König Tirol u. Fridebrant. Eine Untersuchg. (VIII, 109 S. m. 1 Fksm.-Taf.) 910. (1. Heft.) 4. —
Singer, S., Mittelalter u. Renaissance. Die Wiedergeburt des Epos u. die Entstehg. d. neueren Romans. 2 akadem. Vorträge. (VII, 56 S.) 910. (2. Heft.) 1. 80

Sprache, Die Englische, welche der Stylus Curiae in der geheimen Liebes-Cantzley eingeführet, hatten, bey dem solennen Hochzeit-Festin des . . . Hn. Johannis Reichii . . . Predigers an der Aegidien-Kirche zu Lübeck mit der . . . Jungf. Henr. Agnese Beckern . . . . dem . . . Braut-Paar eröffnet . . . des Hn. Prof. Beckers Sämptliche Tisch-Compagnie. Rostock (1715). 2 Bll. Fol. (In Rostock, Großherz. Landesbibl.) Rar!

§ **SPRACHE,** Die entdeckte, der Verliebten, Oder Reelles Liebes-Lexicon, In welchem Sämmtliche Wörter u. Redensarten, die bey allen, unter verliebten Personen sowohl, als spröden Liebhabern vorkommenden Fällen, Theils in Ausdrücken einer zärtlich imbrünstigen (!) Liebe, theils in Beweisung eines kaltsinnigen Gemüthes oder wohl gar einer rührenden Verachtung üblich sind, In Alphabet. Ordnung mit vielem Fleiss zusammen getragen, und, ihren wahren Bedeutungen nach, erkläret worden. Dem Schönen Geschlechte insonderheit, Ueberhaupt aber allen denen, Die eine galante Conversation üben u. lieben, Zum nöthigen Unterricht aus d. Französ. übersetzet Von Mad. *** Mit TKpf. (Sysang sc.) Frankfurth u. Leipzig, Auf Kosten des Schönen Geschlechts. (J. G. Löwe in Leipzig.) 1749. 8⁰. (3 Mk. G. Priewe, Heringsdorf, 1895; jetzt theurer!)
166 SS. (A—Z.) incl. Tit. u. 5 SS. Vorr. — Vieles in Versen. — Name des Verlegers im M. M. V. 1749. D 3 b.

Sprache, die, durch Gegenstände. Ein Seitenstück zu d. Blumensprache d. Osmanen. Nach alphabet. Ordn. Ein Toilettengeschenk. 16. (13 1/2 B. u. 1 ill. Kpfrt.) Leipzig 829, (Industr.-Compt.)

Sprache, die, des Herzens, oder Geschichte Verneville's aus d. Französ. 8. Hamb. 779. Buchenröder. 16 gl

Sprache, Die, des Herzens. Vier Novellen von der Frau v. W. Herausg. von L. Schefer. Berlin 1838. V: *Wolff, Marg. von.* (GGr X, 234) (Zeitschr. f. Büch. N. F. 15, 1923, S. 123)

—— die, des Herzens. Vier Novellen v. d. Frau v. W. Hrsg. v. L. Schefer. gr. 12. (15 1/4 B.) Berlin 838, Veit u. Comp.

Sprache, die, des Herzens. Lieder-Album für Damen. Aus den neuesten deutschen Dichtern gesammelt von Rhingulph Wegener. 1. Aufl. 32. (IV und 213 S.) 1853. 20 Ngr. und 2., durchweg veränderte und verm. Aufl. 16. (288 S. mit 1 Stnt.) Berlin 856(57,) Janke.

—— die, des Herzens d. kathol. Christen zu Gott d. Herrn. 2., verm. u. verb. Aufl. 16. (10 1/2 B., 1 Stahlst. u. 1 Stnt.) Neuburg a. d. D. 841, Prechter.

—des kindlichen Herzens. Vollständiges Gebet- und Andachtsbüchlein mit Morgen- und Abendgebeten, der Meß-, Beicht-, Kommunion- u. Kreuzweg-Andacht 2c. 18. Salzburg 836. Mayer. 1/8 ß

—— der Jäger, allen Freunden d. Jagd gewidmet. 1. Aufl. Weißenfels 835, Sueß. * 2 Gr., 2. Aufl. 16. (à 1 3/4 B.) Hall 840, Haspel'sche Buchh.

— der Jäger, allen Freunden der Jagd gewidmet. 3. Aufl. 32. Schw. Hall 843, Haspel. 1/8 ß

Sprache und Kunst. O. O. [1858]. V: *Escher, Hnr.* (Cat. d. Stadtbibl. Zürich. Zürich 1864—97.)

Sprache, Die lateinische; in der katholischen Liturgie; übersetzt. Luzern 1832. V: *Lienhart, Theob.* (schmal)

Sprache, die lebendige, der Kunst. — Gedanken üb. die Zukunft der christl. Kunst v. e. Verehrer der Nazarener, s.: Broschüren, Frankfurter, zeitgemäße.

— d. Menschen, ein Anfang dazu — nicht nach Regeln auch nicht nach ABC-Ordnung, sondern nach d. Leben aufgenommen, (von Konstantin Dinkler). 18 Theilchen. 8. Erfurt 780.

Sprache der Menschen — ein Anfang dazu — nicht nach Regeln . . . sondern nach dem Leben aufgenommen. Erfurt 1790. V: *Dinkler, Constantin.* (MI.) (Ky) (MGT) »1780« (Rüdiger, Neuest. Zuwachs. Liegnitz 1782—93. IV, 182.)

Sprache, Die, der Nachtigallen. [Dresden 1805.] V: *Semler, Christian August.* (NN) (MGT)

Sprache, die, der Schlagbäume. Abdr. aus der neuen preuß. Zeitung. 8. (18 S.) Berlin 850, (Brandis.) Thlr. *

Sprache und Schrift. Amberg 1877. V: *Wild, Peter.* (Hauptkat. d. Univ.-Bibl. Tübingen. C, Nachtr. 2.)

SPRACHE, Die, der Stummen, oder die Englischen Spaziergänge zu St. James Parck (!) in London, welche viele ausserordentliche, galante und angenehme Begebenheiten enthalten. Uebersetzt nach der Londoner Ausgabe bey (so!) Paul Lamoureux etc. Mit Titelkupfer. Freystadt (Sorau, Hebold) 1764. 8⁰. Höchst selten! (12 Mk. M. Edelmann, Nürnb., 1904.)

Orig. (in Wolfenbüttel): Le langage des muets, ou les Promenades Angloises. Cont. plusieurs aventures très-extraordinaires, galantes, agréables et divertissantes. Av. 1 fig. Londres, chez Paul Amoureux. (Holl.) 1707. 12⁰.

SPRACHE der Stummen, Die, oder Die Englischen Spaziergänge zu St. James Park in London, welche viele ausserordentliche, galante und angenehme Begebenheiten enthalten. Uebersetzt bei (so!) Paul Lamoureux (ps.). Mit Titelkupfer. Freystadt (Sorau, Hebold) 1764. 8⁰. 7 Bogen. Ungemein rar! (30 Kr. Halm & Goldmann, Wien, 1907.)

Cat. Meissner II; Weller, fing. Dr.

— die, der Thiere, od. gegenwärt. Mittheilungsarten durch Tonzeichen in der Thierwelt. 8. Wien 827. Kupfer. 6 ℊ

— die, der Unschuld. Ein Gebetbüchlein für die untern Klassen der Volksschulen ꝛc. (Mit 1 Holzschn.) 12. Köln 837. Mathieux. n. $2^{2}/_{3}$ ℊ (NB. Hat gleichen Inhalt wie: „Die heil. Sakramente der Buße u. Firmung.")

— über, Wissenschaften u. Geschmack der Deutschen, (von J. K. Wetzel). 8. Leipz. 781. Dyck. 20 ℊ

— über die, der Zigeuner. Eine grammat. Skizze (v. ... Graffunder.) 4. Erfurt 835. Otto. $^{3}/_{8}$ ß

Sprachen, die alten, u. d. Anforderungen d. Gegenwart. [Aus: „Gaea".] gr. 8. (16 S.) Leipzig 895. E. H. Mayer. n. — 60

Sprachen, Die einheimischen, Perus. [Leipzig 1890—92.] V: *Middendorf, E. W.* (Berl)

— kleine. Konversationsbuch, Sprachführer, Notwörterbücher. Von Otto Robert. I.—IV. 12. Ravensburg, O. Maier. à n. — 80

I. Französischer Sprachführer. Von Giuseppe Brombin. (VI, 100 S.) (903.)
II. Italienischer Sprachführer. Von Giuseppe Brombin. (IV, 63 S.) (903.)
III. Englischer Sprachführer. Von W. J. Newcomen. Hrsg. unter Mitwirkg. v. Schulmännern. (IX, 98 S.) (903.)
IV. Spanisch. Von C. J. Hofmann. Hrsg. unter Mitwirkg. v. Schulmännern. (IV, 110 S.) (904.)

Sprachen, über, besonders der Lebenden u. über deren leichtere Erlernung, (v. J. G. Cunradi). 8. Nürnb. 804. Monath u. K. 7 ℊ

Sprachen, die neueren. Zeitschrift f. den neusprachl. Unterricht. Mit dem Beiblatt: Phonetische Studien. In Verbindg. m. Frz. Dörr u. Adf. Rambeau hrsg. v. Wilh. Vietor. 1. u. 2. Bd. à 10 Hfte. gr. 8. (à Hft. ca. 64 S.) Marburg 893. 894. N. G. Elwert's Verl. à Bd. n. 12. —; einzelne Hfte. à n. 1. 20

Sprachen, die neueren. Zeitschrift f. d. neusprachl. Unterricht. M. d. Beiblatt: Phonet. Studien. In Verbindg. m. Frz. Dörr u. Adf. Rambeau hrsg. v. Wilh. Vietor. 3.—5. Bd. April 1895—März 1898. à 10 Hfte. (à ca. 4 Bog.) gr. 8. Marburg, N. G. Elwert's Verl. à Bd. n. 12. —; einz. Hfte. n. 1. 20

— dasselbe. Zugl. Fortsetzg. d. Phonetischen Studien. 6. Bd. (Phonet. Studien, neue Folge, 12. Bd.) April 1898—März 1899. 10 Hfte. (à ca. 6 Bog.) gr. 8. Ebd. n. 12. —

Sprachen, die neueren. Zeitschrift f. den neusprachl. Unterricht. Zugleich Fortsetzung der Phonetischen Studien. In Verbindg. m. Frz. Dörr u. Adf. Rambeau hrsg. v. Wilh. Vietor. 7.—10. Bd. (Phonetische Studien, neue Folge, 13.—16. Bd.) April 1899—März 1903. à 10 Hfte. gr. 8. (VIII, 728; VIII, 640; VIII, 640 u. XXIV, 640 S.) Marburg, N. G. Elwert's Verl. à Bd. n. 12. —

— dasselbe. 6. Bd. 1899. Suppl.-Hft. gr. 8. Ebd. n. 3. 20
La condition légale des étrangers et particulièrement des Allemands en France. Par Ch. Lescoeur. (Neue [Titel-] Ausg.) (X, 188 S.) [898.] 899.

— dasselbe. 8. Bd. Suppl.-Hft. gr. 8. Ebd. n. 1. —
Die amtlichen Schriftstücke zur Reform der französischen Syntax u. Orthographie. Mit Einleitg. u. Anmerkgn. hrsg. Von Hans Heim. (III, 59 S.) 901.

— dasselbe. General-Register zu Bd. I—VI von Willy Schober. gr. 8. (44 S.) Ebd. 899. n. — 80

Sprachen, die neueren. Zeitschrift f. den neusprachl. Unterricht. In Verbindg. m. Frz. Dörr u. Adf. Rambeau hrsg. v. Wilh. Viëtor. 11.—14. Bd. April 1903 bis März 1907. à 10 Hefte. (X, 640; IX, 640; XI, 640 u. VIII, 640 S.) gr. 8. Marburg, N. G. Elwert's Verl. à Jhrg. n. 12. —

Sprachen, die neueren. Zeitschrift f. den neusprachl. Unterricht. In Verbindg. m. Frz. Dörr u. Adf. Rambeau hrsg. v. Wilh. Viëtor. 15.—18. Bd. à 10 Hefte. (à Bd. VIII, 640 S.) gr. 8. Marburg 907—10. N. G. Elwert's Verl. à Bd. 12. —

— dasselbe. General-Register zu Bd. VII—XII. Bearb. v. Hans Keyl. (96 S.) gr. 8. Ebd. 907. 2. —

Sprachen. Die Neueren Sp'. Zeitschrift für den neusprachlichen Unterricht. In Verbindung mit Franz Dörr und Adolf Rambeau hrg. von Wilhelm Viëtor. Band 18. Heft 2. Mai 1910. Dem XIV. Allgemeinen Deutschen Neuphilologentage in Zürich gewidmet. IV S. + S. 65—128 + *Anzeigen*. 8. Marburg in Hessen, N. G. Elwert; New-York, Gustav E. Stechert & Co., 1910.

Darin S. 65—82: George Meredith ⟨1828—1909⟩, der dichter der evolution. (Von Bernhard Fehr in St. Gallen.)

Sprachen. Aus romanischen Sp' und Literaturen. Festschrift, Heinrich Morf zur Feier seiner fünfundzwanzigjährigen Lehrtätigkeit von seinen Schülern dargebracht. IV + 428 S. 8. Halle a. d. S., Max Niemeyer, 1906. [M. 12. —]

Zur Sprachenfrage in Böhmen. Offenes Sendschreiben eines Deutschen an seine Brüder. (Heinrich Egalis.) kl. 8. (12 S.) Jungbunzlau, Uhl. 1868.

Sprachenfrage. Die Sp' im Berner Jura. ([Von]g—.) Separat-Abdruck aus der «Schweizerischen Lehrerzeitung» Nr. 14, [Jahrg. 52, 6. April] 1907. 3 S. 4. [Zürich, Orell Füssli.]

Sprachen- und Nationalitätenfrage, die, in Oesterreich. Von einem Romanen. 1. u. 2. Aufl. Wien 860. (Gerold.) gr. 8. (46 S.) n. 8 ngr.

Sprachenführer, neuer. Leitfaden der polnischen und deutschen Conversations-Sprache, enth.: Gespräche über Reisen, Eisenbahnen, Dampfschifffahrt etc. Zum Gebrauch für Reisende und diejenigen, welche diese Sprachen erlernen wollen. Von Forster und Fischer. Neue umgearb. und verm. Aufl. gr. 16. (V, 248 S.) Berlin 878, Behr's Verlag. cart.

—— dass. — Leitfaden der russischen und deutschen Conversations-Sprache, enth.: Gespräche über Reisen, Eisenbahnen, Dampfschifffahrt etc. Zum Gebrauch für Reisende und diejenigen, welche diese Sprachen erlernen wollen. Von Boltz und Fischer. Neue umgearb. und verm. Aufl. gr. 16. (V, 248 S.) Ebendas. 878. cart.

—— dass. — Leitfaden der spanischen und deutschen Conversations-Sprache, enth.: Gespräche über Reisen, Eisenbahnen, Dampfschifffahrt etc. Zum Gebrauch für Reisende und diejenigen, welche diese Sprachen erlernen wollen. Von S. de Palacios und Fischer. Neue umgearb. und verm. Aufl. gr. 16. (V, 248 S.) Berlin 878, Behr's Verlag. cart.

Sprachenführer, neuer. Leitfaden der Conversations-Sprache, enth.: Gespräche üb. Reisen, Eisenbahnen, Dampfschifffahrt etc. Zum Gebrauch f. Reisende u. f. diejenigen, welche diese Sprachen erlernen wollen. Dänisch u. deutsch, v. Hjelm u. Fischer. Neue Aufl. 12. (V, 246 S. m. 1 Münztab.) Berlin 883. Behr's Verl. cart. 1.50

— dasselbe. Russisch u. polnisch, v. Boltz u. Forster. Neue Aufl. 12. (V, 246 S. m. 1 Münztab.) Ebend. 883. cart. 1.50

—— dass. — Russisch und schwedisch, von Boltz und Lipmanson. Neue umgearb. und verm. Aufl. 12. (V, 246 S. mit 1 Münztab.) Ebendas. 883. cart.

—— dass. — Schwedisch und deutsch, von Lipmanson und Fischer. Neue umgearb. und verm. Aufl. 12. (V, 246 S. mit 1 Münztab.) Ebendas. 883. cart.

Sprachenhalle. Die erste Abtheilung: Das Vater-Unser in 608 Sprachen und Mundarten. [Wien 1849.] H: *Auer, Alois.* (BrMm) »1847« (WFM)

Sprachenkampf, der, in Oesterreich. 8. (2 B.) Leipzig 844, Mayer.
Aus: Biedermann's Monatsschrift 1844 Maiheft besond. abgedruckt.

Sprachenkarte [Schlagwort]

— Sprachenkarte v. Deutschland, s.: Deutschland. Andreeu.

Sprachen-Karte. Le Monnier, Frz. Ritter v., Sprachen-Karte v. Oesterreich-Ungarn, bearb. nach den durch die Volkszählg. vom 31. Decbr. 1880 f. jede einzelne Gemeinde erhobenen Daten. 1 : 1,000,000. 4 Blatt. Chromolith. Imp.-Fol. Wien 888. Hölzel. n. 15. —; auf Leinw. in Mappe n. 20. —; m. Stäben n. 22. —

Sprachenkarte [Sachl. OW]

Sprachenkarte, slovenische: Kozler, Peter, Zemljovid slovenske dežele. 2. Aufl., Cilli, Georg Tarmon. 1864.

Sprachenkarten [Schlagwort]

Sprachenkarten. Held, Frz., Karte des „Deutschen Sprachgebiets" v. Nordmähren u. Schlesien am 31. Decbr. 1890. Gezeichnet von Karl Suwald. 42,5 × 76 cm. Farbendr. Brünn 896. C. Winiker. n.n. — 30

— — Karte des deutschen Sprachgebiets Südmährens am 31. Decbr. 1890. Gezeichnet von K. Suwald. 1 : 300,000. 40×56,5 cm. Farbendr. Ebd. 895. n.n. — 30

Sprachenkarten. Hickmann, A. L., Sprachen-Atlas. Ein Beitrag zur Nationalitäten- u. Sprachenfrage in Österr.-Ungarn. [Aus: „H., Taschen-Atlas v. Österr.-Ungarn".] 6 (farb.) Karten, nebst e. erläut. Text. 4. (4 S.) Wien 900. G. Freytag & Berndt. n.n. — 85

— Hickmann, A. L., das deutsche Sprachgebiet in Böhmen, Mähren u. Schlesien. 1 : 1,500,000. 20 × 33,5 cm. Farbdr. Wien 898. G. Freytag & Berndt. n.n. — 35

Sprachenkarten. Rauchberg, Heinr., Sprachenkarte v. Böhmen. Im Auftrage der Gesellschaft zur Förderg. deutscher Wissenschaft, Kunst u. Literatur in Böhmen auf Grund der Ergebnisse der Volkszählg. vom 31. XII. 1900 üb. die Umgangssprache entworfen. 1 : 500,000. Mit 4 Eckkartons. 1 : 200,000. 58,5×71 cm. Farbdr. Nebst Text. (4 S.) 8. Wien (904). R. Lechner's Sort. Geb. in Leinw. n. 4.50; Karte auf Leinw. n. 6. —

— Weigand, Gust., linguistischer Atlas des dacorumänischen Sprachgebietes. Hrsg. auf Kosten der rumän. Akademie. 1 : 600,000. (In 8—10 Lfgn.) 1. Lfg. 8 Blatt à 52,5 × 49 cm. Lith. u. kolor. Leipzig 898. J. A. Barth. n. 4. —

— Weigand, Gust., Linguistischer Atlas des dacorumänischen Sprachgebietes. Hrsg. auf Kosten der rumän. Akademie. 1 : 600,000. 2. u. 3. Lfg. à 8 Blatt à 52,5×49 cm. Lith. u. kolor. Leipzig (899. 902). J. A. Barth. à n. 4. —

— Weigand, Gust., linguistischer Atlas des dacorumänischen Sprachgebietes. Hrsg. auf Kosten der rumän. Akademie. 1 : 600,000. 4.—6. Lfg. à 8 Blatt à 52,5×49 cm. Lith. u. kolor. Leipzig (903—905). J. A. Barth. à n. 4. —

Sprachenkarten. Weigand, Gust., linguistischer Atlas d. dacorumänischen Sprachgebietes. Hrsg. auf Kosten d. rumän. Akademie in Bukarest. 1 : 1,200,000. 8. u. 9. Lfg. 11 Blatt à 50×62 cm. Lith. u. kolor. (Mit IV S. u. 34 Sp. Text.) Leipzig 907. 09. J. A. Barth. à 4. — (Vollständig geb. in Halbfrz. nn 50. —)

— — Völkerkarte des rumänischen Sprachgebietes. [Aus: „Linguist. Atlas".] 1 : 1,200,000. 50×62 cm. Farbdr. Ebd. (909.) nn 1. —

Sprachenklangmesser, Der in der böhmischen Orthographie. Sendschreiben eines böhmischen Philologen an einen deutschen Humoristen. 3. Aufl. Prag 1875. V: *Vinařický, Karel.* (Russell XII, 2, 2206)

Sprachen-Verordnung, die Badeni'sche, v. 5. IV. 1897 u. ihre Bedeutg. f. Deutschböhmen u. Oesterreich. 12. (16 S.) Warnsdorf 897. A. Opitz. — 05

Die **Sprachenverordnungen** vom 5. April 1897. — Prag: Verl. des „Clubs der dt. Landtags-Abgeordneten" in Prag 1897. 51 S.

Sprachenverordnungen, die, v. 5. IV. 1897. gr. 8. (47 S.) Prag (Heuwagsplatz 30) 897. (Rich. Batka.) — 90

Sprachen-Verordnungen, Die, des Gr. Badeni und ihre Folgen. Berlin 1898. V: *Meyer-Sosnosky, Theodor von.* (EB)

— die, des Grafen Badeni u. ihre Folgen. Unbefang. Betrachtgn. e. Alt-Oesterreichers. 1. u. 2. Aufl. gr. 8. (à VII, 65 S.) Leipzig 898. F. Luckhardt. n. — 60

— die böhmisch-mährischen. B. e. Alt-Oesterreicher. gr. 8. (47 S.) Leipzig 897. O. Wigand. 1. —

Spracherlernung u. Sprechmaschine. Mitteilungen üb. die Verwendg. der Sprechmaschine beim Sprachunterricht. Hrsg.: Vict. A. Reko. Verantwortlich: Otto Sperling. 2. Jahrg. 1910. 6 Nrn. (68 S.) gr. 8. Stuttgart, W. Violet. 1. 20
Von 1911 an: „Unterricht u. Sprechmaschine".

Hebräische **Sprach-** und Lese-**Fibel** mit Anschauungsbildern zur Versinnlichung einzelner Wortbegriffe. Nach der Schreiblesemethode bearbeitet von L. Klein. 4., verbesserte Auflage. Pilsen 1898. Verlag von Karl Maasch's Buchhandlung A. H. Bayer. Geb.

Sprachforscher, s. compendiöse Bibliothek.

Sprachforscher, Der teutsche, allen Liebhabern der Muttersprache zur Prüfung vorgelegt. Stuttg. 1777—78. H: *Nast, Johann Jacob Heinrich.* (Ba) (BrMm) H: *Fulda, Frdr. Carl*[?]. (Gi)

— der deutsche, (v. Jh. Nast). 2 Thle. gr. 8. Stuttg. 777, 78. Metzler. 2 ₰

Sprachfrage, die polnische, in Preußen. Eine Zusammenstellung von dahin einschlagenden Aktenstücken u. Journalartikeln. 1.—3. Heft. gr. 8. Leipzig 845, 46, Expedit. der slawischen Jahrbücher. 1. 5/8 ₰ 2. n. 3/4 ₰ 3. n. 5/12 ₰

Sprachfrage, die polnische, in Preußen. Eine Zusammenstellung von dahin einschlagenden Aktenstücken u. Journalartikeln. 3 Hfte. gr. 8. (25 3/8 B.) Leipzig 845, [Slawische Bh.] 1. Hft. * 18 3/4 Ngr., 2. * 22 1/2 Ngr., 3. * 12 1/2 Ngr. *

Die ruthenische **Sprach-** und Schriftfrage in Galizien. Lemberg: Verl. d. Stauropigianischen Instituts 1861.

Sprachführer, französischer. Konversations- u. Wörterbuch f. Reisende. 32. (513 S.) Leipzig 882. Bibliograph. Institut. geb. n. 4. —

Carl Georgi's **Sprachführer**. Bd 1. Berlin: Georgi [1910]. 8° [11. 6272

— **neuer.** Leitfaden der polnischen u. deutschen Conversations-Sprache, enth.: Gespräche über Reisen, Eisenbahnen, Dampfschifffahrt etc. Zum Gebrauch f. Reisende u. Diejenigen, welche diese Sprache erlernen wollen. Von Forster u. Fischer. Neue, umgearb. u. verm. Aufl. gr. 16. (V, 248 S.) Berlin 878. Behr. cart. 1. 50

— dasselbe. Leitfaden der russischen u. deutschen Conversations-Sprache, enth.: Gespräche über Reisen, Eisenbahnen, Dampfschifffahrt etc. Zum Gebrauch f. Reisende u. diejenigen, welche diese Sprachen erlernen wollen. Von Boltz u. Fischer. Neue umgearb. u. verm. Aufl. gr. 16. (V, 248 S.) Ebend. 878. cart. 1. 50

— dasselbe. Leitfaden d. spanischen u. deutschen Conversations-Sprache, enth.: Gespräche über Reisen, Eisenbahnen, Dampfschifffahrt etc. Zum Gebrauch für Reisende u. diejenigen, welche diese Sprachen erlernen wollen. Von S. de Palacios u. Fischer. Neue, umgearb. u. verm. Aufl. gr. 16. (V, 248 S.) Ebend. 878. cart. 1. 50

Sprach-Führer, polnischer, für Geschäftsmänner, Aerzte, Landwirthe und Beamte, enthltd. polnisch-deutsche Gespräche u. Vokabeln, nebst grammatischen Andeutungen u. Regeln über die Aussprache. 3. verm. Aufl. Thorn 855. Lambeck. gr. 8. (VIII, 108 S.) n. 12 ngr

Praktischer slowenischer **Sprachführer** für Touristen, Sommerfrischler und Handlungsreisende mit genauer Angabe der Aussprache. 8°. (36 S.) Triest: F. H. Schmipff 1905. K — .60

— für die Reise. 1.—3. u. 5.—8. Bd. 16. Berlin, A. Goldschmidt. Kart. à 1. —
1. Deutsch-Schwedisch. Ein kleines Handbuch der schwed. Sprache f. die Reise. 6. Aufl. (IV, 138 S.) 904.
2. Deutsch-Italienisch. Kleines Handbuch der italien. Sprache. Von Barbaro di San Giorgio. 12. Aufl. (IV, 129 S.) 903.
3. Deutsch-Französisch. Praktischer Sprachführer f. die Reise. 15. Aufl. (II, 118 S.) 903.
5. Deutsch-Englisch. Kleines Handbuch der engl. Sprache. 15. Aufl. (120 S.) 903.
6. Deutsch-Holländisch. Kleines Handbuch der holländ. Sprache. Von Jaco H. de Beer. 5. Aufl. (IV, 128 S.) 904.
7. Deutsch-Dänisch, Norwegisch. Kleines Handbuch der dän., norweg. Sprache. Von M. Ottesen. 6. Aufl. (IV, 140 S.) 904.
8. Deutsch-Ungarisch. Kleines Handbuch der ungar. Sprache. 2. Aufl. (IV, 115 S.) 904.
Erschien früher u. d. T.: Goldschmidt's Sammlung prakt. Sprachführer.

Sprachführer f. die Reise. 7. Bd. 16. Berlin 907. A. Goldschmidt. Kart. 1. —
Deutsch-Dänisch-Norwegisch. Kleines Handbuch der dän. u. norweg. Sprache. 7., vollst. neu bearb. Aufl. (VI, 142 S.)

Sprachführer, schwedisch-deutscher. Neuer Leitfaden zu schwedisch-deutschen Gespräch-Übgn. 16. (239 S.) Stockholm 890, Bonnier. geb. schwed. Währg. * 1 kr. 50 öre

Sprachführer f. den Verkehr des Arztes m. dem Kranken u. **dem Wärter in deutscher,** böhmischer, **italienischer,** kroatischer **(serbischer),** polnischer, rumänischer, ruthenischer u. unga**rischer Sprache, s.a. Publikationen**, militärärztliche.

Sprachführer für den Verkehr des Arztes mit dem Kranken und dem Wärter in deutscher, böhmischer, italienischer, kroatischer (serbischer), polnischer, rumänischer, ruthenischer und ungarischer Sprache. [Militärärztliche Publikationen Nr. 82.] Quer-8°. (87 S.) Wien: Šafář 1904. K 2.50

Das deutsch-böhmische **Sprachgebiet** nach der letzten Volkszählung. Wien: Deutscher Schulver. 1894. (47 S., 1 Kt.) 1 Bd. 8°

Sprachgerichtshof, der, od. die franz. u. deutsche Sprache in Deutschland vor dem Richterstuhle d. Denker u. Gelehrten. 8. Berl. Maurer'sche Buchh. 814.

Von der Sprachgrenze. Erste Wanderung durch Deutschböhmen. Wien: Deutscher Schulver. 1894. (27 S., 1 Kt.) 1 Bd. 8°

Sprachkampf, der, u. seine Bedeutung in Siebenbürgen. gr. 8. (104 S.) Leipzig 847, K. F. Köhler. 1/2 ℳ

Sprachkarte für den stufenmäßigen deutschen Sprach-Unterricht in Schulen. 9 Bogen in gr. Fol. Lippstadt 851, Lange. n. 1 1/3 ℳ

Sprachkarte für den stufenmäßigen deutschen Sprach-Unterricht in Schulen. 9 Bog. in gr. Fol. Lippstadt 852, [Staats.] *

Sprachkarten der 4 Welttheile von Godafredus Henselin Noribergae apud J. B. Homann. 1745? 1 Bl.

Sprachkunde, kleine deutsche. In den obern Klassen der Elementarschule, wie auch in Privatschulen u. im Privatunterricht zu gebrauchen. Von e. elsäss. Schulmann. 8. (II, 64 S.) Straßb. i. E. 891, Schmidt. cart. * — 50

Sprachkunst, allgemeine, d. ist Einleitung in alle Sprachen, v. J. J. M. 8. Erl. Breuning. 763.

Sprachkunst, allgem., das ist Einleit. in alle Sprachen, von J. J. M. 8. Erlang. 763. (Heyder). 8 gr

— f. d. Deutschen, d. d. französische ohne Sprachlehrer erlernen wollen. 8. Hannov. Helwing. 795.

Sprachkunst, lateinische. Bamberg 779. 8. 10 gr.

— lateinische, zum Gebrauch der ersten und zweiten Classe. Fulda 776. 8. 12 gr.

— — zum Gebrauch der dritten Schule. Münster 776. 8. 6 gr.

— — zum Gebrauch der ersten und zweiten Schule. Münster 772. 8. 5 gr. (von C. Zumkley).

Sprachkunst, Lateinische, zum Gebrauche der Catholischen Schulen Deutschlands . . . Bamberg u. Würzburg 1771. V: *Hillenbrand, Johann Bapt.* (JES)

— lateinische, z. Gebr. d. kathol. Schulen Deutschlands. gr. 8. Bamb. Gobhard. 788.

— latein., zum Gebr. der kathol. Schulen Deutschlands. gr. 8. Bamb. ... 3e A. 788. (Frankf. a. M., Wesché). 12 gr

Sprachlehre. Anh. zum Lesebuch f. die Kapitulantenschulen. (IV, 36 S.) gr. 8. Berlin 903. E. S. Mittler & Sohn. — 15

— ausführliche deutsche. Zugleich 4. Stufe der Uebungsschule in der deutschen Sprache. Hrsg. vom Lehrerverein zu Hannover. gr. 8. (VIII, 280 S.) Hannover 885, Hahn'sche Buchh. *ℳ 1.10.; geb. *
Vgl.: Uebungsschule.

(Sprachlehre, böhmisch-deutsche.) Krátká mluvnice německého jazyka pro Čechy, Moravany, Slezany a Slováky. 3. rozmnožené a vezkrz opravené wydání. 8. (IV und 140 S.) Wien 857, Wenedikt. *

Sprachlehre für Deutsche. 8. Hannover, Helwing. 796.

Sprachlehre, Deutsche, zum Gebrauch der Trivialschulen. Münster 1820. V: *Kistemaker, Johann Hyacinth.* H: *König, Johann Bernh. Joseph.* (KASS)

— deutsche, mit zahlreichen prakt. Aufgaben und Uebungen. Ein Lehr- und Hülfsbuch bei dem Unterrichte der deutschen Sprache mit ganz besonderer Rücksicht auf die vorgeschriebenen Schulbücher. Von einem prakt. Schulmann. gr. 8. (IV und 164 S.) Steyr 861, Sandböck.

Sprachlehre, deutsche, mit zahlreichen praktischen Aufgaben und Uebungen. Ein Lehr- und Hilfsbuch bei dem Unterrichte der deutschen Sprache mit ganz besonderer Rücksicht auf die vorgeschriebenen Schulbücher. Von einem prakt. Schulmanne. 2. Aufl. gr. 8. (IV und 163 S.) Steyr 864, Sandböck'sche Buchh. 3. Aufl. ebd. 1868.

Sprachlehre, deutsche, für Elementarschüler. 6., verb. u. verm. Aufl. [Aus: „Oettingers-Engelbrecht's Inbegriff". 17. Aufl., umgearb. von W. Siebenlist.] 8. (124 S.) Bamberg 877. Buchner. n. — 50

Sprachlehre, Deutsche, als Leitfaden für den Unterricht in Hofwyl bearbeitet. Bern 1858. V: *Müller, Theodor.* (BSCHWLK V, 10C)

— u. Rechtschreibung, deutsche, nebst Wörterverzeichnis. Von einem prakt. Schulmanne. 8. (27 S.) Danzig 880. Boenig. n. — 15

— u. Rechtschreibung, deutsche, nebst Wörterverzeichnis. Von e. prakt. Schulmanne. 6. Aufl. 8. (27 S.) Danzig (895). H. F. Boenig. n.n. — 15

Sprachlehre, deutsche, für Schüler der dritten und vierten Klasse der Normal- und Hauptschulen. 8 (206 S.) Wien. Gedruckt bei Leopold Grund. 1853. Gebunden in Leinwandrücken 18 kr. C. M.
Verlag der Schulbücher-Verschleiß-Administration.

— deutsche, f. d. Trivialschulen. 8. Münster, Theißing. 788.

Sprachlehre, deutsche, mit mündlichen und schriftlichen Übungen, von J. S. 2. und 3. bedeutend verm. Aufl. 8. (78 S.) Lippstadt 881,82, Harlinghausen. *

Sprachlehre, deutsche, mit mündlichen und schriftlichen Uebungen von J. S. 4. verb. und verm. Aufl. 8. (88 S.) Lippstadt 885, Harlinghausen. *

Sprachlehre, deutsche, für Volksschulen. 2te Aufl. 8. Zeitz, Webel. 821.

Sprachlehre, Deutsche, zunächst für Berner Volksschulen . . . Bern u. Chur 1838. V: *Müller, Theodor.* (KY)

Sprachlehre, deutsche, zunächst f. Berner Volksschulen. N. d. in d. hofwyler Wiederholungskursen 1834 u. 1835 gehalt. Vorträgen bearb. Lex.-8. (11 3/4 B. u. 4 Tab.) Bern 838, Dalp. Thlr.

Sprachlehre, deutsche, für Volksschulen u. Selbstunterricht. 8. Zeitz 812. 2e A. 821. Webel. 6 gr

Sprachlehre f. Deutsche, welche franz. lernen wollen, von de Bancenel, Brüstlen, Chavanieux u. Gerard, f. Gerard.

— englische, f. Deutsche, f. Poppleton u. Bettac.

— englische für Deutsche, nebst Wörterbuch derjen. Verben u. Adjectiven, welche bestimmte Declinationsfälle nach sich haben etc., (v. B. Pott). gr. 8. Leipz. (ohne Jahrz.) Joachim). 1 ℳ 8 ℊ

— Englische, für Deutsche, zunächst für den Gebrauch beim Unterrichte im Institute der engl. Fräulein in Augsburg, nach mehrjähr., praktischen Erfahrungen zusammengestellt von einer geb. Engländerin. gr. 8. (VI u. 123 S.) Augsburg 851, Kollmann. 18 ngr

Sprachlehre, Französische.

Wien 1803. V: *Bayrhammer, Alois Ignaz.* (MGT)

— französische, f. d. Deutschen nach Wailly, (v. J. C. de la Veaux.) 8. Berlin, Sander. 806.

Schreibp.

— französische, zum Selbstunterricht. 3 Thle. 8. Leipzig, Wolf u. Comp. (typogr. Soc. in Bern.)

Sprachlehre, Griechische,

sammt einer Chrestomathie für die Salzburgischen Schulen. Salzburg 1776. V: *Schelle, Augustin.* (MGT) (Hr)

— griechische, z. Gebr. d. Schulen. 8. Breslau, W. G. Korn. 776.

Sprachlehre, Griechische,

2. . . . Aufl. von Heinrich Grauert. Münster 1816. V: *Kistemaker, Joh. Hyacinth.* (Rass)

Sprachlehre, Grosse französische,

zum Selbstunterricht. Bern 1802. V: *Heinzmann, Joh. Georg.* (Ky) (MGT)

— große französ., zum Selbstunterricht, (v. J. G. Heinzmann). 3 Thle. 8. (Bern), Typ. Soc. (Leipz., Schmidt). 1 ℳ 16 ℊ

Sprachlehre u. Grundzüge der Rechtschreibung. Anh. z. Lesebuch für die bayer. Kapitulantenschulen. <3. Aufl.> München 1910. 73 S.

Sprachlehre, Hebraeische.

1. Heft. Einleitung und Elementarlehre. Dresd. 1833. V: *Böttcher, Jul. Frdr.* (Winer)

—— hebräische. 1. Hft. Einleitung u. Elementarlehre. gr. 8. (5¼ B.) Dresden 833, (Wagner.)

— kleine, oder Kenntniß der 9 Redetheile etc. gr. 8. St. Gallen 805. (Huber u. C.) 2 ℊ

Sprachlehre, kleine deutsche, f. Heusen.

— kleine deutsche, Lehrbuch f. d. unt. Classen d. Schulen. 8. Stendal, Franzen u. Gr. 809.

Sprachlehre, kleine deutsche. Für Volksschulen bearb. von einem Verein von Lehrern. 3.—9. verb. Aufl. 16. (32 S.) Potsdam 871—74, Rentel. *

—— kleine deutsche. Hrsg. von einem Verein von Lehrern. 10. und 11. verb. und verm. Aufl. gr. 16. (32 S.) Potsdam 877, Rentel's Buchh.

—— kleine deutsche. Hrsg. von einem Vereine von Lehrern. 18. verb. und verm. Aufl. Mit Anhang: Uebungen zur deutschen Orthographie. 3. Aufl. 8. (34 S.; Anhang 16 S.) Potsdam 883, Rentel's Verlag. *

Ohne Anhang * 15 Pf.; Anhang allein *

—— kleine deutsche. Hrsg. von einem Vereine von Lehrern. 19. verb. und verm. Aufl. 8. (34 S.) Potsdam 885, Rentel's Verlag. *

Mit Anhang: Uebungsbeispiele zur Orthographie. (16 S.) *

Anhang allein *

Sprachlehre, kleine deutsche. Hrsg. v. e. Vereine v. Lehrern. 23. verb. u. verm. Aufl. 8. (34 S.) Potsd. 891, Rentel's Verlag. * — 15

Sprachlehre, kleine deutsche. Hrsg. v. e. Vereine v. Lehrern. 24., verm. Aufl. Mit Anh.: Übungsbeispiele zur Orthographie. 12. (33 u. 16 S.) Potsdam 893. J. Rentel's Verl. n. — 20; ohne Anh. n. — 15; Anh. allein n. — 10

Sprachlehre, kleine deutsche. Hrsg. v. e. Vereine von Lehrern. 28., verb. u. verm. Aufl. M. Anh.: Uebungsbeispiele zur Orthographie. 12. (33 u. 16 S.) Berlin 895. J. Rentel. n. — 20; ohne Anh. n. — 15; Anh. allein n. — 10

Sprachlehre, Kleine deutsche,

nach Becker und Wurst bearbeitet, für Volksschulen. Hermannstadt 1840. V: *Michaelis, Johann.* (Trausch)

—— kleine deutsche, nach Beckerschen Grundsätzen bearb. f. Stadt- u. Landschulen u. ihre Lehrer. Hrsg. v. e. prakt. Schulmanne. gr. 12. (5⅙ B.) Leipzig 838, Drobisch.

— kleine deutsche, in katechet Form, f. Anti-Wurst.

—— kleine deutsche, in katechetischer Form, f. Hauschild, E. J.

Sprachlehre, Kleine deutsche,

für Landschulen . . . Cöthen 1802. V: *Baumgarten, Joh. Chph Frdr.* (Ky)

— kleine deutsche für Landschulen etc., (v. J. C. F. Baumgarten). 8. Cöthen 802. Aue. 6 ℊ

Sprachlehre, kleine deutsche, besonders für Schüler der Volksschule von einem holsteinischen Lehrer. Oldesloe 858. (Hamburg, G. W. Niemeyer.) 12. (VI, 71 S.) n. 8 ngr

—— kleine deutsche, f. Stadt u. Landschulen. Ein stufenweis geord. Leitfaden f. Lehrer u. als Präparations- u. Repetitions-Büchl. f. Schüler. Hrsg. v. e. prakt. Schulmanne. 8. (3½ B.) Leipzig 833, (Franke'sche Vrls.-Expedit.)

— kleine deutsche, für Stadt- u. Landschulen. Ein stufenweis geordneter Leitfaden für Lehrer u. als Präparations- u. Repetitions-Büchlein für Schüler. 8. Leipzig 833. (Melzer.) 1 ℊ

Sprachlehre, Kleine Teutsche, zunächst für Töchterschulen . . . Lübeck 1808. V: *Hude, Bernhard Heinrich von.* (MGT)

— kleine, griechische, zum Gebrauch für Anfänger. 8. Bamberg, Göbhardt. 816.

— kleine griech., zum Gebr. für Anfänger. 8. Bamb. 816. (Wesche in Frkf. a. M.) 6 ℊ

Sprachlehre, Kleine lateinische, oder 70 nach logisch grammatischen Regeln geordnete Übungen . . . Züllich. u. Freyst. 1792. V: *Günther, Carl Ehrenfried.* (MGT) (Ky) (OL) (ErschDL)

— kleine latein., od. 70 nach logisch-grammatischen Regeln geordneten Uebungen ꝛc., (von . . . Günther). gr. 8. Züllich. 792. (Frommann in Jena). 5 ℊ

—— kleine praktische, f. Volksschulen. Vom Verf. des Stufengangs zu prakt. Stylübungen. 8. (2½ B.) Zürich 843, Schultheß.

Sprach- u. Rechtschreiblehre, kleine, nebst e. Verzeichnisse d. deutschen Stammwörter, für d. Hand d. Kinder in Volksschulen hrsg. v. e. Lehrervereine. 2. Aufl. 12. (3 B.) Erfurt 834, (Otto.)

Sprach- u. Rechtschreiblehre, kleine, n. e. Verzeichnisse d. deutsch. Stammwörter, f. d. Hand d. Kinder in Volksschulen. Hrsg. v. ein. Lehrervereine. 3—7., unveränd. Aufl. 12. (à 3 B.) Langensalza 836—41. Schulbuchh. d. Thüringer Lehrervereins. (Wesel, Bagel.) à

—— kleine, für Schüler der 2. Klasse. Von ihrem Lehrer. 8. (21 S.) Korneuburg 866, Kühkopf. *

Sprachlehre, kurze deutsche, zum Gebrauch in den untern Klassen. 8. Liegnitz 825, Kuhlmey.

— kurze deutsche. Volksschulen. gr. 16. (48 S.) Paderborn 875. F. Schöningh. n. — 25

— kurze deutsche, für Volksschulen. 2., verb. Aufl. 8. (48 S.) Paderborn 878. F. Schöningh. n. — 25

—— kurze deutsche, für Volksschulen. 3. verb. Aufl. 8. (48 S.) Paderborn 884, F. Schöningh. *

— kurze französische, f. Anfänger. 8. Winterthur, Steiner. 789.

—— kurzgefaßte, nebst Briefsteller f. Töchter aller Stände. 8. Kaschau 837. [Pesth, Heckenast.]

— kurzgefaßte dänische, f. Deutsche. 8. Copenhag. Bonnier. 814.

—— kurzgefaßte deutsche, s. a. Schule gemeinnütz. Kenntnisse ꝛc.

Sprachlehre, kurzgefaßte deutsche, für deutsche Volksschulen. Eine leichtfaßliche Darstellung der Hauptbegriffe u. Regeln der deutschen Sprache, mit zahlreichen Beispielen u. Uebungsaufgaben. (In 4 Cursen.) 1. Cursus. Buxtehude 865. (Celle, Schulze'sche Buchh.) 8. (VIII, 42 S.) n. 4 ngr.

Sprachlehre, Kurzgefasste französische, worinn alle lateinische Kunstwörter vermieden, und die vorkommenden teutschen und französischen erklärt sind . . . Halberstadt 1789. V: *Bastian, Wilhelm Gottlieb.* (Ky) (MGT)

— kurzgefaßte franzöſ., worin alle latein. Kunstwörter vermieden, u. die vorkomm. deutschen u. französ. erklärt sind, nebst e. Verzeichniß d. Wörter u. Redensarten, die am meisten vorkommen, (v. W. G. Bastian). 8. Halberst. 789. Groß. 8 ℊ

—— kurzgef. türkisch-deutsche, mit e. Sammlung d. gebräuchl. Wörter, kleiner Constructionen u. Redensarten. Nebst 12 Gesprächen, u. 10 Geschichtchen in türk., deutscher u. franz. Sprache. gr. 8. (8½ lith. B.) Hermannstadt 828, Thierry.

—— für Land- u. Volks-Schulen, als Grundlage d. ganzen Seelenbildung. Vom Verf. d. Buches: Fortsetzung d. Reformation. 8. (10½ B.) Hamburg 838, Hoffmann u. Campe.

Sprachlehre, Lateinische, nach den Grundsätzen der Mnemonik. Leipzig 1821. V: *Kästner, Christian August Leberecht.* (ErschDL)

Sprachlehre, Lateinische, für die unteren und mittleren Klassen der Gymnasien. Der Sprachlehre 7. Umarbeitung. 3. Aufl. Münst. 1852. V: *Kistemaker, Joh. Hyacinth.* (Rass)

Lateinische Sprachlehre für den ersten Cursus, oder vollständiges Schema der latein. Declinationen und Conjugationen. Nürnb. 798. 8.

— latein., für die erste Schule. 8. Cöln, Haas u. Sohn. (Fabricius). 6 ℊ — Dies. für die zweite Schule. 8. Ebd. 779. 8 ℊ

Sprachlehre, Lateinische, zum Schulgebrauch. Mit besondrer Hinsicht auf Bröders grössere Grammatik. Libau 1815. V: *Krüger, Wilhelm Georg.* (MGT) »Mietau 1815« (Ky) (R-N) (Adel) (NN)

— latein., zum Schulgebrauch, (v. Wlh. Geo. Krüger). 8. Mitau 815.

— latein., f. Trivialschulen ꝛc., s. a. Kistemaker.

Sprachlehre, Lateinische, für Trivialschulen und die untersten Classen in Gymnasien. Münster 1787. 5. Aufl. von G. Dieckhoff 1798. V: *Kistemaker, Joh. Hyacinth.* (Gi)

— lateinische, f. d. Trivialschulen. 8. Münster, Theißing. 788.

Sprachlehre, leicht faßliche deutsche. Für Kinder, wie zum Selbstunterricht für Erwachsene. Eine Großmutter ihren Enkeln. 16. (32 S.) Altenburg 853, (Jacob'sche Buchh.)

— neue englische, zum Gebr. beim Unterricht, s. Canzler.

Sprachlehre, Neue Englische, zum Gebrauch beym Unterricht. Göttingen 1787. V: *Canzler, Friedrich Gottlieb.* (MGT)

— neue italienische. gr. 8. Wien 773. Kurzböck. 16 gr

Sprachlehre, neueste französische, nach den Bestimmungen der Academie, s. Leutbecher, J.

Sprachlehre, neueste constitutionelle deutsche. Von A. H. . . . n. gr. 8. (7 S.) Brünn 848. (Wimmer.) n. 2 ngr

—— prakt. u. vollständ., z. Gebr. f. Franzosen u. Deutsche, s. Grammaire, nouvelle.

— u. Rechtschreibung f. die Mittelstufe. Schülerheft. (Von J. Otto.) 5. Aufl. (52 S.) 8. Gebweiler 906. J. Boltze. n. — 40

Sprachlehre u. Rechtschreibung f. d. Mittelstufe. Schülerheft. 9. Aufl. (52 S.) 8. Gebweiler 910. J. Boltze. — 40

— — dasselbe f. die Oberstufe. Schülerheft. 4. Aufl. (IV, 96 S.) 8. Ebd. 906. Kart. n. — 70

— — dasselbe f. die Oberstufe. Schülerheft. (Von Otto.) 6. Aufl. (IV, 96 S.) 8. Ebd. 909. Kart. — 70

Sprachlehre, Ungarische, nach der alten (als der einzigen) Methode und nach den Grundregeln der ungarischen Gelehrten-Gesellschaft . . . Wien 1841. V: *Vitéz, Ign.* (Pk) (KU)

—— für die Volksschule, hrsg. von praktischen Schulmännern. 8. (52 S.) Saarlouis 886, Hausen. *

— f. die Volksschule, hrsg. v. prakt. Schulmännern. 2., verb. Aufl. 12. (52 S.) Saarlouis 893. M. Hausen. n. — 80

Sprachlehrer, Allgemeiner französischer, für Deutsche jedes Alters und Geschlechts. Leipzig 1797. V (Einleitung, Heft 5): *Hetzel, Johann Wilhelm Frdr.* (Heft 1—4, 6—13): *Hohl.* (R-N) (Ky)

— allgem. französ., f. Deutsche jedes Alters u. Geschlechts. 1s—13s Hft. (Einleit.: kurze Geschichte d. französ. Sprache, u. 5s Hft. A. u. d. T.: Aetiologie d. französ. Sprache rc. sind von J. W. F. Hetzel. Alles übrige v. . . . Hohl). gr. 8. Leipz. 797, u. mit Hetzels Namen. gr. 8. Chemn. 801. (Starke). 3 rthl. 12 gr.

— brittischer, od. vollständige englische Sprachlehre für Deutsche rc. s. B. Pott.

Sprachlehrer, Deutscher biblischer, welcher aus deutschen Alterthümern die in Abgang gerathene . . . Wörter erkläret. Bremen 1747. V: *Stade, Dietrich von* [?]. (Rüdiger, Neuest. Zuwachs. Liegnitz 1782—93. IV, 129.) S. a. Nr. 3362.

Sprachlehrer, deutscher, span. u. italien., od. Kunst, in kurzer Zeit spanisch u. italienisch zu lernen. gr. 8. Hannov. 807. Hahn. 8 gr

Sprachlehrheft, Englisch-Französisches u. Italienisch-Spanisches. Bearb. zu Gunsten Derer, welche das goldene Büchlein „Thom. de Kemp." in der Heptaglottenausgabe, außer der griech. u. latein. Sprache auch noch in den oben besagten vier Sprachen zu lesen gedächten oder doch lesen zu können wünschten. gr. 8 (VIII u. 192 S.) Dillingen 850, Aulinger in Comm. 5/12 rthl

Sprachlehrsaal, der deutsche, od. neue auserles. Samml. aus Poesie u. Prosa d. class. Schriftsteller deutscher Nation. Zur Belebung d. sittl. Gefühls rc. d. Jugend. 2 Bde. gr. 8. (..B.) Bern 837, Dalp.

Sprachlosen, die, macht Er redend. 12. (24 S.) Dinglingen 897. (Frankfurt a/M., J. Schergens.) — 10

Sprachmann I. N., Vijenac jedno- i dvoglasnih pjesama za mladež pučkih škola. Wien 1908. Schulbücherverlag. Geb. K 1.10.

Sprachmeister, der deutsche, s. o. Unterricht, jedes deutsche Wort rc.

Sprachmeister, Der deutsche, . . . 2. Aufl. Halberstadt 1840. H: *Fiedler.* (Ky)

— französ., ein Noth- u. Hülfsbüchlein f. d. Bürger u. Landmann rc. 8. Brem. 807. Müller; (a. Taubert in Leipz.) 4 gr

Sprach-Meister, Jüdischer; oder Erklärung, was zwischen zweien Juden, als einem Rabinen und Handelsmann, in einem Discours von unterschiedlichen Sachen, auf ihre gewöhnliche Redensart abgehandelt wird; aufgezeichnet von . . . J. W. Stück 1. O. O. gedr. in diesem Jahr. 8. . . . . (b.)

— jüdischer, od. hebr.-deutsches Wörterbuch. 8. Ansb. 750. . . . 2 gr

Sprachmeister, Lateinischer, oder wahrhaft elementarische und regelmässige Übungen . . . Jena 1801. V: *Günther, Carl Ehrenfried.* (ErschDL) (Ky)

— lateinischer, od. wahrhaft elementarische u. regelmäßige Uebungen im Lesen, Uebersetzen, Sprechen u. Schreiben, (von K. E. Günther). gr. 8. Jena 801. Frommann. 10 gr

Sprachmeister, Meliböi ungarischer, in einer ganz veränderten Gestalt. . . . 9. Aufl. Pressb. u. Pest 1805. V: *Bel, Matthias.* (KU)

Sprachmeister, Orientalisch- und Occidentalischer, welcher nicht allein hundert Alphabete . . . sondern auch das Gebet des Herrn in 200 Sprachen mitgetheilet . . . Leipzig 1748. V: *Fritz, Johann Heinrich* (BrMm) & *Benj. Schultze* (Vater). (Zuwachsverz. d. Bibl. in Zürich. Zürich 1898 ff.)

— orientalisch. u. occidentalischer, in welch. 100 Alphabete u. d. Gebet d. Herrn in 200 Sprachen. 8. Leipzig, Muller. 748.

— russischer, od. Anweis., wie ein Russe alles, was er russisch liest, sogleich deutsch aussprechen kann. 8. Halle 813. Dreyßig. 2 ℛ

— spanischer. 8. Halle ... Dreyßig. 2 ℛ

Sprachmeister, Der ungarische, oder kurtze Anweisung zu der edlen ungarischen Sprache . . . Pressb. 1729. V: *Bel, Matthias.* (Pk)

Sprachmischung in Oberschlesien. Ein Beitrag z. oberschles. Volkskunde. Von Spectator. (27 S.) gr. 8. Kattowitz 908. Gebr. Böhm. 1.—
Sonderabdruck aus: „Oberschlesien".

Sprachmonumente, Uigurische, und das Kudatku Bilik. Uigurischer Text mit Transcription und Übersetzung . . . von Hermann Vámbéry. Innsbruck 1870. 4°

Sprachpauke, e., od. kein dogma der ortografi —:— entviklungsfreiheit. stenografisher bericht fom foreinigton reichstag aler deutshen fon F. S. 8. (41 S.) Bonn 894. P. Hanstein. n. — 60

Sprachproben, altenglische. nebst einem Wörterbuche. Unter Mitwirkung von Karl Goldbeck hersg. von Ed. Mätzner. 1. Bd.: Sprachproben. 2 Abthlgn. Berlin, Weidmann'sche Buchh. Lex.-8. Jede Abthl. n. 4 ℳ
1. Abthl. Poesie. (IV, 388 S.) 867.
2. Abthl. Prosa. (416 S.) 870.

Sprachproben, altenglische. Nebst e. Wörterbuche. Hrsg. v. Ed. Mätzner. 2. Bd.: Wörterbuch. 1—3. Lfg. Lex.-8. (S. 1—448.) Berlin 872—76. Weidmann. n. 11. 60 (I.—II, 3.: n. 35. 60)

Sprachproben, altenglische. Nebst einem Wörterbuche hrsg. von Ed. Mätzner. 2. Bd. Wörterbuch. 4—8. Lfg. Lex.-8. (S. 449—698 u. 2. Abth. VII u. S. 1—384.) Berlin 876—82. Weidmann. n. 19. 60 (I—II, 8.: n. 55. 20)

Sprachproben, altenglische, nebst e. Wörterbuche, hrsg. v. Ed. Mätzner. 2. Bd.: Wörterbuch. 9. Lfg. Lex.-8 (2. Abth. S. 385—558.) Berlin 885. Weidmann. n. 4. 80 (I—II, 9.: n. 60. —)

Sprachproben, altenglische, nebst e. Wörterbuche, hrsg. v. Ed. Mätzner. 2. Bd.: Wörterbuch. 10. Lfg. Lex.-8. (3. Abth. S. 1—120.) Berlin 888. Weidmann. n. 4. 80 (I—II, 10.: n. 64. 80)

Sprachproben, altenglische, nebst e. Wörterbuche, hrsg. v. Ed. Mätzner. 2. Bd.: Wörterbuch. 11. Lfg. Lex.-8. (3. Abth. S. 121—304.) Berlin 891. Weidmann. n. 8.— (I—II, 11.: n. 72. 80)

Sprachproben, altenglische, nebst e. Wörterbuche, hrsg. v. Ed. Mätzner u. Hugo Bieling. 2. Bd.: Wörterbuch. 12. Lfg. Lex.-8. (3. Abth. S. 305—464.) Berlin 896. Weidmann. n. 8. — (I—II, 12.: n. 80. 80)

Sprachproben, altenglische, nebst e. Wörterbuche, hrsg. v. Ed. Mätzner u. Hugo Bieling. 2. Bd.: Wörterbuch. 13. Lfg. Lex.-8. (3. Abth. S. 465—624.) Berlin 900. Weidmann. n. 8.—; (I—II, 13. n. 88. 80)

Sprachproben, Gothische althochdeutsche und mittelhochdeutsche. [Schulpforta 18??] H: *Koberstein, August.* (Ba)

Sprachproben aus dem 4—16. Jahrh.: Ein altdeutsches Lesebuch f. Studirende. gr. 8. (8 B.) Bamberg Lachmüller. (?)

Sprachquelscher, Französischer. Eine neue leichte Methode, die französische Sprache in 12 eingetheilten Lectionen zu erlernen. Nebst Aufgaben, Gesprächen, Sprichwörtern und Wortsammlung von Francois Mirabeau. 5. Aufl. 24. (157 S.)
Wien: Benedikt 1897.

Sprachschatz, Deutscher biblischer, aus deutschen Alterthümern . . . Bremen 1747. V: *Stade, Dietrich von.* (Biltz)

Sprachschatz f. die Jugend. Eine geordnete Auswahl aus allen Gattungen der deutschen Prosa u. Poesie in 3 Thln. für das Alter von 7—9, 9—12, 12—15 Jahren. Hrsg. v. A. Hillert u. A. Geyger. 2. Aufl. 1. Thl. 1. u. 2. Curs. 8. (30 B.) Berlin 841, Hayn.

—— dass. Hrsg. v. Dens. 2. Thl. 1. u. 2. Cursus. 8. (30 B.) Ebds. 842.

Sprachschule, Deutsche, Grammatik, Orthographie und Stil in concentrischen Kreisen. Nach Barons, Junghanns und Schindlers „Deutscher Sprachschule" für österr. Volks- u. Bürgerschulen bearbeitet von M. Stein, B. Weiner u. W. Wrany. 8. 1. Heft. (Für d. II Schuljahr) 5. verbesserte Auflage. (43 S.) geh. 15 kr.
— — 2. Heft. (Für das III. Schulj.) 5. verbesserte Auflage. 8. (49 u. X S.) geh. 15 kr.
— — 3. Heft. (Für das IV. Schulj.) 5. verbesserte Auflage. 8. (62 u. XXII S.) geh. 20 kr.
— — 4. Heft. (Für das 5. Schuljahr) 5. verbesserte Auflage. 8. (63 u. XXVIII S.) geh. 20 kr. Wien: Klinkhardt 1882.

Sprachschule, Deutsche, Grammatik, Orthographie und Stil in concentrischen Kreisen. Nach Barons, Junghanns und Schindlers „Deutscher Sprachschule" für österr. Volks- und Bürgerschulen bearbeitet von M. Stein, B. Weiner und W. Wrany. 5. Heft. (Für das 6. Schuljahr) 5. verbesserte Auflage. 8. (83 S.) geh. 20 kr.
— — 6. Heft. (Für das 7. Schuljahr) 5. verbesserte Auflage. 8. (86 S.) geh. 20 kr.
— — 7. Heft. (Für das 8. Schuljahr) 5. verbesserte Auflage. 8. (82 S.) geh. 20 kr.
— — Theoret. Theil z. V., VI. u. VII. Heft. Inh.: Eine kurzgefaßte deutsche Grammatik ꝛc. 8. (72 S.) geh. 20 kr.
— — Ergänzungsheft. Inh.: Redefiguren — Kurze Verslehre — Dichtungsarten — Biographien deutscher Dichter. 8. 5. Aufl. (63 S.) geh. 25 kr. Wien: Klinkhardt.

Sprachschule, deutsche. Grammatik, Orthographie und Stil in concentrischen Kreisen. Nach Barons, Junghanns' und Schindlers „Deutscher Sprachschule" für österreichische Volks- und Bürgerschulen bearb. von M. Stein, B. Weiner und W. Wrany. 7 Hefte. 6. Aufl. (unveränd. Abdr. der 5. verb. Aufl.). 8. Wien 883, Manz'sche Hof- und Verlags-Buchh. *

Inhalt:

Heft 1. (Für das 2. Schuljahr.) Vorübungen für die Rechtschreibung. Wort- und Satzlehre. Aufsatz. (56 S.) * 30 Pf.

„ 2—7. (Für das 3.—8. Schuljahr.) Wort- und Satzlehre. Wortbildung. Rechtschreibung. Aufsatz. [Heft 2. (60 S.) * 30 Pf.; Heft 3. (68 S.) * 40 Pf.; Heft 4. (78 S.) * 40 Pf.; Heft 5. (80 S.) * 40 Pf.; Heft 6. (90 S.) * 40 Pf.; Heft 7. (82 S.) * 40 Pf.] * ℳ 2.30.

—— dass. — Ergänzungsheft.: Redefiguren. Kurze Verslehre. Dichtungsarten. Biographien deutscher Dichter. 6. Aufl. 8. (60 S.) Ebendas. 883. *

Sprachschule, deutsche. Theoretischer Theil zum 5., 6. und 7. Heft. Eine kurzgefaßte Grammatik für österreichische Volks- und Bürgerschulen von M. Stein, B. Weiner und W. Wrany. 2. Aufl. 8. (72 S.) Wien 883, Manz'sche Hof- und Verlags-Buchh. *

—— dass. — Orthographie, Grammatik und Stil in concentrischen Kreisen. Für österreichische Volksschulen bearb. von M. Stein, B. Weiner und W. Wrany. In 3 Heften. Ausg. B. für ein- bis vierklassige Schulen. 4. unveränd. Aufl. 8. Ebendas. *

Inhalt:

Heft 1. Unterstufe. (2. und 3. Schuljahr.) Wörtergruppen. Der reine einfache Satz. Rechtschreibung. Stilaufgaben. (52 S.) 888. * 30 Pf.

„ 2. Mittelstufe. (4. und 5. Schuljahr.) Der reine einfache Satz. Der erweiterte einfache Satz. Wortbildung. Rechtschreibung. Stilaufgaben. (112 S.) 885. * 40 Pf.

„ 3. Oberstufe. (6., 7. und 8. Schuljahr.) Der erweiterte einfache Satz. Der einfache und der mehrfache Satz. Der unvollständige Satz. Der verkürzte Satz. Der Schaltsatz. Der mehrfach zusammengezogene Satz. Die Periode. Wortbildung. Rechtschreibung. Stilaufgaben. (142 S.) 885. * 50 Pf.

Die frühern Auflagen, s. Baron, M., Th. Junghanns und H. Schindler, deutsche Sprachschule. (im XVII. Bd. 1. Abthl. S. 93).

Sprachschule, Deutsche. Grammatik, Orthographie und Styl in concentrischen Kreisen für allgemeine Volksschulen, von M. Stein, B. Weiner und W. Wrany. In 4 Heften. Neu bearbeitet von M. Binstorfer. 4. Heft. Für das 5. Schuljahr. 7. Aufl. 8 (92 S.) —.20
Wien: Manz'sche k.k. Hof-Verlags- u. Univ.-Buchh. 1891.

[Umschlagt.:] [F.] Deutsche **Sprachschule** für mehrklassige Schulen. Bearb. im Auftr. d. Lehrerkollegiums d. evang. Bürgerschulen zu Hildesheim. In 6 Heften ... *Hildesheim: Gebr. Gerstenberg 1897.* 6 Bde 8.
1. (20 S.) 2. (32 S.) 3. (44 S.) 4. (52 S.) 5. (60 S.) 6. (72 S.) (97. 8i;8 G.)

Sprachschule, deutsche, f. mehrklassige Schulen. Bearb. im Auftrage des Lehrerkollegiums der evangel. Bürgerschulen zu Hildesheim. In 6 Hftn. 1., 2. u. 6. Hft. gr. 8. Hildesheim, Gerstenberg. n.n. — 80
I. 3. Aufl. (20 S.) 901. n.n. — 20
II. 3. Aufl. (32 S.) 901. n.n. 20
VI. 7. u. 8. Schulj. 2. Aufl. (72 S.) 901. n.n. — 40

— dasselbe f. ein- bis fünfklassige Schulen in 2 Hftn. Ausg. B. d. Hildesheimer Sprachschule. gr. 8. Ebd. n.n. — 70
1. 2. Aufl. (63 S.) 903. n.n. — 30. — 2. (80 S.) 901. n.n. — 40.

Sprachschule, deutsche, f. mehrklassige Schulen. Bearb. im Auftrage des Lehrerkollegiums der evangel. Bürgerschulen zu Hildesheim. Nach der neuesten amtl. Rechtschreibg. In 6 Heften. gr. 8. Hildesheim 903. Gerstenberg. 1. 60
1. II. Schulj. 4. Aufl. (20 S.) n.n. — 20
2. III. Schulj. 4. Aufl. (32 S.) n.n. — 20
3. IV. Schulj. 4. Aufl. (44 S.) n.n. — 25
4. V. Schulj. 4. Aufl. (48 S.) n.n. — 25
5. VI. Schulj. 3. Aufl. (61 S.) n.n. — 30
6. VII. u. VIII. Schulj. 3. Aufl. (72 S.) n.n. — 40

— dasselbe f. ein- bis fünfklassige Schulen in 2 Heften. Ausg. B der Hildesheimer Sprachschule. Nach der neuesten amtl. Rechtschreibg. 2. Aufl. gr. 8. Ebd. 903. n.n. — 70

Sprachschüler, s.a. Lese-, Schreib- und Sprachschüler.

— — Ein Uebungsbuch für die 1—3. Klasse einer Elementarschule. Bearb. von einem Lehrer. 1—3. Cursus. Coblenz 853. Hölscher. 12. (111 S.) 8 *ngr.*
1. Cursus $1\frac{1}{2}$ *ngr.* — 2. Cursus 3 *ngr.* — 3. Cursus $3\frac{1}{2}$ *ngr.*

Sprachschüler, der. Methodisch geordnete Aufgaben und Musterstücke für untere und mittlere Schulklassen. Von einem prakt. Schulmanne. Mainz 855. Wirth'sche Sorthdlg. 8. (32 S.) $2\frac{1}{4}$ *ngr.*

— — für obere Schulklassen. Ebend. 855. 8. (48 S.) $3\frac{3}{4}$ *ngr.*

Sprachschüler, der. Methodisch geordnete Aufgaben u. Musterstücke für untere u. mittlere Schulklassen. Von einem praktischen Schulmanne. 2. verb. Aufl. Mainz 861. Wirth's Sorthdlg. 8. (32 S.) n. 2 *ngr.*

Sprachschüler, der. Methodisch geordnete Aufgaben u. Musterstücke für untere u. mittlere Schulklassen. Von e. prakt. Schulmanne. (J. Smitt.) 4. Aufl. Mainz 870. Wirth's Sort. 8. (32 S.) n. 2 *ngr.*

Sprach- u. Aufsatzschüler, der, oder Aufgabenbuch für den stufenmäßigen Sprach- u. Aufsatzunterricht in Volksschulen. 3 Thle. (in 1 Bd.) 8. (96 S.) Duisburg 850, Bagel in Comm. n. n. 1/6 ß — 2. unveränd. Aufl. 3 Thle. 8. (96 S.) Ebd. 851, in Comm. (einzeln à n. 1/12 ß) n. 1/6 ß

Sprach- und Aufsatzschüler, der, oder Aufgabenbuch für den stufenmäßigen Sprach- und Aufsatzunterricht in Volksschulen. 5., unveränd. Aufl. 3 Thle. Duisburg, Ewich. 8. (38; 32; 26 S.) n. 5 *ngr.*;
einzeln jeder Thl. n. $2\frac{1}{2}$ *ngr.*
Inhalt. 1. Thl.: Das Zergliedern der Lesestücke nach den Satztheilen. — 2. Thl.: Briefe und Aufgaben zu Briefen und andern Aufsätzen. — 3. Thl.: Das Zergliedern der Lesestücke nach den Satzarten.

Sprachspiel, ein neues sehr unterhaltendes — in Fragen und Antworten, oder die angenehmste und leichteste Methode die französische Sprache ohne Memoiren, bloß durch gegenseitiges Ausfragen zu lernen. rc. Brüx. Druck von F. v. Schönfelds Witwe und Komp. (48 S. 8.) 1857.

Sprachstoffe zur Uebung in der Orthographie u. Grammatik im Anschluß an das Lesebuch Deutsche Jugend I—VI. 6 Hefte. Bearb. f. die 1. Bürgerschule zu Wolfenbüttel. 8. Wolfenbüttel, J. Zwißler. n.n. 1. 65
I. 2. Schulj. 2. Aufl. (16 S.) 903. — 20
II. 3. Schulj. 2. Aufl. (16 S.) 903. — 20
III. 4. Schulj. 2. Aufl. (32 S.) 903. — 25
IV. 5. Schulj. Mit Berücksicht. der Orthographiereform. v. 1902. (47 S.) 902. — 30
V. Mit Berücksicht. der Orthographiereform v. 1902. (56 S.) 903. — 30
VI. 7. u. 8. Schulj. (64 S.) 901. Kart. — 40

Sprachstörungen u. Sprachheilkunde. Beiträge zur Kenntnis der Physiologie, Pathologie u. Therapie d. Sprache. Unter Mitwirkg. v. E. Bloch, Boodstein, M. Bresgen u. a. hrsg. v. H. Gutzmann. (VI, 189 S. m. 15 Abb. u. 1 Bildnis.) gr. 8. Berlin 908. S. Karger. 5.—
Sonderabdr. aus: „Monatsschr. f. Sprachheilkde."

Sprachtabelle. 14. Aufl. 1868. 5 Pf., und 15. Aufl. qu. 4. (4 S.) Kempten 872, Kösel'sche Buchh. *

Sprach-Uebungen, oder Handbuch für Lehrer und Eltern ..., s.a. Handbuch für d. Unterricht in der deutschen Schule. 2r Thl.

Sprachübungen oder Handbuch für Lehrer und Aeltern, welche richtig sprechen und schreiben lehren wollen. Stuttgart 1817. V: *Daniel*, *Wilh. Frdr.* (Ky) (MGT)

Sprach-Uebungen, od. Handbuch f. Lehrer u. Aeltern, welche richtig Sprechen u. Schreiben lehren wollen, (von W. F. Daniel). 8. Stuttg. 817. Steinkopf. 1 ♂ (A. u. d. T.: Handbuch f. d. Unterricht in den deutschen Schulen rc. 2r Thl.)

(F) **Sprachübungen** zum II. Teil des fünf-, sechs- und achtteiligen Lesebuches von Kummer, Branky und Hofbauer. 8°. (34 S.) Wien: Schulbücherverlag 1909. K —.35

Sprachübungen zum III. Teil des fünf-, sechs- und achtteiligen Lesebuches von Kummer, Branky und Hofbauer. 8°. (41 S.) Wien: Schulbücherverlag 1909. K —.40

Sprachübungen auf Grundlage des Sachunterrichtes, s.: Dittmar, Frz.

Sprach- u. Aufsatzübungen, systematisch geordnete, f. die Hand der Schüler. Bearb. v. prakt. Schulmännern. 16. (67 S.) Paderborn 872. Bonifacius-Druckerei. n. — 25

Sprach- u. Verstandes-Uebungen, auf Täfelchen. 1e Samml. 8. Leipz. ... Steinacker. 12 ℊ

Sprachübungsbuch f. die Schüler der Volksschule, enthaltend eine große Menge nach den bewährt. Grundsätzen geordneter u. durchgängig mit reichlichem Stoffe versehener Aufgaben. 2 Hfte. 8. Grimma 842, Verlags-Comptoir.
Hft. 1. Für Mittelclassen. (4½ B.) 2¼ Ngr.
„ 2. Für Oberclassen. (6 B.) 3 Ngr.

Sprach- u. Stilübungsstoff für Volksschulen, eine nothwendige Ergänzung zu jedem Schullesebuche. Mit besond. Berücksichtigung der ein- u. zweiklassigen Schule bearb. von den Mitgliedern der Hamm'schen Lehrerwittwenkasse. Arnsberg 870. Grote. 8. (VIII, 228 S.) n. 7½ ngr

Sprachunterricht durch Anschauung. Methode Pernot. Deutsche Ausg. v. L. Pommeret u. M. Küster. (143 S. m. Abb.) 8. Eßlingen (909). J. F. Schreiber. Geb. in Leinw. 3. —

— der deutsche, in der Volksschule. (Ein Handbuch für Lehrer.) Unter Mitwirkg. v. Wilh. Ahler, Ludw. Battista, Rud. Grabo u. a. Hrsg. v. Bernh. Merth. 1. Tl.: Allgem. Grundlegg. Von Bernh. Merth. (VII, 228 S.) 8. Wien 910. H. Kirsch. 3. —

Sprachunterricht, erster deutscher, für Elementar- und Landschulen in zwei Stufen von F. M. gr. 12. (26 S.) Rostock 853, (Stiller'sche Hofbuchh.)

Sprachunterricht, d. gesamte, in d. Volksschule im Anschluß an d. Sachunterricht. 3 Tle. gr. 8. Dresden 895. A. Huhle. n. 8. 60
1. 2., 3. u. 4. Schulj. Bearb. v. Joh. Hache. (IV, 140 S.) n. 2. 60
2. 5. u. 6. Schulj. Bearb. v. Herm. Prüll. (XXVII, 274 S.) n. 3. —
3. 7. u. 8. Schulj. Bearb. v. Herm. Prüll. (XXV, 243 S.) n. 3. —

Sprachunterricht, kurzer u. faßlicher, nebst e. Samml. v. Aufgaben f. Landschulen. 2. Aufl. 8. (..B.) Freiburg 839, Wagner'sche Buchh.

Sprachunterricht, der, muss umkehren! Ein Beitrag zur Überbürdungsfrage von Quousque tandem. 8. (38 S.) Heilbronn 882. Henninger. n. — 60

Sprachunterricht, der, muss umkehren! Ein Beitrag zur Ueberbürdungsfrage, v. Quousque tandem (Wilh. Viëtor). 3., durch Anmerkgn. erweit. Aufl. (VIII, 52 S.) 8. Leipzig 905. O. R. Reisland. n. 1. —

Sprachunterricht, der, auf der Unterstufe. Anleitung zum Gebrauche der deutschen Fibel f. die Elementarschulen in Elsaß-Lothringen. gr. 8. (63 S. m. 6 Steintaf.) Straßb. 889, Schmidt. * 1 —

Sprachunterricht, der, auf der Unterstufe. Anleitung zum Gebrauche der deutschen Fibel f. die Elementarschulen in Elsaß-Lothringen. 2. Aufl. gr. 8. (75 S. m. 6 Taf.) Straßburg i/E. 891. Schmidt. n.n. 1. 20

Sprachunterricht, der, auf der Unterstufe. Anleitung zum Gebrauche der deutschen Fibel f. die Elementarschulen. 3., sehr verb. Aufl. gr. 8. (80 S. m. 6 Schrifttaf.) Straßburg 894. F. Bull. n. 1. 20

Sprachunterricht, der, **auf der Unterstufe.** Anleitung zum Gebrauche **der** deutschen **Fibel** f. die Elementarschulen. **4.** Aufl. gr. 8. (88 S. **m. 6** Taf.) Straßburg 899. F. Bull. **n. 1. 20**; geb. n.n. **1. 50**

— der, auf der Unterstufe. Anleitung zum Gebrauche d. deutschen Fibel f. d. Elementarschulen. 5. Aufl. (92 S.) gr. 8. Straßburg 907. F. Bull. 1.20; kart. n 1. 50

Sprachunterricht, der, in der Volksschule. Anleitung, das Lesebuch als Grundlage und Mittelpunkt des gesammten Sprachunterrichtes zu behandeln. Theoretisch u. praktisch bearb. von einem Lehrervereine zu Crefeld. Köln 861. Schwann. gr. 8. (IX, 302 S.) n. 1 ♂

Allgemeiner deutscher Sprachverein. — STIFTUNG, EINRICHTUNG UND ENTWICKELUNG DES VEREINS. Übersicht des Mitglieder-Bestandes. (Braunschweig 1890. Joh. Heinr. Meyer.) 8°.

Sprachverein, Allgemeiner Deutscher. Frankfurt a. M. Die Strasse, Verdeutschungsheft für Laden, Geschäftsschild und Schaufenster. Frankfurt a. M. [1910]. V: *Wehrhan*, *Karl.* (Berlzu 1917, I, 198)

Sprachverstand, allerhand. Kleine deutsche Sprachlehre f. Alle, denen ihr deutsches Sprachgefühl am Herzen liegt. Von X. (Kritische Kelle auf Wustmannsche Klöppel) 1. u. 2. unveränd. Aufl. [3.—5. Taus.] 8. (120 S.) Bonn 892. P. Hanstein. n. 1. 50**

Sprachwart, deutscher. Zeitschrift für Kunde und Kunst der Muttersprache, für Hebung und Hegung ihrer geistigen Schätze, für Reinheit und Richtigkeit ihres Gebrauchs in Rede und Schrift. Hrsg. von Max Moltke. 1. Bd. oder Jahrg. 1855. 52 Nrn. (Bog.) Lex.-8. Berlin, Moltke's Selbstverlag. Thlr. *

Sprachwart, deutscher. Zeitschrift für Kunde und Kunst, für Hege und Pflege der Muttersprache in allen ihren Mundarten rc. in Heimat und Fremde. Hrsg. von Max Moltke. 1. Bd. 26 Lfgn. (Bog.) Lex.-8. Berlin 856,57, Moltke's Selbstverlag. Halbbd. von 13 Lfgn. * Einzelne Lfgn.
Die im 12. Bd. enthaltene Angabe ist hiernach zu ändern.

Sprachwart, deutscher. Zeitschrift für Kunde u. Kunst der Sprache; insonderheit für Hege u. Pflege unserer Muttersprache in allen ihren Mundarten; für Schirm u. Schutz ihrer Gerechtsame in Heimat u. Fremde; für Reinheit u. Richtigkeit ihres Gebrauchs in Rede u. Schrift. Hersg. von Max Moltke. Neue Folge. Jahrg. 1866—70. oder 1—5. Bd. à Jahrg. 26 Nrn. (Bgn.) Leipzig, Deutsche Verlagsbuchh. Lex.-8. Jeder Jahrg. n. 2 ₰

Sprachwart, deutscher. Zeitschrift für Kunde und Kunst der Sprache; insonderheit für Hege und Pflege unserer Muttersprache in allen ihren Mundarten; für Schirm und Schutz ihrer Gerechtsame in Heimat und Fremde; für Reinheit und Richtigkeit ihres Gebrauchs in Rede und Schrift. Hrsg. von Max Moltke. 3.—7. Bd. 1868—1872. à Bd. 26 Nrn. (Bog.) Lex.-8. Leipzig, Deutsche Volksbuchh. [Berlin, Pfeiffer.] 3.—6. Bd. à *
7. Bd. *
—— dass. — 8. Bd. 1874. 26 Nrn. (Bog.) Lex.-8. Berlin, Pfeiffer. *

— dasselbe. 8. u. 9. Bd. 1874 u. 1875 à 24 Nrn. (B.) Lex.-8. Berlin, Pfeiffer. à Jahrg. n. 8. —

Sprachwart, deutscher. Zeitschrift f. Kunde u. Kunst der Sprache; insonderheit f. Hege u. Pflege unserer Muttersprache in allen ihren Mundarten; f. Schirm u. Schutz ihrer Gerechtsame in Heimat u. Fremde; f. Reinheit u. Richtigkeit ihres Gebrauchs in Rede u. Schrift. Hrsg. v. Max Moltke. Neue Folge. 1. Bd. (10. Bd) 6 Nrn. Nebst Sprachstammbuch u. Bücherfreund. 1. Jahrg. 4 Nrn. gr. 8. (II, 72, 16, 64 u. außerordentl. Beilage 8 S.) Leipzig 886—888. M. L. Moltke. Kart. n. 3. —

Sprachwart, deutscher. Zeitschrift für Hege und Pflege unserer Muttersprache in allen ihren Mundarten, vornehmlich für Kunde und Kunst unserer hochdeutschen Hauptsprache, für Wahrung und Mehrung, Sichtung und Säuberung ihres Wortschatzes; für Sammlung und Sicherung, Erklärung und Bewährung ihrer Satzungen; überhaupt für Förderung ihres reinen und richtigen Gebrauchs in Rede und Schrift; für Hebung und Belebung des Deutschtums in Heimat und Fremde. Begründet und hrsg. von Max Moltke. Neue Folge. I. Bd. 1.—6. Heft (72 S. mit der Beilage: Sprach-Stammbuch. 16 S.) gr. 8. Leipzig 887,88, Moltke. à Heft * 50 Pf. *

Sprachwart u. Bücherfreund, deutscher. Zeitschrift f. Sprach- u. Bücherkunde, insonderheit f. Hege u. Pflege der deutschen Sprache u. ihrer Mundarten, sowie f. Volksschriftentum u. Bücherwesen. Hrsg. v. M. Moltke. 1. Bd. Oktbr. 1892—Septbr. 1893. 12 Nrn. gr. 8. (à Nr. 24 S.) Lpz. 892, Moltke. * 5 —

Sprachwurzeln, die, ihre Gemeinschaftlichkeit, Zahl, Art u. Bedeutung. Ein Beitr. zur Erforschung d. Sprachen überhaupt, (v. Prof. ... Weinhart). gr. 8. Augsb. 831. Kollmann. 1 ₰

A. F. K. Teutsch-Spanischer Richtiger Und Regul-mässiger Sprach-Zeiger, vorstellend Wie man nicht nur diese Helden-Sprache recht aussprechen und decliniren, sondern auch bey denen vorfallenden Begebenheiten ... Frag und Antwordt geben soll ... In diesem bequemen Format mit vielen 1000. Wörtern, Redens-Arten und Gesprächen heraus gegeben Von A. F. K. Nürnberg, J. L. Buggel, 1712. Schmalhoch-12-Format. 1 Bl. 239 S. Abgenutzter Pbd. Rücken defekt.

Sprague, Charles T. [aus Edinburg]: Ueber den Thiacetessigester. . . . Göttingen, *Carl Boldt'sche Hofbuchdr. in Rostock*, 1890; 49 + 1 S. 8°
Göttingen, Phil. Fak., Inaug.-Diss. v. 25. Apr. 1890

Sprague, Charles T., üb. den Thiacetessigester. gr. 8. (49 S.) Rostock 890. Volckmann & Jerosch. n. — 80

Plattdütsch Sprak un Art. Festschrift tom 16. Plattdütschen Verbandsdag in Altona, 27., 28. un 29. Mai 1901. Rutgewen von de Altonaer Vereenigung 'Jungs, holt fast'. Redakschon: Korl Rethwisch, G. Wulff. Altona (1901): H. W. Köbner & Co. (144 S.) 8°

PLATTDÜTSCH SPRAK UN ORT. Festschrift to den 14. Plattdütschen Verbandsdag an'n 2., 3. un 4. October in Kiel. Rutgewen vun den Kieler Vereen „Jungs holt fast" unner Mitarbeit von KLAUS GROTH, JOHANN MEYER, ALBERT SCHWARZ, J. H. FEHRS, PAUL TREDE, FELIX STILLFRIED, MARGARETE NERESE, HERMANN BÖHMKEN, MARTIN BÖRSMANN un WILHELM BADE. Redakschon F. WISCHER, 2. Vorsitter von „Jungs holt fast". Tecknungen von J. FÜRST, TH. WOLTERS un W. HANSEN. Kiel (1898). Verlag von Robert Cordes. 4°.

Sprak un Ort, plattdütsch. Festschrift to d. 14. plattdütschen Verbandsdag an'n 2., 3. un 4. X. in Kiel. Rutgewen vun den Kieler Vereen „Jungs holt fast" unter Mitarbeit vun Klaus Groth, Joh. Meyer, Alb. Schwarz u. a. Red.: F. Wischer. Tecknungen vun J. Fürst, Th. Wolters un W. Hansen. gr. 8. (32 S.) Kiel 898. R. Cordes. n. — 60

Sprakel, Emil, appr. Arzt a. Greven i. Westf.: Aus d. inneren Abteilung d. städt. Krankenhauses zu Münster i. Westf. (Dirig. Arzt: Prof. Dr. Arneth.) Beiträge zur Konjunktivalreaktion. Halle a. S. 1908: C. A. Kaemmerer & Co. (53 S.) 8°
Halle, Med. Fak., Ref. Fraenkel, Diss. v. 29. Juli 1908
[Geb. 11. April 80 Greven; Wohnort: Münster (Westf.); Staatsangeh.: Preußen; Vorbildung: Gymn. Warendorf Reife O. 02; Studium: Freiburg i. B. 1, München 2, Freiburg i. B. 2, Berlin 2, Halle 3 S.; Coll. 14. Mai 08; Approb. 26. Juni 07.]

Sprakel, Henricus: De morbo qui dicitur Radesyge. Halis Saxonum (1864): Orphanotropheum. 30 S. 8°
Halle-Wittenberg, Med. Diss. v. 15. Nov. 1864
Geb. Münster i. W. 14. 4. 1837. V.

Sprakensehl [Schlagwort]

Sprakensehl, s.: Preussen. Messtischblätter.

Sprakcompendium af de rumbärligaste Talesett på Svenska och Tyska. gr. 8. Stralf., Löffler. 4 gr.

SPRANCK, H.: Die Wälder Europas während der Tertiärperiode im Vergleich zu denen der Jetztzeit. - Homburg v. d. H. 1881. 42 S. Programm d. Realschule u. d. Progymnasiums z. Homburg v. d. H.

Spranck (H.). Der Wellenberg bei Wetter und dessen Umgebung. (Dissert. Marburg.) Marburg 1878. 8.

Sprandl, Karte von Heilbronn und Umgebung. 1:25,000. Lithogr. Imp.-Fol. Heilbronn 887, Becker. *
Auf Leinw. *

Sprandl, systematische Zusammenstellung der hauptsächlichsten Bestimmgn. der Militär-Ersatz-Instruktion vom 26. März 1868 in Bezug auf das steh. Heer. gr. 8. (54 S.) Biberach 871. Dorn. n. — 90

Sprang, Geo., Anleitung f. die Ausbildung im Aufklärungsdienste der Feld-Artillerie, s. a. **Braumüller's militärische Taschenbücher. 11.**

Sprang, Georg, k. u. k. Major im Divisions-Artillerie-Regiment Nr. 8. Anleitung für die Ausbildung im Aufklärungsdienste der Feld-Artillerie. (Aus: „Braumüller's militärische Taschenbücher", Bd. 11.) 8. Wien und Leipzig 1902.

Sprang, G., Anleitung für die Ausbildung im Aufklärungsdienste der Feld-Artillerie. [Braumüller's militärische Taschenbücher. Bd. 11.] 8°. (X, 164 S.) geb. K 2.80
Wien: Braumüller 1902.

SPRANG, Georg
Grundsätze für die Durchführung des artilleristischen Aufklärungsdienstes. Gesammelt von Georg Sprang. Wien. 1901. Seidel & Sohn. Gr.-8°. 39 S. K 1.—

Spranger, Abschiedspredigt üb. Apostelgeschichte 20, V. 32, geh. in der Stadtkirche zu Borna am Sonntage Judica, den 29. III. 1903. (7 S.) gr. 8. Borna 903. R. Noske. n. — 25

Spranger, A., Ozon-Therapie. E. wissenschaftl. Studie üb. Ozon, ozonisirte Luft u. Ozon-Präparate, deren ärztlich erprobte Wirkg. u. hohe Bedeutg. f. d. öffentl. Gesundheitspflege, populär bearb. 2. Aufl. 8. (III, 70 S.) Berlin 897. (Wilhelm & Brasch.) n. 1. —

Spranger, Christian Gottlob

Spranger, C. Gli., d. Christ b. d. feyerlichst. Zeitpunkten s. Lebens, Pendant zu Zollikofers Andachtsubungen. 8. Frkf. Kunze. (Akadem. Buchhdl.) 792.

Spranger, Chr. Glo., († d. 8. Oct. 1799.) der Christ bei den feierlichsten Zeitpunkten seines Lebens, Pendant zu Zollikofers Andachtsübungen. 8. Frankf. 792. Kunze. (Sander in Berl.) 10 gr

Spranger, C. H., der Christ 2c. 8. Frankf. a. O., 792. Jetzt Flittner.

— Betrachtt. über d. Laster. Mit e. Vorr. von D. Rosenmüller. gr. 8. Leipz. 789. (Reinike in Halle). 1 rß

— Betracht. üb. d. Laster. gr. 8. Leipz. Walther. (Ruff in Halle.) 789.

— auf Friedrich d. Einzigen. gr. 8. Frankf. a. M. 792. Kunze. 10 gr

— Gedächtnißrede auf Zollikofer. gr. 8. Leipz. 788. Dyck. 7 gr Schrbp. 10 gr

— — Liebe u. Philosophie in (2) Erzählungen (Romanen). 3 Bde. M. 2 TKpfrn. (nach Schubert von C. Schule gest.). Leipzig, in der Weidmannschen Buchh. 1790. 8⁰. Selten!

I: Tit. u. 150 SS. Inh.: Engelmann u. Elmire. II: Tit. 3 Bll. poet. Zuschr., X u. 352 SS. Enth. d. Roman „Wilhelmine, e. wahre Geschichte". III: Fortsetzung des vorigen Romans. 330 SS. Merkwürdig überspanntes, stellenw. auch freies Produkt.

— Lobrede auf die Dummheit 2c. 8. Berl. 790. Maurer. 7 gr

* **SPRANGER**, C. G., Lobrede auf die Dummheit, gehalten zu Einfaltsthal bei der Einweihung des Saals der heiligen Ignoranz im Hornmonat 1788. Einfaltsthal mit bleyernen Lettern (Berlin, Maurer). 8⁰. (In Berlin 2 Expll.: Yy 7381; an T 171a.)

— s. J. G. Rosenmüller, über den Ursprung.

— ein Traum, die Grausamkeit der Menschen gegen Thiere betreff. 8. Leipz. 789. Hamann. (Compt. f. Lit.) 14 gr

Spranger, Eduard, Beethoven u. die Musik als Weltanschauungsausdruck, s.: Wertung. 2. Heft.

— s.: Bibliothek, philosophische. (Fichte, Schleiermacher, Steffens üb. das Wesen der Universität.)

Fichte, Schleiermacher, Steffens über das Wesen der Universität. Mit e. Einl. hrsg. von Eduard **Spranger**, Privatd. Leipzig: Dürr 1910. XLIII, 291 S. 8°
(Philosophische Bibliothek. [Neue Ausg.] Bd 120.) [10. 11831

Spranger, Eduard, a. Groß-Lichterfelde b. Berlin: Die erkenntnistheoretischen und psychologischen Grundlagen der Geschichtswissenschaft. Abschn. 1. ⟨Erkenntnistheorie und Geschichte.⟩ (Göttingen 1905: Dieterich.) (IX, 29 S.) 8° ¶ (Erschien vollst. 1905 bei Reuther & Reichard, Berlin.)
Berlin, Phil. Fak., Ref. Paulsen, Stumpf, Diss. v. 6. Mai 1905
[Geb. 27. Juni 82 Groß-Lichterfelde bei Berlin; Heimatsort: Charlottenburg; Staatsangeb.: Preußen; Vorbildung: Gymn. zum Grauen Kloster Berlin Reife O. 00; Studium: Berlin 9 S.; Rig. 2. Febr. 05.]

Spranger, Eduard, die Grundlagen der Geschichtswissenschaft. Eine erkenntnis-theoretisch-psycholog. Untersuchg. (XI, 147 S.) gr. 8. Berlin 905. Reuther & Reichard. n. 3. —

Wilhelm von Humboldt und die Humanitätsidee. Von Eduard **Spranger**. Berlin: Reuther & Reichard 1909. (X, 506 S.) 8° [08. 17735 3

— Wilhelm v. Humboldt u. die Reform des Bildungswesens, s.a. Erzieher, die grossen. 4. Bd.

Wilhelm von Humboldt und die Reform des Bildungswesens. Von Dr. Eduard **Spranger**, Privatd. Berlin: Reuther & Reichard 1910. XIV, 255 S. 8°
(Die großen Erzieher. Bd 4.) [10. 9049 3

— s.: Hutten's Briefe an Luther.

— Über die Seelenfrage, s.: Fechner, Gust. Thdr.

Spranger, Fr., Predigt üb. 1. Cor. 10, V. 12 u. 13, am 9. Sonntage nach Trinitatis, 7. VIII. 1898 im Trauer- u. Gedächtnißgottesdienste f. den Altreichskanzler Fürst Bismarck in d. Stadtkirche zu Borna geh. gr. 8. (9 S.) Borna 898. R. Noske. n. — 20

— dasselbe. 2. [Umschlag-] Aufl. 8. (9 S.) Ebd. 898. — 30

Sprank, H.: Die Wälder Europas während der Tertiärperiode im Vergleich zu denen der Jetztzeit. 42 S. Homburg v.d.H. 1881 Progr.

Sprater, Fr[iedrich]: Rasse und Kultur der jüngeren Steinzeit in der Rheinpfalz. Speyer a. Rh. 1910: Gilardone. 66 S. 8° ¶ (Aus: Mitteilungen d. Histor. Ver. d. Pfalz. H. 31.)
München, Phil. Diss. v. 17. Juli 1907, Ref. Ranke
[Geb. 9. Juni 84 Neustadt a. H.; Wohnort: Neustadt; Staatsangeh.: Bayern; Vorbildung: Gymn. Neustadt Reife Juli 03; Studium: München 8 S.; Rig. 17. Juli 07.] [U 10. 3701

Sprater, Th., das Problem e. internationalen Orthographie-Reform. gr. 8. (VII, 85 S.) Neustadt a. d. H. 901. (A. Otto.) n. 1. 50

Sprauer, Ludwig, a. Heidelberg: Über die Häufigkeit der Aborte nach anamnestischen Angaben aus den klinischen Journalen ⟨1902—1907⟩ der Freiburger Universitäts-Frauenklinik. Freiburg i. B.: Speyer & Kaerner 1907. (21 S.) 8°
Freiburg i. B., Med. Fak., Ref. Krönig, Diss. v. 1908
Geb. 19. Okt. 8. Heidelberg; Wohnort: Freiburg i. B.; Staatsangeh.: Baden; Vorbildung: Gymn. Karlsruhe Reife Juli 02; Studium: Berlin 1, Freiburg i. B. 5, Straßburg 1, Freiburg i. B. 3 S.; Coll. 20. Dez. 07; Approb. W.-S. 07/08.

Spraul, Alex., Anleitung zum massanalytischen Arbeiten im Fabrik-Laboratorium. gr. 8. (VIII, 67 S. m. 26 Holzschn.) Stuttgart 893. F. Enke. n. 1. 60

Spraul, Alex., Erläutergn. zur qualitativen Analyse anorgan. Körper in Bezug auf d. prakt. Hilfsmittel u. den planmäss. Gang derselben. gr. 8. (XII, 173 S. m. 50 Abb.) Wiesbaden 896. C. W. Kreidel. n. 3. 60

Sprave, Gustav: Einige Fälle von operativer Behandlung der Perforationsperitonitis nach ulcus ventriculi. *Greifswald 1898: J. Abel.* (32 S.) 8°
Greifswald, Med. Diss. v. 15. März 1898

Správka, Petr, parní stroj. Stručné pojednání o páře, a použití této co síly pohybující. S 59 vyobrazeními. Prag 863. Kober. gr. 8. (IV, 120 S.) n. 20 nqr.

[Russ. u. Ant.] **Spravočnik** dlja Russkich po Germanii, Avstro-Vengrii i Svejcarii. Praktische Winke f. Russen in Deutschland, Oesterreich-Ungarn u. d. Schweiz. Berlin: Murawkin 1908. 144 S. 8° [09. 8749

Sprawa polski w r. 1862. Leipzig 862. Gerhard. gr. 8. (32 S.) n. 10 ngr.

Sprawozdanie ze Zjazdu Zjednoczenia-młodzieży polskiej zagranica (Bericht über die Zusammenkunft der Vereinigung der polnischen Jugend im Auslande)
Ⓢ 1888—1910 Ⓑ Zürich; Genève Ⓩ Zieliński: Bibljografja Ⓕ En polonais

Sprawy włoskie w związku z teraźniejszościa. Przez ****. 8. (284 S.) Leipzig 848, Librairie étrangère. 1 ℛ

Sprechen sie deutsch? Or, do you speak german? A pocket companion for beginners who wish to acquire the facility of expressing themselves fluently on every-day topics in a short, easy and practical way. With hints on german pronunciation. Compiled by an experienced teacher. 4. edit., revised. Boston 868. (Philadelphia, Schäfer & Koradi.) 16. (147 S.) geb. n. 20 ngr.

Sprecher. – Der Sprecher. –
Dortmund, sp. (ab 1.(?)X.1841) in Wesel. –
1.I.1831 – 30.IX.1841.
1.X.1841 – 1875(?).
Vorh. u.d.T.: Rheinisch-Westphälischer Anzeiger.

Sprecher, der. Monatsschrift f. Stadt u. Land. Red.: M. Rosenthal. Jahrg. 1848. 12 Hfte. gr. 8. Hirschberg, Rosenthal. n. 24 ngr

Sprecher; der, s.a. Anzeiger, Rheinl. Westphälischer rc.

Sprecher, der, od. Rhein.-Westphälischer Anzeiger. Hrsg. v H. Schulz. 49—64. Bd. Jahrg. 1828—35. à 24 Hfte gr. 4. Hamm, Schulz. à J. Thlr
1—32. Bd. od. Jahrg. 1798—1809. u. 1815—19. (J. 1810—14 erschienen nicht), u. d. T.: Der Rheinisch-Westphäl. Anzeiger, u. 33—48. Bd od. Jahrg. 1820—27, u. d. T.: Der Sprecher rc. Ebendas., hrbgs Pr. à Bd. 1 Thlr. — Seit 1818 wird diese Zeitschr. v. H. Schulz hrsg

Sprecher, der, od. rhein.-westphäl. Anzeiger. Hrsg. v. H. Schulz. 65—76. Bd. od. Jahrg. 1836—41. à J. 24 Hfte. gr. 4. Hamm, Schulzische Buchh. à *

— ders. Jahrg. 1842—1845. 77.—84. Bd. u. Jahrg. 1846. 204 Numm. gr. 4. Hamm. Wesel, Bagel. 1842—45. à n. 4 1/3 ℛ Jahrg. 1846. 2 ℛ

—— dass. Jahrg. 1846 u. 1847. à 204 Nrn. (1/2 B.) gr. 4. Ebds. à J.

Sprecher, der, oder: rheinisch-westphälischer Anzeiger. Jahrg. 1848—52. à Jahrg. 104 Nrn. (1/2 Bog.) gr. 4. Wesel, Bagel. [Jahrg. 1848. 2 Thlr., Jahrg. 1849—52. à 1 Thlr. 10 Ngr.]

Sprecher, d., eine Wochenschrift. a Quartale. 8. Elbing, Hartmann. 786.

Sprecher, die, für die Deutsch-Katholiken in der gegenwärtigen sächsischen Ständeversammlung. 1. u. 2. Hft. A. u. d. Ttl.: Verhandlungen über die Deutsch-Katholiken rc. gr. 8. Leipzig. [Braunschweig, Westermann.] à 7 1/2 Ngr. Thlr.
Hft. 1. Die Sprecher der 1. Kammer. Nebst dem allerhöchsten Decret, der Decretsbeilage u. dem Deputationsberichte. (4 1/2 B.) 845.
" 2. Die Sprecher d. 2. Kammer. Nebst dem Deputationsberichte, den Kammerbeschlüssen u. e. vergleichenden Uebersicht beider m. d. Regierungsvorlage, dem Deputationsberichte u. den Beschlüssen der 2. Kammer. (5 1/2 B. u. 1 Tab.) 846.

Sprecher. – M ä r k i s c h e r Sprecher. –
1.VII.1848 – 17.IX.1909.
Vorh. u.d.T.: Bochumer Kreisblatt.
Fortges. u.d.T.: Bochumer Zeitung. Märkischer Sprecher.

— der, für Staat u. Kirche. Katholisch-politische Wochen-Zeitung vom deutschen Standpunkte. Red.: W i l h. G ä r t n e r. 1. Jahrg. 1848. Juli—Decbr. 26 Nrn. Lex. 8. (à 1 1/2 B.) Wien, Gerold & Sohn. n. 2 ℛ

Sprecher's, Georg, Biographie, s.: P l a n t a, P. C. v.

Sprecher, Ant. v., Hand-Tabellen f. geometrische Aufnahmen. Topographische, logarithm., Coordinaten- u. Vergleichungs-Tabellen f. Sexagesimal- u. Centesimal-Theilg. schmal gr. 8. (28 S.) Chur 891. (Hitz.) n. 1.20

Sprecher, A. v., Reductions-Tabellen f. Electrotechniker zur Berechnung von *tg u* u. *sin* $\frac{u}{2}$ aus der Scala-Ablesung *s*. Mit e. vierstell. Logarithmentafel als Anh. 8. (15 S.) Zürich 889. Schulthess. n. 1.—

Sprecher, Ant. v., Reduktions-Tabellen f. Elektrotechniker z. Berechng. von tg u u. sin $\frac{u}{2}$ aus der Scala-Ablesung s. Mit e. vierstell. Logarithmentaf. als Anh. 2. Aufl. (15 S.) gr. 8. Zürich 903. Schulthess & Co. n. 1.—

Sprecher, F., s.: N e i s s e r, A., stereoscop. medicin. Atlas, Lfg. 10.

Sprecher, Florian: Das Churer F e u e r w e h r w e s e n . . . , s. J e c k l i n , Fritz

(S p r e c h e r, F[riedrich] W[ilhelm].) Lawinen an der Jungfrau. [Mit 1 Tafel.] Separatabdruck aus dem Jahrbuch des Schweizer Alpenclub. Jahrg. 39. S. 364—367. 8. [Bern, A. Francke, 1904.] N 3650[22]

(S p r e c h e r, F[riedrich] W[ilhelm].) [1.] Das Tambohorn ⟨3276 m⟩. (— [2.] Glimmerfältelung am Tambohorn. [Illustriert. — Sep.-Abdr. aus:] Jahrbuch des Schweizer Alpenclub. Jahrg. 36. [1900 bis 1901.]) S. 291—300. 8. [Bern, Schmid & Francke, 1901.]

S p r e c h e r, F[riedrich] W[ilhelm]. Volkskundliches aus dem Taminathal. Aufgezeichnet von F. W. Sprecher in Kriegstetten. 2 [Teile.] (Separat-Abdruck [aus:] Schweizerisches Archiv für Volkskunde... Jahrg. 7. Heft 2 *u.* 3.) 8. (Zürich, Juchli & Beck, 1903.)
[Teil] 1. II S. + S. 143—159. — [Teil] 2: Wirtschaftliche Gebräuche. [Mit 2 Figuren.] II S. + S. 210—224.

Sprecher, G., Synodalproposition über Staat u. Kirche u. ihre gegenseitige Vertretung. Vorgelesen zu Ilanz am 28. Juni. br. 8. (47 S.) Chur 852. (Hitz.) n. 6 ngr

S p r e c h e r, J(acob) U(lrich). Relation über die Verhandlungen des Herrn Landammann J(akob) U. Sp', Abgeordneter des Löbl. Zehen Gerichten Bundes nach Insprugg, im Februar des Jahrs 1795. 4. Chur 1796.

S p r e c h e r. Joh[ann] Andr[eas] v[on]. Graubündens Anteil am Stäfnerhandel. ⟨Aus dem schriftlichen Nachlass von Joh. Andr. v. Sp' ([hrg. von] Dr. P[aul] v[on] Sprecher.)⟩ [A.] 8. (Chur 1896.)

Sprecher, J. A. v., Geschichte der Republik der drei Bünde im achtzehnten Jahrhundert, zum erstenmale nach den amtl. und sonst. Quellen bearb. (In 5 Heften.) 1. (Politischer) Thl. 1. Heft. 8. Chur 871, Selbstverlag. (Leipzig, T. O. Weigel.)

S p r e c h e r, J[ohann] Andr[eas] v[on]. Geschichte der Republik der drei Bünde ⟨Graubünden⟩ im achtzehnten Jahrhundert, zum erstenmale nach den amtlichen und sonstigen handschriftlichen Quellen bearbeitet. 2 Bände. 8. Chur (1872–)1875.
Band 1, enthaltend den politischen Theil. 1, 2. & 3. Heft. (1872–) 1873.
Band 2. Culturgeschichte (**Heftumschlag:* enthaltend den culturgeschichtlichen Theil). ([2] Hefte.) (1874–)1875.

Sprecher, J. Andr. v., Geschichte der Republik der drei Bünde [Graubünden] im 18. Jahrh., zum erstenmale nach den amtl. u. sonst. handschriftlichen Quellen bearb. 2 Thle. gr. 8. (V, 535 u. 619 S.) Chur 872—75. (Hitz.) n. 16. —

Sprecher, J. A. v., Gesch. der Republik der drei Bünde (Graubünden) im 18. Jahrh. zum erstenmale nach den amtl. und sonstigen handschriftl. Quellen bearbeitet. II. Bd. enthält den culturgeschichtl. Theil. II. Heft (Schluss des II. Buchs.) Sn. 225--620. Chur, Verlag von J. A. Sprecher. 1876. 6. -

Sprecher, Joh. Andr. von. Donna Ottavia. Historisch. Roman aus dem ersten Drittel des XVII. Jahrhunderts. 8⁰. 432 S. Chur, Jost & Albin. 1878.

—— Donna Ottavia. Historischer Roman aus dem ersten Drittel des 17. Jahrh. gr. 8. (VIII, 432 S.) Chur 878, Kellenberger'sche Buchh. *

Sprecher, J. A. v., Donna Ottavia. Historischer Roman aus dem 1. Drittel d. 17. Jahrh. 2., billigere Aufl. gr. 8. (IX, 401 S.) Basel 889. [Schneider.] Geering. n. 4. —; geb. n. 5. —

Sprecher, Joh. Andr. v., Donna Ottavia. Histor. Roman aus dem ersten Drittel des 17. Jahrh. 3. Aufl. gr. 8. (VII, 353 S. m. Bildnis.) Basel 901. Basler Buch- u. Antiquariatshandlung vorm. A. Geering. n. 4. —; geb. n. 5. —

Sprecher, J. Andr. v., die Familie de Saß. Historischer Roman aus der letzten Pestzeit Graubündens [1629—1632]. gr. 8. (III, 421 S.) Basel 881. Schneider. n. 6. –

Sprecher, Joh. Andr. v., die Familie de Saß. Historischer Roman aus der letzten Pestzeit Graubündens. [1629—1632.] 2., billigere Aufl. gr. 8. (372 S.) Basel 892. A. Geering. n. 4. —; geb. in Leinw. n. 5. —

Sprecher, Joh. Andr. v., die Familie de Saß. Historischer Roman aus der letzten Pestzeit Graubündens (1629 bis 1632). 3. Aufl. (III, 372 S.) 8. Basel 905. Basler Buch- u. Antiquariatsh. vorm. A. Geering. n. 4. —; geb. n. 5. —

Sprecher, J[ohann] A[ndreas] v[on]. Das Strafgericht und die Landesreform von 1684. Vortrag in der hist.-antiq. Gesellschaft von Graubünden gehalten. (10. Jahresber. hist.-antiq. Ges. v. Graubünden.) 8. Chur 1881.

Sprecher, Paul. Die Ermordung des Oberst Hans Sprecher zu Maienfeld am 12. November 1631. 8.

Ausg. A: S. 75—99 ⟨25 S.⟩. — 37. Jahresbericht der Historisch-antiquarischen Gesellschaft von Graubünden. Jahrg. 1907. Chur, Sprecher & Valer, 1908. (... Beilagen: [4].)

Ausg. B: [Sep.-Abdr. aus: 37. Jahresb'....] 25 S. [Chur, Sp' & V', 1908.]

Sprecher, [Theophil] v[on]. Revision der Militär-Organisation von 1874. Grundsätze und Thesen. Als Manuskript gedruckt für die Besprechungen im Bündner Offiziersverein. 9 S. 4. [Chur, Bündner Tagblatt A.-G., Jan.] 1904.

Sprecher-Bernegg, Ambr. v., Feldzug nach Rußland 1812—1813. Hrsg. von Frz. v. Erlach. (Aus: Alpenrosen.) Bern 867. Haller'sche Verlagsh. 8. (54 S.) n. 5 ngr.

Sprecher von Bernegg, Andreas. Wahrer / vnd klarer Bericht / So ... den Herrn / Gemeiner dreyen Pündten. Von Tit. ... Andrea Sp' von B', Vber seine volzogne Regierung ... deß Lands Veltin im Brachmonat deß 1699. Jahrs ergangnen Syndicats, vorgestelt wird. 4. *o. O. u. J.* [ca. 1700].

(Sprecher von Bernegg, Anton. Die Städte- und Landes-Siegel von Graubünden) *s.* Siegel. Die S' der Kantone St. Gallen, Graubünden, Aargau, Thurgau. Zurich 1858.

Sprecher von Bernegg, Fortunat

Sprecher von Bernegg, Fortunat. Fortunati Sprechers von Berneck ... Historische Beschreibung, Von denen Unruhen und Kriegen, so in denen ... Rhaetischen Landen vor Jahren entstanden, und ... glücklich zum Ende gebracht worden. Auß dem Lateinischen in das Teutsche übersetzet, und nun in den Truck verfertiget. [Mit 1 Vignette.] 4. Schaffhausen 1703.

Sprecher v. Bernegg, Fort., Geschichte der Kriege in Hohenrätien, s. Archiv für die Geschichte der Republik Graubünden.

Sprecher v. Bernegg, des Ritters Fortunat, J. U. D., Geschichte der Kriege und Unruhen, von welchen die drei Bünde in Hohenrätien von 1618 bis 1645 heimgesucht wurden. Nach dem Latein. bearb., durch Anmerkungen erläutert und unter den Auspizien der bündnerischen geschichtforschenden Gesellschaft herausg. von Conradin v. Mohr. A. u. d. T.: Geschichte der bündnerischen Kriege u. Unruhen. 1. Thl. Buch 1—10. Vom J. 1618—1628. — 2. Thl. Buch 1—5. Vom J. 1628—1645. Chur 856, 57. Hitz. gr. 8. (3 Bl., VIII, 603; 2 Bl., 568 S.) 5 ₰.

Separat-Ausgabe aus „Archiv für die Geschichte der Republik Graubünden."

—— Geschichte der Kriege und Unruhen, von welchen die drei Bünde in Hohenrätien von 1618 bis 1645 heimgesucht wurden. Nach dem Latein. bearb., durch Anmerkungen erläutert und unter den Auspizien der bündner. geschichtforschenden Gesellschaft hrsg. vom Präsidenten derselben Conradin v. Mohr. 2 Thle. (in 1 Bd.) gr. 8. (XI und 1171 S.) Chur 856(58), Hitz.

Aus: Archiv für die Geschichte der Republik Graubünden, besonders abgedruckt.

Sprecher von Berneck, Fortunat. Historia von denen Unruhen und Kriegen, so in denen ... Rhaetischen Landen vor Jahren entstanden ... A. d. Lat. ... St. Gallen 1701. Ü: *Bonorand, Dumeng Conradin.* (BrMm)

Sprecher v. Bernegg, Fortunat. Christlich Leben und Sterben des theuren Helden und Vaters des Vaterlandes, Herrn Obersten Johann Guler von Wyneck. 4 Chur 1637. — Neue Ausg. 8. ib 1819.

Sprecher von Bernegg, Hector

Sprecher, [Hector]. Abonnements généraux pour des réseaux partiels des Chemins de fer fédéraux. Rapport fait dans la 37e Séance de la Chambre suisse du commerce du 22 novembre 1902. Extrait du Protocole.— Traduction. 5 p. 4. [Zurich, Berichthaus.]

(Sprecher, [Hector].) Begehren von Sektionen des Schweizerischen Handels- und Industrie-Vereins zum Entwurf des eidg. Fabrikinspektorats zu einem neuen Bundesgesetz betreffend die Arbeit in den Fabriken. Zusammengestellt vom Vorort. Juni 1906. [Herausgeber:] Schweizerischer Handels- und Industrie-Verein. 98 S. 4. Zürich, Berichthaus, 1906.

Sprecher, [Hector]. Generalabonnemente für Teilgebiete der Bundesbahnen. Referat für die 37. Sitzung der Schweizerischen Handelskammer vom 22. November 1902. Sonderabzug aus dem Protokoll. 5 S. 4. [Zürich, Berichthaus.]

[Sprecher, Hector.] Reform des Sparkassenwesens und Postsparkasse. Sonderabdruck aus dem Bericht über Handel und Industrie der Schweiz im Jahr 1901 erstattet vom Vorort des Schweizerischen Handels- und Industrie-Vereins. VI + 52 S. 4. Zürich, Berichthaus, 1902.

Sprecher v. Bernegg, Hektor [aus Graubünden]: Die Verteilung der bodenständigen Bevölkerung im Rheinischen Deutschland im Jahre 1820. Ein Beitrag zur Methodik der Dichtigkeitskarten und zur Anthropogeographie des südwestlichen und westlichen Deutschland. Karte, im Massstab 1 : 1.000.000, und Text .... Göttingen, Druck d. Univ.-Buchdr. v. E. A. Huth, 1887; IV + 98 S. + 1 Bl. u. 1 Karte 8°

Göttingen, Phil. Fak., Inaug.-Diss. v. 30. Apr. 1887

Sprecher v. Bernegg, H., die Verteilung der bodenständigen Bevölkerung im rheinischen Deutschland im J. 1820. Ein Beitrag zur Methodik der Dichtigkeitskarten u. zur Anthropogeographie d. südwestl. u. westl. Deutschland. Karte, 1 : 1.000.000, u. Text. gr. 8. (IV, 98 S.) Göttingen 887. Dieterich's Sort. n. 4. —

Sprecher, [Hector]. Der Vorentwurf eines neuen eidgenössischen Fabrikgesetzes und die Eingaben der Sektionen des Schweizerischen Handels- und Industrie-Vereins. Referat, gehalten in der Delegierten-Versammlung vom 2. Juni 1906. Sonderabdruck aus dem Protokoll [der D'-V'.... Herausgeber:] Schweizerischer Handels- und Industrie-Verein. 15 S. 4. Zürich, Berichthaus, 1906.

Sprechmaschine, die. Fachzeitschrift f. die gesamte Sprechmaschinen-Industrie des In- u. Auslandes. Hrsg. unter Mitwirkg. namhafter Fachleute. Red.: Paul Casimir. Jahrg. 1906. 24 Nrn. (à ca. 16 S.) Lex.-8. Berlin (C. 19, Rossstr. 3), A. Scholem. n.n.n. 5. —
Nicht durch den Buchhandel zu beziehen.

Sprechmaschinen, die. Ihr Wesen, Konstruktion u. Behandlg. Hrsg. v. d. „Phonograph. Zeitschrift". (56 S. m. Abb.) gr. 8. Berlin 908. Verlag Nec sinit
Geb. in Leinw. nn 2. 50
Sonderabdr. aus: „Phonograph. Ztschr."

Oesterreich-Ungarische Sprechmaschinen- und Musikinstrumenten-Zeitung. Mitteilungen des Institutes für experimentelle Phonetik und Phonautographie. Einziges viersprachiges Fachorgan für Sprechmaschinen, automatische Musikwerke, Klavier-Spielapparate, Harmonium, Piano, Orgel und sonstige Musikinstrumente. Redakteur: Victor A. Reko. Wien-Berlin: Beyer & Böhme. Jahrgang 1. 1907–3.1909.

Sprech-Saal. Organ der Porzellan-, Glas- und Thonwaaren-Industrie. Hrsgbr. und Redact.: Fr. Jac. Müller. Mitredact.: Alex. Schmidt. 1.—12. Jahrg. 1868—1879. à Jahrg. 52 Nrn. (à 2 Bog.) Fol. Koburg, (Sendelbach's Verlag.) à Jahrg. **

Sprech-Saal. Organ der Porzellan-, Glas- und Thonwaaren-Industrie. Officielle Zeitschrift für den „Verband keram. Gewerke in Deutschland" und den „Verband der Glasindustriellen Deutschlands". Redact.: Alex. Schmidt. Mitredact.: H. E. Benrath. 13.—17. Jahrg. 1880—1884. à Jahrg. 52 Nrn. (à Nr. 1½ Bog.) gr. 4. Coburg, (Sendelbach's Verlag.)
à Jahrg. **

Sprech-Saal. Organ der Porzellan-, Glas- u. Thonwaaren-Industrie. Officielle Zeitschrift f. den „Verband keram. Gewerke in Deutschland" u. den „Verband der Glasindustriellen Deutschlands". Red.: Alex. Schmidt. Mitred.: H. E. Benrath. 17—19. Jahrg. 1884—1886. à 52 Nrn. (1½ B.) gr. 4. Coburg, Müller & Schmidt.
à Jahrg. n.n. 12. —

Sprech-Saal. Organ der Porzellan-, Glas- u. Thonwaaren-Industrie. Amtliche Zeitg. f. den Verband keram. Gewerke in Deutschland, den Verband der Glasindustriellen Deutschlands rc. Gegr. v. Fr. Jac. Müller im J. 1868. Red.: A. Schmidt. 20.—23. Jahrg. 1887—1890. à 52 Nrn. (2 B.) Fol. Coburg, Müller & Schmidt.
à Jahrg. n. 12. —

Sprech-Saal. Organ der Porzellan-, Glas- u. Thonwaaren-Industrie. Amtl. Zeitg. f. den Verband keram. Gewerke in Deutschland, den Verband der Glasindustriellen Deutschlands rc. Begründet v. Fr. Jac. Müller im J. 1868. Red.: Alex. Schmidt. 24.—27. Jahrg. 1891—1894. à 52 Nrn. (à ca. 2 Bog.) Fol. Coburg, Müller & Schmidt.
à Jahrg. n. 12. —

Sprech-Saal. Organ d. Porzellan-, Glas- u. Thonwaaren-Industrie. Amtl. Zeitg. f. d. Verband keram. Gewerke in Deutschland, den Verb. d. Glasindustriellen Deutschlands rc. Gegr. v. Fr. Jac. Müller im J. 1868. Red.: Alex. Schmidt. 28.—31. Jahrg. 1895—1898. à 52 Nrn. (à ca. 6 Bog. m. Abb.) Fol. Coburg, Müller & Schmidt.
à Jahrg. n. 12. —
Kann auch vierteljährlich bezogen werden.

Sprech-Saal. Organ der Porzellan-, Glas- u. Thonwaaren-Industrie. Amtliche Zeitg. f. den Verband keram. Gewerke in Deutschland, den Verband der Glasindustriellen Deutschlands rc. Gegründet v. Fr. Jac. Müller im J. 1868. Red.: Alex. Schmidt. 32.—34. Jahrg. 1899—1901. à 52 Nrn. Fol. (1612, 1752 u. 1842 S. m. Abb.) Coburg, Müller & Schmidt. à Jahrg. n. 12. —

Der Sprechsaal: Band 1–2. Oct. 1904–July 1906
Quarterly. Intended as a "permanente intersynodale Konferenz." Sub-title: Eine intersynodale Vierteljahresschrift zur Erörterung von Zeitfragen der Lutherischen Kirche Amerikas. Edited & published by R. Neumann. Octavo, each issue 64 pages, paged continuously.
Burlington, IA

— der. Wochenblatt für Wissenschaft, Philosophie u. Religion, mit besonderer Berücksichtigung der Phänomene u. Lehren des modernen Spiritualismus. Red. u. hrsg. von B. Cyriax. 1. Jahrg. Oktbr. 1881—Septbr. 1882. 52 Nrn. (B.) Fol. Leipzig, W. Besser. n. 6. —

—— dass. — 2. Jahrg. Oktbr. 1882—Juni 1883. 39 Nrn. (Bog.) Fol. Ebendas. *
Nicht weiter erschienen.

— dasselbe. Zeitschrift f. die keram., Glas- u. verwandten Industrien. Amtliche Zeitg. f. den Verband keram. Gewerke in Deutschland, den Verband der Glasindustriellen Deutschlands usw. Gegründet von Fr. Jac. Müller im J. 1868. Chefred.: R. Müller. Red. f. den technisch-wissenschaftl. Tl.: W. H. Zimmer, f. den socialpolit., Handels- u. Anzeigentl.: E. Tiedt. 35. Jahrg. 1902. 52 Nrn. Fol. (1982 S. m. Abbildgn.) Ebd. n. 12. —

Sprech-Saal. Zeitschrift f. die keram., Glas- u. verwandten Industrien. Amtl. Zeitg. f. den Verband keram. Gewerke in Deutschland, den Verband der Glasindustriellen Deutschlands usw. Gegründet v. Fr. Jac. Müller im J. 1868. Chefred.: R. Müller. Red. f. den technisch-wissenschaftl. Tl.: W. H. Zimmer, f. den sozialpolit., Handels- u. Anzeigentl.: E. Tiedt. 36. bis 39. Jahrg. 1903—1906. à 52 Nrn. (2010, 2006, 2148 u. 1512 S.) Fol. Coburg, Müller & Schmidt.
à Jhrg. n. 12. —

Sprech-Saal. Zeitschrift f. die keram., Glas- u. verwandten Industrien. Amtliche Zeitg. f. den Verband keram. Gewerke in Deutschland, den Verband der Glasindustriellen Deutschlands usw. Gegründet v. Fr. Jac. Müller im J. 1868. Chefred.: R. Müller. Red. f. den technisch-wissenschaftl. Tl.: J. Koerner, f. den sozialpolit. u. Handels- u. Anzeigentl.: E. Tiedt. 40.—43. Jahrg. 1907—1910. à 52 Nrn. (710, 746, 762 u. 776 S. m. Abbildgn.) 35,5×24,5 cm. Coburg, Müller & Schmidt. à Jahrg. 12. —

Sprechsaal, der. Zeitschrift für das gesammte Versicherungswesen. Hersg. u. redig. von L. A. Rosalowsky. 1. Jahrg. 1867. 26 Nrn. (1—2 Bgn.) Hamburg, O. Meißner. gr. 8.
n. 3 Thlr 10 Ngr.

Sprechsaal d. Beamtentages. Vom k. k. Ministerium d. Innern u. der Finanzen anerkanntes Fachblatt. Organ f. die Vertretg. der geist. u. materiellen Interessen der Beamten u. geist. Arbeiter. Hrsg. u. Red.: Alex. Schmitz. — Unter Mitarbeiterschaft v. L. F. Meißner. 2. Jahrg. 1873. 52 Nrn. (1½ B.) Fol. Wien 873. (Martin.) n. 11. —

Berner Sprechsaal
① Samstag-Zeitung — Wochenblatt freisinniger Richtung für Stadt und Land ⑤ Werbeprospekt ohne Datum: 15. 6. 1895—21. 9. 1895 ⑥ Probenummer 2°, die übrigen Nummern 4° ⑦ Wochenblatt ⑧ Bern: A. Berner (15. 6. 1895—24. 8. 1895), Lack, Scheim & Cie. (31. 8. 1895—21. 9. 1895) ⑪ Dr. med. Gustav Beck ⑫ freisinnig ⑬ BGSZ: 973 ⑭ Be. L. St.

Deutschlands **Sprechsaal**. H. 1. Berlin: Baumhauer (1910). 8° [10. 79:0

Jüdischer **Sprechsaal**. Halbmonatschrift f. prakt. Vorschläge u. Anregungen z. Förderung d. gesetzestreuen Judentums. Jg. 1, Nr 1. Bromberg 1909: Gruenauer. 8° [10. 1506

Sprechsaal für die Landwirtschaft
v. Berner Volkszeitung (II).

Sprechsaal für Milchwirtschaft
v. Wochenblatt des Emmenthals.

P ä d a g o g i s c h e r Sprechsaal. Organ der luxemburger Volksschule und ihrer Lehrer. Jg. 1—28. Luxemburg: Brück 1884—1902. 8°
Forts. u.d.T.: Luxemburger Lehrerblatt. 1903ff.

S p r e c h s a a l vaterländ. Schulmänner ꝛc., s. Hand- u. Taschen-Bibliothek, pädagog.

Sprechsaal f. d. anhaltische Volk. Red.: Zeising. 1. Jahrg. 1848. 10. April—Decbr. 76 Nrn. 4. (½ B. m. Beilagen.) Bernburg, Schmelzer. n. 2 ℳ

Sprechstunden, hygienisch-ärztliche. Populäre Vorträge üb. gesundheitl. Fragen. 1. Heft. 8. Glatz, M. Adam. — 30
Was können wir trinken, wenn wir geistige Getränke meiden wollen? Von H. Moeser. (28 S.) 904.

Sprechstunden, naturärztliche. Zeitschrift f. das gesammte Naturheilverfahren. Red.: W. Häusler. 1.—3. Jahrg. 1892—1894. à 12 Nrn. (2 Bog.) gr. 8. Nürnberg, Expedition. à Jahrg. n. 3. —

Sprechstunden, naturärztliche. Hrsg.: Naturheilverein Nürnberg. Red.: Herm. Rudolf. 4.—7. Jahrg. 1895—1898. à 12 Nrn. (à ca. 2 Bog.) gr. 8. Nürnberg (F. Korn). à Jahrg. n. 3. —

Sprechstunden, naturärztliche. Hrsg.: Naturheilverein Nürnberg. Red.: Herm. Rudolf. 8.—10. Jahrg. 1899—1901. à 12 Nrn. gr. 8. (à ca. 24 S.) Nürnberg (F. Korn). à Jahrg. n. 3. —
Erscheinen nicht mehr.

Spreckelsen, Franz von (Hamburg) A. S. 182/26
Dissertatio inauguralis iuridica de collocatione usurarum in concursu creditorum.
Präs. Johann Ernst Hoepfner.
Giessen (Braun) 22. X. 1754. 40 S.

Gew.: Stadt Hamburg.
W. v.: Präs., Ludwig Wilhelm Ballhorn, Heinrich Balemann. 33061

Spreckelsen, Nikolaus von (Hamburg) Diss. Halle 1703/1
Dissertatio juridica inauguralis de rei vindicatione contra bonae fidei possessorem non competente, ad art. 7. tit. 2. part. 2. statut. Hamburgens.
Präs. Heinrich Bodin.
Halle (Gruner) VI. 1703. 16 Bl. 33065

Spreckelsen, Th. v., neues Verfahren die Wein- und Rosen-Krankheit durch Schwefelblüthe zu vernichten. (Abdr. aus der Hamburger Garten- u. Blumenzeitung.) Hamburg 858. Kittler. gr. 8. (21 S.) 3 *ngr.*

Spree [Schlagwort]

Spree, s. a. Friedrichshagen.

Spree, s. a. Wasserstrassen.

Spree. Straube, Jul., Spezialkarte des Laufes der Ober-Spree. 1 : 60,000. 48,5×45 cm. Mit Ergänzungskarte: Übersicht der Wasserläufe zwischen Schmöckwitz - Fürstenwalde - Teupitz - Königswusterhausen. 1 : 120,000. 26,5×44 cm. Farbendr. Berlin 894. J. Straube. n. 1. —

Spree. Straube's, Jul., Spezial-Karte des Laufes der Oberspree (Dahme u. Umgebung.) Umgegend von Cöpenick, Friedrichshagen, Erkner, Schmöckwitz, Königswusterhausen. 1 : 60,000. 48,5×45 cm. Farbdr. Berlin (902). J. Straube. n. — 75

Spreebote, der. Illustr. Berliner Familien-Kalender f. d. J. 1898. 4. (52 u. 10 S. m. Wandkal.) Berlin, E. Cumme's Deutschverlag u. C. Hinstorff's Verl. — 30

Spreelauf [Schlagwort]

Spreelauf. Spezial-Karte der Oberspree bezw. der wendischen Spree und der angrenzenden See'n zwischen Berlin, Treptow, Köpenick, Grünau, Schmöckwitz, Neue Mühle [Königs-Wusterhausen], Bindow, Prieros, Teupitz einerseits, sowie zwischen Berlin, Köpenick, Friedrichshagen, Erkner und Woltersdorfer Schleuse andrerseits. 1 : 40,000. Photolithogr. und color. gr. Fol. Mit beschreibendem Text. 8. (V, 25 S.) Berlin 884, Hahne. *

Spreenhagen [Schlagwort]

Spreenhagen, s. Preussen, Messtischblätter.

Spreer, E. L., De verbis contractis apud Herodotum. Pr. 1874. 19 S. 4°.

Spreer, Leopold [Dir.]: *Die im vorigen Jahre gestorbenen früheren Angehörigen der Anstalt.* Putbus, Druck v. A. Dose, 1897; 9—10 S. 4.
Putbus, k. Pd, OP 1897 (145)

Spreer, [Leopold], Dir.: [**Ansprache** beim Abschied des Prof. Dr. Ferd. Witte, des Stiftssuperintendent Prof. Bithorn und des Oberl. Gustav Mollenhauer.] *Merseburg (1901): F. Stollberg.* (S. 8—9.) 4°
Merseburg, Dom-G, OP 1901 (259)

Spreer, Leopold Malte, Fürst und Herr zu Putbus. Ein Lebensbild. 8 (S. 1—68).
In: Festschrift z. Feier des 50jähr. Jubil. des Pädagog. *Putbus* 1886.
Progr.

Spreer, Leop., Malte, Fürst u. Herr zu Putbus. Ein Lebensbild. gr. 8. (68 S.) Berlin 886. Weidmann. n. 1. 20

(Spreer, Leopold) Mitteilungen über die Freistellen und Stiftungen bei dem Königlichen Pädagogium zu Putbus. 4 (8 S.).
Progr. Pädagogium *Putbus* 1890.
Nicht im Tauschverkehr.

[Kopft.:] **Spreer**, Leopold [Dir.]: Ueber die Verteilung der Arbeit zwischen Lehrern und Schülern. *Putbus, Druck v. A. Dose, 1894;* 14 S. 4.
Putbus, k. Pd, OP 1894 (139)

Spreer, Leopold: **Über die Verwendung der Poetik des Aristoteles in der Schule.** *Merseburg (1902): F. Stollberg.* (50 S.) 8°
Merseburg, Dom-G, OP 1902 (267)

Spreer, Leop. Luthers Werk in seinen Wirkungen mit besonderer Berücksichtigung der Lokalgeschichte. Festrede gehalten am 10. Nov. 1883. 11 S. Progr. *Putbus* 1884.

Spreer, O., Straßburgs Eichenkranz, s.: Groschenbibliothek.

— junge Mädchenherzen im Wechsel d. Lebens. Zwei Erzählgn. f. die reifere weibl. Jugend. 8. (183 u. 127 S. m. 2 Holzschn.) Kattowitz 886. Siwinna. geb. n. 3. —

Kriegserinnerungen eines alten Feldpredigers aus dem Kriege 1870/71. Von [Otto] **Spreer**, Pastor em. Berlin: E. S. Mittler & Sohn 1907. (100 S.) 8° [F.]
Aus: Soldatenfreund. Jg 73. 74. [07. 1065 B

Der Spreetunnel zwischen Stralau und Treptow bei Berlin. Ausgeführt i. d. J. 1895—99 v. d. Ges. f. d. Bau von Untergrundbahnen GmbH. zu Berlin. — Berlin: Springer 1899. 16 S., 8 Taf 4°
11.

Spreewald [Schlagwort]

— s. a.: Berlin, Peip.

Spreewald, s.a. Mark.

— s.a. Wanderkarten.

Spreewald. Karte vom Spreewald. 1 : 100,000. 87,5 × 28,5 cm. Lith. Nebst kurzem Führer. 12. (4 S.) Lübbenau 894. Spreewald-Buchhandlg., E. Bruchmann. n. — 25

Spreewald. Karte vom Spreewald. [Aus: „Grieben's Reiseführer".] 1 : 55,000. 31×37,5 cm. Farbdr. Berlin 905. 906. A. Goldschmidt. In Mappe n. — 50

Spreewald. Kiessling's Special-Karte vom Spreewald. 1 : 50,000. Mit prakt. Touristen-Führer. 3. Aufl. Farbendr. Berlin 888. Kiessling. n. — 75

Spreewald. Kiessling's Spezialkarte v. Spreewald. 1 : 50,000. 5. Aufl. 30 × 35,5 cm. Farbendr. Mit prakt. Touristen-Führer. 8. (10 S.) Berlin 894. A. Kiessling. — 75

Spreewald. Straube's, Jul., Spezial-Karte vom Ober- u. Unter-Spreewald. 1:100,000, m. Ergänzungskarte Lübben-Cottbus-Liberose. 1 : 300,000. (41,5×38,5 cm. Farbdr.) u. genauem Führer. (Neue Aufl.) 12. (13 S.) Ebd. (900). n. — 75

Spreewald [Sachl. OW]

Der **Spreewald**. Prakt. Wegweiser. 5. Aufl. Bearb. von P[aul] Fahlisch. M. e. Kt. vom Spreewald. *Berlin: A. Goldschmidt 1897.* (53 S., 1 Bl., 1 Kt.) 1 Bd 8.
= **Reisebücher**, Griebens. Bd 51. [97. 4376

Der Spreewald. Prakt. Wegweiser. 6. Aufl. Bearb. v. P. Fahlisch. Mit 1 Kt. v. Spreewald. Berlin: A. Goldschmidt 1899. (48 S., 1 Kt.) 1 Bd. 8°
= Reisebücher, Griebens. Bd 51.

Der Spreewald. Prakt. Wegweiser. 7. Aufl. Bearb. von P. Fahlisch. Mit 1 Karte. Berlin: A. Goldschmidt 1902. (48 S.) 8°
= Reisebücher, Griebens. Bd 51.

Der **Spreewald**. Prakt.Wegweiser. 8. Aufl. Bearb. von P[aul] Fahlisch. Mit 3 Karten. Berlin: A. Goldschmidt 1905–06. (48 S.) 8° [F. u. Ant.]
= **Reiseführer**, Griebens. Bd 51. [06. 3331

Der **Spreewald**. Prakt. Reiseführer. 9. Aufl., neu bearb. von P[aul] Fahlisch. Mit 3 Karten. Berlin: A. Goldschmidt 1908–09. (45 S.) 8°
— **Reiseführer**, Griebens. Bd 51. [08. 15383

Der **Spreewald**. Prakt. Reiseführer. 10. Aufl., neu bearb. von P. Fahlisch. Mit 3 Kt. Berlin: A. Goldschmidt 1910–11. 40 S. 8°
(Griebens Reiseführer. Bd 51.) [10. 9390

Spreewald, der, im J. 1875. Ein Führer f. Vergnügungs-Reisende v. C. C. K. gr. 16. (16 S.) Berlin 875. Rubenow. — 30

Spreewald-Album. qu. 16. (12 Photogr.-Imitationen.) Lübbenau 891. Spreewald-Buchhandlung. In Leinw.-Decke. — 75

Spreewald-Führer, der kleine offizielle, nebst Tourenkarte. 12. (5 S.) Lübbenau (902). (E. Bruchmann.) — 10

Spreewald-Führer, der kleine offizielle, nebst Touren-Karte. (5 S. in Leporelloform.) 16. Lübbenau (908). (Spreewald-Buchh. E. Bruchmann.) — 10

Spreewald-Literatur. Nr. 1 u. 2. gr. 16. Lübben 889. 890. Vorwerg. n. — 55
1. Bilder aus dem Spreewalde. I. Straupitz. (36 S.) n. — 25
2. — dasselbe. II. Bruchstücke zur Geschichte d. Burg im Spreewalde von Ernst v. Schönfeldt. (69 S.) n. — 30

Spreine, Viktor, Referendar: Die Veräußerung von Geschäftsanteilen bei der Gesellschaft mit beschränkter Haftung. Göttingen 1910: Kaestner. VIII, 90 S. 8°
Gießen, Jur. Diss. v. 19. Sept. 1910, Ref. Leist
[Geb. 1. Dez. 82 Zeven; Wohnort: Göttingen; Staatsangeh.: Preußen; Vorbildung: Gymn. Göttingen Reife O. 03; Studium: Göttingen 9 S.; Rig. 29. Juni 10.] [U 11. 1220

Spreitzenhofer, Ernest, die Entwicklung des alten Mönchthums in Italien von seinen ersten Anfängen bis zum Auftreten des hl. Benedict. Hrsg. m. Unterstützg. der Leo-Gesellschaft. gr. 8. (139 S.) Wien 894. H. Kirsch. n. 2. 80

Spreitzenhofer, Ernest: Notice de „la fleur des histoires". S. 3—25, 5 Taf. 8.
Progr. K. k. Ober-Gymn. zu den Schotten *Wien* 1907.

Spreitzenhofer, Ernst Die historischen Voraussetzungen der Regel des hl. Benedict von Nursia. (Nach den Quellen.) (Umschlagtitel: . . von Nursia.) 8 (S. 3—93).
Progr. K. k. Ober-G. zu den Schotten *Wien* 1895.

Spreitzenhofer, Ernest, O. S. B., die histor. Voraussetzgn. d. Regel d. hl. Benedict v. Nursia. (Nach d. Quellen.) Progr. gr. 8. (93 S.) Wien 895. (H. Kirsch.) n. 1. 20

Spreitzenhofer (G. C.). Flora der ionischen Inseln. Wien, 1878. 8°.

Sprekelsen, Johann Peter von (Hamburg) A. S. 317/34

De remedio ex l. ult. c. de edicto d. Hadriani tollendo. Göttingen (Schultz) 6. VI. 1749. 78 S.

Gew.: Stadt Hamburg.
W. v.: Georg Ludwig Boehmer, S. P. D. Bekmann.
33067

Spremberg [Schlagwort]

Spremberg, s.: Deutschland. Karte (Abteilung Preussen). — Preussen. Messtischblätter.

Spremberg [Verfasser]

Spremberg, Fr. Dn., moralische Gedenczettel, vulgo Devisen; bei d. Säcularfeier. 8. Görlitz 800.

Spreng, Albert, a. Freiburg i. B.: Über die Kohlehydrate der Hefe. Freiburg i. B.: Speyer & Kaerner 1906. (39 S.) 8°
Freiburg i. B., Phil. Fak., Ref. Gattermann, Diss. v. 17. Nov. 1906
[Geb. 15. Dez. 80 Freiburg i. B.; Wohnort: Freiburg i. B.; Staatsangeh.: Baden; Vorbildung: Gymn. Freiburg i. B. Reife Juli 00; Studium: München 2, Freiburg i. B. 8 S.; Rig. 19. Juli 06.]

Spreng, Alfred

Spreng, A., Postscheck- u. Giroverkehr. Schweizerische Nationalbank, Erwerbsgesellschftn., s. a. Gewerbe-Bibliothek, schweizer. Nr. 13.

Spreng, A[lfred]. Postscheck- und Giroverkehr, Schweizerische Nationalbank, Erwerbsgesellschaften. Hrg. für gewerbliche und kaufmännische Schulen, sowie zum Privatgebrauche. (Separatabdruck [aus dem] Gewerbekalender 1907.) IV + 16 S. 8. Bern, Büchler & Co., 1907. fr. —.30; von 10 Ex. an à —.15
Schweizer. Gewerbe-Bibliothek. Nr. 13.

Spreng, A[lfred]. Wirtschaftsgeographie der Schweiz. Kurzgefasstes Lehrbuch für Handels- und andere Mittelschulen. [Mit 5 Karten.] 92 S. 8. Bern, Verlag: Lehrmitteldepot Monbijou, 1909. [cart. fr. 2. —]

Spreng, A[lfred]. Wirtschaftsgeographie der Schweiz. Kurzgefasstes Lehrbuch für Handels- und andere Mittelschulen. [Mit 5 Karten.] 2. Aufl. 94 S. 8. Bern, Verlag: Lehrmitteldepot Monbijou, 1909. [cart. fr. 2. —]

Spreng, J.

— Geschäftsaufsätze f. Volks- etc. Schulen, s.: Jakob, Ford.

Spreng, J., bernisches Civilprozess-Gesetz, genannt: „Gesetz betr. Vereinfachung u. Abkürzg. des Civilprozessverfahrens“ u. in der amtl. Ausg. betitelt: „Revidiertes Gesetz üb. das Verfahren in Civilrechtsstreitigkeiten“ v. 3. VI. 1883, m. Anh., hauptsächlich enth. einige civilprozessrechtl. Bestimmgn. aus anderen Gesetzen. Textausg. m. Anmerkgn. gr. 8. (VIII, 272 S.) Bern 899. Neukomm & Zimmermann. Geb. in Leinw. n. 6.60

Spreng, Ignaz Damian (Ed.):

s.: (Fischer, Wolfgang Martin Gabriel: Rationalis medicinae via regia sive institutiones saluberrimae medicinae in alma ...Universitate Oenipontana publicis praelectionibus divulgatae...collectae in usum tyronum... Viennae: 1766)

JB 2.036

(Spreng. Johann Jacob.) Abhandlungen von dem Ursprunge und Altertum der mehrern und mindern Stadt Basel, wie auch der raurachischen und baselischen Kirche. [3 Theile.] 4. [Basel] 1756.
[Theil 1] *u. d. T.:* Der mehrern Stadt B' Ursprung und Altertum. in einer öffentlichen Lesung abgehandelt von J(ohann) Jakob Sprengen ... 1756
[Theil 2] *u. d. T.:* Der mindern Stadt B' U' und A' bis auf ihre Vereinigung mit der mehrern Stadt. in öffentlichen Lesungen abg' von Joh. J' Sprengen 1756
[Theil 3] *u. d. T.:* Des christlichen Raurachs und Basels U' und A' bis auf Karl. den Grossen, in öff' Lesungen abg' von Joh. J' Sprengen. ([Mit Anhang:] Beantwortung gewisser Einwürfe, welche dem Verfasser wahrendem Drucke dises Werkes gemacht worden.) 1756.

Spreng, Johann Jacob. Als Seine Gnaden ... Herr Samuel Merian, des Hohlöblichen Cantons Basel Neu-Erwählter Oberster Zunftmeister. Ihre Regirung glücklichst antraten ..., sollte darüber sein Frohlocken in nachfolgenden Gedichten bezeugen ... M. J' Jakob Sp' ... fol. Tübingen 1731.

Spreng, Johann Jacob. Bey der Erhöhung des Hochwolgebohrnen ... Herrn Achilles Leislers zu der Würde eines Obersten Zunftmeisters des hochlöblichen Freystandes Basel besang die gebeugte und wieder aufgerichtete Rauracis J' Jakob Sp' ... fol. Basel, den 18. Christmonats, 1767.

Spreng, Jh. Jak., s. Dryden, d. Stand d. Unschuld.

Spreng, Johann Jacob. Ehren- und Sigsmahl der Zwelfhundert Eidsgenossen, welche den 26. Augstm. 1444. in der Schlacht bey St. Jakob, vor Basel, geblieben, vermittelst einer feyerlichen Gedächtnißrede ... aufgerichtet von J' Jakob Sprengen ... 4. Basel 1748.

— Ehren- u. Siegesmahl d. 1200 Eidgenossen b. d. Schlacht St. Jacob. 4. Zürich. (Thurneisen in Basel.) 748.

Spreng. Joh[ann] Jacob. Den unsterblichen, und in dem ... Herrn Johannes Feeschen, welcher den 5ten Aprils 1762. zu der Würde eines Obersten Zunftmeisters des Hochlöblichen Standes Basel gelangte, neuerstandenen Landesvater besang Joh. Jakob Sp' ... fol. Basel (1762).

Spreng, Joh. Jakob. J. J. Sprengens geistliche und weltliche Gedichte. Erster (= einziger) Teil. Quid dem? quid non dem? .. Zürich, Heidegger und Comp., 1748. 8°. 4 Bl. 509 S. Leicht beautzter marmor. Pbd. d. Z.
G. IV.[1] 18. 4: 2.

Spreng's, Joh. Jac., Idioticon Rauracum. Bearb. von Adf. Socin. gr. 8. (45 S.) Bonn 888, Hanstein. *
Aus: Alemannia, besonders abgedruckt.

— praelectio de revocando apud Rauracos Graecae linguae studio. 4. Basel 762.

— s. Psalmen David.

— Samml. geist. u. weltl. Gedichte u. Uebersetz. 8. Zürich, Orell. (Geßner.) 748.

— neue Uebers. d. Psalmen Davids, auf d. gewöhnl. Singweise eingerichtet. 8. Frankf. Varrentrapp. 747.

— neue Uebers. d. Psalmen Davids. 8. Bernburg, Cörner. 766.

— neu verbess. Uebers. d. Psalmen Davids. 8. Basel, Flick. 774.

— der mehrern Stadt Basel Ursprung u. Alterthum; in e. öffentl. Lesung abgehandelt. 4. Basel 756.

Spreng, Jh. Jak., († d. 24. Mai 1768.) der mindern Stadt Basel Ursprung u. Alterthum bis auf ihre Vereinigung mit der mehrern Stadt. 4. Basel 756. Thurneisen. 1 ₰ 8 gr Hbg. Pr. 20 gr

—des christl. Rauracho u. Basels Ursprung u. Alterthum bis auf Karl d. Großen. 4. Basel 756.

—Vorschlag u. Probe e. allgem. deutschen Glossarii. Fol. Basel 757.

— Zeugnisse alter Helden u. Juden. 8. Zürich, Thurneisen. 745.

Spreng, Jul., Kubik-Tafeln f. runde Hölzer in 100-teln des Kubikmeters, A f. Längen von 0,2 zu 0,2 m u. Durchmesser v. Centimeter zu Centimeter, B f. Längen v. ganzen Metern u. Durchmesser v. geraden Centimetern. 2. Aufl. (27 S.) Lex. 8. Leutkirch (910). J. Bernklau. Geb. 1. 50

Sprengel, Hospitalbehandlung im Kindesalter. Vortrag, geh. bei Gelegenheit d. Ausstellg. v. Erzeugn. f. Kinderpflege, Ernährg. u. Erziehg. in Dresden Sommer 1895. [Aus: „Für Haus u. Schule".] gr. 8. (17 S.) Dresden 895. A. Köhler. — 50

Sprengel, A., s.: Zeitfragen, pädagogische.

Sprengel, Anton

Sprengel, A., († d. 26. Jan. 1851), Anleitung zur Kenntniß aller in der Umgegend von Halle wildwachsenden phanerogam. Gewächse. 8. (IV u. 538 S.) Halle 848, Anton. 1 1/2 ℛ

—— Grundriß der Mineralogie. gr. 8. (180 S.) Stuttgart 851 (52,) Becher's Verlag.

— Grundriß der Mineralogie. [Abdr. aus Döbereiner's „deutsches Apothekerbuch." 2. Thl.] gr. 8. (180 S.) Stuttgart 852, Becher. 18 ngr.

—— Lehrbuch der Pharmacie, s. Döbereiner.

Sprengel, Antonius: * De Psarolithis. 15 Bl. 8° (4°)
Halle-Wittenberg, Phil. Diss. v. 6. Okt. 1825
Geb. [Halle a. d. S. 10. 9. 1803]
Das Protokoll der Prüfung ist vom 9. Okt. 1825 datiert. Erschien um einige neue Beobachtungen und eine Taf. vermehrt u. d. T.: Commentatio de Psarolithis, ligni fossilis genere. Cum tabula aeri incisa. Halae: Anton 1828. 42 S., 1 Taf. 8°

Sprengel, A., Commentat. de Psarolithis, ligni fossilis genere. 8. (3 B. u. 1 Kpfrt.) Halae 828, Anton.

Sprengel, Antonius: Tentamen supplementi ad systematis vegetabilium Linnaeani editionem decimam sextam. Gottingae: Dieterich (1828). 35 S. 8°
Halle-Wittenberg, Phil. Hab.-Schr. v. 20. Sept. 1828

Sprengel, Auguste, Alt-Mecklenburg u. s. Fürsten. Festgabe zu Großherzogs Geburtstag. 8. (32 S.) Rostock 896. Berlin, W. Werther. n. — 50

Sprengel, Auguste: Die allgemeine Frauenschule, die Fortsetzung der höheren Mädchenschule. — Leipzig u. Berlin: Teubner 1909. 84 S. 8°

Sprengel, Carl, s. Sprengel, Karl

Sprengel, Christian Konrad

— das entdeckte Geheimniß d. Natur im Bau u. in der Befruchtung der Blumen. Mit Kpf. gr. 4. Berl. 794. Vieweg in Braunschw. 3 ℛ 16 gℊ

Sprengel, Chrn. Conr., das entdeckte Geheimniss der Natur im Bau u. in der Befruchtung der Blumen. Fcsm.-Druck der Ausg. v. 1793. gr. 4. (IV, 444 Sp. u. 4 S. m. 25 Taf.) Berlin 893. Mayer & Müller. n. 8. —

— dasselbe, s.a. Ostwald's, W., Klassiker der exacten Wissenschaften.

Das entdeckte Geheimniss der Natur im Bau und in der Befruchtung der Blumen von Christian Konrad Sprengel. (1793). Hrsg. von Paul Knuth. In 4 Bdchn. Leipzig: W. Engelmann 1894. 4 Bde. 8°
= Klassiker, Ostwald's, d. exakten Wissenschaften. No 48–51.

Sprengel, Clementine, s. Sprengel, Klementine

Sprengel, Curt, s. Sprengel, Kurt

Sprengel, Erhard Valentin Jakob

— s. Geschlecht, das andere.

§ **GESCHLECHT**, Das andere, das bessere Geschlecht. Ein Versuch zur richtigern Würdigung des andern Geschlechts (von *Erhard Valentin Jacob Sprengel*). Berlin 1798. 16°. (2 Mk., Hfz., Bernh. Liebisch, Lpz., 1906.) (Auch in Amsterdam: Bibl. Gerritsen.)

– Über

— — das weibliche Geschlecht. Ein Versuch zur richtig. Würdigung desselben (von *Erhard Valentin Jacob Sprengel*). Mit reizendem Titelkupfer. Braunschweig, o. J. (1796) 12°. (1 fl. 50 xr., schönes Expl., J. Eisenstein & Co., Wien, vor 1890.)
Fehlt im Anon.-Lex.

Ueber den Unsterblichen Ruhm Friedrichs des Grossen. Eine Gedächtniss-Predigt auf den Höchstseelig verstorbenen König Friedrich den Zweyten den 10ten September 1786 in der hiesigen Garnison-Kirche gehalten von E. F. A. Sprengel, Feldprediger des Hochlöbl. Freyherrlich. Regiments von der Golz. Stettin 1786. 8.

Sprengel, Ehrd. Val. Jak., († d. 15. Juli 1804.) Schreiben an den ungenannten Herausgeber d. Anekdoten u. Charakterzüge Friedrichs II. 8. Potsd. 786.

Sprengel, Elsa, Jutta. Schauspiel in 5 Akten. Nach e. alten Mysterium. (96 S.) 8. Magdeburg (906). (Charlottenburg, Buchh. A. Seydel.) n. 1. 50

Sprengel, Fr., s.: Chronik des deutschen Forstwesens.

Sprengel, Fr., eine forstliche Studienreise durch Moor und Heide in Ostfriesland und Holland, mit Wald-Stationen im Königr. Sachsen, in Hannover und im Bremen'schen im Herbst 1878. Sr. Exc. dem Hrn. Minister für die landwirthschaftlichen Angelegenheiten Dr. Friedenthal als Reisebericht erstattet. Mit einem (lithogr.) Situations- und Nivellements-Plan eines Abschnittes des Süd-Nord-Canals im ostfries. Moorgebiet. gr. 8. (IV, 80 S.) Berlin 879, Springer. *

Sprengel, Frdr., praktisches Handbuch zur Abhaltung und Vertilgung der schädlichsten Thiere [des kleinen u. großen Ungeziefers] in Haus u. Hof, Küche, Keller ꝛc. Ein Hülfs- u. Nothbuch für jede Haus-, Land- u. Gartenwirthschaft. Berlin 864. Fahlisch. gr. 16. (XI, 185 S.) 20 ngr.

Sprengel, Georg *Wilhelm* [app. Arzt aus Schwarmstedt in Hannover]: Aus d. patholog. Instituto zu Kiel. Beitrag zur Aplasie der männlichen Genitalien ... Kiel, Druck v. Schmidt & Klaunig, 1892; 14 S., 1 Bl. 8.
Kiel, Med. Fak., Inaug.-Diss. v. [21. Dez.] 1892

Sprengel, Georg, approb. Arzt aus Senftenberg N.L.: Aus d. Chirurg. Klinik zu Kiel. Zur Casuistik der Gelenkkörper des Kniegelenks. *Kiel 1903: P. Peters.* (15 S.) 8°
Kiel, Med. Diss. v. [19. Mai] 1903

Sprengel, Gust., Kampagnebilder aus d. Jahren 1813 u. 1814. 8. (15 B.) Mannheim 837, Hoff.

Sprengel, J. F. Bericht von dem letzten Pommerschen Kriege u. dem der Stadt Anklam angedrohten Unglück. (1 B.) 4. Anklam 1754.

Sprengel, Joachim Friedrich. Beschreibung der Bergwerke nach ihrem ganzen Umfange. Berlin 1753. V: *Voigtel, Johann Gottlieb.* (Ky)

Sprengel, Joach. Fr., († d. 10. Jan. 1808.) Beschreib. der Bergwerke nach ihrem ganzen Umfange, (eigentl. v. Jh. Gli. Voigtel, der zu Ende des vorig. ꝛc. Jahrh. lebte). 8. Berl. 753. Realschulbuchh.

— Entwurf e. Gesch. der Steinsammll. bis auf unsre Zeiten. 8. Berl. 751.

Sprengel, Joach. Fr., Vorstellung der Kräuterkunde in Gedächtnißtafeln. 4. Greifsw. 754.

Sprengel, Jh. Chr. Gll.: „Hauptstücke der Landwirthschaftskunst", Breslau 1753 (W. G. Korn).

Sprengel, Joh. Geo., die Notlage des deutschen Unterrichts auf den höh. Schulen insbesondere auf d. humanistischen Gymnasium. Vortrag, geh. auf der Hauptversammlg. d. Vereins f. Schulreform zu Berlin am 4. IV. 1909. (35 S.) gr. 8. Berlin 909. O. Salle. — 50

Sprengel, Johann Jakob (Rostock) A. S. 116/7

Dissertatio inauguralis iuridica, de pretio redemtionis clavium, vulgo: Vom Schlüssel=Gelde.
Präs. Ernst Johann Friedrich Mantzel.
Rostock 20. IV. 1747. 36 S.

W. v.: Präs.

Der Druckername ist vielleicht abgeschnitten.
33068

Sprengel, Ioannes Georgius [Cassellanus]: De ratione, quae in historia plantarum inter Plinium et Theophrastum intercedit. . . . Marpurgi Cattorum, typ. Friederici typogr. acad., 1890: 63 + 1 S. 8°
Marburg, Phil. Fak., Inaug.-Diss. v. 10. Jun. 1890

Sprengel, Johs. Geo., de ratione, quae in historia plantarum inter Plinium et Theophrastum intercedit. Dissertatio inauguralis. gr. 8. (63 S.) Marpurgi Cattorum 890. (Leipzig, Fock.) n. 1. 50

Sprengel, Karl

Sprengel, Carl, Annalen d. deutschen Landwirthschaft, s. Annalen.

—— die Bodenkunde, od. d. Lehre vom Boden, nebst e. vollständ. Anleit. z. chem. Analyse d. Ackererden u. d. Resultaten v. 170 untersuchten Bodenarten aus Deutschland, Belgien, England, Frankreich, d. Schweiz, Ungarn, Rußland, Schweden, Ostindien, Westindien u. Nordamerika. gr. 8. (37 B. u. 1 Stnt.) Leipzig 837, Müller.

Sprengel, Carl, die Bodenkunde od. die Lehre vom Boden, nebst e. vollständ. Anleitung zur chemischen Analyse der Ackererden u. den Resultaten von 180 chemisch untersuchten Bodenarten aus Deutschland, Belgien, England, Frankreich, der Schweiz, Ungarn, Rußland, Schweden, Ostindien, Westindien u. Nordamerika. 2. Aufl. gr. 8. (38 B. u. 1 Stnt.) Leipzig 844, Müller.

Sprengel, Carl, Chemie f. Landwirthe, Forstmänner u Cameralisten. 2 Thle. gr. 8. Göttingen, Vandenhoeck u Ruprecht. [1. (51½ B.) 831. 3 Thlr. 8 Gr., 2. (45½ B.) 832. 2 Thlr. 20 Gr.]

Sprengel K.: Neue Entdeckungen im ganzen Umfang d. Pflanzenkunde. 3 Bd. Leipz. 1820—22. 6 Tvl.

Sprengel, Carl, meine Erfahrungen im Gebiete der allgemeinen u. speciellen Pflanzen=Cultur. 3 Bde. gr. 8. (1: XII u. 345 S. 2: XII u. 348 S. 3: VIII u. 271 S.) Leipzig 847. 50. 52, Baumgärtner. (1 u. 2: à 1⅓ ₰ 3: 1⅓ ₰) 4⅓ ₰

—— die Lehre vom Dünger, od. Beschreib. aller bei d. Landwirthschaft gebräuchl. vegetabil., animal. u. mineral. Düngermaterialien, nebst Erklär. ihrer Wirkungsart. gr. 8. (29½ B.) Leipzig 839, Müller.

—— die Lehre vom Dünger oder Beschreibung aller bei der Landwirthschaft gebräuchl. vegetabil., animal. u. mineral. Düngermaterialien nebst Erklärung ihrer Wirkungsart. 2., verm. u. verb. Ausg. gr. 8. (33 B.) Leipzig 845, Müller.

— die Lehre von den Urbarmachungen und Grundverbesserungen, oder: Beschreibung u. Erklär. aller Urbarmachungen u. Grundverbesserungen, welche die Sümpfe, Brüche, Hochmoore, Teiche, Haiden, Wüstungen, Wälder, Sandschellen, Dünen, felsigen Gründe, Äcker, Wiesen u. Weiden betreffen. Mit 6 Kpfrtaf. gr. 8. Leipzig 838. Baumgärtner. 3 ₰

—— die Lehre von den Urbarmachungen u. Grundverbesserungen. 2., verm. u. verb. Aufl. gr. 8. (31 B. u. 6 Kpfrt.) Leipzig 846, Baumgärtners Buchh.

Sprengel, Karl: „Nachrichten über Hofwyl in Briefen, nebst einem Entwurfe zu landwirthschaftlichen Lehranstalten", Celle 1819 (Halle, Schwetschke & S.; auch Rücker in Berlin).

— die Nützlichkeit d. Bienen u. die Nothwendigkeit d. Bienenzucht von e. neuen Seite dargestellt. 8. Berlin, Bieweg. 812.

Sprengel, Karl Fr. Ad., s. Locusta.

LOCUSTA, Karl (d. i. *Karl Friedr. Adolf Sprengel*), Scenen aus Immanuel Schwenkendiek's Kandidatenleben. Aus den Papieren des Seligen zusammengetragen und an's Licht gestellt. Th. 1. (einz.). Mit 1 Kpf. Berlin, 1822, bei Ferd. Dümmler. 8⁰. (Expl. in Rostock, Univ.-Bibl.)
X u. 233 S. Abentheuerlich, aber ohne Anstößigkeiten. — Kayser hat auch nur Th. 1.

Sprengel, Klementine, der 1. April. Vertraue auf Gott, s. a. Erholungsstunden.

Sprengel, Klementine, u. Herb. v. Osten, der 1. April u. andere Erzählungen. I. Der 1. April. II. Vertraue auf Gott. Von Sp. III. Fromm u. treu. Von v O. Mit 4 feinen Farbendr.=Bildern nach Aquarellen v. W. Schäfer. 21.—31. Tauf. Neue Ausg. (128 S.) 8. Wesel (905). W. Dums. Geb. — 60

Sprengel, Clementine, Försters Ella. Erzählung für erwachsene Mädchen. 8. (IV, 256 S.) Kattowitz 890. Siwinna. geb. n. 2. —

Sprengel, Klementine, Erholungsstunden. Erzählungen f. die Jugend. I. Der 1. April. II. Vertraue auf Gott. III. Fromm u. treu. Von Herbert v. Osten. 12. (128 S. m. 5 farb. Bildern v. W. Schäfer.) Wesel 891. W. Düms. Geb. — 75

Sprengel, Klementine, Ernstes u. Heiteres, s.: Cassau, Karl.

Sprengel, Clementine, Erzählungen, s. Jugendschatz, deutscher.

Sprengel, Clementine, **in der goldenen Ferienzeit. 4** Erzählgn. f. Knaben **u. Mädchen von 8—11 Jahren.** 8. (116 S. m. 4 **Farbdr.) Reutlingen (901). R. Bardtenschlager. Geb. 2. 50**

—— eine junge gnädige Frau. Erzählung **für erwachsene** Mädchen. 8. (III, 275 S.) Kattowitz 888, Siwinna. **geb.** *

Sprengel, Klementine, Frühlingsblumen, s.: Ziegler, Helene v.

— die Familie Horst. Erzählung f. junge Mädchen. 8. (V, 193 S.) Ebd. 887. geb. n. 3. —

— bunte Jugendbilder. Zwei Erzählgn. f. die reifere Jugend. Mit 6 feinen Farbendr.-Bildern nach Aquarellen v. W. Schäfer. 8. (120 S.) Wesel 889. Düms. geb. 1. —

— aus d. Jugendzeit. 2 Erzählgn. f. d. reif. Jugend. Mit 6 feinen Farbendr.-Bild. nach Aquarellen v. W. Schäfer. 16.—21. Tauf. 8. (120 S.) Wesel 895. W. Düms. Geb. 1. —

— aus der Jugendzeit. 2 Erzählgn. f. die reifere Jugend. **Mit 6 feinen Farbendr.-Bildern** nach Aquarellen **von W. Schäfer. (22.—24. Tauf.)** 8. (120 S.) Wesel (900). **W. Düms.** Geb. 1. —

— aus der Jugendzeit. 2 Erzählgn. f. die reifere Jugend. Mit (2) Farbendr.-Bildern v. W. Schäfer. 25.—31. Tauf. Neue Ausg. (120 S.) gr. 8. Wesel (904). W. Düms. Geb. — 75

— Aus d. Jugendzeit. Zwei Erzählgn. f. d. reifere Jugend. Mit (2) Farbendr.-Bildern v. W. Schäfer. 40.—45. Tauf. Neue Ausg. (120 S.) 8. Wesel (908). W. Düms. Kart. — 80

– die wilde Katze von Reinsberg, s.: Jugendschatz, deutscher.

— u. Karl Cassau, Amtmanns Lucie u. andere Erzählungen f. Mädchen u. Knaben v. 10—15 Jahren. Mit 6 feinen Farbendr.-Bildern nach Aquarellen v. W. Schäfer. 8. Ebd. 804. Geb 1. —
Amtmanns Lucie. Von K. S. Die Nachbarskinder. Von K. S. Wasserverkäufer od. Prinz? Von K. C. (120 S.)

— u. Karl **Cassau,** für junge Mädchen. Erzählungen. Mit 4 feinen Farbendr.-Bildern nach Aquarellen v. W. Schäfer. 1.—7. Tauf. gr. 8. (120 S.) Wesel 899. W. Düms. Geb. 1. —

— Mädchenblüten. 2 Novellen für erwachs. Mädchen. (Die gezähmte Widerspenstige. Nur e. Bonne.) 8. (IV, 303 S.) **Kattowitz 896.** G. Siwinna. Geb. in Leinw. n. 4. 50

(8) — Mädchenblüten. 896. Kattowitz, Phönix-Verlag. Erm. Pr. 3. —

Sprengel, Clementine, junge Mädchenherzen im Wechsel des Lebens. Zwei Erzählungen für die reifere weibl. Jugend. 8. (183, 127 S. mit 2 Holzschn.) Kattowitz 886, Siwinna. geb. *

Sprengel, Klementine, unser Sonnenkind. Erzählg. f. junge **Mädchen.** 8. **(224 S. m. 4 Farbendr.)** Reutlingen 898. R. Bardtenschlager. Geb. 3. —

— **unser Sonnenkind. Erzählung** f. junge Mädchen. (Neue Aufl.) **gr. 8. (224 S. m. 3** Vollbildern.) Reutlingen (902). R. Bardtenschlager. Geb. in Leinw. 3. 50

-- u. Herb. **v. Osten,** vertraue auf Gott **u. and. Erzählgn.** I. Der erste April. II. Vertraue auf Gott. Von Sp. III. Fromm u. treu. Von v. O. Mit (2) feinen Farbendr.-Bildern nach Aquarellen v. W. Schäfer. 32.—37. Tauf. Neue Ausg. (128 S.) kl. 8. Wesel (908). W. Düms. Geb. — 60

Sprengel, Kurt

— Abhandl. zur Geschichte des Pulses. 8. Bresl. 787. (Gosohorsky). 8 gr.

Sprengel, Curtius: Antiquissimum regis Aegyptii Pheronis Ἀναθημα. Halae (1823): Grunert. 10 S. 8°
Halle-Wittenberg, Med. Progr. z. Promotion von Ernst **Meyerheine** 1. Sept. 1823
in: **Meyerheine,** Ernestus: De angina polyposa. Halle. Med. Diss. v. 1. Sept. 1823.
Wiederabgedr. in des Verf. Opusc. acad. 1844. S. 50–52.

Kurt Sprengel

De Angina polyposa. [Resp.:] Ernestus Meyerheine. Halae (1823:) Grunert. 23 S. 8°

Halle, Med. Diss. v. 1. Sept. 1823

Beigeb.: Sprengel: Antiquissimum Regis Aegyptii Pheronis αναϑημα [Anathema]. Halae 1823.

Kurt Sprengel

Curtius Sprengel: Animadversiones castrenses. [Resp.:] Gulielmus Sprengel [Wilhelm Sprengel]. Halae (1816:) Grunert. 21 S. 4°

Halle, Med. Diss. v. 20. Apr. 1816

— Anleit. zur Kenntniß der Gewächse, in Briefen. 2 Thle. Mit 12 Kpftaf. 8. Halle 802. Kümmel. 3 ℛ illum. 4 ℛ Schrbp. schwarz 3 ℛ 12 gr. illum. 4 ℛ 8 gr. Holl. Pap. 5 ℛ 3r Thl. oder Einleit. in das Studium d. kryptogam. Gewächse. Mit 10 Kpft. 8. Ebd. 804. 2 ℛ 12 gr. illum. 3 ℛ 12 gr. Schrbp. schwarz 2 ℛ 20 gr. ill. 3 ℛ 20 gr. 2e umgearb. Aufl. 2 Bde in 3 Abtheill. Mit 25 ill. Kpf. 8. Ebd. 816—818. 8 ℛ 16 gr. Weiß Druckp. 9 ℛ 12 gr. Schrbp. 11 ℛ Velinp. 13 ℛ 8 gr.

Sprengel, Kurt (Polykarp Joachim): Anleitung zur Kenntniß der Gewächse. Sammlung 1 - 2, gbd., Abb.

Halle: 1804

JB 52

Kurt Sprengel

Antiquitatum botanicarum specimen...Auctore Curtio Sprengelio [Sprengel] Spec.1. Lipsiae: Bibliop.Schaferiani 1798. 8°

Spec.1: 1798.

— Antiquitatum botanicarum c. 2 tab. spec. I. 4. Lips. Schäfer. (Kühn.) 798.

Kurt Sprengel

Curtius Sprengel: Hydrargyri Antiquitates. Halae (1823:) Grunert. 15 S. 8°

[Einladungsschrift zur Dr. med. Diss. von Carolus Gulielmus Augustus Buhle, vielm. Karl August Wilhelm Buhle u. Bernhard Jakob Kohn. Halle, 19. Juli 1823.]

Sprengel, Curtius: Prolusio Hydrargyri antiquitates illustrans. Halae (1823): Grunert. 15 S. 8°
Halle-Wittenberg, Med. Progr. z. Promot. von Karl Wilh. Aug. **Buhle** und Bernh. Jak. **Kohn** 19. Juli 1823
Wiederabgedr. in des Verf. Opusc. acad. 1844. S. 47—50.

Kurt Sprengel

Curtius Sprengel: Prolusio de frumentorum, maxime secales, antiquitatibus. Halae (1816):Grunert. 8 S 4°

[Einladungsschrift zur Dr.med.-Promotion v. Guilelmus, vielm. Wilhelm Sprengel, Halle, 20. April 1816.]

Sprengel, Kurt (Polykarp Joachim): Apologie des Hippokrates und seiner Grundsätze. Th.1 - 2, gbd., Abb.

Leipzig: Schwickert 1789 - 1792

JB 385

Sprengel, Curtius: De Apsyrto Bithynio (hippiatro). Halis (1832): Baentsch. S. 30—34. 8° (4°)
Halle-Wittenberg, Med. Progr. z. Promotion v. Christian Friedrich **Probst** 30. Juni 1832
Wiederabgedr. in des Verf. Opusc. acad. 1844. S. 110—116.

Kurt Sprengel

Curtius Sprengel:De Arthroncis tuberculosis. [Resp.:] Carolus Augustus Guilelmus Buhle. Halae (1823): Hendel. , 20 S. 8°

Halle, Med. Diss. v. 19. Juli 1823

Sprengel, Kurt: Quaedam articulum 147. Constitutionis Criminalis Carolinae illustrantia. Progr. Halae 1787.

– s. J. C. Bach, Grundzüge.

– s. Barthez, neue Methode.

Sprengel, Kurt (Polykarp Joachim) (Praef.u. Comm.):

s.: Bateman, Thomas: Praktische Darstellung der Hautkrankheiten nach Willan's System. (A practical Synopsis of cutaneous diseases, according to the arrangement of Dr.(Robert) Willan. Second edition. Dt.) Übers.von Abraham Hanemann. Halle: 1815

JB 4.680

Sprengel, Kurt (Polykarp Joachim): Von dem Bau und der Natur der Gewächse. Kritische Bemerkungen und Zusätze von Heinrich Friedrich Link. 654 S., 59 S., gbd., 14 Taf.

Halle: Kümmel 1812

JB 53

Sprengel, Kurt (Polykarp Joachim) (Hrsg.):

s.a.Beiträge zur Geschichte der Medizin. Bd I, St.1 - 3. Halle: 1794 - 1796

JB 5.697

— Beyträge z. Gesch. d. Medicin. 1r Bd. 1s—3s. 8. Halle, Renger. 794—96. (I. II. à 16 gr. III. 18 gr.)

Sprengel, Kurt (Polykarp Joachim): Beiträge zur Geschichte des Pulses, nebst einer Probe seiner Commentarien über Hippokrates Aphorismen. 130 S., gbd.

Leipzig u.Breslau: Meyer 1787

JB 5.696

– s. B. Bergius, über Leckereien.

Sprengel, Kurt, Biographie Joseph Addisons. (a. d. 8ten Bde d. Biographien od. Darstell. merkw. Menschen d. 3 letzt. Jahrh. besond. abgedr.) gr. 8. Halle, Waisenh. 810.

Sprengel, Kurt [Praes.], s. Brehme, Wilhelm Leopold: De ophthalmo-blennorrhoea generatim et praecipue de venaesectionis utilitate in oculi affectionibus rheumaticis vel arthriticis.

Sprengel, Kurt (Polykarp Joachim) (Übers.u. Comm.):

s.: Buchan, William: Haus-Arzneykunde. (Domestic Medicine, or the family physician. Eleventh edition. Dt.) (Auch) nach der vierten französischen Ausg. Altenburg: 1792

JB 2.991

Sprengel, Kurt [Praes.], s. Buhle, Karl Aug. Wilh.: De arthroncis tuberculosis.

– s. G. Carter, Schicksale.

Kurt Sprengel

Casus memorabilis exsectae dimidiae maxillae inferioris ex articulo, praevia subligatione carotidis. [Resp.:] Frid(ericus) Henricus Christophorus Lambert. Halae (1826:) Gebauer. 23 S. 8°

Halle, Med. Diss. v. 5. Apr. 1826

Sprengel, Kurt (Polykarp Joachim) (Hrsg.):

s.: Cavolini, Filippo: Abhandlungen über Pflanzen-Thiere des Mittelmeers. (Memorie per servire alla storia de'polipi marini. Dt.) Übers.von Wilhelm Sprengel. Nürnberg: 1813

JB 104

Sprengel, Curtius: De saeva pariter ac debili truncaque medii aevi chirurgia. S. 84—92.
Halle-Wittenberg, Med. Progr. z. Promotion v. Franz Schwabe 3. März 1826
in: Schwabe, Franciscus: De hydrope morbos cordis excipiente. Halle, Med. Diss. v. 3. März 1826,
Wiederabgedr. in des Verf. Opusc. acad. 1844. S. 85—89.

Kurt Sprengel

Curtius Sprengel: Super Chlorosi. [Resp.:] Christ[ianus] Guilielmus Thoelden. Halae (1823): Schimmelpfennig. 24 S. 8°

Halle, Med. Diss. v. 11. Okt. 1823

Kurt Sprengel

De Chorea St. Viti. [Resp.:] Bernhardus Jacobus Kohn. Halae (1823:) Ruff. 43 S. 8°

Halle, Med. Diss. v. 19. Juli 1823

Sprengel, Curtius: Empedoclis commenta de protogaea. Halae (1825): Grunert. 8 S. 8° (4°)
Halle-Wittenberg, Med. Progr. z. Promotion v. Bernhard Kasimir Ioseph Góra 17. Jan. 1825
Wiederabgedr. in des Verf. Opusc. acad. 1844. S. 77—80.

Sprengel, Kurt [Praes.], s. C o n d y , Wilhelm: De remediis purgantibus.

Kurt Sprengel

De Diagnosi graviditatis. [Resp.:] Carolus Eduardus Fleming. Halae (1823:) Grunert. 47 S. 8°

Halle, Med. Diss. v. 17. Sept. 1823

— s. F. G. Dietrich, Lexicon der Gärtnerei.

Sprengel, Curtius: Prolusio de doctrina homoeopathica. Halae (1824): Grunert. 16 S. 8°
Halle-Wittenberg. Med. Progr. z. Promotion v. Ludw. Nik. Hachmann und Karl Nik. Fallati 24. Aug. 1824
Wiederabgedr. in des Verf. Opusc. acad. 1844. S. 68—72. Deutsch in d. Verf. Ueber Homöopathie. 2 Programme. Aus d. Lat. übers. [v. Ldw. Lange], eingeleitet v. Ldw. Schragge. Magdeburg 1833. S. 12—23.

Sprengel, Kurt [Praes.], s. D o l s c i u s , Carl Ludwig Rudolph: De renum inflammatione.

Sprengel, Curtius: De nova Dioscoridis editione rationem redditurus. (Halae 1829). S. VIII—XVIII.
Halle-Wittenberg, Med. Progr. z. Promotion von Phoebus Moritz Philippsohn 22. März 1828
in: Philippsohn, Phoebus Mauritius: De natura medicatrice. Halle, Med. Diss. v. 22. März 1828,
Wiederabgedr. in des Verf. Opusc. acad. 1844. S. 96—102.

Sprengel, K(urt Polykarp Joachim): Neue Entdeckungen im ganzen Umfang der Pflanzenkunde. Bd 1 - 3, gbd.

Leipzig: Fleischer 1820 - 1822

JB 55

— die neuesten Entdeckungen in der Botanik, nach ihrem ganzen Umfange. 3r Bd. gr. 8. Leipz. 822, Fr. Fleischer. 2 Rthl. 4 gr. Alle 3 Bände.

Hartmann, Joannes Henricus: Speciemen... de epulide. [Praeses:] Curtius Sprengel. Halae (1826): Schimmelpfennig. 29 [vielmehr: 28] S. 8°
Halle-Wittenberg, Med. Diss. v. 18. März 1826
Geb. Danstedt bei Halberstadt 19. 8. 1800. V.

Poccar, Maurit(ius) Adolf(us) Eduard(us): Scriptio ... de febre venosa gastrica. [Praeses:] Curtius Sprengel. Martisburgi (1824): Kobitzsch. 31 S. 8°
Halle-Wittenberg, Med. Diss. v. 23. Okt. 1824
Geb. Wittenberg 11. 11. 1801. V.

Sprengel, Kurt [Praes.], s. F l e m m i n g , Karl Eduard: De diagnosi graviditatis.

— Florae Halensis tentamen novum, c. icon. 12. 8. Halae, Kümmel. 806.

Schreibp.
Holl. Pap.

— mantissa prima Florae Halensis, addita novarum plantarum centuria. 8. Halle 807. Kümmel. 5 ℊ Schrbp. 6 ℊ Mantissa secunda. 8. ibid. 811. 3 ℊ Schrbp. 5 ℊ Mantissa tertia et quarta, s. Fr. Wlh. *Wallroth*, annus botan. et ejusd. Schedulae critic.

— Supplementum tertium Florae Halensis. (contin. Fr. W. Wallroth annus botanicus) cum iconibus III. Charam genus illust. ibid. 814.

Schreibp.

Sprengel, Curt., Flora Halensis. Edit. II. aucta et emend Sect. I. II. 8. (48¼ B.) Halae 832, Kümmel.
2 Thlr. 8 Gr., Schwzrp

Kurt Sprengel

Curtius Sprengel: De Fractura cum osteomalacia fungoque carnoso complicata, ex medulla tibiae exeunte. [Resp.:] Carolus Er nestus Donat. Halae (1828:) Schimmelpfennig. 25 S. 8°

Halle, Med. Diss. v. 12. Juli 1828

— s. Galen, Fieberlehre.

— s. Galeni de optimo medicorum.

— der botan. Garten der Universität zu Halle, im J. 1799. Mit Kpf. gr. 8. Halle 800. Kümmel. 14 ℊ — Erster Nachtrag dazu. gr. 8. Ebd. 801. 4 ℊ

— Gartenzeitung, oder Repertorium rc. s. Gartenzeitung.

— Dissertatio de germanis rei herbariae patribus; eine Abhandl. 4. Münch. 813. (G. Franz). 10 ℊ

Sprengel, Kurt (Polykarp Joachim): Geschichte der Botanik. Neu bearbeitet. Th.1 - 2, gbd., Abb.

Altenburg u. Leipzig: Brockhaus 1817 - 1818

JB 54

Sprengel, K(urt Polykarp Joachim): Geschichte der Chirurgie.

Halle: Kümmel 1805
Th.1: Sprengel, K.(P.J.): Geschichte der wichtigsten Operationen. 1805

JB 3.337

— — Th. 2, s. S p r e n g e l , Wilhelm

— Geschichte d. Medicin, im Auszuge. 1r Thl. gr. 8. Halle 804. Gebauer. 1 ⁄ 12 ℊ

Sprengel, Kurt (Polykarp Joachim): Geschichte der Medicin im Alterthume. 4.Aufl. Mit Berichtigungen und Zusätzen versehen von Julius Rosenbaum. Abth.1, 644 S., gbd.

Leipzig: Gebauer 1846
(Sprengel, K.(P.J.): Versuch einer pragmatischen Geschichte der Arzneikunde. 4.Aufl. Mit Berichtigungen und Zusätzen versehen von J.Rosenbaum. Bd 1/1)

JB 5.700/1,1

Sprengel, K(urt Polykarp Joachim): Geschichte der wichtigsten Operationen. 471 S., gbd.

Halle: Kümmel 1805
(Sprengel, K.(P.J.): Geschichte der Chirurgie. Th.1)

JB 3.337/1

— Handbuch d. Gesundheit u. d. langen Lebens. frey bearb. v. John Sinclair. gr. 8. Amsterd. K. u. Ind. Comt. 809.

Sprengel, Kurt: Handbuch der Pathologie. Thl 1—3. Leipzig 1795—97.
1. Allgem. Pathologie 1795.
2. Fieber. Entzündungen. 1796.
3. 1797.
— 3. gänzl. umgearb. Aufl. Thl 1. 2. 1802—07.

Sprengel, Kurt (Polykarp Joachim): Handbuch der Pathologie. Th.1 - 3, gbd.

Leipzig: Schäfer 1795 - 1797

JB 1.171

Sprengel, Kurt (Polykarp Joachim): Handbuch der Pathologie. Th.1 - 3, gbd.

Pesth: Leyrer 1801

JB 1.172

Sprengel, Kurt (Polykarp Joachim): Handbuch der Pathologie. 2.Aufl. Th.1 - 3, gbd.

Wien: Doll 1811

JB 1.173

Sprengel, Kurt (Polykarp Joachim): Handbuch der Semiotik. 448 S., gbd.

Halle: Gebauer 1801

JB 1.108

Kurt Sprengels [Sprengel]Handbuch der Semiotik. Neue Aufl. Wien 1804: Ghelen. 392 S. 8°

Sprengel, Kurt [Praes.], s. H a r t m a n n, Johann Heinrich: De epulide.

— historia rei herbariae, (d. h. Geschichte der Botanik). II Voll. 8maj. Amsterd. (Leipz.) 807, 8. (Brockhaus). 6 ℔

Jo. Frid. Nettmann specimen sistens sectionis caesareae historiam. Hal. 1805. 8. (Auct. Curt. Sprengel.)

— über Homöopathie. 2 Programme, geschrieben 1824 u. 1832, aus d. Latein. übersetzt u. eingeleitet von Ludw. Schragge. 8. Magdeburg 833. (Berlin, Rubach.) 1/3 ℔

Sprengel, Kurt [Praes.], s. H ü l s e, Johann Joachim: Momenta quaedam variolarum vaccinarum illustrans.

Rudolph, Joh(annes) Carol(us) Frid(ericus) Aug(ustus): De hydrope ex scarlatina oriundo. [Praeses:] Curtius Sprengel. Martisburgi (1824): Kobitzsch. 31 S. 8°

Halle-Wittenberg, Med. Diss. v. 23. Okt. 1824

Geb. Teuchern bei Weissenfels 17. 11. 1801. V.

— s. Jackson, über d. Fieber in Jamaika.

— s. Jahrbücher der Gewächskunde.

Sprengel, Curtius: De igne S. Antonii, medio aevo populari. S. 36—40.

Halle-Wittenberg, Med. Progr. z. Promotion v. Wilh. Plath 12. Aug 1826

in: Plath, Guil.: De tubo intestinali, ejusque in nonnullis morbis vi et dignitate. Halle, Med. Diss. v. 12. Aug. 1826,

Wiederabgedr. in des Verf. Opusc. acad. 1844. S. 89—92,

Sprengel, Curtius: In reddenda Dioscoridis denuo edendi ratione pergens. Halis Saxonum (1828): Grunert. 12 S. 8°

Halle-Wittenberg, Med. Progr. z. Promotion v. Cosmus Theodor Hirsemann 21. Juni 1828

Wiederabgedr. in des Verf. Opusc. acad. 1844. S. 102—105.

Kurt Sprengel

De periostei Inflammatione. [Resp.:] Io(annes) Theoph(ilus) Meiselbach [Johann Gottlieb Meiselbach]. Halae (1824:) Grunert. 26 S. 8°

Halle, Med. Diss. v. 27. März 1824

2. Ex.: Mx 313 (5)

Kurt Sprengel

De renum Inflammatione. [Resp.:] Car(olus) Ludovicus Rudolphus Dolscius. Halae (1826:) Gebauer. 28 S. 8°

Halle, Med. Diss. v. 30. Sept. 1826

Kurt Sprengel

Curtii Sprengel Institutiones medicae.T.1-6. Amstelodami: Tabernae Librariae et artium (5 ff.: Lipsiae & Altenburgi: Brockhaus) 1809-16. 6 Bde 8°

T.1.2: Sprengel: [Institutiones physiologicae.] Doctrinae de natura humana.P.1.2.1809-10.
T.3: Sprengel: Pathologia generalis. 1813.
T.4: Sprengel: Pathologia specialis. 1814.
T.5: Sprengel: Pharmacologia. 1816.
T.6,P.1.2: 1816.
P.1: Sprengel: Institutiones therapiae generalis.
P.2: Sprengel: Institutiones medicinae forensis.

Sprengel, Kurt (Polykarp Joachim): Institutiones medicae. Tom.1 - 5.

Tom.1 - 2: Amstelodami: Taberna librariae et artium 1809 - 1810
Tom.3-5: Lipsiae: Brockhaus 1819

Tom.1 - 2: Institutiones physiologicae. 1809 - 1810
Tom.3: Institutiones pathologiae generalis. Editio altera. 1819
Tom.4: Institutiones pathologiae specialis. Editio altera. 1819
Tom.5: Institutiones pharmacologiae. Editio altera. 1819

JB 1.039

— institutiones medicae. VI Tmi. 8maj. Amsterd. u. Leipz. 809—819. Brockhaus. 13 ℛ 4 gr (Tom. I. et II. Etiam sub titulo: institutiones physiologicae. Pars I. et II. 5 ℛ Tom. III. Etiam sub titulo: institutiones pathologiae generalis. 810. N. A. 819. 2 ℛ Tom. IV. Etiam s. t.: institutiones patholog. specialis. N. A. 819. 2 ℛ Tom. VI. 1. institut. therapiae generalis. N. A. 819. 1 ℛ Tom. VI. 2. institut. medicinae forensis. N. A. 819. 16 gr)

Kurt Sprengel

Curtii Sprengel Institutiones medicinae forensis. Lipsiae & Altenburgi: Brockhaus 1816. X,146 S. 8°
(= Sprengel: Institutiones medicae.T.6.P.2.)

Sprengel, Kurt (Polykarp Joachim): Institutiones pathologiae generalis. Editio altera auctior et emendatior. 387 S., gbd.

Lipsiae: Brockhaus 1819
(Sprengel, K.(P.J.): Institutiones medicae. Tom.3)

JB 1.039/3

Sprengel, Kurt (Polykarp Joachim): Institutiones pathologiae specialis. Editio altera auctior et emendatior. 597 S., gbd.

Lipsiae: Brockhaus 1819
(Sprengel, K.(P.J.): Institutiones medicae. Tom.4)

JB 1.039/4

Sprengel, Kurt (Polykarp Joachim): Institutiones pharmacologiae. Editio altera auctior et emendatior. 440 S., gbd.

Lipsiae: Brockhaus 1819
(Sprengel, K.(P.J.): Institutiones medicae. Tom.5)

JB 1.039/5

— instit. Physiologicae. II Vol. sind die instit. medicae. Vol. I. II.

Kurt Sprengel

Curtii Sprengel Institutiones therapiae generalis. Lipsiae & Altenburgi: Brockhaus 1816. X,292 S.8°
(= Sprengel: Institutiones medicinae. T.6.P.1.)

Sprengel, Curt, Assist.-Arzt an d. Brandenb. Prov.-Anst. f. Epileptische, Potsdam: Aus d. Kgl. chirurg. Universitätsklinik zu Königsberg i. Pr. (Dir.: Prof. Dr. Frh. v. Eiselsberg.) Zur Kasuistik und operativen Behandlung der Aneurysmen der Extremitäten. *Roitzsch 1902: Buchdr. Roitzsch.* (91 S.) 8° Erlangen, Med. Diss. v. 26. Juli 1902

— s. v. Kinsbergen, Beschreibung.

Sprengel, Kurt [Praes.], s. Kistenmacher, Friedrich: De erysipelate exanthematico.

Sprengel, Kurt [Praes.], s. Kohn, Bernhard Jacob: De chorea St. Viti.

Sprengel, Kurt [Praes.], s. Köppe, Salomo Albert: Paucula de remediis nauseam vomitumque excitantibus.

Sprengel, Curtius: Libelli Hippocratici, de ossium natura aetatem originemque excussurus. S. 64—71.

Halle-Wittenberg, Med. Progr. z. Promotion v. Joh. Frdr. Ed. **Hartmann** 10. Nov. 1826

in: **Hartmann,** Jo. Frider. Ed.: De tuberculorum praeternaturalium natura et origine. Halle, Med. Diss. v. 10. Nov. 1826,

Wiederabgedr. in des Verf. Opusc. acad. 1844. S. 93—96.

– s. Linné, philosophia botanica.

Kurt Sprengel

Literatura medica externa recentior seu Enumeratio librorum plerorumque et commentariorum singularium, ad doctrinas medicas facientium, qui extra Germaniam ab anno inde 1750 impressi sunt: ed. a Curtio Sprengel. Lipsiae: Brockhaus 1829. 630 Sp. 8°

Sprengel, Kurt: De homoeopathica medicina.
s.a. Arnhold, Adolf: Steatomatis gangraena destructi observatio singularis.

Sprengel, Curtius: De homoeopathica medicina. Halis (1832): Baentsch. S. 30—40 [vielmehr: 32]. 8° (4°)

Halle-Wittenberg, Med. Progr. z. Promotion v. Adolph **Arnhold** 30. Juni 1832

in: **Arnhold,** Adolphus: Steatomatis gangraena destructi observatio singularis. Halle, Med. Diss. v. 30. Juni 1832,

Wiederabgedr. in des Verf. Opusc. acad. 1844 S. 72—76. Deutsch in d. Verf. Ueber Homöopathie. 2 Programme. Aus d. Lat. übers. [v. Ldw. Lange], eingeleitet v. Ldw. Schragge. Magdeburg 1833. S. 33—44.

Sprengel, Kurt [Praes.], s. Meyerheine, Ernst: De angina polyposa.

– s. Monatsschrift, landwirthschaftl.

Kurt Sprengel

Curtius Sprengel: De Morbis articulorum accuratius distinguendis et aptius curandis. [Resp.:] Frid(ericus) Aug(ustus) Guilelmus Ferd(inandus) Geiss. Halae (1826:) Gebauer. 31 S. 8°

Halle, Med. Diss. v. 5. Apr. 1826

Sprengel, Curt. Gesammelte Nachrichten von der Aracacha, einer neuen Gemüsepflanze . . . a. d. Engl. . . . Dresden 1808. H: *Rosenhayn, Joh. Heinr.* (Ky)

— gesammelte Nachrichten v. d. Aracacha, einer neuen Gemüsepflanze a. Südamerika, m. illum. K. 8. Dresden, Beyer. 808.

— gesammelte Nachr. von der Aracacha, einer neuen Gemüsepflanze aus Südamerika; aus d. Engl. mit Anmerkk. (v. J. H. Rosenhayn). Mit 1 ill. Kpf. 8. Dresd. 808. (Leipz., Weygand; a. Joachim). 6 gr

– s. Nachrr., literar., für Aerzte.

Sprengel, Kurt, Observationes botanicae in Floram Halensem. Mantissa IIda. 8. Halae, Kümmel. 811.
Schreibp.

– s. Opera medicorum graecorum Vol. XXV. et XXVI.

Kurt Sprengel

De Ophthalmo-Blennorrhoea generatim et praecipue de venaesectionis utilitate in oculi affectionibus rheumaticis vel arthriticis. [Resp.:] Guilielm(us) Leop(oldus) Brehme [Wilhelm Leopold Brehme]. Halae (1823:) Grunert. 22 S. 8°

Jena, Med. Diss. v. 13. Juli 1818 u.
Halle, Med. Diss. v. 19. April 1823

Sprengel, Curt., Opuscula academica collegit, ed., vitamque auctoris breviter enarravit Jul. Rosenbaum. 8maj. (11 B.) Lipsiae 844. [Berolini, libr. Gebauer.] *

Ordo Medicorum in Academia Fridericiana Halensi cum Vitebergensi consociata s. p. d. civibus artis medicae studiosis. Dat. Halae Cal. Jan. 1827. 2 Bl. 8° (4°) [Kopft.]

[Zwischent.:] Consilium Facultatis Medicae Halensis ad studia doctrinarum medicarum rite dirigenda.

Auf Anregung des Ministeriums nach dem Vorbild „Umriß eines Studienplans für die Studirenden der Heilkunst." Dat. Königsberg 13. Febr. 1826, verfaßt, und zwar, wie Friedländer am 30. 7. 1843 schreibt, „vom sel. [Kurt] Sprengel."

Verf.: Johann Friedrich Meckel, nach R. Beneke, J. F. Meckel d. J., Halle 1934. S. 56/58, nebst Wiederabdr. des Consilium.

Wieder abgedr. als Studienplan für die Studirenden der Medizin auf der Universität Halle. Vom 1. Januar 1827. In: Joh. Frdr. Wilh. Koch: Die Preussischen Universitäten. Bd. 2, 1. Berlin 1840. S. 198 f.

— de partibus, quibus insecta spiritus ducunt, commentarius. Acced. III tab. aëri incisae et pictae. 4maj. Leipz. 815. Weidmann. 2 ℛ

Kurt Sprengel

Curtius Sprengel: De Perforatione calli praeternaturalis ossis femoris atque de curatione articuli spurii et spinae ventosae per setaceum cuneiforme. [Resp.:] Andr(eas) Hadrian(us) Valent(inus) Frid(ericus) Mueller. Halae (1826:) Schimmelpfennig. 20 S. 8°

Halle, Med. Diss. v. 22. März 1826

– s. Veronetti di Cagl., von der Lustseuche.

Kurt Sprengel

Curtii Sprengel Pharmakologia. Lipsiae & Altenburgi: Brockhaus 1816. XIV, 579 S. 8°
(= Sprengel: Institutiones medicae. T.5.)

Sprengel, Kurt [Praes.], s. Poccar, Moritz Adolf Eduard: De febre venosa gastrica.

Sprengel, Curtius: De artis chemicae primordiis. Commentariolum 1. Halae (1823): Grunert. 12 S. 8°

Halle-Wittenberg, Med. Progr. z. Promotion v. Karl Eduard Flemming 17. Sept. 1823

Wiederabgedr. in des Verf. Opusc. acad. 1844. S. 53—57.

Sprengel, Curtius: De artis chemicae primordiis. Commentariolum 2. Halae (1823): Grunert. 15 S. 8°

Halle-Wittenberg, Med. Progr. z. Promotion v. Karl Friedr. Aug. Giebelhausen und Christ. Wih. Thölden 11. Okt. 1823

Wiederabgedr. in des Verf. Opusc. acad. 1844. S. 57—61.

Sprengel, Curtius: De artis chemicae primordiis. Commentariolum 3. Halae (1824): Grunert. 12 S. 8°

Halle-Wittenberg, Med. Progr. z. Promotion von Franz Wilh. Schweigger-Seidel 16. [vielmehr: 19.] Juni 1824

Wiederabgedr. in des Verf. Opusc. acad. 1844. S. 61—65.

Sprengel, Kurt (Polykarp Joachim): Probe neuer Commentarien über Hippokrates Aphorismen. 38 S. (S. 93 - 130), gbd.

(Leipzig u. Breslau: Meyer 1787)
in: Sprengel, K. (P.J.): Beyträge zur Geschichte des Pulses. 1787

JB 5.696

— plantarum umbellificarum denuo disponendarum prodromus, cum tab. aen. u. Ahrens üb. die Natur u. Bildung d. Blumen; (aus d. Schrift d. naturforsch. Gesellsch. zu Halle). 8. Halle 813. (Fr. Fleischer in Leipz.) 10 ℊ

— Plantarum umbellificarum denuo disponendarum prodromus, c. tab. aen. u. Ahrens üb. die Natur u. Bild. d. Blumen, (aus d. Schrift d. naturf. Gesellsch. zu Halle.) 8. Halle, Hendel. 813.

Sprengel, Ritter Kurt, rudimentorum nosologiae dynamicorum prolegomena. 8. Halle 787. Hendel. 3 ℊ

Sprengel, Kurt [Praes.], s. Prosch, Theodor: De physiologica morborum ratione ad diversas vitae periodos.

— novi proventus hortorum academ. Halensis et Berolinensis Centuria specierum minus cognitarum, quae vel per annum 1818 in horto Halensi et Berolinensi floruerunt, vel siccae missae fuerunt. 8. Halle 819. Gebauer. 12 ℊ

— — novi proventus hortorum academ. Halensis et Berolinensis Centuria specierum minus cognitarum, quae vel per annum 1818 in horto Halensi et Berolinensi floruerunt, vel siccae missae fuerunt. 8. Halae, Gebauer. 820.

Kurt Sprengel

De Psoitide. [Resp.:] Mauritius Schotte. Halae (1824:) Grunert. 37 S. 8°

Halle, Med. Diss. v. 17. Aug. 1824

— plantarum minus cognitarum pugillus primus et secundus, cum tab. II colorat. 8. Halle 813 u. 815. Kümmel. 20 ℊ
Schrbp. 1 ℛ 6 ℊ

Sprengel, Curtius: Quid collegia iurata seu sodalitia arcana, sacramento in silentium rogata, ad medicinam augendam fecerint? Halae [1825]: Grunert. 12 S., 1 kol. Taf. 8°

Halle-Wittenberg, Med. Progr. z. Promotion v. Herm. de Chaufepié 24. Juli 1824.

Wiederabgedr. in des Verf. Opusc. acad. 1844. S. 80—84.

Kurt Sprengel

Curtius Sprengel: De physiologica morborum Ratione ad diversas vitae periodos. [Resp.:] Theodorus Prosch. Halae 1821: Schimmelpfennig. 40 S. 8°

Halle, Med. Diss. v. 24. Okt. 1821

Kurt Sprengel

Curtius Sprengel: De Remediis purgantibus. [Resp.:] Gulielmus Condy [Wilhelm Condy]. Halae (1824:) Grunert. 28 S. 8°

Halle, Med. Diss. v. 13. Nov. 1824

Kurt Sprengel

Curtius Sprengel: De variis et prohibendae et sanandae hydrophobiae Remediis. [Resp.:] Ludovicus Reinhardus Lehmann. Halae (1826): Grunert. 35 S. 8°
Halle, Med. Diss. v. 22. März 1826

– s. W. Roscoe, Leben d. L. v. Medici.

– s. Sacco, neue Entdeck.

– s. Santi, Reise.

– s. C. G. Selle, medicina clinica.

– s.a. Sendschreiben üb. d. thier. Magnetismus.

— Sendschr. üb. d. thier. Magnetismus, a. d. Schwed. u. Franz. m. Zus. gr. 8. Halle, Hendel. 788.

Sprengel, Kurt (Polykarp Joachim) (Übers.):

s.: Sinclair, John: Handbuch der Gesundheit und des langen Lebens. (The Code of health and longevity... Dt.) Neueste Aufl. Amsterdam: 1809

JB 2.960

Kurt Sprengel

Curtius Sprengel: De variis capitis dolorum Speciebus, [Resp.:] Cosmus Theodorus Hirsemann. Halis (1828:) Grunert. 25 S. 8°
Halle, Med. Diss. v. 21. Juni 1828

— species umbelliferarum minus cognitae, c. tab. VII aen. 4. Halle 818. Renger. 2 ₰ 8 gr Velinp. 2 ₰ 16 gr

Sprengel, Curtius: Vindicationis specimen, per quam propulsantur contumeliae ac iniuriae ab Avicenna. S. 34—39.
Halle-Wittenberg, Med. Progr. z. Promotion von Ant. Heinr. Theod. Roth 3. Apr. 1830
in: Roth, Ant. Henr. Theod.: De phthisi epiglottidis Halle, Med. Diss. v. 3. Apr. 1830,
Wiederabgedr. in des Verf. Opusc. acad. 1844 S. 106—110

– s. G. E. Stahl, Theorie d. Heilkunde.

Sprengel, Curtius: De superstitione, inprimis docta ac medica. Halae (1824): Grunert. 11 S. 8°
Halle-Wittenberg, Med. Progr. z. Promotion von Moritz Schotte 17. Aug. 1824
Wiederabgedr. in des Verf. Opusc. acad. 1844. S. 65—68.

– s. Swarts, adnotationes botanicae.

Sprengel, Kurt. Systema vegetabilium. Gottingae 1825—28. 5 vol.

– s. Tacitus, Germanien.

– s. A. J. Testa, üb. die Krankheiten des Herzens.

– s. Theophrast, Naturgeschichte d. Gewächse.

– s. J. P. Thunberg, Reisen.

Sprengel, Kurt (Polykarp Joachim): Kritische Uebersicht des Zustandes der Arzneykunde in dem letzten Jahrzehend. 548 S., gbd.

Halle: Gebauer 1801

JB 5.701

Curt. Sprengel (resp. M. S. G. Schmidt) diss. de ulceribus virgae tentamen historico-chirurgicum. Hal. 1790. 8. (Auctore Sprengel; cfr. *Ejusd. Beiträge zur Geschichte der Medicin* III. 59 *sq.* et *Geschichte der Arzneikunde* 3. *Aufl. Bd. II. S.* 697 *sq.*; *Haeser histor. patholog. Untersuch. I. S.* 183 *sq*)

Spre[n]gel, K., Valeriana gegen Epilepsie. *Annot. ad Buchan*, Hausarzneik. A. d. Engl. Altenb. 8°.
1792

Sprengel, Kurt (Polykarp Joachim): Versuch einer pragmatischen Geschichte der Arzneikunde. Th.1 - 3: 2.umgearb.Aufl. Th.4: 2.unveränd.Aufl. Th.6 fortgesetzt von Burk(h)ard Eble. Th.1 - 6/1-2, gbd., Abb.

Th.1 - 5: Halle: Gebauer 1800 - 1803
Th.6/1-2: Wien: Gerold 1837 - 1840

JB 5.698

Sprengel's, Kurt, Versuch einer pragmat. Geschichte der Arzneikunde. Fortgesetzt v. Regimentsfeldarzt u. Bibliothekar Burkard Eble. 6r Thl. 1e Abthl. A. u. d. T.: Versuch einer pragmatischen Geschichte der Arzneikunde von Eble. Enthalt.: die Geschichte der theoret. Arzneikunde vom Jahre 1800 — 1825. Mit dem Portrait des Verfassers. gr. 8. Wien 837. (Gerold.) n. $3^1/_3$ ₰ (1r — 5r Thl. 3e Aufl. Halle 821 — 28. Gebauer. kosten $12^3/_4$ ₰) — 6r Thl. 2e Abthl. A. u. d. T.: Versuch e. pragmat. Geschichte der Arzneikunde. Von Eble. Enthalt.: die Geschichte der prakt. Arzneikunde (Systeme, Epidemien, Heilmittel, Bäder) vom Jahre 1800 — 1825. Mit 1 Tabelle. gr. 8. Wien 840. (Gerold.) n. $3^1/_3$ ₰

Versuch einer pragmatischen Geschichte der Arzneykunde von Kurt Sprengel. 3., umgearb. Aufl. Th.1-5. Halle: Gebauer 1821-28. 5 Bde 8°

Th.1: 1821.
Th.2: 1823.
Th.3.4: 1827.
Th.5,Abth.1.2: Geschichte der theoretischen Arzneykunde im 18.Jh. 1828.

Sprengel, Curt, Versuch e. pragmat. Geschichte d. Arzneikunde. Fortges. v. Burk. Eble. 6. Thl. 2 Abthln. gr. 8. Wien, [Gerold's Vrlsh.] à * $3^1/_3$ Thlr. *
A. u. d. Ttln.:
Abthl. 1. Die Geschichte d. theoret. Arzneikunde v. J. 1800—1825. (42 B. u. E's. Portr.) 837.
- 2. Die Geschichte d. pract. Arzneikunde (Systeme, Epidemien, Heilmittel, Bäder) v. J. 1800—1825. ($38^1/_2$ B. u. 1 Tab.) 840.
1—5. Thl. 3. Aufl. Halle [Berlin] 821—28, Gebauer'sche Buchh. 12 Thlr. 18 Gr. Diese Fortsetzung wurde von der Verlagshandlung des Hauptwerkes nicht als rechtmässig anerkannt.

—— Versuch einer pragmatischen Geschichte der Arzneikunde. Neue Ausg. Mit Berichtigungen u. litterar. Zusätzen v. Jul. Rosenbaum. Neue Ausg. 1. Bd. 1—3. Hft. gr. 8. ($28^1/_4$ B.) Leipzig 843—45. [Berlin, Gebauer'sche Buchh.] à *

Sprengel, Kurt (Polykarp Joachim): Versuch einer pragmatischen Geschichte der Arzneikunde. 4.Aufl. Mit Berichtigungen und Zusätzen versehen von Julius Rosenbaum.

Leipzig: Gebauer 1846
Bd 1: Sprengel, K.(P.J.): Geschichte der Medicin im Alterthume. Abth.1. 1846

JB 5.700

Sprengel, Kurt (Polykarp Joachim) (Übers.):

s.: Westring, J(ohan) P(etrus): Erfahrungen über die Heilung der Krebsgeschwüre. (Erfarenheter om kräftsvulstens läkning. Dt.) Halle: 1817

JB 3.075

– s.a. Zeitschrift, land- und forstwissenschaftliche.

– s. Zückert, Abhandl. von Nahrungsmitteln.

Friederich, der Unvergessliche. Ode, Seiner Hochfürstlichen Durchlaucht, dem Prinzen Ludewig von Würtemberg unterthänigst gewidmet, von L. S. G. Sprengel. Stettin 1786. 8.

Der Verein zum Schutz der Kinder vor Ausnutzung und Mißhandlung, seine Arbeit u. seine Ziele. Von Marie Sprengel. Berlin 1906: Hermann. 15 S. 8° [10. 11. 6]

Der Verein zum Schutz der Kinder vor Ausnutzung und Mißhandlung, seine Arbeit u. seine Ziele. Von Marie Sprengel. [Neue Ausg.] Berlin 1910: Hermann. 30 S. 8° [10. 11. 64]

Sprengel, Matth. Chr., Abhandl. über den jetzigen nordamerikan. Krieg u. dessen Folgen für England u. Frankreich. 8. Leipz. 782. Weygand. 6 gl.

Sprengel, M.C. (Hrsg.), s. Achenwall, Gottfried: Abriss der neuesten Staatswissenschaft der vornehmsten Europ. Reiche u. Republiken.

SPRENGEL, Matthias Christian 1745 - 1803
Auswahl der besten ausländischen geographischen und statistischen Nachrichten zur Aufklärung der Völker und Länderkunde von M. C. Sprengel.
Erster [- Vierzehnter] Band.
Halle: Renger. 1794 [- 1800]. 8°.
Bayerische Staatsbibliothek München: Bd. 1-10, 12, 14; Staats- und Universitätsbibliothek Göttingen: Bd. 11 u. 13.
Vorläufer dieser Reihe als J. R. Forster - M. C. Sprengel, Beiträge zur Völker und Länderkunde, 14 Tle., 1781-1790 u. M. C. Sprengel - G. Forster, Neue Beiträge zur Völker- und Länderkunde, 13 Tle., 1790-1793, s. Nr. 245, 527.
Palmer.
Darin enthalten:
Tench COXE, Tench Coxes Bemerkungen über Pensylvanien, gezogen aus dessen View of the united States of America. Philadelphia, 1794 [in Bd. 5 [1796], S. 187-228].
Nachricht von der Stadt Washington in dem Gebiet Columbia [in Bd. 5 [1796], S. 229-242].

— u. G. Forster, Beyträge zur Länder- und Völkerkunde. s. Beyträge.

SPRENGEL, Matthias Christian - Georg FORSTER
Neue Beiträge zur Völker- und Länderkunde. Herausgegeben von M. C. Sprengel und G. Forster.
Erster [- Dreizehnter] Theil.
Mit einer Karte.
Leipzig: Kummer. 1790 [- 1793]. 8°.
Stadtbibliothek Mainz
Matthias Christian Sprengel, 1745-1803
Georg Froster, 1754-1794
Forts. v. Johann Reinhold FORSTER - Matthias Christian SPRENGEL, Beiträge zur Völker und Länderkunde, 14 Tle. Leipzig 1781-90, s. Nr. 245.
Darin enthalten:
Edward UMFREVILLE, Gegenwärtiger Zustand der Hudson Bay, von Eduard Umfreville [in Bd. 6 [1791], S. 157-282].
Selbständige Ausg. ebenfalls 1791, s. Nr. 560.
Edward Umfreville
Reihe v. Sprengel fortges. u. d. T. Auswahl der besten ausländischen ... Nachrichten zur ... Völker und Länderkunde, 14 Bde., 1794-1800, s. Nr. 674.

Sprengel, Matth. Chr., Beschreibung d. Venetianischen Besitzungen, s. St. Sauveur Grasset.

— Bibliothek d. Reisebeschreibungen, s. Bibliothek.

s. Briefe üb. Portugal.

– s.a. Briefe, den Zustand v. Nordamerika betr.

[SPRENGEL, Matthias Christian] 1745 - 1803
Briefe den gegenwärtigen Zustand von Nord America betreffend.
Erste Sammlung.
Göttingen: Dieterich. 1777. 8, 119 S. 8°.
Lippische Landesbibliothek Detmold
Mehr nicht erschienen.
Frankfurt-Leipziger Meßkatalog, Michaelismesse 1776, S. 134: s. Nr. 116.
Sabin 89756. Palmer.

– s. D. Collins, brit. Volkspflanzung.

– s. Th. Coriat, Cruditäten.

– Über

— — die Einführung der Galanterie durch die Ritterzeiten (von M. *Ch. Sprengel*). 1773. 4°. (Ausschnitt.) (75 Pfg. Kirchhoff & Wigand, Lpz., 1898.)

— Erdbeschreib. von Ostindien, s. Büsching's Erdbeschreib., 11r Thl. 2e Abtheil.

s. Falkonbridge, Bemerkk.

s. Franklin, Geschichte Schah Allums.

s. Gaberlungi-man.

— Geschichte der wicht. geograph. Entdeckungen. 8. Halle 782. Schwetschke u. S. 1 ₰ 2e Ausg. unt. d. T.: Gesch. d. wicht. rc. Entdekk. bis zur Ankunft d. Portugiesen in Japan 1542. 8. Ebd. 792. 1 ₰

SPRENGEL, Matthias Christian 1745 - 1803
Geschichte der Europäer in Nordamerika.
Erster Theil
von Matthias Christian Sprengel ...
Leipzig: Weygand. 1782. 12, 244 S. 8°.
Staats- und Universitätsbibliothek Göttingen
Mehr nicht erschienen.
Frankfurt-Leipziger Meßkatalog, Michaelismesse 1782, S. 453.
Sabin 89757. Baginsky 723. Palmer.

— Gesch. v. Großbritannien u. Irland, s. Welthistorie, 47r Bd.

— Gesch. d. brit. Colonie am Flusse Sierra Leona, s. oben: Auswahl.

Sprengel, M. Ch. Geschichte der Maratten bis auf den letzten Frieden mit England den 17. Mai 1782. 8. M. Krte. Halle 1786. 2,60. — 8. Frankenthal 1791.

— Geschichte der Maratten in dem letzten Kriege mit England, d. 17. Mai 1782. Mit 1 Karte. 8. Halle 786. Gebauer. 21 gl.

— Geschichte der Revolution in Amerika. Mit 1 illum. Kpf. 8. Speier 785. Pfähler. (Löffler in Manh.) 8 gl.

Sprengel, C. M. Geschichte der Revolution von Nord-America. (VI. 182) 8. m Krte. [Histor. Taschenb. für 1784.] Berlin. 3,00. — 8. Frankenthal & Speyer 1785.

SPRENGEL, Matthias Christian 1745 - 1803
Geschichte der Revolution von Nord-America. Mit einer illuminirten accuraten Charte von diesem neuen Freystaate.
Frankenthal: Gegel. 1785. 10, 272 S. 8°.
Universitäts- und Stadtbibliothek Köln
Unveränderter Nachdr. d. Berliner Ausg. v. 1783 u. 1784 u. d. T. Allgemeines historisches Taschenbuch ... enthaltend ... die Geschichte der Revolution von Nord-America, s. Nr. 321, 361.
Weitere Ausg. unter Sachtitel 1785 u. 1788, s. nachfolgende Nr. u. Nr. 470.
Sabin 89758. Baginsky 823. Palmer.

SPRENGEL, Matthias Christian 1745 - 1803
Geschichte der Revolution von Nord-Amerika von M. C. Sprengel ...
Mit einer illuminirten Charte.
Speyer: Typographische Gesellschaft. 1785. 10, 196 S. 8°.
Staats- und Universitätsbibliothek Göttingen
s. voraufgehende Nr.
Unveränderter Nachdr. d. Berliner Ausg. v. 1783 u. 1784; weitere Ausg. 1788, s. Nr. 321, 361, 470.
Baginsky 824. Palmer.

SPRENGEL, Matthias Christian 1745 - 1803
Geschichte der Revolution von Nord-Amerika.
Mit einer illuminirten accuraten Charte von diesem neuen Freystaate.
Frankenthal: Gegel. 1788. 10, 272 S. 8°.
Staats- und Universitätsbibliothek Göttingen
Nachdr. d. Ausg. Frankenthal 1785, s. Nr. 389.
Zuerst als Allgemeines historisches Taschenbuch ... enthaltend ... die Geschichte der Revolution von Nord-America, Berlin 1783 u. 1784, s. Nr. 321, 361.
Weitere Ausg. Speyer 1785, s. Nr. 390.
Sabin 89758. Palmer.

— Geschichte der indischen Staatsveränderungen von 1756—83, besond. der brit. Eroberungen in Decan u. Hindostan. 2 Thle. 8. Leipz. 783. Weygand. 1 ₰ 12 ℊ

Sprengel, M. C. Geschichte der wichtigsten Staats- u. Handelsveränderungen von Ostindien. [Allgem. histor. Taschenbuch für 1786.] (272.) 8. M. Krte. Berlin (1786). 3,00.

— s. Gilii. Nachr. von d. Lande Guiana.

SPRENGEL, Matthias Christian 1745 - 1803
Grundris der Staatenkunde der vornehmsten europäischen Reiche von Matthias Christian Sprengel ...
Erster Theil, welcher Spanien, Portugal, Großbrittannien und Irrland, Rußland, die vereinigten Niederlande, Dänemark und Schweden enthält.
Halle: Hemmerde und Schwetschke. 1793. 8, 376 S. 8°.
Universitätsbibliothek Gießen
Mehr nicht erschienen.

— s. Hearne, Reise.

SPRENGEL, Matthias Christian 1745 - 1803
Über den jetzigen Nordamericanischen Krieg und dessen Folgen für England und Frankreich von Matthias Christian Sprengel ...
Leipzig: Weygand. 1782. 126 S. 8°.
Universitätsbibliothek Leipzig
Frankfurt-Leipziger Meßkatalog, Michaelismesse 1782, S. 453.
Sabin 89761. Palmer.

— histor.-genealog. Kalender, oder Jahrb. d. merkwürd. neuen Weltbegebenheiten f. 1784, enthalt. die Geschichte der Revolution in Nordamerika. Mit 18 Kpf. 16. Berl. 783. N. A. 784. Spener. 12 ℊ für 1786, enthalt. geograph.-statist. Beschreib. Ostindiens. Mit Kpf. 16. Berl. 786. 2e A. 787. Spener. 20 ℊ Für die Besitzer der 1n Aufl. unt. d. T.: allgem. histor. Taschenbuch, od. Abriß d. merkwürd. neuest. Weltbegebenheiten, f. 1787, enthalt. Zusätze &c. zu der f. d. 1786. 16. Ebd. 6 ℊ

— s.a. Leben Hyder Aly's.

— Leben Hyder-Aly u. Tippo-Saheb, od. histor.-geograph. Uebersicht des Mysorischen Reichs. Mit Kpf. u. Kart. (Aus d. Bibliothek der Reisebeschreibb. 4r Bd. besond. abgedr.) gr. 8. Weimar 801. Ind.-Compt. 21 ℊ

— Jedidiah MORSE, Ueber die verschiedenen vornehmsten Religionspartheyen in den nordamerikanischen Freystaaten [in Bd. 5 [1796], S. 243-288].
Johann Gottlieb Ernst HECKEWELDER, Reisejournal des Herrn Johann Heckewälders, von der Brüdergemeine, von Bethlehem in Pensilvanien nach dem Posten St. Vincent am Wabashfluß, im nordwestlichen Gebiet der vereinigten Staaten von Nordamerika [in Bd. 7 [1797], S. 1-94].
Weitere Ausg. v. Heckewelder 1797 [selbständig], s. Nr. 749.
Tench Coxe, 1755-1824
Jedidiah Morse, 1761-1826
Johann Gottlieb Ernst Heckewelder, 1743-1823

— s. J. Bart. Münoz, Gesch. d. n. Welt &c.

— s. J. Murphy, Reisen durch Portugal 1789 u. 90.

— s. Arthur Philipps Reise nach d. Botany-Bay. Ausz.

[SPRENGEL, Matthias Christian] 1745 - 1803
Kurze Schilderung der Grosbrittannischen Kolonien in Nord-America.
Göttingen [:Dieterich]. [1776]. 1 Falttafel.
Staats- und Universitätsbibliothek Göttingen
Nachdr. 1777, 2. Aufl. 1777, s. Nr. 163, 164.
Frankfurt-Leipziger Meßkatalog, Michaelismesse 1776, S. 134: zusammen mit Briefe den gegenwärtigen Zustand von Nord America betreffend, 1777, s. Nr. 162.

[SPRENGEL, Matthias Christian] 1745 - 1803
Kurze Schilderung der Grosbrittannischen Kolonien in Nord-America.
Zweite, verbesserte und vermehrte Auflage.
Göttingen: Dieterich. 1777. 1 Falttafel.
Staats- und Universitätsbibliothek Göttingen
1. Aufl. 1776, Nachdr. d. 1. Aufl. 1777, s. Nr. 116, 163.
Palmer: ohne Verfasser.

— s. Staunton, Reise der engl. Gesandtschaft.

— s. Stedmann, Nachrr. von Surinam.

— s. Sullivan, Uebersicht.

SPRENGEL, Matthias Christian 1745 - 1803
Allgemeines historisches Taschenbuch oder Abriß der merkwürdigsten neuen Welt-Begebenheiten enthaltend für 1784 die Geschichte der Revolution von Nord-America von C. M. Sprengel ...
Mit 18 Kupfern und einer illuminirt. Landcharte.
Berlin: Haude und Spener. [1783]. 74, 6, 182 S. 12°.
John Carter Brown Library Providence, R. I.
Vorrede vom Okt. 1783. Nachdr. mit richtiggestellten Initialen, 2. Titelblatt u. ohne die ersten 74 Seiten 1784, s. Nr. 361.
Weitere Nachdr. u. d. T. Geschichte der Revolution von Nord-Amerika, 1785 u. 1788, s. Nr. 389, 390, 470.

SPRENGEL, Matthias Christian 1745 - 1803
Allgemeines historisches Taschenbuch oder Abriß der merkwürdigsten neuen Welt-Begebenheiten enthaltend für 1784 die Geschichte der Revolution von Nord-America von M. C. Sprengel ...
Mit 18 Kupfern und einer illuminirt. Landcharte.
Berlin: Haude und Spener. [1784]. 6, 182 S. 12°.
John Carter Brown Library Providence, R. I.
2. Titelblatt: Historisch-genealogischer Calender oder Jahrbuch der merkwürdigsten neuen Welt-Begebenheiten für 1784. Leipzig zur Messe bey Hause und Spener von Berlin. Neudruck d. 1. Ausg. v. 1783, s. Nr. 321.
Weitere Ausg. u. d. T. Geschichte der Revolution von Nord-Amerika, 1785 u. 1788, s. Nr. 389, 390, 470.
Frankfurt-Leipziger Meßkatalog, Ostermesse 1784, S. 874.
Sabin 89755. Baginsky 799.

— histor. genealog. Taschenbuch f. 1786. enthalt. geograph. statist. Beschr. Ostindiens, m. K. Ebend.

— — Zusätze für die Besitzer der 1n Ausgabe. 16. Ebend. 787.

— Uebersicht der Geschichte des 18. Jahrh. 1r Thl. gr. 8. Halle 796. (Laue in Berl.) 18 ℊ

SPRENGEL, Matthias Christian 1745 - 1803
Vom Ursprung des Negerhandels. Ein Antrittsprogramm von Matthias Christian Sprengel ...
Halle: Hendel. 1779. 7, 71 S. 8°.
Universitäts- und Stadtbibliothek Köln
Sabin 89763. Baginsky 619. Palmer.
Hallenser Antrittsvorlesung Sprengels.

— üb. die neuest. Veränderr. der ostind. Gesellsch. in den vereinigten Niederlanden, s. oben: Auswahl.

— Vorlesungen üb. den Krieg der Engländer in Ostindien. gr. 8. Halle 783. Gebauer. 6 ℊ

— über J. Ribero's älteste Weltkarte. gr. 8. Weim. 795. Ind.-Compt. 12 ℊ

— neuester Zustand der ostindischen Gesellschaft in den vereinigten Niederlanden. 8. Lübeck, Bohn. (Niemann u. R.) 797.

Sprengel, Matthias Christian: Neuester Zustand von Connecticut. Aus der General History of Connecticut, by a Gentleman of the Province, London 1781, dieser Provinz gezogen, und den besten Beschreibungen von Nordamerica vermehrt. in: Beiträge zur Völker- und Länderkunde. Th. 2. S. 147—204. Leipzig 1782. 8°.

Sprengel, Reinh., s. Theob. *Catholicus*.

Sprengel, Otto, Appendicitis, s.a. Chirurgie, deutsche. 46d.

Appendicitis von Prof. Dr. Otto Sprengel in Braunschweig. Mit 4 Taf. u. 82 Abb. Stuttgart: F. Enke 1906. (CXVII, 682 S.) 8°
= Chirurgie, Deutsche. Lfg 46ᵈ. Lfg. 46ᵈ

Sprengel, über den Begriff „Bruchanlage" in der Praxis, s.a. Sammlung klinischer Vorträge.

Über den Begriff 'Bruchanlage' in der Praxis. Von Prof. Dr. [Otto] Sprengel, Braunschweig. Mit 1 Abb. Leipzig: Barth 1909. 28 S. 8° [Umschlagt.]
(Sammlung klinischer Vorträge. Nr 551.)

Sprengel, Pet. Nath., († d. 1. April 1814.) physikal. Betrachtt. üb. die Macht u. Weisheit Gottes. 8. Stendal 780. Franzen u. G. 5 gl.

— Auszug aus demselben. 1r Thl., enthalt. die 1n 8 Thle des großen Werks. Mit vielen Kpf. 8. Berl. 796. Reimer. 1 rß

— Handwerke u. Künste, in Tabellen. 1e—3e Samml., u. 4e—17e Samml. fortges. u. mit Kpf. hrsgg. v. O. L. Hartwig. 8. Berl. 1e—3e Samml. 767—769. 4e — 17e Samml. 778—795. Reimer. 12 rß 4 gl. (NB. Einzelne Thle wurden 1797, mit d. neuem Titel: Beschreibung d. Handwerker u. Künstler ausgegeben.)

P. N. Sprengel's Handwerke und Künste in Tabellen, fortgesetzt von *O. C. Hartwig*. Berlin. 8. 1771.
Siebente Sammlung: Die Beschäftigung der Grossuhrmacherkunst.
Achte Sammlung: Die Beschäftigung des Kleinuhrmachers.

Sprengel, Thdr. Alb., wilde Blüthen. Ausgew. Gedichte. 12. (168 S.) Reval 897. (F. Kluge.) n. 3. —

Sprengel, Wilhelm

Sprengel, W., die Ablösungs-Gesetze des preuß. Staats, s.a. Ablösungs-Gesetze.

W. Sprengel, Die Ablösungsgesetze des Preuß. Staats vom 2. und 11. März 1850, mit dem Reglement vom 1. August 1850 wegen Ablösung und Amortisation der dem Domainen-Fiskus als Berechtigten zustehenden Reallasten, so wie den dazu von der Kgl. Regierung zu Magdeburg erlassenen Instructionen und den deklarirenden und abändernden Ministerial-Rescripten. Magdeburg, 1851.

— Diss. inaug. animadversiones castrenses. 4. Halle 816.

Sprengel, Wilhelm: Allgemeine Chirurgie.
Bd 1: Chirurgie, die Lehren von der Entzündung enthaltend. 799 S., gbd.

Halle: Gebauer 1828

JB 3.338

Sprengel, W., Neue Entdeckung über die Kuhpocken etc., s.: Sacco.

Sprengel, W., Flachornament-Vorlagen f. den Unterricht u. praktischen Gebrauch. 2. Thl. gr. Fol. (20 farb. Taf. u. 1 Anlagetaf.) Mit Vorwort u. Erläutergn. gr.8. (4 S.) Düsseldorf (899). A. Bagel. In Mappe n. 10.—

Sprengel, W., Flachornament-Vorlagen für den Unterr. u. prakt. Gebrauch. 1. Thl. gr. Fol. (20 farb. Taf. u. 1 Anlagetaf.) M. Vorwort u. Erläutergn. gr. 8. (4 S.) Düsseldorf 897. A. Bagel. In Mappe n. 10. —

Sprengel, W., s. Ganze, das, des Anbaues &c. des Tabaks.

Sprengel, W., Geschichte der Chirurgie. 2r Bd. Halle, Kümmel. 819.

Schreibvar.

— — Th. 1, s. Sprengel, Kurt

Wilhelm Sprengel's Geschichte der chirurgischen Operationen. Halle: Kümmel 1819. 903 S. 8°
(= Sprengel, Kurt: Geschichte der Chirurgie, Th.2.)

Sprengel, Wilhelm (Übers.):

s.: Hennen, John: Bemerkungen über einige wichtige Gegenstände aus der Feldwundarzney, und über die Einrichtung und Verwaltung der Lazarethe. (Observations on some important points in the practice of military surgery and in the arrangement and police of hospitals. Dt.)
Halle: 1820

JB 3.602

Sprengel, W(ilhelm) (Übers.):

s.: Home, Everard: Praktische Beobachtungen über die Behandlung der Krankheiten der Vorsteherdrüse. (Practical Observations on the treatment of the prostate gland. Dt.) Leipzig: 1817

JB 3.762

Sprengel, Wilh., die Lehre von den Entzündungen u. Wunden. gr.8. Halle 833. Gebauer. 2 rß (Neue wohlfeile Ausg. von dessen Chirurgie. 1r Bd. 1828.)

Sprengoler, institutio parochi. 8. Cöln, Haas d. Sohne. (Fabricius)

Sprengoler, Hans, approb. Arzt aus Göldingen: Beitrag zur Statistik, Aetiologie und Symptomatologie der Allgemeinen progressiven Paralyse der Irren mit besonderer Berücksichtigung der Syphilis. *Berlin: (G. Reimer) 1899.* (39 S.) 8° ¶ (Aus: Zeitschrift f. Psychiatrie etc., Bd 56.)
Göttingen, Med. Diss. v. [20. Okt.] 1899

Vorhanden in 2 Exemplaren!

Sprengell, Otto, Mittheilungen aus dem Rathsbuche von Bardowik und Angaben über den Güterbesitz des Hospitals auf St. Nicolaihof in Bardowik. Ein Beitrag zur Geschichte des alten Bardowik. 8. (48 S.) Lüneburg 886, (Delbanco.) *
Aus: Jahresberichte des Museumsvereins für das Fürstenthum Lüneburg für 1886, besonders abgedruckt.

Sprengental, Fränny v., Huldigung der Blumen u. Bergknappen. Festspiel z. Geburtstage Sr. Maj. d. Kaisers f. Volksschulen. (21 S.) 8. Trier 909. Loewenberg. — 50

Sprengepiel, Friedr., elberfeld-barmer Adreßbuch, s. Adreßbuch.

Sprenger, ein Traum. 8. Leipz. 789. Compt. f. Lit. 14 gl.

Sprenger, A. E., Die Lage der Landwirtschaft in Baden. 8°. Karlsruhe 1884.

Sprenger, A[dolf], Dr.: Der Eigentumserwerb durch Einverleibung in ein Inventar. *Leipzig: A. Deichert 1904.* (x, 65 S.) 8° ¶(= Rostocker Rechtswiss. Studien Bd 3, H. 1.)
Rostock, Jur. Diss. v. [10. Juni] 1904
[Nicht für den Austausch]

Sprenger, A., der Eigentumserwerb durch Einverleibung in e. Inventar, s. a. Studien, Rostocker rechtswissenschaftliche, III. 1.

Der Eigentumserwerb durch Einverleibung in ein Inventar. Von Dr. A. Sprenger. Leipzig: A. Deichert 1904. (X, 65 S.) 8°
= Studien, Rostocker rechtswissenschaftliche. Bd 3, H. 1.

Sprenger, Aloys

Sprenger, A., Babylonien, das reichste Land in der Vorzeit und das lohnendste Kolonisationsfeld für die Gegenwart, s. a. Sammlung von Vorträgen.

Sprenger, Aloys: Babylonien, das reichste Land in der Vorzeit und das lohnendste Kolonisationsfeld für die Gegenwart. Ein Vorschlag zur Kolonisation des Orients. Mit einem Anhang: Metrologie der Araber, und einem Kärtchen von Babylonien, Mesopotamien und Syrien. (Sammlung von Vorträgen, herausgegeben von W. Frommel u. Friedrich Pfaff. XV. 6/8.) Heidelberg 1886. 128 S. 8°.

Sprenger, Alois, Dr.: Brief an Freiherrn von Hammer-Purgstall. S. 5. 799.
Separatabdruck

Sprenger, A., a Catalogue of the bibliotheca orientalis, s. Catalogue.

Sprenger, Aug., a catalogue of the bibliotheca orientalis Sprengeriana. Giessen 857. (Ferber.) gr. 8. (VII, 111 S.) n. 25 ngr.

Sprenger, A., die alte Geographie Arabiens als Grundlage der Entwicklungsgeschichte d. Semitismus. Mit e lith. Karte (in Imp.-Fol. gr. 8. (343 S.) Bern 875. Huber & Co. in Comm. n. 12. —

—— **das Leben und die Lehre des Mohammad. Nach bisher grösstentheils unbenutzten Quellen bearb. (In 3 Bdn.) 1. Bd. gr. 8. (XXVII und 583 S.) Berlin 861, Nicolai'sche Verlagsbuchh.** Thlr. *

Sprenger, A., das Leben und die Lehre des Mohammad. Nach bisher grösstentheils unbenutzten Quellen bearb. 2. und 3. Bd. gr. 8. Berlin, Nicolai'sche Verlagsh. [2. Bd. (VI und 548 S.) 862. * 3 Thlr. 20 Ngr., 3. Bd. (CLXXX und 554 S.) 865. * 4 Thlr. 20 Ngr.] *

—— dass. — 2. (Titel-)Ausg. in 6 Halbbänden. gr. 8. (XXVII und 583 S., IV und 548 S., CLXXX und 599 S.) Ebendas. 868,69. *

Sprenger, A., Mohammed u. der Koran, s. a. Sammlung gemeinverständl. wissenschaftl. Vorträge.

Sprenger A, Mohammed u der Koran. (Slg wiss. Vortr. N F 84: 85) Hamburg 1889

Sprenger, Aloïsius, Dissert. medica inaug., de originibus medicinae arabicae sub Khalifatu. 8 maj. Lugduni Batav. 840. Luchtmans. n. 11 gl (Bei Weidmanns, auch Weigel in Leipzig n. 7/12 ℛ)

— die Post- und Reiserouten des Orients, s. a. Abhandlungen für die Kunde des Morgenlandes.

Sprenger, A., Die Post- und Reiserouten des Orients. Erstes Heft. [= AKM. III. Band. No. 3.] Leipzig 1861.

Sprenger, August, s. Sprenger, Aloys

Sprenger, Balthasar

— phys. prakt. dogmat. Abhandl. v. d. deutschen Weinbaue. 8. Lemgo, Meyer. 769.

— Abhandl. von dem deutschen Weinbau, nebst e. Betracht. üb. den Nutzen desselbigen. 8. Stuttg. 769.

--- Ders. und Johann Conrad Nast: Vollständige Abhandlung des gesamten Weinbaues und anderer daraus entstehenden Producte, nebst einem Anhang von allen übrigen den Weinmangel ersezenden Getränken, ingleichem vom Essigmachen und Brandenweinbrennen, von dem Ertrag eines Weinbergs, dem Weinhandel, und von den Weinbergsordnungen. [Verf.: Balthasar Sprenger und Johann Conrad Nast.] Bd 1-3. Frankfurt & Leipzig (3: Stutgart): Mezler 1766-78. --16. 21*. 24*. 100*. Frei 100*
Bd 3 erschien auch u.d.T.: Sprenger: Praxis des Weinbaues überhaupt, besonders aber in Schwaben, ... 1778. -- s. Nr 1768.
BJ. Vollständige Abhandlung d. gesammten Weinbaues ... Bd 1.2. Frankfurt & Leipzig 1766-67 (1778 erschien dazu als dritter Band B. Sprengers Praxis des Weinbaues), dazu Anmerkung: Verfasser war in erster Linie J. Conr. Nast. - Verweisung von Nast, J.C. auf Vollständige Abhandlung d. gesammten Weinbaues .... Boehmer: Vollständige Abhandlung d. gesammten Weinbaues .... Frankf. und Leipz. 1766-67 dazu Anmerkung: 'Der Verfasser soll Conrad Nast ... seyn'. -- Gatterer Vollständige Abhandlung des gesammten Weinbaues ... mit Hinweis auf J. Conrad Nast und Balthasar Sprenger als Verfasser. -- Heinsius: Sprenger, Barth. -- -- Bibliotheca oeconomica, Rochnahl, Heinsius, Kayser, Thienemann und Weber verzeichnen nur Balthasar Sprenger als Autor.

— vollständ. Anfangsgründe des Feldbaues, oder Einleit. in die gesammte Landwirthschaft. 2 Thle. 8. Stuttg. 772. Metzler. 1 ℛ 12 gl

Sprenger, Balthasar: Ausführliche getreue und bewährte Anleitung zu einer gründlichen, unschädlichen, erlaubten, dauerhaften, wie auch vortheilhaften und leichten Verbesserung der Weine in Deutschland zu Verhütung aller schädlichen Weinkünste aus Liebe mitgetheilt von einem redlichen Deutschen [d.i. Balthasar Sprenger]. Frankfurt & Leipzig: Mezler 1775. 252 S. -- 12. 14. 16. 17. 21*. 29. 153
Boehmer: Ausführliche und getreue Anleitung zu einer gründlichen, ... Verbesserung der Weine. -- Müller: Anleitung zur Verbesserung der Weine in Deutschland ....

(—) Anweis. zur gründl., dauerhaften u. gesunden Verbesserung d. Weine, v. e. redl. Deutschen. 8. Frankf. 775. ...

Sprenger, B. (anonym): „Kurzer, doch gründlicher Begriff des gesammten Feldbaues, größtentheils aus Du Hamels Anfangsgründen des Ackerbaues gezogen; mit vielen Abhandlungen, Zusätzen und Erfahrungen vermehrt", Stuttgart 1769. Neu umgearbeitet u. d. T.: „Sprenger, Balth., Vollständige Anfangsgründe des Feldbaues, oder Einleitung in die gesammte Landwirthschaft, nebst den vorläufigen Kenntnissen aus der Mathematik und Naturlehre", 2 Teile, Stuttgart 1772 (Metzler).

— kurzer, doch vollständ. Begriff des gesammten Feldbaues, größtentheils aus du Hamels Anfangsgr. d. Ackerbaues herausgezogen u. mit neuen Abhandll. herausgg. 8. Stuttg. 764.

Sprenger, Balth., († d. 14. Sept. 1791.) ökonom. Beitrr. u. Bemerkk. zur Landwirthschaft, (od. Landwirthschaftskalender) für 1769—99. 4. Stuttg., Metzler. (1769—95 à 4 gl, 1796—99 à 5 gl) 5 ℛ 4 gl

— Einleit. in die neuere Bienenzucht nach ihren Gründen. 8. Stuttg. 773. Metzler. 8 gl

— Geschichte eines kleinen verbesserten Landguts in Würtemberg. 8. Tübing. 792. Erhard. 4 gl

— s. F. J. Knecht's Anweisung.

Sprenger, Balthasar (Herausgeber): „Allgemeiner öconomischer oder (2: allgemeiner) Landwirthschafts-Kalender auf das Jahr 1770 (—71), das ist: nützlicher und getreuer Unterricht für den Land- und Bauersmann, besonders in Schwaben", Stuttgart 1770—1771 (Joh. B. Metzler). — Vorh.: UB Göttingen und Landtagsbücherei Stuttgart. Bandtitel zu dem gesamten Werk (Jahrgang 1—10): Oekonomische Beiträge und Bemerkungen zur Landwirthschaft in einer Reihe von zehn Jahrgängen eines Landwirthschaftkalenders vom Jahre 1770—1779. Derselbe: Fortsetzung u. d. T.: „Nützlicher und getreuer Unterricht für den Land- und Bauersmann auf das Jahr 1772 (ff.) oder fortgesetzter allgemeiner Landwirthschafts-Kalender", Jahrgang 3 (—10). Stuttgart 1772 bis 1779 (Metzler). — Vorh.: UB Göttingen, Landtagsbücherei Stuttgart. Derselbe: Fortsetzung „Oekonomische Beyträge und Bemerkungen zur Landwirthschaft auf das Jahr 1780 (—1791) oder Unterricht für den Landmann .... als eine Fortsetzung des ehemaligen Landwirthschafts-Kalenders", Stuttgart 1780—1799 (Metzler). — Vorh.: UB Göttingen und Landtagsbücherei Stuttgart.

—commentatio de lege, qua progreditur series polygonorum regularium, quae geometrice inscribi circulo possunt. 4. Tübing. 751.

—opuscula physico-mathematica. 8. Hannov. 752. Schmidt. 6 gl

— — Göttingae, Schmidt. 136 S. 8. 1753.

Balthasaris Sprengeri, philos. doct. ac ejusdem et theol. lectoris in colleg. theol. ducal. Tubingensi, opuscula physico-mathematica 1) naturalis mortuae halcyonis incorruptibilitas; 2) Avium hibridarum virtus generandi, earum adhuc nepotibus indita; 3) Demonstratio novae mensurae celeritatis, 4) Refutatio divisibilitatis in infinitum, extenso geometrico adscriptae; 5) Instrumentum radiometum; 6) instrumentum divisorium. Hannoverae, apud Jo. Wilh. Schmidt, 8. 6 Bog. 1753.

--- Ders.: Praxis des Weinbaues überhaupt, besonders aber in Schwaben, am Necker, an der Rems und Enz, für Weingärtner und andere Weinbergsliebhaber beschrieben, aus Gründen hergeleitet und mit practischen Anmerckungen erl. nebst 10 Kupfertafeln. Stutgart: Mezler 1778. XXXVIII, 560 S. -- 15*.17.21*
Dass. erschien auch u.d. T.: Sprenger: Vollständige Abhandlung des gesamten Weinbaues ... Bd 3.1778.

Sprenger, C., der praktische Receptar. Ein Hand- u. Hilfsbuch am Receptirtisch. 12. (53 S.) Leipzig 888. Larsen. n. 1. —; geb. n. 1. 50

Sprenger, Dav., Diss. de sympathia, antipathia et curationibus sympatheticis. 26 pp. Tub. 4°.
1784

Sprenger, Emil [pr. Arzt aus Züllchow bei Stettin]: **Zur Behandlung der Tuberculose des Kehlkopfes.** ... Greifswald, Druck v. Julius Abel, 1890; 28 S. 8°
Greifswald, Med. Fak., Inaug.-Diss. v. 17. Mai 1890

Sprenger, Ernst (Lich) Altd. Phs. 23/44

Disputatio ultima de virtutibus intellectualibus intelligentia, scientia, sapientia, arte, et prudentia. Präs. Christian Liebenthal.
In: Liebenthal: Collegium ethicum ... Giessen 1720. S. 166-171. 33073

Sprenger, Fr., Chronik der Stadt Hameln. 8. Hannov. 825. Helwing. 1 ₰ 21 gl

Sprenger, (Fr.,) Geschichte der Stadt Hameln. 8. Hannov. 825, Helwingsche Buchh.

Sprenger's Geschichte der Stadt Hameln bearb. von v. Reitzenstein. 2., verm. und verb. Aufl. gr. 8. (IX und 804 S.) Hameln 861, Schmidt und Suckert. *

Sprenger, Friedrich, appr. **Arzt: Aus** d. Kgl. Psychiatr. u. Nervenklinik zu Kiel. Ein Fall von doppelseitiger chronischer progressiver Ophthalmoplegie bei Tabo-Paralyse. Kiel 1909: Schmidt & Klaunig. 20 S. 8°
Kiel, Med. Diss. v. 14. Juni 1909, Ref. Siemerling
[Geb. 17. Sept 81 Vahle; Wohnort: Kiel; Staatsangeh.: Preußen; Vorbildung: Gymn. Goslar Reife O. 02; Studium: Göttingen 2, Würzburg 1, München 1, Göttingen 1, Berlin 2, Göttingen 3 S.; Coll. 13. Mai 09; Approb. 29. Juni 07.]
[U 09. 2290

Sprenger, Friedrich: Das **Wesen** des Besitzes auf der Grundlage des bürgerlichen Gesetzbuches. *Rostock 1903: C. Hinstorff.* (99 S.) 8°
Freiburg i. B., Rechts- u. staatswiss. Diss. v. 1904

Sprenger, Friedr. **Wilh., Plan der Residenzstadt Altenburg, auf Grund der Landvermessung entworfen.** 1 : 5000. Chromolithogr. **Altenburg 886, Bonde's Verlag.** *
Auf stärkerem Papier * ℳ 2.50.; **auf Pappe gezogen** *

Sprenger, Gustav: **Darlegung** der **Grundsätze** nach denen die syrische Übertragung der **griechischen Geoponika gearbeitet** worden ist. Eine von der philosophischen **Fakultät** der Universität Göttingen am 4. Juni 1888 gekrönte Preisschrift. Leipzig, Druck v. August Pries, **1889**; 40 S. 4°
Göttingen. Phil. Fak., Inaug.-Diss. v. 1. Febr. 1889

Sprenger, Gust. Darlegung der Grundsätze, nach denen die syrische Uebertragung der griech. Geoponika gearbeitet worden ist. Eine v. der philosoph. Fakultät der Universität Göttingen am 4. Juni 1888 gekrönte Preisschrift. gr. 4. (40 S.) Lpz. 889. (Gött., Dieterich's Sort.) * 2 50

Sprenger, Gustav, Dr. phil., appr. Arzt a. Mainz: Ein Fall von gleichmäßiger Speiseröhren-Erweiterung. Mainz 1906: L. Jost. (18 S.) 8°
Tübingen, Med. Fak., Ref. Romberg, Diss. v. 26. März 1906
[Geb. 26. Mai 78 Aachen; Wohnort: Tübingen; Staatsangeh.: Hessen; Vorbildung: Realgymn. Mainz Reife O. 97; Studium: Darmstadt T.H. 2, Heidelberg 7, Tübingen 8 S.; Coll. 9. Febr. 06; Approb. 25. Juli 05.]

Sprenger, Gustav, aus Mainz: Ueber **4-Methylbenzylhydrazin.** *Mainz 1901: L. Jost.* (41 S.) 8°
Heidelberg, Naturw.-math. Diss. v. 1901

Sprenger, H., s. Angelus Silesius, heil. Seelenlust.

Sprenger, H., Zeitung, werde christlich. Eine Zinsmünze, unserm Volke geschuldet, u. denen, die ihm helfen wollen, zum Wuchern dargeboten. 8. (XI, 115 S.) Leipzig 898. Dürr'sche Buchh. n. 2. —

Sprenger, Hans: Untersuchungen über Bau und Entwicklung der Stacheln von Erinaceus europaeus. M. 3 Taf. *Jena: G. Fischer 1898.* (58 S. mit Taf.) 8°
Leipzig, Phil. Diss. v. [5. März] 1898

Sprenger, Heinrich, [von Simla, Ost-Indien] : Das Gesetzliche Veräusserungsverbot '(l. 3 § 2 § 3. C. com. de leg. 6. 43.)' zur Sicherung und Ergänzung des dem Vermächtnisnehmer angefallenen Rechtes. Zür. Zürcher u. Furrer Dr. 1884. 47 S., 1 Bl. Thesen. 8°
Zürich, Jur; Diss. [v. 26. Juli 1884].

Sprenger, Heinr., **das** gesetzliche Veräußerungsverbot [l. 3 § 2 § 3. C. com. de legg. 6. 43.] zur Sicherung u. Ergänzung d. dem Vermächtnißnehmer angefallenen Rechtes. gr. 8. (47 S.) Zürich 884. (Rudolphi & Klemm.) n. — 80

Sprenger, Herm., der Bekenntnisstand der evang.-protest. Kirche in Baden. Konsensusunion od. bibl Union?, s. a. Bilder aus d. evang.-prot. Landeskirche d. Großherzogt. Baden, IV.

[F.] Der Bekenntnisstand der evang.-protest. Kirche in Baden. Konsensusunion od. bibl. Union? Von Hermann Sprenger. *Heidelberg: Evang. Verl. 1898.* (30 S.) 1 Bd 8.
= Bilder, aus d. evang.-prot. Landeskirche d. Grhzgt. Baden. [No] IV. [98. 2522

Sprenger, *Adolf Friedrich* Hermann [aus Celle '(Prov. Hannover)']: **Ueber Kondensationen des p. Nitrobenzylchlorids mit primären Aminen ... Erlangen, Druck d. Univ.-Buchdr. v. E. Th. Jacob, 1897; 36 S., 1 Bl. 8.**
Erlangen, Phil. Fak., Inaug.-Diss. v. 20. Mai 1896

Sprenger, Jak. u. Heinr. Institoris, Malleus Maleficarum. Der Hexenhammer. Zum 1. Male ins Deutsche übertr. u. eingeleitet v. J. W. R. Schmidt. 3 Tle. 8. Berlin 906. H. Barsdorf. n. 20. —; geb. n. 24. —
I. Was sich bei der Zauberei zusammenfindet. 1. Der Teufel. 2. Der Hexer od. die Hexe. 3. Die göttl. Zulassg. (XLVII, 216 S.) n. 6. —; geb. n. 7. 25
II. Die verschiedenen Arten u. Wirkungen der Hexerei u. wie solche wieder behoben werden können. (VI, 273 S.) n. 8. —; geb. n. 9. 50
III. Der Kriminal-Kodex: Ueber die Arten der Ausrottg. od. wenigstens Bestrafg. durch die gebühr. Gerechtigkeit vor dem geistl. od. weltl. Gericht. — Index üb. alle 3 Tle. (VII, 247 S.) n. 6. —; geb. n. 7. 25

Sprenger, Jh. Just. Ant., Anwendungsart d. Galvani-Voltaischen Metall-Elektricität zur Abhelfung der Taubheit u. Harthörigkeit. Mit 2 Kpf. gr. 8. Jever (Halle) 803. Renger. 5 gr

Sprenger, M., s.: Handbuch der prakt. Gewerbohygiene.

— Winke für Gewerbeunternehmer, welche gewerbl. Anlagen errichten, verändern od. verlegen wollen. Sammlung der bezügl. Gesetzes- u. Ausführungsbestimmgn., sow. v. Anleitgn. u. anerkannten Grundsätzen. 8. (VIII, 102 S.) Berlin 897. J. Springer. Kart. n. 1. 40

Sprenger, Max, aus Dürrheim: Ueber den anatomischen Bau der Bolbophyllinae. Mit 1 Taf. *Heidelberg 1904: J. Hörning.* (61 S.) 4°
Heidelberg, Naturw.-math. Diss. v. 1904

Sprenger, Max: Ueber Phosphorwolframsäure. Halle a. S. 1880: (Schade in Berlin). 29 S. 8°
Halle-Wittenberg, Phil. Diss. v. 29. Juli 1880
Geb. Gross-Rietz bei Beeskow 29. 4. 1852. V.
Ausz. in: Journal f. prakt. Chemie. Bd 22. Leipzig 1880. S. 418–432.

Sprenger, Otto: Der Besitzdiener. *Rostock 1902: C. Hinstorff.* (67 S.) 8° [F.]
Rostock, Jur. Diss. v. [30. Okt.] 1902

Sprenger, Otto, a. Cassel: Die Rindviehzucht im Großherzogtum Sachsen mit besonderer Berücksichtigung der Simmentaler und Franken. Halle a. S. 1906: H. John. (191 S.) 8°
Jena, Phil. Fak. Ref. Edler, Diss. v. 4. Sept. 1906
[Geb. 26. Juli 79 Cassel; Wohnort: Cassel; Staatsangeh.: Preußen; Vorbildung: Gymn. Wehlau Einj.-Freiw.-Zeugn. M. 02; Studium: Berlin 1, Jena 7 S.; Rig. 17. Febr. 06.]

Sprenger, Placido

— nöthige Berichtigungen d. Biographie des Dr. Schad in Jena 8. Coburg 803.

Sprenger, Placid., älteste Buchdruckergeschichte von Bamberg, a. d. Dunkelheit hervorgezogen u. fortges. b. 1534. gr. 4. Nrnb. Grattenauer. 799.

— älteste Buchdruckergeschichte von Bamberg, aus d. Dunkelhei hervorgezogen u. fortges. bis 1534. gr. 4. Nürnb. 799. (Eichhorn); (a. Lauffer in Leipz.) 16 gr

Sprenger, Placidus. Diplomatische Geschichte der Benediktiner-Abtei Banz in Franken von 1050—1251. . . . Nürnberg 1803. V (Beilagen): *Cantor, Johann Chrysostomus.* (Ky)

— diplomat. Geschichte der Benedictiner-Abtey Banz in Franken v. 1050–1251 2c. gr. 8. Nrnb. Lechner. 803. Schreibp.

Sprenger, Plac., († d. 23. Sept. 1806.) diplomat. Gesch. der Benediktiner-Abtei Banz in Franken von 1050 bis 1251. Mit 61 Beil., die Fortsetz. bis auf unsere Zeit enthalt., (v. J. C. Cantor). gr. 8. Nürnb. 803. (v. Ebner). 1 th 16 gr Schrbp 2 th 12 gr

— s. Literatur des kathol. Deutschlands.

— s. Magazin für Katholiken.

— s. Zuschauer, die Fränkischen.

— Thesaurus rei patristicae. III Tom. vide Thesaurus.

[Ant. u. F.] **Sprenger,** Robert [Dr.]: Bemerkungen zu Dramen Shakespeares. Northeim, gedr. bei W. A. Röhrs, 1891; S. 3–20; 4°
Northeim, RPG, OP 1891 (332)

Sprenger, Robert Zu Konrad Flecks Flore und Blanscheflur. 4 (S. 3–11). **Progr** Rpg. *Northeim* 1887 (320)

Sprenger, R. Zu Gerhard von Minden. 11 S. *Northeim* 1879.
Progr.

Sprenger, [Robert], Prof. Dr.: Über die Quelle von Washington Irvings Rip van Winkle. *Northeim 1901: W. A. Röhrs.* (S. 3–14.) 4° [F.]
Northeim, PG m. Real-Abt., OP 1901 (344)

Sprenger, Robert: Albers Tundalus. Halle (1875): o. Dr. 57 S. 8°
Halle-Wittenberg, Phil. Diss. v. 17. Juli 1875
Geb. Quedlinburg 26. 2. 1851. V.
Im Buchhandel Halle (Göttingen: Peppmüller) 1875.

Sprenger, Rob., Alber's Tundalus. Inaugural-Dissertation. gr. 8. (57 S.) Halle 875. (Göttingen, Peppmüller. n. 1. 50

Sprenger, Robert. Longfellow's Walther v d Vogelweide. N. p., 1893.

Sprenger, Th., die ehemaligen herzogl. Gebäude in Celle. (39 S. m. 2 eingedr. Plänen.) 8. Hannover (906). (Celle, K. André.) n.n. — 75
Sonderabdruck aus: „Hannov. Geschichtsbl."

Sprenger, Th., Ilse Schmidichen, s.: Jahresbericht d. Museums-Vereins in Celle.

Sprenger, Walter, Referendar: Die Stellung des Beschuldigten im Vorverfahren des Strafprozesses. Göttingen 1909: Dieterich. VI, 81 S. 8°
Göttingen, Jur. Diss. v. 10. Dez. 1909, Ref. v. Hippel
[Geb. 3. Okt. 80 Northeim; Wohnort: Northeim; Staatsangeh.: Preußen; Vorbildung: Realgymn. Quakenbrück Reife O. 03; Studium: Göttingen 3, Leipzig 1, Göttingen 2 S.; Rig. 1. Nov. 09.] [U 10. 1350

Sprenger, Wilhelm: Die Ausschließung von Mitgliedern aus Vereinen, insbesondere die Anrufung der Gerichte. Borna-Leipzig 1909: Noske. VIII, 46 S. 8°
Heidelberg, Jur. Diss. v. 5. April 1909, Ref. Heinsheimer
[Geb. 21. Febr. 82 Prüm; Wohnort: Prüm; Staatsangeh.: Preußen; Vorbildung: Gymn. Prüm Reife O. 03; Studium: Bonn 1, Marburg 3, Berlin 2, Heidelberg 1 S.; Rig. 5. Aug. 08.] [U 09. 1914

Sprenger van Eyk, auf tausend Meter Höhe. Engelberg beim Vierwaldstätter See. Aus dem Holl. übers. durch M. Wagner. 8. (98 S.) Berlin 898. G. Nauck. n. 1. —

Sprengers, V. A., tractatus de lege haereditatis atque de suicidio hominis amentis ac sanae mentis, indicans etiam remedia contra taedium vitae et desperationem. 8. (190 S.) Amsterdam 895. W. van Gulick. n.n. 2. 50

Sprengfeld, G., meine Vaterstadt Reval vor 60 Jahren. 8. (III, 92 S.) Dorpat 877. Schnakenburg. n. 1. 20

Jos. Sprengler S. J. Anfangsgründe der Rechenkunst u. Algebra. Augsburg. 8. (10 gr.) 1773.

Sprengler, Jos., Bericht üb. die Vorkommnisse in der chirurgischen Abtheilung d. Augsburger Krankenhauses während d. Jahres 1872. [Aus: „Aerztl. Intelligenzblatt."] gr. 8. (21 S.) München 874. J. A. Finsterlin. — 75

SPRENGLER, Joseph (München): De febri miliari.- Wirceburgi: Becker 1834. 44 S.
22.8.1833 - Urk; F 61
Diss. Ingolst.-Landsh.-Mchn.

Sprengler, Jos., das Krankenhaus zu Augsburg, erbaut in den Jahren 1856—1859, beschrieben. Mit Plänen (2 Steintaf.). gr. 8. (IV, 64 S.) Augsburg 879. Lampart & Co. in Comm. n. 2. —

— Lehr- u. Handbuch f. Heilgehilfen, Sanitätssoldaten, Krankenwärter ꝛc. 8. (XV, 231 S.) Augsburg 876. Schlosser. 2. 50

Sprengler, Jos., Lehr- und Handbuch für Heilgehilfen, Sanitätssoldaten, Krankenwärter ꝛc. 2. durch einen Anhang verm. Aufl. 8. (XV, 235 S.) Augsburg 883, Schlosser'sche Buchh. cart. *

Sprengler, Jos., Lehr- und Handbuch für Heilgehilfen [Bader], auch Lesebuch für Sanitätssoldaten, Krankenwärter ꝛc. Zum Unterrichte bestimmt und empfohlen vom königl. Staatsministerium des Innern gemäß § 3 der Instruction zur Baderordnung. 3. durch einen Anhang verm. Aufl. 8. (XI, 221 S. mit 19 Illustr.) Augsburg 885, Schlosser'sche Buchh. cart. *

Sprengler, Jos., Lehr- u. Handbuch f. Heilgehilfen [Bader], auch Lesebuch f. Sanitätssoldaten, Krankenwärter ꝛc. Zum Unterrichte bestimmt u. empfohlen vom königl. Staatsministerium d. Innern gemäß § 8 der Instruction zur Baderordng. 4., durch e. Anh. verm. Aufl. Mit 10 Illustr. 8. (XI, 217 S.) Augsburg 891. Schlosser. Kart. n. 2. 50

SPRENGLER, Josef (Augsburg): De pleura exsudationibus per punkcionem et aspirationem curandis. (Titel nach der Urkunde)
11.5.1879 - Urk; Chr 1878/79,12
Diss. Ingolst.-Landsh.-Mchn.

Sprengler, Joseph, a. Straubing ⟨Niederbayern⟩: Hartmann Schedels Weltchronik. Würzburg 1905: C. J. Becker. (32 S.) 8° ¶(Gekr. Preisschr. 1898.)
München, Phil. Fak., Ref. Grauert, Diss. v. 27. Mai 1904
[Geb. 31. Okt. 73 Straubing; Wohnort: Straubing; Staatsangeh.: Bayern; Vorbildung: Gymn. Straubing Reife Juli 94; Studium: München 8 S.; Rig. 27. Mai 04.]

Sprengmeister-Leitfaden zur Ausführung aller Arbeiten des "Romperit C" Sprengkulturverfahrens der Dresdner Dynamitfabrik. - Berlin o.J. 51 S. - o.J. 132 S. - o.J. 128 S.

Spreng-Pulver, s. Schiess- und Spreng-Pulver.

Anti-Saint-Nicaise. Ein Turnier im 18. Jahrhundert, gehalten von zwey T[empel] H[erren] als etwas für Freymaurer und die es nicht sind. [Von Christian Friedr. Kessler, gen. **v. Sprengseysen.]** Leipzig: Jacobäer 1786. IV, 202 S. 1 Kpfr. 3 Taf. 8°
Recens; WJ. 3, 3 (1786) S. 190—201.
cf. D. neuesten Religionsbegebenheiten. 9 (1786) S. 616—645.

Scala algebraica oeconomica oder Des Anti-Saint-Nicaise dritter und letzter Theil. [Von Christian Friedr. **Kessler gen. v. Sprengseysen.]** Leipzig: Jacobäer 1787. 63, 182 S. 6. Taf. 8° [Kupfertit.]
Kl. 2328, Tt. 820. Verteidigung Schubarts u. des von ihm ausgearb. ökonomischen Planes der Strikten Observanz, nebst Abdr. des von Starck verf. Planes der Kleriker. 23. 26.

Sprengseysen, Jh. Chr., s.a. Keßler.

Sprengseysen, Joh. Ch Keßler v., Antwort auf die sogenannten Bericht. d. Topographie d. Coburg-Meinung. Antheils. 8. Coburg, Ahl. 781. Rthlr.

— Topographie v. Sachsencoburg-Meinungen. m. 1 Karte. 4. Dessau, Gelehrte Buchhdl. 785.

Sprengseyssen (v.), Untersuchung über die Entstehung der jetzigen Oberfläche unserer Erde, besonders der Gebirge. Leipzig 1787. 8. Kummer.

Sprengstoffe, Waffen und Munition. Jg. 1—15. Neuendorf b. Potsdam 1905/1906—1920

Sprengstoffe, Waffen & Munition. Zeitschrift f. d. gesamte Sprengstoff-, Waffen- u. Munitions-Industrie ... sowie alle verwandten Industriebetriebe ... Jg. 1, No 1. Neuendorf bei Potsdam: 'Europa' 1905. 4° (o6. 378)

Sprengtechnik, Die, im Dienste der Civiltechnik. Hrsg. vom Bureau für Sprengtechnik v. Mahler & Eschenbacher. Wien 1881.

Sprengung, Die, im Höllenthor, 24. September 1876. Zürich 1876. V: *Egli, Johann Jakob.* (zuwzür 13, 1909, I, S. 30)

Spreng-Versuchs-Resultate von 12 der 12 pfdg. eisernen Vertheidigungs-Canonen-Röhren, welche in verschiedenen Gusswerken und unter verschiedenen Modalitäten gegossen wurden und zur Ermittlung der Güte des Eisens nach den Bestimmungen der hohen General Artillerie Directions Verordnung vom 4. März — 27. April, 31. August, 19. September 1852. B. N. 25 — 78 — 148 — 323 und Präsidial Nr. 292 behandelt worden sind. (1 Tabelle und 5 Tafeln.) (Donation Liechtenstein.) Fol. Wien 1852.

Sprengvorschrift. (Spr. V.) 12. (VI, 136 u. Anhänge 10, 15 u. 21 S. m. Fig.) Berlin 896. A. Bath. Geb. in Leinw. n. 2. 25

Sprengvorschrift f. die Pioniere. Entwurf. 12. (V, 118 S. m. 22 Bildern.) Berlin 894. E. S. Mittler & Sohn. n. — 80; kart. n. 1. —

Sprenke, G. M., Franz Ludwig, aus d. freiherrl. Geschlecht von u. zu Erthal. Von 779 bis 795 Fürstbischof zu Bamberg u. Würzburg, u. in Franken Herzog. Eine vaterländ. Geschichte. 8. Würzb. 826. (Stahel). 18 K

Katholikus, Theobald [Meinrad Sprenke], Krieg u. Frieden mit Manuel Mendoza y Rios. Erstes Bdchen. Auch u. d. T.: Kritik des Übertrittes u. der Grundsätze von M. Mendoza y Rios. Leipzig, Hartknoch, 1822, VII, 160 S.
Beleuchtung u. Widerlegung von Mendozas Schrift: Geschichte meines segensvollen Übertritts zur evangel. Kirche. Aus der span. Handschrift übersetzt von F. Hebenstreit. Das. 1819, 8°. Das Nähere s. Tüb. Theol. Quartalschr. 1822, S. 712—7.

Katholikus, Theobald [Meinrad Sprenke], Zweites Bdchen: Auch u. d. T.: Kritik der wahren Kirche Jesu Christi von M. Mendoza y Rios. Das. 1822. 8°, 168 S.
Vgl. Mendoza, Die wahre Kirche Jesu Chr. Aus d. span. Handschrift übers. v. F. Hebenstreit. Das. 1820, 8°. 2. Aufl. 1829. Zu beiden Schriften s. Katholik 1823, Bd. 7 S. 123—5; auch a. a. O. Jahrg. 1, Heft 7.

Sprenkel de Lenis, Ferd., Diss. de consensu partium humani corporis inter se. 89 pp. Vindol. 1776. 8°.

Sprenker, Theodor, approb. Arzt aus Beckum i. W.: Aus d. Universitäts-Augenklinik zu Gießen. Ueber die Beziehungen der Skrophulose zu den häufigsten Binde- und Hornhauterkrankungen des Kindesalters. *Gießen 1902: v. Münchow.* 28 S.) 8°
Gießen, Med. Diss. v. 1902

Sprent, Colin: Verhalten von Antimon bei der Kupferraffination. 1910. 70 S. 8° ¶ Vgl. Zeitschrift f. Elektrochemie. Jg. 18. 1912. S. 294 f.
Dresden, Dr.-Ing.-Diss. v. 1. 6. 1910

Spreti, A. Graf v., Unterricht im Felddienste f. die Unteroffiziere u. Soldaten der Cavalerie zusammengestellt aus den Werken d. königl. preuß. Generalmajors v. R. u. d. königl. preuß. Hauptmann H. Perizonius. gr. 16. (77 S.) München 873. L. Finsterlin. n. 1. —

v. Spreti, Graf Sigm., († 1810.) kathol. Gebet- u. Andachtsbuch für nachdenkende Christen; aus d. heil. Schrift u. den besten deutschen Gebetbüchern ausgewählt. 8. München 787. (Fleischmann). 20 *kr* Strobl

Graf Spreti-Weilbach, Die 11 Gebote für den bäuerlichen Viehzüchter. Dachau 1892

Sigm. Graf v. Spreti, Erste Gründe, welche bei dem Ackerbau zu beobachten sind. Burghausen 1772

Spreu. Honi soit qui mal y pense. Leipzig 1848. V: *Raumer, Friedrich Ludwig Georg von.* (Ky) (GGr) (ADB)

Spreu (von Friedr. v. Raumer). 16. (267 S.) Leipzig 848, Brockhaus. 1 ℛ In Engl. Einb. n. 1 ℛ 8 *ngl.*

Spreu. 1. Hampfel, ausgeworfen von Xanthippus. gr. 8. (14 S.) Rom 879. Loescher & Co. n. — 50

Spreu. **Andere Hampfel, ausgeworfen von Xanthippus. gr. 8. (33 S.) [Rom 880, Loescher und Comp.] Leipzig, Heinrichs.** *

—— 3. und 4. Hampfel, ausgeworfen von Xanthippus. gr. 8. Leipzig, Heinrichs. [3. Hampfel. (63 S.) Rom 881. * ℳ 1,50.; 4. Hampfel. (28 S.) München 883. * 75 Pf.]

Spreu. **5. Hampfel, ausgeworfen von Xanthippus. gr. 4. (44 S.) [München 885.] Leipzig, Heinrichs.** *

Spreu, Emilie, Gedichte. 8. (XXIV u. 211 S.) Hamburg 850, Hoffmann & Campe in Comm. n. 1 1/3 ℛ

v. Sprewitz, Adph., Beleuchtung d. Verordnung vom 15. Mai 1848 wegen Einsetzung der Schieds-Commissionen zur Feststellung streitiger Verhältnisse der Hoftagelöhner, insbesondere der aufgeworfenen Frage: Ist jetzt eine Aufhebung dieser Verordnung an der Zeit? gr. 8. (21 S.) Güstrow 849, Opitz & Co. 1/8 ℛ

Zwei gekrönte **Preisschriften** über die Anlegung von Zwangsarbeits-Anstalten in den Herzogthümern Schleswig und Holstein hrgg. v. der Direktion des gemeinschaftlichen Fonds der Schleswig-Holsteinischen adeligen Klöster und Güter.
1. Abhandlung zur Anlegung von Zwangsarbeits-Anstalten in den Herzogthümern Schleswig und Holstein. Auf Grundlage der Erfahrungen und . . . der Einrichtungen des Grofsherzogl. Mecklenburg-Schwerinschen Landarbeitshauses zu Güstrow v. Adolph v. **Sprewitz.** Altona. 1846. 8°.

Sprewitz, Adph. v., Uebersicht der Drains-Waaren der Landarbeitshaus-Ziegelei zu Güstrow im Großherzogth. Mecklenburg-Schwerin, nebst den von Mitte Novbr. 1855 an normirenden Preisen in Pr. Ct. erläutert durch 4 Steindr.-Taf. und beigegebenen Bemerkungen. gr. 4. (12 S.) Bützow 856. (Leipzig, Hoffmann.) *

v. Sprewitz, (Forst-Cand.) Ad., tabellar. Uebersicht I. der Naturgeschichte derjen. Raupen-Arten, welche bereits in deutschen Nadelholz-Waldungen im Großen Schaden angerichtet haben, nebst Zeit u. Ort ihrer Verwüstungen, u. II. der bewährtest. Mittel, ihrer ungewöhnl. Vermehrung entgegen zu wirken, od. sie auszurotten, wo sie sich in großer Zahl eingefunden haben; f. den Gebr. des Forst-Schutz-Personals nach d. besten Quellen entworfen. Mit illum. Abbildd. nach Zinke, aus von Linkers besorgtem Forstmann, u. Bechstein. 2 Tabellen in gr. Fol. u. 1 lithogr. Bl. in Fol. Stettin (831.) Böhme. 18 *gl.*

Sprewitz, Ad. v., tabellar. Uebersicht I. d. Naturgeschichte derjenigen Raupen-Arten, welche bereits in deutschen Nadelholz-Waldungen im Großen Schaden angerichtet haben, nebst Zeit u. Ort ihrer Verwüstungen, u. II. der bewährtest. Mittel, ihrer ungewöhnl. Vermehrung entgegen zu wirken, od. sie auszurotten, wo sie sich in großer Zahl eingefunden haben; f. den Gebr. d. Forst-Schutz-Personals nach d. besten Quellen entworfen (2 Tab. gr. Fol. u. 1 lith. u. ill. Bl. Fol.) Stettin (831) (Leipzig, Polet.)

—— **über Zwangsarbeits-Anstalten, s. Preisschriften.**

Ein Mutterherz. Dramatisches Familiengemälde in 3 Acten v. Friedrich Sprewitz. Ratzeburg (1860.) 8°

Spribille, Frz. Flora von Schrimm und Umgegend nebst einem Beitrag zur Flora von Inowrazlaw. 21 S. **Progr.** *Inowrazlaw* 1883.

Spribille, Franz [Oberl.]: „Verzeichnis der in den Kreisen Inowrazlaw und Strelno bisher beobachteten Gefäßpflanzen mit Standortsangaben" II. Inowrazlaw, Druck v. H. Olawski (1889); 1 Bl., 21 S. 4°
Inowrazlaw, G. (G), OP 1889 (144)

Spribille, Franz, aus Tremessen: Über den therapeutischen Wert subconjunctivaler Kochsalzinjektionen. *Halle a. S. 1899: C. A. Kaemmerer & Co.* (53 S.) 8°
Halle, Med. Diss. v. 1. Juni 1899

Sprichwort, Ein altes Nürnberg betreffendes. [Nürnberg 1792.] V: *Welser von und zu Neuhof, Hans Carl.* (ML)

Sprichwort, das deutsche, im Dienste des Religionsunterrichts in der Volksschule. Geordnet nach den 10 Geboten Gottes u. den 7 Bitten des Vater unser. 1. Lfg. gr. 8. (96 S.) Würzburg 882. Staudinger. n. — 80

Sprichwort, das deutsche, im Dienste d. Religions-Unterrichts in der Volksschule. Geordnet nach den 10 Geboten Gottes u. den 7 Bitten d. Vater unser. 2. (Schluß-) Lfg. gr. 8. (S. 97—216.) Würzburg 883. Staudinger. n. 1. — (cplt.: n. 1. 80)

Sprichwort, das deutsche, im Dienste des Religions-Unterrichts in der Volksschule. Geordnet nach den 10 Geboten Gottes u. den 7 Bitten des Vater unser. Hrsg. v. Ph. Scholasticus. 2. [Titel-]Aufl. (218 S.) 8. Würzburg [883] (905). F. X. Bucher. n. 1. 60

Sprichwörter, s. Sprüchwörter.

Sprichwörter, altniederländische; Gesprächbüchlein, romanisch und flämisch. Hrsg. von Hoffmann v. Fallersleben, s. Horae belgicae.

Sprichwörter, Altniederländische, nach der ältesten Sammlung. Gesprächbüchlein, romanisch und flämisch... Hannover 1854. H: *Hoffmann gen. von Fallersleben, August Heinrich.* (GGr)

Sprichwörter (Sprüchwörter), Arabische, s. a. Burckhardt J. L.

Sprichwörter, Arabische, und Redensarten gesammelt und erklärt von Albert Socin. [Universitäts-Programm.] Tübingen 1878.

Sprichwörter, Arabische, und Spiele. Gesammelt und erklärt von Knut L. Tallquist. Leipzig 1897.

Sprichwörter, Bayerische, mit Erklärung ihrer Gegenstände... Münch. 1812. H: *Mayer, Thomas.* (MGT) (Ky) (EE)

Sprichwörter, Die bekanntesten, erklärt für Kinder und Unstudirte. Osnabrück 1830. V: *Hollenberg, Georg Heinr.* (ErschDL)

Sprichwörter, Denk- und Sittensprüche zum Gebrauche der Katecheten und Lehrer. Prag 1797. V: *Gramer, Ouirin.* (Ky 2/420) (Kalender für Aufseher 1798, S. 176) (BiblPort)

Sprichwörter, deutsche, s. a. Miniatur-Bibliothek.

Sprichwörter, Deutsche, zusammengebracht von G. B. Nordköping 1707. H: *Barenius, Georg.* (GGr)

Sprichwörter, deutsche, eine Auswahl vorzügl. alter Denk- u. Weisheitssprüche zur Veredlung des Geistes u. Herzens. Ein Bilderbuch für die Jugend. 1s u. 2s Hft. qu. Fol. Nürnberg ... Renner u. Comp. (à $1^1/_3$ ß) $2^2/_3$ ß

Sprichwörter, Teutsche, mit Erläuterungen. . . . Nürnb. 1790. H: *Siebenkees, Joh. Chn.* (NN) (Nopitsch) (GGr) (ErschDL) (MGT) (Ky)

Sprichwörter, deutsche, 1. u. 2. Hft. in 12 sauber lith. Blättern. Roy.-4. München 841, Bergmann u. Roller. à Blatt n. $^1/_6$ ß — Chines. Pap. à n. $^1/_6$ ß — Color. à n. $^1/_2$ ß

—— deutsche, erklärt f. Kinder u. Unstudirte (v. G. H. Hollenberg). 1—3. Samml. 8. (17, $16^1/_2$ u. $14^1/_4$ B.) Osnabrück 830, 32, 33, Rackhorst.

Sprichwörter, Deutsche, erklärt für Kinder und Unstudirte. Osnabr. 1832—34. V: *Hollenberg, Georg Heinr.* (Ky) (ErschDL)

Sprichwörter, deutsche, als Materialien zu Aufsatz- und Diktando-Uebungen und Hausaufgaben für die Oberklassen der deutschen Volksschulen. Bearb. von einem unterfränk. Lehrer. 1. und 2. Heftchen. gr. 8. Würzburg 875, Staudinger. [1. Heftchen. (V, 57 S.) * 60 Pf.; 2. Heftchen. (VI, 90 S.) * 80 Pf.] *

Sprichwörter, deutsche, als Materialien zu Aufsatz- und Diktando-Uebungen und Hausaufgaben für die Oberklasse der deutschen Volksschulen. Bearb. von einem unterfränkischen Lehrer. 3.—5. Heftchen. gr. 8. (V, 96; V, 96; VI, 96 S.) Würzburg 876—79, Staudinger'sche Buchh. à Heft * 80 Pf. *

—— deutsche, als Materialien zu Aufsatz- und Diktando-Uebungen und Hausaufgaben für die Oberklassen der deutschen Volksschulen. Bearb. von einem unterfränk. Lehrer. 1., 2. und 6. Hftchn. gr. 8. Würzburg, Staudinger'sche Buchh. [1. Hftchn. 2. Aufl. (VI, 57 S.) 880. * 60 Pf.; 2. Hftchn. 2. Aufl. (VI, 90 S.) 884. * 80 Pf.; 6. Hftchn. (V, 96 S.) 883. * 80 Pf.] *

Sprichwörter, deutsche, als Materialien zu Aufsatz- und Diktando-Uebungen nach Hausaufgaben für die Oberklassen der deutschen Volksschulen. Bearb. von einem unterfränk. Lehrer. 7. und 8. Heftchen. gr. 8. (à Heft V, 96 S.) Würzburg 885,88, Staudinger. à Heft * 80 Pf. *

Sprichwörter, deutsche, als Materialien zu Aufsatz- u. Diktando-Uebungen u. Hausaufgaben f. die Oberklassen der deutschen Volksschulen. Bearb. v. e. unterfränk. Lehrer. 8.—12. Hftchn. gr. 8. (à VI, 96 S.) Würzburg 888—890. Staudinger. à n. — 80 (1—12.: n. 9. 40)

Sprichwörter, deutsche, als Materialien zu Aufsatz- u. Diktando-Uebungen u. Haus-Aufgaben f. die Oberklassen der deutschen Volksschulen. Bearb. v. e. unterfränk. Lehrer. 8. Hftchn. 2. Aufl. gr. 8. (96 S.) Würzburg 891. J. Staudinger. n. — 80

Sprichwörter, deutsche. als Materialien zu Aufsatz- u. Diktando-Uebungen u. Hausaufgaben f. die Oberklassen der deutschen Volksschulen. Bearb. v. e. unterfränk. Lehrer. 1. u. 12. Heftchen. 8. Ebd. n. 1. 40
1. 3. [Titel-]Aufl. (IV, 57 S.) [891.] (905.) — 60
12. 2. [Titel-]Aufl. (IV, 96 S.) [890.] (905.) — 80

—— die, der Deutschen, s. Miniatur-Bibliothek des Nützlichen und Angenehmen.

Sprichwörter, die, der Deutschen, siehe: Volksbibliothek.

Sprichwörter, Die deutschen. Frankf. a. M. 1846. H: *Simrock, Carl Jos.* (Verz. d. v. Meusebachschen Bibl. Berlin 1855. S. 40.)

Der Deutschen SPRICHWÖRTER UND SPRUCHREDEN. Mit Illustrationen von LUDWIG RICHTER u. A. Leipzig, O. Wigand, 1876. 131 S. Mit vielen hübschen Holzschnittvignetten. 8°. Illustr. Or.-Umschlag. 9.—

Sprichwörter, Dramatische, ein Beytrag zum gesellschaftlichen Vergnügen in Teutschland . . . Leipz. 1785. V: *Mauvillon, Jacob.* (ML) (Ky)

Sprichwörter, Dramatische, bearbeitet . . . 1787. V: *Sintenis, Christian Friedrich.* (Ky)

Sprichwörter, Dramatische, zur angenehmen und nützlichen Unterhaltung für die erwachsene Jugend. 1. und 2. Bdch. 1806. V: *Lossius, Casp. Frdr.* (MGT)

— englische, s.: Miniatur-Bibliothek.

— französische, s.: Miniatur-Bibliothek.

Sprichwörter (Sprüchwörter,) hundert, ein angenehmes z. Bildung d. Verstandes u. Herzens beitrag. Spiel f. d. Jugend. qu. 32. (20 Bl. u. 1/4 B. Erklär. in 16.) Hall 839, Haspel'sche Buchh.

Sprichwörter und Redensarten, Judendeutsche. Mitgeteilt von P. [= Der Urquell. Der neuen Folge Band I. Heft 2 p. 49f.] Leiden - Hamburg - Wien 1897.

Sprichwörter, Jüdische, aus einem Manuscript des Herrn J. B. Hrsg. v. M. Spector. Warschau 1888. B: *Bernstein, Isaac.* (EB)

Sprichwörter, Mekkanische, und Redensarten gesammelt und erläutert von C. Snouck Hurgronje. Haag 1886.

Sprichwörter, Moralische, der ·Deutschen, welche die wichtigsten Maximen zu einer weisen . . . Führung des Lebens enthalten. . . . Halberstadt 1822. H: *Rese, Johann Carl August.* (GGr) (MGT) (Ky) (ADB)

—— moral., der Deutschen, welche d. wichtigsten Maximen zu e weisen u. tugendhaft. Führung d. Lebens enthalten. Hrsg. v D. C. A. R. 2. Ausg. 8. (12 B.) Potsdam 833, Voaler

Sprichwörter und Klugreden, Neunundneunzig schöne weise, für die Gesellschaft der Bibliophilen zur Generalversammlung in Frankfurt a. M. 1906. Frankf. a. M. 1906. H: *Sondheim, Moritz.* (Berl)

Sprichwörter, Osmanische. Wien 1865. H: *Schlechta-Wssehrd, Ottocar Maria Freiherr von.* (EB)

Sprichwörter, osmanische, hersg. durch die k. k. orientalische Akademie in Wien. Proverbes ottomans publiés par l'Académie I. et R. des langues orientales à Vienne. Wien 865. (Gerold's Sohn.) gr. 8. (XIII, 180 S.) n. 2 ₰ 10 ngr.

Sprüchwörter, Ossetische; von A. Schiefner. [Mélanges russes T. IV.] St.-Pétersbourg 1862.

— plattdeutsche, u. Redensarten, od.: Wie das Volk spricht. 8. (92 S.) Bremen 881. H. Haake. 2.—

Sprüchwörter, Einige, und Rätsel aus dem Kurgland. Zusammengestellt von Veil. [Schorndorf] o. J.

Sprichwörter und Redensarten deutsch-jüdischer Vorzeit. Als Beitrag zur Volks-, Sprach- und Sprichwörter-Kunde. Aufgezeichnet aus dem Munde des Volkes und nach Wort und Sinn erläutert von Abraham Tendlau. Frankfurt am Main 1860.

Sprichwörter, 6000 deutsche rc., s. **Bibliothek des Frohsinns, V. Serie 4. u. 5. Bdchn.**

Die **Sprichwörter** und **Sinnreden** des deutschen Volkes in alter u. neuer Zeit. Zum erstenmal aus den Quellen geschöpft, erläutert u. mit Einleitung von J. Eiselein. Freiburg, 1840. 8o.

—— **und Spruchreden der Deutschen, s. Volksbücher.**

– Türkische, ins Deutsche übersetzt von A. Merx. Venedig 1877.

Sprichwörter u. alte Volks- u. Kinderlieder in kölnischer Mundart. 12. (IV, 65 S.) Köln 899. K. A. Stauff & Co. n. — 50

Sprichwörter und ihre Weisheitslehren in Fabeln, Mährchen, Erzählungen. Mit 13 (lith. u. color.) Bildern von Köpper. Berlin (857.) A. Sala. 16. (2 Bl., 124 S.) n. 15 ngr.

Sprichwörter in Wort und Bild. Ein Bilderbuch für artige Kinder mit 8 Orig.-Zeichnungen in feinstem Farbdr. und begleitendem Text von Carl Distler. 4. (8 Bl. Text.) Stuttgart 884, Hänselmann's Verlag. cart. *
Unzerreißbar auf Carton. geb. *
Leinwandbilderbuch ohne Text *

Sprichwörter-Lexikon, deutsches, s. Wander, Carl Friedr. Wilh.

Sprichwörterschatz, elsässischer. 800 Sprichwörter u. sprichwörtliche Redensarten aus dem Elsaß. Aus dem Volksmunde entnommen, gesammelt u. hrsg. von J. N. Alsaticus. 8. (63 S.) Straßburg 883. Schmidt. n. 1. —

Sprichwörterspiel, Allegorisches, für die Jugend. Leipzig 1798. V: *Kerndörffer, Heinr. Aug.* (NN) (MGT) (Ky)

Sprichwort-Krämer, der — und seine Pflegetochter. Schauspiel für Kinder in zwei Akten von P. M. H. Wien, 1856. Druck und Verlag von M. Auer. (51 S. kl. 8.)

Spriekeln und Spöne. Münster 1858. V: *Grimme, Friedrich Wilhelm.* (Rass S. 132) (Zeitschr. f. Büch. N. F. 15, 1923, S. 123)

[**Sprickerhof,** Albert]: N. S. V. (Nord-Süd-Verbindungsbahn.) Die gegebene Lösung der Verkehrsfragen Groß-Berlins. (Berlin 1910.) 8° *[Umschlagtit.]*

Sprickmann, Ant. Mtth., Eulalia. Trspl. 8. Leipz. 777. Weygand. 7 gl.

Sprickmann, Ant. Matth., s. Grund, üb. den, der Verbindlichkeit bei positiven Gesetzen, u. setze hinzu: (von A. M. Sprickmann).

— der Schmuck. Lstspl. 8. Münster 780. Coppenrath. 5 gl.

— der Tempel d. Dankbarkeit; ein Vorspl. 8. Münster 775.

— die natürl. Tochter. Lstspl. in 5 A. 8. Münster 774. Coppenrath. 6 gl.

— s. **Wilddiebe, die.**

Spriďmann, Matth., über d. geistige Wiedergeburt. 12 (2½ B.) Münster 834, Coppenrath.

Sprickmann-Kerkerinck, Henricus (Ludovicus Maria) *(geb. Arnsberg in Westf. 17. 9. [1846]):* De origine ac progressu juris pauperum in processu civili juris canonici potissimum habita ratione. Vratislaviae (1869). (34 S.) 8° *[Im Buchhandel 1869 bei Goerlich in Breslau.]*

Breslau, Jur. Diss. v. 4. Aug. 1869

Sprickmann-Kerckering, Henr., do origine ac progressu juris pauperum in processu civili juris canonici potissimum habita ratione. Dissertatio inauguralis. Breslau 869. (Goerlich.) gr. 8. (III, 36 S.) n. 7½ ngr.

Sprickmann Kerkerinck, Prüfung des amtlichen Entwurfs einer neuen Hypothekenordnung für den Preuß. Staat. gr. 8. (61 S.) Arnsberg 848, Ritter. ⅓ ℛ︁

Die Fauna der Remscheider Schichten. Von Julius **Spriestersbach** u. Alexander Fuchs. Mit 11 Taf. Berlin: Geol. Landesanst. 1909. 81 S. 8°

(Abhandlungen d. Kgl. Preuß. Geol. Landesanstalt. N. F. H. 58.) [10. 6180

Sprigade, Paul

Sprigade, P., und M. **Moisel**: Führer durch die kartographische Ausstellung, zugleich Darstellung der Entwicklung der deutschen Kolonial-Kartographie. (Deutscher Kolonial-Kongress 1902.) Berlin 1902. 45 S. 8°.

Sprigade (Bearb.), s. K a r t e von Deutsch-Südwestafrika.

Sprigade, Paul und **Moisel,** Max. Grosser deutscher Kolonialatlas. Hrsg. von der Kolonial-Abtheilung des Auswärtigen Amts. 1 : 1 000 000. Berlin 1901—. c. L. Sch. (Im Erscheinen).

Sprigade, P[aul]. u. M[ax] *Moisel.* Deutscher Kolonialatlas mit Jahrbuch. Hrsg. auf Veranlass. d. Deutschen Kolonialges. Bearb. Berlin 1907. 4°.

Sprigade, Paul. u. Max *Moisel:* Deutscher Kolonialatlas mit illustr. Jahrbuch. Ausg. 1910. Berlin 1910. 4°

Sprigade, P[aul], und M[ax] *Moisel.* Kriegskarte von Deutsch-Südwestafrika. 1 : 800 000. Blatt [1—5] [nebst] Übersichtsblatt. Berlin [1904]. 8°. [Lithogr. kol.] Verschiedene Grösse.

1: Otawi.
2: Windhuk.
3: Rehoboth.
4: Keetmanskoop.
5: Warmbad. 2. Aufl.

Kolonial-Wirtschaftliches Komitee. — Übersicht über die Unternehmungen des Kolonial-Wirtschaftlichen Komitees 1896/1906. Red. v. P. SPRIGADE u. M. MOISEL. ib. (1906.) —

Wandkarte der Deutschen Kolonien. Bearbeitet von P[aul] **Sprigade** u. M[ax] Moisel. Hrsg. auf Veranlassung d. Deutschen Kolonialgesellschaft. Berlin: D. Reimer [1907]. (9 Karten verschied. Maßst. auf 1 Bl. 167×113 cm.) [lith.] [kol.] [07. 13196

Kolonial-Wirtschaftliches Komitee. — Wirtschafts- und Verkehrskarte von Deutsch-Ostafrika. Red. v. P. SPRIGADE u. M. MOISEL. 1 : 5000000. ib. (1906.)

Spring, Selbsterlebtes in Ostafrika. Illustr. v. R. Hellgrewe. M. 2 nach R. Kiepert u. d. Angaben d. Verf. gestoch. (farb.) Uebersichtskarten. gr. 8. (VIII, 180 S.) Dresden 896. A. Köhler. n. 3. 50; geb. in Leinw. n. 4. 50

Spring, Wohlfahrts-Einrichtungen im Kreise Hörde. Seit d. Bestehen d. Kreises in d. Zeit v. 1887–1897. gr. 8. (31 S.) Hörde 897. (May & Co.) n. 1. 40

Spring, A., die kartographischen Ergebnisse der Massai-Expedition des deutschen Antisklaverei-Comités, s.: Baumann, Osc.

Spring, Albert

Spring, A., Fritz Marten's erste Seereise. Nach eignen Erlebnissen der Jugend erzählt. Mit 20 Textillustr. u. 4 Farbenbildern nach Originalen v. R. Hellgrewe. gr. 8. (171 S.) Stuttgart (900). K. Thienemann.
Geb. in Leinw. n. 3. —

Spring, A. Fr., üb. d. naturhistor. Begriffe v. Gattung, Art u. Abart, u. üb. d. Ursachen d. Abartungen in d. organ. Reichen. Eine Preisschr. gr. 8. (12 B.) Leipzig 838, Fr. Fleischer. Thlr.

—— Musci et Lycopodineae, s. Endlicher et de Martius, Flora Brasiliensis, Fasc. I.

—— üb. Ursprung, Wesen u. Verbreitung d. wandernden Cholera. Mit Beziehn. auf d. Epidemie in München 1836/37. gr. 8. (7 B.) München 837, (Fleischmann.) *

Spring, Anton Friedrich

Spring, A. Fr., üb. d. naturhistor. Begriffe v. Gattung, Art u. Abart, u. üb. d. Ursachen d. Abartungen in d. organischen Reichen. Preisschrift. gr. 8. Leipzig, 1838. Fleischer. 1. —

SPRING, Anton Friedrich (Inchenhofen): De diversis pneumophthiseos speciebus.- Monachii: Poessenbacher 1838. 24 S.
14.3.1837 - Urk; F 63
Diss. Ingolst.-Landsh.-Mchn.

Spring, Ch.: On the e s s e n c e and immortality of the soul. London (Göttingen). 1865. 53 S.
Schul-/Univ.-Schrift

Spring, Ch. F., Gedichte u. Dialoge ernsten u. heiteren Inhalts für die Jugend in Haus u. Schule, insbesondere für unsre kirchlichen Lese-Vereine, Jünglings-Vereine u. für Sonntagsschul-Festlichkeiten [4. Juli-Feier u. s. f.]. 8. (64 S.) Reading, Pa. 878. (Philadelphia, Schäfer & Koradi.) cart. n. 1. —

Spring, Ch. F., die schönste Geschichte, s. Geschichte, die schönste.

Spring, Chrn. Friedr., lehrreiche und erbauliche Lieder. Beiträge zur Bildung der Jugend, gesammelt in 17 Gedichten. 12. (106 S. mit eingedr. Holzschn. und 1 Holzschnt.) New-York 858. (Philadelphia, Schäfer und Koradi.) *

Spring, Ch. F., katechetische Unterweisung zur Seligkeit üb. den lutherischen Katechismus. Für Familie u. Schule gestellet u. der gesammten luther. Kirche als Jubiläumsgabe gewidmet. 8. (232 S.) New-York 872. (Philadelphia, Schäfer & Koradi.) n. 1. —

Spring, Johann Peter

— Abhandl. von Erzeugung der bisher noch unbekannt gewesenen Naphta aus d. gemeinen Kochsalz. Münch., (G. Franz). 6 gr

— morborum plurimorum analogia ac differentia, una cum therapia horum generali. 4. Ingolst. 759.

Spring, J. P., De malo hypochondriaco. 27 pp. Monach. 4°. 1757

— Diss. de malo hypochondriaco. 4. Ingolst. 758.

— Diss. de phosphoro anglicano chymice ac medice etc. 4. Ingolst. 759.

Spring, Johann Peter (Kirchheim/Teck) A. S. 304/1

De principiis juris publici, Germanici inprimis.
Präs. Erich Mauritius.
In: Mauritius: Dissertationes et opuscula. Ed. Johann Nikolaus Hertius. Strassburg (Dulssecker) 1724. S. 1 - 70.

Diss. Tübingen 1662.
2 Resp. 33076

Spring, Jh. Pet., (✝ 1773.) akadem. Rede von einem, der Inoculation entgegengesetzten, neuen Rettungsmittel in u. vor der Blatternkrankheit. 4. Münch. 770. Fritz. (Lentner). 6 gr; bei Franz das. 5 gr

Spring, Rob., die beiden Warrick. Novelle aus dem amerikan. Leben. 2 Bde. 8. (540 S.) Hamburg 847, Hoffmann & Campe. 3 ℳ

Springauf, E. W., Schlesiens Dichter im 19. Jahrh., od kurzgef. Nachrichten üb. die in Schlesien seit 1800—30 gestorb u. lebenden Dichter. 16. (3 B.) Breslau 831, Aderholz.

Springborn, M., Herkus Monte. E. Erzählg. aus Altpreußens Vorzeit. 8. (236 S.) Berlin 898. W. Schultze. n. 3. —

Springe [Schlagwort]

Springe, Kreis, s.: Kreiskarten.

Springefeldt, E(rnst) O(tto) F(ritz), Tierarzt a. Berlin: Aus d. patholog. Institut d. Kgl. Tierärztl. Hochschule zu Berlin. ⟨Direktor: Geh. Reg.-Rat Prof. Dr. Schütz.⟩ Ist Griserin ein Heilmittel der Tuberkulose? Berlin 1906: L. Schumacher. (17 S.) 8° ¶(Aus: Archiv für wissensch. u. prakt. Tierheilkunde Bd 32.)
Gießen, Med. Fak., Ref. Olt, Diss. v. 26. Juni 1906
[Geb. 16. Febr. 78 Berlin; Wohnort: Berlin; Staatsangeh.: Preußen; Vorbildung: Gymn. Neubrandenburg Reife G. 00; Studium: Tierärztl. Hochschulen: Berlin 4, München 4 S.; Rig. 15. Nov. 05.]

Springenfeldt, Mor., Beitrag zur Geschichte d. Seidelbastes [Daphne Mezereum]. Inaug.-Diss. gr. 8. (143 S.) Dorpat 890. (Karow.) n. 2. —

Springer, Adalfried, Gliederung und Ausrüstung der Armee im Felde. Zum Gebrauche bei taktischen Aufgaben, bei Generalstabsreisen, taktischen Uebungsreisen und Ritten, Kriegs-Zielen u. dgl. nach den neuesten organischen Bestimmungen und Dienst-Vorschriften. Placatformat. Unaufgezogen gefalzt
Wien: Seidel & Sohn 1891. — 30

Springer, Adalfr., Gliederung u. Ausrüstung d. Armee im Felde. Zum Gebrauche bei takt. u. operativen Aufgaben, bei Generalstabsreisen, takt. Uebungs-Reisen u. -Ritten, Kriegsspielen u. dgl. nach den neuesten organ. Bestimmgn. u. Dienst-Vorschriften (Septbr. 1893). 2. Aufl. Farbige Tabelle. 49×40 cm. Wien 893. (L. W. Seidel & Sohn.) n. — 80

Springer, Adalfr., Gliederg. u. Ausrüstg. d. Armee im Felde. Zum Gebr. bei takt. u. operat. Aufgaben, bei Generalstabsreisen, takt. Uebungs-Reisen u. -Ritten, Kriegsspielen u. dgl. nach den neuesten organ. Bestimmgn. u. Dienst-Vorschriften (Septbr. 1893). 2. Aufl. Ergänzgn., Berichtiggn. u. Deckblätter. qu. 8. (7 Bl.) Wien 894. (L. W. Seidel & Sohn.) n. — 40
(Hauptwerk u. Nachtrag: n. 1. 20)

Springer, Adalfried, technische Notizen üb. Feld-Befestigung. [Aus: „Handbuch für Officiere d. Generalstabes".] 12. (8 S. m. 8 Beilagen Illustr.) Wien 890. (Seidel & Sohn.) n. — 50

Springer, Alfr., humoristische Antologie. 16. (32 stenogr. lithogr. S.) Triest 873. (Eichstätt, Krüll'sche Buchh.) *

Springer, Alfr., humoristische Antologie. 2. Aufl. 16. (32 S. stenogr. Schrift.) Triest 873. (Wien, Bermann & Altmann. n. — 60

—— dass. — in fonografischer Schrift. Ein Lesebuch zur Einübung und besseren Erlernung der Fonografie. 1. Heft. [In ungekürzter Schrift.] gr. 8. (16 S.) Triest 876. (Ebendas.) *

Springer, A., humoristische Antologie in stenografischer Schrift. 3., verm. Aufl. 16. (VI, 64 autogr. S.) Wien 878. Bermann & Altmann. n. 1. 20

Springer, Alfr., des Vaters Fluch. Drama in 4 Aufzügen. (183 S.) 8. Berlin (N.W. 21, Pritzwalkerstr. 14) (903). R. Mewes. n. 3. —

Springer, Alfr., maschinelle Holzbearbeitg. in gewerbl. Betrieben. Ein Hilfsbuch zum Gebrauche an fachl. Lehranstalten. (VI, 159 S. m. 240 Abb.) Lex. 8. Wien 907. F. Deuticke. 2. 80

Springer, Alfr., die Kraftmaschinen, s. a. Schriften des steiermärkischen Gewerbeförderungs-Institutes in Graz. 3. Hft.

Springer A. die Kraftmaschinen, deren Anwendung und Betriebskosten. (35 S) (Schriften des steiermärkischen Gewerbeförder. Instituts Graz 3) Graz 1905

Springer, Alfr., die Unfallverhütung in der Holzindustrie. Illustr. Lehr- u. Hilfsbuch üb. Schutzvorrichtungen an Maschinen u. Einrichtgn. f. die gesammte Holzindustrie. Mit e. Vorwort v. Wilh. F. Exner u. e. Einbegleitg. v. Ludw. Jehle. Mit ca. 350 Abb. Lex.-8. (IX, 182 S.) Wien 900. Sachs' Verl. 5. —; geb. 6. —

Springer, Alfr., was muß der Konditor wissen? (80 S.) 8. Berlin (904). H. Steinitz. n. 1. —

Springer, Anna, vegetarisches Kochbuch. Mit e. Abhandlg. üb. den Vegetarismus vom Hrsg. Jos. Springer. 12. (IV, 216 S. m. 1 Taf.) Zittau (899). (W. Fiedler.) Geb. n. 1. 50

Springer, Anna, vegetarisches Kochbuch. Mit e. Einleitg.: „Wie sollen wir leben?" v. Jos. Springer. 4. verb. u. verm. Aufl. (IV, XII, 268 S.) kl. 8. Berlin 907. Lebensreform. n. 1. 25; geb. in Leinw. n. 1. 50

Springer, Anna, vegetarisches Kochbuch. Mit e. Einleitg. „Wie sollen wir leben?" v. Jos. Springer. 5. Aufl. (IV, XII, 268 S.) kl. 8. Berlin-Schöneberg 910. Verl. Lebensreform. Geb. 1. 50

Springer, Anton

Ad avdiendam orationem de nexv, qvo artes medii aevi et temporis recentioris cvm antiqvitate conivngvntvr pro aditv mvneris prof. ord. in ordine phil. vniversitatis Fridericiae Gvilielmiae [!] Rhenanae Kal. Avg. a. 1861 ... habendam ... invitat Antonivs Henricvs **Springer** ... — Inest commentatio de artificibvs monachis et laicis medii aevi. Bonnae, form. C. Georgi 1861. 1 Bl., 44 S. 4. ¶ Erschien zugleich selbständig bei Marcus in Bonn — In deutscher Bearb. in den Mitth. d. k. österr. Centralkomm. VII 1862 S. 1 ff., 36 ff.: Die Künstlermönche im Mittelalter. — Erweitert in des Verf. Bildern aus d. neueren Kunstgesch. 1² 1886 S. 41 ff.: Klosterleben und Klosterkunst im Mittelalter.

Springer, Ant. Henr., de artificibus monachis et laicis medii aevi. Bonn 861. Marcus. gr. 4. (44 S.) n. 20 ngr.

Springer, Ant. Heinr., die Baukunst des christlichen Mittelalters. Ein Leitfaden zum Gebrauche für Vorlesungen u. zum Selbstunterrichte. Mit 300 Fig. auf 25 (lith.) Bildtaf. Bonn 854. Henry u. Cohen. gr. 8. (VI, 173 S.) 1 ℛ. 10 ngr.

Springer, Ant., flüchtige Befestigung. 2 Steintaf. auf 1 Bl. (Ausg. auf Hanf- u. Kanzleipap.) qu. Fol. Krems 882. (Wien, Seidel & Sohn.) n. — 60; auf Pergt.-Pap. n. — 75

Springer, Ant. (I.), Bilder aus der neueren Kunstgeschichte. gr. 8. (VII und 380 S.) Bonn 867, Marcus. *

Springer, Ant. (I.), Bilder aus der neueren Kunstgeschichte. 2. verm. und verb. Aufl. 2 Bde. gr. 8. (VII, 402; V, 409 S. mit Illustr.) Bonn 886, Marcus. *

—— s. Bilderbogen, kunsthistorische.

Springer, Ant., der Bilderschmuck in den Sacramentarien d. frühen Mittelalters. [Aus: „Abhandlgn. d. k. sächs. Gesellsch. d. Wiss."] Lex.-8. (42 S. m. eingedr. Holzschn.) Leipzig 889. Hirzel. n. 2. —

Springer, Ant., der Bilderschmuck in den Sacramentarien des früh. Mittelalters. Lex.-8. (42 S. m. Abb.) Leipzig 889. [Hirzel.] B. G. Teubner. n. 2. —; ermäss. Pr. n. 1. —

—— kunsthistorische Briefe. Die bildenden Künste in ihrer weltgeschichtlichen Entwicklung. 1—3. Lfg. gr. 8. (S. 1—480.) Prag 852—53, Ehrlich's Buchh. à Lfg. 25 1/2 Ngr.

—— kunsthistorische Briefe. Die bildenden Künste in ihrer weltgeschichtl. Entwicklung. 4. (Schluß-)Lfg. gr. 8. (V und S. 481—656.) Prag 857, Ehrlich.

Springer A. Nepomuk Czermak. 2 Bde Leipzig 1875

Springer, Ant., Friedrich Christoph Dahlmann. (In 2 Thln.) 1. Thl. Mit Dahlmann's (lith.) Bildniß. Leipzig 870. Hirzel. gr. 8. (VIII, 493 S.) n. 2 ℛ 12 ngr.

Springer, Ant., Friedrich Christoph Dahlmann. 2. Thl. (Schluß.) gr. 8. (XI, 464 S.) Leipzig 872. Hirzel. n. 8. 80; (cplt. n. 16. —)

— Rafaels Disputa. Bonn 860. Marcus. 12. (52 S. u. 1 lith. Taf.) n. 10 ngr.

Springer, Anton. Albrecht Dürer ... Berl. 1892. H: *Springer, Jaro.* (Berl)

Springer, Ant., Albrecht Dürer. Mit Taf. u. Illustr. im Text. gr. 8. (184 S.) Berlin 892. G. Grote. n. 10. —; geb. in Halbfrz. n.n. 12. 50

Springer, Anton, k. und k. Major im Inft.-Reg. Friedrich Wilhelm Ludwig Grossherzog von Baden Nr. 50. Der russisch-türkische Krieg 1877—1878 in Europa. I.—VII. Operations-Periode. (Mit Karten und Plänen.) (7 Bde.) 8. Wien 1891—1893.

Springer, Ant. (II.), die Genesisbilder in der Kunst des frühen Mittelalters mit besond. Rücksicht auf den Ashburnham-Pentateuch. Lex.-8. (71 S. mit 2 lithogr. Taf.) Leipzig 884, Hirzel. *
Aus: Abhandlungen der k. sächs. Gesellschaft der Wissenschaften, besonders abgedruckt.

— Geschichte der bildenden Künste im 19. Jahrhundert. Leipzig 858. Brockhaus. 8. (XV, 343 S.) n. 1 ℛ. 18 ngr.

Springer, Ant. Heinr., Geschichte Oesterreichs seit dem Wiener Frieden 1809, s. a. Staatengeschichte der neuesten Zeit.

Geschichte Oesterreichs seit dem Wiener Frieden 1809. Von Anton Springer.
Th. 1. Der Verfall des alten Reiches. Leipzig. 1863.
Th. 2. Die österreichische Revolution. ebd. 1865.
= Staatengeschichte der neuesten Zeit. Bd. 6. u. 10. 8°.

Springer, Ant. Heinr., Geschichte des Revolutionszeitalters. (1789—1848.) In öffentl. Vorlesungen an der prager Universität übersichtlich dargestellt. gr. 8. (X und 729 S.) Prag 849, Ehrlich's Buchh. Thlr.

Springer, Ant. Heinr., die Hegelsche Geschichtsanschauung. Eine histor. Denkschrift. gr. 8. (VI und 93 S.) Tübingen 848, Fues, Vrlgsh.

—— Grundzüge der Kunstgeschichte. Textbuch zur Handausgabe der kunsthistor. Bilderbogen. 3. verb. Aufl. des Textbuches. I—IV (Schluss). gr. 8. Leipzig, Seemann. * geb. in Leinwd. *ℳ 6.—; in Halbfrz. *
Inhalt:
I. Das Altertum. (VIII, S. 1—112.) 888. *ℳ 1.—; geb. *ℳ 1.35.
II. Das Mittelalter. (VIII, S. 113—256.) 888. *ℳ 1.—; geb. *ℳ 1.35.
III. Die Renaissance in Italien. (VIII, S. 257—424.) 888. *ℳ 1.50.; geb. *ℳ 1.90.
IV. Die Renaissance im Norden und die Kunst des 17. und 18. Jahrh. (X, S. 425—652.) 889. *ℳ 1.50.; geb. *ℳ 1.90.

—— Handbuch der Kunstgeschichte. Zum Gebrauche für Künstler und Studirende und als Führer auf der Reise. Mit einem Vorwort von Fr. Th. Vischer. Mit 93 Illustr. (in eingedr. Holzschn.), 1 chromo-lithogr. Taf. und einem kunsthistor. Wegweiser auf der Reise durch Deutschland, Italien, Spanien, Frankreich, Niederlande und England. gr. 8. (XII und 386 S.) Stuttgart 855, Rieger'sche Vrlgsh.

Springer, Ant., Handbuch d. Kunstgeschichte. 4. Aufl. d. Grundzüge d. Kunstgeschichte. Illustr. Ausg. I. u. IV. hoch 4. Leipzig, E. A. Seemann. 10. 80; geb. in Leinw. n. 12. — (cplt.: 21. 60; geb. n. 24. —; in 2 Halbfrz.-Bdn. n. 28. —)
I. Das Altertum. M. 395 Abb. im Text u. 4 Farbendr. (VIII, 242 S.) 895. 4. 50; geb. n. 5. —
IV. Die Neuzeit. II. Die Renaissance im Norden u. d. Kunst d. 17. u. 18. Jahrh. (VIII, 412 S.) 896. n. 6. 30; geb. n. 7. —

— dasselbe. 5. Aufl. der Grundzüge der Kunstgeschichte. I.—III. 4. Ebd. 898. n. 16. 30; geb. in Leinw. n. 18. —
I. Das Altertum. Bearb. v. Adf. Michaelis. M. 497 Abb. im Text u. 2 Farbendr. (VIII, 288 S.) 5. 50; geb. in Leinw. n. 6. —
II. Das Mittelalter. M. 376 Abb. im Text u. 6 Farbendr. (VII, 288 S.) 4. 50; geb. n. 5. —
III. (Neuzeit I.) Die Renaissance in Italien. M. 307 Abb. im Text, 3 Farbendr. u. 1 Lichtdr. (VIII, 308 S.) 6. 30; geb. n. 7. —

— Handbuch der Kunstgeschichte. I—IV. hoch 4. Leipzig, E. A. Seemann. n. 26. —; Einbde. in Leinw. à n. 1. —
I. Das Altertum. 6. Aufl., neubearb. v. Adf. Michaelis. Mit 652 Abb. im Text u. 8 Farbendr. (XII, 378 S.) 901. n. 7. —
II. Das Mittelalter. 6. Aufl., neubearb. v. Jos. Neuwirth. Mit 529 Abb. im Text u. 6 Farbendr. (VIII, 414 S.) 902. n. 6. —
III. 6. Aufl. der Grundzüge der Kunstgeschichte. Illustr. Ausg. Die Renaissance in Italien. Mit 323 Abbildgn. im Text u. 12 Farbendr. (VIII, 312 S.) 901. n. 6. —
IV. 6. Aufl. der Grundzüge der Kunstgeschichte. Illustrierte Ausg. Die Renaissance im Norden u. die Kunst des 17. u. 18. Jahrh. Mit 415 Abbildgn. im Text u. 14 Farbendr. (VIII, 403 S.) 902. n. 7. —
5. Aufl. (VIII, 404 S.) 899. n. 6. 30; geb. n. 7. —.

Springer, Ant., Handbuch der Kunstgeschichte. I—III u. V. Loch 4. Leipzig, E. A. Seemann. n. 29.50; geb. in Leinw. n. 34.—
I. Das Altertum. 7. Aufl., völlig umgearb. v. Adf. Michaelis. (VIII, 464 S. m. 783 Abbildgn. u. 9 Farbdr.-Taf.) 904. n. 8.—; geb. n. 9.—
II. Das Mittelalter. 7. Aufl., völlig umgearb. von Jos. Neuwirth. Mit 559 Abbildgn. im Text u. 9 Farbendr.-Taf. (VIII, 451 S.) 904. n. 6.—; geb. n. 7.—
III. Die Renaissance in Italien. 7. Aufl., völlig umgearb. von Adf. Philippi. Mit 319 Abbildgn. im Text u. 16 Farbendr.-Taf. (VIII, 312 S.) 904. n. 7.—; geb. n. 8.—
V. Das 19. Jahrh. 3. Aufl., bearb. u. ergänzt v. Max Osborn. Mit 490 Abbildgn. u. 23 Farbendr.-Taf. (XI, 452 S.) 906. n. 8.50; geb. n. 10.—

Springer, Ant., Handbuch d. Kunstgeschichte. I u. III—V. Lex. 8. Leipzig, E. A. Seemann. 31.50; geb. in Leinw. 36.—
I. Das Altertum. 9., erweit. Aufl., bearb. v. Adf. Michaelis. (XII, 564 S. m. 995 Abb., 15 Farbdr.-Taf. u. 1 Mezzotintogravüre.) 911. 8.—; geb. 9.—
III. Die Renaissance in Italien. 8. Aufl., bearb. v. Adf. Philippi. Mit 332 Abb. im Text u. 20 Farbendr.-Taf. (XII, 311 S.) 908. 7.—; geb. 8.—
IV. Die Renaissance im Norden u. die Kunst d. 17. u. 18. Jahrh. 8. Aufl., rev. u. ergänzt v. Fel. Becker. Mit 450 Abb. im Text u. 24 Farbendr.-Taf. (VIII, 407 S.) 909. 8.—; geb. 9.—
V. Das 19. Jahrh. Bearb. u. ergänzt v. Max Osborn. 5., verb. u. verm. Aufl. Mit 535 Abb. u. 26 Farbendr.-Taf. (XII, 484 S.) 909. 8.50; geb. 10.—

Springer, Ant. (I.), Handbuch für Offiziere des Generalstabes [mit besond. Rücksicht auf deren Dienst im Felde]. Bearb. nach Dienstvorschriften, Reglements etc. und hrsg. unter Mitwirkung von Karl Winter v. Lorscheim. 8. (335 S.) Brünn 878. (Wien, Seidel und Sohn.) * ℳ 5,40.; geb. *

—— dass. — Nach Dienstvorschriften, Reglements etc. unter Mitwirkung einiger Kameraden bearb. und hrsg. 2. Aufl. 8. (400 S.) Brünn 879. (Ebendas.) geb. *

— Handbuch für Offiziere des Generalstabes [mit besonderer Rücksicht auf deren Dienst im Felde]. Nach Dienstvorschriften, Reglements etc. unter Mitwirkung einiger Kameraden bearb. u. hrsg. 3. Aufl. 8. (431 S.) Brünn 880. Ebend. geb. n.n. 6.—

Springer, Ant., Handbuch f. Officiere d. Generalstabes [m. besond. Rücksicht auf deren Dienst im Felde]. Nach Dienstvorschriften, Reglements etc. unter Mitwirkg. einiger Kameraden bearb. u. hrsg. 4. Aufl. 8. (448 S. m. 1 Tab.) Wien 884. (Seidel & Sohn.) geb. n.n. 6.—

Springer, Ant. (II.), Handbuch für Officiere des Generalstabes [mit besond. Rücksicht auf deren Dienst im Felde]. Nach Dienstvorschriften, Reglements etc. unter Mitwirkung einiger Kameraden bearb. und hrsg. 4. Aufl. 1884 mit Correcturen 1885. 8. (VII, 448 S.) Wien 885, (Seidel und Sohn.) geb. *

Springer, Ant., Handbuch f. Officiere d. Generalstabes [m. besond. Rücksicht auf deren Dienst im Felde]. Nach Dienst-Vorschriften, Reglements etc. unter Mitwirkg. v. O. u. H. Meixner bearb. u. hrsg. 6. Aufl. 12. (412 S. m. 4 lith. Taf.) Wien 890. (Seidel & Sohn.) geb. n.n. 6.—

Springer, Ant., Handbuch f. Officiere d. Generalstabes. 6. Aufl. Correcturen. 12. (28 Blatt.) Wien 891. (L. W. Seidel & Sohn.) n. —60 (Hauptwerk m. Correcturen geb.: n.n. 6.—)

— Handbuch f. Officiere d. Generalstabes (m. besond. Rücksicht auf deren Dienst im Felde). Nach Dienst-Vorschriften, Reglements etc. unter Mitwirkg. mehrerer Kameraden bearb. u. hrsg. 7. Aufl. 12. (398 S. m. 12 Taf.) Ebd. 894. Geb. in Leinw. n.n. 6.—

Springer, Ant. Edler v., Handbuch für Offiziere des Generalstabes (m. bes. Rücksicht auf deren Dienst im Felde). Nach Dienst-Vorschriften, Reglements etc. unt. Mitwirkg. mehrerer Kameraden bearb. u. hrsg. IX. Aufl. (Ergänzt u. berichtigt bis 1. III. 1897.) 12. (402 S. m. 12 Taf.) Wien 897. (L. W. Seidel & Sohn.) Geb. in Leinw. n. 6.—

Springer, Ant. Edler v., Handbuch für Officiere des Generalstabes (m. besond. Rücksicht auf deren Dienst im Felde). Nach Dienst-Vorschriften, Reglements etc. unter Mitwirkg. mehrerer Kameraden bearb. u. hrsg. 11. Aufl. (Ergänzt u. berichtigt bis 1. V. 1902.) 12. (410 S. m. 12 Beilagen.) Wien 902. (L. W. Seidel & Sohn.) Geb. in Leinw. n. 6.—

Springer's, v., Handbuch f. Offiziere des Generalstabes (m. besond. Rücksicht auf deren Dienst im Felde). Nach Dienstvorschriften, Reglements etc. unter Mitwirkg. mehrerer Kameraden durchgesehen u. neu hrsg. v. Hugo Kromer. 12. Aufl. (Ergänzt u. berichtigt bis Mai 1904.) (439 S. m. 12 Beilagen.) kl. 8. Wien 904. (L. W. Seidel & Sohn.) Geb. in Leinw. n. 6.—

(Springer, Anton.) Der junge (Salomon) Hirzel (geb. 1804). Als Manuscript für Freunde gedruckt. [Mit Porträt-Tafel.] 8. Leipzig 1883.

— die Kosaken. Deren historische Entwicklung, gegenwärtige Organisation, Kriegstüchtigkeit u. numerische Stärke, nebst einem Vergleich der gesammten russischen u. österreichischen Cavallerie mit Bezug auf einen eventuellen Krieg Oesterreichs gegen Rußland. gr. 8. (128 S.) Leitmeritz 877. Ebend. n. 2. 80

Springer, Anton, Der russisch-türkische Krieg 1877—1878 in Europa. Mit Hilfe der besten authentischen Quellen verfasst. I. Operations-Periode. 1. Heft. Gr.-8. (VII, 48 S. mit zwei Beilagen) —.50
— — II. Operations-Periode. 1. Heft. Gr.-8. (48 S. mit 2 Beilagen) Wien: Konegen 1891 .50

Springer, Anton, Der russisch-türkische Krieg 1877—1878 in Europa Mit Hilfe der besten authentischen Quellen verfasst. I. Operations-Periode. 2. Heft. Mit Beilage 3—5. Gr.-8. (S. 49—96) Wien: Konegen 1891 —.50

Springer, Anton, Der russisch-türkische Krieg 1877—1878 in Europa Mit Hilfe der besten authentischen Quellen verfasst. Mit Beilagen. II. Operations-Periode. 2.—3. Heft. Gr.-8. (S. 49—144) Wien: Konegen 1891 à —.50

Springer, Anton, Der russisch-türkische Krieg 1877—1878 in Europa Mit Hilfe der besten authentischen Quellen verfasst. Mit Beilagen. II. Operations-Periode. 4. Heft. Gr.-8. (S. 145—209) Wien: Konegen 1891 à —.50

Springer, Anton, Der russisch-türkische Krieg 1877—1878 in Europa II. Operations-Periode. 5. Heft. Gr.-8. (S. 193—256) à —.50 Wien: Konegen 1892

Springer, Anton, Der russisch-türkische Krieg 1877—1878 in Europa Mit Hilfe der besten authentischen Quellen verfasst II. Operations-Periode. 6. Heft. Gr.-8. (S. 257—318) — 50
Wien: Konegen 1892

Springer, Anton, Der russisch-türkische Krieg 1877—1878 in Europa Mit Hilfe der besten authentischen Quellen verfasst III. Operations-Periode. 1. Heft. Gr.-8. (S. 1—32 mit 2 Beilagen) Wien: Konegen 1892 — 50

Springer, Anton, Der russisch-türkische Krieg 1877—78 in Europa. III. Operations-Periode. 2. Heft. Gr.-8. (S. 33—64 mit Beilage 4—6)
Wien: Konegen 1892. à —.50

Springer, Anton, Der russisch-türkische Krieg 1877—78 in Europa. III. Operations-Periode. 3. Heft. Gr.-8. (S. 65—96 mit 3 Beilagen) à —.50
Wien: Konegen 1892

Springer, Anton, Der russisch-türkische Krieg 1877—78 in Europa. III. Operations-Periode. 4. Hft. Gr.-8. (S. 97—144 m. 3 Beilagen) —.50
Wien: Konegen 1892.

Springer, Anton, Der russisch-türkische Krieg 1877—1878 in Europa. Mit Hilfe der besten authentischen Quellen verfasst. III. Operations-Periode. 5. Heft. Gr.-8 (S. 145 167 mit 1 Beilage) Wien: Konegen 1892. —.50

Springer, Anton, Der russisch-türkische Krieg 1877—1878 in Europa. III. Operations-Periode. 6. Heft. Gr.-8 (S. 177—224) à —.50
Wien: Konegen 1892.

Springer, Anton, Der russisch-türkische Krieg 1877—1878 in Europa. III. Operations-Periode. 7. Heft. Gr.-8. (S. 225—269) à —.50
Wien: Konegen 1892

Springer, Anton, Der russisch-türkische Krieg 1877—1878 in Europa. IV. Operations-Periode. 1. Heft. Gr.-8 (S. 1—48 mit einer Beilage)
Wien: Konegen 1892 —.50

Springer, Anton, Der russisch-türkische Krieg 1877—1878 in Europa. IV. Operations-Periode. 2. Heft. Gr.-8 (S. 49 80) à —.50
Wien: Konegen 1892

Springer, Anton, Der russisch-türkische Krieg 1877—1878 in Europa. IV. Operations-Periode. 3. Heft. Gr.-8 (S. 81—128) à —.50
Wien: Konegen 1892

Springer, Anton, Der russisch-türkische Krieg 1877—1878 in Europa. IV. Operations-Periode. 4. Heft. Gr.-8. (S. 129—176) à —.50
Wien: Konegen 1892

Springer, Anton, Der russisch-türkische Krieg 1877—1878 in Europa. IV. Operations-Periode. 5. Heft. Gr.-8. (S. 177—208) à —.50
Wien: Konegen 1892

Springer, Anton, Der russisch-türkische Krieg 1877—1878 in Europa. IV. Operations-Periode. 6. Heft. Gr.-8 (S. 209—256) à —.50
Wien: Konegen 1892

Springer, Anton, Der russisch-türkische Krieg 1877—1878 in Europa. IV. Operations-Periode. 7. Heft. Gr.-8 (S. 257—304) à —.50
— — IV. Operations-Periode. Complet. Mit einer Karte, 6 Kartenskizzen und 8 in den Text eingefügten Landschafts-Skizzen. Gr.-8. (362 S.) Wien: Konegen 1892 4.—

Springer, Anton, Der russisch-türkische Krieg 1877—1878 in Europa. IV. Operations-Periode. 8. Heft. Gr.-8 (S. 305—362 und Inhalts-Verzeichniss) Wien: Konegen 1892 à —.50

Springer, Anton, Der russisch-türkische Krieg 1877—1878 in Europa. V. Operations-Periode. 1. Heft. Gr.-8. (S. 1—32) à —.50
Wien: Konegen 1892

Springer, Anton, Der russisch-türkische Krieg 1877—1878 in Europa. V. Operations-Periode. 3. Heft. Gr.-8. (S. 81—112) à —.50
Wien: Konegen 1893

Springer, Anton, Der russisch-türkische Krieg 1877—1878 in Europa. V. Operations-Periode. 4. Heft. Gr.-8 (S. 113—144) à —.50
Wien: Konegen 1893

Springer, Anton, Der russisch-türkische Krieg 1877—1878 in Europa. V. Operations-Periode. 5. Heft. Gr.-8 (S. 145—205) à —.50
Wien: Konegen 1893

Springer, Anton, Der russisch-türkische Krieg 1877—1878 in Europa. VI. Operations-Periode. 1. Heft. Gr.-8 (S. 1—48) à —.50
Wien: Konegen 1893

Springer, Anton, Der russisch-türkische Krieg 1877—1878 in Europa. VI. Operations-Periode. 2. Heft. Gr.-8 (S. 49—80) à —.50
Wien: Konegen 1893

Springer, Anton, Der russisch-türkische Krieg 1877—1878 in Europa. VI. Operations-Periode. 3. Heft. Gr.-8 (S. 81—128) à —.50
Wien: Konegen 1893

Springer, Anton, Der russisch-türkische Krieg 1877—1878 in Europa. VI. Operations-Periode. 4. Heft. Gr.-8 (S. 129—159) à —.50
Wien: Konegen 1893

Springer, Anton, Der russisch-türkische Krieg 1877—1878 in Europa. VI. Operations-Periode. 5. Heft. Gr.-8. (S. 161—192) à —.50
Wien: Konegen 1893

Springer, Anton, Der russisch-türkische Krieg 1877—1878 in Europa. VI. Operations-Periode. 6. Heft. Gr.-8 (S. 193—256) à —.50
VI. Operations-Periode. Complet. Mit 1 Kare, 4 Karten-Skizzen u. 4 in den Text eingefügten Landschafts-Skizzen. Gr.-8. (319 S.) Wien: Konegen 3.50

Springer, Anton, Der russisch-türkische Krieg 1877—1878 in Europa. VI. Operations-Periode. 7. Heft. Gr.-8 (S. 257—315 und Register)
Wien: Konegen 1893 à —.50

Springer, Anton, Der russisch-türkische Krieg 1877—1878 in Europa. VII. Operations-Periode. 1. Heft. Gr.-8 (S. 1—48) à —.50
Wien: Konegen 1893

Springer, Anton, Der russisch-türkische Krieg 1877—1878 in Europa. VII. Operations-Periode. 2. Heft. Gr.-8 (S. 49—97) à —.50
Wien: Konegen 1893

Springer, Anton, Der russisch-türkische Krieg 1877—1878 in Europa. VII. Operations-Periode. 4. Heft. Gr.-8 (S. 161—192) à —.50
Wien: Konegen 1893

Springer, Anton, Der russisch-türkische Krieg 1877—1878 in Europa. VII. Operations-Periode. 5. Heft. Gr.-8 (S. 193—256) à —.50
Wien: Konegen 1893

Springer, Anton, Der russisch-türkische Krieg 1877—1878 in Europa. VII. Operations-Periode. 6. Heft. Gr.-8. (S. 257—288) à —.50
Wien: Konegen 1893

Springer, Anton, Der russisch-türkische Krieg 1877—1878 in Europa. VII. Operations-Periode. 8. Heft. Gr.-8 (S. 337—384) à —.50
Wien: Konegen 1893

Springer, Anton, Der russisch-türkische Krieg 1877—1878 in Europa. VII. Operations-Periode. 9. Heft. (Schluss des Werkes.) Gr.-8. (S. 385—452) Wien: Konegen 1893 à —.50

— VII. Operations-Periode. (Schluss des Werkes.) Mit 5 Kartenskizzen und 2 in den Text eingefügten Landschafts-Skizzen. Gr.-8. (452 S.) Complet Wien: Konegen 1893 4.50

Springer, Anton, Correcturen zum Handbuch für Officiere des General-Stabes. IV. Aufl. 8. (VII u. 448 S.) Wien, L. W. Seidel & Sohn geb. 3 fl. 20 kr. N. b. 1885

Springer, Anton, Correcturen zum Handbuch für Officiere des Generalstabes. 6. Aufl. 12. (82 S.) Wien: Seidel & Sohn 1891. —.30

Springer, Anton, Katechismus der deutschen Schreibung, wie sie in den Schulbüchern des österreichischen Kaiserstaates angenommen ist. Für Haupt- u. Bürgerschulen. Mit einem Anhange von 242 Aufgaben zu Schul- u. Hausarbeiten. 8. (92 S.) Selbstverlag. 1865

— die Kunst d. 19. Jahrh., s.: Bilderbogen, kunsthistorische.

Die mittelalterliche Kunst in Palermo von Anton **Springer.** (*Widmungsbl.:* Der Königl. Kunstakademie in Düsseldorf zur Feier ihres 50j. Jubiläums am 23 Juni 1869 Rector und Senat der Rheinischen Friedrich-Wilhelms-Universität ...) Bonn, Druck v. C. Georgi 1869. 2 Bl., 39 S., 2 Taf. 4. ¶ Erschien zugleich selbständig bei Marcus in Bonn. — In neuer Bearb. in des Verf. Bildern aus d. neueren Kunstgesch. I^2 1886 S. 157 ff.

Springer, Ant., die mittelalterliche Kunst in Palermo. Bonn 869. Marcus. gr. 4. (39 S. mit 2 Steintaff.) n. 1 ℛ

Springer, A., die bildenden Künste der Gegenwart, s.a. Bericht, amtlicher, üb. die Wiener Weltausstellung.

Springer, Dr. Ant. Heinr. — Die bildenden Künste in ihrer weltgeschichtlichen Entwickelung. Kunsthistorische Briefe. 3. Lieferung. 8. (pag. 321 bis 480) Prag. Verlag von Friedr. Ehrlich. Hofbuchdruckerei von Gottlieb Haase Söhne. 1853.

Springer, Anton. Aus meinem Leben. Mit Beiträgen von Gustav Freytag und Hubert Janitschek und mit zwei Bildnissen. Berlin 1892. 8°.

Springer, A. Das Leben und die Lehre des Muhammed. 3 Bde. (CCXV. 1685) 8. Berlin 1861—65. 36,00. — 2. Aufl. 3 Bde. (CCXIII. 1730) 8. ib. 1868. 69. 24,00.

Springer, Ant. H., die geschichtl. Malerei in der Gegenwart. Eine Kunstbetrachtung bei Gelegenheit der Ausstellung des Columbus von Chr. Ruben. gr. 8. Prag 846, Haase Söhne. Verl.-Exped. 8 ngl

Springer, Ant. (II.), Michelangelo in Rom 1508—1512. gr. 8. (73 S.) Leipzig 875, Hirzel. *

— Oestreich, Preußen u. Deutschland. Mit einem Sendschreiben an den Grafen L. Ficquelmont. gr. 8. (78 S.) Leipzig 851. (Prag, Ehrlich.) 12 ngl

— Oestreich nach der Revolution. gr. 8. (102 S.) Leipzig 848. [Prag, Ehrlich.] 1/2 ℛ

— Paris im dreizehnten Jahrhunderte. Mit 1 (lith.) Plan (in 4.). Leipzig 856. Hirzel. 8. (2 Bl., 148 S.) n. 1 ℛ.

—— s. Protokolle des Verfassungs-Ausschusses im österreichischen Reichstage 1848—1849.

Springer, Ant., Protokolle d. Verfassungs-Ausschusses im österreichischen Reichstage 1848—1849. Hrsg. u. eingeleitet. gr. 8. (L, 386 S.) Leipzig 885. Hirzel. n. 7. —; Einbd. n.n. 1. —

—— die Psalter-Illustrationen im frühen Mittelalter mit besond. Rücksicht auf den Utrechtpsalter. Ein Beitrag zur Geschichte der Miniaturmalerei. Lex.-8. (110 S. mit 10 Taf. in Lichtdr.) Leipzig 880, Hirzel. *
Aus: Abhandlungen der k. sächs. Gesellschaft der Wissenschaften, besonders abgedruckt.

—— Raffael und Michelangelo. Mit Illustr. (eingedr. Holzschn. und Lichtdr.-Taf.). 1. Buch und 2. Buch 2 Hälften. hoch 4. Leipzig, Seemann. *
geb. in Calico *
geb. in Saffian oder Pergament *
Inhalt:
Buch 1. Bis zum Tode Julius II. (S. 1—218.) 877. *ℳ 14.
» 2. Bis zum Tode Raffaels. 1. Hälfte. (S. 221—368.) 878.; 2. Hälfte. (XII, S. 369—524.) 879. à *ℳ 8.
Aus: Kunst und Künstler des Mittelalters und der Neuzeit, besonders abgedruckt.

—— dass. — s. Kunst und Künstler des Mitteltalters und der Neuzeit.

Springer, Ant. (II.), Raffael und Michelangelo. Mit Illustr. (eingedr. Holzschn., 2 Holzschn.- und 1 Lichtdr.-Taf.). 2. verb. Aufl. 2 Bde. gr. 8. Leipzig 883, Seemann.
cart. in Leinw. à Bd. *ℳ 10,50. *
cart. in Halbfrzbd. à Bd. *ℳ 12,50. *
Inhalt:
Bd. 1. Bis zum Tode Julius II. (IV, 344 S.)
» 2. Seit dem Regierungsantritte Leo X. (VIII, 398 S.)

— Raffael u. Michelangelo. 3. Aufl. 2 Bde. gr. 8. Ebd. 895. à n. 9. —; geb. in Leinw. à n. 10. —; in Halbfrz. à n. 10. 50
1. (XII, 358 S. m. Abb. u. 1 Bildn.)
2. (X, 399 S. m. 52 Textbild. u. 4 Kupfern.)

Springer, Ant., die deutsche Rechtschreibung, Wortbildung u. Satzzeichenlehre. Mit Stoffen zu Diktaten u. Aufgaben, nebst einem Anh. von fremden u. einem Verzeichnisse von ähnlich lautenden Wörtern. Für Bürgerschulen. Hohenmaut 867. (Prag, Dominicus.) gr. 8. (192 S.) n. 20 ngr.

—— Raffael's Schule von Athen. Erläuternder Text zu dem Kupferstiche von Louis Jacoby mit (20 eingedr.) Illustr. (in Lichtdr., Lichtkpfrst. und Zinkogr.) und (8) Kunstbeilagen (in Fcsm.-Lichtkpfrst.). Imp.-4. (LIV S.) Wien 883, Gesellschaft für vervielfältigende Kunst. *
Aus: Die graphischen Künste, besonders abgedruckt.

—— Ueber die Stellung d. modernen Künstlers zu den Stilmustern, s. Kunstakademie, die königl., u. Kunstgewerbeschule in Leipzig.

— Textbuch zu den kunsthistorischen Bilderbogen. 2., verb. Aufl. gr. 8. (VIII, 407 S.) Leipzig 881. Seemann. n. 3. —

Springer, Anton Heinrich, s. Springer, Anton

Springer, Arthur

Springer, A., die Gefahren im Urwald. Reise- u. Jagdabenteuer in den Vereinigten Staaten v. Nord-Amerika. Nach den Schildergn. von B. H. Revoil. 12. (64 S.) Reutlingen 890. Bardtenschlager. — 25

Springer, Arth., die Goldsucher in Australien. Eine Erzählung für die reifere Jugend. 8. (271 S. mit 4 Farbendr.-Bildern und 5 Holzschntaf.) Leipzig 879, C. Zieger. cart.

Springer, Arth., die Goldsucher in Australien. Eine Erzählung für die reifere Jugend. Mit 4 Farbendr.-Bildern u. 5 (eingedr.) Holzschn. 2. Aufl. 8. (271 S.) Leipzig 881. C. Zieger. cart. 3. —

Springer, Arth., die Goldsucher in Australien. Eine Erzählung f. die reifere Jugend. Nach dem Engl. Mit 5 Farbendr.-Bildern v. E. Klingebeil. 3. Aufl. gr. 8. (III, 211 S.) Berlin 892. H. J. Meidinger. Geb. in Leinw. n. 3. —

Springer, A., durch Urwald und Prairie. Reise- und Jagdabenteuer in den Steppen und Einöden Nord-Amerikas. Nach den Schilderungen von B. H. Révoil. 8. (378 S. mit zahlreichen Holzschn.-Illustr.) Leipzig 878, [Albrecht.] C. Zieger. geb. *

Springer, Aug., Frankfurter Eindrücke. Aufzeichnungen e. Fabrikarbeiters gelegentlich der Ausbildungskurse des Nationalvereins f. d. liberale Deutschland v. 15.—21. IV. 1909, m. e. Geleitwort v. Ernst-Fischer-Landsberg. (52 S.) 8. München 909. Buchh. Nationalverein. — 80

Springer, Bruno, Rechtsanwalt a. Berlin: Der Begriff des dauernden Dienstverhältnisses im bürgerlichen Gesetzbuch. Schöneberg-Berlin 1906: Gebhardt, Jahn & Landt. (32 S.) 8° [F.]
Heidelberg, Jur. Fak., Ref. Endemann, Diss. v. 23. Nov. 1906
[Geb. 4. Mai 73 Ostrowo; Wohnort: Berlin; Staatsangeh.: Preußen; Vorbildung: Gymn. Ostrowo Reife O. 91; Studium: München 1, Berlin 4, Breslau 1 S.; Rig. 4. Mai 06.]

Springer, der Kauf nach deutschem Rechte, s. a. Handbibliothek, juristische. 180. Bd.

Der Kauf nach deutschem Rechte. Ein Leitfaden durch d. gesetzl. Bestimmungen über d. Kauf ... von Dr. [Bruno] Springer, Rechtsanw., Leipzig. Leipzig: Roßberg 1906. VI, 201 S. 8°
(Juristische Handbibliothek. Bd 180.)

Springer, C. A., s. Friedrich d. Große (II.), die Kriegskunst.

Springer. Carl, s. Springer, Karl

Springer, D., vollständiger Haus-Advokat, s.: Bermann, M.

— Großer Universal-Briefsteller, s.: Bermann, M.

Springer, E. A., der praktische Woll- u. Halbwoll-Färber. (Dr. Ludw. Huberti's prakt. gewerbl. Bibliothek.) gr. 8. (III, 132 S.) Leipzig 902. H. Klasing. Geb. in Leinw. n. 2. 75

Springer, Edm., der Alkaloidnachweis. Kritisch-experimentelle Beiträge zur analyt. u. toxikolog. Chemie d. Alkaloide. gr. 8. (III, 147 S. m. 6 Tab.) Breslau 902. (W. Koebner.) n. 2. —

Springer, Edmund, Apotheker aus Breslau: Beiträge zur analytischen und toxikologischen Chemie der Alkaloide. *Breslau 1901: H. Fleischmann.* (146 S.) 8°
Strassburg, Math.-naturw. Diss. v. 1901

Springer, Eduard, Geschichte der Gründung der kgl. landwirtschaftlichen Akademie Hohenheim. (III, 36 S.) gr. 8. Stuttgart 904. E. Ulmer. n. 1. —

Springer, E[duard], Regierungsassessor: Verfassung und Verwaltungsorganisation der Städte. 4. Band, 2. Heft. Königreich Württemberg. Im Auftr. d. Vereins f. Sozialpolitik hrsg. Leipzig: Duncker & Humblot 1905. (113 S.) 8° [F.]
¶ — Schriften des Vereins für Socialpolitik Bd 120, H. 2.
Tübingen, Staatsw. Fak., Ref. v. Jolly, Diss. v. 10. März 1905
[Wohnort: Hohenheim; Staatsangeh.: Württemberg; Rig. 11. Jan. 05.]
(Nicht für den Austausch)

— Verfassung u. Verwaltungsorganisation der Städte des Königr. Württemberg, s. a. Schriften des Vereins f. Socialpolitik. 120. II.

Springer E, Verfassung und Verwaltungsorganisation der Städte. Königreich Württemberg. (113 S) (Schriften des Ver. f. Sozialpolitik 120, II) Leipzig 1905

Springer, Eilert, die Chronica Jeuerensis, s. a. Aufsätze, kleine, zur Geschichte d. Jeverlandes.

Die Chronica Jeuerensis. Geschreuen tho Varel dorch Eilerdt Springer Anno 1592. Besprochen u. hrsg. von Fr[iedrich] W[ilhelm] Riemann. *Jever 1896: C. L. Mettcker & Söhne.* (82 S.) 8°
= Riemann: Kleine Aufsätze z. Gesch. Jeverlands. H. 2. [oi. 1999]

Springer, Emil, S. J., eine Freudenbotschaft f. alle Katholiken. Das päpstl. Dekret üb. die tägl. Kommunion m. Einleitg. u. Erklärgn. versehen. 2., verm. u. verb. Aufl. (80 S.) 8. Paderborn 910. Bonifacius-Druckerei. — 50

Haben wir Priester noch Vorurteile gegen die häufige und tägliche Kommunion der Gläubigen? Von Emil Springer, S. J. Paderborn: Bonifacius-Dr. 1909. 60 S. 8° [10. 7691

Habeu wir Priester noch Vorurteile gegen die häufige und tägliche Kommunion der Gläubigen? Von Emil **Springer** S. J. 2., verb. u. verm. Aufl. Paderborn: Bonifacius-Dr. 1910. 80 S. 8° [11. 7095

— Das Leiden unseres göttlichen Heilandes. (VIII, 246 S.) 8. Ebd. 909. 2. —

O salutaris hostia! Die Eucharistie – Ziel u. Mittelpunkt d. priesterl. Wirksamkeit. Von Emil **Springer** S. J. Paderborn: Bonifacius-Dr. 1910. 89 S. 8° [11. 7037

— Wenn du die Gabe Gottes erkenntest! Das heiligste Altarssakrament als Speise der Seele dargestellt. (85 S.) 8. Ebd. 909. — 50

Springer, F. S., f. **Versinnlichungsmethode beim Unterricht in Sprachen.**

Springer, F. S., Versinnlichungsmethode beym Unterricht in Sprachen. 8. Leipzig, Lauffer. 817.

Springer, Fr. und R. v. Waldheim. Oesterreichs kirchliche Kunstdenkmale der Vorzeit. *Wien* 1856—58. *J. B. Wallishausser's* k. k. Hoftheater-Druckerei. I—VI. Lief. XXXII (recte XXXIV) S. Text, mit 41 Xylographien im Texte und 22 lith. Tafeln, gr. Fol.

INHALT. **Lief. I u. II.** St. Maria-Stiegenkirche in Wien. Beschrieben von Dr. *Ed. Freih. v. Sacken* (8 Blätter Text mit 9 lithogr. Tafeln und 21 Xylographien. Die Tafeln dargestellt von F. Springer; der Druck von J. Haller und Reiffenstein & Rösch. S. I—XV). — **Lief. III., IV., V. & VI.** Friesach in Kärnten. Beschrieben von Heinr. Herrmann, Domherr zu St. Andrae (12 Blätter Text, mit 13 lith. Tafeln und 20 Xylogr. Der grösste Theil der Tafeln dargestellt von F. Springer und gedruckt von Reiffenstein & Rösch, Wernigk, Horegschj, J. Haller, J. B. Wallishausser, S. XVI—XXVI; XXV (sic) — XXXII. Der Text enthält: Friesach. — Die Veste Petersberg. — Die Messgewänder der St. Peterskirche. — Kollegialstiftskirche St. Bartholomä zu Friesach. — Die Friedhof-Rotunden St. Michael u. St. Kunigunde. — Die Propstei und das Kanonikathaus. — Kloster und Kirche der Dominikaner zu Friesach. — Das ehemalige Cistercienser-Frauenkloster und die Kirche zum h. Blut od. Seminarkirche zu Friesach. — Comthurhaus und Kirche des deutschen Ordens in Friesach. — St. Virgilienberg. — Die Bergveste Zayersberg.) — Das ganze Werk ist Sr. k. Hoheit dem hochw. durchl. Herrn Erzh. Maximilian v. Oesterreich-Este etc. etc. etc. gewidmet.

Springer, Fritz, Kammergerichtsreferendar: **Haftet der Staat, wenn ein mit der Pfändung betrauter Gerichtsvollzieher den Erlös unterschlägt? Unter Berücksichtigung der preußischen und badischen Bestimmungen.** Berlin 1907: G. Schade. (58 S.) 8°
Heidelberg, Jur. Fak., Ref. **Jellinek**, Diss. v. 5. Febr. 1907
[Geb. 28. Dez. 84 Berlin; Wohnort: Charlottenburg; Staatsangeh.: Preußen; Vorbildung: Joachimsth. Gymn. Berlin Reife O. 03; Studium: Grenoble 1, München 1, Berlin 5 S.; Rig. 21. Dez. 06.]

Springer, Harras, (Psdn.), abentheuerl. Schicksale des schottischen Gutkastenmannes. Eine Tragikomödie in 2 Aufz. u. Ergötzen d. Oberwelt, verfaßt v. Napoleon Buonaparte in d. Unterwelt. 16. Leipz. 828. Magazin f. Ind. 6 gr.

Springer, Herm., **General-Register, s.: Archiv f. das Studium der neueren Sprachen u. Litteraturen.**

Springer, Hermann *Wilhelm* [aus Döbeln]: **Das altprovenzalische Klagelied m. Berücks. d. verwandten Litteraturen. I. Tl ... [Erschien vollst. als No 2 von: Berliner Beitr. z. german. u. roman. Philol., Roman. Abt.] Berlin, C. Vogts Buchdr., *1894;* 51 S., 1 Bl. 8.**
Berlin, Phil. Fak., Inaug.-Diss. v. 19. Dez. 1894

Springer, Herm., das altprovenzal. Klagelied m. Berücksicht. d. verw. Litteraturen, s.a. Beiträge, Berliner, zur german. u. roman. Philologie, VI.

Das Altprovenzalische Klagelied m. Berücks. d. verwandten Litteraturen. E. litterarhistor. Untersuchg. Nebst e. Beil. üb. d. Vizgrafen v. Marseille u. d. Haus Baux in ihren Beziehgn zu d. Trobadors, e. krit. Ausg. einiger Lieder u. zwei ungedr. altfranzös. Klageliedern. Von Dr. Hermann **Springer.** *Berlin: C. Vogt 1895.* [S. 1—51 erschien als Berl. Diss. 1894.] (111 S.) 1 Bd 8.
= **Beiträge,** Berliner, z. germanischen u. roman. Philologie. [No] VII. Roman. Abt. No 2. [97. 4955

Springer, Hugo [aus Isny '(Württemb.)']: **Beitrag zu den Reaktionen der Säurechloride ... Erlangen, k. b. Hofbuchdr. v. A. Vollrath, 1894; 25 S. 8.**
Erlangen, Phil. Fak., Inaug.-Diss. v. [28. Nov.] 1894

Springer, J., Liederschatz f. höh. Schulen, s.: Noack, G.

Springer, J. B., Musterzeichnungen v. Tafelaufsätzen, Mittelstücken 2c. für Conditoreien u. verwandte Fächer nebst erläut. Text. 1 u. Hft. [Bl. 1—48 (Lith.)] hoch 4. (10 S.) Frankfurt a/M. 874. 75. Rommel. à 1. 50

Springer, J. F., **fonografisches Lesebuch. Mit einer Anleitung zur Selbsterlernung der Fonografie in 4 Lectionen.** gr. 8. (XVI, 144 S.) Wien 878. Hartleben. 2. 25

Springer, Jacob, von Neugüttingen bei Illighausen (Kt. Thurgau): **Die schweizerischen Banken auf Grund der Spezialgesetzgebung des Bundes und der Kantone.** Affoltern a. A. 184 S. 8°. [27. VIII. 04.]
Zürich. Jur. Diss. 1904/1905.

Springer, Jacob. Die Schweizerischen Banken, auf Grund der Spezialgesetzgebung des Bundes und der Kantone. Diss. Staatsw. Univ. Zürich von Jakob Sp'.... [Mit 1 Tabelle.] VIII + 148 S. 8. Affoltern a. A., J. Weiss, 1904. [fr. 3.80]

Springer, Jaro, Sebastian Brants Bildnisse, s.a. Studien zur deutschen Kunstgeschichte.

Springer, Jaro. **Sebastian Brants Bildnisse. Mit 2 Lichtdrucktafeln und 3 Abbildungen im Text. 26 S. 8. Strassburg, J. H. Ed. Heitz,** 1907. (M. 2. 50)
Studien zur Deutschen Kunstgeschichte. Heft 87.

— s.a. Federzeichnungen, 20, altdeutscher Meister aus dem Besitz des kgl. Kupferstichkabinetts zu Berlin.

Zwanzig Federzeichnungen altdeutscher Meister aus dem Besitz des Kgl. Kupferstichkabinetts zu Berlin, ausgew. u. eingeleitet von Jaro **Springer.** Berlin: Fischer & Franke [1909]. 18 Taf. 2°
(Hausschatz deutscher Kunst d. Vergangenheit. 13.)

Springer, Jaro, das Leben Jesu in Bildern alter Meister. M. kunsthistor. Einleitg. hrsg. Fol. (36 Taf. m. 8 S. Text.) Berlin 898. Fischer & Franke. Kart. n. 6. —

— s.: Ostade, Adrian v., das radirte Werk.

Springer, J., **zwei Zeichnungen des Martin von Heemskerk, s. Studien, gesammelte, zur Kunstgeschichte.**

Springer, Jaroslav, Beiträge zur Geschichte des Wormser Reichstages 1544 u. 1545. gr. 8. (39 S.) Leipzig 882. Engelmann. n. 1. —

Springer, Jenny, die Aerztin im Hause. Ein Buch der Aufklärg. u. Belehrg. f. Gesunde u. Kranke üb. die wichtigsten Fragen der Gesundheitslehre u. Heilkunde. Mit 900 Orig.-Illustr. u. 58 (z. Tl. farb.) Taf. u. Kunstbeilagen. (VIII, 1160 S. u. Suppl. 3 farb. Taf.) gr. 8. Dresden (909). Dresdner Verlagshandlg. M. O. Groh. Geb. in Leinw. 17. —

Springer, Jenny [med. pract. von Berlin]: Ein weiterer Beitrag zur Genese der Cystennieren. Zürich 1897. 32 S. 8°.
Zürich. Med. Diss. 1897/98.

Springer, Johann, Dr.: Ergebnisse der strengen Prüfungen zur Erlangung der juridischen Doktorswürde an der Hochschule zu Wien. S. 12.
Separatabdruck

Springer, Johann, Dr.: Parallelen zwischen politischen und materiellen Bauten. S. 9.
Separatabdruck

Springer, Joh., Parallelen zwischen politischen und materiellen Bauten. (Aus den Sitzungsberichten d. k. Akad. d. W.) Wien 852. (Gerold.) gr. 8. (12 S.) n. 4 ngr.

Springer, Joh., Parallelen zwischen politischen und materiellen Bauten. Lex.-8. (12 S.) Wien 853, (Gerold's Sohn.) *
Aus: Sitzungsberichte der k. Akademie der Wissenschaften J. 1852, besonders abgedruckt.

Springer, Joh., Statistik d. österreich. Kaiserstaates. 2 Bde. gr. 8. (57¾ B.) Wien 840, Beck's Univ.-Buchh.

Springer, Johann Christoph Erich

v. Springer, Jh. Cph. Erich, († d. 6. Oct. 1798.) physikal.-prakt. u. dogmat. Abhandl. vom deutschen Getreidebau. 8. Götting. 767. Dieterich. 10 gr.

Springer, Joh. Cph. Erich v., physikal.-prakt.-dogmat. Abhandl. v. d. deutschen Weinbaue, mit e. Betracht. üb. d. Nutzen d. Weinbaues u. d. Nothwendigkeit d. Luxus. 8. Lemgo, 1769. Meyer. — 7½

v. Springer, Johann Christoph Erich: „Abhandlung von der Würde der Wissenschaften und der Nothwendigkeit der akademischen Polizei", Erfurt 1772.

Johann Christoph Erich [Frh.] von Springer

Auch einige Worte eines Nieder-Deutschen über die hessischen Brunnen-Anstalten zu Nenndorf in der Grafschaft Schaumburg. [Verf.: Johann Christoph Erich Frh. von Springer.] Helmstädt: Fleckeisen 1795. 30 S. 8

[Vort.:] Ueber die hessischen Brunnen-Anstalten zu Nenndorf.

— Bedenken, ob die Resignation der Präbenden in protestant. Stiftern nach dem kanon. oder weltl. Recht anzusehen sind? 4. Erfurt 771.

Springer, Johann Christoph Erich von: „Beiträge zur Thüringischen Statistik, von den natürlichen und bürgerlichen Vortheilen der Stadt Erfurt und ihres Gebiets", Erfurt 1776.

– s.a. Betrachtt. üb. die Rechenkunst deutscher Beamten.

Springer, Johann Christoph Erich von: „Betrachtung über die Rechenkunst der teutschen Beamten", Nürnberg 1779. — Vorhanden: UB München — Math. 95.

— Betracht. üb. die wahre Würde eines hohen Schullehrers der Rechte in Teutschland. 8. Kiel, Riga u. Leipz. 779.

Springer, Johann Christoph Erich von: „Betrachtungen über die Frage: Ob das flache Pflügen nicht nur in allen deutschen, sondern auch in fremden Provinzen mit Nutzen einzuführen sei?" Lemgo 1768 (Meyer).

– s. Betrachtt., deutschen Patrioten heilig.

[Springer, Joh. Chf Erich v.:] Betrachtungen teutschen Patrioten heilig. Nebs: 2 Forts. 3 Bde. [Riga: Hartknoch] 1776, 78, 80.

1: 1. Getreidesperre. 2. Nutzen der teutschen Rechtslehre. Geldklemme Zeiten. 3. u. 11. Brevia eligibilitatis. 5. Unbequemlichkeit der teutschen Sprache zur Ausdruckung der Amts- und Ehrentitel. 6. Problem eines neunten Erzamtes. 7. Ob leichte oder schwere Muster guter Sitten unterrichtender sind? 8. Von Gottes Gnaden. 9. Leinwandbleichen in Holland und Teutschland. 10. Religionsvereinigung der Christen. 12. Das Eigenth. der Bauern. 13. Die teutsche Sprache als Quelle f. d. Geschichte. 14. Kaiser Constantinus Porphyrogeneta als ökonom Schriftsteller. 15. Gedächtnisskraft. 16. Genie. 17. Credit eines Landes. 18. Vormundschafts- und Sequestrationsrechnungen. 19. Langeweile der Prinzen. 20. Der Kaufmannsstand. 21. Justizverbesserung in Teutschland. 22. Die Zweideutigkeit des Professornamens.
2: 1. Werden wir in Teutschl. lange Friede haben? 2. Universalmittel gg. Viehseuche. 3. Düngung durch Feuer und Luft. 4. Das Kaffeeverbot. 5. Methodologie der Teutschen in den Wissenschaften. 6. Grade der ewigen Glückseligkeit. 7. Entbehrlichkeit des Zuckers in Teutschland. 8. Kann man das Römische, in Teutschl. gemeine Recht auf wenige einfache und allgemeine Regeln bringen? 9. Muss das teutsche Studium der allg. Geschichte nothwendig ein System sein? 10. Ueber teutschen Patriotismus. 11. Teutsche Steinkohlen. 12. Mittel, die teutsche Wollen- und LeinenManufacturen in Aufnahme zu bringen. 13. Borgen in der teutschen Privathaushaltung. 14. Ueber den Umlauf des Geldes. 15. Teutscher Torf.
3: 1. Von dem teutschen Wagen und Fuhrwerk. 2. Die wesentlichen Vorzüge eines teutschen Doctors der Rechte. 3. Encyclopädische Begriffe der Rechts-Wissenschaften des teutschen Staats. 4. Ursprung des Pfluges und Wert des einfachen Pfluges. 5. Von der wahren Würde eines hoh. Schul-Lehrers der Rechte in Teutschland [Ayrer].

Springer, Johann Christoph Erich von: „Betrachtungen über das Staatsrecht", Erfurt 1772.

s.a. Briefe e. Deutschen üb. öffentl. Gegenstände.

Springer, Johann Christoph Erich von: „Briefe eines Deutschen über öffentliche Gegenstände des Vaterlandes"; 1. Lieferung: „Von der Fruchtsperre", Erfurt 1772.

s. Briefe z. des burgerl. Rechts.

— de causa continentiae germanicae quatenus distat a romana. 4. Münst. 770. (Coppenrath). 8 gr.

— Commentatio de cessione nominum minori pretio facta pro nulla ex L. Anastas. habenda. 4. Frankf. 779. Commentat. ulterior. 781.

Springer, Jo. Chrph. Erich: Commentatio iuridica ad rem iudiciariam novissimam spectans de caussae continentia Germanica, quatenus distat a Romana sive connexitate caussarum, recentissimis caussis illustribus in primis Westphaliae probata. Monasterii Westphal. 1770.

— diatribe ex jure canonico de litis contestatione in 6. I. Tit. 3. peremtoria litis contestationem etc. 4. Frankf. 778. N. Edit. ibid. 781.

- s.a. Einleit. zur Kenntniß der Kaufmannschaft.

(Springer, Johann Christoph Erich von): „Einleitung zur gründlichen Kenntniss der Kaufmannschaft und dahin einschlagenden Geschäften", mit einer Vorrede von J. Fr. von Tröltsch, Frankfurt a. M. und Leipzig 1771 (Stettin in Ulm). — Vorh.: UB Heidelberg — K 3694.

Springer, Johann Christoph Erich von: „Einleitung in die Lehre von der Cameralwirthschaft und der Allgemeinheit ihres Nutzens . . . .", Basel 1767.

— Bernhard von Galen u. Bernhard von Mallinkrott. 8. Münster 773.

– s. Gebt dem Kaiser.

— patriot. Gedanken vom deutschen Buchhandel. 8. 774.

– s. Gedanken z. über Scheidemünze.

– s. Geschichte des menschl. Geschlechts.

Springer, Johann Christoph Erich von: „Von den Gränzen des hohen und niedern teutschen Adels", Erfurt 1774. — Vorh.: Bibl. des German. Museums Nürnberg.

Springer, Johann Christoph Erich v.: „Die Gränzen der Cameral-, Oekonomie-, Finanz- und Policey-Wissenschaften in ihrer Verbindung", Halle 1767 (Laue in Berlin). — Vorh.: Preußische Staatsbibliothek Berlin. — Signatur Fe 804.

Springer, Jh. Cph. Erich v. Grundriss der Cameralwissenschaften. fol. Ansbach 1766.

Springer, Johann Christoph Erich v.: „Grundriss zu seinen Vorlesungen auf der Königlichen Chur-Fürstlichen Georg-Augustus-Universität zu Göttingen Ueber den Umfang der Cameral-Wissenschaft als ein Lehrgebäude betrachtet", Onolzbach 1766. — Vorh.: UB Göttingen. — Signatur Polit. III/485.

— Grundsätze d. deutschen Getreidebaues. 8. Göttingen, Dieterich. 767.

— s.a. Hofmarschall, an e. deutschen.

(Springer, Johann Christoph Erich von): „An einen deutschen Hofmarschall. Ein deutscher Bürger", Leipzig 1774.

— de idiomate germanico, fonte historiae patriae ut plurimum non curato. 4. Frankf. u. Leipz. 779.

— über die Judeneide, in Briefen an Hrn. v. Dohm. 782.

— s.a. Kammerpräsident, an e. deutschen.

Springer, Johann Christoph Erich von: „An einen teutschen Kammer-Präsidenten. Ein teutscher Bürger", 2 Teile in 3 Bänden: 1. Teil: „Von den Ausgaben des Staats", 2. Teil: „Von den Einnahmen des Staats aus den Domainen", Fortsetzung: „Vom Mineralreich", Riga und Leipzig 1775, 1776, 1777 (Johann Friedrich Hartknoch). — Vorh.: UB Bonn — Ka 722. — Nachgedruckt u. d. T.: „Kaiser und Reich, Zepter und Krummstab . . . .", Frankfurt a. M., München und Leipzig 1790.

— s. Lehenprobst, an e. deutschen.

(Springer, Johann Christoph Erich von): „An einen deutschen Lehenprobst. Ein deutscher Bürger", Lemgo 1776. Meyer

— nova methodus calculandi in foro. 4. Coburg 767.

Springer, Johann Christoph Erich von: „Observationes juris publici de origine civitatum imperialium", Ulm und Leipzig 1775.

— prolusio de origine muneris Cancellarii. 4. Rinteln 7[illegible].

v. Springer, Johann Christoph Erich: „Unvorgreiflicher Plan der neuen staatswirthschaftlichen Facultät oder Schule zu Rinteln", Rinteln, 8. May 1789. Abgedruckt im „Journal von und für Deutschland", 7. Jahrgang, 1790, Stück 8, S. 179—183.

(Springer, Johann Christoph Erich von): „An einen teutschen Policey-Präsidenten. Ein benachbarter Bürger", Frankfurt a. M. 1777 (Tobias Göbhardt). — Vorh.: Landtagsbibliothek Stuttgart.

Springer, Johann Christoph Erich A. S. 110/27

Dissertatio inauguralis iuridica super quaestione an testamenta magis inter leges quam inter contractus improprios sive quasi-contractus sint referenda ? Erlangen (Camerarius) 1777. 24 S.

33077

— s. Sendschreiben e. Laien.

Springer, Johann Christoph Erich von: „Ueber Staatswirthschaft und Rechnungswissenschaft", Rinteln 1789 (Perrenon in Münster). — Vorh.: UB Halle.

— s.a. System, das physiokrat.

(Springer, Johann Christoph Erich von): „Ueber das physiokratische System; ein Beitrag von dem Verfasser der ökonomischen Tabellen", Nürnberg 1780.

Springer, Johann Christoph Erich von: „Oekonomische und cameralistische Tabellen", mit Anmerkungen, Frankfurt und Leipzig 1772 (Berlin, Nicolai). — Vorh.: UB Münster — R 1 62.

— s. K. F. A. S. Thiele, ökonom. Beobacht.

— Uebersetz. d. natürl. Geschichte d. menschl. Geschlechts. 8. Ebend. 768.

— physikal. Untersuchung, ob auch Patagonische Riesen möglich u. die Erzähll. davon wahr sind. 8. Leipz. 769.

— von dem Ursprung u. Gebrauch des alten röm. Carbonischen Edictes, u. dem darauf gegründ. Rechtsmittel. 4. Rinteln 791.

— s.a. Versuch eines Handbuchs für diejen., welche die Kameralwissenschaften ꝛc.

Springer, Johann Christoph Erich von: „Versuch eines Handbuchs für diejenige, welche die Kameral-Wissenschaft nicht als ein Handwerk lernen oder gelernt haben wollen, sondern wünschen, natürliche und vernünftige Grundsätze darin zu finden, und mit der Landwirthschaft den Anfang zu machen", Frankfurt a. M. 1778 (Varrentrapp Sohn & Wenner). — Vorh.: UB Erlangen — Sign.: Cmr. I/27.

Springer, Johann Christoph Erich von: „Methodischer Versuch einer Einleitung in die Politik für Deutschland, nach der gegenwärtigen Lage seiner öffentlichen Angelegenheiten entworfen", o. O. 1773.

SPRINGER, J. Cp. Er.: Die Wahlcapitulatt. d. röm. Kaiser u. deutschen Könige, betrachtet v. e. deutsch. Bürger. Nebst 1e—3e Fortsetz. *Riga*, 774—77. (Hartknoch in *Leipz.*) 8. (2 Thl. 20 Gr.)

— s. Wort über die Brunnenanstalt zu Renndorf.

Springer, Johann Christoph Erich von (Herausgeber): „Der Zuschauer in der Wirthschaft der Regenten und des Volks. Von einer Gesellschaft deutscher Patrioten", Band 1, Basel 1767 (Imhof). — Vorh.: Preußische Staatsbibliothek Berlin. — Sign.: Fe 462.

— der Zuschauer in der Wirthschaft der Regenten u. das ꝛc. 8. Basel 768. Veränd. Ausg. unter d. T.: Versuch in wirthschaftl. Gesprächen. 8. Frankf. u. Leipz. 781.

Springer, Jos., über den Vegetarismus, s.: Springer, Anna, vegetarisches Kochbuch.

Springer, Jos., wie sollen wir leben!, s.: Springer, Anna, vegetarisches Kochbuch.

Springer, Jul., technologische Erläuterungen zu dem Unterrichte im Holzschnitzen. [Aus: „Mittheilgn. d. technol. Gewerbe-Mus."] gr. 8. (38 S. m. 25 Fig.) Wien 890. Graeser. n. — 70

Springer, Jul., aus den mährisch-schlesischen Sudeten, s.: Engelmann, Hugo.

Verlagskatalog von Julius **Springer** in Berlin. 1842—1900. Abgeschlossen Mai 1900. *(Berlin: J. Springer 1900.)* (292 S.) 8° [00. 9787

Verlagskatalog von Julius **Springer** in Berlin. 1842—1904. Abgeschlossen Mai 1904. *(Berlin: J. Springer 1904.)* (329 S.) 8° [04. 1420]

Springer, Karl

Springer, Carl, s.: Kalender des Zentralvereines deutscher Ärzte in Böhmen.

Springer, Max, der liturgische Choralgesang in Hochamt u. Vesper, dessen Harmonisierung u. Erklärung. Selbständiges Suppl. zu dem v. Sr. Heil. dem Papste persönlich ausgezeichneten, kirchlich approbierten u. empfohlenen Hauptwerke „Die Kunst der Choralbegleitg." Ein prakt. Handbuch f. Chordirigenten u. Organisten. (VII, 176 S.) 8. Regensburg 907. A. Coppenrath's Verl. 2.—

— Choralsolfeggien. Ein prakt. Handbuch zur vollständ. Erlerng. des gregorian. Chorals, insbesond. geeignet f. Gesangschulen u. f. Seminare. (IV, 171 S.) 8. Ebd. 908. 2.50; geb. 2.70

— s.: Graduale parvum.

— Die Kunst der Choralbegleitung. Theoret.-prakt. Anleitg. zum richt. Singen u. Begleiten des gregorian. Chorals. (XII, 280 S.) 8. Regensburg 907. A. Coppenrath's Verl. 3.20; geb. n 3.70

— s.: Kyriale.

— Organum comitans ad Graduale parvum quod juxta editionem Vaticanam transposuit et harmonice ornavit S. (X, S. III—V, 522 u. III S.) 23×27,5 cm. Regensburg 910. A. Coppenrath's Verl. 15.—; geb. n 18.—

— Orgelbegleitung zum Kyriale Vaticanum. (96 S.) 23,5×28 cm. Ebd. 907. 5.—; geb. n 6.—

— Orgelschule. s.: Schildknecht, Jos.

Springer, Maximilian [pr. Arzt]: Aus d. anatom. Institut zu Königsberg i. Pr. Nr. 24. Ueber die Stirnnaht und den Stirnfontanellknochen beim Menschen. M. e. Taf. ... *Königsberg i. Pr.*, Königsb. Allg. Zeitgs-Dr., *1897*; 1 Bl., 41 S., 2 Bl., 1 Taf. 8.
Königsberg, Med. Fak., Inaug.-Diss. v. 17. Juli 1897

Springer, Max., üb. d. Stirnnaht u. d. Stirnfontanellknochen beim Menschen. Diss. gr. 8. (42 S. m. 1 Taf.) Königsberg 897. (W. Koch.) n. 1.—

Springer, Paul Rob., Religionsbuch f. ev.=luth. Schulkinder u. Konfirmanden, enth. den gesamten religiösen Unterrichtsstoff m. Ausnahme der bibl. Geschichte. 8. (VII, 188 S.) Berlin 883. (Klönne & Müller.) n.u. 1.—

SPRINGER, N. E.
Der Alkaloidnachweis. Kritisch-experimentelle Beiträge zur analytischen und toxikologischen Chemie der Alkaloide. Breslau, 1902.

Springer, R., s.: Ehre sei Gott in der Höhe.

Springer, Robert. Urwähler Almanach für das Schaltjahr 1852. I. Jahrgang. Berlin, Landsberger 1852. 70 S. 12.

Springer, Rob., Anna Amalia v. Weimar u. ihre poetische Tafelrunde. Romantisches Zeitbild. 2 Bde. 8. (272 u. 261 S.) Berlin 875. Janke. 9 —

Springer, Rob., Banquier u. Schriftsteller. Lebensbild aus der Berliner Gesellschaft. 8. (III, 266 S.) Berlin 877. Hamburg, B. Glogau. n. 4.50

—— Banquier und Schriftsteller. Lebensbild aus der Berliner Gesellschaft. 8. (III, 265 S.) Berlin 877, [Wedekind und Schwieger.] Neufeld. *

Springer, Rob., die Behandlung des Alten Testaments in der Volksschule. Ein Vortrag, geh. auf der evang.-luth. Schulkonferenz in Weigersdorf am 3. X. 1907. (19 S.) 8. Elberfeld 908. Luther. Büchervereiu. —30

Springer, Rob., Berlin, s. Weber's illustrirte Reisebibliothek.

Springer, Rob., Berlin wird Weltstadt. Ernste und heitere Culturbilder. 1. und 2. unveränd. Aufl. gr. 8. (IV, 233 S.) Berlin 868, Hausfreund-Exped. *

Springer, Rob., Bilder aus dem Natur- und Völkerleben aller Welttheile. Für die Jugend (beiderlei Geschlechts) gesammelt u. bearb. Berlin (857.) Janke. gr. 16. (IV, 332 S. u. 8 Lithogr. in Farbendr.) 1 ₰. 10 ngr.

— Bilder aus dem Natur- u. Völkerleben aller Welttheile. Für die Jugend beiderlei Geschlechts gesammelt u. bearb. 2 Aufl. Mit 6 Bildern in Buntdr. nach Zeichng v. W. Schäfer. gr. 8. (IV, 331 S.) Leipzig 871. Oehmigke. geb. 4.50

Springer, Rob., das Buch des deutschen Knaben. Zur Belehrung und Unterhaltung. gr. 8. (IX und 415 S. mit 30 sauber ausgeführten lithogr. Kunstbeilagen, wovon 6 ill., und vielen in den Text gedr. Holzschn.) Berlin 856(57,) Janke.

Springer, Rob., Charakterbilder und Scenerien. Darstellungen aus der Litteratur und Kunstgeschichte. gr. 8. (IV, 244 S.) Minden 886, Bruns' Verlag. *

— Devrient u. Hoffmann od. Schauspieler u. Serapionsbrüder. Künstler-Roman und romant. Zeitbild. 3 Bde. 8. (250, 270 u. 230 S.) Berlin 873. Janke. 12.—

Springer, Rob. (I.), Enkarpa. Culturgeschichte der Menschheit im Lichte der pythagoräischen Lehre. gr. 8. (VI, 544 S.) Hannover 884, Schmorl und v. Seefeld. *

— der enthüllte Erdkreis. Illustrirte Geschichten älterer u. neuerer wissenschaftlicher Entdeckungs- u. Welt-Reisen in allen Erdtheilen. Uebersetzt u. bearb. 1. Bd. 1—8. Heft. u. 2. Bd. 1—9. Heft. Berlin (857, 58.) Bieler u. Co. 4. (1. Bd.: 252 S.; 2. Bd.: 284 S. mit Holzschn. im Text.) Jede Liefg. 5 ngr.

—— der enthüllte Erdkreis. Illustrirte Geschichte älterer und neuerer wissenschaftl. Entdeckungs- und Weltreisen in allen Erdthellen. Uebersetzt und bearb. 1. Bd. 8 Hefte. und 2. Bd. 9 Hefte. (Schluß.) hoch 4. Berlin 857. 58, [Seehagen.] [1. Bd. (III und 252 S.) 2. (284 S. mit eingedr. Holzschn.)] à Heft 5 Ngr.

— Essays zur Kritik u. Philosophie u. zur Goethe-Litteratur. gr. 8. (XVI, 404 S.) Minden 885. Bruns.

— Garibaldi, das Haupt des jungen Italiens; sein Leben, seine Abenteuer und Heldenthaten. Historisch-politischer Roman aus der neuesten italienischen Geschichte. 3 Bde. Berlin 861. Lindow. 8. (1438 S.) 3 ₰

— Schiller's Jugendjahre. Für die reifere Jugend dargestellt. Neu-Ruppin 866. (Leipzig, Oehmigke.) 8. (VIII, 232 S.) 12½ ngr.

Springer, Robert: Ludwig Kossuth, sein Leben, sein Wirken, sein Exil. (908) 8. Berlin: Liebmann 1851.

—— der orientalische Krieg in den Jahren 1853—1855. 8. (VI und 480 S. mit 2 lithogr. Karten in Fol.) Berlin 855, Barthol.

Springer, Rob., Cuba, s.: Schütz-Holzhausen, Frhr. v.

Die Gräfin Lichtenau. Roman von Rob. **Springer.** Bd 1—3. Berlin: Janke 1871. 8⁰

1. VII, 247 S.; 2. III, 272 S.; 3. III, 263 S. TB. 364. In diesem Roman spielt Cagliostro um 1786 in Berlin eine Rolle.

SPRINGER, R., Gräfin Lichtenau. Historischer Roman. 3 Bde. Berlin 1871. 8⁰. (Mk. 9—.) (3 Mk., cart., J. A. Stargardt, Berlin, Cat. 181.)

—— Berliner Prospecte und Physiognomieen. Ernste und heitere Culturbilder. 8. (III, 242 S.) Berlin 870, Langmann und Comp. [Posen, Jolowicz.] (*M. 2.)

Springer, Rob. (Adam Stein), Berliner Prospecte u. Physiognomieen. Ernste u. heitere Culturbilder. Berlin 870. Verl.-Institut. 8. (III, 242 S.) n. 20 ngr.

— die preußische Regierung vor der März-Revolution. Nebst einem Nachworte: Was bleibt uns, wenn unsere Errungenschaften uns wieder entrungen werden? gr. 8. (31 S.) Berlin 849, Reichardt & Co. 3 ngl

Springer, Rob., Religionsbuch f. ev.-luth. Schulkinder u. Konfirmanden, enth. den gesamten religiösen Unterrichtsstoff m. Ausnahme der bibl. Geschichte. 3. Aufl. gr. 8. (IV, 193 S.) Berlin 893. J. Klönne Nachf. Geb. n.n. 1. —

Springer, Rob., **Religionsbuch f. ev.-luth. Schulkinder u. Konfirmanden, enth. den gesamten religiösen Unterrichtsstoff.** 4. Aufl. gr. 8. **(II, 189 S.) Berlin (902). J. Klönne** Nachf. **Geb. n. 1. —**

— Sidney Smith. Historischer Roman. 3 Bde. 8. (272, 258 u. 360 S.) Ebend. 874. 12. —

—— die klassischen Stätten von Jena und Ilmenau. Ein Beitrag zur Goethe-Literatur. gr. 8. (VIII, 202 S.) Berlin 869, Springer's Verlag.

—— Weimar's klassische Stätten. Ein Beitrag zum Studium Goethe's und unserer klassischen Literatur-Epoche. Mit einem Titelbilde (in Stahlst.): Goethe's Gartenhaus in Weimar. gr. 8. (III und 161 S.) Berlin 867, Springer's Verlag.

Springer, Rob., Berlin's Straßen, Kneipen und Clubs im J. 1848. 8. (258 S.) Berlin 850, Gerhard (jetzt: Grobe). ½ rf

— die letzten Tage von Pompeji. Aus dem Engl. des Ed. Bulwer Lytton für die reifere Jugend bearb. 1. Aufl. 866. u. 2. Aufl. Mit 4 (lith.) Bildern (in Tondr.) nach Zeichnungen von G. Bartsch. Neu-Ruppin 868. (Leipzig, Oehmigke.) br. 8. (VIII, 356 S.) geb. 1 rf 12½ ngr.

Springer, Rob. (Adam Stein), **die letzten Tage v. Pompeji.** Aus dem Engl. des Edward Bulwer Lytton. Für die reifere Jugend bearb. 3. Aufl. (295 S. m. 4 Vollbildern.) 8. Einbeck (910). A. Oehmigke. Geb. in Leinw. 3. —

Springer, Robert. Die Tyrannen. Druck von F. Reichardt u. Co. 1 Bl. Fol.
Flugblatt. Berlin, 30. Juni 1848.

— Urwähler-Almanach f. das Schaltjahr 1852. 1. Jahrg. 16. (67 S.) Berlin 852, Landsberger. 3 ngl.

Springer, Rob., das Volk steht auf, d. Sturm bricht los, s.: Geschichts- u. Unterhaltungs-Bibliothek, vaterländ, Bd. 2.

— Wanderungen durch die Geheimnisse der Natur in Reiseschilderungen für die reifere Jugend. Mit einem Vorw. von A. Erman. Berlin (854.) Rauh. gr. 8. (VI, 228 S.) 25 ngr

Springer, Rob. (II.), **Wegweiser in der vegetarianischen Literatur für Vegetarianer und die es werden wollen. gr. 16. (78 S.) Nordhausen 878, (Eigendorf.)** *

Springer, Rob., Wegweiser in der vegetarianischon Literatur für Vegetarianor u. die es wordon wollen. Hrsg. vom Vorstande des deutschon Vereins für naturgemässe Lebensweise [Vegetarianer]. 2., verm. Aufl. gr. 8. (67 S.) Nordhausen 880. (Leipzig, Grieben.) n.n. — 60

— allgemeine Weltgeschichte von den ältesten Zeiten bis auf die Gegenwart. Für alle Stände. 1—9. Liefg. Berlin (857, 58.) Hasselberg. gr. 8. (S. 1—576.) Jede Liefg. 5 ngr.

— allgemeine Weltgeschichte von den ältesten Zeiten bis auf die Gegenwart. Für alle Stände. 10—25. Liefg. Berlin 859, 60. Hasselberg. gr. 8. (1. Bd.: VI, S. 577—613; 2. Bd.: VI, 481 S.; 3. Bd.: VII, 455 S.; 4. Bd.: S. 1—16.) Jede Liefg. 5 ngr.

— die Wiedergeburt der Menschheit. Abdr. des Aufsatzes: Richard Wagner's regenerator. Idee. Bayreuther Blätter 1881. 8. (52 S.) Hannover 883. Schmorl & v. Seefeld. n. — 40

Springer, Frl. Rosa, s.: Dorn, Käthe.

Springer, Rudolf. 1902 [Pseud.]
s.a. Renner, Karl. [09. 18033

Springer, Rud. Durch Kampf zum Sieg. Zwei Erzählgn. aus dem Westen Amerikas. 8. (113 S. m. 4 Farbendr.) Stuttg. 891, Bardtenschlager. geb. 1 50

Springer, Rud. (Karl Renner). Grundlagen u. Entwicklungsziele der Oesterreichisch-Ungarischen Monarchie. Politische Studie über den Zusammenbruch **der Privilegienparlamente u. die Wahlreform in beiden Staaten, üb. die Reichsidee u. ihre Zukunft. (VIII, 248 S.) 8. Wien 906. F. Deuticke. n. 3. —**

Springer, Rudolf. Statistisches Handbuch für Kunst und Kunstgewerbe im Deutschen Reich 1881. Berlin 1881. 8⁰.

Springer, Rud. (Synopticus), der Kampf der österreich. Nationen um den Staat. 1. Thl.: Das nationale Problem als Verfassungs- u. Verwaltungsfrage. gr. 8. (IV, 252 S.) Wien 902. F. Deuticke. n. 5. —

Springer, Rud., hundert Kartuschen verschiedener Stile. Imp.-4. (33 Bl. in Lichtdr. mit 8 S. Text.) Berlin 879. Wasmuth. In Mappe. n. 20. —

Springer, Rud. (Karl Renner), **die Krise des Dualismus u. das Ende der Déakistischen Episode in der Geschichte der habsburgschen Monarchie. Eine polit. Skizze. (72 S.) gr. 8. Wien 904. F. Deuticke. n.n. 1. 25**
Erweit. Sep.-Abdr. aus: „Deutsche Worte".

Springer, Rob., Kunsthandbuch f. Deutschland, Oesterreich u. die Schweiz. Eine Zusammenstellg. der Sammlgn., Lehranstalten u. Vereine f. Kunst u. Kunstgewerbe. 3. Aufl. 8. (VI, 601 S.) Berlin 883. Grothe. geb. Herabges. Preis n. 6. —

Springer, Rud., Kunsthandbuch für Deutschland, Oesterreich und die Schweiz. Eine Zusammenstellung der Sammlungen, Lehranstalten und Vereine für Kunst und Kunstgewerbe. 3. verm. Aufl. 8. (VI, 601 S.) [Berlin 883, Weidmann'sche Buchh.] Stuttgart, Spemann. geb. (*ℳ 10.) *
1. und 2. Aufl. erschienen u. d. T.: Handbuch, statistisches, für Kunst und Kunstgewerbe.

Springer, Rudolf. Kunsthandbuch für Deutschland, Oesterreich und die Schweiz. Nachschlagebuch, enthaltend die Sammlungen, Lehranstalten und Vereine für Kunst, Kunstgewerbe und Alterthumskunde etc. Vierte vermehrte Auflage. Berlin und Stuttgart 1886. 8°.

Springer, Rud., Kunsthandbuch für Deutschland, Oesterreich und die Schweiz. Nachschlagebuch, enthaltend die Sammlungen, Lehranstalten und Vereine für Kunst, Kunstgewerbe und Altertumskunde etc. 4. verm. Aufl. 8. (XII, 477 S.) Stuttgart 886, Spemann. geb. *

Springer, Rud., Kunsthandbuch, 5. Aufl., s.: Kunsthandbuch f. Deutschland.

Mehrheits- oder Volksvertretung? Zur Aufklärung d. intellektuellen u. industr. Klassen über ihr Interesse an e. Wahlreform, sowie über Wesen, Arten u. Bedeutung d. Proportionalwahl. Nach e. ... Vortrag von Rudolf **Springer**. Wien & Leipzig: F. Deuticke 1904. (52 S.) 8° [F.] 107. 17407

— Staat u. Parlament. Kritische Studie üb. die österreich. Frage u. das System der Interessenvertretg. gr. 8. (31 S.) Wien 901. (Wiener Volksbuchh.) n. — 50
Erweit. Sep.-Abdr. aus: „Deutsche Worte".

Springer, Siegbert, a. Schubin (Bez. Bbg.): Die Aufrechnungsbefugnis des Hauptschuldners gegenüber dem Regressanspruch des Bürgen mit einer ihm an den befriedigten Gläubiger zustehenden Gegenforderung. Berlin 1907: M. Günther. (72 S.) 8° [F.]
Rostock, Jur. Fak., Ref. Wachenfeld, Diss. v. 25. Juni 1907
[Geb. 9. Aug. 82 Schubin; Wohnort: Schubin; Staatsangeh.: Preußen; Vorbildung: Gymn. Bromberg Reife O. 01; Studium: Berlin 2, Königsberg 1, Breslau 4 S.; Rig. 31. Juli 06.]

Springer, W. C. M., der Weg zur schriftgemäßen Heiligung. Hingabe u. Hindernisse. (23 S.) 8. Mülheim-Ruhr (909). Buch- u. Kunsthandlg. des ev. Vereinshauses. — 25

Springer, Wilh., kurzer Abriß d. Handarbeitsunterrichts in d. Volksschule. Z. Gebrauche f. Handarbeitslehrerinnen wie zur Einführg. d. Schulaufsichtsbeamten in dieses Lehrgebiet. Mit 12 als Anh. beigegeb. Abb. gr. 8. (79 S.) Breslau 896. F. Hirt. n. 1. —

Springer, Wilh., kurzer Abriß des Handarbeitsunterrichts in der Volksschule. Zum Gebrauche für Handarbeitslehrerinnen u. Lehrerinnen wie zur Einführg. der Schulaufsichtsbeamten in dieses Lehrgebiet. Mit 12 als Anh. beigegebenen Abbildgn. 2., durchgeseh. Aufl. gr. 8. (80 S.) Breslau 902. F. Hirt. n. 1. —

Springer, Wilh., die Ausbildung der Handarbeitslehrerin. Neue Wege zu e. schulgemäßen Betriebe d. Unterrichtes in den weibl. Handarbeiten. gr. 8. (64 S.) Breslau 892. F. Hirt. n. — 60

Springer, e. Beitrag zur Hebung d. Unterrichtes in weiblichen Handarbeiten in den Schulen d. Landes wie der kleinen Städte. [Aus: „Kath. Zeitschr. f. Erziehg. u. Unterricht".] gr. 8. (22 S.) Düsseldorf 889. Schwann. n. — 25

Springer, Wilhelm, Oberarzt im Inf.-Reg. No. 85: Aus d. Kgl. path. Inst. zu Kiel. Ein Fall von Herz- und Nierenveränderungen als Folge grober Gewalteinwirkungen. Kiel 1909: Fiencke. 21 S. 8°
Kiel, Med. Diss. v. 10. März 1909, Ref. Heller
[Geb. 22. Febr. 81 Graenowitz; Wohnort: Rendsburg; Staatsangeh.: Preußen; Vorbildung: Städt. Gymn. Liegnitz Reife O. 00; Studium: Berlin K. W. A. 9 S.; Coll. 18. Dez. 08; Approb. 20. März 06.] [U 09. 2291

— Der Handarbeitsunterricht in der Volksschule. Lehrplan u. Leitfaden zum Gebrauche f. Handarbeitslehrerinnen, Lehrer u. Schulaufsichtsbeamte bearb. 2 Tle. in 1 Bde. gr. 8. (VI, 48; 158 S. m. 76 dem Texte eingedr. Abbildgn.) [Gera 889, Reisewitz.] Bresl., F. Hirt. * 3 —

— der Handarbeitsunterricht in der Volksschule. 2., neubearb. Aufl. gr. 8. (IV, 228 S. m. 86 Abbildgn.) Ebd. 898. Geb. in Leinw. n. 3. —

Der Handarbeitsunterricht in der Volksschule. Eine Methodik d. Handarbeitsunterr. z. Vorbereitung f. d. Handarbeitslehrerinnen-Prüfung ... Von Dr. Wilhelm **Springer**, Kgl. Kreisschulinsp. Mit 88 Abb. u. 1 Häkeltaf. 2 T. in 1 Bde. 3., gänzl. umgearb. Aufl. Breslau: F. Hirt 1899. (278 S.) 8°

Springer, Wilh., der Handarbeitsunterricht in der Volksschule. Eine Methodik des Handarbeitsunterrichts zur Vorbereitg. f. die Handarbeitslehrerinnen-Prüfung, wie zum Gebrauche f. Handarbeitslehrerinnen u. Schulaufsichtsbeamte. Mit 89 dem Texte eingedr. Abbildgn. u. 1 Häkeltaf. 2 Tle. in 1 Bde. I. Tl.: Methodik. II. Tl.: Die Lehrstoffe. 4., durchgeseh. Aufl. (279 S.) gr. 8. Breslau 906. F. Hirt. Geb. in Leinw. n. 4. —

— der Haushalt auf der Grundlage von Nahrungsmitteltafel u. Wirtschaftsbuch. Ein Haushaltungsbuch für Schule u. Haus. (42 S. m. 1 farb. Taf.) gr. 4. Leipzig 904. [Th. Hofmann] B. G. Teubner. — 60

— die Haushaltungslehrerin. Ein Vorbereitungsbuch f. die Haushaltungsprüfg. 4 Tle. in 1 Bde. I. Die Haushaltungsprüfg. II. Bedeutung u. Charakter des Haushaltungsunterrichtes. III. Die sechs Hauptstücke e. erfolgreichen Unterrichtsbetriebes. IV. Unterrichts- u. Erziehungslehre im Rahmen des Haushaltungsunterrichtes. (IV, 123 S. m. Abbildgn.) 8. Leipzig 906. B. G. Teubner. Geb. n. 2 —

— der Haushaltungsunterricht. Ein Wegweiser für Einrichtung v. Haushaltungsschulen u. zugleich e. Lehr- u. Handbuch zur Erteilg. des Haushaltungsunterrichts. 4 Tle. in 1 Bde. I. Allgemeines üb. den Haushaltungsunterricht. II. Die Reinigungsarbeiten. III. Die Pflege der Wäsche. IV. Das Kochen. 2. Aufl. (X, 373 S. m. Abbildgn. u. 1 farb. Taf.) gr. 8. Leipzig 905. [Th. Hofmann.] B. G. Teubner. 5. —; geb. in Leinw. 5. 80

— d. Haushaltungsunterricht als Lehrgegenstand d. Schule. Vortrag, geh. in d. 6. Generalversammlg. des Prov.-Verbandes d. vaterländ. Frauenvereine Schlesiens. gr. 8. (16 S.) Gera 896. Th. Hofmann. n. — 20

— der Haushaltungsunterricht f. Schulmädchen u. schulentlass. Mädchen. Ein Lehr- u. Handbuch f. Einrichtg. v. Haushaltungsschulen, sowie zur Erteilung des Haushaltungsunterrichts. 2 Abteilgn. gr. 8. Ebd. 897. à n. 2. 20; in 1 Bd. geb. n.n. 5. —
1. I. Methodik d. Haushaltungsunterrichts. — II. D. Reinigungsarbeiten. M. 16 in d. Text gedr. Abb. (VIII, 213 S.)
2. III. Die Pflege d. Wäsche. — IV. Das Kochen. Mit 10 in d. Text gedr. Abb. (VIII, 212 S.)

Springer, Wilh., Hôtelkorrespondent. (39 S.) 8. Berlin 907. S. Cronbach. n. 1. —

Springer, Wilh. Der Knaben-Handarbeitsunterricht im Anschluß an den Zeichen- u. Raumlehreunterricht in der Schule. Leitfaden f. Freihandzeichnen u. Kerbschnitzen in 4 aufsteig. Heften. Für Knaben-Handarbeitsschulen u. zur Selbsteinführg. der Schuljugend ins Kerbschnitzen entworfen. 1. u. 2. Heft. qu. gr. 4. Bresl. 892, F. Hirt. [1. Heft. (24 S. m. 22 eingedr. u. 1 farb. Taf.); 2. Heft. (20 S. m. 18 eingedr. u. 1 farb. Taf.)] à Heft * 1 60; * 3 20

— d. Knaben-Handarbeitsunterricht im Anschlusse an d. Zeichen- u. Raumlehreunterr. d. Schule. Leitfaden f. Freihandzeichnen u. Kerbschnitzen in 4 aufsteig. Heften. Für Knaben-Handarbeitsschulen u. zur Selbsteinführg. d. Schuljugend ins Kerbschnitzen entworfen. 3. u. 4. Hft. qu. gr. 4. (Mit z. Tl. farb. Abb.) Ebd. 894. n. 4. 10 (kplt.: n. 7. 30)
3. (20 S.) n. 1. 60. — 4. (28 S.) n. 2. 50.

-- Nahrungsmitteltafel für Schulen u. Haushaltungsschulen. I. Die vier Eigenschaften e. guten Nahrung. 122×95 cm. Farbdr. Leipzig (903). B. G. Teubner. n. 4. 40; auf Leinw. m. Stäben n. 6. —

— dasselbe, nebst kurzen Erläutergn. (1 farb. Taf. in gr. 4 m. 8 S. Text.) 4. Leipzig 903. [Th. Hofmann] B. G. Teubner. n. — 40

— Näh-, Flick- und Stopftafeln. (15 T) fol Leipzig

Springer W, Reisebericht über Wässerungs- und Feldereinteilungsanstalten in Hessen und Nassau, sowie über Linnenindustrie in Belgien. Stuttgart 1848

Springer, Guilielmus (*geb. Breslau 1797*): De remediis purgantibus eorumque usu et salubri et noxio. Vratislaviae (1822). (48 S.) 8°
Breslau, Med. Diss. v. 30. Nov. 1822

Springer, Wilhelm (*geb. Reinerz in Schles. 30. 4. 1851*): Die Topographie Latium's nach Massgabe der Berichte über die von den römischen Königen geführten Kriege geprüft und berichtigt. Breslau 1876. (33 S.) 8°
Breslau, Phil. Diss. v. 25. [vielmehr 27.] März 1876

Springfeld, Alfred, Leiter d. bacteriol. Labor.: Aus d. Inst. f. Hyg. u. Bacteriol. in Gelsenkirchen. Dir.: Bruns. Über das Vorkommen von Typhusbazillen im Blut und ihren Nachweis, insbesondere aus Blutgerinnseln durch die Gallenanreicherung. Bonn (1910): Trapp. 39 S. 8°
Bonn, Med. Diss. v. 5. Febr. 1910, Ref. Finkler
[Geb. 9. Mai 84 Erfurt; Wohnort: Bochum; Staatsangeh.: Preußen; Vorbildung: Gymn. Koblenz Reife O. 02; Studium: Bonn 10 S.; Coll. 22. Febr. 10; Approb. 1. Juni 08.] [U 10. 336

Springfeld, Arthur Otto

Springfeld, z. Entwicklungsgeschichte d. Apothekenreform. gr. 8. (83 S.) Leipzig 896. O. Thieme. n. 1. —

Springfeld, A., die Errichtung v. Apotheken in Preußen. Für Medizinal- u. Verwaltungsbeamte u. Apotheker bearb. gr. 8. (VI, 70 S.) Berlin 902. J. Springer. n. 1.40

— s.: Gesammtbericht üb. d. Sanitäts- u. Medicinalwesen d. Städte Berlin u. Charlottenburg.

Springfeld, die Pockenepidemie in Bochum im J. 1904. (34 S. m. 1 Taf.) gr. 8. Jena 904. G. Fischer. n. 2. —

— die Rechte u. Pflichten der Drogisten u. Geheimmittelhändler, s.: Handhabung, die, der Gesundheitsgesetze in Preussen. V. VI.

Die Rechte und Pflichten der Gift- und Farbenhändler für Drogisten, Fabrikanten, Medizinal- u. Verwaltungsbeamte bearb. von Dr. [Arthur Otto] Springfeld, Med.Ass. in Berlin. *Berlin: R. Schoetz 1900.* (VIII, 228 S.) 8°
= Handhabung d. Gesundheitsgesetze in Preussen. Bd 6. [01. 3472

-- die Rechte u. Pflichten der Hebammen, s.a. Handhabung, Die, d. Gesundheitsgesetze in Preussen.

Springfeld, [Arthur Otto]: Die Rechte und Pflichten der Hebammen ⟨§ 30 R.-G.-O.⟩. — Berlin: Schoetz 1898. VIII, 181 S. 8° (Die Handhabung der Gesundheitsgesetze i. Preussen ... Bd 2.)

— die Rechte u. Pflichten d. Unternehmer v. Privatkranken-, Privatentbindungs- und Privatirrenanstalten, s.: Handhabung, die, der Gesundheitsgesetze in Preussen.

Die Rechte und Pflichten der Unternehmer von Privatkranken-, Privatentbindungs- und Privatirrenanstalten ⟨§ 30 R.-G.-O.⟩ v. Dr. [Arthur Otto] Springfeld, Medizinalassessor ... in Berlin.
Berlin: R. Schoetz 1898. (3 Bl., 156 S.) 1 Bd 8°
= Handhabung d. Gesundheitsgesetze in Preussen. Bd 1. [96 336

— die Ruhrseuchen im Reg.-Bez. Arnsberg. (30 S. m. 1 graph. Taf.) gr. 8. Ebd. 904. n. 1. 20

— das Selbstdispensirrecht der Aerzte u. Homöopathen, s.a. Handhabung, die, der Gesundheitsgesetze in Preussen. III.

Das Selbstdispensirrecht der Aerzte und Homöopathen von Dr. [Arthur Otto] Springfeld, Medizinalass. in Berlin. Berlin: R. Schoetz 1899. (XIV, 175 S.) 8°
= Handhabung d. Gesundheitsgesetze in Preussen. Bd 3.

Die Typhusepidemieen im Regierungsbezirk Arnsberg und ihre Beziehungen zu Stromverseuchungen und Wasserversorgungsanlagen. Von Dr. [Arthur Otto] Springfeld, Med.R. in Arnsberg. Mit 4 Abb., 12 lith. Kurven u. 2 Karten. *Jena: G. Fischer 1903.* (138 S.) 8°
Aus: Klinisches Jahrbuch. Bd 10. [04. 12204

— Graeve u. Bruns, Verseuchung e. Wasserleitung m. Nachweis v. Typhusbazillen im Schlamm des Erdbehälters. (16 S. m. 3 Skizzen.) gr. 8. Ebd. 904. n. — 50
4 Sonderabdrucke aus: „Klin. Jahrb."

Springfeld, Arthur [aus Salzwedel (Altmark)]: Über [sic!] die giftige Wirkung des Blutserums des gemeinen Fluss-Aales (Anguilla vulgaris L.) ... Greifswald: Druck v. Julius Abel 1889. 37 S. 8°
Greifswald, Med. Fak., Inaug.-Diss. v. 7. Jun. 1889

Springfeldt, Botho: ... Über Oxalhydroxamsäure ... Königsberg i. Pr., Hartungsche Buchdr., *1897;* 1 Bl., 47 S., 1 Bl. 8.
Königsberg, Phil. Fak., Inaug.-Diss. v. 5. Aug. 1897

Springfield Adler: Jahrgang 1–2, no. 15, Dec. 27, 1889–Apr. 10, 1891.
Weekly. For supplement, see DER SONNTAGSGAST. Edited by J. B. Velikanje, & published by Velikanje & Manderfeld, Dec. 27, 1889–Apr. 18, 1890; edited & published by Klimmek & Manderfeld, Apr. 25–June 1890; by Wilhelm Klimmek, July 4, 1890–Apr. 10, 1891.
Springfield, MN

Springfield Adler: 1890?–1895?
Independent tri-weekly. For supplement see SPRINGFIELD ADLER. United with SPRINGFIELD JOURNAL, to form JOURNAL UND ADLER. Circulation: 1895, 2200. Edited & published by L. F. Korth, 1890–95.
Springfield, OH

Springfield Adler: 1892?–1895? Springfield, OH
Supplement to SPRINGFIELD ADLER, and issued weekly.

Springfield Zeitung: 1894?–1900?
Democratic weekly. Circulation: 1899, 800. Edited & published by Dr. G. Wendlandt.
Springfield, IL

Springguth, Carl, Referendar: Die Rechtsverhältnisse zwischen Vorerben und Nacherben. *Greifswald 1903: J. Abel.* (56 S.) 8° [J.]
Greifswald, Jur. Diss. v. [10. Apr.] 1903

Springhorn, Wilhelm. Spassige plattdütsche Jagd-Gedichte un anner Geschichten. NY, 1896.

SPRING INS FELD, Der reisende curieuse Baron —, welcher in einer Unterredung verschiedene Staats- etc. Affairen erzählet. Stück 1 (einz.?). Nirgendshausen. 1739. 4⁰. (In Stuttgart.) (½ Rthl. Maske, Format 8⁰ (?), Breslau, vor 1870; jetzt theurer!) Rar!

§ * **SPRING** ins Feld, Simplicismus (so!), — Des galanten Frauenzimmers Curieuse Flöh-Jagt, Worbey zu betrachten vorkommt: I. (S. 14—89:) Ein General Senatus Consultum und Untersuchung, wie und welcher gestalt die auf der Jagt gefangene Flöhe, den Rechten und der Billigkeit nach, zu bestraffen oder zu perdoniren (so!) seyn. II. (S. 90—115:) Der General-Flöh-Procurator, welcher alles was nur möglich, zu der armen gefangenen Flöhen Defension und Unschuld anwendet. III. (S. 116—141:) Der General-Fiscal mit seiner Criminalen Anklage, auf den gäntzlichen Ruin, und den Untergang aller Flöhen, so in dem Mond, im Wasser, in der Erde, bey Menschen, Vieh und Vögel vorhanden sind, dringende. IV. (S. 142—162:) Der General-Wacht-Meister, welcher bey der hierauf resolvirten Flöh-Jagt die Posten mit geschickten Subjectis besetzt, nebst dem General-Stabs-Physico, mit seiner Feld-Apotheque, wormit er durch allerhand Stratagemata und wider einen Feind wohlvergönnte Hinterlist, denen Feinden Abbruch zu thun lehret. V. (S. 163—173:) Der General-Policey-Meister, welcher, um die Flöh-Jagt so viel vortheilhaffter und leichter anzustellen, mit seiner neu-inventirten curieusen Flöh-Falle zum Vorschein kommt. VI. (174—183:) Flochia *Grelffoldi Knick Knackii ex Flolandia* Cortum Versicale oder lustiges Liedlein von den Flöhen, denjenigen Schwartibus Thiericulis, welche fast alle Menschos, Mannos, Weibras, und Jungferle behüpffern, und mit ihren Spitzibus Schnablis zu stechern und zu beissern pflegen; deme annoch hinzu gefüget werden viele lustige und curieuse Flöh-Stücklein, nebst einem besondern Floh-Testament aus *Cælio Calcagnino*, und zu allerletzt *Hieronymi Augeriani* (Druckf. statt *Angeriani*) Epitaphium, aller so jämmerlich ermordeten Flöhen, alles miteinander aufs beste colligirt und conscribirt Von *Simplicismo* (so!) *Spring ins Feld*. Mit doppelblattgr. pikantem, figurenreichen (fast stets fehlenden) Titelkupfer (Frauen u. Mädchen beim Flöhesuchen). Gedruckt im Schwartzwald, bey Stephen Rauchbaarten. O. J. (nach 1708, da im Buche Nic. v. Bostel's im J. 1708 ersch. Poet. Neben-Wercke citirt werden). 8⁰. (Auch in Breslau, Kgl. u. Univ.-Bibl.: Lit. Teut. II. 8⁰ 755; Titelkpfr. fehlt.) (22 Mk., Titel handschriftl., ohne Titelkpfr., Speyer u. Peters, Berlin, 1913.)
Cplte. Expll. mit gut erhaltenem Titelkpfr. gehören zu den großen u. gesuchten Seltenheiten!

Springmann, Adolf [aus München]: Ueber Umwandlungsprodukte der Meta- und Para-Nitrobenzhydroximsäurechloride. München 1897. 55 S. 8⁰.
Zürich. Phil. Diss. 11. 8. 1897/98.

Springmann, Eduard, Gerichtsref. a. Elberfeld: Der Begriff der Fundsache, ihre rechtliche Behandlung und ihr Verhältnis zum Schatz nach bürgerlichem Recht unter vergleichender Berücksichtigung des römischen Rechts. Borna-Leipzig 1906: R. Noske. (IX, 105 S.) 8⁰ [Ü.]
Leipzig, Jur. Fak., Diss. v. 4. Juli 1906
[Geb. 2. März 83 Elberfeld; Wohnort: Elberfeld; Staatsangeh.: Preußen; Vorbildung: Gymn. Elberfeld Reife O. 01; Studium: Zürich 1, Leipzig 1, Berlin 1, München 1, Bonn 2 S.; Rig. 17. Jan. 05.]

Springmann, E[duard] (Kaufmann): [Rede bei der Übergabe der seitens früherer Schüler und deren Eltern für die Aula gestifteten Bilder.] S. 47—48. 4.
Progr.

Springmann, Friedr., Glockentöne, od. christl. Lieder. gr. 12. (6½ B.) Osnabrück 841. (Hannover, Hahn'sche Hofbuchh.) *

Springmann, P., experimentierende Physik, s.: Schreber, K.

Springmann, Paul [aus Stettin]: Ueber die Polarisation an festen Niederschlägen zwischen Electrolyten ... Greifswald, Druck v. J. Abel, 1892; 42 S., 2 Taf. 8.
Greifswald, Phil. Fak., Inaug.-Diss. v. 22. Dez. 1892

Springmühl, A., die Ursache der chronischen Lungenschwindsucht. gr. 8. (44 S.) Basel 873. Richter.
n. 1. 20

Springmuehl, Emil

Springmuehl, Aemil (geb. Elberfeld 7. 2. 1823): Nonnulla de spasmis chronicis et tonicis. Berolini (1852). (27 S.) 8⁰
Berlin, Med. Diss. v. 13. Okt. 1852

Springmühl, Ferd., Lexicon der Farbwaaren- und Chemikalienkunde. Practisches Handbuch für Kenntniss und Prüfung der Farbstoffe und Chemikalien, sowie aller in der Färberei, dem Zeugdruck, der Appretur etc. verwendeten Materialien für Färbereien, Zeugdruckereien, Bleichereien etc. 1. Bd.: Anorganische Farbstoffe und Chemikalien. 8 Lfgn. 8. (IV, 706 S.) Leipzig 876,77, G. Weigel. à Lfg. * ℳ 1,50. * geb. *
—— dass. — Practisches Handbuch für Kenntniss und Prüfung aller in der Industrie und im Gewerbebetrieb verwendeten Farbstoffe und Chemikalien. 2. (Schluss-)Bd.: Organische Farbstoffe und Chemikalien. 5 Lfgn. F. (894 S.) Ebendas. 879—81. à Heft * ℳ 2. * geb. *

Springmühl, Ferd., die chemische Prüfung der künstlichen organischen Farbstoffe. Untersuchungen. gr. 8. (III, 79 S.) Berlin 873, Grieben. [Leipzig, G. Weigel.] *

— die chemische Prüfung der künstlichen organischen Farbstoffe. Untersuchungen. gr. 8. (77 S.) Ebend. 874. n. 2. —

Springmühl, Ferd., Italiens Weine und die Concentration des Mostes im Vacuum. Studien. gr. 8. (IX, 150 S. mit eingedr. Holzschn.) [Frankfurt a. M. 884.] London, Weller.

Springorum, Friedrich: Experimentelle Untersuchungen des Hoeschprozesses. Halle: Knapp 1910. 26 S., 6 Bl. Fig. 4⁰
¶ Aus: Metallurgie. Jg. 7; auch in: Mitteilungen aus d. Eisenhüttenmänn. Institut d. Kgl. Techn. Hochschule Aachen. Bd 4. 1911; gekürzt in: Stahl u. Eisen. Jg. 30, Halbj. 1 [Nr 99].
Aachen, Dr.-Ing.-Diss. v. 2. 4. 1910

Springorum, Willy [Referendar aus Elberfeld]: Die über die heimliche Okkupation fremden Sachbesitzes und ihre Folgen nach gemeinem Rechte geltenden Grundsätze ... Bonn, Buch- u. Steindr. J. Bach Wwe, 1895; 98 S., 1 Bl. 8.
Erlangen, Jur. Fak., Inaug.-Diss. v. 1895

Springs, Ild., v. einem d. Inoculation entgegengesetzten neuen Rettungsmittel in u. v. d. Blatterkrankh. 4. Münch. Lentner. 770.

Springs Karl: Die deutschen Sagen der Brüder **Grimm in ihren Verhältnissen zu den Quellen.**
11. 1910 PN 2844 Diss. Wien, Univ. 330

Springsfeld, Eduard (geb. am 15 Aug. 1857 in Aachen): Die Behandlung des Klumpfusses ... Bonn, Univ.-Buchdr. v. C. Georgi 1884. 46 S., 1 Bl. 8.
Bonn, Med. Fak., Diss. v. 9 Aug. 1884

Springsfeld, Gottlob Karl

Springsfeld, Gl. K., Abhandl. v. Carlsbade. 8. Lpz. Gleditsch. 749.

Springsfeld, Gottlob Karl (Weissenfels) A. S. 1205/11

Dissertatio medica de partium coaliscentia morbosa. Präs. Johann Ernst Hebenstreit. Leipzig (Langenheim) 11. VII. 1738. 34 S.
33080

Springsfeld, Glo. Karl, († d. 13. März 1772.) defensio uberior per D. W. Trillerum exercitationem alteram pleniorem de remedio habenarum etc. 4. Halle 753. Gebauer. 3 𝒦

Gottlob Carl Springsfeld epistola critica ad. Dan. Guil. Trillerum super loco quodam Suetonii ab eo tentato. Lips. 1750. 4. (Harenas esse balneum arenarium, arundines vero radices esse arundinis aceto conditae secund. Plin. XXIV. 11.; M. G. L. Münter in diario Hannoverano anni 1750 Trilleri opinionem rejicit et legit „aerinarum" sec. Plin. XXII. 25.; Boerner „havenarum" legi debere conjicit.)

— epistola medico-critica ad virum illustr. Dn. Wlh. Trillerum etc. super loco quodam Suetonii ab eo tentato. 8. Leipz. 750.

Springsfeld, Gottlob Karl: Iter medicum ad thermas Aquisgranenses et fontes Spadanos, accessere singulares observationes medicae atque physicae. 94 S., gbd.

Lipsiae: Gleditsch 1748

JB 238

— de praerogativa thermarum Carolinarum in dissolvendo calculo vesicae prae aqua calcis vivae. 4. Leipz. 756.

Springsfeld, Gottlob Karl (Weissenfels) A. S. 1329/2

Dissertatio mathematica de vectibus curvilineis. Präs. Georg Friedrich Baermann. Leipzig (Breitkopf) 14. VI. 1737. 1 Taf., 27 (recte: 31) S.
33079

Springsfeld, Jac., Dieterici's Kritik d. Schrift: Preußen u. Frankreich im Interesse d. Rheinländer beleuchtet u. gleichzeitig benutzt, um d. wesentlichsten Grundzüge d. National-Oekonomie zu berühren. Nebst e. Erwiederung auf Prof. Kaufmann's Prüfung e. neuen Gegenschrift. gr. 8. (4 B.) Leipzig 835, [Köhler'sche Buchh.]

Springsguth, Ehrfrd., s. Littegarde v. Schlottheim.

Springstubbe, W., Geschäfts-Anweisung f. die Kreis-Kommunalkassen, nebst Anleitg. f. die Vornahme der Revisionen. gr. 8. (VII, 135 S.) Berlin 894. C. Heymanns Verl. Geb. n. 3. —

Springstubbe, W., Geschäfts-Anweisung f. die Stadt-Kassen d. mittl. u. kl. Städte, nebst Anleitg. f. d. Vornahme v. Revisionen. gr. 8. (XII, 232 S. m. Formularen.) Berlin 895. C. Heymann's Verl. Geb. n. 4. —

Springwurzel, Die. Oper Nürnberg 1810. V: *Bretschneider, Heinrich Gottfried.* (KY) (WBL)

Springwurzel, die; Oper (v. Hnr. Gf. v. Bretschneider). 8. Nürnb. 810. Bauer u. R. 7 𝒦

Sprinkmeyer, Franz, a. Münster i. Westf.: Über die Geschwindigkeit der Esterbildung aus Anhydriden gesättigter einbasischer Fettsäuren und Äthylalkohol. Münster in Westf. 1906: J. Krick. (60 S.) 8°
Münster, Phil. Fak., Ref. Salkowski, Diss. v. 28. Febr. 1906
[Geb. 1. Juni 82 Münster; Wohnort: Münster; Staatsangeh.: Preußen; Vorbildung: Realgymn. Münster Reife O. 01; Studium: Münster 9 S.; Rig. 15. Dez. 05.]

Sprinkmeyer, Heinrich, aus Münster i. W.: Das o-Isopropyltoluol. *Münster i. W. 1901: J. Krick.* (33 S.) 8°
Münster, Phil. Diss. v. 9. März 1901

Sprinz, Julius [aus Breslau]: Isoalantolacton. Ein bei der Darstellung des Alantolactons erhaltenes Nebenprodukt. Breslau 1901. 32 S. 8°.
Basel. Phil. Diss. 1900/1901.

Sprinz, Julius. Isoalantolacton. Ein bei der Darstellung des Alantolactons erhaltenes Nebenprodukt. Diss. Phil. Basel. 32 S. 8. Breslau, Dr. R. Galle, 1901.

Sprinz, Moritz, Referendar: Sind Maschinen wesentliche Bestandteile einer Fabrik? Greifswald 1908: J. Abel. (IV, 48 S.) 8°
Greifswald, Jur. Fak., Ref. Stampe, Diss. v. 17. Febr. 1908
[Geb. 20. Febr. 85 Posen; Wohnort: Berlin; Staatsangeh.: Preußen; Vorbildung: Gymn. Schneidemühl Reife O. 02; Studium: Heidelberg 1, Breslau 1, München 1, Greifswald 3 S.; Rig. 5. Juni 05.]

Sprinz, Oscar, approb. Arzt aus Berlin: Ueber die Möglichkeit, sterilisierte Kindermilch und pasteurisierten Rahm herzustellen. Nach einer zweijähr. wissenschaftl. Kontrolle d. Dampfmolkerei Würzburg. *Berlin 1901: E. Janetzke.* (30 S.) 8°
Würzburg, Med. Diss. v. 1901

Sprinz, Walter, a. Berlin, Referendar am kgl. Amtsgericht zu Lübben: Das Selbstkontrahieren des Vertreters. Berlin 1907: L. Simion Nf. (VIII, 45 S.) 8°
Erlangen, Jur. Fak., Ref. Binder, Diss. v. 6. Nov. 1907
[Geb. 7. Okt. 84 Berlin; Wohnort: Lübben; Staatsangeb.: Preußen; Vorbildung: Gymn. Berlin Reife O. 06; Studium: Freiburg i. B. 1, Berlin 5 S.; Rig. 19. Juli 07.]

Sprinz, Wilhelm, Referendar: Die Gegenansprüche des Finders. *Rostock 1904: C. Hinstorff.* (86 S.) 8°
Breslau, Jur. Diss. v. [3. Aug.] 1904

Sprinzl, Hans, flüchtige Stunden. Gedichte. (64 S.) kl. 8. Leipzig 908. Verlag f. Literatur, Kunst u. Musik. 1.50; geb. n 2.50; erm. Pr. —75; geb. 1.50

Sprinzl, Jos., die altkatholische Bewegung im Lichte d. katholischen Glaubens. Ein dogmat. Studie. gr. 8. (IV, 30 S.) Linz 872. Haslinger in Comm. n. — 40

Sprinzl, Jos., compendium summarium theologiae dogmaticae [specialis] in usum praelectionum academicarum concinnatum. gr. 8. (X, 353 S.) Wien 882. Braumüller. n. 7. —

SPRINZL, Josephus: De Jesu Christi salvatoris hominum ecclesia. — (1864) 78 S. 8° (Handschr.) Diss. 218
Diss. Wien, Univ.

Sprinzl, Jos., Handbuch der Fundamental-Theologie als Grundlegung der kirchlichen Theologie vom religionsphilosophischen Standpunkte bearb. gr. 8. (XII, 736 S.) Wien 876, Braumüller. *

Sprinzl, Jos., Die allgemeinen Konzile überhaupt u. das bevorstehende allgemeine Konzil insbesondere. Sechs Kasino-Vorträge. Linz, Danner, 1869, 12°, 80 S., 75 Pf.

Recens. Linzer Theol.-pr. Quartalschr. 1869, S. 288—9 (Reiter). Ökum. Konzil. Stimmen &c. Heft 5, S. 98—9. Theol. Littbl. 1869, S. 587—9 (Dieringer). Chilianeum N. F. Bd. 2, S. 112.

— die Theologie der apostolischen Väter. Eine dogmengeschichtl. Monographie. gr. 8. (VII, 305 S.) Ebend. 880. n. 6. —

Sprißler, Rede. — Trauerrede auf Blum, siehe: Beiträge, drei, zu den Vereinsblättern.

Sprißler, J., neue Predigtsammlung, s. Predigtsammlung.

Sprißler, Jos., Religion u. Philosophie, in freundschaftlicher Entgegnung auf Herrn Blaiches „Princip, Tendenz u. höchstes Ziel des Protestantismus" (Allg. KZeitung von Darmstadt 1828, Nr. 86—7). Zeitschrift für die Geistlichkeit des Erzbistums Freiburg 1829, Heft 3 u. 4.

Sprißler, J., homilet. Vorträge auf die Marien-Feste, als Beigabe zu d. 1. Jahrg. d. neuen Predigt-Samml. gr. 8. (1⅛ B.) Hechingen 838, [Egersdorf.]

Sprißler, J., homiletische Vorträge auf die Marien-Feste, als Beigabe zu d. 1n Jahrg. der neuen Predigt-Sammlung. gr. 8. Hechingen 838. Ribler. ¼ ₰

Sprit-Preis-Reductions-Tabelle Rthlr. pro 10,000 Liter-Procente [100 Liter à 100 Liter-Procente], gegen Rthlr. pro 16,200 Quart-Procente. qu. 4. Leipzig 871. Leiner. n.n. — 10

Spritulo, la. Internacia sessemajna gazeto por ŝerco, humoro kaj satiro. 1. u. 2. Jahrg. Septbr. 1909—Aug. 1910. 8 Nrn. (à ca. 12 S. m. Abbildgn.) Lex. 8. Leipzig. Dresden-Bl., R. Bresch. à Jahrg. 2.40

SPRITZBÜCHSE, Die, zum zweckmässigen Genuss des geselligen Vergnügens. Bremen 1810. 8°. (1 Mk. 25 Pfg. G. Priewe, 1895.) Müller

Spritzbüchse, die, zum zweckmäß. Genuß des geselligen Vergnügens; aus dem Französ. des de l'Abeynte. 12. Bremen 810. (Leipz., Taubert). 4 gl.

Auszug aus der Normal-Übungsordnung für die organisierten Feuerwehren der Provinz Ostpreußen. **Spritzen-Exerzitium.** Königsberg i. Pr.: Ostpr. Dr. u. Verlagsanst. [1906]. (14 S.) 8° [F.] [07. 1618 10

Spritzen-Exerzitium der Turner-Feuerwehr zu Hof, m. Abb., Hof, 4 S., 8°.

Sprockhoff, A.

Sprockhoff's, A., kleine Anthropologie. Die Gliederg. d. menschl. Körpers u. das Wichtigste v. den einzelnen Organen nach Bau, Thätigkeit u. Pflege in Einzelbildern, nebst e. Anh.: Die Ernährg., Gesundheits- u. Krankenpflege, Verhütg. v. Ansteckgn. Bearb. nach den v. Prof. R. Virchow revid. u. v. Prof. v. Esmarch empfohlenen Grundzügen der Anthropologie. gr. 8. (80 S. m. 46 Abbildgn.) Hannov. 892, C. Meyer. * — 50; cart. * — 70

Sprockhoff, A., Anthropologie für höhere Mädchenschulen und Lehrerinnen-Seminare. Revid. durch Rud. Virchow in Berlin. Bau, Leben und Pflege des menschl. Körpers. gr. 8. (92 S. mit 66 eingedr. Holzschn.-Abbild.) Hannover 883, Meyer. * ℳ 1,20.; cart. *

— kleine Botanik. Die wichtigsten Kulturpflanzen u. deren Feinde. Die verbreitetsten wildwachs. Pflanzen nach ihren Standorten in Gruppen u. Einzelbildern, sowie Gliederung, Bau, Leben u. Übersicht, nebst e. umfangreichen Anleitg. u. Übg. im Bestimmen der Pflanzen in übersichtl. Form. gr. 8. (IV, 151 S. m. 176 Abbildgn. auf 67 Stöcken.) Ebd. 892. * 1 —

— kleine Chemie. Eine Chemie des tägl. Lebens m. vielen Abbildgn. gr. 8. (80 S.) Ebd. 893. n. — 60

— Einzelbilder aus der Chemie. Die wichtigsten chem. Vorgänge des tägl. Lebens in Wort u. Bild. gr. 8. (IV, 64 S.) Ebd. 893. n. — 40

Sprockhoff's, A., Einzelbilder aus dem Mineralreiche. Repräsentanten der wichtigsten Kreise, Klassen, Ordnungen u. Familien, nebst systemat., method. u. anderen Anordnungen. Mit vielen Fragen u. (eingedr. Holzschn.-) Abbildungen. 2. Aufl. gr. 8. (64 S.) Hannover 881. Meyer. n. — 50

— Einzelbilder aus dem Mineralreiche. Die wichtigsten Mineralien u. ihre gewerbl. u. wirtschaftl. Bedeutung in 20 ausgewählten Vertretern der wichtigsten Kreise, Klassen u. Ordngn., nebst kurzer Charakteristik u. Übersicht dieser Gruppen. 8., umgearb. Aufl. Mit 43 Abbildgn. gr. 8 (64 S.) Ebd. 891. n. — 40; geb. n. — 60

Sprockhoff's, A., Einzelbilder aus dem Mineralreiche. Die wichtigsten Mineralien u. ihre gewerbl. u. wirtschaftl. Bedeutung in ausgewählten Vertretern der wichtigsten Kreise, Klassen u. Ordngn., nebst kurzer Charakteristik u. Uebersicht dieser Gruppen in Wort u. Bild. 5. bis 7. gleichlaut., vielfach verm. u. verb. Aufl. Mit 48 Abbildgn. u. Anwendgn. der neuen Rechtschreibg. (80 S.) 8. Hannover 904. C. Meyer. n. — 60; kart. n.n. — 75

Sprockhoff's, A., Einzelbilder aus dem Pflanzenreiche. Repräsentanten der wichtigsten Kreise, Klassen, Ordnungen und Familien, nebst systematischen, method. und anderen Anordnungen. Mit vielen Fragen und (eingedr. Holzschn.-)Abbild. 4. Aufl. gr. 8. (64 S.) Hannover 879, Meyer. *

Sprockhoff, A., Einzelbilder aus dem Pflanzenreiche. Vierzig ausgewählte Vertreter der wichtigsten Familien, Klassen und Kreise, Berücksicht. der Gruppen, Vergleichungen, systemat. und andere Anordnungen. 5. Aufl. gr. 8. (96 S. mit vielen Fragen und Abbild.) Hannover 888, C. Meyer. * cart. *

— dasselbe, aus dem Pflanzenreiche. Ausgewählte Vertreter wildwachs. Pflanzen u. die wichtigsten Kulturpflanzen nebst ihren Feinden aus der Insektenwelt in Wort u. Bild. 6. u. 7. gleichlaut., vielfach verm. u. verb. Aufl. (VIII, 104 S. m. 77 Abbildgn.) 8. Hannover 904. C. Meyer. n. — 70; kart. n. — 85

— Einzelbilder aus der Physik. Erscheinungen u. Apparate, deren Verständnis u. Gebrauch leicht zugänglich u. für das tägliche Leben wichtig ist, in der Hauptsache übersichtlich dargestellt durch Wort u. Bild. gr. 8. (64 S.) Hannover 880. Meyer. n. — 50

— Einzelbilder aus der Physik. Die wichtigsten physikal. Erscheingn. d. tägl. Lebens u. die gewöhnlichsten Gegenstände d. tägl. Gebrauchs in Wort u. Bild. 2. u. 3., vollständig umgearb. Aufl. gr. 8. (96 S. m. 106 Abbildgn.) Ebd. 890. n. — 60; cart. n. — 80

Sprockhoff's, A., Einzelbilder aus der Physik. Die wichtigsten physikal. Erscheingn. des tägl. Lebens u. die gewöhnlichsten Gegenstände des tägl. Gebrauchs in Wort u. Bild. 7. Aufl. gr. 8. (96 S. m. üb. 100 Abbildgn.) Hannover 894. C. Meyer. n. — 60

Sprockhoff's, A., Einzelbilder aus der Physik. Die wichtigsten physikal. Erscheingn. des tägl. Lebens u. die gewöhnlichsten Gegenstände des tägl. Gebrauchs in Wort u. Bild. 9. u. 10. gleichlaut., vielfach verm. u. verb. Aufl. Mit 116 Abbildgn. u. Anwendg. der neuen Rechtschreibg. (112 S.) gr. 8. Hannover 904. C. Meyer. n. — 70; kart. n. — 85

Sprockhoff's, A., Einzelbilder aus dem Thierreiche. Repräsentanten der wichtigsten Kreise, Klassen, Ordnungen u. Familien, nebst einer method. Anordnung u. einer systemat. Uebersicht. Mit vielen Fragen u. (eingedr. Holzschn.-)Abbildungen. 4. Aufl. gr. 8. (60 S.) Hannover 879. Meyer. n. — 50

—— Einzelbilder aus dem Tierreiche. Repräsentanten der wichtigsten Kreise, Klassen und Ordnungen, nebst Vergleichungen und kurzer Charakteristik und Uebersicht dieser Gruppen. 5. vollständ. umgearb. und erweit. Aufl. gr. 8. (96 S. mit 50 Abbild.) Ebendas. 887. *

— dasselbe, aus dem Tierreiche. Ausgewählte Vertreter der wichtigsten Kreise, Klassen u. Ordngn. u. ihre Bedeutg. f. den Menschen wie f. den Haushalt der Natur, nebst kurzer Charakteristik u. Uebersicht der Gruppen in Wort u. Bild. 6. u. 7. gleichlaut., vielfach verm. u. verb. Aufl. (112 S. m. 71 Abbildgn.) gr. 8. Ebd. 904. n. — 70; kart. n. — 85

—— Die wichtigsten Feinde der verbreitetsten Kulturpflanzen u. ihre Bekämpfung. Eine Ergänzg. der gebräuchl. botan. u. zoolog. Lehrbücher. gr. 8. (15 S.) Ebd. 892. * — 20

—— Grundzüge der Anthropologie f. höhere Lehranstalten, Lehrer-Seminare u. Lehrer, sowie zur Selbstbelehrung f. jedermann. Revid. durch Rud. Virchow. — Der Körper d. Menschen. Gliederung, Bau u. Thätigkeit seiner Organe m. besond. Berücksicht. der Gesundheitslehre, sowie der Krankenpflege u. der ersten Hilfe bei Unglücksfällen nach Prof. Dr. v. Esmarch. 2. verm. u. verb. Aufl. m. 153 Abbildgn. gr. 8. (XVI, 290 S.) Ebd. 892. * 3 —; geb. * 3 50

Sprockhoff, A., Grundzüge der Anthropologie für Lehrer-Seminare und andere höhere Lehr-Anstalten. Revid. durch Rud. Virchow in Berlin. Der Körper des Menschen, Bau und Verrichtung seiner Organe, mit besond. Berücksicht. der Gesundheitslehre. Mit einem Anhang: Die erste Hülfe bei plötzl. Unglücksfällen nach Esmarch in Kiel und mit 112 instruktiven (eingedr. Holzschn.-)Abbild. gr. 8. (VIII, 168 S.) Ebendas. 883. *M 2.; geb. *

— Grundzüge der Botanik. Ein Hülfsbuch für den Schulgebrauch u. zum Selbstunterrichte. Anordnungen der Pflanzen, Bau, Gestalt u. Leben, Systematik, Charakteristik der Familien, Beschreibung von Gattungen u. Arten rc. Mit vielen Fragen u. (eingedr. Holzschn.-) Abbildungen. 9., verm. u. verb. Aufl. gr. 8. (160 S.) Ebend. 880. n. 1. 50

— Grundzüge der Botanik. Ein Hilfsbuch f. den Schulgebrauch u. zum Selbstunterrichte. Anordnungen der Pflanzen, Bau, Gestalt u. Leben, Systematik, Charakteristik der Familien, Beschreibgn. v. Gattgn. u. Arten rc. Mit vielen Fragen u. 169 Abbildgn. 11. Aufl., m. e. Anleitg. zum Bestimmen der Pflanzen. gr. 8. (XVI, 160 S.) Ebend. 884. n. 1. 60

—— Grundzüge der Botanik. Ein Hilfsbuch für den Schulgebrauch und zum Selbstunterrichte. Einzelbeschreibungen, Gruppenbilder, Vergleichungen, Übersichten nach dem Linnéschen wie nach dem natürl. System, nach ihrer Bedeutung für den Menschen wie für den Haushalt der Natur, Gliederung, Bau, Leben und Verbreitung der Pflanzen, Anleitung zum Bestimmen rc. 12. vollständ. umgearb. und wesentl. erweit. Aufl. gr. 8. (VIII, 360 S. mit vielen Fragen und über 200 Abbild.) Ebendas. 889. *M 3.—.; geb. *

Sprockhoff's, A., Grundzüge d. Botanik. E. Lehrbuch f. d. Schulgebrauch u. z. Selbstunterr. Einzelbilder m. Berücksicht. d. Kulturpflanzen u. ihrer Feinde, d. Wechselbeziehgn. zwischen Blumen u. Insekten, wie d. wichtigsten Arznei- u. Giftpflanzen, Vergleichgn., Gruppenbilder u. Anordngn. d. Pflanzen nach d. Linnó'schen u. d. natürl. System, Uebersichten nach d. Standort, der Blütezeit rc., Gliederg., Bau, Leben u. Verbreitg. d. Pflanzen, Anleitg. zur Uebung im Bestimmen. 13., wesentl. erweit. Aufl. M. vielen Fragen u. 242 Abb. gr. 8. (XVI, 438 S.) Hannover 897. C. Meyer. n. 4. —; geb. n.n. 4. 50

— Grundzüge der Chemie. Eine Chemie des tägl. Lebens u. systemat. Darstellg. des Wichtigsten aus der allgemeinen, anorgan., organ. u. techn. Chemie. Nebst e. Anh.: Verdeutschung der im Geschäftsverkehr gebräuchl. Fremdnamen chem. Stoffe. Mit 168 instruktiven Abbildgn. gr. 8. (XVI, 410 S.) Ebd. 893. n. 4. —; geb. n. 4. 50

SPROCKHOFF, A.
Grundzüge der Chemie. Eine Chemie des täglichen Lebens und systematische Darstellung des Wichtigsten aus der allgemeinen, anorganischen, organischen und technischen Chemie. Hannover, 1893. 8vo. Ill.

— Grundzüge der Mineralogie. Ein Hilfsbuch für den Schulgebrauch u. zum Selbstunterrichte. Einzelbeschreibungen, Gruppenbilder, Bau u. Bildung der Erdrinde in geordneter Aufeinanderfolge, m. besond. Berücksicht. der chem. Zusammensetzung, wie der Gewinnung u. Verwendung technisch wichtiger Mineralien. Systematische, method. u. andere Übersichten. Mit vielen Fragen u. 154 (eingedr. Holzschn.-) Abbildungen. gr. 8. (VIII, 192 S.) Ebend. 882. n. 2. —

— Grundzüge der Mineralogie. Übersichtliche Anordng. u. ausführl. Darstellg. d. Hauptsächlichsten aus dem ganzen Gebiete. Einzelbeschreibungen, Gruppenbilder, Bau u. Bildg. der Erdrinde, m. besond. Berücksicht. der chem. Zusammensetzg., wie der Gewinng. u. Verwendg. technisch wicht. Mineralien, u. m. e. Vorbereitungskurs.: Die wichtigsten Mineralien u. ihre gewerbl. u. wirtschaftl. Bedeutg. in 25 ausgewählten Vertretern. 2., umgearb. Aufl. m. 216 Abbildgn. gr. 8. (XVI, 272 S.) Ebd. 891. n. 3. —; geb. n. 3. 50

— Grundzüge der Physik. Das Wichtigste aus dem ganzen Gebiete in knapper Form u. übersichtl. Anordnung. Mit mehr als 200 (eingedr.) Abbildungen. gr. 8. (VIII, 192 S.) Ebend. 880. n. 2. —

— Grundzüge der Physik. Übersichtliche Anordnung u. ausführl. Darstellg. d. Hauptsächlichsten aus dem ganzen Gebiete, nebst e. Vorbereitungskursus. 2., verb. Aufl. m. 442 Abbildgn., e. Spektral-Taf. in Farbendr. u. m. e. geschichtl. Anhang. gr. 8. (XII, 430 S.) Ebd. 890. n. 3. 50

— Grundzüge der Zoologie. Ein Hilfsbuch für den Schulgebrauch u. zum Selbstunterrichte. Einzelbeschreibungen u. Gruppenbilder in geordneter Aufeinanderfolge. Systematische Uebersicht, method. Anordnung. Mit vielen Fragen u. (eingedr. Holzschn.-)Abbildungen. 8., verm. u. verb. Aufl. gr. 8. (VIII, 184 S.) Ebend. 881. n. 2. —

—— Grundzüge der Zoologie. Ein Hilfsbuch für den Schulgebrauch und zum Selbstunterrichte. Einzelbeschreibungen, Gruppenbilder und Vergleiche, Bau, Leben, Bedeutung und Übersicht der Tiere. 9. vollständ. umgearb., vielfach verm. und verb. Aufl. gr. 8. (XVI, 264 S. mit 150 Abbild., vielen Fragen und Aufgaben und mit einem Verzeichnis von Lesebuchstoffen.) Ebendas. 887. *M 2.60.; geb. *

— Grundzüge d. Zoologie. E. Lehrbuch f. d. Schulgebr. u. z. Selbstunterr. Einzelbeschreibgn. u. Gruppenbilder m. bes. Berücksicht. v. Körperausrüstg. u. Lebensweise, sow. d. Nutzens u. Schadens d. Tiere. Vergleichgn., Bau, Leben, Bedeutg. u. Uebersichten. Mit 194 Abb., vielen Fragen u. Aufgaben. 10., vielfach verm. u. verb. Aufl. gr. 8. (XX, 303 S.) Ebd. 896. n. 3. —; geb. n. 3. 50

—— Hilfsbuch für den naturkundlichen Unterricht in Volks- und Mittelschulen. Einzelbilder aus dem Pflanzen-, Thier- und Mineral-Reiche mit vielen Fragen und Holzschn. 1. und 2. Abthl. 2. verm. und verb. Aufl. 8. Ebendas. 874.

Inhalt:

Abthl. 1. Pflanzenbeschreibungen und das Wichtigste aus der Terminologie, nebst einer Uebersicht der Pflanzen nach dem Linnéischen System und den wichtigsten Pflanzenfamilien. (103 S.) *M 1.

" 2. Hundert Thierbeschreibungen und das Wichtigste vom Baue des menschl. Körpers mit vielen Fragen und (eingedr.) Holzschn. (80 S.) * 75 Pf.

Sprockhoff, A., Hülfsbuch f. den naturkundlichen Unterricht. 1. Thl.: Naturgeschichte m. vielen Fragen u. (eingedr.) Holzschn. 1—3. Abth. 8. Berlin 874—76. F. Thiele. n. 2. 20

1. Zoologie. Thierbeschreibungen u. das Wichtigste vom Baue d. menschl. Körpers nebst e. systemat. Uebersicht der Thiere. 4., sehr verm. u. verb. Aufl. (VIII, 184 S.) n. 1. —
2. Botanik. Pflanzenbeschreibungen u. das Wichtigste vom Bau u. Leben der Pflanzen, nebst e. Uebersicht nach dem Linné'schen System u. den wichtigsten Pflanzenfamilien. 4. sehr verm. u. verb. Aufl. (VIII, 128 S.) n. 1. —
3. Beschreibungen einzelner Mineralien m. vielen Fragen u. (eingedr.) Holzschn. (37 S.) n. — 30

—— Hülfsbuch für den naturkundlichen Unterricht. 1. Thl.: Naturgeschichte. Mit vielen Fragen und (eingedr.) Holzschn. 3.—6. sehr verm. und verb. Aufl. 1. und 2. Abthl. 8. Berlin 876—78, F. Thiele. à Abthl. * *M.* 1. *

Inhalt:

Abthl. 1. Zoologie. Thierbeschreibungen und das Wichtigste vom Baue des menschlichen Körpers nebst einer systemat. Uebersicht der Thiere. (VIII, 184 S.)

" 2. Botanik. Pflanzenbeschreibungen und das Wichtigste vom Bau und Leben der Pflanzen, nebst einer Uebersicht nach dem Linné'schen System und den wichtigsten Pflanzenfamilien. (VIII, 128 S.)

Sprockhoff, A., Hilfsbuch für den natürlichen Unterricht in Volksschulen. 3 Abthlgn. Einzelbilder aus dem Pflanzen-, Thier- und Mineralreiche. 8. Berlin, Thiele. *

Inhalt:

Abthl. 1. Pflanzenbeschreibungen mit vielen Fragen und (eingedr.) Holzschn. und mit einem Anh.: Terminologie. (68 S.) 872. * 50 Pf.

" 2. Thierbeschreibungen mit vielen Fragen und (eingedr.) Holzschn. (64 S.) 872. * 50 Pf.

" 3. Beschreibung einzelner Mineralien mit vielen Fragen und (eingedr.) Holzschn. (37 S.) 873. * 30 Pf.

—— **Hülfsbuch** für den naturwissenschaftlichen Unterricht. 1. Thl.: Naturgeschichte. Mit vielen Fragen und (eingedr.) Holzschn. 1. Abthl.: Zoologie. Thierbeschreibungen und das Wichtigste vom Baue des menschl. Körpers, nebst einer systemat. Uebersicht der Thiere. 7. Aufl. gr. 8. (VIII, 152 S.) Hannover 879, Meyer. *

— Mineralogie f. Volksschulen. Übersichtliche Darstellg. d. Wichtigsten aus der speziellen u. allgemeinen Mineralogie, wie vom Baue u. v. der Bildg. der Erdrinde m. besond. Berücksicht. der gewerblich u. wirtschaftlich bedeutsamsten Mineralien u. deren Gruppen. gr. 8. (80 S. m. 40 Abbildgn.) Ebd. 891. n. — 50

Sprockhoff's, A., Naturkunde f. höh. Mädchenschulen m. vielen Fragen u. Abb. Auf Grund d. Bestimmgn. üb. d. höh. Mädchenschulwesen vom 31. Mai 1894 in 3 Tln. bearb. 1. u. 2 Tl. gr. 8. Hannover 895. C. Meyer. n. 2. 50

1. Naturgeschichte f. Klasse 6 u. 5. Einzelbild. u. natürl. Gruppen aus d. Kreise d. Blütenpflanzen u. d. Wirbeltiere. Grundvorstellgn. v. Körperbau d. Menschen. (IV, 160 S.) n. 1. —
3. Naturlehre f. Klasse 2 u. 1. Physik u. d. wichtigsten chem. Vorgänge m. Berücksicht. d. Mineralogie u. Geologie. (223 S.) n. 1. 50

— dasselbe. 3 Tle. 2., verb. Aufl. M. vielen Abb. gr. 8. Ebd. 898. Kart. n. 5. 30

1. Naturgeschichte f. d. 4. u. 5. Schulj. (Klasse 6 u. 5.) Einzelbild. u. natürl. Gruppen aus d. Kreise d. Blütenpflanzen u. d. Wirbeltiere. Grundvorstellgn. v. Körperbau d. Menschen. (VIII, 176 S.) n. 1. 50
2. Naturgeschichte f. d. 6. u. 7. Schulj. (Klasse 4 u. 3.) Vergleich. Beschreibgn., Kultur-, Gift- u. Arzneipflanzen, Bau u. Leben d. Pflanzen, Kryptogamen u. Pflanzenkrankheiten. Niedere Tiere. D. wichtigsten Mineralien. D. Organe des menschl. Körpers. Gesundheitspflege. (XVI, 240 S.) n. 1. 80
3. Naturlehre f. d. 8. u. 9. bezw. 10. Schulj. (Klasse 2 u. 1.) Physik u. d. wichtigsten chem. Vorgänge des tägl. Lebens in Haushalt, Gewerbe u. Industrie m. Berücksicht. d. Mineralogie u. Geologie. (XVI, 239 S.) n. 2. —

Sprockhoff, Alb., Naturkunde f. höhere Mädchenschulen. Auf Grund der Bestimmgn. üb. das höhere Mädchenschulwesen vom 31. V. 1894 in 3 Tln. bearb. 3., durchgeseh. Aufl. Mit vielen Abbildgn. gr. 8. Hannover, C. Meyer. Geb. n. 5. 30

1. Naturgeschichte f. das 4. u. 5. Schulj. (Klasse 6 u. 5.) Einzelbilder u. natürl. Gruppen aus dem Kreise der Blütenpflanzen u. der Wirbeltiere. Grundvorstellungen vom Körperbau des Menschen. (VIII, 176 S.) 901. n. 1. 50
2. Naturgeschichte f. das 6. u. 7. Schulj. (Klasse 4 u. 3.) Vergleichende Beschreibungen, Kultur-, Gift- u. Arzneipflanzen. Bau u. Leben der Pflanzen, Kryptogamen u. Pflanzenkrankheiten. Niedere Tiere. Die wichtigsten Mineralien. Die Organe des menschl. Körpers. Gesundheitspflege. (XVI, 242 S.) 901. n. 1. 80
3. Naturlehre f. das 8. u. 9. bezw. 10. Schuljahr. Physik u. die wichtigsten chem. Vorgänge des tägl. Lebens in Haushalt, Gewerbe u. Industrie m. Berücksicht. der Mineralogie u. Geologie. (XVI, 255 S.) 902. n. 2. —

— **Naturkunde f. höhere Mädchenschulen.** Auf Grund der Bestimmgn. üb. das höhere Mädchenschulwesen vom 31. V. 1894 in 3 Tln. bearb. 8. Ebd. Geb. in Leinw. n. 6. 30

1. Naturgeschichte f. das 4. u. 5. Schulj. Einzelbilder u. natürl. Gruppen aus dem Kreise der Blütenpflanzen u. der Wirbeltiere. Grundvorstellungen vom Körperbau des Menschen. 5. bis 7., gleichlaut., vielfach verm. u. verb. Aufl. Mit 183 Abbildgn. (XVI, 224 S.) 904. n. 1. 80
2. Naturgeschichte für das 6. u. 7. Schulj. Vergleichende Beschreibgn., Kultur-, Gift- u. Arzneipflanzen, Bau u. Leben der Pflanzen, Kryptogamen u. Pflanzenkrankheiten. Niedere Tiere. Die wichtigsten Mineralien. Die Organe des menschl. Körpers. Gesundheitspflege. 5. bis 7. gleichlaut., vielfach verm. u. verb. Aufl. Mit 190 Abbildgn. (XVI, 288 S.) 904. n. 2. 25
3. Naturlehre f. das 8. u. 9. bezw. 10. Schuljahr. Physik u. die wichtigsten chem. Vorgänge des tägl. Lebens in Haushalt, Gewerbe u. Industrie m. Berücksicht. der Mineralogie u. Geologie. 4. u. 5. unveränd. Aufl. Mit 206 Abbildgn. (XVI, 255 S.) 903. n. 2. 25

Sprockhoff's, A., Naturkunde f. höhere Mädchenschulen. Auf Grund der Bestimmgn. üb. das höhere Mädchenschulwesen in 3 Tln. bearb. 8. Hannover, C. Meyer. Geb. 6. 55

1. Naturgeschichte f. das 4. u. 5. Schulj. Einzelbilder u. natürl. Gruppen aus dem Kreise der Blütenpflanzen u. der Wirbeltiere. Grundvorstellungen vom Körperbau des Menschen. 8.—10., mehrfach verb. Aufl. Mit 195 Abb. (XVI, 224 S.) 907. Geb. 1. 80
2. Naturgeschichte f. das 6. u. 7. Schulj. Vergleichende Beschreibgn. Kultur-, Gift- u. Arzneipflanzen, Bau u. Leben der Pflanzen, Kryptogamen u. Pflanzenkrankheiten. Niedere Tiere. Die wichtigsten Mineralien. Die Organe des menschl. Körpers. Gesundheitspflege. 8.—10., mehrfach verb. Aufl. Mit 203 Abbildgn. (304 S.) 907. Geb. 2. 25
3. Naturlehre f. das 8. u. 9. bezw. 10. Schuljahr. Physik u. die wichtigsten chem. Vorgänge des tägl. Lebens im Haushalt, in den Gewerben u. in der Industrie m. Berücksicht. der Mineralogie u. Geologie. 6. bis 8., mehrfach verb. Aufl. Mit 231 Abbildgn. (XVI, 320 S.) 908. Geb. 2. 50

— praktische **Naturkunde** f. mehrklassige Knaben- u. Mädchenschulen. Das Wichtigste aus dem Gebiete der Chemie, Anthropologie, Zoologie, Botanik, Mineralogie, Physik in Einzelbildern u. übersichtl. Gruppierg., m. besond. Berücksicht. der Gegenstände des tägl. Gebrauchs wie der Erscheingn. u. Vorgänge im Haushalte des Menschen u. in der freien Natur. 6 Bdchn. (in 1 Bd.) m. 300 Abbildgn. u. vielen Fragen u. Aufgaben zu mündl. u. schriftl. Lösg. gr. 8. (III, 80; 80; III, 87; IV, 151; 80 u. 160 S.) Ebd. 893. n. 4. —; geb. n. 4. 50

— **Naturwissenschaften** f. höhere Mädchenschulen auf Grund der Ausführungsbestimmgen üb. die Neuordnung des höheren Mädchenschulwesens vom 12. XII. 1908. 1. Abtlg. Botanik f. das 4. Schulj. Behandlung einzelner einheim. Pflanzen m. besond. Berücksicht. der Biologie. 11., nach den neuesten Bestimmgn. umgearb. Aufl. (96 S. m. Abb.) 8. Ebd. 909. Geb. — 80

— **Naturwissenschaften** f. höhere Mädchenschulen, Lyzeen u. Studienanstalten. Auf Grund der Ausführungsbestimmgn. üb. die Neuordnung des höheren Mädchenschulwesens v. 12. XII. 1908 in Gemeinschaft m. dem Verf. neubearb. v. Paul Schäfer, Karl Knochendöppel u. Philipp Depdolla. Ausg. f. höhere Mädchenschulen in 5 Tln. 1. Tl.: Botanik f. Klasse VII u. VI. 11., nach den neuesten Bestimmgn. umgearb. Aufl. der Naturkunde f. höhere Mädchenschulen. (224 S. m. Abbildgn.) 8. Ebd. 910. Geb. 1. 80

— **Physik** f. Volksschulen. Übersichtliche Darstellg. d. Wichtigsten, m. besond. Berücksicht. der Erscheingn. des tägl. Lebens. gr. 8. (160 S. m. 148 Abbildgn.) Ebd. 890. n. 1. —; cart. n. 1. 20

— Realienbuch, s.: Fröhlich, G.

— Schul-Chemie. Die wichtigsten chem. Vorgänge des tägl. Lebens u. das Hauptsächlichste aus der allgemeinen anorgan., organ. u. gewerbl. Chemie in systemat. Zusammenhange m. vielen Abbildgn. gr. 8. (208 S.) Ebd. 893. n. 1. 60; geb. n. 1. 80

— Schul-Naturgeschichte. 1. Abth.: Zoologie. Einzelbeschreibungen, Gruppenbilder. Systematik. Bau des Menschen. Mit vielen Fragen u. (eingedr.) Holzschn. gr. 8. (108 S.) Ebend. 879. n. 1. —

— dasselbe. 3. Abth.: Mineralogie. Einzelbeschreibungen, Gruppenbilder, Systematik, Bau u. Bildung der Erdrinde, Berücksicht. der chem. Zusammensetzung, Gewinnung u. Verwendung wicht. Mineralien. Mit vielen Fragen u. mehr als 100 (eingedr.) Holzschn. gr. 8. (112 S.) Ebend. 882. n. 1. 20

—— Schul-Naturgeschichte. 1. Abtl.: Anthropologie für Knabenschulen. Revid. durch Rud. Virchow in Berlin. Bau des menschl. Körpers, Thätigkeit und Pflege seiner Organe. gr. 8. (80 S. mit 60 eingedr. Holzschn.-Abbild.) Ebendas. 883. * cart. *

—— dass. — 2. Abtl.: Zoologie. Einzelbeschreibungen, Gruppenbilder, Systematik, Bau und Leben der Tiere. Mit Fragen und 105 Holzschn. 2. verm. und verb. Aufl. gr. 8. (120 S.) Ebendas. 883. *M 1,20.; cart. *

—— dass. — 3. Abtl.: Botanik. Einzelbeschreibungen, Gruppenbilder, Systematik, Bau, Leben und Verbreitung der Pflanzen, Anleitung zum Bestimmen und Anordnungen nach Standort, Blütezeit und Bedeutung. Mit vielen Fragen. 1. Aufl. (112 S. mit eingedr. Holzschn.) 1880. *M 1.; 2. verm. und verb. Aufl. gr. 8. (128 S. mit 142 Holzschn.) Ebendas. 884. *M 1,20.; cart. *

—— dass. — 4. Abtl.: Mineralogie. Einzelbeschreibungen, Gruppenbilder, Systematik, Bau und Bildung der Erdrinde, Berücksicht. der chem. Zusammensetzung, Gewinnung und Verwendung wicht. Mineralien. Mit vielen Fragen und mehr als 100 (eingedr.) Holzschn. gr. 8. (112 S.) Ebendas. 882. * cart. *

—— Schul-Naturgeschichte. 2. und 3. Abtl. gr. 8. Ebendas. à Abtl. *M 1.60. *

Inhalt:

Abtl. 2. Zoologie. Einzelbeschreibungen, Vergleichungen, Gruppenbilder, Bau, Leben und Übersicht der Tiere. 3. vollständ. umgearb. und erweit. Aufl. (184 S. mit vielen Fragen und Abbild.) 887.

" 3. Botanik. Einzelbeschreibungen, Vergleichungen, Gruppenbilder, Systematik, Bau, Leben und Verbreitung der Pflanzen, Anleitung zum Bestimmen und Anordnungen nach Standort, Blütezeit und Bedeutung. 3. vollständ. umgearb., wesentl. verm. und verb. Aufl. (208 S. mit vielen Fragen und 154 Holzschn.) 888.

1. Abtl. Ebendas. 1883. *M 1.—.

— dasselbe. Abtlg. Mineralogie. Die wichtigsten Mineralien u. ihre gewerbl. u. wirtschaftl. Bedeutg. in ausgewählten Vertretern u. das Hauptsächlichste aus dem ganzen Gebiete in knapper Form u. übersichtl. Anordng. Einzelbeschreibgn., Gruppenbilder, Bau u. Bildg. der Erdrinde, m. Berücksicht. der Zusammensetzg. u. Gewinnung. technisch wicht. Mineralien. 2., umgearb. Aufl. gr. 8. (168 S. m. 100 Abbildgn.) Ebd. 891. n. 1. 60

— dasselbe. Abtlg. Zoologie. Einzelbeschreibungen, Vergleichgn., Gruppenbilder, Bau, Leben u. Übersicht der Tiere. 4., verb. Aufl. Mit vielen Fragen u. 100 Abbildgn. gr. 8. 192 S.) Ebd. 891. n. 1. 60; geb. n. 1. 80

— Schul-Naturgeschichte, Abteilg. Botanik. Die wichtigsten Kulturpflanzen u. deren Feinde. Die verbreitetsten Wildwachs. Pflanzen nach ihren Standorten in Gruppen u. Einzelbildern. Betrachtung der wichtigsten Pflanzenfamilien in der Reihenfolge e. natürl. Systems, systemat. Übersichten aller Art. Gliederung, Bau, Leben u. Verbreitg. der Pflanzen, nebst e. umfangreichen Anleitg. u. Übg. im Bestimmen in übersichtl. Form. 4., verb. Aufl., m. vielen Fragen u. 154 Abbildgn. gr. 8. (IV, 240 S.) Ebd. 894. n. 1. 80

— Schul-Naturlehre. 1. Abth.: Physik. Die wichtigsten physikal. Erscheinungen u. die gebräuchlichsten Apparate u. ihre Anwendung in Wort u. Bild. gr. 8. (124 S. m. eingedr. Holzschn.) Ebend. 880. n. 1. —

Sprockhoff, A., Schul-Naturlehre. 1. Abtlg.: Physik. Die wichtigsten Erscheingn. d. tägl. Lebens wie die gewöhnlichsten Gegenstände d. Gebrauches in 60 Einzelbildern u. das Hauptsächlichste aus dem ganzen Gebiete in knapper Form u. übersichtl. Anordng. m. 250 Abbildgn. gr. 8. (XII, 254 S.) Hannover 890. C. Meyer. n. 1. 80; cart. n. 2. —

— Übung im Bestimmen der Pflanzen auf Grund der Ausführungsbestimmungen zur Neuordnung des höh. Mädchenschulwesens v. 18. VIII. 1909. Ergänzungsheft zum botan. Unterricht auf höh. Mädchenschulen. (IV, 64 S.) 8. Ebd. — 50

—— s. Vorbereitungen und Entwürfe aus dem gesamten Unterrichtsgebiete der deutschen Volksschule.

— kleine Zoologie. Die wichtigsten Tiere u. Gruppen derselben nach ihrer Körperausrüstung, Lebensweise u. Bedeutg. unter besond. Berücksicht. der hervorragendsten Vertreter in Einzelbildern. Mit 63 Abbildgn. u. m. vielen Fragen u. Aufgaben zu mündl. u. schriftl. Lösg. gr. 8. (III, 87 S.) Hannover 891. C. Meyer. n. — 60

Sprockhoff, Ericus: De libri, voluminis, βίβλου sive βιβλίου vocabulorum apud Gellium, Ciceronem, Athenaeum usurpatione. Marpurgi 1908: (Jahn Susatensis). 101 S. 8°
Marburg, Phil. Diss. v. 8. Febr. 1909. Ref. Birt
[Geb. 13. Nov. 83 Ludwigsruhe; Wohnort: Marburg; Staatsangeh.: Preußen; Vorbildung: Gymn. Landsberg Reife O. 03; Studium: Marburg 1, Berlin 2, Greifswald 1, Marburg 4 S.; Rig. 5. März 08.] [U 09. 3216

Sprockhoff, Maximilian, aus Frankfurt a. O.: **Beiträge zu den Beziehungen zwischen dem Krystall und seinem chemischen Bestand.** *Stuttgart: E. Schweizerbart 1903.* (S. 117—154) 8°
¶(Aus: N. Jahrb. f. Mineral., Beil.-Bd 18.)
Jena, Phil. Diss. v. (17. Juli) 1903

Zwei Jubelfeiern in der Johannisloge Teutonia zur Weisheit i. O. Potsdam. I. Die Feier des 25 jährigen Maurerjubiläums des Br. Eberhard, am 22. März 1903. II. Die Feier des 60 jährigen Maurerjubiläums des Br. [Herm.] Stolle am 26. Mai 1903. Dargest. vom Br. Paul **Sprockhoff.** Potsdam 1903: Brandt. 38 S. 8° [Umschlagtit.]
cf. Bbl. 18 (1904) S. 196 (G. Diercks).
Bericht.

Sprode, d., auf d. Probe. Oper in 1 Akt nach Dupaty. 8. Wien, Wallishausser. 805.

Spröde, M. J. A., Normal-Schreibebuch. 1e Abthl. 1s — 7e Heft (u. 1 Heft Vorübung). (à 16 lithogr. Blätter.) 2e Aufl. 4. Leipzig 838. Friese. à n. 1/12 ₰

Sprödenspiegel, der,. Lstsp. in 1 A. nach Moliere, v. J. G. Dyk. 8. Lpz. Dyk. 778.

SPRÖDENSPIEGEL, Der, eine Ritterromanze. Mit Titelkupf. Frankfurt 1796. 8⁰. 40 S. Rar! (2 Mk. Friedr. Klüber, München, 1908.)

Sproegel, Johann Adrian Theodor: Experimenta circa varia venena in vivis animalibus instituta. Gottingae (1753). 91 S. 4⁰
Göttingen, Med. Diss. v. 1753.

Sproegel, Johann Christoph (Hamburg) A. S. 861/5

Dissertatio medica de catarrho, ex epitome praxeos clinicae Georgii Wolffgangi Wedelii.
Präs. Georg Wolffgang Wedel.
Jena (Krebs) IX. 1709. 16 S.

Gew.: Michael Sproegel (Vater). 33083

Unter Gottes Seegen sichere und zuverläßige Kinder-Pflege. Bey... der... Römischen Kayserin... Elisabethae Christinae, geb. Hertzogin zu Braunschweig-Lüneburg... Niederkunfft... entworffen... von Johann Christoph Sprögel. Hamburg: Heil 1717. 128 S. 8⁰

Sproegel, Joan. Frid. (Henr.) (geb. Derenburg 1790): De vi morborum salutari. Berolini (1819). (32 S.) 8°
Berlin, Med. Diss. v. 28. Sept. 1819

Sprögel, Margaretha Susanna: Consilia und Responsa Theologica; oder Gottesgelehrte Rathschläge und Antworten, über denen wichtigsten stücken und zuständigen eines göttlichen wandels, nebenst neuen Geistlichen Gedichten, der weiszheit Garten-Gewächs genannt, gemein gemacht von Gottfried Arnold. Franckfurt, bey Thomas Fritschen. 1705.

Sprögel, Michael (Quedlinburg) A. S. 1257/6

Dissertatio medica sistens aegrum vomitu cruento laborantem. Präs. Georg Wolffgang Wedel. Ed. 2.
Jena (Krebs) 1713. 32 S.

Diss. XII. 1680.
Gew.: Christian Julius Bokelmann.
W. v.: Präs., Rudolph Wilhelm Krauss, Augustin Heinrich Fasch. 33085

Sproll, Johann Baptist

Sproll, J. B., Gesetzeskunde, s.a. Pfaff, Paul.

Gesetzeskunde. Zusammenstellung kirchlicher u. staatl. Verordnungen f. d. Geistlichkeit d. Bistums Rottenburg von Paul **Pfaff**. 2. Aufl. bearb. von Dr. J[ohann] B[aptist] Sproll, Subregens. Bd 1. Rottenburg: W. Bader 1908. 8° [F.] [08. 12638

Spröngerts, Eduard, a. Artern (Provinz Sachsen): Über die N-Methylolverbindungen einiger Säureamide der aliphatischen Reihe und deren Kondensationsprodukte mit sekundären Basen. München 1905: V. Höfling. (48 S.) 8°
München, Phil. Fak., Ref. v. Baeyer, Diss. v. 12. Aug. 1905
[Geb. 27. Febr. 80 Artern, Prov. Sachsen; Wohnort: Artern; Staatsangeh.: Preußen; Vorbildung: Gymn. Naumburg a. S. Reife M. 98; Studium: Jena 4, München 10 S.; Rig. 21. Juli 05.]

Sprößlinge. (Vermischtes.) Herausgg. v. Aug. Haward u. K. Michael. 16 Bdchn. 8. Bresl. 832. (Buchheister). 8 ℛ

Sprosse, Carl, Rom. 40 Originalradirungen. In 10 Lfgn. 1—3. Lfg. Fol. (12 Blatt auf Chines. Pap.) Leipzig 852, G. Wigand. (à n. 1 ℛ) n. 3 ℛ

Sprossen und Früchte gynäkologischer Lyrik, Didaktik und Melodramatik gezeitigt zum 25jährigen Jubiläum der Gesellschaft für Geburtshülfe in Leipzig am 21. April 1879. (Leipzig, 1879. Zu finden Rossstrasse 10, I.) 8⁰.

Sproesser, Ludwig: Über Alkalichlorid-Elektrolyse an Kohlenanoden. 1901. 101 S. 8⁰ ¶ Etwas gekürzt in: Zeitschrift f. Elektrochemie. Jg. 7. 1900/01.
Dresden, Dr.-Ing.-Diss. v. 27. 6. 1901

Sproesser, Theodor, a. Stuttgart: Das Benzyl-aethyl-meta-amidophenol und seine Derivate. Stuttgart: Sproesser & Naegele 1906. (61 S.) 8°
Tübingen, Naturw. Fak., Ref. Wislicenus, Diss. v. 27. Juni 1906
[Geb. 8. Juni 79 Stuttgart; Wohnort: Stuttgart; Staatsangeh.: Württemberg; Vorbildung: Gymn. Stuttgart Reife S. 97; Studium: Tübingen 3, Freiburg i. B. 2, Tübingen 3 S.; Coll. 27. Juni 06.]

Sprößer, Viktor von

Sprößer, v., Bestimmungen üb. den Dienst der Einjährig-Freiwilligen u. der Offizier-Aspiranten u. -Anwärter des Beurlaubtenstandes in Heer u. Marine sowie üb. die Einstellung als Fahnenjunker u. Seekadett. Ein Berater f. Lehrer, Eltern, Vormünder u. Einjähr.-Freiwillige. Zusammengestellt u. hrsg. (80 S.) gr. 8. Halle 910. Buchh. des Waisenhauses. 1. —

Sprößer, V., das militärische Freihandzeichnen. Anleitung zur Anfertigg. von perspektiv. Ansichts-Skizzen bei Erkundgn. (24 S. m. 26 Abbildgn.) gr. 8. Halle 903. Buchh. des Waisenhauses. n. 1. —

Das militärische Freihandzeichnen. Anleitung z. Anfertigung von perspektivischen Ansichts-Skizzen bei Erkundungen von [Viktor] v. **Sprößer**, Oberst z. D., Stuttgart. 2. verb. u. verm. Aufl. Mit 25 Abb. Halle a. S.: Waisenhaus 1908. (26 S.) 8° [F.] [08. 11157

Das militärische Freihandzeichnen. Anleitung z. Anfertigung von perspektiv. Ansichts-Skizzen bei Erkundungen. Von [Viktor] v. **Sprößer**, Oberst z. D. Mit 25 Abb. 3. verb. u. verm. Aufl. Halle a. S.: Waisenhaus 1910. 26 S. 8° [11. 18917 3

Sprößer, Deutschlands Heerführer (1640—1894), verewigt in d. Namen d. Regimenter u. Bataillone des deutschen Heeres. In Wort u. Bild dargest. M. 1 Titelbild u. 117 Bildn. im Text. 2. Aufl. gr. 8. (222 S.) Leipzig 895. F. Hirt & Sohn. n. 3. —; geb. in Leinw. n. 4. —

Spröttau, Nik. Jak. aus, gründl. Unterricht von Wartung d. Bienen. 8. Lauban 773.

Sprotte, Geschichte des schleswigschen Feldartillerie-Regiments Nr. 9, Neubearbeitg., s. a. Thimen, Geschichte des Feldartillerie-Regiments General-Feldmarschall Graf Waldersee.

Sprotte. Geschichte d. schleswigschen Feld-Artillerie-Regiments Nr. 9 von seiner Gründung im J. 1866 bis zum J. 1891. Zum 25jähr. Bestehen d. Regiments auf dienstl. Veranlassg. zusammengestellt. Mit 1 Uebersichtskarte u. 1 Plan. gr. 8. (V, 311 S.) Berl. 891, Mittler u. Sohn. * 7 50

Sprotte, Arnold, ein vergnügter Polterabend od. Alte Liebe rostet nicht, s.: Theaterbibliothek, Zwickauer.

Sprotte, Frz., Biographie des Abtes Servatus Lupus v. Ferrières. Nach den Quellen des 9. Jahrh. verf. gr. 8. (VI, 207 S.) Regensburg 880. Manz. n. 2. 80

Sprotte, Franz [Dr.]: Erinnerungen an meine Palästinareise. Oppeln, Druck v. E. Raabe, 1889; S. 8-18, 1 Bl. 4°
Oppeln, k. kath. G, OP 1889 (191)

Sprotte, Frz. Erinnerungen an meine Palästinareise im J. 1886. 2. Aufl. 8. (X, 27 S. m. 2 Illustr.) Bresl. 889, (Goerlich u. Coch). * — 40

Sprotte, Franz [Dr.]: Zur Geschichte des hl. Karl Borromäus. Convivium noctium Vaticanarum. Oppeln, Druck v. E. Raabe, 1893; 1—8 S. 4.
Oppeln, k. kath. G, OP 1893 (202)

Sprotte, Frz. Die synodale Thätigkeit des hl. Karl Borromaeus. 20 S. Progr. *Oppeln* 1885

Sprotte, Franz. Die synodale Thätigkeit des hlg. Karl Borromäus. In-4°, 20 p. Oppeln, Raabe, 1886.

Sprotte, Joseph Die Syntax des Infinitivs bei Sophokles. Ein Beitrag zur historischen Grammatik der griechischen Sprache. Teil I. Der Infinitiv in seiner ursprünglichen kasuellen Bedeutung. 4 (20 S.). Progr. Kath. G. *Glatz* 1887 (170).

Sprotte, Joseph [Oberl.]: Die Syntax des Infinitivs bei Sophokles. Ein Beitr. z. histor. Gramm. d. griech. Sprache. Tl II. Die Weiterentwickelung d. Infinitivs auf verbalem Gebiete. (Forts. d. P-Beil. 1887.) Glatz, Schnellpressendr. v. L. Schirmer, 1891; 29 S. 4°
Glatz, k. Kath. G, OP 1891 (179)

Sprotte, Otto, a. Berlin: Zum Sprachgebrauch bei John Knox. (Berlin: Mayer & Müller 1906.) (VI, 94 S.) 8°
Berlin, Phil. Fak., Ref. Brandl, Diss. v. 16. Juni 1906
[Geb. 6. Aug. 83 Berlin; Wohnort: Berlin; Staatsangeh.: Preußen; Vorbildung: Oberrealsch. Charlottenburg Reife M. 00, Ergänzungsprüfung Nov. 04; Studium: Berlin 8 S.; Rig. 15. Febr. 06.]

Sprotte, Otto, zum Sprachgebrauch bei John Knox. Diss. (VI, 95 S.) 8. Berlin 906. Mayer & Müller. n. 2.—

Sprotte, Rud., Aoro. Stenografio internacia. Lernolibro por uzo en la lingvoj Esperanto, Angla, Franca, Germana, Rusa, Hispana. (36 S. m. Bildnis.) 16. Berlin (909). Esperanto Verlag Möller & Borel. — 40

Praktisches Esperanto-Lehrbuch, s.: Becker, M.

Sproull, Wilh. O., an extract from Ibn Kutaiba's 'Adab al-Kâtib, or the writer's guide, with translation and notes. gr. 8. (42 u. 11 S.) Leipzig 877. Stauffer in Comm. n. 1. —

Sprottau [Schlagwort]

— s. a.: **Deutschland. Karte. (Abt. Preussen).** n. 1.50

Sprottau, s. a. Kreiskarten. — Preussen. Messtischblätter.

Sprottau. Entfernungskarte, amtliche, des Kreises Sprottau. Auf Grund amtl. Unterlagen angefertigt im Katasteramte zu Sprottau, rev. im Katasterbureau der königl. Regierg. zu Liegnitz. Hrsg. 1903. 1 : 75,000. 45×67 cm. Farbdr. Glogau. Berlin, C. Flemming.

Spruch, der, Götz v. Berlichingens. Walter Raleigh. Paunzerl u. Salzstangerl, s.: Humor, dem, e. Gasse.

Spruch, der, des Berliner Kriegsgerichts gegen die am 22. u. 24. Mai 1849 Verhafteten: Lehrer Gercke u. Koch, Assessoren Gubitz u. Herzfeld, Dr. Waldeck, Dr. Weiß, Buchdruckereibesitzer Berends, Partikulier Schönemann, Justizrath Pfeiffer u. Thierarzt Mecklenburg. Von den Verurtheilten selbst beleuchtet. gr. 8. (36 S.) Berlin 849, Gerhard (jetzt: Grobe). 3 ngr

Spruch von Ordnung der Schützen zu Nürnberg, so bey sanct Johannsschießen, mit Anmerkungen von J. F. H. Panzer. (Mit 7 Vignetten) Nürnberg, 1796.

Ain schöner spruch von lobung wein met vnd byer. o. O. u. J. -- [Zit. nach Sudhoff, Karl: Deutsche medizinische Inkunabeln. Leipzig 1908]

Spruch, Ein, von der Staufferin Ires Disputierens halber. O. O. u. J. V: *Johann aus Landshut.* (GGr)

Spruchbibel, kleine, mit kurz. Ermunter. für aufmerksame Kinder. gr. 12. Nürnb. 799. Maw. 2 gl Mit Kpf. 4 gl Mit illum. Kpf. 6 gl

Spruch-Bibel, kleine, mit kurzen Ermunterungen für aufmerksame Kinder. 2e verb. Aufl. Mit (4) Kpfrn. 32. Nürnberg 836. Maw. 1/12 Thlr — Mit ill. Kpfrn. 1/8 Thlr

— kleine, mit beigefügten Liederversen, oder christl. Ziehkästchen, in 98 Bibelsprüchen die Hauptlehren des christl. Glaubens und Lebens in einfacher Ordnung zusammenfassend. 16. Stuttgart 837. Belser's Buchh. 1/4 Thlr, elegante Ausg. 1/3 Thlr

Spruch-Bilder, moderne. Für Damen und Kunstfreunde. Stahlstiche von C. Preisel. Worte von Alex. Erbach. 1—3. Heft. Leipzig 854, 55. Baumgärtner. 4. Jedes Heft von 3 Stahlst. 7½ ngr; einzelne Blätter à 3 ngr

Spruchbuch; Auswahl erbaul. Bibelsprüche f. die Jugend. 8. Berl., Littfas. 4 gl

— oder Bibelstellen üb. die Episteln. 8. Liegnitz 794. (Heymann in Glogau). 4 gl

— oder Bibelstellen über d. Episteln. 8. Liegnitz, Siegert. 794.

— od. die christl. Glaubens- u. Sittenlehre in Bibelsprüchen, mit beigefügten Lehrsätzen u, einzelnen Fragen. Für Stadt- u. Landschulen. gr. 12. Darmst. 827. Leske. 12 gl

Spruchbuch. Eine Samml. von Bibelsprüchen zum Gebrauch bei dem Religions-Unterricht in den israelit. Schulen des Königreichs Württemberg. 8. Stuttgart 835. Hallberger. n. 1/6 Thlr, geb. n. 1/4 Thlr, Velinp. 1/3 Thlr

Spruchbuch. Enthält: Bibelsprüche, Verschen u. Gebete zum Auswendiglernen für Kinder von 6—9 Jahren. 12. (36 S.) Dahme 847. Leipzig, Thomas in Comm. 3 ngr

Spruchbuch. Eine Sammlung v. Bibelsprüchen zum Gebrauch bei dem Religions-Unterricht in den israelit. Schulen des Königreichs Württemberg. 2. (Titel-)Aufl. 8. (128 S.) Stuttgart (835) 848, Hallberger. 4½ ngr

— oder Sammlung von biblischen Sprüchen zum Gebrauch in den evangel. Schulen des Königreichs Württemberg mit einem Anhang von kurzen Gebeten. 8. (122 S.) Reutlingen 849, Fleischhauer & Spohn. 3 ngr

—— oder Sammlung von biblischen Sprüchen zum Gebrauch in den evangel. Schulen des Königr. Württemberg mit einem Anhang von kurzen Gebeten. Neue Ausg. 8. (122 S.) Reutlingen 854, Fleischhauer und Spohn.

Spruchbuch. Frankfurt a/O. 856. Hammerschmidt. gr. 8. (24 S.) n. 1 ngr

Spruchbuch. Eine Sammlung von Bibelstellen zur Erläuterung der fünf Hauptstücke. 5. und 6. Aufl. 8. (24 S.) Frankfurt a. O. 871, Borges. *

— 200 Bibelsprüche, ausgewählt aus dem evangelischen Katechismus f. Nassau, nebst e. Uebersicht üb. den Lehrgang desselben. 8. (III, 32 S.) Wiesbaden 875. Feller & Gecks. n.n. — 30

Spruchbuch. 200 Bibelsprüche, ausgewählt aus dem evangelischen Katechismus für Nassau, nebst einer Uebersicht über den Lehrgang desselben. 2. Aufl. Wiesbaden 1877. H: *Wilhelmi, F. C., Dekan.* (Russell XI, 569)

Spruchbuch. 200 Bibelsprüche ausgewählt aus dem evang. Katechismus für Nassau, nebst einer Uebersicht über den Lehrgang desselben. 2. Aufl. 8. (32 S.) Wiesbaden 877. Feller & Gecks. cart. n. — 30

— Enth. den religiösen Memorirstoff für die Volksschulen des Königr. Sachsen nach der Ministerial-Verordnung vom 19. Septbr. 1877, nebst einer Anzahl anderer Bibelsprüche. Hrsg. von den Lehrercollegien der Bürgerschulen zu Zwickau. 8. (51 S.) Zwickau 878. Bär in Comm. cart. n.n. — 30

Spruchbuch. Auf Grund der Verfügg. der königl. Regierg. zu Liegnitz vom 3. März 1893. Nebst e. Verzeichnis der zu lern. Kirchenlieder. 8. (16 S.) Grünberg i/Schl. 893. W. Levysohn. n.n. — 10

[Umschlagt.:] [F.] Spruchbuch. Auf Grund d. Verfügg d. Königl. Regierg zu Liegnitz v. 3. März 1893. Nebst e. Verzeichnis d. zu lernenden Kirchenlieder. *Grünberg: W. Levysohn [1895].* (16 S.) 1 Bd 8. [96. 386

Spruch=Buch --- , Biblisches // Spruch=Buch // Auf das Jahr 1730// Worinn // Bey Lesung der Heil. Schrift täglich einige // Worte zur Betrachtung ausgesetzet, und die // daher entstandene Gedancken zum // Theil in Kurtze // Sinn=Gedichte // und // Arien // verfasset worden. // BLANCKENBURG // Gedruckt bey Heinrich Adolph Papen.
Am Schluß:
ENDE // des ersten viertel Jahrs.
84 Seiten.
B. S. T. 8°.56.

—— biblisches, zur christlichen Heilslehre (von Stöckicht). gr. 16. (36 S.) Wiesbaden 870, Riebner. cart. *

Spruchbuch, bibl., zu Luthers klein. Katechismus. 8. (9½ B.) München 831, [Jaquet.]

Spruchbuch, biblisches, zu Luthers kleinem Katechismus. 2. Aufl. 8. München 841, Jaquet. 1/6 ℛ

— biblisches, nach Dr. M. Luther's Kleinem Katechismus. Eine Sammlung auserlesener Sprüche, welche vorzüglich zum Auswendiglernen in den Schulen bestimmt sind; zum Gebrauche für Lehrer u. Schüler. Oldenburg 855. Schulze. 12. (23 S.) 2 ngr.

— biblisches, nach Dr. Martin Luther's kleinen Catechismus. Eine Sammlg. auserlesener Sprüche, welche vorzüglich zum Auswendiglernen in den Schulen bestimmt sind, zum Gebrauche f. Lehrer u. Schüler. 3. Aufl. 8. (23 S.) Oldenburg 870. Schulze. — 30

— nebst vorangestelltem Katechismus Lutheri und einigen Gebeten. Zusammengestellt u. herausg. von den Lehrervereinen des Fürstenthums Reuß-Greiz. Greiz 862. Bredt in Comm. 16. (48 S.) nn. 2½ ngr.

— biblisches, bestehend in 1800 Kernsprüchen. 12. Delitzsch 761. Vogelgesang. 4 gr

—— biblisches, nach d. oldenburg. Lehrbuche d. christl. Religion. Eine Samml. auserles. Sprüche, welche vorzügl. z. Auswendiglernen in d. Schulen bestimmt sind; z. Gebr. f. Lehrer u. Schüler. 8. (1½ B.) Oldenburg 840, Schulzesche Buchh.

—— biblisches, als Leitfaden bei dem evangelischen Religionsunterricht. 8. (68 S.) Frankfurt a. M. 856, Auffarth. *

— biblisches, f. d. Schulen d. Herzogt. Anhalt. 8. Aufl. gr. 8. (82 S.) Dessau 893. C. Dünnhaupt. n.n. — 07; geb. n.n. — 14

Spruchbuch, biblisches, z. Schulgebrauch. Hrsg. v. dem Calwer Verlagsverein. 12. (3½ B.) Calw 845. (Stuttgart, J. F. Steinkopf.)

Spruchbuch, biblisches, auf alle Sonn- u. Festtage. 12. Quedlinb. Biesterfeld (Ernst) 771.

— biblisches, f. die deutschen Stadt- u. Landschulen, nach d. Hauptlehren des Christenthums. 8. Wittenb. 782. Kühne. 4 gr

—— bibl., z. Gebr. in Volksschulen, s. a. (Koch, Fr. L.)

— bibl., zum Gebr. in evangel. Volksschulen, (v. Superint. Dr. Koch). 8. Torgau 827. (W. Vogel in Leipz.) 4 gr

Spruchbuch, Biblisches, zum Gebrauch in Volksschulen. Torgau 1827. 2. . . . Aufl. Torgau 1834. H: *Koch, Friedrich Lebrecht.* (Zu) (Ky)

— biblisches, zum Gebrauch in Volksschulen. 2e verm. u. verb. Aufl. (Von Fr. Leb. Koch.) 8. Torgau 834. (Wienbrack.) 1/4 ℛ

Spruchbuch, christl., für die Jugend, zur Erinnerung an ihre vornehmsten Pflichten. 8. Rostock 814. Stiller. 2 gr

— drittes, für Oberschüler deutscher Elementarschulen. 1—6. Aufl. Ebend. 859—64. 8. (144 S.) n. 5 ngr.

Spruchbuch zur biblischen Geschichte nebst den fünf Hauptstücken. Bremen 863. (Noltenius.) 8. (111 S.) n. 4 ngr.

Spruchbuch zu den fünf Hauptstücken, nebst einem Anhang von Gebeten. 3. gänzlich veränd. Aufl. 8. (50 S.) Göttingen 883, Deuerlich'sche Buchh. cart. **

Spruchbuch zu den 5 Hauptstücken, nebst e. Anh. v. Gebeten. 4. Aufl. 8. (50 S.) Göttingen 886. Deuerlich. geb. n.n. — 30

— zu den 5 Hauptstücken, nebst e. Anh. v. Gebeten. 5. Aufl. 8. (50 S.) Göttingen 898. Deuerlich. Geb. n.n. — 30

Spruchbuch zu den fünf Hauptstücken, nebst e. Anh. v. Gebeten. 6. Aufl. gr. 8. (50 S.) Göttingen 899. Deuerlich. Geb. n.n. — 30

Spruchbuch zu den 5 Hauptstücken nebst e. Anhang v. Gebeten. 6. Aufl. (50 S.) 8. Göttingen 905. Deuerlich. Geb. n.n. — 30

Spruchbuch zu d. 5 Hauptstücken des kleinen Katechismus D. Mart. Luthers. 2., verb. Aufl. 8. (32 S.) Eisleben 897. Schulbuchh. (W. Kögel). n.n. — 15

— zum Katechismus nebst dem Glaubensbekenntniß der evangelischen Kirche. 1. u. 2. Aufl. Dessau 857. Hofbuchdruckerei in Comm. 8. (64 S.) nn. 2½ ngr.; mit Gesangbüchlein u. Bibelkalender n. 4 ngr.
Vgl.: Gesangbüchlein.

Spruchbuch zum kleinen Katechismus. Aus dem Landeskatechismus nach den fünf Hauptstücken geordnet. 8. (36 S.) Hannover 869, (Hahn'sche Buchh.) *

—— zum kleinen Katechismus. Aus dem Landeskatechismus nach den 5 Hauptstücken geordnet. 8. (36 S.) Peine 876. (Hannover, Hahn'sche Buchh.) *

—— zu Dr. M. Luthers kleinem Katechismus. 2., veränd. Aufl. 8. (8 S.) Kiel 874, v. Wechmar. (Haeseler.) **

Spruchbuch zu Dr. Martin Luthers kleinem Katechismus. 3. Aufl. 8. (8 S.) Kiel 876, Haeseler. *

Spruchbuch zu Dr. M. Luthers kleinem Katechismus. 4. Aufl. 8. (8 S.) Kiel 880. Haeseler. n. — 10

— zu Martin Luthers kleinem Katechismus. Zum Gebrauch in den Volksschulen der Diözesen Schleiz u. Ebersdorf. 3., neu bearb. Aufl. 8. (74 S.) Lobenstein 893. Th. Teich. Kart. n.n. — 40

— zu dem kleinen Katechismus D. Martin Luthers. Zusammengestellt nach den neuesten Bestimmungen der Schul- u. Kirchenbehörden der Prov. Sachsen v. Lehrern der II. Bürgerschule in Eisleben. 4. verb. Aufl. (40 S.) 8. Eisleben 903. Schulbuchh. n. — 16

— zu Dr. Martin Luthers kleinem Katechismus. Zum Gebrauch in den Volksschulen des Fürstent. Reuß j. L. 5. Aufl. (80 S.) 8. Lobenstein 905. F. Krüger. Kart. n. — 40

—— zu Dr. Martin Luthers kleinem Katechismus als Grundlage des evangelischen Confirmanden-Unterrichts. (Von C. Altenburg.) 1. Aufl. (48 S.) 1875. ** 30 Pf.; 2. Aufl. 8. (53 S.) Grünberg 877, Weiß's Nachf. *

—— zu Luther's Katechismus. Hrsg. vom Predigerverein Hildburghausen-Themar. 3. Aufl. 12. (31 S.) Hildburghausen 881, Gadow und Sohn. *

— für Kinder, auf alle Sonn- u. Festtage im Jahre. 8. Leipz. 820. (W. Nauck). 2 ℊ

Spruchbuch, für Kinder, auf alle Sonn- und Festtage im Jahre. 8. Leipzig, Sommer. 820.

— nebst einem Anh. der gebräuchlichsten Kirchenlieder, Psalmen u. dem Katechismus. Zum Schulgebrauche zusammengestellt. Berlin 868. academ. Buchh. 8. (62 S.) geb. n.n. 5 ngr.

Spruchbuch, Kleines biblisches, für die Jugend aller christlichen Confessions-Verwandten. Berlin 1795. H: *Küster, Carl Daniel.* (StAt I, 200)

Spruchbuch für Landschulen auf alle Sonn- und Festtage im Jahre. Leipzig 1787—91. V: *Ebert, Samuel.* (MGT)

— für Landschulen, auf alle Sonn- u. Festtage im Jahre, (von S. Ebert). 2 Thle. 8. Leipz. 787—91. (Knobloch). 5 ℊ

Spruch- und Liederbuch oder Sammlung von Bibelsprüchen und Gesangbuchliedern zum Auswendiglernen in den evangel. Schulen des Königr. Württemberg. Nebst Katechismus und Gebeten. Neue Ausg. 8. (146 S.) Reutlingen 884, Fleischhauer und Spohn. geb. *

Spruch- u. Liederbuch od. Sammlg. v. Bibelsprüchen u. Gesangbuchliedern zum Auswendiglernen in den evangel. Schulen d. Königr. Württemberg. Nebst Katechismus u. Gebeten. Ausg. v. 1884. (Neudr. 1891.) 8. (146 S.) Reutlingen 891. Fleischhauer & Spohn. — 25; geb. n. — 50

Spruch- u. Liederbuch od. Sammlung v. Bibelsprüchen u. Gesangbuchliedern z. Gebrauch in den evangel. Schulen des Königr. Württemberg. Nebst Katechismus u. Gebeten. Ausg. v. 1901. 8. (132 S.) Stuttgart 901. Buchh. der ev. Gesellschaft. n. — 25; geb. n. — 45

Spruch- u. Liederbuch od. Sammlung v. Bibelsprüchen u. Gesangbuchliedern zum Gebrauch in den evangel. Schulen des Königr. Württemberg. Nebst Katechismus u. Gebeten. Ausg. v. 1902. (144 S.) 8. Stuttgart 903. Buchh. der evang. Gesellschaft. — 30; geb. n. — 45

Spruch- u. Liederbuch für die Evangel. Schulen des Kantons St. Gallen. Für Kinder von 8 bis 11 Jahren. 8. (20 S.) St. Gallen 849, Huber & Co. n. 2 ngr.

Spruchbuch m. Lieder-Verzeichnis f. die höhere Bürgerschule in Görlitz. 12. (32 S.) Görlitz 889. Remer. geb. n.n. — 30

Spruchbuch, Neues, oder Sammlung auserlesener Bibelstellen über die gewöhnlichen Sonn- und Festtagsevangelien ... Leipzig 1789. H: *Fischer, Johann Wilhelm.* (Ky) (MGT) (Nowack, Schles. Schriftst.-Lex. Bresl. 1836—43. II, 31.)

— neues, od. Samml. auserles. Bibelstellen über die gewöhnl. Sonn- u. Festtags-Evangelien, (v. Jh. Wlh. Fischer). 8. Leipz. 789. 6e A. 827. Barth. 4½ ℊ

— neues, oder Samml. auserlesener Bibelstellen über die gewöhnl. Sonn- u. Festtagsevangelien. 8. Lpz. Barth. 811.

— neues, oder Sammlung auserlesener Bibelstellen über die gewöhnlichen Sonn- u. Festtagsevangelien. 5te verb. Aufl. 8. Leipzig, Barth. 819.

Spruchbuch f. den Religionsunterricht in den Ergänzungs- u. Sekundarschulen d. Kantons Zürich. (Beschluß d. Synode vom 31. III. 1897.) 12. (15 S.) Zürich (897). (Zürcher & Furrer.) — 10

—— f. den evangelischen Religionsunterricht, insbesondere auch an höheren Schulen, m. e. Liederverzeichnis als Anh. Aufgestellt v. Verbande rhein. Religionslehrer zu Düsseldorf. 13. Aufl. 2. m. Rücksicht auf die neuen Lehrpläne umgearb. Ausg. gr. 8. (80 S.) Duisb. 892, Ewich. cart. * — 50

Spruchbuch f. d. evang. Relig.-Unterricht. 3. Aufl. gr. 8. (24 S.) Berlin 893. [H. Peters] A. Duncker. n. — 30

— **für den evangelischen Religionsunterricht, insbesondere auch an höheren Schulen, m. e. Liederverzeichnis als Anh. Aufgestellt vom Verbande rhein. Religionslehrer zu Düsseldorf. 2., m. Rücksicht auf die neuen Lehrpläne umgearb. Ausg. 14.—18. Tausf. 8. (80 S.) Duisburg 898. J. Ewich. Kart.** n. — 50

— f. den evangelischen Religionsunterricht, insbes. auch an höh. Schulen, m. e. Liederverzeichnis als Anh. Aufgest. v. Verbande rhein. Religionslehrer zu Düsseldorf. 3., unveränd. m. Rücksicht auf die neuen Lehrpläne umgearb. Ausg. 19.—23. Tausf. gr. 8. (80 S.) Duisburg 896. J. Ewich. Kart. n. — 50

— f. den evangelischen Religionsunterricht, insbesond. auch an höheren Schulen, m. e. Liederverzeichnis als Anh. Aufgestellt vom Verbande rhein. Religionslehrer zu Düsseldorf. 4. Ausg. (16. Gesamtaufl. 24.—28. Tausf.) 2. genau durchgeseh. u. mehrfach verb. Abdr. der lehrplanmäß. Ausg. v. 1892. gr. 8. (90 S.) Duisburg 901. J. Ewich. Kart. n. — 50

— f. den evangel. Religionsunterricht, insbesondere auch an höh. Schulen, m. e. Liederverzeichnis als Anh. Aufgestellt vom Verbande rhein. Religionslehrer zu Düsseldorf. 5. Ausg. (17. Gesamtaufl. 29.—33. Tausf.) 3. genau durchgeseh. u. mehrfach verb. Abdr. der lehrplanmäßigen Ausg. v. 1892 in der neuen Rechtschreibg. (90 S.) 8. Duisburg 904. J. Ewich. Kart. n. — 50

Spruchbuch für den evangelischen Religions- und Konfirmanden-Unterricht in freiem Anschluß an die fünf Hauptstücke. Darmstadt 1891. V: *Backes, K., Lehrer & Fr. Flöring, Pfarrer Dr.* (Russell XVI, I, 3, 3585)

Spruchbuch für den evangelischen Religions- und Konfirmanden-Unterricht in freiem Anschluß an die fünf Hauptstücke. gr. 8. (48 S.) Darmst. 891, C. F. Winter'sche Buchdruckerei. geb. ** — 30

— f. den Religions-Unterricht nach Luthers kleinem u. dem Heidelberger Katechismus. 8. (24 S.) Emden 898. W. Haynel. n. — 30

– für deutsche Schulen, auf alle Sonn- u. Festtage im Jahre. Leipzig: Sommer. 8°

—— das, für den Schul- und Confirmanden-Unterricht, entworfen von der camminer Synode, nebst kleinem Catechismus Lutheri und Anhängen. 1. Aufl. 1854. und 2., verb. und verm. Aufl. 8. (128 S.) Treptow a. d. R. 856. (Stettin, Saunier.) **

—— das, für den Schul- und Confirmanden-Unterricht, entworfen von der Camminer Synode, nebst kleinem Katechismus Lutheri und Anhängen. Zugleich als Leitfaden zu Dr. Wangemann's Hand- und Hülfsbuch. (4. Aufl.) 8. (114 S.) Berlin 863, W. Schultze. *

—— für Sonntagsschulen. Im Anschluß an den Leitfaden für Sonntagsschulen von H. Meyer und P. Zauleck. gr. 16. (15 S.) Bremen 878, Müller's Verlagsh.

—— zum Unterricht in der evangelisch-christlichen Religion. Nebst einem Anh. von gesammelten Kernversen, Schulliedern und Schulgebeten für Land- und niedere Stadtschulen. 2. Ausg. 8. (40 S.) Weißensee 865, Großmann'sche Buchh.

Spruchbuch in Verbindung mit den Liederversen zur christlichen Religions- und Tugendlehre . . . Leipzig 1802. V: *Dyk, Johann Gottfried.* (Ky) (MGT)

— in Verbindung mit den Liederversen zur christl. Religions- u. Tugendlehre, in Schulen zu gebrauchen, (v. J. G. Dyck). 8. Leipz. 802. Dyck. 4 gr

Spruch- u. Versbuch zum Religionsunterricht in den Unterklassen der Volksschule, oder für Kinder vom 6. bis zum 10. Jahre. 8. (47 S.) Crimmitschau 850. (Leipzig, Thomas.) n. 4 ngr

—— f. das deutsche Volk. 16. (17 B.) Stuttgart 846, Hallberger'sche Vrlgsh.

— vollständ., zu d. Buch: die christl. Lehre im Zusammenhang. 8. Magdeb. 804. (Creutz). 25 Stück 2 ℛ 6 gr

— zweites, für Mittelschüler deutscher Elementarschulen. 1—10. Aufl. Ebend. 859—64. 8. (96 S.) n. 4 ngr

Spruchbüchlein

—— od. Sammlung einiger Stellen d. heil. Schrift, welche beim Religionsunterr. nach d. Katechismus zu gebrauchen sind. 8. (5 B.) Erfurt 840, Waisenhaus. [Magdeburg, Heinrichshofen.)

Spruchbüchlein oder Hauptinhalt der christlichen Lehre in Bibelsprüchen. Basel 1841. V: *Linder, Johann.* (BSchwLk V, 10c)

—— od. Hauptinhalt d. christl. Lehre in Bibelsprüchen. 8. (10 1/8 B.) Basel 841, Schneider. *

Spruchbüchlein. 3. Aufl. Basel 861. Schneider. 8. (93 S.) n. 5 ngr

Spruchbüchlein. Obligatorisches Lehrmittel f. die 3 ersten Schuljahre der Elementarschulen d. Kantons Schaffhausen. gr. 16. (23 S.) Schaffhausen 876. Schoch. geb. n. — 40

Spruchbüchlein. Obligatorisches Lehrmittel f. die 3 ersten Schuljahre der Elementarschulen d. Kantons Schaffhausen. 3. Aufl. 12. (23 S. m. Titelbild.) Schaffhausen 892, (Schoch). geb. * — 32

Spruchbüchlein, bibl., auf alle Tage des Jahres. 8. Dresd. 777. Gerlach. 2e A. 812. (Leipz., Taubert). 2 gr

— bibl., darinnen unterschiedl. vornehme Sprüche d. heil. Schrift zu finden sind. N. A. 8. Nürnb. 826. Endter. 2 gr

Sprüch- u. Lesebüchlein, bibl., zur Erbauung f. Kinder u. Erwachsene evangel. Confession. Nebst e. kl. Anh. wörtl. bibl. Gebete. 16. (10 1/4 B.) Coblenz 829, Hergt.

Spruchbüchlein m. Bildern, s. Pocci, Frz. v.

Spruchbüchlein mit Bildern für Kinder. Zeichnungen von Alb. Zeh. qu. 16. (56 Bl. mit eingedr. Holzschn.) Dresden 864, Gaber. cart. *

Spruchbüchlein zur täglichen Erbauung. Die Sprüche sind entnommen aus den Büchern des alten u. neuen Testaments u. die Verse darunter aus dem Gesangbuche der evangel. Brüdergemeinde. Grünberg (853.) Weiß. 32. (96 Bl.) 5 ngr

Spruch- u. Gebetbüchlein f. Schulkinder. 12. 720.

Spruchbüchlein zu den **Hauptstücken christlicher Lehre** in der Mundart der Pokomo v. Ngao am Tana. (Britisch-Ostafrika.) 8. (VIII, 60 S.) Neukirchen 900. Missionsbuchh. Stursberg & Co. In Leinw. kart. 1.80

Spruchbüchlein zu Luthers Katechismus. (Von Th. W. Dittenberger. 1—4. Aufl. 8. (34 S.) Weimar 857—61, Böhlau. *

—— 3. Aufl. 8. (93 S.) Basel 861, Schneider. geb. *

Spruchbüchlein zu Luthers Katechismus. 4. Aufl. Weimar 1861. H: *Dittenberger, Theod. Wilh.* (zu)

—— zu Luthers Katechismus. 5.—12. Aufl. 8. (34 S.) Weimar 861—67, Böhlau.

Spruchbüchlein zu Luthers Katechismus. 13.—17. Aufl. 8. (34 S.) Weimar 868—71, Böhlau. *

—— zu Luthers Katechismus. 18.—22. Aufl. 8. (II, 34 S.) Weimar 873—79, Böhlau. *

Spruchbüchlein zu Luthers Katechismus. 23.—25. Aufl. 8. (II, 34 S.) Weimar 880—82, Böhlau. *
Vergriffen.

— zum lautern Lehrbrunn Israelis nebst einigen Zugaben. 2. Aufl. 12. (48 S.) Straßburg 902. C. A. Bomhoff. n.n. —30

Spruch- u. Liederbüchlein sammt einem Anhang von kleinen Gebeten für Schule u. Haus. Für die Volksschulen des Kantons Zürich. 8. (6 B.) Zürich 844, Orell, Füßli u. Comp.

Spruch- u. Lieder-Büchlein für Elementarschüler. 8. Nürnberg 838. Korn'sche Buchh. 1/8 ß

Spruchbüchlein der Mädchen-Mittelschule zu Crossen a/Oder. (Von P. Kunkel.) 8. (26 S.) Crossen 896. F. Aptun. Kart. n. —40

Spruchbüchlein, Mülhauser. kl. 8. (44 S.) Mülhausen i. E. Petry. cart. **

Spruchbüchlein, neues, (mit Bildern von Fr. Pocci.) qu. 16. (32 lith. Bl.) München 845, Lindauersche Buchh.

—— des neuen Genfer Philosophen. Nach der 5. Aufl. frei bearb. von F. A. Stocker. Mit einer Biographie des Verf. 2. durchges. deutsche Ausg. 12. (XXXIV, 75 S.) Stuttgart 883, Neff. *

Spruchbüchlein für Sonntagsschulen. 72 S. 16. Basel. C. F. Spittler. cart. 1877. —. 60

—— f. Sonntags-Schulen. 3. Aufl. 12. (72 S.) Basel 892, Jaeger u. Kober. geb. * — 50

Spruch-Büchlein f. Sonntags-Schulen. 5. Aufl. (72 S.) 12. Basel 904. Kober. Geb. n. — 60

Sprüche, acht, der heil. Schrift für Weihnachten. 4. (Auf starkem Kpfrdr.-Papier.) Hamburg 886, Agentur des Rauhen Hauses. *

—— 80 drgl. 80 Blättchen. Basel 841, Schneider. *

Sprüche, liturgischen, nach der Epistel (Gradualien), zum liturg. Gebrauch in Form v. Buchzeichen. 8. (6 Bl.) Berlin 899. E. S. Mittler & Sohn. n. — 75

Sprüche des Weisen Ali, Schülers d. Mahomet; aus e. pers. Handschrift. 8. Kempt. 779. (Frkf. a. M., Streng). 3 fl

— u. **Alphabete f. Leinen-Stickerei. qu. schmal Fol. (16 Taf.) Leipzig 894. G. Fock's Barsort. In Mappe. 1. —**

Sprüche, altdeutsche, aus der Wartburg. Componirt u. gezeichnet von Ph. Grot-Johann. Einleitung von A. Springer. Orig.-Gedichte von Emil Rittershaus u. Hugo Frhr. v. Blomberg. Hrsg. u. in Holzschn. ausgeführt von Osc. Gehrle. Elberfeld 870. Lucas. Imp.-4. (XII S. u. 20 Holzschntaff. in Tondr. mit 20 Blatt Text.) In Leinwandmappe. n. 6 ß

Sprüche, Auserlesene, aus der Heiligen Schrift zum Trost eines jeden unschuldig leidenden Christen . . . Stockholm 1764. V: *Bestuschew-Rumin, Alexius.* (Bygdén, Svenskt anon. och pseud lex. Upsala 1898 ff. I.)

— auserles., aus d. Schrift, zum Trost der leidenden Christen. 8. Hamb. 764. Bohn. 3 fl

—— ausgewählte, für den Catechismus-Unterricht. kl. 8. (8 S.) Dömitz, Mattig'sche Buchh. *

Sprüche u. Beispiele aus d. heil. Schrift, z. Beförderung d. Vaterlandsliebe f. d. kathol. Schuljugend gesammelt u. hrsg v. Phil. Lichter. 1. u. 2. Aufl. (à 1½ B.) gr. 12. Coblenz 832, Hergt.

—— bibl., u. Sittenlehren zu Begründung ꝛc., s. a. Denzel, Chr. G.
[Füge am a. O. hinzu: (6 B.)]

Sprüche und Sittenlehren, Biblische, zur Begründung der Sitten- und Religionslehre . . . Stuttgart 181? 2. Aufl. 1815. H: *Denzel, Bernhard Glieb.* (NN) (Ky) (MGT)

— bibl., u. Sittenlehren zur Begründung d. Sitten- u. Religionslehre ꝛc. In 3 Abtheill., (von Denzel). 8. Stuttg. 814. 3e A. 819. 4e A. 824. Steinkopf. 4 fl

Sprüche, biblische, u. Sittenlehren zu Begründung des Religions-Unterrichts u. zum Auswendiglernen in Schulen. (Von Denzel.) In 3 Abthll. 5e verb. Aufl. 8. Stuttgart 833, 6e Aufl. 838. Steinkopf. 1/6 ß

Sprüche, Chinesische. A. d. Franz. [Ratzeburg] 1809. Ü: *Gottschalk, Joh. Martin Chn.* (LS)

Sprüche, 1353, zu Grabschriften aus den heil. Schriften u. den Kirchenvätern, aus deutschen, latein. u. französ. Dichtern u. aus mehreren Gottesäckern in u. um München gesammelt ꝛc. von einem emerit. Priester der Erzdiözese München-Freysing. 2. verb. Aufl. 12. (IV u. 236 S.) Augsburg 848, Kollmann. 1/2 ß

—— 553, zu Grabschriften aus den heil. Schriften und den Kirchenvätern, aus deutschen, latein. und französ. Dichtern und aus mehreren Gottesäckern in und um München gesammelt, und nach Stand, Geschlecht und Alter geordnet von einem emeritirten Priester. 2. Bdchn. 12. (III und 136 S.) München 853. (Augsburg, Pilon und Comp.) *
1. Bdchn. Ebendas. 1843. 15 Ngr.

Sprüche, 50, mit Bildern zum Vertheilen unter Jung u. Alt. Ebend. 865. qu. 16. (40 Blatt mit Zeichnungen von Alb. Zeh.) In Couvert. n. 6 ngr.

— u. Verse, 50, zum Vertheilen unter Jung u. Alt. 1. u. 2. Sammlung. Mit Zeichnungen von Alb. Zeh. In Holz geschn. von Aug. Gaber. 16. Hamburg 878. Agentur des Rauhen Hauses. à n. — 60

—— zur Gedächtniß- u. Verstandes-Uebung, s. Lehrbuch f. d. Anfangs-Unterr.

— zur Gedächtniß- u. Verstandes-Uebung. 8. München 830. (Landsh., Krüll). 1 gr.

— — geistliche. s. Silesius.

Sprüche in der Gewerbe- u. Kunst-Ausstellung Düsseldorf 1880. gr. 4. (19 S.) Düsseldorf 880. A. Bagel. 1. 20

— goldene, ein Geschenk für Jünglinge. 8. Leipz. 804, auch 818. (W. Nauck). 12 gr.

— — goldene. Ein Geschenk für Jünglinge, die in die Welt treten. 8. Leipzig, Sommer. 818.

Sprüche, goldene. 8. (5 S. m. chromolith. Titel.) Frankfurt a/M. 883. Drescher. n. — 20

—— goldene. 8. (5 S. mit chromolithogr. Titel.) [Frankfurt a. M. 883, Schriftenniederlage des Evangel. Vereins.] Kalw und Stuttgart, Vereinsbuchhandlung. *

—— goldene, des Evangeliums üb. Glaubens-Freiheit, Prüfung u. Wahrheit nebst Luthers Ansichten u. Urtheilen üb. dieselben. Ein Büchlein f. evangel. Christen. 16. (8½ B.) Wesel 840, Becker'sche Buchh.

Sprüche, goldene, über Herrlichkeit, Kraft und rechten Gebrauch des Wortes Gottes von Dr. M. Luther. Berlin (854.) (Wohlgemuth.) (8 S.) ¾ ngr.

GOLDENE SPRÜCHE FÜR DIE JUGEND. Illustrirt von LEONH. DIEFENBACH. Stuttgart, Thienemann (Jul. Hoffmann). [1850?] 12 Bl. in Typendruck und 13 kolorierte, getönte lithograph. Tafeln. 4°. Blindgepr. blauer Or.-Kartonbd. m. farb. Deckelbild u. Leinenrücken. 45.—.

★ Originalausgabe eines sehr schönen Kinderbuchs. Volkstümliche Verse und Sprichwörter, wovon ein Teil sehr phantasievoll und amüsant illustriert und mit begleitenden lustig-lehrhaften Gedichten (wahrscheinlich vom Künstler Diefenbach) erläutert ist. Das Deckelbild zeigt Zwerge, die das Buch der goldenen Sprüche hoch heben und bekränzen. — Sehr gut erhalten.

—— goldene, für die Jugend. Ein unzerreißbares Bilderbuch für die lieben Kleinen. 8. (8 Chromolithogr. mit Text.) [Stuttgart 886, Hänselmann.] Süddeutsches Verlags-Institut. geb. *

Sprüche, goldene, u. Lebensregeln. 12. (2 B.) Bonn 844, Habicht. Thlr.

Die goldnen Pythagoräischen Sprüche. [Berlin 1778: Decker.] 2 Bl. 8° [Kopftit.]
(Sammlung neuer Frmr-Reden. 2, [4].)
Abgedr. in: Frmr-Bibliothek. 1 (1778) S. 166 bis 168; 2. Aufl. 1782 S. 166—168; 3. Aufl. 1792 S. 166—168.
cf. ML. 8 (1879—1880) S. 4—7 (A. Widmann).
Kl. 973. Metrische Übers. „Diene zuerst den unsterblichen Göttern, . . .“

Goldene Sprüche des Philosophen Pythagoras. o. O. u. J. 2 Bl. 8° [Umschlagtit.]
In Versen: „Freund! vor Allem zumeist hochachte dich selber . . .,“

—— zu Grabschriften aus den heil. Schriften u. den Kirchenvätern, aus deutschen Dichtern u. aus mehreren Gottesäckern in u. um München gesammelt, u. nach Stand, Geschlecht u. Alter geordnet. gr. 12. (10 B.) Augsburg 843, Kollmann'sche Buchh.

Sprüche, gute alte deutsche, ausgelesen u. erläutert f. Schule u. Haus von Xanthippus (Frz. Sandvoß). 8. (XVIII, 156 S.) Berlin 897. G. Stilke. n. 1. 50; geb. n. 2. 50

— nach der Heilsordnung. 12. Frankf. a. M., Jäger. 1 gr.

Sprüche aus der Höhe. 8. (63 S.) Leipzig 898. Verlag „Kreisende Ringe“ (M. Spohr). n. 1. —

— hundert, zum Vertheilen an Confirmanden. Mit Zeichnungen von Alb. Zeh. In Holz geschn. von A. Gaber. 16. Ebend. 879. n. 1. —

— hundert acht u. zwanzig herrliche, großer christl. Dichter über natürl. u. geoffenbarte Wahrheit gegen falsche Aufklärung. 8. Sulzb. 827. v. Seidel. 3 gr.

— indische. Uebersetzt von Otto Böhtlingk. In einer Blütenlese herşg. von seiner Schwester. Leipzig 868. Brockhaus. 8. (VI, 112 S.) n. 16 ngr.; cart. mit Goldschn. n. 20 ngr.

Sprüche f. den Katechismus-Unterricht. 4. geänd. Aufl. gr. 8. (15 S.) Hirschberg i. Schl. 892, Meißner. * — 15

— kurze, aus Dr. Martin Luthers Schriften. 12. (333 S.) Gütersloh 880. Bertelsmann. n. 1. 50; geb. n. 3. —

Sprüche, lateinische, zum Auswendiglernen f. Gymnasialschüler. (14 S.) kl. 8. Nürnberg (909). C. Koch. — 10

—— der Lebensweisheit. Aus dem Engl. „The Economy of human life“, übers. v. M. J. Wamich. 8. (8 B.) Prüm 841. (Leipzig, Brauns.) *

—— und Lieder zum Hören und Lernen für kleine Kinder von einer Tante. 16. (X, 106 S.) Chemnitz 869, Focke. [Leipzig, Germann.] cart. *

Sprüche und Lieder für die Vorbereitungs- und Unterclassen. Nürnberg 855. Korn. 8. (74 S.) n. 3 ngr.

—— und Liederverse zu d. bibl. Geschichten in d. Unterclassen d. Volksschule. Hrsg. von einigen Elementarlehrern in Herford. 16. (1½ B.) Herford 841. (Leipzig, Barth.)

Sprüche des neuen Genfer Philosophen; frei bearbeitet von F. A. Stocker. 2. Ausg. Stuttgart 1883. V: *Petit-Senn*, *John*. (Cat. d. Stadtbibl. Zürich. Zürich 1864—97.)

— des neuen Genfer Philosophen. Nach der 5. Aufl. frei bearb. v. F. A. Stocker. Mit e. Biographie d. Verf. 2. Ausg. 12. (XXXIV, 75 S.) Stuttgart 883. Neff. n. 1. —

Sprüche, Die, Salomonis. Frankfurt 1733. Ü: *Franckenau, G. E. von.* (Collin, Anonymer. Kiobenh. 1869.)

Sprüche Salomonis, die, übers. v. Jos. Frz. Allioli. Besond. Abdruck aus dess. Bibel-Uebersetzung. 12. ($4^5/_6$ B.) Nürnberg 833. [München, Palm.] Thlr.

(——) משלי שלמה od.: Sprüche Salomo's. Erläut. durch Erzähln. u. Fabeln. Hrsg. von M. Mannheim. 8. ($6^1/_2$ B.) Köln 841, (Eisen.) *

Sprüche, die, Salomo's, übersetzt und ausgelegt von Ferd. Hitzig. Lex.-8. (XXXV und 347 S.) Zürich 858, Orell, Füssli und Comp. *

— die, Salomos. I. u. II. 16. (à 7 Chromolith. m. Text.) Wien 877. 1. Wiener Depôt evangelischer Druckschriften. à n. — 20

— Salomonis in Bildern. Ein Geschenk für gute Kinder. Herausg. von der Tractatgesellschaft der Bischöfl. Methodistenkirche in Bremen. (Bremen 856. J. G. Heyse.) 32. (16 lith. Bl. mit Text.) n. $12^1/_2$ ngr.

—— Salomonis in Bildern. Ein Geschenk für gute Kinder. Hrsg. von der Tractatgesellschaft der bischöfl. Methodistenkirche in Bremen. 32 (16 Chromolithogr. mit Text.) (Bremen 857, Heyse's Verlag.) *

Sprüche, die schönsten, des Angelus Silesius. Der deutschen Christenheit zur Erbauung dargeboten v. C. Hermes. 8. ($5^1/_2$ B.) Magdeburg 845, Falckenberg u. Comp. *

— der heil. Schrift, erläutert zur Erbauung. 8. Hamb. 772. Buchenröder. 10 gr.

— der heiligen Schrift in Blumenschmuck. 16. (6 Chromolith.) Frankfurt a/M. Leipzig 878. Böhme in Comm. n. — 75

Sprüche der heiligen Schrift für die Kanzel und die häusliche Andacht erklärt . . . Altenburg 1784—85. V: *Krakau, Mich. Frdr.* (MGT)

— der heil. Schrift für die Kanzel u. die häusl. Andacht, erklärt u. zur Erbauung angewandt. 2 Sammll. 8. Altenb. 784, 85. (Hennings in Neisse). 18 gr.

Sprüche d. H. Schrift f. d. Canzel u. d. häusl. Andacht erläut. 8. Altenb. Richter. 787. Rthlr.

— der hl. Schrift u. Lieder u. Gebete aus d. christl. Gemeinde. 3. Aufl. 8. (XII, 147 S.) Zürich 1894. Fäsi & Beer. Geb. n. 1. 80

— 56, der heiligen Schrift. Zur Haustafel. Bremen 860. Verlag des Traktat-Hauses. qu. 4. (56 Bl.) n. 15 ngr.

Sprüche, 60 ausgewählte, heil. Schrift. 60 Blättchen. Basel 841, Schneider. *

—— für alle Tage des Jahres. Gesammelt von einer geprüften alten Frau zum Besten armer Kranker. 1. und 2. Aufl. gr. 16. (159 S.) Zürich 866, 77, Schultheß. ℳ 1,50.; geb. **

Sprüche, Tausend. Halle a. S. 1880. H: *Lippe, Fürstin zur.* (RUSSELL V, 110)

— tausend. 16. (182 S.) Halle 880. Fricke's Verl. cart. n. 1. 50

— tausend. 2. Aufl. 16. (184 S.) Rudolstadt 882. Hartung & Sohn. cart. n. 1. 50; geb. in Leinw. m. Goldschn. n. 2. 50

— tausend. 3. Aufl. 12. (184 S.) Dresden 896. J. Naumann. Kart. n. 1. 50; Geb. in Leinw. m. Goldschn. n. 2. 50

(——) פִּרְקֵי אָבוֹת Die Sprüche d. Väter, das älteste Denkmal d. neuhebr. Literatur. In d. Ursprache z. Behufe akadem. Vorlesn. hrsg. v. Jul. Fürst. gr. 8. ($2^3/_4$ B.) Leipzig 839, (C. L. Fritzsche.) *

Sprüche der Väter. Ethischer Mišnatraktat, hrsg. nach den ältesten Drucken (1484, 1486, 1492, 1505, 1520) u. der Münchener Talmudhandschrift nebst Uebersetzg. u. kurzen Erklärgn. v. Lazarus Goldschmidt. (131 S.) 12. Berlin 904. S. Calvary & Co. Geb. in Leinw. n. n. 3. 60
Sonderabdruck aus: „Der babylon. Talmud".

—— der Väter u. Weisen, gesammelt v. M. Boos, hrsg. v. Joh. Goßner. 16. ($5^1/_2$ B.) Leipzig 828, Tauchnitz.

Sprüche, 40, mit Bildern zum Vertheilen an Confirmanden. qu. 16. (40 Bl. mit Zeichnungen von Alb. Zeh, in Holz geschn. von A. Gaber.) Hamburg 868, Agentur des Rauhen Hauses. In Couvert. *

—— 40, der heiligen Schrift, ausgewählt für jeden Tag im Monat und für die hohen Festtage. 1. Aufl. 1855. * 1 Thlr. und 2., umgearb. Aufl. qu. 4. Hamburg 856(57,) Agentur des Rauhen Hauses.

Sprüche, 40, der Heiligen Schrift, ausgewählt für jeden Tag im Monat und für besondere Tage. 3. Aufl. auf Kpfrdruckpap. Hamburg 859. Agentur des Rauhen Hauses. qu. 4. (40 Bl.) n. 1 ℛ 6 ngr.

Sprüche, 40, der heil. Schrift, ausgewählt f. jeden Tag i Monat u. f. besondere Tage. (14. Abdr.) qu. 4. Hamburg 888. Agentur d. Rauhen Hauses. In Umschlag. n. 3. —

— 40, der heiligen Schrift. 20×28,5 cm. Dresden 891. Niederlage d. Vereins zur Verbreitg. christl. Schriften im Königr. Sachsen. n. 3. —

Sprüche der Weisen und Guten. Lübeck 1818. V: *Kaufmann, Justus Rudolph Heinrich.* (NN) (GGr)

— des Weisen u. Guten. 8. Lübeck 818. Niemann. 2 gr.

— des nordisch. Weisen, od. Geist Friedrichs II., (v. J. J. Gradmann). 8. (Augsb.) 801. Veit. (Kranzfelder). 10 gr.

Sprüche des nordischen Weisen oder der Geist Friedrichs des 2. Berlin u. Leipzig [Augsburg] 1801. V: *Gradmann, Joh. Jac.* (KY) (MGT) (WR)

—— die, der sieben Weisen Griechenlands. Auf d. Neue hrsg. u. mit einigen Anmerkn. u. Erläutern. begl. v. Joh. Karl Sigm. Kiefhaber. gr. 12. ($2^1/_3$ B.) München 833, Jaquet.

Sprüche der Weisen alter und neuer Zeit. Halle 1777. V: *Trinius, Johann Anton.* (Ky)

— der Weisen alter u. neuer Zeit. 8. Halle 777. Hendel. 3 gr

— der Weisheit; aus d. heil. Büchern der Denksprüche, des Predigers, der Weisheit, u. Sirachs Sohnes ausgewählet, u. in gereimten Versen übersetzt v. Fr. Jos. Weinzierl. 12. Augsb. 821. Doll. (Landsh., Krüll). 13 kr

— deutscher Weisheit ꝛc., s. J. G. Ch. Müller.

—— der Weisheit u. d. Tugend. A. d. vorzügl. ältern u. neuern Schriftstellern Deutschlands f. alle Morgen u. Abende d. Jahrs ausgewählt, u. d. Jugend beiderlei Geschlechts dargebracht v. J. B. Rothacker. 12. (4½ B.) Reutlingen 836, Kürtz.

— der Weisheit aus Weinstube u. Keller. Ein heiteres Gedenkbüchlein an die Württembergische Landes-Gewerbe-Ausstellung. 8. (16 S.) Stuttgart 881. Lemppenau. — 25

Sprüche woraus die Glaubens-artikel in schriftmässiger Ordnung nach Anleitung der sieben Grundsprüche . . . abgehandelt worden. II. Theil. Kronstadt 1710. H: *Fronius, Marcus.* (Trausch)

—— 20, der heiligen Schrift. Als Ergänzung zu den früher erschienenen 40 Sprüchen der heil. Schrift, ausgewählt für jeden Tag im Monat und für besondere Tage. 4. (20 Bl.) Hamburg 868, Agentur des Rauhen Hauses.

— 20, der Heiligen Schrift. 4. Basel 881. Spittler. In Couvert. n. 1. 60

— 200, u. 30 Gebete für Kinder von 6—10 Jahren gesammelt u. geordnet. Wiesbaden 866. Limbarth. 16. (36 S.) n. 2 ngr

— 12, zum Ausmalen. Von H. v. R. qu. gr. 8. Berlin (899). Deutsche ev. Buch- u. Tractat-Gesellschaft. n. — 50

Sprüche, Die zwölf, der zwölf Sibyllen auf der Babenburg bei Bamberg . . . frei übersetzt . . . Bamberg 1824. Ü: *Cammerer, Adalbert Philipp.* (GGr)

Spruchertlärung und Liederdispositionen zu der Memoritabelle. Fingerzeig und Hülfsmittel für Lehrer zum Gebrauch bei den Memorirübungen. Aus den Conferenzen des Schulbezirks Kirchheim unter Teck. 2. Aufl. Stuttgart 854. F. Steinkopf in Comm. 8. (IV, 74 S.) n. 12 ngr

Sprucherklärung und Liederdispositionen zu der Memoritabelle. Fingerzeig u. Hülfsmittel für Lehrer zum Gebrauch bei den Memorirübungen. (Aus den Conferenzen des Schulbezirks Kirchheim u. T.) 3., mit einer Singtabelle verm. Aufl. Kirchheim u. T. 865. Riethmüller. 8. (IV, 74 S.) 4 ngr

SPRÜCHFUNKEN. Zur Aufheiterung und zum Sattlachen. Halberstadt 1825. 8⁰.
Im Cat. einer alten Leihbibl. citirt.

Spruchgedichte, altdeutsche. Ausgewählt übersetzt u. erläutert. 16. (64 S.) Paderborn 872. F. Schöningh. n. — 60

Spruchgesangbuch, bibl., oder Samml. auserles. Lieder über Sprüche der Schrift. 8. Schwabach 771. Enderes. 10 kr

Spruchkanon. (Umschlagtitel: Wiederabdruck des Spruchkanons.) 4 (S. 3—6). **Progr.** Rprg. *Dirschau* 1887 (47).

[Umschlagt.:] Der neue **Spruch-** und Lieder**kanon.** Dirschau, Druck v. C. Hopp, 1893; 3—6 S. 4.
Dirschau, RPG, P 1893 (46)

Spruch- und Lieder-Kanon für den evangelischen Religionsunterricht an höheren Schulen. Aufgestellt von dem Verbande niederrhein. Religionslehrer zu Düsseldorf. 1. und 3. Aufl. 8. (III, 56 S.) Duisburg 885,86, Ewich. cart. *

Spruchkarten. 16. (60 Bl. m. Bild.) Basel 884. Spittler. n. — 80

Spruchkästchen. Ziehkästchen (mit 50 Sprüchen der heil. Schrift). 3. Aufl. qu. 64. Lpz. 892, Meisel. In Leinw.-Kästchen. — 80

Spruch- od. Ziehkästchen, biblisches. Berl. 827. L. Oehmigke. In Futteral. 8 gr

Spruch- u. Ziehkästchen, geistl., f. Kinder Gottes. Eine Auswahl v. (100) bibl. Kernsprüchen u. dazu gedicht. Liederversen, mit jedesmal. Angabe d. Melodie. Gesammelt v. W. R. 32. (100 Blättchen.) Barmen u. Schwelm 832, Falkenberg'sche Vrlsbuchh.

Spruch- u. Schatzkästlein, biblisches, enthaltend D. M. Luthers Erklärung und Anwendung bibl. Stellen der heil. Schrift ꝛc. s. a. J. L. Schinmeier.

—— biblisches, (auf alle Tage im Jahre), gesammelt aus Luthers Schriften. 4 Thle. Neueste, stark verm. Orig.-Ausg., in welche nicht nur das von Schinmeier gesamm. Werk vollständ. aufgenommen, sond. die besond. im 3. Thle. durch e. neue Samml. v. Spruch-Erklärungen Luthers verm. worden ist. qu. 16. (40 B.) Reutlingen 835, Fischer jun.

Spruch- und Schatzkästlein, biblisches, üb. d. Offenbarung Johannis, welche zugleich erklärt u. überzeugend nachgewiesen worden ist, daß solche seit dem Ausbruche d. französ. Revolution peremtorisch vor uns. Augen erfüllt werde. Von d. Verf. d. Büchleins: „Das Ende kommt." qu. gr. 8. (10¼ B.) Stuttgart 837, Sonnewald'sche Buchh.

Spruch- u. Schatz-Kästlein, biblisches, bestehend in auserlesenen Sprüchen der heil. Schrift, mit beigefügter erbaulicher Erklärung des Knechtes Gottes Dr. M. Lutheri, nebst Dr. M. Lutheri nützlicher Anweisung zum Gebet. 16. (37 B.) Militsch 844. (Breslau, Graß, Barth u. Comp., Berl.) *

Spruch- u. Schatz-Kästlein, biblisches, bestehend in auserlesenen Sprüchen der Heil. Schrift, mit beigefügter erbaulicher Erklärung des Knechts Gottes Martini Lutheri, nebst Mart. Lutheri nützlicher Anweisung zum Gebet. gr. 16. (592 S.) Berlin 852, J. A. Wohlgemuth. ½ thlr

Spruch- und Schatz-Kästlein, biblisches, bestehend in auserlesenen Sprüchen der heil. Schrift, mit beigefügter erbaulicher Erklärung des Knechtes Gottes Dr. M. Lutheri, nebst dessen nützlicher Anweisung zum Gebet. 3. Aufl. Breslau (858.) Dülfer. 16. (592 S.) n. 12 ngr

Spruchcatechismus. Dr. M. Luthers Enchiridion mit beweisenden Sprüchen des göttl. Wortes. gr. 8. (5¾ B.) Stuttgart 846, S. G. Liesching's Vrlgsh. *
Aus: Löhe, W., Haus-, Schul- u. Kirchenbuch. 1 Thl. besond. abgedruckt.

Spruchcatechismus, das ist der kleine Catechismus Luthers mit ausführlichem Spruchregister . . . Stettin 1870. V: *Friedländer.* (Ky)

Spruch=Catechismus, das ist der kleine Catechismus Luther's mit ausführl. Spruchregister zum Schulgebrauch u. Confirmanden-Unterricht (von Friedländer). Stettin 870. Brill & Mauri. 8. (65 S.) cart. n. 3 ngr.

Spruch= u. Historienkatechismus, bibl., 8. Zittau. 719.

Spruch- und Reim-Catechismus, Glücksburgischer. Flensburg 1706. V: *Hamerich, Heinr.* (Bruun, Bibl. Danica I, 265.)

Spruchconcordanz., bibl., nach alphabet. Ordnung zum Gebrauch f. Prediger, Schullehrer u. and. Freunde d. Bibel, ausgearb. v. Ohm, u. bericht. v. C. F. L. Simon. 2 Thle. 8. Merseburg, Böhme. 810.

Spruchconcordanz, biblische, nach alphabet. Ordnung, zum Gebrauche f. Prediger, Schullehrer u. and. Freunde d. Bibel, herausg. von J. Jac. Ohm, bericht. u. mit e. Vorrede begleitet von Chr. Fr. L. Simon. 2 Bde. 8. Lpz. Schwickert. 812.

Spruch= u. Liederkranz zum Albrecht Dürer's=Feste, in Dresden am 7. Apr. 1828. Von e. Mitstifter d. Dürer'schen Kunstvereins gesammelt. gr. 8. (3½ B. u. D's. Bildn.) Dresden 828, (Arnold.)

Spruch= u. Blumenlese aus W. Marsch's Predigten u. Gesprächen; hrsgg. v. e. seiner Zuhörer. 8. Leipz. 825. Tauchnitz. 14 gr.

Spruch=Lotterie, biblische, eine angenehme religiöse Unterhaltung. ... Basel ... Schneider. 3/8 rf.

Spruch=Lotterie, biblische. 3. Aufl. Basel 861. Schneider. qu. 4. (13 Bl.) 10 ngr.

Spruchlotterie, biblische, enth. 1152 Kernsprüche. 128. Gnadau 895. Unitäts=Buchh. n. — 75; in Pappkasten n. 2. 80

Sprüchmacher, Jak., & Comp., s.: „Sage", die, vom Lauterberg.

Spruchmagazin. 1500 Wandsprüche, Inschriften, Devisen etc. Hrsg. v. W. Krämer. 8. (248 S.) Bonn 887. Leipzig, Jüstel & Göttel. 2. 50

Spruchmagazin. 1500 Wandsprüche, Inschriften, Devisen etc. für Decorations-, Stuben- und Porzellanmaler, Anstreicher, Lackirer, Tüncher, Weissbinder, Architecten, Baumeister, Bildhauer, Hotel-, Restaurations- und Hausbesitzer, Vereine, Fahnen- und Porzellanfabriken und Töpfereien. Hrsg. von Wilh. Krämer. 8. (248 S.) Bonn 887, Verlag der Maler-Zeitung.

Spruchpraxis, die. Revue über die Rechtsprechung in den obersten Instanzen der im Reichsrathe vertretenen Königreiche und Länder. Hrsg. unter ständ. Mitwirkung von Val. Pogatschnigg, Friedr. Pacák, Karl Stromenger und Joh. Baltinester von Ant. Riehl. 1. Jahrg. 1884. 6 Hefte. (à Heft 3—4 Bog.) gr. 8. Wien, Hölder. *

Spruchpraxis, die. Revue über die Rechtsprechung in den obersten Instanzen der im Reichsrathe vertretenen Königreiche und Länder. Hrsg. unter ständ. Mitwirkung von Val. Pogatschnigg, Ferd. Czelechowsky, Pacák rc. von Ant. Riehl. 2.—5. Jahrg. 1885—1888. à Jahrg. 6 Hefte. (à Heft 3—4 Bog.) gr. 8. Wien, Hölder. à Jahrg. *

—— dass. — Register der Entscheidungen, Register der Gesetzesstellen und alphabet. Schlüssel zu den Jahrgängen 1884—1886. gr. 8. (70 S.) W.-Neustadt (Wien 887, Hölder.) *

Spruchpraxis, die. Revue üb. die Rechtsprechg. in den obersten Instanzen der im Reichsrathe vertretenen Königreiche u. Länder. Hrsg. unter ständ. Mitwirkg. von Val. Pogatschnigg, Ferd. Czelechowsky, Friedr. Pacák rc. v. Ant. Riehl. 6. Jahrg. 1889. 6 Hefte. (à 3—4 Bog.) gr. 8. Wien, Hölder. * 6 40

—— dass. — 7.—9. Jahrg. 1890—1892. à Jahrg. 6 Hefte. (à Heft 4 Bog.) gr. 8. Wien, (Perles). à Jahrg. * 8 —

Spruchpraxis, die. Revue üb. die Rechtsprechg. in den obersten Instanzen der im Reichsrathe vertretenen Königreiche u. Länder. Hrsg. v. Ant. Riehl unter ständ. Mitwirkg. v. V. Pogatschnigg, F. Czelechowsky, F. Pacák rc. 8.—10. Jahrg. 1891—1893. à 6 Hfte. (à ca. 4 Bog.) gr. 8. Wien, (M. Perles). à Jahrg. n. 8. —

Spruchpraxis, die. Revue üb. die Rechtsprechg. in den obersten Instanzen d. i. Reichsrathe vertret. Königreiche u. Länder. Hrsg. unt. ständ. Mitwirkg. v. V. Pogatschnigg, F. Czelechowsky, F. Pacák rc. von Ant. Riehl. 12.—15. Jahrg. 1895—1898. à 6 Hfte. (à 3—4 Bog.) gr. 8. Wien (M. Perles). à Jahrg. n. 8. —

Spruchpraxis, die. Revue üb. die Rechtsprechg. in den obersten Instanzen der im Reichsrathe vertretenen Königreiche u. Länder. Red. unter ständ. Mitwirkg. v. V. Pogatschnigg, F. Czelechowsky, F. Pacák rc. v. Ant. Riehl. 16. u. 17. Jahrg. 1899 u. 1900. à 6 Hfte. gr. 8. (à ca. 4 Bog.) Wien, M. Perles. à Jahrg. n. 8. —

— dasselbe. 18. u. 19. Jahrg. 1901 u. 1902. à 6 Hfte. gr. 8. (à ca. 4 Bog.) Ebd. à Jahrg. n. 9. —

Spruchpraxis, die. Revue üb. die Rechtsprechung in den obersten Instanzen der im Reichsrate vertretenen Königreiche u. Länder. Red. unter ständ. Mitwirkg. v. Valentin Pogatschnigg, Ferd. Czelechowsky, Frdr. Pacák u. a. v. Ant. Riehl. 20.—23. Jahrg. 1903—1906. à 6 Hefte. (21. Jahrg. 381 S.) Lex.-8. Wien, M. Perles.
1903—06. à n. 9. —; 1906. n. 10. —

Spruchpraxis, die. Revue üb. die Rechtsprechung in den obersten Instanzen der im Reichsrate vertretenen Königreiche u. Länder. Begründet v. Ant. Riehl, fortgeführt v. Ant. Riehl jun. unter ständ. Mitwirkg. v. Valentin Pogatschnigg, Ferd. Czelechowsky, F. J. Ritter Wahl-Schedl v. Alpenburg u. a. 24.—27. Jahrg. 1907—1910. à 6 Hefte. (à Jahrg. ca. 400 S.) Lex. 8. Wien, M. Perles. à Jahrg. 10. —

Spruchpraxis. Die Sp' des [Aargauischen] Obergerichts und der Abteilung für Civilsachen am Obergericht in Steuerstreitsachen. Heft 2. Sonderabdruck aus der Vierteljahresschrift für aargauische Rechtsprechung [Jahrg.] 4 ⟨1904⟩ (Nr. 4). II S. + S. 193—219. 8. Aarau, H. R. Sauerländer & Co., [1905]. [fr. —. 70]

Spruchpraxis. Die Sp' des [Aargauischen] Obergerichts und der Abteilung für Civilsachen am Obergericht in Steuerstreitsachen. Heft 3. Sonderabdruck aus der Vierteljahresschrift für aargauische Rechtsprechung [Jahrg.] 5 ⟨1905⟩ (Nr. 3. [Mit] Register zu Heft 2 und 3). I S. + S. 98—124. 8. Aarau, H. R. Sauerländer & Co., [1905]. [fr. —. 70]

Spruchregister z. Baseler Bibel. 8. Basel, Imhof. 746.

Spruchregister, biblisches. 8. Lemgo 761. Meyer. 3 gr

Spruch-Register, Biblisches, oder Handbuch der bedeutendsten in Ordnung des Alphabets zusammengestellten Sprüche heiliger Schrift . . . Basel 1836. H: *Bernouilli, Eduard.* (Ky) (Zu)

—— biblisches, od. Handbuch d. bedeutendsten in d. Ordn. d. Alphabets zusammengestellten Sprüche heil. Schrift. Zum leichteren Auffinden d. bibl. Sprüche. (Von Ed. Bernoulli.) 8. (..B.) Basel 836, Schneider.

Spruch-Register, biblisches. Ein Handbuch für Bibelleser zum leichten Auffinden der wichtigsten Bibelsprüche. 3. verb. und verm. Aufl. gr. 8. (IV, 228 S.) Basel 884, Schneider. * geb. *

Spruch-Register, biblisches. Ein Handbuch f. Bibelleser zum leichten Auffinden der wichtigsten Bibelsprüche. 4., verm. Aufl. gr. 8. (IV, 228 S.) Basel 893. R. Geering. n. 2. —; geb. in Leinw. n. 2. 80

Spruch-Register, biblisches, welches nach alphabet. Ordn. d. vornehmsten Sprüche, wie sie von Anfang lauten, enthält. Zum Nutzen u. Vortheil d. Liebhaber d. heil. Schrift ꝛc. 9. Aufl. 8. (11 B.) Lemgo 840, Meyersche Hofbuchh. Thlr. *

Spruchregister über das Alte u. Neue Testament u. ein besond. Spruchregister über die Apokryphen. Ein Hülfsbüchlein f. die Besitzer sämmtlicher verschiedener Bibelwerke, sowie f. Theologen u. Bibelleser. (Aus F. G. Lisco's Bibel-Ausg. besond. abgedr.) Ster.-Ausg. 2. verm. Abdruck. gr. 4. Berlin 847, G. W. F. Müller. n. 1/4 ₰

Spruchregister üb. das Alte u. Neue Testament (ca. 12000 Sprüche enth.) u. e. besonderes Spruchregister üb. die Apokryphen (ca. 3000 Sprüche enth.) Ein Hülfsbüchlein f. Bibelleser. 12. (258 S.) Konstanz (900). C. Hirsch. Geb. in Leinw. 1. —

Spruch-Sammlung zum Auswendig-Lernen f. die evangel. Schulen u. den Confirmanden-Unterricht. 9. Aufl. 16. (26 S.) Koblenz 891, Buchh. d. evangel. Stifts. — 15

Spruchsammlung, biblische, zu Luthers kleinem Katechismus. Herausgeg. von einem Vereine christl. Volkslehrer. 1. Heft. Die 10 Gebote. 843, 2. Aufl. 844. 2. Heft. Das Gebet des Herrn. Das Sakrament der heil. Taufe. Das Sakrament des h. Abendmahls. 12. Hamburg 843, Meißner. geb. à n. 1/6 ₰

Spruchsammlung, biblische, zu Luther's kleinem Katechismus. Herausg. von einem Vereine christlicher Volkslehrer. 2. Heft. 2. Aufl. Hamburg 862. J. A. Meißner. 12. (112 S.) 6 ngr.

Spruchsammlung, 1.—5., der deutschen Juristen-Zeitung. Bearb. v. Hoffmann. Sonderbeilage der deut. Juristen-Zeitg. VIII.—XI. Jahrg. 1903—1906. Lex.-8. Berlin, O. Liebmann. n. 14. —

1. Die J. 1900 bis 1902, enth. die Präjudizien des Reichsgerichts, des preuss. Kammergerichts, des bayer. Obersten Landesgerichts u. der Oberlandesgerichte zum bürgerl. Gesetzbuche. (72 Sp.) n. 2. —
2. Enth. die Präjudizien des Reichsgerichts, des preuss. Kammergerichts, des bayer. Obersten Landesgerichts u. der Oberlandesgerichte zum bürgerl. Gesetzbuche aus d. J. 1903 u. zu den wichtigsten anderen Reichszivilgesetzen aus den J. 1900—1903. (102 Sp.) n. 2. 75
3. Enth. die Präjudizien des Reichsgerichts, des preuss. Kammergerichts, des bayer. Obersten Landesgerichts u. der Oberlandesgerichte zum bürgerl. Gesetzbuche u. zu den wichtigsten anderen Reichszivilgesetzen aus d. J. 1904. (68 Sp.) n. 2. 75
4. Enth. die Präjudizien des Reichsgerichts, des Reichsmilitärgerichts, des preuss. Kammergerichts, des bayer. Obersten Landesgerichts, der Oberlandesgerichte sowie verschiedener Oberverwaltungsgerichte u. Oberkriegsgerichte zum Strafrecht, Strafprozess-, Militärstrafrecht, zu den Reichsstrafnebengesetzen u. den preuss. Strafgesetzen aus den J. 1900—1905. (196 Sp.) n. 3. 60
5. Enth. die Präjudizien des Reichsgerichts, des preuss. Kammergerichts, des bayer. Obersten Landesgerichts u. der Oberlandesgerichte zum bürgerl. Gesetzbuche u. zu den wichtigsten anderen Reichszivilgesetzen aus d. J. 1905. (112 Sp.) n. 3. —

Wird nur an Abnehmer der Juristen-Zeitung geliefert.

Spruchsammlung, 6. u. 21., der deutschen Juristen-Zeitung. Bearb. v. Hoffmann. Sonderbeilagen der deutschen Juristen-Zeitg. XII.—XV. Jahrg. 1907—1910. Lex. 8. Berlin, O. Liebmann. 41. 70

6. Enth. die Präjudizien des Reichsgerichts, des Reichsmilitärgerichts, des preuss. Kammergerichts, des bayer. Obersten Landesgerichts, der Oberlandesgerichte sowie verschiedener Oberverwaltungsgerichte u. Oberkriegsgerichte zum Strafrecht, Strafprozess- u. Militärstrafrecht aus d. J. 1906. (88 Sp.) 907. 2. 50
7. Enth. die Präjudizien des Reichsgerichts, des preuss. Kammergerichts, des bayr. Obersten Landesgerichts, der Oberlandesgerichte sowie verschiedener Reichsämter, Oberverwaltungsgerichte u. Verwaltungsgerichtshöfe zu den Reichsstrafnebengesetzen, den preuss. Strafgesetzen 1906 u. den Landesstrafgesetzen der übr. Bundesstaaten, einschliesslich des Polizeiverordnungs- u. sonst. Verwaltungsrechtes, 1900—1906. (102 Sp.) 907. 2. 75
8. Enth. die Präjudizien des Reichsgerichts, verschiedener Reichsämter, der Verwaltungsgerichtshöfe der Bundesstaaten, des preuss. Kammergerichts, des bayerischen Obersten Landesgerichts u. der Oberlandesgerichte zum bürgerlichen Gesetzbuche aus d. J. 1906. (142 Sp.) 907. 3. 20
9. Enth. die Präjudizien des Reichsgerichts, verschied. Reichsämter, der Kompetenzkonflikts- u. Verwaltungsgerichtshöfe, des preuss. Kammergerichts, des bayer. Obersten Landesgerichts u. der Oberlandesgerichte zu den wichtigsten Reichszivilgesetzen (ausser dem BGB.) aus d. J. 1906. (280 Sp.) 907. 3. —
10. Enth. die Präjudizien des Reichsgerichts, des Reichsmilitärgerichts, des preuss. Kammergerichts, des bayerischen Obersten Landesgerichts, der Oberlandesgerichte sowie verschied. Oberverwaltungsgerichte u. Oberkriegsgerichte zum Strafrecht, Strafprozess- u. Militärstrafrecht aus d. J. 1907. (104 Sp.) 908. 2. 75
11. Enth. die Präjudizien des Reichsgerichts, des preuss. Kammergerichts, des bayerischen Obersten Landesgerichts, der Oberlandesgerichte sowie verschiedener Reichsämter, Oberverwaltungsgerichte u. Verwaltungsgerichtshöfe zu den Reichsstrafnebengesetzen u. den Landesstrafgesetzen, einschliessl. des Polizeiverordnungs- u. sonstigen Verwaltungsrechtes, 1907. (Sp. 105—198.) 908. 2. 50
12. Enth. die Präjudizien des Reichsgerichts, verschied. Reichsämter, der Kompetenzkonflikts- u. Verwaltungsgerichtshöfe, des preuss. Kammergerichts, des bayer. Obersten Landesgerichts u. der Oberlandesgerichte zum bürgerlichen Gesetzbuche aus d. J. 1907. (Sp. 201—278.) 908. 2. 25
13. Enth. die Präjudizien des Reichsgerichts, verschied. Reichsämter, der Kompetenzkonflikts- u. Verwaltungsgerichtshöfe, des preuss. Kammergerichts, des bayer. Obersten Landesgerichts u. der Oberlandesgerichte zu den wichtigsten Reichszivilgesetzen (ausser dem BGB.) aus dem J. 1907. (Sp. 281—376.) 908. 2. 50
14. Enth. die Präjudizien des Reichsgerichts, des Reichsmilitärgerichts, des preuss. Kammergerichts, des bayer. Obersten Landesgerichts, der Oberlandesgerichte sowie verschied. Oberverwaltungsgerichte u. Oberkriegsgerichte zum Strafrecht, Strafprozess- u. Militärstrafrecht aus den J. 1908. (108 Sp.) 909. 2. 75
15. Enth. die Präjudizien des Reichsgerichts, des preuss. Kammergerichts, des bayerischen Obersten Landesgerichts, der Oberlandesgerichte sowie verschiedener Reichsämter, Oberverwaltungsgerichte u. Verwaltungsgerichtshöfe zu den Reichsstrafnebengesetzen u. den Landesstrafgesetzen, einschliessl. des Polizeiverordnungs- u. sonstigen Verwaltungsrechtes, 1908. (Sp. 113—192.) 909. 2. 25
16. Enth. die Präjudizien des Reichsgerichts, verschied. Reichsämter, der Kompetenzkonflikts- u. Verwaltungsgerichtshöfe, des preuss. Kammergerichts, des bayer. Obersten Landesgerichts u. der Oberlandesgerichte zum bürgerlichen Gesetzbuch aus d. J. 1908. (Sp. 193—312.) 909. 3. —
17. Enth. die Präjudizien des Reichsgerichts, verschied. Reichsämter, der Kompetenzkonflikts- u. Verwaltungsgerichtshöfe, des preuss. Kammergerichts, des bayer. Obersten Landesgerichts u. der Oberlandesgerichte zu den wichtigsten Reichszivilgesetzen (ausser dem BGB.) aus dem J. 1908. (Sp. 314—408.) 909. 2. 50
18. Enth. die Präjudizien des Reichsgerichts, des Reichsmilitärgerichts, des preuss. Kammergerichts, des bayer. Obersten Landesgerichts, der Oberlandesgerichte sowie verschiedener Oberverwaltungsgerichte u. Oberkriegsgerichte, betr. Strafrecht, Strafprozess-, Militärstrafrecht, Reichsstrafnebengesetze u. Landesstrafrecht aus d. J. 1909. (70 Sp.) 910. 2. —
19. Enth. die Präjudizien des Reichsgerichts, verschied. Reichsämter, der Kompetenzkonflikts- u. Verwaltungsgerichtshöfe, des preuss. Kammergerichts, des bayer. Obersten Landesgerichts u. der Oberlandesgerichte betr. das Verwaltungs- u. Polizeistrafrecht des Reiches u. der Einzelstaaten aus dem J. 1909. (Sp. 73—181.) 910. 2. 75

20. Enth. die Präjudizien des Reichsgerichts, verschied. Reichsämter, der Kompetenzkonflikts- u. Verwaltungsgerichtshöfe, des preuss. Kammergerichts, des bayer. Obersten Landesgerichts u. der Oberlandesgerichte zum bürgerlichen Gesetzbuch aus dem J. 1909. (Sp. 185—272.) 910. 2. 50
21. Enth. die Präjudizien des Reichsgerichts, verschied. Reichsämter, der Kompetenzkonflikts- u. Verwaltungsgerichtshöfe, des preuss. Kammergerichts, des bayer. Obersten Landesgerichts u. der Oberlandesgerichte zu den wichtigsten Reichszivilgesetzen (ausser dem BGB.) aus dem J. 1909. (Sp. 273—362.) 910. 2. 50
Nur f. Abonnenten der Juristen-Zeitung.

— zum Katechismus u. z. bibl. Geschichte. (Vorgeschr. durch d. Lehrplan f. d. evang. Religionsunterricht in d. Schulen d. Rheinprovinz.) 12. (35 S.) Coblenz 895. Buchh. d. evang. Stifts. — 10

Spruchsammlung zu Luthers kleinem Katechismus, unt. Zugrundelegg. d. behördl. vereinb. Memorierstoffs f. d. evang. Religionsunterricht u. m. Verteilg. der Sprüche auf die 3 Schulstufen. E. Z. 8. (31 S.) Breslau 895. M. Kesiel. n.n. — 25

— für unsere Kinder. 2. verm. Aufl. [Herausg. durch Rättig.] Torgau 859. Wienbrack. (Jacob.) 8. (34 S.) 1½ ngr.; geb. n. 2 ngr.

Spruchsammlung z. hessischen Landeskatechismus f. den Gebr. beim Konfirmanden-Unterricht. gr. 8. (31 S.) Kassel 895. E. Röttger. n. — 15

Spruch-Sammlung f. evangelische Schulen. Enth.: a) alle durch den „Lehrplan f. den Religionsunterricht in den evangel. Schulen der Rheinprovinz" vorgeschriebenen Bibelsprüche, welche auf Unter- u. Mittelstufe zu den einzelnen bibl. Geschichten heranzuziehen sind; b) e. weitere Reihe v. Sprüchen, welche e. Auswahl f. die Oberstufe gestattet; c) e. Hinweisg. auf Kirchenlied u. Katechismus. 8. (20 S.) Barmen 894. D. B. Wiemann. n. — 10; in Aktendeckel geh. n. — 15

—— für den Schulgebrauch. Nach dem kleinen Katechismus Luther's geordnete bibl. Sprüche, nebst einzelnen Gesangversen. 8. (64 S.) Oldenburg 862, Stalling's Verlag. *

Spruchsammlung zum Unterricht nach dem kleinen Katechismus Luthers. Neuwied 867. Heuser's Verlag. 16. (30 S.) 1½ ngr.

— mit erläuternden Zusätzen zum kleinen Katechismus Luthers, hrsg. im Auftrage der Frankenberger Lehrerconferenz von einigen Geistlichen u. Lehrern derselben. 2. Aufl. 47 S.) kl. 8. Frankenberg 901. F. Rahm. n. — 35

Uva's œs Molukken-Kakadu's Spruchweisheit. Als Ms. gedr. o. O. [um 1900]. 35 Bl. 8⁰

Spruchworte u. Sprüche zur Pädagogik f. Haus u. Schule. gr. 8. (VIII, 83 S.) Quedlinburg 871. Basse. 1. —

Sprüchwörter, s. Sprichwörter.

Sprüchwörter, 78, in Bildern qu. 4. (12 ill. Kpfrt. u. 1 Bl. Text.) Esslingen 845. [Stuttgart, Schreiber u. Schill.]

Arabische Sprüchwörter oder die Sitten und Gebräuche der neueren Aegyptier ... übersetzt und erläutert von Johann Ludwig Burckhardt, herausgegeben ... von William Ouseley, deutsch ... von H. G. Kirmsz. Weimar 1834.

Sprüchwörter, baierische, mit Erklär. ihrer Gegenstände, (v. Thom. Mayer). 2 Bde. 8. Münch. 812. Lentner. 1 ℔ 4 gl

— baierische bildl. dargestellt zur angenehmen Unterhaltung für Alt u. Jung. 8. Münch. 826. Fleischmann. 4 gl

— die bekanntesten, erklärt für Kinder u. Unstudirte. 1e Samml. 8. Osnabr. 830. Rackhorst. 16 gl 2e Samml.: Sprüchwörter, deutsche, erklärt f. Kinder u. Unstudirte. 8. Ebd. 832. 16 gl

— in Bildern. Ein Bilderbuch mit 31 Abbildb. 2e A. 8. Düsseldorf, Arnz u. C. (a. Beyer in Eichstädt). 12 gl

Sprüchwörter in Bildern u. Reimen für kleine Leute. Reutlingen 869. Enßlin & Laiblin. 4. (12 color. Steintaf.) cart. 9 ngr.

Sprüchwörter und Denksprüche, 300 deutsche, neue und alte, zur Veredlung des Geistes und Herzens, wie auch zur Unterhaltung ausgewählt und zusammengestellt. 8. (16 S.) Reutlingen 859, Fleischhauer und Spohn.

Sprüchwörter, deutsche, m. Erläut. f. Lehrer in Bürger- u. Landschulen. 8. Frankf. (Bauer u. W. in Nürnberg) (Schmidmer) 790.

— deutsche, mit Erläuter. für Lehrer in Bürger- u. Landschulen, (von J. Chr. Siebenkees). 8. Frankf. a. M. 790. (Campe in Nürnb.) 8 gl

— dramatische, ein Beitr. z. gesellschaftl. Vergnügen in Deutschland, (von J. v. Mauvillon). 2 Thle. 8. Leipz. 785. Dyck. 1 ℔ 8 gl N. Aufl. unt. d. T.: Gesellschaftstheater des Hrn. v. M(auvillon). Neu herausgg. (v. J. G. Dyck). 8. Leipz. 790. Dyck. 1 ℔ 4 gl

Sprüchwörter, dramat. bearb. vom Verfass. des Elias Klaproth (Chr. Fr. Sintenis). 8. ... 787. 12 gl

— dramatische. 8. Manh. 801. Kaufmann. 8 gl

Sprüchwörter, dramatische. N. A. 8. Manh. 801. Löffler. 6 gl

Sprüchwörter, 300 deutsche, und Denksprüche, neue und alte, zur Veredlung des Geistes u. Herzens, wie auch zur Unterhaltung ausgewählt u. zusammengestellt. Reutlingen 859. Fleischhauer u. Spohn. 8. (16 S.) 1 ngr.

— u. sonderb. Einfälle d. Gelehrten u. Künstler. 8. Prag. Herrl (Joachim in Lpz.) 794.

— 563, sonderbare Einfälle u. Bemerkk. berühmter Gelehrten u. Künstler alter u. neuer Zeit. 8. Prag 827. (Centr.-Cpt.)

— 563, u. sonderbare Einfälle der Gelehrten u. Künstler alter u. neuer Zeit. 8. Prag 794, auch 827. Herrl. (Joachim in Leipz.) 14 gl

— moral., der Deutschen, welche die wichtigsten Maximen zu einer weisen u. tugendhaften Führung des Lebens enthalten, (v. J. K. A. Rese). 8. Halberst. 822. Vogler in Potsd. 18 gl

Sprüchwörter und Redensarten, s. Bilderbücher, Münchener.

Sprüchwörter u. Spruchreden, Deutsche, in Bildern u. Gedichten. gr. 4. (42 S. m. 21 Lith. auf Chines. Papier.) Düsseldorf 852, Arnz & Co. n. 3 ℔

Sprüchwörter, Citate, Räthsel u. Charaden zur bildlichen Darstellung u. Aufführung in Familien u. Gesellschaften. 16. (63 S.) Dresden 881. Jacnicke. — 50

Sprüchwörter-Gedankenspiel rc. Lpz. Benj. Fleischer.

Sprüchwörterspiel

— neues allegor.; auf 10 verschied. Arten zu spielen. Mit illum. Karten. Leipz., Magaz. f. Ind. 16 gGr

Sprüchwörterspiel, neues, allegorisches zur angenehmen Unterhaltung munterer Gesellschaften, m. illum. K. 12. Lpz. Schladebach (Bruder) 791.

SPRUCK, LUDWIG. Beiträge zur Kenntniss einiger Naphtalinderivate. Freiburg im Breisgau, 1882.

Spruck, Wilhelm [aus Giessen]: Über Additionsprodukte v Aethylendiamin an Salze zweiwertiger Metalle Giessen [1898]. 1 Bl. 67 S. 8°.
Zürich. Phil. Diss. II. S. 1899/1900.

Der **Sprudel**. Allgemeines deutsches Bade-Journal. Jg. 1–24. Karlsbad: Franiek (Berlin: Grieben) 1869 bis 1892. 4°
Hrsg.: Ferd. Fleckles jun.

Sprudel. Humoristisch-belletrist. Badealmanach hrsg. von Emmerich Pöhr. 1. Jahrg. gr. 16. (92 S.) Karlsbad 875. Feller. n. 1. —

—— der. Hrsg. von Ferd. Flechles. Jahrg. 1875—1879. à Jahrg. 52 Nrn. (à 1 Bog.) 4. Wien, Exped. à Jahrg. *

DORA'S Sprudelkur. Eine lehrreiche Gefchichte von Prof. Nudelhardt. O. O. u. J. Kl. 8°.
Verb. d. AG. Leipzig 16. 7. 27; 9 St. A. 800/27.

Sprug, P. F. Otho, Diss. dogmat. de exteriori cultu Dei. 8maj. Salzb. 771. Mayr. 16 gGr

Sprugh, Otto, Dissertatio de Ecclesia, Pontifice et conciliis. Salzburg (?) 1774, 8°.

Sprühfunken. Zur Aufheiterung u. zum Sattlachen. 8. Halberst. 825. (Heinemann in Stolp.) 21 gGr

Sprühfunken. Zur Aufheiterung u. zum Sattlachen. 8. Halberst. 825, Vogler.

Sprühfunken aus d. Hirne e. poet. Sansfaçons. Apoll u. d. neun Musen geweiht. 8. ... Erlangen 829, Heyder.

Der Sprühregen: 1904? 1906?
Humorous weekly. Large quarto, each issue 12 pages. Edited & published by Hermann Lorey.
Akron, OH

Sprühteufel ächten Witzes u. guter Unterhaltung; in ausgesuchten Anekdoten u. Geschichten. Mit 1 ill. Kpf. 8. Nürnb. 822. Geh. 18 gGr

Sprunck, *Carl Emil* Hans [pr. Arzt]: Aus d. anatom. Institut zu Königsberg i. Pr. No. 23. Ueber die vermeintlichen Tyson'schen Drüsen ... Königsberg i. Pr., Druck v. M. Liedtke, 1897; 1 Bl., 45 S., 3 Bl., 1 Taf. 8.
Königsberg, Med. Fak., Inaug.-Diss. v. 23. Jan. 1897

Sprunck, Hans, über die vermeintl. Tyson'schen Drüsen. Diss. gr. 8. (47 S. m. 1 Taf.) Königsberg 897. (Gräfe & Unzer's Sort.) n.n. 1. 50

Spruner, C., (Ritter von Merz), die Wege des Glükes. Drama in 5 Akten. 8. (XII, 156 S.) Nördlingen 875. Beck. n. 3. —

Spruner, Karl

Spruner, K. v., Atlante storico-geografico. 22 carte illuminate et incise in rame. Gotha 865. J. Perthes. qu. gr. 4. (10 S. Text in Lex.-8.) n. 2 Thlr 20 ngr.

v. Spruner, Carl, Atlas antiquus. III fascli. XXVII tabulas colorib. illustratas et alias LXI tabellas in margine illarum inclusas cont. gr. Fol. (2 Bl. Text.) Gotha 848. 50, J. Perthes. (I. II: à n. 2 Thlr III: n. 2⅔ Thlr) n. 6⅔ Thlr

Spruner, Karl v., Atlas antiquus. Tertio edidit Thdr. Menke. 1—5. Liefg. Gotha 862—64. J. Perthes. gr. Fol. (23 color. Karten in Kpfrst. u. 13 S. Text) n. 5 Thlr 20 ngr.

— **Atlas antiquus.** Karoli Spruneri opus tertio edidit Thdr. Menke. 6—8. Liefg. Ebend. 865. gr. Fol. (9 Karten in Kpfrst. u. color. u. 8 S. Text in Fol.) n. 2 Thlr

v. Spruner, Lieut. Karl, Atlas zur Geschichte von Bayern. (7 Blätter in Kupferstich u. illum., lithogr. u. verzierten Titel u. 1½ Bog. Vorbemerkungen in gr. 4.) Roy.-Fol. Gotha 838. J. Perthes. n. 3 Thlr

—— Beschreibung d. Kanales von d. Donau zum Maine. A. d. Entwurfe d. Hrn. Oberbaurathes v. Pechmann gezogen u. mit d. reduz. Plane, so wie d. Ansichten d. vorzüglichsten Bauwerke desselb. vers. gr. 4. (2 B. u. 1 Plan m. 15 Vign.) Bamberg 836, Dresch.

Spruner, Carl v., Characterbilder aus der bayerischen Geschichte. Zur Erläuterung der Wandbilder des bayerischen Nationalmuseums entworfen. Neue unveränd. (Titel-)Ausg. gr. 8. (VIII, 624 S.) München (1867) 878. Brissel. 6. —

Spruner, Carl v. (k. b. Lieut.), Bayerns Gauen nach den drey Volksstämmen der Alemannen, Franken u. Bajoaren aus den Urkunden nachgewiesen. Gegen Herrn Ritter v. *Lang's*: Bayern's Gauen etc. Bamberg, bey J. C. Dresch. 1831. 8°. Beiband.
2 Bll., 129 S. Mit d. Titel-Motto: „Ne quid quis dicit; sed quis quid dicit. attendimus."

v. Sprunner, C., Baierns Gauen nach den Volksstämmen d. Alemanen, Franken u. Bojoaren, aus den Urkunden nachgewiesen. gr. 8. ... 831. (Bamb., Sickmüller). 6 gGr

—— Geographie und Statistik von Deutschland. Für Schule, Haus und das bürgerliche Leben bearb. (Abdruck der gleichnamigen Tabelle.) 2. Aufl., rev., verb. u. verm. nach Mittheilungen, den Tabellen etc. des Königlich Preussischen Statistischen Büreaus etc. Berlin 1847. gr. 8.

Spruner, Carl v., Guide of the bathing places etc., s. Hänle, S.

Spruner, v., u. **W. Sieglin,** Hand-Atlas zur Geschichte des Alterthums, des Mittelalters und der Neuzeit. I. Abthg.: Atlas antiquus. Atlas zur Geschichte des Alterthums. 34 kolor. Karten in Kupferstich, enth. 19 Uebersichtsblätter, 94 histor. Karten u. 73 Nebenkarten. Entworfen und bearbeitet von W. Sieglin. (Complet in 8 Lieferungen.) Qu.-Gr.-Folio. 3. Lieferung. (4 Blätter) 1.55
Gotha: Perthes 1894.

Spruner's, K. v., Hand-Atlas f. die Geschichte des Mittelalters u. der neueren Zeit. 3. Aufl. Neu bearb. v. Thdr. Menke. 90 color. Karten in Kupferst. In 23 Lfgn. 1—9. Lfg. gr. Fol. (à 4 Bl.) Gotha 871—73. J. Perthes. à n. 3. 80

Spruner-Menke, Hand-Atlas f. die Geschichte d. Mittelalters u. der neueren Zeit. 3. Aufl. von K. v. Spruner's Hand-Atlas, neu bearb. v. Th. Menke. 90 color. Karten in Kpfrst. m. 376 Nebenkarten. 10—23. (Schluss-)Lfg. qu. gr. Fol. Gotha 873—80. J. Perthes. n. 51. 40 (cplt.: n. 85. 60)
10—22. (à 4 Karten.) à n. 3. 80. — 23. (2 Karten m. 1 Bl. Text.) n. 2. —

Spruner's, Carl v., historico-geographical hand atlas. 26 coloured maps engraved on copper. qu. gr. 4. (26 Bl. Text.) Gotha 861, J. Perthes. *

—— hist.-geograph. Hand-Atlas. 1—5. Lfg. (41 Kart., Kpfrst. Nebst: Vorbemerkn., $6^3/_4$ Bog., gr. 4.) gr. Fol. Gotha 837—42, J. Perthes. à *

—— historisch-geographischer Hand-Atlas. 6—10 Lfg. Mit Vorbemerkungen. Fol. (26 ill. Karten u. Ttlbl. mit $4^3/_4$ B. Text in 4.) Gotha 843—47, Just. Perthes à Lfg. Subscrpr. * Vollständig in 10 Lfgn. *

—— dass. 2. Abthl. Geschichte der Staaten Europa's vom Anfang des Mittelalters bis auf die heueste Zeit. Mit Vorbemerkungen. Fol. (73 ill. Karten u. Text.) Ebds. 846. *

— historisch-geographischer Hand-Atlas. 10—15. Lfg. gr. Fol. (20 S. Text, 51 in Kupfer gest. u. color. Karten u. gest. Titel. 11—13. Lfg. Atlas antiquus. 3 Lfgn. 27 color. Karten mit 61 Nebenkarten. 14 u. 15. Lfg. 3. Abth.: Zur Geschichte Asien's, Africa's, America's u. Australien's. 2 Lfgn. 18 color. Karten.) Ebd. 847—53. 10—12. Lfg. à n. 2 ℛ 13. Lfg. n. $2^2/_3$ 14. Lfg. n. $3^1/_3$ ℛ 15. Lfg. n. $2^2/_3$ ℛ (cmplt. $34^2/_3$ ℛ)

—— historisch-geographischer Hand-Atlas. 11 — 15. Lfg. (45 in Kpfr. gest. und ill. Karten mit 61 Nebenkarten und 8 Bl. Text.) gr. Fol. Gotha 847—52, J. Perthes. *

Spruner's, Carl v., historisch-geographischer Hand-Atlas II. Abthl. Zur Geschichte der Staaten Europa's vom Anfang des Mittelalters bis auf die neueste Zeit. 73 in Kpfr. gest. ill. Karten mit mehr als 100 Nebenkarten nebst erläuternden Vorbemerkungen. 2. Aufl. 1—11. Lfg. gr. Fol. (73 Karten und 58 S. Text.) Gotha 853—55, J. Perthes. *

—— dass. — (13. Lfg.:) I. Abthl.: Atlas antiquus. Editio II. 27 in Kpfr. gest., ill. Karten mit 64 Nebenkarten nebst (6 S.) erläuternden Vorbemerkungen (in Fol.) gr. Fol. Ebds. 855(56). *
Das vollständige Werk kostet * 34 Thlr. 20 Ngr.

— — III. Abth.: Geschichte Asiens, Africa's, America's und Australiens. 45 (lith. u.) color. Karten nebst (17 S.) erläuternden Vorbemerkungen. 2. Aufl. Gotha 856. J. Perthes. qu. gr. Fol. n. 12 ℛ. 20 ngr.

— Handbuch für Reisende, s. Ausflug in die fränk. Bäder Kissingen.

— Handbuch für Reisende auf dem Maine, s. Hänle, S.

Spruner, Carl v. (k. b. Lieut.), *Arco's Heldentod*, vaterländ. Schauspiel in 3 Acten. Aufgef. im Freien bei d. zweiten Theresien-Volksfeste in Bamberg. Bamberg, bei J. C. Dresch, 1833. 8°. Cart.*)
In Versen. 3 Bll. (incl. Tit. m. hübscher [blauer] Hirsch.-Bordüre). 47 S. — Ort: das Ober-Innthal; Zeit: 1701.

— Karte für Dampfschiff-Reisende auf d. Maine, enthaltend die Ufer des Mains von Bamberg bis Mainz. Nebst dem Reglement u. den Tarifsätzen der Maindampfschifffahrtsgesellschaft ꝛc. kl. Fol. (Mit Text.) Würzburg 843, Stahel'sche Buchh. In Futteral. n. $^1/_3$ ℛ

— Leitfaden zur Geschichte von Bayern. 8. Ebd. 838. $^1/_6$ ℛ

— Leitfaden zur Geschichte von Bayern. 2. umgearb. u. verb. Aufl. Bamberg 853. Buchner. gr. 8. (3 Bl., 123 S. u. 1 Tab. in Fol.) 15 ngr.; ohne Tabelle 12 ngr.; die Tabelle allein 6 ngr.

Spruner, Carl v., Pfalzgraf Rupert der Cavalier. Ein Lebensbild aus dem 17. Jahrhundert. Festrede zur Feier des Geburtsfestes Sr. Maj. des Königs Maximilian II., gehalten in der öffentl. Sitzung der k. Akademie der Wissenschaften am 28. Novbr. 1854. gr. 4. (172 S.) München 854, (Franz.) Thlr. **

— historisch-geographischer Schul-Atlas. 22 illum. Karten in Kpfrst. Gotha 856. J. Perthes. qu. Fol. (Mit 4 Bl. Text in gr. 8.) n. 2 ℛ. 15 ngr.

Spruner's, K. v., historisch-geographischer Schul-Atlas. 23 illum. Karten. 5.—8. Aufl. Fol. Gotha 869—75, J. Perthes. à Bl. * 40 Pf. * geb. * ℳ 8,80.; mit gebrochenen Karten *

Spruner, Dr. K. v., Historisch-geographischer Schulatlas. 22 colorirte Karten in Kupferstich. 10. Auflage. Gotha und Wien 1880. Justus Perthes. Preis, geheftet 4 fl. 56 kr.

—— historisch-geographischer Schul-Atlas von Deutschland. 12 ill. Karten in Kpfrst. qu. Fol. (20 S. Text in Lex.-8.) Gotha 857, J. Perthes. * 1 Thlr. 15 Ngr.; geb. in Lex.-8. *

— historisch-geographischer Schul-Atlas von Deutschland. 12 illum. Karten in Kpfrst. Gotha 858. J. Perthes. qu. Fol. (Mit 20 S. Text in gr. 8.) n. 1 ℛ. 15 ngr.

Spruner's, K. v., historisch-geographischer Schul-Atlas von Deutschland. 2. Aufl. qu. gr. 4. (20 S. Text in Lex.-8. mit 12 ill. Karten in Kpfrst.) Gotha 866, J. Perthes. *

—— historisch-geographischer Schul-Atlas des Gesammtstaates Oesterreich von den ältesten bis auf die neuesten Zeiten. 13 ill. Karten in Kpfrst. qu. Fol. (14 S. Text in Lex.-8.) Gotha 860, J. Perthes. *

— genealogisch-historische Tabelle der Regenten von Bayern. Ein Blatt in Imp.-Fol. Bamberg 834. Dresch. $^1/_6$ ℛ

—— genealogisch-historische Tabelle der Regenten von Bayern. 2., verb. Aufl. 1 Bog. in Imp.-Fol. Bamberg 853, Buchner'sche Buchh.

—— u. S. Hänle, Tabellen zur Geschichte der deutschen Staaten u. ihrer geschichtl. Geographie. 1—3. Lfg. gr. Fol. Gotha, Just. Perthes. *
Lfg. 1. Von den ältesten Zeiten bis zur Besiegung der Alemannen durch Chlodwig bis 496 n. Chr. (17 Bl.) 845. * $22^1/_2$ Ngr.
- 2., 3. Von der Besiegung der Alemannen durch Chlodwig bis zum Vertrag von Verdun von 496—843 n. Chr. (43 Bl. u. 1 ill. Karte.) 847. à * 1 Thlr.

Spruner-Bretschneiders, v., historischer Wand-Atlas. 10 Karten zur Geschichte Europas im Mittelalter bis auf die neuere Zeit. 3. Aufl. gr. Fol. [jede Karte 1,54 und 1,58 mtr.]. Gotha 884, J. Perthes. compl. *
Aufgezogen und zusammengelegt in Mappe *
Aufgezogen mit Stäben * ℳ 130.—; lackiert *
Einzeln à Karte *
Aufgezogen und zusammengelegt in Mappe *
Aufgezogen mit Stäben * ℳ 14.60., lackiert *
Inhalt:
I. Europa um 350 nach Christo. — II. Europa im Anfange des 6. Jahrh. III. Europa zur Zeit Karls des Grossen. — IV. Europa in der zweiten Hälfte des 10. Jahrh. — V. Europa zur Zeit der Kreuzzüge. — VI. Europa zur Zeit des 14. Jahrh. — VII. Europa zur Zeit der Reformation. — VIII. Europa zur Zeit des Dreissigjährigen Krieges und bis 1700. — IX. Europa im 18. Jahrh., von 1700 bis 1789. — X. Europa im Zeitalter Napoleons I., 1789 bis 1815.

Spruner-Bretschneider v., Historischer Wandatlas. 10 Karten zur Geschichte Europas im Mittelalter bis auf die neuere Zeit. Maßstab 1 : 4,000.000. 4 Auflage. Gotha 1894. Justus Perthes. (Min.-Erl. v. 24. December 1894, Z. 17101.) Sämmtliche Karten, aufgezogen in Mappe 55.80, an Stäben 81. , an Stäben und lackirt 96.-

Sprunner, Dr. C., die Wandbilder des bayerischen Nationalmuseums. München 1868. 8.

Sprung, A., Bericht üb. vergleichende Beobachtungen an verschiedenen Thermometer-Aufstellungen zu Gr.-Lichterfelde bei Berlin, s.: Abhandlungen d. königl. preussischen meteorologischen Instituts.

Sprung, A., Ergebnisse der meteorologischen Beobachtgn. in Potsdam, s.: Veröffentlichungen des königl. preuss. meteorologischen Instituts.

— u. R. Süring, Ergebnisse der Wolkenbeobachtungen in Potsdam u. an einigen Hilfsstationen in Deutschland in den J. 1896 u. 1897, s.a. Veröffentlichungen d. kgl. preuss. meteorolog. Inst.

Ergebnisse der Wolkenbeobachtungen in Potsdam und an einigen Hülfsstationen in Deutschland in den Jahren 1896 und 1897. Von A[d.] **Sprung** u. R[einhard] Süring. Mit 14 Abb. u. 3 Taf. Berlin: A. Asher & Co. 1903. (VIII, 93, 279 S.) 4°
(Veröffentlichungen d. Kgl. Preuß. Meteorol. Instituts.) [05. 7918

Sprung, A., Lehrbuch der Meteorologie. Im Auftrage der Direktion der Deutschen Seewarte bearb. Mit 88 Illustr. im Text u. 17 Taf. gr. 8. (XII, 407 S.) Hamburg 885. Hoffmann & Campe Verl. n. 10. —

Sprung, Dr. A., Studien über den Wind und seine Beziehungen zum Luftdruck
I. Zur Mechanik der Luftbewegungen. (Aus dem Arch. d. D. S. 1879, No. 1.) Hamburg 1879.
II. Empirische Untersuchungen über die Beziehung zwischen Windstärke und Gradient, und deren tagliche Periode mit besonderer Berücksichtigung des deutschen Küstengebietes. (Aus dem Archiv d. D. S. 1879, No. 2.) Hamburg 1879.

Sprung, Karl

Sprung, Carl [app. Arzt aus Prenzlau]: Ueber Atresia ani nebst Mitteilg e. Falles v. Atresia ani vesicalis, m. Fehlen d. linken Niere, Hydronephrose u. Atrophie d. rechten Niere u. doppeltem Ureter ... M. e. lithogr. Taf. München, kgl. Hof- u. Univ.-Buchdr. v. Dr. C. Wolf & Sohn, 1894; 21 S., 1 Taf. 8.
München, Med. Fak., Inaug.-Diss. v. 1895

Napoleons Sprünge und endliches Schicksal. Eine Skizze in Versen. Allen wahren Deutschen gewidmet. Geschrieben am rechten Rheinufer im Nov. 1815. (4 Sprünge.) Koblenz, Juni 1816. 8°. 40 S.
Goedeke VII, 867, 298.

Sprüngli, J. (a. Pfr.) Humoristisches aus dem Musik- und Sängerleben. Als Manuscript gedruckt. In-16°, 32 S. Zürich, Zürcher & Furrer. 1883.

Sprüngli, Joh[ann] Jakob: Bericht über Frauenvereine im Allgemeinen u. üb. d. neu gestifteten Frauenverein in d. Gemeinde Thalweil insbesondere. Dem gemeinnützigen Kantonalverein Zürich vorgetragen. — (Zürich: Orell, Füßli 1837.) 15 S. 8°

Sprüngli, Joh. Jak., biblische Blätter mit Zeichnungen von Melch. Paul Deschwanden. 1. Hft.: Sprüche u. Bilder nach Matthäus. Lex. 8. (40 S. m. 20 eingedr. Stahlst.) Zürich 850, Höhr in Comm. n. 2/3 ℛ︎

Sprüngli, J. J., biblische Blätter. Mit Zeichnungen von Melch. Paul Deschwanden. 1. Heft: Matthäus. 1. Hälfte. Stuttgart 860. Quack. 16. (71 S. u. 10 Kpfrtaf.) 9 ngr.

Sprüngli. *Die Jugendfeste* etc. Mit 12 lithographierten Kupfern. [1837]. XVI, 204 S., 10 lithographierte Tafeln und 2 Lithographien auf dem Einband. Quer-12°. Illustr. Or.-Pappbd. 30.—
Ein anderes Ex. mit den Umschlagbildern, etw. fleckig u. benutzt. Der Einband beschäd. u. fleckig. Die Umschlagbilder verblaßt.

Sprüngli, J. Jak., die Jugendfeste. Freundesgabe a. d. J. 1838 u. 1840 f. d. Jugend, ihre Eltern, Lehrer u. Freunde. 12. Zürich, Schulthess. [838. (9 1/6 B., 12 Stnt. u. Musikbeil.), 40. (8 1/2 B. u. 10 Stnt.) à 7/8 Thlr.]

Sprüngli. J(oh[ann]) Jacob. Die alte Kirche zu Thalweil. Predigt zum Abschied von derselben gehalten ... den 21. September 1845. nebst geschichtlichen Notizen über die Kirchgemeinde, das Kirchengebäude und die Kirchendiener daselbst (*Umschlag:* Pr' und geschichtliche Notizen) von J. Jakob Sp', Pfarrer. Nebst einer Abbildung der Kirche und einem Grundriss des Schiffs und der Emporen [Tafeln]. 8. Zürich 1845.

Sprüngli, J. J., 50 Confirmations-Denksprüche. 5 Serien. qu. 4. (à Serie 50 Bl.) Zürich 877, Schulthess. à Serie * *M* 1. *

Sprüngli, J. Jb., christlicher Reisebegleiter. 500 Sprüche d. neuen Testamentes m. Denkversen. gr. 16. (259 S.) Zürich 876. Schulthess. n. 2. 40

Sprüngli-Ammann, R., Confiserie, s.: Bericht üb. Gruppe 25 der schweizerischen Landesausstellung Zürich 1883.

Sprungmann, E. (Red.), s. Gemeinwohl.

Sprungregister f. Eber. (No. 1. Nach Entwurf v. Hoesch-Neukirchen.) Fol. (102 S.) Leipzig (902). R. C. Schmidt & Co. Geb. n. 3. —

— für Ziegenböcke. Fol. (102 S.) Ebd. (902). Geb. n. 3. —

Sprungscheine, 100, der Stammzucht der Gemeinde . . . schmal qu. gr. 8. Gießen 895. E. Roth. n. — 80

Sprunner, Karl, s. Spruner, Karl

Berliner Schulkalender. Führer durch die höh. Schulen Berlins u. seiner Vororte. Ratgeber f. Eltern. Von Otto **Spruth**, Oberl. in Charlottenburg. *(Charlottenburg): Selbstverl. 1903.* (27 S.) 8° [F.] [03. 15190

Spruth's, Otto, Berliner Schulkalender f. das Schuljahr 1905/6. Führer durch die höheren Schulen Berlins u. seiner Vororte. Ratgeber f. Eltern. 3. Jahrg. (29 S. m. 2 Tab.) gr. 8. Berlin 905. L. Oehmigke's Verl. n. — 50

Sprütten, Rüttger, († d. 23. Oct. 1822.) arithmet. Exempelbuch f. Volksschulen. 8. Lemgo 825. Meyer. 6 gr.

— gemeinverständl. Rechenbuch f. Schulen. gr. 8. Lemgo 815. Meyer. 16 gr.

Spry, W. J. J., die Expedition des Challenger. Eine wissenschaftliche Reise um die Welt, die erste in grossartigem Massstabe ausgeführte Erforschung der Tiefen der Oceane in populärer Darstellung. Deutsch von Hugo v. Wobeser. Mit 12 grossen Tonbildern, 47 (Holzschn.-)Illustr. im Text u. einer ausführlichen (lith.) Karte (in qu. Fol.). Lex.-8. (XII, 352 S.) Leipzig 877. Hirt & Sohn. n. 12. —; geb. n. 14. —

Spuches, G. de, Di due vasi greco-siculi rappresentanti una lotta di Pallade e d'alcune greche iscrizioni. S.-A. 1866. 18 S. —.60

Spuck, der; Lstspl. nach d. Französ. v. Jos. Koller. 8. Leipz 810. Hinrichs. 8 gr.

Spuckereien des Teufels, in Prosa u. Poesie, (von Ad. Müllner). 8. Greiz 788. Henning. 14 gr.

Spuckgeister, die, in der Kirche u. im Staate, nach ihrem gegenwärtigen Treiben beleuchtet, von Theoph. Phosphorus. 8. Ilmenau 824, Voigt.

Spuckgeschichte, die Walkendorfer, den Bauersleuten zur Lehre u. zur Warnung, (v. J. C. Fr. Hempel). 8. Schwerin 794. (Leipz., Wienbrack). 4 gl

Spude, Ed., Geschichte der Stadt Schönlanke u. Umgegend. gr. 8. (104 S.) Deutsch-Krone 885. Garms. n. 1. —

Spude, Ed., Franz Balthasar Schönberg v. Brenkenhoff, königlich preußischer Geheimer Ober-Finanz-, Kriegs- u. Domänen-Rath. Ein Lebensbild. [Aus: „Brandenburg. Provinzialbl."] gr. 8. (29 S. m. Portr. in Holzschn.) Landsberg a/W. 880. Schaeffer & Co. in Comm. n. — 60

Spude, Hugo *Gustav Clemens* [aus Deutsch-Krone '(Westpr.)']: Zur Therapie des Prolapsus funiculi umbilicalis bei Kopflagen ... Halle a. S., Hofbuchdr. v. C. A. Kaemmerer & C., 1894; 50 S., 3 Bl., 1 Taf. 8.
Halle, Med. Fak., Inaug.-Diss. v. 10. Aug. 1894

Die Ursache des Krebses und der Geschwülste im allgemeinen von Dr. H[ugo] **Spude**, Arzt. Mit 2 Doppeltaf. u. 1 Textfig. Berlin: Gose & Tetzlaff 1904. (90 S.) 4°(8°) [F.] [06. 5789

Spude, Marie, et P. M. **Crétin**, correspondance commerciale. Usages du commerce français. Ouvrage mis au courant de la législation et de la pratique la plus moderne, conforme aux exigences de la pédagogie, accompagné de nombreux exercices destinés aux élèves. Avec 3 annexes. (VIII, 272 S.) 8. Leipzig 908. B. G. Teubner. Geb. in Leinw. 3. 20

Spudil, Jos. Praktische Anleitung zum Zeichnen nach Gypsmodellen. In Folge hoher Unterrichts-Ministerial-Erlasses vom 5. August 1850 zum Gebrauche für Realschulen verfaßt. 8. (20 S. 1 Taf.) Pilsen, J. M. Schmid, 1853.

Spuhl, Kurt, Kammerergerichts-Referendar, a. Friedrichshagen bei Berlin: Die Vereinigungen und Verabredungen zur Erlangung günstiger Lohn- und Arbeitsbedingungen. Berlin 1906: Gebr. Wolffsohn. (35 S.) 8° [F.]
Jena, Jur.-Fak., Ref. Thon, Diss v. 31. März 1906
[Geb. 27. Jan. 81 Berlin; Wohnort: Friedrichshagen, Kr. Niederbarnim; Staatsangeh.: Preußen; Vorbildung: Leibniz-Gymn. Berlin Reife M. 02; Studium: Berlin 9 S.; Rig. 30. März 06.]

Spuhl, Kurt, Die Vereinigungen und Verabredungen zur Erlangung günstiger Lohn- und Arbeitsbedingungen. Diss. 8°. Berlin, H. Bahr, 1906.

Spühler, Alfred

Spühler, A., s.: Reise, meine, in Italien.

Spühler, A[lfred]. Mon Voyage en Italie. Album illustré de huit cents Photographies. fol.-obl. Neuchâtel ⟨Suisse⟩. Paris. Leipzig [1900].

Spühler, Heinrich. Der Blätterstock und der darauf gegründete vereinfachte Betrieb der Bienenzucht, von H' Sp', Lehrer [in Zürich]. Mit 43 Abbildungen. VIII + 179 [+ *Anzeigen* 45] S. 8. Freiburg i. B. und Leipzig, Paul Waetzel, 1908. (M. 1.80)

Spühler, J., Das Schulturnen im Dienste der Gesundheitspflege und seine Hilfsmittel, Vortr. (Schweiz. Blätter f. Gesundheitspflege, 1895, S. 125—132), 8 S., 8°.

Spühler, J., siehe: *Turnzeitung*.

Spühler, J.: Der erzieherische Wert der Leibesübungen. 1899. 20 S. Sonderdr. aus: Schweiz. pädagog. Zeitschr. Jg. 9. 1899. H. 3.

Spühler, Jacob. Zur Erhebung und Erheiterung. Gedichte von Jakob Spühler. 124 S. 8. Zürich, Selbstverlag, Buchdr. F. Lohbauer, 1902. [fr. 1. 50]

Spühler, Ida

— das kleine Reform-Kochbuch, s. a. Möller's Bibliothek f. Gesundheitspflege usw. 13. Hft.

Das kleine Reform-Kochbuch. 100 Rezepte mit 50 Speisezetteln nach d. Jahreszeiten. Von **Ida Spühler**. ⟨Auszug aus d. großen Reform-Kochbuch d. Verf.⟩ *Berlin: W. Möller [1903]*. (42 S.) 8° [F.]
— **Bibliothek**, Möller's, f. Gesundheitspflege, Erziehung u. Volksaufklärung. H. 13. [03. 9609

Spühler, Ida, Reformkochbuch od. Wie koche ich ohne Fleisch u. Alkohol? 258 Rezepte. 4 Tle. 8. Zürich 904. Fäsi & Beer. Kart. à n. 1. 10; in 1 Leinw.-Bd. n. 4. —
1. Suppen, Kaltschalen, Crèmes u. Obst. (VIII, 88 S.)
2. Gemüse, Getränke, Saucen etc. (VIII u. S. 89—176.)
3. Mehl-, Milch- u. Eierspeisen. (VIII u. S. 177—258.)
4. Ofengebackenes u. das Einmachen v. Obst u. Gemüse. (VIII u. S. 259—432.)

Spühler, [Frau] Ida. Reformkochbuch oder Wie koche ich ohne Fleisch und Alkohol? (4 Teile. — [Mit] Vorwort [von] Dr. Ida Hilfiker.) VIII + 432 + VIII S. 8. Zürich, Fäsi & Beer, 1904. [geb. fr. 4. 80]

Spühler, Joh., s.: **Album, offizielles, zur Erinnerung an das eidgenössische Turnfest in Zürich.**

Spühler, J[ohann]. Johann Jakob Egg (Sekundarlehrer in Thalwil, 1829—1906). Kurzgefasstes Lebensbild eines Lehrer- und Turnveteranen. [Mit Illustrationen und 1 Porträt-Tafel.] 86 S. 8. Zürich, Aschmann & Scheller, 1908.

Spühler, J[ohann] J[acob]. Drei Episoden aargauischer Geschichte. Dramatisch bearb. von J. J. Spühler. 1. Huldigung des Aargaues an die Schweiz. 1415. — 2. Der Bauernkrieg. 1653. — 3. Die Revolution in Aarau. 1798. 95 S. 8. Aarau, Emil Wirz, 1903. [fr. 1. —]

Spühler, J. J. Geschichte d. Bezirksschule v. Schöftland. Festschrift zur 50jährigen Jubiläumsfeier. In-8°, 32 S. Aarau, Sauerländer. *1885.*

Spühler, J. J., Geschichte der Bezirksschule Zurzach. Zurzach 1884.

Spühler, J. J. Humoristica aus dem Sängerleben. Dem Männerchor des Cäcilienvereins Aarau gewidmet. Gr. in-8°, 20 S. Aarau, H. R. Sauerländer. *1881.*

S(pühler), J[ohann] (J[acob]). Politisches Potpourri Aus Kulturiens [= Aargaus] Tagesgeschichte. Männiglich ... in Reimlein gebracht und mit schönen Bildern gezieret von J. S. aus Limatien .... Gedruckt in diesem Jahr .... 8. Zurzach *o. J.* [1862 63].

Spühler, Otto [prakt. Arzt in Bern]: (Aus dem Privatlaboratorium von Privatdozent Dr. Siegrist in Basel.) Beitrag zur Kenntnis der sogenannten fleckförmigen Fettdegeneration des Sehnerven speziell bei der Panophtalmie. Mit einer Tafel. (S.-A. aus v. Graefe's Archiv f. Ophthalmoscopie Bd. LVI.) Leipzig 1903. 41 S. 8°.
Basel. Med. Diss. 1902/1903.

Spühler, Otto. Beitrag zur Kenntnis der sogenannten fleckförmigen Fettdegeneration des Sehnerven speziell bei der Panophthalmie. Mit einer Tafel. Sonderabdruck aus: « v. Graefe's Archiv für Ophthalmologie » Band 56, Heft 1. *Kopftitel:* ⟨Aus dem Privatlaboratorium von Privatdozent Dr. [August] Siegrist in Basel.⟩ II S. + S. 77—115. 8. Leipzig, Wilhelm Engelmann, 1903.
Ausg. B. — Ausg. A, Diss. Med. Basel, *s. Bulletin 1903, S. 365*

Spühler, Otto. Kabinettsjustiz. Ein Eingriff der aargauischen Regierung in die Strafrechtspflege und die Massregelung eines Staatsbeamten wegen einer Kompetenzfrage. Aktenmässige Darstellung von Fürsprech O' Sp' Staatsanwalts-Substitut. (1904 Februar 12.) 48 S. 8. Basel, Gasser & Cie, 1904. (fr. —. 75)

Spühler, Otto. Recht oder Gewalt? Aus der Justizverwaltung des Kantons Aargau. Von O' Sp', Fürsprech in Aarau. (1904 Juni 10.) 46 S. 8. Basel, Gasser & Cie., 1904.

Spuhn, Wilhelm (geb. am 21 März 1855 in Dortmund): Aus d. chirurg. Klinik zu Bonn. — Ueber die Resection des Ellenbogengelenks ... Bonn, Univ.-Buchdr. v. C. Georgi 1885. 45 S. 8.
Bonn, Med. Fak., Diss. v. 7 Aug. 1885

Spuhrmann, R., der Camminer Dom. 8. (60 S.) Cammin 898. Formazin & Knauff. n. — 50

Spuhrmann, R., Führer durch die Ostseebäder Berg-, Ost-, Klein- u. West-Dievenow, Heidebrink u. Lüchentin u. das Solbad Cammin i. Pom. Mit 1 (farb.) Wanderkarte der Umgebg. v. Dievenow (Kolberger Deep bis Swinemünde). 3. verb. Aufl. (26 S.) 8. Cammin (910). Formazin & Knauff. — 75

van der Spui, C., Anfangsgründe zu Landschafts-Zeichnungen. 1s u. 2s Hft. (24 lith. Bl.) 4. Hersf. 829. Ind.-Cpt. 16 ?

Spuk, der, Lstsp. in 1 Aufz. v. Koller. 8. Lpz. Hinrichs. 810.

Spuk, der amerikanische. Ein Wort zur Beurtheilung desselben von einem Arzt. Schneeberg 853. Gödsche. gr. 8. (8 S.) 1⅓ ngr.

Spuk, Rausch und Traum. Bilder aus dem Bremer Rathskeller von Dr. Jodocus Weinlob. gr. 16. (96 S.) Bremen 878, [Kühtmann und Comp.] Fischer. *
geb. in Leinw. *
geb. in Ldr. mit Goldschn. *

Spuk, der, v. Resau. Mit Abbildg. d. Spukhauses, d. Grundrisses u. 3 Portraits. 1.—3. Aufl. 8. (III, 82 S.) Berl. 889, Siegismund. * 1 20

Spukereien des Teufels, in Prosa und Poesie. Greiz 1788. V: *Müllner, Adolph.* (Haydinger) (Ky)

Spukereyen d. Teufels in Prose u. Poesie. 8. Greiz, Henning. 788.

Spukgeschichte, Die Walkendorfer, den lieben Bürger- und Bauersleuten in Mecklenburg zur Lehre und Warnung beschrieben. Schwerin 1794. V: *Hempel, Joh. Chn Frdr.* (Ky) (MGT)

Spuk- u. Geistergeschichten. 1.—10. Heft. (à 32 S.) 8. Berlin (907). Metropol-Verlag. à — 10

Spul, Herr, oder Ächtheit ohne Schimmer. Ein Lustspiel in fünf Acten. Wien 1794. V: *Klesheim, Anton Freiherr von.* (GGr V/337, Nr. 121/4) (wrztg 1794, S. 1634)

Spul, Herr; od. d. Aechtheit ohne Schimmer. Lstsp. 8. Wien, Wallishausser. 794.

Spuler, Arnold [Dr. phil. app. Arzt aus Durmersheim in Baden]: Ueber Bau und Entstehung des elastischen Knorpels ... (Aus: Sitzungsber. d. phys.-med. Societät in Erlangen, Heft 27.) Erlangen, Druck d. Univ.-Buchdr. v. E. Th. Jacob, 1895; 18 S. 8.
Erlangen, Med. Fak., Inaug.-Diss. v. [Juli] 1895

Spuler, Arnold [Dr. med. et phil., app. Arzt u. Assist. am anatom. Inst. d. Univ.]: Beiträge zur Histiologie und Histiogenese der Binde- und Stützsubstanz ... Wiesbaden, J. F. Bergmann, 1896; 40 S., 1 Taf. 8.
Erlangen, Med. Fak., Hab.-Schr. v. 1896

Spuler, Arnold, Beiträge zur Kenntnis der Varietäten der Gefässe u. der Muskulatur der untern Extremität des Menschen. gr. 8. (10 S. u. 3 Taf.) Leipzig 901. A. Deichert Nachf. n. 1. 50
Sonderabdruck aus: „Festschrift d. Univ. Erlangen f. Prinzregent Luitpold".

Spuler, Arnold [aus Durmersheim]: Zur Phylogenie und Ontogenie des Flügelgeäders der Schmetterlinge ... M. 2 lithogr. Taf. (Aus: Zeitschr. f. wiss. Zool. Bd LIII. 4. Heft.) Leipzig, W. Engelmann, 1892; 54 S., 2 Taf. 8.
Freiburg i. B., Phil. Fak., Inaug.-Diss. v. 1892

Spuler, Arnold, die Raupen der Schmetterlinge Europas. 2. Aufl. v. E. Hofmanns gleichnam. Werke. Mit üb. 2000 Abb. auf 60 (farb.) Taf. (IV, XXXVIII S. m. Abb. u. 80 Bl. Erklärgn.) Lex.-8. Stuttgart 905. E. Schweizerbart. Geb. in Leinw. n. 28. —
Erschien auch in 20 Lfgn. Für die Abnehmer von Spuler's Schmetterlinge Europas à 1. —.

— die Schmetterlinge Europas. 3. Aufl. v. E. Hofmanns gleichnam. Werke. (In 38 Lfgn.) 1.—11. Lfg. hoch 4. (XVI u. S. 1—80 m. Abbildgn., 33 farb. Taf. u. 11 Bl. Erklärgn.) Stuttgart 901. 902. [C. Hoffmann.] Schweizerbart. à 1. —

— die Schmetterlinge Europas. 3. Aufl. v. E. Hofmanns gleichnam. Werke. 12.—34. Lfg. (S. 81—240 u. 1—184 m. Abbildgn., 39 farb. Taf. u. 58 Bl. Erklärgn.) hoch 4. Ebd. (902—906). à 1. —

Spuler, Arnold, die Schmetterlinge Europas. Mit üb. 3500 Fig. auf 95 (farb.) Taf. u. 505 Abbildgn. im Text. 3. Aufl. v. E. Hofmanns Werk: Die Gross-Schmetterlinge Europas. Unter Mitarbeit v. E. Fischer, A. Fuchs, J. Griebel u. a. bearb. Lfg. 35—37 u. 38a. b. (VI u. V S., S. XVII—CXXXVIII, III—XVII, S. 241—385 u. S. 185—523 m. Abbildgn., 23 farb. Taf. u. 102 Bl. Erklärgn.) Lex. 8. Stuttgart (907—10). E. Schweizerbart. 4. — (Vollständig, erh. Pr. 50.—; in 3 Bde. geb. 57. 50)

— dasselbe. IV. Bd. Die Raupen der Schmetterlinge Europas. 2. Aufl. v. E. Hofmanns gleichnam. Werk. 60 (farb.) Taf. m. üb. 2200 Abbildgn. (XVII S. u. 60 Bl. Erklärgn.) Lex. 8. Ebd. 910. 24.—; geb. in Leinw. 26. —

Spuler, Arnold, Übersicht der Lepidopteren-Fauna des Grossherzogt. Baden, s.: Reutti, Carl.

Spuler, Rudolf, approb. Arzt aus Karlsruhe i. B.: Ueber die feinere Histologie der Chondrome. *Jena: G. Fischer 1902.* (15 S.) 8°
Heidelberg, Med. Diss. v. 1902

Spulski, Boris: Geologie der Gegend von Borgloh und Holte. (Hannover 1909: Riemschneider.) 33 S. 8°
Berlin, Phil. Diss. v. 14. Aug. 1909, Ref. Branca
[Geb. 9. März 85 Schitomir; Wohnort: Königsberg i. P.; Staatsangeh.: Rußland; Vorbildung: Gymn. Schitomir Reife O. 04; Studium: Kiew 2, Berlin 7 S.; Rig. 4. März 09.] [U 09. 287

Spüljauchenrieselung, die. gr. 8. Berlin 875, [Wiegandt, Hempel und Parey.] Parey. *
Inhalt:
Müller, Alex., kritische Beiträge, betr. die Theorie der Spüljauchenberieselung nach Dünkelberg. (S. 1—32.) — Schweder, W., die Spüljauchenrieselung bei Danzig. (S. 33—48 mit 1 eingedr. Holzschn.)
Aus: Landwirthschaftl. Centralblatt für Deutschland, besonders abgedruckt.

Spülversatz, der, s.a. Sammlung berg- u. hüttenmänn. Abhandlungen.

Der **Spülversatz.** Unveränd. Abdr. der im J. 1904 im Selbstverl. d. Oberschles. Berg- u. Hüttenmänn. Ver. erschienenen u. inzwischen vergriffenen Aufsatz-Sammlung. Kattowitz: Gebr. Böhm 1907. (72 S.) 8°
= **Sammlung** Berg- u. Hüttenmännischer Abhandlungen. H. 11. (08. 3243

Spund u. **Faß,** die lustigen Kommilitonen. Studentischer Polterabend-Schwank m. Gesang f. 2 Knaben. 12. (6 S.) Berlin (895). M. Böhm. 1. —

Spundle, Seb., Ulmer Münster, Ulmer Spatz u. Fischerstechen. In schönen Reimen in Ulmer Mundart. gr. 16. (16 S.) Ravensburg 877. (Dorn.) n. — 20

Spundle, S., Ulmer Münster-Jubelfest. Die Restauration d. Münsters bis zu seiner Vollendg. 30. Juni 1890, in schönen Versen in Ulmer Mundart beschrieben. 12. (16 S.) Ulm 890. Gebr. Nübling. n. — 20

Spundle, Sebastian: Das Stuttgarter Schützenfest im August 1875. In ... Reimen in oberschwäbischer Mundart. Stuttgart, 1875.

Spundle, Seb., das Ulmer Vieh- und Geflügelfest. In zierl. Reimen in der Ulmer Mundart beschrieben. 12. (13 S.) Ulm 880, Gebr. Nübling. *

Spunt, Michael. Ueber die Wirkung des Kohlenoxyds auf Eisen und seine Sauerstoffverbindungen. Halle a. S., 1892.

Spuren der Gottheit in der Entwickelungs- u. Bildungsgeschichte der Schöpfung. Nach Will. Whewell's Indication of the Creator u. der 3. Aufl. der Vestiges of the natural History of Creation, f. deutsche Leser bearb. v. A. Seubert. gr. 8. (21½ B.) Stuttgart 846, Becher's Verl.

Spuren der göttlichen Regierung in dem Leben und Absterben des ... Königs Friedrich. Leipzig 1786. V: *Westphal, Ernst Christian.* (Ky) (ML)

Spuren des göttl. Sinnes bei d. Sterbefalle der Königin Louise v. Preußen. Eine Predigt. gr. 8. Berl. 810. Mittler. 3 gr.

Spuren der Vorsicht bey dem jetzigen Kriege. in einem Sendschreiben aufgesuchet; Nebst einer Ode auf den Geburtstag Friedrich des Grossen. In dem Jahr 1758. 4. 24 S. (Das Sendschreiben in Prosa, unterzeichnet: Gotthold.) 23 Str.
O Tag, zum Heil der Nationen
Du kommst, erfleht von Millionen.
— Dasselbe, anderer Druck. 4. 12 S. u. 8 S.

Spuren der, über Dännemark waltenden, weisen Vorsicht, bey Gelegenheit des frohen Jubel-Festes, welches, wegen der, vor Hundert Jahren, eingeführten Souverainete ... auf Befehl Friedrich des Fünften den 16, 17, und 18ten Oct. 1760 höchstfeyerlich begangen wurde, ... besungen von H. A. Cordemann, aus Kiel. J. M. Mackeprang, von Fehmern. C. S. Friederici, aus Bohren. J. W. Herr, aus Schwesingen. M. C. Piper, aus Tundern. A. H. v. Preuser, aus Schleswig etc. etc. einigen der schönen Wissenschaften Beflissenen aus der zweyten Ordnung der Schleswigschen Cathedral-Schule. Flensburg. o. J. Fol.

Spurer, ..., (Psdn.,) zwei Satyren üb. den Geschmack u. an die Göttin der Gerechtigkeit; nebst dem Seneca, e. kleinen Trauerspiele. 8. o. O. 782.

Spurgat, Friedrich [aus Ratzeburg '(Holst.)']: Beiträge zur vergleichenden Anatomie der Nasen- u. Schnauzenknorpel des Menschen und der Thiere ... [Aus: Morphol. Arb., Bd 5. — M. 2 Taf.] Jena, G. Fischer, 1896; 60 S. 8.
Freiburg i. B., Med. Fak., Inaug.-Diss. v. 1896

Spurgeon, Charles Haddon. Ein kleiner Beitrag zur Charakteristik seines persönl. sowie seines Amtslebens. gr. 8. (40 S.) Bonn 892. (J. Schergens.) n. — 40

Spurgeon's, Ch. H., Lebensbild, s.: **Pike,** G. H.

Spurgeon, C. H., u. seine Thätigkeit. Eine Skizze. 8. (107 S.) Hamburg 881. Oncken's Nachf. n. — 75; geb. n. 1. 35

Spurgeon, Charles Haddon, goldenes A-B-C. 1900 Aussprüche, aus seinen Schriften zusammengestellt von Paul v. Zychlinski. gr. 8. (208 S.) Frankfurt a/M. 902. Bonn, J. Schergens. n. 1. 60; geb. n. 2. 50
Jetzt: Neukirchen, Buchh. d. Erziehungsvereins.

Der Acker des Faulen. Predigt von C[harles] H[addon] Spurgeon. Kassel: J. G. Oncken Nachf. [1904?] (16 S.) 8° [Umschlagt. F.]
= **Spurgeon:** Spurgeon-Predigt. Einzeln-Serie. No 19. 05. 9573 4

Spurgeon, Charles Haddon, **Ackerpredigten,** s.: **Schwert** u. **Kelle.**

Der Ackersmann. Predigt von C[harles] H[addon] **Spurgeon.** Kassel: J. G. Oncken Nachf. [1904]. (12 S.) 8° [F.]
= **Spurgeon:** Spurgeon-Predigt. Einzeln-Ser. No 23. 05. 1132 4

—— s. Aehrenlese aus den Predigten von C. H. Sp.

— **Aehrenlese aus den Predigten v. C. H. Sp.** Dem deutschen Christenvolke dargeboten v. Balmer-Rinck. 8. Aufl. 16. (196 S.) Hamburg 887. J. G. Oncken Nachf. Kart. n. — 40

Geistliches Ährenlesen. Predigt von C[harles] H[addon] **Spurgeon.** Kassel: J. G. Oncken Nachf. [1904]. (11 S.) 8° [F.]
= **Spurgeon:** Spurgeon-Predigt. Einzeln-Ser. No 33. 05. 1129 4

— alle zu Christo Kommenden willkommen! Predigt üb. Joh. 6, 37. Autor. Uebersetzg. aus d. Engl. Nebst e. Anh. 8. (16 S.) Köln 898. Barmen, Pastor Wallfisch. n. — 30

Spurgeon, C. H., **Almanach 1878.** Mit Genehmigung des Verf. aus dem Engl. übers. gr. 8. (30 S.) Hamburg Koch. *

Spurgeon, C. H., Almanach 1881. Mit Genehmigung des Verfassers aus dem Englischen übersetzt. 8. (30 S.) Dresden, J. Naumann in Comm. n. — 20

Spurgeon, C. H., ein **Anblick** von der Herrlichkeit Gottes. Predigt. (Aus dem Engl.) gr. 8. (16 S.) Hamburg 859, Oncken.

Spurgeon, Ch. H., tägliche **Andachten,** ausgew. aus d. Schriften v. S. M. e. Anh. f. besond. Tage u. Lagen d. Lebens. 8. (399 S.) Stuttgart 897. D. Gundert. n. 3. —; geb. n. 3. 60; eleg. geb. n. 4. —

Die Arbeiter auf dem Acker. Predigt von C[harles] H[addon] **Spurgeon.** Kassel: J. G. Oncken Nachf. [1904]. (11 S.) 8° [F.]
= **Spurgeon:** Spurgeon-Predigt. Einzeln-Ser. No 28. 05. 1137 4

Das Aufrichten der ehernen Schlange. Predigt v. C[harles] H[addon] **Spurgeon.** Hamburg: J. G. Oncken Nachf. (1898.) (16 S.) 1 Bd 8°
= Spurgeon, Charles Haddon: Spurgeon-Predigt. Einzeln-Serie. No 5.

Aus dem Tode zum Leben. (Von [Charles Haddon] Spurgeon.) (Hamburg-Borgfelde: Trakt.-Ges. [um 1900].) (8 S.) 8°
=[Traktate d. Christl. Traktat-Gesellschaft.] Spurgeon-Ser. No 11.

Spurgeon, C. H. Die Axt an der Wurzel, e. Zeugnis wider puseyitische Abgötterei, s. Streitschriften, freundschaftliche.

Spurgeon, C. H., s. Balmer-Rinck, Aehrenlese.

— Bausteine zum geistlichen Tempel. Acht Vorträge. Aus dem Engl. von Balmer-Rinck. 861. — 2. Aufl. Basel 865. Balmer & Riehm. 8. (2 Bl., 160 S.) 12 ngr.

Die unerlässliche Bedingung. Eine Predigt von C[harles] H[addon] Spurgeon. Uebers. von E. Spliedt. *Witten: Stadtmission [1899].* (S. 113–128.) 8° [F.]
= Spurgeon: Zeugnisse vom Heil in Christo. No 8. [03. 467]

— die Bibel u. die Zeitung. Autorisirte Uebersetzung. 8. (X, 152 S.) Hamburg 881. Oncken's Nachf. n. 1. —

Spurgeon, C. H., alttestamentliche Bilder. Predigten. Mit Autoris. des Verf. übers. (In 12 Heften.) 1.—3. Heft. gr. 8. (III, 77; 87; 83 S.) Hagen 884, Risel und Comp. à Heft 60 Pf.

Spurgeon, C. H., alttestamentliche Bilder. Predigten. Mit Autoris. des Verf. übers. 4.—12. Heft. gr. 8. (à Heft ca. 80 S.) Hagen 885, Risel und Comp. à Heft 60 Pf. *

Spurgeon, C. H. Alttestamentliche Bilder. 2. Aufl. 2 Bde. Hagen 887. Hamb., Oncken Nachf. geb. * 10 —

Spurgeon, C. H., alttestamentliche Bilder. Predigten. Mit Autoris. d. Verf. übers. 2. Aufl. 12 Hfte. gr. 8. (VI, 500 u. 488 S.) Hagen 887. Risel & Co. à n. — 60

— alttestamentliche Bilder. 52 ausgew. Predigten. 3. Aufl. Vom Verf. autor. Uebersetzg. gr. 8. (VIII, 788 S.) Hamburg 897. Cassel, Verlagshaus d. dtsch. Baptisten J. G. Oncken Nachf. 5. —; geb. in Leinw. 6. —

—— Neutestamentliche Bilder. Predigten. Mit Genehmigg. d. Verf. aus dem Engl. übers. 12 Hefte. gr. 8. (992 S.) [Hagen i. W. 890,91, Risel u. Comp.] Hamb., Oncken Nachf. à Heft * — 60; * 7 20; geb. * 10 —

— neutestamentliche Bilder. 52 ausgewählte Predigten. 2. Aufl. Vom Verf. autoris. Übersetzg. gr. 8. (VI, 824 S.) Hamburg 902. Cassel, J. G. Oncken Nachf. Geb. in Leinw. 6. —

—— Hans Pflüger's Bilder. Mehr von seinen Reden für allerlei Leute. Autoris. Uebersetzung. 8. (VIII, 196 S. mit eingedr. Holzschn.) Norden 882, Soltau's Verlag. *

— Hans Pflügers Bilder. Mehr v. seinen Reden f. allerlei Leute. Autor. Uebersetzg. 2. Aufl. 5. Taus. 8. (160 S. m. Bild.) Hamburg 896. Cassel, Verlagshaus d. dtsch. Baptisten J. G. Oncken Nachf. 1. —; geb. in Leinw. 1. 80

Spurgeon, C. H., Bilder aus der Pilgerreise. Ein Kommentar zu verschiedenen Stellen der unsterbl. Allegorie v. John Bunyan. Mit einleit. Bemerkungen v. Thom. Spurgeon. Autoris. Uebersetzg. v. Herm. Liebig. (XI, 162 S.) 8. Kassel 905. J. G. Oncken Nachf. n. 2. —; geb. in Leinw. n. 2. 40; m. Goldschn. n. 2. 80

— „Bis daß Er kommt". Abendmahlsbetrachtungen. Autoris. Übersetzg. v. A. Steen. 8. (315 S.) Cassel (900). J. G. Oncken Nachf. 3. —; geb. 3. 50

— Blätter vom Lebensbaum. 12 Predigten. Autoris. Uebersetzg. v. E. Spliedt. gr. 8. Witten (900). Buchh. der Stadtmission. à n. — 10; in 1 Bd. [III, 192 S.] 1. 50; geb. 2. 40
1. Heute, Heute, Heute! Predigt üb. Psalm 95, 7. (16 S.) — 2. Eile, rette deine Seele. Predigt üb. 1. Mose 19, 16. (S. 17—32.) — 3. Das Wort vom Kreuz. Predigt über 1. Kor. 1, 18. (S. 33—48.) — 4. Jehovah hat geredet; wollt ihr nicht hören? Predigt üb. Jeremia 13, 15—17. (S. 49—64.) — 5. Unterlassungssünden. Predigt über Jer. 11, 8. (S. 65—80.) — 6. Für wen ist Christus gestorben? Predigt üb. Römer 5, 6. (S. 81—96.) — 7. Auferstehung m. Christi. Predigt über Eph. 2, 4 u. 5. (S. 97—121.) — 8. Die getünchte Wand. Predigt über Hes. 13, 10—12. (S. 113—128.) — 9. Jesum suchen. Predigt über Joh. 6, 24. (S. 129—144.) — 10. Der strenge Zuchtmeister. Predigt üb. Gal. 3, 24. 25. (S. 145—160.) — 11. Ist Bekehrung notwendig? Predigt üb. 2. Kor. 5, 17. (S. 161—176.) — 12. Die Ernte ist vergangen. Predigt üb. Jer. 8, 20. (S. 177—192.)

'Borgen macht Sorgen'. Etwas über d. Schuldenmachen. Von C[harles] H[addon] Spurgeon. *Cassel: J. G. Oncken Nachf. [1903].* (15 S.) 8° [F.]
— Spurgeon: Spurgeon-Predigt. Einzeln-Ser. No 18. [03. 9865 4]

Spurgeon, Charles Haddon, ein Born des Heils f. Vereinsamte. Worte des Trostes f. Mühselige u. Beladene. 8. (VIII, 238 S.) Cassel 901. J. G. Oncken Nachf. 2. 25; geb. n. 2. 80; erm. Pr. 2. —; geb. 2. 40

Gute Botschaft für die Unglücklichsten der Menschen. Predigt von C[harles] H[addon] Spurgeon über Psalm 77,3. *Witten: Buchh. d. Stadtmiss. [1900].* (15 S.) 8° [Umschlagt. F.] [01. 3473 6]

Spurgeon, C. H., die Botschaft d. Heils. Neue Predigten. 1. Jahrg. 12 Hfte. gr. 8. (832 S.) Hamburg 875. Koch. à Hft. n. — 50

— dasselbe. 2. Jahrg. 1—10. Hft. gr. 8. (S. 1—704.) Ebend. 876. à Hft. n. — 45

— die Botschaft des Heils. Neue Predigten. 2. Jahrg. 11. u. 12. (Schluß-)Hft. Autorisirte Uebersetzung. gr. 8. (IV u. S. 705—832.) Hamburg 876. Koch. à — 45

— dasselbe. 3. Jahrg. Autorisirte Uebersetzung. gr. 8. (IV, 832 S.) Ebend. 877. n. 5. 40

— e. Brunnen lebend. Wassers. 12 ausgew. Predigten. A. d. Engl. v. E. Spliedt. gr. 8. (XVI, 232 S.) Heilbronn 895. Witten, Buchh. d. Stadtmission. 3. —; erm. Pr. 1. 80; geb. 2. 60

— e. Brunnen lebend. Wassers. 12 ausgew. Predigten. Darunter s. eig. Leichenpredigt. Nebst e. Anh. v. 3 Gebeten. Aus d. Engl. übers. v. E. Spliedt. gr. 8. (XVI, 232 S.) Heilbronn 895. Stuttgart, M. Kielmann. n. 3. —

An seiner Brust. Von C[harles] H[addon] Spurgeon. Hamburg: J. G. Oncken Nachf. [1899?] (16 S.) 1 Bd 8°
= Spurgeon, Charles Haddon: Spurgeon-Predigt. Einzeln-Serie. No 12.

— das Buch der Bilder u. Gleichnisse (2000 der besten Illustrationen) aus Sp.'s bisher in deutscher Sprache nicht erschienenen Werken. Gesammelt, übers. u. zusammengestellt v. Herm. Liebig. gr. 8. (XXXII, 731 S.) Cassel 900. J. G. Oncken Nachf. 5. —; geb. 6. —

—— das Checkbuch der Glaubensbank. Köstliche Verheißungen, für den tägl. Gebrauch geordnet. Mit kurzen, aus der Erfahrung geschöpften Erklärungen. Autoris. und allein berechtigte Übersetzung von E. Spliedt. (In 12 Heften.) 1.—6. Heft. 8. (S. 1—192.) Barmen 888,89, Wiemann. à Heft 30 Pf.

—— Das Checkbuch der Glaubensbank. Köstliche Verheißgn., f. den tägl. Gebrauch geordnet. Mit kurzen, aus der Erfahrg. geschöpften Erklärgn. Autoris. und allein berecht. Übersetzg. von E. Spliedt. 7.—12. (Schluß-)Heft. 8. (III, S. 193—370.) Barmen 889, Wiemann. à Heft — 30; 1 80

Spurgeon, Mrs. C. H., zwölf Christblumen. Erblüht aus den „Westwood-Leaflets". 8. (89 S.) Leipzig 891. E. Ungleich. n. 1. 20

— der gekreuzigte Christus. Ein Vortrag. Aus dem Engl. von L. Rehfueß. gr. 8. (31 S.) Wildbad 859. (Frankfurt a. M., Völcker.) * *

— der gekreuzigte Christus. Ein Vortrag über 1. Cor. 1, Vers 23. 24. Aus dem Engl. von L. Rehfueß. 8. (32 S.) Elberfeld 868. (Barmen, Buchh. der evangel. Gesellschaft.)

— **der gekreuzigte Christus. Ein Vortrag über 1. Cor. 1, Vers 23. 24. Aus dem Engl. von L. Rehfueß. Elberfeld 868. (Barmen, Klein.) 8. (32 S.)** 3 ngr.

— der gekreuzigte Christus. E. Vortrag üb. 1. Cor. 1, Vers 23, 24. gr. 8. (24 S.) Witten 897. Buchh. d. Stadtmission. n.n. — 15

Christus im alten Testament. 60 Predigten von C[harles] H[addon] **Spurgeon** über vorbildl. u. prophet. Darstellungen d. Person u. d. Werks unsers Herrn Jesu Christi. Autor. Übers. von Hermann Liebig in Stettin. *Cassel: J. G. Oncken 1901.* (X, 708 S.) 8° [F.] [01. 491 4

D a r f ich glauben? Worte d. Rats f. suchende Seelen. Von C[harles] H[addon] **Spurgeon**. Hamburg-Borgfelde: J. G. Oncken Nachf. 1898. (189 S.) 1 Bd 8⁰

— darf ich glauben? Worte des Rats f. such. Seelen. 2. Aufl. 12. (189 S.) Cassel (900). J. G. Oncken Nachf. 1. —; erm. Pr. — 75; geb. 1. —

Darf ich glauben? Worte d. Rats f. suchende Seelen. Von Charles Haddon **Spurgeon**. 3. Aufl. Kassel: J. G. Oncken Nachf. [1906]. (189 S.) 8° [F.] [07. 3035 4

— ein Denkmal dem Verstorbenen und ein Wort an die Lebenden. Eine Predigt, gehalten am Morgen des Tags des Herrn den 7. Jan. 1883. Aus dem Engl. übers. 12. (29 S.) Gernsbach 883, Christl. Kolportage-Verein. *

— **dennoch! Zwei Psalmen Asaphs, zur Stärkung des Glaubens in mancherlei Anfechtg. aus Sp.'s Psalmen-Auslegg. Deutsch bearb. v. J. Millard. gr. 8. (32 S.) Frankfurt a/M. 898. J. Schergens. n. — 35; kart. n. — 60**

Der Dienst am Evangelium. Reden von C[harles] H[addon] **Spurgeon** vor Predigern u. Studenten. Autor. Übers. von Herm. Liebig, Stettin. *Cassel: J. G. Oncken 1901.* (414 S.) 8° [F.] [02. 495 4

D r e s c h e n. Predigt von C[harles] H[addon] **Spurgeon**. Kassel: J. G. Oncken Nachf. [1904]. (12 S.) 8⁰
= Spurgeon: Spurgeon-Predigt. Einzeln-Ser. No 36.

Eine willkommene E n t d e c k u n g. Von C[harles] H[addon] **Spurgeon**. Hamburg: J. G. Oncken Nachf. (1898.) (16 S.) 1 Bd 8⁰
= Spurgeon, Charles Haddon: Spurgeon-Predigt. Einzeln-Serie. No 10.

Spurgeon, Mrs. C. H., „Er hat Alles wohl gemacht". Zur Geschichte des Bücherfonds in den J. 1891 u. 1892. (88 S.) 8. Neukirchen (906). Buchh. des Erziehungsvereins. Kart. — 60

— **nothwendige Erfordernisse, um m. wirklichem Erfolg predigen zu können. Rede geh. in der Metropolitan-Kirche zu London. Uebersetzung aus dem Engl. 8. (16 S.) Berlin 884. Deutsche evang. Buch- u. Tractat-Gesellschaft. n. — 20**

— **Erinnerungen an Stambourne, s.: Beddow, Benj.**

Die Erntezeit. Erste gedruckte Predigt von C[harles] H[addon] **Spurgeon**. Veröffentl. im J. 1855. Als Anh. kurze Mitteilungen aus d. Lebens-Erfahrungen von C. H. Spurgeon. *Cassel: J. G. Oncken [1900].* (15 S.) 8° [Umschlagt. F.]
= **Spurgeon**: Spurgeon-Predigt. Einzeln-Serie. No 16. [01. 5300 4

E s s e n s z e i t auf den Kornfeldern. Predigt von C[harles] H[addon] **Spurgeon**. Kassel: J. G. Oncken Nachf. [1904]. (12 S.) 8⁰
= Spurgeon: Spurgeon-Predigt. Einzeln-Ser. No 34.

Spurgeon, C. H., das Evangelium des Propheten Jesajas. Acht Vorträge. Aus dem Engl. von Balmer-Rinck. Ludwigsburg 861. Riehm. (Basel, Balmer & Riehm.) gr. 8. (2 Bl., 154 S.) 12 ngr.

— **das Evangelium des Propheten Jesajas. 8 Vorträge. Aus dem Engl. von Balmer-Rinck. 2. Aufl. gr. 8. (III und 164 S.) Basel 867, Riehm.**

— **das Evangelium im Jesaja. Predigten. Autoris. Uebersetzung v. E. Spliedt. 2 Bde. 8. (IV, 205 u. 204 S.) Stuttgart 899. M. Kielmann. à n. 2. —; in 1 Bd. geb. n. 5. —**

— **das Evangelium des Reiches. Eine volkstüml. Erklärg. des Evangeliums nach Matthäus. Mit Vorwort v. Frau C. H. Spurgeon. Mit Einleitg. v. Otto Funcke. Autoris. Übersetzg. gr. 8. (XII, 801 S.) Hamburg 894. J. G. Oncken Nachf. 8. 75; geb. in Leinw. 4. 50**

— d. Evangelium f. allerlei Volk. 60 kurze Predigten, nebst e. kurz gefaßten Lebensgeschichte v. d. Heimgegang. u. e. Vorrede v. s. Sohne u. Nachfolger im Amte Thom. Spurgeon. Ins Deutsche übertr. v. Herm. Liebig. Lex.-8. (544 S. m. Bildn.) Hamburg 898. Cassel, Verlagshaus d. dtsch. Baptisten J. G. Oncken Nachf. 4. 25; geb. in Leinw. 5. —

— der Faden für das Labyrinth. Aus dem Engl. übers. 64. (164 S.) Hagen 884, Risel und Comp. geb. *

— Federn f. Pfeile od. Illustrationen f. Prediger u. Lehrer. Aus meinem Notizbuch. Autor. Uebersetzg. v. E. Spliedt. gr. 8. (XV, 147 S.) Heilbronn 897. Stuttgart, M. Kielmann. n. 2. —; geb. n. 3. —

Federn für Pfeile [Feathers for arrows] oder Illustrationen für Prediger und Lehrer. Aus meinem Notizbuch von C[harles] H[addon] **Spurgeon**. Autor. Uebers. von E. Spliedt. 2. Aufl. *Heilbronn: M. Kielmann 1897.* (XV, 147 S.) 8° [F.] 10

— Federn f. Pfeile **oder** Illustrationen f. Prediger u. Lehrer. Aus meinem **Notizbuch**. Autoris. Uebersetzg. v. E. Spliedt. 4., unveränd. Aufl. gr. 8. (XV, 147 S.) Stuttgart 902. [M. Kielmann.] Cassel, J. G. Oncken Nachf. n. 2. —; geb. n. 3. —

Den Felsen pflügen. Predigt von C[harles] H[addon] **Spurgeon**. Kassel: J. G. Oncken Nachf. [1904]. (11 S.) 8° [F.]
= **Spurgeon**: Spurgeon-Predigt. Einzeln-Ser. No 24. [05. 1153 4

Die Freude der Ernte. Predigt von C[harles] H[addon] **Spurgeon**. Kassel: J. G. Oncken Nachf. [1904]. (11 S.) 8° [F.]
= **Spurgeon**: Spurgeon-Predigt. Einzeln-Ser. No 32. [05. 1161 4

— **der verachtete Freund. Eine Betrachtg. über Jesaias 53,3. Uebers. v. E. Spliedt. 8. (24 S.) Witten 899. Buchh. der Stadtmission. — 20**

Frost und Tau. Predigt von C[harles] H[addon] **Spurgeon**. Kassel: J. G. Oncken Nachf. [1904]. (12 S.) 8° [F.]
= **Spurgeon**: Spurgeon-Predigt. Einzeln-Ser. No 21. [05. 1150 4

Frühling im Herzen. Predigt von C[harles] H[addon] **Spurgeon**. Kassel: J. G. Oncken Nachf. [1904]. (12 S.) 8° [F.]
= **Spurgeon**: Spurgeon-Predigt. Einzeln-Ser. No 27. [05. 1156 4

Spurgeon, Ch. H., für Jesus allein! Eine Handreichg. f. Arbeiter im Weinberge des Herrn. 12. (183 S.) Hamburg 898. Cassel, Verlagshaus d. dtsch. Baptisten J. G. Oncken Nachf. 1. —; geb. 1. 50

— unser allmächtiger Führer. Missionspredigt, geh. am 30. IV. 1886 in d. Great-Queen-Street-Kapelle in London. Aus d. Engl. übers. gr. 8. (20 S.) Neukirchen 897. Missionsbuchh. Stursberg & Co. n. — 15

—— Funken vom himmlischen Leuchter. Sieben Vorträge. Aus dem Engl. von L. Rehfueß. Mit einer Lebensskizze C. H. Spurgeon's. gr. 8. (XI und 144 S.) Ludwigsburg 860, [Balmer und Riehm.]

—— Funken vom himmlischen Leuchter. 7 Vorträge. Aus dem Engl. von L. Rehfueß. Mit einer Lebensskizze C. H. Spurgeons. 2. Aufl. 8. (XIII und 150 S.) Basel 864, Riehm.

— für Jesus allein! Eine Handreichung f. Arbeiter im Weinberge des Herrn. 2. Aufl. 12. (183 S.) Hamburg 898. Cassel, J. G. Oncken Nachf. 1. —; erm. Pr. — 75; geb. 1. —

Die beste Gabe. Predigt v. C[harles] H[addon] **Spurgeon**. Hamburg: J. G. Oncken Nachf. (1898.) (16 S.) 1 Bd 8°
= Spurgeon, Charles Haddon: Spurgeon-Predigt. Einzeln-Serie. No 2.

— zwei Gastpredigten in Hamburg. Aus dem Engl. übers. u. mit einigen Bemerkungen eingeleitet. Hamburg 867. J. G. Oncken. gr. 8. (31 S.) 3 ngr.

— Gebet für Studenten. Predigt über Psalm 119, 27. Aus dem Englischen. gr. 8. (15 S.) Ebend. 879. n. — 20

Ein Gebet für Studenten. Von C[harles] H[addon] Spurgeon. *Cassel: J. G. Oncken Nachf. [1902].* (15 S.) 8° [Umschlagt. F.]
= Spurgeon: Spurgeon-Predigt. Einzeln-Serie. No 14. [02. 11347 4

Wahres Gebet. (Von [Charles Haddon] Spurgeon.) (*Hamburg-Borgfelde: Trakt.-Ges. [um 1900].*) (8 S.) 8° [Kopft. F.]
— [Traktate d. Christl. Traktat-Gesellschaft.] Spurgeon-Ser. No 8. [02. 11596 4

Eine merkwürdige Gebetsversammlung. Von C[harles] H[addon] **Spurgeon**. Hamburg: J. G. Oncken Nachf. (1898). (16 S.) 1 Bd 8°
= Spurgeon, Ch. H.: Spurgeon-Predigt. Einzeln-Ser. No 7.

Das Gegenwärtige. Eine Predigt von C[harles] H[addon] **Spurgeon**. Uebers. von E. Spliedt. *Witten: Stadtmission [1899].* (S. 129–144.) 8° [F.]
= **Spurgeon**: Zeugnisse vom Heil in Christo. No 9. [05. 464

— das Geheimnis unserer Kraft. 40 Ansprachen üb. u. in Gebetsversammlungen. Autoris. Uebersetzg. v. Herm. Liebig. (VII, 227 S.) gr. 8. Cassel 903. J. G. Oncken Nachf. 2. 50; geb. in Leinw. 3. —

— Geistesstrahlen, s.: Universal-Bibliothek.

—— das kommende Gericht über die Geheimnisse der Menschen. Predigt, gehalten am Sonntagmorgen, den 12. Juli 1885, auf Veranlassung der bekannten Enthüllungen der Pall-Mall-Gazette. 8. (23 S.) Breklum 886, Christl. Buchhandlung.

Die Gewissheit der Sündenvergebung. (Von [Charles Haddon] Spurgeon.) (*Hamburg-Borgfelde: Trakt.-Ges. [um 1900].*) (8 S.) 8° [Kopft. F.]
— [Traktate d. Christl. Traktat-Gesellschaft.] Spurgeon-Ser. No 12. [02. 11600 4

—— Der Glaube. Was ist Glaube? Wie können wir ihn erhalten? Predigt. 2. Aufl. 12. (24 S.) Elberf. 892, Buchh. d. ev. Brüdervereins. * — 10

Die Glaubwürdigkeit der Auferstehung. Von C[harles] H[addon] **Spurgeon**. Hamburg: J. G. Oncken Nachf. (1898. (16 S.) 1 Bd 8°
= Spurgeon, Charles Haddon: Spurgeon-Predigt. Einzeln-Serie. No 8.

Das Gleichnis vom Säemann. Predigt von C[harles] H[addon] **Spurgeon**. Kassel: J. G. Oncken Nachf. [1904]. (11 S.) 8° [F.]
= **Spurgeon**: Spurgeon-Predigt. Einzeln-Ser. No 25. [05. 1534 4

Die Gleichnisse unseres Herrn und Heilandes in 52 Predigten v. C[harles] H[addon] **Spurgeon**. Hamburg: J. G. Oncken Nachf. 1896. (2 Bl., 690 S.) 1 Bd 8°

— die Gleichnisse unsres Herrn u. Heilandes in 52 Predigten. 2. Aufl. (Einzig autoris. Übersetzg.) gr. 8. (IV, 690 S.) Ebd. 901. Geb. in Leinw. 6. —

— ganz aus Gnaden. Ein ernstes Wort m. denen, welche Errettg. suchen durch den Herrn Jesum Christum. Autoris. Uebersetzg. v. E. Spliedt. 8. (IV, 139 S.) Bonn 886. Schergens. n. 1. —

— ganz aus Gnaden. Ein ernstes Wort m. denen, welche Errettg. suchen durch den Herrn Jesum Christum. Autoris. u. allein berecht. Übersetzg. v. E. Spliedt. 2. u. 3. Aufl. 8. (143 S.) Bonn 887. 888. Schergens. n. 1. —; geb. n. 1. 80

— ganz aus Gnaden. Ein ernstes Wort m. denen, welche Errettg. suchen durch den Herrn Jesum Christum. Autoris. Uebersetzg. v. E. Spliedt. 4. u. 5. Aufl. 8. (VIII, 137 S.) Bonn 891. 893. J. Schergens. n. 1. —; geb. 1. 80

— ganz aus Gnaden. E. ernstes Wort m. denen, welche Errettg. suchen durch d. Herrn Jesum Christum. Autor. Uebersetzg. v. E. Spliedt. 6. Aufl. 8. (VIII, 137 S.) Bonn 895. Frankfurt a/M., J. Schergens. n. 1. —

— ganz aus Gnaden. Ein ernstes Wort m. denen, welche Errettung suchen durch unsern Herrn Jesum Christum. Autoris. Übersetzung v. E. Spliedt. 8. u. 9. Aufl. 8. (à VIII, 137 S.) Frankfurt a/M. 899. 901. Bonn, J. Schergens. n. 1. —; geb. n. 1. 80

Spurgeon, C. H., Ganz aus Gnaden. Ein ernstes Wort m. denen, welche Errettung suchen durch unsern Herrn Jesum Christum. Autoris. Uebersetzg. v. E. Spliedt. 10. Aufl. (X, 137 S.) 8. Bonn 904. [J. Schergens.] Neukirchen, Buchh. des Erziehungsvereins. n. 1. —; geb. n. 1. 80

— Ganz aus Gnaden. Ein ernstes Wort m. denen, welche Errettg. suchen durch unsern Herrn Jesum Christum. Autoris. Übersetzg. v. E. Spliedt. 26. Taus. (VIII, 145 S.) kl. 8. Neukirchen (907). Buchh. des Erziehungsvereins. 1. —; kart. 1.25; geb. 1. 80

—— Gold-Strahlen. Tägliche Abend-Andachten für häusl. Erbauung und stille Sammlung. Dem deutschen Christenvolke dargeboten von Balmer-Rinck. (Min.-Ausg.) 8. (VIII, 534 S.) Hamburg 869, J. G. Oncken.

—— dass. — gr. 8. (V, 375 S.) Ebendas. 869.

— Gott der heilige Geist. Nach seinem Wesen u. Wirken dargestellt. gr. 8. (VII, 290 S.) Cassel 900. J. G. Oncken Nachf. 3. —; geb. 3. 60

— habt nicht lieb die Welt! Worte zur Beherzigg. f. Jünglinge. M. e. Vorwort v. Ch. Römer. 12. (219 S. m. Titelbild.) Stuttgart 898. D. Gundert. Geb. in Leinw. n. 2. 40; eleg. m. Goldschn. n. 3. —

—— evangelisches Hausbuch. 52 Predigten. Zur christl. Erbauung nach den Sonn- und Festtagen des Kirchenjahres geordnet. Mit einer Lebensskizze C. H. Spurgeon's. 6 Lfgn. gr. 8. (XVI, 768 S.) Basel 870, Riehm. à Lfg. 90 Pf.

—— Haus-Postille. 52 Predigten. gr. 8. (VII, 833 S. m. Bildnis.) Hamb. 892, Oncken Nachf. geb. * 6 —
Vgl.: Schwert u. Kelle. 10. u. 11. Bd.

— dasselbe. 2. Aufl. gr. 8. (VII, 831 S. m. Bildnis.) Ebd. 898. Geb. in Leinw. n. 6. —

— Haus-Postille. 52 ausgew. Predigten. 3. Aufl. gr. 8. (744 S. m. Bildn.) Hamburg 896. Cassel, Verlagshaus d. dtsch. Baptisten J. G. Oncken Nachf. Geb. in Leinw. 6. —

— dasselbe, s.: Schwert u. Kelle.

— die Heiligen u. ihr Erlöser. Der Fortschritt der Seele in der Erkenntnis Jesu. Uebers. v. E. Spliedt. gr. 8. (315 S.) Witten 899. Buchh. d. Stadtmission. 2. 50; geb. 3. 50

Heiligkeit, das Gesetz des Hauses Gottes. Predigt von C[harles] H[addon] Spurgeon. *Cassel: J. G. Oncken [1900].* (15 S.) 8° [Umschlagt. F.]
= Spurgeon: Spurgeon-Predigt. Einzeln-Serie. No 15. [01. 5301 4

Der Helfer im Kindergottesdienst ein Haushalter. Wicht. Ratschläge f. Sonntagsschul-Mitarbeiter von C[harles] H[addon] Spurgeon. *Cassel: J. G. Oncken Nachf. [1902].* (16 S.) 8° [F.]
= Spurgeon: Spurgeon-Predigt. Einzeln-Serie. No 17. [02. 11548 4

— die Herren Moody u. Sankey vertheidigt; od.: Eine Vertheidigg. der Lehre v. der Rechtfertigg. durch den Glauben. gr. 8. (16 S.) Hamburg 875. Koch. — 15

Auf dem Heufelde. Predigt von C[harles] H[addon] Spurgeon. Kassel: J. G. Oncken Nachf. [1904]. (11 S.) 8° [F.]
= Spurgeon: Spurgeon-Predigt. Einzeln-Ser. No 31. [05. 1363 4

— der Himmel und die Hölle. Predigt über Matth. 8, 11. 12. zu London im Freien vor etwa 12000 Zuhörern gehalten. Elberfeld 860. Bädeker in Comm. 8. (30 S.) 3 *ngr.*

— der Himmel u. die Hölle. Predigt über Matth. 8, 11. 12. Zu London im Freien vor etwa 12,000 Zuhörern gehalten. 4. Aufl. Elberfeld. 867. (Barmen, Klein.) 8. (31 S.) 3 *ngr.*

—— Der Himmel u. die Hölle. Predigt üb. Matth. 8, 11, 12, zu London im Freien vor etwa 12000 Zuhörern geh. gr. 8. (16 S.) Witten a. d. R. 892, Fries u. Comp. ** — 15

— der Himmel u. die Hölle. Predigt üb. Matth. 8, 11—12 zu London im Freien vor ca. 12000 Zuhörern geh. 6. Aufl. (16.—20. Taus.) gr. 8. (16 S.) Witten 897. Buchh. d. Stadtmission. n.n. — 15

Himmel und Hölle. Eine auf e. Felde vor e. Versammlg v. etwa zwölftausend Zuhörern geh. Predigt v. C[harles] H[addon] Spurgeon. Autor. Übs. ... Hamburg: J. G. Oncken Nachf. [1899? .] 1 Bd 8⁰
= Spurgeon, Charles Haddon: Spurgeon-Predigt. Einzeln-Serie. No 11.

— für Hohe u. Niedere zur Selbstprüfung. Eine Rede üb. 2. Sam. 17, 23. 8. (21 S.) Basel 872. Spittler. — 15

—— Honig im Munde. Predigt beim Schluß der Pastoral-Konferenz. Mit Genehmigg. d. Verf. übers. v. E. Spliedt. 8. (38 S.) [Hagen i. W. 891, H. Risel u. Comp.] Hamb., Oncken Nachf. * — 50

— die Jagd nach dem Glück, s.: Universal-Bibliothek f. das christliche Haus Nr. 1.

— ich bin der Herr dein Arzt. Worte des Trostes f. Kranke, Betrübte u. Notleidende. gr. 16. (174 S.) Stuttgart (900). D. Gundert. n. 1. —; geb. in Leinw. m. Goldschn. n. 1. 60

— Ich bin der Herr dein Arzt. Worte des Trostes für Kranke, Betrübte u. Notleidende. 4. Aufl. (14.—18. Taus.) (174 S.) 16. Stuttgart (906). D. Gundert. n. 1. —; geb. in Leinw. m. Goldschn. n. 1. 60

Ich fand, den meine Seele liebt [Most Holy Place]. 35 Predigten über d. Hohelied von C[harles] H[addon] Spurgeon. Übers. von H(ermann) Liebig. Kassel: J. G. Oncken Nachf. 1907. (382 S.) 8° [F.] [08. 1404 4

— Ich und mein Haus wollen dem Herrn dienen. Begleitwort f. den Ehe- u. Hausstand. 1. u. 2. Aufl. 1.—9. Taus. (160 S. m. Titelbild.) 16. Ebd. (903. 906.) n. 1. —; geb. in Leinw. m. Goldschn. n. 1. 60

Jesus, der Stellvertreter seines Volkes. E. Predigt z. Passionszeit v. C[harles] H[addon] Spurgeon. (Halle a. S.: Bibel- u. Schriften-Verein [1899].) (SA. aus: Spurgeon, Das Evangelium für allerlei Volk). (8 S.) 1 Bd 8⁰

— Ihr sollt heilig sein! 20 Predigten üb. die Heiligung der Kinder Gottes. Ausgewählt u. übers. v. Herm. Liebig. (VII, 176 S.) gr. 8. Cassel (904). J. G. Oncken Nachf. 2. —; geb. in Leinw. 2. 40

Illustrationen und Meditationen oder: Blumen aus d. Garten e. Puritaners. Destilliert u. dargeboten v. C[harles] H[addon] Spurgeon ... (A. d. Umschl.: 2. Aufl.) Hamburg (a. d. Umschl.: Cassel): J. G. Onckens Nachf. 1884. [1899]. (VIII, 352 S.) 1 Bd 8⁰

— Illustrationen u. Meditationen od. Blumen aus dem Garten e. Puritaners. Destillirt u. dargeboten. 8. (VIII, 352 S.) Hamburg 884. Oncken's Nachf. n. 2. 25; geb. n. 3. —

— Illustrationen u. Meditationen od. Blumen aus dem Garten e. Puritaners. Destilliert u. dargeboten. 2. Aufl. 8. (VIII, 352 S.) Hamburg 888. Oncken Nachf. n. 2. 25

— seltene Juwelen. I. u. II. 12. Leipzig, E. Sonnenhol. Kart. à n. — 80
I. 1. Die Jagd nach Glückseligkeit. — 2. Das redende Buch. — 3. Christus ist Alles. (64 S.) 898.
II. 1. Der große Glaubensschild. — 2. Der Blick auf Jesum. 3. Bilder des Lebens u. Gedanken am Geburtstage. (71 S.) 899.

— der größte Kampf in der Welt. Konferenzrede. Vom Verf. autoris. Uebersetzg. v. E. Spliedt. 8. (76 S.) Ebd. 891. n. 1. —

— nur e. Kerze. Vorlesgn. über Illustrationen, die in gewöhnl. Kerzen zu finden sind. 2. Aufl. 6. Taus. 12. (132 S. m. Abbildgn.) Cassel 901. J. G. Oncken Nachf. 1. —; geb. 1. 50; erm. Pr. — 75; geb. 1. —

Eine neue Kreatur. Eine Predigt von C[harles] H[addon] Spurgeon. Uebers. von E. Spliedt. *Witten: Stadtmission [1899].* (S. 65–80.) 8° [F.]
= Spurgeon: Zeugnisse vom Heil in Christo. No 5. [03. 404

Kleinode göttlicher Verheissungen. oder: Checkbuch der Glaubensbank. Mit aus d. Erfahrg geschöpften Erklärgn. auf jeden Tag im Jahr v. C[harles] H[addon] Spurgeon. 2. Aufl. Hamburg: J. G. Oncken Nachf. 1897. (382 S., 1 Taf.) 1 Bd 8⁰

— Kleinode göttlicher Verheißungen od. Checkbuch der Glaubensbank. M. aus d. Erfahrg. geschöpften Erklärgn. auf jeden Tag im Jahr. 2. Aufl. gr. 16. (382 S. m. Titelbild.) Hamburg 897. Cassel, Verlagshaus d. deutschen Baptisten. 1. 50; geb. 2. —

Die Kosten überschlagen. Predigt v. C[harles] H[addon] **Spurgeon**. Hamburg: J. G. Oncken Nachf. (1898). (16 S.) 1 Bd 8°
= Spurgeon, Charles Haddon: Spurgeon-Predigt. Einzeln-Serie. No 6.

— die rothe Kuh als Sinnbild der täglichen Reinigung der Gläubigen. Predigt über 4. Mose 19, gehalten am 30. Aug. 1863. Elberfeld 864. (Osnabrück, Rackhorst.) 8. (32 S.) n. 2⅓ ngr.

— die Kunst der Illustration. Vorlesungen vor den Studenten seines College geh. Autor. Uebersetzg. v. E. Spliedt. 3., unveränd. Aufl. gr. 8. (VIII, 128 S.) Heilbronn 895. Stuttgart, M. Kielmann. n. 1.80

— dasselbe. 3. Abtlg. Autor. Uebersetzung v. E. Spliedt. 4. (Ster.=) Aufl. gr. 8. (VIII, 128 S.) Ebd. 897. n. 1.80

—— das ewige Leben. Predigt über Ev. Joh. 10, Vers 28. Ins Deutsche übers. von Chr. Klug. 12. (32 S.) Elberfeld 868. (Barmen, Buchh. der evangel. Gesellschaft.)

— Leuchte u. Licht od. D. hl. Schrift f. d. Hausandacht. Ausgew. Abschnitte aus d. Worte Gottes f. jeden Morgen u. Abend d. Jahres m. fortlauf. Erklärgn. u. pass; Gesangversen. Geordnet u. m. Anmerkgn. vers. Uebers. v. E. Spliedt. 1.—19. Lfg. 4. (VI u. S. 1–608.) Stuttgart 896—898. Christliches Verlagshaus. à Lfg. — 40

— Leuchte u. Licht od. Die hl. Schrift f. die Hausandacht. Ausgewählte Abschnitte aus dem Worte Gottes f. jeden Morgen u. Abend d. Jahres m. fortlauf. Erklärgn. u. pass. Gesangversen. Geordnet u. m. Anmerkgn. vers. Uebers. v. E. Spliedt. 20.—24. Lfg. 4. (S. 609—776.) Stuttgart 898. 899. Christliches Verlagshaus. à — 40; (kplt. geb. 12.—)

— die erste Liebe. Predigt üb. Jeremia 2, 2. Aus d. Engl. v. Rob. Kaiser. gr. 8. (15 S.) Witten 897. Buchh. d. Stadtmission. n.n. — 15

—— Luther-Predigt, gehalten am 11. Novbr., Abends, in Exeter Hall vor dem Jünglingsverein. 8. (30 S.) Bonn 883, Schergens. *

Spurgeon, Charles Haddon, Luther=Predigt. 8. (30 S.) Striegau (900). R. Urban. — 20

Luther-Predigt von C[harles] H[addon] **Spurgeon**. (2. Aufl.) *Striegau: R. Urban [1901].* (30 S.) 8° [F.] [03. 12316]

Die Mahnung des Heiligen Geistes. Predigt v. C[harles] H[addon] **Spurgeon**. Hamburg: J. G. Oncken Nachf. (1898.) (16 S.) 1 Bd 8°
= Spurgeon, Charles Haddon: Spurgeon-Predigt. Einzeln-Serie. No 4.

Das Meer! Das Meer! Das weite u. offene Meer! E. Predigt f. Seeleute v. C[harles] H[addon] **Spurgeon**. 3. Aufl. Cassel: J. G. Oncken Nachf. [1899?] (16 S.) 1 Bd 8°
= Spurgeon, Charles Haddon: Spurgeon-Predigt. Einzeln-Serie. No 13.

— mein Werk ist gethan. — Nachruf an C. H. Spurgeon v. Ed. Millard, geh. zu Wiesbaden. Nebst den 2 letzten Ansprachen, geh. zu Mentone, Süd-Frankreich, v. C. H. S. 8. (45 S. m. 1 Bildnis.) Hamburg 892. J. G. Oncken Nachf. n. — 40

— **In Memoriam. „Er hat Alles wol gemacht". Zur Geschichte d. Bücherfonds in den J. 1891 u. 1892. 8. (88 S.) Bonn 894. J. Schergens. n. — 60**

— Mit Gott in der Welt. Worte zur Beherzigg. f. Jünglinge. 2. Aufl. v. „Habt nicht lieb die Welt!" (216 S. m. Titelbild.) 8. Stuttgart 907. D. Gundert.
Geb. in Leinw. 2.40; m. Goldschn. 3. —

— die Natur u. d. Reich d. Gnade. M. e. Vorwort v. C. C. E. Behrmann. Autor. Uebersetzg. v. A. Steen. 8. (VIII, 341 S.) Hamburg 897. Cassel, Verlagshaus d. dtsch. Baptisten J. G. Oncken Nachf. 2.50;
geb. in Leinw. 3. —

Nötige sie hereinzukommen. Eine Predigt von C[harles] H[addon] **Spurgeon**. Uebers. von E. Spliedt. *Witten: Stadtmission [1899].* (S. 151–176.) 8° [F.]
= **Spurgeon**: Zeugnisse vom Heil in Christo. No 11. [illegible]

Ohne Geld und umsonst! Predigt v. C[harles] H[addon] **Spurgeon**. Hamburg: J. G. Oncken Nachf. (1898.) (16 S.) 1 Bd 8°
= Spurgeon, Charles Haddon: Spurgeon-Predigt. Einzeln-Serie. No 3.

—— das stellvertretende Opfer Christi. Drei Predigten. Zur Zeit seines Austritts aus der „Baptist Union" gehalten. Autoris. Uebersetzung von E. Spliedt. 8. (VIII, 80 S.) Bonn 888, Schergens. * 50 Pf.; geb. *

— das stellvertretende Opfer Christi. 3 Predigten. Zur Zeit s. Austritts aus der „Baptist Union" geh. Autor. Uebersetzg. v. E. Spliedt. (2. Aufl.) 8. (VIII, 80 S.) Bonn 895. Frankfurt a/M., J. Schergens. n. — 50

— **Osten u. Westen, Daheim ist's am besten. 12. (8 S.) Basel 898. Jaeger & Kober. Für 10 Stück n. — 40**

— Perlen z. inneren Schmuck. Auszüge aus d. Schriften d. sel. Sp. f. jeden Tag d. Monats. qu. 12. (32 S. m. Vignetten.) Frankfurt a/M. 898. J. Schergens. — 60

(8) — Perlen z. inneren Schmuck. 898. Jetzt: Neukirchen, Buchh. d. Erziehungsvereins.

Der Pfingst-Wind und das Pfingst-Feuer. Predigt v. C[harles] H[addon] **Spurgeon**. Hamburg: J. G. Oncken Nachf. (1898). (16 S.) 1 Bd 8°
= Spurgeon, Ch. H.: Spurgeon-Predigt. Einzeln-Serie. No 1.

—— An der Pforte. Ein Wort an Suchende üb. den Glauben an d. Herrn Jesum Christum. 1. u. 2. Aufl. Autoris. Übersetzg. v. E. Spliedt. 8. (76 S.) Bonn 890, Schergens. * — 60; geb. * 1 25

— **an der Pforte. Ein Wort an Suchende, üb. den Glauben an den Herrn Jesum Christum. 3. Aufl. Autoris. Übersetzg. v. E. Spliedt. 8. (76 S.) Bonn 893. J. Schergens. n. — 60; geb. 1. 25**

— an d. Pforte. E. Wort an Suchende, üb. d. Glauben an d. Herrn Jesum Christum. 4. Aufl. Autor. Uebersetzg. v. E. Spliedt. 8. (76 S.) Bonn 895. Frankfurt a/M., J. Schergens. n. — 60

— an der Pforte. Ein Wort an Suchende, über den Glauben an den Herrn Jesum Christum. 6. Aufl. Autorisierte Uebersetzg. v. E. Spliedt. 8. (76 S.) Frankfurt a/M. 899. Bonn, J. Schergens. n. — 60; geb. n. 1. 25

— An der Pforte. Ein Wort an Suchende üb. den Glauben an den Herrn Jesum Christum. Autoris. Übersetzg. v. G. Spliedt. (81 S.) kl. 8. Neukirchen (907). Buchh. des Erziehungsvereins. — 75

— excentrische Prediger. Mit Genehmigung des Verfassers in's Deutsche übertragen von Wilh. Krückeberg. 8. (VII, 196 S.) Hamburg 881. Oncken's Nachf. n. 1. —

—— Der Prediger unserer Zeit. Rede, geh. am 22. April 1890 bei Gelegenheit der Prediger-Konferenz im Tabernakel zu London. gr. 8. (22 S.) Witten a. d. R. 890, Fries u. Comp. ** — 15

— d. Prediger uns. Zeit. Rede, geh. am 22. IV. 1890 bei Gelegenheit d. Prediger-Konferenz im Tabernakel zu London. (2. Aufl.) gr. 8. (24 S.) Witten 897. Buchh. d. Stadtmission. n.n. — 15

— unter seinen Predigern. Reden bei Pastoral-Konferenzen. Autor. Uebersetzg. v. E. Spliedt. gr. 8. (VI, 184 S.) Heilbronn 898. Stuttgart, M. Kielmann. n. 2. —; geb. n. 3. —

—— Ueber die Predigt unter freiem Himmel. Eine Skizze ihrer Geschichte. 8. (52 S.) Berl. 890, Deutsche evangel. Buch- u. Traktat-Gesellschaft. * — 40

Aus: Vorlesgn. in meinem Prediger-Seminar, besonders abgedruckt.

—— Predigten, s.a. Schwert und Kelle.

—— Predigten. 1. Bd. 1. Heft. 1. und 2., unveränd. Abdr. gr. 8. (120 S.) Hamburg 860, Oncken. *

Hieraus einzeln (à 20 S.) à * 2 Ngr.:
Die Gewißheit der Vergebung der Sünden. Eine Predigt über Jes. 38, 17.
Müde Hände und strauchelnde Kniee. Eine Predigt über Jes. 35, 3.
Eine Religion in der Gegenwart. Eine Predigt über 1. Joh. 3, 2.
Die Schmach des Heilandes. Eine Predigt über Hebr. 12, 2.
Die Umkehrung der Welt. Eine Predigt über Apostelgesch. 17, 6.
Der Weg zu Gott. Eine Predigt über Joh. 14, 6.

—— dass. — 1. Bd. 2—4. Heft. gr. 8. (S. 121—503 mit lithogr. Portr.) Ebendas. 861. à Heft * 7½ Ngr. * -

—— dass. — Aus dem Engl. von Balmer-Rinck. 2. Bd. 1—4. Heft. gr. 8. (III und 446 S.) Ebendas. 861. à Heft * 7½ Ngr. *

—— Predigten. Aus dem Engl. von Balmer-Rinck. 3. Bd. gr. 8. (III und 475 S.) Hamburg 864, J. G. Oncken. geb. *

1. und 2. Bd. Ebendas. 1860,61. 2 Thlr.; geb. * 2 Thlr. 20 Ngr.
Hieraus einzeln (à 20 S.) à 2 Ngr.:
Ein Anblick von der Herrlichkeit Gottes. — Die Gewißheit der Vergebung der Sünden. — Müde Hände und strauchelnde Kniee. — Reform. — Eine Religion in der Gegenwart. — Die Schmach des Heilandes. — Die Umkehrung der Welt. — Der Weg zu Gott.

—— dass. — Aus dem Engl. übers. von Balmer-Rinck. Neue Sammlung. 1. Bd. 4 Hefte: Weckstimmen aus Gottes Wort. gr. 8. (456 S.) Ebendas. 867. à Heft 7½ Ngr.

—— dass. — Aus dem Engl. 2. und 3. Bd. (Min.-Ausg.) 12. (III und 440 S., III und 463 S.) Ebendas. 868. à Bd. 15 Ngr.

—— Predigten. Aus dem Engl. 4. Bd. gr. 8. (486 S.) Hamburg 873, J. G. Oncken. M 3.; geb. *

— Predigten. Einzeln-Serie. Nr. 1—10. 8. (à 16 S.) Hamburg 898. Cassel, Verlagshaus d. dtsch. Baptisten J. G. Oncken Nachf. à n. — 10

1. Der Pfingst-Wind u. d. Pfingst-Feuer.
2. Die beste Gabe.
3. „Ohne Geld u. umsonst".
4. Die Mahnung d. hl. Geistes.
5. Das Aufrichten d. ehernen Schlange.
6. Die Kosten überschlagen.
7. Eine merkwürdige Gebetsversammlung.
8. Die Glaubwürdigkeit d. Auferstehung.
9. Was d. Gemeinde Gottes sein sollte.
10. Eine willkomm. Entdeckung.

— Predigten. Einzeln-Serie. Nr. 11—13 u. 15—17. (Schluß.) gr. 8. (à 16 S.) Cassel, J. G. Oncken Nachf. à n. — 10

11. Himmel u. Hölle. Eine auf e. Felde vor e. Versammlg. v. etwa 12 000 Zuhörern geh. Predigt. Autoris. Übersetzg. (900.) — 12. An seiner Brust. (Hamburg.) (900). — 13. Das Meer! Das Meer! Das weite u. offene Meer! Eine Predigt f. Seeleute. 3. Aufl. (900.) — 15. Heiligkeit, das Gesetz des Hauses Gottes. (900.) — 16. Die Erntezeit. Erste gedruckte Predigt. Veröffentlicht im J. 1855. Als Anh. kurze Mitteilgn. aus den Lebens-Erfahrgn. v. C. H. Spurgeon. (900.) — 17. Der Helfer im Kindergottesdienst e. Haushalter. Wichtige Ratschläge f. Sonntagsschul-Mitarbeiter. (902.)

— ausgewählte Predigten. Aus dem Engl. Mit dem (lith.) Portr. u. einer Lebensskizze C. H. Spurgeon's. 2 Bde. Basel 862, 63. Balmer & Riehm. gr. 8. (XIX, 440 S.; XII, 457 S.) Jeder Bd. n. 28 ngr.

— 3 Predigten in e. Zeit religiöser Erweckung. gr. 8. (57 S.) Hamburg 874. Koch. n. — 40

—— Predigten in Kerzen. Zwei Vorlesgn. üb. die Illustrationen, die in gewöhnl. Kerzen zu finden sind. 8. (112 S. m. Abbildgn.) Hamb. 891, Oncken Nachf. * 1 —; cart. 1 25; geb. 2 —

—— Die zwei letzten Predigten. „Meine Zeit stehet in deinen Händen" u.: Das Gesetz Davids üb. die Theilg. der Kriegsbeute. Aus dem Engl. übers. v. E. Spliedt. gr. 8. (57 S.) [Hagen i. W. 892, Risel u. Comp.] Hamb., Oncken Nachf. * — 40

Zwölf Predigten über die Auferstehung unsres Herrn und Heilandes Jesus Christus. Von C[harles] H[addon] **Spurgeon**. Hamburg-Borgfelde: J. G. Oncken Nachf. 1898. (2 Bl., 170 S.) 1 Bd 8°

Zwölf Predigten über das Leiden und Sterben unsres Herrn und Heilandes Jesus Christus. Von C[harles] H[addon] **Spurgeon**. Hamburg-Borgfelde: J. G. Oncken Nachf. 1898. (2 Bl., 169 S.) 1 Bd 8°

Predigt-Entwürfe oder: 104 Auszüge aus Predigten, die bis dahin im Druck nicht erschienen waren, ausgew. v. C[harles] H[addon] **Spurgeon**. Ill. durch zahlr. Anekdoten. Auszüge. Autoris. Übs. v. Predigten Herm. Liebig. Tl. 1. 2. Hamburg: J. G. Oncken Nachf. (1897). 2 Bd 8°

1. Altes Testament ... (236 S.) 2. Neues Testament ... (250 S.)

Spurgeon, Ch. H., Ratschläge f. Prediger. 21 Vorlesgn., geh. in s. Predigerseminar. Deutsch v. L. Öhler. Mit Vorwort v. Häring. 8. (368 S.) Stuttgart 896. D. Gundert. n. 3. —; geb. in Leinw. n. 3. 60

— Ratschläge f. Prediger. 21 Vorlesgn., geh. in seinem Predigerseminar. Deutsch v. L. Öhler. Mit Vorwort v. Häring. 2. durchgesch. Aufl. 8. (367 S.) Stuttgart 901. D. Gundert. Geb. in Leinw. n. 3. 60

—— Reden, daheim und auswärts. 8. (184 S.) [Bonn 882, Schergens.] Gernsbach, Christl. Kolportage-Verein. * geb. *

— Reden hinter 'm Pflug, oder: Guter Rath für allerlei Leute. Ein Volksbuch. [Aus dem Englischen.] 1. u. 2. Aufl. 8. (V, 187 S.) Hamburg 877. Koch. n. 1. —; cart. n. 1. 25; geb. n. 2. —

— Reden hinterm Pflug oder: Guter Rat f. allerlei Leute. Ein Volksbuch. 4., illustr. Ausg. 20. Taus. Autor. Uebersetzg. v. Jos. Lehmann. 8. (181 S.) Hamburg 897. Cassel, Verlagshaus d. deutschen Baptisten J. G. Oncken Nachf. 1. —; kart. 1. 25; geb. 1. 80

— Reden hinterm Pflug od.: Guter Rat f. allerlei Leute. Ein Volksbuch. Autoris. Übersetzg. v. Jos. Lehmann. 6. illustr. Aufl. (181 S.) kl. 8. Kassel 909. J. G. Oncken Nachf. Kart. 1.25; geb. in Leinw. 1. 50

—— zwölf Reden über biblische Texte oder zwölf unvergängliche Gold- und Perlenstücke, aus dem unergründl. Bergwerk des Geheimnisses der Gottseligkeit gegraben und von L. Krapf ins Deutsche übers. und in Umlauf gebracht. gr. 8. (V und 148 S.) Ludwigsburg 857, [Balmer und Riehm.] 12 Ngr.; geb. *

— zwölf Reden über biblische Texte. Vorträge. Aus dem Engl. von L. Krapf. 2. Aufl. 860. 15 ngr. — 3. Aufl. Mit dem (lith.) Portr. C. H. Spurgeon's. Ebend. 862. gr. 8. (VII, 144 S.) 12 ngr.

—— zwölf Reden über biblische Texte. Vorträge. Aus dem Engl. von L. Krapf. 3. Aufl. gr. 8. (VII und 144 S. mit dem lithogr. Portr. C. H. Spurgeon's.) Ludwigsburg [Basel] 862, Riehm. 12 Ngr.; geb.

— die Rückkehr zu Gott. Christi Menschenwerdg., das Fundament des Christentums. Autoris. Übersetzg. v. A. Hoefs. 8. (152 S.) Cassel 902. J. G. Oncken Nachf. n. — 80; geb. in Leinw. 1. 20

Ruhe. E. Predigt v. C[harles] H[addon] **Spurgeon**. Autoris. Uebers. v. E. Spliedt. Witten: Buchh. d. Stadtmiss. [1899]. (17–32 S.) 8°
= Spurgeon, C. H.: Zeugnisse vom Heil in Christo. No 2.

— Saat u. Ernte. Predigten für Landleute u. andere. 3. Aufl. (229 S.) 8. Ebd. 905. 1. 80; geb. 2. 25

Die Salzfässer. E. Sammlg v. Sprichwörtern m. einfachen Bemerkgn dazu v. C[harles] H[addon] **Spurgeon** . . . Hamburg (a. d. Umschl.: Cassel): J. G. Oncken Nachf. 1890 [1899]. (92 S.) 1 Bd 8°

Die Schafe vor den Scherern. Predigt von C[harles] H[addon] **Spurgeon**. Kassel: J. G. Oncken Nachf. [1904]. (11 S.) 8° [F.]
= **Spurgeon**: Spurgeon-Predigt. Einzeln-Ser. No 30.

Spurgeon, Charles Haddon, die Schatzkammer Davids. Eine Auslegg. der Psalmen. In Verbindg. m. mehreren Theologen deutsch bearb. v. James Millard. 1. u. 2. Halbbd. = 1.—10. Hft. gr. 8. (802 S.) Bonn 893. 894. J. Schergens. à Halbbd. n. 5. —; à Hft. n. 1. —

— d. Schatzkammer Davids. E. Auslegg. d. Psalmen. In Verbindung m. mehr. Theologen deutsch bearb. v. James Millard. 3. u. 4. Halbbd. gr. 8. (2. Bd. 480 S.) Frankfurt a/M. 895. 96. J. Schergens. n. 10. 50 (1.—4: n. 20. 50)

— die Schatzkammer Davids. Eine Auslegung der Psalmen. In Verbindg. m. mehreren Theologen deutsch bearb. v. James Millard. 5. Halbbd. gr. 8. (21. u. 22. Hft. 3. Bd. S. 1—160.) Frankfurt a/M. 899. Bonn, J. Schergens. Subskr.-Pr. n. 4. —; (1—5 n. 24. 50)

— die Schatzkammer Davids. Eine Auslegg. der Psalmen. In Verbindung m. mehreren Theologen deutsch bearb. v. James Millard. 6. Halbbd. (25. Heft. 3. Bd. S. 321—400.) gr. 8. Bonn 905. Neukirchen, Buchh. des Erziehungsvereins. Subskr.-Pr. 4. — (1—6: 28. 50)

— Die Schatzkammer Davids. Eine Auslegg. der Psalmen. In Verbindg. m. mehreren Theologen deutsch bearb. v. James Millard. 26.—40. (Schluß-)Heft. (3. Bd. S. 401—644; 4. Bd. 2 Tle. 362 u. 564 S.) gr. 8. Neukirchen 906—10. Buchh. des Erziehungsvereins. Subskr.-Pr. 15. —

Schicke Dich und begegne deinem Gotte. Eine Predigt von C[harles] H[addon] **Spurgeon**. Uebers. von E. Spliedt. *Witten: Stadtmission [1899].* (S. 49–64.) 8° [F.]
= **Spurgeon**: Zeugnisse vom Heil in Christo. No 4.

—— Schwert und Kelle. Neue Predigten. Autoris. Uebersetzung. 1.—4. Jahrg. 1881—1884. à Jahrg. 24 Nrn. gr. 8. (à Nr. ca. 16 S.) Hamburg, Oncken's Nachf. à Jahrg. *

— der Seelengewinner od. wie man Sünder zum Heiland führen soll. Autoris. Uebersetzg. v. E. Spliedt. gr. 8. (VIII, 230 S.) Heilbronn 896. [Stuttgart, M. Kielmann.] Cassel, J. G. Oncken Nachf. n. 3. —

— „Seid stark in dem Herrn". Ein Buch f. Jünglinge u. Jungfrauen. Bevorwortet v. Sir George Williams. 8. (219 S. m. 2 Bildnissen.) Cassel 901. J. G. Oncken Nachf. 2. 40; geb. 3. —

Sicherheit in Christo. Eine Predigt von C[harles] H[addon] **Spurgeon**. Uebers. von E. Spliedt. *Witten: Stadtmission [1899].* (S. 81–96.) 8° [F.]
= **Spurgeon**: Zeugnisse vom Heil in Christo. No 6.

—— Stimmen aus der Offenbarung Johannis. Acht Vorträge. Aus dem Engl. von Balmer-Rinck. 1. Aufl. 1862. und 2. Aufl. gr. 8. (III und 171 S.) Basel 867, Riehm.

— unt. seinen Studenten. Vorlesungen u. Ansprachen. Autor. Uebersetzg. v. E. Spliedt. 8. (V, 183 S.) Heilbronn 897. Stuttgart, M. Kielmann. n. 2. —

—— für freie halbe Stunden. Aus dem Engl. übers. 8. (IV, 165 S.) Bonn 884, Schergens. *

— suchet so werdet ihr finden. Ein Wegweiser f. alle, die glücklich werden wollen. 12. (174 S.) Stuttgart (901). D. Gundert. n. 1. —; geb. in Leinw. m. Goldschn. n. 1. 60

— Suchet, so werdet ihr finden. Ein Wegweiser f. alle, die glücklich werden wollen. 2. Aufl. 6.—9. Taus. (174 S.) 16. Stuttgart (906). D. Gundert. n. 1. —; geb. in Leinw. m. Goldschn. n. 1. 60

Die tief eingegrabene Sünde. Eine Predigt von C[harles] H[addon] **Spurgeon**. Uebers. von E. Spliedt. *Witten: Stadtmission [1899].* (S. 97–112.) 8° [F.]
= **Spurgeon**: Zeugnisse vom Heil in Christo. No 7.

Kleine Sünden. (Von [Charles Haddon] Spurgeon.) *(Hamburg-Borgfelde: Trakt.-Ges. [um 1900].)* (8 S.) 8° [Kopft. F.]
= [Traktate d. Christl. Traktat-Gesellschaft.] Spurgeon-Ser. No 10.

— aus dem Tabernakel. 7 Predigten. Autoris. Uebersetzg. v. E. Spliedt. Lex.-8. (V, 140 S.) Hagen 886. Risel & Co. n. 1. 50

— d. Taufe, s.: Norcott, John.

— die Taufe der Wiedergeborenen. 12 Predigten. Uebers. u. zusammengestellt v. Herm. Liebig. (134 S.) 8. Kassel 904. J. G. Oncken Nachf. 1. 40; geb. in Leinw. 1. 80

— Thau-Perlen zur täglichen Erquickung aus Gottes Wort gesammelt. Dem deutschen Christenvolke dargeboten von Balmer-Rinck. 2 Abthlgn. Hamburg 867. W. Oncken. gr. 8. (IX, 383 S.) 1 ₰

Spurgeon, C. H., Tauperlen u. Goldstrahlen. Tägliche Morgen- u. Abend-Andachten f. stille Sammlg. u. häusl. Erbauung. Mit e. Vorwort v. C. C. G. Behrmann. gr. 8. (IV, 737 S.) Hamburg 890. Oncken Nachf. 4. 80; geb. n. 6. —

— Tauperlen u. Goldstrahlen. Tägl. Morgen- u. Abend-Andachten f. stille Sammlg. u. häusl. Erbaug. Mit e. Vorwort v. C. C. G. Behrmann. 5. Aufl. (25. Taus.) gr. 8. (752 S. m. Bildn.) Hamburg 894. Cassel, Verlagshaus d. dtsch. Baptisten J. G. Oncken Nachf. Geb. in Leinw. 6. —

— Tauperlen u. Goldstrahlen. Tägliche Morgen- u. Abend-Andachten f. stille Sammlg. u. häusl. Erbaug. Mit e. Vorwort von C. C. G. Behrmann. 6. Aufl. (31. Taus.) gr. 8. (769 S. m. Bildnis.) Kassel 899. J. G. Oncken Nachf. 4. 50; geb. 5. —; eleg. geb. 6. —; m. Goldschn. 6. 50; erm. Pr. geb. 4. —, 5. — u. 5. 50

— Tauperlen u. Goldstrahlen. Tägliche Morgen- u. Abend-Andachten f. stille Sammlg. u. häusl. Erbauung. Mit e. Vorwort v. C. C. G. Behrmann. 8. Aufl. 40. Taus. (769 S. m. Bildnis.) 8. Kassel 909. J. G. Oncken Nachf. Geb. 4.—; in Leinw. 4.50; Orig.-Bd. 5.—; m. Goldschn. 5. 50

Die Trauer beim Anblick des Gekreuzigten. E. Predigt v. C[harles] H[addon] **Spurgeon.** Uebs. v. E. Spliedt. Witten: Buchh. d. Stadtmiss. [1899]. (33–48 S.) 8°
= Spurgeon, C. H.: Zeugnisse vom Heil in Christo. No 3.

— tröstet mein Volk! 12 Predigten f. Trauernde u. Verzagte. Deutsch v. E. Spliedt. gr. 8. (V, 179 S.) Heilbronn 896. Witten, Buchh. d. Stadtmission. 2. 50; erm. Pr. 1. 50; geb. 2. 20

— tröstet mein Volk! 12 Predigten f. Trauernde u. Verzagte. Autor. Uebersetzg. v. E. Spliedt. gr. 8. (V, 179 S.) Heilbronn 896. Stuttgart, M. Kielmann. n. 2. 50

— überall, u. doch vergessen. Predigt üb. Hiob 12, 9. 10. Aus dem Engl. übers. gr. 8. (16 S.) Hamburg 885. Kloß. — 30

— überall u. doch vergessen. Wahres Gebet — wahre Kraft. Zwei Predigten. Neu hrsg. u. seinen Mitmenschen dargereicht v. M. H. M. Luppy. gr. 8. (48 S.) Hamburg 891. Kloß. n. — 40

Die zerbrochene Umzäunung. Predigt von C[harles] H[addon] **Spurgeon.** Kassel: J. G. Oncken Nachf. [1904]. (12 S.) 8° [F.]
= **Spurgeon:** Spurgeon-Predigt. Einzeln-Ser. No 20. [05. 1249 4

— nach der Verheißung oder wie der Herr mit seinem erwählten Volke handelt. Ein Seitenstück zu „Ganz aus Gnaden". Autoris. Übersetzung. 8. (135 S.) Hamburg 887, Oncken Nachf. *

— nach der Verheißung, oder: Wie d. Herr m. s. erwählten Volke handelt. Ein Seitenstück zu „Ganz aus Gnaden". Autor. Uebersetzg. 4. Aufl. gr. 8. (118 S.) Hamburg 895. Cassel, Verlagshaus d. dtsch. Baptisten J. G. Oncken Nachf. — 75

— das Verlangen der Seele in geistlicher Dunkelheit. Eine Rede über Jes. 26, 9. Gehalten am 24. Juni 1855. Aus dem Engl. übers. von J. L. Krapf. 1—3. Aufl. Ludwigsburg 856, 57. Riehm. 8. (19 S.) 2 ngr.

— das Verlangen der Seele in geistlicher Dunkelheit. Eine Rede über Jes. 26, 9. Gehalten am 24. Juni 1855. Aus dem Engl. übers. von J. L. Krapf. 4. Aufl. Ebend. 860. gr. 8. (18 S.) 2 ngr.

— Vorlesungen in meinem Prediger-Seminar, oder ausgewählte Vorträge, gehalten vor den Studenten des „Metropolitan College" zu London. 8. (VII, 269 S.) Hamburg 878, [Koch.] Oncken. * ℳ 2.; geb. *

— Vorlesungen in meinem Prediger-Seminar, oder ausgewählte Vorträge, gehalten vor den Studenten des „Metropolitan College" zu London. 2. Bd. 8. (V, 150 S.) Hamburg 880, Oncken's Nachf. * ℳ 1,20.; geb. *
1. Bd. Ebendas. 1878. * ℳ 2.; geb. * ℳ 3.

— Vorlesungen in meinem Prediger-Seminar, od. ausgew. Vorträge, geh. vor d. Studenten d. „Metropolitan College" zu London. 2. Bd. 2., verb. u. illustr. Ausg. 8. (VIII, 206 S.) Ebd. 895. 1. 20; geb. 1. 80

— Vorträge bei Pastoral-Conferenzen. Mit Genehmigg. d. Verf. aus dem Engl. übers. 8. (IV, 176 S.) Bonn 883. Schergens. n. 1. 50

Der beladene Wagen. Predigt von C[harles] H[addon] **Spurgeon.** Kassel: J. G. Oncken Nachf. [1904]. (12 S.) 8°
= Spurgeon: Spurgeon-Predigt. Einzeln-Ser. No 35.

Was die Gemeinde Gottes sein sollte. Von C[harles] H[addon] **Spurgeon.** Hamburg: J. G. Oncken Nachf. (1898.) (16 S.) 1 Bd 8°
= Spurgeon, Charles Haddon: Spurgeon-Predigt. Einzeln-Serie. No 9.

— Was denkst Du, o Schläfer? Predigt über Jona 1, V. 5. u. 6., gehalten am 14. Septbr. 1862. Elberfeld, Hassel's Sortbhdlg. in Comm. 8. (35 S.) 2½ ngr.

— was denkst Du, o Schläfer? Predigt über Jona 1, V. 5. und 6., gehalten am 14. Septbr. 1862. 8. (35 S.) Elberfeld 863, [Langewiesche.]

— was denkst du, o Schläfer! E. Predigt üb. Jona 1, 5 u. 6. gr. 8. (20 S.) Witten 897. Buchh. d. Stadtmission. n.n. — 15; Traktatausg. 12. (15 S.) n.n. — 05

Was die Arbeiter tun können, und was sie nicht tun können. Predigt von C[harles] H[addon] **Spurgeon.** Kassel: J. G. Oncken Nachf. [1904]. (12 S.) 8° [F.]
= **Spurgeon:** Spurgeon-Predigt. Einzeln-Ser. No 29. [05. 1258 4

Was habe ich gethan? (Von [Charles Haddon] Spurgeon.) *(Hamburg-Borgfelde: Trakt.-Ges. [um 1900].)* (8 S.) 8° [Kopft. F.]
= [Traktat d. Christl. Traktat-Gesellschaft.] Spurgeon-Ser. No 9. [02 1157 4

— der Weg des Heils, in einer Auswahl von Predigten. Mit einer Lebensskizze C. H. Spurgeons. hoch 4. (XVI und 152 S.) Basel 863, Riehm. *

— Weg des Heils. Predigten. Neue Ausg. gr. 8. (III, 387 S.) Basel 895. Kober. n. 2. 20; geb. n. 3. —

— der Weg aus den Irrgängen des Zweifels. 3. Aufl. 12. (78 S.) Cassel 900. J. G. Oncken Nachf. n. — 50; geb. 1. —

— „Weide meine Lämmer!" Winke f. Eltern u. Lehrer über die christl. Erziehung der Kinder. 2. Aufl. 12. (187 S.) Hamburg 898. Cassel, J. G. Oncken Nachf. 1. —; erm. Pr. — 75; geb. 1. —

— „Weide meine Lämmer!" Winke f. Eltern u. Lehrer üb. d. christliche Erziehung d. Kinder. 12. (187 S. m. Vignetten.) Hamburg 898. Cassel, Verlagshaus d. dtsch. Baptisten J. G. Oncken Nachf. 1. —; geb. in Leinw. 1. 50

Weide meine Lämmer! Winke f. Eltern u. Lehrer über d. christl. Erziehung d. Kinder. Von C[harles] H[addon] **Spurgeon.** (Autor. Ausg.) 2. Aufl. Kassel: J. G. Oncken Nachf. (1908). (187 S.) 8° [F.] [08. 15614

Weizen in der Scheuer. Predigt. von C[harles] H[addon] **Spurgeon.** Kassel: J. G. Oncken Nachf. [1904]. (11 S.) 8°
= Spurgeon: Spurgeon-Predigt. Einzeln-Ser. No 37.

Der vornehmste Weizen. Predigt von C[harles] H[addon] **Spurgeon.** Kassel: J. G. Oncken Nachf. [1904]. (12 S.) 8° [F.]
= **Spurgeon:** Spurgeon-Predigt. Einzeln-Ser. No 26. [05. 1255 4

Das Weizenkorn stirbt, um Frucht zu bringen. Predigt von C[harles] H[addon] **Spurgeon.** Kassel: J. G. Oncken Nachf. [1904]. (11 S.) 8° [F.]
= **Spurgeon:** Spurgeon-Predigt. Einzeln-Ser. No 22. [05. 1251 4

— wie gut f. die Suchenden! Predigt üb. Klagel. Jerem. 3, 25. gr. 8. (30 S.) Neukirchen 902. Missionsbuchh. Stursberg & Co. — 15

— s. Wie werden die Todten lebendig.

—— Wiedergeburt durch die Taufe. Eine Predigt über Ev. Marci 16, 15. 16, gehalten am Sonntag den 5. Juni 1864. gr. 8. (31 S.) Hamburg 864, J. G. Oncken.

— goldene Winke f. Prediger. Reden bei Pastoral-Konferenzen. Autoris. Uebersetzg. v. E. Spliedt. 3. unveränd. Aufl. (1. u. 2. Aufl. u. d. T.: „Spurgeon unter seinen Predigern".) (VI, 184 S.) 8. Stuttgart 905. M. Kielmann. n. 1. —; geb. n. 1. 80

— gute Winke f. Prediger d. Evangeliums. 23 Vorlesgn. aus s. Prediger-Seminar. (Titel-Ausg. v.) Bd. I u. II d. Vorlesgn. in m. Prediger-Seminar. Erste u. einzig autor. Uebersetzg. 3. Aufl. 2 Tle. in 1 Bd. 8. (VI, 269 u. VII, 206 S. m. 11 Illustr.) Ebd. (896. 95) 896. 2. 50; geb. 3. —

Christi Wort an euch. Eine Predigt von C[harles] H[addon] Spurgeon. Uebers. von E. Spliedt. *Witten: Stadtmission [1899]*. (S. 177–192.) 8° [F.]
— Spurgeon: Zeugnisse vom Heil in Christo. No 12.

Worte der Ermunterung für das tägliche Leben. Von C[harles] H[addon] **Spurgeon**. Hamburg: J. G. Oncken Nachf. (1897). (2 Bl., 181 S., 1 Taf.) 1 Bd 8°

—— Worte des Heilandes. Acht Vorträge. Aus dem Engl. von Palmer-Rinck. 8. (III und 147 S.) Basel 863, Riehm.

— Worte des Heils. Predigten. Neue Ausg. gr. 8. (XII, 419 S. m. Bildn.) Basel 895. Kober. n. 2. 20; geb. n. 3. —

— Worte der Warnung f. d. tägl. Leben. 12. (174 S.) Hamburg 896. Cassel, Verlagshaus d. dtsch. Baptisten J. G. Oncken Nachf. n. 1. —

Worte der Weisheit für das tägliche Leben. Von C[harles] H[addon] **Spurgeon**. Hamburg: J. G. Oncken Nachf. 1894. (192 S.) 1 Bd 8°

Die Wunder unsres Herrn und Heilandes in 52 Predigten v. C[harles] H[addon] **Spurgeon**. Hamburg: J. G. Oncken Nachf. 1897. (4 Bl., 699 S.) 1 Bd 8°

— sieben Wunder d. Gnade. Autor. Uebersetzg. v. A. Steen. 12. (VII, 212 S.) Ebd. 898. 1. —; geb. in Leinw. 1. 50

— Zeugnisse vom Heil in Christo. 12 Predigten. Autoris. Uebersetzg. v. E. Spliedt. gr. 8. Witten (899). Buchh. d. Stadtmission. à n. — 10; in 1 Bd. [III, 192 S.] n. 1. 50; geb. n. 2. 40

1. Die Treue Jesu. (16 S.) — 2. Ruhe. (S. 17–32.) — 3. Die Trauer beim Anblick d. Gekreuzigten. (S. 33–48.) — 4. Schicke dich u. begegne deinem Gott. (S. 49–64.) — 5. Eine neue Kreatur. (S. 65–80.) — 6. Sicherheit in Christo. (S. 81–96.) — 7. Die tiefeingegrabene Sünde. (S. 97–112.) — 8. Die unerläßliche Bedingung. (S. 113–128.) — 9. Das Gegenwärtige. (S. 129–144.) — 10. Das Zukünftige. (S. 145–160.) — 11. Nötige sie hereinzukommen. (S. 161–176.) — 12. Christi Wort an euch. (S. 177–192.)

Das Zukünftige. Eine Predigt von C[harles] H[addon] Spurgeon. Uebers. von E. Spliedt. *Witten: Stadtmission [1899]*. (S. 145–160.) 8° [F.]
— Spurgeon: Zeugnisse vom Heil in Christo. No 10.

Spurhen, W., was kann uns Trost im Leide geben?, — haben wir Willensfreiheit?, | s.: Volksschriften zur Umwälzung der Geister, XIX u. XX.

Spurinnae, Vestritii, Lyricae reliquiae. Recogn. in Germanicum convertit et annotationibus superior. interpret. quibus suas adjecit separatim ed. C. A. Maur. Axtius. 8maj. (9⅛ B.) Francofurti a. M. 810, [Sauerlaender's Verl.] *

Spurzheim, Johann Christoph

— Beobachtt. über den Wahnsinn u. die damit verwandten Gemüthskrankheiten. Nach d. Engl. u. Französ. bearb. u. mit Anmerkk. versehen v. E. S. v. Embden. gr. 8. Hamb. 818. Fr. Perthes. 2 ₰

Spurzheim, Jh. Cph., essai philosophique sur la nature morale et intellectuelle de l'homme. 8. Strassb. 820. Treuttel u. W. 1 ₰ 18 gr

— s. F. J. Gall, Anatomie.

— observations sur la Folie, ou sur les dérangemens des fonctions morales et intellectuelles de l'homme. I Vol., av. II planches. 8. Strassb. u. Paris. 818. Treuttel u. W. 1 ₰ 12 gr

— observations sur la phrenologie, ou la connaissance de l'homme moral et intellectuel, fondée sur les fonctions du système nerveux, avec figures. 8. Strassb. u. Paris 810. Treuttel u. W. 2 ₰ 6 gr

Spurzheim, (Johann Christoph): Untersuchungen über die Anatomie des Nerven-Systems überhaupt und des Gehirns insbesondere. Ein dem Französischen Institute überreichtes Mémoire. (Recherches sur le système nerveux en général et sur le cerveau en particulier. Mémoire présenté à l'Intitut de France... Dt.) Paris u. Strasburg: 1809

s.: Gall (Franz Joseph)

JB 4.498

G.. **Spurzheim**'s philosoph. Versuch üb. d. moral. u. intellectuelle Natur des Menschen; a. d. Franz. (*Par.* 820.) übers. u. m. Anmerkk. begleitet v. J. Jac. **Hergenröther**. *Würzb.*, Stahel. B. 822. gr 8° 1 ₰

Sputh, Ernst, die königl. Porzellan-Manufactur in Berlin. Innere Ausschmückg. der Verkaufsräume. 34 Orig.-Aufnahmen in Lichtdr. gr. Fol. (2 Bl. Text m. 1 Grundriss.) Berlin 893. Kantor & Mohr. In Mappe. n. 40. —

Spijker, Nicolaas [aus Amsterdam, Holland]: Der Körper grösster Anziehung eines Ellipsoides. (Mit einer Tafel.) Zürich 1904. 85 S. 8°.
Zürich Phil. Diss. II. S. 1903/1904.

Spijker, Nicolaas. Der Körper grösster Anziehung eines Ellipsoides. Diss. Phil. [II.] Univ. Zürich. [Mit 13 Figuren und 1 Tafel.] VIII + 85 S. 8. Zürich, G. v. Ostheim, 1904.

Spyl, ein hüpsch vnd lustig, vorzyte gehalten zu Vry in dem loblichen Ort der Eydgnoschafft, von dem frommen vnd ersten Eydgnossen Wilhelm Thellen jrem Landtmann. Yetz nüwlich gebessert, corrigiert, gemacht vnn gespilt am nüven Jarstag von einer loblichen vnn junge burgerschafft zu Zürich im Jar als man zalt MD.XLV per Jacobum Ruef. Herausgeg. u. mit einer Vorrede u. einem Wörterbuche versehen von Dr. Fr. Mayer. 8. Pforzheim 843, Dennig, Finck u. Comp. (Stuttgart, Scheible, R. u. S.) 1 ₰

Spyl, ein hüpsch vnd lustig, vorzyte gehalten zu Vry in dem loblichen Ort der Eydgnoschafft, von dem fromen vnd ersten Eydgnossen Wilhelm Thellen jrem Landtmann. Yetz nüwlich gebessert, corrigiert, gemacht vnn gespilt am nüven Jarstag von einer loblichen vnn junge burgerschafft zu Zürich im Jar als man zalt MC.XLV per Jacobum Ruef. Hrsg. u. mit e. Vorr. u. e. Wörterbuche versehen v. Friedr. Mayer. 8. (9 B.) Pforzheim 843, [Rieger'sche Vrlgsh.]

Spyra, Johannes [app. Arzt]: Aus d. Kgl. Frauenklinik zu Breslau. Ein Beitrag zur Frage der Behandlung von Gesichts- und Stirnlagen ... Breslau, Druck d. Bresl. Gen.-Buchdr., 1897; 30 S., 1 Bl. 8.
Breslau, Med. Fak., Inaug.-Diss. v. 17. Juli 1897

Spyra, Johs., ein Beitrag zur Frage d. Behandlung v. Gesichts- u. Stirnlagen. Diss. gr. 8. (30 S.) Breslau 897. (Schletter.) n. — 80

Spyri. Johanna Spyri und ihre Schriften. Mit Porträt [Tafel]. (J' Spyri. Von Dr. Gottlob Schneider. — J' Spyri. Von Oscar Bulle.) 8. Gotha 1885.
(*In*: Weihnachtskatalog von Friedrich Andreas Perthes in Gotha.)

[Spyri, Bernhard, und Pestalozzi, Friedrich Otto.] Zur Erinnerung an die Glockenweihe der Fraumünstergemeinde und das 25jährige Amtsjubiläum ihres Geistlichen, Herrn Dekan Georg Rudolf Zimmermann. 18. Oktober 1874. 8. Zürich 1874.

Spyri, H[einrich]. Die Antriebsmotoren für elektrische Stromerzeuger. Handbuch zum Gebrauch für Elektrotechniker von Zivilingenieur H. Sp' (Basel). Mit 92 Abbildungen im Text und auf [4] Einschalttafeln [sowie 1 Tabelle]. VIII + 230 S. 8. Leipzig, Johann Ambrosius Barth, 1907. [M. 5. 80]

Spyri, H., Leitfaden f. die Abfassung v. Projekten üb. elektrische Licht-, Kraft- u. Bahnanlagen, s. a. Abhandlungen, technische, aus Wissenschaft u. Praxis. 4. Hft.

Spyri, H[einrich]. Leitfaden für die Abfassung von Projekten über elektrische Licht-, Kraft- und Bahnanlagen. Mit 4 Abbildungen und 1 Tafel. 136 S. 8. Zürich, Albert Raustein, 1905. (M. 4.—, geb. 4. 60)
Technische Abhandlungen aus Wissenschaft und Praxis. Hrg. von Siegfried Herzog.... Heft 4.

Spyri, J. L., Armenpredigt über II. Korinther, Kap. VIII, 7, gehalten den 19. Novbr. 1848 in Wald. 8. (15 S.) Zürich 848, Schulthess. n. 3 ngr

Spyri, Johann Bernhard

(**Spyri**, Stadtschrbr.), die 100-jährige Jubelfeier des Waisenhauses der Stadt Zürich am 1. Okt. 1871. 37 Stn. 8. Zürich, Fr. Schulthess. 1872. —. 80

Spyri, Waisenhaus Zürich. Geschichtlicher Rückblick. 4⁰. Zürich 1871.

Spyri, Johann Ludwig *s.* Bericht über das Liebeswerk für die Brandbeschädigten von Airolo.... Zürich 1878.

Spyri, J. L., die Betheiligung d. weiblichen Geschlechtes am öffentlichen Unterricht in der Schweiz. [Aus: „Schweizer. Zeitschrift f. Gemeinnützigkeit".] gr. 8. (47 S.) Zürich 873. Herzog. — 60

— Ersparnisskassen der Schweiz, s.: Beiträge zur Statistik der schweizerischen Eidgenossenschaft.

—— **Gutachten über die schweizerische Auswanderung an die schweizerische gemeinnützige Gesellschaft.** gr. 8. (III und 72 S.) Zürich 865, Schabelitz'sche Buchh. *

Spyri, J. Ludw., und Joh. Ulrich Fäsi, über den zunehmenden Mangel an Kandidaten des Predigtamtes, s. Fäsi, Joh. Ulrich.

—— der Pauperismus der Zeit mit vorzügl. Berücksicht. der östl. Gegenden des Kantons Zürich. gr. 8. (31 S.) Zürich 848, Schulthess.

— Vide: Referate der Gemeinnützigen Gesellschaft des Kantons Zürich.

Spyri, J[ohann] L[udwig]. Standrede bei der Hinrichtung von (Jakob) Bosshard und [J] Reinberger den 2. Juli 1856, von J. L. Spyri.... Mit Nachrichten über die letzten Lebensstunden der Hingerichteten ([von] Pfarrer [Georg Rudolf] Zimmermann [und Heinrich] Hirzel). 8. Zürich 1856.

Spyri, J. L., welche Hülfe vermag die Assoziation denjenigen Zweigen des Ackerbaues und der Industrie zu leisten, die über die Kräfte des kleinen Grundbesitzers oder Handwerkers hinausgehen? s. Referate der gemeinnützigen Gesellschaft.

Spyri, Johanna

Spyri, Joh. Dans les Alpes. Histoire pour les enfants et pour ceux qui les aiment. A Hinterwald. La fée d'Intra. Le joyeux Héribli. In-18⁰. 286 p. Bâle et Genève, Georg & Co. 1893 2 50; rel. 3 50

(Spyri, Johanna.) Zum Andenken an Albertine Schlatter geb. Fries, gestorben den 6. August 1887 in Sestri-Levante, Italien. 8. St. Gallen 1887.

Spyri, Johanna, Arthur u. Squirrel. Eine Geschichte f. Kinder u. auch f. Solche, welche die Kinder lieb haben. 8. (213 S.) Gotha 888. F. A. Perthes. cart. n. 2. 40

Spyri, Johanna, Arthur u. Squirrel. Eine Geschichte f. Kinder u. auch f. Solche, welche die Kinder lieb haben. 2. Aufl. 8. (III, 213 S. m. 1 farb. u. 3 Holzschn.-Taf.) Gotha 891. F. A. Perthes. Geb. in Leinw. n. 3. —

Spyri, Johanna, Arthur u. Squirrel. Eine Geschichte f. Kinder u. auch f. Solche, welche die Kinder lieb haben. 4. Aufl. 8. (213 S. m. 4 Bildern.) Gotha (901). F. A. Perthes. Geb. in Leinw. n. 3. —

[Spyri]. *Aus Nah und Fern.* Noch zwei Geschichten für Kinder ... Von der Verfasserin von „Ein Blatt auf Vrony's Grab." Gotha, F. A. Perthes, 1879. 2 Bl. 212 S. 8⁰. Leicht läd. u. fleckiger Pappband m. aufgez. Vorderdeckel d. Or.-Umschlags. — ★ 1. Ausgabe. Einz. Fleckchen. 17.—

— aus Nah u. Fern. Noch zwei Geschichten für Kinder u. auch für Solche, welche die Kinder lieb haben. 3. Aufl. Mit 4 (Holzschn.-)Bildern von Wilh. Pfeiffer. 8. (212 S.) Ebend. 881. cart. n. 3. —

— aus Nah u. Fern. Noch zwei Geschichten f. Kinder u. auch f. Solche, welche die Kinder lieb haben. 6. Aufl. 8. (III, 212 S. m. 1 farb. u. 4 Holzschn.-Taf.) Ebd. 891. Geb. in Leinw. n. 3. —

— **aus Nah u. Fern.** Noch zwei Geschichten f. Kinder u. auch f. Solche, welche die Kinder lieb haben. 8. Aufl. 8. (III, 212 S. m. 4 Bildern.) Ebd. (900). Geb. in Leinw. n. 3. —

— aus den Schweizer Bergen. Drei Geschichten f. Kinder u. auch f. Solche, welche die Kinder lieb haben. 8. (248 S. m. 4 Holzschntaf.) Gotha 889. F. A. Perthes. cart. n. 2. 40

— aus den Schweizer Bergen. Drei Geschichten f. Kinder u. auch f. Solche, welche die Kinder lieb haben. 8. (III, 248 S. m. 1 farb. u. 3 Holzschn.-Taf.) Ebd. 891. Geb. in Leinw. n. 3. —

— **aus den schweizer Bergen. Drei Geschichten f. Kinder u. auch f. Solche, welche die Kinder lieb haben. 3. Aufl. 8. (248 S. m. 4 Bildern.) Ebd. (900). Geb. in Leinw. n. 3. —**

Spyri, Johanna, ein Blatt auf Vrony's Grab. Erzählung. 4. Aufl. 16. (51 S.) Bremen 883, Müller's Verlagsh. * geb. *
1.—3. Aufl. erschienen anonym. Vgl. XV. Bd. I. Abthl. S. 194.

Spyri, Johanna. Bons camarades. Trois récits pour les enfants et pour ceux qui les aiment. Traduction autorisée. In-16°. 245 p. Bâle, Genève et Lyon, Georg & Co. 1896. Broché 2 50
Relié en toile 3 50

Spyri, Johanna. Aux champs Récits populaires. (Le guéret d'or. — Dimanche.) Traduction autorisée. In-12°. 160 p. Bâle, Genève et Lyon, Georg & Co. 1895. broch. 2 —; relié 3 —

— Cornelli wird erzogen. Eine Geschichte f. Kinder u. auch f. Solche, welche die Kinder lieb haben. gr. 8. (223 S.) Ebd. 890. cart. n. 2. 40

— Cornelli wird erzogen. Eine Geschichte f. Kinder u. auch f. Solche, welche die Kinder lieb haben. 8. (III, 223 S. m. 1 farb. u. 3 Holzschn.-Taf.) Ebd. 891. Geb. in Leinw. n. 3. —

Spyri, Johanna, Cornelli wird erzogen. E. Geschichte f. Kinder u. auch f. Solche, welche d. Kinder lieb haben. 3. Aufl. 8. (223 S. m. 4 Bild.) Gotha 896. F. A. Perthes. Geb. in Leinw. n. 3. —

Spyri, Johanna. Cornelli wird erzogen. Eine Geschichte für Kinder und auch für Solche, welche die K' lieb haben. 4. Aufl. Mit vier Bildern [Tafeln]. 224 S. 8. Gotha, Friedrich Andreas Perthes, [1902]. [geb. M. 3. —]

— Einer vom Hause Lesa. Eine Geschichte f. Kinder u. auch f. Solche, welche die Kinder lieb haben. Mit 4 (1 farb.) Bildern. 8. (248 S.) Ebd. 894. Geb. in Leinw. n. 3. —

Spyri, Johanna, Einer vom Hause Lesa. Eine Geschichte f. Kinder u. auch f. Solche, welche die Kinder lieb haben. 3. Aufl. 8. (248 S. m. 4 [1 farb.] Bildern.) Gotha (898). F. A. Perthes. Geb. in Leinw. n. 3. —

Spyri, Johanna, Einer vom Hause Lesa. Eine Geschichte f. Kinder u. auch f. solche, welche Kinder lieb haben. 4. Aufl. (248 S. m. 4 [1 farb.] Bildern.) 8. Gotha (903). F. A. Perthes. Geb. in Leinw. n. 3. —

— dasselbe, 2. Tl., s.: Schaffner, E. Steieli.

— les enfants de Gritli. Histoire pour les enfants et pour ceux qui les aiment. Traduction autorisée. 8. (232 S.) Basel 887. Georg, Verl. n. 2. 40; geb. n. 3. 60

—— dass. — 2me partie. 8. (211 S.) Ebendas. 888.

— Geschichten f. Jung u. Alt im Volk. 10 Hfte. 16. (Mit je 1 Titelbild.) Gotha 886. F. A. Perthes. cart. à n. — 20
1. Der Toni v. Kandergrund. 3. Aufl. (48 S.)
2. Beim Weiden-Joseph. 3. Aufl. (61 S.)
3. Rosenresli. 3. Aufl. (31 S.)
4. „Und wer nur Gott zum Freunde hat, dem hilft er allerwegen". 3. Aufl. (32 S.)
5. In sicherer Hut. 3. Aufl. (40 S.)
6. Am Felsensprung. 2. Aufl. (56 S.)
7. Was Sami m. den Vögeln singt. 2. Aufl. (64 S.)
8. Moni, der Geißbub. 2. Aufl. (40 S.)
9. Was der Großmutter Lehre bewirkt. 2. Aufl. (38 S.)
10. Vom This, der doch etwas wird. 2. Aufl. (45 S.)

— Geschichten f. Jung u. Alt im Volk. 10 Hftchn. 16. (Mit je 1 Titelbild.) Gotha 889. F. A. Perthes. cart. in 1 Cart. n. 2. —
1. Der Toni v. Kandergrund. 5. Aufl. (48 S.)
2. Beim Weiden-Joseph. 5. Aufl. (61 S.)
3. Rosenresli. 5. Aufl. (31 S.)
4. „Und wer nur Gott zum Freunde hat, dem hilft er allerwegen." 5. Aufl. (32 S.)
5. In sicherer Hut. 5. Aufl. (40 S.)
6. Am Felsensprung. 4. Aufl. (56 S.)
7. Was Sam m. den Vögeln singt. 4. Aufl. (64 S.)
8. Moni, der Geißbub. 4. Aufl. (40 S.)
9. Was der Großmutter Lehre bewirkt. 4. Aufl. (38 S.)
10. Vom This, der doch etwas wird. 4. Aufl. (45 S.)

Geschichten f. Jung u. Alt im Volk. 10 Hftchn. 16. (Mit je 1 Titelbild.) Ebd. 891. Kart. in 1 Karton. n. 3. —
1. Der Toni v. Kandergrund. 7. Aufl. (48 S.)
2. Beim Weiden-Joseph. 7. Aufl. (61 S.)
3. Rosenresli. 7. Aufl. (31 S.)
4. Und wer nur Gott zum Freunde hat, dem hilft er allerwegen! 7. Aufl. (32 S.)
5. In sicherer Hut. 7. Aufl. (40 S.)
6. Am Felsensprung. 6. Aufl. (56 S.)
7. Was Sami m. den Vögeln singt. 6. Aufl. (64 S.)
8. Moni, der Geisbub. 6. Aufl. (40 S.)
9. Was der Großmutter Lehre bewirkt. 6. Aufl. (38 S.)
10. Vom This, der doch etwas wird. 6. Aufl. (45 S.)

— Geschichten f. Jung u. Alt im Volk. 10 Hftchn. 16. (M. je 1 Titelbild.) Ebd. 896. Kart. in 1 Karton n. 3. —
1. Der Toni v. Kandergrund. 8. Aufl. (48 S.) — 2. Beim Weiden-Joseph. 8. Aufl. (61 S.) — 3. Rosenresli. 8. Aufl. (31 S.) — 4. Und wer nur Gott z. Freunde hat, dem hilft er allewegen! 8. Aufl. (32 S.) — 5. In sicherer Hut. 8. Aufl. (40 S.) — 6. Am Felsensprung. 7. Aufl. (56 S.) — 7. Was Sami m. d. Vögeln singt. 7. Aufl. (64 S.) — 8. Moni, d. Geisbub. 7. Aufl. (40 S.) — 9. Was d. Großmutter Lehre bewirkt. 7. Aufl. (38 S.) — 10. Vom This, der doch etwas wird. 7. Aufl. (45 S.)

— Geschichten f. Jung u. Alt im Volk. 10 Hftchn. gr. 16. (Mit je 1 farb. Titelbild.) Ebd. (900). Kart. in 1 Karton n. 3. —
1. Der Toni von Kandergrund. 9. Aufl. (48 S.) — 2. Beim Weiden-Joseph. 9. Aufl. (61 S.) — 3. Rosenresli. 9. Aufl. (31 S.) — 4. Und wer nur Gott zum Freunde hat, dem hilft er allerwegen! 9. Aufl. (32 S.) — 5. In sicherer Hut. 9. Aufl. (40 S.) — 6. Am Felsensprung. 8. Aufl. (56 S.) — 7. Was Sami m. den Vögeln singt. 8. Aufl. (64 S.) — 8. Moni der Geißbub. 8. Aufl. (40 S.) — 9. Was der Großmutter Lehre bewirkt. 8. Aufl. (38 S.) — 10. Vom This, der doch etwas wird. 8. Aufl. (45 S.)

— Geschichten f. Kinder u. auch f. solche, welche die Kinder lieb haben. 2., 3., 5., 12. u. 14. Bd. (Mit je 4 Bildern.) 8. Gotha 905. F. A. Perthes. Geb. in Leinw. à n. 3. —
2. Aus Nah u. Fern. Noch 2 Geschichten. 9. Aufl. (V, 210 S.)
3. Heidis Lehr- u. Wanderjahre. 23. Aufl. (V, 240 S.)
5. Heidi kann brauchen, was es gelernt hat. 18. Aufl. (V, 178 S.)
12. Aus den Schweizer Bergen. 3 Geschichten. 4. Aufl. (V, 242 S.)
14. Keines zu klein Helfer zu sein. Geschichten. 5. Aufl. (V, 240 S.)

Spyri, Johanna, Geschichten f. Kinder u. auch f. solche, welche die Kinder lieb haben. 1. 3. 5. 7.—9. 11. 15. u. 16. Bd. 8. Gotha, F. A. Perthes. Geb. in Leinw. à 3. —
1. Heimatlos. 2 Geschichten. 15. Aufl. (V, 235 S.) 907.
3. Heidis Lehr- u. Wanderjahre. Eine Geschichte f. Kinder u. auch f. solche, welche die Kinder lieb haben. 28. Aufl. (V, 240 S. m. Abb. u. 4 [1 farb.] Vollbildern.) (909.)
5. Heidi kann brauchen, was es gelernt hat. Eine Geschichte f. Kinder u. auch f. solche, welche die Kinder lieb haben. 22. Aufl. (V, 178 S. m. Abb. u. 4 [1 farb.] Vollbildern.) (909.)
7. Kurze Geschichten f. Kinder u. auch solche, welche die Kinder lieb haben. 1. Bd. 11. Aufl. Mit 5 Bildern. (V, 228 S.) (907.)
8. Wo Gritlis Kinder hingekommen sind. Eine Geschichte f. Kinder u. auch f. solche, welche die Kinder lieb haben. 8. Aufl. Mit 4 Bildern. (V, 178 S.) (907.)
9. Gritlis Kinder kommen weiter. Eine Geschichte f. Kinder u. auch f. solche, welche die Kinder lieb haben. 5. Aufl. Mit 4 Bildern. (V, 166 S.) (907.)
11. Artur u. Squirrel. Eine Geschichte f. Kinder u. auch f. solche, welche die Kinder lieb haben. 5. Aufl. (V, 212 S. m. Abb. u. 4 [1 farb.] Vollbildern.) (909.)
15. Schloß Wildenstein. Eine Geschichte f. Kinder u. auch f. solche, welche die Kinder lieb haben. 7. Aufl. (V, 262 S. m. Abb. u. 4 [1 farb.] Vollbildern.) (909.)
16. Einer vom Hause Lesa. Eine Geschichte f. Kinder u. auch f. solche, welche die Kinder lieb haben. 6. Aufl. (V, 244 S. m. Abb. u. 4 [1 farb.] Vollbildern.) (909.)

Spyri, Johanna, kurze Geschichten für Kinder u. auch für Solche, welche die Kinder lieb haben. 8. (III, 232 S.) Gotha 882. F. A. Perthes. cart. n. 2. 40

— kurze Geschichten f. Kinder u. auch f. Solche, welche die Kinder lieb haben. 2. Bd. 8. (276 S.) Ebend. 886. cart. n. 2. 40; geb. n. 3. 60

— kurze Geschichten f. Kinder u. auch f. Solche, welche die Kinder lieb haben. 2 Bde. 6. Aufl. 8. (III, 236 u. III, 276 S. m. je 1 farb. u. 4 Holzschn.-Taf.) Ebd. 891. Geb. in Leinw. à n. 3. —

— kurze Geschichten f. Kinder u. auch f. Solche, welche die Kinder lieb haben. 1. Bd. 8. Aufl. 8. (III, 236 S.) Ebd. (900). Geb. in Leinw. n. 3. —

— Kurze Geschichten f. Kinder u. auch f. solche, welche die Kinder lieb haben. 2. Bd. 7. Aufl. (III, 276 S. m. 5 [1 farb.] Vollbildern.) 8. Ebd. (907). Geb. in Leinw. 3. —

— Gritlis Kinder kommen weiter. Eine Geschichte f. Kinder u. auch f. Solche, welche die Kinder lieb haben. 8. (166 S.) Ebend. 884. cart. n. 2. 40; geb. n. 3. 60

— Gritlis Kinder kommen weiter. Eine Geschichte f. Kinder u. auch f. Solche, welche die Kinder lieb haben. 8. (III, 166 S. m. 1 farb. u. 3 Holzschn.-Taf.) Ebd. 891. Geb. in Leinw. n. 3. —

— Gritlis Kinder kommen weiter. Eine Geschichte f. Kinder u. auch f. Solche, welche die Kinder lieb haben. 3. Aufl. 8. (III, 166 S. m. 4 Bild.) Ebd. (894). Geb. in Leinw. n. 3. —

— Gritlis Kinder kommen weiter. Eine Geschichte f. Kinder u. auch f. Solche, welche die Kinder lieb haben. 4. Aufl. 8. (III, 166 S. m. 4 Bildern.) Ebd. (900). Geb. in Leinw. n. 3. —

Spyri, J. Heidi. Une Histoire pour les enfants et pour ceux qui les aiment. Traduit de l'allemand avec l'autorisation de l'auteur. In-8⁰, 261 p. Bâle & Genève, H. Georg. *1882.* 3 —

— Heidi. Une histoire pour les enfants et pour ceux qui les aiment. Traduit de l'allemand avec l'autorisation de l'auteur. 2. éd. gr. 8. (III, 284 S.) Ebd. (900). 2. 40

— Encore Heidi. Une histoire pour les enfants et pour ceux qui les aiment. Traduit de l'allemand avec l'autorisation de l'auteur. 3. éd. (III, 198 S.) 8. Ebd. (904). n. 2. 40

— Heidi kann brauchen, was es gelernt hat. Eine Geschichte für Kinder u. auch für Solche, welche die Kinder lieb haben. 8. (178 S.) Ebend. 881. cart. n. 2. 40; geb. n. 3. 60

*—— Heidi kann brauchen, was es gelernt hat. 8. Aufl. 8. (III, 178 S. m. 1 farb. u. 3 Holzschn.-Taf.) Ebd. 891. geb. * 3 —

— Heidi kann brauchen, was es gelernt hat. Eine Geschichte f. Kinder u. auch f. Solche, welche die Kinder lieb haben. 10. Aufl. 8. (182 S. m. 4 Bildern.) Ebd. 894. Geb. in Leinw. n. 3. —

— Heidi kann brauchen, was es gelernt hat. E. Geschichte f. Kinder u. auch f. Solche, welche d. Kinder lieb haben. 11. Aufl. 8. (182 S. m. 4 Bild.) Ebd. (896). Geb. in Leinw. n. 3. —

— Heidi kann brauchen, was es gelernt hat. Eine Geschichte f. Kinder u. auch f. Solche, welche die Kinder lieb haben. 13.—15. Aufl. 8. (à 182 S. m. 4 Bildern.) Ebd. (900. 901). Geb. in Leinw. n. 3. —

— Heidi kann brauchen, was es gelernt hat. Eine Geschichte f. Kinder u. auch f. solche, welche die Kinder lieb haben. 17. Aufl. (V, 178 S. m. 4 [1 farb.] Bildern.) 8. Ebd. (903). Geb. in Leinw. n. 3. —

[Spyri]. *Heimathlos.* Zwei Geschichten für Kinder und auch für Solche, welche die Kinder lieb haben. Von der Verfasserin von „Ein Blatt auf Vrony's Grab". Gotha, Fr. A. Perthes, 1878. 2 Bl. 235 S. 8⁰. Einfacher Hlwd. d. Z. 20.—
★ Erste Ausgabe dieses Buches, das den Ruhm der Spyri begründete. Gutes Ex.

Spyri, Johanna, Heimathlos. Zwei Geschichten für Kinder und auch für Solche, welche die Kinder lieb haben. Mit 4 (Holzschn.-)Bildern von Wilh. Pfeiffer. 3. Aufl. (235 S.) 1881. *ℳ 3.; 4. Aufl. 8. (235 S.) Gotha 882, F. A. Perthes. cart. *
1. und 2. Aufl. erschienen anonym.

— heimatlos. Zwei Geschichten f. Kinder u. auch f. Solche, welche die Kinder lieb haben. 9. Aufl. 8. (III, 235 S. m. 1 farb. u. 4 Holzschn.-Taf.) Ebd. 891. Geb. in Leinw. n. 3. —

— Heimatlos. Zwei Geschichten f. Kinder u. auch f. Solche, welche d. Kinder lieb haben. 11. Aufl. Mit 4 (1 farb.) Bild. 8. (III, 235 S.) Ebd. 898. Geb. in Leinw. n. 3. —

— Heimatlos. Zwei Geschichten f. Kinder u. auch f. Solche, welche die Kinder lieb haben. 12. Aufl. 8. (III, 235 S. m. 4 Bildern.) Ebd. (900). Geb. in Leinw. n. 3.—

Spyri, Johanna, Heimatlos. Zwei Geschichten f. Kinder u. auch für solche, welche die Kinder lieb haben. 13. Aufl. (III, 235 S. m. 4 [1 farb.] Bildern.) 8. Gotha (903). F. A. Perthes. Geb. in Leinw. n. 3. —

Spyri. *Heimatlos.* 16. Aufl. Mit vier Bildern [sign. W. C., eines in Farben]. Gotha, Perthes [c. 1910]. 3 Bl. 335 S. 8⁰. Farbig illustr. Or.-Leinenbd. Name a. d. Rücks. des Gesamttitels. 8.—

— Keines zu klein Helfer zu sein. Geschichten f. Kinder u. auch f. Solche, welche die Kinder lieb haben. 8. (240 S. m. 4 Abbildgn.) Ebd. 890. cart. n. 2. 40

Spyri, Johanna, Keines zu klein, Helfer zu sein. Geschichten f. Kinder u. auch f. Solche, welche die Kinder lieb haben. 8. (III, 240 S. m. 1 farb. u. 3 Holzschn.-Taf.) Gotha 891. F. A. Perthes. Geb. in Leinw. n. 3. —

— Keines zu klein, Helfer zu sein. Geschichten f. Kinder u. auch f. Solche, welche die Kinder lieb haben. 3. Aufl. gr. 8. (III, 240 S. m. 4 [1 farb.] Bildern.) Ebd. (898). Geb. n. 3. —

— Keines zu klein, Helfer zu sein. Geschichten f. Kinder u. auch f. solche, welche die Kinder lieb haben. 4. Aufl. (III, 240 S. m. 4 [1 farb.] Bildern.) 8. Ebd. (903). Geb. in Leinw. n. 3. —

— ein Landaufenthalt von Onkel Titus. Eine Geschichte für Kinder u. auch für Solche, welche die Kinder lieb haben. 8. (180 S.) Ebend. 881. cart. n. 2. 40; geb. n. 3. 60

*—— Ein Landaufenthalt von Onkel Titus. 3. Aufl. 8. (III, 180 S. m. 1 farb. u. 3 Holzschn. Taf.) Ebd. 891. geb. * 3 —
Die mit * bezeichneten Schriften der Verfasserin tragen auf dem Titel den Zusatz: „Geschichte f. Kinder u. auch f. Solche, welche die Kinder lieb haben."

— ein Landaufenthalt bei Onkel Titus. E. Geschichte f. Kinder u. auch f. Solche, welche d. Kinder lieb haben. 6. Aufl. M. 4 (1 farb.) Bild. 8. (III, 180 S.) Ebd. 898. Geb. in Leinw. n. 3.—

Spyri, Johanna. Ein Landaufenthalt von Onkel Titus. Eine Geschichte für Kinder und auch für Solche, welche die Kinder lieb haben. 6. Aufl. Mit vier Bildern [Tafeln]. IV + 180 S. 8. Gotha, Friedrich Andreas Perthes, [1902]. [geb. M. 3. —]

Spyri. *Aus unserem Lande.* Noch zwei Geschichten für Kinder und auch für Solche, welche die Kinder lieb haben. Von Johanna Spyri. Gotha, A. Perthes, 1880. 2 Bl. 200 S. 8°. Einfacher, etw. benutzter Halbleinenbd. d. Z. ★ Erstausgabe. 18.—

— aus unserem Lande. Noch zwei Geschichten f. Kinder u. auch f. Solche, welche die Kinder lieb haben. 6. Aufl. 8. (III, 200 S. m. 1 farb. u. 3 Holzschn.-Taf.) Ebd. 891. Geb. in Leinw. n. 3.—

— aus unserem Lande. Noch 2 Geschichten f. Kinder u. auch f. Solche, welche die Kinder lieb haben. 7. Aufl. (III, 200 S. m. 4 [1 farb.] Bildern.) Ebd. (898). Geb. n. 3.—

Spyri Johanna. *Aus dem Leben.* Von Johana Spyri. Halle a. S. u. Bremen, C. Ed. Müller, 1901. 4 Bl. 203 S. 8°. Orlwd. 12.—
★ 1. Ausgabe dieser 5 Erzählungen unter diesem Titel. — Name a. d. Vortitel.

— aus dem Leben. 2. u. 3. Aufl. 8. (III, 203 S. m. Bildnis.) Halle 901. 902. C. E. Müller. n. 2.40; geb. n. 3.—

[Spyri]. *Heidi's Lehr- und Wanderjahre.* Eine Geschichte für Kinder und auch für Solche, welche die Kinder lieb haben. Von der Verfasserin von „Ein Blatt auf Vrony's Grab". Gotha, Friedrich Andreas Perthes, 1880. 3 Bl. 240 S. 8°. Roter Or.-Leinenbd. m. goldgepreßtem Titel. 65.—
★ Originalausgabe des bedeutendsten schweizer. Kinderbuchs nach dem „Schweizerischen Robinson" u. eines der wichtigsten u. einflußreichsten Kinderbücher überhaupt.

— Heidis Lehr- u. Wanderjahre. Eine Geschichte f. Kinder u. auch f. Solche, welche die Kinder lieb haben. 10.—12. Aufl. 8. (III, 240 S. m. 4 z. Tl. farb. Bildern.) Ebd. 891—893. Geb. in Leinw. n. 3.—

— Heidis Lehr- u. Wanderjahre. E. Geschichte f. Kinder u. auch f. Solche, welche die Kinder lieb haben. 15. Aufl. Mit 4 (1 farb.) Bildern. 8. (III, 240 S.) Ebd. 898. Geb. in Leinw. n. 3.—

— Heidis Lehr- u. Wanderjahre. Eine Geschichte f. Kinder u. auch f. Solche, welche die Kinder lieb haben. 16.—19. Aufl. 8. (à III, 240 S. m. 4 Bildern.) Ebd. (900. 901). Geb. in Leinw. n. 3.—

— Heidis Lehr- u. Wanderjahre. Eine Geschichte f. Kinder u. auch f. solche, welche die Kinder lieb haben. 21. Aufl. (III, 240 S. m. 4 [1 farb.] Bildern.) 8. Gotha (903). F. A. Perthes. Geb. in Leinw. n. 3.—

— in Leuchtensee, s.a. Verein f. Verbreitung guter Schriften, Zürich Nr. 39.

— dasselbe. Wie es m. der Goldhalde gegangen ist. 2 Erzählgn. 2. Aufl. 8. (III, 199 S. m. 4 Bildern.) Gotha (902). F. A. Perthes. Geb. in Leinw. n. 3.—

— nouveaux récits pour les enfants et pour ceux qui les aiment. (Moni le chevrier. La leçon de la Grand'mère. This le simple. Au saut du rocher.) Traduction autorisée. (240 S.) Basel 890. Georg, Verl. n. 2. 40; geb. n. 3. 60

— Résoli aux roses. Bastien et Franceline, s.: Schulbibliothek, französische u. englische, Reihe C.

Spyri, Johanna. Im Rhonethal. In-8°, 99 S. Gotha, F. A. Perthes. 1880. **1 60**

Spyri, J. Im Rhonethal. 2. Aufl. In-8°, 99 S. Gotha, Friedr. Andr. Perthes. 1886. 1 60 geb. 2 95

— im Rhonethal. 3. Aufl. 8. (139 S.) Gotha 896. F. A. Perthes. Geb. in Leinw. n. 2. 40

Spyri, J. Seuls au monde. Deux histoires pour les enfants et pour ceux qui les aiment. Trad. de l'allemand. Illustré. In-8°, 316 pag. Bâle, H. Georg. 1893 3 50
Relié 5 —

Spyri. *Sina.* Eine Erzählung für junge Mädchen von Johanna Spyri. Stuttgart, Carl Krabbe [1884]. 2 Bl. 231 S. 2 Bl. Verlagsanz. 8°. Roter Or.-Leinenband m. Ornamenten. ★ Originalausgabe. Einige ganz unbed. Fl. 18.—

Spyri, J. Sina. Nouvelle pour les jeunes filles. Traduction autorisée. In-8°, 261 p. Bâle et Genève, H. Georg. 1885. 3 —

—— Sina. Eine Erzählung für junge Mädchen. 2. Aufl. 8. (231 S.) Stuttgart 885, Krabbe. *M 2.40.; geb. *

—— dass. — 3. Aufl. 8. (226 S. mit 93 Illustr. von R. Pötzelberger.) Ebendas. 886. geb. *

— Sina. Eine Erzählg. f. junge Mädchen. 4. Aufl. 8. (231 S.) Stuttgart 893. C. Krabbe. Geb. in Leinw. n. 3.—

— Sina. Eine Erzählung f. junge Mädchen. 5. Aufl. (231 S.) kl. 8. Stuttgart (905). C. Krabbe. Geb. in Leinw. n. 3.—

—— Am Sonntag. Erzählung. 12. (83 S.) Barmen 881, Klein. *

—— dass. — s. Familien-Bibliothek für's deutsche Volk.

— am Sonntag. Erzählung. 12. (83 S.) Barmen 882. Klein. n. 1. 20

— am Sonntag. Eine Volkserzählg. 2. Aufl. 12. (100 S.) Berlin 900. M. Warneck. n. 1.—; geb. n. 1. 60

— am Sonntag. Eine Volkserzählg. 10. Taus. (100 S.) kl. 8. Berlin 905. M. Warneck. n. 1.—; geb. n. 1. 60

— Am Sonntag. (Erzählung.) 11.—13. Taus. (100 S.) kl. 8. Berlin 910. M. Warneck. 1.—; geb. in Leinw. 1. 50

— ein goldener Spruch u. Anderes. 3. Aufl. 8. (207 S. m. 4 Bildern.) Gotha (902). F. A. Perthes. Geb. in Leinw. n. 3.—

— die Stauffer-Mühle. Mit Orig.-Zeichngn. von Fritz Rüdiger. 12. (102 S.) Berlin 901. M. Warneck. n. 1.—; geb. n. 1. 60

Spyri, Johanna. Die Stauffer-Mühle. [Mit Originalzeichnungen von Fritz Rüdiger.] 23.—25. Tausend. 103 S. 8. Berlin, Martin Warneck, 1909. [M. 1. —, geb. 1. 50]

—— der Toni von Kandergrund, s. Geschichten für Jung und Alt im Volk.

Spyri, Johanna. Der Toni von Kandergrund. Erzählung. Hrg. von der Freien Lehrervereinigung für Kunstpflege in Berlin. Mit Bildern von Otto Gebhardt. 31 S. 8. Reutlingen, Ensslin & Laiblin, [1910]. (M. —. 10)

(Bunte Jugendbücher. Heft 2.)

—— Verschollen, nicht vergessen. Ein Erlebnis, meinen guten Freundinnen, den jungen Mädchen erzählt. 2. Aufl. 8. (202 S.) Gotha 882, F. A. Perthes. *

1. Aufl. erschien 1879 anonym.

— verschollen, nicht vergessen. Ein Erlebnis, meinen lieben Freundinnen, d. jungen Mädchen, erzählt. 5. Aufl. 8. (206 S. m. Bildn.) Ebd. 896. Geb. in Leinw. n. 3. —

— Verschollen, nicht vergessen. Ein Erlebnis, ihren lieben Freundinnen, den jungen Mädchen, erzählt. 6. Aufl. (206 S. m. Bildnis.) 8. Gotha (907). F. A. Perthes. Geb. in Leinw. 3. —

— Volksschriften. 2. Bd. 8. (III, 199 S. m. 4 Bildern.) Gotha 891. F. A. Perthes. Geb. in Leinw. n. 2. 40 (1. 2.: n. 4. 80)

Spyri. *Zwei Volksschriften.* Gotha, Perthes, 1884. 2 Bll. 207 SS. 8°. Or.-Halbleinen. — ★ 1. Ausgabe. 16.—

— was aus ihr geworden ist. Eine Erzählung f. junge Mädchen. Zugleich Fortsetzg. der Erzählg.: Was soll denn aus ihr werden? 8. (219 S.) Ebd. 889. geb. n. 3. —

— was aus ihr geworden ist. E. Erzählung f. junge Mädchen. Zugl. Fortsetzg. d. Erzählg.: Was soll denn aus ihr werden? 2. Aufl. 8. (III, 219 S.) Ebd. 896. Geb. in Leinw. n. 3. —

— was aus ihr geworden ist. Eine Erzählung f. junge Mädchen. Zugleich Fortsetzung der Erzählg.: Was soll denn aus ihr werden? 3. Aufl. 8. (III, 219 S. m. Bildnis.) Gotha (900). F. A. Perthes. Geb. in Leinw. n. 3.—

— Was aus ihr geworden ist. Eine Erzählung f. junge Mädchen. Zugleich Fortsetzg. der Erzählg.: Was soll denn aus ihr werden? 4. Aufl. (III, 219 S. m. Bildnis.) 8. Ebd. (907). Geb. in Leinw. 3. —

—— was soll denn aus ihr werden? Eine Erzählung für junge Mädchen. 8. (270 S.) Gotha 886, F. A. Perthes. geb. *

— was soll denn aus ihr werden? Eine Erzählg. f. junge Mädchen. 3. Aufl. 8. (270 S.) Ebd. 894. Geb. in Leinw. n. 3. —

— was soll denn aus ihr werden? Eine Erzählung f. junge Mädchen. 4. Aufl. 8. (270 S. m. Bildnis.) Ebd. (898). Geb. in Leinw. n. 3. —

— Was soll denn aus ihr werden? Eine Erzählg. f. junge Mädchen. 6. Aufl. (270 S. m. Bildnis.) 8. Ebd. (907). Geb. in Leinw. 3. —

— Schloß Wildenstein. Eine Geschichte f. Kinder u. auch f. Solche, welche die Kinder lieb haben. 1.—3. Aufl. 8. (268 S. m. 4 Bildern.) Ebd. 892—894. Geb. in Leinw. n. 3. —

— Schloß Wildenstein. Eine Geschichte f. Kinder u. auch f. Solche, welche die Kinder lieb haben. 4. Aufl. 8. (268 S. m. 4 Bildern.) Ebd. (900). Geb. in Leinw. n. 3.—

Spyri. *Wo Gritlis Kinder hingekommen sind.* Eine Geschichte für Kinder . . . Gotha, Perthes, 1883. 2 Bl. 178 S. Kl.-8°. Hlwd. Vord. farb. Or.-Umschlagblatt aufgezogen. — ★ Erstausg. Vorsatz m. Stempel. 30.—

— wo Gritlis Kinder hingekommen sind. Eine Geschichte f. Kinder u. auch f. Solche, welche die Kinder lieb haben. 3. Aufl. 8. (III, 178 S. m. 1 farb. u. 8 Holzschn.-Taf.) Ebd. 891. Geb. in Leinw. n. 3. —

— wo Gritlis Kinder hingekommen sind. E. Geschichte f. Kinder u. auch f. Solche, welche d. Kinder lieb haben. 4. Aufl. 8. (III, 178 S. m. 4 Bild.) Ebd. (896). Geb. in Leinw. n. 3. —

— wo Gritlis Kinder hingekommen sind. Eine Geschichte f. Kinder u. auch f. Solche, welche die Kinder lieb haben. 5. Aufl. 8. (III, 178 S. m. 4 Bildern.) Ebd. (900). Geb. in Leinw. n. 3. —

— wo Gritlis Kinder hingekommen sind. Eine Geschichte f. Kinder u. auch f. Solche, welche die Kinder lieb haben. 6. Aufl. (III, 178 S. m. 4 [1 farb.] Bildern.) 8. Ebd. (903). Geb. in Leinw. n. 3. —

Spyropoulos, G. 186 Σπυρόπουλος, Γ. [Διδ. Φιλ.]: Κατὰ τί μιμεῖται Ἀγαθί δοτον καὶ Προκόπιον . . . Ἐν Ἀθήναις, ἐκ τοῦ τυπ Λεώνη, *1892;* 34 S. 8.

1892-93. Erlangen, Phil. Fak., Inaug.-Diss. v. 20. Mai 1892

Squar, Willy, 1. Anstaltsarzt der Provinzial-Heil- und Pflege-Anstalt Kortau bei Allenstein ⟨Ostpr.⟩: Beitrag zur Psychose nach Kohlenoxydvergiftung. Leipzig (1905): A. Edelmann. (18 S.) 8°

Leipzig, Med. Fak., Ref. Flechsig, Diss. v. 8. Nov. 1905

[Geb. 11. April 74 Schippenbeil; Wohnort: Kortau; Staatsangeh.: Preußen; Vorbildung: Gymn. Rastenburg Reife O. 97; Studium: Königsberg 10 S.; Coll. 8. Nov. 05; Approb. 10. Dez. 02.]

Squenz, Herr Peter, in einem kurzweiligen Lust-Spiel vorgestellt. Frankfurt 1750. V: *Gryphius, Andreas.* (Neudrucke. Halle 6, VI.)

Squenz, P., oder die Welt will betrogen seyn; ein medicinisches Lustspiel. [Giessen] 1775 . . . Frankf. a. M. 1778. V: *Kämpf, Johann.* (ML) (Ky) (Mn) (BB)

Squenz, Peter; oder die Welt will betrogen seyn. Lstsp. 8. Gießen, Krieger. 775.

Squenz u. Zettel, (W. Tr. Krug,) wie der ungemeine Menschenverstand die Philosophie nehme. 8. Leipz. (Meißen) 802. Goedsche. 5 gr

Squenz, Pet., Aïscha-Hanum, s.: Unterhaltungsbibliothek, moderne. Nr. 4.

Squenz, Peter, Arabeske. Mit 1 Titelkupf. 8. Leipz. 800. (Brockhaus). 1 rthl 8 gr

— s. Bauer, der, am Hofe.

BERTOLDO. — Bauer, Der, am Hofe, oder Berthold's Abenteuer: eine Arabeske von Peter Squenz (in Versen). Mit TKpf. Leipzig, Roch & Co., 1800. 8°. (4 Mk. Taussig, Prag, 1907.)

Squenz, Pt., (Fr. Aug. Hänsch,) Hausmannskost oder Nahrung. 16 Stck. Dresd. 811.

Squier, E. G., der centralamerikanische Staat Nicaragua in Bezug auf sein Volk, seine Natur u. seine Denkmäler. Nebst einer ausführlichen Abhandlung über den projectirten interoceanischen Kanal. Ins Deutsche übertr. von Ed. Hoepfner u. mit einem Vorworte begleitet von C. Ritter. Mit zahlreichen Illustrationen u. mehren Karten. Leipzig 854. Dyk. Lex.-8. (XVIII, 570 S., 33 Kpfrtaf., wovon 5 color., u. 4 lith. Karten in 8., 4. u. Fol.) 6 ₰. 22½ ngr.

Squier, E. George, Peru. Reise- und Forschungs-Erlebnisse in dem Lande der Incas. Ins Deutsche übertr. von J. Heinr. Schmick. Autoris. Ausg. 19 Lfgn. gr. 8. (XXVI, 749 S. mit 260 eingedr. Holzschn.-Illustr. und 1 lithogr. Karte.) Leipzig 883, Spohr. à Lfg. * compl. geb. *

— die Staaten von Central-Amerika, s. a. Hausbibliothek für Länder- und Völkerkunde.

Squier, E. G., die Staaten von Central-Amerika insbesondere Honduras, San Salvador und die Moskitoküste. In deutscher Bearbeitung hrsg. von Karl Andree. Neue (Titel-)Ausg. gr. 8. (XLVIII und 275 S. mit 1 Stnt. in qu. Fol.) Leipzig (856)65, Senf.

Squier, E. G., die Staaten v. Central-Amerika insbesondere Honduras, San Salvador u. die Moskitoküste. In deutscher Bearbeitg. hrsg. v Karl Andree. 3. Aufl. gr. 8. (XLVIII, 275 S.) Leipzig 874. G. Senf. 2. 50

Squire, Sam., strafbare Gleichgültigkeit in der Religion; aus d. Engl. v. G. J. Zollikofer. 8. Leipz. 774. Weidmann. 8 gr.

Squire, William Barclay (Hrsg.), s. a. Lichfild, Henry.

Catalogue of printed music in the library of the Royal College of Music, London, by W[illia]m Barclay **Squire**. London: R. College of Mus.; Leipzig: Breitkopf & Haertel 1909. 368 S. 4° [09 11625

Squire, William Barclay (Hrsg.), s. Nanino, G. M.: Vienn' Himeneo.

Luca **Marenzio**. 'Scaldava il sol'. 'Der gold'ne Strahl d. Mittagssonne glühte'. Fünfstimmiges Madrigal aus 'Il Terzo libro di Madrigali a 5 voci'. (Venetia 1582.) Deutsch von John Bernhoff. Hrsg. von W[illiam] Barclay Squire. (Leipzig: Breitkopf & Härtel [1903].) (9 S.) 4° [Kopft.]
= **Madrigale**, Ausgewählte, u. mehrstimmige Gesänge berühmter Meister d. 16. u. 17. Jhs. N. F. 24. [07. 13722

Luca **Marenzio**. 'Scendi dal Paradiso'. (Liebesbund.) (Venus vom Himmel stiegst du nieder.) Fünfstimmiges Madrigal aus: 'Il Quarto Libro de Madrigali a 5 Voci' (1584). Deutscher Text von Th[eobald] Rehbaum. Hrsg. von W[illiam] Barclay Squire. (Leipzig: Breitkopf & Härtel [1901].) (11 S.) 4° [Kopft.]
= **Madrigale**, Ausgewählte, u. mehrstimmige Gesänge berühmter Meister d. 16. u. 17. Jhs. N. F. 16. [07. 13713

Musik-Katalog der Bibliothek der Westminster-Abtei in London. Angefert. von William Barclay **Squire**. *Leipzig: Breitkopf & Härtel (1903).* (45 S.) 8°
= **Monatshefte** f. Musikgeschichte. 1903, Beil. [03. 13048

Squires, William Harder, aus Throopsville b. Auburn i. d. Ver. St.: Jonathan Edwards und seine Willenslehre. *(Lucka S.-A.) 1901: (Berger & Behrend).* (53 S.) 8°
Leipzig, Phil. Diss. v. [3. Jan.] 1902

Srabec: Horatius de Plauto in epistola ad Augustum recte an secus senserit quaeritur. 9 S.–Agram, Progr. 1868

Srabotnik, Ed., Anka. Roman. 8. (244 S.) Graz 898. Cordia-Verlag. n. 3. 50

Srabotnik, Ed., das Glück. gr. 16. (128 S.) Graz 893. (Leipzig, Literar. Anstalt A. Schulze.) n. 1. —

Sraffa, Angelo, das Handels- usw. Recht Italiens, s.: Sommati di Mombello, Graf Luigi.

Sramek, J., der arme David aus Rösnitz, s. Jugend- u. Volksbibliothek.

Prag, Die königliche Hauptstadt, mit den Vororten Karolinenthal, Smichow .... (von *Ján Srb*). Prag 1891.
Anon.-Lex. V. p. 233 (Eigenbericht).

Srbik, Heinr. Ritter v., die Beziehungen von Staat u. Kirche in Oesterreich während des Mittelalters, s. a. Forschungen zur inneren Geschichte Oesterreichs. I. 1.

Die Beziehungen von Staat und Kirche in Österreich während des Mittelalters. Von Dr. Heinrich R[r] v. **Srbik**. *Innsbruck: Wagner 1904.* (XV, 229 S.) 8°
— Forschungen z. inneren Geschichte Österreichs. Bd 1, H. 1. [03. 14890

Srbik, Heinr. Ritter v., der staatliche Exporthandel Österreichs von Leopold I. bis Maria Theresia. Untersuchungen zur Wirtschaftsgeschichte Österreichs im Zeitalter des Merkantilismus. Mit Unterstützg. der kaiserl. Akademie des Wissenschaften in Wien. (XXXVI, 432 S.) gr. 8. Wien 907. W. Braumüller. 8. —

Der staatliche Exporthandel Österreichs von Leopold I. bis Maria Theresia. Untersuchungen z. Wirtschaftsgeschichte Österreichs im Zeitalter d. Merkantilismus von Heinrich R[r] v. **Srbik**. Wien & Leipzig: W. Braumüller 1907. (XXXVI, 432 S.) 8° [07. 8530

Srbik Heinrich Ritter von: Burggraf Friedrich III. von Nürnberg.
H. 1901 PN 1420 **Diss.** Wien, Univ. 835

— Wilhelm v. Schröder, s. a. Sitzungsberichte der kais. Akademie der Wissensch. in Wien. Philos.-histor. Kl. 164, 1.

Wilhelm von Schröder. Ein Beitrag z. Geschichte d. Staatswissenschaften. Von Heinrich R[r] v. **Srbik**. Wien: Hölder in Komm. 1910. 161 S. 8°
(Sitzungsberichte d. Kais. Akademie d. Wiss. in Wien. Philos.-hist. Klasse. Bd 164, Abh. 1.) [10. 6827 3

Srdinko, Otokar: Die 'verhätschelte' böhmische Universität Eine Antwort dem Herrn Prof. Dr. A. Sauer. (Übers. aus d. böhm Sprache.) Prag: Národni rada česká 1909. 16 S. 8°

Srebernič Josef: Siedlung und Besiedlung im kroatisch-slavonischen Zwischenstromlande.
H. 1901 PN 1449 **Diss.** Wien, Univ. 2371

Bericht über die Ergebnisse der Beobachtungen für das Liv-Estländische Regenstationennetz. 15-jährige Mittelwerte d. Niederschlagsmenge, Anzahl d. Niederschlagstage u. Temperatur für d. Zeitraum 1886–1900 von Prof. Dr. B[oris Ismailovič] Sresnewsky [**Sreznevskij**] u. hrsg. von d. Kais., Livländ. Gemeinnütz. u. Ökonom. Sozietät. (Jurjew (Dorpat) 1904: H. Laakmann.) (47 S.) 4° [F.] [06. 14384

Geschützte Rotations-Thermometer. Beitr. z. Frage über d. Ermittelung d. wahren Lufttemperatur von Prof. Dr. B[oris] Sresnewsky [**Sreznevskij**]. *Jurjew 1901: C. Mattiesen.* (20 S.) 8°
Aus: Sitzungsberichte d. Naturforscher-Ges. bei d. Univ. Jurjew. XIII, 1. [04. 19025

Sresnewskij, B., Ueber Schneeverwehungen auf den Eisenbahnen in Russland. St. Petersburg 1890.

Synoptische Tabellen der täglichen Niederschläge an allen meteorologischen Stationen der Ostseeprovinzen im Jahre 1900, ausgest. von Prof. Dr. B[oris Izmajlovič] Sresnewsky [**Sreznovskij**]. (Ausg. d. Livländ. Gemeinnütz. u. Oekon. Sozietät nach den in d. Gelehrten Annalen d. Univ. veröffentl. Daten.) *Jurjew 1903: C. Mattiesen.* (58 S.) 4° [04. 12919

Sresnewskij, B., Cyclonenbahnen in Russland f. die J. 1887—1889. [Aus: „Mémoires de l'acad. imp. des sciences de St. Pétersbourg".] gr. 4. (78 S. m. 1 Taf. u. 12 Karten.) St.-Pétersbourg 895. (Leipzig, Voss' Sort.) n. 6. —

Srî Dandî, the Daśa Kumára Charita, or adventures of ten princes. A series of tales in the original Sanscrit. Ed. by H. H. Wilson. gr. 4. London 846; Berlin, Asher u. Co. baar 5 ₰

Srîvara's Kathâkâutukum. D. Geschichte v. Joseph in persisch-ind. Gewande. Sanskrit u. deutsch v. Rich. Schmidt. Gedruckt m. Unterstützg. Sr. Lordschaft, d. Unterstaatssecretärs f. Indien. gr. 8. (X, 210 S.) Kiel 898. C. F. Häseler, Verl. n. 9. —

Ⓢ **Srîvara's** Kathâkâutukum. 898. Jetzt: Berlin, M. Umlauf.

Srkulj Stefan: Die Entstehung der ältesten russischen s. g. Nestorchronik mit bes. Rücksicht auf Svjatoslavs Zug nach der Balkanhalbinsel.
1895 PN 895 Diss. Wien, Univ. 765

Srkulj, Stjepan, d. Entstehg. d. ältesten russischen sogen. Nestorchronik m. bes. Rücksicht auf Svjatoslav's Zug nach d. Balkanhalbinsel. Literar-histor. Studie. gr. 8. (57 S.) Požega 896. (Leipzig, Voss' Sort.) n. 1. —

ŠROGL, Karl
(F) Der forstliche Zinsfuss und Bodenwert. Von Karl Šrogl. Wien. 1899. Frick. Gr.-8°. 59 S. fl. —.80

Srokowski, Stanisl. v., Niederschlagsvertheilung in Galizien f. einz. Monate. (M. 2 Karten u. 2 Tabellen.) Lex.-8. (12 S.) Rzeszów 897. (Berlin, R. Friedländer & Sohn.) n. 1. —

Srownánj wssech čtyr Swatých Ewangelij, to gest: Žiwot, řeč a skutkowé. Pána nasseho Gežisse Krysta, pro wětssj zřetedlnost a pochopitedlnost ze wssech čtyr swatých Ewangelistů snessenj, a w hodnowěrný pořadek času uwedenj. Přiwozena gest zde také pro pohodlnost nábožného čtenáře Kniha Skutků Apoštelských. Z francauzského přeložil Mart. Tallaya. Druhé wydánj. gr. 8. (XVI u. 355 S.) Olmütz 847, Neugebauer. Herabges. Pr. 12 ngr

Srp, Joh., Heeres-Ergänzungs-Gesetz u. provisorischer Amts-Unterricht zu dessen Ausführung mit allen Nachtrags-Verordnungen von 1858 bis Ende 1865, nebst vollständ alphabet. Inhaltsregistern. Linz 866. (Wien, Lechner's Universitäts-Buchh.) hoch 4. (226 S.) n. 1 ₰ 10 ngr

Srpek, Otto: Zur Kenntnis der hydrierten Chinolinderivate. S. 98.
Separatabdruck

— Substitution aromatischer Kohlenwasserstoffe. S. 99, 115, 152 . . . . vgr.
Separatabdruck

Srůtek, Jos. Ant., *b. Konsistorial-Registrator.* Statistisch-topographisches Handbuch der Königingrätzer Diözese zum Gebrauche für Seelsorger, Schullehrer, k. k. Behörden, Advokaten etc. *Königingrätz* 1857. Druck v. *Ladislav Pospíšil.* 488 S. 2 Bl. 8°. 2 fl., durch Buchh. 2 fl. 24 kr.

Srůtek, Jos. Ant., Liturgika, čili sw. obřady neb ceremonie, kterýchž sw. církew katolická při weřegných službách Božjch užjwá. Dle Ripplowé a Himiobowé „Ozdoba katol. cjrkwe, prostonárodnjmi rozmluwami obgasnil a wyswětlil". 12. (VIII u. 930 S.) Prag 852, Credner & Kleinbub in Comm. n. 1 ₰ 6 ngr

Srůtek, Jos. Ant., d. Jahres letzte Worte, s.: Heredität d. Kleinen unter d. Schutze d. hl. Carl Borromäus in Königingrätz, Nr. 39.

Srymanski, Stanislaus Eduard. Ueber zwei neue Nitro-β-Naphtylamine und deren Derivate. (Bern) Karlsruhe, 1892.

FSC
www.fsc.org
MIX
Papier | Fördert gute Waldnutzung
FSC® C083411

Kolibri 360 GmbH
Ferdinand-Jühlke-Straße 7
99095 Erfurt, Deutschland
produktsicherheit@kolibri360.de